José-Philippe Pérez

Optik

Aus dem Französischen von Bernhard Böhmer

AF795647

Spektrum Akademischer Verlag Heidelberg · Berlin · Oxford

Originaltitel: Optique Fondements et applications
Aus dem Französischen von Bernhard Böhmer

© Masson, Editeur, Paris, 1984, 1994, 1996

Die Deutsche Bibliothek – CIP-Einheitsaufnahme

Pérez, José-Philippe:
Optik / José-Philippe Pérez. Aus dem Franz. von Bernhard Böhmer. – Heidelberg ; Berlin ; Oxford : Spektrum, Akad. Verl., 1996
Einheitssacht.: Optique <dt.>
ISBN 3-86025-389-1

© 1996 Spektrum Akademischer Verlag GmbH Heidelberg · Berlin · Oxford

Alle Rechte, insbesondere die der Übersetzung in fremde Sprachen, sind vorbehalten. Kein Teil des Buches darf ohne schriftliche Genehmigung des Verlages photokopiert oder in irgendeiner anderen Form reproduziert oder in eine von Maschinen verwendbare Sprache übertragen oder übersetzt werden.

Lektorat: Sonja Schmöcker, Berlin
Satzherstellung mit LATEX: Wolfram Meinhardt
Reihengestaltung: Zembsch' Werkstatt, München
Einbandgestaltung: Kurt Bitsch, Birkenau
Druck und Verarbeitung: Strauss Offsetdruck GmbH, Mörlenbach

Vorwort

„Optik“ hat als Gegenstand der Forschung, Lehre und praktischen Anwendung in den letzten Jahren erhebliche Bedeutung gewonnen. Mehr denn je verzweigen sich Grundlagen und Nutzen der Optik – außer in die Physik selbst – weit in Bereiche der Chemie, Biologie, Medizin und Technikwissenschaften. Daher besteht Bedarf an einem modernen, einführenden, verständlichen und zugleich umfassenden Lehrbuch der Optik. Das vorliegende Werk versucht, diesem Anspruch gerecht zu werden.

Bewußt in nur einem Band werden die grundlegenden Begriffe der Optik vereint: die geometrische Optik, die Wellenoptik, die Fourier-Optik, die Polarisation. Zudem wird in die digitale Bildverarbeitung eingeführt.

Das Werk richtet sich insbesondere an Studierende der Physik. Der Lehrstoff ist in quasi-unabhängige Lektionen unterteilt. Beispiele sowie zahlreiche Aufgaben mit Lösungen – 100 zur geometrischen Optik, 100 zur Wellenoptik – sollen dem Leser helfen, erworbene Kenntnisse zu prüfen und zu vertiefen.

Der didaktische Aufbau des Werkes, die verschiedenen Methoden der Behandlung zentrierter Systeme und der Platz, der optischen Geräten vorbehalten ist, sollen die Lehre unterstützen. Schließlich finden fortgeschrittene Leser Ausführungen zu aktuellen Themen – zur Signalaufnahme, Interferometrie, Fourier-Optik, zu doppelbrechenden Medien, Lasern, zur Holographie, nichtlinearen Optik, digitalen Bildverarbeitung und zu Farbbildern.

Inhalt

Physikalische Konstanten, Symbole und Bezeichnungen

c	Vakuumlichtgeschwindigkeit, $c = 2{,}99792458 \cdot 10^{8}\ \mathrm{m\,s^{-1}}$
h	Plancksches Wirkungsquantum, $h = 6{,}626176 \cdot 10^{-34}\ \mathrm{J\,s}$
k_{B}	Boltzmann-Konstante, $k_{\mathrm{B}} = 1{,}380662 \cdot 10^{-23}\ \mathrm{J\,K^{-1}}$
m_{e}	Elektronenmasse, $m_{\mathrm{e}} = 0{,}9109534 \cdot 10^{-30}\ \mathrm{kg}$
N_{A}	Avogadro-Konstante, $N_{\mathrm{A}} = 6{,}022045 \cdot 10^{23}\ \mathrm{mol^{-1}}$
q_{e}	Elementarladung, $q_{\mathrm{e}} = 1{,}6021892 \cdot 10^{-19}\ \mathrm{C}$

A	Auflösungsvermögen
A	reelle Amplitude einer Welle
A_{o}, A_{b}	konjugiertes Punktepaar auf der optischen Achse
a	Gitterkonstante
a, b, c, d	Matrixelemente der Transfermatrix zwischen Eingang und Ausgang eines optischen Systems
B	Brechkraft
B_{o}, B_{b}	konjugiertes Punktepaar außerhalb der optischen Achse
d_{m}	deutliche Sehweite ($d \sim 25$ cm)
E	Beleuchtungsstärke, elektrisches Feld, Energie
E, S	Eingang und Ausgang eines optischen Systems
e	optischer Abstand zwischen den optischen Systemen 1 und 2, $e = \overline{H_{\mathrm{b},1} H_{\mathrm{o},2}}$
$\mathcal{F}$	Feinheit, $\mathcal{F} = \pi M^{\frac{1}{2}}/2$ mit $M = 4R(1-R)^2$
f_{o}, f_{b}	*algebraische* Brennweiten (objekt- und bildseitige)
$\widehat{f}(u)$	Fourier-Transformierte von $f(x)$
G	Vergrößerung
G_{a}, G_{w}, G_{t}	Abbildungsmaßstab, Winkelverhältnis und Tiefenmaßstab
H	Belichtung (Produkt aus Beleuchtungsstärke und Belichtungszeit)
H	inkohärente Impulsantwort
H_{o}, H_{b}	Hauptpunkte
$\widehat{H}_{\mathrm{n}}$	inkohärente oder optische Übertragungsfunktion (OTF)

I	Intensität einer Welle (proportional zu der Beleuchtungsstärke, die sie erzeugt), $I \equiv 2\mu_0 cE$
$\mathcal{I}$	Lichtstärke einer Quelle
$I_\nu(\nu)$ und $I_s(D)$	spektrale Intensität und räumliche Intensität einer Quelle
K	kohärente Impulsantwort
$\widehat{K}$	kohärente Übertragungsfunktion (KTF)
k	Blendenzahl, Verhältnis zwischen bildseitiger Brennweite und dem Durchmesser der Öffnung, $k = f_\mathrm{b}/D$.
$\boldsymbol{k}_0$ und $\boldsymbol{k}$	Wellenvektor im Vakuum und Wellenvektor im Medium
L	Leuchtdichte
$L(AB)$	Optische Weglänge zwischen A und B
L oder δ	Weglängendifferenz
l_s	räumliche Kohärenzlänge
M	spezifische Lichtausstrahlung
m	ganzzahlige Interferenzordnung
N_o, N_b	Knotenpunkte
$N.A.$	numerische Apertur $N.A. = n_0 \sin u_0$
$n = c/v$	Brechungsindex oder Brechzahl
o und b	Indizes für das Objekt bzw. das Bild
$p = L/\lambda_0$	Interferenzordnung
p_o, p_b	$p_\mathrm{o} = \overline{H_\mathrm{o}A_\mathrm{o}}$, $p_\mathrm{b} = \overline{H_\mathrm{b}A_\mathrm{b}}$
R und T	Reflexions- und Transmissionskoeffizient bezüglich der Intensität
$\overline{R} = \overline{SC}$	*algebraischer* Krümmungsradius einer Grenzfläche zwischen Scheitelpunkt S und Zentrum C. Er wird unter Berücksichtigung der Ausbreitungsrichtung bestimmt
$\mathcal{R}$, $\mathcal{T}$ und $\mathcal{R}_\mathrm{m}$	Brechmatrix, Translationsmatrix und Reflexionsmatrix
r und t	Amplitudenreflexions- und Amplitudentransmissionskoeffizient
$\mathrm{sinc}\,(x)$	Kardinalsinus, $\mathrm{sinc}\,(x) = \sin(\pi x)/(\pi x)$
$\underline{t}(x,y)$	Amplitudendurchlässigkeit einer Blende
u, v	räumliche Frequenzen, $u = \alpha/\lambda$, $v = \beta/\lambda$
$\boldsymbol{u}$	Einheitsvektor entlang eines geradlinigen Lichtstrahles in Ausbreitungsrichtung
V	Sichtbarkeit oder Kontrast
$V(t)$	reelle Darstellung einer monochromatischen Welle, $V(t) = A\cos(\omega t - \phi)$
$\underline{V}(t)$	der $V(t)$ entsprechenden komplexe Darstellung, $\underline{V}(t) = A\exp[-\mathrm{i}(\omega t - \phi)]$
v	Ausbreitungsgeschwindigkeit einer Welle in einem Medium oder kinematische Geschwindigkeit

X	Vektor der geometrischen Optik, $X = \begin{bmatrix} x \\ n\alpha \end{bmatrix}$
x und y	Koordinaten der transversalen Achsen
$\underline{x}$	komplexe Zahl zu (x, y): $\underline{x} \equiv x + \mathrm{i}y$
z	Koordinate der optischen Achse
α, β	Projektionen des Vektors $\boldsymbol{u}$ entlang der x- bzw. y-Achse; Eintritts- bzw. Austrittswinkel
$\underline{\alpha}$	komplexe Zahl zu (α, β): $\underline{\alpha} \equiv \alpha + \mathrm{i}\beta$
γ_t und γ_s	komplexer zeitlicher und räumlicher Kohärenzgrad
$\varDelta$	optisches Intervall zwischen den optischen Systemen 1 und 2, $\varDelta = \overline{F_{\mathrm{b},1}F_{\mathrm{o},2}}$
ϵ	Winkelauflösungsgrenze des Auges ($\epsilon \approx 1,5'$)
θ_x, θ_y	Neigungswinkel gegenüber der optischen Achse der Projektionen des Vektors $\boldsymbol{u}$ auf die zx-Ebene und die yz-Ebene
λ_0 und λ	Wellenlänge im Vakuum und Wellenlänge im Medium
σ_{o}, σ_{b}	$\sigma_{\mathrm{o}} = \overline{F_{\mathrm{o}}A_{\mathrm{o}}}$, $\sigma_{\mathrm{b}} = \overline{F_{\mathrm{b}}A_{\mathrm{b}}}$
τ_{c}, L_{c}	Kohärenzzeit, zeitliche Kohärenzlänge
$\varPhi$	Lichtstrom
$\underline{\varPsi}$	komplexe Form einer Welle
ϕ	Phase am Zeitursprung, Phasendifferenz
φ	Phase am Koordinatenursprung, Phasendifferenz
$\underline{\psi}$	komplexe Amplitude einer monochromatischen Welle: $\underline{\varPsi}(\boldsymbol{r}, t)\underline{\psi}(\boldsymbol{r}) \exp(-\mathrm{i}\omega t)$
$\underline{\psi}^*$	komplex konjugierte Form von $\underline{\psi}$
ω oder ν	Kreisfrequenz und Frequenz $\nu = \omega/(2\pi)$

1 Einführung in die Optik. Begriff des Lichtstrahles

Die Optik ist allgemein die Gesamtheit aller Erscheinungen, die vom Auge wahrgenommen werden. Die Ursache dieser Erscheinungen, das Licht, wurde wissenschaftshistorisch sehr früh untersucht, so daß die Grundlagen der geometrischen Optik und auch der Wellenoptik seit dem 19. Jahrhundert bekannt sind.

Im Jahre 1905 jedoch erlebte die Optik eine Revolution: Das Photon als Lichtpartikel wurde von A. Einstein eingeführt, um den photoelektrischen Effekt erklären zu können. Dadurch wurden die vorhergehenden klassischen Theorien allerdings nicht überflüssig, da das Licht sowohl Partikel- als auch Welleneigenschaften besitzt.

Betrachten wir zuerst eingehender die Geschichte der Optik.

1.1 Historische Einführung

Im Unterschied zu den Gesetzen der Reflexion, die bereits in der griechischen Antike bekannt waren, wurden die der Brechung erst 1621 von W. Snellius entdeckt; R. Descartes fand sie 1637 erneut, so daß sie in Frankreich unter seinem Namen bekannt sind.

Im Jahre 1657 nahm P. de Fermat an, daß das Licht den Weg zwischen zwei Punkten zurückgelegt, der die kürzeste Zeit erfordert. Auf der Grundlage dieses Prinzips gelang es ihm, diese Gesetze erneut abzuleiten. Die Gesetze der geometrischen Optik können seitdem als Extremalprinzip formuliert werden.

Erst 1665 wurde von R. Hooke das Licht als sich ausbreitende Schwingung hoher Frequenz erkannt. Diese Idee wurde von C. Huygens weiterentwickelt, leider jedoch von I. Newton, der eine korpuskulare Theorie vertrat, abgelehnt.

Erst am Anfang des 19. Jahrhunderts nahm T. Young die Wellentheorie zur Untersuchung von Interferenzphänomenen wieder auf. Im Jahre 1818 vereinigte A. Fresnel die Ideen Huygens und Youngs zur Erklärung der Beugung, d. h. der Streuung und des damit verbundenen Vorhandenseins von Licht im geometrischen Schatten.

Schließlich, nach der Formulierung seiner elektromagnetischen Theorie (1876), folgerte J. C. Maxwell, daß das Licht eine elektromagnetische Welle der Frequenz $\nu \approx 5 \cdot 10^{14}$ Hz ist und sich mit der Geschwindigkeit $c \approx 3 \cdot 10^8 \,\mathrm{m\,s^{-1}}$ im Vakuum ausbreitet. Überdies charakterisierte er das Licht als *transversale* Welle, d. h. die die Welle beschreibenden Vektorgrößen elektrisches Feld $\boldsymbol{E}$ und magnetische Induktion $\boldsymbol{B}$ sind senkrecht zur Ausbreitungsrichtung.

Allein die Emission des Lichtes durch die Atome blieb ungeklärt. Erst im 20. Jahrhundert konnte auf der Basis der Teilcheneigenschaft des Lichtes und der Quantentheorie hierzu eine Antwort gegeben werden: Die durch Stöße angeregten Atome geben ihre Energie als Photonen wieder ab. Ist ν die Frequenz der emittierten Welle, beträgt die Energie der Photonen $\mathcal{E} = h\nu$ und ihr Impuls $p = h\nu/c$; $h = 6,63 \cdot 10^{-34}\,\mathrm{J\,s}$ ist die durch M. Planck ingeführte Fundamentalkonstante (Plancksches Wirkungsquantum) zur Erklärung der Strahlung schwarzer Körper. $\mathcal{E} = h\nu$ liegt in der Größenordnung einiger Elektronenvolt (1eV $\approx 1,6 \cdot 10^{-19}$ J).

1.2 Huygenssches Prinzip

Das Huygenssche Prinzip ist die Grundlage der Wellentheorie des Lichtes. Sie stützt sich also auf das Konzept der Welle, welches in den Kapiteln 19 und 20 im Detail diskutiert wird. Wir begnügen uns in dieser Einführung mit der Tatsache, daß eine Welle ein physikalisches Phänomen ist, dessen Zeit- und Ortsabhängigkeit die Form $t \mp x/v$ hat, mit der Phasengeschwindigkeit v der Welle.

Im folgenden nehmen wir *isotrope* Medien an, in denen keine Richtung des Raumes ausgezeichnet ist.

1.2.1 Formulierung des Prinzips

Das Licht breitet sich nach und nach aus. Die Gesamtheit der Punkte gleicher Lichterregung wird *Wellenfläche* oder *Wellenfront* genannt. Jeder dieser Punkte ist Quelle sekundärer Elementarwellen. Deren äußere Einhüllende bildet eine neue Wellenfläche. Ist die Wellenfläche eine Ebene, ist die Welle ebenfalls eben; ist die Wellenfläche kugelförmig, ist auch die Welle sphärisch.

Um aus der Wellenfläche Σ_1 zur Zeit t_1 eine Wellenfläche Σ_2 zur Zeit $t_2 = t_1 + \mathrm{d}t$ zu konstruieren, wird um jeden Punkt A_1 von Σ_1 ein Kreis mit Radius $\mathrm{d}s = v\mathrm{d}t$ geschlagen, entsprechend der Strecke, die das Licht der Geschwindigkeit v in der Zeit $\mathrm{d}t$ zurücklegt (Abbildung 1.1).

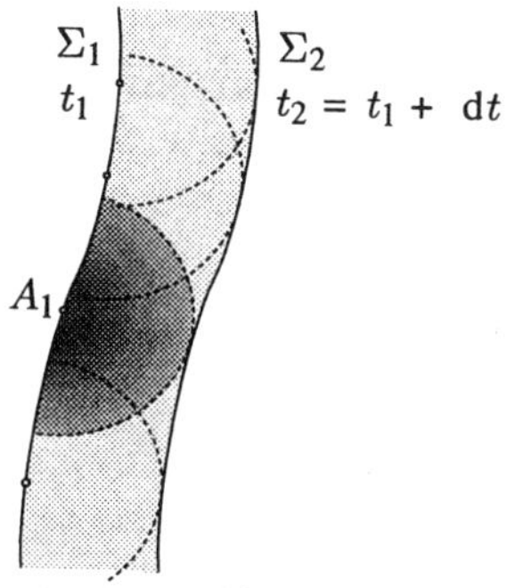

Abb. 1.1

1.2.2 Der Brechungsindex eines Mediums – Optischer Weg

Der Brechungsindex, oder die Brechzahl, eines Mediums ist als das Verhältnis der Lichtgeschwindigkeit im Vakuum zu der Lichtgeschwindigkeit im betrachteten Medium definiert:

$$n \equiv \frac{c}{v}. \tag{1.1}$$

Er hängt von der Frequenz des Lichtes ab (siehe Kapitel 9). Wir geben hier die *Durchschnittswerte* des Brechungsindexes für einige Medien an: Luft $n \approx 1$, Wasser $n \approx 1,33$, Glas $n \approx 1,5$.

Mit Hilfe des Brechungsindexes kann die Zeitdauer $\mathrm{d}t$, mit der aus Σ_1 die Wellenfläche Σ_2 bestimmt werden kann, folgendermaßen formuliert werden:

$$\mathrm{d}t = \frac{\mathrm{d}s}{v} = \frac{n\mathrm{d}s}{c}. \tag{1.2}$$

Für den Fall einer Ausbreitung zwischen zwei Punkten A und B ist die zugehörige *optische Weglänge* durch das Integral

$$L = \int_{t_A}^{t_B} c\,\mathrm{d}t = \int_A^B n\mathrm{d}s = c(t_B - t_A) \tag{1.3}$$

gegeben. Dieses letzte Kurvenintegral muß entlang der Bewegungsrichtung der Welle, die an jedem Punkt des isotropen Mediums senkrecht auf der Wellenfläche steht, berechnet werden.

Da c eine universelle Konstante ist, hat die optische Weglänge $L = c(t_B - t_A)$ dieselben Eigenschaften wie $t_B - t_A$. Die optische Weglänge in einem Medium entspricht also dem Weg, den das Licht im Vakuum während des betrachteten Zeitraumes $t_B - t_A$ zurücklegen würde. Halten wir insbesondere fest, daß die optische Weglänge proportional zu der *Dauer der Lichtausbreitung*, mit c als der Propotionalitätskonstanten, ist.

1.2.3 Charakteristische Größen der Lichtwelle

Jede Welle kann als *Überlagerung (Superposition) idealer Wellen*, sogenannter monochromatischer („einfarbiger") oder sinusförmiger Wellen, betrachtet werden. Diese monochromatischen Wellen haben die analytische Form:

$$A \cos\left[\omega\left(t - \frac{x}{v}\right)\right]. \tag{1.4}$$

In diesem Ausdruck bezeichnet die Konstante A die *Amplitude*, ω die *Kreisfrequenz* und v die Ausbreitungsgeschwindigkeit oder *Phasengeschwindigkeit* im Medium.

Die wichtige Eigenschaft, daß ein komplexes Phänomen durch eine Superposition einfacher Gebilde (den monochromatischen Wellen) beschrieben werden kann, bildet die Grundlage der Fourier-Analyse.

Häufig werden weitere charakteristische Größen eingeführt:

1. die Frequenz $\nu \equiv \omega/(2\pi)$,
2. die Periode $T \equiv \nu^{-1}$,
3. die Wellenlänge im Vakuum $\lambda_0 \equiv c/\nu$, die Wellenlänge im Medium $\lambda \equiv v/\nu = \lambda_0/n$ ($\lambda < \lambda_0$, die Medien verringern die Wellenlänge),
4. der Wellenvektor im Vakuum $\boldsymbol{k}_0 \equiv (2\pi/\lambda_0)\boldsymbol{u}$ und der Wellenvektor $\boldsymbol{k} \equiv (2\pi/\lambda)\boldsymbol{u}$, wobei $\boldsymbol{u}$ den Einheitsvektor in Bewegungsrichtung bezeichnet.

Damit kann der Ausdruck für die monochromatische Welle (Gleichung 1.4) als Funktion der Zeit (t) und des Ortes $\boldsymbol{r}$ geschrieben werden,

$$A \cos(\omega t - \boldsymbol{k} \cdot \boldsymbol{r}), \tag{1.5}$$

mit $\boldsymbol{k} = (2\pi/\lambda_0, 0, 0)$ in einem Koordinatensystem mit der x-Achse in Bewegungsrichtung. Die Tabelle 1 zeigt die Beziehung der Wellenlänge in Nanometer (1 nm$= 10^{-9}$ m) und der Farbe der Lichtwelle. Merken wir uns die folgenden Größenordnungen: $\nu \approx 5 \cdot 10^{14}$ Hz und $\lambda_0 \approx 600$ nm.

Tabelle 1.1:

λ_0(nm)	≤ 400	500	590	630	≥ 750
Farbe	Ultraviolett	Blau	Gelb	Rot	Infrarot

1.3 Beugung. Lichtstrahlen

1.3.1 Qualitative Einführung zum Phänomen der Beugung

Betrachten wir eine ebene Welle Σ, die senkrecht auf eine Blende $\mathcal{D}$ fällt. In Abwesenheit der Blende gelingt es, ohne Schwierigkeiten aus Σ_1 die Wellenfläche Σ_2 zu erhalten (Abbildung 1.2).

Die Aufgabe der Blende $\mathcal{D}$ besteht darin, die Elementarwellen, welche z. B. vom Punkt B_1 ausgehen, auszublenden. Die Beiträge dieser Elementarwellen werden daher auf dem Schirm fehlen. Die Welle, die nun von der Blende kommt, ist nicht mehr eben. Dies führt dazu, daß auch Licht außerhalb des Zylinders, der durch das Loch von $\mathcal{D}$ und den Richtungsvektor $\boldsymbol{u}$ definiert wird, auf den Beobachtungsschirm fällt. Diese *Streuung* der Welle aufgrund einer räumlichen Begrenzung der Ausdehnung der Welle wird in der Optik *Beugung* genannt.

Das Phänomen der Beugung kann vollständig mit der Begrenzung der einfallenden Welle durch Blenden oder ähnliches erklärt werden. Weitergehende Untersuchungen von Wechselwirkungen des Lichtes mit der Blende sind hierzu nicht nötig.

1.3.2 Lichtstrahlen

Vernachlässigt man die Beugung in dem eben betrachteten Experiment, ist die *Lichtenergie* in dem durch das Blendenloch begrenzten Zylinder lokalisiert. Verringert man den Durchmesser des Loches und vernachlässigt nach wie vor die Beugung, wird die *gedachte* Gerade durch dieses stark verkleinerte Loch als *Lichtstrahl* bezeichnet. Der Lichtstrahl ist also durch die Normale auf der Wellenfläche gegeben. Es ist aber zu betonen, daß es sich hierbei um eine Idealisierung handelt, da mit zunehmender Kleinheit des Loches die Beugungseffekte an Bedeutung gewinnen.

Halten wir fest, daß in einem isotropen Medium der Lichtstrahl durch die ideale Gerade senkrecht zur Wellenfläche definiert ist. Hierbei wird die

Bewegung der Welle unter Vernachlässigung von Beugungseffekten betrachtet.

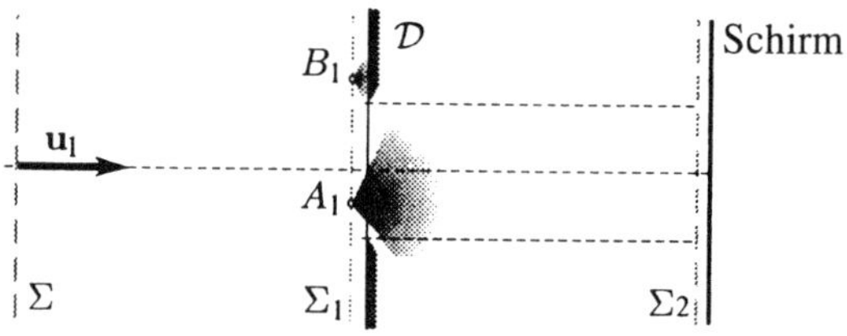

Abb. 1.2

1.3.3 Näherung sehr kleiner Wellenlängen

Analysieren wir erneut das vorherige Spaltexperiment, in dem eine ebene Welle senkrecht auf eine Blende $\mathcal{D}$ mit Lochdurchmesser D fällt (Abbildung 1.3). Am Ausgang von $\mathcal{D}$ hat diese Welle transversal zu der x-Achse eine räumliche Ausdehnung, die durch $\mathcal{D}$ begrenzt ist. Man kann nun *experimentell* zeigen, daß eine solche Begrenzung, $\Delta x = D$, ebenfalls einen Einfluß auf die in Bewegungsrichtung zeigende x-Komponente des Wellenvektors, k_x, hat. Es ergibt sich dabei für die Begrenzungen Δx und Δk_x folgende Relation:

$$\Delta x \Delta k_x \approx \frac{1}{2}. \qquad (1.6)$$

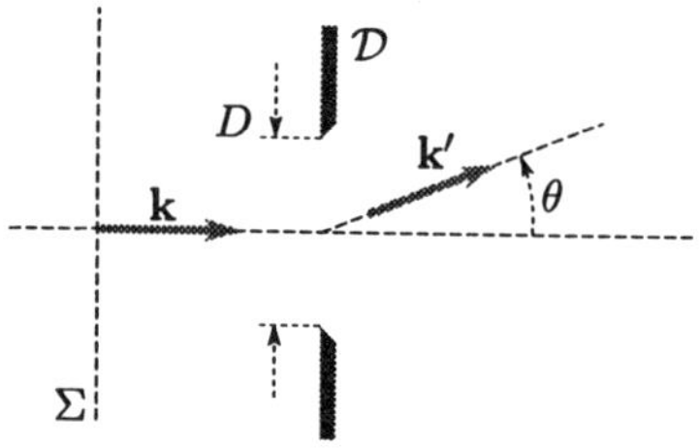

Abb. 1.3

Die Interpretation von k_x ist die folgende: Die aus dem Loch austretende Welle ist keine reine ebene Welle mehr, sondern muß vielmehr als eine Superposition ebener Wellen aufgefaßt werden. Deren Wellenvektoren haben verschiedene Neigungen relativ zu der Bewegungsrichtung der Welle, d. h. zu der x-Achse. Das Δk_x ermöglicht die Charakterisierung dieser von $\mathcal{D}$ erzeugten Wellengruppe. Es ist dabei üblich, diese Größe als Funktion eines charakteristischen Winkels θ auszudrücken: $\sin\theta \equiv \Delta k_x/k_0$, wobei $k_0 = 2\pi/\lambda_0$ der Betrag des Wellenvektors der einfallenden Welle ist. Es folgt, da $\Delta x = D$ und $\Delta k_x = 2\pi \sin\theta/\lambda_0$:

$$D \frac{\sin\theta}{\lambda_0} \approx \frac{1}{4\pi}$$

oder

$$\boxed{\sin\theta \approx \frac{\lambda_0}{D}.} \tag{1.7}$$

Der Winkel θ, der die Beugung charakterisiert, ist folglich nur vernachlässigbar, wenn die *Wellenlänge sehr klein gegen den Durchmesser D des Blendenloches* ist.

Die geometrische Optik erweist sich damit als Näherung für die Wellenoptik bei *sehr kleinen Wellenlängen.*

Bemerkung: Die Relation $\Delta x \Delta k_x \approx 1/2$ hat in der Quantentheorie eine fundamentale Bedeutung und ist unter dem Namen Heisenbergsche Unschärferelation bekannt.

1.4 Konstruktion nach Huygens

Die unmittelbare Anwendung des Huygensschen Prinzips ermöglicht die Konstruktion eines Lichtstrahls, der an einer ebenen Grenzfläche zweier Medien mit Brechungsindex n_1 und n_2 gebrochenen wird.

Nehmen wir an, eine ebene Welle Σ_0 treffe auf die ebene Grenzfläche $\mathcal{S}$ im Punkt I. Der Einfallswinkel α_1 ist definitionsgemäß der Winkel zwischen der Flächennormalen $\boldsymbol{N}$ von $\mathcal{S}$ und dem Einheitsvektor $\boldsymbol{u}_1$, der in Bewegungsrichtung der Welle Σ_0 zeigt: $\alpha_1 \equiv (\boldsymbol{N}, \boldsymbol{u}_1)$ (Abbildung 1.4).

Da die Welle eben ist, erhält man den Lichtstrahl aus der Wellenfläche Σ_0, indem um zwei Punkte von Σ_0 Kreise geschlagen werden, deren Radius der *selben* optischen Weglänge ΔL entsprechen. Wir wählen der Einfachheit halber $\Delta L = 1$ m. Ohne das Medium 2 gelingt es unschwer, die neue Wellenfläche Σ_1 zu konstruieren: Von zwei ausgewählten Punkten der Wellenfläche Σ_0, I und I', bilden wir die Elementarwellen mit dem Radius $r_1 = \Delta L/n_1 = 1/n_1$; verlängert man nun von I und I' aus die Lichtstrahlen,

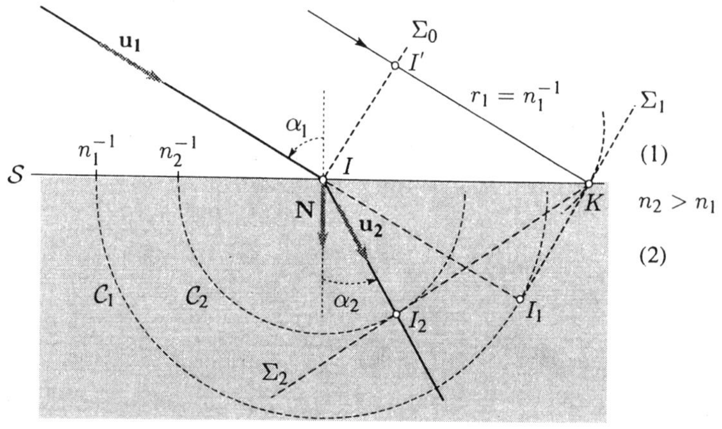

Abb. 1.4

ergeben sich die Schnittpunkte mit den geschlagenen Kreisen zu I_1 und K. Die verbindende Gerade durch diese beiden Punkte stellt die neue Wellenfront Σ_1 dar und ist orthogonal zum Lichtstrahl zwischen I und I_1.

Auch in Anwesenheit eines Mediums 2 legt der von I' ausgehende Strahl seine Wegstrecke s ausschließlich im Medium 1 zurück und trifft dann auf die Grenzfläche $\mathcal{S}$ im Punkt K (dazu muß der Punkt I' entprechend gewählt werden). Anders sieht das für den Strahl von Punkt I aus: er legt seine Strecke im Medium 2 zurück, hier muß daher eine Elementarwelle mit Radius $r_2 = \Delta L/n_2 = 1/n_2$ um I geschlagen werden. Der gebrochene Strahl ist nun eindeutig bestimmt: Die neue Wellenfläche im Medium 2 muß nach der Definition senkrecht zu der Elementarwelle sein und ist daher eine Tangente dieser Elementarwelle. Als Kriterium, welche der Tangenten die neue Wellenfront Σ_2 ist, dient die Beobachtung, daß das Licht sowohl im Punkt K als auch im Punkt I_2 die optische Weglänge $\Delta L = 1\,m$ zurückgelegt hat. Daher muß Σ_2 diese beiden Punkte „gleicher Lichterregung" verbinden. Daraus ergibt sich die folgende Konstruktionsmöglichkeit:

1. Man schlägt zwei Kreise $\mathcal{C}_1$ und $\mathcal{C}_2$ um I mit den Radien $r_1 = n_1^{-1}$ und $r_2 = n_2^{-1}$.
2. Man verlängert den einfallenden Strahl bis zu seinem Schnittpunkt I_1 mit dem Kreis $\mathcal{C}_1$.
3. Man bestimmt K mit der Tangente von $\mathcal{C}_1$, die durch I_1 verläuft.
4. Σ_2 wird konstruiert, indem die durch K gehende Tangente von $\mathcal{C}_2$ gebildet wird, und der austretende Lichtstrahl $\boldsymbol{u}_2$ ist schließlich senkrecht zu Σ_2.

Wir führen nun die Beziehung zwischen n_1, n_2, α_1 und $\alpha_2 \equiv (\boldsymbol{N}, \boldsymbol{u}_2)$ ein:

$$II_1 = IK \sin\alpha_1 \quad \text{und} \quad II_2 = IK \sin\alpha_2. \tag{1.8}$$

Damit erhalten wir:

$$\frac{II_1}{II_2} = \frac{n_2}{n_1} = \frac{\sin\alpha_1}{\sin\alpha_2}$$

oder

$$\boxed{n_1 \sin\alpha_1 = n_2 \sin\alpha_2.} \tag{1.9}$$

Bemerkung: Ist $n_1 > n_2$, kann sich der Punkt K im Inneren des Kreises $\mathcal{C}_2$ befinden. Dies macht die Konstruktion des gebrochenen Strahles unmöglich. Dieser Fall liegt bei der *Totalreflexion* vor (Kapitel 2).

1.5 Zusammenfassung

Halten wir vor allem die beiden wesentlichen Ideen fest:

1. Das Huygenssche Prinzip ist die Grundlage der Wellentheorie des Lichtes, nach der Licht eine Schwingung hoher Frequenz ($\sim 10^{14}$ Hz) ist, die sich im Vakuum mit der Geschwindigkeit $c \approx 3 \cdot 10^8\,\mathrm{m\,s^{-1}}$ ausbreitet.
2. Die geometrische Optik oder die Optik der Lichtstrahlen ist eine Näherung für sehr kleine Wellenlängen: $\lambda_0 \ll D$; D ist hierbei eine charakteristische Länge des Systems.

1.6 Aufgaben

A1.1 Komplexe Zahlen

1. Stellen Sie geometrisch die folgenden komplexen Zahlen dar ($\mathrm{i} = \sqrt{-1}$):

$$z_1 = 1 + \mathrm{i} \qquad z_2 = 2 - \mathrm{i} \qquad z_1 - z_2 \qquad \mathrm{i}z_1.$$

2. Bestimmen Sie ihre Darstellung in Polarkoordinaten.

A1.2 Matrixprodukte

Es seien die folgenden Matrizen gegeben:

$$A = \begin{bmatrix} 2 & -1 \\ 0 & 0,5 \end{bmatrix}; \qquad B = \begin{bmatrix} 1 & -1 \\ -3 & 4 \end{bmatrix}$$

$$C = \begin{bmatrix} -1 & 2 \\ 0 & -1 \end{bmatrix}; \qquad D = \begin{bmatrix} 0 \\ 1 \end{bmatrix}.$$

Berechnen Sie die Produkte AB, BA, AC, CA und AD. Welche Folgerungen ergeben sich daraus bezüglich der Vertauschbarkeit der Matrixmultiplikation sowie für die Determinanten von Matrixprodukten?

A1.3 Kegelschnitte
Stellen Sie die durch die folgenden Gleichungen in kartesischen Koordinaten charakterisierten Kegelschnitte dar:

$$y = 0,4x^2 \qquad \frac{x^2}{16} + \frac{y^2}{9} = 1 \qquad \frac{x^2}{16} - \frac{y^2}{9} = 1.$$

Wählen Sie als Einheit cm. Ermitteln Sie die Brennpunkte und die Darstellung in Polarkoordinaten der gegebenen Gleichungen.

A1.4 Scheinbarer Durchmesser oder Winkeldurchmesser
Berechnen Sie, im Bogenmaß, die mittleren Winkeldurchmesser θ der Planeten, gesehen von der Erde. Benutzen Sie die folgende Tabelle mit den Abständen d^* zur Sonne sowie den Radien r^* (die Größen sind relativ zum Sonne–Erde-Abstand $SE \approx 150 \cdot 10^6$ km bzw. zum Erdradius $R \approx 6400$ km gegeben):

	Mer.	Ven.	Erde	Mars	Jup.	Sat.	Ura.	Nep.	Plu.
d^*	0,39	0,72	1	1,52	5,2	9,56	19,2	30,1	39,75
r^*	0,39	0,97	1	0,53	11	9	4	3,5	0,45

A1.5 Frequenz und Energie der sichtbaren Strahlung
Der Bereich der sichtbaren Strahlung ist ungefähr gegeben durch:

$$400\,\text{nm} \leq \lambda_0 \leq 750\,\text{nm},$$

wobei λ_0 die Wellenlänge im Vakuum ist.

1. Berechnen Sie in Hertz (Hz) bzw. Elektronenvolt (eV) den entsprechenden Frequenz- bzw. Energiebereich!
2. Welches ist der Bereich für die Wellenlänge λ_n in Wasser ($n = 1{,}33$)?

A1.6 Näherung sehr kleiner Wellenlängen

1. Geben Sie eine Größenordnung für den charakteristischen Winkel θ bei der Beugung eines Laserstrahls ($\lambda_0 = 632{,}8$ nm) an Blenden mit Durchmessern $D = 5$ cm und $D = 5\,\mu$m an!
2. Führen Sie dasselbe für Elektronen eines Elektronenmikroskops mit der Potentialdifferenz 80 kV durch! Berechnen Sie hierzu nichtrelativistisch die Wellenlänge des Elektronenstrahls, der durch diese Spannung beschleunigt wird.

A1.7 Huygenssche Konstruktion
Betrachten Sie eine ebene Grenzfläche zwischen zwei homogenen Medien mit Brechungsindizes $n_1 = 1{,}33$ und $n_2 = 1$.

Konstruieren Sie die gebrochenen Strahlen für die Einfallswinkel 30° sowie 60°!

Geometrische Optik

2 Das Fermatsche Prinzip und seine Konsequenzen

Das Prinzip von Fermat ermöglicht eine Darstellung der Optik von Lichtstrahlen in isotropen Medien, die *unabhängig* von der Wellennatur des Lichtes ist. Es wurde 1657 von P. de Fermat in der folgenden Form formuliert: «Das Licht bewegt sich zwischen zwei Punkten auf dem Weg, für dessen Zurücklegung die Zeit minimal wird».

In moderner Formulierung wird das Konzept des optischen Weges als Maß für die Dauer der Lichtausbreitung entlang eines zurückgelegten Weges eingeführt. Gleichzeitig wird die Forderung nach der „minimalen“ Zeit abgeschwächt durch die Forderung nach der „stationären“ Zeit.

2.1 Das Fermatsche Prinzip

2.1.1 Optischer Weg entlang einer beliebigen Kurve

Der optische Weg zwischen zwei benachbarten Punkten im Abstand $\mathrm{d}s$ ist auf einer *beliebigen Kurve* C definiert als $\mathrm{d}L = n\mathrm{d}s$, mit n als dem Brechungsindex des Mediums am betrachteten Punkt. Die optische Weglänge zwischen zwei Punkten A und B dieser Kurve ist also durch das Kurvenintegral

$$L(AB) = \int_{AB} n\mathrm{d}s$$

gegeben. Dieses Integral über eine vom Licht zurückgelegte Bahnkurve ist wegen $n = c/v$ (v ist die Lichtgeschwindigkeit im Medium) offensichtlich proportional zu der Zeit, die das Licht für diesen Weg benötigt.

2.1.2 Stationärer Lichtweg

Es seien A und B zwei vom Licht passierte Punkte und C ein Weg zwischen diesen Punkten, der *nicht* von vornherein der vom Licht zurückgelegte Weg sein muß.

Verformen wir nun $\mathcal{C}$ in die Kurve $\mathcal{C}'$, indem wir an jedem Punkt M von $\mathcal{C}$ eine kleine Verschiebung $\delta\boldsymbol{M}$ mit den Randbedingungen $\delta\boldsymbol{A} = \delta\boldsymbol{B} = \boldsymbol{0}$ durchführen (Abbildung 2.1)!

Man bezeichnet die entlang $\mathcal{C}$ berechnete Weglänge L als *stationär*, wenn die Größe $\delta L \equiv L' - L$ infinitesimal klein gegenüber dem größten Wert von $|\delta\boldsymbol{M}|$ ist, d. h. die optische Weglänge bleibt für kleine Variationen des Weges konstant.

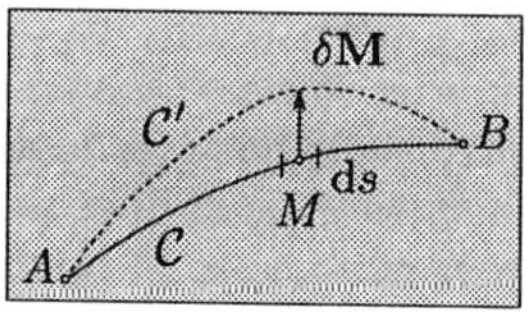

Abb. 2.1

2.1.3 Formulierung des Prinzips

Fermatsches Prinzip: Zwischen zwei Punkten A und B ist der optische Weg, der vom Licht zurückgelegt wird, stationär.

Bemerkung: Die Forderung der Stationarität des optischen Weges ist allgemeiner als die ursprüngliche Formulierung von Fermat, die ein Minimumprinzip war. Die oben gegebene Form ermöglicht die Behandlung physikalischer Besonderheiten, die bei Unstetigkeiten (wie z. B. Grenzflächen) auftreten können. So kann ein von dem Punkt A ausgehender Lichtstrahl, der an einem Spiegel reflektiert wird und sich zum Punkt B bewegt, auf verschiedene Weise die Stationaritätsbedingung des verallgemeinerten Fermatschen Prinzips erfüllen:

1. als Sattelpunkt, wenn der Spiegel ein Ellipsoid mit Brennpunkten A und B ist, denn die Gesamtheit der Punkte I, für die $L(AB) = \text{const}$ gilt, ist ein Ellipsoid, dessen Brennpunkte A und B sind (Abbildung 2.2a),
2. als Maximum, wenn der Spiegel eine *ausgeprägtere* Krümmung besitzt als das Ellipsoid (Abbildung 2.2b),
3. als Minimum, wenn der Spiegel eine *geringere* Krümmung besitzt als das Ellipsoid (Abbildung 2.2c).

Die Existenz dieser drei Möglichkeiten ergibt sich aus der folgenden Eigenheit: Tatsächlich passieren nämlich zwei Strahlen die Punkte A und B, der eine wird vom Spiegel reflektiert und der zweite verläuft direkt von A nach B.

Merken wir uns, daß in Abwesenheit einer Unstetigkeit, also im Fall des kontinuierlichen Mediums (siehe Kapitel 17), die Lichtstrahlen das *Minimum* von L realisieren.

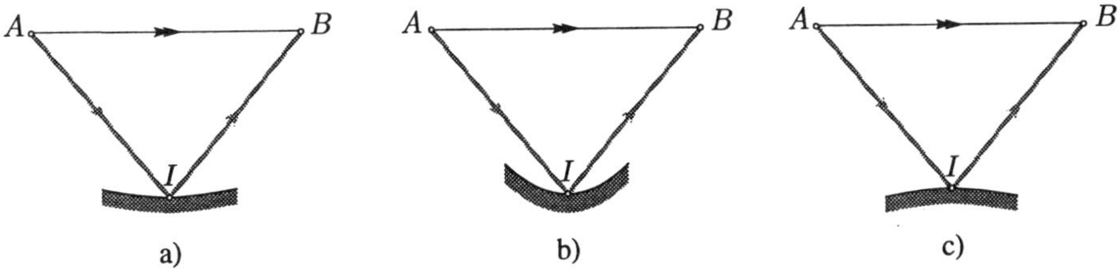

Abb. 2.2

Die obige Formulierung basiert auf einem *Extremalprinzip* im Unterschied zu der üblichen Form, wie sie z. B. die Newtonsche Bewegungsgleichung $\boldsymbol{F} = \mathrm{d}\boldsymbol{p}/\mathrm{d}t$ hat. In dieser Bewegungsgleichung unterscheidet man eindeutig zwischen der Kraft als der Ursache der Bewegung einerseits und der Wirkung auf die Bewegungsgröße ($\boldsymbol{p}$ in unserem Beispiel) andererseits. Es existiert auch eine Formulierung dieses Bewegungsgesetzes als Extremalprinzip: Sie ist bekannt unter dem Namen Euler-Lagrangesches Variationsprinzip oder Maupertiussches Variationsprinzip. Nach diesem Prinzip ist die Bahnkurve eines Teilchens konstanter Energie diejenige, die das Integral

$$L(AB) = \int_{AB} p\mathrm{d}s$$

minimiert. Angesichts dieser Analogie zwischen der Mechanik und der Optik erkennt man, daß die Bewegungsgröße $\boldsymbol{p}$ dem Brechungsindex n entspricht. Wir werden im Kapitel 17 auf diese Analogie zurückkommen.

Bemerkung: In diesem Zusammenhang haben einige Autoren vorgeschlagen, die geometrische Optik wie die Mechanik auf der Grundlage von kanonischen (Hamiltonschen) Gleichungen, die sich aus der Formulierung des Fermatschen Prinzips als Extremalprinzip ergeben, darzustellen. Wir haben auf eine solche abstrakte Darstellung der Optik bewußt verzichtet. Um die Analogie zwischen Mechanik und Optik zu unterstreichen, werden wir aber ein wenig später das grundlegende Gesetz der Optik in einer Form einführen, die an die Newtonsche Bewegungsgleichung der Mechanik erinnert.

Um dem Fermatschen Prinzip einen physikalischen Sinn zu geben, betrachten wir einen Lichtstrahl, der zwei benachbarte Punkte A und B verbindet, die in einem isotropen Medium liegen mögen. Weiterhin betrachten wir die Wellenflächen zweier benachbarter Wellen Σ_A und Σ_B, die jeweils einen dieser Punkte passieren (Abbildung 2.3). Der Lichtstrahl durchläuft einen minimalen optischen Weg nds, wenn er orthogonal auf Σ_A und Σ_B steht. Die wellenoptische Grundlage des Fermatschen Prinzips in einem isotropen Medium ist daher *die Orthogonalität des Lichtstrahls zu den Wellenflächen.*

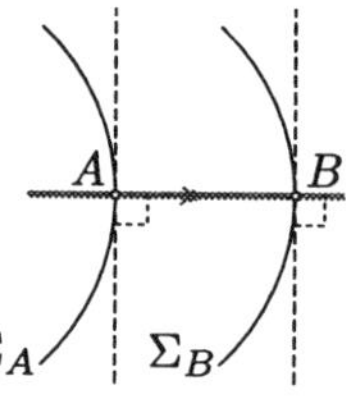

Abb. 2.3

Später werden wir den Satz von Malus-Dupin einführen, der zeigt, daß das Fermatsche Prinzip umgekehrt die Orthogonalität der Lichtstrahlen zu der Wellenfläche impliziert.

2.2 Naheliegende Folgerungen

2.2.1 Geradlinige Ausbreitung in einem homogenen Medium

Ein homogenes Medium ist durch einen *einheitlichen* Brechungsindex charakterisiert. Damit folgt:

$$L = \int_{AB} n ds = n\widehat{AB}. \tag{2.1}$$

L ist minimal, wenn die Kurve $\widehat{AB}$ mit der Geraden zwischen A und B zusammenfällt. *In einem homogenen Medium breitet sich das Licht geradlinig aus.*

Bemerkung: Für die meisten Erfordernisse in der Optik genügt das Studium von homogenen bzw. stückweise homogenen Medien; die Lichtstrahlen können dann durch gebrochene Linien dargestellt werden. Der Fall des inhomogenen Mediums wird später behandelt (siehe Abschnitt 1.3.3 und Kapitel 17). Dieser ist sowohl von grundsätzlichem Interesse, da er die Analogie zwischen Optik und Mechanik aufzeigt, als auch von praktischem Interesse (Elektronenmikroskop, Linsen und optische Fasern mit Brechzahlgradienten).

2.2.2 Umgekehrte Bewegungsrichtung des Lichtes

Betrachten wir einen krummlinigen Lichtstrahl in einem inhomogenen Medium, der zwei Punkte A und B verbindet. Die optische Weglänge $L(AB)$ hat die Form

$$L(AB) = \int\limits_{AB} n\mathrm{d}s \int\limits_{BA} n(-\mathrm{d}s) = \int\limits_{BA} n\mathrm{d}s', \tag{2.2}$$

wenn $\mathrm{d}s' = -\mathrm{d}s$ das Kurvenelement der Kurve von B in Richtung A bezeichnet. Daher gilt:

$$L(AB) = L(BA). \tag{2.3}$$

Da $L(AB)$ stationär ist, ist es $L(BA)$ auch. Das bedeutet, der vom Licht passierte Weg *hängt nicht von der Ausbreitungsrichtung des Lichtes ab.*

2.3 Die Gesetze von Snellius

Diese Gesetze wurden von W. Snellius 1621 gefunden und von R. Descartes 1637 neu entdeckt. Sie werden daher manchmal auch Snellius-Descartessche Gesetze genannt. Sie beschreiben die Richtungsänderung eines geradlinigen Lichtstrahls mittels Reflexion oder Brechung an einer Grenzfläche zwischen zwei homogenen Medien.

Für die Ableitung dieser Gesetze aus dem Fermatschen Prinzip, ist es günstig, zuvor das Differential eines geradlinigen optischen Weges einzuführen.

2.3.1 Differential eines geradlinigen optischen Weges

Die Länge des Abschnitts AB kann auch als $AB = \boldsymbol{u} \cdot \boldsymbol{AB} = \boldsymbol{u} \cdot (\boldsymbol{B} - \boldsymbol{A})$ geschrieben werden[1], wobei $\boldsymbol{u}$ der von A nach B weisende Einheitsvektor ist:

$$\begin{aligned} L(AB) &= nAB \\ &= n\boldsymbol{u} \cdot \boldsymbol{AB}. \end{aligned} \tag{2.4}$$

[1]Im weiteren verwenden wir folgende Definitionen für die Bezeichnung einer Strecke: Der von A nach B weisende Vektor wird mit $\boldsymbol{AB}$ bezeichnet und ist einfach der Differenzvektor $\boldsymbol{B} - \boldsymbol{A}$. Der Betrag dieses Vektors wird mit AB bezeichnet. Das Skalarprodukt zwischen zwei Vektoren wird dagegen mit einem Punkt „·“ angedeutet.

Variieren wir die Endpunkte der Strecke AB um $\mathrm{d}\boldsymbol{A}$ bzw. $\mathrm{d}\boldsymbol{B}$, ergibt sich die Variation $\mathrm{d}L(AB)$ der Weglänge $L(AB)$ zu

$$\begin{aligned}\mathrm{d}L(AB) &= n\mathrm{d}(\boldsymbol{u}\cdot\boldsymbol{AB})\\ &= n\,\boldsymbol{AB}\cdot\mathrm{d}\boldsymbol{u} + n\,\boldsymbol{u}\cdot\mathrm{d}(\boldsymbol{AB})\\ &= n\,AB\,\boldsymbol{u}\cdot\mathrm{d}\boldsymbol{u} + n\boldsymbol{u}\cdot(\mathrm{d}\boldsymbol{B}-\mathrm{d}\boldsymbol{A}).\end{aligned} \tag{2.5}$$

Da $\boldsymbol{u}$ ein Einheitsvektor ist, gilt $\boldsymbol{u}\cdot\boldsymbol{u} = u^2 = 1$ und $\mathrm{d}(\boldsymbol{u}\cdot\boldsymbol{u}) = 2\boldsymbol{u}\cdot\mathrm{d}\boldsymbol{u} = 0$. Wir erhalten so das Differential eines geradlinigen optischen Weges:

$$\boxed{\mathrm{d}L(AB) = n\boldsymbol{u}\cdot(\mathrm{d}\boldsymbol{B}-\mathrm{d}\boldsymbol{A}).} \tag{2.6}$$

2.3.2 Vektorielle Form der Gesetze von Snellius

Betrachten wir eine Grenzfläche, die zwei homogene Medien mit verschiedenen Brechungsindizes n_1 und n_2 trennt, und einen Lichtstrahl, der im Punkt I auf die Grenzfläche trifft (Abbildung 2.4).

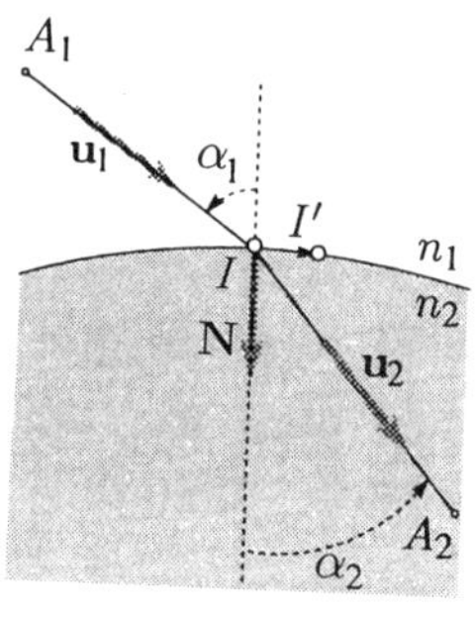

Abb. 2.4

Zwischen den Punkten A_1 und A_2, die jeweils im Medium 1 bzw. 2 liegen, ergibt sich der optische Weg zu:

$$L(A_1A_2) = n_1A_1I + n_2IA_2. \tag{2.7}$$

Wir wenden nun das Fermatsche Prinzip an, indem wir die Bahnkurve A_1IA_2 nach $A_1I'A_2$ verformen. Die Variation des optischen Weges ist entsprechend:

$$\begin{aligned}\delta L &= n_1\boldsymbol{u}_1\cdot\delta\boldsymbol{I} - n_2\boldsymbol{u}_2\cdot\delta\boldsymbol{I}\\ &= -\delta\boldsymbol{I}\cdot(n_2\boldsymbol{u}_2 - n_1\boldsymbol{u}_1),\end{aligned} \tag{2.8}$$

$\boldsymbol{u}_1$ und $\boldsymbol{u}_2$ sind die Einheitsvektoren des einfallenden und des gebrochenen Strahls und $\delta \boldsymbol{I} = \boldsymbol{I}'\boldsymbol{I}$.

Da δL wie $|\delta \boldsymbol{I}|^2$ gegen null geht, ist $n_2\boldsymbol{u}_2 - n_1\boldsymbol{u}_1$ kollinear zu der Grenzflächennormalen, dem Einheitsvektor $\boldsymbol{N}$ (a reell). Dieses führt zu der vektoriellen Form des Snelliusschen Gesetzes:

$$\boxed{n_2\boldsymbol{u}_2 - n_1\boldsymbol{u}_1 = a\boldsymbol{N}.} \tag{2.9}$$

2.3.3 Strahlengleichung der geometrischen Optik

Die vektorielle Formulierung des Gesetzes von Snellius (Gleichung (2.9)) ermöglicht die Aufstellung einer Differentialgleichung zur Beschreibung des Weges eines Lichtstrahls in einem *inhomogenen* Medium. Betrachten wir in einem solchen Medium eine Fläche gleichen Brechungsindexes und wenden die obige Formel auf zwei Punkte beiderseits dieser Fläche an. Das Snelliussche Gesetz nimmt in diesem Fall die Form $\mathrm{d}(n\boldsymbol{u}) = a\boldsymbol{N}$ an. Da $\boldsymbol{N}$ und $\operatorname{grad} n$ kollinear sind, erhalten wir

$$\mathrm{d}(n\boldsymbol{u}) = a' \operatorname{grad} n. \tag{2.10}$$

Zur Bestimmung von a' schreiben wir ausführlich $\boldsymbol{u}\mathrm{d}n + n\mathrm{d}\boldsymbol{u} = a'\operatorname{grad} n$, multiplizieren auf beiden Seiten mit $\boldsymbol{u} = \mathrm{d}\boldsymbol{r}/\mathrm{d}s$ und erhalten unter Beachtung von $\mathrm{d}n = \operatorname{grad} n \cdot \mathrm{d}\boldsymbol{r}$:

$$\mathrm{d}n + 0 = a' \operatorname{grad} n \cdot \frac{\mathrm{d}\boldsymbol{r}}{\mathrm{d}s} = a' \frac{\mathrm{d}n}{\mathrm{d}s}.$$

Daraus folgt $a' = \mathrm{d}s$ und somit die Differentialgleichung

$$\boxed{\frac{\mathrm{d}(n\boldsymbol{u})}{\mathrm{d}s} = \operatorname{grad} n.} \tag{2.11}$$

Diese Gleichung, die sogenannte *Strahlengleichung*, kann als das grundlegende Gesetz der geometrischen Optik betrachtet werden. Sie ist dem Fermatschen Prinzip äquivalent und entspricht formal dem Newtonsschen Bewegungsgesetz der Punktmechanik.

Sie ist sehr nützlich für die Bestimmung des Strahlengangs im inhomogenen Medium, etwa in Linsen und optischen Fasern mit Brechungsindexgradienten („Gradientenoptik"), und zur Erklärung bestimmter Phänomene wie der atmosphärischen Aberration des Sternenlichtes oder der Luftspiegelungen (siehe Kapitel 17).

2.3.4 Die Brechungsgesetze

Aus dem vektoriellen Snelliusschen Gesetz (2.9) folgen die Brechungsgesetze:
Erstes Brechungsgesetz:
Wegen $\boldsymbol{u}_2 = (n_1\boldsymbol{u}_1 + a\boldsymbol{N})/n_2$ liegt der gebrochene Strahl, der durch den Vektor $\boldsymbol{u}_2$ beschrieben wird, in der von den Vektoren $\boldsymbol{u}_1$ und $\boldsymbol{N}$ gebildeten Ebene, der sogenannten *Einfallsebene.*
Zweites Brechungsgesetz:
Bilden wir das linksseitige Kreuzprodukt von $\boldsymbol{N}$ mit der vektoriellen Form des Snelliusschen Gesetzes, erhalten wir: $n_2(\boldsymbol{N} \times \boldsymbol{u}_2) = n_1(\boldsymbol{N} \times \boldsymbol{u}_1)$. Definieren wir den Einfallswinkel α_1 als den von $\boldsymbol{N}$ und $\boldsymbol{u}_1$ eingeschlossenen Winkel und den Brechungswinkel α_2 als den von $\boldsymbol{N}$ und $\boldsymbol{u}_2$ eingeschlossenen Winkel, erhalten wir das Snelliussche Brechungsgesetz:

$$\boxed{n_1 \sin\alpha_1 = n_2 \sin\alpha_2.} \tag{2.12}$$

2.3.5 Die Reflexionsgesetze

Da die Vektorrelation (2.9) allgemein gilt, können wir sowohl A_1 als auch A_2 im selben Medium 1 mit Brechungsindex n_1 annehmen, d. h. der Strahl wird am Punkt I reflektiert (Abbildung 2.5). Damit gelangen wir zu den Reflexionsgesetzen.
Erstes Reflexionsgesetz:
Wegen $\boldsymbol{u}_2 = \boldsymbol{u}_1 + (a/n_1)\boldsymbol{N}$ befindet sich der reflektierte Strahl in der Einfallsebene.
Zweites Reflexionsgesetz:
Nach Bildung des linksseitigen Kreuzproduktes mit Gleichung (2.9), erhalten wir $\boldsymbol{N} \times \boldsymbol{u}_2 = \boldsymbol{N} \times \boldsymbol{u}_1$. Definieren wir den Reflexionswinkel α_2 als Winkel zwischen $\boldsymbol{N}$ und $\boldsymbol{u}_2$, erhalten wir: $-\sin\alpha_2 = \sin\alpha_1$. Daraus folgt für den hier angenommenen Winkelbereich von $-\pi/2$ bis $\pi/2$:

$$\boxed{\alpha_2 = -\alpha_1.} \tag{2.13}$$

Der Einfalls- und Reflexionswinkel sind dem Betrage nach gleich.

Bemerkung: Formal ergeben sich die Reflexionsgesetze aus denen der Brechung durch die Ersetzung $n_2 = -n_1$, was einer Umkehrung des Bewegungsrichtung des Lichtes entspricht.

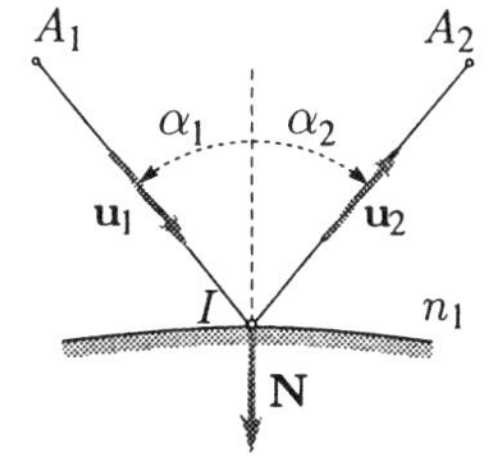

Abb. 2.5

2.3.6 Grenzwinkel und Totalreflexion

Aus dem zweiten Brechungsgesetz $n_1 \sin\alpha_1 = n_2 \sin\alpha_2$ erhalten wir mit

$$-1 \leq \sin\alpha_1 \leq 1$$

die Ungleichungen

$$-\frac{n_1}{n_2} \leq \sin\alpha_2 \leq \frac{n_1}{n_2}. \tag{2.14}$$

Daraus folgt für die Winkel α_1 und α_2

$$-\pi/2 \leq \alpha_1 \leq \pi/2 \qquad \text{und} \qquad -\gamma \leq \alpha_2 \leq \gamma, \tag{2.15}$$

wobei γ der *Grenzwinkel* ist, definiert durch

$$\boxed{\sin\gamma = \frac{n_1}{n_2}.} \tag{2.16}$$

Wir können zwei Fälle unterscheiden:

1. Der Strahl tritt in ein *optisch dichteres Medium* ein ($n_1 < n_2$) und wird für *jeden* Einfallswinkel gebrochen. Bei einem Einfallswinkel von $\pi/2$ ergibt sich der Brechungswinkel zu $\sin\gamma = n_1/n_2$ (Abbildung 2.6a).

   Beispiele: Grenzfläche Wasser/Luft: $\sin\gamma \approx 1/1,33$ oder $\gamma \approx 49°$, Grenzfläche Luft/Glas $\sin\gamma \approx 1/1,5$ oder $\gamma \approx 42°$.
2. Der Strahl bewegt sich in ein *optisch dünneres Medium* ($n_1 > n_2$) hinein. Ist der Einfallswinkel *kleiner oder gleich* γ, wird der Strahl gebrochen, wie es der Weg in umgekehrter Richtung nahelegt. Ist er jedoch größer γ, erfolgt *keine Brechung*: Es liegt *Totalreflexion* vor (Abbildung 2.6b).

   Diese Eigenschaft wird bei totalreflektierenden Prismen verwendet, deren Schnitt ein gleichschenkliges rechtwinkliges Dreieck ist. Die Hypothenuse verhält sich wie ein Spiegel, da der Einfallswinkel von 45° größer als der

Grenzwinkel von ca. 42° ist (Abbildung 2.6c). Dieses Prinzip erlaubt es, Prismen als Spiegel mit geringer Empfindlichkeit der spiegelnden Oberfläche einzusetzen.

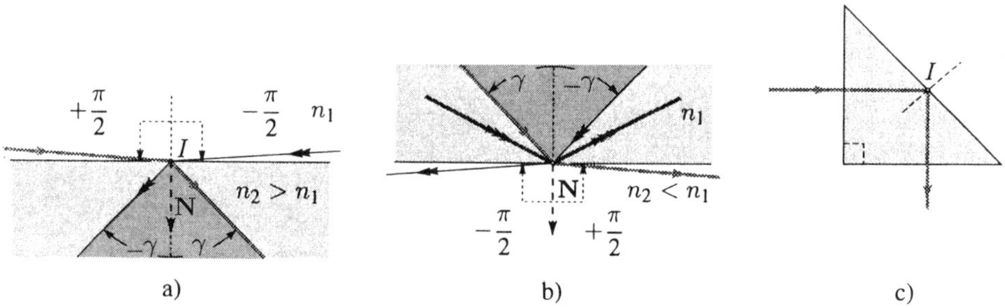

Abb. 2.6

2.3.7 Konstruktion des gebrochenen Strahls

Die Relation (2.12) ermöglicht es, den an einer ebenen Grenzfläche $\mathcal{S}$ gebrochenen Strahl zu konstruieren (Abbildung 2.7a).

Dazu schlagen wir zwei Kreise $\mathcal{C}_1$ und $\mathcal{C}_2$ um den Einfallspunkt I des Lichtstrahls auf die Grenzfläche, deren Radien die Länge der Brechungsindizes n_1 und n_2 haben. Die Verlängerung des einfallenden Strahles schneidet den kleineren Kreis $\mathcal{C}_1$ in M_1. Von hier fällen wir das Lot M_1H auf die Grenzfläche $\mathcal{S}$ und verlängern es rückwärts bis zu dem Schnittpunkt M_2 mit dem großen Kreis $\mathcal{C}_2$. Dann ist der gebrochene Strahl IM_2, da für die Dreiecke IHM_1 und IHM_2 gilt: $IH = n_1 \sin\alpha_1 = n_2 \sin\alpha_2$.

Für den Fall $n_1 > n_2$ (Abbildung 2.7b) schneidet die Senkrechte M_1H den Kreis $\mathcal{C}_2$ nicht, wenn der Einfallswinkel zu groß ist ($\alpha_1 > \arcsin(n_2/n_1)$). Es erfolgt Totalreflexion.

2.3.8 Brechung im Prisma: Prismenformeln

Das Prisma ist ein brechendes, transparentes, homogenes und isotropes Medium, das durch zwei, einen Flächenwinkel bildende, ebene Grenzflächen begrenzt wird (Abbildung 2.8). Es wird vor allem zur Änderung der Bewegungsrichtung von Licht verwendet.

Die Ebene der Abbildung 2.8, senkrecht zu der *brechenden Kante* des Prismas, ist eine *Hauptschnittebene*. Der Winkel θ wird *brechender Winkel*

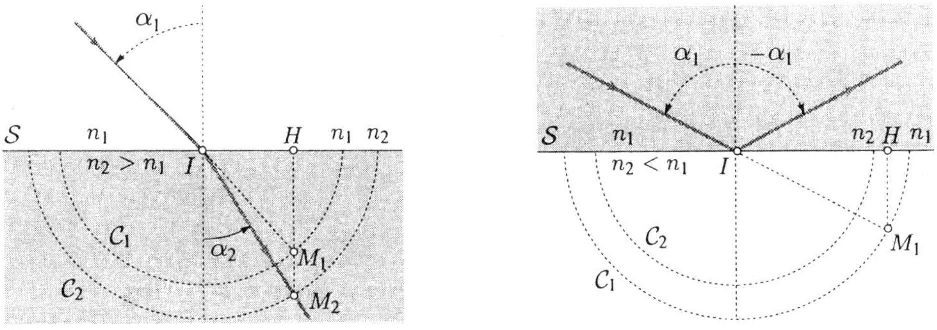

a) b)

Abb. 2.7

(*Prismenwinkel*) genannt. Wir wollen die Prismenformeln für den häufigsten Fall, bei dem das Prisma mit Brechungsindex n von Luft umgeben ist und die Lichtstrahlen in der Hauptschnittebene liegen, aufstellen.

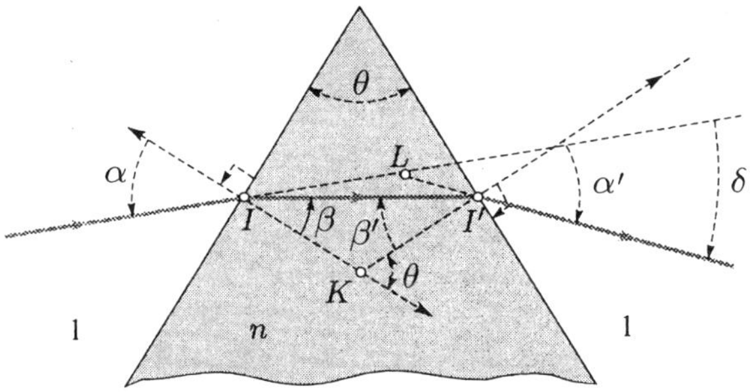

Abb. 2.8

Wir definieren sowohl die Einfallswinkel α und β als auch die Austrittswinkel α' und β' und die Ablenkung δ immer als positive Größen, indem wir das Lot auf die Grenzflächen zwischen Lichtstrahl und Spitze S legen. Es folgt dann zum einen aus den Brechungsgesetzen

$$\sin\alpha = n\sin\beta \tag{2.17}$$

und

$$\sin\alpha' = n\sin\beta' \tag{2.18}$$

am Eingang und Ausgang des Prismas. Zum anderen gilt für die Dreiecke IKI' und ILI'

$$\theta = \beta + \beta' \tag{2.19}$$

und

$$\delta = (\alpha - \beta) + (\alpha' - \beta') = \alpha + \alpha' - \theta. \tag{2.20}$$

Für den Fall kleiner Winkel ($\sin x \approx x$) vereinfacht sich die Ablenkung δ zu

$$\delta \approx n\beta + nb\beta' - \theta = (n-1)\theta. \tag{2.21}$$

2.4 Der Satz von Malus-Dupin

Dieser Satz ist von E. Malus 1808 formuliert und von A. Dupin 1816 verallgemeinert worden. Er überträgt die Eigenschaft der Lichtstrahlen im Vakuum, senkrecht auf den Wellenflächen zu stehen, auf gebrochene oder reflektierte Lichtstrahlen in einem *isotropen* Medium.

Betrachten wir zuerst einen Lichtstrahl, der von A ausgesandt wird und auf eine Grenzfläche $\mathcal{S}_1$ im Punkt I_1 trifft (Abbildung 2.9). Er passiert im Medium 2 einen Punkt B, der Element der Wellenfläche Σ ist. Ein weiterer Lichtstrahl, der ebenfalls von A kommt und dem ersten benachbart ist, trifft im Punkt I_1' auf die Grenzfläche. Im Medium 2 passiert er den Punkt B', der auch Teil von Σ ist. Wir ermitteln nun die Differenz der optischen Weglänge $\Delta L = (AI_1'B') - (AI_1B)$. Da $L = n_1 AI_1 + n_2 I_1 B$ ist, ergibt sich:

$$\begin{aligned} \Delta L &= n_1 \boldsymbol{u}_1 \cdot (\Delta \boldsymbol{I}_1 - \Delta \boldsymbol{A}) + n_2 \boldsymbol{u}_2 \cdot (\Delta \boldsymbol{B} - \Delta \boldsymbol{I}_1) \\ &= -(n_2 \boldsymbol{u}_2 - n_1 \boldsymbol{u}_1) \cdot \Delta \boldsymbol{I}_1 + n_2 \boldsymbol{u}_2 \cdot \Delta \boldsymbol{B} \end{aligned} \tag{2.22}$$

wegen $\Delta \boldsymbol{A} = 0$. Da $n_2 \boldsymbol{u}_2 - n_1 \boldsymbol{u}_1 = a\boldsymbol{N}$ gilt und $\Delta \boldsymbol{I}_1 = \boldsymbol{I}_1 \boldsymbol{I}_1'$ senkrecht zu $\boldsymbol{N}$ ist, folgt

$$\Delta L = n_2 \boldsymbol{u}_2 \cdot \Delta \boldsymbol{B}. \tag{2.23}$$

Aber Σ ist ebenso eine Wellenfläche wie A, das als Wellenfläche einer Punktquelle aufgefaßt werden kann. Daher muß der optische Weg der beiden betrachteten Lichtstrahlen derselbe sein. Folglich ist $\Delta L = 0$, so daß $\Delta \boldsymbol{B} = \boldsymbol{B} - \boldsymbol{B}'$ senkrecht zu $\boldsymbol{u}_2$ sein muß. Da $\boldsymbol{B}$ und $\boldsymbol{B}'$ benachbarte Punkte auf der Wellenfläche Σ sind, ist $\boldsymbol{u}_2$ senkrecht zu dieser Wellenfläche.

Dieser Beweis läßt sich ohne Schwierigkeiten auf den Fall verallgemeinern, bei dem mehrere Grenzflächen vom Strahl passiert werden. Das bedeutet: In *isotropen* Medien sind die Lichtstrahlen *senkrecht* zu den Wellenflächen.

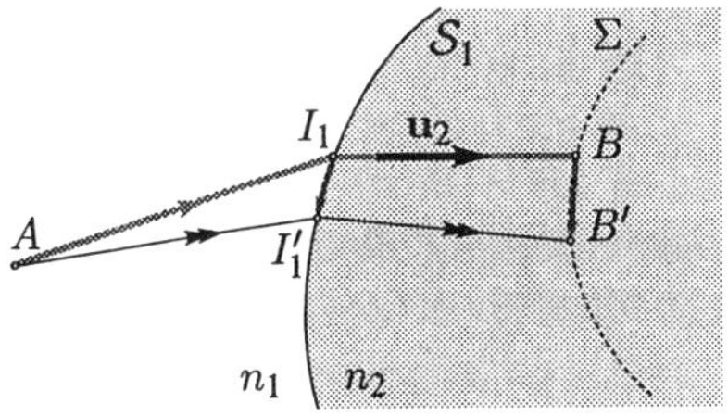

Abb. 2.9

2.5 Zusammenfassung

Es ist möglich, ausgehend vom Fermatschen Prinzip, die Gesamtheit der Gesetze der geometrischen Optik anzugeben, insbesondere das Snellius-Descartessche Gesetz in seiner vektoriellen Form

$$n_2\boldsymbol{u}_2 - n_1\boldsymbol{u}_1 = a\boldsymbol{N}.$$

Hieraus ergibt sich für den Spezialfall der Brechung die bekannte Formel $n_1 \sin\alpha_1 = n_2 \sin\alpha_2$. Diese Gesetze sind als Extremalprinzipien formulierbar. In dieser Form wurden sie früher als sehr beunruhigend empfunden, da z. B. die Wahl des kürzesten Weges Ausdruck der Lehre: „Gott liebt die Sparsamkeit" zu sein schien.

Heute aber werden diese extremalen Formen physikalischer Gesetze vor allem als wertvolle Hilfsmittel, sowohl zur formalen Vereinheitlichung der Physik als auch zur theoretischen Analyse ihrer einzelnen Zweige, angesehen.

2.6 Fragen und Aufgaben

A2.1 Fermatsches Prinzip und Snelliussches Gesetz bei der Reflexion von Licht
Man zeige mit Hilfe des Fermatschen Prinzips *geometrisch* die Gleichheit der Beträge von Einfalls- und Reflexionswinkel an einem ebenen Spiegel. Hierzu führe man einen Punkt A' ein, der symmetrisch zu dem Punkt A bezüglich der Spiegelebene ist (Abbildung 2.10).

A2.2 Fermatsches Prinzip und Snelliussches Gesetz bei der Lichtbrechung
Man bestimme die Zeit τ, die das Licht benötigt, um von dem Punkt A_1 in einem Medium 1 zu dem Punkt A_2 in einem Medium 2 zu gelangen. Drücken Sie hierzu τ als Funktion der Koordinaten (x, y) der Grenzfläche zwischen den beiden Medien und der Lichtgeschwindigkeiten v_1, v_2 in den beiden Medien aus (Abbildung 2.11). Formulieren Sie die Bedingung für das Minimum von τ!

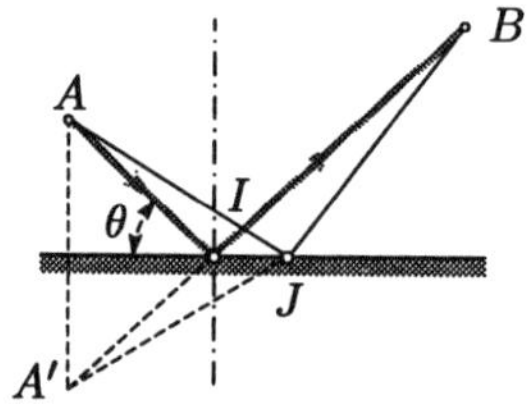

Abb. 2.10

A2.3 Planparallele Platte
Man bestimme den optischen Weglängenunterschied L zwischen dem an der oberen Fläche einer planparallelen Platte reflektierten Lichtstrahl und dem an der unteren Fläche reflektierten (Abbildung 2.12). Der Phasensprung von π, der bei der Reflexion am dichteren Medium auftritt (siehe Kapitel 20), werde hierbei nicht berücksichtigt. Der Brechungsindex der Platte beträgt $n = 1,6$, die Dicke $e = 2$ mm und der Einfallswinkel $\alpha = \pi/6$.

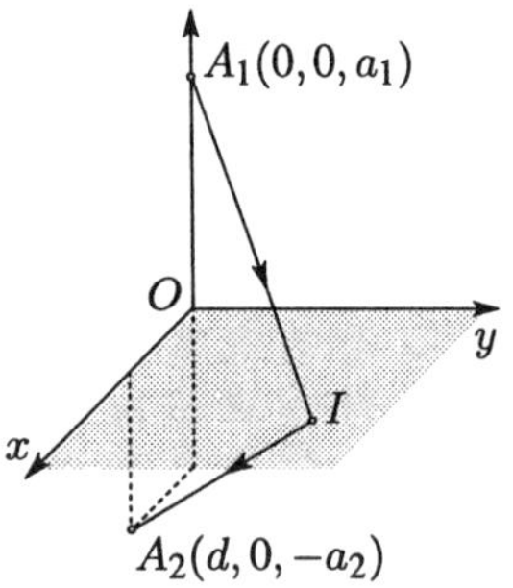

Abb. 2.11

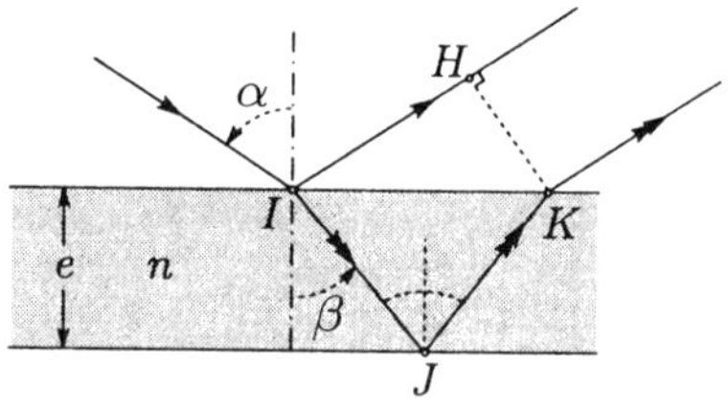

Abb. 2.12

A2.4 Konstruktion eines gebrochenen Lichtstrahls nach Descartes
Konstruieren Sie mit Hilfe des Descartesschen Verfahrens (Abschnitt 2.3.7) den an einer ebenen Grenzfläche zweier Medien gebrochenen Lichtstrahl. Das Medium, aus dem der Lichtstrahl kommt, habe den Brechungsindex n = 1,5, das Medium, in das der Strahl eintritt, den Index n = 1,33. Betrachten Sie nacheinander die beiden Einfallswinkel 30° und 65°.

A2.5 Versetzung eines Lichtstrahls nach Passieren einer planparallelen Platte

1. Wie groß ist die Versetzung Δ als Funktion des Einfallswinkels α, die ein Lichtstrahl erfährt, wenn er eine planparallele, von Luft umgebene Glasplatte der Dicke e und mit Brechungsindex n passiert? Berechnen Sie Δ für $e = 2$ mm, $n = 1{,}5$ und $\alpha = \pi/6$.
2. Wie sieht der Ausdruck für Δ bei kleinen Winkeln α aus? Ermitteln Sie daraus den Abstand zwischen Bild und Objekt!

A2.6 Die Refraktometer nach Pulfrich und Abbe
Ein Lichtstrahl, der aus einem Medium mit unbekanntem Brechungsindex N kommt, falle unter flachem Winkel auf ein Prisma (Brechungsindex n, Winkel θ). Er verläßt das Prisma

unter einem Winkel α' relativ zum Lot auf die Austrittsfläche (Abbildung 2.13). Berechnen Sie N für die beiden folgenden Fälle:

1. Refraktometer nach Pulfrich: $\theta = 90°$; $n = 1{,}732$; $\alpha' = 30°$.
2. Refraktometer nach Abbe: $\theta = 61°$; $n = 1{,}6$; $\alpha' = 15°$.

A2.7 Totalreflektierendes rechtwinkliges Prisma
Das in Abbildung 2.14 dargestellte Prisma hat einen brechenden Winkel θ von beinahe $\pi/2$. Die Winkel α_1 bzw. α_2 des eintretenden bzw. austretenden Lichtstrahls werden als klein angenommen.

Berechnen Sie die Differenz $\alpha_1 - \alpha_2$ als Funktion des Brechungsindexes n und von $\varepsilon = \theta - \pi/2$. Es seien $\varepsilon = 1'$, $n = 1{,}5$.

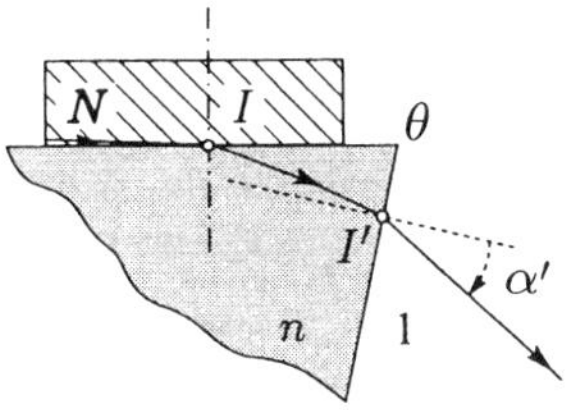

Abb. 2.13

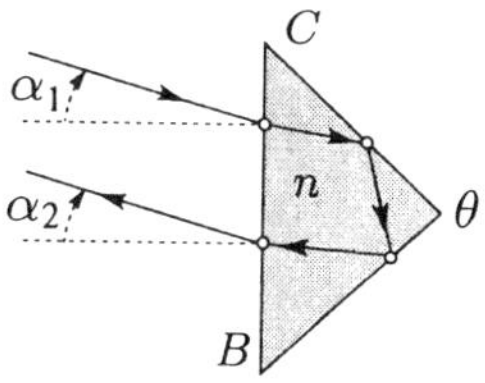

Abb. 2.14

A2.8 Rückstrahler
Rückstrahler sind optische Systeme, die aus einer Ecke eines Glaskubus gebildet werden (Abbildung 2.15). Zeigen Sie mit Hilfe der vektoriellen Form des Snelliusschen Gesetzes, daß alle einfallenden Strahlen durch Reflexion an den drei Flächen das System parallel zur Einfallsrichtung wieder verlassen!

A2.9 Beobachtung der Oberfläche einer Flüssigkeit in einem Glaszylinder
Ein Glaszylinder mit äußerem bzw. innerem Radius r_1 bzw. r_2 und mit Brechungsindex $n = 1{,}5$ sei mit Quecksilber gefüllt. Zeigen Sie, daß sich das Quecksilber ab einem bestimmten Verhältnis der beiden Radien r_1/r_2 für einen externen Beobachter im äußeren Glaszylinder zu befinden scheint!

A2.10 Vereinfachte Theorie des Regenbogens
Der Regenbogen kann durch die Reflexion des Sonnenlichtes im Inneren eines Regentropfens erklärt werden. Ein monochromatischer Lichtstrahl, Bestandteil eines Bündels weißen Lichtes, tritt in einen kugelförmigen Regentropfen mit Brechungsindex n und wird im Inneren des Tropfens reflektiert (Abbildung 2.16).

1. Wie groß ist die Ablenkung δ in Abhängigkeit vom Einfallswinkel α und dem ersten Brechungswinkel β?
2. Bestimmen Sie den Wert von $\sin\alpha$ als Funktion von n, für den die Ablenkung des einfallenden Lichtstrahls minimal ist. Berechnen Sie $\phi \equiv \pi - \delta$ für $n = 1{,}33$ (Wasser) und $n = 1{,}31$ (Eis)!
3. Die Intensität des austretenden Lichtes hat ihr Maximum, wenn die Ablenkung des eintretenden Lichtes minimal ist. Erklären Sie vor diesem Hintergrund die Bildung des Regenbogens durch weißes Licht. Hierzu nehmen wir an, daß der Brechungsindex eine

Abhängigkeit von der Wellenlänge des Lichtes besitzt, die dem Gesetz von Cauchy folgt:

$$n = n_0 + \frac{C}{\lambda_0^2},$$

wobei n_0 und C zwei positive Konstanten seien.

4. Man beobachtet häufig auch einen zweiten Regenbogen geringerer Intensität und mit gegenüber dem ersten umgekehrter Farbreihenfolge. Berechnen Sie $\varphi = \pi - \Delta$. Erklären Sie seine Bildung durch eine zweite Reflexion im Wassertropfen!

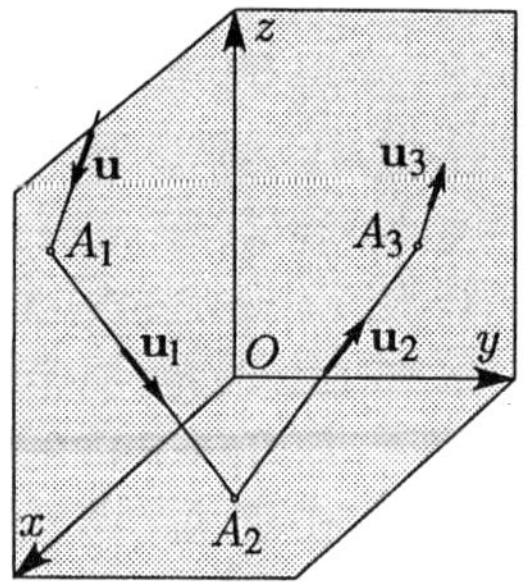

Abb. 2.15

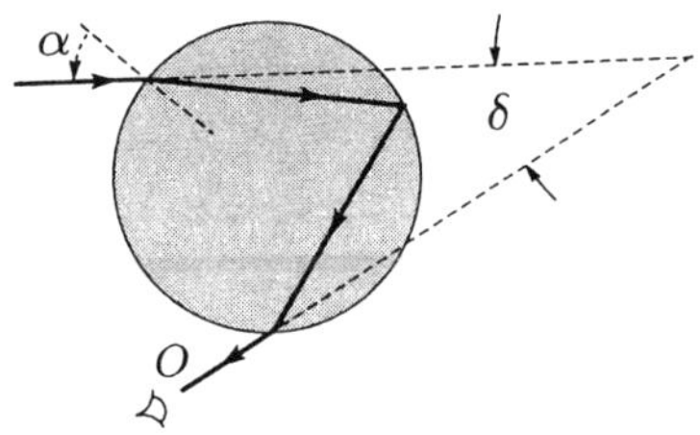

Abb. 2.16

3 Abbildungen in der geometrischen Optik

Mit Hilfe optischer Instrumente können Abbildungen, die *Bilder*, von einer Anzahl punktförmiger Lichtquellen, den sogenannten *Objekten*, erzeugt werden.

Die von jedem Punkt des Objektes ausgesandten Lichtstrahlen erfahren in den optischen Instrumenten eine Abfolge von Brechungen und Reflexionen und wechselwirken dann mit einem Detektor (Auge, photographischer Film, Photoelementen usw.).

Werden alle Lichstrahlen, die von einem Punkt A_o ausgehen, durch das optische Instrument in einem Punkt A_b gebündelt, wird A_b das zu A_o *konjugierte* Bild genannt: Das Instrument bildet den Punkt A_o *stigmatisch* oder scharf ab und wird als *absolutes optisches* Instrument bezeichnet.

Im folgenden werden wir diese ideale stigmatische Abbildung mit Hilfe des optischen Weges formulieren.

3.1 Ideale stigmatische Abbildung

3.1.1 Grundlegende Eigenschaft

Durch einen rechteckigen Kasten wollen wir ein optisches System $\mathcal{S}$ darstellen, das die Lichtstrahlen eines Punktes A_o in dem Punkt A_b zusammenführt (Abbildung 3.1). Solche Objekt- oder Bildpunkte werden *reell* genannt, da sich in ihnen *Lichtstrahlen schneiden.*

Die Menge der reellen Objektpunkte bildet den Raum der reellen Objekte; analog bildet die Menge der reellen Bildpunkte den Raum der reellen Bilder.

Da der optische Weg zwischen den Punkten A_o und A_b nach dem Fermatschen Prinzip stationär ist, muß der Wert der optischen Weglänge, die entlang der verschiedenen Lichtstrahlen zwischen diesen beiden Punkten ermittelt wird, *unabhängig vom betrachteten Lichtstrahl* sein:

$$\boxed{L(A_\mathrm{o}A_\mathrm{b}) = \text{const.}} \tag{3.1}$$

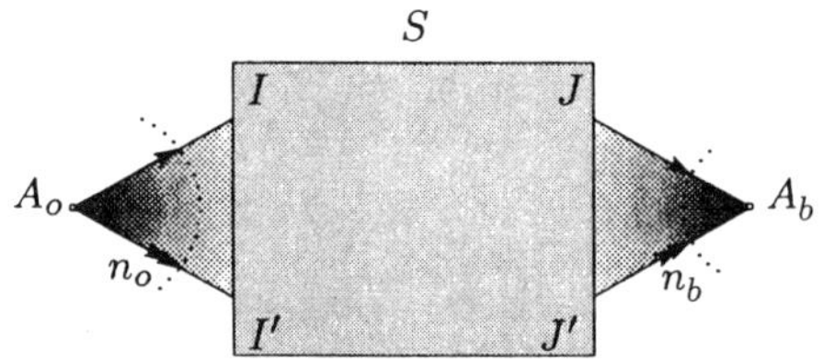

Abb. 3.1

Ausgeschrieben bedeutet dies mit n_o und n_b als Brechungsindizes der Medien der Objekte bzw. Bilder:

$$n_\mathrm{o} A_\mathrm{o} I + L(IJ) + n_\mathrm{b} J A_\mathrm{b} = \text{const.} \tag{3.2}$$

3.1.2 Erweiterung für den Fall eines virtuellen Bildes

Stellen wir uns nun vor, daß die Lichtstrahlen nicht in einem Punkt zusammengeführt werden, sondern nach Durchlaufen des Instrumentes auseinandergehen (divergieren). Da ein Beobachter am Ausgang des optischen Instrumentes bei den von ihm wahrgenommen Strahlen nur die Richtung bestimmen kann, scheinen die Lichtstrahlen für ihn vom Punkt A_b zu kommen, der in der Verlängerung der Einfallsrichtung *im Inneren* des Systems liegt. Dieses Bild wird *virtuell* genannt: A_b ist also der Schnittpunkt der *Verlängerung* der Lichtstrahlen und nicht der Lichtstrahlen selbst (Abbildung 3.2). Im Gegensatz zu einem reellen Bild kann ein virtuelles Bild nicht auf einem Schirm beobachtet werden.

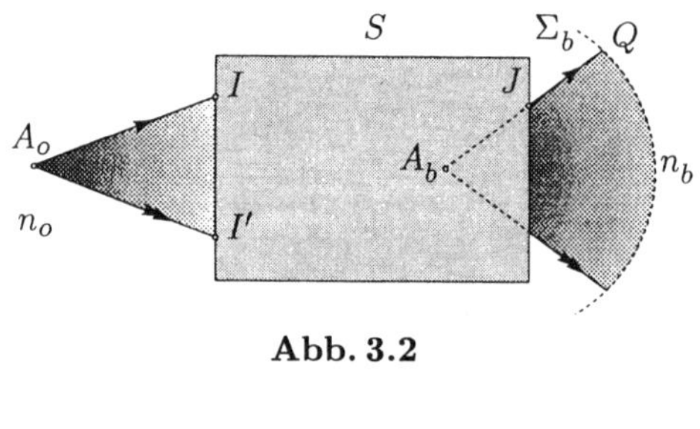

Abb. 3.2

Zwischen dem Punkt A_o und der Wellenfläche der austretenden Welle Σ hat die optische Weglänge für jeden beliebigen Strahl denselben Wert. Daher können wir schreiben:

$$L(A_\mathrm{o} Q) = n_\mathrm{o} A_\mathrm{o} I + L(IJ) + n_\mathrm{b} J Q = \text{const.} \tag{3.3}$$

Da auch die Größe $n_b A_b Q$ für alle Lichtstrahlen den gleichen Wert annimmt, ergibt sich aus Gleichung (3.3) durch Subtraktion dieser Größe:

$$L(A_o A_b) = n_b A_b Q + n_o A_b Q + L(IJ) - n_b J A_b = \text{const.} \qquad (3.4)$$

Wir eliminieren aus diesen beiden Gleichungen die Terme, in denen Q vorkommt, und erhalten so einen Ausdruck, der sowohl den reellen Fall als auch den virtuellen umfaßt. Wir definieren hierzu die Wegstrecken *in Richtung der Lichtausbreitung* als *positiv* und erhalten damit:

$$\boxed{L(\overline{A_o A_b}) = n_o \overline{A_o I} + L(\overline{IJ}) + n_b \overline{J A_b}.} \qquad (3.5)$$

Sind A_o und A_b reell, gilt: $\overline{A_o I} = A_o I$ und $\overline{J A_b} = J A_b$.
Ist A_o reell und A_b virtuell, haben wir: $\overline{A_o I} = A_o I$ und $\overline{J A_b} = -J A_b$.

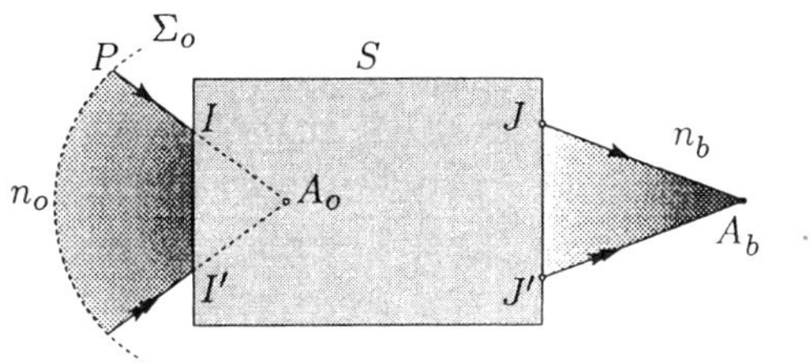

Abb. 3.3

Wir erhalten damit die Gleichungen (3.2) und (3.5). Die Ausdehnung auf den Fall eines *virtuellen Objekts* A_o, d. h. wenn A_o im Schnittpunkt der *verlängerten* Strahlen einer einfallenden sphärischen Welle liegt, ist sofort möglich. In diesem Fall erhalten wir (Abbildung 3.3):

$$L(\overline{A_o A_b}) = -n_o A_o I + L(IJ) + n_b J A_b. \qquad (3.6)$$

Die Menge der virtuellen Objektpunkte bildet den Raum der virtuellen Objekte; zusammen mit dem Raum der reellen Objekte bildet dieser den *Objektraum.*

Entsprechend bildet die Menge der virtuellen Bildpunkte den Raum der virtuellen Bilder; gemeinsam mit dem Raum der reellen Bilder ergibt sich hier der *Bildraum.*

Bemerkung: Obwohl A_b im Inneren des optischen Instruments liegt, ist es der Brechungsindex des *Austrittsmediums,* n_b, der mit der Strecke $\overline{J A_b}$ multipliziert wird. Ebenso wird der Term $\overline{I A_o}$ mit dem Brechungsindex n_o des *Eingangsmediums* multipliziert.

3.1.3 Beispiele für absolute Instrumente

Die stigmatische Abbildung in Strenge zu realisieren, ist selbst für einfache Instrumente schwierig, da die einzigen leicht herzustellenden optischen Oberflächen eben oder sphärisch sind.

Instrumente, die aus einer spiegelnden Oberfläche bestehen

Da das Medium homogen ist (Brechungsindex n), hat die optische Weglänge zwischen dem Objektpunkt A_o und dem Bildpunkt A_b die Form

$$L(\overline{A_\mathrm{o}A_\mathrm{b}}) = n(\overline{A_\mathrm{o}I} + \overline{IA_\mathrm{b}}) = \text{const}, \tag{3.7}$$

wobei I ein Punkt der spiegelnden Oberfläche ist. Die Oberfläche, die zwei Punkte stigmatisch aufeinander abbildet (stigmatische Fläche), ist also durch die Gleichung $\overline{A_\mathrm{o}I} + \overline{IA_\mathrm{b}} = \text{const}$ definiert. Dabei sind verschiedene Fälle möglich (Abbildung 3.4):

1. A_o und A_b sind *gleicher Natur*, d. h. beide sind reell oder beide sind virtuell: $A_\mathrm{o}I + IA_\mathrm{b} = \text{const}$. Die Gesamtheit der Punkte I ist ein *Rotationsellipsoid* mit Brennpunkten A_o und A_b. Diese Eigenschaft wird für Lampen hoher Intensität verwendet: Die Lichtstrahlen, welche aus der Lichtquelle A_o kommen, werden mittels Reflexion an einem Abschnitt eines ellipsoiden Spiegels auf den Punkt A_b gebündelt (Abbildung 3.4a).
2. A_o und A_b sind *verschiedener Natur:* $A_\mathrm{o}I - IA_\mathrm{b} = \text{const}$. Die Punkte I bilden einen *Rotationshyperboloiden* mit Brennpunkten A_o und A_b (Abbildung 3.4b).

   Ist die Konstante null, wird die Gesamtheit der Punkte I durch eine Ebene in der Mitte der beiden Punkte dargestellt: Das Instrument ist ein ebener Spiegel. Dieser ordnet *jedem* Objektpunkt A_o einen symmetrischen Bildpunkt A_b zu, so daß er für *alle Punkte* des Raumes ein absolutes optisches Instrument darstellt.
3. Einer der Punkte liegt im Unendlichen (z. B. A_o). Da der optische Weg zwischen den Punkten A_o und A_b unendlich lang ist, ermitteln wir die stigmatische Fläche hier anders: Wir wählen einen Punkt Q aus einer beliebigen Wellenfläche Σ einer einfallenden ebenen Welle und betrachten den optischen Weg zwischen Q und A_b. Wir erhalten:

   $$L(QA_\mathrm{b}) = n(\overline{QI} + \overline{IA_\mathrm{b}}) = \text{const}$$

   oder

   $$(\overline{QI} - \text{const}) + \overline{IA_\mathrm{b}} = 0. \tag{3.8}$$

Indem wir $\overline{QI} - \text{const} = \overline{Q_0 I}$ setzen, was der Wahl einer anderen Wellenfläche Σ_0, parallel zu Σ entspricht, ergibt sich:

$$\overline{Q_0 I} + \overline{I A_\text{b}} = 0$$

oder

$$-Q_0 I + I A_\text{b} = 0, \tag{3.9}$$

da A_b reell ist. Die Punkte, die in gleichem Abstand zu einem Punkt A_b und zu der Wellenfläche Σ_0 liegen, bilden einen *Rotationsparaboloiden* mit Brennpunkt A_b (Abbildung 3.4c).

Ein solches Instrument wird vielfach verwendet. In der Astronomie benutzt man Rotationsparaboloide häufig als Hauptspiegel des Teleskopobjektives (Kapitel 14), in der Solartechnik verwendet man sie zur Konzentration der Sonnenstrahlen auf einen Punkt und schließlich in der Beleuchtungstechnik zur Erhöhung der Reichweite von Scheinwerfern.

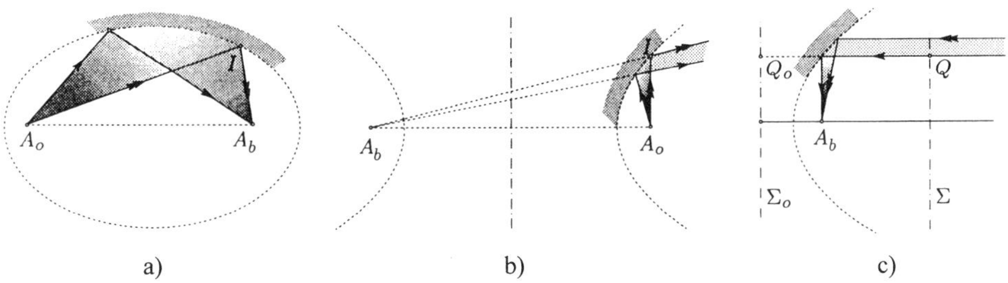

Abb. 3.4

Instrumente, die aus einer brechenden Oberfläche bestehen

Die optische Weglänge zwischen zwei Punkten A_o und A_b in Medien mit den Brechungsindizes n_o und n_b ergibt sich aus:

$$L(\overline{A_\text{o} A_\text{b}}) = n_\text{o} \overline{A_\text{o} I} + n_\text{b} \overline{I A_\text{b}} = \text{const.}$$

Sind A_o und A_b reell, folgt:

$$L(\overline{A_\text{o} A_\text{b}}) = n_\text{o} A_\text{o} I + n_\text{b} I A_\text{b} = \text{const.} \tag{3.10}$$

Brechende Flächen, die dieser Bedingung gehorchen, werden „Eier des Descartes“ genannt. Einzig die Oberfläche, für die die Konstante null ist, ist interessant, da sie in diesem Fall eine Kugel darstellt. Hier sind A_o und A_b verschiedener Natur, da gilt: $n_o\overline{A_oI} + n_b\overline{IA_b} = 0$. Ist A_o reell, dann ist A_b virtuell. Damit folgt:

$$n_oA_oI - n_bIA_b = 0 \quad \text{und} \quad \frac{IA_b}{IA_o} = \frac{n_o}{n_b} = K. \tag{3.11}$$

Man kann zeigen, daß die Gesamtheit der Punkte I, für die das Verhältnis IA_b/IA_o konstant ist, eine *Kugel* ist, die die Strecke $A_oA_b = a$ harmonisch teilt. Ihr Radius R und die Strecke OC zwischen der Mitte O von A_oA_b und dem Kugelmittelpunkt C haben die Werte:

$$R = \frac{aK}{|K^2 - 1|}, \tag{3.12}$$

$$OC = \frac{a}{2}\frac{K^2 + 1}{|K^2 - 1|}. \tag{3.13}$$

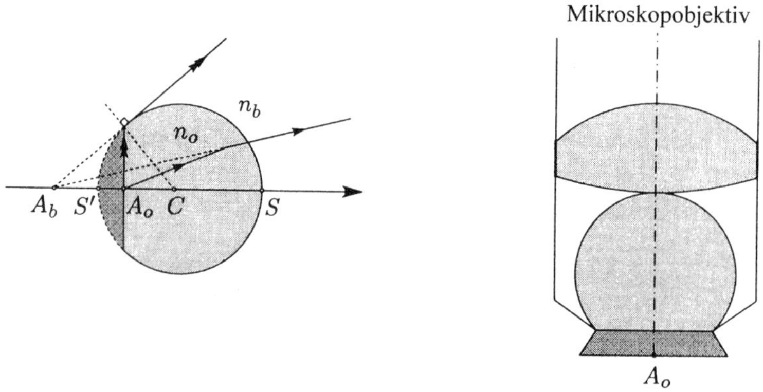

Abb. 3.5

Für eine so konstruierte kugelförmige Grenzfläche heißen die konjugierten Punkte A_o und A_b *Youngsche*[1] oder *Weierstraßsche*[2] Punkte.

Bemerkung: Bestimmte Mikroskopobjektive nutzen solche Punkte aus (Abbildung 3.5). Ihre erste Linse stellt eine kugelförmige Grenzfläche dar. Die Verwendung der Youngschen Punkte erlaubt es, Lichtstrahlen zu nutzen, die gegenüber der Objektivachse stark geneigt sind (siehe Aufgabe A3.3).

[1] Young, T.: englischer Physiker
[2] Weierstraß, K.: deutscher Mathematiker

3.2 Näherungsweise stigmatische Abbildung, Erhaltung der stigmatischen Abbildung

3.2.4 Näherungsweise stigmatische Abbildung

Der vorherige Abschnitt hat gezeigt, daß die strenge Realisierung der stigmatischen Abbildung selbst für einfache Systeme nur durch schwierig herzustellende Oberflächen zu erreichen ist. Zudem gelingt diese, abgesehen vom ebenen Spiegel, nur für ein *einziges* Punktepaar, was ihre Bedeutung für die Abbildung ausgedehnter Objekte erheblich einschränkt. Die streng stigmatische Abbildung muß daher als Idealisierung aufgefaßt werden.

Außerdem verhindert die Beugung unumkehrbar die Abbildung auf einen Bildpunkt. Stattdessen wird ein *Bildscheibchen* erzeugt (siehe Kapitel 1 und 21).

Schließlich muß noch der Einfluß des Detektors berücksichtigt werden; z. B. ist die Netzhaut des Auges aus Zellen mit einigen Mikrometern Durchmesser ($\approx 4\,\mu$m) aufgebaut. Analog ist der photographische Film aus kleinen Körnern zusammengesetzt, deren Durchmesser von der Empfindlichkeit des Filmes abhängt (siehe Kapitel 16). Schließlich wird ein Photoelement durch identische Zellen einer gewissen Größe photoleitenden Materials aufgebaut (siehe Kapitel 15). Hierdurch werden zwei benachbarte leuchtende Punkte, die auf die gleiche Zelle, das gleiche Korn oder die gleiche Zelle photoleitenden Materials treffen, vom Beobachter nicht als getrennt wahrgenommen. Daher kann eine *näherungsweise* Verwirklichung der stigmatischen Abbildung durchaus ausreichen.

Wir wollen im folgenden die Bedingungen untersuchen, die erfüllt sein müssen, um eine näherungsweise stigmatische Abbildung zu realisieren. Hierzu werden wir den sehr wichtigen Fall der *zentrierten, d. h. rotationssymmetrischen optischen Instrumente* betrachten (Abbildung 3.6).

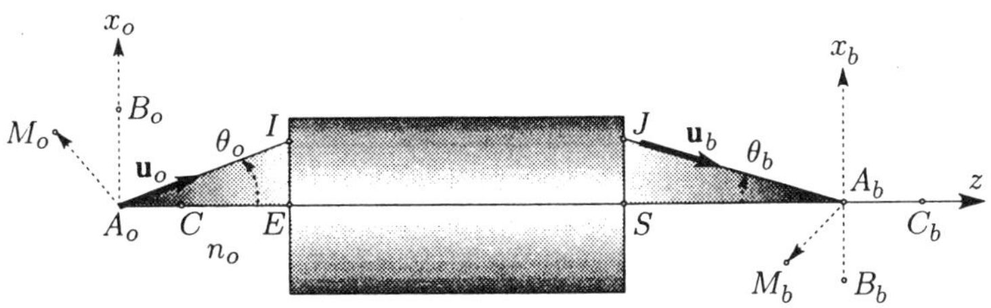

Abb. 3.6

3.2.5 Erhaltung der näherungsweisen stigmatischen Abbildung im Raum

Das konjugierte Punktepaar $A_o A_b$ liege auf der optischen Achse Oz eines zentrierten Systems (Abbildung 3.6). Mit den Bezeichnungen in der Abbildung 3.6 ergibt sich die optische Weglänge zwischen A_o und A_b zu:

$$L(\overline{A_o A_b}) = n_o \overline{A_o I} + L(\overline{IJ}) + n_b \overline{JA_b} = \text{const.} \tag{3.14}$$

Da die Punkte M_o und M_b, die jeweils den Punkten A_o bzw. A_b *benachbart* sind, ebenfalls zueinander konjugierte Punkte sind, ergibt sich: $L(\overline{M_o M_b}) =$ const.

Bestimmen wir nun die optische Weglänge zwischen diesen beiden Punkten entlang des Lichtstrahles $M_o I J M_b$. Man erhält:

$$L(\overline{M_o M_b}) = \text{const} \quad \text{und damit } L(\overline{M_o M_b}) - L(\overline{A_o A_b}) = \text{const.}$$

Diese optische Weglängendifferenz kann auch in der Form

$$\begin{aligned} L(\overline{M_o M_b}) - L(\overline{A_o A_b}) &= n_o \boldsymbol{u}_o \cdot (\Delta \boldsymbol{I} - \Delta \boldsymbol{A}_o) + n_1 \boldsymbol{u}_1 \cdot (\Delta \boldsymbol{I}_1 - \Delta \boldsymbol{I}) + \dots \\ &\quad + n_b \boldsymbol{u}_b \cdot (\Delta \boldsymbol{A}_b - \Delta \boldsymbol{J}) \qquad (3.15) \\ &= -n_o \boldsymbol{u}_o \cdot \boldsymbol{A}_o \boldsymbol{M}_o + (n_o \boldsymbol{u}_o - n_1 \boldsymbol{u}_1) \cdot \Delta \boldsymbol{I} + \dots \\ &\quad + n_b \boldsymbol{u}_b \cdot \boldsymbol{A}_b \boldsymbol{M}_b \end{aligned}$$

geschrieben werden. Hierbei wird mit n_1 der Brechungsindex des ersten durchquerten Mediums im Instrument bezeichnet und mit II_1 der erste Teil des Lichtstrahles im Instrument. Nach Anwendung des vektoriellen Snelliusschen Gesetzes auf alle passierten Oberflächen erhalten wir aufgrund der Reflexion oder Brechung $(n_o \boldsymbol{u}_o - n_1 \boldsymbol{u}_1) \cdot \Delta \boldsymbol{I} = 0$. Daraus folgt

$$\Delta L = n_b \boldsymbol{u}_b \cdot \boldsymbol{A}_b \boldsymbol{M}_b - n_o \boldsymbol{u}_o \cdot \boldsymbol{A}_o \boldsymbol{M}_o = \text{const.} \tag{3.16}$$

Aplanatische Punktepaare: Sinusbedingung von Abbe

Aplanatische Punktepaare sind Elemente zweier Ebenen senkrecht zu der optischen Achse, die stigmatisch aufeinander abgebildet werden.

Zwei Punkte B_o und B_b seien zu A_o und A_b benachbart und liegen in der zx-Ebene sowie auf den Achsen $A_o x$ bzw. $A_b x$. Führen wir die Winkel $\theta_o \equiv (\boldsymbol{e}_z, \boldsymbol{u}_o)$ und $\theta_b \equiv (\boldsymbol{e}_z, \boldsymbol{u}_b)$ ein und beachten $\boldsymbol{u} \cdot \boldsymbol{AB} = \overline{AB} \sin\theta$, erhalten wir die Gleichung

$$\begin{gathered} n_b \boldsymbol{u}_b \cdot \boldsymbol{A}_b \boldsymbol{B}_b - n_o \boldsymbol{u}_o \cdot \boldsymbol{A}_o \boldsymbol{B}_o = \\ n_b \overline{A_b B_b} \sin\theta_b - n_o \overline{A_o B_o} \sin\theta_o = \text{const.} \end{gathered}$$

Zur Ermittlung dieser Konstante genügt es, den Spezialfall $\theta_\mathrm{o} = 0$ zu behandeln: Es folgt $\theta_\mathrm{b} = 0$ und damit const $= 0$. Damit gelangen wir zu der *Sinusbedingung von Abbe* (nach dem deutschen Optiker E. Abbe)

$$\boxed{n_\mathrm{b}\overline{A_\mathrm{b}B_\mathrm{b}}\sin\theta_\mathrm{b} = n_\mathrm{o}\overline{A_\mathrm{o}B_\mathrm{o}}\sin\theta_\mathrm{o}.} \tag{3.17}$$

Führt man den Abbildungsmaßstab $G_\mathrm{a} \equiv \overline{A_\mathrm{b}B_\mathrm{b}}/\overline{A_\mathrm{o}B_\mathrm{o}}$ ein, kann diese Bedingung in der manchmal anzutreffenden Form

$$\frac{\sin\theta_\mathrm{o}}{\sin\theta_\mathrm{b}} = \frac{n_\mathrm{b}}{n_\mathrm{o}}G_\mathrm{a} \tag{3.18}$$

geschrieben werden.

Herschelsche Bedingung

Die Herschelsche Bedingung drückt die *Erhaltung* der stigmatischen Abbildung *entlang der optischen Achse* eines zentrierten Systems aus. Es seien C_o und C_b zueinander konjugierte Punkte auf der Achse, die A_o bzw. A_b benachbart sind. Es ergibt sich

$$\begin{aligned} n_\mathrm{b}\boldsymbol{u}_\mathrm{b}\cdot\boldsymbol{A}_\mathrm{b}\boldsymbol{C}_\mathrm{b} - n_\mathrm{o}\boldsymbol{u}_\mathrm{o}\cdot\boldsymbol{A}_\mathrm{o}\boldsymbol{C}_\mathrm{o} &= \\ n_\mathrm{b}\overline{A_\mathrm{b}C_\mathrm{b}}\cos\theta_\mathrm{b} - n_\mathrm{o}\overline{A_\mathrm{o}C_\mathrm{o}}\cos\theta_\mathrm{o} &= \text{const}. \end{aligned}$$

Diese Konstante, die man erneut durch $\theta_\mathrm{o} = 0$ und $\theta_\mathrm{b} = 0$ ermittelt, hat die Form $n_\mathrm{b}\overline{A_\mathrm{b}C_\mathrm{b}} - n_\mathrm{o}\overline{A_\mathrm{o}C_\mathrm{o}}$. Damit folgt die *Herschelsche Bedingung* (nach dem englischen Optiker W. Herschel, Entdecker des Uranus im Jahre 1781):

$$\boxed{n_\mathrm{o}\overline{A_\mathrm{o}C_\mathrm{o}}\sin^2\left(\frac{\theta_\mathrm{o}}{2}\right) = n_\mathrm{b}\overline{A_\mathrm{b}C_\mathrm{b}}\sin^2\left(\frac{\theta_\mathrm{b}}{2}\right).} \tag{3.19}$$

Einführen des *Tiefenmaßstabs* $G_\mathrm{t} \equiv \overline{A_\mathrm{b}C_\mathrm{b}}/\overline{A_\mathrm{o}C_\mathrm{o}}$ führt zu der Form

$$\frac{\sin^2(\theta_\mathrm{o}/2)}{\sin^2(\theta_\mathrm{b}/2)} = \frac{n_\mathrm{b}}{n_\mathrm{o}}G_\mathrm{t}. \tag{3.20}$$

Bedingungen für stigmatische Abbildungen im dreidimensionalen Raum

Die Erhaltung der stigmatischen Abbildung in der dreidimendionalen Umgebung um die konjugierten Punkte A_o und A_b setzt die Erfüllung sowohl der Abbeschen als auch der Herschelschen Bedingung voraus. Aus

$$\frac{\sin^2\theta_o}{\sin^2\theta_b} = \left(\frac{n_b}{n_o}\right)^2 G_a^2$$

und

$$\frac{\sin^2(\theta_o/2)}{\sin^2(\theta_b/2)} = \frac{n_b}{n_o} G_t$$

folgt die Bedingungsgleichung

$$\frac{\cos^2(\theta_o/2)}{\cos^2(\theta_b/2)} = \frac{n_b}{n_o}\frac{G_a^2}{G_t}. \tag{3.21}$$

Da $\theta_b = 0$ ist, wenn $\theta_o = 0$ gilt, müssen die beiden Seiten der Gleichung gleich eins sein. Daher existiert eine dreidimensionale („3D") stigmatische Abbildung nur, wenn das Instrument die Bedingung $\theta_b = \pm\theta_o$ erfüllt. Ein solches *perfektes* oder *absolutes* Instrument ist aber nur von bedingtem Interesse, da sein Abbildungsmaßstab notwendigerweise begrenzt ist. Dies folgt aus der Sinusbedingung: Wenn $\theta_b = \pm\theta_o$ gilt, ergibt sich daraus $G_a = \pm n_o/n_b$. Der ebene Spiegel ist ein Beispiel für ein solches absolutes Instrument, da $\theta_b = -\theta_o$ ist (Abbildung 3.7). Der Spiegel weist denn auch die Vergrößerung 1 auf.

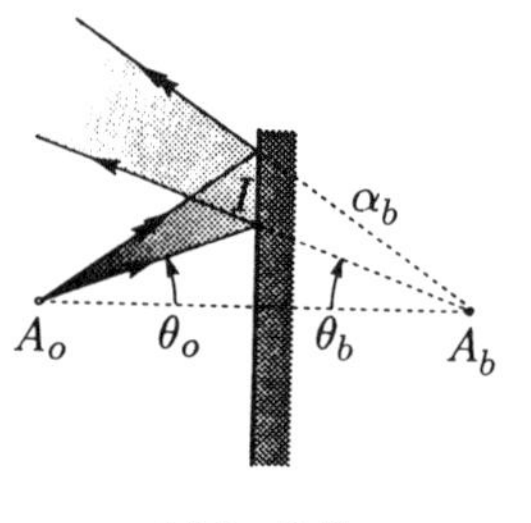

Abb. 3.7

3.3 Zusammenfassung

Wichtig sind die Definition des Bildes eines punktförmigen Objektes im Sinne der geometrischen Optik und die Bedingungsgleichung für die ideale stigmatische Abbildung, die mit Hilfe der optischen Weglänge die Bild-Objekt-Korrespondenz ausdrückt:

$$L(\overline{A_\mathrm{o}A_\mathrm{b}}) = \text{const.}$$

Diese Gleichung behält ihre Gültigkeit auch für virtuelle Punkte, welche nicht mehr als Schnittpunkte der Lichtstrahlen sondern ihrer *Verlängerungen* definiert sind.

Aufgrund der Beugung, der Abbildungsfehler sowie der endlichen Größe der Detektoren kann die stigmatische Abbildung in Wirklichkeit nur eine angenäherte sein. Die Sinusbedingung von Abbe für den Fall einer Ebene senkrecht zur optischen Achse und die Bedingung von Herschel für die optische Achse eines zentrierten Systems drücken die Erhaltung dieser näherungsweisen stigmatischen Abbildung aus:

$$n\overline{AB}\sin\theta = \text{const} \quad \text{und} \quad n\overline{AC}\sin^2\left(\frac{\theta}{2}\right) = \text{const.}$$

3.4 Aufgaben

A3.1 Ellipsoider Reflektor
Aus einer dünnen fokussierenden Linse, in deren objektseitigem Brennpunkt eine punktförmige Lichtquelle plaziert wird, tritt ein Lichtbündel, dessen Strahlen parallel zu der optischen Achse sind. Was für einen Vorteil hätte die Verwendung eines ellipsoiden Spiegels, der so plaziert ist, daß seine Achse mit der der Linse zusammenfällt und die Lichtquelle in einem seiner Brennpunkte liegt?

A3.2 Spiegelteleskop von J. Grégory
Das Teleskop nach Grégory ist ein zentriertes optisches System, das aus einem großen parabolischen Spiegel besteht, der das einfallende Licht sammelt und auf einen zweiten kleinen ellipsoiden Spiegel lenkt. Die von diesem Spiegel reflektierten Lichtstrahlen treten gebündelt durch ein Loch des ersten Spiegels. Zeichnen Sie für die Teleskopkonfiguration, die die beste Fokussierung ergibt, den Verlauf von parallel zu der optischen Achse einfallenden Lichtstrahlen!

A3.3 Streng stigmatisches Punktepaar einer sphärischen Grenzfläche
Wir betrachten eine konkave sphärische Grenzfläche mit Radius 2,4 cm und mit den Brechungsindizes 1,6 für das Objektmedium und 1 für das Bildmedium.

1. Bestimmen Sie die Lage des Punktepaares, das ideal stigmatisch aufeinander abgebildet wird. Fertigen Sie dazu eine genaue Zeichnung an!

2. Zeigen Sie, daß die Lichtstrahlen, die unter dem maximalen Winkel aus dem Medium treten, zu der Achse Sz der Grenzfläche, die durch A_o verläuft, im Objektraum senkrecht stehen! Berechnen Sie die Austrittwinkel dieser Strahlen gegenüber Sz. Stellen Sie das nutzbare Strahlenbündel, das von A_o ausgeht, dar!

A3.4 Lochkamera

Licht, das von einem Punktobjekt A_o ausgesandt wird und durch eine kleine Öffnung O in ein abgedunkeltes Zimmer gelangt, kann dort mittels einer Photoplatte registriert werden (Abbildung 3.8).

Der Punkt B der Photoplatte liege auf der Achse A_oO. Zeigen Sie, daß für den Fall einer kleinen Öffnung D dieser Punkt als Bild von A_o betrachtet werden kann. Wir verwenden hierzu das folgende Kriterium: Die optische Weglänge zwischen A_o und seinem Bild B ist bis auf $\lambda/4$ konstant. Rechnen Sie mit den Größen $d_o = 40$ cm, $d = 20$ cm und $\lambda = 600$ nm!

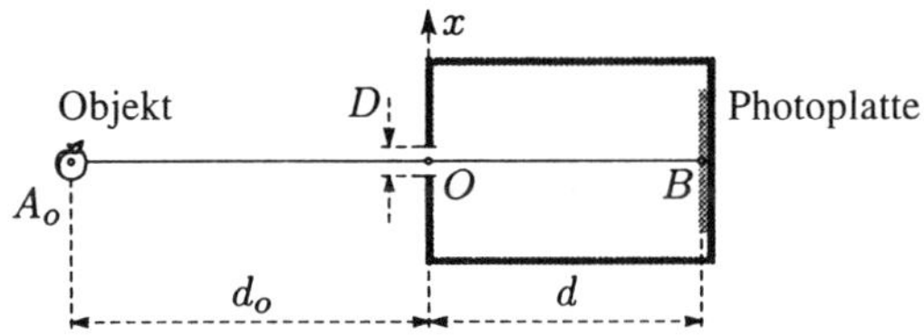

Abb. 3.8

4 Die Gaußsche Näherung: Beispiel der sphärischen Grenzfläche

Die Gaußsche Näherung (nach dem deutschen Mathematiker C. F. Gauß) ist die lineare Näherung der geometrischen Optik. Um den Nutzen der Gaußschen Näherung zu zeigen, ermitteln wir zu Beginn den Verlauf der Lichtstrahlen an der sphärischen Grenzfläche für einen Fall, in dem die Berechnung nach der geometrischen Optik sehr aufwendig wird.

Anschließend führen wir, auf der Grundlage des vektoriellen Gesetzes von Snellius, die linearen Gleichungen ein, die im Rahmen der Gaußschen Näherung die Verhältnisse an der sphärischen Grenzfläche charakterisieren.

4.1 Strahlenverlauf an einer sphärischen Grenzfläche

Wir betrachten eine sphärische Grenzfläche, d. h. eine kugelförmige Fläche, die zwei Medien mit Brechungsindizes n_1 und n_2 trennt (Abbildung 4.1). Die optische Achse Sz ist durch den Durchmesser der Kugel gegeben. Wir definieren den Krümmungsradius $\overline{R} \equiv \overline{SC}$ relativ zu der Bewegungsrichtung der Lichtstrahlen. Ein negativer Radius bedeutet dann, daß sich die Grenzfläche vom Objektpunkt wegkrümmt. Diese Definition des Radius ermöglicht es, Gleichungen aufzustellen, die unabhängig davon sind, ob die Grenzfläche konkav oder konvex gekrümmt ist.

Um aus dem einfallenden Lichtstrahl $\boldsymbol{u}_1$ und den Eigenschaften der Grenzfläche den austretenden Strahl $\boldsymbol{u}_2$ zu ermitteln, müssen die Gesetze von Snellius (Gleichungen 2.9 und 2.12) wie folgt angewandt werden:

1. Man bestimmt den Winkel α_1: $\alpha_1 = (\boldsymbol{N}, \boldsymbol{u}_1)$.
2. Man berechnet den Winkel α_2 aus n_1, n_2 und α_1: $\alpha_2 = \arcsin(n_1 \sin\alpha_1/n_2)$.
3. Man bestimmt den Koeffizienten: $a = n_2(\boldsymbol{N}\cdot\boldsymbol{u}_2) - n_1(\boldsymbol{N}\cdot\boldsymbol{u}_1) = n_2\cos\alpha_2 - n_1\cos\alpha_1$.
4. Es folgt: $\boldsymbol{u}_2 = (n_1\boldsymbol{u}_1 + a\boldsymbol{N})/n_2$.

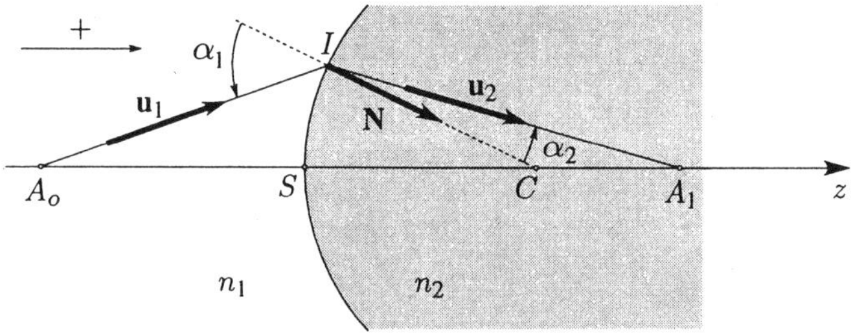

Abb. 4.1

Es ist hierbei zu betonen, daß diese Rechnung für ausschließlich *einen* Strahl gilt. Das Bild eines ausgedehnten Objektes auf diesem Weg zu bestimmen, ist selbst mit einem Rechner sehr langwierig, da diese Rechnung für viele von einem Punkt ausgegehende Lichtstrahlen und außerdem für jeden Objektpunkt durchgeführt werden muß. Diese Technik wird verwendet, wenn man den Weg der Lichtstrahlen in Instrumenten mit großem Öffnungswinkel simulieren will, z. B. bei Weitwinkelobjektiven.

Für die Mehrzahl der Bedürfnisse der Optik (des Lichtes als auch der Teilchen) erweist sich dieses Verfahren als überflüssig. Sinnvoller ist es, das Verhalten eines optischen Systems im Rahmen der Gaußschen Näherung zu studieren und die Abweichungen von dieser Approximation, die sogenannten *geometrischen Abbildungsfehler*, zu ermitteln.

4.2 Die sphärische Grenzfläche in der Gaußschen Näherung

Betrachten wir das vektorielle Brechungsgesetz im Koordinatensystem $Sxyz$, so daß Sz die optische Achse darstellt und die Ebene Sxy den Punkt S enthält (Abbildung 4.2).

Sind die Einfalls- und Brechungswinkel α_1 und α_2 *klein* (Lichtstrahlen mit geringem Winkel zur Achse und I nahe bei S), wird das Snellius-Descartessche Gesetz $n_1 \sin \alpha_1 = n_2 \sin \alpha_2$ zum Gesetz von Kepler

$$n_1 \alpha_1 \approx n_2 \alpha_2, \tag{4.1}$$

und der Koeffizient a vereinfacht sich zu

$$a \approx n_2 - n_1. \tag{4.2}$$

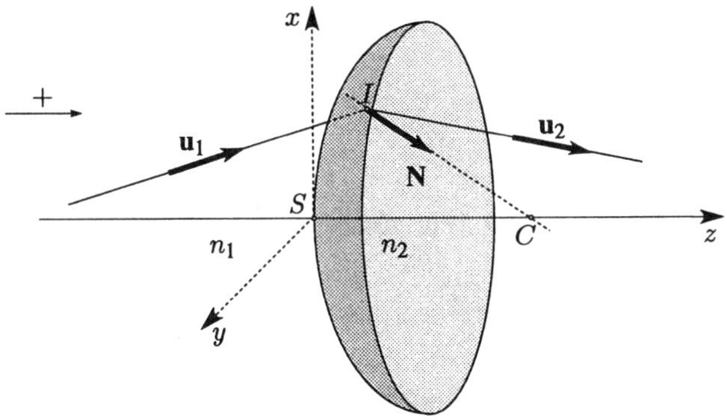

Abb. 4.2

Wir bezeichnen mit R den Betrag von $\overline{R}$, mit (u_1, v_1, w_1) die Komponenten von $\boldsymbol{u}_1$, mit (u_2, v_2, w_2) die Komponenten von $\boldsymbol{u}_2$ und mit (x, y, z) die Koordinaten des Einfallspunktes I. Die Näherung

$$\begin{aligned} n_2\boldsymbol{u}_2 - n_1\boldsymbol{u}_1 &= a\boldsymbol{N} \\ &\approx (n_2 - n_1)\frac{\boldsymbol{IC}}{R} \\ &= (n_2 - n_1)\frac{\boldsymbol{IC}}{\overline{R}} \end{aligned}$$

ergibt ausgeschrieben

$$n_2\begin{pmatrix} u_2 \\ v_2 \\ w_2 \end{pmatrix} - n_1\begin{pmatrix} u_1 \\ v_1 \\ w_1 \end{pmatrix} = (n_2 - n_1)\begin{pmatrix} -x/\overline{R} \\ -y/\overline{R} \\ w_N \end{pmatrix}. \tag{4.3}$$

Da die Strahlen eine geringe Neigung zu der optischen Achse haben, gilt $w_1 \approx 1$, $w_2 \approx 1$ und $w_N \approx 1$. Die dritte Gleichung drückt also eine Identität aus. Die beiden verbleibenden Gleichungen stellen zwei in u_1, u_2 und x bzw. in v_1, v_2 und y lineare Gleichungen dar:

$$n_2u_2 - n_1u_1 = -\frac{n_2 - n_1}{\overline{R}}x \tag{4.4}$$

und

$$n_2v_2 - n_1v_1 = -\frac{n_2 - n_1}{\overline{R}}y. \tag{4.5}$$

Untersuchen wir, welche einfache physikalische Bedeutung den Größen u und v zugewiesen werden kann. Der Winkel θ_x zwischen der optischen Achse und der Projektion des Lichtstrahls auf die Sxz-Ebene ist durch

$$\tan\theta_x = \frac{u}{w} \quad \text{oder} \quad \theta_x \approx u$$

definiert (Abbildung 4.3) (die Näherung ist wegen $u \ll 1$ und $w \approx 1$ möglich). Desgleichen gilt für den Winkel θ_y zwischen der optischen Achse und der Projektion des Lichtstrahls auf die Syz-Ebene: $\theta_y \approx v$.

Die Komponenten u und v von $\boldsymbol{u}$ entlang der Achse Sx und Sy sind also proportional den Winkeln zwischen der optischen Achse und den Projektionen des Lichtstrahls auf die Szx- bzw. Syz-Ebene.

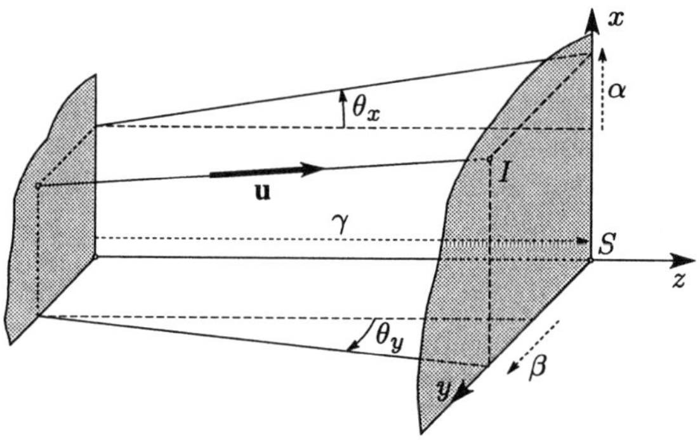

Abb. 4.3

Durch Definition der komplexen Zahlen $\underline{u} \equiv u + \mathrm{i}v$ und $\underline{x} \equiv x + \mathrm{i}y$ mit $\mathrm{i} = \sqrt{-1}$ können wir die Gleichungen (4.4) und (4.5) zu einer einzigen komplexen zusammenfassen:

$$n_2\underline{u}_2 - n_1\underline{u}_1 = -\frac{n_2 - n_2}{\overline{R}}\underline{x}.$$

Im Verlauf der Brechung ändern sich die $\underline{x}$-Koordinaten des Punktes I nicht.

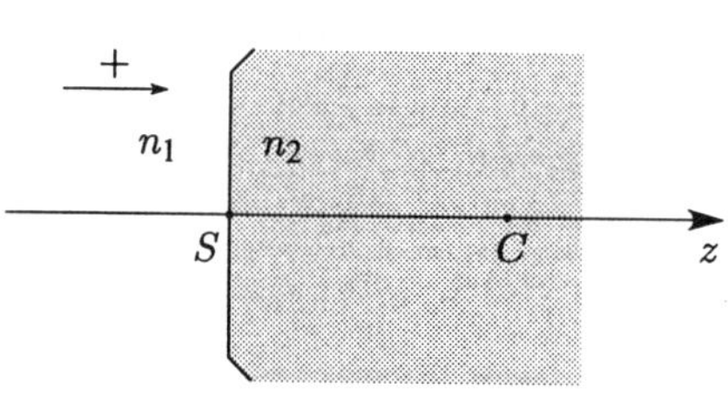

Abb. 4.4

Damit können wir den Einfluß der Grenzfläche durch die Relationen

$$\boxed{\underline{x}_2 = \underline{x}_1 \qquad (n\underline{u})_2 = (n\underline{u})_1 - \frac{n_2 - n_1}{\overline{R}}\underline{x}_1} \tag{4.6}$$

ausdrücken. In der Praxis werden wir meistens Lichtstrahlen behandeln, die in der Ebene der optischen Achse Szx liegen. Wir werden dann die Unterstreichungen bei den Größen $\underline{x}$ und $\underline{\alpha}$ wegfallen lassen (da die Imaginärteile verschwinden). Im folgenden werden wir ebenfalls auf die Darstellung der Achsen senkrecht zur optischen Achse verzichten, um trotz der kleinen Einfallswinkel die Konstruktionen der Strahlen übersichtlich zu halten. Die Grenzfläche wird also durch eine Linie senkrecht zu der optischen Achse dargestellt. Zwei kleine Striche an den Enden dieser Linie sollen dann die Richtung der Krümmung andeuten (Abbildung 4.4).

4.3 Brechkraft einer sphärischen Grenzfläche

Wir definieren die *Brechkraft* B einer sphärischen Grenzfläche als

$$\boxed{B \equiv \frac{n_2 - n_1}{\overline{R}},} \tag{4.7}$$

wobei $\overline{R} \equiv \overline{SC}$ wieder den Krümmungsradius der Grenzfläche darstellt, dessen *Vorzeichen* mit der *Ausbreitungsrichtung des Lichtes verknüpft ist.* Die Brechkraft ist eine charakteristische Größe der sphärischen Grenzfläche und hat die Einheit einer reziproken Länge. Wird R in Metern ausgedrückt, ist die Einheit der Brechkraft die *Dioptrie* δ.

Um die praktische Bedeutung der Brechkraft zu erfassen, betrachten wir einen parallel zu der optischen Achse einfallenden Lichtstrahl (Abbildung 4.5). Da $(n\alpha)_1 = 0$ gilt, ist $(n\alpha)_2 = -Bx_1$. Das bedeutet, falls $B > 0$ ist, daß der Winkel α_2 für $x_1 > 0$ negativ ist und daß er für $x_1 < 0$ positiv ist. Das Strahlenbündel konvergiert (wird fokussiert), daher ist die Grenzfläche *konvergent.* Ist dagegen $B < 0$, gilt das Gegenteil und das Strahlenbündel divergiert; die Grenzfläche ist *divergent.*

Beispiel: Für $n_1 = 1$, $n_2 = 1{,}5$ und $\overline{R} = -2$ cm erhält man die Brechkraft

$$B = \frac{0{,}5}{-0{,}02} = -25\,\delta.$$

Halten wir fest, daß die Brechkraft einer Grenzfläche eine *intrinsische* Eigenschaft ist, die unabhängig vom Richtungssinn der Bewegung des Lichtes ist. Vertauscht man nämlich die Brechungsindizes und wechselt das Vorzeichen von $\overline{R}$, wird B nicht verändert (Abbildung 4.6):

$$B_+ = \frac{n_2 - n_1}{\overline{R}} \quad , \quad B_- = \frac{n_1 - n_2}{-\overline{R}}$$

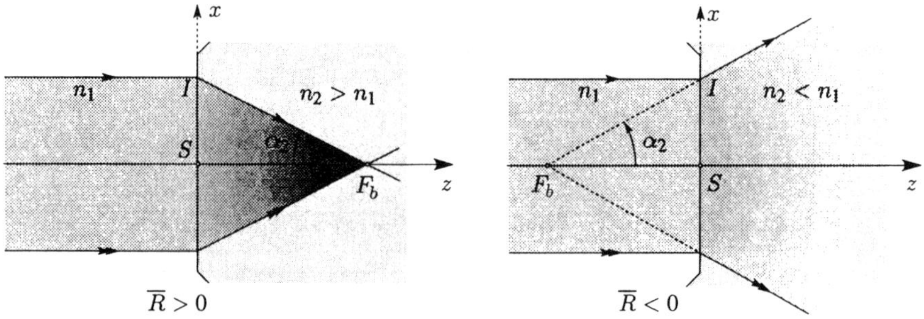

Abb. 4.5

und

$$B_+ = B_- = B.$$

Merken wir uns, daß das Vorzeichen von B direkt mit der Lage des Krümmungsmittelpunktes C verbunden ist:

1. Wenn C im *höher brechenden* Medium liegt, ist die Grenzfläche *konvergent.*
2. Liegt C im *niedriger brechenden* Medium, ist die Grenzfläche *divergent.*

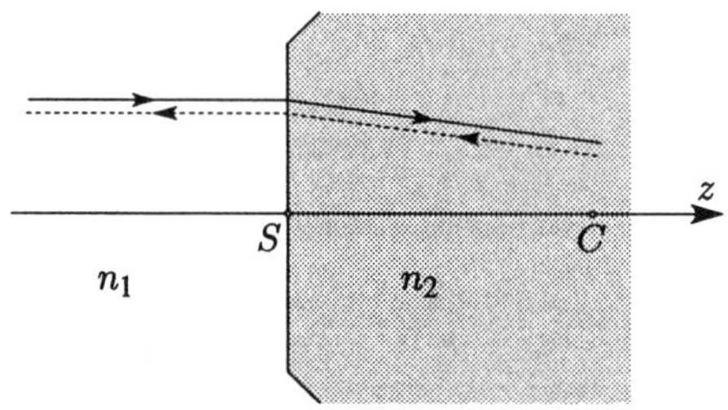

Abb. 4.6

Bemerkungen:

1. Die ebene Grenzfläche ist ein Spezialfall mit unendlichem $\overline{R}$ und verschwindender Brechkraft. Sie wird als *afokal* bezeichnet (siehe Kapitel 12).
2. Manchmal wird die Brechkraft als Konvergenz C bezeichnet; andere Autoren bezeichnen die Brechkraft als (Linsen-)Leistung (siehe Kapitel 7).

4.4 Abbildungsgleichung der sphärischen Grenzfläche

Betrachten wir eine sphärische Grenzfläche mit Radius $\overline{R}$ zwischen zwei Medien mit Brechungsindex n_o und n_b (Abbildung 4.7). Wir wollen nun *geometrisch* eine Beziehung zwischen der Position des Objektpunktes A_o und des Bildpunktes A_b ermitteln. In den Dreiecken A_oIC und CIA_b bestehen die folgenden Beziehungen zwischen den Beträgen des einfallenden Winkels α_1, des brechenden Winkels α_2 und den Neigungswinkeln θ_o, θ_b und ϕ:

$$|\alpha_1| = |\theta_o| + |\phi| \tag{4.8}$$

und

$$|\phi| = |\alpha_2| + |\theta_b|. \tag{4.9}$$

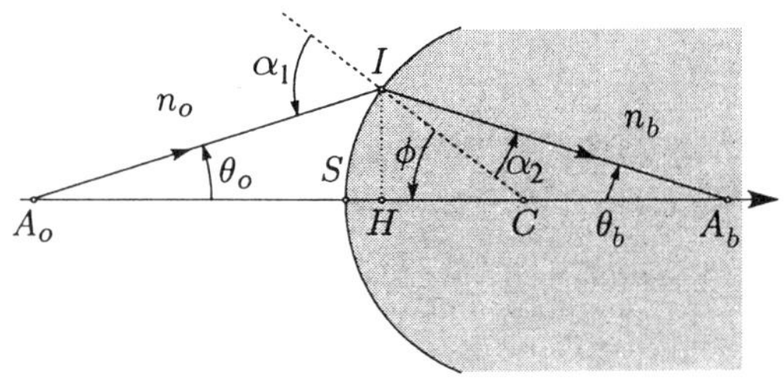

Abb. 4.7

Da $n_o|\alpha_1| = n_b|\alpha_2|$ gilt, folgt

$$n_o|\theta_o| + n_b|\theta_b| = (n_b - n_o)|\phi|. \tag{4.10}$$

Damit ergibt sich, mit H als der Projektion von I auf die optische Achse:

$$|\theta_o| \approx \frac{HI}{A_oH} \approx \frac{HI}{A_oS},$$

$$|\theta_b| \approx \frac{HI}{A_bH} \approx \frac{HI}{A_bS}$$

und

$$|\phi| \approx \frac{HI}{R}.$$

Bei Teilung durch HI erhalten wir

$$\frac{n_o}{SA_o} + \frac{n_b}{SA_b} = \frac{n_b - n_o}{R} = B.$$

Wegen $SA_o = -\overline{SA_o}$, $SA_b = \overline{SA_b}$ und $R = \overline{R}$ erhalten wir die *Abbildungsgleichung* der sphärischen Grenzfläche in *algebraischer* Form:

$$\boxed{\frac{n_b}{\overline{SA_b}} - \frac{n_o}{\overline{SA_o}} = \frac{n_b - n_o}{\overline{R}} = B.} \tag{4.11}$$

Sobald sich A_o im Unendlichen befindet, liegt A_b in dem *bildseitigen Brennpunkt* F_o, so daß $\overline{SF_b} = f_b = n_b/B$ gilt. Entsprechend wird der konjugierte Objektpunkt für den Fall, daß sich A_b im Unendlichen befindet, im *objektseitigen Brennpunkt* F_o liegen und damit $\overline{SF_o} = f_o = -n_o/B$. Die so eingeführten Größen f_b und f_o heißen die *Bild-* bzw. *Objektbrennweiten* der Grenzfläche. Diese können auch negativ sein. Damit folgt

$$SF_b = f_b = n_b/B$$

und

$$SF_o = f_o = -n_o/B.$$

Für den Fall, daß das Objekt auf der Grenzfläche liegt, fallen Bild- und Objektpunkt zusammen, da B eine endliche Größe ist. Die beiden im Nenner der Gleichung (4.11) stehenden Strecken SA_b und SA_o müssen daher gleichzeitig gegen null gehen.

Der Abbildungsmaßstab $G_a = \overline{A_bB_b}/\overline{A_oB_o}$ ergibt sich aus der Sinusbedingung von Abbe, die in der Gaußschen Näherung zur Beziehung von J. Lagrange und H. Helmholtz wird: $n_o\overline{A_oB_o}\theta_o = n_b\overline{A_bB_b}\theta_b$:

$$G_a = \frac{\overline{A_bB_b}}{\overline{A_oB_o}} = \frac{n_o}{n_b}\frac{\overline{SA_b}}{\overline{SA_o}}. \tag{4.12}$$

Geht $\overline{R}$ gegen unendlich, erhält man die Abbildungsgleichung der ebenen Grenzfläche:

$$\frac{n_o}{\overline{SA_b}} = \frac{n_b}{\overline{SA_o}} \tag{4.13}$$

und

$$G_a = 1.$$

4.5 Gauß-Matrizen

Die Linearität der Gleichungen (4.6) für den Grenzflächendurchgang legen die Verwendung des Matrixkalküls nahe.

Wir definieren den Vektor $\underline{X}$, dessen Elemente die *Position* $\underline{x}$, der Schnittpunkt des Lichtstrahls mit der Grenzfläche, sowie der *optische Winkel* $n\underline{\alpha}$, d. h. das Produkt aus Brechungsindex und Neigungswinkel zur optischen Achse, sind:

$$\underline{X} \equiv \begin{bmatrix} \underline{x} \\ n\underline{\alpha} \end{bmatrix}.$$

4.5.1 Die Brechungsmatrix

Mit dem so definierten Vektor können wir die Gleichungen (4.6) als Vektorgleichung formulieren:

$$\begin{bmatrix} \underline{x} \\ n\underline{\alpha} \end{bmatrix}_2 = \begin{bmatrix} 1 & 0 \\ -B & 1 \end{bmatrix} \begin{bmatrix} \underline{x} \\ n\underline{\alpha} \end{bmatrix}_1$$

oder in verkürzter Form $\underline{X}_2 = \mathcal{R}(S)\underline{X}_1$ mit der *Brechungs- oder Refraktionsmatrix*

$$\boxed{\mathcal{R}(S) = \begin{bmatrix} 1 & 0 \\ -B & 1 \end{bmatrix}.} \tag{4.14}$$

Dabei ist die Determinate von $\mathcal{R}(S)$ 1: $\det\mathcal{R} = 1$.

Bemerkung: Einige Autoren benutzen die durch $\underline{x}$ und $\underline{\alpha}$ definierte Spaltenmatrix. Diese hat aber gegenüber unserer Definition verschiedene Nachteile:

1. Die Determinante von $\mathcal{R}$ ist nicht gleich 1 sondern gleich dem Verhältnis der Brechungsindizes.
2. Die Brechkraft ergibt sich nicht einfach durch Vorzeichenwechsel des Matrixelementes $(\mathcal{R})_{21}$.
3. Die Brechungsmatrix einer *ebenen* Grenzfläche ist nicht die *Einheitsmatrix.*
4. Die Analogie zu der Teilchenoptik ist nicht so deutlich: Es ist der optische Winkel $n\alpha$ und nicht α, der der x-Komponente der Bewegungsgröße des Teilchens entspricht (siehe Kapitel 17).

4.5.2 Die Übergangsmatrix

Die *Übergangs- oder Translationsmatrix* beschreibt die Transformation der Spaltenmatrix $\underline{X}$ zwischen zwei Ebenen A_1xy und A_2xy im *selben homogenen Medium* (Abbildung 4.8). Sie ist unverzichtbar, da optische Systeme häufig nur stückweise homogen sind.

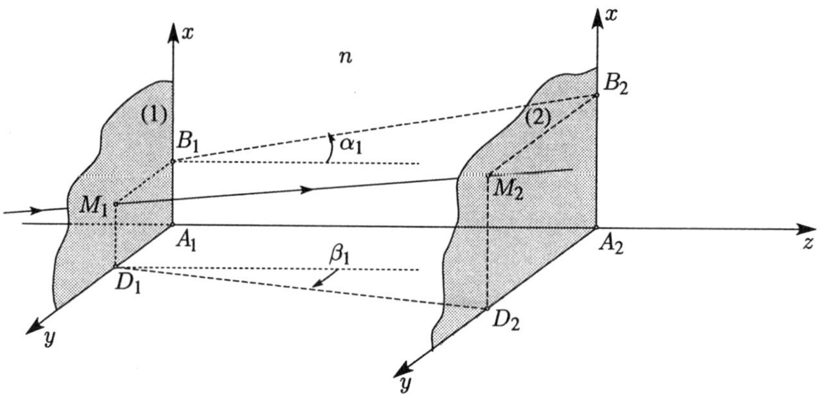

Abb. 4.8

Bezeichnen wir mit M_1M_2 den Teil des Lichtstrahls zwischen den Flächen (1) und (2), mit B_1B_2 seine Projektion auf die Ozx-Ebene und mit D_1D_2 die Projektion auf die Oyz-Ebene. Der Lichtstrahl ist hierbei eine Gerade mit geringem Neigungswinkel zu der optischen Achse. Aus der Abbildung 4.8 und mit der linearen Näherung $\sin x \approx x$ ergeben sich die folgenden Transformationsgleichungen:

$$x_2 = x_1 + \alpha_1 \overline{A_1A_2} \qquad y_2 = y_1 + \beta_1 \overline{A_1A_2}$$
$$\alpha_2 = \alpha_1 \qquad \beta_2 = \beta_1 .$$

Mit Hilfe der oben eingeführten komplexen Schreibweise und nach Einführung des Brechungsindexes werden diese Gleichungen zu

$$\underline{x}_2 = \underline{x}_1 + \frac{\overline{A_1A_2}}{n}(n\underline{\alpha})_1$$

und

$$(n\underline{\alpha})_2 = (n\underline{\alpha})_1 .$$

In der kompakteren Matrixschreibweise haben diese Gleichungen die Form

$$\left[\begin{array}{c} \underline{x} \\ n\underline{\alpha} \end{array}\right]_2 = \left[\begin{array}{cc} 1 & \overline{A_1A_2}/n \\ 0 & 1 \end{array}\right] \left[\begin{array}{c} \underline{x} \\ n\underline{\alpha} \end{array}\right]_1 \tag{4.15}$$

oder

$$\underline{X}_2 = \mathcal{T}(\overline{A_1A_2})\underline{X}_1$$

mit der *Translations-* oder *Übergangsmatrix*

$$\boxed{\mathcal{T}(\overline{A_1A_2}) = \left[\begin{array}{cc} 1 & \overline{A_1A_2}/n \\ 0 & 1 \end{array}\right].} \tag{4.16}$$

Bemerkungen:

1. Die effektive Länge, die diese Matrix charakterisiert, ist nicht $\overline{A_1A_2}$ sondern die *reduzierte Länge* $\overline{A_1A_2}/n$.
2. Die Determinante von $\mathcal{T}(\overline{A_1A_2})$ ist ebenfalls 1: $\det\mathcal{T}(\overline{A_1A_2}) = 1$.

4.6 Zusammenfassung

Die Gaußsche Näherung, bei der nur Strahlen in der Nähe der optischen Achse mit kleinen Neigungswinkeln zu der Achse betrachtet werden, ist die lineare Approximation der geometrischen Optik. Im wichtigen Fall der sphärischen Grenzflächen führt diese Näherung zu den folgenden Abbildungsgesetzen:

$$\frac{n_\mathrm{b}}{p_\mathrm{b}} + \frac{n_\mathrm{o}}{p_\mathrm{o}} = B = \frac{n_\mathrm{b} - n_\mathrm{o}}{\overline{R}}$$

mit

$$p_\mathrm{o} = \overline{SA_\mathrm{o}} \quad \text{und} \quad p_\mathrm{b} = \overline{SA_\mathrm{b}}.$$

Die zentrierten optischen Systeme, aufgebaut aus einer Reihe homogener Medien, die durch sphärische Grenzflächen getrennt sind, werden in der Gaußschen Näherung durch lineare Gleichungen beschrieben. Sie besitzen daher die fundamentale Eigenschaft linearer Systeme, daß, wenn zu zwei „Eingangsmatrizen“ $\underline{X}_\mathrm{e}^{(1)}$ und $\underline{X}_\mathrm{e}^{(2)}$ die „Ausgangsmatrizen“ $\underline{X}_\mathrm{a}^{(1)}$ und $\underline{X}_\mathrm{a}^{(2)}$ gehören, jede Linearkombination der Eingangsmatrizen zu *derselben* Linearkombination der Ausgangsmatrizen führt (Superpositionsprinzip).

Wir unterstreichen, daß das Matrixkalkül zu einer guten Handhabbarkeit der Gleichungen führt: Wir werden sehen, daß es effektiv zur Untersuchung komplizierter optischer Systeme eingesetzt werden kann und darüber hinaus sehr gut an die Bedürfnisse numerischer Berechnung angepaßt ist. Schließlich ergänzen wir noch, daß – entgegen weit verbreiteten Meinungen – auch die Abweichungen von der Gaußschen Näherung, d. h. die geometrischen Abbildungsfehler mittels der Matrixrechnung angegangen werden können (siehe Kapitel 10). Diese Möglichkeit wird in großem Umfang in der Teilchenoptik verwendet.

4.7 Aufgaben

A4.1 Die Invariante einer sphärischen Grenzfläche
Zeigen Sie, daß die Größe nCA/IA in der Abbildung 4.1 gegenüber dem Wechsel vom Objektraum zum Bildraum invariant ist.

A4.2 Untersuchung der sphärischen Grenzfläche auf der Grundlage des Fermatschen Prinzips

1. Wir betrachten eine sphärische Grenzfläche mit den Brechungsindizes n_o und n_b (Abbildung 4.9) und das Punktepaar A_o und A_b auf der Achse Sz. Zeigen Sie, daß die optische Weglänge zwischen A_o und A_b die Form

$$L = n_\text{o} d_\text{o} \left[1 + 2R \frac{(R + d_\text{o})}{d_\text{o}^2} (1 - \cos\phi) \right]^{\frac{1}{2}} + n_\text{b} d_\text{b} \left[1 + 2R \frac{(R - d_\text{b})}{d_\text{b}^2} (1 - \cos\phi) \right]^{\frac{1}{2}}$$

   annimmt, wobei $d_\text{o} = |\overline{SA_\text{o}}|$, $d_\text{b} = |\overline{SA_\text{b}}|$, $R = |\overline{SC}|$ und $\phi = \widehat{ICS}$ ist.
2. Führen Sie die vorzeichenbehafteten Größen $p_\text{o} \equiv \overline{SA_\text{o}}$, $p_\text{b} \equiv \overline{SA_\text{b}}$ und $\overline{R} \equiv \overline{SC}$ in die vorhergehende Gleichung ein und zeigen Sie, daß für zwei bestimmte Punkte (die Youngschen oder Weierstraßschen Punkte) $L = 0$ gilt. Ermitteln Sie diese Punkte relativ zu dem Scheitelpunkt S und relativ zu dem Krümmungsmittelpunkt C!
3. Beweisen Sie für den Fall kleiner Winkel (Gaußsche Näherung) die Abbildungsgleichung von Descartes:

$$\frac{n_\text{b}}{p_\text{b}} - \frac{n_\text{o}}{p_\text{o}} = B \quad ; \quad B \equiv \frac{n_\text{b} - n_\text{o}}{\overline{R}}.$$

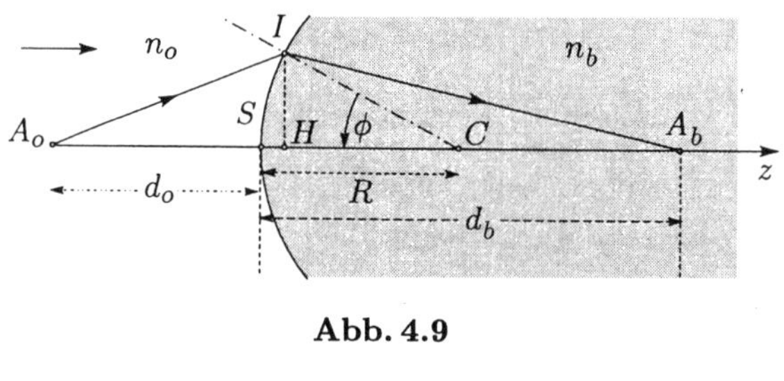

Abb. 4.9

A4.3 Brechkraft einer sphärischen Grenzfläche. Brechungsmatrix.
Berechnen Sie in cm^{-1} und in Dioptrien die Brechkraft der verschiedenen Grenzflächen in der Abbildung 4.10. Ermitteln Sie daraus die Bild- und Objektbrennweiten: $f_b = n_b/B$ und $f_o = -n_o/B$. Wiederholen Sie diese Aufgabe für die ebene Grenzfläche. Wie sehen die Brechungsmatrizen aus?

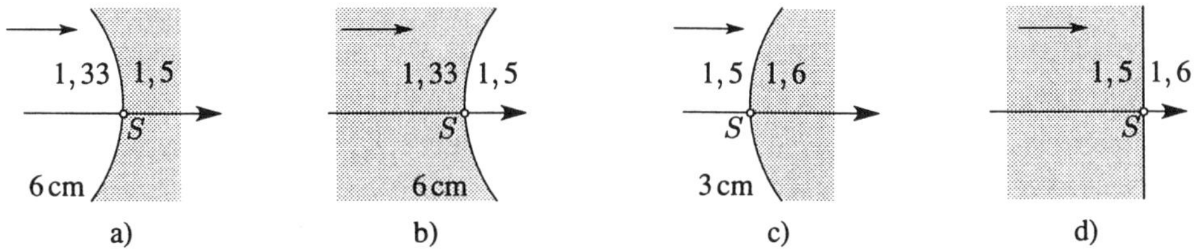

Abb. 4.10

A4.4 Bild eines reellen Objekts, das durch eine konvergente Grenzfläche erzeugt wird
Das linke Ende einer langen Stange aus Plastik mit Brechungsindex 1,5 ist eine sphärische, konvexe Oberfläche mit Radius 2 cm. Ein reelles Objekt der Höhe 1 cm befindet sich 10 cm von der Stange entfernt und ist von Luft umgeben.

1. Bestimmen Sie die Brechkraft B sowie die Brennweiten f_o und f_b!
2. Ermitteln Sie die Lage und Größe des Bildes, das durch die Grenzfläche erzeugt wird. Konstruieren Sie es hierzu geometrisch mit Hilfe der Bild- und Objektbrennpunkte!

A4.5 Fisch in einem Aquarium

1. Ein Fisch befindet sich im Zentrum eines kugelförmigen Aquariums. Wie groß ist der Abbildungsmaßstab seines Bildes, wenn man ihn durch die dünne Seitenwand aus Glas betrachtet?
2. In welchem Abstand von der Wand scheint sich dieser Fisch in einem Aquarium mit dem Radius $R = 60$ cm zu befinden?

A4.6 Bild eines virtuellen Objektes, das durch eine divergente Grenzfläche erzeugt wird
Was für ein Bild erzeugt eine divergente, sphärische Grenzfläche (Radius 5 cm, Brechungsindizes 1 und 1,5) von einem virtuellen Objekt, das 15 cm vor dem Scheitelpunkt liegt? Wie groß ist der Abbildungsmaßstab? Konstruieren Sie das Bild geometrisch mit Hilfe der Bild- und Objektbrennpunkte!

A4.7 Ebene Grenzfläche
Ein Becken enthält Wasser. Im Punkt O, 0,6 m senkrecht über der Wasseroberfläche, befinde sich das Auge eines Beobachters, im Punkt P, 0,4 m unter der Wasseroberfläche, das Auge eines Fisches. Sehen sich der Beobachter und der Fisch durch dieselbe Distanz getrennt? Wir erinnern an den Brechungsindex von Wasser: $n = 1{,}33$.

5 Zentrierte Systeme: Kardinalelemente

Zentrierte Systeme sind um eine Achse Oz rotationssymmetrische optische Systeme, die aus mehreren, allgemein sphärischen, brechenden und reflektierenden Oberflächen aufgebaut sind.

Wir werden für solche Systeme die Kardinalelemente bestimmen, d. h. die Gesamtheit der Charakteristika, die zur Angabe der Lage und Größe des Bildes eines Objekts in der Gaußschen Näherung ausreichen. Wir werden jetzt nur *dioptrische Systeme* behandeln, indem wir vorübergehend die zentrierten Systeme mit einer oder mehreren reflektierenden Oberflächen ausschließen.

5.1 Transfermatrix eines zentrierten Systems

Betrachten wir ein zentriertes System, das aus p sphärischen brechenden Flächen besteht, die durch homogene Medien getrennt sind (Abbildung 5.1). Zwischen den Eintritts- und Austrittsflächen, Exy und Sxy, ist das System stückweise homogen. Der Strahlenverlauf ist daher eine Abfolge von Linienstücken, deren Enden auf den jeweiligen Grenzflächen stehen.

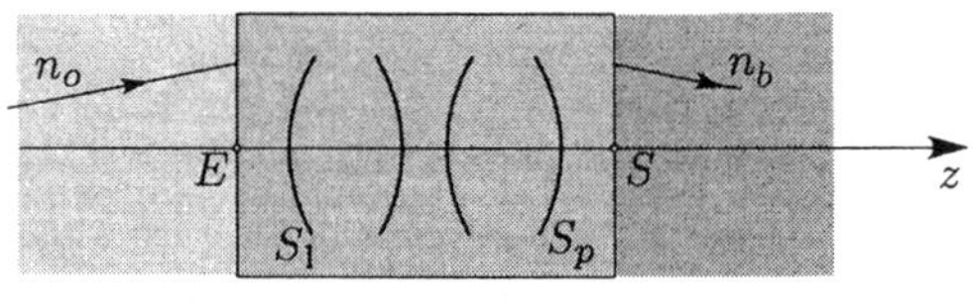

Abb. 5.1

Die Aufgabe ist folgende: Es gelte die Gaußsche Näherung für alle Grenzflächen, in denen die Lichtstrahlen einen geringen Neigungswinkel zu der optischen Achse haben und in der Nähe der Achse bleiben. Wie erhält man den aus der Sxy-Ebene austretenden Lichtstrahl, der zu einem in der Exy-Ebene einfallenden Strahl gehört?

Zur Beantwortung dieser Frage führen wir die *Transfermatrix* $T(\overline{ES})$ des Systems ein[1].

Die Parameter, die den Lichtstrahl in der gesamten Ebene senkrecht zur optischen Achse charakterisieren, sind die folgenden komplexen Zahlen: die Abszisse $\underline{x} = x + \mathrm{i}y$ und der optische Winkel $n\underline{\alpha} = n(\alpha + \mathrm{i}\beta)$. Daraus folgen die Eintritts- und Austrittsmatrizen:

$$\underline{X}_\mathrm{e} = \begin{bmatrix} \underline{x} \\ n\underline{\alpha} \end{bmatrix}_\mathrm{e} \quad \text{und} \quad \underline{X}_\mathrm{a} = \begin{bmatrix} \underline{x} \\ n\underline{\alpha} \end{bmatrix}_\mathrm{a} . \tag{5.1}$$

Liegt der Lichtstrahl in der mittleren Ebene Ozx, werden wir die Unterstreichungen dieser komplexen Größen weglassen.

Entsprechend definieren wir die Matrizen $\underline{X}_{1-}$, $\underline{X}_{1+}$ usw. , die zu den Ebenen unmittelbar vor und nach den Scheitelpunkten der Grenzflächen gehören. Mit Hilfe der Abbildung ergibt sich:

$$\underline{X}_{1-} = \mathcal{T}(\overline{ES_1})X_\mathrm{e}, \qquad \underline{X}_{1+} = \mathcal{R}(S_1)\underline{X}_{1-},$$
$$\underline{X}_{2-} = \mathcal{T}(\overline{S_1S_2})\underline{X}_{1+}, \qquad \underline{X}_{p+} = \mathcal{R}(S_p)\underline{X}_{p-},$$
$$\underline{X}_s = \mathcal{T}(\overline{S_pS})\underline{X}_{p+}.$$

Damit folgt

$$\underline{X}_s = \mathcal{T}(\overline{S_pS})\mathcal{R}(S_p)\cdots\mathcal{T}(\overline{S_1S_2})\mathcal{R}(S_1)\mathcal{T}(\overline{ES_1})X_\mathrm{e}. \tag{5.2}$$

Das Produkt dieser Gauß-Matrizen $\mathcal{T}$ und $\mathcal{R}$, geschrieben von *rechts nach links* für jede vom Licht passierte Grenzfläche, ist eine Matrix $T(\overline{ES})$ mit vier Elementen. Sie ist definiert als:

$$\boxed{\mathcal{T}(\overline{ES}) \equiv \mathcal{T}(\overline{S_pS})\mathcal{R}(S_p)\cdots\mathcal{T}(\overline{S_1S_2})\mathcal{R}(S_1)\mathcal{T}(\overline{ES_1})} \tag{5.3}$$

und heißt *Transfermatrix* des zentrierten Systems. Da sie allgemein die Form

$$T(\overline{ES}) = \begin{bmatrix} a & b \\ c & d \end{bmatrix}$$

hat, wird die Gleichung $\underline{X}_\mathrm{a} = T(\overline{ES})\underline{X}_\mathrm{e}$ zu

$$\underline{x}_\mathrm{a} = a\underline{x}_\mathrm{e} + b(n\underline{\alpha})_\mathrm{e} \quad \text{und} \quad (n\underline{\alpha})_\mathrm{a} = c\underline{x}_\mathrm{e} + d(n\underline{\alpha})_\mathrm{e}.$$

Bemerkung: Die Determinante von $T(\overline{ES})$ ist gleich 1, da $T(\overline{ES})$ das Produkt von Matrizen ist, deren Determinanten alle gleich 1 sind. Daraus folgt, daß die Matrixelemente durch eine einzige Gleichung miteinander verknüpft sind.

[1]Die Transfermatrix wird manchmal auch als Systemmatrix bezeichnet.

5.2 Brechkraft

Wir bilden nun die Transfermatrix $T(\overline{A_1A_2})$ zwischen zwei Ebenen A_1xy und A_2xy, die jeweils im Objekt- bzw. Bildraum mit Brechungsindizes n_o und n_b liegen (Abbildung 5.2).

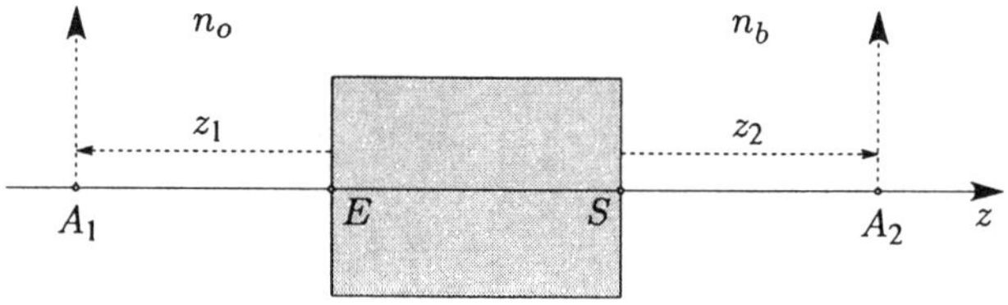

Abb. 5.2

Nach den Ausführungen im vorherigen Abschnitt erhalten wir:

$$T(\overline{A_1A_2}) = \mathcal{T}(\overline{SA_2})T(\overline{ES})\mathcal{T}(\overline{A_1E}). \tag{5.4}$$

Führt man die Abkürzungen $z_1 \equiv \overline{EA_1}$ und $z_2 \equiv \overline{SA_2}$ ein und bezeichnet die Matrixelemente der Transfermatrix für das Punktepaar A_1A_2 mit $T_{ij}(A_1A_2)$, nimmt die obige Gleichung die Form

$$\begin{bmatrix} T_{11}(A_1A_2) & T_{12}(A_1A_2) \\ T_{21}(A_1A_2) & T_{22}(A_1A_2) \end{bmatrix} = \begin{bmatrix} 1 & z_2/n_b \\ 0 & 1 \end{bmatrix} \begin{bmatrix} a & b \\ c & d \end{bmatrix} \begin{bmatrix} 1 & -z_1/n_o \\ 0 & 1 \end{bmatrix} \tag{5.5}$$

an. Damit folgt für die einzelnen Matrixelemente:

$$T_{11}(A_1A_2) = a + c\frac{z_2}{n_b}, \qquad T_{12}(A_1A_2) = -a\frac{z_1}{n_o} + b + \frac{z_2}{n_b}(-c\frac{z_1}{n_o} + d),$$
$$T_{21}(A_1A_2) = c, \qquad T_{22}(A_1A_2) = d - c\frac{z_1}{n_o}. \tag{5.6}$$

Von diesen vier Matrixelementen der Matrix $T(\overline{A_1A_2})$ ist *ausschließlich* $T_{21}(A_1A_2)$ *unabhängig vom Paar* A_1A_2, da hier weder z_1 noch z_2 auftreten. Dieses Matrixelement muß daher eine charakteristische Größe des zentrierten Systems sein. Wir definieren die *Brechkraft* des Systems als das Negative von c:

$$\boxed{B \equiv -c.} \tag{5.7}$$

Gilt $B > 0$, ist das Sytem *konvergent*: Alle parallel zu der optischen Achse einfallenden Lichtstrahlen nähern sich nach Durchlaufen des Systems aneinander an, falls die Einfalls- und Austrittspunkte I und J auf der gleichen Seite der optischen Achse liegen (Abbildung 5.3a).

$$\underline{X}_{\mathrm{a}} = T(\overline{ES})\underline{X}_{\mathrm{e}}$$

oder

$$\begin{bmatrix} x \\ n\alpha \end{bmatrix}_{\mathrm{a}} = \begin{bmatrix} a & b \\ -B & d \end{bmatrix} \begin{bmatrix} x \\ 0 \end{bmatrix}_{\mathrm{e}}, \tag{5.8}$$

wobei $n_{\mathrm{b}}\alpha_{\mathrm{a}} = -Bx_{\mathrm{e}}$. Daraus folgt, da x_{e} positiv ist, daß $\alpha_{\mathrm{a}} < 0$ für $B > 0$ ist.

Ist $B < 0$, wird das System *divergent*: Alle parallel zu der optischen Achse einfallenden Lichtstrahlen entfernen sich nach Durchlaufen des Systems voneinander, falls die Einfalls- und Austrittspunkte I und J auf der gleichen Seite der optischen Achse liegen (Abbildung 5.3b).

Gilt $B = 0$, ist das System *afokal*: Der einfallende, zur Achse parallele Strahl bleibt parallel zu dieser Achse. Im folgenden werden wir uns auf *fokale* dioptrische Systeme beschränken und die *afokalen* Systeme in einem späteren Kapitel (Kapitel 12) ausführlicher behandeln.

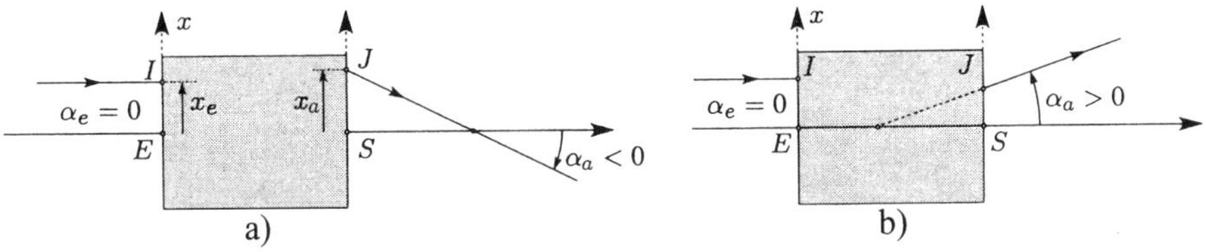

Abb. 5.3

5.3 Abbildungsmatrizen

Nehmen wir an, die Ebenen A_xy und A_2xy seien konjugiert zueinander. Das bedeutet, daß zwischen zwei Punkten dieser Ebenen, B_1 und B_2, die optische Weglänge gleich ist, unabhängig von dem Neigungswinkel, den der von B_1 ausgesandte Strahl zur optischen Achse hat (Abbildung 5.4). Die Punkte A_1 und A_2 sowie die Punkte B_1 und B_2 werden daher jeweils mit A_{o}, A_{b}, B_{o} und B_{b} bezeichnet. Wir werden ebenfalls $z_{\mathrm{o}} \equiv \overline{EA_{\mathrm{o}}}$ und $z_{\mathrm{b}} \equiv \overline{SA_{\mathrm{b}}}$ schreiben. Aus der Gleichung (5.6) folgt:

$$T_{11}(A_{\mathrm{o}}A_{\mathrm{b}}) = a - B\frac{z_{\mathrm{b}}}{n_{\mathrm{b}}}, \qquad T_{12}(A_{\mathrm{o}}A_{\mathrm{b}}) = b - a\frac{z_{\mathrm{o}}}{n_{\mathrm{o}}} + \frac{z_{\mathrm{b}}}{n_{\mathrm{b}}}(B\frac{z_{\mathrm{o}}}{n_{\mathrm{o}}} + d),$$

$$T_{21}(A_oA_b) = -B, \qquad T_{22}(A_oA_b) = d + B\frac{z_o}{n_o}. \tag{5.9}$$

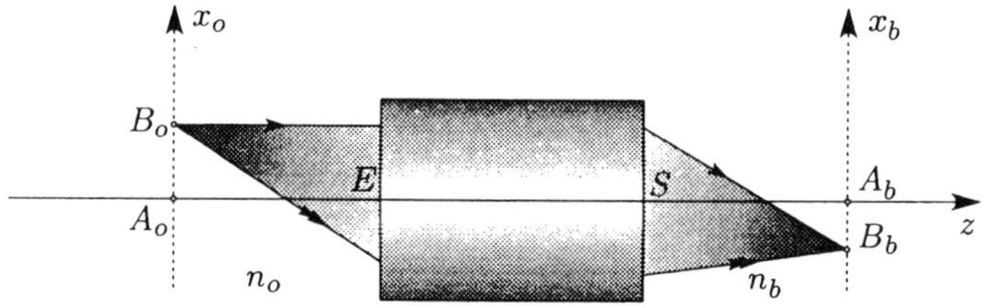

Abb. 5.4

Schreiben wir die Relation $\underline{X}_b = T(\overline{A_oA_b})\underline{X}_o$ aus, erhalten wir:

$$\begin{aligned} \underline{x}_b &= T_{11}(A_oA_b)\underline{x}_o + T_{12}(A_oA_b)n_o\underline{\alpha}_o, \\ n_b\underline{\alpha}_b &= -B\underline{x}_o + T_{22}(A_oA_b)n_o\underline{\alpha}_o. \end{aligned} \tag{5.10}$$

Da die Position $\underline{x}_b$ des Bildes B_b *unabhängig* vom Neigungswinkel $\underline{\alpha}_o$ der von A_o ausgesandten Strahlen ist, muß

$$\boxed{T_{12}(A_oA_b) = 0} \tag{5.11}$$

gelten. Das bedeutet, daß $T_{11}(A_oA_b)$ gleich dem Verhältnis $\underline{x}_b/\underline{x}_o$, d. h. dem *Abbildungsmaßstab* G_a, ist. Dagegen hat $T_{22}(A_oA_b)$ den Wert

$$T_{22}(A_oA_b) = \left(\frac{n_b\underline{\alpha}_b}{n_o\underline{\alpha}_o}\right)_{x_o=0} \tag{5.12}$$

oder, ausgedrückt über das *Winkelverhältnis* $G_w \equiv (\underline{\alpha}_b/\underline{\alpha}_o)_{x_o=0}$,

$$T_{22}(A_oA_b) = \frac{n_b}{n_o}G_w. \tag{5.13}$$

Schließlich erhalten wir die endgültige Form der Transfermatrix zwischen zwei *konjugierten Ebenen*:

$$\boxed{T(\overline{A_oA_b}) = \begin{bmatrix} G_a & 0 \\ -B & n_b/n_oG_w \end{bmatrix}.} \tag{5.14}$$

Gleichung von Lagrange und Helmholtz

Aus der Bedingung, daß die Determinante von $T(\overline{A_o A_b})$ gleich 1 sein muß, erhalten wir

$$\boxed{\frac{n_b}{n_o} G_a G_w = 1.} \tag{5.15}$$

Umgeschrieben ergibt diese Gleichung

$$n_o x_o \alpha_o = n_b x_b \alpha_b. \tag{5.16}$$

Diese Relation ist die lineare Approximation der Abbeschen Sinusbedingung, und sie ist unter dem Namen *Lagrange-Helmholtzsche Beziehung* für zentrierte Systeme bekannt.

Beziehung zwischen den verschiedenen Maßstäben

Die Erhaltung der stigmatischen Abbildung entlang der optischen Achse wird durch die Herschelsche Bedingung ausgerückt, die für kleine Winkel zu

$$n_o \Delta z_o \alpha_o^2 = n_b \Delta z_b \alpha_b^2$$

wird. Da der Tiefenmaßstab $G_t = \Delta z_b / \Delta z_o$ ist, bekommen wir

$$\frac{n_b}{n_o} G_t G_w^2 = 1$$

oder

$$\boxed{G_t = \frac{n_b}{n_o} G_a^2} \tag{5.17}$$

bzw.

$$\boxed{G_a = G_t G_w.} \tag{5.18}$$

Bemerkungen:

1. G_a und G_w sind umgekehrt proportional zueinander.
2. G_t ist immer positiv; verschiebt man die Objektebene um ein kleines Δz_o, verschiebt sich die Bildebene in die *gleiche Richtung* um den Wert $n_b G_a^2 \Delta z_o / n_o$.

5.4 Kardinalelemente

5.4.1 Brennweite

Wir definieren die *bild- und objektseitige Brennweite* oder kurz *Brennweiten* als die folgenden algebraischen Größen:

$$\boxed{f_\mathrm{b} \equiv \frac{n_\mathrm{b}}{B}} \quad \text{und} \quad \boxed{f_\mathrm{o} \equiv -\frac{n_\mathrm{o}}{B}.} \tag{5.19}$$

Ist $B > 0$, gilt $f_\mathrm{b} > 0$ und $f_\mathrm{o} < 0$; ist $B < 0$, gilt $f_\mathrm{b} < 0$ und $f_\mathrm{o} > 0$. Im allgemeinen Sprachgebrauch ist es üblich, den Absolutbetrag der bildseitigen Brennweite anzugeben und zu ergänzen, ob das System konvergent oder divergent ist. Man würde also sagen: Die Brennweite eines divergenten Systems ist 5 cm und meint: $f_\mathrm{b} = -5$ cm.

Sind die beiden äußeren Medien *identisch*, haben die bild- und objektseitigen Brennweiten den gleichen Betrag und entgegesetzte Vorzeichen.

Größenordnungen: Wir geben einige charakteristische Brennweiten an. Die Brennweite für ein Mikroskopobjektiv beträgt $f_\mathrm{b} = 1$ cm, die für einen Photoapparat $f_\mathrm{b} = 5$ cm und die für ein kleines astronomisches Fernrohr $f_\mathrm{b} = 1$ m.

5.4.2 Hauptebenen oder Einheitsebenen

Die Hauptebenen sind zueinander konjugierte Ebenen, für die der *Abbildungsmaßstab* G_a gleich der *Einheit* (eins) ist. Diese Ebenen, die wir mit $H_\mathrm{o}xy$ und $H_\mathrm{b}xy$ bezeichnen wollen, werden auch häufig Einheitsebenen genannt (Abbildung 5.5).

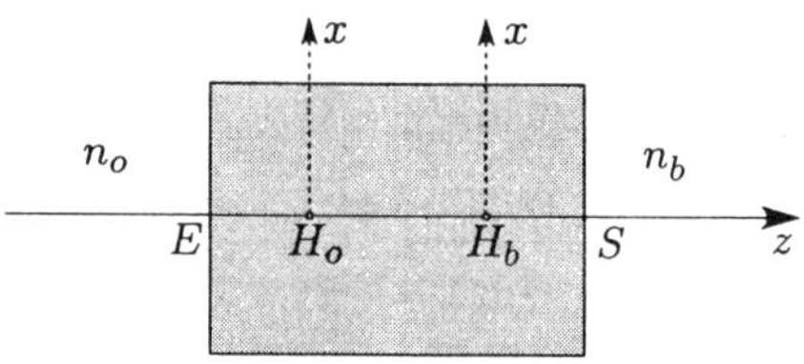

Abb. 5.5

Aus dieser Definition folgt die explizite Form der Transfermatrix $T(\overline{H_\mathrm{o}H_\mathrm{b}})$ zwischen den Hauptebenen:

$$T(\overline{H_\text{o}H_\text{b}}) = \begin{bmatrix} 1 & 0 \\ -B & 1 \end{bmatrix}.$$

Vergleichen wir die Elemente dieser Matrix mit denen der Transfermatrix des Systems, die durch die Gleichungen (5.9) gegeben sind, ergeben sich die Gleichungen

$$T_{11}(H) = 1 = a - B\frac{\overline{SH_\text{b}}}{n_\text{b}}$$

und

$$T_{22}(H) = 1 = d + B\frac{\overline{EH_\text{o}}}{n_\text{o}}.$$

Daraus erhalten wir die Positionen der Hauptebenen als Funktion der Elemente der Transfermatrix des Systems, $T(\overline{ES})$, zu

$$\boxed{\overline{SH_\text{b}} = f_\text{b}(a-1)} \tag{5.20}$$

und

$$\boxed{\overline{EH_\text{o}} = f_\text{o}(d-1).} \tag{5.21}$$

5.4.3 Knotenpunkte

Knotenpunkte sind zwei zueinander konjugierte Punkte N_o und N_b auf der optischen Achse, für die gilt, daß jeder einfallende Strahl, der durch N_o verläuft, parallel zu der Einfallsrichtung vom Punkt N_b ausgesandt wird (Abbildung 5.6). Das bedeutet:

$$G_\text{w} = \left(\frac{\alpha_\text{b}}{\alpha_\text{o}}\right)_{x_\text{o}=0} = 1. \tag{5.22}$$

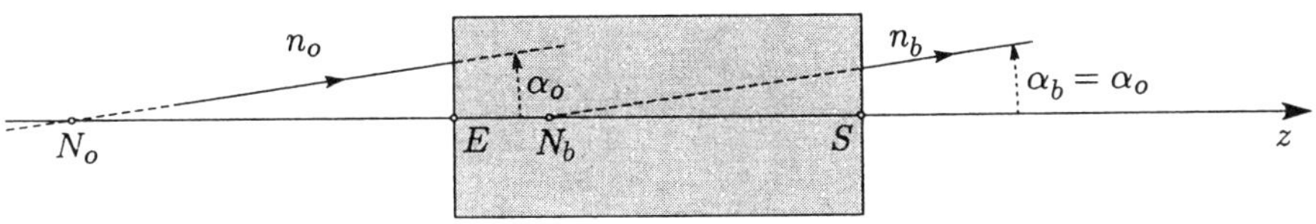

Abb. 5.6

Die Transfermatrix $T(\overline{N_\text{o}N_\text{b}})$ hat daher die Gestalt

$$T(\overline{N_\text{o}N_\text{b}}) = \begin{bmatrix} n_\text{o}/n_\text{b} & 0 \\ -B & n_\text{b}/n_\text{o} \end{bmatrix},$$

aus der sich die folgenden Relationen ergeben (siehe Gleichung (5.9)):

$$T_{11}(N) = \frac{n_\mathrm{o}}{n_\mathrm{b}} = a - B\frac{\overline{SN_\mathrm{b}}}{n_\mathrm{b}} \tag{5.23}$$

und

$$T_{22}(N) = \frac{n_\mathrm{b}}{n_\mathrm{o}} = d + B\frac{\overline{EN_\mathrm{o}}}{n_\mathrm{o}}. \tag{5.24}$$

Die Lage der Knotenpunkte relativ zu E und S ist also

$$\overline{SN_\mathrm{b}} = f_\mathrm{b}\left(a - \frac{n_\mathrm{o}}{n_\mathrm{b}}\right) \tag{5.25}$$

und

$$\overline{EN_\mathrm{o}} = f_\mathrm{o}\left(d - \frac{n_\mathrm{b}}{n_\mathrm{o}}\right). \tag{5.26}$$

Für den weiteren Verlauf der Diskussion werden wir Ausdrücke für die algebraischen Längen $\overline{H_\mathrm{b}N_\mathrm{b}}$ und $\overline{H_\mathrm{o}N_\mathrm{o}}$ benötigen:

$$\overline{H_\mathrm{b}N_\mathrm{b}} = \overline{SN_\mathrm{b}} - \overline{SH_\mathrm{b}} = f_\mathrm{b}(a - n_\mathrm{o}/n_\mathrm{b}) - f_\mathrm{b}(a-1) = f_\mathrm{o} + f_\mathrm{b},$$

ebenso

$$\overline{H_\mathrm{o}N_\mathrm{o}} = \overline{EN_\mathrm{o}} - \overline{EH_\mathrm{o}} = f_\mathrm{o} + f_\mathrm{b}.$$

Damit folgt

$$\boxed{\overline{H_\mathrm{o}N_\mathrm{o}} = \overline{H_\mathrm{b}N_\mathrm{b}} = f_\mathrm{o} + f_\mathrm{b}.} \tag{5.27}$$

Sind die beiden *äußeren* Medien *identisch*, d. h. $n_\mathrm{o} = n_\mathrm{b}$, verschwinden die Größen $\overline{H_\mathrm{o}N_\mathrm{o}}$ und $\overline{H_b N_\mathrm{b}}$: Die Knotenpunkte N_o und N_b *fallen* mit den jeweiligen Hauptpunkten H_o und H_b *zusammen*.

Bemerkung: Die Strecken $\overline{H_\mathrm{o}H_\mathrm{b}}$ und $\overline{N_\mathrm{o}N_\mathrm{b}}$ sind gleich. Dies folgt aus:

$$\overline{H_\mathrm{o}H_\mathrm{b}} = \overline{H_\mathrm{o}N_\mathrm{o}} + \overline{N_\mathrm{o}N_\mathrm{b}} + \overline{N_\mathrm{b}H_\mathrm{b}} = f_\mathrm{o} + f_\mathrm{b} + \overline{N_\mathrm{o}N_\mathrm{b}} - (f_\mathrm{o} + f_\mathrm{b}) = \overline{N_\mathrm{o}N_\mathrm{b}}.$$

5.4.4 Brennebenen

Brennebenen sind zwei Ebenen $F_\mathrm{o}xy$ und F_bxy im Objekt- und Bildraum, die folgendermaßen definiert sind (Abbildung 5.7):

Alle einfallenden Lichtstrahlen, die von F_o *ausgesandt* werden, treten *parallel* zu der optischen Achse aus dem optischen System.

Alle *parallel* zu der optischen Achse einfallenden Lichtstrahlen *konvergieren* in F_b.

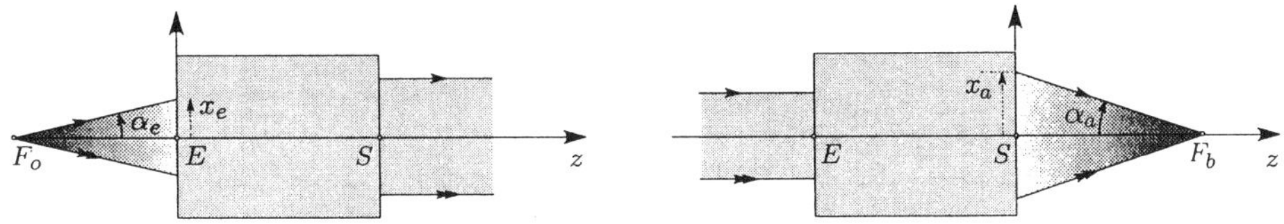

Abb. 5.7

Objektseitiger Brennpunkt F_o

Zur Bestimmung der Lage von F_o, schreiben wir die Beziehung zwischen den Eingangs- und Ausgangsgrößen auf:

$$x_a = ax_e + bn_o\alpha_e, \tag{5.28}$$

$$n_b\alpha_a = -Bx_e + dn_o\alpha_e \tag{5.29}$$

Da $\alpha_a = 0$ für jedes x_e und α_e gilt, erhalten wir

$$\frac{x_e}{\alpha_e} = \frac{n_o}{B}d. \tag{5.30}$$

Die Lage des Punktes F_o ist damit *algebraisch* gegeben durch

$$-\overline{EF_o} = \frac{x_e}{\alpha_e} = \frac{n_o}{B}d.$$

Daraus folgt

$$\boxed{\overline{EF_o} = f_o d} \tag{5.31}$$

und

$$\boxed{\overline{H_oF_o} = \overline{H_oE} + \overline{EF_o} = f_o.} \tag{5.32}$$

Bildseitiger Brennpunkt F_b

Hier gilt per definitionem $\alpha_e = 0$, so daß die Gleichungen (5.28) und (5.29) sich zu der folgenden Form vereinfachen:

$$x_a = ax_e \quad \text{und} \quad n_b\alpha_a = -Bx_e$$

oder

$$\frac{x_a}{\alpha_a} = -n_b\frac{a}{B}. \tag{5.33}$$

Damit ergibt sich der Punkt F_{b} über

$$\overline{SF_{\mathrm{b}}} = -\frac{x_{\mathrm{a}}}{\alpha_{\mathrm{a}}} = \frac{n_{\mathrm{b}}}{B}a.$$

Wir erhalten

$$\boxed{\overline{SF_{\mathrm{b}}} = f_{\mathrm{b}}a} \tag{5.34}$$

sowie

$$\boxed{\overline{H_{\mathrm{b}}F_{\mathrm{b}}} = \overline{H_{\mathrm{b}}S} + \overline{SF_{\mathrm{b}}} = f_{\mathrm{b}}.} \tag{5.35}$$

Bemerkung: Sobald die Brechkraft eingeführt ist, folgt daraus sofort die Brennweite. In elementaren Darstellungen zu den dünnen Linsen in Luft wird zuerst die bildseitige Brennweite als die Entfernung definiert, die das Zentrum der dünnen Linse vom Brennpunkt einfallender paralleler Lichtstrahlen trennt, um dann die Brechkraft als deren Inverses einzuführen.

5.5 Bestimmung der Kardinalelemente

5.5.1 Beispiel der sphärischen Grenzfläche

Die Transfermatrix einer sphärischen Grenzfläche reduziert sich zu der Brechungsmatrix (Abbildung 5.8):

$$T(\overline{ES}) = \mathcal{R}(S) = \begin{bmatrix} 1 & 0 \\ -B & 1 \end{bmatrix}$$

mit

$$B = \frac{n_{\mathrm{b}} - n_{\mathrm{o}}}{\overline{R}}.$$

Daraus ergibt sich,

1. daß die Eingangs- und Ausgangsebenen sowie die Hauptebenen im Scheitelpunkt S zusammenfallen,
2. daß die Knotenpunkte im Krümmungsmittelpunkt zusammenfallen, da

$$\overline{SN_{\mathrm{o}}} = \overline{SN_{\mathrm{b}}} = f_{\mathrm{o}} + f_{\mathrm{b}} = \frac{n_{\mathrm{b}} - n_{\mathrm{o}}}{B} = \overline{R},$$

3. daß die Brennpunkte in F_{o} und F_{b} liegen, da

$$f_{\mathrm{o}} = -\frac{n_{\mathrm{o}}}{B} = -\frac{n_{\mathrm{o}}\overline{R}}{n_{\mathrm{b}} - n_{\mathrm{o}}}$$

und

$$f_\mathrm{b} = \frac{n_\mathrm{b}}{B} = \frac{n_\mathrm{b}\overline{R}}{n_\mathrm{b} - n_\mathrm{o}}$$

gelten. Im Fall der Abbildung 5.8, in der $n_\mathrm{b} = 1{,}5$, $n_\mathrm{o} = 1$ und $\overline{R} = 5$ cm sind, erhält man:

$$B = 10\delta, \qquad f_\mathrm{b} = 3\overline{R} = 15 \quad \text{und} \quad f_\mathrm{o} = -2\overline{R} = -10\,\text{cm}.$$

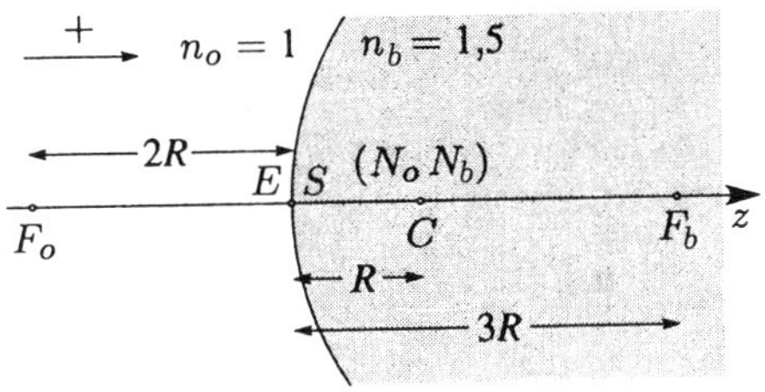

Abb. 5.8

5.5.2 Beispiel der halbkugelförmigen Linse

Wir betrachten eine Linse in Form einer Halbkugel mit Radius $a = 4{,}5$ cm und Brechungsindex $n = 1{,}5$ (Abbildung 5.9). Links befindet sich als Medium Luft, rechts Wasser mit Brechungsindex $n_\mathrm{b} = 1{,}33$.

Berechnen wir in Dioptrien die Brechkraft der Einfalls- und Austrittsgrenzfläche:

$$B_1 = \frac{n-1}{a} = \frac{1}{9} \cdot 10^2\,\delta \quad \text{und} \quad B_2 = 0.$$

Damit erhalten wir:

$$T(\overline{ES}) = \begin{bmatrix} 1 & 0 \\ 0 & 1 \end{bmatrix} \begin{bmatrix} 1 & 3 \cdot 10^{-2} \\ 0 & 1 \end{bmatrix} \begin{bmatrix} 1 & 0 \\ -1/9 \cdot 10^2 & 1 \end{bmatrix} = \begin{bmatrix} 2/3 & 3 \cdot 10^{-2} \\ -1/9 \cdot 10^2 & 1 \end{bmatrix}. \tag{5.36}$$

Es ist unschwer zu sehen, daß die Determinante dieser Matrix 1 ist. Von $T(ES)$ ausgehend finden wir:

$$B = 11{,}11\,\delta, \quad f_\mathrm{b} = \frac{n_\mathrm{b}}{B} = 12\,\text{cm}, \qquad f_\mathrm{o} = -\frac{n_\mathrm{o}}{B} = -9\,\text{cm},$$

$$\overline{SH_\mathrm{b}} = -4\,\text{cm}, \quad \overline{EH_\mathrm{o}} = 0, \qquad \overline{H_\mathrm{b}N_\mathrm{b}} = \overline{H_\mathrm{o}N_\mathrm{o}} = f_\mathrm{o} + f_\mathrm{b} = 3\,\text{cm},$$

$$\overline{H_\mathrm{b}F_\mathrm{b}} = 12\,\text{cm} \quad \text{und} \quad \overline{H_\mathrm{o}F_\mathrm{o}} = -9\,\text{cm}.$$

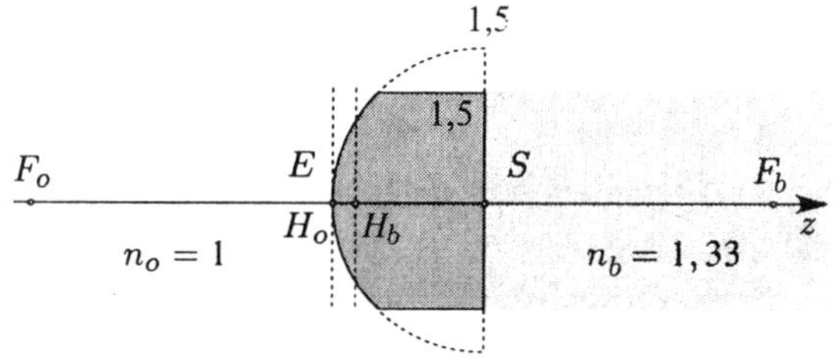

Abb. 5.9

5.5.3 Experimentelle Bestimmung

Wir wollen nun die Transfermatrix $T(\overline{ES})$ eines zentrierten Systems *experimentell* bestimmen (Abbildung 5.4).

Die Matrix $T(\overline{ES})$ ist mit der Matrix $T(\overline{A_o A_b})$ zwischen zwei konjugierten Ebenen $A_o xy$ und $A_b xy$ durch die Gleichungen

$$G_a(A_o A_b) = a - B\frac{z_b}{n_b},$$
$$0 = b - a\frac{z_o}{n_o} + \frac{z_b}{n_b}\left(B\frac{z_o}{n_o} + d\right),$$
$$G_a^{-1}(A_o A_b) = d + B\frac{z_o}{n_o}$$

verknüpft. Hierbei sind $z_o = \overline{EA_o}$ und $z_b = \overline{SA_b}$.

Der Graph $G_a^{-1}(A_o A_b)$ als Funktion von $-z_o/n_o$ ist eine Gerade mit Steigung $-B$ und Achsenabschnitt d (Abbildung 5.10a). Mit seiner Hilfe kann man $-B$ und d bestimmen. Die beiden anderen Matrixelemente erhalten wir aus der Auftragung von $-G_a^{-1}(A_o A_b)\, z_b/n_b$ gegen $-z_o/n_o$ (Abbildung 5.10b), denn wir haben

$$0 = b - a\frac{z_o}{n_o} + \frac{z_b}{n_b}G_a^{-1}(A_o A_b)$$

oder

$$-\frac{z_b}{n_b}G_a^{-1}(A_o A_b) = -a\frac{z_o}{n_o} + b. \tag{5.37}$$

5.6 Zusammenfassung

Wir fassen noch einmal die Methode zusammen, mit der die Kardinalelemente eines beliebigen zentrierten Systems bestimmt werden:

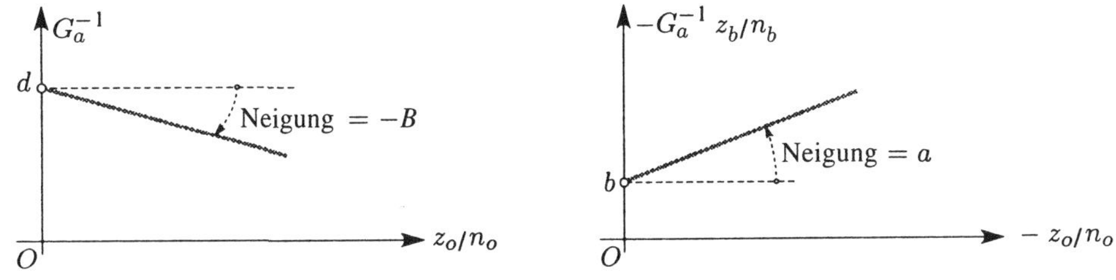

a) b)

Abb. 5.10

1. Man bestimmt die Transfermatrix $T(\overline{ES})$ zwischen den Einfalls- und Austrittsebenen
   - entweder experimentell,
   - oder analytisch. Dazu berechnet man zuerst die Brechkraft jeder Grenzfläche und multipliziert dann die Elementarmatrizen $\mathcal{R}$ und $\mathcal{T}$ von *rechts nach links*. Man erhält:

$$T(\overline{ES}) = \begin{bmatrix} a & b \\ -B & d \end{bmatrix}.$$

2. Man ermittelt sukzessive

$$\begin{aligned} f_\mathrm{b} &= \frac{n_\mathrm{b}}{B}, \quad \text{und} \quad f_\mathrm{o} = -\frac{n_\mathrm{o}}{B}, \\ \overline{SH_\mathrm{b}} &= f_\mathrm{b}(a-1), \quad \text{und} \quad \overline{EH_\mathrm{o}} = f_\mathrm{o}(d-1), \\ \overline{H_\mathrm{b}N_\mathrm{b}} &= \overline{H_\mathrm{o}N_\mathrm{o}} \quad = \quad f_\mathrm{o} + f_\mathrm{b}, \\ \overline{H_\mathrm{b}F_\mathrm{b}} &= f_\mathrm{b} \quad \text{und} \quad \overline{H_\mathrm{o}F_\mathrm{o}} = f_\mathrm{o}. \end{aligned}$$

3. Wir tragen die erhaltenen Kardinalelemente in eine Zeichnung ein, in der wir der Übersicht halber verschiedene Maßstäbe für die Achse entlang der optischen Achse und die Achsen quer zu der optischen Achse verwenden.

Wir werden später sehen, daß die Kardinalelemente es erlauben, algebraisch und geometrisch das Bild zu bestimmen, welches ein optisches System von einem beliebigen Objekt produziert.

5.7 Aufgaben

A5.1 Transfermatrix und Kardinalelemente eines Fernglasobjektivs
Ein Fernglasobjektiv, das von Luft umgeben ist, wird aus mehreren Grenzflächen konstruiert, deren Eigenschaften (Dicke, Krümmungsradien, Brechungindizes) in der Abbildung 5.11 gegeben sind.

1. Bestimmen Sie die Transfermatrix!
2. Ermitteln Sie daraus die Kardinalelemente!
3. Die Bewegungsrichtung des Lichtes wird umgedreht: Finden Sie die neuen Kardinalelemente!

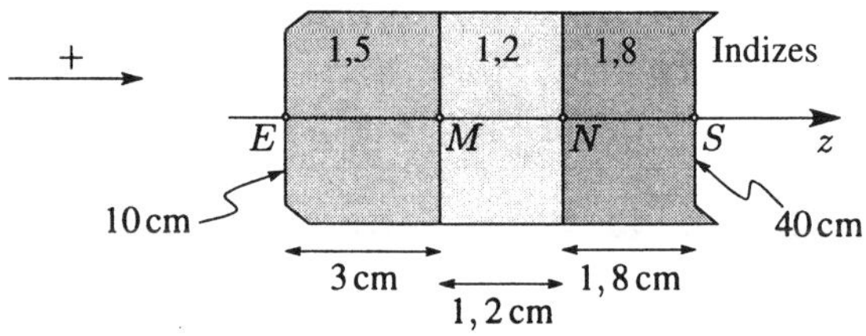

Abb. 5.11

A5.2 Kardinalelemente einer Kugellinse

1. Bestimmen Sie die Kardinalelemente einer Kugellinse mit Radius r und Brechungsindex n, die von Luft umgeben ist (Abbildung 5.12a). Führen Sie die Rechnung für $r = 1{,}5$ cm und $n = 1{,}5$ durch!
2. Was wird aus diesen Elementen, wenn das Austrittsmedium nicht mehr Luft sondern ein Medium mit Brechungsindex 1,4 ist (Abbildung 5.12b)?

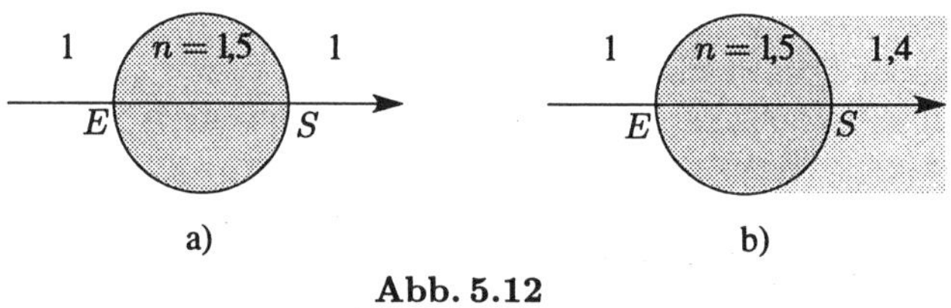

Abb. 5.12

6 Zentrierte Systeme: Konstruktion und Abbildungsgleichungen

Wir wissen, daß ein zentriertes System in der Gauß-Näherung durch die Transfermatrix $T(\overline{ES})$ charakerisiert werden kann. Aus dieser können dann die Kardinalelemente, d. h. die Brennweiten, die Brennebenen sowie die Brenn- und Knotenpunkte bestimmt werden.

Wir werden die Wichtigkeit der Kardinalelemente bei der Ermittlung des Bildes, das ein optisches System von einem Objekt erzeugt, herausarbeiten. Die folgende Skizze erinnert an die Notation und veranschaulicht die gegebene Fragestellung (Abbildung 6.1).

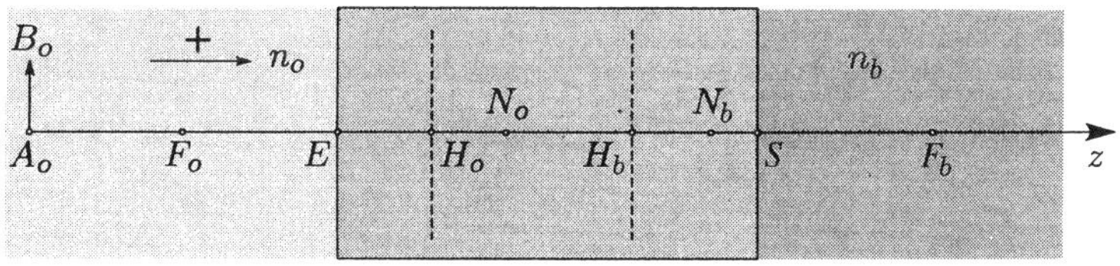

Abb. 6.1

Das Bild eines Objektes erhält man entweder

1. *algebraisch* auf Basis der *Abbildungsgleichungen* zwischen dem Ort des Objektes und des dazugehörigen Bildes oder
2. *geometrisch*: zeichnerisch wird der Verlauf einiger ausgewählter Lichtstrahlen verfolgt. Für quantitative Ergebnisse ist hier sehr große Sorgfalt beim Zeichnen der Lichtstrahlen nötig.

Die Methoden haben beide ihre Vor- und Nachteile, ergänzen sich aber aufgrund ihrer unterschiedlichen Heransgehensweisen und sind daher beide von praktischer Wichtigkeit.

6.1 Homographische Abbildungsgleichung

Diese Abbildungsgleichung ergibt sich in einfacher Weise aus den Matrizen $T(\overline{ES})$ und $T(\overline{A_\mathrm{o}A_\mathrm{b}})$. Mit den üblichen Bezeichnungen ($z_\mathrm{o} = \overline{EA_\mathrm{o}}$, $z_\mathrm{b} = \overline{SA_\mathrm{b}}$ und so weiter) erhalten wir, da A_o und A_b zueinander konjugiert sind,

$$T_{12}(A) = b - a\frac{z_\mathrm{o}}{n_\mathrm{o}} + \frac{z_\mathrm{b}}{n_\mathrm{b}}\left(B\frac{z_\mathrm{o}}{n_\mathrm{o}} + d\right) = 0.$$

Daraus folgt die *homographische Abbildungsgleichung*:

$$\boxed{\frac{z_\mathrm{b}}{n_\mathrm{b}} = \frac{az_\mathrm{o}/n_\mathrm{o} - b}{Bz_\mathrm{o}/n_\mathrm{o} + d}.} \tag{6.1}$$

Bemerkung: Man kann sich diese Formel leicht merken, wenn man die Schreibweise der Transfermatrixelemente beachtet; die Nebendiagonalelemente haben in der Formel ein umgekehrtes Vorzeichen.

6.2 Descartessche Formeln

6.2.1 Abbildungsgleichungen mit den Hauptpunkten als Bezugspunkte

Wählt man die zueinander konjugierten Ebenen als Eingangs- und Ausgangsebenen, erhält man aus Gleichung (5.14): $b = 0$, $a = G_\mathrm{a}$ und $d = G_\mathrm{a}^{-1}$. Damit wird die homographische Abbildungsgleichung zu

$$\frac{z_\mathrm{b}}{n_\mathrm{b}} = \frac{G_\mathrm{a}z_\mathrm{o}/n_\mathrm{o}}{Bz_\mathrm{o}/n_\mathrm{o} + G_\mathrm{a}^{-1}}$$

oder

$$-G_\mathrm{a}^{-1}\frac{z_\mathrm{b}}{n_\mathrm{b}} + G_\mathrm{a}\frac{z_\mathrm{o}}{n_\mathrm{o}} = \frac{Bz_\mathrm{b}z_\mathrm{o}}{n_\mathrm{b}n_\mathrm{o}}.$$

Teilen wir durch $z_\mathrm{b}z_\mathrm{o}/n_\mathrm{b}n_\mathrm{o}$, erhalten wir

$$-G_\mathrm{a}^{-1}\frac{n_\mathrm{o}}{z_\mathrm{o}} + G_\mathrm{a}\frac{n_\mathrm{b}}{z_\mathrm{b}} = B.$$

In dem Fall, in dem die Bezugsebenen die *Hauptebenen* sind, gilt $G_a = 1$. Damit erhalten wir die Abbildungsgleichung von Descartes:

$$\boxed{\frac{n_b}{p_b} - \frac{n_o}{p_o} = B \quad \text{mit} \quad p_o \equiv \overline{H_o A_o} \quad \text{und} \quad p_b \equiv \overline{H_b A_b}.} \tag{6.2}$$

Diese Gleichung ist auch in den folgenden Formen bekannt:

$$\frac{n_b}{p_b} - \frac{n_o}{p_o} = \frac{n_b}{f_b} \tag{6.3}$$

und

$$\frac{f_b}{p_b} - \frac{f_o}{p_o} = 1. \tag{6.4}$$

Sind die beiden äußeren Medien identisch ($n_o = n_b$), haben wir $f_b = -f_o$. Wir erhalten dann die bekannte Abbildungsgleichung

$$\frac{1}{p_b} - \frac{1}{p_o} = \frac{1}{f_b}. \tag{6.5}$$

Bemerkung: Bei der Matrixmultiplikation, die $T(\overline{A_o A_b})$ aus $T(\overline{H_o H_b})$ ergibt, sind die Translationsmatrizen relativ zu den Eingangs- und Ausgangsmedien zu wählen, unabhängig von den Positionen von H_o und H_b gegenüber E und S. Das zentrierte System wird also durch ein äquivalentes zentriertes System, das sich zwischen den Hauptebenen befindet, ersetzt.

6.2.2 Vergrößerungen

Der Tiefenmaßstab und das Winkelverhältnis ergeben sich in einfacher Weise aus der Matrix $T(\overline{A_o A_b})$:

$$G_a = 1 - \frac{B p_b}{n_b}$$

oder unter Berücksichtigung der Abbildungsgleichung (6.2)

$$\boxed{G_a = \frac{n_o}{n_b} \frac{p_b}{p_o}.} \tag{6.6}$$

Da nach der Lagrange-Helmholtzschen Gleichung (5.15) $G_a G_w n_b / n_o = 1$ gilt, folgt

$$G_w = \frac{p_o}{p_b}. \tag{6.7}$$

Den Ausdruck für den Tiefenmaßstab erhalten wir dagegen einfach durch Differenzieren der Descartesschen Formel (6.2):

$$\frac{n_\mathrm{o}}{p_\mathrm{o}^2}\mathrm{d}p_\mathrm{o} - \frac{n_\mathrm{b}}{p_\mathrm{b}^2}\mathrm{d}p_\mathrm{b} = 0,$$

woraus folgt:

$$G_\mathrm{t} = \frac{\mathrm{d}p_\mathrm{b}}{\mathrm{d}p_\mathrm{o}} = \frac{n_\mathrm{o}}{n_\mathrm{b}}\left(\frac{p_\mathrm{b}}{p_\mathrm{o}}\right)^2 = \frac{n_\mathrm{b}}{n_\mathrm{o}}G_\mathrm{a}^2. \tag{6.8}$$

Bemerkung: Der Tiefenmaßstab ist *immer positiv.*

6.2.3 Brennebenen

Die Brennebenen sind die Ebenen $F_\mathrm{o}xy$ und $F_\mathrm{b}xy$, die senkrecht zu der optischen Achse durch die Objekt- bzw. Bildpunkte gehen. Nach der Descartesschen Gleichung ist die $F_\mathrm{b}xy$-Ebene zu der im Unendlichen liegenden Objektebene konjugiert, wogegen die $F_\mathrm{o}xy$-Ebene zu der unendlich fernen Bildebene konjugiert ist. Denn für $p_\mathrm{o} = -\infty$ erhalten wir $p_\mathrm{b} = n_\mathrm{b}/B = f_\mathrm{b}$ und für $p_\mathrm{b} = \infty$ $p_\mathrm{o} = -n_\mathrm{o}/B = f_\mathrm{o}$.

Alle Punkte dieser Ebenen außer F_o und F_b werden *sekundäre* Brennpunkte genannt. Der Punkt $F_{0\mathrm{s}}$ liegt in der Objektbrennebene und ist daher ein *sekundärer Objektbrennpunkt,* sein konjugierter Bildpunkt liegt im Unendlichen. Dies hat zur Folge, daß alle von $F_{0\mathrm{s}}$ ausgehenden Strahlen *zueinander parallel* aus dem optischen System austreten (Abbildung 6.2a). Entsprechend ist ein Punkt F_bs in der Bildbrennebene ein *sekundärer Bildbrennpunkt.* Der konjugierte Objektpunkt liegt im Unendlichen, und alle Lichtstrahlen, die durch F_bs laufen, sind am *Eingang* des optischen Systems *zueinander parallel* (Abbildung 6.2b).

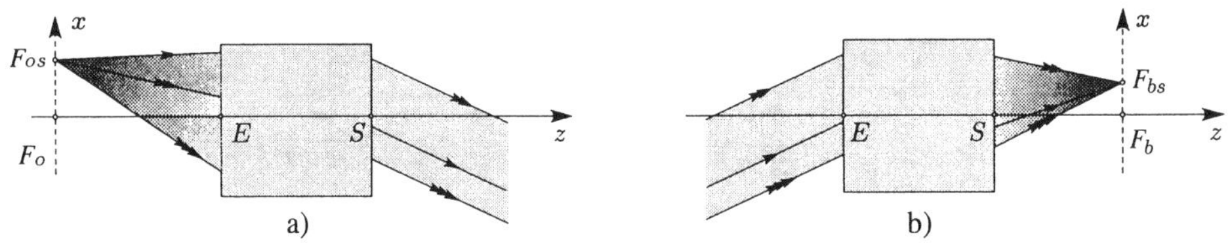

Abb. 6.2

Bemerkung: Es ist zu betonen, daß trotz der Bezeichnungen F_o und F_b, der bildseitige Brennpunkt nicht das Bild des objektseitigen Brennpunktes darstellt. Dies wird auch durch den Ausdruck für die Transfermatrix $T(\overline{F_\mathrm{o}F_\mathrm{b}})$ bestätigt (siehe nächster Abschnitt).

6.3 Newtonsche Formeln

Wir leiten nun die Newtonsche Abbildungsgleichung ab. Hierzu bestimmen wir mit Hilfe der Transfermatrix $T(\overline{H_\mathrm{o}H_\mathrm{b}})$ zwischen den Hauptpunkten H_o und H_b die Transfermatrix $T(\overline{F_\mathrm{o}F_\mathrm{b}})$ zwischen den Brennpunkten F_o und F_b. Wir definieren:

$$\sigma_\mathrm{o} \equiv \overline{F_\mathrm{o}A_\mathrm{o}} \quad \text{und} \quad \sigma_\mathrm{b} \equiv \overline{F_\mathrm{b}A_\mathrm{b}}.$$

6.3.1 Transfermatrix zwischen Brennpunkten

Es gilt

$$T(\overline{F_\mathrm{o}F_\mathrm{b}}) = \mathcal{T}(\overline{H_\mathrm{b}F_\mathrm{b}})T(\overline{H_\mathrm{o}H_\mathrm{b}})\mathcal{T}(\overline{F_\mathrm{o}H_\mathrm{o}})$$

oder

$$T(\overline{F_\mathrm{o}F_\mathrm{b}}) = \begin{bmatrix} 1 & f_\mathrm{b}/n_\mathrm{b} \\ 0 & 1 \end{bmatrix} \begin{bmatrix} 1 & 0 \\ -B & 1 \end{bmatrix} \begin{bmatrix} 1 & -f_\mathrm{o}/n_\mathrm{o} \\ 0 & 1 \end{bmatrix} \tag{6.9}$$

$$= \begin{bmatrix} 1 - Bf_\mathrm{b}/n_\mathrm{b} & T_{12}(F) \\ -B & 1 + Bf_\mathrm{o}/n_\mathrm{o} \end{bmatrix}. \tag{6.10}$$

Da $f_\mathrm{b} = n_\mathrm{b}/B$ und $f_\mathrm{o} = -n_\mathrm{o}/B$ ist, folgt $T_{11}(F) = T_{22}(F) = 0$.

Auf der anderen Seite ist $T_{12}(F) = -f_\mathrm{o}/n_\mathrm{o} + f_\mathrm{b}/n_\mathrm{b}(1 + Bf_\mathrm{o}/n_\mathrm{o}) = -f_\mathrm{o}/n_\mathrm{o} = B^{-1} \neq 0$, was bestätigt, daß die Punkte F_o und F_b nicht zueinander konjugiert sind. Die Transfermatrix hat also die Form

$$T(\overline{F_\mathrm{o}F_\mathrm{b}}) = \begin{bmatrix} 0 & B^{-1} \\ -B & 0 \end{bmatrix}. \tag{6.11}$$

Sind die beiden äußeren Medien Luft ($f_\mathrm{b} = -f_\mathrm{o}$), erhalten wir

$$T(\overline{F_\mathrm{o}F_\mathrm{b}}) = \begin{bmatrix} 0 & f_\mathrm{b} \\ -1/f_\mathrm{b} & 0 \end{bmatrix}. \tag{6.12}$$

6.3.2 Abbildungsgleichung mit den Brennpunkten als Bezugspunkte

Sobald die *Brennpunkte* F_o und F_b als Bezugspunkte verwendet werden, indem man die Eingangs- bzw. Ausgangsebenen in diese Punkte legt, wird wegen $a = 0$, $b = -B^{-1}$ und $d = 0$ aus der eingangs formulierten homographischen Abbildungsgleichung:

$$\frac{\sigma_\mathrm{b}}{n_\mathrm{b}} = \frac{0 - B^{-1}}{B\sigma_\mathrm{o}/n_\mathrm{o} + 0},$$

woraus

$$\sigma_\mathrm{o}\sigma_\mathrm{b} = -\frac{n_\mathrm{b}n_\mathrm{o}}{B^2}$$

bzw.

$$\boxed{\sigma_\mathrm{o}\sigma_\mathrm{b} = f_\mathrm{o}f_\mathrm{b}} \tag{6.13}$$

resultiert. Diese Gleichung ist unter dem Namen *Newton*sche *Abbildungsgleichung* bekannt. Sind die beiden äußeren Medien identisch, reduziert sie sich zu $\sigma_\mathrm{o}\sigma_\mathrm{b} = -f_\mathrm{b}^2 = -f_\mathrm{o}^2$. In diesem Fall erhalten wir also bei Kenntnis von σ_b und σ_o keine Information über das Vorzeichen der Brennweite.

6.3.3 Maßstäbe

Wir bestimmen die Matrix $T(\overline{A_\mathrm{o}A_\mathrm{b}})$ durch Verwendung der Transfermatrix $T(\overline{F_\mathrm{o}F_\mathrm{b}})$:

$$\begin{aligned}
T(\overline{A_\mathrm{o}A_\mathrm{b}}) &= \mathcal{T}(\overline{F_\mathrm{b}A_\mathrm{b}})T(\overline{F_\mathrm{o}F_\mathrm{b}})\mathcal{T}(\overline{A_\mathrm{o}F_\mathrm{o}}) \\
&= \begin{bmatrix} 1 & \sigma_\mathrm{b}/n_\mathrm{b} \\ 0 & 1 \end{bmatrix} \begin{bmatrix} 0 & B^{-1} \\ -B & 0 \end{bmatrix} \begin{bmatrix} 1 & -\sigma_\mathrm{o}/n_\mathrm{o} \\ 0 & 1 \end{bmatrix} \\
&= \begin{bmatrix} -B\sigma_\mathrm{b}/n_\mathrm{b} & B^{-1} + B\sigma_\mathrm{o}\sigma_\mathrm{b}/(n_\mathrm{o}n_\mathrm{b}) \\ -B & B\sigma_\mathrm{o}/n_\mathrm{o} \end{bmatrix}.
\end{aligned}$$

Da $T_{12}(A) = 0$ und $G_\mathrm{a}G_\mathrm{w}n_\mathrm{b}/n_\mathrm{o} = 1$ ist, erhalten wir durch einfaches Ablesen

$$G_\mathrm{a} = -\frac{B\sigma_\mathrm{b}}{n_\mathrm{b}} = -\frac{\sigma_\mathrm{b}}{f_\mathrm{b}} = -\frac{f_\mathrm{o}}{\sigma_\mathrm{o}} \tag{6.14}$$

und

$$G_\mathrm{w} = -\frac{\sigma_\mathrm{o}}{Bn_\mathrm{b}} = \frac{f_\mathrm{o}}{\sigma_\mathrm{b}} = \frac{\sigma_\mathrm{o}}{f_\mathrm{b}}. \tag{6.15}$$

Merken wir uns

$$\boxed{G_\mathrm{a} = -\frac{\sigma_\mathrm{b}}{f_\mathrm{b}}.} \tag{6.16}$$

Beispiel: Mit einem Kleinbildphotoapparat (24 mm × 36 mm, $f_\mathrm{b} = 50$ mm) wird das Bild eines entfernten Objektes umgedreht und verkleinert: $G_\mathrm{a} = -0{,}01$. Es folgt daraus für σ_b (Auszug):

$$\sigma_\mathrm{b} = -G_\mathrm{a}f_\mathrm{b} = 0{,}5\,\mathrm{mm}.$$

6.4 Geometrische Konstruktion

Die geometrische Konstruktion ist für die Untersuchung eines optischen Systems unverzichtbar. Über die Visualisierung der Lichtstrahlen wird die Prüfung der algebraisch erhaltenen Resultate ermöglicht.

6.4.1 Konstruktion des Bildes eines Objektes in einer Ebene senkrecht zu der optischen Achse

Um Fehler möglichst zu vermeiden, sollten mindestens drei Strahlen verfolgt werden:

1. *Der Lichtstrahl, der von einem außeraxialen Punkt B_o parallel zu der optischen Achse ausgesandt wird.* Er wird bis zu der objektseitigen Hauptebene verlängert. Vom Punkt gleicher Höhe ($G_a = 1$) in der bildseitigen Hauptebene verläuft dann dieser Strahl durch den bildseitigen Brennpunkt F_b.
2. *Der von B_o ausgesandte Lichtstrahl, der durch den objektseitigen Brennpunkt F_o verläuft.* Dieser wird bis zu der Ebene H_oxy verlängert und tritt vom Punkt der Ebene H_bxy, der die *gleiche Höhe* wie sein konjugierter Punkt in H_oxy hat, parallel zu der optischen Achse aus.
3. *Der von B_o ausgesandte Strahl, der den Knotenpunkt N_o passiert.* Er tritt, von N_b ausgehend, *parallel* zu sich selbst aus ($G_w = 1$).

Die beiden Beispiele in der Abbildung 6.3 entprechen, bei Wahl willkürlicher Einheiten, den folgenden Fällen:

a) $\overline{H_oH_b} = \ \ 1, \quad f_b = 3, \quad f_o = -2,$

b) $\overline{H_oH_b} = -1, \quad f_b = 3, \quad f_o = -2.$

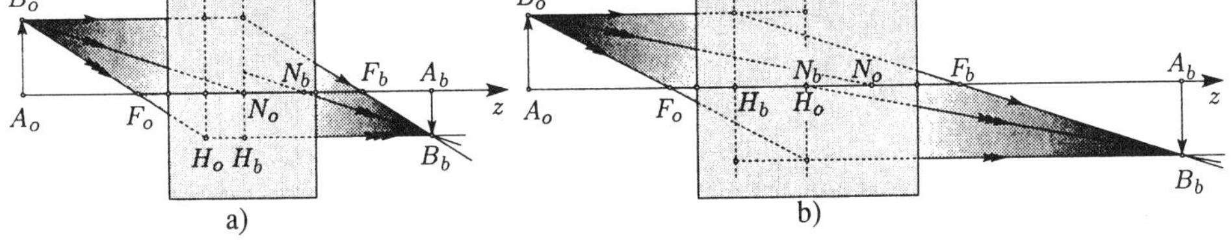

Abb. 6.3

Bemerkung: Die Lichtstrahlen dürfen nur *außerhalb* der Grenzen E und S des optischen Systems verfolgt werden, da die Verlängerungen innerhalb des Systems nicht den tatsächlich vom Licht passierten Wegen entsprechen.

6.4.2 Konstruktion eines austretenden Strahles anhand eines gegebenen einfallenden Strahles

Mit Hilfe der Transfermatrix

Diese Methode führt sofort zum Ziel, da wir bereits die Matrixelemente der Transfermatrix bestimmt haben. Die Kenntnis der Kardinalelemente ist nicht nötig. Um x_a und α_a zu erhalten, genügt es zu schreiben:

$$x_\mathrm{a} = a x_\mathrm{e} + b n_\mathrm{o} \alpha_\mathrm{e},$$
$$n_\mathrm{b} \alpha_\mathrm{a} = -B x_\mathrm{e} + d n_\mathrm{o} \alpha_\mathrm{e}.$$

Beispiel: Betrachten wir ein optisches System, das von Luft umgeben ist und die Transfermatrix $T(\overline{ES})$

$$T(\overline{ES}) = \begin{bmatrix} 0{,}7 & 4{,}4 \cdot 10^{-2} \\ -10 & 0{,}8 \end{bmatrix}$$

besitzt. Berechnen wir die Größen x_a und α_a des austretenden Lichtstrahls, der dem in $x_\mathrm{e} = 20$ mm mit dem Neigungswinkel $\alpha_\mathrm{e} = 0{,}01$ rad einfallenden Lichtstrahl entspricht:

$$x_\mathrm{a} = 0{,}014 + 4{,}4 \cdot 10^{-4} = 14{,}44\,\mathrm{mm}\,; \; \alpha_\mathrm{a} = -0{,}2 + 0{,}008 = -0{,}192\,\mathrm{rad}.$$

Für die Konstruktion des austretenden Strahles ist bei der Bestimmung des Winkels α_a darauf zu achten, die *Maßstäbe* der x- und z-Achse für eine bessere Übersichtlichkeit der Zeichnung *verschieden* zu wählen (Abbildung 6.4).

Mit Hilfe der Kardinalelemente

Wir wollen den austretenden Strahl, der zu einem einfallenden Strahl gehört, unter Verwendung der als bekannt vorausgesetzten Kardinalelemente des zentrierten Systems ermitteln. Indem wir den Strahl bis zu seinem Schnittpunkt A_o mit der optischen Achse verlängern, können wir einen bereits untersuchten Fall verwenden und das Bild des Objektes $A_\mathrm{o}B_\mathrm{o}$ konstruieren.

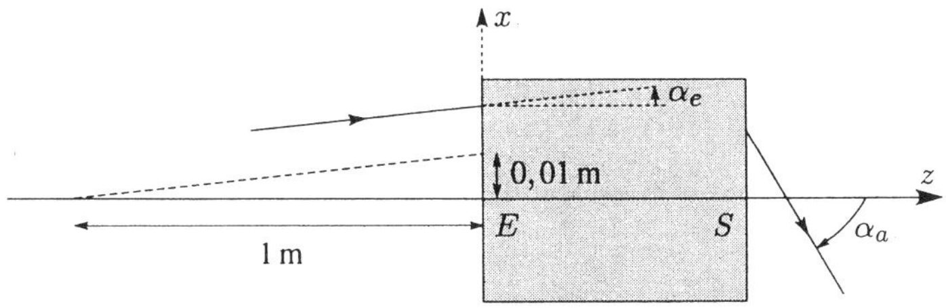

Abb. 6.4

Es ist aber auch möglich, die Eigenschaften der sekundären Brennpunkte in der objektseitigen Brennebene F_oxy zu nutzen. Der betrachtete Lichtstrahl möge diese Ebene im Punkt F_{0s} schneiden. Alle von diesem sekundären Brennpunkt ausgehenden Lichtstrahlen, treten zueinander parallel aus dem optischen System aus. Zuerst wählen wir einen aus, der parallel zu der optischen Achse einfällt und daher durch den bildseitigen Bildpunkt F_b verlaufen muß. Dann wählen wir einen aus, der durch den bildseitigen Knotenpunkt N_o geht. Dieser passiert den Punkt N_b und verläßt das System parallel zu der Einfallsrichtung. Der gesuchte Strahl ist schließlich derjenige, der parallel zu diesen Strahlen ist und durch den Punkt K_b der H_bxy-Ebene verläuft. Dabei ist K_b der konjugierte Punkt zum Schnittpunkt des einfallenden Strahles mit der H_oxy-Ebene.

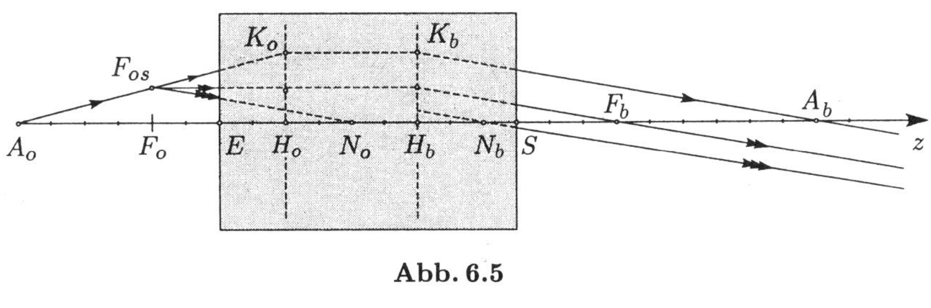

Abb. 6.5

6.4.3 Konstruktion eines einfallenden Strahles aus einem gegebenen austretenden Lichtstrahl

Mit Hilfe der Transfermatrix

Da $X_a = T(\overline{ES})X_e$ gilt, erhalten wir eindeutig (da det $T = 1$):

$$X_e = T^{-1}(\overline{ES})X_a.$$

Beispiel: Wir wählen das optische System des vorherigen Beispiels:

$$T(\overline{ES}) = \begin{bmatrix} 0{,}7 & 4{,}4 \cdot 10^{-2} \\ -10 & 0{,}8 \end{bmatrix}$$

bzw.

$$T(\overline{ES})^{-1} = \begin{bmatrix} 0{,}8 & -4{,}4 \cdot 10^{-2} \\ 10 & 0{,}7 \end{bmatrix}.$$

Dann suchen wir den einfallenden Strahl, der dem austretenden Strahl mit $x_a = 14{,}44$ mm und $\alpha_a = -0{,}192$ rad entspricht:

$$x_e = 0{,}8 \times 14{,}44 \cdot 10^{-3} + 4{,}4 \cdot 10^{-2} \times 0{,}192 = 20\,\text{mm}$$
$$\alpha_e = 10 \times 14{,}44 \cdot 10^{-3} - 0{,}7 \times 0{,}192 = 0{,}01\,\text{rad}.$$

Mit Hilfe der Kardinalelemente

Wir gehen vor wie im vorherigen Abschnitt. Die Umkehr des Lichtes in die andere Richtung erleichtert hierbei das Verständnis der Konstruktion (Abbildung 6.6). Wir verfolgen die bereits erwähnten Lichtstrahlen durch die Punkte F_o und N_o und die dazu parallelen Strahlen.

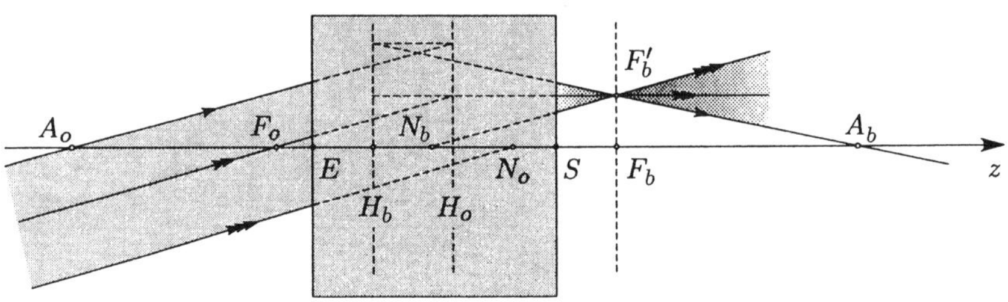

Abb. 6.6

6.5 Graphische Diskussion

Diese Diskussion geht auf H. Bouasse, ehemaliger Professor an der Universität von Toulouse, zurück. Sie erlaubt es, schnell die verschiedenen Fälle, die bei der Abbildung eines Objektes A_oB_o auf ein Bild A_bB_b durch ein optisches System auftreten können, zu untersuchen. Schreiben wir die Abbildungsgleichung von Descartes in der Form

$$\frac{f_o}{p_o} + \frac{f_b}{p_b} = 1.$$

Wir können diese Relation *graphisch* interpretieren, da sie die Zugehörigkeit des Punktes I mit den Koordinaten (f_o, f_b) zu der folgenden Geradengleichung in der Oxy-Ebene ausdrückt:

$$\frac{x}{p_o} + \frac{y}{p_b} = 1.$$

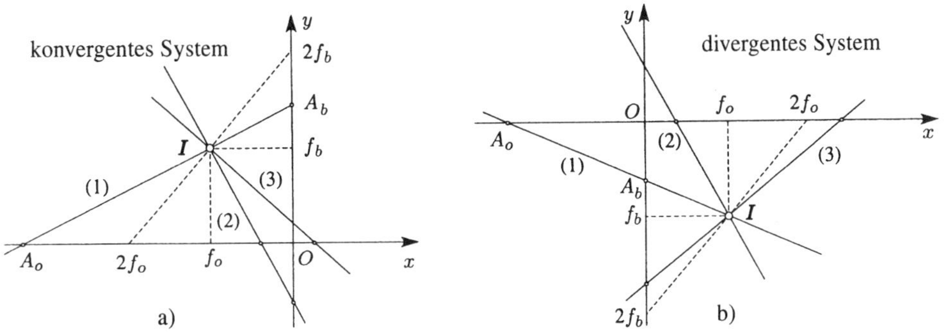

Abb. 6.7

Diese Gerade verbindet die beiden Punkte A_o und A_b mit Koordinaten $(p_o, 0)$ bzw. $(0, p_b)$ (Abbildung 6.7). Man kann daher sagen, daß sobald wir p_o von $-\infty$ nach ∞ variieren, wir p_b immer durch Verlängerung der Geraden A_oI bis zu ihrem Schnittpunkt mit der y-Achse erhalten.

Für ein *konvergentes* System ($f_o < 0$ und $f_b > 0$), befindet sich I im zweiten Quadranten (Abbildung 6.7a). Drei Fälle müssen hierzu betrachtet werden:

1. Das Objekt liegt vor F_o; das Bild befindet sich hinter F_b.
2. Das Objekt liegt zwischen F_o und H_o; das Bild ist dann vor H_b.
3. Das Objekt befindet sich hinter H_o; das Bild liegt zwischen H_b und F_b.

Ergänzend dazu stellen wir fest, daß, wenn der Abstand des Objektes zum Punkt H_o dem Zweifachen der objektseitigen Brennweite entspricht, das Bild das Zweifache der bildseitigen Brennweite als Distanz zum Punkt H_b hat.

Für ein *divergentes* System ($f_o > 0$ und $f_b < 0$) unterscheiden wir ebenso drei verschiedene Fälle, die analog zu interpretieren sind. Der zugehörige Punkt I befindet sich nun im vierten Quadranten (Abbildung 6.7b).

Bemerkung: Es bereitet keine Mühe, geometrisch die Newtonsche Abbildungsgleichung $\sigma_o\sigma_b = f_o f_b$ in den Graphen wiederzufinden.

6.6 Anwendung auf die sphärische Grenzfläche

In diesem sehr einfachen Fall, in dem die Hauptebenen am Scheitelpunkt und die Knotenpunkte im Krümmungszentrum zusammenfallen, finden wir die Abbildungsgleichung mit den Hauptebenen als Bezugspunkte, die wir in Kapitel 4 geometrisch erhalten haben, wieder:

$$\frac{n_b}{p_b} - \frac{n_o}{p_o} = B$$

mit

$$p_o = \overline{SA_o}, \qquad p_b = \overline{SA_b},$$
$$B = \frac{n_b - n_o}{\overline{R}}, \qquad G_a = \frac{n_o p_b}{n_b p_o}.$$

Beispiel: $n_o = 1{,}5$, $n_b = 1$, $\overline{R} = 5$ cm; $B = -10\,\delta$, $f_b = -10$ cm und $f_o = 15$ cm. Ist $p_o = -15$ cm, haben wir:

$$\frac{1}{p_b} = -10 - \frac{1}{0{,}15} = \frac{-2{,}5}{0{,}15}$$

oder

$$p_b = -6\,\text{cm}.$$

Da $G_a = 1{,}5 \cdot (-6)/(-15) = 0{,}6$, ist das Bild virtuell und aufrecht, was man leicht durch geometrische Konstruktion bestätigt (Abbildung 6.8).

6.7 Zusammenfassung

Die wichtige Aussage dieses Kapitels ist, daß, wenn die Kardinalelemente eines Systems mittels der Transfermatrix erst einmal bekannt sind, die Be-

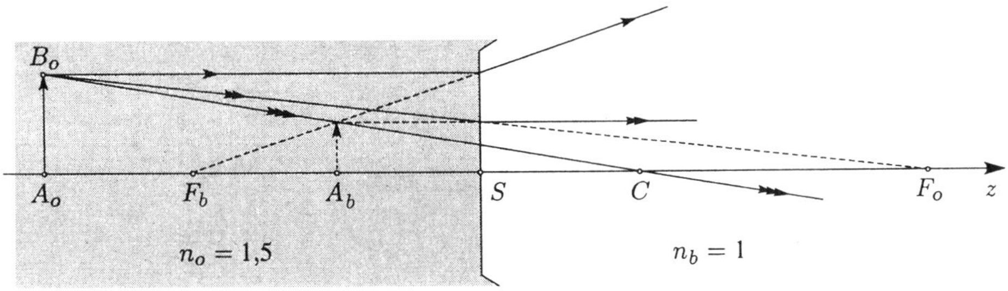

Abb. 6.8

stimmung des durch dieses System erzeugten Bildes sowohl durch die Abbildungsgleichung als auch geometrisch möglich ist. Im letzteren Fall verfolgen wir mindestens drei Lichtstrahlen. Wir geben hier noch einmal die Abbildungsgleichungen von Descartes und Newton an:

$$\frac{n_\mathrm{b}}{p_\mathrm{b}} - \frac{n_\mathrm{o}}{p_\mathrm{o}} = B, \qquad G_\mathrm{a} = \frac{n_\mathrm{o} p_\mathrm{b}}{n_\mathrm{b} p_\mathrm{o}},$$

$$\sigma_\mathrm{o}\sigma_\mathrm{b} = f_\mathrm{o} f_\mathrm{b}, \qquad G_\mathrm{a} = -\frac{\sigma_\mathrm{b}}{f_\mathrm{b}}.$$

Das Matrixkalkül, die algebraische und die geometrische Methode sind sich ergänzende, nicht konkurrierende Methoden: Die erste dient der Bestimmung der Kardinalelemente, die zweite der präzisen Bestimmung des Bildes eines Objektes und die dritte der Visualisierung der Lichtstrahlen. In den Fällen, in denen, wie bei der einzelnen dünnen Linse die Lagen der Kardinalelemente bekannt sind, ist die Matrixmethode uninteressant.

Schließlich wollen wir noch auf die Wirksamkeit der graphischen Diskussion in der kartesischen Ebene hinweisen, wenn es gilt, die von einem optischen System erzeugten Bilder verschiedener Objekte zu vergleichen.

6.8 Aufgaben

A6.1 Zentriertes System aus zwei dicken Linsen

1. Welches sind die Werte der Transfermatrixelemente des zentrierten Systems in der Abbildung 6.9? Bestimmen Sie daraus die Kardinalelemente!
2. Konstruieren Sie mit Hilfe der Transfermatrix den austretenden Strahl, der dem mit Winkel $\alpha_\mathrm{e} = 0,05$ rad und Einfallspunkt $(5\,\mathrm{cm}, 0)$ eintretenden Lichtstrahl entspricht. Wählen Sie als Maßstab 1 cm für 10 cm entlang der optischen Achse und 1 cm für 4 cm für alle Querachsen.

3. Wo ensteht das Bild eines Objektes, das direkt auf der Eingangsfläche des Systems liegt?

A6.2 Objektiv eines astronomischen Fernrohres
Die geometrischen Eigenschaften eines kleinen astronomischen Fernrohrs sind in Abbildung 6.10 angegeben. Der Brechungsindix beträgt 1,5 für das erste und 1,6 für das zweite Glas. Beide sind von Luft umgeben.

1. Bestimmen Sie die Kardinalelemente des Objektivs!
2. In welcher Entfernung von der Austrittsfläche des Objektivs bildet sich das Bild eines unendlich fernen Objektes? Dieses Objekt habe einen Winkeldurchmesser von 1′. Wie groß ist der Durchmesser seines Bildes?

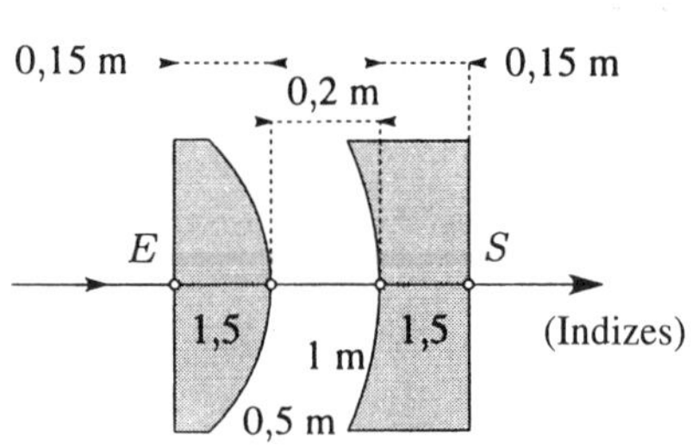

Abb. 6.9

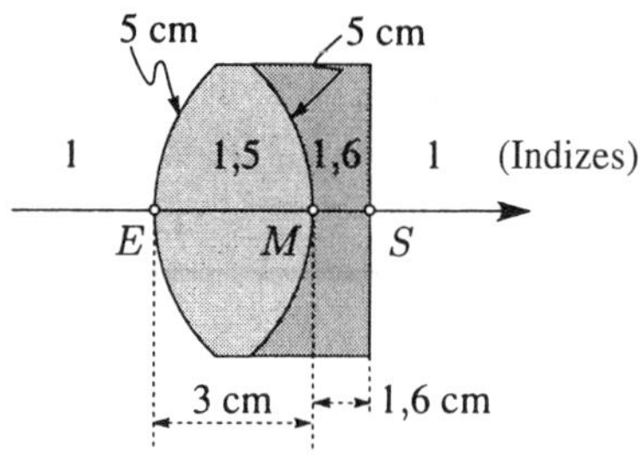

Abb. 6.10

A6.3 Von einem optischen Stutzen erzeugtes Bild
Ein optisches System war Gegenstand einer experimentellen Analyse; die erhaltenen Resultate – mit den üblichen Bezeichnungen – sind: $\overline{ES} = 8$ cm, $\overline{EF_o} = -2$ cm, $\overline{SF_b} = -4{,}5$ cm, $\overline{EH_o} = 1{,}5$ cm und $\overline{SH_b} = -8$ cm.

1. Konstruieren Sie das austretende Strahlenbündel, das einem eintretenden konischen Strahlenbündel entspricht. Dieses hat als Spitze den objektseitigen Brennpunkt F_o und als Begrenzungen die Eingangsblende $\mathcal{D}_e$, die 1 cm breit und um die optische Achse zentriert ist.
2. Finden Sie die Position und Vergrößerung des Bildes der Blende $\mathcal{D}_e$!
3. Für welche Lagen des Objektes ist das Bild reell? Verwenden Sie hierzu z. B. die Methode der graphischen Diskussion in der kartesischen Ebene.

A6.4 Kugellinse mit verschiedenen äußeren Medien
Wir betrachten eine Kugellinse aus Glas mit Brechungsindex n und Radius r. Die linke Hälfte der Kugel befindet sich in Luft, die rechte in Wasser mit Brechungsindex N (Abbildung 6.11).

1. Bestimmen Sie die Transfermatrix $T(ES)$ als Funktion von r, n und N. Rechnen Sie dann für $r = 1$ cm, $n = 1{,}5$ und $N = 1{,}33$. Ermitteln Sie damit die Kardinalelemente (Brechkraft, Brennweiten, Hauptebenen und Knotenpunkte).
2. Bestimmen Sie algebraisch und geometrisch die Position des Bildes eines in E gelegenen Objektes. Welches ist seine Vergrößerung?

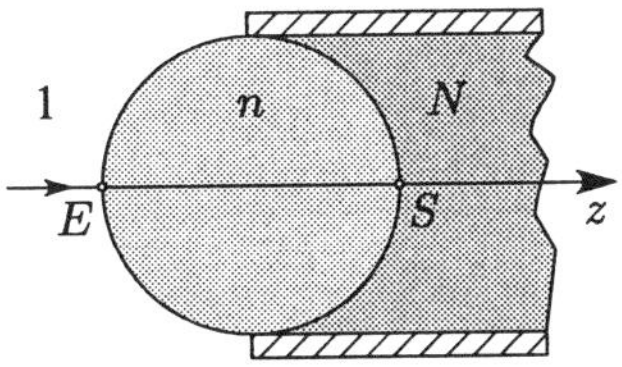

Abb. 6.11

A6.5 Bestimmung der Kardinalelemente eines zentrierten optischen Systems nach der Methode von Cornu

Wir wollen die Kardinalelemente eines unbekannten konvergenten zentrierten Systems der Dicke 8 cm mit Hilfe des Aufbaus in Abbildung 6.12 ermitteln. Die Linse L, in deren Brennpunkt eine Punktquelle Σ plaziert wird, ermöglicht die Beleuchtung des Systems durch ein Bündel paralleler Lichtstrahlen.

Mit Hilfe eines Suchers bestimmt man ausgewählte Ebenen senkrecht zu der optischen Achse: die Ausgangsebene S, das Bild Σ_b der Quelle Σ sowie das Bild E_b der Eingangsfläche E; die Messungen ergeben folgende Werte: $z_s = 100$ cm, $z_1 = 104$ cm und $z_{e_\mathrm{b}} = 111,2$ cm.

Das System wird nun Fläche für Fläche umgedreht und die obige Prozedur wiederholt: Die Messungen ergeben: $z_\mathrm{e} = 100$ cm, $z_2 = 95,1$ cm und $z_{s_\mathrm{b}} = 109$ cm.

1. Zeichnen Sie die verschiedenen charakteristischen Punkte des Systems, die durch die Messungen gefunden wurden: E, S, F_o, F_b usw. in ein Schema ein! Wie groß ist in Zentimetern die bildseitige Brennweite des Systems?
2. Berechnen Sie die Transfermatrix zwischen E und S. Bestimmen Sie daraus die Kardinalelemente des Systems!

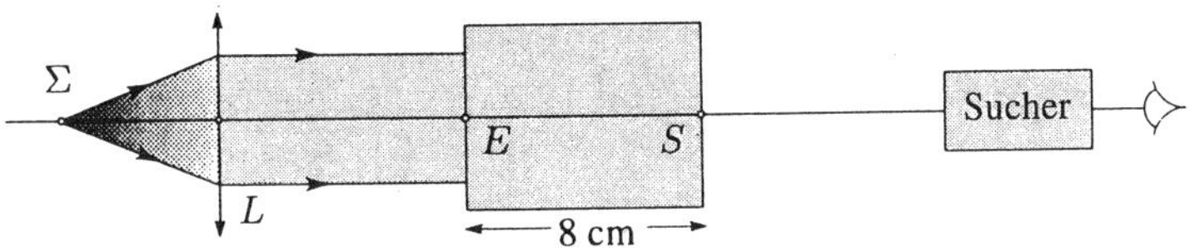

Abb. 6.12

7 Das Auge. Optische Instrumente. Pupillen und Blenden

Optische Instrumente dienen generell der Verbesserung der Wahrnehmung von Gegenständen durch das Auge, so daß der Großteil ihrer Eigenschaften von denen des Auges abgeleitet sind. Wir wollen daher zuerst das Auge näher betrachten, das ein hervorragendes Beispiel für die allgemeine Untersuchung der zentrierten Systeme darstellt.

7.1 Das Auge

Da das Auge aus verschiedenen, nicht vollkommen sphärischen Grenzflächen aufgebaut ist und seine äußeren Medien unterschiedlich sind, stellt es ein komplexes optisches System dar.

7.1.1 Übersicht

Das Auge ist ein kugelförmiges Hohlorgan mit einem ungefähren Durchmesser von 25 mm, das von einer widerstandsfähigen Haut, der *Lederhaut* oder *Sclera*, umgeben ist. Die *Hornhaut* oder *Cornea* ist der vordere, durchsichtige Teil der Lederhaut (Abbildung 7.1). Ausgefüllt wird das Augeninnere durch

1. die *Kammerflüssigkeit*, eine durchsichtige Flüssigkeit mit Brechungsindex 1,336,
2. den *Glaskörper*, der aus einer gallertartigen Flüssigkeit besteht, mit Brechungsindex 1,336,
3. die *Linse*, eine bikonvexe, elastische Linse mit Brechungsindex 1,4 und
4. die *Netzhaut* oder *Retina*, eine lichtempfindliche Haut im Inneren des Auges.

Die Netzhaut ist *stückweise* aus konischen Zellen, den *Zapfen* und zylindrischen Zellen, den *Stäbchen* aufgebaut. Die ersteren sind im Zentrum

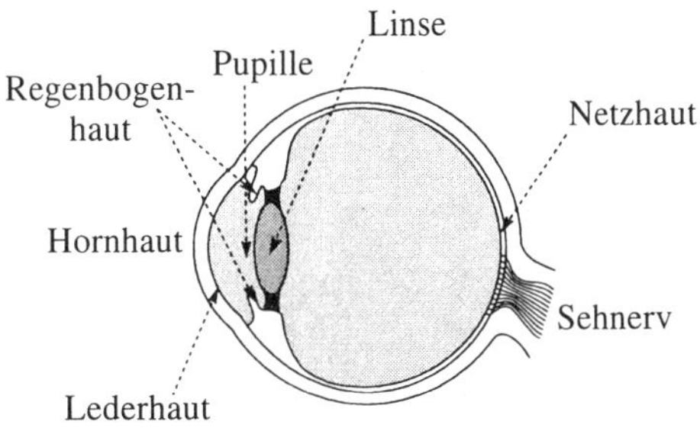

Abb. 7.1

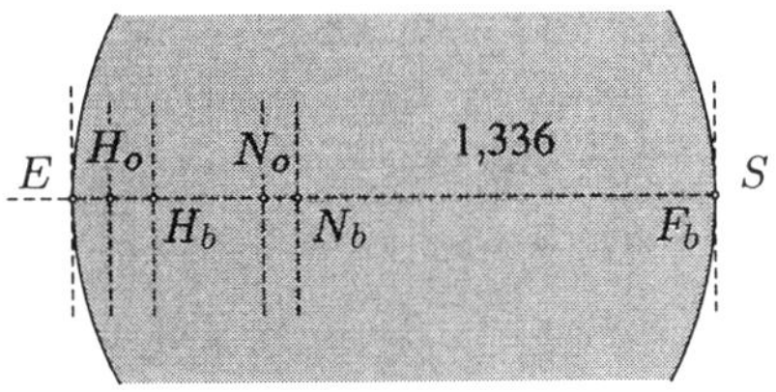

Abb. 7.2

der Netzhaut konzentriert und werden vor allem beim Tagsehen angeregt. Ihre Größe liegt zwischen 1,5 μm und 5 μm bei einer Durchschnittsgröße von ungefähr 4 μm.

Die Stäbchen, die am äußeren Rand der Netzhaut überwiegen, sind lichtempfindlicher und werden daher vor allem beim Nachtsehen angeregt.

Die Empfindlichkeit der Netzhaut hat ihr Maximum in einem kleinen Kreis in der Nähe der Achse. Er hat einen Radius von 1 mm und wird Gelber Fleck genannt. Die Empfindlichkeit hängt vom Spektrum der Lichtstrahlung ab: Für den Menschen ist sie im Bereich von 380 nm bis 720 nm am größten.

Vor der Linse begrenzt eine Blende, die *Pupille*, die einfallende Lichtmenge für die Wahrnehmung. Mit Hilfe der charakteristisch gefärbten *Regenbogenhaut* oder *Iris* kann der Durchmesser dieser Pupille zwischen 2 mm und 8 mm variiert werden.

7.1.2 Kardinalelemente

Die Transfermatrix eines normalen Auges zwischen dem Eingang E und dem Ausgang S auf der Netzhaut hat in SI-Einheiten die durchschnittlichen Werte:

$$T(\overline{ES}) \approx \begin{bmatrix} 0 & 1{,}67 \cdot 10^{-2} \\ -60 & 0{,}9 \end{bmatrix}. \tag{7.1}$$

Daraus folgen die Brechkraft $B = 60\,\delta$ und, da $n_\text{b} = 1{,}336$ und $n_\text{o} = 1$, die Brennweiten $f_\text{b} = 22{,}3$ mm und $f_\text{o} = -16{,}7$ mm. Wegen $a = 0$ gilt $\overline{SH_\text{b}} = -22{,}3$ mm, was die Tatsache ausdrückt, daß die Netzhaut des normalen oder normalsichtigen Auges mit der bildseitigen Brennebene identisch ist. Die anderen Kardinalelemente (Hauptebenen, Knotenpunkte) ergeben sich in einfacher Weise und sind in Abbildung 7.2 eingetragen.

Bemerkung: Die Verwendung der Transfermatrix zur Beschreibung des Auges ist nicht rein akademischer Natur. Auf der einen Seite ist zwar das Auge so komplex, daß es nicht als System mit einer einzigen konvergenten Linse beschrieben werden kann und die Analyse nicht mehr elementar ist. Auf der anderen Seite aber ist es gerade das Matrixkalkül, mit dem die Abweichungen der Geometrie der Hornhaut für das moderne Verfahren der Laserchirurgie am Auge berechnet werden (Unterabschnitt 8).

7.1.3 Funktion des normalsichtigen Auges

Das normalsichtige Auge erzeugt ein scharfes Bild eines unendlich weit entfernten Objektes auf der Netzhaut. Sobald sich das Objekt dem Auge nähert, wird die Linse verformt, so daß das Bild des Objektes, das nicht mehr im bildseitigen Brennpunkt ist, weiter auf der Netzhaut erzeugt wird. Die Matrix $T(\overline{ES})$ verändert sich also: Das Auge ermöglicht eine *Akkommodation* an verschiedene Entfernungen von Objekten. Die Deformation der Hornhaut ist maximal, wenn sich das Objekt in einer Entfernung d_{m}, der sogenannten *deutlichen Sehweite*, befindet. Diese Distanz ist individuell verschieden und verändert sich mit dem Alter. Im Durchschnitt liegt sie bei etwa 25 cm. Ein *normalsichtiges* Auge vermag also Objekte zwischen dem Punkt P, dem *punctum proximum* oder *Nahpunkt*, der in einer Entfernung d_{m} liegt, und einem Punkt R, dem *punctum remotum* oder *Fernpunkt* im Unendlichen, scharf wahrzunehmen. Die geringe Distanz $\overline{H_{\mathrm{o}}H_{\mathrm{b}}} = \overline{N_{\mathrm{o}}N_{\mathrm{b}}} < 1$ mm legt nahe, das Auge mit einer sphärischen Grenzfläche (mit Brechungsindizes $n_{\mathrm{o}} = 1$ und $n_{\mathrm{b}} = 1{,}336$) zu identifizieren, deren Scheitelpunkt mit den Hauptpunkten und ihr Krümmungsmittelpunkt mit den Knotenpunkten zusammenfällt.

7.1.4 Blickfeld

Das monokulare *Blickfeld* ist die Gesamtheit aller Objektpunkte, die bei ruhendem Kopf durch die möglichen Bewegungen des Auges fixiert werden können. Es stellt einen Kegel mit dem Auge als Spitze und einem Öffnungswinkel von 40° bis 50° dar.

7.1.5 Auflösungsvermögen des Auges

Die körnige Struktur des Auges führt zu einer Begrenzung der Fähigkeit, Einzelheiten eines Objektes getrennt wahrzunehmen. Ist der Abstand zweier punktförmiger Bilder auf der Netzhaut zu klein, wird nur eine Zelle erregt und die Bilder daher vom Gehirn nicht unterschieden. Um Punkte eindeutig trennen zu können, ist die Erregung zweier verschiedener Zellen, die durch eine dritte getrennt sind, nötig (Abbildung 7.3). Ist g der Durchmesser einer Zelle und θ der Winkel, unter dem das Auge ein aus zwei Punkten A_oB_o gebildetes Objekt wahrnimmt, muß die Bedingung $A_bB_b = N_bF_b\theta > 2g$ oder $\theta > \epsilon$ mit $\epsilon = 2g/N_bF_b$ gelten. Der Winkel ϵ ist der *physiologische Grenzwinkel* und charakterisiert das Auflösungsvermögen des Auges. Da $\overline{N_bF_b} = \overline{H_bF_b} - \overline{H_bN_b} = -f_o = 16{,}7$ mm und $g \approx 4\,\mu$m ist, hat ϵ den Wert:

$$\boxed{\epsilon = 4{,}8 \cdot 10^{-4}\,\text{rad} \approx 1{,}5'.} \tag{7.2}$$

Bemerkung: Man kann selbst die Größenordnung dieses Grenzwertes der Sehschärfe überprüfen, indem man den Winkeldurchmesser des Mondes, der ungefähr 31′ beträgt, durch die Anzahl der Teile, die man entlang eines Durchmessers unterscheiden kann (ungefähr 20), dividiert.

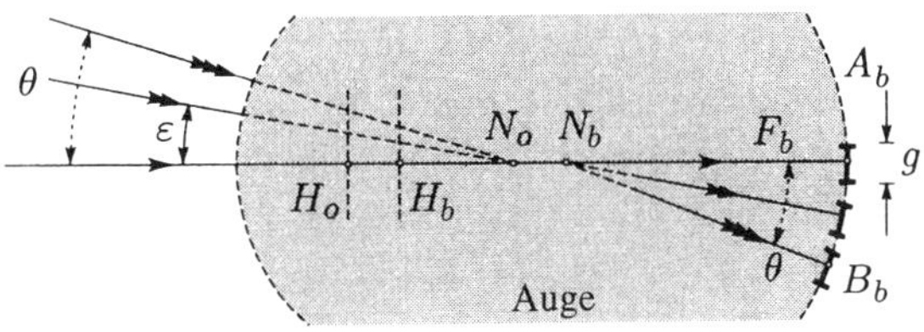

Abb. 7.3

7.1.6 Hellempfindlichkeit

Das Auge reagiert nicht in gleicher Weise auf die verschiedenen monochromatischen Lichtwellen, aus denen das einfallende Licht besteht. Bei einem normalsichtigen Auge hat die Empfindlichkeit als Funktion der Wellenlänge, die sogenannte *relative spektrale Hellempfindlichkeit* $K(\lambda)$, ein Maximum bei ungefähr $\lambda_0 = 555$ nm (gelb-grüne Strahlung) (Abbildung 7.4). Dieser Wert gilt für das Tagsehen; für das Nachtsehen liegt das Maximum bei $\lambda_0 = 505$ nm. Diese Blauverschiebung beim Nachtsehen wird Purkinjescher Effekt genannt nach dem tschechischen Wissenschaftler Purkinje. Man erklärt sich diese Verschiebung durch den überwiegenden Einfluß der lichtempfindlicheren Stäbchen bei der Wahrnehmung von schwachem Licht.

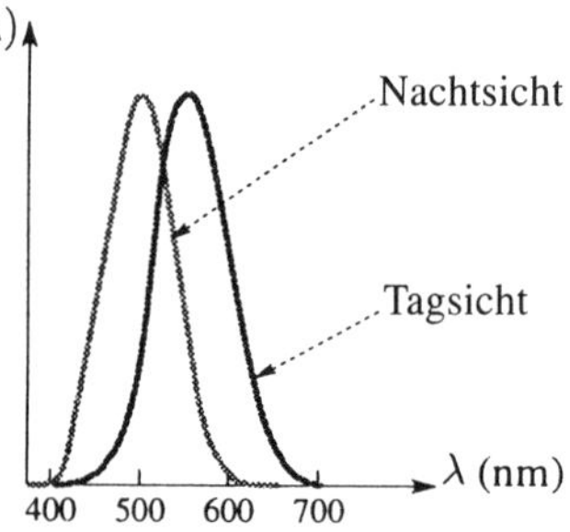

Abb. 7.4

7.1.7 Räumliches Sehen

Das räumliche Sehen ermöglicht, Tiefe wahrzunehmen. Wird nämlich ein Punkt A von den Augen eines Beobachters fixiert (Abbildung 7.5), treffen sich die optischen Achsen der beiden Augen im Punkt A und bilden die Winkel θ_g und θ_d mit der Strecke GD. Die Bilder dieses Punktes auf den Netzhäuten formen ein stereoskopisches Bild, das eine Funktion des Augenabstandes GD und der Winkel θ_d und θ_g ist. Erfahrung beim räumlichen Sehen erlaubt es, instinktiv die Entfernungen GA und DA auf Grundlage von DG, θ_g und θ_d abzuschätzen. Diese Größen sind quantitativ durch den Sinussatz im Dreieck GDA gegeben:

$$\frac{GA}{\sin\theta_d} = \frac{DA}{\sin\theta_g} = \frac{DG}{\sin(\theta_d + \theta_g)}. \tag{7.3}$$

Kürzlich sind Stereogramme oder „3D-Bilder“ aufgekommen, die aus computergenerierten Zeichnungen bestehen. In diesen Stereogrammen erzeugt ebenfalls das räumliche Sehen den dreidimensionalen Charakter. Akkomodiert man auf ein solches Bild, in dem die Motive doppelt aber versteckt vorliegen, erzeugt jedes Auge auf seiner Netzhaut ein Abbild des betrachteten Motivs: das Bild erscheint eben. Stellt man dagegen auf eine Ebene vor oder hinter der Ebene des Stereogramms scharf, werden die Informationen der identischen Motive, die aber unter verschiedenen Winkeln gesehen werden, vom Gehirn vermischt. Daraus resultiert der Effekt der Dreidimensionalität. Dieser Eindruck verschwindet daher, wenn ein Auge geschlossen wird. Das Interesse an den Stereogrammen liegt vor allem im künstlerischen und spielerischen Bereich, da der Akkomodation die Entdeckung eines vorher unsichtbaren reliefartigen Motivs folgt.

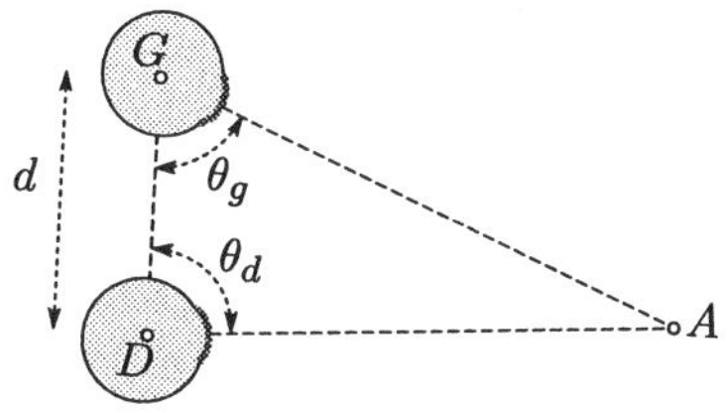

Abb. 7.5

7.1.8 Augenfehler

Es gibt mehrere wohlbekannte Augenfehler. Am häufigsten treten die Myopie oder Kurzsichtigkeit, die Hypermetropie oder Weitsichtigkeit, die Presbyopie oder Altersweitsichtigkeit und der Astigmatismus auf.

Für ein *kurzsichtiges* oder zu *konvergentes* Auge ist der Nahpunkt an das Auge herangerückt, und der Fernpunkt ist nicht mehr im Unendlichen, sondern in endlicher Entfernung (Abbildung 7.6a). Dieser Fehler hat seine Ursache nicht in der Veränderung des Krümmungsradius der Linse, sondern in einer horizontalen Verlängerung des Auges. Die Netzhaut hat sich demnach vom bildseitigen Brennpunkt entfernt.

Für ein *weitsichtiges* oder *ungenügend konvergentes* Auge ist der Nahpunkt zu weit vom Auge entfernt (Abbildung 7.6b).

Man korrigiert diese Fehler mit Hilfe von divergenten Brillengläsern oder Kontaktlinsen, wenn das Auge kurzsichtig ist. Konvergente Linsen korrigieren das weitsichtige Auge.

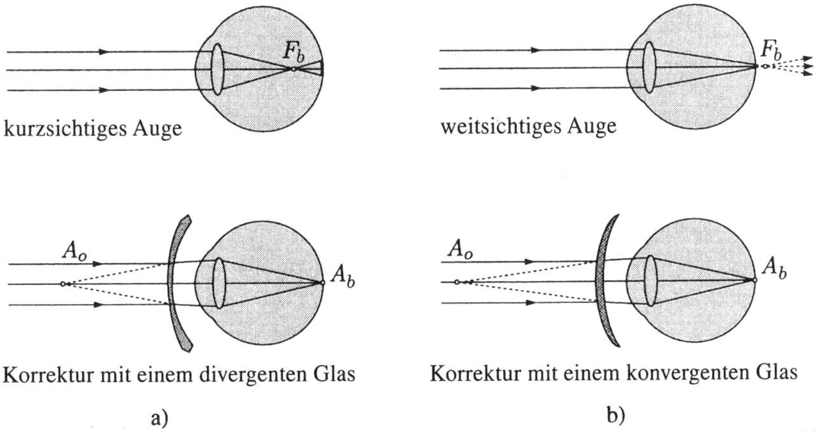

Abb. 7.6

Die *Altersweitsichtigkeit* wird durch eine Einschränkung der Akkommodation (Anpassung) des Auges durch mangelnde Elastizität der Linse hervorgerufen. Hierbei nähert sich der Nahpunkt dem Fernpunkt, wobei letzterer praktisch unverändert bleibt. Diese Fehlsichtigkeit beeinträchtigt alle Sehentfernungen. Sie wird durch Gleitsichtbrillen ausgeglichen, die im oberen Teil der Gläser Fernsicht und im unteren Teil Nahsicht erlauben. Für ein normales Auge, das altersweitsichtig geworden ist, sind die Gläser im Fernsichtteil praktisch afokal, während sie im Nahbereich konvergent sind. Für ein kurzsichtiges Auge mit dieser Fehlsichtigkeit sind die Gläser im Fernsichtteil stark divergent und im Nahsichtbereich schwach divergent. Schließlich sind sie für ein weitsichtiges Auge für die Fernsicht schwach konvergent und stark konvergent für die Nahsicht.

Der *Astigmatismus* führt zu unterschiedlichen bildseitigen Brennpunkten für unterschiedliche Lichtstrahlen, die von der Objektebene ausgesandt werden. Ursache hierfür ist die fehlende Rotationssymmetrie der Hornhaut. Der Astigmatismus kann durch gleichfalls astigmatische Gläser korrigiert werden.

Bemerkung: Heutzutage versucht man, Fehlsichtigkeit, insbesondere Kurzsichtigkeit und Astigmatismus, durch eine Änderung der Geometrie der Hornhaut zu korrigieren. Mit einem Excimerlaser (Kapitel 29) erfolgt eine Verdampfung eines Teiles der Hornhaut, was ihre Krümmung und damit ihre Brechkraft verändert. Diese Technik ist ein Gebiet aktiver Forschung.

7.2 Charakteristische Größen optischer Instrumente

Die Charakteristika der optischen Geräte sind vor allem die bereits eingeführten Abbildungs- und Tiefenmaßstäbe G_a, G_t, das Winkelverhältnis G_w, die Vergrößerung G und die Leistung P.

7.2.1 Maßstäbe

Man verwendet häufig die Maßstäbe, wenn optische Geräte von einem reellen Objekt ein reelles Bild auf einem Schirm erzeugen. Dies ist z. B. der Fall beim Photoapparat und beim Projektor.

Erinnern wir uns mit Hilfe der Abbildung 7.7 an ihre Definitionen:

$$G_\mathrm{a} = \frac{\overline{A_\mathrm{b}B_\mathrm{b}}}{\overline{A_\mathrm{o}B_\mathrm{o}}}, \qquad G_\mathrm{w} = \left(\frac{\alpha_\mathrm{b}}{\alpha_\mathrm{o}}\right)_0 = \frac{n_\mathrm{o}}{n_\mathrm{b}} G_\mathrm{a}^{-1}, \qquad G_\mathrm{t} = \frac{n_\mathrm{b}}{n_\mathrm{o}} G_\mathrm{a}^2.$$

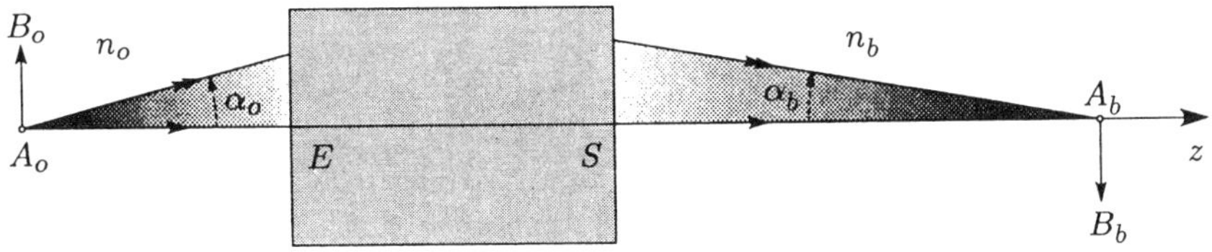

Abb. 7.7

7.2.2 Vergrößerung

Sobald ein Instrument ein virtuelles Bild erzeugt, liegt es nahe, den Winkel θ, unter dem das Auge ohne Hilfsmittel das Objekt sieht, mit dem Winkel α_b, unter welchem man das Objekt mit Hilfe des Instruments sieht, zu vergleichen. Wir definieren hierfür die *Vergrößerung* des Sehwinkels:

$$\boxed{G = \frac{|\alpha_b|}{\theta}.} \tag{7.4}$$

Um eine Ermüdung des Auges zu vermeiden, richtet man es so ein, daß für einen Punkt des Objektes die aus dem Instrument tretenden Lichtstrahlen parallel zueinander sind. Dies wird durch Plazieren des Objektes in die objektseitige Brennebene (Abbildung 7.8a) oder, bei afokalen Instrumenten, in das Unendliche (Abbildung 7.8b) erreicht.

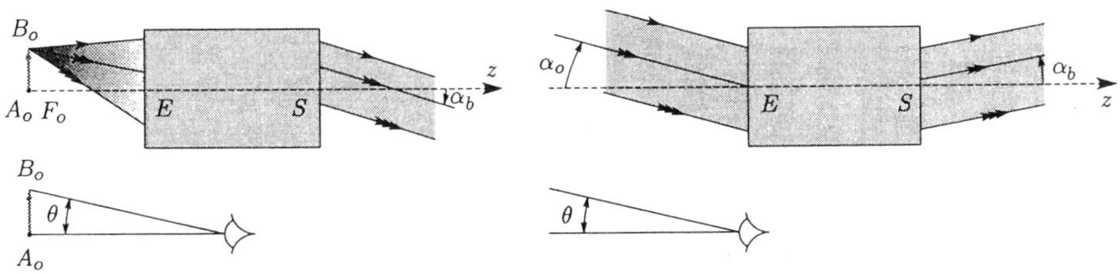

Abb. 7.8

Zwei Fälle müssen hierbei untersucht werden:

1. Ist das Objekt *sehr nah* wie im Fall des Mikroskops, ist θ der maximale Winkel, unter dem man das Objekt ohne Hilfsmittel sehen kann:

$$\theta \approx \frac{A_o B_o}{d_m},$$

wobei d_{m} die deutliche Sehweite ist.

2. Ist das Objekt *weit entfernt* wie bei einem Teleskop, ist der Winkel θ gleich dem Betrag des größten Neigungswinkels α_{o} der Lichtstrahlen, die vom Objekt kommten, gegenüber der optischen Achse. G ist dann gleich dem Betrag von G_{w}.

7.2.3 Effektive Leistung

Die *effektive Leistung* eines Instruments ist identisch mit seiner Brechkraft

$$\boxed{P_{\mathrm{e}} \equiv B.} \tag{7.5}$$

Auch im anglo-amerikanischen Raum wird die Brechkraft eines Instrumentes mit Leistung (power) bezeichnet. Wir drücken nun P_{e} als Funktion von α_{b} und $A_{\mathrm{o}}B_{\mathrm{o}}$ aus. Hierzu betrachten wir den Fall, daß das Objekt in der objektseitigen Brennebene des Instrumentes plaziert ist, so daß das Auge nicht akkommodieren muß (Abbildung 7.9). Da $\overline{F_{\mathrm{o}}N_{\mathrm{o}}} = \overline{F_{\mathrm{o}}H_{\mathrm{o}}} + \overline{H_{\mathrm{o}}N_{\mathrm{o}}} = f_{\mathrm{b}}$ und $\alpha_{\mathrm{b}} = \alpha_{\mathrm{o}} \approx -\overline{A_{\mathrm{o}}B_{\mathrm{o}}}/\overline{F_{\mathrm{o}}N_{\mathrm{o}}}$ gilt, erhalten wir

$$P_{\mathrm{e}} = B = \frac{n_{\mathrm{b}}}{f_{\mathrm{b}}} = \frac{n_{\mathrm{b}}}{\overline{F_{\mathrm{o}}N_{\mathrm{o}}}} = \frac{-(n\alpha)_{\mathrm{b}}}{\overline{A_{\mathrm{o}}B_{\mathrm{o}}}}. \tag{7.6}$$

Diese letzte Beziehung legte nahe, für den Fall, in dem das Objekt nicht in der objektseitigen Ebene ist und das Instrument oder der Beobachter sich in Luft befindet ($n_{\mathrm{b}} = 1$), die *Leistung* eines Instrumentes über

$$P \equiv \frac{-\alpha_{\mathrm{b}}}{\overline{A_{\mathrm{o}}B_{\mathrm{o}}}}$$

zu definieren. Dieses Konzept ist allerdings von geringerem Interesse.

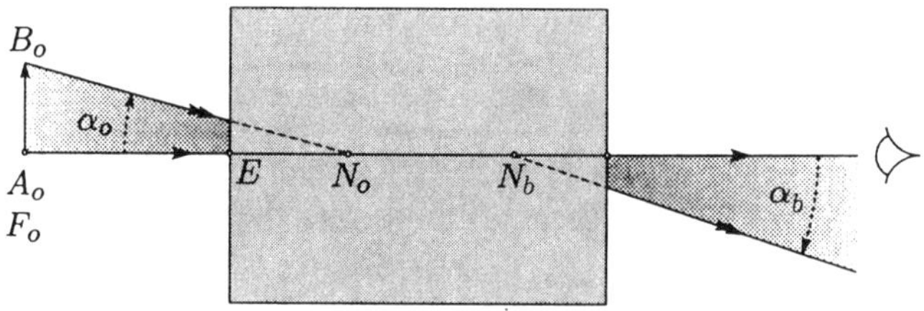

Abb. 7.9

7.3 Blenden und Pupillen

Ist erst einmal die Lage des Bildes bekannt, das vom Instrument erzeugt wird, ist es in der Praxis wichtig zu wissen, wovon

1. die Menge des Lichtes, die die bildseitige Brennebene erreicht, und
2. die Form des beleuchteten Teils der bildseitigen Brennebene

abhängen.

Diese Größen sind durch Blenden gegeben, deren Aufgabe es ist, die Bedingungen für die Gaußsche Näherung zu gewährleisten. Diejenige Blende, die die eintretende Lichtmenge einschränkt, wird *Aperturblende* oder *Öffnungsblende* genannt. Diejenige, die das beleuchtete Gebiet begrenzt, wird als *Gesichtsfeldblende* bezeichnet.

7.3.1 Öffnungsblende und Pupillen

Betrachten wir ein zentriertes optisches System, das ein Bild A_b von einem auf der Achse gelegenen Objekt A_o erzeugt (Abbildung 7.10). Die von A_o ausgehenden Strahlen müssen, um A_b erreichen zu können, die Öffnungen der Blenden passieren.

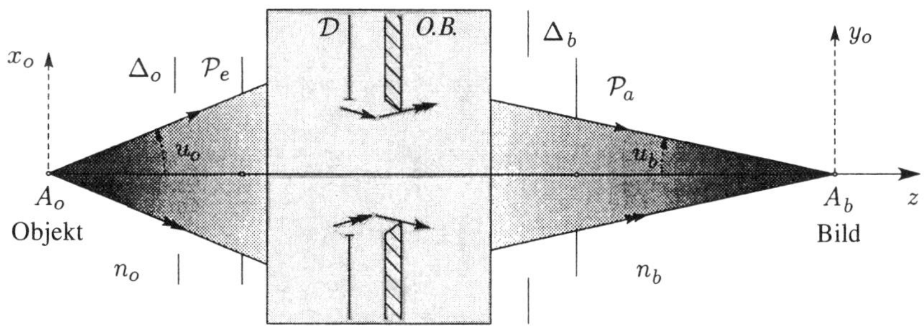

Abb. 7.10

Es sei $\mathcal{D}$ eine Blende in einem Instrument. Verläuft das Strahlenbündel durch diese Blende $\mathcal{D}$, passiert es auch

1. die Öffnung des Bildes Δ_b der Blende $\mathcal{D}$, das durch den Teil des optischen Systems *hinter* der Blende $\mathcal{D}$ erzeugt wird,
2. die Öffnung des Bildes Δ_o der Blende $\mathcal{D}$, das durch den Teil des optischen Systems *vor* der Blende $\mathcal{D}$ erzeugt wird.

Man nennt die Blende *Öffnungsblende O.B.*, die den *schmalsten* Lichtkegel des von A_o ausgehenden Lichtes passieren läßt. Die dazu konjugierten $(\Delta_o)_m$ auf der Objektseite und $(\Delta_b)_m$ auf der Bildseite werden als *Eintrittspupille* $\mathcal{P}_e$ bzw. Austrittspupille $\mathcal{P}_a$ bezeichnet. Das bedeutet, daß die Eintrittspupille, welche die Öffnung für das einfallende Lichtbündel festlegt, die Fähigkeit des Instrumentes einschränkt, Licht einzusammeln. Es existieren verschiedene Charakterisierungen der Öffnung:

1. Ist das Objekt wie beim Mikroskop angenähert, wird sie *numerische Apertur* genannt

$$\boxed{N.A. = n_o \sin u_o.} \tag{7.7}$$

2. Sie wird als *Blendenzahl* bezeichnet, wenn das Verhältnis der Brennweite zum Durchmesser der Eintrittspupille gebildet wird:

$$\boxed{k \equiv \frac{f}{D}.} \tag{7.8}$$

Zum Beispiel hat die Eintrittspupille eines Photoapparates mit 50 mm Brennweite und $k = 2{,}8$ einen Durchmesser von 18 mm. Entsprechend gibt man in der Astronomie die Öffnungsblende in der Form f/k an.

In der Praxis bestimmt man die Öffnungsblende und die Pupillen, indem alle Δ_o und Δ_b der verschiedenen Blenden ermittelt werden. Anschließend werden die Öffnungswinkel dieser reellen oder virtuellen Blenden vom Schnittpunkt der optischen Achse mit der objektseitigen Brennebene aus berechnet. Der kleinste dieser Winkel definiert dann die Öffnungsblende.

Es ist zu betonen, daß die Positionen der Öffnungsblende und der Pupillen von der Position des Objektes abhängen.

7.3.2 Strahlungsfluß

Die Lichtenergie $\Delta\mathcal{E}$, die in das Instrument einfallen kann, ist proportional zu der Fläche der Eintrittspupille. Weiterhin ist sie proportional zu der Beobachtungsdauer. Man definiert daher die Strahlungsleistung oder den *Strahlungsfluß* über das Verhältnis

$$\Phi \equiv \frac{\Delta\mathcal{E}}{\Delta t}. \tag{7.9}$$

$\Delta\mathcal{E}$ wird in Joule gemessen, so daß die SI-Einheit des Strahlungsflußes Watt ist.

7.3.3 Gesichtsfeldblenden und Luken

Sind erst einmal die Eintritts- und Austrittspupillen gefunden, wollen wir die maximale Größe des Objektes wissen, von dem das System noch ein Bild erzeugen kann. Hierfür müssen wir einen Objektpunkt betrachten, der außerhalb der optischen Achse Lichtstrahlen in das Instrument schickt (Abbildung 7.11).

Unter diesen Strahlen wird derjenige, der das Zentrum von $\mathcal{P}_\mathrm{o}$ und damit auch das Zentrum von $\mathcal{P}_\mathrm{b}$ passiert, als *Hauptstrahl* bezeichnet.

Definitionen

Die *Gesichtsfeldblende G.B.* ist die Blende, die das Büschel Hauptstrahlen, die durch das Zentrum M_o der Eintrittspupille treten, begrenzt. Daher ist die Blende, deren konjugiertes Objekt $\mathcal{L}_\mathrm{e}$ am Punkt M_o unter dem kleinsten Winkel erscheint, die Gesichtsfeldblende. In diesem Fall werden $\mathcal{L}_\mathrm{e}$ und sein Bild $\mathcal{L}_\mathrm{b}$, das durch das optische System erzeugt wird, *Eintritts-* bzw. *Austrittsluke* genannt.

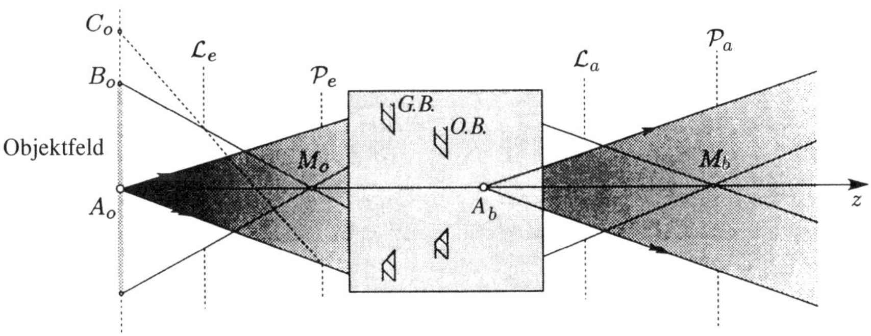

Abb. 7.11

Vignettierung

Der Punkt B_o im Objektraum sei durch den Strahl, der den oberen Rand von $\mathcal{L}_\mathrm{e}$ und das Zentrum M_o von $\mathcal{P}_\mathrm{e}$ passiert, bestimmt. Die verschiedenen Punkte im Inneren des Kreises mit Radius $A_\mathrm{o}B_\mathrm{o}$ senden Lichtstrahlen aus, die durch $\mathcal{L}_\mathrm{e}$ nicht ausgeblendet werden. Dieser Kreis ist das *Gesichtsfeld.*

Es sei C_o durch den Strahl definiert, der den oberen Rand von $\mathcal{L}_\mathrm{e}$ mit dem unteren Rand von $\mathcal{P}_\mathrm{e}$ verbindet. Die Punkte zwischen den beiden Kreisen mit Mittelpunkt A_o und Radien A_oB_o und A_oC_o strahlen Licht aus, das teilweise von $\mathcal{L}_e$ absorbiert wird; die entsprechende halbschattige Zone in der Bildebene wird *Vignettierung* genannt.

Man unterdrückt die Vignettierung durch Zusammenlegung der Eintritts- bzw. Austrittluke, $\mathcal{L}_e$ und $\mathcal{L}_a$, mit der Objekt- bzw. Bildebene (siehe Kapitel 9). Unter diesen Bedingungen ist das Gesichtsfeld ein glatter Rand.

7.4 Auflösungsvermögen

Das *Auflösungsvermögen* eines optischen Instrumentes ist ein Maß für die Fähigkeit, unter Berücksichtigung der *Beugung* getrennte Bilder von zwei benachbarten Objektpunkten zu erzeugen.

Betrachten wir eine ebene Welle, die auf ein Detail eines Objektes fällt (Abbildung 7.12). In Folge ihrer Wechselwirkung mit dem Objekt wird die einfallende Welle Σ in alle Richtungen gestreut (Kapitel 1).

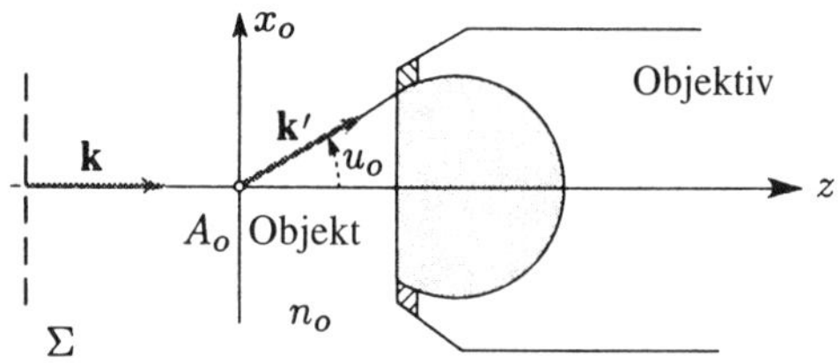

Abb. 7.12

Die Öffnungsblende läßt nur vom Objekt ausgesandte ebene Wellen durch, deren Wellenvektor höchstens einen Winkel u_o, der durch die Öffnungsblende gegeben ist, zum Wellenvektor der einfallenden Welle aufweisen. Dies wird durch die Ungleichungen

$$-k \sin u_o \leq k_x \leq k \sin u_o \tag{7.10}$$

ausgedrückt. Eine solche Schranke $\Delta k_x = 2k \sin u_o$, die durch Beugungseffekte bedingt ist, impliziert eine Begrenzung der möglichen räumlichen Ausdehnung Δx_o des kleinsten wahrnehmbaren Details des beobachteten Objektes:

$$\Delta x_o \Delta k_x \approx \frac{1}{2}. \tag{7.11}$$

Wegen $k = 2\pi/\lambda$ ist

$$\frac{2\Delta x_o \sin u_o}{\lambda} \approx \frac{1}{4\pi} \tag{7.12}$$

oder mit der Wellenlänge im Vakuum $\lambda_0 = \lambda n_o$ und der numerischen Apertur:

$$\Delta x_o \equiv \frac{\lambda_0}{8\pi n_o \sin u_o} = \frac{\lambda_0}{8\pi N.A.}.$$

Da $N.A. \approx 1/(8\pi)$ gilt, ist die Größe des kleinsten auflösbaren Details von der Größenordnung einer *Wellenlänge des verwendeten Lichtes*:

$$\boxed{\Delta x_o \sim \lambda_0.} \tag{7.13}$$

Sobald das optische Instrument geometrische Aberrationen, d. h. Abweichungen von der Gaußschen Näherung (siehe Kapitel 10) oder Farbabweichungen, falls das einfallende Licht nicht monochromatisch ist (siehe Kapitel 9), aufweist, ist das effektive Auflösungsvermögen geringer als das oben gegebene ideale. Das gleiche gilt, wenn die atmosphärischen Störungen nicht mehr vernachlässigbar sind, wie es beim Teleskop der Fall ist (siehe Kapitel 12 und 14).

Für die Vergrößerung des Sehwinkels, $G = |\alpha_b|/\theta$, folgt mit $|\alpha_b| = \epsilon$ (Grenze für das Auflösungsvermögen des Auges) und $\theta \geq \Delta x_o/d_m$:

$$\theta = \frac{|\alpha_b|}{G} = \frac{\epsilon}{G} \geq \frac{\lambda_0}{2N.A.d_m} \tag{7.14}$$

oder

$$G \leq G_m \quad \text{mit} \quad G_m = \frac{2\epsilon d_m}{\lambda_0} N.A. \tag{7.15}$$

Größenordnung: Da $\epsilon \approx 1{,}5'$, $d_m = 25$ cm und $\lambda_0 \approx 550$ nm sind, hat G_m die Größenordnung $G_m \approx 200$ für $N.A. = 0{,}5$.

7.5 Zusammenfassung

Die einführende Untersuchung des Auges hat es uns ermöglicht, charakteristische Größen optischer Instrumente wie die Vergrößerung und das Auflösungsvermögen zu verstehen und die Rolle der Eintrittspupille für den Strahlungsfluß zu formulieren. Die konkrete Anwendung auf optische Instrumente wird die weitere Präzisierung dieser Konzepte ermöglichen. Merken wir uns vorerst die folgenden Ergebnisse:

1. Die Grenze des Auflösungsvermögens des Auges beträgt $\epsilon \approx 1{,}5'$.
2. Die deutliche Sehweite beträgt $d_m \approx 25$ cm.
3. Die Vergrößerung ist definiert als $G \equiv |\alpha_b|/\theta$.
4. Die Leistung eines Instrumentes ist identisch mit der Brechkraft seiner optischen Komponenten $P_e \equiv B$.
5. Das Auflösungsvermögen eines optischen Instrumentes wird durch die eingeschränkte Fähigkeit begrenzt, benachbarte Objekte unterhalb einer Grenzgröße $\Delta x_o \approx \lambda_0$, die durch die Wellenlänge des verwendeten Lichtes gegeben ist, zu trennen: $\Delta x_o \sim \lambda_0$.

7.6 Aufgaben

A7.1 Nachbildung des Auges durch eine sphärische Grenzfläche
Das Auge kann durch die folgende Transfermatrix zwischen der Hornhaut C, die im Punkt E liegt, und der Netzhaut R im Punkt S beschrieben werden (SI-Einheiten):

$$T(ES) = \begin{bmatrix} 0 & 1{,}67 \cdot 10^{-2} \\ -60 & 0{,}9 \end{bmatrix}.$$

Finden Sie, ausgehend von der Tatsache, daß der Objekt- bzw. Bildraum die Indizes 1 bzw. 1,336 hat und die Distanz zwischen C und R 24,3 mm beträgt, den Krümmungsradius der entsprechenden sphärischen Grenzfläche!

A7.2 Darstellung des Auges als zentriertes optisches System
Man stellt das Auge als zentriertes System, wie es in der Abbildung 7.13 skizziert ist, dar. Die Brechungsindizes des Objekt- bzw. Bildraumes haben die Werte 1 bzw. 1,34.

1. Berechnen Sie die Transfermatrix $T(ES)$ der Kristallinse. Ermitteln Sie daraus die Kardinalelemente!
2. Sobald das Auge einen unendlich entfernten Gegestand fixiert, wird das dazugehörige Bild auf der Netzhaut erzeugt. Bestimmen Sie die Länge der Strecke SR zwischen der Netzhaut R und der Austrittsgrenzfläche in S.

A7.3 Eintritts- und Austrittspupillen eines zentrierten Systems
Wir betrachten das zentrierte System in Abbildung 7.14. Es ist aus zwei zentrierten Teilsystemen, die durch eine Öffnungsblende in M mit einem Durchmesser von 2 cm getrennt sind, aufgebaut. Die Teilsysteme sind durch ihre Hauptebenen und Brechkräfte von $8\,\delta$ bzw. $12\,\delta$ charakerisiert. Die Abstände zu der Achse sind die folgenden:

$$A_o E = 3\,\text{cm},\ EH_{o,1} = 1\,\text{cm},\ H_{o,1}H_{b,1} = 1,5\,\text{cm},\ H_{b,1}M = 2\,\text{cm}$$

$$MH_{o,2} = 2{,}5\,\text{cm},\ H_{o,2}H_{b,2} = 1{,}5\,\text{cm},\ H_{b,2}S = 0{,}5\,\text{cm}$$

1. Bestimmen Sie die Lage und Größe der Öffnungsblende!
2. Berechnen Sie den halben Öffnungswinkel des eintretenden Strahlenbündels, das vom Punkt A_o ausgesandt wird!

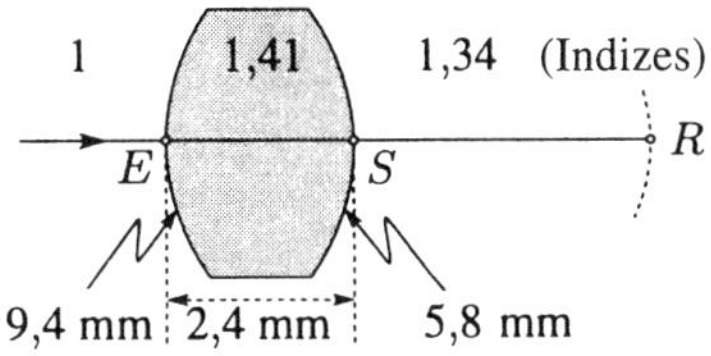

Abb. 7.13

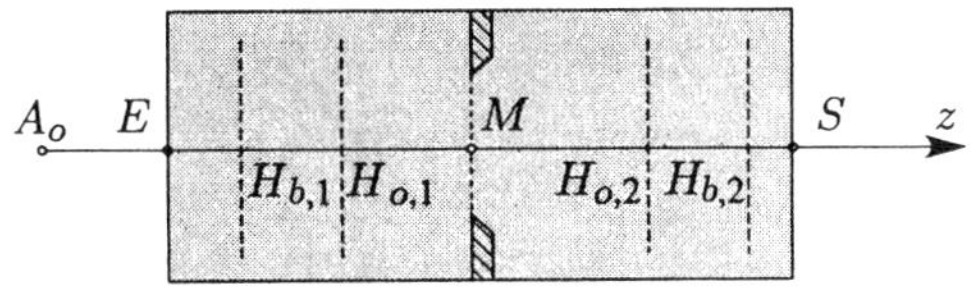

Abb. 7.14

3. Bestimmen Sie die Lage des Bildes A_b von A_o, das vom System erzeugt wird. Leiten Sie daraus den halben Öffnungswinkel des austretenden Strahlenbündels ab!

8 Linsen. Anwendung auf die Lupe

Linsen sind die am weitesten verbreiteten optischen Komponenten. Sie werden aus zwei Grenzflächen gebildet, die ein Medium mit Brechungsindex n begrenzen, und von *Luft* umgeben sind, was wir im folgenden annehmen werden.

Für die Analyse einer dicken Linse führen wir zuerst die Transfermatrix zwischen der Eintritts- und der Austrittsfläche ein, um daraus dann die Kardinalelemente zu bestimmen. Wir führen diese Analyse anhand des Beispiels der Lupe durch und werden die sehr wichtige Näherung *dünner* Linsen betrachten.

8.1 Dicke Linsen

8.1.1 Transfermatrix

Wir bezeichnen mit B_1 die Brechkraft der ersten Grenzfläche, mit B_2 die der zweiten und mit e den Abstand ES. Damit folgt für die Transfermatrix: $T(\overline{ES}) = \mathcal{R}(S)\mathcal{T}(\overline{ES})\mathcal{R}(E)$ (Abbildung 8.1). Wir haben ausführlich:

$$T(\overline{ES}) = \begin{bmatrix} 1 & 0 \\ -B_2 & 1 \end{bmatrix} \begin{bmatrix} 1 & e/n \\ 0 & 1 \end{bmatrix} \begin{bmatrix} 1 & 0 \\ -B_1 & 1 \end{bmatrix} = \begin{bmatrix} 1 - eB_1/n & e/n \\ -B & 1 - eB_2/n \end{bmatrix} \tag{8.1}$$

mit

$$B_1 = \frac{n-1}{\overline{R_1}}, \qquad B_2 = \frac{1-n}{\overline{R_2}} \qquad \text{und} \qquad B = B_1 + B_2 - \frac{eB_1B_2}{n}.$$

Die Größen $\overline{R_1} \equiv \overline{S_1C_1}$ und $\overline{R_2} \equiv \overline{S_2C_2}$ sind erneut algebraisch: Im Fall der in Abbildung 8.1 abgebildeten bikonvexen Linse sind B_1 und B_2 positiv, da $\overline{R_1} > 0$ und $\overline{R_2} < 0$ sind.

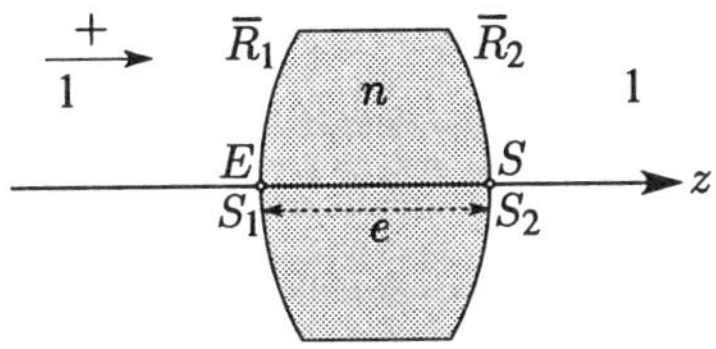

Abb. 8.1

8.1.2 Kardinalelemente

Brechkraft und Brennweite

Aus den vorangegangenen Betrachtungen der Transfermatrix erhalten wir:

$$B = B_1 + B_2 - \frac{eB_1B_2}{n} = (n-1)\left(\frac{1}{\overline{\overline{R_1}}} - \frac{1}{\overline{\overline{R_2}}} + \frac{n-1}{n}\frac{e}{\overline{\overline{R_1R_2}}}\right).$$

Daher ist die *bildseitige Brennweite* der Linse $f_b = -f_o = B^{-1}$ durch

$$\boxed{\frac{1}{f_b} = (n-1)\left(\frac{1}{\overline{\overline{R_1}}} - \frac{1}{\overline{\overline{R_2}}} + \frac{n-1}{n}\frac{e}{\overline{\overline{R_1R_2}}}\right).} \tag{8.2}$$

gegeben.

Bemerkung: Man bezeichnet häufig die bildseitige Brennweite f_b einfach mit f. Verwechseln Sie nicht f mit der objektseitigen Brennweite f_o, die ein entgegengesetztes Vorzeichen hat.

Hauptebenen und Knotenpunkte

Die Hauptebenen und Knotenpunkte ergeben sich einfach aus der Transfermatrix:

$$\overline{SH_b} = f_b(a-1) = -\frac{eB_1}{nB} \tag{8.3}$$

und

$$\overline{EH_o} = f_o(d-1) = \frac{eB_2}{nB}. \tag{8.4}$$

Da die äußeren Medien identisch sind, fallen N_o bzw. N_b mit H_o bzw. H_b zusammen. Die Brennpunkte folgen aus den algebraischen Längen $\overline{H_oF_o} = f_o$ und $\overline{H_bF_b} = f_b$.

Optisches Zentrum

Das optische Zentrum ist der Schnittpunkt O der optischen Achse mit einem Lichtstrahl, dessen eintretender und austretender Teil zueinander parallel sind, so daß gilt: $\alpha_e = \alpha_a$. Er ist daher eng mit den Knotenpunkten N_o und N_b verknüpft, da N_o sein konjugiertes Objekt bezüglich der ersten Grenzfläche und N_b sein konjugiertes Bild bezüglich der zweiten Grenzfläche ist (Abbildung 8.2).

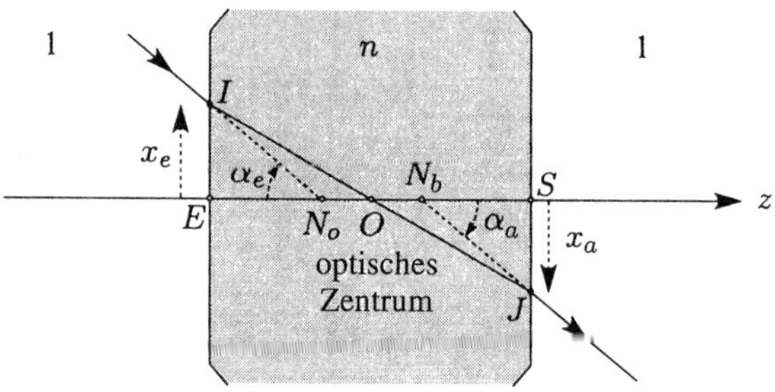

Abb. 8.2

Mit Hilfe der Abbildung sieht man, daß die Koordinate x_a von J algebraisch mit der Koordinate x_e von I zusammenhängt:

$$\frac{x_a}{\overline{OS}} = \frac{x_e}{\overline{OE}}. \tag{8.5}$$

Da $x_a = (1-eB_1/n)x_e + e/n\alpha_e$ und $x_e/\alpha_e = -\overline{EN_o} = -eB_2/nB$ ist, erhalten wir:

$$\frac{\overline{OS}}{\overline{OE}} = 1 - \frac{eB_1}{n} + \frac{e}{n}\left(\frac{nB}{-eB_2}\right) = -\frac{B_1}{B_2}$$

oder

$$\boxed{\frac{\overline{OS}}{\overline{OE}} = \frac{\overline{R_2}}{\overline{R_1}}.} \tag{8.6}$$

Diese Gleichung wird auch häufig in einer anderen Form benutzt:

$$\frac{\overline{OS}}{\overline{R_2}} = \frac{\overline{OE}}{\overline{R_1}} = \frac{\overline{OS} - \overline{OE}}{\overline{R_2} - \overline{R_1}} = \frac{\overline{ES}}{\overline{R_2} - \overline{R_1}}$$

bzw.

$$\overline{EO} = \overline{ES}\frac{\overline{R_1}}{\overline{R_1} - \overline{R_2}}. \tag{8.7}$$

Bemerkungen:

1. Das optische Zentrum befindet sich immer auf der Seite der am *stärksten gekrümmten Fläche.* Ist eine der Flächen eben, liegt es auf der anderen Fläche.
2. Das Interesse für das optische Zentrum geht auf eine alte Methode zurück, die Kardinalelemente zu ermitteln. Danach bestimmt man aus den Krümmungsradien der in Luft getauchten dicken Linsen das optische Zentrum, erhält damit die Knotenpunkte und daraus schließlich die Hauptpunkte, die mit den Knotenpunkten zusammenfallen. In unserem Zugang über das Matrixkalkül hat das optische Zentrum nur noch historische Bedeutung.

8.1.3 Die verschiedene Linsenarten

Man unterscheidet zwei Gruppen von Linsen: die konvergenten Linsen ($B > 0$) und die divergenten Linsen ($B < 0$).

Konvergente Linsen

Hier existieren drei Typen (Abbildung 8.3):

1. Wenn beide Grenzflächen konvergent sind ($\overline{R}_1 > 0$ und $\overline{R}_2 < 0$), ist die Linse *bikonvex.*
2. Wenn $B_1 > 0$ und $B_2 < 0$ mit $B > 0$ gilt, ist die Linse ein *konvergenter Meniskus.*
3. Wenn $B_1 > 0$ und $B_2 = 0$ ist (die Austrittsfläche ist eben), heißt die Linse *plankonvex;* die objektseitige Hauptebene liegt auf der gekrümmten Fläche.

Divergente Linsen

Hier existieren ebenfalls drei Arten (Abbildung 8.4):

1. Wenn beide Grenzflächen divergent sind ($\overline{R}_1 < 0$ und $\overline{R}_2 > 0$), ist die Linse *bikonkav.*
2. Wenn $B_1 > 0$ und $B_2 < 0$ mit $B < 0$ gilt, ist die Linse ein *divergenter Meniskus.*
3. Wenn $B_1 < 0$ und $B_2 = 0$ ist (die Austrittsfläche ist eben), heißt die Linse *plankonkav;* die objektseitige Hauptebene liegt gleichfalls auf der gekrümmten Fläche.

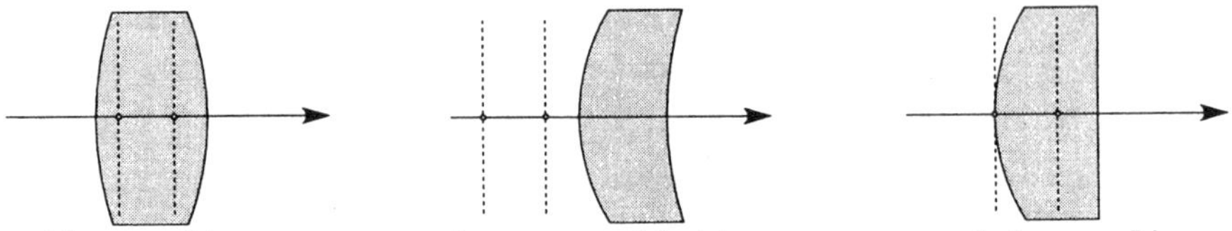

bikonvexe Linse | konvergenter Meniskus | plankonvexe Linse

Abb. 8.3

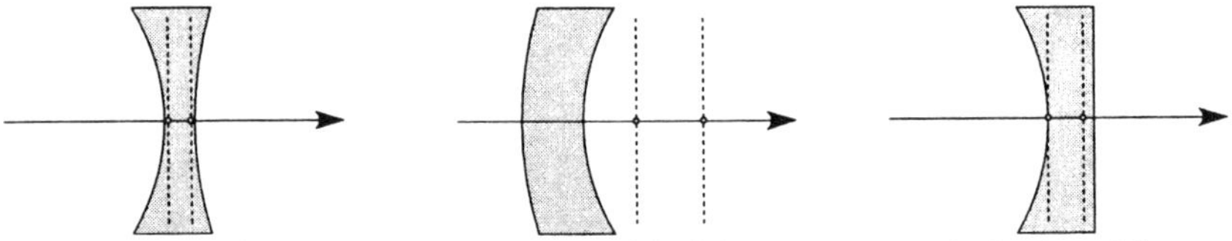

bikonkave Linse | divergenter Meniskus | plankonkave Linse

Abb. 8.4

Bemerkungen:

1. Die Eigenschaften der Konvergenz und der Divergenz sind *intrinsisch* und daher unabhängig von der Ausbreitungsrichtung des Lichtes. Wechselt nämlich die Ausbreitungsrichtung, werden die Brechungsindizes vertauscht und die Krümmungsradien ändern ihr Vorzeichen, so daß die Brechkraft nicht geändert wird. Dagegen werden die Hauptebenen vertauscht.
2. Im Gegensatz zu den konvergenten Linsen sind die divergenten am Rand *dicker* als in der Mitte.
3. Es existieren auch zylindrische Linsen für die der Krümmungsradius in einer Richtung unendlich wird (siehe A8.4). Diese Linsen, die ein gestrecktes Bild eines leuchtendes Punktes geben, werden mehr und mehr in Spektrometern verwendet und kommen im allgemeinen in optischen Systemen, in denen eindimensionale Aufnahmen erfolgen, zum Einsatz.

8.2 Anwendung auf die Lupe

Um Einzelheiten eines Objektes unterscheiden zu können, hält ein Beobachter das Objekt natürlicherweise so nah wie möglich an sein Auge, d. h. an den Nahpunkt seines Auges, ungefähr $d_{\mathrm{m}} = 25$ cm für ein normalsichtiges Auge. Der Winkel, unter dem er das Bild sieht, ist dann der größtmögliche.

8.2.1 Die Lupe

Die Lupe ist ein Instrument kleiner Brennweite ($f_b \approx 2$ cm) zur Vergrößerung des Winkels, unter dem ein Objekt betrachtet wird. Sie besteht häufig aus einer einfachen konvergenten dicken Linse, in deren objektseitigen Brennpunkt man das Objekt plaziert, so daß das normalsichtige Auge parallele Lichtstrahlen wahrnimmt (Abbildung 8.5). Da der Winkel α_b durch $\alpha_b = A_o B_o / f_b$ gegeben ist, verhält sich das System so, als ob d_m durch f_b ersetzt worden wäre, d_m also verringert würde. Man sagt daher auch manchmal, daß die Lupe das Auge kurzsichtig macht.

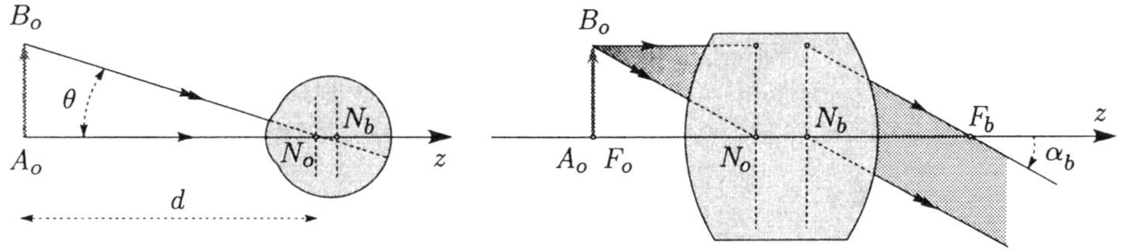

Abb. 8.5

8.2.2 Vergrößerung

Mit den vorhergehenden Bezeichnungen folgt für die Vergrößerung

$$G = \frac{|\alpha_b|}{\theta}.$$

Mit $|\alpha_b| = A_o B_o / f_b$ und $\theta = A_o B_o / d_m$ erhalten wir

$$\boxed{G = \frac{d_m}{f_b}.} \tag{8.8}$$

Die Vergrößerung einer Lupe ist also das Verhältnis der deutlichen Sehweite zur bildseitigen Brennweite.

Wenn $d_m = 25$ cm und $f_b = 5$ cm sind, erhalten wir $G = 5$. Solch eine kommerzielle Lupe ist mit $5\times$ bezeichnet, da die angegebene Vergrößerung normalerweise von $d_m = 25$ cm ausgeht. Das so ermittelte G ist die *kommerzielle Vergrößerung*.

Sobald man die Vergrößerung erhöhen möchte, muß zur Vermeidung störender Vibrationen die Lupe auf einem starren Träger montiert sein. Man realisiert so ein *einfaches Mikroskop* im Unterschied zum *zusammengesetzten Mikroskop* (siehe Kapitel 11).

8.2.3 Gesichtsfeld

Bei einer Lupe spielt im allgemeinen die Augenpupille gleichzeitig die Rolle der Öffnungsblende und der Austrittsblende. Ist das optische System klein, ersetzt die Halterung der Lupe also sowohl die Gesichtsfeldblende als auch die Austrittsluke.

Das Gesichtsfeld ist durch den größten Winkel $|\theta_b|_m$ gegeben, unter dem man das Bild durch die Linse sehen kann (Abbildung 8.6). Dieser Winkel ist mit dem Radius des Rahmens der Lupe und dem Lupe–Augenpupille-Abstand OP durch die Gleichung

$$\tan|\theta_b|_m = \frac{r}{OP} \tag{8.9}$$

verknüpft. Man vergrößert also das Gesichtsfeld, wenn das Auge der Lupe angenähert wird.

Beispiel: Wenn $2r = 2{,}5$ cm und $OP = 2{,}5$ cm sind, gilt für den Winkel $|\theta_b|_m$: $2|\theta_b|_m = 53°$.

8.3 Dünne Linsen

8.3.1 Definition

Die *dünnen* Linsen sind Linsen, deren Dicke insofern vernachlässigbar ist, als daß die Brechkraft des Systems der Summe der Brechkräfte beider Grenzflächen entspricht:

$$B \approx B_1 + B_2 = (n-1)\left(\frac{1}{\overline{R}_1} - \frac{1}{\overline{R}_2}\right). \tag{8.10}$$

Diese Definition vernachlässigt die Dicke e gegenüber $|\overline{R}_1|$, $|\overline{R}_2|$ und $|\overline{R}_1 - \overline{R}_2|$.

Diese Linsen werden durch einen senkrechten Doppelpfeil dargestellt, wenn sie konvergent sind, und durch einen Doppelpfeil mit umgedrehten Pfeilspitzen, wenn sie divergent sind (Abbildung 8.7).

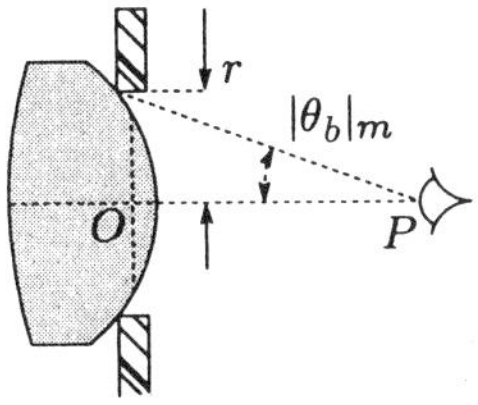

Abb. 8.6

8.3.2 Eigenschaften

Da die Eintritts- und Austrittsflächen identisch sind, fallen die Hauptebenen mit der Linsenebene zusammen. Auf der anderen Seite sind bei gleichen äußeren Medien die Hauptpunkte auch die Knotenpunkte. Daraus folgt, daß alle diese Punkte im Zentrum O der Linse zusammenfallen.

Die Brennpunkte F_o und F_b sind punktsymmetrisch bezüglich O und im Abstand $|f_b|$ vom Zentrum gelegen. Es folgt:

$$f_b = \overline{OF_b} = -\overline{OF_o}$$

mit

$$\boxed{\frac{1}{f_b} = B = (n-1)) \left(\frac{1}{\overline{R_1}} - \frac{1}{\overline{R_2}}\right).} \tag{8.11}$$

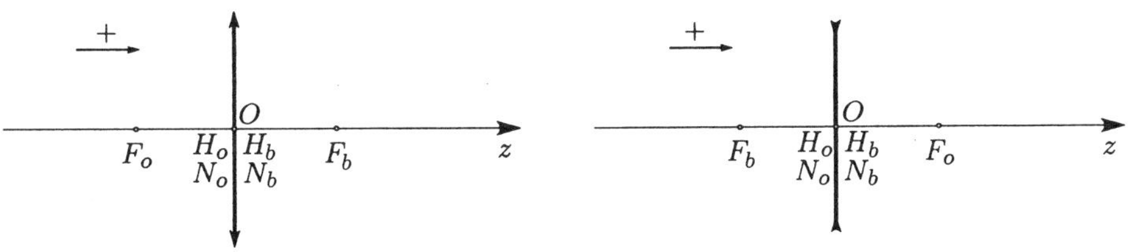

Abb. 8.7

8.3.3 Geometrische Konstruktion

Man verfolgt den Verlauf der üblichen drei Lichtstrahlen (Abbildung 8.8a):

1. der einfallende, zur optischen Achse parallele Lichtstrahl, der durch den Brennpunkt F_b geht,

2. der einfallende Lichtstrahl, der nicht abgelenkt wird und durch O verläuft,
3. der Strahl, der durch F_o geht und parallel zu der Achse austritt.

Bemerkung: Im Fall der divergenten Linse, die das Bild eines virtuellen Objektes erzeugt, ist die Konstruktion, obwohl nicht so direkt, analog zur vorherigen (Abbildung 8.8b).

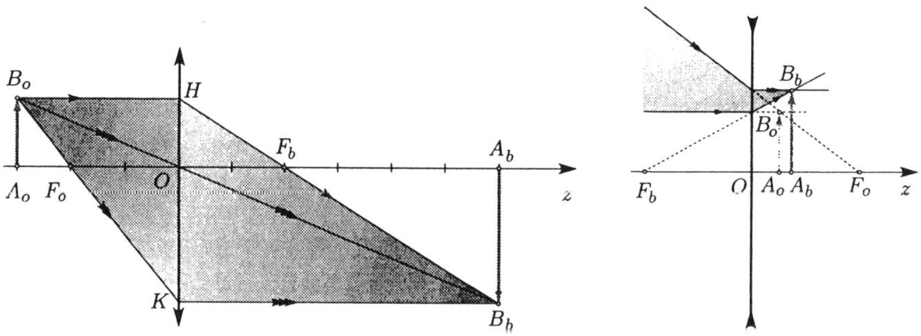

a) b)

Abb. 8.8

8.3.4 Abbildungsgleichungen

Die Abbildungsgleichungen können aus den allgemeinen Gleichungen für zentrierte Systeme bestimmt werden, jedoch ist es lehrreich, sie über die geometrische Konstruktion zu finden.

Betrachten wir die Abbildung 8.8a einer konvergenten dünnen Linse. Die Dreiecke OHF_b und $A_bB_bf_b$ sind ebenso wie die Dreiecke OKF_o und $A_oB_oF_o$ ähnlich. Daher folgt:

$$\frac{A_bB_b}{OH} = \frac{A_bB_b}{A_oB_o} = \frac{F_bA_b}{OF_b}$$

und

$$\frac{OK}{A_oB_o} = \frac{A_bB_b}{A_oB_o} = \frac{f_b}{A_oF_o}.$$

Ebenso sind die Dreiecke OA_oB_o und OA_bB_b ähnlich, so daß sich

$$\frac{A_bB_b}{A_oB_o} = \frac{OA_b}{OA_o}$$

ergibt.

Es folgt unter Benutzung der gewohnten algebraischen Bezeichnungen $p_o = \overline{OA_o}$, $p_b = \overline{OA_b}$, $\sigma_o = \overline{F_oA_o}$, $\sigma_b = \overline{F_bA_b}$ und $f_b = \overline{OF_b}$:

$$G_a = \frac{\overline{A_bB_b}}{\overline{A_oB_o}} = -\frac{\sigma_b}{f_b} = \frac{f_b}{\sigma_o} = \frac{p_b}{p_o} \tag{8.12}$$

mit

$$G_a < 0.$$

Um die Gleichung von Descartes zu erhalten, genügt es, σ_b durch $p_b - f_b$ zu ersetzen. So ergibt sich aus:

$$-\frac{\sigma_b}{f_b} = \frac{p_b - f_b}{f_b} = \frac{p_b}{p_o}$$

die Gleichung

$$-\frac{p_b}{p_o} + 1 = \frac{p_b}{f_b} \tag{8.13}$$

oder

$$\frac{1}{p_b} - \frac{1}{p_o} = \frac{1}{f_b}. \tag{8.14}$$

Merken wir uns daher für den Fall dünner konvergenter oder divergenter Linsen die Descartessche Formel

$$\boxed{\frac{1}{p_b} - \frac{1}{p_o} = \frac{1}{f_b} \quad \text{mit} \quad G_a = \frac{p_b}{p_o}} \tag{8.15}$$

oder die Newtonsche Formel

$$\boxed{\sigma_b\sigma_o = -f_b^2 \quad \text{mit} \quad G_a = -\frac{\sigma_b}{f_b}.} \tag{8.16}$$

Beispiele: Bestimmen wir algebraisch die Lage der Bilder in den oben geometrisch untersuchten Fällen der Abbildungen 8.8a und 8.8b.

1. $f_b = 40$ cm und $p_o = -60$ cm (Das Objekt ist reell und 60 cm von der Linse entfernt.)

$$\frac{1}{p_b} - \frac{1}{-0{,}6} = \frac{1}{0{,}4}$$

oder

$$\frac{1}{p_b} = \frac{1}{0{,}4} - \frac{1}{-0{,}6} = \frac{1}{1{,}2}$$

Damit ist $p_b = 1{,}2$ m und $G_a = 2$. Das Bild ist reell, umgekehrt und größer als das Objekt.

2. $f_b = -40$ cm und $p_o = 20$ cm (Das Objekt ist virtuell und 20 cm von der Linse entfernt.)

$$\frac{1}{p_b} - \frac{1}{0{,}2} = -\frac{1}{0{,}4}$$

oder

$$\frac{1}{p_b} = -\frac{1}{0{,}4} + \frac{1}{0{,}2} = \frac{1}{0{,}4}.$$

Damit ist $p_b = 40$ cm und $G_a = 2$. Das Bild ist reell, aufrecht und größer als das Objekt.

Bemerkung: Ausgehend von der Descartesschen Formel, ist es einfach, eine Abschätzung der Größenordnung der Brennweite einer konvergenten dünnen Linse zu erhalten. Es genügt, die Distanz zwischen der Linse und dem von ihr erzeugten Bild eines entfernten Objektes zu bestimmen. Zum Beispiel erhält man auf der als Schirm benutzten Hand ein Bild einer 5 m von der Linse entfernten Lampe: $p_o \approx \infty$ und $p_b \approx f_b$.

8.3.5 Graphische Diskussion

In einem kartesischen Koordinatensystem verlaufe eine Gerade durch den Punkt I mit den Koordinaten $(-f_b, f_b)$. Die Gerade hat die analytische Form

$$\frac{x}{p_o} + \frac{y}{p_b} = 1.$$

Im Fall einer konvergenten dünnen Linse ($f_b > 0$), befindet sich I im zweiten Quadranten. Man unterscheidet drei Fälle (Abbildung 8.9):

1. A_o ist reell ($p_o < 0$) und liegt zwischen F_o (Gerade 1): Das Bild ist reell und umgekehrt, da $p_b > 0$ gilt.
2. A_o ist reell ($p_o < 0$) und liegt vor F_o und dem Zentrum O der Linse (Gerade 2): Das Bild ist virtuell und aufrecht, da $p_b < 0$ gilt.
3. A_o ist virtuell ($p_o > 0$) und liegt hinter O (Gerade 3): Das Bild ist reell und aufrecht, da $p_b > 0$ gilt.

Bemerkung: Eine konvergente dünne Linse kann von einem virtuellen Objekt kein virtuelles Bild erzeugen.

Im Fall einer divergenten dünne Linse ($f_b < 0$) liegt I im 4. Quadranten. Man unterscheidet ebenfalls drei Fälle (Abbildung 8.10):

1. A_o ist reell ($p_o < 0$) und liegt vor O: Das Bild ist virtuell und aufrecht, da $p_b < 0$ gilt.
2. A_o ist virtuell ($p_o > 0$) und liegt zwischen O und F_o : Das Bild ist reell und aufrecht, da $p_b > 0$ gilt.

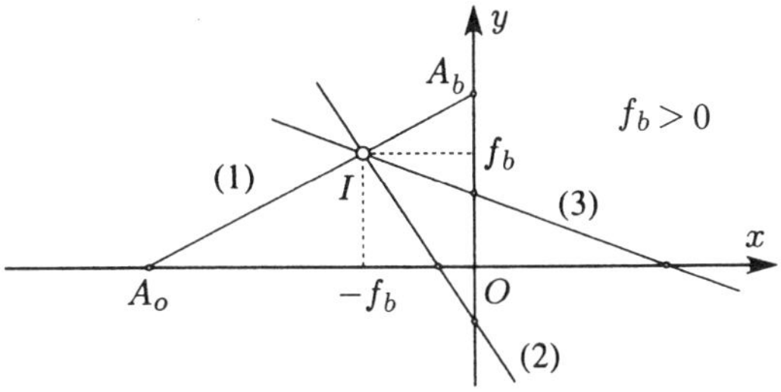

Abb. 8.9

3. A_o ist virtuell ($p_o > 0$) und liegt hinter F_o (Gerade 3): Das Bild ist virtuell und umgekehrt, da $p_b < 0$ gilt.

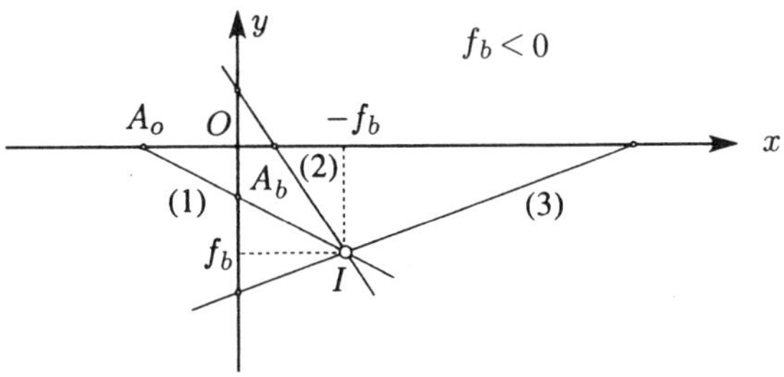

Abb. 8.10

Bemerkung: Eine divergente dünne Linse kann von einem reellen Objekt kein reelles Bild erzeugen.

8.4 Zusammenfassung

Linsen, insbesondere dünne Linsen, sind von großer praktischer Bedeutung. Wir erinnern an die Abbildungsgleichung von Descartes mit dem Ausdruck für den Abbildungsmaßstab:

$$\frac{1}{p_b} - \frac{1}{p_o} = B = \frac{1}{f_b} \quad \text{und} \quad G_a = \frac{p_b}{p_o}.$$

Hierbei sind $p_o = \overline{OA_o}$, $p_b = \overline{OA_b}$, und f_b ist die bildseitige Brennweite der Linse.

8.5 Aufgaben

A8.1 Symmetrische bikonvexe dicke Linse
In einem Katalog für optische Geräte ist die Skizze einer symmetrischen bikonvexen Linse wiedergegeben (Abbildung 8.11). Die Werte ihrer charakteristischen Größen sind:

$$\phi = 25\,\text{mm},\ t_c = 5{,}1\,\text{mm},\ f = 50\,\text{mm},\ n = 1{,}5187 \text{ für } \lambda = 546{,}1\,\text{nm}.$$

Wie groß sind die Krümmungsradien dieser Linse?

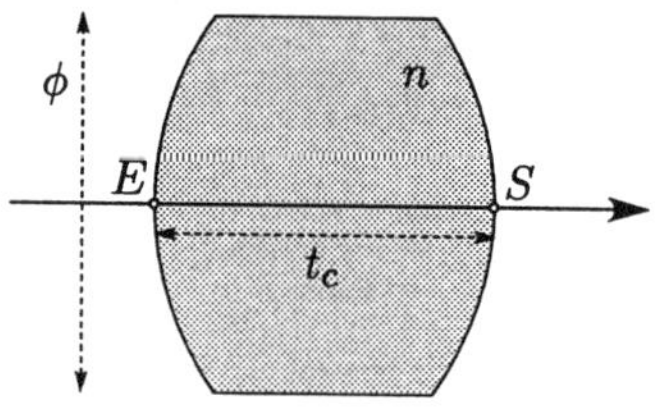

Abb. 8.11

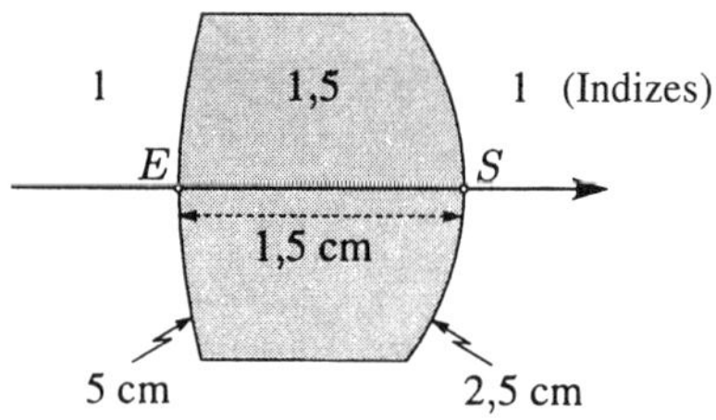

Abb. 8.12

A8.2 Optisches Zentrum einer bikonvexen dicken Linse
In der Abbildung 8.12 sind die charakteristischen Größen einer bikonvexen dicken Linse angegeben.

1. Bestimmen Sie ihre Kardinalelemente aus der Transfermatrix!
2. Tun Sie dasselbe mit Hilfe des optischen Zentrums!

A8.3 Halbkugelförmige Linse
Wir betrachten eine plankonvexe Linse L in Form einer Halbkugel, die einen Radius von 2 cm und Brechungsindex von 1,5 hat. Sie ist von Luft umgeben und erfüllt die Bedingungen der Gaußschen Näherung. Ein 2 mm hohes Objekt befindet sich 1 cm vor der ebenen Eintrittsfläche der Linse. (Abbildung 8.13):

1. Bestimmen Sie die Kardinalelemente von L!
2. Ermitteln Sie die Lage, die Beschaffenheit und Größe des von L erzeugten Bildes!
3. Geometrische Konstruktion: Verwenden Sie den Maßstab 1 für die optische Achse und für alle transversalen Richtungen den Maßstab 2,5!

A8.4 Planzylindrische dicke Linse
Eine planzylindrische dicke Linse wird in einem Prismenspektrometer entsprechend der Abbildung 8.14 eingesetzt: Entlang der transversalen Achse x verhält sie sich wie eine übliche Linse, während sie sich in der dazu senkrechten y-Richtung wie eine planparallele Platte verhält. Ihre charakteristischen Größen wurden aus einem Katalog entnommen:

$$f = 100{,}0\,\text{mm},\ e = 3{,}88\,\text{mm},\ a = 26\,\text{mm},\ b = 60\,\text{mm},\ n = 1{,}4585.$$

1. Bestimmen Sie ihren Krümmungsradius!
2. Berechnen die Transfermatrizen $T_x(ES)$ und $T_y(ES)$. Bestimmen Sie daraus die Kardinalelemente!

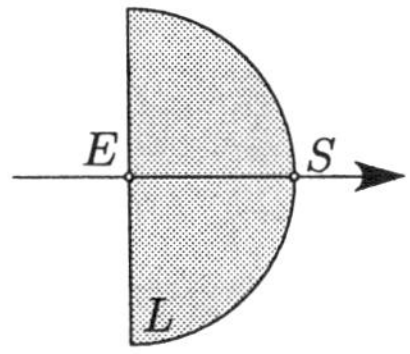

Abb. 8.13

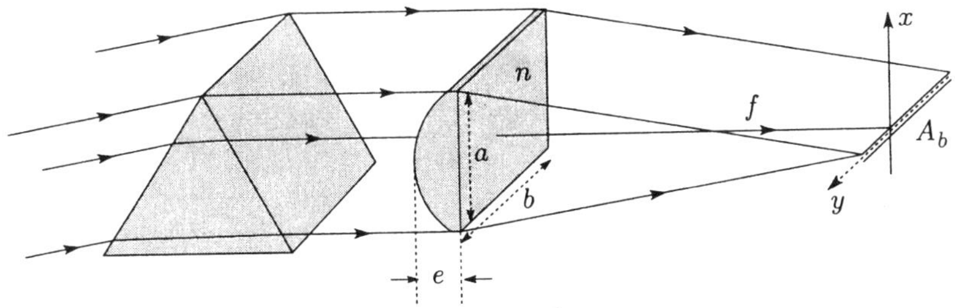

Abb. 8.14

A8.5 Geometrische Veranschaulichung der Descartesschen Abbildungsgleichung für eine divergente dünne Linse

1. Ermitteln Sie geometrisch die algebraische Abbildungsgleichung von Descartes für den Fall einer divergenten dünnen Linse!
2. Leiten Sie die folgenden Gleichungen, die f_b mit p_o und p_b mit G_a verknüpfen, ab:

$$f_\mathrm{b} = \frac{p_\mathrm{o} G_\mathrm{a}}{1 - G_\mathrm{a}} = \frac{p_\mathrm{b}}{1 - G_\mathrm{a}}.$$

A8.6 Bildseitige Brennweiten dünner Linsen
Finden Sie die Brennweiten der dünnen Linsen, die aus Glas mit Brechungsindex $n = 1{,}5$ hergestellt sind und die folgenden Formen haben:

1. bikonvex mit Radius 3 cm,
2. bikonkav mit Radius 3 cm,
3. plankonvex mit Radius 3 cm,
4. plankonkav mit Radius 3 cm,
5. konvergenter Meniskus mit den Radien 3 cm und 6 cm,
6. divergenter Meniskus mit den Radien 3 cm und 6 cm.

A8.7 Projektion eines Diapositivs
Eine konvergente dünne Linse L mit bildseitiger Brennweite $f_\mathrm{b} = 5$ cm erzeugt von einem Dia von 24 mm Höhe, das sich vor ihr befindet, ein Bild auf einer 4 m von L entfernten Projektionsleinwand.

Berechnen Sie die Brechkraft von L, die Lage des Objekts und die Größe des Bildes!

A8.8 Als Lupe verwendete konvergente dünne Linse
Eine dünne Linse L soll als Lupe eingesetzt werden. Die Vergrößerung soll 5 betragen, und das Auge soll bei der Verwendung nicht akkommodieren. Finden Sie die bildseitige Brennweite von L und verfolgen Sie genau den Verlauf der Lichtstrahlen, die vom oberen Ende des Objektes ausgesandt werden!

A8.9 Methode von Bessel und Silbermann
Mit Hilfe der konvergenten dünnen Linse L, die sich zwischen einem reellen Objekt und einem Schirm mit Abstand D zu dem Objekt befindet, wird ein Bild des Objektes auf dem Schirm erzeugt.

1. Zeigen Sie, daß zwei Positionen mit Abstand d für L existieren, die ein scharfes Bild ermöglichen. Drücken Sie die bildseitige Brennweite f_b von L als Funktion von D und d aus (Besselsche Methode).
2. Untersuchen Sie den speziellen Fall, bei dem die beiden Positionen zusammenfallen ($d = 0$) (Silbermannsche Methode).

A8.10 Konvergente dünne Linse mit verschiedenen äußeren Medien

1. Vergleichen Sie die Eigenschaften einer konvergenten bikonvexen dünnen Linse (Brechungsindex 1,5, Krümmungsradien 10 cm und 20 cm) in den beiden folgenden Fällen:
   a) Die Linse ist von Luft umgeben.
   b) Das Medium auf der Objektseite ist Wasser ($n_o = 1{,}35$), und das Medium auf der Bildseite ist Luft.
2. Konstruieren Sie für beide Fälle das Bild eines Objektes, das 20 cm vor L liegt. Bestätigen Sie die Ergebnisse auf algebraischem Weg.

A8.11 Sucher
Ein Sucher S ist aus einer konvergenten dünnen Linse L_1 der bildseitigen Brennweite $f_1 = 10$ cm und aus einem Schirm in einer Distanz $d = 15$ cm von L_1 aufgebaut. Der Sucher dient der Bestimmung der Lage eines virtuellen Bildes, das durch ein beliebiges optisches System erzeugt wird. Der Abstand zwischen diesem Bild und der Linse L_1 heißt Frontaldistanz. Ein reelles Objekt A_oB_o befindet sich 40 cm vor einer dünne Linse mit unbekannter bildseitiger Brennweite f_b. Das Bild, das von L erzeugt wird, wird mit Hilfe des Suchers betrachtet. Man beobachtet auf dem Schirm ein scharfes Bild von A_oB_o, sobald L_1 10 cm von L entfernt ist.

Bestimmen Sie den Wert von f_b und konstruieren Sie den Weg der Lichtstrahlen vom Objekt bis zum schließlichen Bild!

A8.12 Afokales Auge
Nach Entfernen der Augenlinse setzt man dem afokal gewordenen Auge eine sehr dünne Kontaktlinse L mit Brechungsindex $n = 1,5$ auf (Abbildung 8.15). Wie groß muß der Krümmungsradius der Linse sein, wenn der Krümmungsradius der Hornhaut 8 mm beträgt?

A8.13 Das System Linse/halbdurchlässiger Spiegel/Spiegel
Ein System besteht aus einer dünnen konvergenten Linse L mit bildseitiger Brennweite von 15 cm, einem halbdurchlässigen Spiegel L_s, 45 cm hinter L gelegen und um 45° gekippt, und einem totalreflektierenden Spiegel S, der 25 cm von L_s entfernt ist (Abbildung 8.16).

1. Ermitteln Sie algebraisch und geometrisch den Ort, an dem das Bild eines 20 cm vor L plazierten Objektes entsteht, wobei das Licht erst durch L_s reflektiert wird, dann von S zurückgeworfen wird und schließlich durch L_s tritt.
2. Verfolgen Sie einen Lichtkegel mit Öffnungswinkel $2\alpha = 3°$, der vom Objektpunkt A auf der optischen Achse ausgesandt wird. Welches ist am Ausgang sein Durchmesser auf einer Ebene, die sich 15 cm hinter L_s befindet?

A8.14 Tageslichtprojektor
Ein Tageslichtprojektor ist aus einer konvergenten dünnen Projektionslinse mit 48 cm Brennweite und einem 10 cm von L entfernten, um 45° geneigten ebenen Spiegel aufgebaut (Abbildung 8.17). Wo muß unter der Voraussetzung, daß die Strecke zwischen dem

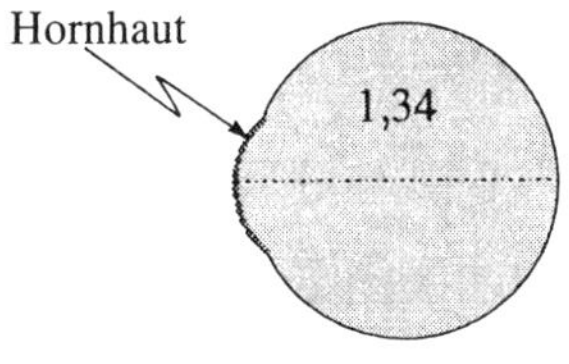

Abb. 8.15

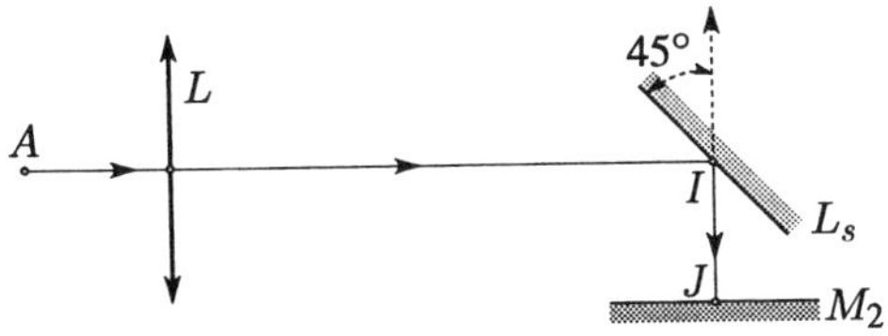

Abb. 8.16

Linsenzentrum und dem Schirm 2,3 m beträgt, die zu projizierende Folie plaziert werden? Ermitteln Sie daraus die Vergrößerung! Konstruieren Sie den Strahlenverlauf!

A8.15 Fresnel-Linse

Fresnel-Linsen werden in Leuchttürmen verwendet. Sie sind aus einer plankonvexen Linse und fünf sich berührenden konzentrischen Ringen mit prismatischem Querschnitt aufgebaut (Abbildung 8.18). Der Brechungsindex des Glases ist $n = 1{,}5$, der Krümmungsradius der zentralen Linse beträgt $R = 1$ m und ihr Durchmesser 20 cm, die Ringe sind 2 cm hoch. Die Winkel der fünf prismatischen Schnitte sind so gewählt, daß die vom Brennpunkt der plankonvexen Linse kommenden Lichtstrahlen parallel zu der optischen Achse austreten.

Berechnen Sie die Winkel θ_1 und θ_5 des ersten und fünften Ringes!

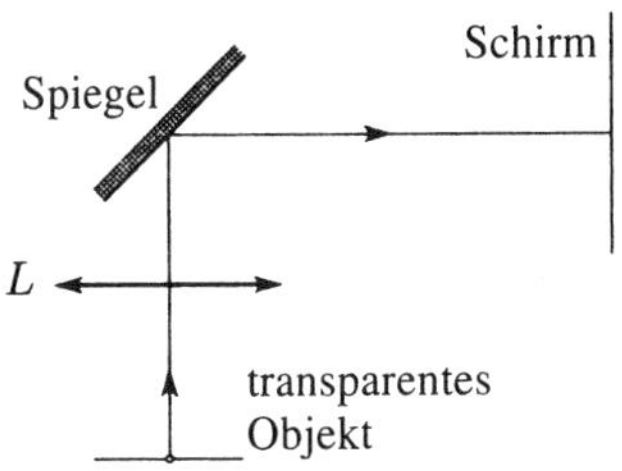

Abb. 8.17

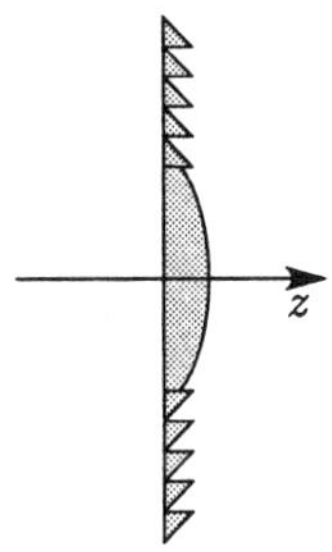

Abb. 8.18

A8.16 Dicke Linse

Eine Linse wird aus einer zylindrischen Küvette, die durch zwei halbkugelförmige konvexe Kappen mit gleichem Radius R begrenzt ist, gebildet. Die Küvette ist mit einer Flüssigkeit des Brechungsindexes n gefüllt und von Luft umgeben. Die Dicke ihrer Wände sei vernachlässigbar.

1. Berechnen Sie die bildseitige Brennweite f_b als Funktion von n, von R und der Dicke e entlang der Linse!
2. Durch eine entsprechende Vorrichtung kann die Dicke e variiert werden. Bestimmen Sie zwei spezielle Werte von e und geben Sie die dazugehörigen Werte für f_b an!

9 Chromatische Aberration und Achromatismus. Paare dünner Linsen

Der Brechungsindex der Gläser, aus denen optische Instrumente aufgebaut sind, variiert mit der Frequenz der Lichtstrahlung. Dies ist das bekannte Phänomen der *Dispersion*, das erlaubt, komplexes Licht, wie es das weiße Licht darstellt, in seine einzelnen monochromatischen Bestandteile zu zerlegen. Da der Brechungsindex in alle optische Eigenschaften der optischen Instrumente eingeht, wird das vom Instrument erzeugte Bild von der Frequenz abhängen. Ist das verwendete Licht komplexerer Natur, liefert jeder monochromatische Bestandteil seinen eigenen Beitrag, so daß das Gesamtbild verändert wird. Man sagt dann, das Instrument weise *chromatische Aberrationen oder Farbfehler* auf.

Wir beginnen bei der Untersuchung der Farbfehler mit dem Dispersionsvermögen von Gläsern. Anschließend geben wir einige Bedingungen für Achromatismus, d. h. die Unterdrückung von Farbfehlern, an. Schließlich studieren wir Paare dünner Linsen, die unter bestimmten Umständen näherungsweise achromatisch sind.

9.1 Chromatische Aberration

9.1.1 Beobachtung des Phänomens

Betrachten wir ein paralleles Bündel weißen Lichtes, das parallel zu der optischen Achse auf eine dünne konvergente Linse fällt (Abbildung 9.1). Wir beobachten, daß das Bündel in mehreren farbigen Brennpunkten konvergiert, wobei der blaue Brennpunkt F_b der Linse am nächsten ist, während der rote F_r am weitesten entfernt ist und der gelbe F_g dazwischen liegt. Das bedeutet, daß die Brennweite mit der Wellenlänge zunimmt.

Die Erklärung dieses Verhaltens ist einfach: Die bildseitige Brennweite f_b ist durch den bekannten Ausdruck gegeben:

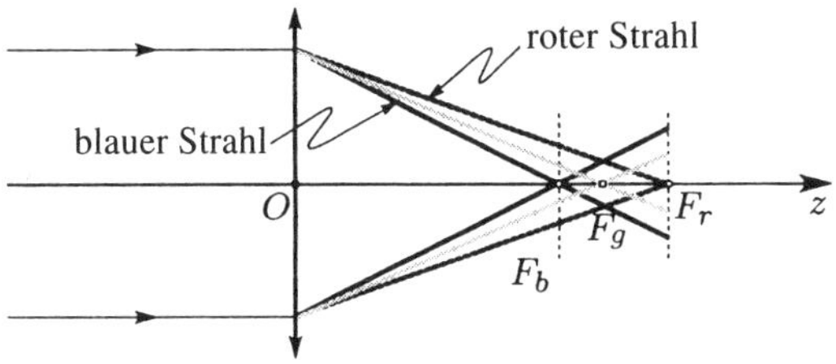

Abb. 9.1

$$\frac{1}{f_\mathrm{b}} = B = (n-1)\left(\frac{1}{\overline{R}_1} - \frac{1}{\overline{R}_2}\right). \tag{9.1}$$

Auf der anderen Seite nimmt der Brechungsindex n ab, sobald die Wellenlänge (im Vakuum) λ zunimmt. Wir geben als Beispiel eine Relation aus einem Katalog an:

$$n^2 \approx 2{,}3 - 10^{-2}\lambda^2 + \frac{10^{-2}}{\lambda^2}$$

mit λ in Mikrometern.

Wir definieren die Differenz der bildseitigen Brennweiten der beiden Frequenzextreme Rot und Blau $F_\mathrm{b}F_\mathrm{r} \equiv f_\mathrm{r} - f_\mathrm{b}$ als die *longitudinale Hauptdispersion.*

Hält man einen Schirm senkrecht zu der optischen Achse in das austretende Strahlenbündel, erhält man verschiedene farbige kreisförmige Flecken. Bei F_b ist der blaue Fleck von Rot umgeben, bei F_r ist es umgekehrt. Der Radius des kleinsten Fleckes ist die *transversale Hauptdispersion.*

9.1.2 Definition des Dispersionsvermögens von Gläsern

Der Ausdruck für die bildseitige Brennweite einer dünnen Linse kann

$$(n-1)f_\mathrm{b} = \frac{(n-1)}{B} = \frac{\overline{R}_1\overline{R}_2}{\overline{R}_2 - \overline{R}_1}$$

geschrieben werden. Die Größe $(n-1)f_\mathrm{b} = (n-1)/B$, die gleich einer geometrischen Größe ist, ist unabhängig von der Wellenlänge. Jede kleine Variation $\Delta\lambda_0$ der Wellenlänge führt demnach zu einer Änderung Δf_b der Brennweite und damit der Brechkraft ΔB, die mit der Variation des Brechungsindexes über

$$\frac{\Delta B}{B} = -\frac{\Delta f_\mathrm{b}}{f_\mathrm{b}} = \frac{\Delta n}{n-1} \tag{9.2}$$

verknüpft ist. Es erscheint daher natürlich, die relative Variation der Brechkraft oder der Brennweite durch die dimensionslose Größe $\Delta n/(n-1)$, berechnet für zwei extreme und eine mittlere Frequenz, zu charakterisieren.

Die Techniker verwenden drei charakteristische Wellenlängen, je eine am Ende des sichtbaren Spektrums und eine in der Mitte: Die rote Fraunhofer-Linie C ($\lambda_C = 656{,}3$ nm), die blaue Fraunhofer-Linie F ($\lambda_F = 486{,}1$ nm) sowie die gelbe Linie D des Heliums ($\lambda_D = 587{,}56$ nm). Die entsprechenden Brechungsindizes werden mit n_C, n_F und n_D bezeichnet.

Das *Dispersionsvermögen* K eines Glases ist die *positive* Größe $K \equiv (n_F - n_C)/(n_D - 1)$. Da K kleiner als 1 ist, wird die *Abbe-Zahl* eines Glases bevorzugt:

$$\boxed{A \equiv \frac{1}{K} = \frac{n_D - 1}{n_F - n_C}.} \tag{9.3}$$

9.1.3 Klassifikation der Gläser

Man unterscheidet hauptsächlich zwei Kategorien von Gläsern:

1. Die leichten Gläser oder *Krongläser* (von crown = Scheibe), die geringe Dispersion aufweisen und einen Brechungsindex $n_D < 1{,}6$ sowie eine Abbe-Zahl $A > 50$ haben. Es sind im allgemeinen Kalium- oder Calciumsilicate. Sie werden in großem Umfang in der Industrie verwendet, insbesondere Kaliumborosilicate (BK 7).
2. Die schweren Gläser oder *Flintgläser* (vom früher verwendeten Zusatz Flintstein), die große Dispersion aufweisen, mit Brechungsindex $n_D > 1{,}6$ und Abbe-Zahl $A < 50$. Es sind Kalium- und Bleisilicate. Das Kristallglas ist ein Flintglas. Die Zinkselenide sind ebenfalls Flintgläser und weisen eine starke Dispersion auf. Sie haben den Brechungsindex $n = 2{,}578$ bei $\lambda = 656$ nm.

9.2 Achromatismus

Der Achromatismus besteht in der Eigenschaft optischer Systeme, die chromatische Abberation zu unterdrücken oder sie zumindest zu vermindern, indem mehrere Linsen hintereinandergesetzt werden. Die Unterdrückung der Farbfehler wird aber nicht immer gewünscht. So wird im Gegenteil beim Prismenspektrometer diese Eigenschaft zur Analyse des Frequenzspektrums einer Lichtquelle verwendet.

9.2.1 Der Achromatismus eines Systems zweier dünner Linsen

Betrachten wir zwei dünne Linsen der Brechkraft B_1 und B_2, die sich im Abstand e zueinander befinden (Abbildung 9.2). Die Transfermatrix zwischen der Eintrittsebene vor O_1 und der Austrittsebene hinter O_2 dieses optischen Systems ergibt sich in einfacher Weise zu:

$$T(\overline{O_1O_2}) = T(O_2)\mathcal{T}(O_1O_2)T(O_1) \tag{9.4}$$

oder explizit:

$$\begin{aligned} T(\overline{O_1O_2}) &= \begin{bmatrix} 1 & 0 \\ -B_2 & 1 \end{bmatrix} \begin{bmatrix} 1 & e \\ 0 & 1 \end{bmatrix} \begin{bmatrix} 1 & 0 \\ -B_1 & 1 \end{bmatrix} \\ &= \begin{bmatrix} 1 - eB_1 & e \\ -(B_1 + B_2 - eB_1B_2) & 1 - eB_2 \end{bmatrix}. \end{aligned} \tag{9.5}$$

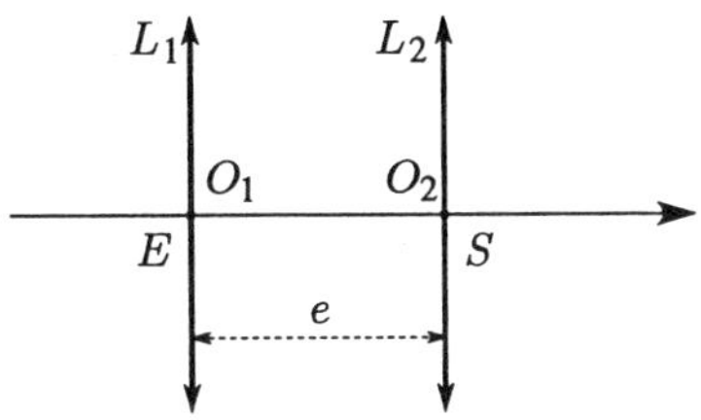

Abb. 9.2

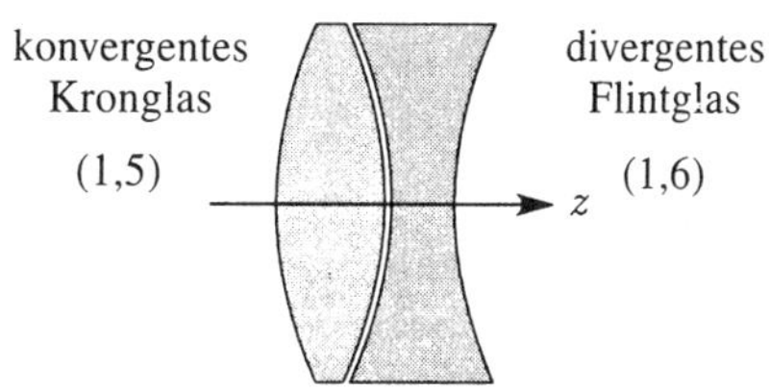

Abb. 9.3

Da dieses System von Luft umgeben ist, erhalten wir nach Einführen der bildseitigen Brennweiten $f_1 = 1/B_1$ und $f_2 = 1/B_2$:

$$B = B_1 + B_2 - eB_1B_2$$

oder

$$\frac{1}{f_\mathrm{b}} \equiv B = \frac{1}{f_1} + \frac{1}{f_2} - \frac{e}{f_1 f_2}. \tag{9.6}$$

Wir bestimmen nun die Variation Δf_b der bildseitigen Brennweite f_b des Systems, sobald die Wellenlänge λ um $\Delta\lambda = \lambda_C - \lambda_F$ variiert. Differenzieren wir die obige Relation zwischen den Brennweiten, erhalten wir:

$$-\frac{\Delta f_\mathrm{b}}{f_\mathrm{b}^2} = -\frac{\Delta f_1}{f_1^2} - \frac{\Delta f_2}{f_2^2} + \frac{e}{f_1 f_2}\left(\frac{\Delta f_1}{f_1} + \frac{\Delta f_2}{f_2}\right).$$

Da $-\Delta f_1/f_1 = 1/A_1$ und $-\Delta f_2/f_2 = 1/A_2$ gilt, wird diese Gleichung zu

$$-\frac{\Delta f_\mathrm{b}}{f_\mathrm{b}^2} = \frac{1}{A_1 f_1} + \frac{1}{A_2 f_2} - \frac{e}{f_1 f_2}\left(\frac{1}{A_1} + \frac{1}{A_2}\right). \tag{9.7}$$

Daraus folgt, daß ein System zweier dünner Linsen *achromatisch* ist, wenn für die zwei Frequenzen C und F gilt:

$$\frac{1}{A_1 f_1} + \frac{1}{A_2 f_2} = \frac{e}{f_1 f_2}\left(\frac{1}{A_1} + \frac{1}{A_2}\right) \tag{9.8}$$

oder

$$e = \frac{A_1 f_1 + A_2 f_2}{A_1 + A_2}. \tag{9.9}$$

Bemerkung: Beachten Sie, daß dieser Achromatismus nur angenähert gilt, da er nur bestimmte Frequnzen C, F und D zur Gundlage hat. Er ist daher nicht vollkommen, genügt jedoch den meisten Ansprüchen.

9.2.2 Achromatismus zweier zusammengeklebter Linsen

Für zwei zusammengeklebte Linsen gilt in der obigen Gleichung $e = 0$; wir erhalten daher:

$$A_1 f_1 + A_2 f_2 = 0 \tag{9.10}$$

oder

$$\frac{f_2}{f_1} = \frac{B_1}{B_2} = -\frac{A_1}{A_2}. \tag{9.11}$$

Da die Abbe-Zahlen positiv sind, müssen die Linsen entgegengesetzte Brechkraft besitzen: Die eine ist konvergent, die andere divergent. Mit $B = B_1 + B_2$ folgt daher:

$$B_1 = \frac{A_1}{A_1 - A_2} B. \tag{9.12}$$

Soll das System konvergent sein ($B > 0$), muß $B_1 > 0$ für $A_1 > A_2$ oder $B_1 < 0$ für $A_1 < A_2$ gelten. Das bedeutet, daß ein System, in dem eine *konvergente* dünne *Kronglaslinse* an eine *divergente* dünne *Flintglaslinse* gekittet ist, die chromatische Abberation vermindert (Abbildung 9.3). Diese Systeme sind z. B. in den achromatischen Objektiven des französischen Astronomen A. Clairaut realisiert.

9.2.3 Achromatismus zweier Linsen gleichen Materials

Sind die Linsen aus dem gleichen Material, gilt $A_1 = A_2$. Die Achromasiebedingung (9.9) hat daher die Form

$$e = \frac{f_1 + f_2}{2}. \tag{9.13}$$

Das bedeutet, daß die Farbfehler eines Systems zweier dünner Linsen gleicher Abbezahl reduziert werden, indem die beiden Linsen einen Abstand zueinander haben, der dem arithmetischen Mittel ihrer bildseitigen Brennweiten entspricht. Diese Bedingung ist im Huygensschen Dublett erfüllt (siehe Abschnitt 9.3).

9.3 Dubletts dünner Linsen

Die Dubletts sind zentrierte Systeme aus zwei dünnen Linsen L_1 und L_2, die durch *drei ganze Zahlen* (positiv oder negativ) m, n, p charakterisiert werden können:

$$\frac{f_1}{m} = \frac{e}{n} = \frac{f_2}{p} \equiv u, \tag{9.14}$$

wobei u die Längeneinheit des Dubletts ist (Abbildung 9.4).

Bemerkung: n hat nichts mit dem Brechungsindex der Gläser zu tun.

9.3.1 Kardinalelemente

Wir geben noch einmal die Transfermatrix für dicke Linsen an (Gleichung (8.1):

$$T(\overline{O_1O_2}) = \begin{bmatrix} 1 - eB_1 & e \\ -(B_1 + B_2 - eB_1B_2) & 1 - eB_2 \end{bmatrix} \tag{9.15}$$

Die Matrixelemente sind Funktionen von n, m, p und u:

$$1 - eB_1 = 1 - \frac{n}{m}; \qquad e = nu \tag{9.16}$$

und

$$1 - eB_2 = 1 - \frac{n}{p}; \qquad -B = \frac{m + p - n}{mpu}. \tag{9.17}$$

Die Ausdrücke für die bildseitige Brennweite und die Hauptebenen haben damit die Form

$$f_\mathrm{b} = \frac{mp}{m+p-n} u \tag{9.18}$$

und

$$\overline{O_2 H_\mathrm{b}} = \frac{-np}{m+p-n} u; \qquad \overline{O_1 H_\mathrm{o}} = \frac{nm}{m+p-n} u. \tag{9.19}$$

Wir halten fest, daß für identische äußere Medien die Knotenpunkte mit den Hauptebenen zusammenfallen.

9.3.2 Beispiele

Ramsdensches Dublett (3,2,3)

Für das Wertetriplett (3,2,3) (Abbildung 9.4) erhalten wir wegen $B_1 = B_2 = 1/(3u)$ und $e = 2u$:

$$T(\overline{O_1 O_2}) = \begin{bmatrix} 1/3 & 2u \\ -4/(9u) & 1/3 \end{bmatrix}. \tag{9.20}$$

Damit folgt:

$$f = 9u/4; \qquad \overline{O_2 H_\mathrm{b}} = -3u/2; \qquad \overline{O_1 H_\mathrm{o}} = 3u/2$$

$$\overline{O_2 F_\mathrm{b}} = 3u/4; \qquad \overline{O_1 F_\mathrm{o}} = -3u/4. \tag{9.21}$$

In der Abbildung 9.4 wird ein Lichtstrahl konstruiert, der von einem Objekt in der objektseitigen Brennebene des Dubletts ausgesandt wird.

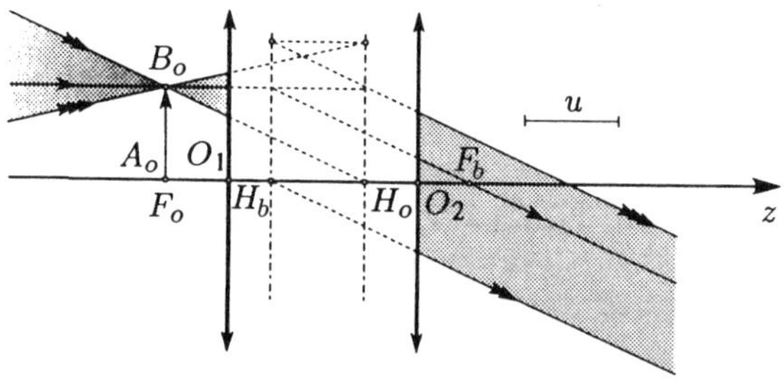

Abb. 9.4

Huygenssches Dublett (3,2,1)

Die Transfermatrix lautet für das Huygenssche Dublett (3,2,1) wegen $B_1 = 1/(3u)$, $B_2 = 1/u$ und $e = 2u$:

$$T(\overline{O_1O_2}) = \begin{bmatrix} 1/3 & 2u \\ -2/(3u) & -1 \end{bmatrix}. \tag{9.22}$$

Damit folgt: $f = 3u/2$; $\overline{O_2H_\mathrm{b}} = -u$; $\overline{O_1H_\mathrm{o}} = 3u$. Dieses Dublett genügt der Achromasiebedingung für zwei dünne Linsen.

Es ist häufig einfacher und lehrreich, die Lage der Hauptebenen geometrisch zu bestimmen. Dies gilt auch für die Dubletts (3,2,3) oder (3,2,1). Wir demonstrieren das am Beispiel des Huygensschen Dubletts.

Hierzu genügt es, den austretenden Strahl zu konstruieren, der zu einem parallel zu der optischen Achse einfallenden Lichtstrahl gehört. Die bildseitige Hauptebene ergibt sich aus dem Schnittpunkt der Verlängerungen des einfallenden und austretenden Lichtstrahls (Abbildung 9.5a).

Analog erhalten wir aus einem parallel zu der optischen Achse austretenden Lichtstrahl die objektseitige Hauptebene (Abbildung 9.5b). Man ermittelt dann die Brennpunkte, indem zuvor die Brechkraft des Dubletts mit Hilfe der Gullstrandschen Formel $B = B_1 + B_2 - eB_1B_2$ (siehe Kapitel 11) berechnet wird.

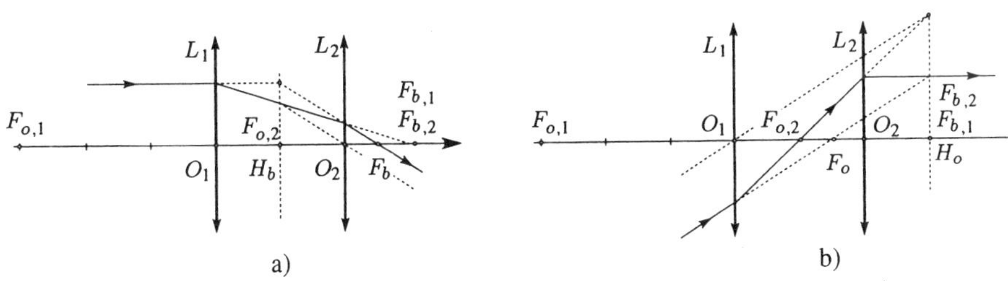

Abb. 9.5

9.3.3 Eintrittspupille und Eintrittsluke eines Dubletts zweier dünner identischer Linsen

Zwei konvergente, identische dünne Linsen L_1 und L_2 mit Durchmesser $2r$, mit bildseitigen Brennweiten f_b und im Abstand $4f_\mathrm{b}$ zueinander entfernt, erzeugen ein Bild eines reellen Objektes, das sich in einer Entfernung $2f_\mathrm{b}$

von L_1 befindet (Abbildung 9.6a). Die Halterung von L_2 ist die Öffnungsblende, da das von L_1 erzeugte Bild (da es im Objektraum liegt, wird es auch konjugiertes Objekt genannt) von L_2 eine Öffnung mit Radius $r/3$ ist, die im Abstand $4f_b/3$ vor L_1 liegt; diese Öffnung begrenzt das Strahlenbündel, das vom Objekt ausgesandt wird und stellt daher die Eintrittspupille $\mathcal{P}_e$ dar. Die Austrittspupille $\mathcal{P}_a$ ist identisch mit der Öffnungsblende, d. h. mit der Halterung von L_2.

Daraus ergibt sich, daß die Halterung von L_1 sowohl die Eintrittsluke $\mathcal{L}_e$ als auch die Gesichtsfeldblende ist. Die Austrittsluke $\mathcal{L}_a$, die das von L_2 erzeugte Bild der Halterung von L_1 ist, liegt in einer Entfernung $4f_b/3$ von L_2, so daß das Gesichtsfeld gleich r ist, der Hälfte des Linsendurchmessers.

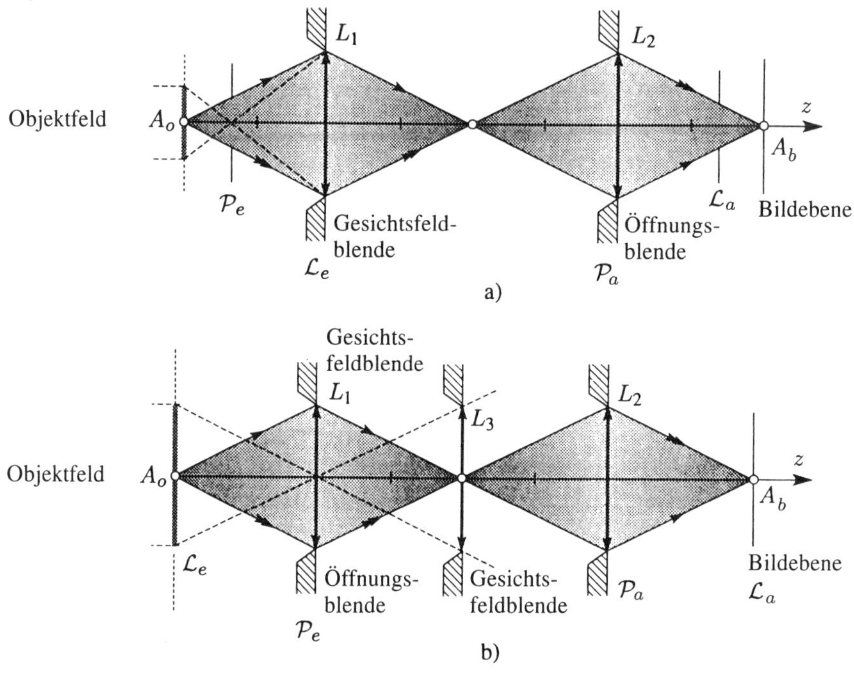

Abb. 9.6

Plaziert man nun eine dritte, identische Linse L_3 in gleicher Entfernung von L_1 und L_2 (Abbildung 9.6b), kann die Vignettierung (siehe Kapitel 7) vermieden und das Gesichtsfeld vergrößert werden. Die Halterung von L_1 stellt dann die Öffnungsblende dar, da sich das durch L_3 erzeugte Bild von L_2 in der Ebene der Linse L_1 befindet und sich das durch L_1 erzeugte Bild von L_3 in der Objektebene befindet. Die Halterung von L_3 bildet daher die Gesichtsfeldblende; daraus folgt, daß die Eintrittsluke $\mathcal{L}_e$ ein Kreis vom Durchmesser $2r$ in der Objektebene ist. Dank der Linse L_3 ist also der Durchmesser der Eintrittspupille vergrößert und der der Eintrittsluke verdoppelt worden. Die Linse L_3 wird daher auch als *(Gesichts-)Feldlinse* bezeichnet. Schließlich liegt die Eintrittsluke in der Objektebene, so daß die Vignettierung verschwunden ist.

9.3.4 Matrixmethode zur Bestimmung der Austrittspupille eines Dubletts

Betrachten wir ein Ramsdensches Dublett (3,2,3), aufgebaut aus zwei Linsen L_1 und L_2, deren Halterungen die Radien r_1 bzw. r_2 mit $r_2 < r_1$ haben (Abbildung 9.7). Wir wollen nun die folgende Frage untersuchen: Welche Lage muß eine Blende D mit Durchmesser $r < r_2$ haben, damit die Halterung von L_2 Austrittspupille wird, wenn das Objekt im objektseitigen Brennpunkt des Systems liegt?

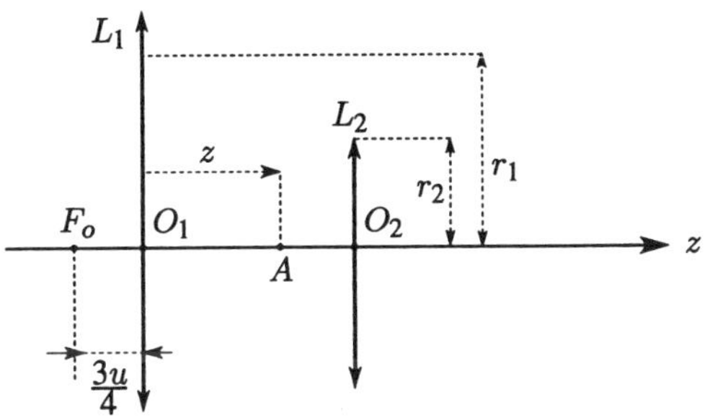

Abb. 9.7

Bestimmen wir die Matrix $T(\overline{F_oA})$ zwischen dem Brennpunkt F_o des Dubletts und einem beliebigen Punkt A der optische Achse zwischen den beiden Linsen:

$$
\begin{aligned}
T(\overline{F_oA}) &= \mathcal{T}(\overline{O_1A})T(O_1)\mathcal{T}(\overline{F_oO_1}) \\
&= \begin{bmatrix} 1 & z \\ 0 & 1 \end{bmatrix} \begin{bmatrix} 1 & 0 \\ -1/(3u) & 1 \end{bmatrix} \begin{bmatrix} 1 & 3u/4 \\ 0 & 1 \end{bmatrix} \\
&= \begin{bmatrix} 1 - z/(3u) & 3/4(u+z) \\ -1/(3u) & 3/4 \end{bmatrix}, \qquad (9.23)
\end{aligned}
$$

wobei u wieder die Längeneinheit des Dubletts darstellt. Der Neigungswinkel α_e des von F_o ausgesandten Lichtstrahls ist mit der Abzisse am Ausgang x_a und mit z durch die Relation

$$x_a = \frac{3}{4}(u+z)\alpha_e$$

oder

$$\alpha_e = \frac{4x_a}{3(u+z)} \tag{9.24}$$

verknüpft. Die durch L_1, L_2 und D bestimmten Winkel α_e sind:

$$(\alpha_e)_1 = \frac{4r_1}{3u} \quad \text{wegen} \quad x_s = r_1 \quad \text{für} \quad z_1 = 0, \tag{9.25}$$

$$(\alpha_e)_2 = \frac{4r_2}{9u} \quad \text{wegen} \quad x_s = r_2 \quad \text{für} \quad z_2 = 2u, \tag{9.26}$$

$$(\alpha_e)_D = \frac{4r}{3(u+z)} \quad \text{wegen} \quad x_s = r \quad \text{bei} \quad z. \tag{9.27}$$

Aus $(\alpha_e)_1 > (\alpha_e)_2$ folgt, daß nur die Halterung von L_2 oder die Blende D Öffnungsblenden sein können. Soll L_2 Öffnungsblende sein, muß die Bedingung $(\alpha_e)_2 < (\alpha_e)_D$ erfüllt sein, d. h.:

$$z < 3u\left(\frac{r}{r_2} - \frac{1}{3}\right). \tag{9.28}$$

9.4 Okulare

Okulare sind Dubletts, die vorwiegend als Lupen zur Unterstützung des Auges bei der Beobachtung von Objekten verwendet werden. Die beiden Linsen sind normalerweise plankonvex. Die erste bestimmt die Größe des Gesichtsfeldes und wir deshalb *Feldlinse* genannt, während die zweite einen kleineren Durchmesser besitzt und *Augenlinse* genannt wird.

9.4.1 Positive und negative Okulare

Wie bei den Lupen befindet sich auch bei den Okularen das Objekt in ihrer objektseitigen Brennebene. Bestimmen wir die algebraische Länge $\overline{F_o O_1}$:

$$\overline{F_o O_1} = -\overline{O_1 F_o} = -\overline{O_1 H_o} - \overline{H_o F_o} = \frac{m}{m+p-n}(p-n)u.$$

Ist das Okular konvergent, unterscheidet man zwei Dublettypen:

1. F_o *liegt vor* O_1 ($\overline{F_o O_1} > 0$): Das Okular wird *positiv* genannt.

2. F_o *liegt hinter* O_1 ($\overline{F_oO_1} < 0$): Das Okular wird *negativ* genannt.

In der Praxis werden positive Okulare verwendet, die aus zwei achromatischen Gruppen zusammengekitteter Linsen bestehen, welche die gleichzeitige Beobachtung des Objektes in der Brennebene und eines Fadenkreuzes (feine senkrechte Linien, die in ein Glas eingeritzt sind) erlauben. Hierbei wird das Bild des Fadenkreuzes ebenfalls bezüglich Farbfehlern korrigiert.

Bemerkung: Die „Null"-Okulare (F_o in O_1) haben den schwerwiegenden Nachteil, daß die Qualität des Bildes, das sie von einem Objekt erzeugen, durch Staubkörner und Fettflecke auf der Oberfläche der ersten Linse beeinträchtigt wird.

9.4.2 Beispiele von Okularen

Die bekanntesten Okulare sind die von Ramsden (3,2,3), positiv (Abbildung 9.8a), und von Huygens (3,2,1), negativ (Abbildung 9.8b). Für qualitative Beobachtungen ist dieser letztere Nachteil vernachlässigbar gegenüber der Tatsache, daß das Huygenssche Okular die Achromasiebedingung erfüllt. Überdies ermöglicht die große Brennweite und damit große Öffnung der ersten Linse bei gegebener Blendenzahl ein großes Gesichtsfeld.

Bemerkung: Ebenso wie bei den Lupen wird bei den Okularen die Vergrößerung eingraviert: zum Beispiel 10×.

9.5 Zusammenfassung

Wir erinnern an die Achromasiebedingung für ein System aus zwei Linsen im Abstand e mit bildseitigen Brennweiten f_1 und f_2 und den Abbe-Zahlen A_1 und A_2:

$$e = \frac{A_1 f_1 + A_2 f_2}{A_1 + A_2}.$$

Es folgt daraus, daß die Farbfehler nennenswert durch

1. Zusammenfügen zweier Linsen verschiedenen Materials (eine konvergente Kronglaslinse und eine divergente Flintglaslinse),
2. das Zusammenspiel zweier Linsen gleichen Materials, wobei die Distanz zwischen ihnen dem arithmetischen Mittel der jeweiligen bildseitigen Brennweiten entspricht,

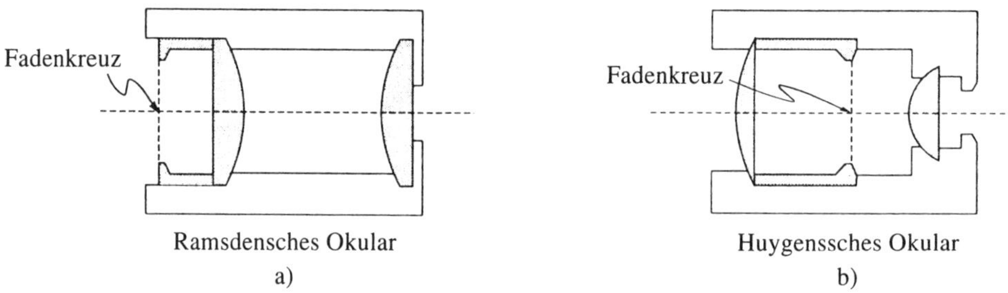

Abb. 9.8

reduziert werden.

Die Dubletts von Ramsden (3,2,3) und von Huygens (3,2,1) sind die bekanntesten: das erste ist symmetrisch, das zweite erfüllt die Achromasiebedingung. Beide werden häufig als Okulare verwendet.

9.6 Aufgaben

A9.1 Allgemeine Untersuchung eines Dubletts
Wir betrachten ein zentriertes System, das aus zwei Linsen L_1 und L_2 mit Zentren O_1 bzw. O_2 aufgebaut ist. Wir bezeichnen den Abstand zwischen den beiden Linsen mit e, ihre bildseitigen Brennweiten mit f_1 und f_2. Das Licht passiert das System von O_1 nach O_2.

1. Bestimmen Sie die Kardinalelemente des Systems als Funktion von e, f_1 und f_2!
2. Welcher Bedingung müssen e, f_1 und f_2 genügen, wenn e dem Abstand zwischen den Hauptebenen entsprechen soll?
3. Welcher Bedingung müssen sie genügen, wenn die bild- und objektseitigen Brennpunkte bezüglich O_2 symmetrisch sein sollen?
4. Bestimmen Sie die Eigenschaften eines Systems, das beiden oben eingeführten Bedingungen genügt!

A9.2 Plößlsches Okular
Das Plößlsche Okular ist vom Typ (3,1,3). Bestimmen Sie die Kardinalelemente und tragen Sie sie in eine Skizze mit Maßstab 2 ein, wobei der Abstand der Linsen 1 cm betrage.

A9.3 Geometrische Analyse eines Ramsdenschen Okulars

1. Bestimmen Sie geometrisch die Kardinalelemente eines Ramsdenschen Okulars mit den bildseitigen Brennweiten 24 mm und dem Linsenabstand 16 mm.
2. Unter welchem Winkel sieht ein Beobachter, dessen Auge auf der Achse des Okulars plaziert ist, ein Objekt von 1 mm Durchmesser, das in der objektseitigen Brennebene des Systems liegt?

A9.4 Dublett $(1, 2, -3)$
Bestimmen Sie die Kardinalelemente des Dubletts $(1, 2, -3)$. Konstruieren Sie, ohne die Hauptebenen zu verwenden, ein vom objektseitigen Brennpunkt ausgesandtes Strahlenbüschel. Ist dieses Okular positiv oder negativ?

A9.5 Okular (4,3,2). Bestimmung der Austrittspupille
Ein Okular (4,3,2) ist aus zwei konvergenten dünnen Linsen L_1 und L_2 gleichen Materials aufgebaut. Die Linsen haben einen Abstand von 6 cm zueinander.

1. Welches sind die Kardinalelemente?
2. Bestimmen Sie auch geometrisch die Kardinalelemente des Okulars!
3. Ist dieses Okular positiv oder negativ?
4. Die Linsen sind durch eine Halterung mit gleichem Durchmesser R begrenzt. Man möchte das eintretende Strahlenbündel durch die Halterung der zweiten Linse festlegen. Das Objekt sei in dem objektseitigen Brennpunkt F_o des Okulars plaziert: Wo zwischen L_1 und L_2 muß dann eine Blende mit Radius $r = R/2$ plaziert werden? Man bestimme die Transfermatrix zwischen F_o und einem beliebigen Punkt A zwischen den beiden Linsen und die Halbwinkel der Lichtkegel, die durch die verschiedenen Blenden gegeben sind!

10 Geometrische Aberrationen bei zentrierten Systemen

Die geometrischen Aberrationen oder Abbildungsfehler sind die Abweichungen von der Gaußschen Optik, die auftreten, wenn die Bedingungen für die lineare Näherung nicht mehr erfüllt sind. Man nennt sie auch *monochromatische Aberrationen* im Unterschied zu den chromatischen Aberrationen, die mit den verschiedenen Frequenzen des einfallenden Lichtes verbunden sind (siehe Kapitel 9).

Wir werden damit beginnen, die verschiedenen Typen geometrischer Abbildungsfehler zentrierter Systeme zu klassifizieren.

10.1 Klassifikation der geometrischen Abbildungsfehler

Die Abweichungen von der Gaußschen Dioptrik sind nicht mehr vernachlässigbar, wenn der Abstand des Objektpunktes zu der optischen Achse groß ist und die Neigungswinkel der einfallenden Lichtstrahlen zu der optische Achse nicht mehr klein sind. Da die Neigungswinkel durch die Eintrittspupille bestimmt werden, ist es bequem, das zentrierte optische System auf den Raum, der durch die Ein- und Austrittspupillen $\mathcal{P}_\mathrm{e}$ und $\mathcal{P}_\mathrm{a}$ definiert wird, zu beschränken (Abbildung 10.1). Die Brechungsindizes n_o und n_b sind im allgemeinen gleich 1, was wir im weiteren annehmen werden.

In früheren Kapiteln haben wir gesehen, daß in der linearen Näherung der folgende Zusammenhang zwischen der Objekt- und Bildebene besteht:

$$x_\mathrm{b} = G_\mathrm{a} x_\mathrm{o} \quad \text{und} \quad y_\mathrm{b} = G_\mathrm{a} y_\mathrm{o},$$

was zusammengefaßt werden kann zu: $\underline{x}_\mathrm{b} = G_\mathrm{a}\underline{x}_\mathrm{o}$, indem die komplexen Zahlen $\underline{x}_\mathrm{o} \equiv x_\mathrm{o} + \mathrm{i}y_\mathrm{o}$ und $\underline{x}_\mathrm{b} \equiv x_\mathrm{b} + \mathrm{i}y_\mathrm{b}$ eingeführt werden. Außerhalb dieser Näherung hängt $\underline{x}_\mathrm{b}$ nicht nur von x_o und y_o ab, sondern auch von der Neigung des einfallenden Lichtstrahles, d. h. von den Winkeln α_o und β_o, die von den Projektionen des Lichtstrahls auf die zx- bzw. yz-Ebene mit der optischen Achse Oz gebildet werden.

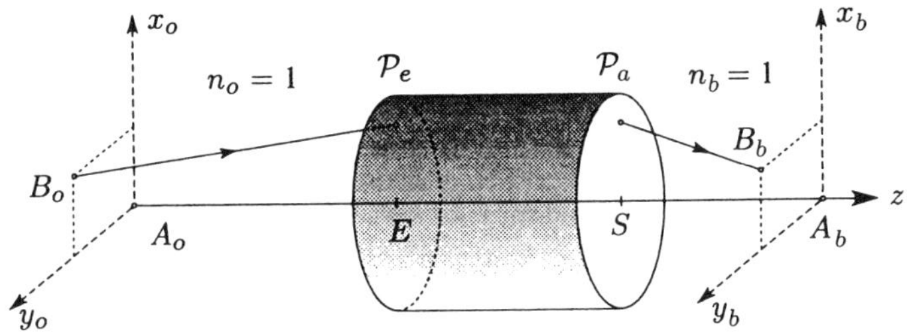

Abb. 10.1

Aus Gründen der Bequemlichkeit werden wir im folgenden die Größen x_o, y_o, α_o und β_o durch die beiden komplexen Variablen $\underline{x}_\text{o}$ und $\underline{\alpha}_\text{o}$ und deren komplex konjugierte $\underline{x}_\text{o}^*$ und $\underline{\alpha}_\text{o}^*$ ersetzen:

$$\underline{x}_\text{o} \equiv x_\text{o} + \mathrm{i}y_\text{o}; \ \underline{x}_\text{o}^* \equiv x_\text{o} - \mathrm{i}y_\text{o}; \ \underline{\alpha}_\text{o} \equiv \alpha_\text{o} + \mathrm{i}\beta_\text{o}; \ \underline{\alpha}_\text{o}^* \equiv \alpha_\text{o} - \mathrm{i}\beta_\text{o}. \tag{10.1}$$

Die komplexe Koordinate $\underline{x}_\text{b}$ am Ausgang kann dann in ein Polynom entwickelt werden, dessen Terme Produkte verschiedener Ordnung in $\underline{x}_\text{o}$, $\underline{x}_\text{o}^*$, $\underline{\alpha}_\text{o}$ und $\underline{\alpha}_\text{o}^*$ sind und deren niedrigste Ordnung die lineare Näherung darstellt:

$$\underline{x}_\text{b} = \sum_{\mu\nu t v} C_{\mu\nu t v} \underline{x}_\text{o}^{\mu} \underline{x}_\text{o}^{*\nu} \underline{\alpha}_\text{o}^{t} \underline{\alpha}_\text{o}^{*v}. \tag{10.2}$$

In dieser Entwicklung sind die Koeffizienten im allgemeinen komplex und μ, ν, t, und v *positive ganze Zahlen oder null.*

Da die zentrierten Systeme rotationssymmetrisch sind, muß sich die Transformation $\underline{x}_\text{o} \to \underline{x}_\text{o} \exp \mathrm{i}\theta$ und $\underline{\alpha}_\text{o} \to \underline{\alpha}_\text{o} \exp \mathrm{i}\theta$, d. h. eine Drehung um den Winkel θ in der Objektebene, als Drehung um denselben Winkel in der Bildebene wiederfinden:

$$\underline{x}_\text{b} \exp \mathrm{i}\theta = \sum_{\mu\nu t v} C_{\mu\nu t v} \underline{x}_\text{o}^{\mu} \underline{x}_\text{o}^{*\nu} \underline{\alpha}_\text{o}^{t} \underline{\alpha}_\text{o}^{*v} \exp[\mathrm{i}\theta(\mu - \nu + t - v)]. \tag{10.3}$$

Daraus folgt die Bedingung: $\mu - \nu + t - v = 1$ oder $\mu + t = \nu + v + 1$. Der Grad des Polynoms

$$m = \mu + \nu + t + v = 2(\nu + v) + 1$$

ist also *ungerade.*

Für $m = 1$ gilt $\nu + v = 0$ oder $\nu = v = 0$ und $\mu + t = 1$. Daraus folgt für die Entwicklung: $\underline{x}_\text{b} = C_{1000}\underline{x}_\text{o} + C_{0010}\underline{\alpha}_\text{o}$. Da die Objekt- und Bildebenen zueinander konjugiert sind, also per definitionem von dem Einfallswinkel unabhängig sind, erhalten wir: $C_{0010} = 0$ und $C_{1000} = G_\mathrm{a}$. Wir erhalten die lineare Näherung: $\underline{x}_\mathrm{b} = G_\mathrm{a}\underline{x}_\mathrm{o}$.

Aus $m = 3$ folgt $\nu + v = 1$ bzw. $\mu + t = 2$ und:

$$\begin{aligned}\underline{x}_\mathrm{b} = G_\mathrm{a}\underline{x}_\mathrm{o} &+ C_{0021}\underline{\alpha}_\mathrm{o}^2\underline{\alpha}_\mathrm{o}^* + C_{1011}\underline{x}_\mathrm{o}\underline{\alpha}_\mathrm{o}\underline{\alpha}_\mathrm{o}^* + C_{0120}\underline{x}_\mathrm{o}^*\underline{\alpha}_\mathrm{o}^2 \\ &+ C_{2001}\underline{x}_\mathrm{o}^2\underline{\alpha}_\mathrm{o}^* + C_{1110}\underline{x}_\mathrm{o}\underline{x}_\mathrm{o}^*\underline{\alpha}_\mathrm{o} + C_{2100}\underline{x}_\mathrm{o}^2\underline{x}_\mathrm{o}^*. \end{aligned} \qquad (10.4)$$

Man bestimmt den geometrischen Abbildungsfehler als Abweichung von der linearen Näherung: $\Delta\underline{x}_\mathrm{b} \equiv \underline{x}_\mathrm{b} - G_\mathrm{a}\underline{x}_\mathrm{o}$. Diese Abweichung schreibt man dann:

$$\begin{aligned}\Delta\underline{x}_\mathrm{b} = \underline{x}_\mathrm{b} - G_\mathrm{a}\underline{x}_\mathrm{o} &= C_{0021}|\underline{\alpha}_\mathrm{o}|^2\underline{\alpha}_\mathrm{o} + C_{1011}\underline{x}_\mathrm{o}|\underline{\alpha}_\mathrm{o}|^2 + C_{0120}\underline{x}_\mathrm{o}^*\underline{\alpha}_\mathrm{o}^2 \\ &+ C_{2001}\underline{x}_\mathrm{o}^2\underline{\alpha}_\mathrm{o}^* + C_{1110}|\underline{x}_\mathrm{o}|^2\underline{\alpha}_\mathrm{o} + C_{2100}|\underline{x}_\mathrm{o}|^2. \end{aligned} \qquad (10.5)$$

Führt man die Darstellung in Polarkoordinaten der komplexen Zahlen ein, $\underline{x}_\mathrm{o} \equiv r_\mathrm{o} \exp i\theta_\mathrm{o}$ und $\underline{\alpha}_\mathrm{o} \equiv \rho_\mathrm{o} \exp i\phi_\mathrm{o}$, erhalten wir

$$\boxed{\begin{aligned}\Delta\underline{x}_\mathrm{b} = C_{0021}\rho_\mathrm{o}^3 e^{i\phi_\mathrm{o}} &+ C_{1011} r_\mathrm{o}\rho_\mathrm{o}^2 e^{i\theta_\mathrm{o}} + C_{0120} r_\mathrm{o}\rho_\mathrm{o}^2 e^{i(2\phi_\mathrm{o}-\theta_\mathrm{o})} \\ &+ C_{2001} r_\mathrm{o}^2\rho_\mathrm{o} e^{i(2\theta_\mathrm{o}-\phi_\mathrm{o})} + C_{1110} r_\mathrm{o}^2\rho_\mathrm{o} e^{i\phi_\mathrm{o}} + C_{2100} r_\mathrm{o}^3 e^{i\theta_\mathrm{o}}. \end{aligned}} \qquad (10.6)$$

Die sechs Koeffizienten dieser Entwicklung dritter Ordnung (C_{0021}, C_{1011}, C_{0120}, C_{2001}, C_{1110}, C_{2100}) werden *Seidelsche Koeffizienten* genannt. Sie sind *reell*, da $\Delta\underline{x}_\mathrm{b}$ reell ist, wenn $\underline{x}_\mathrm{o}$ und $\underline{\alpha}_\mathrm{o}$ es sind. Man klassifiziert die Terme in vier Gruppen:

1. Der erste, proportional zu ρ^3, hängt nur von der Öffnung der Eintrittspupille ab: Dieser ist die *sphärische Aberration*, der wichtigste geometrische Abbildungsfehler.
2. Der zweite und dritte Koeffizient sind linear in r_o und quadratisch in ρ_o; ihre Summe stellt die *Koma* dar.
3. Der vierte und fünfte sind beide quadratisch in r_o und linear in ρ_o. Diese Fehler heißen *Astigmatismus* sowie *Bildwölbung*.
4. Der sechste schließlich ist proportional zu r_o^3: Er stellt die *Verzeichnung* dar.

10.2 Die sphärische Aberration

10.2.1 Der Koeffizient der sphärischen Aberration C_s

Zur Veranschaulichung dieses Abbildungsfehlers betrachten wir einen einzelnen Objektpunkt A_o auf der optischen Achse. Da $r_\mathrm{o} = 0$ und $r_\mathrm{b} = 0$, haben wir

$$(\Delta \underline{x}_\mathrm{b})_\mathrm{s} = C_{0021} \rho_\mathrm{o}^3 \exp(\mathrm{i}\phi_\mathrm{o}).$$

Daraus folgt mit $|(\Delta \underline{x}_\mathrm{b})_\mathrm{s}| \equiv \Delta r_\mathrm{b}$ und mit u_o als dem maximalen Wert von ρ_o:

$$\Delta r_\mathrm{b} = C_{0021} u_\mathrm{o}^3. \tag{10.7}$$

Man führt im allgemeinen den *Koeffizienten der sphärischen Aberration* C_s, der die Einheit einer Länge hat, ein: $C_{0021} \equiv |G_\mathrm{a}| C_\mathrm{s}$. Auf den Objektraum übertragen, schreibt man diese *transversale sphärische Aberration* als

$$\boxed{\Delta r_\mathrm{o} \equiv \frac{\Delta r_\mathrm{b}}{|G_\mathrm{a}|} = C_\mathrm{s} u_\mathrm{o}^3.} \tag{10.8}$$

10.2.2 Experimentelle Veranschaulichung

Betrachten wir eine Linse großer Öffnung, die von einem auf der optischen Achse liegenden Objektpunkt A_o ein reelles Bild erzeugt. Die Lichtstrahlen in der Nähe der Achse konvergieren in dem Punkt A_b, der hinter dem Punkt A_b^m liegt, in den die Lichtstrahlen am Rand konvergieren. Die Linse verhält sich also lokal wie ein Prisma, das den Lichtstrahlen am Rande eine stärkere Ablenkung aufprägt als den achsennahen (Abbildung 10.2).

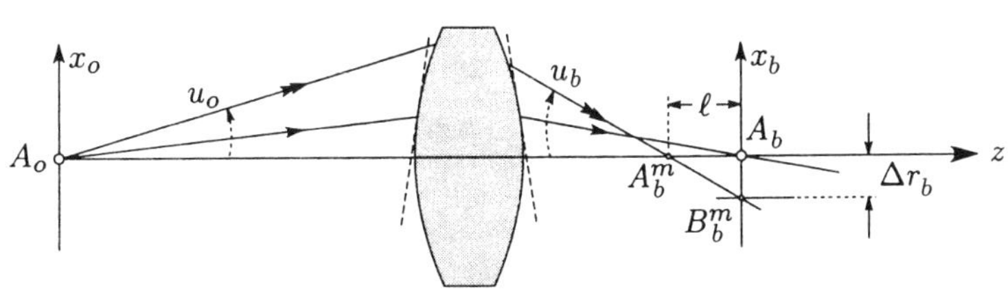

Abb. 10.2

10.2.3 Longitudinale sphärische Aberration

Die longitudinale sphärische Aberration $\ell \equiv A_\mathrm{b}^m A_\mathrm{b}$ ist mit der vorherigen transversalen sphärischen Aberration $\Delta r_\mathrm{b} = A_\mathrm{b} B_\mathrm{b}^m = |G_\mathrm{a}| C_\mathrm{s} u_\mathrm{o}^3$ über die Gleichung

$$\ell \approx \frac{\Delta r_\mathrm{b}}{u_\mathrm{b}} \tag{10.9}$$

verknüpft, wobei u_b der Neigungswinkel der randständigen Lichtstrahlen im Bildraum ist. Da $u_\mathrm{b}/u_\mathrm{o} \approx |G_\mathrm{w}| = |1/G_\mathrm{a}|$ gilt, erhalten wir

$$\boxed{\ell \approx C_\mathrm{s} G_\mathrm{a}^2 u_\mathrm{o}^2.} \tag{10.10}$$

10.2.4 Verminderung der sphärischen Aberration

Nach dem Vorhergehenden liegt eine Möglichkeit, die sphärische Aberration zu vermindern, in der Beschränkung der Neigungswinkel der einfallenden Lichtstrahlen. Dies führt aber leider gleichzeitig zu einer Beschränkung der eintretenden Lichtmenge durch die verwendeten Blenden. Um diesen Nachteil zu vermeiden, kann man dazu übergehen, das „C_s“ so klein wie möglich zu halten. Die Berechnung von C_s ergibt, daß die Aberration von einem *Formfaktor* abhängt:

$$q = \frac{\overline{R}_1 + \overline{R}_2}{\overline{R}_1 - \overline{R}_2}. \tag{10.11}$$

Hierbei bezeichnen $\overline{R}_1$ und $\overline{R}_2$ die Krümmungsradien der Linsen. Diese Berechnung ist kompliziert, so daß wir uns nur merken, daß die Aberration im allgemeinen durch die Verwendung einer Linse, deren *gewölbtere* Oberfläche den *weniger geneigten* Lichtstrahlen zugewandt ist, minimiert wird. So wird man für ein sehr entferntes Objekt eine plankonvexe Linse verwenden, deren gekrümmte Seite zum Objekt zeigt (Abbildung 10.3).

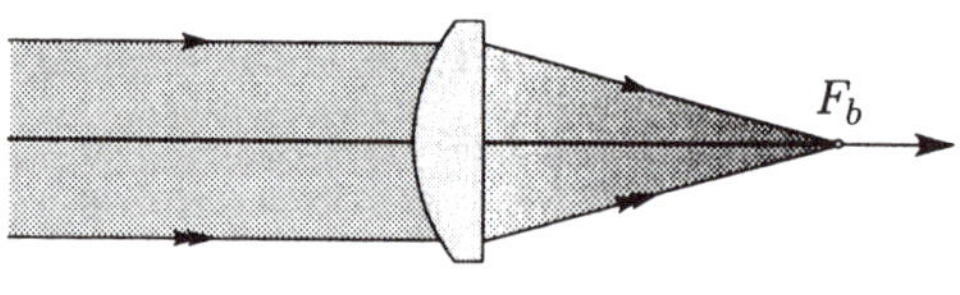

Abb. 10.3

Sehr häufig wird die sphärische Aberration einer konvergenten Linse dadurch ausgeglichen, daß sie mit einer divergenten Linse, bei der die randständigen Lichtstrahlen weniger als die nahe der optischen Achse abweichen, verkittet wird (Abbildung 10.4).

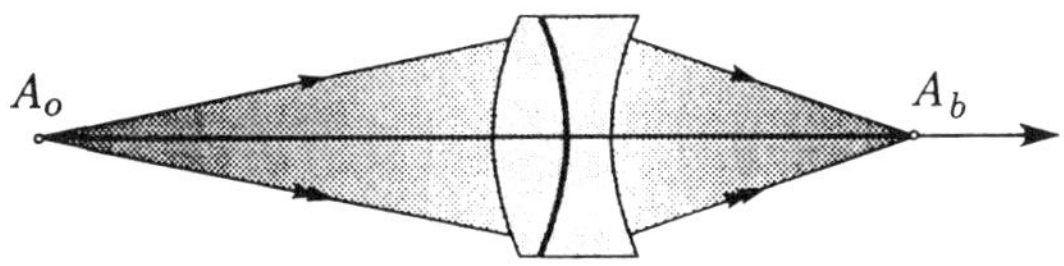

Abb. 10.4

Bemerkung: Beim Elektronenmikroskop ist diese letzte Kompensation nicht möglich, da alle verwendeten magnetischen Linsen konvergent sind. Daher kann die sphärische Aberration nur durch Abblendung der Linse erreicht werden, was die numerische Apertur in der Größenordnung von 10^{-3} reduziert.

10.3 Die Koma

Der Term, der die Koma beschreibt, hat die Form:

$$(\Delta \underline{x}_\mathrm{b})_k = r_\mathrm{o}\rho_\mathrm{o}^2 C_{1011} \exp(\mathrm{i}\theta_\mathrm{o}) \left\{ 1 + \frac{C_{0120}}{C_{1011}} \exp[2\mathrm{i}(\phi_\mathrm{o} - \theta_\mathrm{o})] \right\}. \tag{10.12}$$

$(\Delta \underline{x}_\mathrm{b})_k$ ist also die Summe zweier komplexer Zahlen, die in der Bildebene durch die Vektoren $\boldsymbol{B}_\mathrm{b}\boldsymbol{C}$ und $\boldsymbol{CM}$ repräsentiert werden können. Variiert ϕ_o, beschreibt der Punkt M einen Kreis mit Mittelpunkt C und Radius C_{0120}/C_{1011} (Abbildung 10.5).

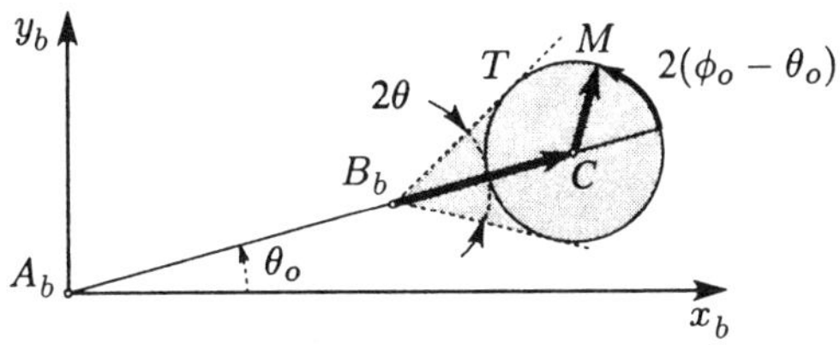

Abb. 10.5

Das Verhältnis zwischen dem Radius dieses Kreises CM und der Distanz $B_\mathrm{b}C$ ist konstant. Wird folglich ρ_o^2 zwischen 0 und dem Wert, der durch die

Eintrittspupille festgelegt wird, variiert, bewegt sich der Kreis innerhalb des Kegels mit Spitze B_b und Öffnungswinkel $2\arcsin(CM/B_\mathrm{b}C)$.

Die Aberrationsfigur stellt sich also als Kegel dar, dessen Spitze das geometrische Bild B_b und dessen Öffnungswinkel 2θ ist. Sie erinnert an einen Kometen, daher der Name *Koma*. Ist das Verhältnis C_{0120}/C_{1011} gleich 0,5, beträgt der Winkel des Kegels 60°.

10.4 Der Astigmatismus und die Bildwölbung

Die Abbildungsfehler des Astigmatismus und der Bildwölbung werden durch die Terme

$$(\Delta \underline{x}_\mathrm{b})_\mathrm{a.b.} = r_\mathrm{o}^2 \rho_\mathrm{o} [C_{2001} \exp(\mathrm{i}(2\theta_\mathrm{o} - \phi_\mathrm{o})] + C_{1110} \exp(\mathrm{i}\phi_\mathrm{o})] \tag{10.13}$$

beschrieben. Da sie von r_o^2 abhängen, machen sie sich vor allem bemerkbar, wenn das Objekt weit von der optischen Achse entfernt ist.

Zur Analyse dieses Abbildungsfehlers betrachten wir in Abbildung 10.6 die Verlängerungen der Gaußschen Lichtstrahlen, die von einem Punkt B_o ausgehen, und das Zentrum der Austrittspupille S oder ihren Rand J passieren. Sie schneiden die Ebene $A^\star xy$, die nahe der zu $A_\mathrm{o}xy$ konjugierten Ebene $A_\mathrm{b}xy$ liegt, in den Punkten $P^\star$ bzw. $M^\star$. Der reelle Strahl, der von J ausgesandt wird, schneidet dagegen die Ebene $A^\star xy$ in M. Wandert nun der Punkt J entlang des kreisförmigen Randes der Austrittspupille, beschreibt der Punkt M eine geschlossene Kurve um $P^\star$, die von $\Delta z \equiv \overline{A_\mathrm{b}A^\star}$ abhängt. Die Vektorgleichung

$$\boldsymbol{P^\star M} = \boldsymbol{P^\star M^\star} + \boldsymbol{M^\star M}$$

ergibt mit $\underline{X}$ als der zu $\boldsymbol{P^\star M}$ gehörenden komplexen Zahl (Abbildung 10.6):

$$\underline{X} \approx -\frac{\underline{x}_\mathrm{a}}{z_\mathrm{b}} \Delta z + (\Delta \underline{x}_\mathrm{b})_\mathrm{a.b.}, \tag{10.14}$$

wobei $(\Delta \underline{x}_\mathrm{b})_\mathrm{a.b.}$ die $\boldsymbol{M^\star M}$ entsprechende komplexe Zahl ist.

10.4.1 Astigmatismus

Da $-\underline{x}_\mathrm{a}/z_\mathrm{b} \approx \underline{\alpha}_\mathrm{b} = G_\mathrm{w}\underline{\alpha}_\mathrm{o} = \underline{\alpha}_\mathrm{o}/G_\mathrm{a} = (\rho_\mathrm{o}/G_\mathrm{a}) \exp(\mathrm{i}\phi_\mathrm{o})$ gilt, ergibt sich für $\underline{X}$ nach Einführen von $\rho_\mathrm{b} = \rho_\mathrm{o}/G_\mathrm{a}$

$$\underline{X} = \rho_\mathrm{b} \Delta z \exp(\mathrm{i}\phi_\mathrm{o}) + \rho_\mathrm{b} r_\mathrm{o}^2 G_\mathrm{a} C_{2001} \exp[\mathrm{i}(2\theta_\mathrm{o} - \phi_\mathrm{o})] \tag{10.15}$$

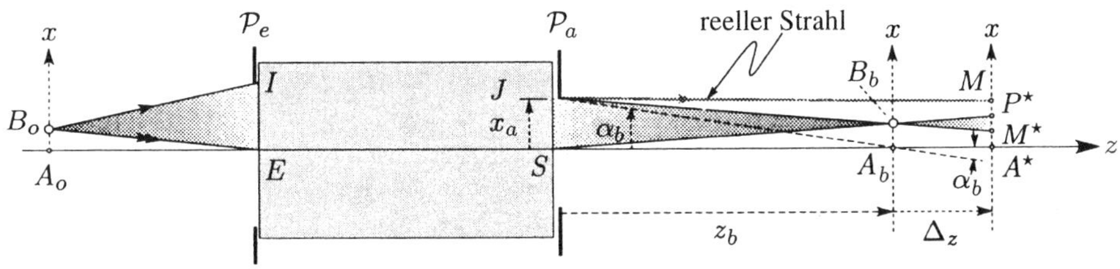

Abb. 10.6

oder, mit $\psi \equiv \phi_\mathrm{o} - \theta_\mathrm{o}$,

$$\underline{X} = \rho_\mathrm{b} \exp(\mathrm{i}\theta_\mathrm{o})[\Delta z \exp(\mathrm{i}\psi) + r_\mathrm{o}^2 G_\mathrm{a} C_{2001} \exp(-\mathrm{i}\psi)]. \tag{10.16}$$

Es ergibt sich damit:

$$\underline{X} \exp(-\mathrm{i}\theta_\mathrm{o}) = \rho_\mathrm{b}[(\Delta z + r_\mathrm{o}^2 G_\mathrm{a} C_{2001}) \cos\psi + \mathrm{i}(\Delta z - r_\mathrm{o}^2 G_\mathrm{a} C_{2001}) \sin\psi]. \tag{10.17}$$

Folglich beschreibt der Punkt M, sobald sich der Punkt J in der Ebene von $\mathcal{P}_\mathrm{a}$ bewegt, d. h. ρ_b und ψ variiert werden, um den Punkt $P^\star$ eine Ellipse $\mathcal{C}$ mit den Halbachsen

$$a = \rho_\mathrm{b} \left| \Delta z + r_\mathrm{o}^2 G_\mathrm{a} C_{2001} \right| \quad \text{und} \quad b = \rho_\mathrm{b} \left| \Delta z - r_\mathrm{o}^2 G_\mathrm{a} C_{2001} \right|. \tag{10.18}$$

In der Ebene, in der sich die Strahlen in der Gaußschen Näherung schneiden ($\Delta z = 0$), ist $\mathcal{C}$ ein Kreis mit Radius

$$R = \rho_\mathrm{b} r_\mathrm{o}^2 \left| G_\mathrm{a} C_{2001} \right|.$$

Für $\Delta z = -r_\mathrm{o}^2 G_\mathrm{t} C_{2001}$ und $\Delta z = r_\mathrm{o}^2 G_\mathrm{t} C_{2001}$ reduziert sich $\mathcal{C}$ auf zwei *Linien* der Länge $2R$. Die erste entspricht einer scharfen Zone in der zx-Ebene, in der der Punkt B_o liegt. Sie hat den Namen *sagittale Bildfläche*, während die zweite orthogonal zu ihr ist und *tangentiale Bildfläche* heißt (Abbildung 10.7).

10.4.2 Bildwölbung

Gehen wir wie im vorhergehenden Abschnitt vor, erhalten wir für $\underline{X}$:

$$\underline{X} = \rho_\mathrm{b} \Delta z \exp(\mathrm{i}\phi_\mathrm{o}) + \rho_\mathrm{b} r_\mathrm{o}^2 G_\mathrm{a} C_{1110} \exp(\mathrm{i}\phi_\mathrm{o}) \tag{10.19}$$

oder

$$\underline{X} = \rho_\mathrm{b} \exp(\mathrm{i}\phi_\mathrm{o})(\Delta z + r_\mathrm{o}^2 G_\mathrm{a} C_{1110}). \tag{10.20}$$

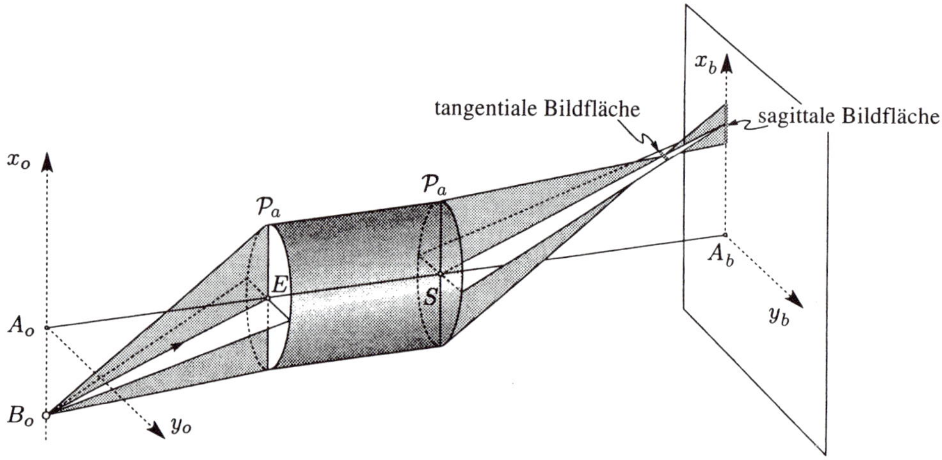

Abb. 10.7

Es folgt, daß die Verschiebung $\underline{X}$ für Punkte verschwindet, die einen Abstand $\Delta z = -r_0^2 G_a C_{1110}$ zu der Gauß-Ebene haben. Das geometrische Bild eines *ebenen Objektes ist daher eine gewölbte Fläche*, daher der Name dieses Abbildungsfehlers. Je nach Vorzeichen von C_{1110} ist die Wölbung gegenüber dem Objekt konkav oder konvex (Abbildung 10.8).

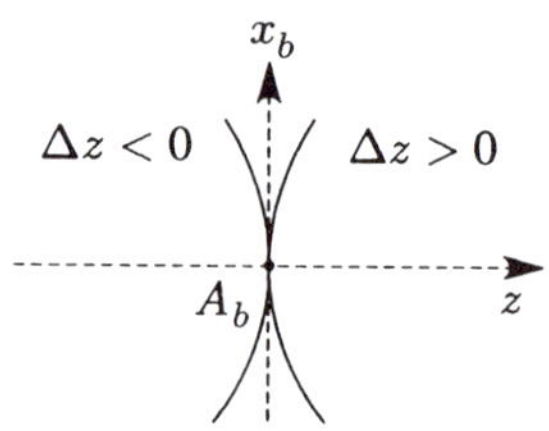

Abb. 10.8

Die Beobachtung dieser beiden Abbildungsfehler wird durch starkes Abblenden der Linse und Verwendung ausgedehnter Objekte erleichtert.

10.5 Verzeichnung

Dieser Abbildungsfehler hängt nur von der Größe des Objektes ab, so daß er durch maximales Abblenden des optischen Systems am besten beobachtet werden kann:

$$(\Delta \underline{x}_{\mathrm{b}})_{\mathrm{v}} = C_{2100} r_{\mathrm{o}}^3 \exp(\mathrm{i}\theta_{\mathrm{o}}). \tag{10.21}$$

Sobald der Objektpunkt B_{o} ein Quadrat beschreibt, verschiebt sich das konjugierte Bild gegenüber dem Gaußschen Bild des Quadrats um einen Wert, der proportional zur dritten Potenz des Abstandes von der optischen Achse ist:

1. Ist $C_{2100} > 0$, sind die achsenfernen Punkte nach außen gerückt; das Bild des Quadrates erscheint als Kissen, daher der Name *Kissenverzeichnung* (Abbildung 10.9a).
2. Ist $C_{2100} < 0$, werden die achsenfernen Punkte nach innen gerückt; das Bild des Quadrates erscheint als Tonne, was zu dem Namen *Tonnenverzeichnung* führt (Abbildung 10.9b).

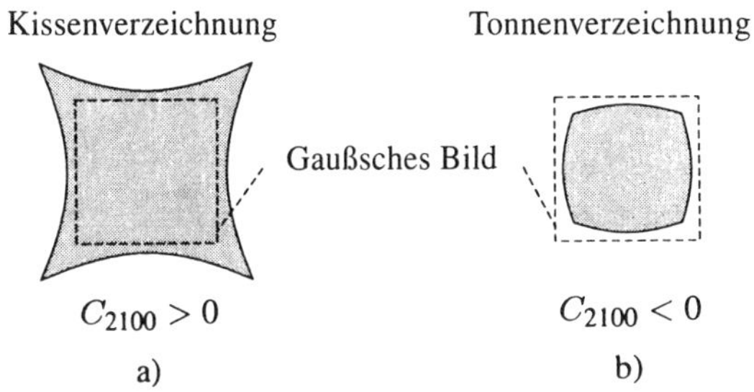

Abb. 10.9

10.6 Polynome von Zernike

Heute werden die Abbildungsfehler im allgemeinen durch Entwickeln der Fehlerterme $|\Delta x_{\mathrm{b}}| = \Delta r_{\mathrm{b}}$ in Polynomen der dimensionslosen Größen ρ_{o} und ϕ_{o}, den *Zernikeschen Polynomen*, behandelt. Diese Polynome stellen sich als Produkt einer Radialfunktion von ρ_{o} und einer Phase, die Funktion von ϕ_{o} ist, dar:

$$R_n^l(\rho_{\mathrm{o}}) \exp(\mathrm{i}l\phi_{\mathrm{o}}),$$

wobei l eine ganze Zahl ist, die den Nebenbedingungen $|l| \leq n$ und $n - |l|$ gerade genügt. Man kann zeigen, daß für $n \leq 4$ die Radialfunkionen $R_n^l(\rho_o)$ die folgende Form haben:

$$\begin{bmatrix} R_0^0 = 1 & 0 & 0 & 0 & 0 \\ 0 & R_1^1 = \rho_o & 0 & 0 & 0 \\ R_2^0 = 2\rho_o^2 - 1 & 0 & R_2^2 = \rho_o^2 & 0 & 0 \\ 0 & R_3^1 = 3\rho_o^3 - 2\rho_o & 0 & R_3^3 = \rho_o^3 & 0 \\ R_4^0 = 6\rho_o^4 - 6\rho_o^2 + 1 & 0 & R_4^2 = 4\rho_o^4 - 3\rho_o^2 & 0 & R_4^4 = \rho_o^4 \end{bmatrix}.$$

10.7 Zusammenfassung

Wir fassen noch einmal die Klassifikation der geometrischen Abbildungsfehler dritter Ordnung (Seidelsche Aberrationen) zusammen, während die Fehler zweiter Ordnung aufgrund der Rotationssymmetrie verschwinden:

1. Die sphärische Aberration ist proportional zu ρ_o^3.
2. Die Koma ist proportional zu $r_o\rho_o^2$.
3. Der Astigmatismus und die Bildwölbung sind eine Funktion von $\rho_o r_o^2$.
4. Die Verzeichnung ist proportional zu r_o^3.

Das Studium der Abbildungsfehler rotationssymmetrischer zentrierter Systeme erfolgt häufig auf Grundlage der Entwicklung in Zernikeschen Polynomen.

Schließlich weisen wir darauf hin, daß in der Optik geladener Teilchen die geometrischen Aberrationen von Spektrometern ohne bestimmte Symmetrie mit Hilfe einer Matrizenmethode behandelt werden, die eine Verallgemeinerung der Methode darstellt, die wir in der Gaußschen Näherung eingeführt haben.

10.8 Aufgaben

A10.1 Sphärische Aberration einer sphärischen Grenzfläche
Ein großes, mit Wasser gefülltes Becken stellt, in senkrechter Seitenansicht, ein Fenster in Form einer konvexen Halbkugel mit Radius 10 cm dar. Der Einfluß ihrer durchsichtigen Wände auf den Strahlengang des Lichtes kann vernachlässigt werden. Ein Strahlenbündel fällt parallel zu der Achse der Halbkugel auf das Becken. Der Brechungsindex des Wassers betrage 1,33.

1. Berechnen Sie in Dioptrien die Brechkraft der Grenzfläche und bestimmen Sie die Lage der bild- und objektseitigen Brennpunkte F_b und F_o!
2. Zeigen Sie, daß die randständigen Lichtstrahlen, deren Abstand zu der Achse mit dem Radius der Halbkugel identisch ist, in einem Punkt konvergieren, der relativ zu dem Scheitelpunkt der Grenzfläche S anzugeben ist!
3. Wie sieht die Lichterscheinung aus, die auf der Achse der Halbkugel beobachtet werden kann? Berechnen Sie den Abstand zwischen dem Brennpunkt, in den die randständigen Lichtstrahlen konvergieren, und dem Brennpunkt F_b, in den die achsennahen Lichtstrahlen konvergieren (longitudinale sphärische Aberration). Ermitteln Sie die Größe des Lichtflecks in der Ebene, die senkrecht zu der Achse durch den Punkt F_b geht (transversale sphärische Aberration)!
4. Bestimmen Sie das Gaußsche Bild eines virtuellen Objektes, das sich im Inneren des Beckens, 20 cm von S entfernt, auf der Achse befindet. Berechnen Sie den Abbildungsmaßstab und fertigen Sie eine geometrische Konstruktion an!

A10.2 Sphärische Aberration eines Hohlspiegels
Wir betrachten einen konkaven sphärischen Spiegel mit Krümmungsradius $SC = R$ (Abbildung 10.10). Ein parallel zu der optischen Achse einfallender Lichtstrahl wird reflektiert und schneidet unter einem Winkel α_b die Achse im Punkt A_b.

1. Berechnen Sie den Abstand SA_b zwischen dem Punkt A_b und dem Scheitelpunkt des Spiegels, S, als Funktion von R und α_b!
2. Ist der Winkel α_b sehr klein, bezeichnen wir die Lage des Punktes A_b mit F_b. Wie groß ist die Entfernung SF_b? Geben Sie einen näherungsweisen Ausdruck für F_bA_b als Funktion von α_b an. Leiten Sie daraus den Ausdruck für die transversale sphärische Aberration in der bildseitigen Brennebene ab!

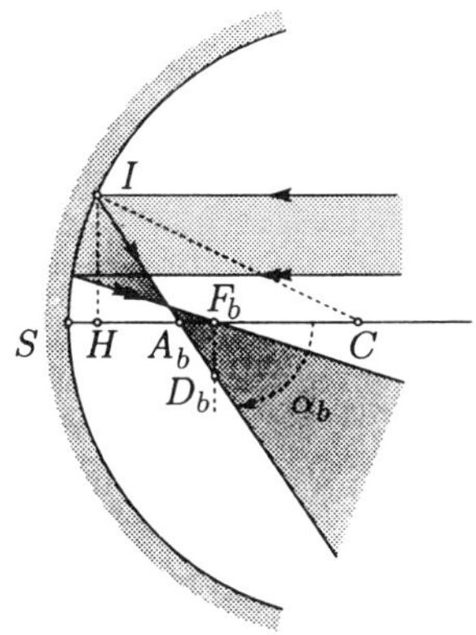

Abb. 10.10

11 Zusammensetzung zweier zentrierter Systeme. Mikroskop

Mehrere optische Instrumente und insbesondere das zusammengesetzte Mikroskop können durch zwei getrennte zentrierte optische Systeme dargestellt werden. Das erste, nahe dem Objekt, ist das *Objektiv*. Das zweite, das *Okular*, dient der leichteren Beobachtung des vom Objektiv erzeugten Bildes. Es ist daher wichtig, die Zusammensetzung zweier zentrierter Systeme zu untersuchen.

11.1 Zusammensetzung zweier zentrierter Systeme

In Abbildung 11.1 sind die Hauptebenen und die Brennpunkte eines jeden der beiden optischen Systeme mit ihren Bezeichnungen dargestellt.

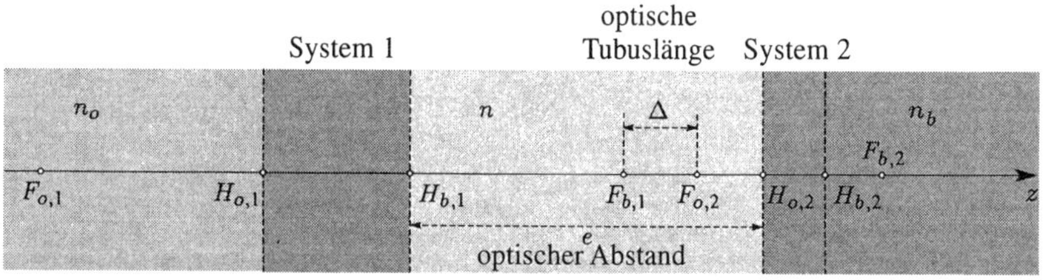

Abb. 11.1

Zur Bestimmung der Kardinalelemente des Ensembles bestimmen wir die Transfermatrix zwischen der objektseitigen Hauptebene des Objektivs $H_{\mathrm{o},1}$ und der bildseitigen Hauptebene des Okulars $H_{\mathrm{b},2}$:

$$T(\overline{H_{\mathrm{o},1}H_{\mathrm{b},2}}) = T(\overline{H_{\mathrm{o},2}H_{\mathrm{b},2}})\mathcal{T}(\overline{H_{\mathrm{b},1}H_{\mathrm{o},2}})T(\overline{H_{\mathrm{o},1}H_{\mathrm{b},1}}).$$

Bezeichnen wir die Brechkräfte der beiden Systeme mit B_1 und B_2 und mit $e \equiv \overline{H_{b,1}H_{o,2}}$ den *optischen Abstand*, erhalten wir

$$T(\overline{H_{o,1}H_{b,2}}) = \begin{bmatrix} 1 & 0 \\ -B_2 & 1 \end{bmatrix} \begin{bmatrix} 1 & e/n \\ 0 & 1 \end{bmatrix} \begin{bmatrix} 1 & 0 \\ -B_1 & 1 \end{bmatrix} = \begin{bmatrix} 1 - eB_1/n & e/n \\ -B & 1 - eB_2/n \end{bmatrix} \tag{11.1}$$

mit

$$\boxed{B = B_1 + B_2 - \frac{e}{n} B_1 B_2.} \tag{11.2}$$

Diese Relation zwischen der Brechkraft des gesamten Systems und den Brechkräften der Teilsysteme ist unter dem Namen *Gullstrandsche Formel* (nach dem schwedischen Mediziner A. Gullstrand) bekannt.

Man erhält als Funktion der bildseitigen Brennweiten $f_1 = n/B_1$ und $f_2 = n_b/B_2$ der Systeme 1 und 2:

$$B = \frac{n_b}{f_b} = \frac{n}{f_1} + \frac{n_b}{f_2} - \frac{en_b}{f_1 f_2} = \frac{nf_2 + n_b f_b - en_b}{f_1 f_2}. \tag{11.3}$$

Daraus folgt mit der *optischen Tubuslänge* $\Delta \equiv \overline{F_{b,1}F_{o,2}}$

$$f_b = -\frac{f_1 f_2}{\Delta}. \tag{11.4}$$

Bemerkung: Wir stellen fest, daß zwei konvergente Systeme ($f_1 > 0$ und $f_2 > 0$) ein divergentes Ensemble bilden, wenn die optische Tubuslänge positiv ist. Der afokale Fall mit $\Delta = 0$ wird später untersucht (Kapitel 12).

11.2 Das zusammengesetzte Mikroskop

Das aus zwei getrennten optischen Systemen zusammengesetzte Mikroskop ist am Ende des 16. Jahrhunderts durch den Holländer Z. Janssen erfunden worden. Die wesentliche Idee ist hierbei, mit einer Lupe nicht direkt das Objekt, sondern das vergrößerte Bild, das von einem zusätzlichen optischen System, dem *Objektiv*, erzeugt wird, zu betrachten.

11.2.1 Vergrößerung und Leistung

Wir betrachten nur den Fall idealer Funktion (für das normalsichtige Auge), der realisiert ist, wenn sich das vom Objektiv erzeugte reelle Bild in der objektseitigen Brennebene des Okulars befindet (Abbildung 11.2).

Wird das Objekt A_oB_o mit bloßem Auge im Abstand der deutlichen Sehweite unter dem Winkel θ betrachtet, gilt für die Vergrößerung des Mikroskopes G

$$G = \frac{|\alpha_b|}{\theta} = \frac{A_1B_1}{f_2}\frac{d_m}{A_oB_o}. \tag{11.5}$$

Da $A_1B_1/A_oB_o = |G_{a,1}|$ und $d_m/f_2 = G_2$ gilt, folgt, daß die Vergrößerung das Produkt aus dem Absolutbetrag des Abbildungsmaßstabes des Objektivs und der Vergrößerung des Okulars ist:

$$\boxed{G = |G_{a,1}|G_2.} \tag{11.6}$$

Für die (effektive) Leistung haben wir:

$$P_e = B = \frac{1}{f_b} = B_1 + B_2 - \frac{e}{n}B_1B_2. \tag{11.7}$$

Die Abbildung 11.3 zeigt die Skizze eines realen Mikroskops.

Beispiel: Der Konstrukteur legt im allgemeinen den Wert von Δ auf 16 cm fest; sind $f_1 = 1$ cm und $f_2 = 2{,}5$ cm, erhält man $G_{a,1} = -16$, $G_2 = 10$, $G = 160$, $e = 19{,}5$ cm, $P_e = B = -640\,\delta$ und $f_b \approx -1{,}5$ mm.

Halten wir fest, daß das zusammengesetzte Mikroskop ein divergentes dioptrisches System ist.

11.2.2 Numerische Apertur

Da das beobachtete Bild im Mikroskop stark vergrößert wird, ist die Lichtmenge, die von jedem Flächenelement in das Auge gelangt, gering. Es ist daher notwendig, das Objekt mit Hilfe eines weiteren, brechenden oder reflektierenden optischen Systems, des *Kondensors*, zu beleuchten und mit großer Blendenöffnung zu arbeiten. Wir erinnern daran, daß die numerische Apertur definiert wurde als $N.A. = n_o \sin u_o$, wobei u_o der halbe Öffnungswinkel des Lichtkegels ist, der auf das Instrument fällt (Abbildung 11.4).

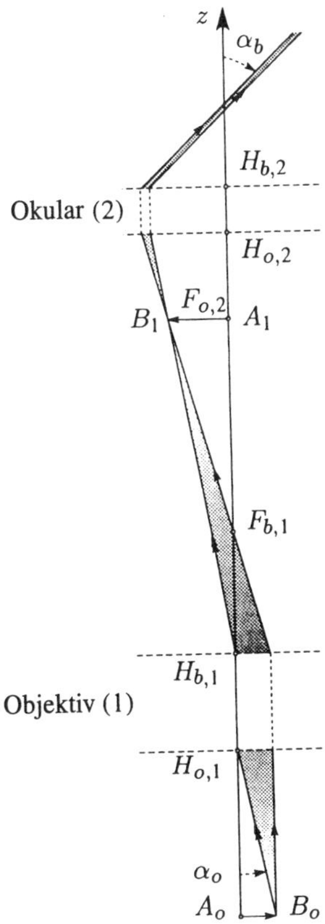

Abb. 11.2

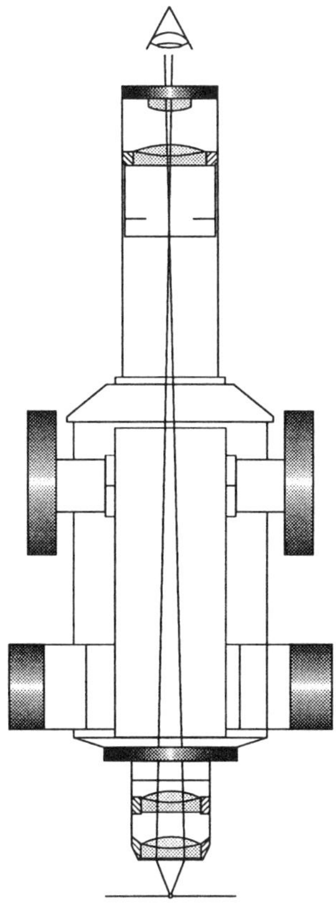

Abb. 11.3

Bemerkungen:

1. Der Wert der numerischen Apertur wird durch die Abweichung von der linearen Näherung, d. h. den geometrischen Abbildungsfehlern, begrenzt; $N.A. = 0{,}8$ ist indessen ein gängiger Wert, da die erste Linse des Objektivs für die Arbeit bei großer Blende optimiert wurde. Diese Linse verwendet im allgemeinen das Youngsche oder Weierstraßsche Punktepaar der ersten Grenzfläche (Kapitel 3); Das Objekt wird dann in eine Flüssigkeit mit ähnlichem Brechungsindex wie die Linse getaucht. Man unterscheidet zwei Arten von Objektiven: Die Immersionsobjektive und die Trockenobjektive.
2. Die numerische Apertur ist eine der Charakteristika des zusammengesetzten Mikroskops. Man kann auf seinem Metallgehäuse neben Angaben zur Qualität der Gläser vier Zahlen, paarweise angeordnet, finden:
   - Die transversale Vergrößerung und die numerische Apertur (z. B.: $60 \times 0{,}8$).

Die optische Tubuslänge und die Dicke des Deckglases, ausgedrückt in Millimetern (z. B. 160 × 0,17).

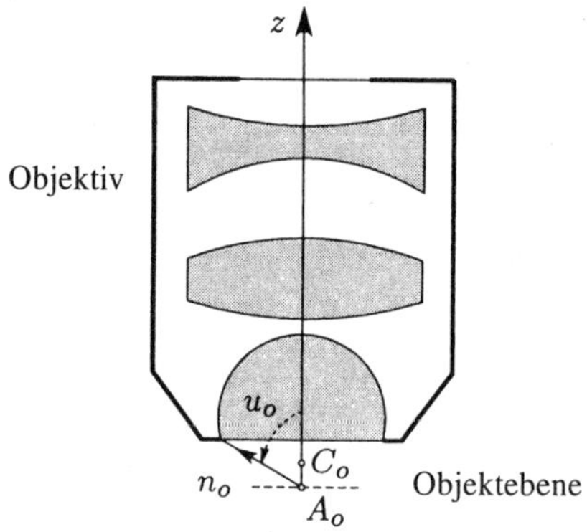

Abb. 11.4

11.2.3 Schärfentiefe

Die Schärfentiefe ist der maximale Abstand zweier Punkte auf der Achse, von denen noch gleichzeitig akzeptable Bilder erzeugt werden. Es ist bekannt, daß ein optisches Instrument aufgrund von Beugungserscheinungen nur Details einer bestimmten Mindestgröße auflösen kann:

$$\Delta x_o = \frac{\lambda_0}{8\pi N.A.}. \tag{11.8}$$

Die Bilder zweier benachbarter Punkte A_o und C_o sind dann akzeptabel, wenn der Radius des Flecken um den Punkt C_o kleiner als Δx_o ist (Abbildung 11.4). Daraus folgt die Bedingung:

$$A_o C_o \tan u_o \leq \frac{\lambda_0}{8\pi N.A.}. \tag{11.9}$$

Die Schärfentiefe $\Delta z_o \equiv 2(A_o C_o)_{\max}$ wird daher zu:

$$\Delta z_o = \frac{\lambda_0}{4\pi N.A. \tan u_o} = \frac{\lambda_0 \cos u_o}{4\pi n_o \sin^2 u_o} = \frac{\lambda_0 (n_o^2 - N.A.^2)^{\frac{1}{2}}}{4\pi N.A.^2}. \tag{11.10}$$

Das bedeutet: Wächst die numerische Apertur, nimmt die Schärfentiefe ab.

Beispiel: Ist $N.A. = 0{,}65$ und $n_o = 1$, erhalten wir $\Delta z_o = 0{,}08\,\mu$m.

Aufgrund der sehr geringen Schärfentiefe vermag das Mikroskop mit einer ausgezeichneten Genauigkeit die Lage eines Objektes auf der optischen Achse zu ermitteln, da es Bilder von Scheiben des Objektes erzeugt. Die betrachteten Proben sind sehr dünn, so daß die Beleuchtung über Transmission erfolgen kann. Die geringe Tiefenschärfe erklärt, warum es notwendig ist, sehr sorgfältig scharfzustellen: Es ist sehr leicht, den Bereich größter Schärfe zu erreichen, ohne ihn zu bemerken. Das Bequemste ist, das Objektiv zuerst fast auf das Deckglas zu plazieren und es dann langsam vom Präparat zu entfernen.

11.3 Verschiedene Typen zusammengesetzter Mikroskope

11.3.1 Binokularmikroskope

Arbeitet man bei Mikroskopen mit einem geschlossenen Auge, führt dies zu unnötiger Ermüdung. Um dies zu vermeiden, verwendet man *binokulare* Mikroskope, die zwei unabhängige Okulare besitzen. Solche Geräte ermöglichen außerdem einen dreidimensionalen Eindruck vom Objekt. Dieser wird bei Stereomikroskopen verstärkt, indem zusätzlich zwei unabhängige Objektive verwendet werden.

11.3.2 Das Auflichtmikroskop

Bei diesem Mikroskoptyp, der häufig in der Metallographie verwendet wird, erfolgt die Beleuchtung des Objektes durch eine semitransparente Platte von oben. Die austauschbare Lichtquelle leuchtet von der Seite auf die um 45° geneigte Platte, die das Licht auf das Präparat umlenkt (Abbildung 11.5).

11.3.3 Das Ultramikroskop

Man verstärkt den Kontrast kleiner Objekte, die die einfallende Strahlung nur geringfügig beeinflussen („schwache“ Objekte), indem von ihnen *gebeugtes* Licht senkrecht zur Einstrahlrichtung beobachtet wird. Man arbeitet also im *Dunkelfeld*, d. h., *nur die gebeugten Lichtstrahlen* erreichen das Auge (Ab-

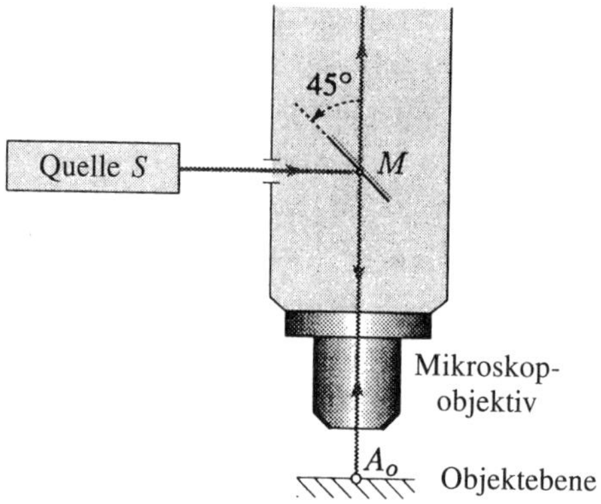

Abb. 11.5

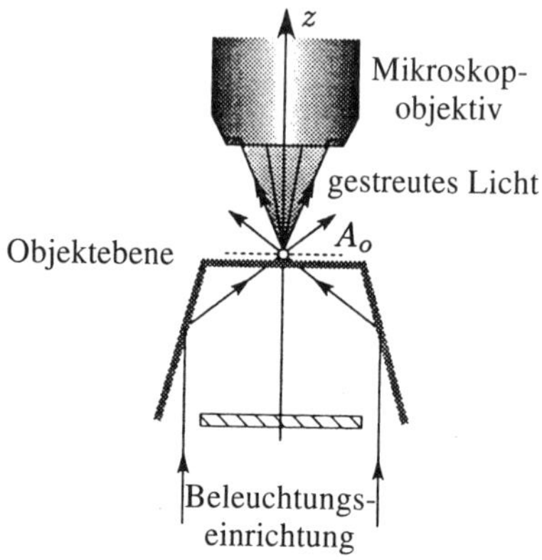

Abb. 11.6

bildung 11.6). Für eine tiefergehende Analyse bedarf es der Wellentheorie der Bilderzeugung (siehe Kapitel 30).

11.3.4 Das Elektronenmikroskop

Ein optisches Instrument kann nur die in einem Objekt enthaltene Information erfassen, deren Ausdehnung größer ist als die Wellenlänge der verwendeten Strahlung (siehe Kapitel 7). Daher können optische Mikroskope nur Einzelheiten in Mikrometergröße auflösen.

Der französiche Physiker L. de Broglie hat 1923 gezeigt, daß jedem bewegten Teilchen eine Wellenlänge λ zugeordnet werden kann, die durch die Plancksche Konstante h mit dessen Impuls verknüpft ist: $\lambda_{\mathrm{dB}} = h/p$.

Man konnte daher ein Elektronenmikroskop konstruieren, dessen „Informationsträger" nicht mehr die Lichtteilchen, die Photonen, sondern die Elektronen waren. In einem solchen Mikroskop werden aus einem Glühdraht emittierte Elektronen im Vakuum durch eine elektrische Spannung V_b beschleunigt. Sie haben dann eine Geschwindigkeit v und damit einen Impuls: $p = \gamma m_{\mathrm{e}} v$, mit dem relativistischen Faktor $\gamma = (1 - v^2/c^2)^{-\frac{1}{2}}$. Aus der Energieerhaltung folgt: $(\gamma - 1) m_{\mathrm{e}} c^2 = q_{\mathrm{e}} V_b$. Damit ergibt sich für die Wellenlänge

$$\lambda_{\mathrm{dB}} = \frac{\lambda_{\mathrm{c}}}{\sqrt{[1 + q_{\mathrm{e}} V_b/(m_{\mathrm{e}} c^2)]^2 - 1}} \tag{11.11}$$

mit $\lambda_{\mathrm{c}} \equiv h/(m_{\mathrm{e}} c) = 2{,}42$ pm. Beträgt V_b 100 kV, ist $\lambda_{\mathrm{dB}} = 3{,}7$ pm. Magnetische Linsen üben auf das Elektron eine Kraft $-q_{\mathrm{e}} \boldsymbol{v} \times \boldsymbol{B}$ aus, so daß sie einer Bahn folgen können, die analog zu der des Lichtes ist. Man erhält so auf einem Detektionsschirm (fluoreszierendes Material) ein vergrößertes Bild des Objektes. Der Verlauf der Strahlen entspricht dem der Abbildung 11.2.

Das erste Elektronenmikroskop wurde von W. Ruska 1937 konstruiert. Die Beschleunigungsspannung betrug 20 kV. Die vorhergehende Berechnung der Wellenlänge für typischerweise 100 kV zeigt, daß das Problem der Begrenzung der Auflösung durch die Wellenlänge praktisch gelöst wurde. Leider beschränken andere Einflüsse den Gewinn durch die kurze Wellenlänge: Vor allem die sphärische Aberration (siehe Kapitel 10), die Fluktuationen in der Beschleunigungsspannung und des elektrischen Stromes, der durch die Linsenspulen fließt, sowie mechanische Vibrationen tragen hierzu bei. Eine Vergrößerung von 500 000 ist derzeit aber leicht mit einem kommerziellen Elektronenmikroskop zu erreichen.

11.3.5 Das Rastertunnelmikroskop

Wie sein Name andeutet, basiert dieses von G. Binning und H. Rohrer 1982 erfundene Mikroskop auf dem quantenmechanischen Tunneleffekt, bei dem das Elektron eine „Potentialbarriere“, die zwischen einer nadelförmigen Metallelektrode (häufig aus Wolfram) und der Oberfläche der Probe besteht, passiert. Man kann für dünne Barrieren (von der Größenordnung von 0,5 nm) zeigen, daß die resultierende Stromstärke proportional zu der Dicke e dieser Barriere ist. Aus der Messung der Stromstärke I, die einige nA beträgt, erhält man e und kann damit auf die Struktur der Oberfläche rückschließen.

Wie bei dem Elektronenmikroskop ist die Auflösung durch die mechanischen Schwingungen begrenzt. Jedoch übersteigt das Auflösungsvermögen eines solchen Mikroskops das des Elektronenmikroskops, da man eine räumliche Auflösung von 0,1 nm erreicht, was ungefähr der Größe eines Atoms entspricht!

11.3.6 Das Kraftmikroskop

Das Kraftmikroskop, das auch von Binning und Rohrer 1985 erfunden wurde, ist die mechanische Version des Rastertunnelmikroskops. Hier mißt man nicht den Elektronenstrom, sondern die Kraft, die von den Atomen der Probenoberfläche auf die Nadel ausgeübt wird. Diese Kraft ist unterschiedlich, je nachdem ob die Nadel sich über einem Atom oder zwischen zwei Atomen befindet. Die Messung ihrer Variation als Funktion der Nadelposition über der Probe ermöglicht die Untersuchung der Oberfläche des Probenmaterials. Seine Auflösung ist genauso gut wie die des Rastertunnelmikroskops, sie hat jedoch den Vorteil, auch bei *nichtleitenden* Materialen zu funktionieren. Die

Erfinder dieses Mikroskops sowie W. Ruska erhielten 1986 den Nobelpreis für Physik.

11.4 Zusammenfassung

Das zusammengesetzte Mikroskop ist ein wichtiges Beispiel für die fokale Vereinigung ($B \neq 0$) zweier zentrierter Systeme. Seine Aufgabe ist es, das Auge bei der Wahrnehmung von Einzelheiten eines nahen Objektes zu unterstützen.

Sind die zu beobachtenden Details kleiner als ein Mikrometer, verwendet man Elektronenmikroskope, bei denen der Informationsträger bei der Bildentstehung nicht mehr das Licht, sondern Elektronen sind. Die Auflösung ist derart, daß Atome gesehen werden können.

11.5 Aufgaben

A11.1 Vergrößerung eines zusammengesetzten Mikroskops
Ein zusammengesetztes Mikroskop ist mit einem Objektiv mit transversaler Vergrößerung 60 ausgestattet. Mit welcher bildseitigen Brennweite des Okulars kann man eine Gesamtvergrößerung von 300 erhalten?

A11.2 Kardinalelemente eines zusammengesetzten Mikroskops
Ein optisches Mikroskop kann schematisch durch zwei konvergente dünne Linsen gleicher Achse beschrieben werden, die eine als Objektiv L_1 mit der bildseitigen Brennweite $f_1 = 5$ mm und die andere als Okular L_2 mit einer bildseitigen Brennweite $f_2 = 25$ mm. Der bildseitige Brennpunkt des Objektivs und der objektseitige Brennpunkt des Okulars haben den Abstand $\Delta = 16$ cm. Ein Beobachter, dessen Auge im bildseitigen Brennpunkt von L_2 liegt, betrachtet ein kleines Objekt A_oB_o, wobei A_o auf der optischen Achse liegt.

1. Wo muß A_o liegen, damit ein normalsichtiges Auge das Objekt ohne Akkomodation betrachten kann?
2. Zeichnen Sie den Verlauf eines schmalen Lichtbündels, das von B_o ausgesandt wird!
3. Berechnen Sie die Vergrößerung, die bildseitige Brennweite des Mikroskops und bestimmen Sie seine Kardinalelemente!

A11.3 Beobachtung eines kleinen Objektes mit Hilfe eines zusammengesetzten Mikroskops
Wir betrachten ein optisches Mikroskop, das mit weißem Licht arbeitet und dessen Objektiv und Okular durch zwei konvergente dünne Linsen L_1 und L_2 mit bildseitigen Brennweiten f_1 und f_2 dargestellt werden können. Das System sei von Luft umgeben. Das Auge liegt in Ω, nahe dem bildseitigen Brennpunkt des Okulars $F_{b,2}$. Es betrachtet das endgültige

Bild, das den Abstand der deutlichen Sehweite zu Ω hat. Wir werden die folgenden Näherungen verwenden:

$$f_1 \ll f_2 \ll \Delta,$$

wobei Δ die optische Tubuslänge zwischen dem bildseitigen Brennpunkt von L_1 und dem objektseitigen Brennpunkt von L_1 ist. Für die explizite Rechnung verwende man die folgenden Werte: $f_1 = 2$ mm, $f_2 = 30$ mm, $\Delta = 180$ mm und $d_{\mathrm{m}} = 25$ cm.

1. Das Auge befinde sich im Zentrum des Okularkreises, d. h. des von L_2 erzeugten Bildes der Halterung von L_1. Bestimmen Sie $\overline{F_{\mathrm{b},2}\Omega}$ als Funktion von f_2 und Δ und berechnen Sie seinen Wert! Folgern Sie daraus den Durchmesser a des Okularkreises, falls L_1 einen Durchmesser $D = 11$ mm hat!
2. Ermitteln Sie die Vergrößerung des Mikroskopes als Funktion von f_1, f_2, Δ und d_{m} und bestimmen Sie seinen Wert!
3. Aufgrund der körnigen Struktur der Netzhaut kann das Auge nur zwei Punkte unterscheiden, wenn es sie unter einem Winkel größer als $\epsilon = 1{,}5'$ sieht. Finden Sie als Funktion von ϵ, Δ, f_1 und f_2 die kleinste Größe l, die durch das Mikroskop getrennt wahrgenommen werden kann! Berechnen Sie l und vergleichen Sie diese Länge mit der mittleren Wellenlänge des verwendeten Lichtes. Was folgern Sie daraus?

12 Dioptrische, afokale, zentrierte Systeme

Dioptrische *afokale* Instrumente sind zentrierte Systeme, deren Brechkraft *null* ist. Die Formeln in den vorhergehenden Kapiteln haben nur Sinn für $B \neq 0$, so daß für diese Instrumente eine eigene Erörterung notwendig ist.

Wir führen zuerst die allgemeinen Eigenschaften solcher Systeme ein, die wir anhand von einfachen Beispielen, wie der ebenen Grenzfläche und der planparallelen Platte, illustrieren. Schließlich untersuchen wir das *Fernrohr*, das bekannteste dioptrische Instrument der Astronomie.

12.1 Eigenschaften der afokalen Instrumente

Die Eigenschaften afokaler Instrumente können aus ihrer Transfermatrix gefolgert werden.

12.1.1 Die Transfermatrix

Da $B = 0$ ist, hat die Transfermatrix die Form

$$T(ES) = \begin{bmatrix} a & b \\ 0 & d \end{bmatrix}. \tag{12.1}$$

Ist das einfallende Strahlenbündel parallel, gilt dies auch für das austretende (Abbildung 12.1), da der Neigungswinkel α_{a} der austretenden Lichtstrahlen nur von dem Neigungswinkel α_{e} der eintretenden Strahlen abhängt:

$$\alpha_{\mathrm{a}} = T_{22} \frac{n_{\mathrm{o}}}{n_{\mathrm{b}}} \alpha_{\mathrm{e}}. \tag{12.2}$$

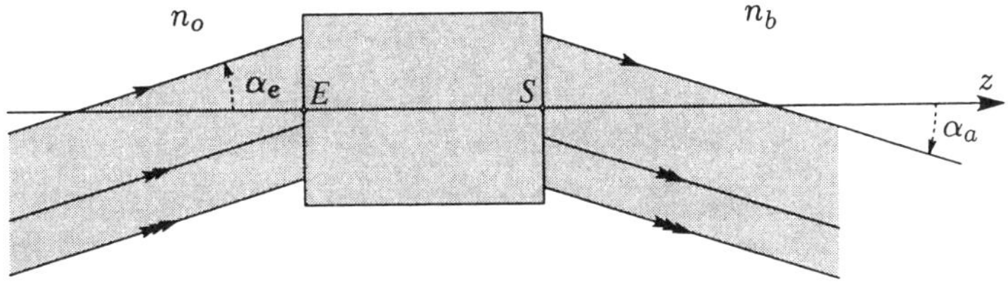

Abb. 12.1

12.1.2 Beziehung zwischen der Objekt- und Bildebene

Wenn wir die Transfermatrix zwischen den konjugierten Objekt- und Bildpunkten A_o und A_b, $T(\overline{A_o A_b})$, aufschreiben, erhalten wir mit den üblichen Bezeichnungen:

$$T(\overline{A_o A_b}) = \mathcal{T}(\overline{SA_b})T(\overline{ES})T(\overline{A_o E}) = \begin{bmatrix} 1 & z_b/n_b \\ 0 & 1 \end{bmatrix} \begin{bmatrix} a & b \\ 0 & d \end{bmatrix} \begin{bmatrix} 1 & -z_o/n_o \\ 0 & 1 \end{bmatrix} \tag{12.3}$$

oder

$$T(\overline{A_o A_b}) = \begin{bmatrix} T_{11}(A) & T_{12}(A) \\ 0 & T_{22}(A) \end{bmatrix} \tag{12.4}$$

mit

$$T_{11}(A) = a, \quad T_{12}(A) = -a\frac{z_o}{n_o} + d\frac{z_b}{n_b} + b, \quad T_{22}(A) = d. \tag{12.5}$$

Daraus folgt

1. $T_{11}(A) = a = G_a$ und $T_{22}(A) = d = (n_b/n_o)G_w$.
   In einem afokalen Instrument sind die Diagonalelemente a bzw. b identisch mit dem *Abbildungsmaßstab* bzw. dem *Winkelverhältnis.*
2. $T_{12}(A) = 0 = -a(z_o/n_o) + d(z_b/n_b) + b$ ist die allgemeine Form der *homographischen Abbildungsgleichung* zwischen Objekt und Bild:

$$\boxed{\frac{z_b}{n_b} = \frac{az_o/n_o - b}{d}.} \tag{12.6}$$

Häufig trifft man auch eine Form dieser Gleichung an, die von einem bereits bekannten konjugierten Punktepaar ausgeht (Abbildung 12.2). Differenziert man die obige Abbildungsgleichung, erhalten wir nämlich:

$$G_t = \frac{\Delta z_b}{\Delta z_o} = \frac{n_b a}{n_o d} = \frac{G_a}{G_w}.$$

Daraus folgt mit dem bekannten Punktepaar $C_\mathrm{o}C_\mathrm{b}$ für das gesuchte Punktepaar $A_\mathrm{o}A_\mathrm{b}$:

$$\frac{\overline{C_\mathrm{b}A_\mathrm{b}}}{\overline{C_\mathrm{o}A_\mathrm{o}}} = G_\mathrm{a}^2 \frac{n_\mathrm{b}}{n_\mathrm{o}}. \tag{12.7}$$

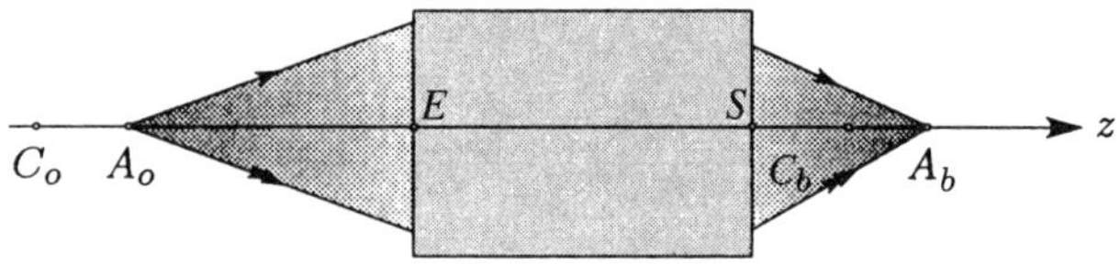

Abb. 12.2

12.2 Beispiele einfacher afokaler Systeme

12.2.1 Ebene Grenzfläche

Die ebene Grenzfläche trennt zwei Medien mit verschiedenem Brechungsindex voneinander (Abbildung 12.3). Der Abbildungsmaßstab ist gleich eins, da ein Objekt, das in O auf der Trennfläche liegt, sein eigenes Bild ist. Daher ergibt sich als Abbildungsgleichung mit den Notationen $z_\mathrm{o} = \overline{OA_\mathrm{o}}$ und $z_\mathrm{b} = \overline{OA_\mathrm{b}}$:

$$\frac{z_\mathrm{b}}{z_\mathrm{o}} = \frac{n_\mathrm{b}}{n_\mathrm{o}}$$

oder

$$\boxed{\frac{n_\mathrm{b}}{z_\mathrm{b}} - \frac{n_\mathrm{o}}{z_\mathrm{o}} = 0.} \tag{12.8}$$

1. z_b und z_o haben das gleiche Vorzeichen; sie sind daher auf derselben Seite der Grenzfläche. Ist das Objekt reell, dann ist das Bild virtuell und umgekehrt.
2. Das Winkelverhältnis ist $G_\mathrm{w} = n_\mathrm{o}/n_\mathrm{b}$.
3. Im Rahmen der Gaußschen Näherung kann von Grenzwinkeln nicht gesprochen werden, da er für die Grenzfläche Luft–Glas z. B. 42° beträgt.
4. Die Brechungsmatrix der ebenen Grenzfläche ist die *Einheitsmatrix*, was die Matrixmethode besonders effektiv macht, wie wir im folgenden Beispiel sehen werden.

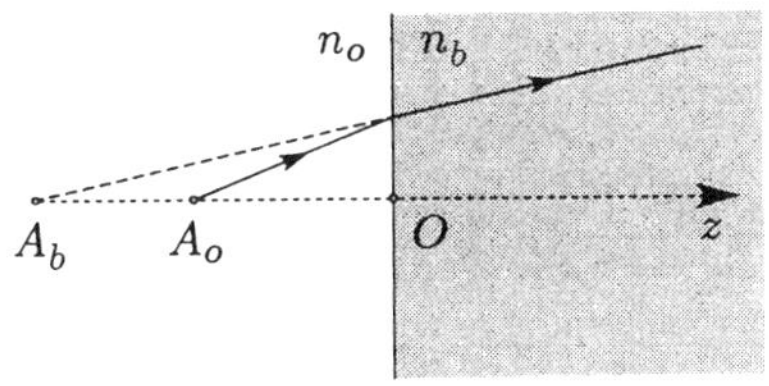

Abb. 12.3

12.2.2 Aneinanderreihung mehrerer ebener Grenzflächen

Wir wollen den Bildpunkt A_b eines Objektes A_o, der von einer Reihe von p ebenen Grenzflächen erzeugt wird, bestimmen (Abbildung 12.4). Die algebraische Methode ist lang und ermüdend, da bei jeder Anwendung der Abbildungsgleichung der Ursprung geändert werden muß. Im Gegensatz dazu erhält man das Resultat mit der Matrixmethode sehr viel schneller:

$$T(\overline{A_\mathrm{o}A_\mathrm{b}}) = \mathcal{T}(\overline{SA_\mathrm{b}})\mathcal{R}(S)\mathcal{T}(\overline{S_{p-1}S})\mathcal{R}(S_{p-1})\cdots\mathcal{T}(\overline{ES_1})\mathcal{R}(E)\mathcal{T}(\overline{A_\mathrm{o}E}). \tag{12.9}$$

Da $\mathcal{R}(S) = \mathcal{R}(S_{p-1}) = \ldots = I$ ist, reduziert sich $T(\overline{A_\mathrm{o}A_\mathrm{b}})$ auf ein einfaches Produkt von Translationsmatrizen. Damit erhalten wir unter Verwendung von $z_\mathrm{o} = \overline{EA_\mathrm{o}}$ und $z_\mathrm{b} = \overline{SA_\mathrm{b}}$ die Transfermatrix $T(\overline{A_\mathrm{o}A_\mathrm{b}})$:

$$T(\overline{A_\mathrm{o}A_\mathrm{b}}) = \begin{bmatrix} 1 & (-z_\mathrm{o}/n_\mathrm{o} + e_1/n_1 + \ldots + e_p/n_p + z_\mathrm{b}/n_\mathrm{b}) \\ 0 & 1 \end{bmatrix}. \tag{12.10}$$

Das Bild von A_o hat also die Position z_b, für die wegen $\det T = 1$ gilt:

$$-\frac{z_\mathrm{o}}{n_\mathrm{o}} + \frac{e_1}{n_1} + \ldots + \frac{e_p}{n_p} + \frac{z_\mathrm{b}}{n_\mathrm{b}} = 0. \tag{12.11}$$

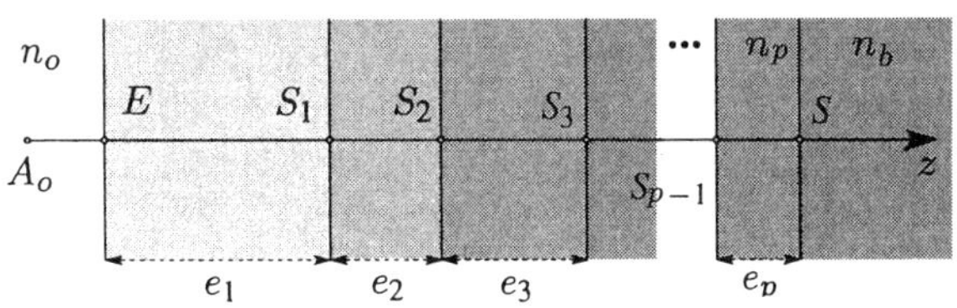

Abb. 12.4

Beispiel: Berechnen wir den Wasserstand in einem Glas mit dickem Glasboden (Abbildung 12.5). Das Bild des Objektes, das sich am Glasboden befindet, soll genau an der Grenzfläche Wasser–Luft liegen. Aus dem Vorhergehenden folgt:

$$0 + \frac{1}{1{,}5} + \frac{e}{1{,}33} - e = 0$$

oder

$$e = 2{,}66\,\mathrm{cm}.$$

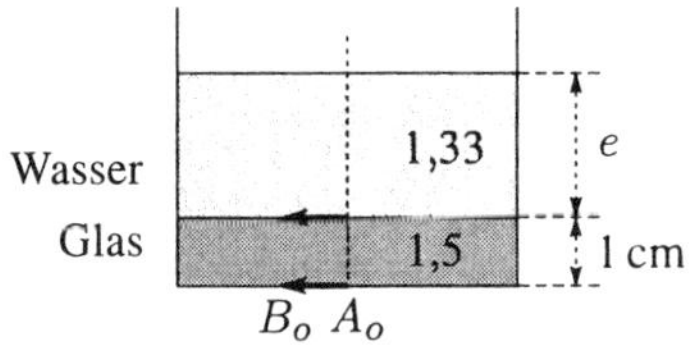

Abb. 12.5

12.2.3 Die planparallele Platte

Die planparallele Platte ist ein homogenes transparentes Medium, das durch zwei parallele ebene Flächen begrenzt wird (Abbildung 12.6). Im allgemeinen gilt $n_\mathrm{o} = n_\mathrm{b} = 1$, was wir auch voraussetzen werden. Es ergibt sich leicht aus der Gleichung (12.10), daß $T(\overline{A_\mathrm{o}A_\mathrm{b}})$ die Form

$$T(\overline{A_\mathrm{o}A_\mathrm{b}}) = \begin{bmatrix} 1 & -z_\mathrm{o} + e/n + z_\mathrm{b} \\ 0 & 1 \end{bmatrix} \tag{12.12}$$

annimmt. Der Abbildungsmaßstab ist folglich gleich eins. Weiterhin haben wir

$$\frac{-z_\mathrm{o}}{1} + \frac{e}{n} + \frac{z_\mathrm{b}}{1} = 0 \tag{12.13}$$

oder

$$z_\mathrm{b} - z_\mathrm{o} = \overline{SA_\mathrm{b}} - \overline{EA_\mathrm{o}} = -\frac{e}{n}. \tag{12.14}$$

Damit folgt für die Versetzung des Bildes gegenüber dem Objekt der Ausdruck:

$$\boxed{\overline{A_\mathrm{o}A_\mathrm{b}} = e\left(1 - \frac{1}{n}\right).} \tag{12.15}$$

Das Winkelverhältnis hat ebenfalls den Wert eins, was die Tatsache bestätigt, daß alle austretenden Strahlen parallel zu ihrer Einfallsrichtung verlaufen. Die transversale Versetzung JH ist:

$$JH \approx A_o A_b \alpha_o = e\alpha_o \left(1 - \frac{1}{n}\right). \tag{12.16}$$

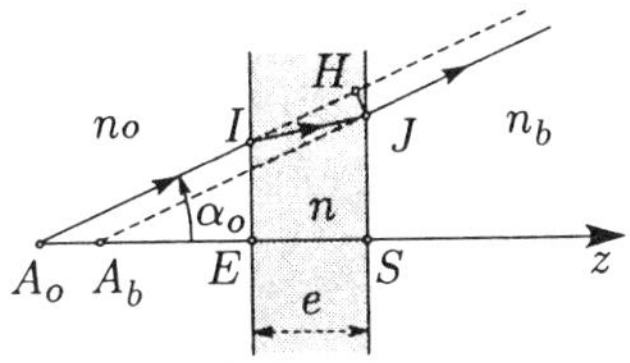

Abb. 12.6

12.3 Das Fernrohr

Ein Fernrohr hat zwei Aufgaben:

1. den Sehwinkel zu vergrößern, unter dem man ein großes, entferntes Objekt sieht (z. B. einen Planeten),
2. das Maximum an Licht eines punktförmigen Objektes zu sammeln.

12.3.1 Beschreibung

Das Fernrohr besitzt generell ein konvergentes optisches System großer Brennweite ($f_b \sim 1$ m), das *Objektiv*, das von einem weit entfernten Objekt ein Bild in seiner bildseitigen Brennebene erzeugt. Dieses optische Element ist das eigentlich wichtige. Es ist sehr häufig aus zwei verkitteten Linsen aufgebaut, die zusammen einen Achromaten bilden (siehe Kapitel 9). Sobald der Beobachter das Bild betrachten möchte, verwendet er ein *Okular* ($f_2 \sim 1$ cm). Möchte er es fixieren, plaziert er an diesen Ort einen Detektor (photographischer Film, Photoelement usw.).

Man kann das Fernrohr durch ein Schema, wie es in Abbildung 12.7 gegeben ist, darstellen. Aus Gründen der Übersichtlichkeit wurde aber auf eine maßstabsgerechte Wiedergabe verzichtet.

12.3.2 Optische Eigenschaften

Das Teleskop ist ein afokales System, da das einfallende, parallele Lichtbündel, das von einem unendlich fernen Objekt ausgesandt wurde, ebenfalls parallel austritt. Daraus folgt, daß der bildseitige Brennpunkt des Objektivs mit dem objektseitigen Brennpunkt des Okulars zusammenfällt; der optische Abstand e zwischen der bildseitigen Hauptebene des Objektivs und der objektseitigen Hauptebene des Okulars ist demnach gleich der Summe der bildseitigen Brennweiten des Objektivs und des Okulars. Verfolgt man mit Hilfe der Abbildung 12.7 den Weg eines parallel zu der optischen Achse einfallenden Lichtstrahls, kann man sehen, daß der Absolutwert des Abbildungsmaßstabs gleich dem Verhältnis f_2/f_1 ist.

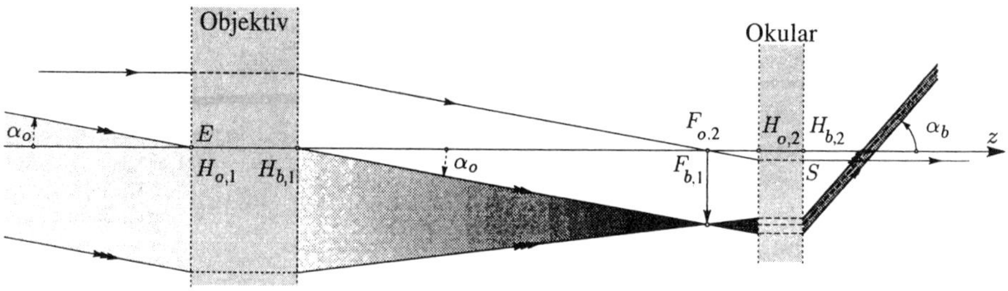

Abb. 12.7

Diese Resultate können präzisiert werden, indem man die Transfermatrix des Teleskops zwischen der objektseitigen Hauptebene des Objektivs und der bildseitigen Hauptebene des Okulars bestimmt:

$$\begin{aligned} T(\overline{ES}) &= T(\overline{H_{o,2}S})\mathcal{T}(\overline{H_{b,1}H_{o,2}})T(\overline{EH_{b,1}}) \\ &= \begin{bmatrix} 1 & 0 \\ -B_2 & 1 \end{bmatrix} \begin{bmatrix} 1 & e \\ 0 & 1 \end{bmatrix} \begin{bmatrix} 1 & 0 \\ -B_1 & 1 \end{bmatrix} \\ &= \begin{bmatrix} 1 - eB_1 & e \\ -(B_1 + B_2 - eB_1B_2) & 1 - eB_2 \end{bmatrix}, \end{aligned} \tag{12.17}$$

da die Brechungsindizes der beiden äußeren Medien den Wert 1 haben. Da $B_1 = 1/f_1$, $B_2 = 1/f_2$ und $B = 0$ gilt, erhalten wir $e = f_1 + f_2$ und

$$T(\overline{ES}) = \begin{bmatrix} -f_2/f_1 & f_1 + f_2 \\ 0 & -f_1/f_2 \end{bmatrix}. \tag{12.18}$$

Daraus können wir die folgenden Schlüsse ziehen:

1. Der Abbildungsmaßstab G_a ist gleich dem Verhältnis der Brennweiten des Okulars und des Objektivs mit umgekehrten Vorzeichen. Das Minuszeichen sagt nur aus, daß das Bild umgedreht ist, wenn die beiden Brennweiten positiv sind.
2. Das Winkelverhältnis $G_w = G_a^{-1}$ kann bis auf das Vorzeichen mit der *Vergrößerung* G identifiziert werden, da der Winkel θ, unter dem das Auge das entfernte Objekt sieht, gleich $|\alpha_o|$ ist.

Es ist also

$$\boxed{G = |G_w| = |G_a^{-1}| = \left|\frac{f_1}{f_2}\right|.} \tag{12.19}$$

Beispiel: Das Objektiv des großen astronomischen Fernrohrs in Meudon, Frankreich, hat eine Brennweite von 16 m. Mit einem Okular von 4 cm Brennweite erhält man eine Vergrößerung von 400.

12.3.3 Okularkreis. Lage des Auges

Das in das optische Instrument eintretende Lichtbündel wird durch das Gehäuse des Objektivs begrenzt, das gleichzeitig die Rolle der Eintrittspupille und der Öffnungsblende übernimmt (siehe Kapitel 7). Am Ausgang ist es durch den Rand der Austrittspupille begrenzt, die das vom Instrument erzeugte Bild des Objektivgehäuses ist. Dieses Bild wird *Okularkreis* genannt, da das Auge für beste Lichtverhältnisse in dessen Ebene plaziert werden muß.

Bezeichnen wir mit D den Durchmesser des Objektivgehäuses und mit a den des Okularkreises, haben wir:

$$G = |G_a^{-1}| = \frac{D}{a}. \tag{12.20}$$

Um die *gesamte* Lichtmenge nutzen zu können, muß man sicherstellen, daß der Durchmesser a des Okularkreises kleiner oder gleich dem der Augenpupille ist (Abbildung 12.8).

12.3.4 Gesichtsfeld

Da die Eintrittspupille mit dem Objektivgehäuse identisch ist, wird das Gesichtsfeld durch die Distanz des Objektivs zum Okular und durch den

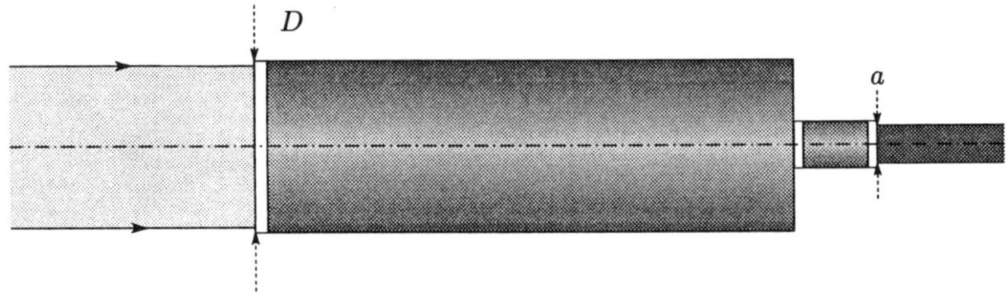

Abb. 12.8

Durchmesser D_f der Feldlinse des Okulars bestimmt (siehe Kapitel 9). Man charakterisiert das Gesichtsfeld durch den Winkel θ_f (Abbildung 12.9):

$$2\theta_\mathrm{f} \approx \frac{D_\mathrm{f}}{f_1}. \tag{12.21}$$

Sobald f_1 groß ist, ist θ_f klein; daher werden die starken Teleskope mit kleinen *Suchfernrohren* mit Objektiven geringerer Brennweite ausgestattet.

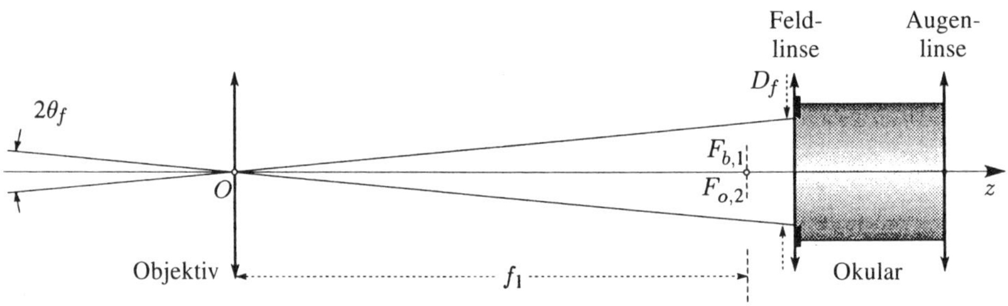

Abb. 12.9

12.3.5 Auflösung

Im Fall des Teleskops ist das *Auflösungsvermögen*, d. h. der *kleinste Winkeldurchmesser* $\Delta\theta$, der noch mit dem Instrument wahrgenommen werden kann, von besonderer Bedeutung.

Wir erinnern an die bereits in Kapitel 7 eingeführte Begrenzung der Auflösung durch Beugung:

$$\Delta x_\mathrm{o} = \frac{\lambda_0}{8\pi n_\mathrm{o} \sin u_\mathrm{o}}.$$

Da $\sin u_o \approx u_o \approx D/2L$ und $n_o = 1$ gilt (Abbildung 12.10), kann dieser Ausdruck umgeschrieben werden zu:

$$\Delta x_o = \frac{\lambda_0 L}{4\pi D} \quad \text{oder} \quad \Delta\theta \equiv \frac{\Delta x_o}{L} = \frac{\lambda_0}{4\pi D},$$

was schließlich zu

$$\boxed{\Delta\theta \sim \frac{\lambda_0}{D}} \tag{12.22}$$

führt. Das bedeutet, daß das Auflösungsvermögen eines Fernrohrs durch den Quotienten aus Wellenlänge und Öffnungsdurchmesser begrenzt wird.

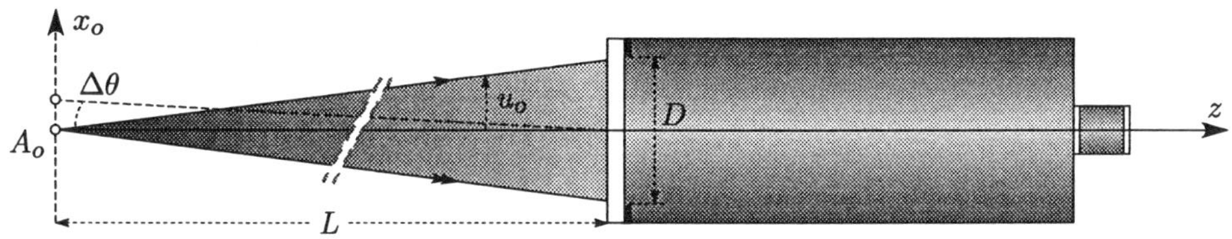

Abb. 12.10

Man kann sich dieses Resultat leichter merken, wenn man das Auflösungsvermögen in Winkelsekunden ($1'' = 1'/60 = 3 \cdot 10^{-4}/60$) und den Durchmesser in cm ausdrückt. Für $\lambda_0 \sim 0{,}5\,\mu$m erhält man:

$$\Delta\theta \sim \left(\frac{0{,}5 \cdot 10^{-6}}{D_{\text{cm}} \cdot 10^2} \cdot \frac{60}{3 \cdot 10^{-4}}\right)''$$

oder

$$\Delta\theta \sim \left(\frac{10}{D_{\text{cm}}}\right)''. \tag{12.23}$$

Dieser letzte Ausdruck wird häufig auch mit 12,2 statt 10 als numerischem Koeffizienten angegeben, was mit der Kreisform der Eintrittspupille zusammenhängt (Kapitel 30). Es ist wichtig, sich die Größenordnung von $\Delta\theta$ und den Zusammenhang zu D einzuprägen.

Nach dieser Formel sollte das Fernrohr von Meudon mit 80 cm Durchmesser zwei Punkte mit Winkelabstand $0{,}13''$ auflösen können. Daß dies jedoch nicht der Fall ist, liegt an den Abbildungsfehlern des Objektivs und vor allem an den Störungen, die durch *Turbulenzen in der Atmosphäre* bedingt sind. Dies ist der Grund dafür, daß die Orte für die astronomischen Observatorien sich durch eine besonders „ruhige Atmosphäre“ auszeichnen

(Pic du Midi, Hawaii, Plateau der Sila in Chile usw.). Jedoch selbst in diesen Fällen ist die beste erreichbare Winkelauflösung von der Größenordnung $1''$.

Man definiert die maximale Vergrößerung eines Fernrohres über das Auflösungsvermögen des Auges $\epsilon \approx 1,5'$ während es durch das Instrument blickt (siehe Kapitel 7). Man erhält: $G = |\alpha_{\mathrm{b}}|/\theta$ mit $|\alpha_{\mathrm{b}}| = \epsilon$ und $\theta \geq \lambda_0/D$. Daraus folgt:

$$G \leq G_{\mathrm{m}} \quad \text{mit} \quad G_{\mathrm{m}} = \frac{\epsilon D}{\lambda_0}; \tag{12.24}$$

in Zahlen ausgedrückt:

$$G_{\mathrm{m}} = 1{,}5 \cdot 3 \cdot 10^{-4} \frac{D_{\mathrm{mm}} \cdot 10^{-3}}{0{,}5 \cdot 10^{-6}} \approx D_{\mathrm{mm}}. \tag{12.25}$$

Wir merken uns die folgende Faustregel: Ein Telcskop mit 10 cm Durchmesser hat ein maximales Auflösungsvermögen von $1''$ und eine maximale Vergrößerung, die der Öffnung des Teleskops in Millimetern entspricht.

12.4 Terrestrische Fernrohre

In den Teleskopen erscheinen die Bilder umgekehrt, was für astronomische Beobachtungen überhaupt keinen Nachteil bedeutet. Dieses gilt nicht mehr für Fernrohre, die der Beobachtung entfernter Objekte auf der Erde dienen. Man teilt die afokalen zentrierten Systeme, die ein aufrechtes Bild erzeugen, in zwei Kategorien ein:

1. die Fernrohre, die mit zusätzlichen Linsen oder mit einem Paar totalreflektierender Prismen zur Bildaufrichtung versehen sind,
2. die Galileischen Fernrohre, deren Okular divergent ist.

12.4.1 Terrestrische Fernrohre mit Umkehrsystemen

Die Abbildung 12.11 stellt ein Fernrohr dar, das mit einem konvergenten System zur Bildaufrichtung zwischen Objektiv und Okular ausgestattet ist.

Im allgemeinen wird das Porro-Prisma bevorzugt, da es weniger Platz benötigt. Dies ist ein Umkehrsystem, das aus zwei gekreuzten totalreflektierenden Prismen aufgebaut ist, die das Lichtbündel zwischen Objektiv und Okular umdrehen (siehe A13.1). Dieses System wird in Ferngläsern, die aus zwei identischen, unabhängigen Fernrohren aufgebaut sind, verwendet. Sie ermöglichen langes, ermüdungsfreies Beobachten sowie einen dreidimensionalen Eindruck (Abbildung 12.12).

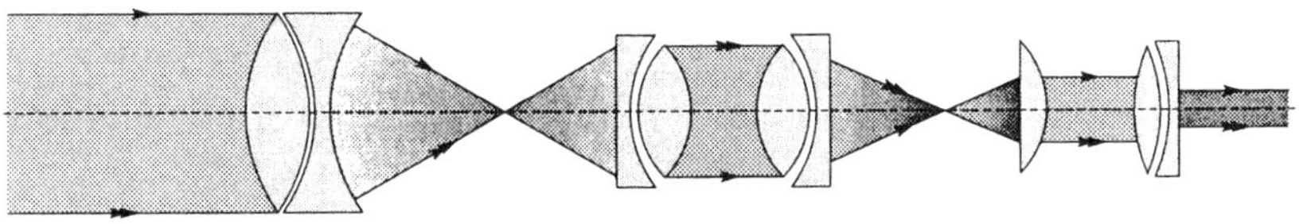

Abb. 12.11

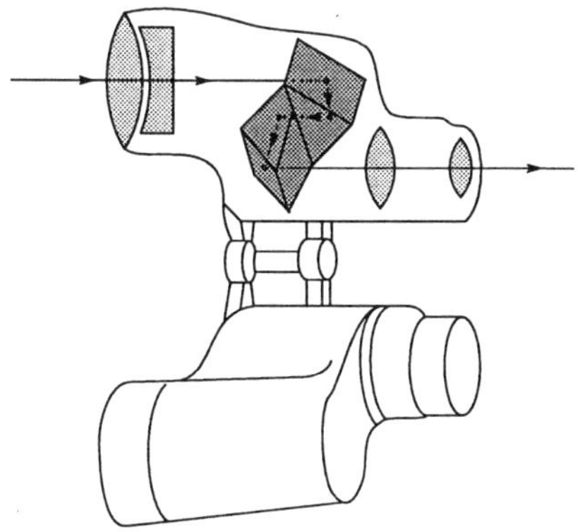

Abb. 12.12

12.4.2 Galileische Fernrohre

Die Galileischen oder holländischen Fernrohre wurden zum ersten Mal 1609 von G. Galilei konstruiert und haben ein *divergentes* Okular, das ohne zusätzliche Vorrichtungen ein aufrechtes Bild erzeugt (Abbildung 12.13). Neben seiner Einfachheit besitzt das Galileische Fernrohr noch den Vorteil geringer Baulänge, da $e = f_1 + f_2 = f_1 - |f_2|$ gilt. Aufgrund seiner geringen Vergrößerung (3 bis 4) und seines kleinen Gesichtsfeldes ist das Interesse an diesem Fernrohrtyp jedoch gering.

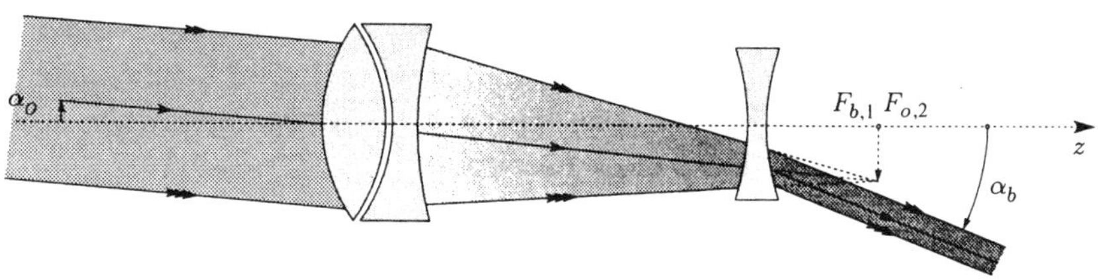

Abb. 12.13

12.4.3 Praktische Aspekte der Ferngläser

Die kommerziell erhältlichen Ferngläser oder terrestrischen Fernrohre besitzen verschiedene Angaben. Manche betreffen die Art und Qualität der Gläser, andere die rein optischen Eigenschaften, darunter:

1. Die Vergrößerung G, die 12 nicht überschreiten sollte, da eine zu große Vergrößerung ein Stativ nötig machen würde.
2. Der Durchmesser des Objektivs des Instrumentes in Millimetern; dies ist eine wichtige Größe, die mit den Licht sammelnden Eigenschaften der Fernrohre verbunden ist.
3. Das Gesichtsfeld in Grad; dieses nimmt ab, sobald die Brennweite des Objektivs oder die Vergrößerung zunimmt.

Beispiel: Das Fernglas 12×60 (Gesichtsfeld 4°) kann aufgrund seines Objektivdurchmessers (60 mm) sowohl für Beobachtungen auf der Erde als auch für nächtliche, astronomische Beobachtungen verwendet werden.

12.5 Zusammenfassung

1. Wichtig sind die speziellen Eigenschaften afokaler Systeme: konstante Maßstäbe, die spezielle Abbildungsgleichung, die entweder die homographische Abbildungsgleichung

$$\frac{z_\mathrm{b}}{n_\mathrm{b}} = \frac{a z_\mathrm{o}/n_\mathrm{o} - b}{d}$$

   oder die Kenntnis zweier konjugierter Punkte voraussetzt:

$$G_\mathrm{t} = G_\mathrm{a}^2 \frac{n_\mathrm{b}}{n_\mathrm{o}}.$$

2. Das Interesse an diesen Systemen ist beträchtlich, da die Teleskope und Ferngläser afokal sind. In modernen optischen Aufbauten, die einen Laser verwenden, wird ein System benötigt, das den zylindrischen Laserstrahl erweitert. Ein solcher *Strahlerweiterer*, der wie ein *umgekehrtes* astronomisches Fernrohr funktioniert, ist ebenfalls afokal (siehe A12.4).
3. Schließlich die Faustregel für das Auflösungsvermögen eines Fernrohres:

$$\Delta\theta = \left(\frac{10}{D_\mathrm{cm}}\right)'',$$

   wobei wegen der atmosphärischen Störungen im allgemeinen $\Delta\theta \geq 1''$ ist.

12.6 Aufgaben

A12.1 Ebene Grenzfläche

1. Bestimmen Sie geometrisch die Abbildungsgleichung für die ebene Grenzfläche!
2. Erklären Sie, warum Objekte, die in Wasser (n =1,33) getaucht sind, einem äußeren Beobachter angenähert erscheinen. Betrachten Sie den speziellen Fall eines Objektes in 50 cm Tiefe!

A12.2 Astronomisches Fernrohr und terrestrisches Fernrohr
Ein astronomisches Fernrohr ist aus einem fokalen Objektiv der Brennweite $f_1 = 50$ cm und einem Okular der Brennweite $f_2 = 1$ cm aufgebaut. Beide seien durch konvergente dünne Linsen realisiert. Das Fernrohr ist auf unendlich eingestellt.

1. Berechnen Sie die Vergrößerung sowie die Lage und den Durchmesser des Okularkreises, wenn die Halterung des Objektivs einen Durchmesser von 10 cm hat!
2. Das Fernrohr soll dazu verwendet werden, Objekte auf der Erde zu beobachten: Man behält hierzu das Objektiv, ersetzt aber das Okular durch ein divergentes Okular. Was ist der Vorteil dieser Modifikation? Wie groß muß die Brennweite dieses Okulars sein, wenn zwei Objekte, die einen Abstand von 5 cm zueinander haben und 1 km entfernt sind, aufgelöst werden sollen?

A12.3 Aufbau $4 - f$
Ein zentriertes System $\mathcal{S}$ ist aus zwei konvergenten dünnen Linsen L_1 und L_2 gleicher Brennweite $f = 20$ cm aufgebaut.

1. Bestimmen Sie als Funktion von e die Lage der Kardinalelemente des Systems $\mathcal{S}$!
2. Was kann man von $\mathcal{S}$ sagen, sobald $e = 2f$ gilt? Welches sind die Eigenschaften (Lage und Größe) des von $\mathcal{S}$ erzeugten Bildes, sobald das Objekt reell ist und 20 cm vor L_1 plaziert wird? Bestätigen Sie die Ergebnisse durch eine genaue Zeichnung. Erklären Sie den Namen $4 - f$ für das System $\mathcal{S}$!

A12.4 Erweiterer für einen Laserstrahl
Ein Strahlerweiterer ist ein zentriertes System, dessen Aufgabe es ist, den Durchmesser eines zur optischen Achse parallelen Lichtbündels zu vergrößern. Er ist aus zwei dünnen Linsen L_1 und L_2 aufgebaut. Das austretende Lichtbündel ist ebenfalls parallel zu der optischen Achse.

1. Die Linsen sind konvergent und f_1, die bildseitige Brennweite von L_1, beträgt 9,5 mm. Berechnen Sie die bildseitige Brennweite f_2 von L_2, die zu einer zwanzigfachen Vergrößerung des Lichtbündeldurchmessers führt. Konstruieren Sie den Verlauf der Lichtstrahlen, die parallel zu der optischen Achse sind!
2. Die gleiche Aufgabe wie oben für den Fall, daß die erste Linse divergent ist (Brennweite 6,6 mm).
3. In Wirklichkeit ist das einfallende Lichtbündel nicht exakt parallel zu der optischen Achse. Zeigen Sie, daß der erste Aufbau es erlaubt, mit Hilfe einer richtig plazierten Blende ein perfekt paralleles, austretendes Lichtbündel zu erhalten!

A12.5 Astronomisches Fernrohr von Meudon
Das Teleskop von Meudon in Frankreich kann durch zwei konvergente dünne Linsen dargestellt werden: Die eine stellt das Objektiv L_1 mit bildseitiger Brennweite $f_1 = 16$ m dar,

die andere das Okular L_2 mit bildseitiger Brennweite $f_2 = 4$ cm. Der Durchmesser von L_1 beträgt 0,80 m.

1. Skizzieren Sie das Fernrohr, wenn es auf unendlich eingestellt ist. Zeichnen Sie dazu den Strahlengang eines Lichtbündels, das von einem unendlich fernen Punkt ausgesandt wurde!
2. Wie groß ist seine Vergrößerung?
3. Bestimmen Sie die Lage des Okularkreises und bestimmen Sie seinen Durchmesser!
4. Mit Hilfe des Fernrohres wird der Stern α im Sternbild des Stieres, dessen Winkeldurchmesser $0,02''$ beträgt, beobachtet. Zeigen Sie, daß dieser Stern, wird er durch das Fernrohr betrachtet, punktförmig erscheint. Worin besteht dann der Vorteil des Instrumentes?

A12.6 Galileisches Fernrohr
Ein Galileisches Fernrohr ist aus einem Objektiv, das durch eine dünne konvergente Linse mit bildseitiger Brennweite $f_1 = 50$ cm dargestellt werden kann, und einem Okular, das als divergente dünne Linse L_2 der bildseitigen Brennweite $f_2 = -5$ cm aufgefaßt werden kann, aufgebaut. Das Fernrohr sei auf unendlich eingestellt.

1. Welche Lage haben die Linsen zueinander? Zeichnen Sie den Strahlengang eines Lichtbündels, das von einem unendlich entfernten Punkt ausgesandt wurde! Bestimmen Sie die Vergrößerung! Unter welchem Winkel sieht man einen 10 m hohen Turm, der 2 km entfernt ist?
2. Der Beobachter dreht neugierig das Fernrohr um, ohne die Einstellung zu verändern; er betrachtet jetzt den Turm durch das umgedrehte Fernrohr. Unter welchem Winkel erscheint dieser nun?

A12.7 Unterwassersicht
Eine Glasscheibe mit Brechungsindex $n = 1{,}5$ und der Dicke $e = 5$ mm trennt Wasser ($n_o = 1{,}33$) von Luft.

1. Bestimmen Sie den Abstand zwischen einem Objekt, das 2 m von der planparallelen Scheibe entfernt ist, und seinem Bild. Welchen Einfluß hat e?
2. Was kann von dem Abbildungsmaßstab und dem Winkelverhältnis gesagt werden?

13 Spiegel und optische Resonatoren

Die optischen Resonatoren sind aus einem oder mehreren Spiegeln, die der *Richtungsänderung* des Lichtes dienen, aufgebaut. Wir werden solche Systeme in der Gaußschen Näherung untersuchen. Vorher wollen wir aber noch einmal die wesentlichen Eigenschaften der Spiegel und insbesondere die wohlbekannten der ebenen Spiegel in Erinnerung rufen.

13.1 Geometrische Optik der Spiegel

Spiegel sind Oberflächen, die durch Aufdampfen eines dünnen Metallfilms reflektierend werden.

13.1.1 Gesetz von Snellius

Wir fassen die in Kapitel 2 eingeführten Gesetze zusammen (Abbildung 13.1):

1. Der reflektierte Strahl liegt in der Einfallsebene.
2. Der Einfallswinkel α_1 und der Austrittswinkel α_2 sind durch die folgende *algebraische* Beziehung miteinander verknüpft: $\alpha_2 = -\alpha_1$ mit $\alpha_1 = (\boldsymbol{N}, \boldsymbol{u}_1)$ und $\alpha_2 = (-\boldsymbol{N}, \boldsymbol{u}_2)$.

13.1.2 Drehender Spiegel

Wir führen nun eine interessante Eigenschaft eines Spiegels ein: Dreht man den Spiegel um den Winkel θ, wird der an diesem Spiegel reflektierte Lichtstrahl um den Winkel 2θ rotiert. Um dies zu zeigen, bestimmen wir den Winkel $(\boldsymbol{u}_2, \boldsymbol{u}_2')$ in der Abbildung 13.2 als Funktion des Winkels $(\boldsymbol{N}, \boldsymbol{N}') = \theta$:

$$(\boldsymbol{u}_2, \boldsymbol{u}_2') = (\boldsymbol{u}_2, -\boldsymbol{N}) + (-\boldsymbol{N}, -\boldsymbol{N}') + (-\boldsymbol{N}', \boldsymbol{u}_2') = -\alpha_2 + \theta + \alpha_2'. \quad (13.1)$$

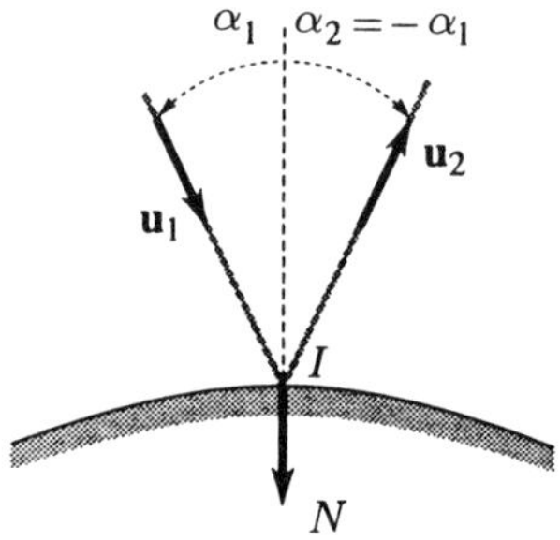

Abb. 13.1

Damit erhalten wir $\alpha_2 = -\alpha_1 = -(\boldsymbol{N}, \boldsymbol{u}_1)$ und $\alpha_2' = -\alpha_1' = -(\boldsymbol{N}', \boldsymbol{u}_1)$ oder

$$\alpha_2' - \alpha_2 = (\boldsymbol{u}_1,\, \boldsymbol{N}') - (\boldsymbol{u}_1,\, \boldsymbol{N}) = (\boldsymbol{N},\, \boldsymbol{N}') = \theta \qquad (13.2)$$

und

$$(\boldsymbol{u}_2, \boldsymbol{u}_2') = 2\theta. \qquad (13.3)$$

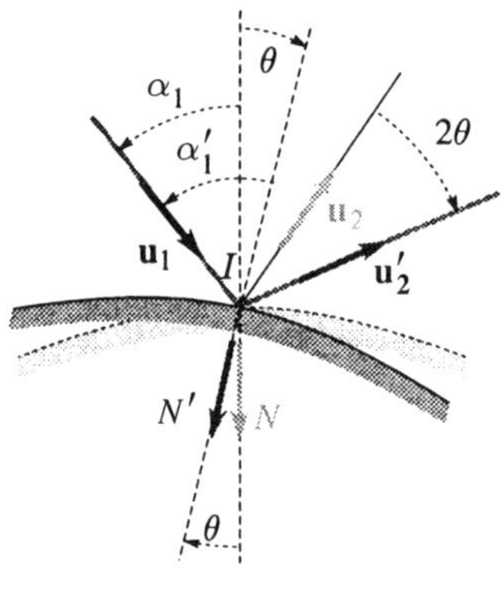

Abb. 13.2

Diese Eigenschaft wurde von J. C. Poggendorf dazu verwendet, die Drehung eines mechanischen Systems um eine Achse zu messen. Sie wird auch im *Sextanten* verwendet, einem Instrument, mit dem die Höhe eines Sterns über dem Horizont gemessen werden kann (Abbildung 13.3). Man läßt einen beweglichen, totalreflektierenden Spiegel M rotieren. Das vom Stern ausgesandte Licht wird auf einen festen, *halbdurchlässigen* Spiegel F gelenkt. Durch Einstellung am Sextanten kann das Bild des Sternes genau mit dem Horizont zusammengebracht werden. Mit Hilfe der Abbildung 13.3 sieht man, daß der Winkel α zwischen Horizont und Stern das Doppelte des Winkels β zwischen den beiden Spiegeln ist.

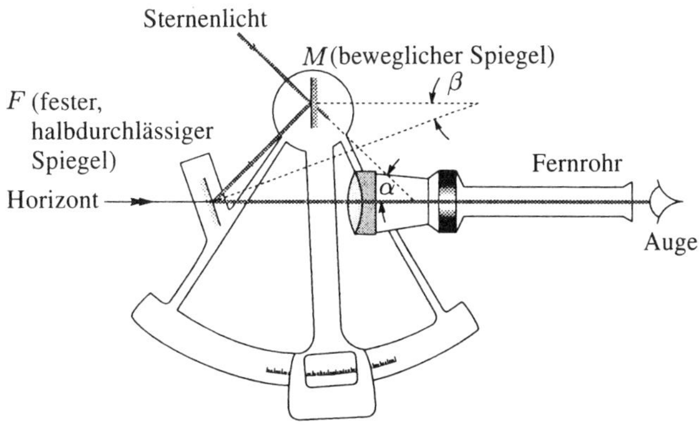

Abb. 13.3

13.1.3 Das Gesichtsfeld eines Spiegels

Das Gesichtsfeld eines Spiegels ist der Raumbereich, den ein Beobachter über den Spiegel erfassen kann. Es ist also durch den Kegel gegeben, dessen Kanten durch den Rand des Spiegels verlaufen und dessen Spitze das Bild des Beobachterauges ist (Abbildung 13.4). Das Gesichtsfeld nimmt zu, wenn der Abstand des Beobachters zum Spiegel abnimmt.

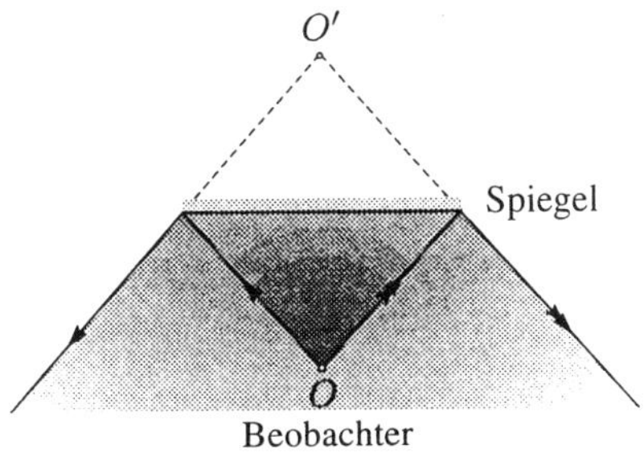

Abb. 13.4

13.1.4 Die stigmatische Abbildung beim ebenen Spiegel

Der ebene Spiegel ist für jeden Punkt des Raumes eine stigmatische Fläche, denn man kann für jeden Objektpunkt A_o einen entsprechenden Punkt A_b finden, so daß die optische Weglänge $L = n_o(\overline{A_oI} + \overline{IA_b})$ verschwindet. Ist A_o reell, ist A_b virtuell und umgekehrt.

Der ebene Spiegel verhält sich also wie ein *absolutes* Instrument der Vergrößerung eins. Ein solcher Spiegel wird häufig dazu verwendet, die Richtung der optischen Achse zu verändern.

13.2 Sphärische Spiegel in der Gaußschen Näherung

Die optische Achse von Systemen, in denen Spiegel möglich sind, ist nicht notwendig eine Gerade. Nach dem Vorschlag des Normkomitees für Optik ist die optische Achse wie folgt definiert: Die optische Achse ist der *mittlere Lichtstrahl* in Ausbreitungsrichtung des Lichtes. Das bedeutet im Falle eines Spiegels, der ein Lichtbündel empfängt, daß die optische Achse *vor der Reflexion* die Richtung des einfallenden Lichtes hat und *nach* der Reflexion die des austretenden Lichtes.

Bevor wir den expliziten Ausdruck für die Reflexionsmatrix ermitteln, mit der alle Kardinalelemente des Spiegels bestimmt werden können, ist es lehrreich, zuerst die Abbildungsgleichung der Spiegel aus einer einfachen geometrischen Analyse zu folgern.

13.2.1 Geometrische Analyse

Betrachten wir einen sphärischen Spiegel mit Krümmungsradius $\overline{R}$, der von einem Objektpunkt A_o einen Bildpunkt A_b erzeugt (Abbildung 13.5). Da $|\alpha_1| = |\alpha_2|$ gilt, ergeben sich die folgenden Relationen zwischen den Winkeln des Dreiecks A_oIC und A_bIC:

$$|\theta_o| + |\phi| = |\theta_b| - |\phi|$$

oder

$$|\theta_o| - |\theta_b| = -2|\phi|. \tag{13.4}$$

Damit folgt:

$$|\theta_o| \approx \frac{HI}{A_oH} \approx \frac{HI}{SA_o}, \tag{13.5}$$

$$|\theta_b| \approx \frac{HI}{A_bH} \approx \frac{HI}{SA_b}, \tag{13.6}$$

$$|\phi| \approx \frac{HI}{SC}. \tag{13.7}$$

Durch Vereinfachen erhalten wir schließlich

$$\frac{1}{SA_{\mathrm{o}}} - \frac{1}{SA_{\mathrm{b}}} = -\frac{2}{SC}.$$

Diese Beziehung kann *algebraisch* geschrieben werden, indem die Größen $p_{\mathrm{o}} \equiv \overline{SA_{\mathrm{o}}} = -SA_{\mathrm{o}}$, $p_{\mathrm{b}} \equiv \overline{SA_{\mathrm{b}}} = -SA_{\mathrm{b}}$ und $\overline{R} \equiv \overline{SC} = SC$ entsprechend der verwendeten Konvention eingeführt werden:

$$\boxed{\frac{1}{p_{\mathrm{b}}} - \frac{1}{p_{\mathrm{o}}} = -\frac{2}{\overline{R}}.} \tag{13.8}$$

Wir finden also eine Beziehung, die der Descartesschen Abbildungsgleichung für zentrierte Systeme entspricht. Daraus können wir folgern, daß $-2/\overline{R}$ die *Brechkraft* des Spiegels beschreibt.

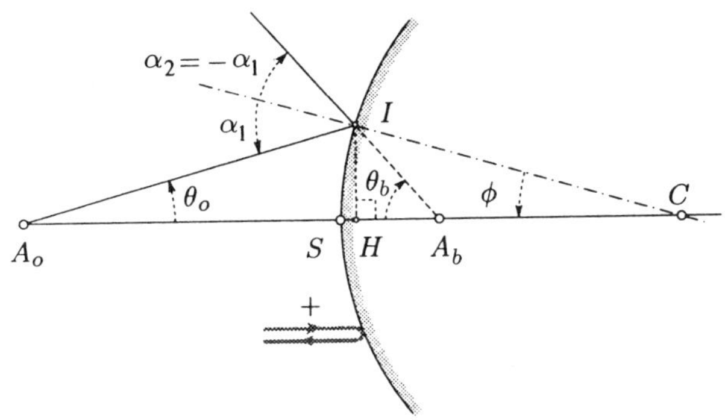

Abb. 13.5

13.2.2 Reflexionsmatrix $\mathcal{R}_{\mathrm{m}}$

Der Ausdruck für die Reflexionsmatrix eines sphärischen Spiegels kann aus dem folgenden einfachen physikalischen Sachverhalt gewonnen werden. Ein einfallender Lichtstrahl, der durch den Krümmungsmittelpunkt C verläuft, wird bei der Reflexion am Spiegel nicht abgelenkt (Abbildung 13.6). Ein solcher Lichtstrahl, mit dem Neigungswinkel α_{e} gegenüber der optischen Achse, wird vom Reflexionspunkt am Spiegel zurückgeworfen und passiert die optische Achse unter einem Winkel α_{a}, der den gleichen Absolutbetrag hat wie α_{e}.

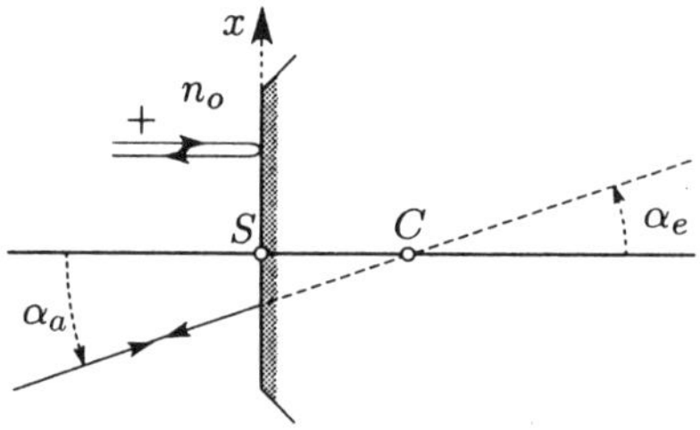

Abb. 13.6

Berücksichtigen wir die Umkehrung der Orientierung der Achse Sz aufgrund der Reflexion, haben wir $\alpha_\mathrm{a} = -\alpha_\mathrm{e}$. Weiterhin sieht man mit Hilfe der Abbildung, daß α_e mit der Abszisse x_e und dem algebraischen Radius $\overline{R} = \overline{SC}$ über

$$\alpha_\mathrm{e} = -\frac{x_\mathrm{e}}{\overline{R}} \tag{13.9}$$

zusammenhängt.

Die Matrixgleichung $X_+ = \mathcal{R}_\mathrm{m}(S)X_-$ hat anfangs die Form:

$$\begin{bmatrix} x \\ n\alpha \end{bmatrix}_\mathrm{a} = \begin{bmatrix} a & b \\ -B & d \end{bmatrix} \begin{bmatrix} x \\ n\alpha \end{bmatrix}_\mathrm{e}$$

oder

$$x_\mathrm{a} = ax_\mathrm{e} + bn_\mathrm{o}\alpha_\mathrm{e}, \tag{13.10}$$

$$n_\mathrm{b}\alpha_\mathrm{a} = -Bx_\mathrm{e} + dn_\mathrm{o}\alpha_\mathrm{e}. \tag{13.11}$$

Da $x_\mathrm{a} = x_\mathrm{e}$ für jedes α_e ist, muß $b = 0$ und $a = 1$ gelten. Zudem haben wir $d = 0$, da die Determinante gleich eins ist. Daraus folgt für gleiches Objekt- und Bildmedium ($n_\mathrm{b} = n_\mathrm{o}$):

$$\alpha_\mathrm{a} = -B\frac{x_\mathrm{e}}{n_\mathrm{o}} + \alpha_\mathrm{e}.$$

Da außerdem noch $\alpha_\mathrm{a} = -\alpha_\mathrm{e}$ gilt, erhalten wir schließlich:

$$\boxed{B = -\frac{2n_\mathrm{o}}{\overline{R}}.} \tag{13.12}$$

Wir merken uns also den folgenden Ausdruck für die Reflexionsmatrix:

$$\mathcal{R}_\mathrm{m} = \begin{bmatrix} 1 & 0 \\ -B & 1 \end{bmatrix} \tag{13.13}$$

mit $B = -2n_\text{o}/\overline{R}$ und dem algebraischen Krümmungsradius $\overline{R} = \overline{SC}$. Dieser ist positiv in Richtung des *einfallenden* Lichtes.

Wir bemerken, daß für $B > 0\,\overline{R} < 0$ und für $B < 0\,\overline{R} > 0$ gilt. Oder: Jeder *konkave* Spiegel ist *konvergent* und jeder *konvexe divergent* (Abbildung 13.7).

Abb. 13.7

Bemerkungen:

1. Ein Weg, den Ausdruck für die Brechkraft eines sphärischen Spiegels im Gedächtnis zu behalten, ist, in der Formel für die Brechkraft einer Grenzfläche „$n_\text{b} = -n_\text{o}$“ zu setzen. Diese *Gedächtnisstütze* kann durch die Beobachtung gerechtfertigt werden, daß das Snelliussche Gesetz für die Reflexion, $\alpha_2 = -\alpha_1$, als Spezialfall desjenigen der Brechung, $n_\text{o} \sin\alpha_1 = n_\text{b} \sin\alpha_2$, mit der Ersetzung $n_\text{b} = -n_\text{o}$ aufgefaßt werden kann. Wir können also das negative Vorzeichen von n_b dahingehend interpretieren, daß es von der Richtungsänderung des Lichtes infolge der Reflexion herrührt.
2. Wir betonen noch einmal, daß das Vorzeichen von $\overline{R}$ durch die Ausbreitungsrichtung des *einfallenden* Lichtes *festgelegt* wird.
3. Ist der Spiegel eben ($\overline{R}$ unendlich), verschwindet die Brechkraft, und die Matrix $\mathcal{R}_\text{m}$ reduziert sich zur Einheitsmatrix, was technisch von nicht zu vernachlässigbarem Interesse ist.

13.2.3 Die Übergangsmatrix

Die Übergangsmatrix ergibt sich in einfacher Weise, wenn als positive Richtung immer die Ausbreitungsrichtung des Lichtes angenommen wird. Nach Abbildung 13.8 ist diese Bewegungsrichtung *vor* der Reflexion am Spiegel von links nach rechts (Richtung 1) und *nach* der Reflexion von rechts nach links (Richtung 2).

Bestimmen wir die Übergangsmatrix für den Fall, daß sich das Licht von der Ebene A_1xy zu der Ebene A_2xy bewegt:

$$\mathcal{T}(\overline{A_1A_2}) = \begin{bmatrix} 1 & \overline{A_1A_2}/n_o \\ 0 & 1 \end{bmatrix} = \begin{bmatrix} 1 & a/n_o \\ 0 & 1 \end{bmatrix}, \tag{13.14}$$

wobei a der Betrag von $\overline{A_1A_2}$ ist.

Nach der Reflexion am Spiegel wird die Übergangsmatrix zwischen den Ebenen A_2xy und A_1xy zu:

$$\mathcal{T}(\overline{A_2A_1}) = \begin{bmatrix} 1 & \overline{A_2A_1}/n_o \\ 0 & 1 \end{bmatrix} = \begin{bmatrix} 1 & a/n_o \\ 0 & 1 \end{bmatrix}, \tag{13.15}$$

unter Beachtung der umgedrehten Orientierung der Oz-Achse nach der Reflexion. Zwischen zwei Ebenen senkrecht zu der optischen Achse sind die Übergangsmatrizen für beide Richtungen gleich.

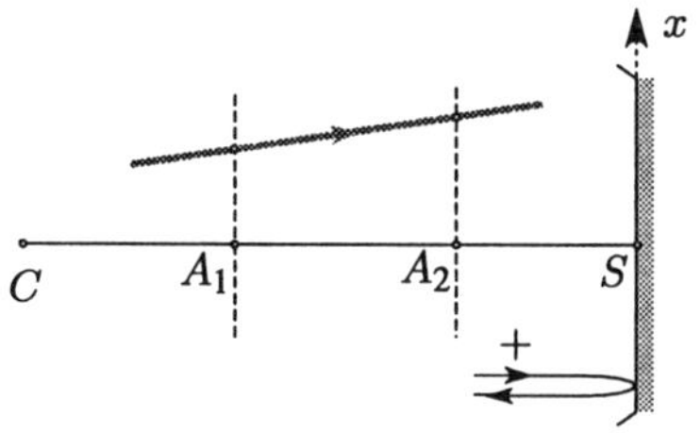

Abb. 13.8

13.2.4 Kardinalelemente eines sphärischen Spiegels

Die Kardinalelemente eines sphärischen Spiegels ergeben sich aus den Formeln für die dioptrischen Systeme unter Berücksichtigung der Gleichheit des Brechungsindexes der beiden äußeren Medien: $n_o = n_b$.

Brennweiten

Da $B = -2n_o/\overline{R}$ gilt, erhalten wir:

$$f_b = \frac{n_b}{B} = \frac{n_o}{B} = -\frac{\overline{R}}{2} \tag{13.16}$$

und

$$f_o = -\frac{n_o}{B} = \frac{\overline{R}}{2}. \tag{13.17}$$

Hauptebenen

Die Hauptebenen *fallen* mit der Ebene *zusammen*, die durch den Scheitelpunkt S des Spiegels geht, da die Matrixelemente a und d den Wert 1 haben:

$$\overline{SH_b} = f_b(a-1) = 0 \tag{13.18}$$

und

$$\overline{SH_o} = f_o(d-1) = 0. \tag{13.19}$$

Brennpunkte

Tragen wir von S die Strecke $\overline{SF_o} = f_o = \overline{R}/2$ in Richtung 1 ab und die Strecke $\overline{SF_b} = f_b = -\overline{R}/2$ in Richtung 2, sehen wir, daß die bild- und objektseitigen Brennpunkte in der *Mitte* F der Strecke SC *zusammenfallen.*

Knotenpunkte

Wir erinnern an die Definition der Knotenpunkte: Sie sind das konjugierte Punktepaar auf der Achse, bei denen einfallender und austretender Lichtstrahl zueinander parallel sind (siehe Kapitel 5). Sie sind daher im *Krümmungsmittelpunkt* des Spiegels C *vereinigt.*

Bemerkung: Aufgrund der Orientierung der Winkel entsprechen die Knotenpunkte hier einem Winkelverhältnis von -1.

13.2.5 Abbildungsgleichungen

Die Abbildungsgleichungen erhält man mit $n_b = n_o$ in den bereits eingeführten allgemeinen Gleichungen für zentrierte Systeme.

Ursprung am Scheitelpunkt S

Da die Hauptebenen durch den Scheitelpunkt S gehen, ergeben die allgemeinen Formeln

$$-\frac{n_o}{p_o} + \frac{n_b}{p_b} = B$$

und

$$G_a = \frac{n_o}{n_b}\frac{p_b}{p_o},$$

die speziellen Ausdrücke

$$\boxed{\frac{1}{p_b} - \frac{1}{p_o} = -\frac{2}{\overline{\overline{R}}}} \tag{13.20}$$

und

$$\boxed{G_a = \frac{p_b}{p_o}.} \tag{13.21}$$

Wir erinnern daran, daß $p_o = \overline{SA_o}$ und $p_b = \overline{SA_b}$ algebraische (d. h. vorzeichenbehaftete) Größen sind, deren Vorzeichen von der Ausbreitungsrichtung des Lichtes abhängt. Diese ändert sich bei der Reflexion.

Ursprung in den Brennpunkten

Aus $\sigma_o \sigma_b = f_o f_b$ folgt $\sigma_o \sigma_b = -R^2/4$; σ_o und σ_b haben daher entgegengesetzte Vorzeichen. Daraus folgt, daß sich Objekt und Bild immer auf *derselben Seite von F* befinden.

Bemerkungen:

1. In vielen Lehrbüchern wird die optische Achse willkürlich nur über die Einfallsrichtung des Lichtes festgelegt, d. h. die Ausrichtung hängt nicht von der Ausbreitungsrichtung des Lichtes ab. Das bedeutet, daß die Abbildungsgleichung eine andere Form annimmt. Diese Konvention haben wir aus verschiedenen Gründen vermieden. Erstens ist die optische Achse nicht mehr identisch mit dem mittleren Strahl der verschiedenen Lichtwege und -strahlen, was die Analyse sehr unübersichtlich werden läßt, sobald der Lichtweg nicht mehr geradlinig ist, wie es immer häufiger der Fall ist (z. B. bei den Newtonschen Teleskopen oder bei den Spektrometern mit krummliniger Achse usw.). Zweitens werden die Abbildungsgleichungen *spezifisch*: Sie ergeben sich nicht mehr in einfacher Weise aus den Gleichungen für die zentrierten Systeme. Schließlich ist man gezwungen, einem konvergenten Spiegel ($B > 0$) eine negative bildseitige Brennweite ($\overline{SF_b} < 0$) zuzuordnen!
2. Manchmal wird noch die Abbildungsgleichung mit Ursprung im Krümmungsmittelpunkt angegeben, d. h. mit den Knotenpunkten des Systems. Diese Formel ist aber nur von mathematischem Interesse; daher haben wir sie hier nicht eingeführt.

13.2.6 Beispiele und Konstruktion von Strahlengängen

Wie für die dioptrischen Systeme wird das Bild mit Hilfe der üblichen drei ausgewählten Lichtstrahlen konstruiert: der eine, der parallel zu der optischen Achse einfällt und durch den Punkt F austritt, der zweite, der durch F einfällt und parallel zur optischen Achse austritt, sowie der dritte, der nicht abgelenkt wird und durch den Krümmungsmittelpunkt bzw. die Knotenpunkte verläuft.

Konvergenter Spiegel

Ein konkaver Spiegel habe den Radius $R = 4$ m (Abbildung 13.9). Da $\overline{R} = -4\,\mathrm{m}$ und der Spiegel von Luft umgeben ist, beträgt seine Brechkraft:

$$B = \frac{-2}{-4} = 0{,}5\,\delta. \tag{13.22}$$

Von einem Objekt $A_\mathrm{o}B_\mathrm{o}$, das 6 m von S entfernt ist, erzeugt er ein reelles umgekehrtes Bild in 3 m Entfernung:

$$\frac{1}{p_\mathrm{b}} - \frac{1}{-6} = \frac{1}{2}$$

und damit

$$p_\mathrm{b} = 3\,\mathrm{m} \quad \text{und} \quad G_\mathrm{t} = -0{,}5.$$

Das Bild ist verkleinert und umgedreht.

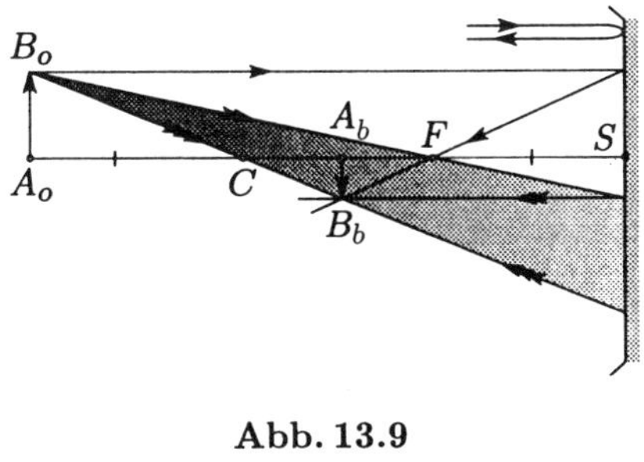

Abb. 13.9

Zur graphischen Diskussion der Bildlage verfolgen wir in der Oxy-Ebene die Gerade

$$\frac{x}{p_\mathrm{o}} + \frac{y}{p_\mathrm{b}} = 1,$$

die durch den Punkt mit den Koordinaten $f_o = \overline{R}/2 = -2$ m und $f_b = -\overline{R}/2 = 2$ m verläuft. Ihre Schnittpunkte mit den Achsen Ox und Oy sind p_o bzw. p_b (Abbildung 13.10).

Wir bemerken, daß G_t für den Fall (2), in dem das Objekt zwischen dem Scheitelpunkt und dem Brennpunkt liegt, größer als 1 ist. Im Alltag werden die konvergenten sphärischen Spiegel häufig unter diesen Bedingungen verwendet. Sie sind schwach konvergent und liefern von einem nicht zu weit entfernten Objekt ein vergrößertes aufrechtes Bild.

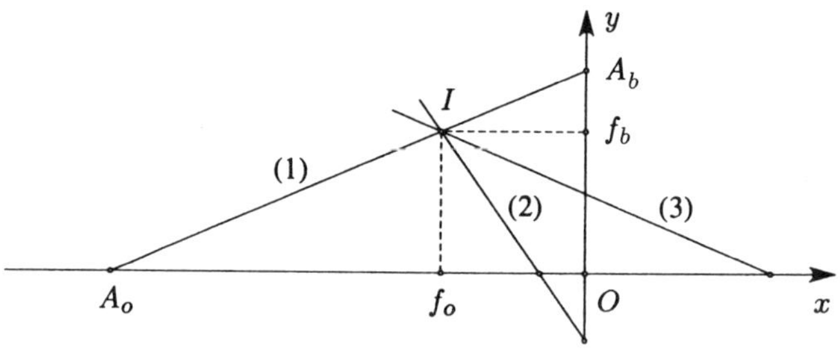

Abb. 13.10

Divergenter Spiegel

Beim divergenten Spiegel ist der Radius $\overline{R}$ positiv; z. B., $\overline{R} = 4$ m und $B = -0{,}5\,\delta$ (Abbildung 13.11). Das Bild A_bB_b eines reellen Objekts A_oB_o, das 6 m vom Scheitelpunkt entfernt ist, befindet sich rechts vom Spiegel, denn:

$$\frac{1}{p_b} - \frac{1}{-6} = -\frac{1}{2}$$

und daher

$$p_b = -1{,}5\,\text{m} \quad \text{und} \quad G_a = 0{,}25. \tag{13.23}$$

Das Bild ist virtuell, verkleinert und aufrecht.

Über die graphische Diskusssion kann man leicht sehen, daß das Bild eines nahen Objektes, das von einem solchen Spiegel erzeugt wird ($f_b = -f_o = -2$ m) virtuell, aufrecht und kleiner als das Objekt ist (Fall 1′ in der Abbildung 13.12).

Bemerkungen:

1. Da unter den gleichen Bedingungen ein konvergenter Spiegel ein vergrößertes Bild erzeugt (Fall (2) in der Abbildung 13.10), ist durch einfaches Hineinblicken in den Spiegel festzustellen, welches Vorzeichen die

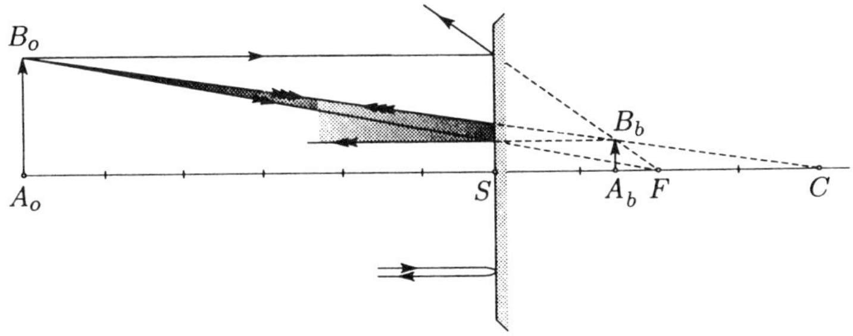

Abb. 13.11

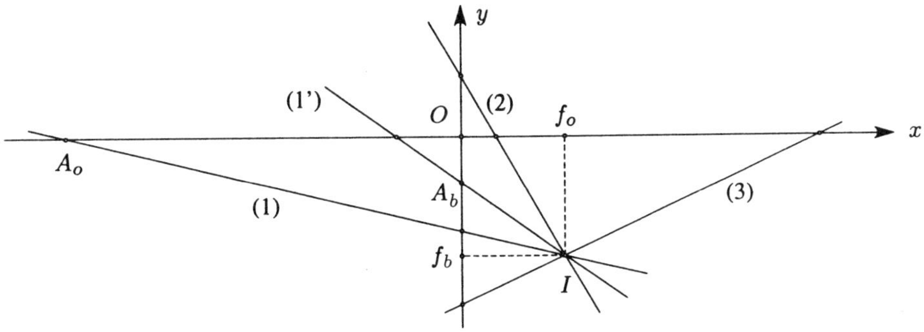

Abb. 13.12

Brechkraft eines Spiegels hat: Ist das Bild vergrößert, ist er konvergent, ansonsten ist er divergent.

2. Der Fall (1) in Abbildung 13.12 entspricht den Bedingungen, unter denen *Autorückspiegel* verwendet werden: Das reelle Objekt ist weit von S entfernt und das Bild, das sehr viel kleiner als das Objekt ist, ist aufrecht und virtuell.

13.3 Optische Resonatoren

Ein optischer Resonator ist ein Gebilde aus zwei gegenüberliegenden Spiegeln, die nacheinander und mehrere Male das Licht reflektieren (Abbildung 13.13). Solche Resonatoren werden für Laser verwendet, bei denen ein Lichtbündel verstärkt wird, indem es ein *optisch aktives* Medium passiert (siehe Kapitel 29).

Ein einfaches Beispiel für einen solchen Resonator ist der symmetrische, konfokale Resonator, der aus zwei identischen konkaven sphärischen Spiegeln aufgebaut ist. Diese sind so weit voneinander angeordnet, daß ihre Brennpunkte F_1 und F_2 im Zentrum des Resonators zusammenfallen. Die Krümmungsmittelpunkte C_1 bzw. C_2 liegen also in den Scheitelpunkten S_2 bzw. S_1. Mit Hilfe einer einfachen geometrischen Konstruktion (Abbildung 13.13) sieht man, daß das Bild eines Objektes, welches an einem der Spiegel plaziert ist, nach zwei Hin- und Herläufen durch den Resonator wieder mit dem Objekt zusammenfällt. Dadurch wird eine Verbreiterung des Bündels verhindert, was sehr wichtig ist, will man doch, daß das aus dem Laser-Resonator tretende Lichtbündel eine möglichst große Intensität besitzt.

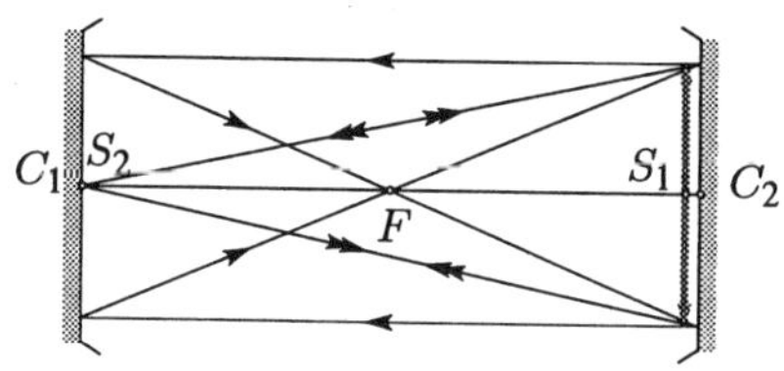

Abb. 13.13

In anderen, technisch aufwendigeren Resonatoren ist der Abbildungsmaßstab nach vielen Resonatordurchläufen 1. Auch für diese Art optischer Systeme ist die günstigste Analysemethode die Methode der Transfermatrix für einen Hin- und Herlauf des Lichtes. Wir konkretisieren die Methode, indem wir die Transfermatrix $T(\overline{A_o A_b})$ zwischen dem Objektpunkt A_o und dem Bildpunkt A_b nach zwei Reflexionen ermitteln. Es ergibt sich mit $\overline{S_1 A_o} \equiv z_o$ und $\overline{S_1 A_b} \equiv z_b$:

$$T(\overline{A_o A_b}) = \mathcal{T}(\overline{S_2 A_b})\mathcal{R}_m(S_2)\mathcal{T}(\overline{S_1 S_2})\mathcal{R}_m(S_1)\mathcal{T}(\overline{A_o S_1}). \tag{13.24}$$

Da sich aber $\mathcal{T}(\overline{S_2 A_b})$ auch als $\mathcal{T}(\overline{S_1 A_b})\mathcal{T}(\overline{S_2 S_1})$ schreiben läßt, haben wir:

$$T(\overline{A_o A_b}) = \mathcal{T}(\overline{S_1 A_b}) T_{hr} \mathcal{T}(\overline{A_o S_1}) \tag{13.25}$$

mit der Matrix T_{hr} für den *Hin- und Rückweg*:

$$T_{hr} = \mathcal{T}(\overline{S_2 S_1})\mathcal{R}_m(S_2)\mathcal{T}(\overline{S_1 S_2})\mathcal{R}_m(S_1). \tag{13.26}$$

Bezeichnen wir die Brechkräfte der Spiegel mit B_1 und B_2 und mit e eine charakteristische Länge, die in der Transfermatrix den Brechungsindex der Medien berücksichtigt, erhalten wir:

$$\begin{aligned} T_{hr} &= \begin{bmatrix} 1 & e \\ 0 & 1 \end{bmatrix} \begin{bmatrix} 1 & 0 \\ -B_2 & 1 \end{bmatrix} \begin{bmatrix} 1 & e \\ 0 & 1 \end{bmatrix} \begin{bmatrix} 1 & 0 \\ -B_1 & 1 \end{bmatrix} \\ &= \begin{bmatrix} 1 - eB - e(B_1 + B_2 - eB_1 B_2) & e + e(1 - eB_2) \\ -(B_1 + B_2 - eB_1 B_2) & 1 - eB_2 \end{bmatrix}. \end{aligned} \tag{13.27}$$

In einem *symmetrischen konfokalen* Resonator haben wir $\overline{R}_1 = \overline{R}_2 = -e$, $B_1 = B_2 = 2/e$ und $B = 0$, so daß folgt:

$$T_{\mathrm{hr}} = \begin{bmatrix} -1 & 0 \\ 0 & -1 \end{bmatrix} = -I. \tag{13.28}$$

Nach einer geraden Anzahl von Reflexionen an jedem Spiegel fallen daher immer Objekt und Bild zusammen; aus der Form der Matrix T_{hr} folgern wir für die Transfermatrix:

$$T(\overline{A_\mathrm{o}A_\mathrm{b}}) = \begin{bmatrix} 1 & z_\mathrm{b} \\ 0 & 1 \end{bmatrix} T_{\mathrm{hr}}^{2m} \begin{bmatrix} 1 & -z_\mathrm{o} \\ 0 & 1 \end{bmatrix} = \begin{bmatrix} 1 & z_\mathrm{b} - z_\mathrm{o} \\ 0 & 1 \end{bmatrix}. \tag{13.29}$$

Dabei ist $z_\mathrm{o} = z_\mathrm{b}$, da die Punkte A_o und A_b zueinander konjugiert sind.

13.4 Zusammenfassung

Wir erinnern an die folgenden allgemeinen Formeln:

$$\frac{1}{p_\mathrm{b}} - \frac{1}{p_\mathrm{o}} = B = -\frac{2}{\overline{R}}$$

und

$$G_\mathrm{a} = \frac{p_\mathrm{b}}{p_\mathrm{o}},$$

an die typischen Eigenschaften der Spiegel sowie die verwendeten Konventionen: Die beiden Brennpunkte fallen in der Mitte der Strecke zwischen dem Scheitelpunkt S und dem Krümmungsmittelpunkt C zusammen, $\overline{R}$ wird algebraisch durch den Richtungssinn des einfallenden Lichtes festgelegt, p_o und p_b sind algebraisch definiert, wobei als positive Richtung die des mittleren Strahles festgelegt wird; das bedeutet vor der Reflexion die des einfallenden Lichtes, nach der Reflexion die des austretenden Lichtes. Diese Konvention, den mittleren Strahl als optische Achse zu verwenden, wird von Optikern häufig verwendet. Sie bietet den Vorteil, algebraische Abbildungsgleichungen zu ergeben, die analog zu denen der dioptrischen Systeme sind.

Es gilt allgemein: Die konkaven Spiegel sind konvergent und die konvexen Spiegel sind divergent.

Schließlich wollen wir noch betonen, daß die optischen Resonatoren der Laser ein wichtiges und aktuelles Beispiel für die Verwendung von Spiegelkonstruktionen darstellen.

13.5 Aufgaben

A13.1 Porrosches Prisma

1. Zeichnen Sie das Bild eines Objektes AB, das durch zwei Spiegel M_1 und M_2 erzeugt wird, die im Winkel von 90° zueinander stehen. Untersuchen Sie einmal den Fall, in dem AB senkrecht zu der gemeinsamen Kante ist, und einmal den Fall, in dem AB parallel zu dieser Kante ist (Abbildung 13.14a).
2. Das Prisma von Porro ist ein System aus zwei totalreflektierenden Prismen, das die unter 1. beschriebene Abbildung über zwei zueinander senkrechte Richtungen realisiert (Abbildung 13.14b). Was macht dieses System interessant?

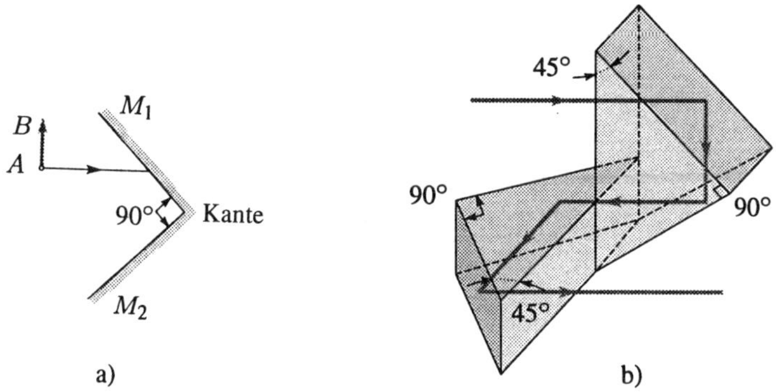

Abb. 13.14

A13.2 Untersuchung des sphärischen Spiegels auf der Grundlage des Fermatschen Prinzips
Geben Sie einen Ausdruck für die optische Weglänge $L(\overline{A_o A_b})$ zwischen zwei konjugierten Punkten A_o und A_b nach Reflexion an einem sphärischen Spiegel mit Radius R an. Verwenden Sie dazu Abbildung 13.5 und benutzen Sie die Notation der Aufgabe A4.2! Leiten Sie die Abbildungsgleichung mit Ursprung im Scheitelpunkt ab!

A13.3 Konkaver sphärischer Spiegel
Bestimmen Sie das Bild, das ein konkaver sphärischer Spiegel mit dem Radius 60 cm von einem Objekt erzeugt, das 3 cm hoch ist und 20 cm vor dem Spiegel liegt. Fertigen Sie eine geometrische Konstruktion an (Maßstäbe: entlang der optischen Achse 1:10, senkrecht dazu 1:5)!

A13.4 Der sphärische Spiegel als Autorückspiegel
Welches sind die Eigenschaften eines sphärischen Spiegels, der von einem 10 m vom Scheitelpunkt entfernten Objekt ein aufrechtes, 10fach verkleinertes Bild erzeugt? Veranschaulichen Sie das Problem geometrisch!

A13.5 Gesichtsfeld eines Autorückspiegels
Ein Rückspiegel besteht aus einem konvexen Spiegel, der durch einen Rand mit 4 cm Radius begrenzt ist. Seine Brennweite hat den Absolutwert 50 cm. Das Auge befindet sich auf der optischen Achse in 1 m Entfernung vom Spiegel.

Berechnen Sie den Radius r des kreisförmigen sichtbaren Teils der Ebene, die senkrecht zu der optischen Achse und 100 m vom Spiegel entfernt ist. Vergleichen Sie dieses Gesichtsfeld mit dem eines ebenen Spiegels mit gleichem Radius!

A13.6 Konfokaler Laserresonator

Ein Laserresonator ist ein optisches System, das einer planparallelen Platte der Dicke ℓ, mit Flächen senkrecht zu der optischen Achse, äquivalent ist. Das optisch aktive Medium, das sie einschließt, hat den Brechungsindex n. Das von diesem Medium emittierte Licht wird mehrmals an den beiden identischen konkaven Spiegeln M_1 und M_2 reflektiert, bevor es am Punkt S_2 durch den teildurchlässigen Spiegel M_2 austritt (Abbildung 13.15).

1. Sind diese Spiegel konvergent oder divergent? Drücken Sie die Brennweiten dieser Spiegel als Funktion ihres Radius aus!
2. Wir setzen $t = d - l(1 - 1/n)$, mit dem Abstand zwischen den Spiegeln d. Berechnen Sie für den Fall, daß t gleich dem Radius der Spiegel ist, die Transfermatrix für einen vollständigen Hin- und Herlauf des Lichtes. Man betrachte als Beispiel die Transfermatrix für den zweimaligen Durchgang des Lichtes durch eine Ebene kurz vor der Austrittsebene, die durch S_2 geht. Nach wievielen Hin- und Herläufen fällt das in S_2 gelegene Objekt mit seinem Bild zusammen? Bestätigen Sie geometrisch das Resultat!

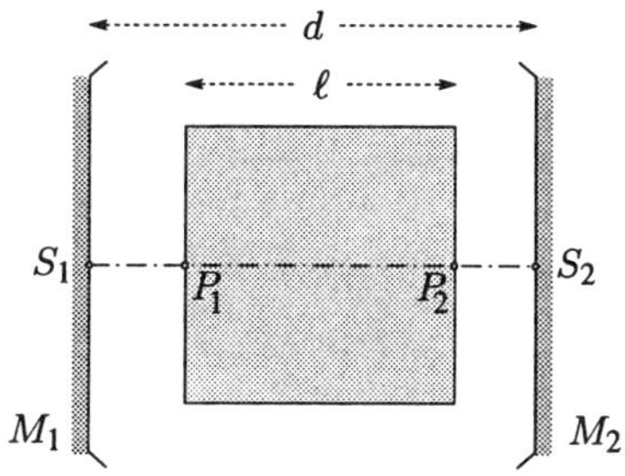

Abb. 13.15

A13.7 Semifokaler Laserresonator

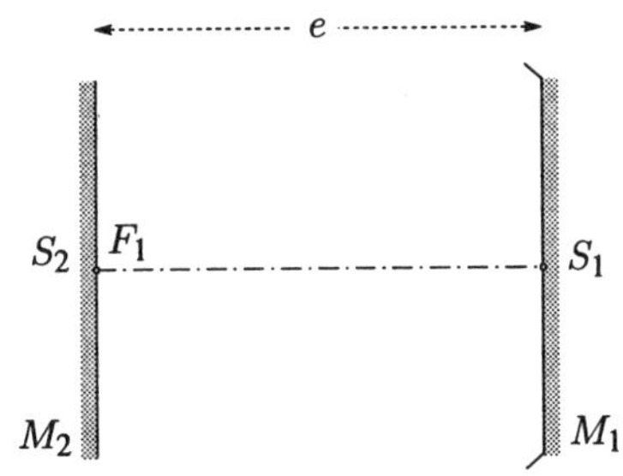

Abb. 13.16

Mit Hilfe zweier Spiegel, der eine, M_1, ist sphärisch, der andere, M_2, ist eben, realisiert man einen semikonfokalen Laserresonator (Abbildung 13.16). Die spiegelnden Flächen liegen sich gegenüber, und der Brennpunkt von M_1 fällt mit dem Scheitelpunkt S_2 von M_2 zusammen. Wir bezeichnen mit T_{hr} die Transfermatrix $T(\overline{A_\text{o}A_\text{b}})$ für einen Hin- und Herlauf.

1. Formulieren Sie als Funktion von T_{hr} die Transfermatrix zwischen einer Ebene, die durch A_o geht ($\overline{S_1 A_\text{o}} = z_\text{o}$), und einer Ebene, die durch A_b geht ($\overline{S_1 A_\text{b}} = z_\text{b}$), nachdem an jedem Spiegel das Licht einmal reflektiert wurde.
2. Berechnen Sie T_{hr}^2. Folgern Sie daraus die Zahl der Hin- und Herläufe, für die Objekt und Bild zusammenfallen. Bestätigen Sie dieses Ergebnis geometrisch!

14 Katadioptrische Systeme. Spiegelteleskop

Die katadioptrischen Systeme sind optische Systeme, die gleichzeitig reflektierende und brechende Oberflächen besitzen. Man unterscheidet zwei Gruppen von Instrumenten: Bei der ersten Gruppe ist die Anzahl von Reflexionen, die das Licht erfährt, *gerade* und das Licht tritt in Richtung des einfallenden Lichtstrahles aus. Ein typisches Beispiel für ein solches System ist das Teleskop vom Cassegrainschen Typ. Diese Systeme verhalten sich insgesamt wie dioptrische Systeme; daher kann ihnen immer ein *äquivalentes dioptrisches System* zugeordnet werden. In der zweiten Gruppe ist die Anzahl der Richtungsänderungen, die das Licht erfährt, *ungerade*. Es tritt wie beim Spiegel in entgegengesetzter Richtung zu der Einfallsrichtung aus. Diese *katoptrischen* Systeme können (formal) durch einen *äquivalenten Spiegel* realisiert werden.

14.1 Spiegelteleskop

14.1.1 Beschreibung

Das Spiegelteleskop ist dem normalen Teleskop analog (siehe Kapitel 12), jedoch ist das Objektiv aus einem konkaven Spiegel M_p aufgebaut, dem *Hauptspiegel*. Der Brennpunkt F_p von M_p heißt daher *primärer Brennpunkt*. Dieser Spiegel wird häufig durch einen zweiten Spiegel, den *Sekundärspiegel* M_S, der plan, konvex oder konkav sein kann, ergänzt.

Das erste Spiegelteleskop ist von I. Newton 1672 gebaut worden.

Abbildung 14.1 zeigt ein Objektiv nach G. Cassegrain, einem französischen Astronomen: Der sekundäre Spiegel reflektiert das Licht zurück in die Einfallsrichtung, durch eine Öffnung in der Mitte des Hauptspiegels M_p tritt das Licht aus und konvergiert im Cassegrain-Brennpunkt F_c.

Gegenüber den normalen (dioptrischen) Teleskopen haben die Spiegelteleskope zwei Vorteile:

1. Sie weisen keine Farbfehler auf, da das Licht nur reflektiert wird und nicht in das reflektierende Material eindringt.

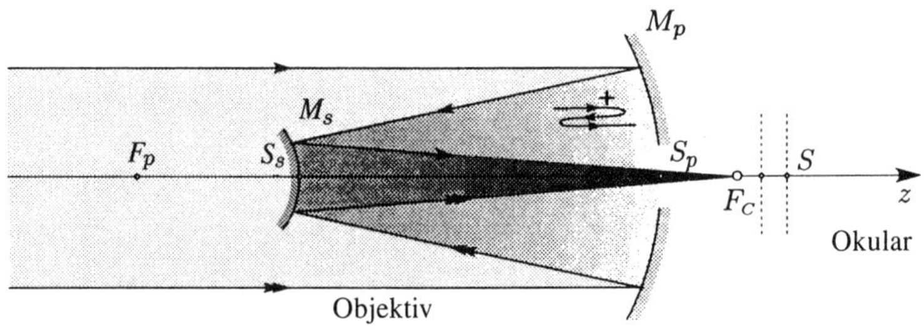

Abb. 14.1

2. Der Öffnungsdurchmesser kann sehr groß gewählt werden, da es technisch einfacher ist, große Spiegel als große Linsen zu bauen.

Die Oberfläche des Hauptspiegels ist im allgemeinen ungefähr ein Rotationsparaboloid, da eine parabolische Oberfläche ein stigmatisches Bild von einem unendlich fernen Punkt erzeugt (siehe Kapitel 3). Dies ermöglicht es, die sphärische Aberration zu vernachlässigen (siehe Kapitel 10); dafür weist aber eine solche Oberfläche eine wesentliche Koma auf. Dieser Fehler kann auf verschiedene Weise vermindert werden: durch eine leichte Abweichung von der parabolischen Oberfläche, durch Verwendung eines zweiten Spiegels, der den Fehler zu kompensieren vermag (Ritchey-Chrétiensches Teleskop), oder indem in den Krümmungsmittelpunkt des sphärischen Hauptspiegels eine Blende gesetzt wird, die axiale Fehler wie Koma oder Astigmatismus völlig vermeiden hilft (Schmidt-Spiegel).

Bemerkung: Der Hauptspiegel deformiert sich unter seinem eigenen Gewicht, was zu geometrischen Aberrationen führt. Diese werden mit Hilfe von Kolben laufend rechnergestützt korrigiert; dies ist die sogenannte *aktive Optik.*

Wie beim dioptrischen Teleskop erzeugt das Objektiv ein reelles Bild, das man entweder durch ein Okular betrachten oder mittels eines Detektors registrieren kann.

Beispiele: Das Teleskop Bernard Lyot (TBL) am Pic du Midi hat einen Durchmesser von $D \approx 2$ m. Die beiden größten Teleskope der Welt erreichen Durchmesser von 5 m bzw. 6 m: Das erste befindet sich in den USA am Mount Palomar bei San Diego, das zweite in Zelenčukskaja im Kaukasus.

Verschiedene Spiegelteleskope

1992 hat man bei Vancouver/Kanada ein Teleskop konstruiert, dessen primärer Spiegel mit einem Duchmesser von 2,7 m aus einer parabolischen

a)

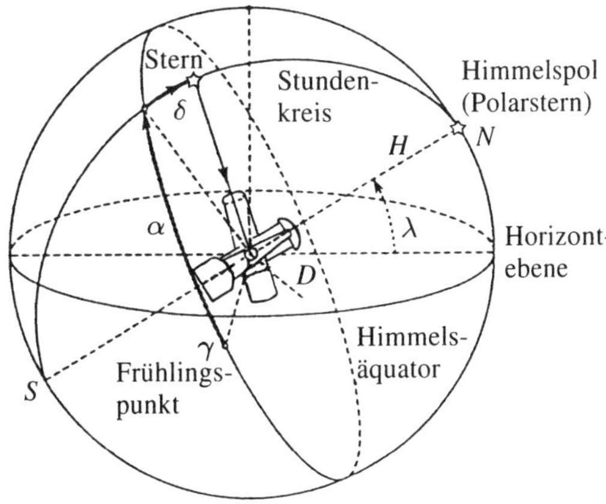

b)

Abb. 14.2

Oberfläche eines um eine vertikale Achse rotierenden Quecksilberbades besteht (Aufgabe A14.1). Der Vorteil eines solchen Teleskops sind seine geringen Kosten (100mal billiger als ein übliches Teleskop). Auf der anderen Seite ist aber der Bereich des beobachtbaren Himmels eingeschräänkt, da ein solches Teleskop nicht geneigt werden kann. Außerdem erzeugen Wellen auf der Flüssigkeitsoberfläche, die aufgrund von Vibrationen entstehen, schwer zu korrigierende Aberrationen.

Kürzlich hat die Universität von Arizona für den Vatikan (!) einen Spiegel von 1,8 m Durchmesser hergestellt, indem eine Scheibe geschmolzenen Glases zu einem Paraboloid ausgezogen wurde. Das modernste Verfahren ist, einen großen Spiegel aus vielen kleinen Spiegeln mosaikartig aufzubauen und Aluminiumspiegel zu verwenden.

Am Monte Paranal in Chile werden von europäischen Instituten 4 Teleskope, mit jeweils 8 m Durchmesser miteinander verkoppelt (Very Large Telescope).

Äquatoriale Montierung

Die Mehrzahl der Teleskope sind in einer äquatorialen oder parallaktische Anordnung aufgebaut, um die tägliche Erddrehung zu kompensieren und die damit verbundene entgegengesetzte Drehung der Sterne. Die Rotationsachse um die Nord-Süd-Richtung oder um die Richtung zum Himmelspol ist ungefähr durch die Lage des Polarsternes gegeben (Abbildung 14.2b).

Ein solcher Aufbau erlaubt die Drehung des Teleskops um zwei zueinander senkrechte Achsen. Die erste, H, wird durch die *Lagerung* des Teleskops vorgegeben und ist die Nord-Süd-Achse oder Stundenachse. Sie ist gegenüber der Horizontebene um den Wert der geographischen Breite λ des Fernrohrstandortes geneigt. Durch Drehen des Lagers relativ zum Laborkoordinatensystem in der entgegengesetzten Winkelgeschwindigkeit der Erddrehung ist das Teleskop immer auf den beobachteten Stern ausgerichtet. Die Beobachtung eines bestimmten Sternes wird also in einfacher Weise durch die astronomischen Koordinaten des Sternes auf der Himmelskugel realisiert: die Rektaszension α (der geographischen Länge entsprechend), gemessen vom *Frühlingspunkt* γ, der durch die Richtung der Sonne am Frühlingsanfang gegeben ist, und die Deklination δ (der geographischen Breite entsprechend).

14.1.2 Primärer und sekundärer Brennpunkt

Der primäre Brennpunkt F_p eines Spiegelteleskops liegt in der Mitte der Strecke zwischen seinem Scheitelpunkt S_p und seinem Krümmungsmittelpunkt C_p. Der sekundäre Brennpunkt stellt das Bild dar, das der sekundäre Spiegel M_s vom primären Brennpunkt erzeugt. Im Cassegrainschen Teleskop erhält man seine Lage mit Hilfe der Abbildungsgleichung für den sekundären Spiegel der Brechkraft B_s. Mit den in Kapitel 13 gegebenen Konventionen bezüglich der Orientierung der optischen Achse, erhält man (S_s Scheitelpunkt des sekundären Spiegels):

$$\frac{1}{\overline{S_\mathrm{s}F_\mathrm{s}}} - \frac{1}{\overline{S_\mathrm{s}F_\mathrm{p}}} = B_\mathrm{s}. \tag{14.1}$$

Beispiel: Das Objektiv TBL ist vom Cassegrainschen Typ und weist die folgenden Daten auf:

$$R_\mathrm{p} = 19{,}972\,\mathrm{m}, \quad e_1 = 8{,}181\,\mathrm{m} \quad \text{und} \quad R_\mathrm{s} = 4{,}465\,\mathrm{m}.$$

Daraus folgt:

$$\overline{S_\mathrm{s}F_\mathrm{p}} = \frac{19{,}972}{2} - 8{,}184 = 1{,}802\,\mathrm{m}, \quad B_\mathrm{s}\frac{-2}{4{,}465} = 0{,}448\,\delta,$$

d. h.:

$$\overline{S_\mathrm{s}F_\mathrm{p}} = 9{,}345 \quad \text{und} \quad \overline{S_\mathrm{p}F_\mathrm{s}} = 9{,}345 - 8{,}184 = 1{,}1609\,\mathrm{m}.$$

14.1.3 Transfermatrix des Objektivs vom Cassegrainschen Typ

Die Transfermatrix verbindet den Scheitelpunkt S_p des Hauptspiegels vor der Reflexion mit dem Scheitelpunkt S_s des sekundären Spiegels nach der Reflexion:

$$T(\overline{S_\mathrm{p}S_\mathrm{s}}) = \mathcal{R}_\mathrm{m}(S_\mathrm{s})\mathcal{T}(\overline{S_\mathrm{p}S_\mathrm{s}})\mathcal{R}_\mathrm{m}(S_\mathrm{p}). \tag{14.2}$$

Als Funktion der (positiven) Brechkraft B_p des Hauptspiegels, der (negativen oder verschwindenden) Brechkraft B_s des sekundären Spiegels und des Abstandes e_1 zwischen den beiden Spiegeln hat sie die Form:

$$T(\overline{S_\mathrm{p}S_\mathrm{s}}) = \begin{bmatrix} 1 & 0 \\ -B_\mathrm{s} & 1 \end{bmatrix} \begin{bmatrix} 1 & e_1 \\ 0 & 1 \end{bmatrix} \begin{bmatrix} 1 & 0 \\ -B_\mathrm{p} & 1 \end{bmatrix} = \begin{bmatrix} 1 - e_1 B_\mathrm{p} & e_1 \\ -B_1 & 1 - e_1 B_\mathrm{s} \end{bmatrix} \tag{14.3}$$

oder $B_1 = B_\mathrm{p} + B_\mathrm{s} - e_1 B_\mathrm{p} B_\mathrm{s}$.

Beispiel: Transfermatrix des TBL-Objektivs. Da für dieses Beispiel $R_\mathrm{p} = 19{,}972$ m, $e_1 = 8{,}184$ m und $R_\mathrm{s} = 4{,}465$ m ist, haben wir

$$T(\overline{S_\mathrm{p}S_\mathrm{s}}) = \begin{bmatrix} 0{,}18045 & 8{,}184 \\ -0{,}01931 & 4{,}66658 \end{bmatrix}.$$

Daher gilt:

$$B = 0{,}01931\,\delta, \quad f_\mathrm{b} = 1/B_1 = 51{,}787\,\mathrm{m}, \quad f_\mathrm{o} = -1/B_1 = -51{,}787\,\mathrm{m}$$

$$\overline{SF_\mathrm{b}} = f_\mathrm{b} a = 9{,}345\,\mathrm{m} \quad \text{und} \quad \overline{EF_\mathrm{b}} = \overline{SF_\mathrm{b}} - \overline{SE} = 9{,}345 - 8{,}184 = 1{,}1609\,\mathrm{m}.$$

14.1.4 Funktionsweise des Spiegelteleskops

Beobachtung mit dem Okular

Wird mit einem Okular beobachtet, ist das System ebenso wie das normale Teleskop afokal; der bildseitige Brennpunkt des Objektivs des Teleskops fällt mit dem objektseitigen Brennpunkt des Okulars zusammen, so daß die Lichtstrahlen parallel in das Auge des Beobachters fallen. Ist der Eintrittspunkt des Lichtstrahls der objektseitige Hauptpunkt des Objektivs und der Austrittspunkt der bildseitige Hauptpunkt S des Okulars und e die optische Tubuslänge, ergibt sich für die Transfermatrix (siehe Kapitel 12):

$$T(\overline{ES}) = \begin{bmatrix} 1 - eB_1 & e \\ -B & 1 - eB_2 \end{bmatrix} \tag{14.4}$$

mit $B = B_1 + B_2 - eB_1B_2 = 0$. Schließlich erhalten wir sie als Funktion der bildseitigen Brennweiten f_1 bzw. f_2 des Objektivs bzw. des Okulars:

$$T(\overline{ES}) = \begin{bmatrix} -f_2/f_1 & f_1 + f_2 \\ 0 & -f_1/f_2 \end{bmatrix}. \tag{14.5}$$

Im vorherigen Beispiel, bei dem die bildseitige Brennweite des Objektivs die Größenordnung von 50 m hatte, beträgt die Vergrößerung, mit einem Okular der bildseitigen Brennweite $f_2 = 5$ cm, $G = |f_1/f_2| = 1000$.

Zusätzliches optisches System

Heute begnügt man sich nicht mehr mit der gewöhnlichen visuellen Beobachtung. Vielmehr fügt man dem Teleskopobjektiv ein zusätzliches optisches System hinzu, das die Cassegrainschen Brennebene auf eine Ebene abbildet, in der sich ein Detektor, im allgemeinen eine Photonenzählkamera, befindet (siehe Kapitel 15).

Meistens besteht dieses zusätzliche optische System aus einer Linse L_c, die in den Cassegrainschen Brennpunkt plaziert ist und das *Gesichtfeld* des Teleskops festlegt; sie erzeugt ein verkleinertes Bild der Eintrittspupille des Teleskops, d. h. der Halterung des Hauptspiegels (Abbildung 14.3). Anschließend erzeugt ein konvergentes Linsenpaar L_1 und L_2 ein Bild des Cassegrainschen Brennpunktes F_c am Zentrum des Detektors. Im allgemeinen fällt hierbei der Brennpunkt von L_1 mit F_c zusammen; zwischen den beiden Linsen ist daher das Lichtbündel parallel und konvergiert nach der Linse L_2 in deren bildseitiger Brennebene, in der sich der Detektor befindet. Zwischen den beiden Linsen können schließlich noch weitere optische Elemente wie Filter, Masken oder Graufilter eingefügt werden. Der Abbildungsmaßstab dieses Zweilinsensystems ist durch das Verhältnis der beiden Brennweiten gegeben; da er kleiner als 1 ist, damit das gesamte interessierende Gesichtsfeld den Detektor belichtet, wird dieses System *fokaler Abschwächer* genannt.

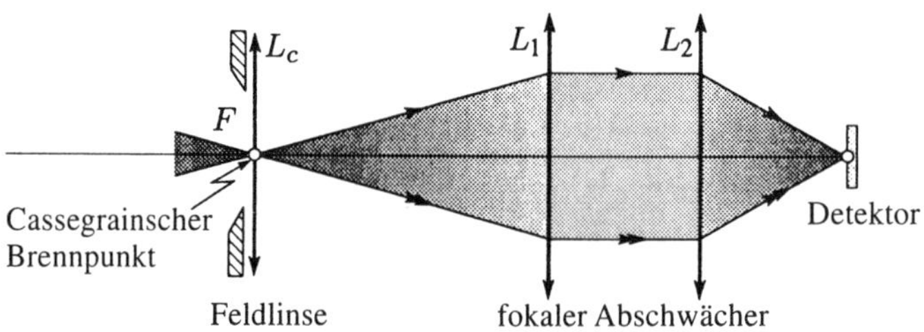

Abb. 14.3

14.1.5 Winkelauflösung

Die theoretische Winkelauflösung, die durch die Beugung bestimmt ist, wird nach folgendem Ausdruck berechnet (siehe Kapitel 12):

$$\Delta\theta = \left(\frac{10}{D_{\text{cm}}}\right)'' .$$

Sie hat damit für das TBL den Wert $\theta = 0{,}05''$, was deutlich besser ist als die effektive Auflösung, die durch die atmosphärischen Störungen begrenzt ist. Die Teleskope sind daher in atmosphärisch ruhigen Gegenden installiert, zum Beispiel auf Hawaii, wo Frankreich und Kanada seit 1979 das Teleskop „KFH“ mit Durchmesser $D = 3{,}60$ m betreiben (siehe A14.7), oder La Silla in Chile, wo die ESO (European South Observatory) mehrere Teleskope installiert hat: das T3,60 seit 1970 und das NTT (New Technology Telescope) mit Durchmesser $D = 3{,}5$ m seit 1990.

Exerimentell bestimmt man die Winkelauflösung, indem der Winkeldurchmesser des beobachteten Lichtflecks gemessen wird. Diese Größe, die die Astronomen „seeing“ (englisch: sehen) nennen, hat als besten Wert die Größenordnung von $0,5''$.

Eine Möglichkeit, die atmosphärischen Störungen vollständig zu umgehen, ist, den Himmel vom Weltraum aus, oberhalb der Atmosphäre, zu beobachten. Die erste Mission dieser Art wurde im April 1990 gestartet. In 600 km Höhe wurde das Hubble-Weltraumteleskop (nach dem amerikanischen Astrophysiker E. Hubble) mit 2,4 m Durchmesser installiert (siehe A14.9). Die anfänglichen Schwierigkeiten aufgrund von Schleiffehlern am Hauptspiegel konnten durch Vorsetzen einer weiteren Linse korrigiert werden.

Aufgrund der hohen Kosten eines solchen Weltraumteleskops (ca. 3 Milliarden DM) sind die Methoden, die die Astronomen zur zumindest teilweisen Beseitigung der atmosphärischen Einflüsse auf der Erde entwickelt haben, nach wie vor von großem Interesse.

Eine dieser Methoden basiert auf bewährten Techniken der Bildverarbeitung: Man analysiert sorgfältig den Einfluß des Instrumentes und der atmosphärischen Störungen auf die Bildentstehung und versucht dann, das Objekt auf der Grundlage des detektierten Bildes und der Eigenschaften des bilderzeugenden Systems zu rekonstruieren. Diese Techniken sind unter dem Namen *inverse Methoden* bekannt und erweisen sich als sehr effektiv, wenn gewisse Zusatzinformationen über das Objekt verwendet werden können.

Bei einer zweiten Methode, die vom französischen Astronomen A. Labeyrie erdacht wurde, verwendet man sehr kurze Belichtungszeiten (Millisekunden); daher werden Bilder des Objekts registriert, die durch eine „gefrorene“ Atmosphäre beobachtet wurden. Das Bild stellt sich als kleine Flecken dar, den sogenannten Sprenkeln oder „speckle“, deren Winkeldurchmesser dem theoretischen entspricht (siehe Kapitel 29).

In einer dritten Methode wird die Deformation der einfallenden Welle durch die Atmosphäre analysiert und versucht, sie durch einen verformbaren Hilfsspiegel in „Echtzeit“ zu kompensieren. Dies ist das Gebiet der *adaptiven Optik.*

Alle diese Techniken sind Gebiete aktueller Forschung.

14.1.6 Krummlinige optische Achsen

Newtonsches Teleskop

Ein bekanntes Beispiel eines Systems, dessen optische Achse nicht geradlinig ist, stellt das *Teleskop nach Newton* dar. Ein kleiner ebener Spiegel M_s, der eine Neigung von 45° aufweist, lenkt das vom Hauptspiegel M_p reflektierte Licht senkrecht dazu ab (Abbildung 14.4). Der Newtonsche Brennpunkt F_N ist zu F_p symmetrisch bezüglich des sekundären Spiegels.

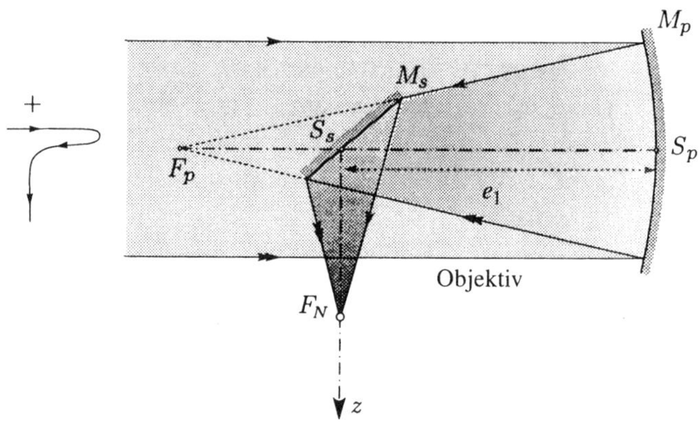

Abb. 14.4

Die optische Achse wird durch den mittleren Lichtweg dargestellt, d. h. durch $S_sS_pS_sF_N$. Das Studium eines solchen Systems mittels der Gauß-Matrizen führt zu keinen besonderen Schwierigkeiten, wenn lokal definierte Achsen verwendet werden, so daß die z-Achse immer in *Richtung* des Lichts *orientiert* ist. Alle Translationsmatrizen haben dann die Form:

$$\begin{bmatrix} 1 & \overline{A_1A_2} \\ 0 & 1 \end{bmatrix}, \tag{14.6}$$

wobei $\overline{A_1A_2}$ eine algebraische Größe ist. Da die Aufgabe des geneigten ebenen Spiegels nur darin besteht, das Licht umzulenken, ist die Reflexionsmatrix die Einheitsmatrix. Man erhält daher die Transfermatrix wie folgt:

$$\begin{aligned} T(\overline{S_\mathrm{p}S_\mathrm{s}}) &= \mathcal{R}_\mathrm{m}(S_\mathrm{s})\mathcal{T}(\overline{S_\mathrm{p}S_\mathrm{s}})\mathcal{R}_\mathrm{m}(S_\mathrm{p}) \\ &= \begin{bmatrix} 1 & 0 \\ 0 & 1 \end{bmatrix} \begin{bmatrix} 1 & e_1 \\ 0 & 1 \end{bmatrix} \begin{bmatrix} 1 & 0 \\ -B_\mathrm{e} & 1 \end{bmatrix} \\ &= \begin{bmatrix} 1 - e_1 B_\mathrm{e} & e_1 \\ -B_\mathrm{e} & 1 \end{bmatrix}. \end{aligned} \tag{14.7}$$

Für den Fall des TBL in der Newtonschen Anordnung hat $T(\overline{S_\mathrm{p}S_\mathrm{s}})$ die Form:

$$T(\overline{S_\mathrm{p}S_\mathrm{s}}) = \begin{bmatrix} 0{,}18045 & 8{,}184 \\ -0{,}1 & 1 \end{bmatrix}. \tag{14.8}$$

β-Spektrometer

Ein aktuelles Beispiel eines katadioptrischen Systems in der Teilchenoptik ist das der Spektrometer oder Energiefilter der Elektronenmikroskope. Diese Instrumente erzeugen durch Magnetfelder eine gekrümmte optische Achse, die aus einer Aneinanderreihung von Kreisen und Linien besteht. Damit werden symmetrische Spektrometer vom Typ Ω und α erzeugt, die nach ihrer Form so benannt wurden (Abbildung 14.5). Die Behandlung dieser Systeme mit Hilfe der geometrischen Optik unterscheidet sich grundsätzlich nicht vom Vorhergehenden.

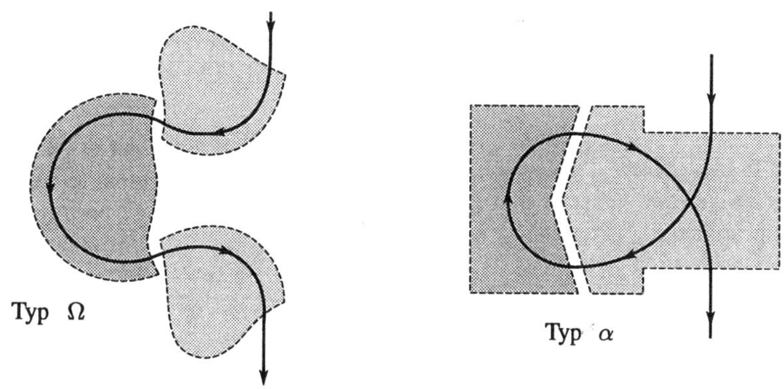

Abb. 14.5

14.2 Zu einem Spiegel äquivalente katadioptrische Systeme

Katadioptrische Systeme können wie in Abbildung 14.6 dargestellt werden. Auf der rechten Seite bewirkt ein Spiegel den nochmaligen Durchlauf des Lichtes durch das System. Es ist daher naheliegend, als Eintritts- und Austrittsebene zwei Ebenen zu wählen, die im selben Ort zusammenfallen. Wir werden sehen, daß wir damit zu Formen kommen, die mathematisch leicht zu handhaben sind.

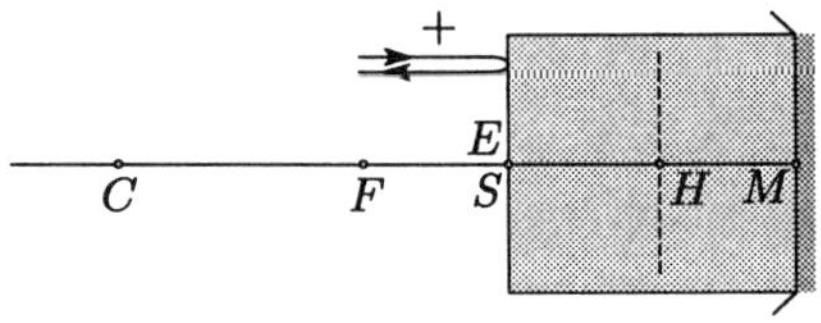

Abb. 14.6

14.2.1 Transfermatrix

Die Transfermatrix $T(\overline{ES})$ ist ein Produkt dreier Matrizen:

$$T(\overline{ES}) = T(\overline{MS})\mathcal{R}_{\mathrm{m}}T(\overline{EM}), \tag{14.9}$$

wobei $T(\overline{EM})$ und $T(\overline{MS})$ die Transfermatrizen desselben dioptrischen Systems in Hin- bzw. Rückrichtung sind. Diese sind miteinander verknüpft. Erstens ist die Brechkraft gleich, da die Translationsmatrizen für beide Richtungen identisch sind und die Brechkräfte jeder einzelnen Grenzfläche unverändert bleiben ($\overline{R}$ wechselt das Vorzeichen und die Indizes werden vertauscht). Zweitens sind die Matrixelemente a und d nur miteinander vertauscht, da die Hauptebenen und die Brennpunkte ebenfalls nur vertauscht sind. Das letzte Matrixelement bleibt unverändert, da die Determinante der Matrizen eins sein muß. Daher erhalten wir:

$$T(\overline{EM}) = \begin{bmatrix} a_1 & b_1 \\ -B_1 & d_1 \end{bmatrix} \tag{14.10}$$

und

$$T(\overline{MS}) = \begin{bmatrix} d_1 & b_1 \\ -B_1 & a_1 \end{bmatrix}. \tag{14.11}$$

Daraus folgt:

$$
\begin{aligned}
T(\overline{ES}) &= \begin{bmatrix} d_1 & b_1 \\ -B_1 & a_1 \end{bmatrix} \begin{bmatrix} 1 & 0 \\ -B_\mathrm{m} & a_1 \end{bmatrix} \begin{bmatrix} a_1 & b_1 \\ -B_1 & d_1 \end{bmatrix} \\
&= \begin{bmatrix} d_1 & b_1 \\ -B_1 & a_1 \end{bmatrix} \begin{bmatrix} a_1 & b_1 \\ -B_\mathrm{m}a_1 - B_1 & -B_\mathrm{m}b_1 + d_1 \end{bmatrix} \\
&= \begin{bmatrix} a_1 d_1 - b_1(B_1 + B_\mathrm{m}a_1) & b_1 d_1 + b_1 d_1 - B_\mathrm{m} b_1^2 \\ -B_1 a_1 - a_1(B_\mathrm{m}a_1 + B_1) & -B_1 b_1 + a_1(d_1 - v_\mathrm{m} b_1) \end{bmatrix}. \qquad (14.12)
\end{aligned}
$$

Da die Diagonalelemente a und d der Matrix $T(\overline{ES})$ gleich sind, kann diese schließlich in der Form

$$
T(\overline{ES}) = \begin{bmatrix} a & b \\ -B & a \end{bmatrix} \qquad (14.13)
$$

geschrieben werden.

14.2.2 Kardinalelemente

Man erhält die Kardinalelemente wie üblich aus der Transfermatrix:

$$
f_\mathrm{b} = \frac{n_\mathrm{b}}{B} = \frac{1}{B} \quad \text{und} \quad f_\mathrm{o} = -\frac{n_\mathrm{o}}{B} = -\frac{1}{B}, \qquad (14.14)
$$

$$
\overline{SH_\mathrm{b}} = f_\mathrm{b}(a-1) \quad \text{und} \quad \overline{EH_\mathrm{o}} = f_\mathrm{o}(a-1) = -\overline{SH_\mathrm{b}}. \qquad (14.15)
$$

Beachten wir die Konvention zur Orientierung der optischen Achse, die mit dem mittleren Lichtstrahl verbunden ist, liegen die Punkte H_o und H_b im *selben* Punkt H. Weiterhin fallen auch die Brennpunkte wegen $\overline{H_\mathrm{o}F_\mathrm{o}} = -1/B$ und $\overline{H_\mathrm{b}F_\mathrm{b}} = 1/B$ im *selben* Punkt F zusammen.

14.2.3 Äquivalenter Spiegel

Die eben berechneten Kardinalelemente könnten die eines *äquivalenten* Spiegels sein: H stellt dann den Scheitelpunkt und F den Brennpunkt dar. Der Krümmungsmittelpunkt N, in dem die beiden Knotenpunkte zusammenfallen, ergibt sich aus der Eigenschaft der Spiegels: $\overline{HN} = 2\overline{HF}$.

Die Bestimmung des äquivalenten Spiegels für das obige System über eine geometrische Methode stützt sich auf die folgenden beiden Tatsachen:

1. Ein Lichtstrahl, der durch den Knotenpunkt N verläuft, passiert auch den Krümmungsmittelpunkt C des Spiegels M im obigen System; ein solcher Lichtstrahl muß nämlich auf demselben Weg aus dem System treten, den er beim Einfall passiert hat, so daß er die Knotenpunkte in C passieren muß (Abbildung 14.7). Das heißt, N ist der zu C konjugierte *Objektpunkt* für das dioptrische System EM mit optischer Achse in Richtung des einfallenden Lichtes.
2. Ein in H einfallender Lichtstrahl tritt symmetrisch wieder in H aus, da H der Scheitelpunkt des äquivalenten Spiegels ist (Abbildung 14.7). Dieser Lichtstrahl, dessen einfallender Teil symmetrisch zum reflektierten ist, wird an dem Spiegel symmetrisch gespiegelt und verläuft daher durch M. Daher ist H der *objektseitige*, zu M konjugierte Punkt für das dioptrische System EM mit optischer Achse in Richtung des *einfallenden* Lichtes.

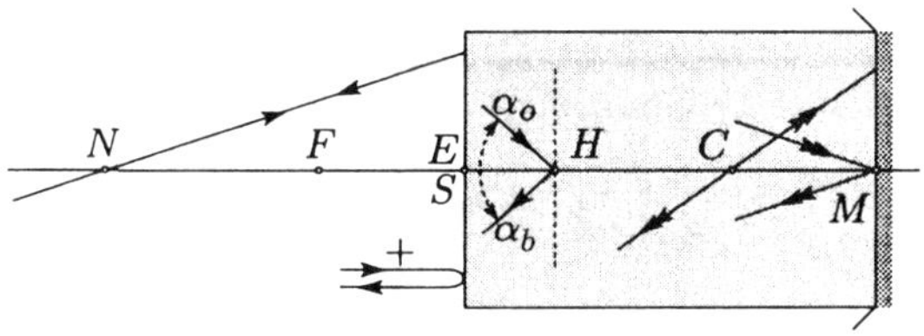

Abb. 14.7

14.2.4 Teilverspiegelte Kugellinse

Wir wollen nun die Kardinalelemente einer Kugellinse mit Brechungsindex n und Radius a, deren eine Seite verpiegelt ist, bestimmen (Abbildung 14.8).

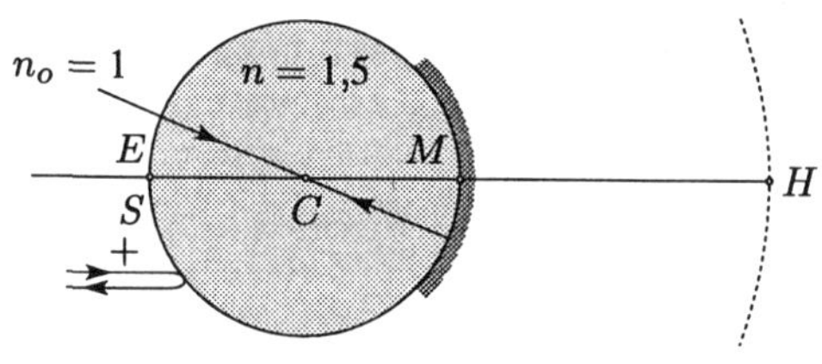

Abb. 14.8

Matrixmethode

Wir stellen zuerst fest, daß ein einfallender Lichtstrahl, der durch das Zentrum C verläuft, wieder in dieselbe Richtung zurückgeworfen wird. Die Transfermatrix lautet: $T(\overline{ES}) = T(\overline{MS})\mathcal{R}_{\mathrm{m}}(M)T(\overline{EM})$, wobei

$$\mathcal{R}(M) = \begin{bmatrix} 1 & 0 \\ -B & 1 \end{bmatrix} \quad \text{mit} \quad B = -\frac{2n}{\overline{R}} = \frac{2n}{a} \tag{14.16}$$

und

$$\begin{aligned} T(\overline{EM}) = \mathcal{T}(\overline{EM})\mathcal{R}(E) &= \begin{bmatrix} 1 & 2a/n \\ 0 & 1 \end{bmatrix} \begin{bmatrix} 1 & 0 \\ -(n-1)/a & 1 \end{bmatrix} \\ &= \begin{bmatrix} -1+2/n & 2a/n \\ -(n-1)/a & 1 \end{bmatrix} \end{aligned} \tag{14.17}$$

sind. Daher ergibt sich

$$\begin{aligned} T(\overline{ES}) &= \begin{bmatrix} 1 & 2a/n \\ -(n-1)/a & -1+2/n \end{bmatrix} \begin{bmatrix} 1 & 0 \\ -2n/a & 1 \end{bmatrix} \begin{bmatrix} -1+2/n & 2a/n \\ -(n-1)/a & 1 \end{bmatrix} \\ &= \begin{bmatrix} 1-4/n & -4a/n \\ -(2/na)(2-n) & 1-4/n \end{bmatrix}. \end{aligned} \tag{14.18}$$

Somit erhalten wir:

$$B = \frac{2(2-n)}{na}; \qquad f_{\mathrm{b}} = \frac{na}{2(2-n)}, \tag{14.19}$$

$$\overline{SH_{\mathrm{b}}} = \frac{na}{2(2-n)}\left(-\frac{4}{n}\right) = -\frac{2a}{2-n}. \tag{14.20}$$

Ist $n = 1{,}5$, haben wir $B = 2/(3a)$, $f_{\mathrm{b}} = 3a/2$ und $\overline{SH_{\mathrm{b}}} = -4a$. Der äquivalente Spiegel hat seinen Scheitelpunkt H $4a$ rechts von S. Der Krümmungsmittelpunkt N liegt in C, da $\overline{HN} = 2f_{\mathrm{b}} = 3a$ gilt.

Bemerkung: Ist $n = 2$ wird $B = 0$: Das System ist afokal,

$$T(\overline{ES}) = \begin{bmatrix} -1 & -2a \\ 0 & -1 \end{bmatrix}.$$

Der Abbildungs- und Tiefenmaßstab sind beide konstant und gleich -1. Ein solches System ist ein Rückstrahler („Katzenauge"), da es alle einfallenden Lichtstrahlen in *dieselbe Richtung* reflektiert.

Algebraische Methode

Diese Methode eignet sich gut für das einfache System von Abbildung 14.8:

1. N ist das konjugierte Objekt zu C relativ zu der Eintrittsgrenzfläche in E. N liegt also in C, was man leicht bestätigt:

$$\frac{n}{a} - \frac{1}{\overline{EN}} = \frac{n-1}{a}$$

oder

$$\overline{EN} = a. \tag{14.21}$$

2. H ist das zu M konjugierte Objekt relativ zu der Eintrittsgrenzfläche. Daher gilt:

$$\frac{n}{2a} - \frac{1}{\overline{EH}} = \frac{n-1}{a}$$

bzw.

$$\overline{EH} = \frac{2a}{2-n}. \tag{14.22}$$

14.2.5 Autokollimation

Die Autokollimation stellt eine einfache Technik zur Bestimmung der Brennweite einer konvergenten dünnen Linse L dar. Hierzu wird ein *ebener* Spiegel, der hinter der Linse angeordnet wird, verwendet. Man bestimmt die Position des Linsen-Spiegel-Systems, für die die Bild- und Objektebenen zusammenfallen. Dies ist der Fall, sobald die Ebenen in der objektseitigen Brennebene von L liegen (Abbildung 14.9). Das von L erzeugte konjugierte Bild von A_oB_o liegt dann im Unendlichen, der ebene Spiegel erzeugt ebenfalls ein Bild im Unendlichen, so daß das Bild nach der Reflexion und erneutem Durchgang durch die Linse L wieder in der Brennebene von L liegt.

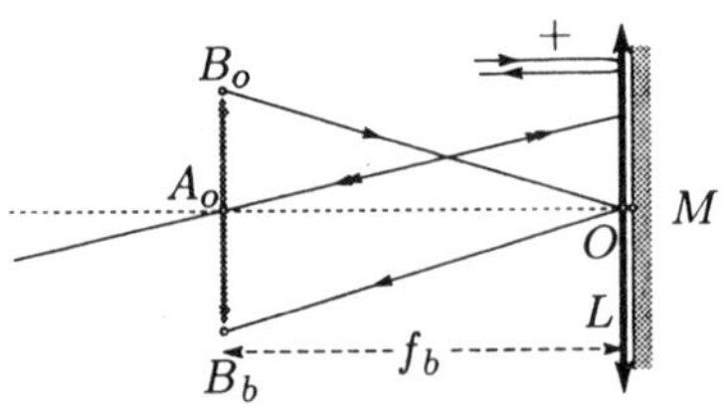

Abb. 14.9

Wir wollen dieses Ergebnis mit dem Formalismus der Transfermatrix des katadioptrischen Systems aus Linse und Spiegel, der sich im Abstand d hinter der Linse befindet, überprüfen:

$$\begin{aligned} T(\overline{O_-O_+}) &= T(\overline{MO})\mathcal{R}_{\mathrm{m}}(M)T(\overline{OM}) \\ &= \begin{bmatrix} 1 & d \\ -1/f_{\mathrm{b}} & 1-d/f_{\mathrm{b}} \end{bmatrix} I \begin{bmatrix} 1-d/f_{\mathrm{b}} & d \\ -1/f_{\mathrm{b}} & 1 \end{bmatrix} \\ &= \begin{bmatrix} 1-2d/f_{\mathrm{b}} & 2d \\ -2(1-d/f_{\mathrm{b}})/f_{\mathrm{b}} & 1-2d/f_{\mathrm{b}} \end{bmatrix}. \end{aligned} \tag{14.23}$$

Daraus folgt (siehe auch Gleichungen (14.14) und (14.15)), daß der äquivalente Spiegel ein konkaver Spiegel mit Scheitelpunkt H ist, für den gilt: $\overline{OH} = -d/(1-d/f_{\mathrm{b}})$ und dessen Krümmungsmittelpunkt N sich aus $\overline{HN} = 2\overline{HF} = f_{\mathrm{b}}/(1-d/f_{\mathrm{b}})$ ergibt. In N, wo die Knotenpunkte zusammenfallen, befinden sich das Objekt und das Bild in derselben Ebene und zueinander symmetrisch. Berechnen wir $\overline{ON}$:

$$\overline{ON} = \overline{OH} + \overline{HN} = \frac{-d}{1-d/f_{\mathrm{b}}} + \frac{f_{\mathrm{b}}}{1-d/f_{\mathrm{b}}} = f_{\mathrm{b}}. \tag{14.24}$$

In der Praxis wird der Spiegel meistens direkt an der Linse angebracht, ohne Spiegel tritt das Lichtbündel parallel aus. Deshalb wird der Autokollimator auch zur Erzeugung *paralleler Lichtbündel* verwendet.

14.2.6 Rückstrahler

Ein Rückstrahler ist aus einer konvergenten dünnen Linse L und einem ebenen Spiegel, der in der bildseitigen Brennebene der Linse angeordnet wird, aufgebaut. Er wirft das Licht in Richtung des einfallenden Lichtes zurück (Abbildung 14.10). Der Punkt in der bildseitigen Brennebene der Linse, der vom einfallenden Lichtstrahl nach dem ersten Durchgang durch die Linse passiert wird, ist ein sekundärer Brennpunkt; das vom Spiegel reflektierte Licht tritt daher parallel zu der Einfallsrichtung aus der Linse heraus.

Berechnen wir die Transfermatrix zwischen der Eintritts- und Austrittsebene, die beide in der objektseitigen Brennebene der Linse vereinigt sind:

$$T(\overline{ES}) = T(\overline{MS})\mathcal{R}_{\mathrm{m}}(M)T(\overline{EM}) \tag{14.25}$$

mit

$$T(\overline{EM}) = T(\overline{F_{\mathrm{o}}F_{\mathrm{b}}}) = \begin{bmatrix} 0 & f_{\mathrm{b}} \\ -1/f_{\mathrm{b}} & 0 \end{bmatrix}. \tag{14.26}$$

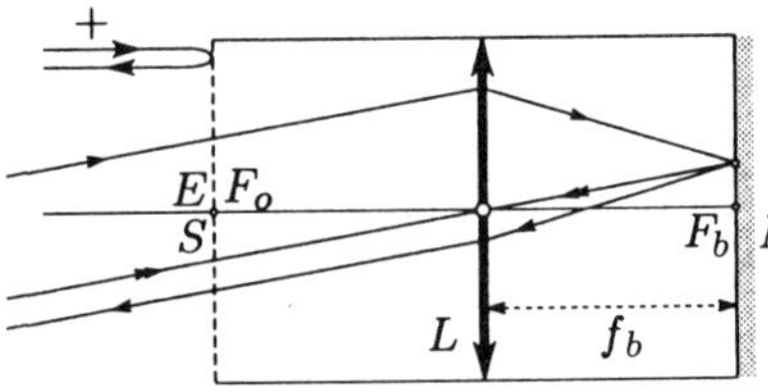

Abb. 14.10

Damit folgt:

$$T(\overline{ES}) = \begin{bmatrix} 0 & f_\mathrm{b} \\ -1/f_\mathrm{b} & 0 \end{bmatrix} I \begin{bmatrix} 0 & f_\mathrm{b} \\ -1/f_\mathrm{b} & 0 \end{bmatrix} = \begin{bmatrix} -1 & 0 \\ 0 & -1 \end{bmatrix} = -I. \quad (14.27)$$

Ein solches afokales System wird als Rückstrahler bezeichnet, weil er das Licht in die Einfallsrichtung zurückwirft. Dies kann leicht durch die geometrische Konstruktion bestätigt werden.

14.3 Zusammenfassung

Die katadioptrischen Systeme werden in zwei Gruppen unterteilt, wobei die erste äquivalent zu dioptrischen Systemen und die zweite äquivalent zu Spiegeln ist.

Ein typisches katadioptrisches Instrument ist das Spiegelteleskop. Es ist von größter Bedeutung für die Beobachtung von Sternen. Seine Vorteile liegen darin, daß es wegen seines großen Öffnungsdurchmessers viel Licht sammelt und mit Hilfe zusätzlicher Vorrichtungen eine theoretische Auflösung von einem Bruchteil einer Bogensekunde erreicht werden kann.

Die katadioptrischen Systeme können effektiv mit der Matrixmethode analysiert werden, solange als optische Achse der mittlere Lichtweg in Richtung der Bewegungsrichtung verwendet wird. Ist die Achse krummlinig, erweist sich diese Konvention als unbedingt notwendig.

Die Berechnung der zu katadioptrischen Systemen äquivalenten Spiegel, die das Licht in Einfallsrichtung reflektieren, wird ebenfalls sehr erleichtert, wenn man das System in zwei identische Teile zerlegt, die das Licht in jeweils umgekehrter Richtung passiert.

14.4 Aufgaben

A14.1 Parabolischer Spiegel aus Quecksilber

Man hat erwogen, ein großes Teleskop von 30 m Durchmesser zu konstruieren, indem eine Wanne mit Quecksilber gleichförmig um ihre senkrechte Rotationsachse gedreht wird.

1. Zeigen Sie, daß die Oberfläche der Flüssigkeit parabolisch ist. Begründen Sie das Interesse an einer solchen Konstruktion!
2. Bestimmen Sie die bildseitige Brennweite f_b als Funktion des Schwerefeldes der Erde g und der Winkelgeschwindigkeit ω des Spiegels. Berechnen Sie die Geschwindigkeit eines Punktes am Rande der Wanne für den Fall $f_b = 30$ m!

A14.2 Äquivalenter Spiegel eines katadioptrischen Systems

Der Boden eines Zylinders besteht aus einer sphärischen, konkaven reflektierenden Oberfläche, deren Krümmungsmittelpunkt auf der Achse des Zylinders 2 m vom Boden entfernt ist. In dem Zylinder steht 50 cm hoch Wasser (Index 1,33) (Abbildung 14.11).

Bestimmen Sie die Eigenschaften des äquivalenten Spiegels!

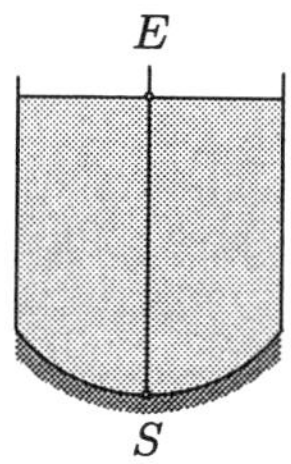

Abb. 14.11

A14.3 Kombination aus dicker Linse und Spiegel

Wir betrachten eine plankonvexe Linse L (Abbildung 14.12), deren Transfermatrix in SI-Einheiten die Form

$$T(ES) = \begin{bmatrix} 2/3 & 0{,}04/3 \\ -25 & 1 \end{bmatrix}$$

hat. Nun wird sie umgedreht und hinter ihr ein Spiegel M angeordnet, so daß das Ganze ein zentriertes System bildet.

1. Der Spiegel ist eben und befindet sich 2 cm vor der Austrittsebene der Linse L. Geben Sie die Eigenschaften des zu diesem System äquivalenten Spiegels an!
2. Wie muß der Spiegel beschaffen sein (Brechkraft, Krümmungsradius), damit das System {LM} afokal ist? Berechnen Sie den Abbildungsmaßstab, den Tiefenmaßstab und das Winkelverhältnis. Konstruieren Sie den Strahlengang eines Lichtstrahls, der parallel zu der optischen Achse auf die Linse trifft. Wo entsteht das Bild, das durch das System von einem reellen Objekt, welches 1 cm vor der Eintrittsfläche liegt, erzeugt wird?

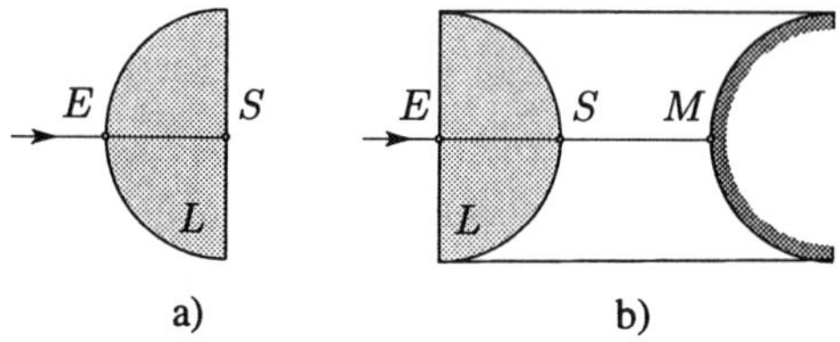

Abb. 14.12

A14.4 Teleskop „Bernard Lyot" nach Strand am Pic du Midi
Die Eigenschaften des Hauptspiegels M_p des Teleskops BL am Pic du Midi sind in Kapitel 14 angegeben. Man fügt M_p einen sekundären Spiegel M_s hinzu, der das Licht in die Einfallsrichtung zurückwirft.

In welchem Abstand zum Scheitelpunkt S_p von M_p muß M_s plaziert werden, damit der Brennpunkt des Objektivs in einem Abstand von 1,16 m hinter S_p liegt? Konstruieren Sie den Strahlenverlauf!

A14.5 Störreflektionen an der dicken Linse
Eine von Luft umgebene dicke Linse L hat die in Abbildung 14.13 gegebenen Charakteristika. Das einfallende monochromatische Licht fällt auf die Eintrittsfläche Exy und tritt aus der Fläche Sxy aus.

1. Bestimmen sie die Kardinalelemente von L (Brechkraft, Brennweiten, Abstand zwischen E und der objektseitigen Hauptebene, Abstand zwischen S und der bildseitigen Hauptebene, Knotenpunkte, Brennebenen)!
2. Bestimmen Sie algebraisch die zu der Eintrittsfläche Exy konjugierte Ebene!
3. Man stellt fest, daß ein zu der optischen Achse paralleles Lichtbündel aus L tritt und in verschiedenen Brennpunkten F, F_1, $F_2, \ldots$, F_n konvergiert: F ist der übliche dioptrische Brennpunkt, während F_1, $F_2, \ldots$, F_n $1, 2, 3, \ldots$, n Doppelreflexionen zwischen der Ein- und Austrittsfläche entsprechen, z. B. ist F_1 der Brennpunkt des Lichtes, das an Exy gebrochen, an Sxy und Exy reflektiert und schließlich an Sxy gebrochen wurde.
   - Zeigen Sie durch Berechnen der Brechkräfte, daß die reflektierenden Eintritts- und Austrittsflächen konvergent sind!
   - In welchem Abstand von S befindet sich F_1? Wie kann F_n bestimmt werden?

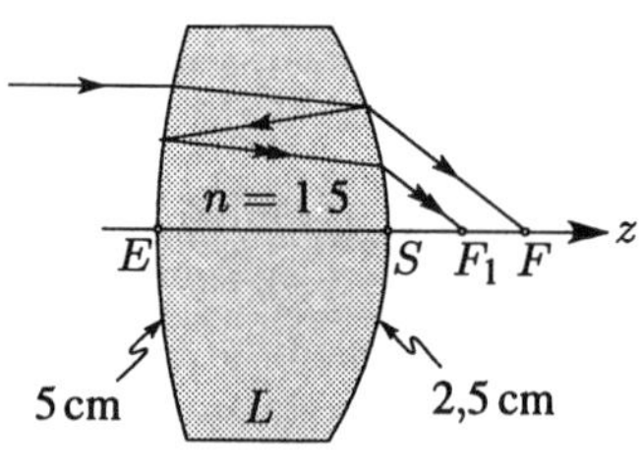

Abb. 14.13

A14.6 Von einem Mach-Zehnder-System erzeugte Bilder

1. Konstruieren Sie die Bilder S_1 und S_2 einer Punktquelle S, die durch die optischen Systeme $\{IJ_1K\}$ und $\{IJ_2K\}$ in Abbildung 14.14 erzeugt werden. Die beiden Spiegel M_1 und M_2 sowie die halbdurchlässigen Platten Sp_1 und Sp_2 von vernachlässigbarer Dicke weisen eine Neigung von 45° auf.
2. Berechnen Sie die Transfermatrizen zwischen dem Eingang I und dem Ausgang K
   a) entlang J_1,
   b) entlang J_2.

   Wie wird die erste Matrix modifiziert, wenn in den Strahlengang J_1K eine planparallele Platte der Dicke $e = 2$ cm und mit Brechungsindex $n = 1{,}33$ eingeführt wird?
3. Leiten Sie daraus den Abstand zwischen den beiden Bildern S_1 und S_2 ab!

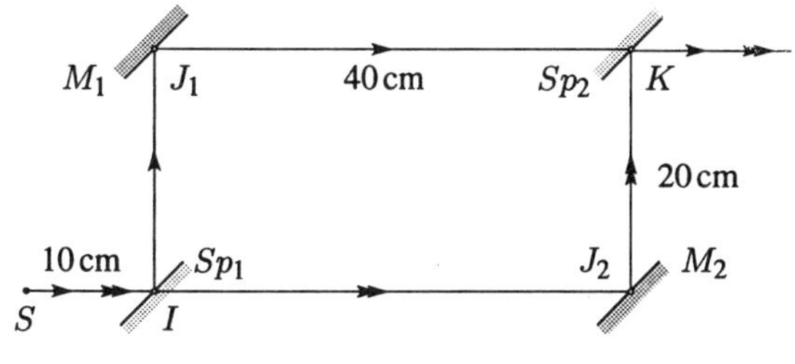

Abb. 14.14

A14.7 Teleskop KFH (Kanada, Frankreich, Hawaii)

Das Teleskop KFH befindet sich auf der Insel Hawaii auf dem Gipfel des Mauna-Kea in 4200 m Höhe. Die geometrischen Eigenschaften seines Cassegrainschen Objektivs sind die folgenden: Der Krümmungsradius des konkaven Hauptspiegels beträgt 27 m, der Krümmungsradius des konvexen sekundären Spiegels 18,665 m, der Abstand zwischen den Scheitelpunkten der beiden Spiegel $e = 8{,}566$ m sowie der Durchmesser des Hauptspiegels $D = 3{,}58$ m.

1. Vom Teleskopobjektiv erzeugte Bilder
   - Bestimmen Sie die Kardinalelemente des Objektivs (Brennweiten, Hauptebenen, Knotenpunkte, Brennpunkte)!
   - Welche Lage hat das Bild, das der sekundäre Spiegel vom Hauptspiegel erzeugt? Berechnen Sie in Metern den Abstand, der den bildseitigen Brennpunkt des Objektivs vom Scheitelpunkt des Hauptspiegels trennt!
2. Man beobachtet das Bild eines Doppelsternes mit einem Winkeldurchmesser von $2''$. Wie groß ist der Abstand in Millimetern, der die beiden Teile dieses Sternes in der Beobachtungsebene voneinander trennt?
3. Am Eingang des Teleskops direkt vor dem Hauptspiegel wird eine Blende plaziert, die zwei Löcher im Abstand von 3 m besitzt. Bestimmen Sie die Lage und Größe des Bildes, das das Objektiv von ihnen erzeugt!

A14.8 Äquivalenter Spiegel zu einem System aus divergenter Linse und konkavem Spiegel

Wir betrachten eine divergente Linse L der Brennweite 4 cm und einen sphärischen konkaven Spiegel M, dessen Krümmungsmittelpunkt mit dem bildseitigen Brennpunkt von

L identisch ist und dessen Scheitelpunkt mit dem objektseitigen Brenpunkt der Linse zusammenfällt.

1. Konstruieren Sie das Bild eines Objektes, das sich 6 cm vor L befindet!
2. Welches sind die Eigenschaften des äquivalenten Spiegels?

A14.9 Hubble Space Telescope
Das Weltraumteleskop Hubble Space Telescope (HST) wurde am 24. April 1990 in eine kreisförmige Umlaufbahn der Erde in 539 km Höhe gebracht. Es ist ein Telekop vom Cassegrainschen Typ mit einem Durchmesser $D = 2{,}4$ m.

Der Hauptspiegel M_p des Objektivs, mit Scheitelpunkt E, ist ein Rotationsparaboloid, das durch einen sphärischen Spiegel mit einem Krümmungsradius von 11,04 m beschrieben werden kann. Der sekundäre Spiegel M_s ist sphärisch-konvex, hat einen Krümmungsradius von 1,358 m und ist 4,906 m vom Scheitelpunkt von M_p entfernt.

1. Wie groß ist die Brechkraft und die bildseitige Brennweite von M_p? Folgern Sie daraus die Lage des bildseitigen primären Brennpunktes F_p bezüglich E!
2. Berechnen Sie die Brechkraft von M_s. Bestimmen Sie das Bild, das M_s von F_p erzeugt. Schließen Sie hieraus auf die Lage des Cassegrainschen bildseitigen Brennpunktes F_c des Objektivs relativ zu E!
3. Bestimmen Sie die Lage und Größe des Bildes, das M_s von der Halterung von M_p erzeugt. Konstruieren Sie den Strahlenverlauf!
4. Welchen Wert hat die bildseitige Brennweite f_1 des Objektivs?

15 Photometrie. Detektoren

Die Photometrie umfaßt die verschiedenen Verfahren zur Messung der Energie von Lichtstrahlung. Man bezeichnet sie als *visuell*, sobald das Auge als Empfänger fungiert. Wie wir weiter oben bemerkt haben, kann das Auge nur Strahlung im Wellenlängenbereich zwischen 400 nm und 750 nm wahrnehmen. Da die Detektoreffizienz normalerweise von der Frequenz der Strahlung abhängt, werden monochromatische oder spektrale (für jede einzelne Frequenz der Strahlung) photometrische Größen definiert. Im folgenden wollen wir nur monochromatische Strahlung betrachten; die Verallgemeinerung auf polychromatisches Licht erfolgt dann in einfacher Weise durch Summierung über die verschiedenen Frequenzen.

Wir definieren zuerst die photometrischen Größen, indem wir ihre SI-Einheiten sowie ihre lichttechnischen Einheiten festlegen. Wir führen dann die strahlungsphysikalischen Relationen ein, die alle diese Größen für ein zentriertes optisches System verknüpfen. Schließlich stellen wir die verschiedenen Arten von Detektoren zur Messung von Strahlung vor.

15.1 Photometrische Größen

Die Lichtenergie, die von einer Quelle emittiert wird und auf einen Detektor trifft, wächst proportional mit der Zeit. Man führt den *Lichtstrom* Φ ein, der gleich der von der Quelle ausgestrahlten Leistung entlang der Lichtstrahlen ist. Die äquivalente Strahlungsgröße ist der Strahlungsfluß oder die Strahlungsleistung (Kapitel 7).

Wir betrachten eine Quelle der infinitesimalen Fläche dS am Punkt A. Der Lichtstrom, der in den Raumwinkel dΩ um die Achse AA', die den Winkel θ mit der Normalen von dS bildet, emittiert wird, ist proportional zu dS und dΩ (Abbildung 15.1):

$$\delta^2\Phi = L\cos\theta \mathrm{d}S\mathrm{d}\Omega, \tag{15.1}$$

unter der Annahme, daß der Koeffizient L, die sogenannte *Leuchtdichte*, schwach von θ abhängt.

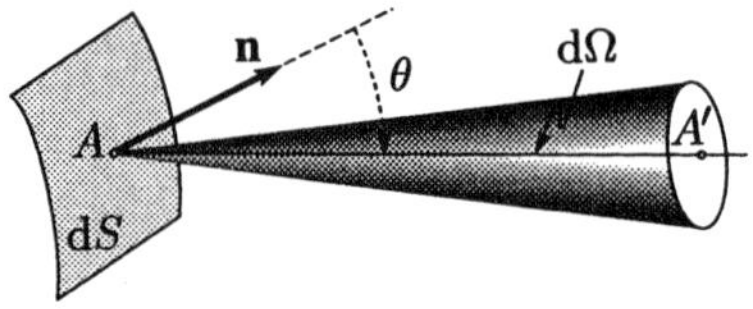

Abb. 15.1

Für den Fall, in dem L *unabhängig* von θ ist, gehorcht die Quelle dem *Lambertschen Gesetz* (nach dem französischen Physiker J. H. Lambert).

Die SI-Einheit für Φ ist das Lumen (lm), die der Leuchtdichte ist $\mathrm{lm\,m^{-2}\,sr^{-1}}$.

Bemerkung: Für die Strahlung $\lambda = 555$ nm, bei der das Sensibilitätsmaximum des Auges in der Tagsicht liegt, entspricht das Lumen $1/683 \approx 1{,}46 \cdot 10^{-3}$ W.

15.1.1 Lichtstärke einer Quelle

Die *Lichtstärke einer Quelle* ist der Lichtstrom pro Einheitsraumwinkelelement:

$$\mathcal{I} \equiv \frac{\delta\Phi}{\mathrm{d}\Omega} = \int L\cos\theta \mathrm{d}S \tag{15.2}$$

und wird in $\mathrm{W\,sr^{-1}}$, $\mathrm{lm\,sr^{-1}}$ oder Candela angegeben. Die Candela ist eine SI-Basiseinheit: Sie ist die Lichtstärke in einer bestimmten Richtung einer Strahlungsquelle, die monochromatische Strahlung der Frequenz $540 \cdot 10^{12}$ Hz aussendet und deren Intensität in dieser Richtung $1/683$ W $\mathrm{sr^{-1}}$ beträgt.

Gehorcht die Quelle dem Lambertschen Gesetz, hängt die Lichtintensität vom Cosinus des Winkels θ ab:

$$\mathcal{I} = \cos\theta \int L\mathrm{d}S$$

oder mit $\mathcal{I}_0 = \int L\mathrm{d}S$

$$\mathcal{I} = \mathcal{I}_0 \cos\theta. \tag{15.3}$$

Die Kurve $\mathcal{I} = \mathcal{I}(\theta)$, die die Intensität als Funktion von θ angibt, wird die *Richtungscharakteristik* der Quelle genannt. In dem Fall, in dem die Quelle dem Lambertschen Gesetz gehorcht, ist die Richtungscharakteristik ein Kreis mit Durchmesser $\mathcal{I}_0$, der durch die Quelle geht (siehe A15.1).

15.1.2 Die spezifische Lichtausstrahlung

Die *spezifische Lichtausstrahlung* M einer Quelle S ist der Lichtstrom, der pro Flächenelement von der Quelle emittiert wird:

$$M \equiv \frac{\delta \Phi}{\mathrm{d}S} = \int L \cos\theta \mathrm{d}\Omega. \tag{15.4}$$

Die SI-Einheit ist $\mathrm{lm\,m^{-2}}$ oder Lux.

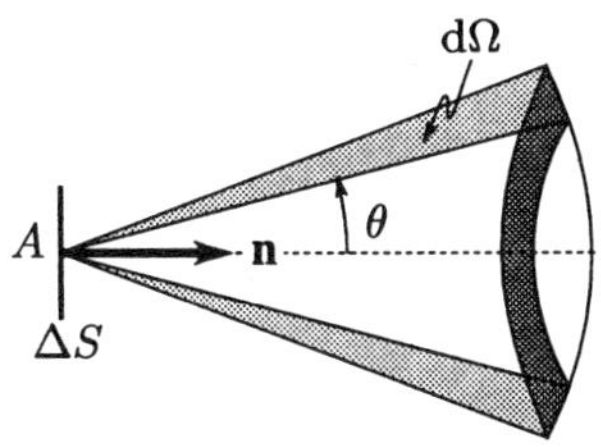

Abb. 15.2

Die Beziehung zwischen M und L ist leicht für den Fall zu finden, in dem L unabhängig von θ ist (Abbildung 15.2):

$$M = L \int \cos\theta \mathrm{d}\Omega \tag{15.5}$$

mit

$$\mathrm{d}\Omega = 2\pi \sin\theta \mathrm{d}\theta.$$

Daraus folgt:

$$M = 2\pi L \int_0^{\pi/2} \cos\theta \sin\theta \mathrm{d}\theta = 2\pi L \left(\frac{\sin^2\theta}{2}\right)_0^{\pi/2} = 2\pi L \frac{1}{2} \tag{15.6}$$

oder

$$\boxed{M = \pi L.} \tag{15.7}$$

Für eine Lichtquelle, die dem Lambertschen Gesetz gehorcht, ist die spezifische Lichtaustrahlung also proportional zu der Leuchtdichte.

15.1.3 Das Grundgesetz der Strahlungsübertragung

Wir bezeichnen mit $\mathrm{d}S'$ das Flächenelement, das durch den Lichtkegel mit Spitze A und Raumwinkel $\mathrm{d}\Omega$ begrenzt wird (Abbildung 15.3). Auf dieses Flächenelement am Punkt A' trifft der Lichtstrom $\delta^2\Phi$, der von der Fläche $\mathrm{d}S$ emittiert wurde. Es ist mit dem Raumwinkelelement $\mathrm{d}\Omega$ über

$$\mathrm{d}\Omega = \frac{\mathrm{d}S' \cos\theta'}{r^2} \tag{15.8}$$

verbunden, wobei θ' der Winkel zwischen AA' und der Normalen auf $\mathrm{d}S'$ ist.

Das *Grundgesetz der Strahlungsübertragung*,

$$\delta^2\Phi = L\frac{\cos\theta\cos\theta'\mathrm{d}S\mathrm{d}S'}{r^2}, \tag{15.9}$$

beschreibt die Bestrahlung eines Flächenelementes $\mathrm{d}S'$ mit Strahlung aus der Fläche $\mathrm{d}S$ der Quelle. Die *Beleuchtungsstärke* E ergibt sich durch Integration über die Fläche S':

$$E = \int L\frac{\cos\theta\cos\theta'}{r^2}\mathrm{d}S. \tag{15.10}$$

Die Maßeinheit für E sind $\mathrm{W\,m^{-2}}$, $\mathrm{lm\,m^{-2}}$ oder Lux.

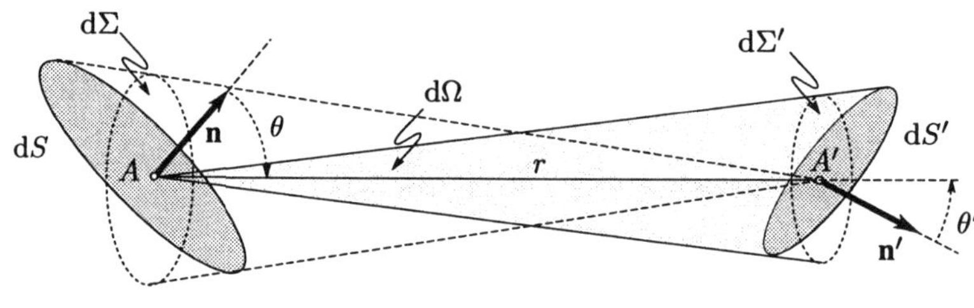

Abb. 15.3

Ist die Quelle klein (punktförmig), ändern sich $r = AA'$ und θ' wenig. Daraus folgt:

$$E = \frac{\cos\theta'}{r^2}\int L\cos\theta\mathrm{d}S = \frac{\mathcal{I}\cos\theta'}{r^2}. \tag{15.11}$$

Das heißt, die Beleuchtungsstärke, die von einer punktförmigen Lichtquelle auf einer Fläche erzeugt wird, variiert mit $\cos\theta'$ und nimmt quadratisch mit r ab (*quadratisches Entfernungsgesetz*).

Fallen Lichtstrahlen senkrecht auf die beleuchtete Fläche, gilt $\theta' = 0$ und $E = \mathcal{I}/r^2$. Damit lassen sich, die Lichtintensitäten $\mathcal{I}_1$ und $\mathcal{I}_2$ zweier punktförmiger Lichtquellen vergleichen, denn aus der Gleichheit der Beleuchtungsstärken durch diese Quellen ergibt sich:

$$\frac{\mathcal{I}_1}{r_1^2} = \frac{\mathcal{I}_2}{r_2^2}. \tag{15.12}$$

15.1.4 Querschnitt eines Lichtbündels

Der *Querschnitt* eines Lichtbündels ist der geometrische Koeffizient mit der Dimension einer Fläche, mit dem man die Leuchtdichte multipliziert, um den Lichtstrom zu erhalten. Mit den vorherigen Bezeichnungen haben wir

$$\delta^2\Phi = \frac{L\mathrm{d}S\mathrm{d}S' \cos\theta \cos\theta'}{r^2} = L\delta^2 U, \tag{15.13}$$

wobei $\delta^2 U$ die infinitisimale Größe

$$\delta^2 U \equiv \frac{\mathrm{d}S \; S' \cos\theta \cos\theta'}{r^2} \tag{15.14}$$

darstellt oder, mit den Flächenelementen $\mathrm{d}\Sigma = \mathrm{d}S \cos\theta$ und $\mathrm{d}\Sigma' = \mathrm{d}S'$ $\cos\theta'$, die senkrecht zu der Strecke AA' sind,

$$\delta^2 U = \frac{\mathrm{d}\Sigma \mathrm{d}\Sigma'}{r^2}.$$

Beachten Sie in diesen letzten Ausdrücken die Symmetrie bezüglich der Quelle im Punkt A und des Empfängers im Punkt A'.

15.1.5 Schwächung des Lichtstromes. Beersches Gesetz

Beim Durchgang durch ein transparentes Medium wird Lichtenergie einerseits von diesem Medium absorbiert (thermische Anregung, Anregung der Atome usw.), andererseits gestreut (Compton-Effekt usw.). Betrachten wir ein paralleles Lichtbündel, das auf ein Medium trifft. Experimentell stellt man eine Änderung des Lichtstroms, der proportional zum Lichtstrom selbst und zu der Dicke $\mathrm{d}z$ des durchsetzten Mediums ist, fest:

$$\mathrm{d}\Phi = -\mu\Phi\mathrm{d}z \tag{15.15}$$

bzw.

$$\frac{\mathrm{d}\Phi}{\Phi} = -\mu \mathrm{d}z.$$

Durch Integration erhalten wir den Lichtstrom als Funktion von z das *Beersche Gesetz*:

$$\boxed{\Phi(z) = \Phi(0)\exp(-\mu z).} \tag{15.16}$$

Die Konstante μ hat die Dimension einer inversen Länge und heißt *linearer Absorptionskoeffizient*. Sie hängt von der Frequenz des verwendeten Lichtes ab.

Beispiele: Im Fall der Luft ist die Durchlässigkeit für den Lichtstrom für violettes Licht geringer als für gelbes: $\mu_\mathrm{g} \sim 10^{-5}\mathrm{m}^{-1}$ und $\mu_\mathrm{v} = 4\cdot 10^{-5}\mathrm{m}^{-1}$. Dies hat zur Folge, daß die violette und ultraviolette Strahlung fast vollständig durch die Atmosphäre absorbiert werden.

Bei den Gläsern BK7, deren Absorptionskoeffizient bei 550 nm den Wert $\mu \approx 0{,}2\,\mathrm{m}^{-1}$ hat, beträgt der Anteil des durchgelassenen Lichtstromes bei 1 cm Dicke $\kappa = 0{,}998$.

15.2 Erhaltung der Leuchtdichte und des optischen Querschnitts

15.2.1 Querschnitt eines Lichtbündels in einem zentrierten System

Wir betrachten ein Lichtbündel, das von der infinitisimalen Fläche ΔS_o des Objektes und von der Eintrittspupille eines zentrierten optischen Systems begrenzt wird (Abbildung 15.4).

Da die Fläche der Pupille eine endliche Größe hat, haben wir

$$U_\mathrm{o} = \Delta S_\mathrm{o} \int \cos\theta_\mathrm{o} \mathrm{d}\Omega_\mathrm{o}, \tag{15.17}$$

wobei $\mathrm{d}\Omega_\mathrm{o} = 2\pi \sin\theta_\mathrm{o} \mathrm{d}\theta_\mathrm{o}$ ist. Bezeichnen wir den größten Neigungswinkel der einfallenden Strahlen mit u_o, ergibt die Integration

$$U_\mathrm{o} = \pi \Delta S_\mathrm{o} \sin^2 u_\mathrm{o}. \tag{15.18}$$

Ebensolches gilt für den Bildraum: $U_\mathrm{b} = \pi \Delta S_\mathrm{b} \sin^2 u_\mathrm{b}$.

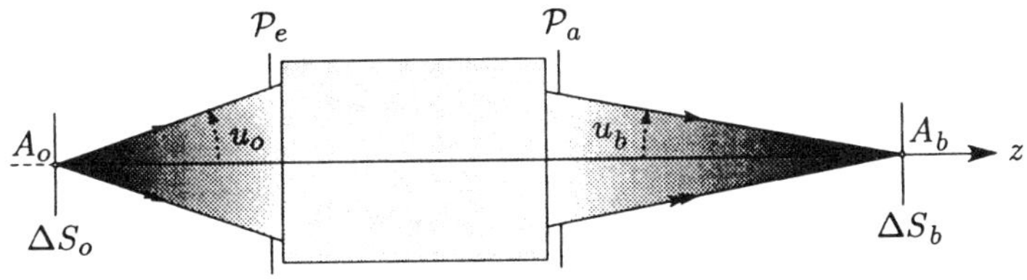

Abb. 15.4

15.2.2 Erhaltung des optischen Querschnitts

Gehorcht das Instrument der Abbeschen Sinusbedingung, haben wir:

$$n_\mathrm{o}\overline{A_\mathrm{o}B_\mathrm{o}}\sin u_\mathrm{o} = n_\mathrm{b}\overline{A_\mathrm{b}B_\mathrm{b}}\sin u_\mathrm{b}.$$

Aus der Gleichung

$$\frac{\Delta S_\mathrm{b}}{\Delta S_\mathrm{o}} = \left(\frac{A_\mathrm{b}B_\mathrm{b}}{A_\mathrm{o}B_\mathrm{o}}\right)^2$$

folgt mit der Sinusbedingung

$$\frac{\Delta S_\mathrm{b}}{\Delta S_\mathrm{o}} = \left(\frac{n_\mathrm{o}\sin u_\mathrm{o}}{n_\mathrm{b}\sin u_\mathrm{b}}\right)^2$$

oder

$$\boxed{n_\mathrm{o}^2 U_\mathrm{o} = n_\mathrm{b}^2 U_\mathrm{b}.} \tag{15.19}$$

Der Querschnitt n^2U, der sogenannte *optische Querschnitt*, ist also eine *Erhaltungsgröße*. Sind die beiden äußeren Medien identisch, wird der geometrische Querschnitt zur Erhaltungsgröße.

Beispiel: Das Bild eines ausgedehnten, von der Quelle S beleuchteten Objektes wird stark vergrößert auf einen Schirm projiziert. Das Objekt muß ausreichend nahe bei dem objektseitigen Brennpunkt der Projektionslinse liegen. Mit einer zusätzlichen Linse, dem *Kondensor*, die zwischen Quelle und Objekt plaziert ist und mit großer Öffnung arbeitet, wird das von der Projektionslinse verfügbare Lichtbündel und damit die Lichtmenge stark vergrößert. Die Abbildung 15.5 illustriert die Bedeutung dieses Kondensors. Das Verhältnis der Querschnitte beträgt $\sin^2\theta_\mathrm{c}/\sin^2\theta_\mathrm{l}$.

Bemerkungen:

1. Die Qualität des Kondensors muß nicht besonders gut sein, da diese Linse ein Bild erzeugt, das ohne Interesse für die Projektion des Objektes ist.
2. Der Kondensor läßt außerdem eine größere Fläche für die Abbildung zu. Dazu genügt es, das zu projizierende Objekt direkt hinter den Kondensor zu stellen.

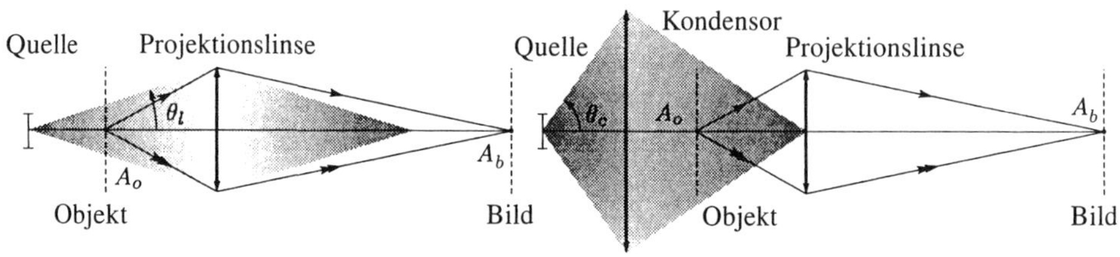

Abb. 15.5

15.2.3 Erhaltung der Leuchtdichte

Mit dem über $\delta\Phi_{\mathrm{b}} = \kappa\delta\Phi_{\mathrm{o}}$ definierten Anteil der von der Objektebene zu der Bildebenc durchgelassenen Strahlung, dem sogenannten *Transmissionsfaktor* oder *Transparenz* κ, erhalten wir $L_{\mathrm{b}}\delta U_{\mathrm{b}} = \kappa L_{\mathrm{o}}\delta U_{\mathrm{o}}$ oder

$$\boxed{\frac{L_{\mathrm{b}}}{n_{\mathrm{b}}^2} = \kappa\frac{L_{\mathrm{o}}}{n_{\mathrm{o}}^2}.} \tag{15.20}$$

Im Fall gleicher äußerer Medien (was häufig vorkommt) und mit $\kappa = 1$ ist die Leuchtdichte eine *Erhaltungsgröße.*

15.2.4 Anwendung auf das Teleskop

Durch ein Teleskop gesammelter Lichtstrom

Wir analysieren nun die Rolle des Teleskops vom photometrischen Standpunkt aus (zum Teleskop siehe auch Kapitel 12 und 14). Hierfür betrachten wir ein vereinfachtes Fernrohr, das aus zwei konvergenten dünnen Linsen besteht und ein afokales System darstellt (Abbildung 15.6).

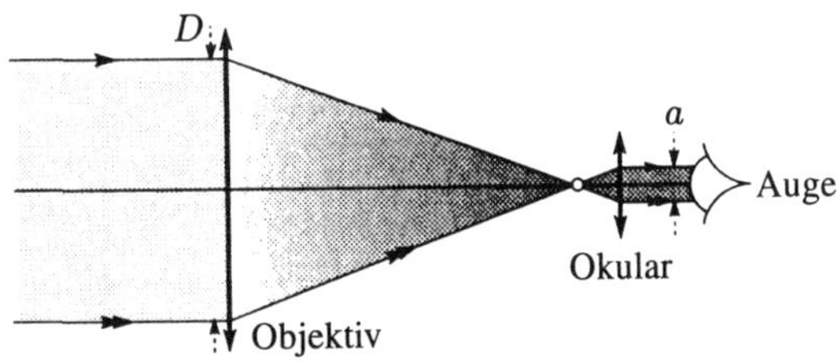

Abb. 15.6

Die Relation zwischen dem austretenden Lichtstrom Φ_b und dem eintretenden Lichtstrom Φ_o hat die Form

$$\Phi_\mathrm{b} = \kappa \Phi_\mathrm{o}, \tag{15.21}$$

wobei κ der Anteil der durchgelassenen Energie des optischen Systems ist, typischerweise etwa 0,7 beträgt und $\Phi_\mathrm{o} = E_\mathrm{o} \pi D^2/4$ gilt. E_o ist die Beleuchtungsstärke auf der Höhe des Objektivs und D der Durchmesser seiner Halterung.

In Abwesenheit des optischen Instrumentes ist der vom kreisförmigen Detektor mit Durchmesser a (Durchmesser des Okularringes oder Durchmesser der Augenpupille) empfangene Lichtstrom $\Phi_\mathrm{s} = E_\mathrm{o} \pi a^2/4$. Da $D/a = G$ gilt, beträgt das Verhältnis der Lichtströme mit und ohne Instrument:

$$\frac{\Phi_\mathrm{b}}{\Phi_\mathrm{s}} = \kappa \frac{D^2}{a^2} = \kappa G^2. \tag{15.22}$$

Beispiele: Für Ferngläser gilt $\kappa \sim 0{,}7$ und $G \sim 10$, so daß $\Phi_\mathrm{b}/\Phi_\mathrm{s} = 70$ ist; für ein großes Teleskop ist κ ebenfalls $\sim 0{,}7$ und $G \sim 1000$: Daher haben wir $\Phi_\mathrm{b}/\Phi_\mathrm{s} = 700000$.

Teleskope sind also *Lichtsammler* und verhalten sich daher wie Lichttrichter.

Astronomische Größenklasse

Man kann die Fixsterne nach ihrer Helligkeit klassifizieren. Die *(astronomische) Größenklasse* m ist hierbei über die Beleuchtungsstärke E auf einem Schirm definiert:

$$m = -2{,}5 \log E + C. \tag{15.23}$$

Die hellsten Sterne haben also die kleinste Größenklasse. Daraus folgt, daß für zwei Sterne 1 und 2 die Differenz der Größenklasse mit dem Verhältnis der Beleuchtungsstärken über

$$m_1 - m_2 = -2{,}5 \log \left(\frac{E_1}{E_2} \right) = 2{,}5 \log \left(\frac{E_2}{E_1} \right) \tag{15.24}$$

zusammenhängt. Diese Differenz hat den Wert 5, wenn das Verhältnis E_2/E_1 100 beträgt. Die Konstante wird festgelegt, indem einem willkürlich gewählten Stern der Wert 0 zugewiesen wird.

Beispiel: In einer Größenklassenskala hat der Stern „Vega" im Sternbild der Lyra (Leier) die Größenklasse 0,14 und der Stern „Antares" im Skorpion 1,2. Das Verhältnis der Beleuchtungsstärken ist daher:

$$\frac{E_1}{E_2} = 10^{-0,4(m_1-m_2)} \approx 2,65.$$

Mit dem bloßen Auge können Sterne der Größenklasse kleiner oder gleich 6 wahrgenommen werden. Mit einem Teleskop kann diese Grenze bedeutend verschoben werden, da Teleskope das Licht stärker sammeln.

15.3 Lichtquellen

Neben den natürlichen Lichtquellen, wie den Sternen, können wir 4 Arten von Lichtquellen unterscheiden: die *Glühlampen*, die Gasentladungslampen mit *niedrigem Gasdruck*, die Gasentladungslampen mit *hohem Gasdruck* sowie die *Laser*. Dessen Wirkungsweise wird Gegenstand einer genaueren Untersuchung in einem späteren Kapitel sein (siehe Kapitel 29).

15.3.1 Glühlampen. Schwarze Körper

In Glühlampen befindet sich ein metallischer Draht, der häufig aus Wolfram besteht und auf eine Temperatur von ca. 2500 K erhitzt wird.

Man studiert die von solch einem Draht ausgesandte Strahlung, indem sie mit der Strahlung verglichen wird, die von einem idealen Körper emittiert wird, dessen spezifische Lichtausstrahlung maximal ist und nur von der Temperatur abhängt. Die Öffnung eines Kastens, der alle einfallende Strahlung absorbiert, realisiert in ausgezeichneter Näherung einen solchen Körper, den *schwarzen Körper*. Diese Bezeichnung rührt daher, daß solch ein (gedachter) Körper alle Strahlung, auch die des sichtbaren Spektrums absorbiert.

Die quantitative Beschreibung der Strahlung des schwarzen Körpers wurde von Max Planck 1901 gegeben und war die Geburtsstunde der Quantenphysik, da erstmals die Fundamentalkonstante $h = 6{,}63 \cdot 10^{-34}$ J s eingeführt wurde. Nach Planck hat die spezifische Lichtausstrahlung als Funktion der absoluten Temperatur T und der Frequenz ν der ausgesandten Strahlung die folgende Form:

$$\boxed{M_\nu^0 = \frac{2\pi\nu^2}{c^2}\frac{h\nu}{\exp[h\nu/(k_\mathrm{B}T)] - 1}} \qquad (15.25)$$

mit der Boltzmann-Konstanten $k_B \approx 1{,}38 \cdot 10^{-23}$ J K^{-1}. In der Praxis verwendet man häufig die Größe M_λ^0, die durch die folgende Gleichung mit dem vorherigen Ausdruck verknüpft ist:

$$M_\lambda^0 \mathrm{d}\lambda = -M_\nu^0 \mathrm{d}\nu \tag{15.26}$$

oder

$$M_\lambda^0 = -M_\nu^0 \frac{\mathrm{d}\nu}{\mathrm{d}\lambda} = M_\nu^0 \frac{c}{\lambda^2} = \frac{2\pi h c^2}{\lambda^5} \frac{1}{\exp[hc/(\lambda k_B T)] - 1}. \tag{15.27}$$

In der Abbildung 15.7 ist die Funktion $M_\lambda^0(\lambda)$ für verschiedene Temperaturen aufgetragen.

Häufig besteht der Lampenkolben der Glühlampe aus Quarz, was höhere Temperaturen ermöglicht und daher das Spektrum zu den kleineren Wellenlängen verschiebt. Sind die Lampen mit Edelgasen und Halogenen gefüllt, können noch höhere Temperaturen erreicht werden, und es wird die Ablagerung von Wolfram auf das Innere des Lampenkolbens vermieden. Dadurch wird die Lebensdauer der Lampe erhöht.

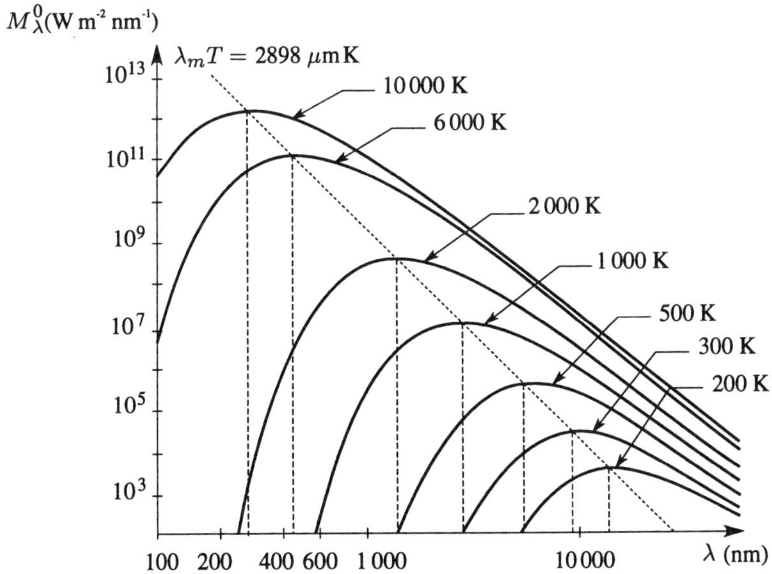

Abb. 15.7

15.3.2 Entladungslampen

In den Entladungslampen wird durch eine elektrische Entladung ein Gas ionisiert.

Niedriger Druck

Ist der Gasdruck in den Lampen niedrig, besteht die spektrale Verteilung der spefizifischen Lichtausstrahlung aus einigen Peaks, die aus dem Untergrund hervortreten.

Bei den Niederdruck-Gasentladungslampen sind diejenigen, die mit Metalldampf gefüllt sind (Quecksilber, Natrium, Zink, Cadmium, usw.) sowie jene mit Edelgasfüllungen (Neon, Argon, Krypton) am weitesten verbreitet. Zusammen mit Interferenzfiltern (siehe Kapitel 28), die nur Strahlung einer (sichtbaren) Wellenlänge durchlassen, emittieren sie quasimonochromatisches Licht mit geringer Spektralbreite ($\Delta\lambda \approx 10$ nm).

Hoher Druck

Werden der Druck des Gases in der Lampe und die Stromstärke genügend erhöht (Bogenentladung), ist die von den Atomen bzw. Molekülen emittierte Strahlung sehr intensiv. Die Spektralverteilung ist durch ein ausgeprägtes kontinuierliches Spektrum, aus dem eine große Zahl von Peaks tritt, gekennzeichnet.

Von den Bogenentladungslampen wollen wir die Quecksilber- und Xenonlampen besonders erwähnen, da sie ein der Sonne ähnliches Spektrum besitzen. Mit Xenonlampen, die in einem Brennpunkt eines ellipsoiden Reflektors (Kapitel 3) angeordnet sind, können sonnenähnliche Bedingungen simuliert werden (Abbildung 15.8).

15.3.3 Größenordnungen

Tabelle 15.1 gibt verschiedene Werte für die Beleuchtungsstärke in SI-Einheiten für verschiedene Lichtquellen an:

Tabelle 15.1:

	Stern Sirius	Mond	Wolframfaden-lampe	Sonne	He-Ne-Laser (1 mW)
E ($\mathrm{W\,m^{-2}}$)	$1 \cdot 10^{-9}$	$0{,}3 \cdot 10^{-3}$	100	200	20 000

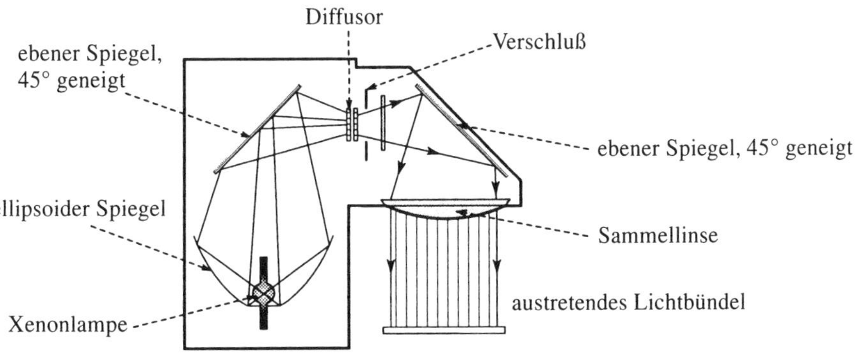

Abb. 15.8

Zum Vergleich: Für ermüdungsfreies Lesen werden zwischen 50 und 250 $\mathrm{mW\,m^{-2}}$ bzw. zwischen 30 und 150 Lux benötigt.

Bemerkung: Die mit dem sichtbaren Licht ausgestrahlte Leistung ist nur ein Bruchteil der gesamten ausgestrahlten Leistung. So wird im Fall der Wolframfadenlampe, die eine elektrische Leistung von 100 W aufweist, im sichtbaren Bereich nur eine Leistung von 2,2 W oder 1380 lm abgestrahlt, während der nichtsichtbare Rest fast ausschließlich thermischer Natur ist. Man sagt, die Lampe habe eine Effizienz von 13,8 Lumen pro Watt.

15.4 Strahlungsdetektoren

Lange Zeit diente in der Optik ausschließlich das Auge als Empfänger. Aus diesem Grund hat sich eine Photometrie des Auges entwickelt, mitsamt ihren eigenen Einheiten und ihren eigenen Charakteristika, insbesondere die spektrale Empfindlichkeit (siehe unten) im Bereich 400 nm $\leq \lambda \leq$ 750 nm, die unterschiedlich für Tag und Nacht ist, sowie die hohe Empfindlichkeit: Das Auge vermag einen Lichtstrom von 10^{-16} W wahrzunehmen.

Da es aber nicht möglich ist, die vom Auge erhaltene Information zu objektivieren, zu quantifizieren und damit zu speichern und zu verarbeiten, wird das Auge inszwischen von anderen Detektoren ersetzt: zuerst von der Photoplatte und dann von Detektoren, die auf dem photoelektrischen Effekt basieren.

15.4.1 Eigenschaften der optischen Detektoren

Man charakterisiert die Detektoren durch bestimmte allgemeine Eigenschaften: die Empfindlichkeit, die Zeitkonstante, den linearen Bereich, seine Quanteneffizienz sowie sein Rauschen.

Spektrale Empfindlichkeit

Für eine Frequenz ν der einfallenden Strahlung ist die spektrale Empfindlichkeit eines optischen Detektors als das Verhältnis des Ausgangssignals zu dem einfallenden Lichtstrom Φ definiert. Ist zum Beispiel das Ausgangssignal ein elektrischer Strom I, hat die spektrale Empfindlichkeit die Form

$$S = \frac{I}{\Phi} \tag{15.28}$$

und wird in den Einheiten Ampère pro Watt angegeben. Die spektrale Empfindlichkeit hängt im allgemeinen von der Frequenz bzw. der Wellenlänge der verwendeten Strahlung ab.

Quantenausbeute

Die Quantenausbeute η ist als das Verhältnis der durch die Strahlung erzeugten *Photoelektronen* zu der Zahl der einfallenden Photonen pro Zeiteinheit definiert.

Bei n einfallenden Photonen der Energie $h\nu$ pro Zeiteinheit, beträgt der Energiefluß $nh\nu$ pro Zeiteinheit, die Anzahl der Photoelektronen ist Qn und der damit verbundene elektrische Strom eQn. Folglich hat die spektrale Empfindlichkeit mit $\nu = c\lambda$ die Form

$$S = \frac{Qe}{h\nu} = Q\lambda\frac{e}{hc}.$$

Ein Detektor der Quantenausbeute 1 wird perfekt genannt.

Beispiel: Ein Detektor der Quantenausbeute $Q = 0{,}3$ weist bei Licht der Wellenlänge $\lambda = 632{,}8$ nm eine spektrale Empfindlichkeit von

$$\begin{aligned} S = \frac{1{,}6 \cdot 10^{-19}}{6{,}626 \cdot 10^{-34} \cdot 3 \cdot 10^{8}} \cdot Q\lambda &= 0{,}806 \cdot 10^{6} \cdot Q\lambda \\ &= 0{,}806 \cdot 0{,}3 \cdot 0{,}6328 = 0,16\,\text{A/W} \end{aligned}$$

auf.

Zeitkonstante

Bestrahlt man einen Detektor zu einem gegebenen Zeitpunkt mit einem konstanten Lichtstrom, beobachtet man, daß die Antwort nicht instantan erfolgt: Der Ausgangsstrom braucht eine gewisse Zeit, bis er seinen Maximalwert erreicht. Die Kurve, die das Ansteigen dieses Stromes als Funktion der Zeit beschreibt, ähnelt dem des Aufladens eines Kondensators über einem Widerstand. Folglich definiert man die *Zeitkonstante* τ als die Zeitdauer, die notwendig ist, den Wert $1 - 1/\mathrm{e} \approx 0{,}63$ des Maximalwertes zu erreichen (e ist die Eulersche Zahl).

Linearer Bereich

Der *lineare Bereich* ist der Lichtstrombereich, für den die Antwort des Detektors proportional zu dem einfallenden Lichtstrom ist. Die Kurve, die zum Beispiel den Ausgangsstrom I als Funktion des Lichtstroms Φ beschreibt, sollte daher außerhalb der extremen Bereiche des Lichtroms eine Gerade darstellen. Das Verhalten des Detektors gegenüber dem einfallenden Lichtstrom wird als seine *Dynamik* bezeichnet.

Rauschen

Das Rauschen ist die Gesamtheit der Antworten, die in keiner Beziehung zu dem betrachteten einfallenden Lichtstrom stehen. Abgesehen vom Rauschen, das durch Fehler der Bauteile des Detektors und deren Temperatur (*Johnson-Rauschen*) auftritt, ist die wichtigste Ursache des Rauschens das *Photonenrauschen.* Es wird dem zufälligen Charakter der Lichtemission zugeschrieben. Die Lichtemission kann wahrscheinlichkeitstheoretisch beschrieben werden: Das Signal ist proportional zum Mittelwert der betrachteten Größe und das Rauschen ist proportional zur Streuung, d.h. zu der Wurzel der Varianz. Dabei wird die Wahrscheinlichkeit der Emission von n Photonen durch die *Poisson-Statistik* beschrieben:

$$P_n = \frac{1}{n!}\left(\frac{t}{\tau}\right)^2 \exp\left(-\frac{t}{\tau}\right). \tag{15.29}$$

Dabei ist τ der mittlere Zeitabstand zwischen zwei aufeinanderfolgenden Photonen. Aus diesem Wahrscheinlichkeitsgesetz folgt für die mittlere Photonenzahl in der Zeit t: $N = t/\tau$ und für die Varianz $\sigma_N^2 = N$. Das Signal-Rausch-Verhältnis beträgt folglich:

$$\frac{S}{R} = \frac{N}{\sqrt{N}} = \sqrt{N}. \tag{15.30}$$

15.4.2 Die Photoplatte

Die 1850 von H. Niepce entdeckte photographische Platte ist in der Vergangenheit wegen ihrer Einfachheit in der Handhabung und ihrer Fähigkeit, ausgedehnte Bilder zu speichern, viel verwendet worden. Heute allerdings wird sie im wissenschaftlichen Bereich kaum noch benutzt.

Ihre Wirkungsweise basiert auf einem komplexen photochemischen Effekt, der folgendermaßen zusammengefaßt werden kann: Ag^+-Ionen werden durch das Licht zu Ag-Atomen reduziert. Eine darauffolgende chemische Behandlung, die Entwicklung, erzeugt ein sichtbares Bild, indem die Zahl der Silberatome vervielfacht wird. Anschließend wird das Bild durch Entfernen der überschüssigen, nichtreduzierten Ag^+-Ionen fixiert (siehe Kapitel 16).

Man charakterisiert diesen Detektor durch die *Schwärzungskurve* $S \equiv -\lg \kappa$, wobei κ der Anteil von der Platte durchgelassener Energie, d. h. das Verhältnis von austretendem zu einfallendem Lichtstrom ist und als *Transparenz* bezeichnet wird. S ist eine Funktion von $\lg H$ mit H als der *Exposition* (Belichtung), dem Produkt aus Beleuchtungsstärke und Belichtungszeit $H = E \cdot t$. Diese Funktion hängt von der verwendeten Strahlung ab, insbesondere weist sie nur eine geringe Empfindlichkeit für den langwelligen (roten) Spektralbereich auf. Im allgemeinen hat sie den in Abbildung 15.9 gezeigten Verlauf. Im linearen Bereich dieser charakteristischen Kurve kann S in der Form

$$S = A + \gamma \lg H \tag{15.31}$$

geschrieben werden. Die Neigung γ wird als Gamma-Wert der Emulsion bezeichnet und bestimmt die Gradation des Materials.

Die photographische Platte hat mehrere Nachteile:

1. Der lineare Bereich der Schwärzungskurve ist nicht sehr ausgedehnt.
2. Man kann zwei Schwärzungen nur vergleichen, wenn sie Ergebnis derselben Belichtungszeit sind, da die Schwärzung sowohl von der Beleuchtungsstärke als auch von der Belichtungszeit abhängt.
3. Die Quantenausbeute, d. h. die Zahl der geschwärzten Körner pro einfallendes Photon beträgt nur 0,8 %.

Bemerkung: Die photographische Platte ist auch oft verwendet worden, um Elektronen zu registrieren, im Elektronenmikroskop zum Beispiel. Hier liegt die Quantenausbeute bei fast 1.

15.4.3 Photoelektrische Detektoren

Die Wirkungsweise dieser Detektoren basiert auf dem photoelektrischen Effekt. Man unterscheidet zwischen Detektoren, die auf der Grundlage des

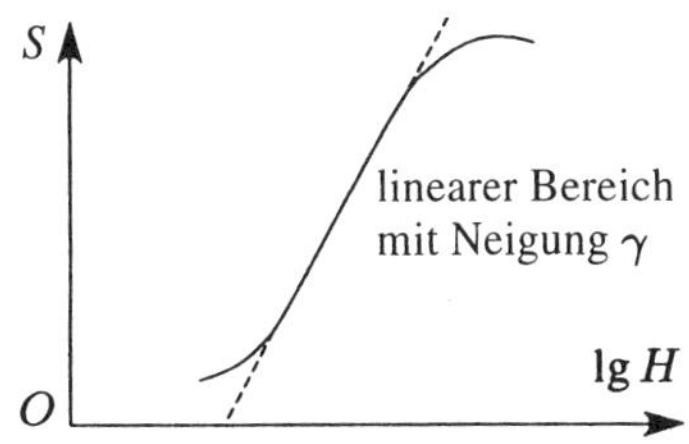

Abb. 15.9

äußeren photoelektrischen Effekts arbeiten, wie der Sekundärelektronenvervielfacher und denen, die auf dem inneren photoelektrischen Effekt im Material beruhen, wie die Photodiode.

Der photoelektrische Effekt ist hierbei die Wechselwirkung des Lichtes mit Materie, die A. Einstein als Stoß zwischen einem Photon und einem Atom interpretiert hat.

Wie das Auge und die Photoplatte weisen diese photoelektrischen Detektoren eine Empfindlichkeit auf, die von der Wellenlänge des verwendeten Lichtes abhängt.

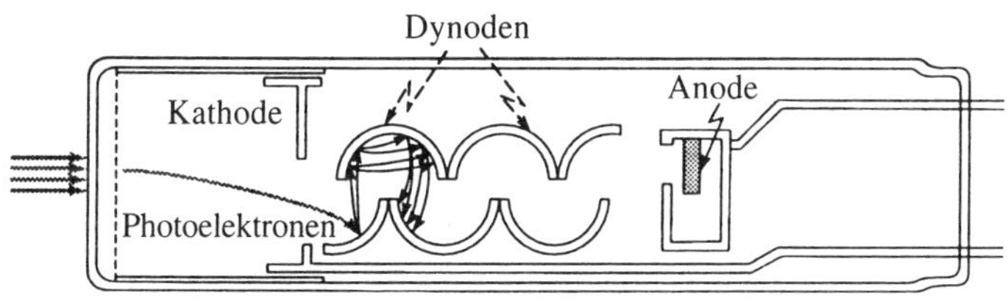

Abb. 15.10

Der Sekundärelektronenvervielfacher

Der Photomultiplier oder Sekundärelektronenvervielfacher (SEV) besteht aus einer Kathode, die unter Einwirkung von Photonen Elektronen in eine Vakuumröhre abgibt (Abbildung 15.10). Diese Elektronen bewirken auf einer zweiten Elektrode, der sogenannten Dynode, die Emission von Sekundärelektronen. Jedes dieser Sekundärelektronen löst seinerseits Elektronen aus einer zweiten Dyode usw. Alle diese Elektronen werden in einer Anode gesammelt. Nach erfolgter Verstärkung erlaubt die Messung des resultieren Stromes die Registrierung der eingefallenen Photonen.

Die Vorteile dieses Detektors sind seine breite spektrale Empfindlichkeit, seine kurze Zeitkonstante ($\sim$ 1 ns), ein perfekt lineares Verhalten, seine Quantenausbeute, die 0,3 errreichen kann und eine sehr niedrige Ansprechschwelle, die den Nachweis eines einzelnen Photons erlaubt. Schließlich erhält man am Ausgang der Verstärkung ein Signal, das sich gut verarbeiten läßt.

Die größten Nachteile des SEV sind seine mechanische Anfälligkeit, seine Sperrigkeit sowie sein hoher Preis.

Die Photodiode

Die Photodiode ist eine p-n-Halbleiterdiode, deren Strom-Spannungs-Charakteristik aufgrund ihrer photoleitenden Eigenschaften empfindlich von ihrer Bestrahlung abhängt. Ein einfallendes Photon kann ein Elektronen-Loch-Paar und damit bewegliche Ladungsträger erzeugen (Löcher sind Elektronenlücken). Die Gleichung für die Charakteristik $I(U)$ des p-n-Übergangs hat die Form:

$$I = I_0 \exp\left(\frac{U}{U_0}\right) - (I_0 + I_{\mathrm{ph}}). \tag{15.32}$$

Dabei ist I_{ph} der *photoelektrische Strom*, der proportional zu dem Lichtstrom Φ ist, der den Übergang belichtet, I_0 ist der *Sättigungsdunkelstrom* und U_0 die charakteristische Spannung $k_{\mathrm{B}}T/q_{\mathrm{e}}$ bei der Temperatur T.

Man verwendet die Photodiode im allgemeinen im 3. Quadranten der Charakteristik, in dem $|U| \ll U_0$ gilt (Abbildung 15.11). Der Arbeitspunkt befindet sich auf der Geraden $I = -U/R + e/R$, R ist der Widerstand des Stromkreises und e seine elektromotorische Kraft. Man hat also für $I_0 \ll I_{\mathrm{ph}}$:

$$I \approx -I_{\mathrm{ph}}. \tag{15.33}$$

Die Lichtintensität ist folglich proportional zu Φ. Hierbei muß darauf geachtet werden, die Sättigungsspannung U_{s} nicht zu erreichen.

Beispiel: Die Photodioden aus Silicium sind am weitesten verbreitet. Sie werden im sichtbaren und nahen infraroten (830 nm) Spektralbereich verwendet. Für eine aktive Oberfläche von 1 mm^2 beträgt $I_0 \approx 0{,}9$ nA und $U_{\mathrm{s}} = 40$ V. Ihre Zeitkonstante liegt bei 10 ns.

Allgemein wird die Photodiode in der Brennebene einer konvergenten Linse angeordnet, da nur so der Lichtstrom aus einer definierten Richtung empfangen wird, und man verwendet einen Spektralfilter zur Unterdrückung störender Strahlung. Auf diese Weise wird das Signal-Rausch-Verhältnis verbessert.

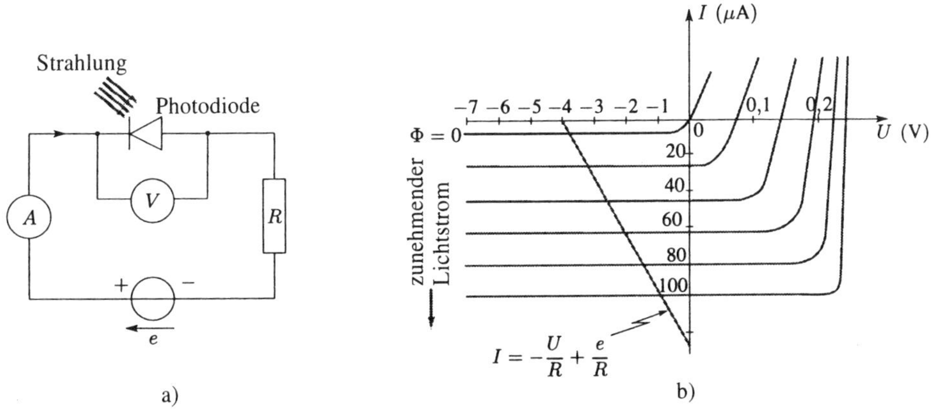

Abb. 15.11

Der Phototransistor

Durch Kombination des „Photodiodeneffektes" und der Verstärkung eines Stromes, wie es typisch für einen Transistor ist, realisiert man einen *Phototransistor*. Der äußere Lichtstrom wird mit einer kleinen Linse auf den Übergang zwischen dem Kollektor und der Basis eines durchlässig geschalteten Transistors gerichtet. Ist dieser Übergang in Sperrichtung gepolt, verhält sich der Phototransistor wie eine Photodiode. Daraus resultiert ein Kollektorstrom, der gleich dem Produkt aus Basisstrom und dem Verstärkungsfaktor des Transistors ist.

Ladungstransferdetektoren

Die Funktionsweise dieser sehr leistungsfähigen Detektoren basiert auf der Erzeugung von Ladungen in einem Halbleitermaterial durch den photoelektrischen Effekt, der bei Bestrahlung auftritt. Diese Ladungen werden durch Anlegen geeigneter Potentiale verschoben und an der Ausgangsdiode als elektrisches Signal gemessen.

Das photosensitive Material hat eine periodische Struktur, deren Untereinheiten *photoleitende Eigenschaften* aufweisen.

Das bekannteste Bauelement dieser Art ist der CCD-Detektor aus Silicium (Charge Coupled Device): Er besteht aus netzförmig angeordneten, photoleitenden Silicium-Zellen, die in den CCD-Zeilen Linien oder in den CCD-Matrizen ein Mosaik bilden. Die Größe dieser Zellen, die in der Größenordnung von 15 μm liegt, stellt die Grenze für das räumliche Auflösungsvermögen dieser Detektoren dar.

Diese Detektoren haben zahlreiche Vorzüge: kleine Zeitkonstante, lineares Verhalten, Quantenausbeute in der Größenordnung von 0,5, empfindlich genug, ein Photon nachzuweisen, Robustheit, geringe Größe und gute Verarbeitungsmöglichkeit des Signals. Daher werden sie zunehmend verwendet.

Man benutzt die CCDs in der Astronomie, vor allem für Photonenzählkameras (Abbildung 15.12). Eine solche Kamera ist aus einer durchsichtigen Photokathode aufgebaut, die unter Belichtung Photoelektronen erzeugt. Fallen diese auf halbleitendes Material, produzieren sie eine große Anzahl von Sekundärelektronen, die durch ein elektromagnetisches Feld beschleunigt und fokussiert werden und auf eine Phosphorschicht treffen. Die dort emittierten Photonen werden dann mittels optischer Fasern zu dem CCD-Detektor geführt.

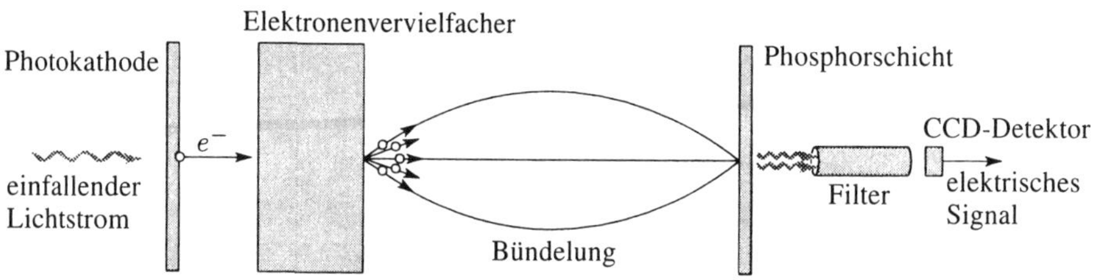

Abb. 15.12

15.4.4 Thermische Detektoren

Die thermischen Detektoren wandeln die absorbierte Lichtenergie in Wärme um, die als Temperaturerhöhung gemessen werden kann. Um die Absorption zu verbessern, werden im allgemeinen die lichtzugewandten Seiten geschwärzt.

Die Messung der Temperatur erlaubt nach vorheriger Eichung die Bestimmung der absorbierten Energie. Die thermischen Detektoren sind daher häufig Widerstandsthermometer (Bolometer) oder Golayzellen, die auf Druckmessung an einem Gas beruhen.

Die Vorteile dieser Detektoren sind ein gutes lineares Verhalten, weitgehende spektrale Unabhängigkeit der Empfindlichkeit (sie absorbieren praktisch jede einfallende Strahlung zwischen 0,2 μm und einigen zehn Mikrometern). Sie werden daher gern für die Bestimmung des spektralen Verhaltens der anderen Detektoren verwendet.

Ihre Zeitkonstante ist allerdings sehr groß: $\tau \sim 1$ s. Dieser Nachteil tritt bei den *pyroelektrischen* Detektoren praktisch nicht mehr auf, deren Wirkungsweise auf der Änderung der elektrischen Polarisation bestimmter Materialien mit der Temperatur, die durch Bestrahlung variiert wird, beruhen. Diese Materialien, z. B. Bariumtitanat ($BaTiO_3$), besitzen eine spontane Polarisation und sind gleichzeitig pyroelektrisch, ferroelektrisch und piezoelektrisch.

15.4.5 Ulbrichtsche Kugel

Präzise Messungen des Lichtstromes sind sehr schwierig zu realisieren. Hierzu werden die Detektoren mit einer *integrierenden Kugel* (Ulbrichtsche Kugel) versehen, die die Aufgabe hat, die Messung von der Lage der Lichtquelle, der Ausbreitungsrichtung, der Form des Lichtbündels und seiner eventuellen Polarisation unabhängig zu machen. Es ist eine Kugel von ungefähr 15 cm Durchmesser, deren innere Oberfläche das zu untersuchende Licht mehrmals reflektiert. Am Ausgang wird das Licht von einem Detektor gemessen (Abbildung 15.13).

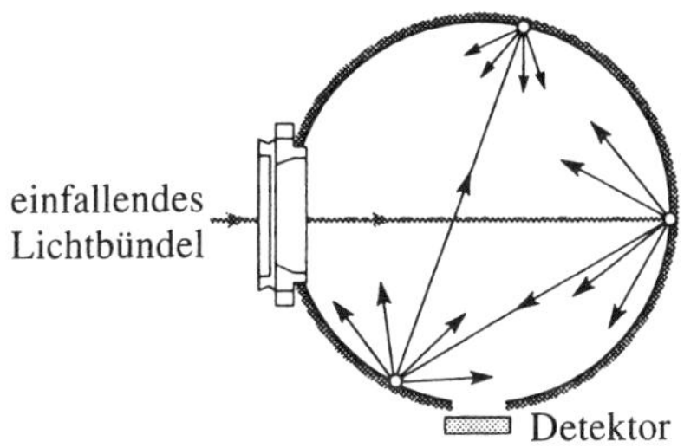

Abb. 15.13

15.5 Zusammenfassung

Neben den Definitionen der photometrischen Größen muß die Bedeutung der optischen Instrumente für die Photometrie unterstrichen werden, die man mit den Teleskopen illustrieren kann: Ihre wesentliche Aufgabe besteht darin, ein Maximum an Licht von dem zu untersuchenden Objekt zu sammeln und zu registrieren.

Der Detektor spielt eine zentrale Rolle. Lange Zeit hatte das Auge hier eine dominierende Position, da die Photometrie anfangs hauptsächlich visuell war. Heute besitzen die CCD-Detektoren die Eigenschaften des Auges mit den folgenden zusätzlichen Vorteilen:

1. eine kleine Zeitkonstante,
2. eine ausgeprägt lineare Charakteristik,
3. die Möglichkeit, Information zu speichern und daher diese Information zu objektivieren und weiterzuverarbeiten.

15.6 Aufgaben

A15.1 Richtungscharakteristik einer Lichtquelle
Die Richtungscharakteristik einer Lichtquelle am Ort S ist die Fläche, die durch Auftragen eines Vektors, dessen Betrag proportional zu der Lichtintensität in der betrachteten Richtung ist, erhalten wird.

Welche Gestalt hat die Richtungscharakteristik für eine Lichtquelle, die dem Lambertschen Gesetz gehorcht?

A15.2 Vergleich der Lichtintensität zweier Lichtquellen
Zwei punktförmige Lichtquellen S_1 und S_2 haben einen Abstand d zueinander und besitzen die Lichtintensitäten $\mathcal{I}_1$ bzw. $\mathcal{I}_2 = m\mathcal{I}_1$. Sie beleuchten zwei Flächen eines ebenen Detektors, der zwischen diesen Lichtquellen im Abstand x zu S_1 und senkrecht zu der Verbindenden von S_1 und S_2 angeordnet ist.

Für welchen Wert von x ist die Beleuchtungsstärke auf den beiden Detektorflächen gleich? Rechnen Sie für $m = 4$.

A15.3 Lichtstrom aus einer Neonröhre
Eine zylindrische Neonröhre beleuchtet einen Detektor am Punkt P im Abstand R (Abbildung 15.14). Die Röhre der Länge l verhält sich wie eine gleichförmige, lineare Verteilung von Punktquellen, die die Leuchtdichte L aufweisen und dem Lambertschen Gesetz gehorchen. Weiterhin hat das Flächenelement der emittierenden Oberfläche die Form: $\mathrm{d}S = K\mathrm{d}y$ mit K als konstantem Koeffizienten und y als der Koordinate in Richtung der Röhre. Die Geometrie des Detektors ist derart, daß der auf ihn treffende Lichtstrom nicht vom Winkel, den die Normale auf seiner Oberfläche mit der Einfallsrichtung der Strahlung bildet, abhängt.

Geben Sie den Ausdruck für P als Funktion von L, R, K, α_1 und α_2 an! Was wird aus diesem Ausdruck für die Näherung einer unendlich langen Röhre?

A15.4 Maximale Beleuchtung eines Tisches
Ein quadratischer Tisch der Seitenlänge $a = 2$ m wird durch eine als punktförmig angenommene Lampe S, die direkt über der Mitte einer der Seiten hängt, beleuchtet (Abbildung 15.15). Die Lichtintensität der Lampe sei $\mathcal{I}$.

1. Drücken Sie die Beleuchtungsstärke am Zentrum C des Tisches als Funktion von $\mathcal{I}$, a und dem Winkel $\alpha = \widehat{HSC}$ aus.
2. Für welchen Wert von α ist die Beleuchtungsstärke maximal? Wie groß ist dann der Abstand der Lampe zum Tisch?

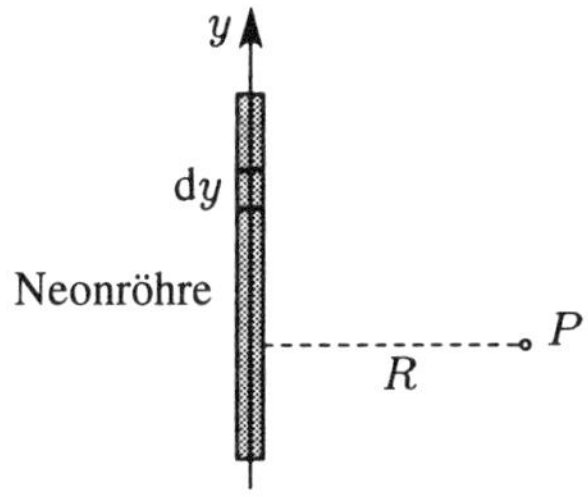

Abb. 15.14

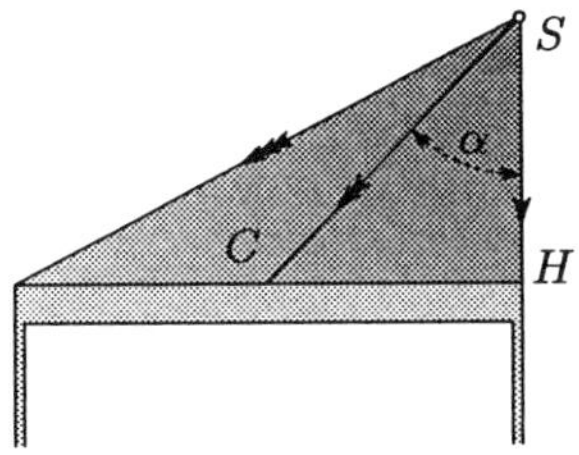

Abb. 15.15

A15.5 Direktes Sonnenlicht auf der Erde
Die Erde wird durch die Sonne, die näherungsweise als Lambertsche Quelle angesehen werden kann, beleuchtet. Ihre spezifische Lichtausstrahlung M ist mit der Oberflächentemperatur von $T = 5800$ K über das Stefan-Boltzmannsche Gesetz verknüpft: $M = \sigma T^4$. Die Atmosphäre absorbiert ungefähr ein Viertel der einfallenden Strahlung. Zeigen Sie unter Berücksichtigung dieser Tatsache, daß die Gesamtleistung der von der Erde empfangenen Strahlung etwa 1 $\mathrm{kWm^{-2}}$ beträgt! Die Stefan-Boltzmann-Konstante beträgt $\sigma = 56{,}7 \cdot 10^{-9}$ $\mathrm{W\,m^{-2}\,K^{-4}}$ und der Winkeldurchmesser der Sonne $\theta = 32'$.

A15.6 Spektrale Beleuchtungsstärke einer Wolframfadenlampe
Eine Wolframfadenlampe hat eine Spektralverteilung, die zwischen 400 nm und 700 nm durch eine Rechteckfunktion approximiert werden kann. Die von ihr erzeugte Beleuchtungsstärke in einer Entfernung von 0,5 m beträgt 2,4 $\mathrm{W\,m^{-2}}$. Wie groß ist ihre spektrale Beleuchtungsstärke (d. h. Beleuchtungsstärke/nm) in 1 m Entfernung?

A15.7 Verteilung des Lichtes entlang der optischen Achse einer Linse
Man erzeugt mit Hilfe einer konvergenten dünnen Linse der bildseitigen Brennweite f_b das Bild einer zylindrischen Stange der Länge l. Diese Stange wird entlang der optischen Achse gelegt, so daß ihr Zentrum $2f_\mathrm{b}$ vor der Linse liegt.

Die Stange sei gleichmäßig beleuchtet und strahle einen Lichtstrom pro Einheitslänge $\mathcal{P}_\mathrm{o}$ aus. Zeigen Sie, daß der Lichtstrom pro Einheitslänge im Bildraum, $\mathcal{P}_\mathrm{b}$, mit der Koordinate z_b wie $1/(z_\mathrm{b} - f_\mathrm{b})^2$ variiert. Vergleichen Sie die Werte von $\mathcal{P}_\mathrm{b}$ für die beiden äußersten Punkte der Stange, wenn $l = f_\mathrm{b}$ ist!

A15.8 Absorptionskoeffizient von Glas
Ein 25 mm dickes Glas absorbiert bei 620 nm etwa 3/1000 des einfallenden Lichtbündels, das es empfängt. Berechnen Sie den Absorptionskoeffizienten μ des Glases! Welches ist der Transmissionsfaktor κ für eine Dicke von 5 mm?

16 Der Photoapparat

Der Photoapparat ist das am weitesten verbreitete optische Instrument. Anhand der Tabelle 16.1, die die Korrespondenz zwischen verschiedenen Teilen auflistet, erkennt man die Ähnlichkeit zum Auge.

Tabelle 16.1:

Auge	Photoapparat
Linse und andere Grenzflächen	Objektiv
Iris	Blende
Pupille	Öffnung
Netzhaut	photographischer Film
Akkomodation	Scharfstellung

Die Scharfeinstellung am Photoapparat unterscheidet sich allerdings dadurch von der Akkomodation des Auges, daß sie durch Veränderung des Objektiv-Film-Abstandes erreicht wird.

Wir beschreiben zuerst den Photoapparat, indem wir seine Funktionsweise in Erinnerung rufen und gehen dann auf die grundlegenden Eigenschaften seines Objektivs wie Brennweite, Gesichtsfeld, Blendenzahl und Schärfentiefe ein.

16.1 Beschreibung des Photoapparates

16.1.1 Prinzip

Der Photoapparat ist allgemein aus einem optischen System mit mehreren Linsen aufgebaut, das ein reelles Bild des Objekts auf einem lichtempfindlichen Film erzeugt.

Das optische System ist mit einem Gehäuse verbunden, das als Dunkelkammer fungiert. Darin befinden sich der Film, ein Verschluß, ein optisches System zum Scharfeinstellen und zur Bildbetrachtung sowie eine photoelektrische Zelle für die Messung des einfallenden Lichtstroms. In Abbildung 16.1

sind die wesentlichen Elemente eines Spiegelreflex-Photoapparates darstellt. Das Spiegelreflex-Suchersystem erlaubt die Betrachtung genau des Bildes, das dann auch den Film belichtet. Es besteht aus:
- einem beweglichen Spiegel (a),
- einer Fadenkreuzscheibe (b),
- einer Sammellinse (c),
- einem Pentadachkantprisma (d),
- und einer Okularlinse (e).

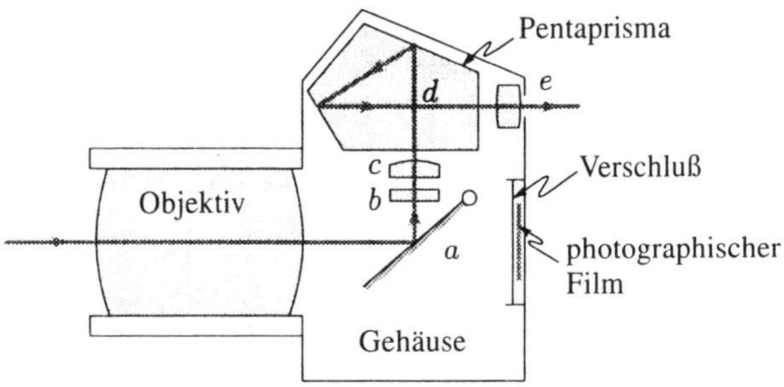

Abb. 16.1

16.1.2 Der lichtempfindliche Film

Der lichtempfindliche Film besteht meistens aus einer Gelatineemulsion, die ein Gemisch aus Silberchlorid- und Silberbromidkristallen enthält. Der Träger für diese Emulsion ist entweder Glas oder häufiger Cellulosetriacetat. Unter Lichteinwirkung und nach chemischer Behandlung werden die Silberionen zu Silberatomen reduziert, während die Bromidionen zu Brom oxidiert werden:

$$2\mathrm{Ag}^+ + 2e^- \rightarrow 2\mathrm{Ag}$$

$$2\mathrm{Br}^- \rightarrow \mathrm{Br}_2 + 2e^- .$$

Die räumliche Verteilung der Silberatome bildet ein sichtbares Bild, das man mittels eines Fixierers, der die überschüssigen Silberionen beseitigt, stabilisiert.

Die Empfindlichkeit des photographischen Films wird über die Effizienz gemessen, mit der einfallendes Licht auf die Mikrokristalle der Emulsion einwirkt, d. h. letztlich über die Größe der Schwärzungskörner. Sind die Körner *groß* ($\sim 30\,\mu$m), wird der Film schon von einer geringen Lichtmenge belichtet; er ist dann *hochempfindlich.* Sind die Körner dagegen *klein* ($\sim 5\,\mu$m) ist der Film *gering empfindlich* und benötigt eine größere Lichtmenge zur Filmschwärzung.

In der Praxis mißt man die Empfindlichkeit eines Filmes, indem die Schwärzung S nach der Entwicklung als Funktion des Zehnerlogarithmus der Belichtung H (siehe Kapitel 15) untersucht wird. Die so erhaltene H-D-Kurve hat einen geradlinigen Teil, dessen Mitte meistens die Empfindlichkeit festlegt.

Um die Empfindlichkeit des Filmes zu bestimmen, verwendet man die ISO-Norm (International Standardization Organisation), die aus einer geometrischen Folge der Schrittweite 2 besteht: Zwei Filme, deren Empfindlichkeiten nach ISO das Verhältnis 1:2 besitzen, haben für eine gegebene Belichtung das gleiche Schwärzungsverhältnis. Früher hieß diese Norm ASA (American Standard Association). Man verwendete auch die DIN-Norm (Deutsches Institut für Normung), die aus einer arithmetischen Folge der Schrittweite 3 konstruiert ist. Der Zusammenhang zwischen diesen beiden Normen für die Empfindlichkeiten S_{DIN} und S_{ISO} (Tabelle 16.2) ist gegeben durch:

$$S_{\mathrm{DIN}} = 10{,}5 \lg S_{\mathrm{ISO}}.$$

Tabelle 16.2:

ISO	12	25	50	100	200	400	800	1600
DIN	12	15	18	21	24	27	30	33

16.2 Optische Eigenschaften eines Photoobjektivs

Ein Objektiv ist aus mehreren getrennten oder zusammengeklebten dicken Linsen aufgebaut. Bestimmte Objektive besitzen zusätzlich noch Spiegel: Diese katadioptrischen Spiegelobjektive haben lange Brennweiten. Andere Objektive sind aus Linsen aufgebaut, die gegenseitig verschoben werden können: Dies sind die Objektive mit variabler Geometrie, oder *Zoomobjektive*, die in den 30er Jahren entwickelt wurden. Die große Anzahl der Linsen (manchmal bis zu 10), aus denen diese Objektive konstruiert sind, erlaubt bei diesen zentrierten Systemen eine gleichzeitige Korrektur von geometrischen und chromatischen Aberrationen. Diese große Anzahl von Linsen ist erst möglich, seit die Grenzflächen mit einer Antireflexbeschichtung versehen sind, so daß Verluste beim Lichtstrom durch Reflexion gering bleiben. So erreicht der austretende Lichtstrom häufig bis zu 98% des einfallenden.

16.2.1 Kardinalelemente

Zur Bestimmung der Kardinalelemente genügt es, die Matrixelemente des Objektivs analytisch oder experimentell zu ermitteln. Aus der so bestimmten Brechkraft folgen die Brennweiten. Die bildseitige Brennweite in Millimetern ist meistens in den Ring um die vordere Objektivöffnung eingraviert. Für ein bestimmtes Filmformat unterscheidet man im allgemeinen je nach ihrer bildseitigen Brennweite f drei verschiedene Objektivtypen. Für das Format 24×36 mm betragen die Werte:

- $f = 28$ mm beim Weitwinkelobjektiv,
- $f = 50$ mm beim Normalobjektiv,
- $f = 150$ mm beim Teleobjektiv.

16.2.2 Abbildungsmaßstab

Der Abbildungsmaßstab ist eine Funktion von $\sigma_o = \overline{F_o A_o}$, $\sigma_b = \overline{F_b A_b}$ und f (Abbildung 16.2) zu:

$$G_a = -\frac{\sigma_b}{f} = \frac{f}{\sigma_o}. \tag{16.1}$$

Der algebraische Abstand σ_b, der den bildseitigen Brennpunkt F_b vom Bild A_b trennt, wird als *Auszug* des Apparates bezeichnet, weil die Bildebene weggezogen werden muß, sobald ein ursprünglich weit entferntes Objekt sich dem Apparat nähert.

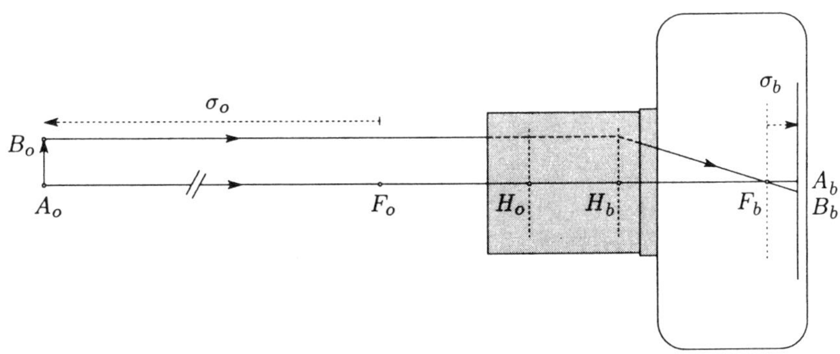

Abb. 16.2

σ_b ist im Gegensatz zu σ_o normalerweise klein gegen die Brennweite. Für einen gegebenen Wert von σ_o wächst der Absolutbetrag des Abbildungsmaßstabes mit der Brennweite. Möchte man ein detailliertes Bild des Objektes erhalten, wird deshalb ein Teleobjektiv verwendet.

Soll der Betrag des Abbildungsmaßstabes bei gegebener Brennweite erhöht werden, kann man σ_b vergrößern. Dies wird erreicht, indem zwischen Objektiv und Gehäuse ein Faltenbalgen oder ein Tubus gesetzt wird. Dieses Zubehör ist unentbehrlich für die Makrophotographie, will man z. B. eine Nahaufnahme einer Biene auf einer Blüte machen.

16.2.3 Gesichtsfeldwinkel

Der Gesichtsfeldwinkel ist der konische Teil des Objektraumes, von dem das Photoobjektiv ein scharfes Bild erzeugt. Man beschreibt ihn durch den Winkel $2\theta_c$ des Kegels, dessen Spitze der objektseitige Knotenpunkt ist und der durch die Kreise begrenzt wird, innerhalb derer die Punkte noch ausreichend scharf abgebildet werden (Abbildung 16.3).

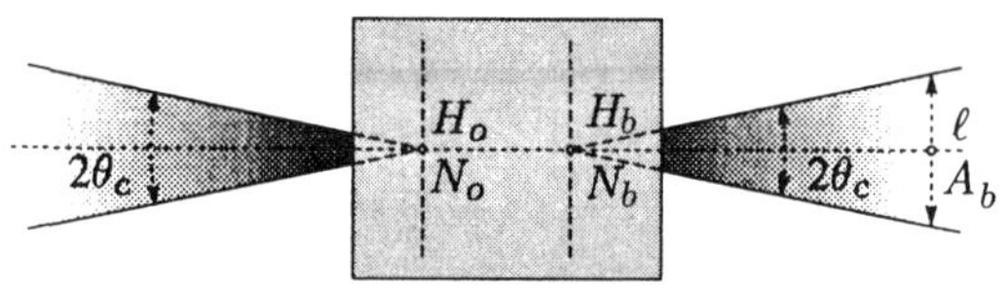

Abb. 16.3

Das Gesichtsfeld wird durch die Diagonale l des photographischen Films begrenzt. Da wir $\overline{H_b A_b} \approx f$ haben, gilt

$$\tan\theta_c \approx \frac{l}{2f}. \tag{16.2}$$

Wir merken uns also: Für einen Film bestimmten Formats verändert sich das Gesichtsfeld *umgekehrt proportional* mit der Brennweite des Objektivs.

Beispiel: Für das Format 24×36 mm ist $l = 43{,}27$ mm. Bei einem Objektiv der Brennweite 50 mm ist $2\theta_c = 2\arctan(l/2f) \approx 46°$, was dem Gesichtsfeld des Auges entspricht (siehe Kapitel 7). Daher wird dieses Objektiv für dieses Filmformat *normal* genannt. Ist $f = 28$ mm, erhalten wir mit $2\theta_c \approx 75°$ *Weitwinkelobjektiv*. Schließlich, wenn $f = 135$ mm ist, gilt $2\theta_c \approx 18°$. Dies ist das kleine Gesichtsfeld, das für ein *Teleobjektiv* typisch ist.

Bemerkung: Das Gesichtfeld kann bei einer sehr kurzen Brennweite von $f = 8$ mm bis zu 140° betragen. Dieses Objektiv wird wegen der gewölbten Frontlinse *fish-eye* oder Fischaugenobjektiv genannt. Für Teleobjektive langer Brennweite (ca. 2 m), die man mit zusätzlichen Spiegeln realisiert, reduziert sich dagegen der Winkel zu 1° (katadioptrische Objektive).

16.2.4 Öffnung. Blendenzahl

Man nennt die *Öffnung* eines Photoapparates den *Durchmesser* D der Eintrittspupille des Objektivs. Wir werden später sehen, daß im Ausdruck für die Belichtung des Films das Verhältnis der bildseitigen Brennweite zu der Öffnung, f/D, auftaucht. Daher verwendet man auch die Blendenzahl $k = f/D$.

Die Tabelle 16.3 gibt für ein 50-mm-Objektiv die Durchmesser an, die der geometrischen Folge mit Schrittweite $\sqrt{2}$ der Blendenzahlen entsprechen:

Tabelle 16.3:

k	1,4	2	2,4	4	5,6	8	11	16
D (mm)	36	25	18	12,5	9	6,25	4,5	3,12

Ist die Blendenzahl 11, sagt man, das Objektiv arbeite mit einer *Öffnung* $f/11$.

Bemerkung: Man vermeidet im allgemeinen, Objektive kurzer Brennweite mit sehr kleiner Blendenzahl zu verwenden, da sonst geometrische Aberrationen auftreten; bei Objektiven langer Brennweite führen kleine Blendenzahlen zu unhandlicher Bauweise.

16.3 Auflösung. Einfluß der Filmkörnigkeit

Wie die endliche Größe der Rezeptoren bei dem Auge, begrenzt die Körnigkeit des Filmes die Fähigkeit des Photoapparates, Einzelheiten des Objektes aufzulösen. Die hochempfindlichen Filme mit ihren großen Körnern sind daher diejenigen, die zur schlechtesten Auflösung führen. Das einem punktförmigen Objekt entsprechende Bild kann dabei bis zu 30 μm Durchmesser aufweisen. Wir wollen dieses Bild mit dem Bildfleck des Objektes, der durch Beugung an der Öffnungsblende hervorgerufen wird, vergleichen: Wir wissen, daß die kleinste durch Beugung begrenzte wahrnehmbare Größe Δx_o eines Objekts über den folgenden Ausdruck gegeben ist:

$$\Delta x_o \approx \frac{\lambda}{8\pi n_o \sin\alpha_o} \approx \frac{\lambda}{4\pi D}|\sigma_o|, \tag{16.3}$$

da $\sin\alpha_o \approx D/(2|\sigma_o|)$ und $n_o = 1$ gilt. Damit erhalten wir für den Bildraum:

$$\Delta x_b \approx |G_a|\frac{\lambda}{4\pi D}|\sigma_o| \approx \frac{\lambda}{4\pi D}f = \frac{\lambda k}{4\pi}. \tag{16.4}$$

Da $\lambda \sim 0{,}5\,\mu$m und $k < 22$ ist, haben wir $\Delta x_\mathrm{b} < 11\,\mu$m. Die Auflösung wird also nicht durch die Beugung, sondern durch die *Korngröße* des Filmes bestimmt.

16.4 Scharfeinstellung

16.4.1 Schärfentiefe

Als *Schärfentiefe* wird der größte Abstand zweier Punkte A'_o und A''_o auf der optischen Achse bezeichnet, die auf dem photographischen Film noch *scharf* abgebildet werden (Abbildung 16.4). Scharf abgebildet heißt im allgemeinen ein Punkt, wenn dessen Bild einen Durchmesser von $a_\mathrm{b} = 100\,\mu$m nicht überschreitet, da erst oberhalb dieses Wertes das Auge überhaupt einen Unterschied feststellen kann. A'_o wird als *Hintertiefe*, A''_o als *Vordertiefe* bezeichnet.

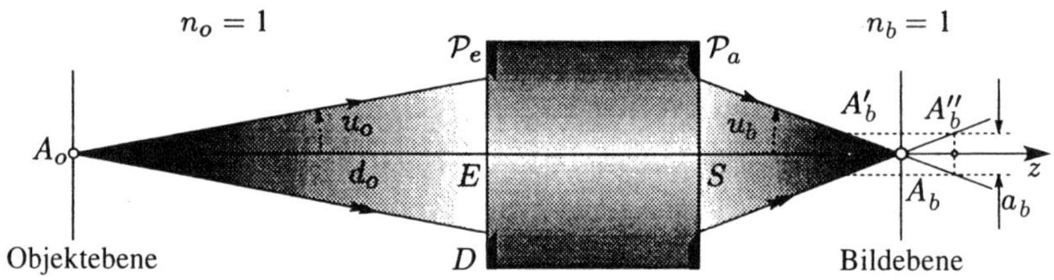

Abb. 16.4

Die Schärfentiefe $A'_\mathrm{o}A''_\mathrm{o}$ ist also:

$$\overline{A'_\mathrm{b}A''_\mathrm{b}}\tan\alpha_\mathrm{b} = -a_\mathrm{b}, \tag{16.5}$$

wobei α_b der Austrittswinkel der Lichtstrahlen bezüglich der optischen Achse ist und $\overline{A'_\mathrm{b}A''_\mathrm{b}}$ die algebraische Strecke, die die Bilder von A'_o und A''_o trennt. In der Abbildung 16.4 ist $\alpha_\mathrm{b} < 0$ und $\overline{A'_\mathrm{b}A''_\mathrm{b}} > 0$. Der Winkel α_b ist über die Sinusbedingung von Abbe, $n_\mathrm{o}\overline{A_\mathrm{o}B_\mathrm{o}}\sin\alpha_\mathrm{o} = n_\mathrm{b}\overline{A_\mathrm{b}B_\mathrm{b}}\sin\alpha_\mathrm{b}$, mit dem Winkel α_o verknüpft. α_o wird durch den Abstand d_o des Objektes zu der Eintrittspupille $\mathcal{P}_\mathrm{e}$ und den Durchmesser D derselben festgelegt.

Die Newtonsche Abbildungsgleichung, angewandt auf die beiden äußeren Punktepaare $A'_\mathrm{o}A'_\mathrm{b}$, $A''_\mathrm{o}A''_\mathrm{b}$ und auf das mittlere Punktepaar $A_\mathrm{o}A_\mathrm{b}$, führt zu:

$$\overline{A'_\mathrm{b}A_\mathrm{b}} = \overline{F_\mathrm{b}A_\mathrm{b}} - \overline{F_\mathrm{b}A'_\mathrm{b}} = -f^2\left(\frac{1}{\sigma_\mathrm{o}} - \frac{1}{\sigma'_\mathrm{o}}\right) = -\frac{a_\mathrm{b}}{2\tan\alpha_\mathrm{b}} \tag{16.6}$$

$$\overline{A_\mathrm{b}A''_\mathrm{b}} = \overline{F_\mathrm{b}A''_\mathrm{b}} - \overline{F_\mathrm{b}A_\mathrm{b}} = -f^2\left(\frac{1}{\sigma''_\mathrm{o}} - \frac{1}{\sigma_\mathrm{o}}\right) = -\frac{a_\mathrm{b}}{2\tan\alpha_\mathrm{b}}. \qquad (16.7)$$

Bester Punkt der Scharfeinstellung

Wir bezeichnen die mittlere Strecke zwischen den Abständen $d' \approx |\sigma'_\mathrm{o}|$ und $d'' \approx |\sigma''_\mathrm{o}|$, bei denen noch ein *scharfes* Bild erzeugt wird, mit $d \approx F_\mathrm{o}A_\mathrm{o} = |\sigma_\mathrm{o}|$. Mit den Gleichungen (16.6) und (16.7) erhalten wir:

$$\frac{1}{\sigma_\mathrm{o}} - \frac{1}{\sigma'_\mathrm{o}} = \frac{1}{\sigma''_\mathrm{o}} - \frac{1}{\sigma_\mathrm{o}} \qquad (16.8)$$

und damit die Gleichung

$$\frac{1}{d'} + \frac{1}{d''} \approx \frac{2}{d}. \qquad (16.9)$$

Will man also ein großes Objekt, dessen axiale Abstände zwischen $d'' = 3$ m und $d' = 6$ m liegen, photographieren, ist der beste Punkt für die Scharfeinstellung bei

$$d \approx \frac{2d'd''}{d' + d''} = 4\,\mathrm{m}. \qquad (16.10)$$

Ausdruck für die Schärfentiefe

Wir haben die beiden folgenden Ausdrücke für $\overline{A'_\mathrm{b}A''_\mathrm{b}}$ (Gleichungen (16.6) und (16.7)):

$$\overline{A'_\mathrm{b}A''_\mathrm{b}} = -\frac{a_\mathrm{b}}{\tan\alpha_\mathrm{b}} \quad \text{und} \qquad (16.11)$$

$$\begin{aligned}\overline{A'_\mathrm{b}A''_\mathrm{b}} = \overline{A'_\mathrm{b}A_\mathrm{b}} + \overline{A_\mathrm{b}A''_\mathrm{b}} &= f^2\left(\frac{1}{\sigma'_\mathrm{o}} - \frac{1}{\sigma''_\mathrm{o}}\right)\\ &= -f^2\left(\frac{1}{d'} - \frac{1}{d''}\right) = -f^2\frac{d' - d''}{d'd''}. \qquad (16.12)\end{aligned}$$

Daraus folgt

$$A'_\mathrm{o}A''_\mathrm{o} = d' - d'' = -\frac{a_\mathrm{b}}{\tan\alpha_\mathrm{b}}\frac{d'd''}{f^2}. \qquad (16.13)$$

Die Größe $d'd''/f^2 \approx \sigma'_\mathrm{o}\sigma''_\mathrm{o}/f^2$ ist das Quadrat des Abbildungsmaßstabes. Was $\tan\alpha_\mathrm{b}$ betrifft, kann man, da die Winkel genügend klein sind und $n_\mathrm{b} = n_\mathrm{o} = 1$, schreiben:

$$\tan\alpha_\mathrm{b} \approx \sin\alpha_\mathrm{b} = \frac{\sin\alpha_\mathrm{o}}{G_\mathrm{a}} \approx \frac{D}{2dG_\mathrm{a}}. \qquad (16.14)$$

Da $f/d \approx -G_\mathrm{a}$ und $k = f/D$ gilt, erhalten wir schließlich

$$\tan\alpha_\mathrm{b} \approx -\frac{1}{2k}, \qquad \overline{A'_\mathrm{b}A''_\mathrm{b}} \approx 2a_\mathrm{b}k \tag{16.15}$$

und

$$\boxed{A'_\mathrm{o}A''_\mathrm{o} \approx \frac{2a_\mathrm{b}k}{f^2}d^2.} \tag{16.16}$$

Wir merken uns also, daß die Schärfentiefe
- zunimmt, sobald die Blendenzahl k wächst,
- zunimmt, sobald die beste Entfernung zur Scharfeinstellung größer wird,
- abnimmt, wenn die Brennweite zunimmt.

Bemerkungen:

1. Die Scharfeinstellung vollzieht sich durch schraubenartiges Bewegen des Objektivs gegenüber der Filmebene. Anhand zweier Skalen auf dem Objektiv kann die zu einer gegebenen Blendenzahl gehörigen Schärfentiefe in Abhängigkeit von der eingestellten Entfernung abgelesen werden. Hierzu geben zwei sekundäre Markierungen die Grenzen des Schärfentiefebereichs an, während die Hauptmarkierung den besten Punkt der Scharfeinstellung anzeigt. In der Abbildung 16.5 liegt der Schärfentiefebereich bei Blende 8 zwischen 2,4 m und 4,5 m, wenn der Punkt bester Scharfeinstellung 3 m beträgt.
2. Die modernen Photoapparate haben vielfach Autofokus, d. h., die Entfernung der besten Scharfeinstellung d wird automatisch bestimmt und das Objektiv darauf eingestellt. Der Abstand d wird mit Hilfe eines Infrarotstrahls, der vom Apparat ausgesandt, vom Objekt reflektiert und detektiert wird, gemessen. Ist diese Distanz erst einmal bekannt, berechnet ein Mikroprozessor die Schärfentiefe für eine gegebene Blendenzahl.

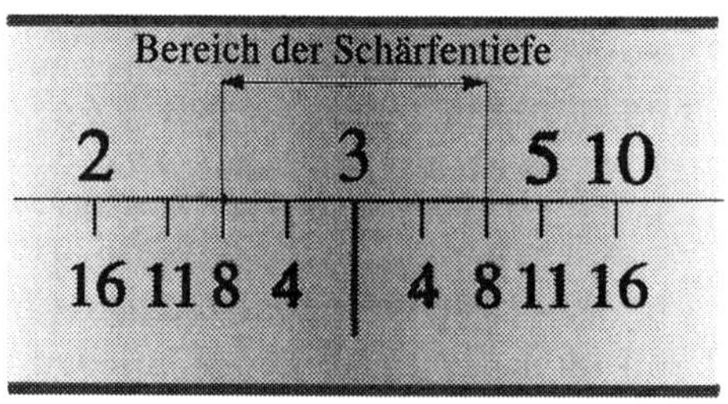

Abb. 16.5

16.4.2 Naheinstellung auf Unendlich

Die *Naheinstellung auf Unendlich*, die wir mit U bezeichnen, ist diejenige Entfernung bei einer bestimmten Blendenzahl, bei der die Hintertiefe den Wert Unendlich annimmt. Das Schärfentiefenintervall ist dann $\{\infty, U/2\}$, mit $d' = \infty$ und $d'' = U/2$, so daß $d \approx U$ und $A'_\mathrm{b}A''_\mathrm{b} = f^2/d'' = 2f^2/U$ gilt. Da aber $A'_\mathrm{b}A''_\mathrm{b} \approx 2a_\mathrm{b}k$ ist, erhalten wir:

$$U \approx \frac{f^2}{a_\mathrm{b}k}. \tag{16.17}$$

Die Naheinstellung auf Unendlich wächst also mit der Brennweite und fällt mit wachsender Blendenzahl.

Beispiel: Ist $f = 50$ mm und $a_\mathrm{b} = 100\,\mu$m, folgt $U(m) = 25/k$. Für $k = 11$ ist also $U \approx 2$ m. Der Schärfentiefenbereich erstreckt sich von 1 m bis nach Unendlich.

16.5 Beleuchtungsstärke der Bildebene

Betrachten wir erneut die Abbildung 16.4, die schematisch einen Photoapparat darstellt. Mit den üblichen Bezeichnungen gilt für die Beleuchtungsstärke in der Bildebene, wo sich der lichtempfindliche Film befindet,

$$E_\mathrm{b} = \frac{\delta\Phi_\mathrm{b}}{\mathrm{d}S_\mathrm{b}}. \tag{16.18}$$

Da $\delta\Phi_\mathrm{b} = \pi L_\mathrm{b}\mathrm{d}S_\mathrm{b}\sin^2\alpha_\mathrm{b}$ und $L_\mathrm{b} = \kappa L_\mathrm{o}$ (κ ist der Transmissionsfaktor für die Energie) gelten, folgt:

$$E_\mathrm{b} = \pi\kappa L_\mathrm{o}\sin^2\alpha_\mathrm{b}. \tag{16.19}$$

Mit der Abbeschen Sinusbedingung erhalten wir

$$E_\mathrm{b} = \pi\kappa L_\mathrm{o}\frac{\sin^2\alpha_\mathrm{o}}{G_\mathrm{a}^2} \approx \pi\kappa L_\mathrm{o}\frac{D^2}{4G_\mathrm{a}^2(A_\mathrm{o}E)^2} \tag{16.20}$$

oder, da $G_\mathrm{a}^2 = f^2/\sigma_\mathrm{o}^2 \approx f^2/(A_\mathrm{o}E)^2$,

$$\boxed{E_\mathrm{b} \approx \frac{\pi\kappa L_\mathrm{o}}{4k^2}.} \tag{16.21}$$

Das bedeutet, die Beleuchtungsstärke des Bildes in einem Photoapparat ist umgekehrt proportional zum Quadrat der Blendenzahl.

Da die Schwärzung eines entwickelten photographischen Films nur von der Belichtung $H = E \cdot t$ abhängt, spielt die Größe t/k^2 in der Photographie eine wichtige Rolle, weil sie einen Zusammenhang zwischen der Belichtungsdauer t und der Blendenzahl k herstellt (Tabelle 16.4).

Tabelle 16.4:

k	2,8	4	5,6	8	11	16	22
k^2	7,84	16	31,4	64	121	256	484
t(s)	1/1000	1/500	1/250	1/125	1/60	1/30	1/15

In den modernen Photoapparaten wird t/k^2 von einem Mikroprozessor auf der Grundlage des von dem Belichtungsmesser detektierten Lichtstromes berechnet. Man hat die Wahl zwischen der Vorgabe von t und der automatischen Wahl der Blendenzahl (Zeitautomatik) oder der Vorgabe der Blendenzahl und der automatischen Bestimmung der Zeit (Blendenautomatik).

16.6 Beispiele photographischer Objektive

Photoobjektive müssen Bilder erzeugen, die nur geringe Aberrationen aufweisen dürfen. Daher sind es aus mehreren Linsen zusammengesetzte Systeme. In der Vergangenheit war die Berechnung dieser Systeme sehr aufwendig und erforderte von den Optikern Intuition und Scharfsinnigkeit. Heute allerdings werden solche Aufgaben mit Computern bewältigt. Auf diese Weise konnte man die wohlbekannten optischen Systeme wiederfinden und verbessern, wie z. B. das 1895 von Rudolph berechnete Planarobjektiv, das Taylorsche Triplet und davon abgeleitet das Tessarobjektiv. Die Abbildung 16.6 zeigt diese verschiedenen Objektivtypen.

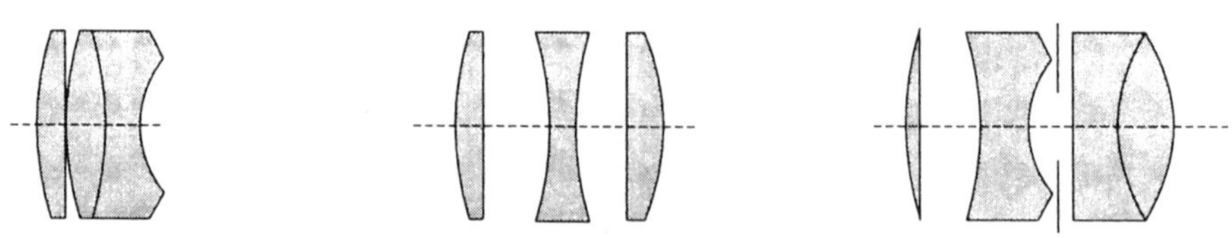

Objektiv nach Planar — Objektiv nach Taylor — Objektiv nach Tessar

Abb. 16.6

Die *Teleobjektive* sind im allgemeinen aus zwei verschiedenen optischen Systemen aufgebaut, einem konvergenten und einen divergenten. Sie bilden ein System großer Brennweite und möglichst geringer Größe. Um das Prinzip zu zeigen, wollen wir ein Teleobjektiv betrachten, das aus zwei dünnen Linsen besteht (Abbildung 16.7).

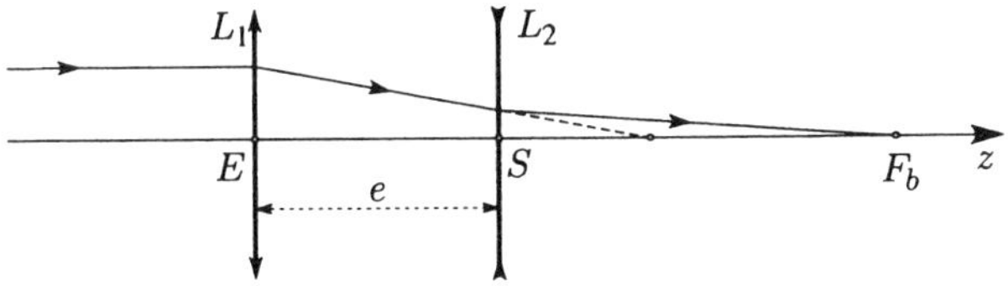

Abb. 16.7

Wir bezeichnen das Verhältnis der Brechkräfte B_2/B_1 mit m und die Brechkraft des Ensembles mit B. Die algebraische Länge $\overline{EF_b}$ (positiv), die den Abstand zwischen dem Eingang des Systems und dem bildseitigen Brennpunkt F_b bezeichnet, hat die Form:

$$\overline{EF_b} = \overline{ES} + \overline{SF_b} = e + \frac{1 - eB_1}{B}, \tag{16.22}$$

da $\overline{SF_b} = f(1 - eB_1)$ gilt (siehe Kapitel 9). Über die Gullstrandsche Formel ist e mit B und B_1 verknüpft,

$$B = B_1 + B_2 - eB_1B_2 = B_1(1 + m) - emB_1^2,$$

so erhalten wir durch Eliminieren von e:

$$\overline{EF_b} = \frac{2 + m}{mB_1} - \frac{B}{mB_1^2} - \frac{1}{mB}. \tag{16.23}$$

Um $\overline{EF_b}$ zu minimieren, suchen wir das Minimum bezüglich B_1 bei festem B und m:

$$\frac{\mathrm{d}\overline{EF_b}}{\mathrm{d}B_1} = \frac{1}{mB_1^2}\left(\frac{2B}{B_1} - 2 - m\right) = 0$$

oder

$$B_1 = \frac{2B}{2 + m}. \tag{16.24}$$

Die Größe ist minimal, wenn die zweite Ableitung für $B_1 = 2B/(2 + m)$ positiv ist:

$$\frac{\mathrm{d}^2\overline{EF_b}}{\mathrm{d}B_1^2} = -\frac{2}{mB_1^3}\left(\frac{2B}{B_1} - 2 - m\right) - \frac{2B}{mB^4} = \frac{-2B}{mB_1^4} > 0 \tag{16.25}$$

Daraus folgt für positives B und B_1, daß die Größe minimal für $m < 0$ ist, so daß gilt

$$B_2 = mB_1 = \frac{2mB}{2+m} < 0 \tag{16.26}$$

und

$$e = \frac{B_1(1+m) - B}{mB_1^2} = \frac{2B(1+m)/(2+m) - B}{4mB^2/(2+m)^2} = \frac{2+m}{4B} < \frac{1}{2B}. \tag{16.27}$$

Schließlich wollen wir noch kurz die Zoom- oder Varioobjektive, deren Brennweite stufenlos zwischen zwei Werten (z. B. 70–210 mm) geändert werden kann, erwähnen. Sie sind aus mehreren Linsengruppen aufgebaut, die gegeneinander verschoben werden können, was eine große mechanische Präzision und eine ausreichende Korrektur der Abbildungsfehler für alle Brennweiten erfordert.

Die Abbildung 16.8 zeigt ein solches Objektiv.

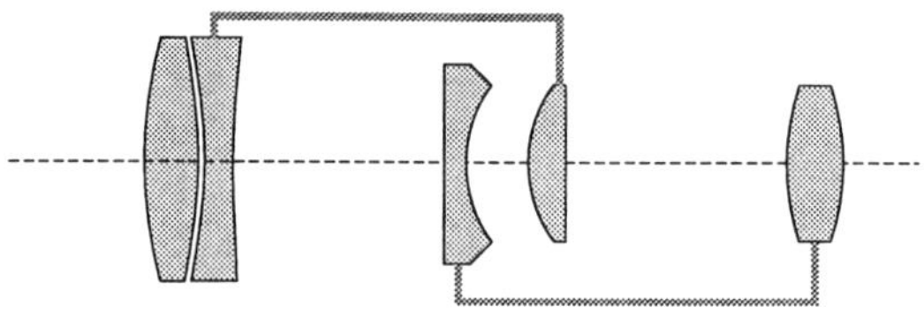

Abb. 16.8

16.7 Zusammenfassung

Folgende Ergebnisse sind von praktischer Bedeutung:

1. Bei den Photoobjektiven existieren drei Haupttypen, die man anhand ihrer bildseitigen Brennweite gegenüber der Bilddiagonalen des verwendeten Formats unterscheidet: das Weitwinkel-, das Normal- und das Teleobjektiv.
2. Die Blendenzahl $k = f/D$, als Verhältnis der Brennweite zum Durchmesser der Eintrittspupille, und die Belichtungszeit t sind über die Gleichung $t/k^2 = \text{const}$ miteinander verknüpft.

3. Die beste Entfernung der Scharfeinstellung d ist der harmonische Mittelwert der maximalen und der minimalen Entfernung ausreichender Schärfe.
4. Die Auflösung eines Photoobjektivs wird durch die Korngröße des Filmes bestimmt. Hierbei ist die Korngröße bei hochempfindlichen Filmen größer als bei niedriger empfindlichen.
5. Die Schärfentiefe wächst mit k und fällt mit der Brennweite.

16.8 Aufgaben

A16.1 Makrophotographie
Die Matrixelemente der Transfermatrix eines Photoobjektivs von 6 cm Dicke, das von Luft umgeben ist, sind experimentell bestimmt worden. In SI-Einheiten sieht die Transfermatrix wie folgt aus:

$$T(ES) = \begin{bmatrix} 0{,}4 & 0{,}046 \\ -20 & 0{,}2 \end{bmatrix}.$$

1. Berechnen Sie die Kardinalelemente des Systems. Zeichnen Sie sie in eine Skizze mit Maßstab 0,5 ein.
2. Das Objektiv wird auf ein Gehäuse geschraubt. Anfangs fällt die bildseitige Brennebene mit der Filmebene zusammen, auf der das Bild erzeugt wird. Nun möchte man ein Objekt der Größe 3,5 cm in 19 cm Entfernung vom Film photographieren:
   - Um welchen Wert t und in welche Richtung muß das Objektiv gegenüber dem Gehäuse verschoben werden, um eine scharfe Aufnahme zu gewährleisten?
   - Konstruieren Sie das System, wenn es scharf eingestellt ist! Wie groß ist der Abbildungsmaßstab?

A16.2 Blendenzahl des Auges

1. Geben Sie die Größenordnung der Blendenzahl des Auges unter der Vorausetzung an, daß die bildseitige Brennweite in der Größenordnung 20 mm liegt und der Durchmesser der Pupille zwischen 2 und 8 mm variiert. Vergleichen Sie diese Blendenzahlen mit denen eines Standardphotoapparates.
2. In welchem Bereich bewegt sich die beugungsbedingte untere Grenze für die Auflösung des Auges?

A16.3 Das Teleobjektiv

1. Das Objektiv eines Photoapparates ist durch eine konvergente dünne Linse L_1 der bildseitigen Brennweite 5 cm nachbildbar. Berechnen Sie die Höhe des Bildes, das das Objektiv von einem 20 m hohen Gebäude in 500 m Entfernung erzeugt. Unter welchem Winkel sieht man dieses Objekt durch L_1? Wie groß ist der maximal mögliche Wert dieses Winkels, wenn man den Apparat dem Objekt nähert und mit dem 24×36-mm-Filmformat arbeitet?
2. Man fügt der Linse L_1 eine weitere, divergente dünne Linse L_2 mit 2,5 cm Brennweite in 3 cm Abstand von L_1 hinzu. Berechnen Sie die Höhe des Bildes, das dieses Ensemble

von dem vorherigen Gebäude erzeugt. Wie groß müßte die Brennweite von L_1 sein, wenn man den gleichen Abbildungsmaßstab erzielen wollte?

3. Berechnen Sie die Kardinalelemente des Systems $\{L_1, L_2\}$. Wie groß ist der maximale Wert für den Winkel, unter dem man das Objekt sieht?

A16.4 Realisierung eines Teleobjektivs
Man möchte ein Teleobjektiv aus einer konvergenten und einer divergenten Linse bauen, so daß das endgültige Bild eines sehr weit entfernten Objektes m-mal größer ist, als das, welches man allein mit der konvergenten Linse erhält.

Leiten Sie die folgende Beziehung zwischen den bildseitigen Brennweiten f_1 und f_2 der beiden Linsen und dem Abstand d zwischen ihnen ab:

$$md = mf_1 + (m-1)f_2.$$

Rechnen Sie mit $f_1 = 10$ cm, $f_2 = -4$ cm und $m = 10$. Wie groß ist also das Teleobjektiv, d. h. der Abstand des endgültigen Bildes zu der ersten Linse?

17 Geometrische Optik in inhomogenen Medien. Faseroptik

Die Untersuchung der inhomogenen Medien ist gleichermaßen von grundlegender und von technischer Bedeutung, da sie auf der einen Seite die Analogie der Optik zur Mechanik, die die Grundlage der Wellenoptik ist, unterstreicht und auf der anderen Seite die notwendige Basis für das Verständnis des Strahlenganges in Linsen und optischen Fasern mit Brechzahlgradienten bereitstellt. Letztere sind von zunehmender Bedeutung in optischen Konstruktionen.

Wir werden zuerst, ausgehend vom Konzept der Wellenfront, die fundamentale Gleichung der geometrischen Optik, die sogenannte Eikonalgleichung einführen. Daraus wird dann die Differentialgleichung eines Lichtstrahles abgeleitet, und die daraus resultierenden Aussagen werden vorgestellt. Schließlich analysieren wir den Lichtweg in optischen Fasern vom Standpunkt der geometrischen Optik aus.

17.1 Eikonalgleichung

Wir berechnen die optische Weglänge zwischen zwei Wellenfronten Σ_0 und Σ, d. h. den Punkten gleicher Lichterregung zum Zeitpunkt t_0 bzw. $t_0 + \tau$, entlang des gekrümmten Lichtstrahles RL, der durch die Punkte A_0 in Σ_0 und A in Σ geht:

$$L = \int_{A_0}^{A} n \mathrm{d}s. \tag{17.1}$$

In diesem Ausdruck ist n der Brechungsindex des Mediums und ds das Kurvenelement von RL (Abbildung 17.1).

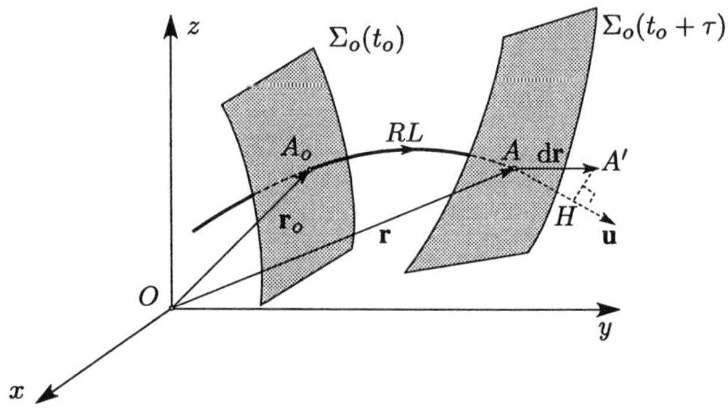

Abb. 17.1

Hält man den Punkt $A_0(\boldsymbol{r}_0)$ fest und bewegt den Punkt $A(\boldsymbol{r})$, hängt die so berechnete optische Weglänge nur von $\boldsymbol{r}$ ab, da RL eine tatsächlich zurückgelegte Kurve darstellt. Daher haben wir:

$$\int_{\boldsymbol{r}_0}^{\boldsymbol{r}} n\mathrm{d}s = L(\boldsymbol{r}) \tag{17.2}$$

und

$$\mathrm{d}L = \operatorname{grad} L \cdot \mathrm{d}\boldsymbol{r}. \tag{17.3}$$

Diese infinitesimale Variation kann auch

$$\mathrm{d}L = n\mathrm{d}s = nAH = n(d\boldsymbol{r} \cdot \boldsymbol{u})$$

geschrieben werden (Abbildung 17.1). Durch Vergleich der rechten Seiten der beiden Gleichungen erhalten wir

$$n\mathrm{d}\boldsymbol{r} \cdot \boldsymbol{u} = \operatorname{grad} L \cdot \mathrm{d}\boldsymbol{r}$$

oder, da $\mathrm{d}\boldsymbol{r}$ beliebig ist,

$$\boxed{n\boldsymbol{u} = \operatorname{grad} L} \tag{17.4}$$

bzw.

$$\boxed{n = |\operatorname{grad} L|.} \tag{17.5}$$

Diese letzte Gleichung drückt aus, daß der Brechungsindex des Mediums gleich dem Betrag des Gradientenvektors der optischen Weglänge ist. Sie ist unter dem Namen *Eikonalgleichung* der geometrischen Optik bekannt (von griechisch Ikone = Bild).

17.2 Strahlengleichung

Wir wollen die infinitesimale Variation des Vektors $n\boldsymbol{u}$ entlang dem Strahl s berechnen:

$$\frac{\mathrm{d}(n\boldsymbol{u})}{\mathrm{d}s} = \frac{\mathrm{d}}{\mathrm{d}s}(n\alpha\boldsymbol{e}_x + n\beta\boldsymbol{e}_y + n\gamma\boldsymbol{e}_z) = \frac{\mathrm{d}}{\mathrm{d}s}\left(\frac{\partial L}{\partial x}\boldsymbol{e}_x + \frac{\partial L}{\partial y}\boldsymbol{e}_y + \frac{\partial L}{\partial z}\boldsymbol{e}_z\right), \quad (17.6)$$

wenn $\boldsymbol{e}_x$, $\boldsymbol{e}_y$, $\boldsymbol{e}_z$ die Einheitsvektoren des dreidimensionalen Raumes und α, β, γ die Komponenten von $\boldsymbol{u}$ in dieser Basis sind. Da

$$\mathrm{d}\left(\frac{\partial L}{\partial x}\right) = \mathrm{grad}\left(\frac{\partial L}{\partial x}\right)\cdot \mathrm{d}\boldsymbol{r}$$

gilt, haben wir:

$$\begin{aligned}\frac{\mathrm{d}}{\mathrm{d}s}\left(\frac{\partial L}{\partial x}\right) &= \mathrm{grad}\left(\frac{\partial L}{\partial x}\right)\cdot\frac{\mathrm{d}\boldsymbol{r}}{\mathrm{d}s} = \mathrm{grad}\left(\frac{\partial L}{\partial x}\right)\cdot\boldsymbol{u}\\ &= \mathrm{grad}\left(\frac{\partial L}{\partial x}\right)\cdot\frac{1}{n}\mathrm{grad}\,L. \end{aligned} \quad (17.7)$$

Ausgeschrieben erhalten wir damit:

$$\begin{aligned}&\frac{1}{n}\left[\frac{\partial}{\partial x}\left(\frac{\partial L}{\partial x}\right)\frac{\partial L}{\partial x} + \frac{\partial}{\partial y}\left(\frac{\partial L}{\partial x}\right)\frac{\partial L}{\partial y} + \frac{\partial}{\partial z}\left(\frac{\partial L}{\partial x}\right)\frac{\partial L}{\partial z}\right]\\ &\qquad = \frac{1}{n}\left[\frac{\partial}{\partial x}\left(\frac{\partial L}{\partial x}\right)\frac{\partial L}{\partial x} + \frac{\partial}{\partial x}\left(\frac{\partial L}{\partial y}\right)\frac{\partial L}{\partial y} + \frac{\partial}{\partial x}\left(\frac{\partial L}{\partial z}\right)\frac{\partial L}{\partial z}\right],\end{aligned}$$

und durch Kombination folgt:

$$\frac{1}{2n}\frac{\partial}{\partial x}\left[\left(\frac{\partial L}{\partial x}\right)^2 + \left(\frac{\partial L}{\partial y}\right)^2 + \left(\frac{\partial L}{\partial z}\right)^2\right] = \frac{1}{2n}\frac{\partial}{\partial x}(n^2) = \frac{\partial n}{\partial x}. \quad (17.8)$$

Daraus ergibt sich

$$\frac{\mathrm{d}}{\mathrm{d}s}\left(\frac{\partial L}{\partial x}\right) = \frac{\partial n}{\partial x}. \quad (17.9)$$

Desgleichen gilt für die anderen Komponenten:

$$\frac{\mathrm{d}}{\mathrm{d}s}\left(\frac{\partial L}{\partial y}\right) = \frac{\partial n}{\partial y} \quad (17.10)$$

und

$$\frac{\mathrm{d}}{\mathrm{d}s}\left(\frac{\partial L}{\partial z}\right) = \frac{\partial n}{\partial z}. \quad (17.11)$$

Schließlich ergibt sich die folgende vektorielle Gleichung zur Beschreibung der Bahnkurve eines Lichtstrahles:

$$\boxed{\frac{\mathrm{d}}{\mathrm{d}s}(n\boldsymbol{u}) = \operatorname{grad} n} \tag{17.12}$$

oder

$$\frac{\mathrm{d}^2\boldsymbol{r}}{\mathrm{d}\ell^2} = n \operatorname{grad} n, \tag{17.13}$$

wenn $\boldsymbol{u} = d\boldsymbol{r}/\mathrm{d}s$ und $\mathrm{d}\ell \equiv \mathrm{d}s/n = \mathrm{d}L/n^2$. Diese letzte Gleichung wird häufig zur Berechnung der Bahnkurven von Lichtstrahlen verwendet.

17.3 Folgerungen

17.3.1 Geradliniger Lichtweg in einem homogenen Medium

Ist das Medium *homogen*, ist der Brechungsindex einheitlich und $\operatorname{grad} n = \mathbf{0}$. Wir erhalten daher:

$$\frac{\mathrm{d}}{\mathrm{d}s}(n\boldsymbol{u}) = n\frac{\mathrm{d}\boldsymbol{u}}{\mathrm{d}s} = \mathbf{0} \quad \text{und} \quad \boldsymbol{u} = \text{const.} \tag{17.14}$$

Das bedeutet, daß $\boldsymbol{u}$ von s unabhängig ist. Man findet so den geradlinigen Verlauf des Lichtes im homogenen Medium.

17.3.2 Snelliussches Gesetz

Da die Grenzfläche zwischen zwei verschiedenen Medien eine Fläche gleichen Brechungsindexes ist, zeigt der Vektor $\operatorname{grad} n$ in Richtung der Flächennormalen $\boldsymbol{N}$.

Die Gleichung $\mathrm{d}(n\boldsymbol{u})/\mathrm{d}s = \operatorname{grad} n$ ergibt $\mathrm{d}(n\boldsymbol{u}) = |\operatorname{grad} n|\boldsymbol{N}\mathrm{d}s$ oder, integriert man zwischen infinitesimal benachbarten Punkten auf der jeweils anderen Seite der Fläche,

$$\Delta(n\boldsymbol{u}) = \boldsymbol{N} \int_{-\epsilon/2}^{\epsilon/2} |\operatorname{grad} n|\mathrm{d}s$$

oder

$$\boxed{n_2\boldsymbol{u}_2 - n_1\boldsymbol{u}_1 = a\boldsymbol{N}} \tag{17.15}$$

mit der reellen Zahl a. Man erhält das vektorielle Gesetz von Snellius (siehe Kapitel 2).

Bemerkung: Im zweiten Kapitel haben wir genau umgekehrt vom Snelliusschen Gesetz auf die Differentialgleichung geschlossen.

17.4 Bahnkurve eines Lichtstrahles

In kartesischen Koordinaten lautet die Differentialgleichung für die Bahnkurve des Lichtstrahles wie folgt:

$$\frac{\mathrm{d}}{\mathrm{d}s}\left(n\frac{\mathrm{d}x}{\mathrm{d}s}\right) = \frac{\partial n}{\partial x}; \quad \frac{\mathrm{d}}{\mathrm{d}s}\left(n\frac{\mathrm{d}y}{\mathrm{d}s}\right) = \frac{\partial n}{\partial y}; \quad \frac{\mathrm{d}}{\mathrm{d}s}\left(n\frac{\mathrm{d}z}{\mathrm{d}s}\right) = \frac{\partial n}{\partial z}. \tag{17.16}$$

Auf der anderen Seite ergibt sich in Systemkoordinaten:

$$\frac{\mathrm{d}(n\boldsymbol{u})}{\mathrm{d}s} = \frac{\mathrm{d}n}{\mathrm{d}s}\boldsymbol{u} + n\frac{\mathrm{d}\boldsymbol{u}}{\mathrm{d}s} = \operatorname{grad} n \tag{17.17}$$

mit

$$\frac{\mathrm{d}\boldsymbol{u}}{\mathrm{d}s} \equiv \frac{\boldsymbol{e}_n}{R}.$$

$\boldsymbol{e}_n$ ist der Vektor in Richtung der Hauptsenkrechten und R der Krümmungsradius. Wir erhalten daher:

$$\frac{\mathrm{d}n}{\mathrm{d}s}\boldsymbol{u} + \frac{n}{R}\boldsymbol{e}_n = \operatorname{grad} n. \tag{17.18}$$

17.4.1 Ausdruck für den Krümmungsradius

Multipliziert beide Seiten der vorhergehenden Gleichung (17.18) mit $\boldsymbol{e}_n$, erhält man:

$$\frac{n}{R} = \boldsymbol{e}_n \cdot \operatorname{grad} n,$$

woraus sich der Krümmungsradius

$$\boxed{\frac{1}{R} = \frac{1}{n}\boldsymbol{e}_n \cdot \operatorname{grad} n} \tag{17.19}$$

ergibt. Da $R > 0$ ist, ist der Winkel zwischen $\boldsymbol{e}_n$ und $\operatorname{grad} n$ immer spitz: Der Strahl ist also immer *entgegen* der Richtung des Vektors $\operatorname{grad} n$ gekrümmt. (Abbildung 17.2).

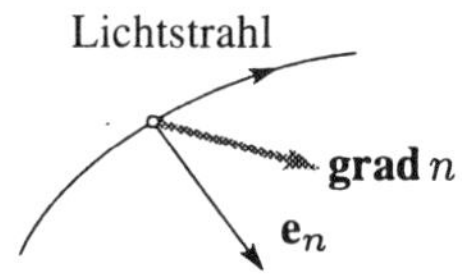

Abb. 17.2

17.4.2 Anwendungen

Beispiele für die Krümmung eines Lichtstrahles

Ein Becken enthält ein Salz-Wasser-Gemisch, dessen Konzentration, Dichte und Brechungsindex zum Boden hin zunehmen (Abbildung 17.3). An der Oberfläche hat man reines Wasser mit $n = 1{,}33$ und am Boden eine gesättigte Salzlösung mit Brechungsindex 1,38. Der Vektor $\operatorname{grad} n$ zeigt daher nach unten. Ein Lichtstrahl fällt senkrecht auf die Seitenwand des Beckens, tritt ohne Abweichung am Punkt I in das Wasser und krümmt sich zum Punkt J. Die Winkelabweichung $\delta\alpha$ zwischen I und J, die durch die kontinuierliche Variation des Brechungsindexes bedingt wird, folgt in einfacher Weise aus der Erhaltung der Größe $n \sin \alpha$. Da $\alpha_I = \pi/2$ gilt, erhalten wir:

$$\delta\alpha = 90° - \arcsin\left(\frac{n_I \sin \alpha_I}{n_J}\right) = 90° - \arcsin\left(\frac{1{,}33}{1{,}38}\right) \approx 15{,}5°. \qquad (17.20)$$

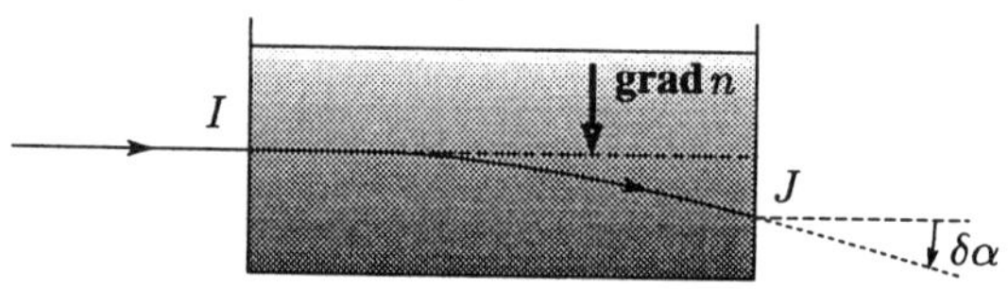

Abb. 17.3

Luftspiegelungen

Ist der Erdboden sehr warm, fällt die Temperatur nach oben schnell ab, so daß der Brechungsindex mit der Höhe über dem Boden wächst. Der Vektor grad n zeigt daher nach oben. Die von einem Objekt kommenden Lichtstrahlen krümmen sich infolgedessen und erreichen einen entfernten Beobachter. Es wirkt deshalb so, als ob die Lichtstrahlen von einer Wasserfläche kämen (Abbildung 17.4). Eine detaillierte Analyse der Luftspiegelungen zeigt, daß in Wirklichkeit zwei Bilder existieren, ein aufrechtes und ein seitenverkehrtes (siehe A17.1).

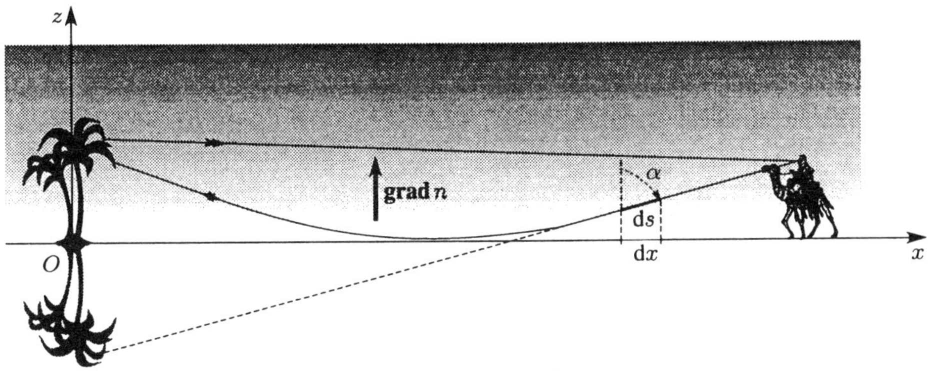

Abb. 17.4

In der Astronomie werden gewisse Bilder stellarer Objekte der *Lichtablenkung durch Gravitation* zugeordnet. Diese Phänomene wurden in den letzten Jahren intensiv studiert und können wie die vorhergehenden Luftspiegelungen durch die Krümmung des Lichtes erklärt werden. Aus den Vorhersagen der allgemeinen Relativitätstheorie ergibt sich, daß die Lichtstrahlen im Gravitationsfeld von Galaxien großer Sternenkonzentration eine Ablenkung von ihrer geradlinigen Flugbahn erfahren.

In Abbildung 17.5 haben wir die Geometrie einer solchen Lichtablenkung für den vereinfachten Fall einer punktförmigen Masse L dargestellt. Das Objekt A_o befindet sich auf der Geraden LP, die L mit dem Beobachter P verbindet. Der Ablenkungswinkel ist α und der Winkel θ_b, unter dem P das Bild A_b sieht, ist durch die Näherungsgleichung

$$\theta_b = \alpha \frac{D_o - D_l}{D_o} \tag{17.21}$$

mit $D_o = A_oP$ und $D_l = LP$ gegeben; wir haben kleine Winkel angenommen.

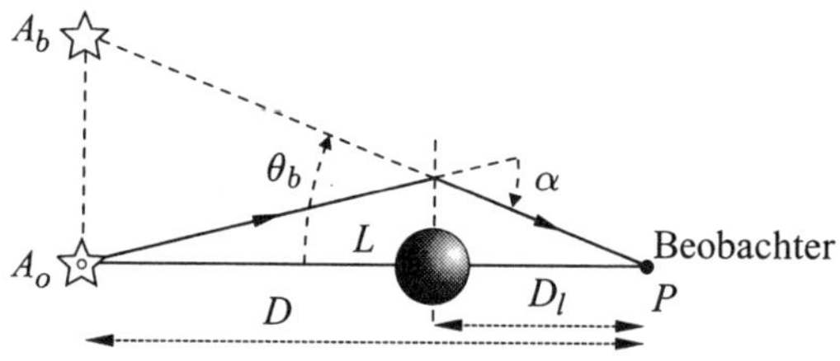

Abb. 17.5

Atmosphärische Brechung

Für den Fall, in dem die Variation des Brechungsindexes kugelsymmetrisch ist, haben wir: $n = n(r)$. Unter diesen Bedingungen gilt $\operatorname{grad} n = (\mathrm{d}n/\mathrm{d}r)\boldsymbol{e}_r$. Wir bemerken, daß die Gleichung $\mathrm{d}(n\boldsymbol{u})/\mathrm{d}s = \operatorname{grad} n$ zu folgender Relation führt:

$$\frac{\mathrm{d}}{\mathrm{d}s}(\boldsymbol{r} \times n\boldsymbol{u}) = \frac{\mathrm{d}\boldsymbol{r}}{\mathrm{d}s} \times n\boldsymbol{u} + \boldsymbol{r} \times \frac{\mathrm{d}(n\boldsymbol{u})}{\mathrm{d}s} = \boldsymbol{r} \times \operatorname{grad} n. \tag{17.22}$$

Da $\operatorname{grad} n$ in Richtung $\boldsymbol{r}$ zeigt, ist die Größe $\boldsymbol{r} \times n\boldsymbol{u}$ eine vektorielle Konstante. Ist α der Winkel zwischen dem Lichtstrahl und der Normalen auf den sphärischen Flächen gleichen Brechungsindexes, erhält man die folgende *Bouguersche* Formel:

$$nr \sin\alpha = \text{const.} \tag{17.23}$$

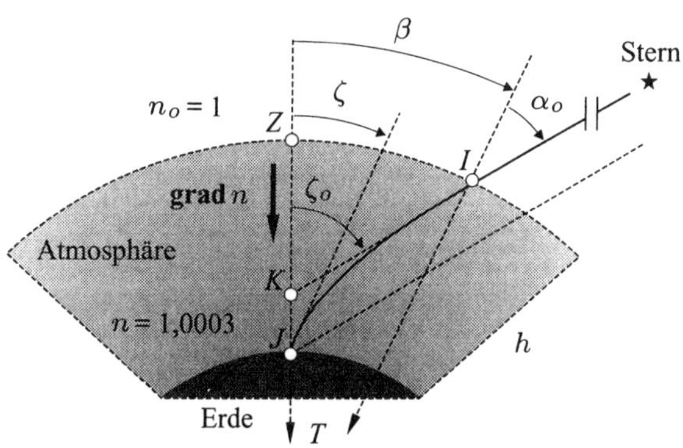

Abb. 17.6

In Abbildung 17.6 ist die Erdatmosphäre dargestellt, deren Brechungsindex n umgekehrt proportional zum Radius r ist. Der Vektor $\operatorname{grad} n$ zeigt in Richtung des Erdmittelpunktes E. Lichtstrahlen, die von einem weit entfernten Stern kommen und von einem Beobachter wahrgenommen werden, erfahren aufgrund der *atmosphärischen Brechung* eine Krümmung. Daraus ergibt sich ein Fehler bei der Bestimmung des tatsächlichen Lage des beobachteten Sternes.

Es gilt wieder $nr \sin\alpha = \text{const}$ für die unteren und oberen Schichten der Atmosphäre. Der Lichtstrahl tritt in die obere Atmosphäre mit $n_o = 1$ unter dem *Zenitalwinkel* oder der *Zenitdistanz* ζ_o und erreicht die unterste Schicht mit Brechungsindex $n = 1{,}0003$ in der Zenitdistanz ζ. Für die durch die Atmosphäre bedingte Winkelabweichung gilt:

$$\epsilon \equiv \zeta_o - \zeta = \alpha_o + \beta - \zeta, \tag{17.24}$$

da

$$\zeta_o = \alpha_o + \beta.$$

Hierbei ist β der Winkel zwischen verlängerten Erdradien, die durch die Punkte I bzw. J verlaufen. Diese Punkte sind die Schnittpunkte des einfallenden Lichtstrahles mit der obersten bzw. untersten Luftschicht. Bezeichnet man den Erdradius mit R_E und mit h die Höhe der Atmosphäre, erhalten wir:

$$1 \cdot (R_\text{E} + h)\sin\alpha_o = nR_\text{E}\sin\zeta \tag{17.25}$$

oder

$$(R_\text{E} + h)\sin(\zeta + \epsilon - \beta) = nR_\text{E}\sin\zeta. \tag{17.26}$$

Verwendet man nun $\sin(x+y) = \cos x \sin y + \sin x \cos y$ und nimmt von dem Cosinus und Sinus für kleine ϵ und β nur die ersten Glieder der Reihenentwicklung, erhält man:

$$(R_\text{E} + h)[\sin\zeta + (\epsilon - \beta)\cos\zeta] \approx nR_\text{E}\sin\zeta \tag{17.27}$$

oder

$$\epsilon - \beta \approx \tan\zeta\left(\frac{nR_\text{E}}{R_\text{E} + h} - 1\right). \tag{17.28}$$

In der Näherung für einen unendlich großen Erdradius gilt $\beta \approx 0$ und daher

$$\boxed{\epsilon \approx (n-1)\tan\zeta.} \tag{17.29}$$

Für $\zeta = \pi/4$ beträgt $\epsilon = 3 \cdot 10^{-4}$ rad $\approx 1'$.

Die letzte Formel bleibt auch dann gültig, wenn R_E nicht mehr unendlich, sondern nur noch groß angenommen wird. Werden nur die ersten beiden Terme der Reihenentwicklung von $1/(1 + h/R_\text{E})$ verwendet, erhalten wir:

$$\epsilon \approx \beta + \tan\zeta\left[n\left(1 - \frac{h}{R_\text{E}}\right) - 1\right] = (n-1)\tan\zeta + \left(\beta - \frac{h\tan\zeta}{R_\text{E}}\right). \tag{17.30}$$

Für $\zeta \approx \zeta_o$ ergibt sich also:

$$\beta = \frac{ZI}{R_E + h} \approx \frac{h \tan\zeta}{R_E}. \tag{17.31}$$

Die atmosphärische Brechung hängt von der Wellenlänge ab. Mit dieser Abhängigkeit kann auch das Phänomen des *grünen Strahles*, einer seltenen optischen Erscheinung, bei der von der untergehenden Sonne plötzlich ein grüner Strahl aufschießt, gedeutet werden: Aus dem Kapitel 9 wissen wir, daß Licht kurzer Wellenlänge (blaues Licht) stärker abgelenkt wird als langwelliges (rotes Licht). Daher können blaue Lichtstrahlen einen irdischen Beobachter erreichen, während die roten nicht wahrgenommen werden. Da das Auge sein Sensibilitätsmaximum bei 550 nm hat, erscheint das Sonnenlicht grün. Diescs Phänomen kann am besten im Hochgebirge beobachtet werden, in der Abenddämmerung kurz vor Sonnenuntergang und in der Morgendämmerung kurz vor Sonnenaufgang.

17.4.3 Beispiel für die Berechnung einer Bahnkurve eines Lichtstrahles

Wir betrachten ein Medium, dessen Brechungsindex n in positiver z-Richtung durch die Formel $z = an^2 + b$ beschrieben wird, a und b sind zwei Konstanten. Bei der Berechnung des Vektors $\operatorname{grad} n$ beachten wir, daß n nur von z abhängt und somit in Richtung der z-Achse zeigt:

$$\operatorname{grad} n = \frac{\mathrm{d}n}{\mathrm{d}z}\boldsymbol{e}_z = \frac{1}{2an}\boldsymbol{e}_z. \tag{17.32}$$

Der Lichtstrahl krümmt sich für $a > 0$ von der positiven z-Achse weg (siehe Abbildung 17.4). Schreiben wir die Vektorbeziehung $\mathrm{d}(n\boldsymbol{u})/\mathrm{d}s = \operatorname{grad} n$ aus, erhalten wir:

$$\frac{\mathrm{d}}{\mathrm{d}s}\left(n\frac{\mathrm{d}x}{\mathrm{d}s}\right) = 0 \qquad \text{oder} \qquad n\frac{\mathrm{d}x}{\mathrm{d}s} = \text{const} = C, \tag{17.33}$$

$$\frac{\mathrm{d}}{\mathrm{d}s}\left(n\frac{\mathrm{d}y}{\mathrm{d}s}\right) = 0 \qquad \text{oder} \qquad n\frac{\mathrm{d}y}{\mathrm{d}s} = \text{const}, \tag{17.34}$$

$$\frac{\mathrm{d}}{\mathrm{d}s}\left(n\frac{\mathrm{d}z}{\mathrm{d}s}\right) = \frac{1}{2an}. \tag{17.35}$$

Verläuft der Lichtstrahl durch O der Ozx-Ebene, verschwinden sowohl $\mathrm{d}y/\mathrm{d}s$ als auch y identisch. Die Bedeutung der Gleichung $n\,\mathrm{d}x/\mathrm{d}s = C$ kann mit Hilfe der Abbildung 17.4, aus der $\mathrm{d}x/\mathrm{d}s = \sin\alpha$ hervorgeht, verdeutlicht werden, so daß diese Gleichung die Erhaltung der Größe $n \sin \alpha$ ausdrückt. Dieses Ergebnis ist als Snelliussches Gesetz für die Brechung an Flächen gleichen Brechungsindexes $z = \text{const}$ auch zu erwarten gewesen.

Die dritte Gleichung erlaubt die Bestimmung des Strahlengangs:

$$\frac{\mathrm{d}}{\mathrm{d}s}\left(n\frac{\mathrm{d}z}{\mathrm{d}s}\right) = \frac{\mathrm{d}}{\mathrm{d}x}\left(n\frac{\mathrm{d}z}{\mathrm{d}x}\frac{\mathrm{d}x}{\mathrm{d}s}\right)\frac{\mathrm{d}x}{\mathrm{d}s} = \frac{C}{n}\frac{\mathrm{d}}{\mathrm{d}x}\left(C\frac{\mathrm{d}z}{\mathrm{d}x}\right) = \frac{C^2}{n}\frac{\mathrm{d}^2 z}{\mathrm{d}x^2} \tag{17.36}$$

oder

$$\frac{\mathrm{d}^2 z}{\mathrm{d}x^2} = \frac{1}{2aC^2} = \text{const.} \tag{17.37}$$

Integriert man diese Gleichung, erhält man eine Parabel, die ein Minimum besitzt, wenn $a > 0$ ist.

17.5 Analogie zwischen Optik und Mechanik

Die Differentialgleichung (17.12) zur Bestimmung des Strahlenverlaufs erinnert an die Bewegungsgleichung eines Teilchens:

$$\frac{\mathrm{d}\boldsymbol{p}}{\mathrm{d}t} = \boldsymbol{F} \tag{17.38}$$

oder

$$\frac{\mathrm{d}p\boldsymbol{u}}{\mathrm{d}s} = \frac{\boldsymbol{F}}{v}.$$

Hierbei ist s der Parameter der Bahnkurve, der Vektor $\boldsymbol{u}$ ist der Tangentenvektor der Bahnkurve und v die Bahngeschwindigkeit $v = \mathrm{d}s/\mathrm{d}t$. Vergleicht man diese Gleichung mit der Differentialgleichung (17.12), kann man den Lichtstrahl als ein fiktives Newtonsches Teilchen auffassen, das die Masse 1 und die Geschwindigkeit $\boldsymbol{v} = n\boldsymbol{u}$ hat und auf das die „Kraft“ $\boldsymbol{F} = v \operatorname{grad} n$ wirkt. Diese Kraft folgt aus der „potentiellen Energie“ $-n^2/2$, da $\boldsymbol{F} = \operatorname{grad} E_\mathrm{p} = -\operatorname{grad} - n^2/2$ gilt.

In diesem Zusammenhang erscheinen die Snelliusschen Gesetze als Analogien zu den mechanischen Stößen.

Diese Analogie geht so weit, daß man die Optik als Extremalprinzip darstellen kann, wie es in der Mechanik als Hamiltonsches Prinzip bekannt ist.

Die Parallelen führen noch weiter: Wir erinnern daran, daß die geometrische Optik den Grenzfall sehr kleiner Wellenlängen in der Wellenoptik darstellt. Wir multiplizieren die Gleichung $n\boldsymbol{u} = \operatorname{grad} L$ mit $k_0 \equiv 2\pi/\lambda_0$

und erhalten $k_0 n\boldsymbol{u} = \mathrm{grad}\,(k_0 L)$. Mit den Definitionen des Wellenvektors $\boldsymbol{k} \equiv k_0 n \boldsymbol{u}$ in einem Medium mit Brechungsindex n und der Phase $\phi \equiv k_0 L$ erhalten wir die Gleichung

$$\boxed{\boldsymbol{k} = \mathrm{grad}\,\phi.} \tag{17.39}$$

Diese Fortschreibung der Analogie zwischen der Optik und der Mechanik war Ursprung der Wellenmechanik. Bereits 1830 hat der Ire W. Hamilton sich für diese Analogie interessiert, die dann von L. de Broglie explizit in seiner Dissertation 1924 formuliert wurde. Die wesentliche Idee ist hierbei, daß jedem Teilchen mit Impuls p eine Wellenlänge zugeordnet werden kann, die eng mit dem Impuls verknüpft ist: $\lambda_{\mathrm{dB}} = h/p$, mit dem Planckschen Wirkungsquantum $h = 6{,}63 \cdot 10^{-34}$ J s. Das Elektronenmikroskop stellt eine perfekte Realisierung dieser Beziehung dar.

17.6 Optische Fasern und Linsen mit Brechzahlgradienten

Die optischen Fasern sind in der Kommunikationstechnik von beträchtlichem Interesse. Aufgrund ihrer hohen Frequenz ermöglichen die Lichtwellen, eine große Menge von Informationen über diese Fasern zu transportieren. Dabei können Probleme vermieden werden, die bei der Lichtausbreitung durch die Atmosphäre auftreten, wie die molekulare Absorption, die Streuung durch Atmosphärenstaub und die atmosphärischen Turbulenzen. Wir wollen diese Systeme nur unter dem Gesichtspunkt der geometrischen Optik studieren, was insofern gerechtfertigt ist, als daß das Verhältnis der Wellenlänge zum Faserradius, λ/a, hinreichend klein ist. Für die genauere Analyse der Dämpfung des Signals im Verlauf der Lichtausbreitung durch die Faser ist dann aber die Verwendung der Maxwellschen Gleichungen unumgänglich. Diese sind allerdings sehr kompliziert und nutzen das Konzept der gerichteten Wellen.

Es existieren im wesentlichen zwei Arten von Fasern: die *Stufenindexfasern* und die *Gradientenfasern.*

Die Ergebnisse der Untersuchung der Gradientenfasern können direkt auf die Linsen mit Brechzahlgradienten übertragen werden, welche in den letzten Jahren eine rasante Entwicklung durchgemacht haben, da mit ihnen die geometrischen Aberrationen vollständig korrigiert werden können.

17.6.1 Stufenindexfasern

In den Stufenindexfasern ändert sich der Brechungsindex abrupt von einem Wert n_1 im Zentrum (der Kern mit Radius a) zu einem kleineren Wert n_2 am Rand der Faser (der Mantel mit Radius b) (Abbildung 17.7a).

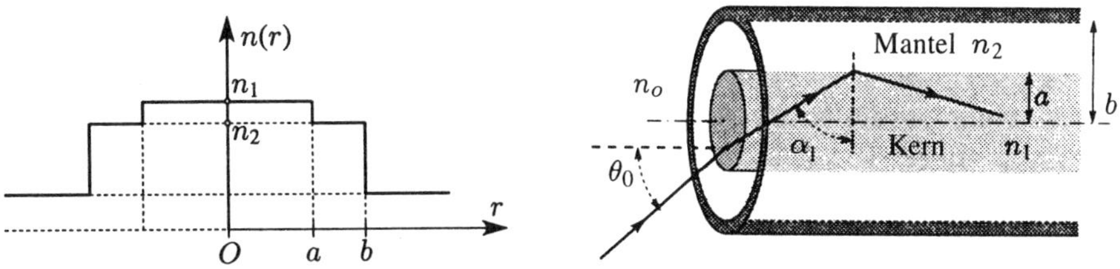

a) b)

Abb. 17.7

Alle Lichtstrahlen, die sich im Faserkern fortbewegen, werden durch Totalreflexion am Kernrand wieder zur Faserachse reflektiert. Mit den Bezeichnungen der Abbildung 17.7b haben wir also:

$$\sin\alpha_1 \geq \frac{n_2}{n_1} \tag{17.40}$$

oder

$$\cos\alpha_1 \leq \frac{(n_1^2 - n_2^2)^{\frac{1}{2}}}{n_1}. \tag{17.41}$$

Bezeichnet man mit θ_0 den Einstrahlwinkel in die Faser aus dem Eingangsmedium mit Brechungsindex n_0 und verwendet $n_0 \sin\theta_0 = n_1 \cos\alpha_1$, werden diese Gleichungen zu

$$n_0 \sin\theta_0 \leq (n_1^2 - n_2^2)^{\frac{1}{2}} \tag{17.42}$$

oder

$$\sin\theta_0 \leq \frac{n_1^2 - n_2^2)^{\frac{1}{2}}}{n_0}.$$

Alle Lichtstrahlen, die unter einem Winkel θ_0 in die Faser eingestrahlt werden, so daß die obigen Ungleichungen erfüllt sind, können sich im Faserkern fortbewegen. Die Größe

$$N.A. \equiv (n_1^2 - n_2^2)^{\frac{1}{2}} \tag{17.43}$$

ist die *numerische Apertur* der Faser. Dieser Parameter ist wichtig, da er direkt mit der Lichtmenge verknüft ist, die die Faser sammeln kann (0,1 < $N.A.$ < 0,6). Der Maximalwert von θ_0 ist der *Akzeptanzwinkel* der Faser:

$$\theta_0 = \arcsin \frac{(n_1^2 - n_2^2)^{\frac{1}{2}}}{n_0}. \tag{17.44}$$

Beispiel: Sind $n_1 = 1{,}6$, $n_2 = 1{,}5$ und $n_0 = 1$, haben wir $N.A. = 0{,}557$ und $(\theta_0)_{\max} = 35,24°$.

In Fasern mit einem Kernradius a, der gegenüber b nicht vernachlässigbar ist, kann sich das Licht in *mehreren Moden*, die sich durch die Anzahl der Totalreflexionen am Mantel unterscheiden, fortbewegen. Die Dauer der Lichtausbreitung zwischen zwei Faserquerschnittsebenen hängt daher von der Mode ab, so daß es zu einer Verbreiterung des in der Faser transportierten Signals kommt. Dieser Effekt wird als *modale Dispersion* bezeichnet. Um diesen Nachteil zu umgehen, versucht man, a so klein zu machen, daß nur eine Mode in der Faser vorhanden ist. Jedoch sind solche Fasern nach dem heutigen Stand der Technik schwierig zusammenzuschmelzen, sowohl mit sich selbst als auch mit Sendern und Empfängern, denn es würde ein inakzeptabler Lichtverlust auftreten. Aus dieser Problematik resultiert das Interesse an den Gradientenfasern.

17.6.2 Gradientenfasern

In den *Gradientenfasern* nimmt der Brechungsindex kontinuierlich von einem Wert n_1 an der Faserachse zu einem Wert n_2 am Mantel ab. Ein typisches Beispiel für die Variation von n mit dem radialen Abstand r ist die folgende Funktion:

$$n = n_1 \left[1 - 2\Delta \left(\frac{r}{a}\right)^{\alpha}\right]^{\frac{1}{2}} \tag{17.45}$$

mit $\Delta \equiv (n_1 - n_2)/n_1$ und dem Faserkernradius a. Da häufig $\Delta \ll 1$ und $\alpha = 2$ ist, kann die Abhängigkeit des Brechungsindexes von r als näherungsweise quadratisch angenommen werden:

$$n \approx n_1 \left(1 - \Delta \frac{r^2}{2a^2}\right) = n_1 \left(1 - \frac{r^2}{2\rho^2}\right), \tag{17.46}$$

mit $\rho \equiv a/\sqrt{2\Delta}$. Abschließend bemerken wir noch, daß n_1 im allgemeinen nicht von z abhängt.

Differentialgleichung der Bahnkurve eines Lichtstrahles in der Gaußschen Näherung

Die vektorielle Gleichung der Bahnkurve eines Lichtstrahles

$$\frac{\mathrm{d}}{\mathrm{d}s}(n\boldsymbol{u}) = \operatorname{grad} n$$

ergibt in der Gaußschen Näherung, in der $\mathrm{d}s \approx \mathrm{d}z$ gilt, für eine transversale Achse x:

$$\frac{\mathrm{d}}{\mathrm{d}z}\left(n\frac{\mathrm{d}x}{\mathrm{d}z}\right) = \frac{\partial n}{\partial x}. \tag{17.47}$$

Da

$$\frac{\partial n}{\partial x} = \frac{\mathrm{d}n}{\mathrm{d}r}\frac{\partial r}{\partial x} = \left(-\frac{n_1 r}{\rho^2}\right)\frac{x}{r} = -\frac{n_1 x}{\rho^2}$$

gilt und n_1 nicht von z abhängt, erhalten wir:

$$n\frac{\mathrm{d}^2x}{\mathrm{d}z^2} + n_1\frac{x}{\rho^2} = 0$$

oder

$$\frac{\mathrm{d}^2x}{\mathrm{d}z^2} + \frac{x}{\rho^2} = 0, \tag{17.48}$$

wenn wir $n \approx n_1$ setzen, was der Vernachlässigung der nichtlinearen Terme in Gleichung (17.46) entspricht.

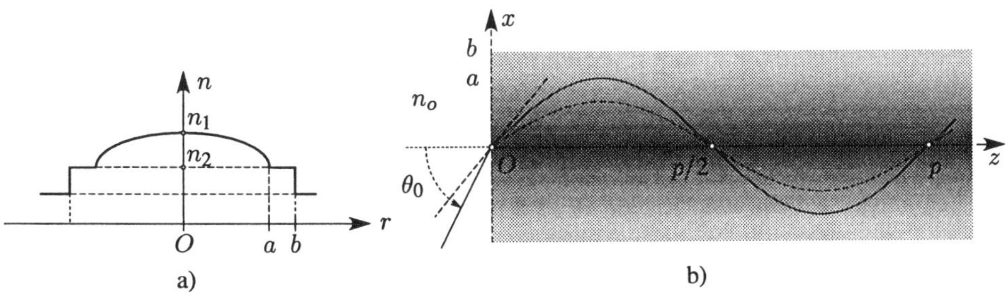

Abb. 17.8

Die Bahnkurve

Durch Einsetzen kann man prüfen, daß die Differentialgleichung (17.48) die allgemeine Lösung

$$x = A\cos\left(\frac{z}{\rho}\right) + B\sin\left(\frac{z}{\rho}\right) \tag{17.49}$$

hat. Daraus kann die Tranfermatrix zwischen der Eingangsebene bei $z = 0$ und der Ausgangsebene bei z bestimmt werden. Dazu drücken wir die Konstanten A und B durch x_e und $(n_1x')_e$ aus (x' bedeutet die Ableitung von x nach z):

$$x_e = x(0) = A \tag{17.50}$$

$$(n_1x')_e = \frac{n_1}{\rho}\left[-A\sin\left(\frac{z}{\rho}\right) + B\cos\left(\frac{z}{\rho}\right)\right]_{z=0} = \frac{n_1B}{\rho}. \tag{17.51}$$

Damit erhalten wir als spezielle Lösung

$$x = x_e\cos\left(\frac{z}{\rho}\right) + \frac{\rho}{n_1}(n_1x')_e\sin\left(\frac{z}{\rho}\right) \tag{17.52}$$

und somit durch Differenzieren nach z:

$$n_1x' = -\frac{n_1x_e}{\rho}\sin\left(\frac{z}{\rho}\right) + (n_1x')_e\cos\left(\frac{z}{\rho}\right). \tag{17.53}$$

Führen wir nun die neue Größe $p \equiv 2\pi\rho$ ein, erhalten wir die Abbildung $X = TX_e$ mit

$$X_e = \begin{bmatrix} x \\ n_1x' \end{bmatrix}_e, \quad X = \begin{bmatrix} x \\ n_1x' \end{bmatrix} \tag{17.54}$$

und

$$T = \begin{bmatrix} \cos(2\pi z/p) & p/(2\pi n_1)\sin(2\pi z/p) \\ (-2\pi n_1/p)\sin(2\pi z/p) & \cos(2\pi z/p) \end{bmatrix}. \tag{17.55}$$

Die Determinante von T hat den Wert 1 und der Fall homogener Medien ergibt sich für den Grenzfall $p \to \infty$.

Für den speziellen Fall, in dem $x_e = 0$ und $(n_1x')_e \neq 0$ gilt, erhalten wir:

$$x = \rho x'_e\sin\left(\frac{z}{\rho}\right) = \frac{px'_e}{2\pi}\sin\left(2\pi\frac{z}{p}\right). \tag{17.56}$$

Die Abbildung 17.8b stellt sinusförmige Bahnkurven für verschiedene x'_e dar. Die Periode der Sinuskurven ist p, so daß die Lichtstrahlen mit einer Periode von $p/2$ die Faserachse schneiden.

Die numerische Apertur einer Gradientenfaser ist eine Funktion von a, n_1 und ρ. Denn zum einen ist $n_0|\sin\theta_0| = |(n_1x')_e|$ für $x_e = 0$ und zum anderen ist $|x| = |\rho x'_e\sin(z/\rho)| \leq |\rho x'_e|$ *immer* kleiner als a, wenn die Bedingung $|\rho x'_e| \leq a$ erfüllt ist. Daher erhalten wir:

$$n_0|\sin\theta_0| \leq \frac{n_1a}{\rho}. \tag{17.57}$$

Dies kann

$$n_o |\sin \theta_0| \leq N.A. \tag{17.58}$$

geschrieben werden, wenn wir setzen:

$$\boxed{N.A. \equiv \frac{n_1 a}{\rho} = n_1 \sqrt{2\Delta}.} \tag{17.59}$$

Beispiel: Für $n_1 = 1{,}6$, $a = 50\,\mu\text{m}$ und $\rho = 150\,\mu\text{m}$, haben wir $N.A. = 0{,}53$ und $2(\theta_0)_{\max} = 64{,}5°$.

17.6.3 Verwendung der optischen Fasern in optischen Systemen

Die optischen Fasern werden zunehmend in optischen Anordnungen für den Transport von Licht von einer Quelle zum optischen System verwendet, so daß das Problem der Kalibrierung der Quelle und des optischen Systems vermindert werden kann. In den meisten Anordnungen führt dieser Transport zu praktisch keinem Verlust beim Strahlungsfluß.

Schwache Dämpfung des Lichtes in den Fasern

Die Lichtverluste in den Fasern werden hauptsächlich auf die Absorption und Streuung von Photonen durch das Material (Silicium) und seine Unreinheiten (Fe^{2+}, Cu^{2+}) zurückgeführt. Sie werden in Dezibel pro Kilometer nach der folgenden Formel gemessen:

$$A_{\text{dB/km}} = \frac{10}{\ell(\text{km})} \lg \left(\frac{\Phi_1}{\Phi_2} \right) . \tag{17.60}$$

Φ_1 und Φ_2 sind die Strahlungsflüsse in zwei aufeinanderfolgenden Ebenen 1 und 2 im Abstand ℓ. Der aktuelle Stand der Technik sind Fasern, die nach 20 km noch einen Strahlungsfluß von 10 % des Eingangsflusses aufweisen. Die Dämpfung solcher Fasern beträgt demnach 0,5 dB/km.

Beleuchtung eines Objektes über Glasfasern

Die Abbildung 17.9 zeigt die Verwendung einer Glasfaser zwischen einer Lichtquelle und einem zu beleuchtenden Objekt. An den Enden der Faser sorgen zwei afokale Systeme, die aus zwei plan-konvexen Linsen bestehen, für die

Verbindung zu der Lichtquelle bzw. dem Objekt. Die Lagrange-Helmholtz-Gleichung lautet für diese beiden Fälle

$$s\theta_\mathrm{q} = a\theta_\mathrm{a}$$

oder

$$\frac{a}{s} = \frac{\theta_\mathrm{q}}{\theta_\mathrm{a}} = \frac{f_2}{f_1} \tag{17.61}$$

und

$$a\theta_\mathrm{e} = o\theta_\mathrm{o}$$

oder

$$\frac{o}{a} = \frac{\theta_\mathrm{e}}{\theta_\mathrm{o}} = \frac{f_4}{f_3}. \tag{17.62}$$

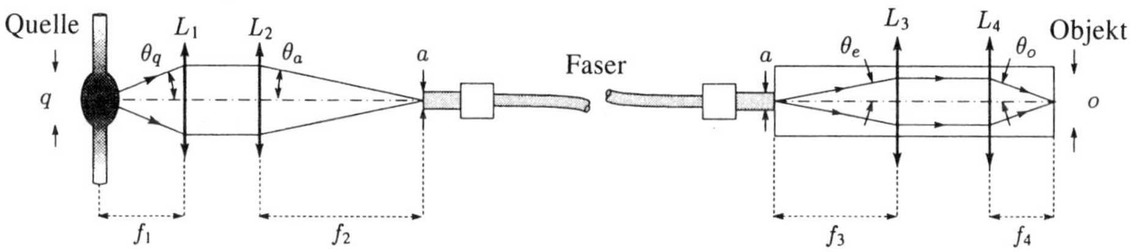

Abb. 17.9

Optisches System zur Verbindung zweier Fasern

Die Verbindung zweier optischer Fasern bedingt generell das Problem des Verlustes von Strahlungsfluß, da jedes Staubkorn am Ende der einen Faser die Ausbreitung des Lichtes behindert. Dieses Problem wird durch ein *Verbindungsstück mit verbreitertem Strahl* (Optokoppler) umgangen. Es ist einfach aus zwei plan-konvexen Linsen, die ein afokales System bilden, aufgebaut (Abbildung 17.10). Das Ende der einen Faser liegt in der objektseitigen Brennebene der ersten Linse, während sich das Ende der anderen Faser in der bildseitigen Brennebene der zweiten Linse befindet.

17.7 Zusammenfassung

Wir merken uns, daß die *Phase* ϕ, die *optische Weglänge* $L = \phi/k_0$ und die *Bewegungsdauer* $\tau \equiv L/c$ proportional zueinander sind. Zwischen ei-

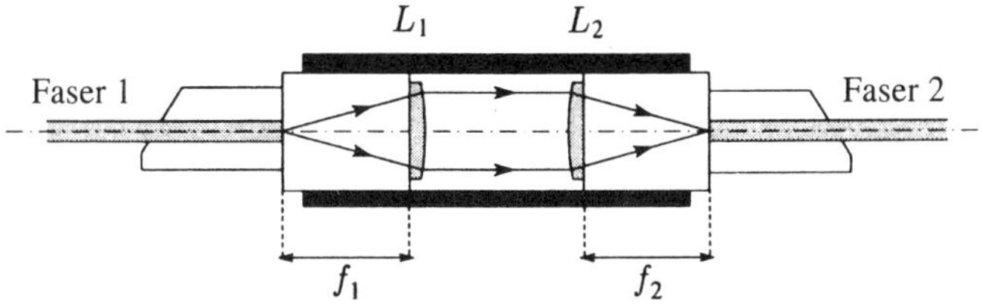

Abb. 17.10

nem Objektpunkt A_o und seinem Bild A_b sind die Größen L, ϕ und τ unabhängig von dem Neigungswinkel des Lichtstrahles, der von A_o ausgesandt wird. Man sagt, daß alle Wellen, die durch die Lichtstrahlen beschrieben werden, in Phase sind, was im Bildpunkt eine ausgeprägt konstruktive Interferenz hervorruft. Ein normales optisches Bild ist also das Ergebnis eines Wellenphänomens.

Die Abbildungsgleichung, aus der die Bahnkurven der Lichtstrahlen im inhomogenen Medium bestimmt werden, erlaubt es, Parallelen zwischen der geometrischen Optik und der Mechanik zu ziehen. Die Analogie wird besonders bei den Elektronenmikroskopen sowie in den optischen Fasern, die in der Nachrichtentechnik von großer Bedeutung sind, deutlich.

17.8 Aufgaben

A17.1 Studium der Luftspiegelungen

Zur genaueren Analyse des Phänomens der Luftspiegelungen wollen wir annehmen, daß der Brechungsindex der Luft, n, in der Nähe des erhitzten Bodens mit der Höhe y durch die Relation $n = n_0(1 + 2y/a)^{\frac{1}{2}}$ beschrieben wird. Ein Beobachter O, der sich im Ursprung eines Koordinatensystems $Oxyz$ befindet, empfängt Lichtstrahlen, die von einem entfernten Punkt A oberhalb der Ozx-Ebene ausgesandt werden (Abbildung 17.11).

1. Bestimmen Sie die Ebenen gleichen Brechungsindexes sowie die Richtung des Vektors $\operatorname{grad} n$. Formulieren Sie das Snelliussche Gesetz als Funktion des Winkels α, der von der Oy-Achse und der Lichtstrahltangenten in Ausbreitungsrichtung gebildet wird!
2. Ermitteln Sie die Differentialgleichung für den Verlauf des Lichtstrahles. Folgern Sie daraus die folgende Gleichung für eine Bahnkurve eines Lichtstrahles, der den Beobachter erreicht:
$$y = \frac{x^2}{2a\sin^2\alpha_0} - \frac{x}{\tan\alpha_0},$$
wobei α_0 der Winkel α in O ist.
3. Berechnen Sie die x-Koordinate x_F des Schnittpunktes F des Strahles mit der Bodenebene!

4. Zeigen Sie, daß zwei Werte für $t \equiv \cot \alpha_0$ und damit für α_0 für einen Lichtstrahl zwischen den Punkten O und A mit den Koordinaten (xy) existieren!
5. Zeigen Sie, daß bei Änderung der y-Koordinate von A und konstantem x einer der Werte von α_0 anwächst, während der andere abnimmt! Folgern Sie aus dieser Beobachtung, daß zwei Bilder des Objektes existieren, ein aufrechtes und ein umgedrehtes.

A17.2 Optische Faser mit homogenem Faserkern

Eine zylindrische Faser mit Achse Oz ist aus einem transparenten, homogenen und isotropen Kern des Brechungsindexes n_1 und einem umgebenden, ebenfalls durchsichtigen Mantel mit Brechungsindex n_2 kleiner als n_1 aufgebaut (Abbildung 17.12).

1. Zeigen Sie, daß sich das Licht nur innerhalb des Kernes bewegen kann, wenn der Einfallswinkel α größer ist als ein Winkel α_0, der von n_1 und n_2 abhängt!
2. Die Eintrittsfläche der Faser ist eben und senkrecht zu Oz. Wir bezeichnen mit θ den Winkel, den der Lichtstrahl mit der Eintrittsfläche einschließt; das Eingangsmedium ist Luft ($n = 1$). Bestimmen Sie als Funktion von n_1 und n_2 den Winkel θ_0, der zu dem Grenzwinkel α_0 führt!
3. Rechnen als numerisches Beispiel mit den folgenden Werten: $n_1 = 1{,}5$ und $n_2/n_1 = 0{,}99$. Errechnen Sie α_0 und θ_0.

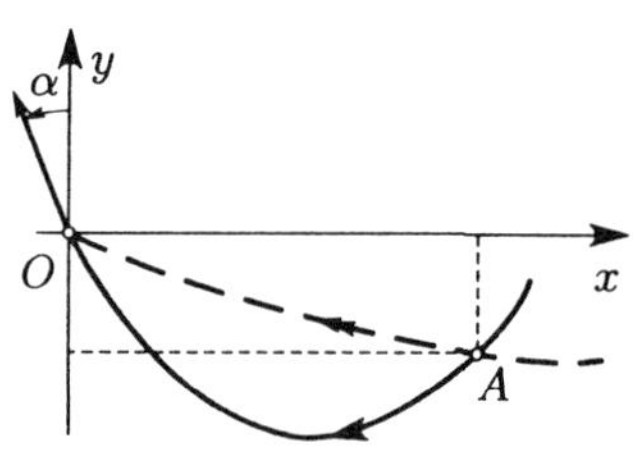

Abb. 17.11

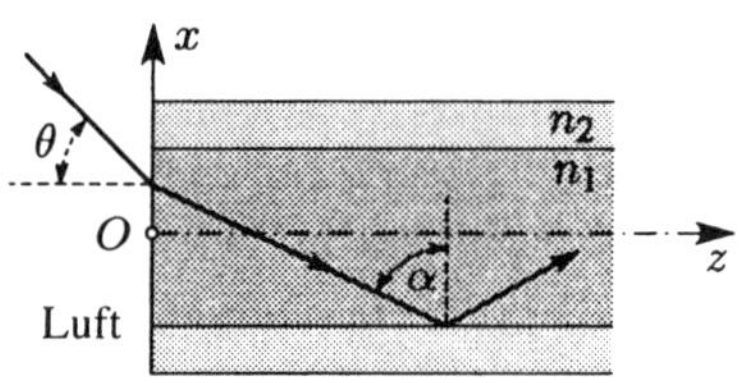

Abb. 17.12

A17.3 Koppler zweier Gradientenfasern

Um zwei optische Fasern $\mathcal{F}_1$ und $\mathcal{F}_2$ miteinander zu verbinden, wird ein System aus zwei identischen Kugellinsen L_1 und L_2 mit dem Durchmesser $\phi = 2$ mm und dem Brechungsindex $n = 1{,}85$ für die Wellenlänge $\lambda = 632{,}8$ nm verwendet (Abbildung 17.13).

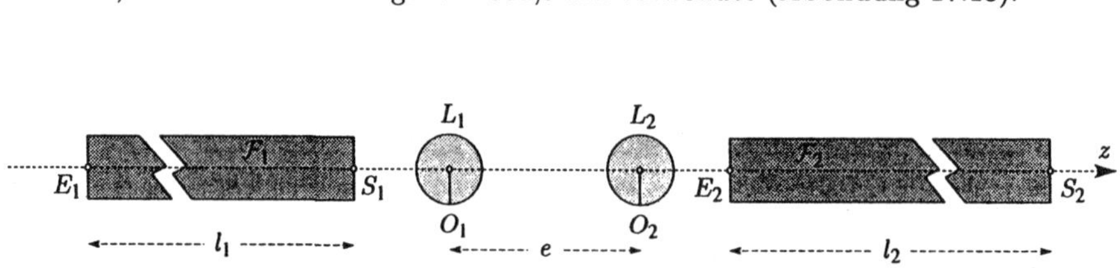

Abb. 17.13

1. Zuerst analysieren wir eine einzelne Kugellinse:
   - Drücken Sie die Transfermatrix der Kugellinse L_1 als Funktion von ϕ und n aus!

- Berechnen Sie die Brechkraft B_l, die bildseitige Brennweite f sowie die Lage der Hauptebenen, der Knotenpunkte und der Brennpunkte! War die Lage der Hauptebenen vorhersehbar?
- Wo befindet sich das von L_1 erzeugte Bild eines Staubkorns, das sich auf der Vorderseite der Linse befindet? Wie groß ist der Abbildungsmaßstab?

2. Untersuchung des Systems Σ aus zwei Kugellinsen:
   - Geben Sie die Transfermatrix des Systems Σ zwischen der objektseitigen Hauptebene von L_1 und der bildseitigen Hauptebene von L_2 an! Wie muß die Beziehung zwischen $e = O_1O_2$ und f aussehen, wenn Σ afokal sein soll?
   - Bestimmen Sie den Abbildungsmaßstab und den Tiefenmaßstab von Σ.
   - Konstuieren Sie das von Σ erzeugte Bild eines Objekts, das in der objektseitigen Brennebene von L_1 liegt! Folgern Sie daraus die Transfermatrix zwischen dem objektseitigen Brennpunkt F_1 von L_1 und dem bildseitigen Brennpunkt F_2 von L_2.
3. Betrachtung des Gesamtsystems Σ_t aus zwei Kugellinsen sowie zwei Glasfasern: Die beiden Fasern $\mathcal{F}_1$ und $\mathcal{F}_2$ sind Gradientenfasern. Der einzige Unterschied zwischen ihnen ist ihre Länge: $l_1 = 10{,}5$ mm und $l_2 = 5{,}5$ mm. Der Ausgang A_1 von $\mathcal{F}_1$ fällt mit dem objektseitigen Brennpunkt F_1 von L_1 zusammen und der Eingang E_2 von $\mathcal{F}_2$ mit dem bildseitigen Brennpunkt von L_2.
   Zwischen dem Eingang E solcher Fasern und einem variablen Punkt M auf der Achse mit Koordinate z ist die Transfermatrix gegeben durch:
   $$\begin{bmatrix} \cos(2\pi z/p) & (p/2\pi n_1)\sin(2\pi z/p) \\ (-2\pi n_1/p)\sin(2\pi z/p) & \cos(2\pi z/p) \end{bmatrix},$$
   wobei $p = 2$ mm eine charakteristische Länge und $n_1 = 1,6$ der Brechungsindex entlang der Achse (unabhängig von z) ist.
   - Bestimmen Sie die Transfermatrizen der beiden Fasern. Welches sind ihre Brennweiten?
   - Wo befindet sich das vom Gesamtsystem erzeugte Bild eines Objektes, das an die Eintrittfläche von $\mathcal{F}_1$ plaziert wurde? Wie groß ist der Abbildungsmaßstab?

A17.4 Bahnkurve eines Elektrons in einem Elektronenmikroskop
Die Differentialgleichung für die Bewegung eines Elektrons in einem Elektronenmikroskop hat die folgende Form:
$$\frac{\mathrm{d}}{\mathrm{d}s}(n\boldsymbol{u}) = \operatorname{grad} n$$
mit dem Brechungsindex eines Elektronenmikroskops $n = n_1(1 - x^2/a^2)$, der quadratisch von der transversalen Richtung x abhängt. a ist eine charakteristische Distanz und n_1 ist der Brechungsindex an der z-Achse als Funktion der z-Koordinate. Wie in der Lichtoptik bezeichnen s und $\boldsymbol{u}$ den Kurvenparameter bzw. den Einheitsvektor entlang der Tangente der Bahnkurve.

1. Zeigen Sie, daß in der Gaußschen Näherung mit der angegebenen Differentialgleichung die Bahnkurve eines Elektrons beschrieben wird:
   $$\frac{\mathrm{d}}{\mathrm{d}z}\left(n\frac{\mathrm{d}x}{\mathrm{d}z}\right) = -2Mx.$$
   M ist hierbei eine Funktion, die im weiteren Verlauf als Funktion von n_1 und a formuliert wird.

2. Die Lösung dieser vereinfachten Differentialgleichung kann wie folgt geschrieben werden:
$$x(z) = x_e g(z) + n_e x'_e h(z),$$
wobei x_e, n_e und $x'_e = (dx/dz)_e$ Größen bezüglich des Achsenpunktes z_e und $g(z)$ sowie $h(z)$ zwei spezielle Lösungen der Differentialgleichung sind.
Welche Werte haben g_e, $n_e g'_e$, h_e und $n_e h'_e$? Folgern Sie daraus die Transfermatrix zwischen der Ebene $\mathcal{P}_e$ in z_e und der Ebene $\mathcal{P}$ in z. Zeigen Sie, daß die Determinante der Matrix unabhängig von z ist und berechnen Sie ihren Wert!
3. Was wird aus den Funktionen $g(z)$ und $h(z)$ in einem homogenen Medium mit Brechungsindex n? Wie sieht also die Transfermatrix zwischen $\mathcal{P}_e$ und $\mathcal{P}$ in diesem Fall aus?

Wellenoptik

18 Monochromatische Wellen. Quasimonochromatische Wellen

Eine große Anzahl physikalischer Phänomene kann erklärt werden, wenn man das Modell des Oszillators verwendet. So kann dem Schall eine mechanische Schwingung der Luft und dem Licht eine gleichzeitige Schwingung eines elektrischen und magnetischen Feldes zugeordnet werden. Unter allen diesen Wellen spielen die monochromatischen Wellen aufgrund ihrer Einfachheit und ihrer Eigenschaft, jede beliebige Welle durch Linearkombination darstellen zu können, eine fundamentale Rolle.

18.1 Monochromatische Wellen

18.1.1 Definition

Eine Welle heißt *monochromatisch*, wenn man sie durch die folgende Funktion beschreiben kann:

$$V(t) = A\cos(\omega t - \phi). \tag{18.1}$$

Die Konstanten A, ω und ϕ sind die Amplitude, die Kreisfrequenz und die *Phasenverschiebung* der Welle. Zusätzlich können noch die Periode $T = 2\pi/\omega$ und die Frequenz $\nu \equiv 1/T$ definiert werden.

Beispiel: Ist $\nu = 50$ Hz ($T = 20$ ms, Frequenz des Netzwechselstroms), ist die Schwingung niedriger Frequenz; ist $\nu = 10^{14}$ Hz ($T = 2 \cdot 10^{-15}$ s, optischer Bereich), ist sie sehr hochfrequent.

Bemerkung: Es ist meistens günstig, die Phasenverschiebung ϕ mit dem negativen Vorzeichen im Kosinus zu definieren, da ϕ in den meisten Fällen positiv ist.

Die Bedeutung der monochromatischen Wellen resultiert aus ihren einfachen mathematischen Eigenschaften. In physikalischen Gesetzen, deren mathematische Form im allgemeinen Differentialgleichungen oder Integrale sind, behalten monochromatische Wellen nämlich ihre *sinusförmige* Form auch nach der Differentiation oder Integration:

$$\frac{\mathrm{d}V(t)}{\mathrm{d}t} = -A\omega\sin(\omega t - \phi) = A\omega\cos(\omega t - \phi + \frac{\pi}{2})$$

$$\int V(t)\mathrm{d}t = \frac{A}{\omega}\sin(\omega t - \phi) = \frac{A}{\omega}\cos(\omega t - \phi - \frac{\pi}{2}).$$

Die Ableitung bzw. Integration solcher Funktionen führt also zu einer Multiplikation der Amplitude mit einem Faktor, ω bzw. $1/\omega$, und zu einer Veränderung der Phasenverschiebung um einen bestimmten Wert, $-\pi/2$ bzw. $\pi/2$.

18.1.2 Komplexe Schrcibweise

Um die Terme ωt und ϕ besser trennen zu können, verwendet man häufig die komplexe Schreibweise der Form

$$V(t) = \mathrm{Re}(\underline{V}(t)) \tag{18.2}$$

mit

$$\boxed{\underline{V}(t) \equiv A\exp[-\mathrm{i}(\omega t - \phi)].} \tag{18.3}$$

Die komplexe Funktion $\underline{V}(t)$ wird das zu $V(t)$ gehörende *analytische Signal* genannt. Sie kann auch durch

$$\underline{V}(t) = \underline{U}\exp(-\mathrm{i}\omega t) \quad \text{mit} \quad \underline{U} \equiv A\exp(\mathrm{i}\phi) \tag{18.4}$$

beschrieben werden. Der Faktor $\underline{U}$ vor $\exp(-\mathrm{i}\omega t)$ ist die *komplexe Amplitude* der Welle.

Bemerkung: Manche Autoren definieren $\underline{V}(t)$ ein wenig anders: $\underline{V}(t) \equiv A\exp[\jmath(\omega t - \phi)]$ mit $\jmath = \sqrt{-1}$. Diese Konvention für das Vorzeichen und die Notation von $\sqrt{-1}$ wird im allgemeinen bei der Untersuchung der mechanischen und elektrischen Wellen in *Abwesenheit* von Translationsbewegung verwendet. Dafür ist die von uns verwendete Konvention die der Optik und Quantenphysik: Sie drückt die Phasenverschiebung ϕ durch die komplexe Zahl $\exp(\mathrm{i}\phi)$ aus.

18.1.3 Energie einer monochromatischen Welle

Wir betrachten einen mechanischen harmonischen Oszillator, der aus einem Massepunkt der Masse m und einer Feder mit Kraftkonstante K besteht

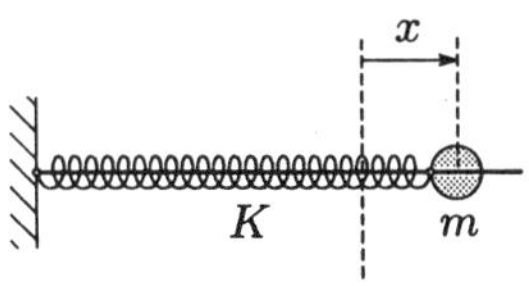

Abb. 18.1

(Abbildung 18.1). Dieser Massepunkt bewegt sich ohne Reibungsverluste auf einer horizontalen Achse.

Es ist bekannt, daß der Massenpunkt mit der Frequenz $\omega = (K/m)^{\frac{1}{2}}$ um seinen Gleichgewichtspunkt nach dem Zeitgesetz $x = A\cos(\omega t - \phi)$ oszilliert. Die kinetische und potentielle Energie haben die Werte

$$\mathcal{E}_{\rm k} = \frac{1}{2}m\dot{x}^2 = \frac{1}{2}m\omega^2 A^2 \sin^2(\omega t - \phi) \tag{18.5}$$

bzw.

$$\mathcal{E}_{\rm p} = \frac{1}{2}Kx^2 = \frac{1}{2}KA^2 \cos^2(\omega t - \phi). \tag{18.6}$$

Die Gesamtenergie hat damit den Wert:

$$\mathcal{E} = \mathcal{E}_{\rm k} + \mathcal{E}_{\rm p} = \frac{1}{2}m\omega^2 A^2. \tag{18.7}$$

Die mechanische Energie eines Oszillators ist also proportional ($\propto$) zum *Quadrat der Amplitude* oder zum Betragsquadrat $|\underline{U}|^2 = \underline{U}\underline{U}^*$ der komplexen Amplitude ($\underline{U}^*$ ist das komplex Konjugierte zu $\underline{U}$):

$$\boxed{\mathcal{E} \propto A^2 = \underline{U}\underline{U}^*.} \tag{18.8}$$

18.2 Quasimonochromatische Wellen

18.2.1 Definition

Eine Welle heißt quasimonochromatisch, wenn sie in der Form

$$V(t) = A(t)\cos(\omega_0 t - \phi) \tag{18.9}$$

geschrieben werden kann. Die Amplitude $A(t)$ ändert sich hierbei *langsam* gegenüber der Funktion $\cos(\omega_0 t - \phi)$.

Beispiele:

1. abgeschnittene Sinusschwingung (Abbildung 18.2a):

$$A(t) = \begin{cases} a & \text{für} \quad 0 \le t \le \tau \quad \text{mit} \quad \tau \gg 2\pi/\omega_0 \\ 0 & \text{sonst} \end{cases}$$

2. gedämpfte Sinusschwingung (Abbilung 18.2b):

$$A(t) = \begin{cases} a\exp(-t/\tau) & \text{für} \quad t \ge 0 \quad \text{mit} \quad \tau \gg 2\pi/\omega_0 \\ 0 & \text{sonst} \end{cases}$$

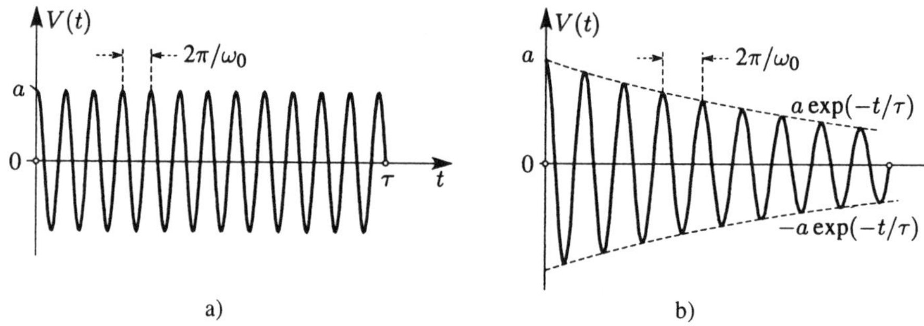

Abb. 18.2

Die monochromatischen Wellen stellen also idealisierte Grenzfälle der quasimonochromatischen Wellen für eine unendlich große charakteristische Zeit τ dar. In komplexer Notation werden die quasimonochromatischen Wellen durch den Ausdruck

$$\underline{V}(t) = \underline{U}(t)\exp(-\mathrm{i}\omega_0 t) \tag{18.10}$$

beschrieben. Hierbei ist die komplexe Amplitude $\underline{U}(t) = A(t)\exp(\mathrm{i}\phi)$ eine Funktion, für deren Änderung die charakteristische Zeit τ sehr groß gegenüber $2\pi/\omega_0$ ist:

$$\boxed{\tau \gg \frac{2\pi}{\omega_0}.} \tag{18.11}$$

18.2.2 Spektrum einer quasimonochromatischen Welle

Das *Spektrum* oder die spektrale Verteilung $\hat{\underline{V}}(\nu)$ von $\underline{V}(t)$ ist durch das folgende Integral definiert:

$$\boxed{\hat{\underline{V}}(\nu) \equiv \int_{-\infty}^{\infty} \underline{V}(t) \exp(\mathrm{i}2\pi\nu t)\mathrm{d}t.} \tag{18.12}$$

Die Funktion $\underline{V}(t)$ wird hierbei als konvergent angenommen, so daß das Integral existiert.

Beispiel: Berechnung von $\hat{\underline{V}}(\nu)$ für die abgeschnittene Sinusschwingung:

$$\begin{aligned}\hat{\underline{V}}(\nu) &= \int_0^{\tau} \exp(-\mathrm{i}2\pi\nu_0 t)\exp(\mathrm{i}2\pi\nu t)\mathrm{d}t \\ &= \left[\frac{\exp \mathrm{i}2\pi(\nu-\nu_0)t}{\mathrm{i}2\pi(\nu-\nu_0)}\right]_0^{\tau} \\ &= \tau \exp[\mathrm{i}\pi(\nu-\nu_0)\tau]\frac{\sin[\pi(\nu-\nu_0)\tau]}{\pi(\nu-\nu_0)\tau}.\end{aligned}$$

Das Spektrum $\hat{\underline{V}}(\nu)$ ist also durch die sinc-Funktion (Abbildung 18.3a)

$$\operatorname{sinc}(x) \equiv \frac{\sin(\pi x)}{\pi x} \tag{18.13}$$

gegeben. Diese Funktion ist *gerade* und hat ein globales Maximum bei $x = 0$. Sie oszilliert gedämpft um den Wert null. Zur genaueren Untersuchung ihres Verhaltens betrachten wir ihre erste Ableitung nach x:

$$\frac{\mathrm{d}\operatorname{sinc}(x)}{\mathrm{d}x} = \frac{1}{\pi}\frac{\pi x\cos(\pi x) - \sin(\pi x)}{x^2} = 0. \tag{18.14}$$

Sie hat also Extrema für $\tan(\pi x) = \pi x$. Die Lösung dieser transzendenten Gleichung ermitteln wir graphisch, indem wir die Schnittpunkte der beiden Kurven $y_1 = \pi x$ und $y_2 = \tan(\pi x)$ bestimmen (Abbildung 18.3b). Wir erhalten

$$x \approx (m + \frac{1}{2}) \quad \text{mit} \quad m = 1, 2, \ldots . \tag{18.15}$$

Die Tabelle 18.1 gibt einige charakteristische Werte für die sinc-Funktion.

Tabelle 18.1:

x	0	1	1,5	2	2,5	3
$\sin(\pi x)/(\pi x)$	1	0	-0,212	0	0,127	0

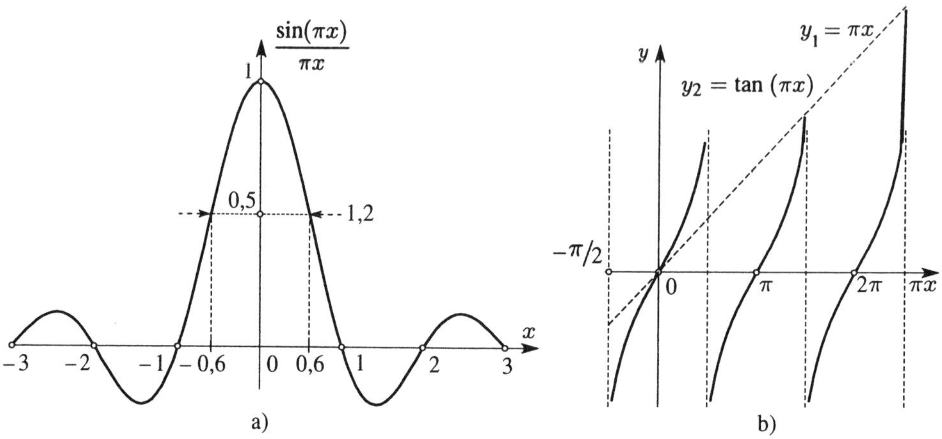

Abb. 18.3

18.2.3 Entwicklung einer quasimonochromatischen Welle

Die Kenntnis von $\underline{\widehat{V}}(\nu)$ ermöglicht die Konstruktion von $\underline{V}(t)$ durch Linearkombination monochromatischer Wellen:

$$\underline{V}(t) = \int \underline{\widehat{V}}(\nu) \exp(-\mathrm{i}2\pi\nu t)\mathrm{d}\nu. \tag{18.16}$$

Die Wiederherstellung von $\underline{V}(t)$ mittels monochromatischer Wellen der komplexen Amplitude $\underline{\widehat{V}}(\nu)$ erklärt die Bedeutung dieser idealisierten, voneinander unabhängigen Wellen. Die zu jeder dieser Komponenten gehörende Energie ist proportional zu $|\underline{\widehat{V}}(\nu)|^2$. Im Fall der abgeschnittenen Sinusfunktion haben wir (Abbildung 18.4):

$$|\underline{\widehat{V}}(\nu)|^2 = \tau^2 \left\{ \frac{\sin[\pi(\nu - \nu_0)\tau]}{\pi(\nu - \nu_0)\tau} \right\}^2 . \tag{18.17}$$

Die Halbwertsbreite $\Delta\nu_{\frac{1}{2}}$ von $\underline{\widehat{V}}(\nu)$ ergibt sich für $\operatorname{sinc}(\nu - \nu_0)\tau = 0{,}5$, d. h. für die Werte, für die gilt: $(\nu - \nu_0)\tau = 0{,}445$. Daraus folgt: $\Delta\nu_{\frac{1}{2}}\tau \approx 0{,}89$. Wir merken uns die Größenordnung

$$\boxed{\Delta\nu_{\frac{1}{2}}\tau \sim 1.} \tag{18.18}$$

Das bedeutet, daß sobald τ anwächst, die Breite von $|\underline{\widehat{V}}(\nu)|^2$ abnimmt. Für quasimonochromatische Wellen bedeutet das, da $\tau \gg 2\pi/\omega_0$,

$$\boxed{\Delta\nu_{\frac{1}{2}} \ll \nu_0.} \tag{18.19}$$

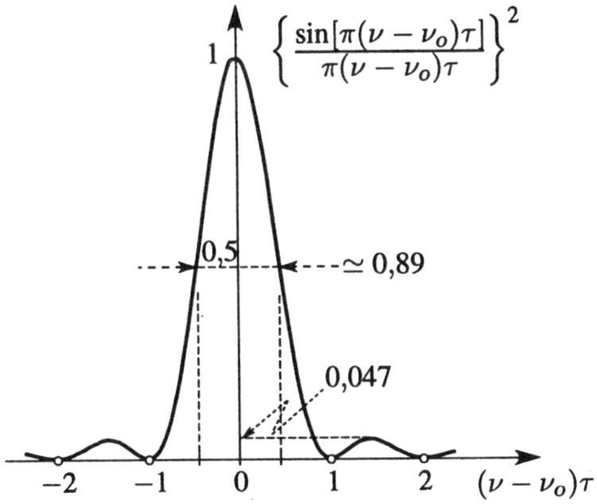

Abb. 18.4

18.3 Addition zweier monochromatischer Wellen gleicher Frequenz

18.3.1 Fall zweier skalarer Wellen

Es seien $\underline{V}_1(t) = \underline{U}_1 \exp(-\mathrm{i}\omega t)$ und $\underline{V}_2(t) = \underline{U}_2 \exp(-\mathrm{i}\omega t)$ die komplexen Darstellungen zweier monochromatischer Wellen *gleicher* Frequenz (isochron). Die Welle, die aus der Addition dieser beiden Wellen resultiert, hat in komplexer Notation die Form:

$$\underline{V}(t) = \underline{V}_1(t) + \underline{V}_2(t) = \underline{U}_1 + \underline{U}_2) \exp(-\mathrm{i}\omega t). \tag{18.20}$$

Damit folgt $\underline{U} = \underline{U}_1 + \underline{U}_2$ oder explizit mit den reellen Amplituden und den Phasenverschiebungen: $\underline{U} = A_1 \exp(\mathrm{i}\phi_1) + A_2 \exp(\mathrm{i}\phi_2)$. Die Beziehung zwischen $|\underline{U}|^2$, $|\underline{U}_1|^2$ und $|\underline{U}_2|^2$ hat die Form:

$$\begin{aligned} |\underline{U}|^2 &= (\underline{U}_1 + \underline{U}_2)(\underline{U}_1^* + \underline{U}_2^*) \\ &= |\underline{U}_1|^2 + |\underline{U}_2|^2 + \underline{U}_1\underline{U}_2^* + \underline{U}_2\underline{U}_1^* \\ &= |\underline{U}_1|^2 + |\underline{U}_2|^2 + 2\mathrm{Re}(\underline{U}_1\underline{U}_2^*) \\ &= A_1^2 + A_2^2 + 2\mathrm{Re}\{A_1A_2 \exp[-\mathrm{i}(\phi_2 - \phi_1)]\}. \end{aligned} \tag{18.21}$$

Wir erhalten daher für das Quadrat der reellen Amplitude

$$\boxed{A^2 = \underline{V}(t)\underline{V}(t)^* = |\underline{U}|^2 = A_1^2 + A_2^2 + 2A_1A_2\cos\phi,} \tag{18.22}$$

wobei

$$\boxed{\phi = \phi_2 - \phi_1} \qquad (18.23)$$

die Phasendifferenz zwischen den beiden Wellen bezeichnet. Wird ϕ variiert, oszilliert A^2 zwischen $(A_1 + A_2)^2$ und $(A_1 - A_2)^2$. Am ausgeprägtesten ist die Änderung für $A_1^2 = A_2^2 = A_0^2$ (Abbildung 18.5). Man erhält dann:

$$\boxed{A^2 = 2A_0^2(1 + \cos\phi).} \qquad (18.24)$$

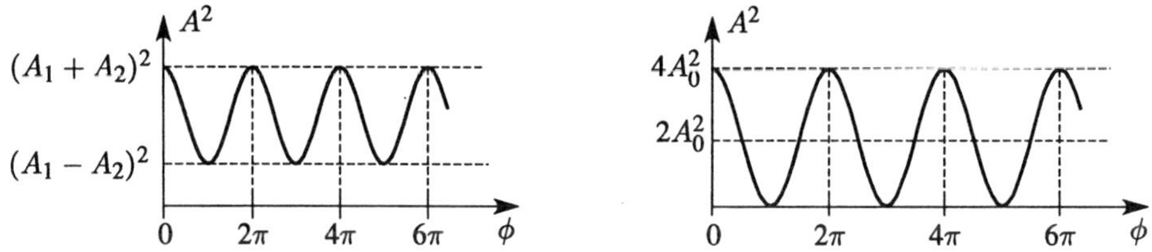

Abb. 18.5

Bemerkung: Achten Sie darauf, nicht die Phasendifferenz ϕ und die Phasenverschiebung ϕ_r der aus der Summe $\underline{V}_1(t) + \underline{V}_2(t)$ resultierenden neuen Welle bei $t = 0$ zu verwechseln. In Aufgabe A18.2 wird gezeigt werden, daß gilt:

$$\tan\phi_r = \frac{A_1 \sin\phi_1 + A_2 \sin\phi_2}{A_1 \cos\phi_1 + A_2 \cos\phi_2}.$$

18.3.2 Fall zweier vektorieller Wellen

Zwei vektorielle, monochromatische, isochrone Wellen haben die folgenden komplexen Darstellungen: $\underline{\boldsymbol{E}}_1(t) = \underline{V}_1(t)\boldsymbol{e}_1$ und $\underline{\boldsymbol{E}}_2(t) = \underline{V}_2(t)\boldsymbol{e}_2$, mit $\underline{V}_1(t) = \underline{U}_1 \exp(-\mathrm{i}\omega t)$ und $\underline{V}_2(t) = \underline{U}_2 \exp(-\mathrm{i}\omega t)$, $\boldsymbol{e}_1$ und $\boldsymbol{e}_2$ sind Einheitsvektoren. Aus der Addition resultiert der Vektor

$$\underline{\boldsymbol{E}}(t) = \underline{\boldsymbol{E}}_1(t) + \underline{\boldsymbol{E}}_2(t) = [\underline{U}_1(t)\boldsymbol{e}_1 + \underline{U}_2(t)\boldsymbol{e}_2] \exp(-i\omega t). \qquad (18.25)$$

Indem wir wie im vorherigen Abschnitt vorgehen, erhalten wir für das Quadrat der reellen Amplitude von $\underline{\boldsymbol{E}}(t)$:

$$\boxed{A^2 = \underline{\boldsymbol{E}}(t)\underline{\boldsymbol{E}}^*(t) = A_1^2 + A_2^2 + 2(\boldsymbol{e}_1 \cdot \boldsymbol{e}_2)A_1 A_2 \cos\phi} \qquad (18.26)$$

mit $\phi = \phi_2 - \phi_1$.

Zueinander parallele Wellen

Ist $\boldsymbol{e}_1 = \boldsymbol{e}_2 = \boldsymbol{e}$, erhalten wir das zu der Gleichung (18.22) äquivalente Resultat. Da die beiden Vektoren parallel sind, wird das Skalarprodukt der beiden Einheitsvektoren 1 und wir erhalten wieder:

$$\boxed{A^2 = A_1^2 + A_2^2 + 2A_1A_2\cos\phi.} \tag{18.27}$$

Zueinander senkrechte Wellen

Gilt $\boldsymbol{e}_1 \cdot \boldsymbol{e}_2 = 0$, sind die beiden Wellen *senkrecht* zueinander. In diesem Fall haben wir keinen Term, der von der Phasendifferenz ϕ abhängt,

$$\boxed{A^2 = A_1^2 + A_2^2.} \tag{18.28}$$

18.4 Addition von N monochromatischen Wellen gleicher Frequenz

Wir betrachten N skalare monochromatische Schwingungen gleicher Frequenz:

$$\underline{V}_1 = \underline{U}_1 \exp(-\mathrm{i}\omega t) \quad \underline{V}_2 = \underline{U}_2 \exp(-\mathrm{i}\omega t) \quad \ldots \quad \underline{V}_N = \underline{U}_N \exp(-\mathrm{i}\omega t). \tag{18.29}$$

Die resultierende Welle, welche man in der Form $\underline{U}\exp(-i\omega t)$ darstellen kann, wird durch

$$\underline{V} = \sum_{k=1}^{N} \underline{U}_k \exp(-\mathrm{i}\omega t) \equiv \underline{U}\exp(-\mathrm{i}\omega t) \tag{18.30}$$

beschrieben, wobei

$$\boxed{\underline{U} = \sum_{k=1}^{N} \underline{U}_k.} \tag{18.31}$$

Wir wollen diese Summe komplexer Amplituden für zwei spezielle Fälle berechnen: Im ersten Fall bilden die komplexen Amplituden eine geometrische Folge bezüglich $\exp(\mathrm{i}\phi)$, im zweiten Fall bilden sie eine geometrische Folge bezüglich $\rho\exp(\mathrm{i}\phi)$ mit $\rho < 1$.

18.4.1 Addition nach Fraunhofer

Diese Summe wird in Kapitel 27 bei der Behandlung der Gitter verwendet:

$$\begin{aligned}\underline{U} &= A + A\exp(\mathrm{i}\phi) + A\exp(2\mathrm{i}\phi) + \ldots + A\exp(\mathrm{i}(N-1)\phi] \\ &= A\frac{1-\exp(\mathrm{i}N\phi)}{1-\exp(\mathrm{i}\phi)} \\ &= A\exp\left[\frac{\mathrm{i}(N-1)\phi}{2}\right]\left[\frac{\sin(N\phi/2)}{\sin(\phi/2)}\right].\end{aligned} \tag{18.32}$$

Daraus folgt sofort für das Betragsquadrat:

$$|\underline{U}|^2 = A^2N^2\left[\frac{\sin(N\phi/2)}{N\sin(\phi/2)}\right]^2. \tag{18.33}$$

Die *Gitterfunktion* $R(\phi)$ ist definiert als:

$$\boxed{R(\phi) \equiv \left[\frac{\sin(N\phi/2)}{N\sin(\phi/2)}\right]^2} \tag{18.34}$$

und ist *periodisch* und *gerade*. Sie ist in der Abbildung 18.6 im Intervall $[0, \pi]$ dargestellt. Die Form der Maxima der Funktion erhalten wir für kleines ϕ ($N\phi$ bleibt groß)

$$R(\phi) \approx \left[\frac{\sin(N\phi/2)}{N\phi/2)}\right]^2. \tag{18.35}$$

Die Maxima sind demnach durch eine sinc-Funktion beschrieben. Der Wert $R(\phi)$ ist maximal für $\phi = m2\pi$, wobei m eine ganze Zahl ist.

Bemerkung: Man kann zeigen, daß $N-2$ Nebenmaxima zwischen zwei benachbarten Hauptmaxima existieren (Aufgabe A18.4).

18.4.2 Addition nach Fabry-Perot

Bei der Beschreibung des Fabry-Perot-Interferometers wird die folgende Summe benötigt (siehe Kapitel 28):

$$\begin{aligned}\underline{U} &= A + A\rho\exp(\mathrm{i}\phi) + A\rho^2\exp(\mathrm{i}2\phi) + \ldots + A\rho^{N-1}\exp(\mathrm{i}(N-1)\phi) \\ &= A\frac{1-\rho^N\exp(\mathrm{i}N\phi)}{1-\rho\exp(\mathrm{i}\phi)}.\end{aligned} \tag{18.36}$$

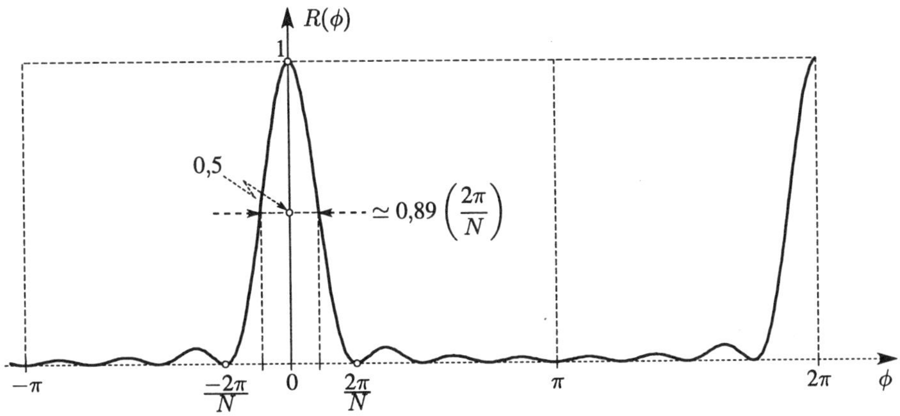

Abb. 18.6

Da $N \gg 1$ ist, erhalten wir:

$$\underline{U} = A\frac{1}{1-\rho\exp(\mathrm{i}\phi)}. \tag{18.37}$$

Das Betragsquadrat $|\underline{U}|^2$ hat demnach die Form:

$$|\underline{U}|^2 = \frac{A^2}{(1-\rho\cos\phi)^2+\rho^2\sin^2\phi} = \frac{A^2}{(1-\rho)^2}\frac{1}{(1+\frac{4\rho}{(1-\rho)^2}\sin^2\left(\frac{\phi}{2}\right)}. \tag{18.38}$$

$|\underline{U}|^2$ kann durch die sogenannte *Airy-Funktion*,

$$\boxed{\mathcal{A}(\phi) \equiv \frac{1}{1+M\sin^2(\phi/2)},} \tag{18.39}$$

charakterisiert werden. Diese Funktion ist *periodisch* und *gerade*. Daher genügt es, sie in dem Intervall $[0,\pi]$ darzustellen (Abbildung 18.7). Die analytische Form der Funktion in der Umgebung der Maxima erhalten wir wieder, wenn ϕ klein ist:

$$\mathcal{A}(\phi) \approx \frac{1}{1+M\phi^2/4}. \tag{18.40}$$

Dies ist die Form einer *Lorentz-Kurve*. Die Funktion hat bei $M\phi^2/4 = 1$, d. h. bei $\phi = 2/\sqrt{M}$ ihren halben Maximalwert. Die Halbwertsbreite beträgt daher $\Delta\phi_{\frac{1}{2}} = 4/\sqrt{M}$.

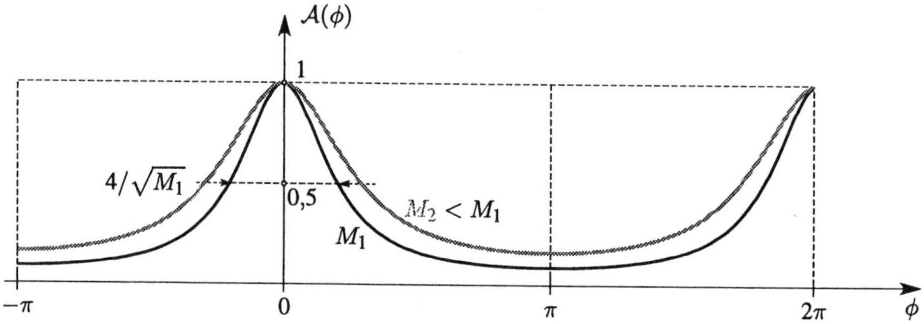

Abb. 18.7

18.5 Zusammenfassung

1. Die Definition der monochromatischen Wellen ist trotz ihres idealisierten Charakters von großer praktischer Bedeutung.
2. Die komplexe Schreibweise der quasimonochromatischen Wellen lautet:

$$\underline{V}(t) = A(t)\exp[-\mathrm{i}(\omega_0 t - \phi)] = \underline{U}\exp(-\mathrm{i}\omega_0 t)$$

   mit der komplexen Amplitude $\underline{U}(t) = A(t)\exp(\mathrm{i}\phi)$. Zu $V(t)$ gehört das Spektrum $\widehat{\underline{V}}(\nu)$ mit der Bedingung für die Quasimonochromasie $\Delta\nu_{\frac{1}{2}} \ll \nu_0$.
3. Ein wichtiges Beispiel ist die abgeschnittene Sinuskurve, deren Spektrum durch die sinc-Funktion beschrieben wird.
4. Wichtige Beispiele für die Summierung einer großen Anzahl monochromatischer Wellen sind die Fraunhofersche Summe und die Fabry-Perotsche Summe.

Alle diese Beispiele bereiten das Studium konkreter Fälle vor, die später (Kapitel 27 und 28) untersucht werden.

18.6 Aufgaben

A18.1 Monochromatische Welle
Eine monochromatische Welle habe die reelle Darstellung

$$V(t) = -5\cos\left(6\pi t - \frac{\pi}{4}\right).$$

1. Bestimmen Sie jede ihrer charakteristischen Größen (Amplitude, Frequenz, Periode, Phasenverschiebung)!
2. Ermitteln Sie das dazugehörige analytische Signal $V(t)$ sowie die Gleichung, mit der ihre Ableitung $\mathrm{d}\underline{V}(t)/\mathrm{d}t$ als Funktion von $\underline{V}(t)$ ausgedrückt wird!

A18.2 Superposition zweier monochromatischer und isochroner Wellen
Welche Werte haben die Amplitude A_r und die Phasenverschiebung ϕ_r der Welle, die aus einer Superposition der folgenden zwei Wellen resultiert: $V_1(t) = A_1 \cos(\omega t - \phi_1)$ und $V_2(t) = A_2 \cos(\omega t - \phi_2)$?

Führen Sie die Rechnung sowohl mit der trigonometrischen als auch der komplexen Schreibweise durch!

A18.3 Superposition dreier monochromatischer und isochroner Wellen
Zeigen Sie, daß die Wellenamplitude der Welle, die aus der Superposition der drei Wellen

$$V_1(t) = \cos(\omega t), \quad V_2(t) = \cos(\omega t - \phi), \quad V_3(t) = \cos(\omega t + \phi)$$

entsteht, die Form $|1 + 2\cos\phi|$ hat und auch als $|\sin(3\phi/2)/\sin(\phi/2)|$ geschrieben werden kann.

A18.4 Gitterfunktion von Fraunhofer
Studieren Sie für den Fall $N = 5$ die Funktion

$$R(\phi) = \left[\frac{\sin(N\phi/2)}{N\sin(\phi/2)}\right]^2$$

und zeichnen Sie $R(\phi)$.

A18.5 Graph der Funktionen sinc (πx) und sinc $^2(x)$
Zeichnen Sie die Graphen der Funktionen $\sin(\pi x)/(\pi x)$ und $\sin^2(\pi x)/(\pi x)^2$ auf Millimeterpapier. Nehmen Sie als Einheiten 5 cm entlang der x-Achse und 10 cm entlang der y-Achse, wobei das Intervall von x auf $[0, 3]$ beschränkt sein soll.

A18.6 Quasimonochromatische Welle mit drei Spektralkomponenten
Eine quasimonochromatische Welle $\underline{V}(t)$ soll als Summe dreier monochromatischer Wellen $\underline{V}_0(t)$, $\underline{V}_1(t)$ und $\underline{V}_2(t)$ mit den Amplituden A_0, $A_1 = A_0/2$ und $A_2 = A_0/2$ sowie den Frequenzen ν_0, $\nu_1 = \nu_0 - \Delta\nu/2$ und $\nu_2 = \nu_0 + \Delta\nu/2$ darstellbar sein. Hierbei ist $\Delta\nu \ll \nu_0$ (Abbildung 18.8).

Drücken Sie $\underline{V}(t)$ als Funktion der Parameter A_0, ν_0 und $\Delta\nu$ aus!

A18.7 Quasimonochromatische Dreiecksfunktion
Eine quasimonochromatische Funktion habe in reeller Schreibweise die folgende Form:

$$V(t) = \Lambda(t)\cos(2\pi\nu_0 t),$$

wobei $\Lambda(t)$ die Dreiecksfunktion ist (Abbildung 18.9):

$$\Lambda(t) = \begin{cases} 1 + 2t/\tau & \text{für} \quad -\tau/2 \le t \le 0 \\ 1 - 2t/\tau & \text{für} \quad 0 \le t \le \tau/2 \\ 0 & \text{sonst} \end{cases}$$

Wie sieht das Spektrum $\widehat{\underline{V}}(\nu)$ dieser Welle aus? Leiten Sie das Betragsquadrat des Spektrums ab und bestimmen Sie die Relation zwischen τ und der Halbwertsbreite $\Delta\nu_{\frac{1}{2}}$ von $|\widehat{\underline{V}}(\nu)|^2$.

A18.8 Exponentiell gedämpfte quasimonochromatische Welle
Eine quasimonochomatische Welle hat die folgende reelle Darstellung:

$$V(t) = A_0 \exp\left(-\frac{t}{\tau}\right)\cos(2\pi\nu_0 t) \quad \text{für} \quad t > 0.$$

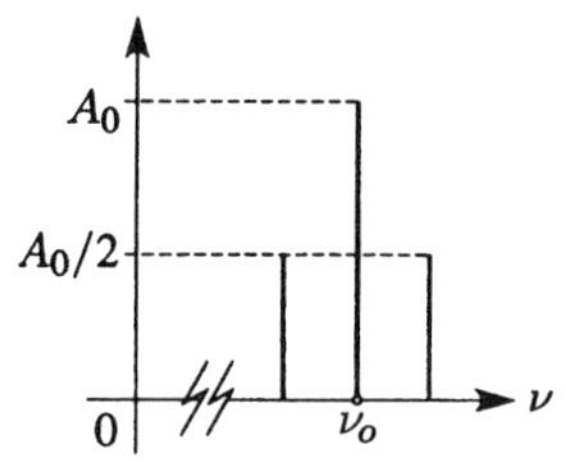

Abb. 18.8

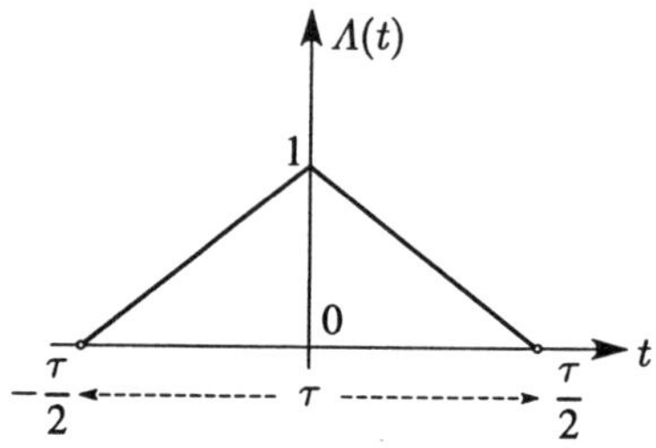

Abb. 18.9

Die Größe τ ist die Relaxationszeit der Amplitude dieser Schwingung (Abbildung 18.10).

Wie sieht das Spektrum $\widehat{\underline{V}}(\nu)$ dieser Schwingung aus? Berechnen Sie das Betragsquadrat des Spektrums und die Relation zwischen τ und der Halbwertsbreite $\Delta\nu_{\frac{1}{2}}$ von $|\widehat{\underline{V}}(\nu)|^2$.

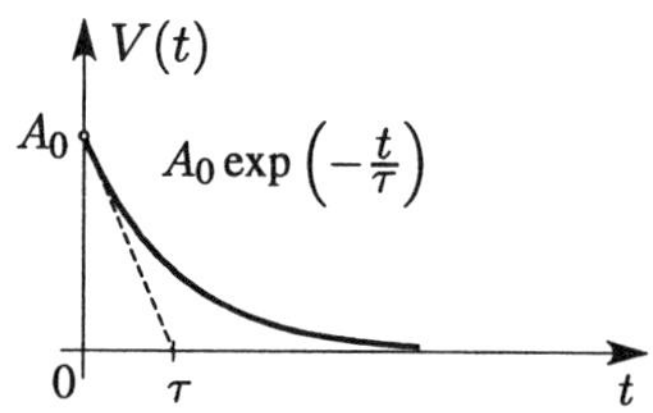

Abb. 18.10

A18.9 Gaußförmige quasimonochromatische Welle

Eine quasimonochomatische Welle hat die folgende reelle Darstellung:

$$V(t) = A_0 \exp\left(-\frac{t^2}{\tau^2}\right)\cos(2\pi\nu_0 t),$$

mit der Relaxationszeit der Amplitude τ und $-\infty \leq t \leq \infty$. (Abbildung 18.11).

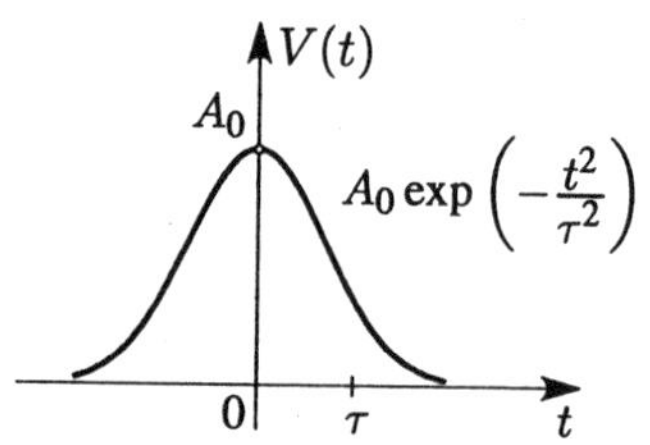

Abb. 18.11

Wie sieht das Spektrum $\widehat{\underline{V}}(\nu)$ dieser Schwingung aus? Berechnen Sie auch hier das Betragsquadrat des Spektrums und die Relation zwischen τ und der Halbwertsbreite $\Delta\nu_{\frac{1}{2}}$ von $|\widehat{\underline{V}}(\nu)|^2$.

Wir geben noch das folgende Integral der komplexen Variablen z an:

$$\int_{-\infty}^{\infty} \exp(-z^2)\mathrm{d}z = \sqrt{\pi}.$$

19 Freie und stationäre Wellen

Die Wellentheorie ist die Grundlage für die Theorie der Informationsübertragung ohne Materietransport von einer Quelle zu einem Empfänger. Man unterscheidet zwischen zwei Hauptarten von Wellen: die mechanischen Wellen und die elektromagnetischen Wellen. Diesen beiden Wellenarten wurden durch die moderne Quantenphysik noch die Materiewellen bewegter Teilchen hinzugefügt.

Wir wollen in diesem Kapitel die freien und stationären Wellen einführen.

19.1 Freie Wellen. Wellengleichung

19.1.1 Definition einer freien Welle

Eine freie Welle beschreibt ein physikalisches Phänomen, das eine Zeit- und Ortsabhängigkeit der Form $t \mp x/v$ hat, wobei t die Zeitvariable und x die Ortsvariable repräsentieren, v ist die *Phasengeschwindigkeit der Welle.* Ein solches Phänomen wird daher allgemein durch die Funktion

$$\Psi\left(t \mp \frac{x}{v}\right)$$

dargestellt. Sie kann je nach Natur der Welle skalar oder vektoriell sein. Da die Wellenfunktion für $t \mp x/v = \text{const}$ immer denselben Wert hat, kann derselbe *Wellenzustand* an verschiedenen Orten und Zeiten auftreten. Betrachtet man die Ortsabhängigkeit als Funktion der Zeit, kann der Welle die Geschwindigkeit $\mathrm{d}x/\mathrm{d}t = \pm v$ zugeordnet werden.

Haben im Ausdruck $\Psi(t \mp x/v)$ die Variablen x und t *verschiedene Vorzeichen*, bewegt sich die Welle in Richtung der *positiven* x-Achse. Bei *gleichem Vorzeichen* der Variablen bewegt sich die Welle in *negativer* x-Richtung.

19.1.2 Wellengleichung

Wir betrachten eine Saite, die durch eine Masse M in horizontaler Lage gespannt wird (Abbildung 19.1a). Die Differentialgleichung, der ein Saitenelement AB der linearen Masse μ und Länge $\mathrm{d}x$ genügt, kann durch Anwenden der mechanischen Bewegungsgleichung auf dieses Saitenelement erhalten werden. Wir bezeichnen mit $\Psi(x,t)$ die Abweichung des Elementes $\mathrm{d}x$ von der Ruhelage. Da x fest ist, wird die transversale Beschleunigung dieses Elementes durch $\partial^2\Psi/\partial t^2$ beschrieben.

Vernachlässigt man die Masse der Saite gegenüber ihrer Spannung, hat die Kraft, die auf das Element wirkt, einen Anteil, der vom linken Teil der Saite auf A wirkt und einen, der vom rechten Teil der Saite auf B wirkt (Abbildung 19.1b). Bezeichnen wir mit $\boldsymbol{T}$ die Spannung, die der rechte Teil der Saite auf den linken ausübt, gilt für diese Kraft $\boldsymbol{T}_B - \boldsymbol{T}_A$. Die Projektion von $\boldsymbol{T}$ auf die vertikale Achse führt zu $T\sin\theta \approx T\partial\Psi/\partial x$. Hierbei ist θ der Neigungswinkel des Saitenelements gegenüber der horizontalen Achse und T der Betrag der Spannung, der als räumlich konstant angenommen wird. Damit erhalten wir:

$$\mu \mathrm{d}x \frac{\partial^2\Psi}{\partial t^2}\boldsymbol{e}_y = \boldsymbol{T}_B - \boldsymbol{T}_A + \mu \mathrm{d}x\boldsymbol{g}. \tag{19.1}$$

Die Projektion auf die x- bzw. y-Achse gibt:

$$0 = \boldsymbol{T}_B - \boldsymbol{T}_A \cdot e_x \quad \text{und} \quad \mu \mathrm{d}x \frac{\partial^2\Psi}{\partial t^2} = \boldsymbol{T}_B - \boldsymbol{T}_A \cdot \boldsymbol{e}_y - \mu \mathrm{d}x g. \tag{19.2}$$

Ist θ klein (Winkel zwischen x-Achse und Spannungsvektor $\boldsymbol{T}$), gilt:

$$\boldsymbol{T}\cdot\boldsymbol{e}_x = T\cos\theta \approx T \quad \text{und} \quad \boldsymbol{T}\cdot\boldsymbol{e}_y = T\sin\theta \approx T\tan\theta \approx T\frac{\partial\Psi}{\partial x} \tag{19.3}$$

und wir erhalten:

$$(\boldsymbol{T}_B - \boldsymbol{T}_A)\cdot\boldsymbol{e}_y = \left(T\frac{\partial\Psi}{\partial x}\right)_{x+\mathrm{d}x} - \left(T\frac{\partial\Psi}{\partial x}\right)_x = T\frac{\partial^2\Psi}{\partial x^2}\mathrm{d}x. \tag{19.4}$$

Die Masse des Saitenelements ist gegenüber der Spannung der Saite vernachlässigbar, so daß wir die Näherungen

$$T_B \approx T_A \approx T \quad \text{und} \quad \mu \mathrm{d}x\frac{\partial^2\Psi}{\partial x^2} = T\frac{\partial^2\Psi}{\partial x^2}\mathrm{d}x$$

machen können. Damit folgt

$$\boxed{\frac{\partial^2\Psi}{\partial x^2} = \frac{1}{v^2}\frac{\partial^2\Psi}{\partial t^2}} \quad \text{mit} \quad \boxed{v \equiv \sqrt{T/\mu}.} \tag{19.5}$$

Man prüft leicht nach, daß $\sqrt{T/\mu}$ die Einheit einer Geschwindigkeit hat:

$$\left[\frac{T}{\mu}\right] = \text{kgms}^{-2}/\text{kgm}^{-1} = \text{m}^2\text{s}^{-2} = (\text{ms}^{-1})^2$$

und daß die Gleichung *reversibel* ist, d. h. invariant gegenüber dem Wechsel $t \to -t$ ist. Diese Symmetrie ist in der (idealisierenden) Abwesenheit der Dämpfung begründet.

Größenordnung: Für eine Klaviersaite aus Stahl der Dichte $\rho = 7200$ $\text{kg}\,\text{m}^{-3}$ und des Durchmessers 0,8 mm, die unter einer von einer Masse $M = 50$ kg erzeugten Spannung steht, beträgt die Ausbreitungsgeschwindigkeit

$$v = \frac{50 \cdot 9{,}81}{7200 \cdot \pi \cdot 0{,}16 \cdot 10^{-6}} \approx 368\,\text{m/s}.$$

Bemerkungen:

1. Es ist wichtig, sich den Unterschied zwischen der obigen Wellengleichung und der ähnlichen Diffusionsgleichung zu vergegenwärtigen:

$$\frac{\partial \rho}{\partial t} = D\frac{\partial^2 \rho}{\partial x^2}.$$

   Die partielle Ableitung nach der Zeit ist im letzteren Fall nur erster Ordnung und nicht zweiter, was charakteristisch für irreversible Prozesse ist.
2. Im Fall einer akustisch angeregten Flüssigkeit erhält man eine Differentialgleichung, die der obigen Wellengleichung entspricht.

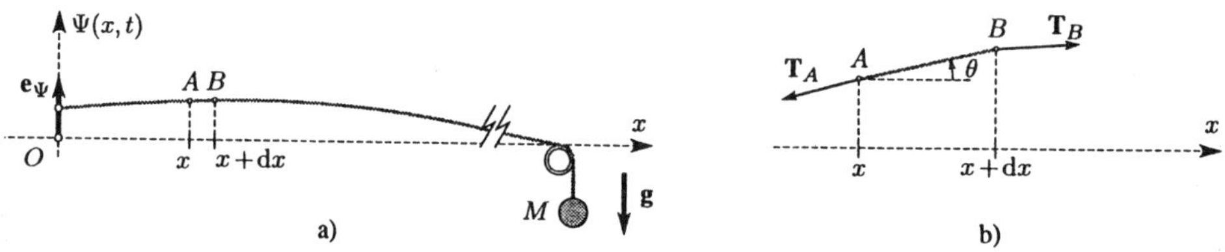

Abb. 19.1

19.1.3 Lösung der Wellengleichung

Zur Bestimmung der Lösung der Differentialgleichung (19.5) führen wir neue Variablen ein:

$$p \equiv t - \frac{x}{v} \quad ; \quad q \equiv t + \frac{x}{v}. \tag{19.6}$$

Wir schreiben die partiellen Differentialquotienten in diese neuen Variablen um:

$$\frac{\partial \Psi}{\partial x} = \frac{\partial \Psi}{\partial p}\frac{\partial p}{\partial x} + \frac{\partial \Psi}{\partial q}\frac{\partial q}{\partial x} = -\frac{1}{v}\left(\frac{\partial \Psi}{\partial p} - \frac{\partial \Psi}{\partial q}\right),$$
$$\frac{\partial \Psi}{\partial t} = \frac{\partial \Psi}{\partial p}\frac{\partial p}{\partial t} + \frac{\partial \Psi}{\partial q}\frac{\partial q}{\partial t} = \frac{\partial \Psi}{\partial p} + \frac{\partial \Psi}{\partial q},$$
$$\frac{\partial^2 \Psi}{\partial x^2} = \frac{1}{v^2}\left(\frac{\partial^2 \Psi}{\partial p^2} + \frac{\partial^2 \Psi}{\partial q^2} - 2\frac{\partial^2 \Psi}{\partial p \partial q}\right),$$
$$\frac{\partial^2 \Psi}{\partial t^2} = \frac{\partial^2 \Psi}{\partial p^2} + \frac{\partial^2 \Psi}{\partial q^2} + 2\frac{\partial^2 \Psi}{\partial p \partial q}.$$

Aus der Wellengleichung (19.5) können wir auf

$$\frac{\partial^2 \Psi}{\partial p \partial q} = 0 \tag{19.7}$$

schließen, was sich in der Struktur der Lösungen wie folgt niederschlägt

$$\boxed{\Psi = \Psi_+(p) + \Psi_-(q) = \Psi_-\left(t - \frac{x}{v}\right) + \Psi_+\left(t + \frac{x}{v}\right).} \tag{19.8}$$

Die Funktionen Ψ_+ und Ψ_- sind beide willkürlich. Die erste beschreibt eine Bewegung in positiver x-Richtung, die zweite in negativer x-Richtung.

Im Fall der schwingenden Saite stellt die Wellenfunktion eine Auslenkung senkrecht zu der Ausbreitungsrichtung dar: Sie wird daher als *Transversalwelle* bezeichnet. Experimentell wird die Ausbreitung in x-Richtung beobachtet, indem an einem Ende die Welle angeregt wird und am anderen Ende ein absorbierendes System eine Reflexion der Welle verhindert.

Bemerkungen:

1. In einem Schalltrichter oder einer Spiralfeder ist die Welle entlang der Bewegungsrichtung gerichtet: Sie ist *longitudinal* (siehe A19.2 und A19.4).
2. Die elektromagnetischen Wellen im Vakuum, insbesondere die Lichtwellen, sind transversale vektorielle Wellen, die durch die Welle und die Fortpflanzung der elektrischen und magnetischen Feldvektoren $\boldsymbol{E}$ und $\boldsymbol{B}$ charakterisiert sind. Behalten die Feldvektoren eine bestimmte Ausrichtung im Raum, heißt die Welle *linear polarisiert* (siehe Kapitel 20).

19.2 Ebene und sphärische Wellen

Im dreidimensionalen Raum in Abwesenheit von Quellen hat die Differentialgleichung, der die Wellenfunktion $\Psi(\boldsymbol{r}, t)$ genügt, die Form

$$\boxed{\triangle\Psi = \frac{1}{v^2}\frac{\partial^2\Psi}{\partial t^2},} \tag{19.9}$$

wobei $\triangle$ den Laplace-Operator bezeichnet:

$$\triangle\Psi \equiv \frac{\partial^2\Psi}{\partial x^2} + \frac{\partial^2\Psi}{\partial y^2} + \frac{\partial^2\Psi}{\partial z^2}. \tag{19.10}$$

19.2.1 Ebene Welle

Wir bezeichnen mit $\boldsymbol{r}(x, y, z)$ den Ortsvektor eines Punktes im Raum und mit $\boldsymbol{u}$ einen Einheitsvektor mit festgelegter Richtung (Abbildung 19.2). Ist die Lösung der obigen Gleichung in der Form $\Psi(\boldsymbol{u} \cdot \boldsymbol{r}, t)$ formulierbar, ist der Wellenzustand zu jedem Zeitpunkt in der Ebene $\boldsymbol{u} \cdot \boldsymbol{r} = \text{const}$ gleich. Daher

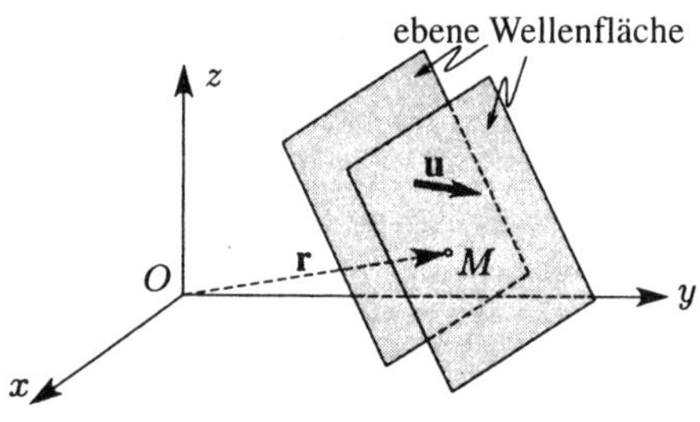

Abb. 19.2

spricht man von diesen Wellen als den *ebenen Wellen* und bezeichnet die durch $\boldsymbol{u} \cdot \boldsymbol{r}$ beschriebenen Ebenen als *Wellenflächen der ebenen Welle.* Die ebene Wellenfunktion lautet also:

$$\boxed{\Psi(\boldsymbol{u} \cdot \boldsymbol{r}, t) = \Psi_+\left(t - \frac{\boldsymbol{u} \cdot \boldsymbol{r}}{v}\right) + \Psi_-\left(t + \frac{\boldsymbol{u} \cdot \boldsymbol{r}}{v}\right).} \tag{19.11}$$

19.2.2 Kugelwellen

Hängt die Welle nur vom Radius $r = (x^2 + y^2 + z^2)^{\frac{1}{2}}$ zwischen einem Ursprungspunkt O und dem betrachteten Punkt M ab, $\Psi(r, t)$, wird die Welle *Kugelwelle* genannt. Zu jedem Zeitpunkt t ist der Wellenzustand in einer Kugelschale mit Radius r um O derselbe.

Schreiben wir die Differentialquotienten nach der Variablen r um

$$\frac{\partial \Psi}{\partial x} = \frac{\partial \Psi}{\partial r}\frac{\partial r}{\partial x} = \frac{x}{r}\frac{\partial \Psi}{\partial r}, \dots \quad \text{und} \quad \frac{\partial^2 \Psi}{\partial x^2} = \frac{x^2}{r^2}\frac{\partial^2 \Psi}{\partial r^2} + \frac{1}{r}\left(1 - \frac{x^2}{r^2}\right)\frac{\partial \Psi}{\partial r}, \dots$$

erhalten wir die Wellengleichung

$$\frac{\partial^2 \Psi}{\partial x^2} + \frac{2}{r}\frac{\partial \Psi}{\partial r} = \frac{1}{r}\frac{\partial^2 (r\Psi)}{\partial r^2} = \frac{1}{v^2}\frac{\partial^2 \Psi}{\partial t^2}. \tag{19.12}$$

Damit ergibt sich schließlich

$$\frac{\partial^2 (r\Psi)}{\partial r^2} = \frac{1}{v^2}\frac{\partial^2 (r\Psi)}{\partial t^2}. \tag{19.13}$$

Die Lösung dieser Gleichung ergibt sich sofort aus dem in Abschnitt 2.1 Gesagten:

$$\boxed{\Psi = \frac{1}{r}\mathcal{S}_+\left(t - \frac{r}{v}\right) + \frac{1}{r}\mathcal{S}_-\left(t + \frac{r}{v}\right).} \tag{19.14}$$

Die beiden Funktionen $\mathcal{S}_+$ und $\mathcal{S}_-$ sind willkürlich: Die eine repräsentiert eine divergente Welle, die sich vom Ursprung weg ausdehnt, die andere eine konvergente Welle, die sich in Richtung des Ursprungs ausbreitet (Abbildung 19.3).

Im ersten Fall kann O als Quelle der Lichterregung betrachtet werden, wogegen im zweiten Fall dort nichts sein darf, da ansonsten das Kausalitätsprinzip (Ursache vor Wirkung) verletzt wäre. Ein einfaches Beispiel für eine in einem Punkt konvergierende Welle ist die Lichtwelle, die aus einer Linse tritt und in einem Bildpunkt konvergiert.

Bemerkung: In diesem Zusammenhang haben einige Autoren nicht gezögert, das Kausalitätsprinzip zu verwerfen und bestimmten konvergenten Wellen eine Art Vorhersagefähigkeit zuzuweisen!

divergente Kugelwelle konvergente Kugelwelle

Abb. 19.3

19.3 Monochromatische ebene Wellen oder harmonische Wellen

Monochromatische ebene Wellen oder harmonische Wellen haben folgende reelle Form:

$$\Psi(\boldsymbol{r}, t) = A \cos\left[\omega\left(t - \frac{\boldsymbol{u} \cdot \boldsymbol{r}}{v}\right) - \varphi\right] = A\cos(\omega t - \boldsymbol{k} \cdot \boldsymbol{r} - \varphi), \qquad (19.15)$$

wobei $\boldsymbol{k} \equiv (\omega/v)\boldsymbol{u}$ der Wellenvektor und φ eine Phasenkonstante ist. Die Funktion Ψ ist sowohl zeitlich als auch räumlich *periodisch*, denn es gilt:

$$\Psi(\boldsymbol{r}, t + T) = \Psi(\boldsymbol{r}, t) \quad \text{für} \quad T = 2\pi/\omega \qquad (19.16)$$

$$\Psi(\boldsymbol{u} \cdot \boldsymbol{r} + \lambda, T) = \Psi(\boldsymbol{u} \cdot \boldsymbol{r}, t) \quad \text{für} \quad \lambda = 2\pi/k \quad k \equiv |\boldsymbol{k}|. \qquad (19.17)$$

Die *räumliche Periode* einer monochromatischen Welle ist die *Wellenlänge* λ. Sie hat auch die Form

$$\boxed{\lambda = 2\pi\frac{v}{\omega} = \frac{v}{\nu} = vT.} \qquad (19.18)$$

Die komplexe Schreibweise für die ebene monochromatische Welle führt zu

$$\underline{\Psi}(\boldsymbol{r}, t) = A\exp[\mathrm{i}(\boldsymbol{k} \cdot \boldsymbol{r} + \varphi - \omega t)] = \underline{\psi}(\boldsymbol{r})\exp(-\mathrm{i}\omega t). \qquad (19.19)$$

Das Argument der Exponentialfunktion, $(\boldsymbol{k} \cdot \boldsymbol{r} + \varphi - \omega t)$, wird *Phase* der Welle zum Zeitpunkt t genannt. Die komplexe Größe $\underline{\psi}(\boldsymbol{r}) \equiv A\exp[\mathrm{i}(\boldsymbol{k} \cdot \boldsymbol{r} + \varphi)]$ ist die *komplexe Amplitude* der Welle. Ihr Argument $\phi(\boldsymbol{r}) = \boldsymbol{k} \cdot \boldsymbol{r} + \varphi$ ist die Phase der Welle zum Zeitpunkt $t = 0$, oder kurz ihre Phase.

Bemerkungen:

1. In der Spektroskopie wird häufig die *Wellenzahl* $\sigma \equiv 1/\lambda$ verwendet. Sie ist mit der ebenfalls Wellenzahl genannten Größe k (Norm von $\boldsymbol{k}$) über $\sigma = k/(2\pi)$ verknüpft.
2. Wir erinnern daran, daß die Schreibweise von $\underline{\Psi}(\boldsymbol{r}, t)$ so gewählt wurde, daß die Phasenverschiebung positiv ist.

19.4 Quasiebene monochromatische Wellen

Wir betrachten nun die Bewegung monochromatischer Wellen in *inhomogenen Medien*, in denen die Phasengeschwindigkeit räumlich nicht konstant bleibt. Die Lösung der Wellengleichung lautet in diesem Fall

$$\underline{\Psi}(\boldsymbol{r}, t) = \underline{\psi}(\boldsymbol{r}) \exp(-\mathrm{i}\omega t) \tag{19.20}$$

mit $\underline{\psi}(\boldsymbol{r}, t) = A(\boldsymbol{r}) \exp(\mathrm{i}\phi(\boldsymbol{r}))$. Setzt man $\underline{\Psi}(\boldsymbol{r}, t)$ in die Wellengleichung ein, erhält man die *Helmholtz-Gleichung*:

$$\boxed{\triangle \underline{\psi}(\boldsymbol{r}) + \frac{\omega^2}{v^2} \underline{\psi}(\boldsymbol{r}) = 0.} \tag{19.21}$$

Die Punkte gleicher Lichterregung zu einem festen Zeitpunkt bilden die *Wellenfläche*. Da im allgemeinen $A(\boldsymbol{r})$ eine Funktion des Ortes ist, die sich gegenüber der Funktion $\exp[\mathrm{i}\phi(\boldsymbol{r})]$ *langsam* ändert, fällt die Wellenfläche praktisch mit den Punkten gleicher Phase $\phi(\boldsymbol{r})$ zusammen.

Im Unterschied zu den monochromatischen ebenen Wellen sind die Wellen $\underline{\Psi}(\boldsymbol{r}, t)$ zwar zeitlich periodisch, aber nicht räumlich. Jedoch hat die Phase zum Zeitpunkt t, $\phi(\boldsymbol{r}) - \omega t$, den gleichen an zwei benachbarten Punkten und zu verschiedenen Zeiten, wenn

$$\mathrm{d}\phi - \omega \mathrm{d}t = \operatorname{grad} \phi \cdot \mathrm{d}\boldsymbol{r} - \omega \mathrm{d}t = 0 \tag{19.22}$$

gilt. Die Geschwindigkeit, mit der die Phase entlang $\operatorname{grad} \phi$ variiert, heißt *Phasengeschwindigkeit* v_ϕ (Abbildung 19.4a). Ist s der Kurvenparameter entlang dieser Richtung, haben wir

$$|\operatorname{grad} \phi| \mathrm{d}s - \omega \mathrm{d}t = 0$$

oder

$$\boxed{v_\phi = \frac{\mathrm{d}s}{\mathrm{d}t} = \frac{\omega}{|\mathrm{grad}\,\phi|} = \frac{\omega}{k},} \tag{19.23}$$

mit $\boldsymbol{k} = \mathrm{grad}\,\phi$. Eine solche Wellen heißt quasieben. Die Abbildung 19.4b zeigt zum Vergleich eine monochromatische ebene Welle.

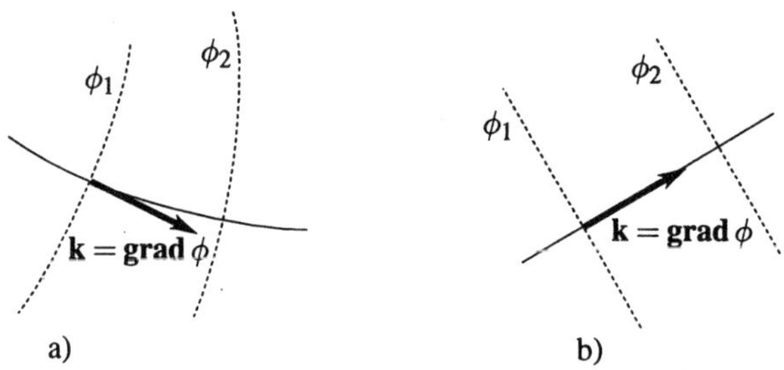

Abb. 19.4

19.5 Energetische Aspekte der Lichtausbreitung

Aus der alltäglichen Erfahrung wissen wir, daß Wellen fähig sind, entfernte Objekte zu bewegen. Zum Beispiel schwingt ein Schwimmer, der von einer Welle erfaßt wird, senkrecht zu der Wasseroberfläche, und der Zeiger eines Strahlungsmeßgerätes schlägt aus, sobald das Gerät einem Lichtbündel ausgesetzt wird. Anhand des speziellen Beispiels der schwingenden Saite wollen wir nun die Bilanz für die mechanische Energie pro Einheitsmasse aufstellen.

19.5.1 Kinetische Energie einer schwingenden Saite

Die kinetische Energie eines Saitenelements ist seine kinetische Energie pro Einheitsmasse:

$$e_\mathrm{k} = \frac{1}{2}\left(\frac{\partial \Psi}{\partial t}\right)^2 . \tag{19.24}$$

Ihre Änderung in einem infinitesimalen Zeitraum $\mathrm{d}t$ ergibt sich durch Differentiation:

$$\mathrm{d}e_\mathrm{k} = \mathrm{d}t \left(\frac{\partial \Psi}{\partial t}\right)\left(\frac{\partial^2 \Psi}{\partial t^2}\right) . \tag{19.25}$$

19.5.2 Von einem Saitenelement aufgenommene Energie pro Masseneinheit

Wir berechnen nun die von dem Saitenelement der Länge $\mathrm{d}x$ aufgenommene Leistung δP:

$$\delta P = \boldsymbol{T}_B \cdot \boldsymbol{v}_B - \boldsymbol{T}_A \cdot \boldsymbol{v}_A = T\left(\frac{\partial \underline{\Psi}}{\partial x}\frac{\partial \underline{\Psi}}{\partial t}\right)_{x+\mathrm{d}x,t} - T\left(\frac{\partial \underline{\Psi}}{\partial x}\frac{\partial \underline{\Psi}}{\partial t}\right)_{x,t}. \tag{19.26}$$

Da $\underline{\Psi}$ eine Funktion von $t - x/v$ ist, haben wir $\partial\underline{\Psi}/\partial x = (-1/v)\partial\underline{\Psi}/\partial t$. Daraus folgt:

$$\delta P = \frac{T}{v}\left[\left(\frac{\partial \underline{\Psi}}{\partial t}\right)^2_{x,t} - \left(\frac{\partial \underline{\Psi}}{\partial t}\right)^2_{x+\mathrm{d}x,t}\right] = -\frac{T}{v}\frac{\partial}{\partial x}\left(\frac{\partial \underline{\Psi}}{\partial t}\right)^2_{x,t}\mathrm{d}x \tag{19.27}$$

oder

$$\delta P = -2\mathrm{d}x\frac{T}{v}\left(\frac{\partial \underline{\Psi}}{\partial t}\right)\frac{\partial}{\partial x}\left(\frac{\partial \underline{\Psi}}{\partial t}\right) = 2\mathrm{d}x\frac{T}{v^2}\left(\frac{\partial \underline{\Psi}}{\partial t}\right)\left(\frac{\partial^2 \underline{\Psi}}{\partial t^2}\right), \tag{19.28}$$

da $\partial\Psi/\partial t$ ebenfalls eine Funktion von $t - x/v$ ist. Ersetzen wir T/v^2 durch μ, finden wir die Leistung pro Masseneinheit, die ein Element der Saite aufgrund der seitlich auftretenden Kräfte aufnimmt:

$$p_m = \frac{\delta P}{\mu \mathrm{d}x} = 2\left(\frac{\partial \underline{\Psi}}{\partial t}\right)\left(\frac{\partial^2 \underline{\Psi}}{\partial t^2}\right). \tag{19.29}$$

Schließlich, durch Multiplizieren mit dem infinitesimalen Zeitraum $\mathrm{d}t$, erhalten wir eine aufgenommene Arbeit, die doppelt so groß ist wie die Änderung der kinetischen Energie pro Masseneinheit:

$$\boxed{p_m \mathrm{d}t = 2\mathrm{d}e_\mathrm{k}.} \tag{19.30}$$

19.5.3 Potentielle Energie eines Elementes der schwingenden Saite

Der Ausdruck für die potentielle Energie pro Masseneinheit für ein Saitenelement der Länge $\mathrm{d}x$ kann aus der Energiebilanz der mechanischen Energie pro Masseneinheit für zwei betrachtete Zeitpunkte t und $t + \mathrm{d}t$ ermittelt werden:

$$\mathrm{d}(e_\mathrm{k} + e_\mathrm{p}) = p_m \mathrm{d}t = 2\mathrm{d}e_\mathrm{k}, \tag{19.31}$$

wobei wir Verluste durch Reibung vernachlässigt werden. Damit haben wir

$$\mathrm{d}e_\mathrm{k} = \mathrm{d}e_\mathrm{p}$$

oder bei geeigneter Wahl des Nullpunkts der potentiellen Energie

$$\boxed{e_\mathrm{k} = e_\mathrm{p}.} \tag{19.32}$$

Die reduzierte kinetische und potentielle Energie der schwingenden Saite sind zu jedem Zeitpunkt *gleich.*

19.5.4 Mittlere Leistung, die von einer monochromatischen Welle transportiert wird

Wir berechnen die mittlere mechanische Leistung, die ein Saitenelement dx vom linken Nachbarelement aufnimmt. Hierbei nehmen wir an, daß die Bewegung von *links nach rechts* erfolgt. Wir erhalten:

$$\mathcal{P} = \boldsymbol{F}_{1/\mathrm{r}} \cdot \boldsymbol{v} = -T\frac{\partial\Psi}{\partial x}\frac{\partial\Psi}{\partial t} = \frac{T}{v}\left(\frac{\partial\Psi}{\partial t}\right)^2 = \mu v\left(\frac{\partial\Psi}{\partial t}\right)^2 > 0. \tag{19.33}$$

Das bedeutet, daß der *Transfer von Leistung* und damit von *Energie*, die die Bewegung einer Welle entlang der Saite begleitet, in *Bewegungsrichtung* erfolgt.

Im Fall einer monochromatischen Welle, die durch $\Psi = A\cos(\omega t - \phi)$ dargestellt wird, hat die Gleichung für die Leistung die Form

$$\mathcal{P} = \mu v A^2 \omega^2 \sin^2(\omega t - \phi). \tag{19.34}$$

Schließlich berechnen wir noch den Mittelwert für eine Meßdauer T_d, die groß gegenüber der Wellenperiode $T = 2\pi/\omega$ ist:

$$\langle\mathcal{P}\rangle = \frac{1}{T_d}\int_0^{T_d} \mathcal{P}\mathrm{d}t = \frac{\mu v A^2\omega^2}{T_d}\int_0^{T_d} \sin^2(\omega t - \phi)\mathrm{d}t. \tag{19.35}$$

Da das Integral den Wert $T_d/2$ hat, erhält man:

$$\langle\mathcal{P}\rangle = \frac{\mu v A^2\omega^2}{2}. \tag{19.36}$$

Das heißt, die durch eine mechanische Welle transportierte mittlere Leistung und damit die *mittlere Energie* sind proportional zum Quadrat der reellen Amplitude bzw. zum *Betragsquadrat der komplexen Amplitude*:

$$\boxed{\langle \mathcal{E} \rangle \propto A^2 = \underline{\psi}\underline{\psi}^*.} \tag{19.37}$$

19.6 Stationäre Wellen

19.6.1 Definition

Stationäre Wellen werden die reellen Lösungen der Wellengleichung genannt, deren Raum- und Zeitabhängigkeiten *separiert werden können*, d. h. die die Form

$$\Psi(\boldsymbol{r}, t) = f(\boldsymbol{r}) g(t) \tag{19.38}$$

oder im Eindimensionalen

$$\Psi(x, t) = f(x) g(t) \tag{19.39}$$

haben.

19.6.2 Eindimensionale Lösung

Setzen wir die oben vorgestellte eindimensionale Lösung in die Wellengleichung ein, erhalten wir

$$\frac{\mathrm{d}^2 f}{\mathrm{d}x^2} g(t) = \frac{1}{v^2} \frac{\mathrm{d}^2 g}{\mathrm{d}t^2} f(x) \tag{19.40}$$

bzw.

$$\frac{1}{f(x)} \frac{\mathrm{d}^2 f}{\mathrm{d}x^2} = \frac{1}{v^2} \frac{1}{g(t)} \frac{\mathrm{d}^2 g}{\mathrm{d}t^2}. \tag{19.41}$$

Da auf beiden Seiten der Gleichung nur Funktionen verschiedener Variablen stehen, müssen sie Konstanten sein. Aufgrund des oszillatorischen Verhaltens des Phänomens sind die Konstanten negativ, so daß man

$$\frac{1}{f(x)} \frac{\mathrm{d}^2 f}{\mathrm{d}x^2} = \frac{1}{v^2} \frac{1}{g(t)} \frac{\mathrm{d}^2 g}{\mathrm{d}t^2} = -k^2 \tag{19.42}$$

setzen kann. Führt man $\omega^2 = k^2 v^2$ ein, erhalten wir die beiden Gleichungen

$$\frac{d^2 f}{\mathrm{d}x^2} + k^2 f(x) = 0 \quad \text{und} \quad \frac{d^2 g}{\mathrm{d}t^2} + \omega^2 g(t) = 0. \tag{19.43}$$

Die Lösungen sind wohlbekannt und haben die Form

$$f(x) = F_{\mathrm{m}} \cos(kx + \phi_x) \quad \text{und} \quad g(t) = G_{\mathrm{m}} \cos(\omega t + \phi_t), \tag{19.44}$$

so daß die stationäre Lösung der Wellengleichung die Form

$$\Psi(x,t) = A \cos(kx + \phi_x) \cos(\omega t + \phi_t) \tag{19.45}$$

hat.

19.6.3 Erzeugung stationärer Wellen

Stationäre Wellen können realisiert werden, indem man zwei freie Wellen entgegengesetzter Ausbreitungsrichtung überlagert. Im Fall der Saite, die an einem Ende O angeregt wird (Abbildung 19.1), genügt es, das andere Ende zu fixieren und die Absorption der einfallenden Welle zu verhindern. Die Welle wird dann reflektiert und überlagert sich mit der einfallenden Welle.

Die Wellenfunktion zweier überlagerter freier monochromatischer Wellen lautet in komplexer Notation

$$\begin{aligned} \underline{\Psi} &= \underline{\Psi}_+ + \underline{\Psi}_- \\ &= A \exp[-\mathrm{i}(\omega t - kx)] + B \exp[-\mathrm{i}(\omega t + kx)] \\ &= [A \exp(\mathrm{i}kx) + B(-\mathrm{i}kx)] \exp(-\mathrm{i}\omega t). \end{aligned} \tag{19.46}$$

Da $\underline{\Psi} = 0$ für $x = L$ und jedes t ist, ergibt sich:

$$0 = A \exp(\mathrm{i}kL) + B \exp(-\mathrm{i}kL) \tag{19.47}$$

und damit

$$B = -A \exp(2\mathrm{i}kL). \tag{19.48}$$

Daraus folgt

$$\begin{aligned} \underline{\Psi} &= A \exp(-\mathrm{i}\omega t)\{\exp(\mathrm{i}kx) - \exp[-\mathrm{i}k(x + 2L)]\} \\ &= A \exp[-\mathrm{i}(\omega t - kL)]\{\exp[\mathrm{i}k(x - L)] - \exp[-\mathrm{i}k(x - L)]\} \\ &= 2\mathrm{i}A \sin[k(x - L)] \exp[-\mathrm{i}(\omega t - kL)] \end{aligned} \tag{19.49}$$

oder, wenn man nur den physikalisch relevanten Realteil nimmt,

$$\Psi = 2A\sin[k(x-L)]\sin(\omega t - kL). \tag{19.50}$$

Die Amplitude dieser Schwingung hängt also von der Koordinate x ab:

1. Die Punkte der Saite, an denen die Wellenfunktion verschwindet, werden *Schwingungsknoten* genannt. Sie sind gegeben durch:

$$\sin[k(x-L)] = 0 \tag{19.51}$$

oder

$$k(x-L) = m\pi \quad \text{und} \quad x = \frac{m\pi}{k} + L. \tag{19.52}$$

Hierbei ist m ganzzahlig und negativ, da $x < L$ ist.

2. Die Punkte, bei denen die Amplitude maximal wird, heißen *Schwingungsbäuche*. Sie sind gegeben durch die Bedingung

$$\sin[k(x-L)] = \pm 1 \quad \text{oder} \quad x = \frac{(m+1/2)\pi}{k} + L. \tag{19.53}$$

19.6.4 Auswahl der Schwingungsnormalmoden

Die stationäre Welle kann mit jeder beliebigen Frequenz schwingen, die durch eine externe Störung der Saite aufprägt wird. Für kontinuierliche Medien ist eine unendliche Zahl von Schwingungsnormalmoden charakteristisch. Demgegenüber ist für ein diskretes System, wie z. B. zwei wechselwirkende Oszillatoren, die Zahl der Moden begrenzt; in diesem Beispiel wären es zwei Moden.

Wird, wie es häufig der Fall ist, das andere Ende O der Saite auch noch befestigt, erfolgt eine Auswahl von Moden. Diese sind durch die Bedingungen

$$\Psi(0,t) = -2A\sin(kL)\sin(\omega t - kL) = 0 \tag{19.54}$$

d. h.

$$kL = m\pi \quad \text{oder} \quad k_m = \frac{m\pi}{L} \tag{19.55}$$

und

$$\omega_m = v k_m \tag{19.56}$$

gegeben. Damit nimmmt die stationäre Welle die folgende analytische Form an:

$$\Psi_m(x,t) = 2A\sin[k_m(x-L)]\sin(\omega_m t - k_m L) \tag{19.57}$$

$$= 2A\sin(k_m x)\cos(\omega_m t - k_m L - \frac{\pi}{2}). \tag{19.58}$$

Verschiebt man den Zeitursprung und führt die Wellenlänge $\lambda_m \equiv 2\pi/k_m = 2L/m = 2\pi v/\omega_m$ ein, erhalten wir schließlich

$$\boxed{\Psi_m(x,t) = 2A \sin\left(2\pi \frac{x}{\lambda_m}\right) \cos \omega_m t.} \tag{19.59}$$

In der Abbildung 19.5 haben wir die drei ersten Wellenmoden der Saite dargestellt.

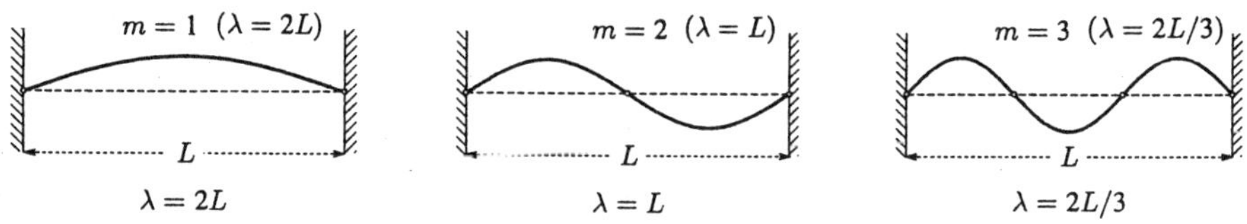

Abb. 19.5

19.6.5 Beispiele

Beispiele für ein-, zwei- und dreidimensionale stationäre Wellen sind zahlreich. In praktisch allen Bereichen der Physik sind sie anzutreffen. In der Mechanik sind es z. B. die longitudinalen stationären Wellen entlang einer Feder oder entlang einer Gassäule, sobald die Enden den Grenzbedingungen (19.54) genügen. Die Kreiswellen auf einer Wasseroberfläche, die entlang der Verbindungslinie zwischen zwei Erregungsquellen S_1 und S_2 auftreten, sind ein Beispiel für zweidimensionale stationäre mechanische Wellen.

In der Quantenphysik wird einem Teilchen in einem ein-, zwei- oder dreidimensionalen Kasten eine stationäre Welle zugeordnet. Für den dreidimensionalen Fall eines Kastens mit den Seitenlängen L_1, L_2 und L_3 hat die entprechende Wellenfunktion die Form

$$\underline{\Psi}(x,y,z,t) = \left(\frac{8}{V}\right)^{\frac{1}{2}} \sin\left(\pi \frac{n_1 x}{L_1}\right) \sin\left(\pi \frac{n_2 y}{L_2}\right) \sin\left(\pi \frac{n_3 z}{L_3}\right) exp(-\mathrm{i}\omega t). \tag{19.60}$$

Hierbei bezeichnet V das Volumen $L_1 L_2 L_3$ des Kastens, n_1, n_2, n_3 ein Triplett ganzer Zahlen (den sogenannten Quantenzahlen) und ω die Kreisfrequenz mit

$$\omega = \frac{h\pi}{4m}\left(\frac{n_1^2}{L_1^2} + \frac{n_2^2}{L_2^2} + \frac{n_3^2}{L_3^2}\right); \tag{19.61}$$

m ist die Masse des Teilchens und h die Plancksche Konstante.

19.7 Zusammenfassung

Wir wiederholen

1. die Wellengleichung
$$\triangle\Psi = \frac{1}{v^2}\frac{\partial^2\Psi}{\partial t^2},$$
2. die ebene monochromatische Welle als eine Lösung der Wellengleichung in der komplexen Darstellung
$$\underline{\Psi}(\boldsymbol{r},t) = \underline{\psi}(\boldsymbol{r})\exp(-\mathrm{i}\omega t) \quad \text{mit} \quad \underline{\psi}(\boldsymbol{r}) = A\exp[\mathrm{i}(\boldsymbol{k}\cdot\boldsymbol{r} + \varphi)], \tag{19.62}$$
3. die quasiebene monochromatische Welle im inhomogenen Medium:
$$\underline{\Psi}(\boldsymbol{r},t) = \underline{\psi}(\boldsymbol{r})\exp(-\mathrm{i}\omega t) \quad \text{mit} \quad \underline{\psi}(\boldsymbol{r}) = A(\boldsymbol{r})\exp[\mathrm{i}\boldsymbol{r} + \phi(\boldsymbol{r})] \tag{19.63}$$
4. Die mittlere von der Welle tranportierte Energie ist proportional zum Betragsquadrat der komplexen Amplitude: $\underline{\psi}\underline{\psi}^*$.
5. Die Randbedingung zur Erzeugung stationärer Wellen und zur Interpretation der Auswahl von Schwingungsmoden und die damit verbundene Quantisierung der Wellenfunktion ist von wesentlicher Bedeutung.

19.8 Aufgaben

A19.1 Skalare ebene monochromatische Welle
Eine monochromatische mechanische Welle der Frequenz $\nu = 5$ Hz wird am Punkt M durch den komplexen Ausdruck

$$\underline{\Psi}(\boldsymbol{r},t) = A\exp\{-\mathrm{i}[\omega t - \phi(\boldsymbol{r})]\}$$

dargestellt, $\boldsymbol{r}$ ist der Ortsvektor von M in einem Koordinatensystem $Oxyz$.

1. Geben Sie die Wellenfläche für $\phi(\boldsymbol{r}) = 3x + 4y + 5z$ an!
2. Zeigen Sie, daß $\underline{\Psi}(\boldsymbol{r},t)$ der Wellengleichung genügt.
3. Bestimmen Sie die Wellenlänge sowie den Richtungskosinus der Ausbreitungsrichtung.
4. Geben Sie den Ausdruck für die gleiche Welle für den Fall an, daß sie sich senkrecht zu der Oy-Achse und in einem Winkel von $\theta = 30°$ zu der Oz-Achse bewegt.

A19.2 Bewegung einer longitudinalen Welle entlang einer Feder
Wir betrachten eine Spiralfeder, die aus einem homogenen Draht konstanten Durchmessers und vernachlässigbarer Masse besteht. Die Feder mit Federkonstante K wird horizontal am Punkt O befestigt; Reibung wird ebenfalls vernachlässigt. Man markiert die Ruhelage

(d. h. bei Abwesenheit von Druck oder Zug) der Federn durch ihre Abszisse x. Zwischen zwei Spiralen mit Abszissen x und x' betrage die Masse der Feder $\mu|x - x'|$, wobei μ die lineare Masse der Feder ist (Abbildung 19.6).

Wirkt nun eine Druckkraft $\boldsymbol{F}_L$ auf ein Ende $x = L$, verschieben sich die Spiralen. Im Kräftegleichgewicht bezeichnet man die logitudinale Verschiebung (gegenüber der Ruhelage) der Spirale, deren Ruhelage mit x bezeichnet ist, mit $\Psi(x,t)$. Mit $\boldsymbol{F}_x$ wird die Kraft bezeichnet, die die rechte Seite der Feder auf die linke Seite an der Stelle x ausübt. Bei einer longitudinalen Bewegung der Federspiralen sind die Verschiebung Ψ und der algebraische Wert von $\boldsymbol{F}_x$ Funktionen von x und t. Man nimmt für kleine Verschiebungen an, daß gilt:

$$F_x = R\left(\frac{\partial \Psi}{\partial x}\right)_t \quad \text{mit} \quad R = KL.$$

Untersuchen Sie die longitudinale Bewegung der Feder. Formulieren Sie anhand eines infinitesimalen Federelementes zwischen x und $x+\mathrm{d}x$ die partielle Differentialgleichung für die longitudinale Verschiebung $\Psi(x,t)$. Nehmen Sie Ψ als klein und $\partial\Psi/\partial x \ll 1$ an. Wie lautet die allgemeine Lösung dieser Gleichung? Geben Sie eine physikalische Interpretation!

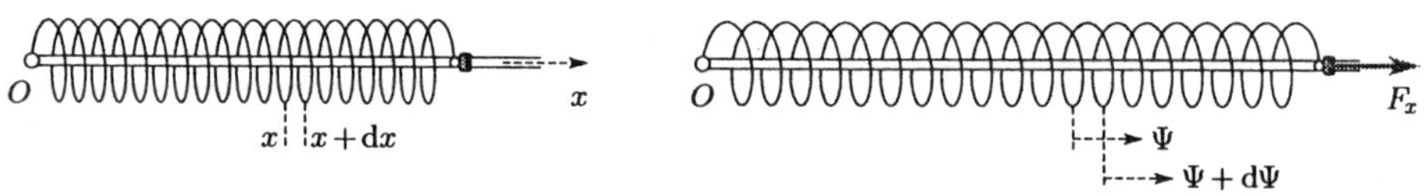

Abb. 19.6

A19.3 Kugelwelle. Die Linse als Phasenschieber

1. Wie lautet die Bewegungsgleichung für eine Kugelwelle? Wir geben den Laplace-Operator für ein kugelsymmetrisches System an:

$$\Delta(.) = \frac{1}{r}\frac{\partial^2}{\partial r^2}(r.)$$

   Ermitteln Sie damit den Ausdruck für eine divergente monochromatische Kugelwelle, die von einer Punktquelle im Koordinatenursprung emittiert wird.
2. Zeigen Sie anhand einfacher Energiebetrachtungen, daß die Amplitude einer Kugelwelle nowendig mit $1/r$ abnimmt und vergleichen Sie diese Änderung mit der der Phase für eine optische Welle.
3. Wie kann man in der Optik experimentell die umgekehrte Transformation ebene Welle-Kugelwelle realisieren?
4. Eine dünne konvergente Linse transformiert eine von ihrem Achsenpunkt A_{o} emittierte Kugelwelle in eine Kugelwelle, die in einem Punkt A_{b} konvergiert.
   Wir betrachten einen Punkt M in der Linsenebene. Drücken Sie den Phasenterm dieser beiden Kugelwellen in M als Funktion der Koordinaten (x,y) des Punktes M $d_{\mathrm{o}} = OA_{\mathrm{o}}$ und $d_{\mathrm{b}} = OA_{\mathrm{b}}$ aus. Begründen Sie die Bezeichnung „Phasenschieber" für die Linse aus der Sicht der Wellentheorie!

A19.4 Longitudinale Welle in einem Schalltrichter

Wir betrachten einen Schalltrichter mit Rotationsachse Ox und mit variablem Querschnitt $S(x)$ (Abbildung 19.7). Der Druck $p(x)$ im Medium hat die Form:

$$p(x) = p_0 - \frac{1}{\chi S(x)}\frac{\partial(S\Psi)}{\partial x},$$

mit dem mittleren Druck p_0 und dem Kompressibilitätsfaktor χ. Diese Größen werden als konstant und gleichförmig angenommen.

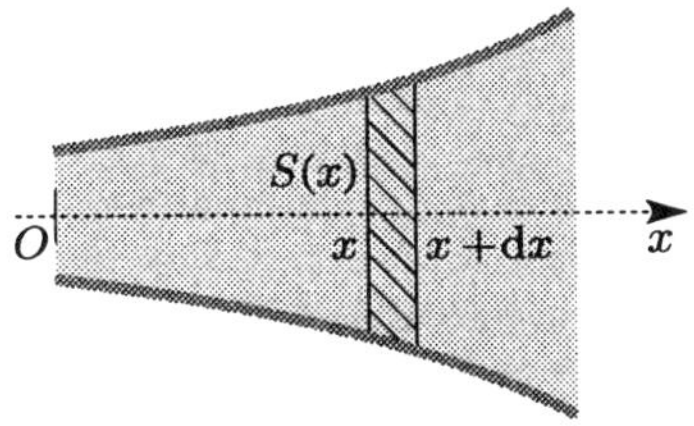

Abb. 19.7

1. Zeigen Sie, daß die Differentialgleichung für die Verschiebung $\Psi(x,t)$ im Medium zwischen x und $x + \mathrm{d}x$ die Form

$$\frac{\partial}{\partial x}\left[\frac{1}{S}\frac{\partial(S\Psi)}{\partial x}\right] = \frac{1}{v^2}\frac{\partial^2\Psi}{\partial t^2}$$

hat. Ermitteln Sie daraus die Phasengeschwindigkeit als Funktion der Dichte des Mediums ρ sowie S und χ.

2. Der Querschnitt $S(x)$ variiert mit x entsprechend $S(x) = S_0 \exp(\alpha x)$. Suchen Sie die komplexen Lösungen der Form

$$\underline{\Psi}(x,t) = A \exp[-\mathrm{i}(\omega t - kx)].$$

Zeigen Sie, daß eine Grenzfrequenz ω_c existiert, bei der keine Ausbreitung erfolgt. Drücken Sie ω_c als Funktion von v und α aus.

A19.5 Solitonen

Ein physikalisches System werde durch eine dimensionslose Funktion $\Psi(x,t)$ der Ortsvariablen x und der Zeitvariablen t beschrieben, die der folgenden Differentialgleichung, der sogenannten Sinus-Gordon-Gleichung, genügt:

$$\frac{\partial^2\Psi}{\partial x^2} - \frac{1}{c^2}\frac{\partial^2\Psi}{\partial t^2} = \frac{1}{\lambda^2}\sin\Psi,$$

wobei c und λ Konstanten sind. Das *Soliton* ist das reale physikalische Gebilde, das durch die Lösung dieser Differentialgleichung beschrieben wird.

1. Welche physikalischen Dimensionen haben c und λ?
2. Ermitteln Sie eine Näherungslösung der obigen Gleichung der Form

$$\Psi(x,t) = \epsilon\cos(\omega t - kx) \quad \text{mit} \quad \epsilon \ll 1.$$

Folgern Sie daraus auf die Beziehung zwischen k und ω sowie auf die Ausbreitungsrichtung dieser Wellen.

3. Bestimmen Sie eine exakte Lösung der Sine-Gordon-Gleichung der Form

$$\Psi(x,t) = 4\arctan[\exp f(u)]$$

mit der Konstanten v und der zu bestimmenden Funktion von $u = x - vt$, $f(u)$.

20 Lichtwellen. Polarisation

Der Wellencharakter des Lichtes ist das erste Mal von C. Huygens im Jahre 1678 beschrieben worden. Er wurde dann von A. Fresnel (1802) wesentlich weiterentwickelt und 1876 von J. C. Maxwell mit der Elektrodynamik verknüpft.

Wir wollen hier die wesentlichen Ergebnisse der elektromagnetischen Theorie des Lichts vorstellen, ohne sie abzuleiten.

20.1 Lichtausbreitung im Vakuum

20.1.1 Elektromagnetische Natur der Lichtwelle

Die Maxwellschen Gleichungen, die ein elektrisches Feld $\boldsymbol{E}$ und ein magnetisches Feld[1] $\boldsymbol{B}$ beschreiben, haben im *Vakuum* die Form:

$$\operatorname{rot} \boldsymbol{E} = -\frac{\partial \boldsymbol{B}}{\partial t}, \qquad \operatorname{div} \boldsymbol{B} = 0, \tag{20.1}$$

$$\operatorname{div} \boldsymbol{E} = 0, \qquad \operatorname{rot} \boldsymbol{B} = \mu_0 \epsilon_0 \frac{\partial \boldsymbol{E}}{\partial t}, \tag{20.2}$$

wobei $\mu_0 \equiv 4\pi \cdot 10^{-7}$ die magnetische Permeabilität des Vakuums und ϵ_0 die dielektrische Konstante des Vakuums mit $1/(4\pi\epsilon_0) = 9 \cdot 10^9$ in SI-Einheiten sind. Verwendet man die Identität $\operatorname{rot}\operatorname{rot}() = \operatorname{grad}\operatorname{div}() - \triangle()$, erhalten wir die folgenden Wellengleichungen für das elektrische und magnetische Feld:

$$\boxed{\triangle \boldsymbol{E} = \epsilon_0 \mu_0 \frac{\partial^2 \boldsymbol{E}}{\partial t^2}} \tag{20.3}$$

$$\boxed{\triangle \boldsymbol{B} = \epsilon_0 \mu_0 \frac{\partial^2 \boldsymbol{B}}{\partial t^2}.} \tag{20.4}$$

[1]Korrekt müßte $\boldsymbol{B}$ als magnetische Induktion bezeichnet werden. Wesentlich wird der Unterschied zwischen der magnetischen Induktion und dem Magnetfeld im Medium. Im Vakuum sind beide über die Konstante μ_0 miteinander verknüpft.

Das elektrische und das magnetische Feld bewegen sich also im Vakuum mit der Geschwindigkeit $c = (\mu_0\epsilon_0)^{-\frac{1}{2}} \approx 3 \cdot 10^8\ \mathrm{m\,s^{-1}}$, d. h. mit genau der Geschwindigkeit, die das Licht auch besitzt. Dieses Ergebnis erlaubt zusammen mit anderen den Schluß, daß Licht eine elektromagnetische Welle ist.

20.1.2 Form der monochromatischen ebenen Lichtwelle

Die monochromatischen ebenen Wellen als Lösungen der vorangegangenen Wellengleichungen lauten in komplexer Notation

$$\underline{\boldsymbol{E}} = \boldsymbol{E}_\mathrm{m} \exp[\mathrm{i}(\boldsymbol{k}_0 \cdot \boldsymbol{r} + \varphi - \omega t)] \tag{20.5}$$

und

$$\underline{\boldsymbol{B}} = \boldsymbol{B}_\mathrm{m} \exp[\mathrm{i}(\boldsymbol{k}_0 \cdot \boldsymbol{r} + \varphi - \omega t)] \tag{20.6}$$

mit $\omega/k_0 = c$. Aus den Maxwellschen Gleichungen div $\boldsymbol{E} = 0$ und div $\boldsymbol{B} = 0$ folgt für die ebenen Wellen $\boldsymbol{k}_0 \cdot \boldsymbol{E} = 0$ und $\boldsymbol{k}_0 \cdot \boldsymbol{B} = 0$. Auf der anderen Seite resultiert aus der Maxwell-Gleichung rot $\boldsymbol{E} = -\partial \boldsymbol{B}/\partial t$ die Bedingung:

$$\boldsymbol{k}_0 \times \boldsymbol{E} = \omega \boldsymbol{B}. \tag{20.7}$$

Aus diesen Gleichungen folgt, daß die drei Vektoren $\boldsymbol{E}, \boldsymbol{B}$ und $\boldsymbol{k}_0$ alle zueinander senkrecht stehen (Abbildung 20.1). Da außerdem die letzte Gleichung nicht $\mathrm{i} = \sqrt{-1}$ enthält, oszillieren die Felder $\boldsymbol{E}$ und $\boldsymbol{B}$ in Phase und sind über die Relation

$$\boxed{\frac{E}{B} = \frac{\omega}{k_0} = c} \tag{20.8}$$

miteinander verknüpft.

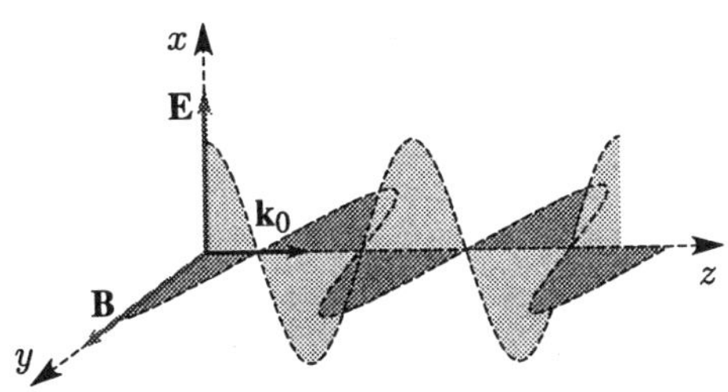

Abb. 20.1

Die Tabellen 20.1 und 20.2 geben Größenordnungen der Periode ($T = 2\pi/\omega$) und der Wellenlänge im Vakuum ($\lambda_0 = 2\pi/k_0$) für verschiedene elektromagnetische Wellen und verschiedene sichtbare Strahlungen an:

Tabelle 20.1

	Hertzsche Wellen	infrarot	sichtbar	ultraviolett	Röntgen	γ
T	μs, ns, ps	10 fs	5 fs	1 fs	100 as	0,1 as
$\lambda_0 = cT$	km, m, mm	3 μm	0,6 μm	$0,3\,\mu$m	30 nm	30 pm

(ns $= 10^{-9}$ s, ps $= 10^{-12}$ s, fs $= 10^{-15}$ s, as $= 10^{-18}$ s).

Tabelle 20.2

Farbe	Ultraviolett	Blau	Gelb	Rot	Infrarot
λ_0 (nm)	< 400	500	550	630	> 750

20.2 Lichtausbreitung im Medium

In einem linearen, isotropen, nichtleitenden, transparenten und nichtmagnetischen Medium hängen die Eigenschaften des Mediums nicht von der Bewegungsrichtung des Lichtes ab, existieren keine beweglichen Ladungen und alle Wellen werden zumindest teilweise durchgelassen. Die Maxwellschen Gleichungen ähneln in diesem Fall denen des Vakuums, nur daß ϵ_0 durch $\epsilon_0\epsilon_r$, mit der relativen dielektrischen Permeabilität (relativ zum Vakuum) ϵ_r, ersetzt wird. Die magnetische Permeabilität bleibt hier unverändert, da wir ein nichtmagnetisches Medium angenommen haben. Wir erhalten daher die Gleichungen:

$$\triangle \boldsymbol{E} = \epsilon_0\epsilon_\mathrm{r}\mu_0 \frac{\partial^2 \boldsymbol{E}}{\partial t^2} \tag{20.9}$$

und

$$\triangle \boldsymbol{B} = \epsilon_0\epsilon_\mathrm{r}\mu_0 \frac{\partial^2 \boldsymbol{B}}{\partial t^2}. \tag{20.10}$$

20.2.1 Materie

In homogenen Medien haben diese Gleichungen die ebenen monochromatischen Wellen als Lösungen; in komplexer Schreibweise:

$$\underline{\boldsymbol{E}} = \boldsymbol{E}_\mathrm{m} \exp[\mathrm{i}(\boldsymbol{k}\cdot\boldsymbol{r} + \varphi - \omega t)] \tag{20.11}$$

und

$$\underline{\boldsymbol{B}} = \boldsymbol{B}_{\mathrm{m}} \exp[\mathrm{i}(\boldsymbol{k} \cdot \boldsymbol{r} + \varphi - \omega t)], \tag{20.12}$$

mit $\omega/k = v = (\epsilon_0 \epsilon_{\mathrm{r}} \mu_0)^{-\frac{1}{2}} = c/\sqrt{\epsilon_{\mathrm{r}}}$. Die Eigenschaften der ebenen monochromatischen Welle sind diesselben wie die des Vakuums. Wir haben analog zu Gleichung (20.8):

$$\boxed{\frac{E}{B} = v = \frac{c}{\sqrt{\epsilon_{\mathrm{r}}}}.} \tag{20.13}$$

Der Brechungsindex des Mediums $n \equiv c/v$ ist also mit ϵ_{r} über die Gleichung

$$\boxed{n = \sqrt{\epsilon_{\mathrm{r}}}} \tag{20.14}$$

verknüpft. Auf der anderen Seite gilt, da ω unabhängig vom Medium ist, $kv = k_0 c$. Daraus folgen

$$\boxed{k = k_0 n} \tag{20.15}$$

und

$$\boxed{\lambda = \frac{2\pi}{k} = \frac{\lambda_0}{n}.} \tag{20.16}$$

Wir merken uns also, daß die Medien die Wellenlänge „zusammendrücken“ und daß die Wellenlänge im Vakuum und nicht die Wellenlänge in einem Medium eine Welle charakterisiert.

20.2.2 Inhomogene Medien

In *inhomogenen Medien* können die Funktionen für $\boldsymbol{E}$ und $\boldsymbol{B}$ in der Form

$$\underline{\Psi}(\boldsymbol{r}, t) = A(\boldsymbol{r}) \exp\{-\mathrm{i}[\omega t - \phi(\boldsymbol{r})]\} \tag{20.17}$$

geschrieben werden, wobei $A(\boldsymbol{r})$ als Funktion des Ortes $\boldsymbol{r}$ langsam veränderlich ist gegenüber $\exp[\mathrm{i}\phi(\boldsymbol{r})]$. Die Wellenfläche als der Gesamtheit der Punkte gleicher Lichterregung der Welle $\Psi(\boldsymbol{r}, t)$ zu einem gegebenen Zeitpunkt fällt praktisch mit der Fläche $\phi(\boldsymbol{r}) = \text{const}$ zusammen.

Da $\underline{\Psi}(\boldsymbol{r}, t)$ der Wellengleichung

$$\Delta \underline{\Psi} = \frac{1}{v^2} \frac{\partial^2 \underline{\Psi}}{\partial t^2} \tag{20.18}$$

genügt, erhalten wir mit der Formel $\triangle\underline{\Psi} = \operatorname{div}\operatorname{grad}\underline{\Psi}$ über das Zwischenergebnis

$$\operatorname{grad}\underline{\Psi} = (\operatorname{grad} A + \mathrm{i}A\operatorname{grad}\phi)\exp\{-\mathrm{i}[\omega t - \phi(\boldsymbol{r})]\}$$

und mit $k^2 = \omega/v^2$ sowie durch Separation des Real- und Imaginärteils der Gleichung das Ergebnis:

$$\frac{\triangle A}{A} + \left[k^2 - (\operatorname{grad}\phi)^2\right] = 0 \tag{20.19}$$

und

$$A\triangle\phi + 2\operatorname{grad}\phi \cdot \operatorname{grad} A = 0. \tag{20.20}$$

Ist die Bedingung $k^2 \gg \triangle A/A$ erfüllt, d. h. ist die Wellenlänge λ genügend klein, erhalten wir die *Eikonalgleichung* der geometrischen Optik (siehe Kapitel 17):

$$\boxed{k = |\operatorname{grad}\phi|.} \tag{20.21}$$

Lokal verhält sich die Welle wie eine ebene Welle, sie heißt daher *quasi-eben*: Die Felder $\boldsymbol{E}$ und $\boldsymbol{B}$ sind also Elemente der tangentialen Ebene der Wellenfläche und bewegen sich senkrecht zu dieser Ebene. Man definiert den Wellenvektor einer quasi-ebenen Welle

$$\boxed{\boldsymbol{k} = \operatorname{grad}\phi,} \tag{20.22}$$

so daß $\boldsymbol{k}$ senkrecht zu der Wellenfläche ist (Abbildung 20.2). Die Änderung der Phase zwischen zwei Wellenflächen Σ_1 und Σ_2 ist also durch das folgende Kurvenintegral gegeben:

$$\phi_2 - \phi_1 = \int_1^2 \boldsymbol{k} \cdot \mathrm{d}\boldsymbol{r}. \tag{20.23}$$

Entlang der $\boldsymbol{k}$ tangierenden Kurve, d. h. entlang des Lichtstrahles (RL) in einem *isotropen Medium* haben wir:

$$\boldsymbol{k} = k_0 n \boldsymbol{u} \tag{20.24}$$

und

$$\mathrm{d}s = \boldsymbol{u} \cdot \mathrm{d}\boldsymbol{r}. \tag{20.25}$$

Hierbei ist $\boldsymbol{u}$ der Einheitsvektor in Richtung $\boldsymbol{k}$ und $\mathrm{d}s$ das Kurvenelement von RL (Abbildung 20.2). Damit erhalten wir für die Änderung der Phase

$$\boxed{\phi_2 - \phi_1 = k_0 \int_{\mathrm{RL}} n\mathrm{d}s = k_0 L,} \tag{20.26}$$

da $L = \int_{\mathrm{RL}} n \mathrm{d}s$ ist. Die Änderung der Phase zwischen zwei Wellenflächen ist proportional zu der optischen Weglänge.

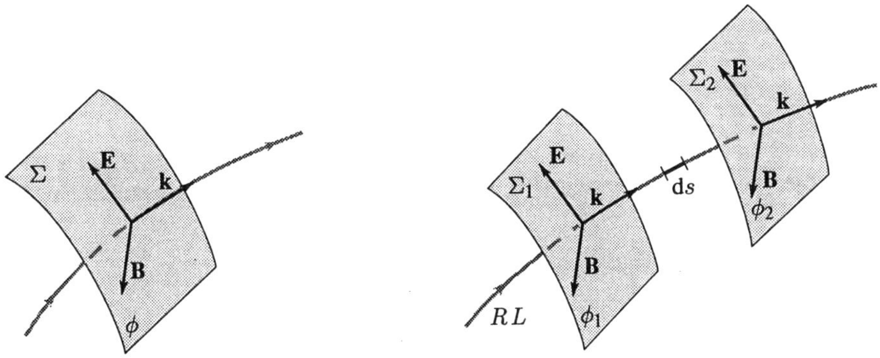

Abb. 20.2

20.3 Intensität einer monochromatischen ebenen Lichtwelle

Wir wollen eine monochromatische ebene Lichtwelle der Geschwindigkeit v in einem linearen, homogenen, isotropen, transparenten und nichtmagnetischen Medium betrachten. Sie transportiert entlang der Bewegungsrichtung $\boldsymbol{e}_z$ eine mittlere Energie, die wir nun mit der Amplitude E_{m} des elektrischen Feldes $\boldsymbol{E} = \boldsymbol{E}_{\mathrm{m}} \cos(\omega t - \boldsymbol{k} \cdot \boldsymbol{r})$ verknüpfen wollen.

Die Bilanzgleichung für die Energie des elektromagnetischen Feldes zwischen den Zeitpunkten t und $t + \mathrm{d}t$ in einem nichtmagnetischen Medium hat die Form

$$\mathrm{d} \int\limits_V \left(\frac{\epsilon_0 E^2}{2} + \frac{B^2}{2\mu_0} \right) \mathrm{d}V = -\mathrm{d}t \int\limits_V \mathrm{div}\, \boldsymbol{R} \mathrm{d}V + \mathrm{d}t \int\limits_V \left(-\boldsymbol{E} \cdot \frac{\partial \boldsymbol{P}}{\partial t} \right) \mathrm{d}V. \quad (20.27)$$

Hierbei bezeichnet V das von der geschlossenen Oberfläche S umgebene Volumen, $\boldsymbol{R} = \boldsymbol{E} \times \boldsymbol{B} / \mu_0$ ist der Poynting-Vektor und $\boldsymbol{P}$ das Polarisationsfeld pro Volumeneinheit.

Da ein solches Medium linear ist, gilt die folgende Relation zwischen $\boldsymbol{P}$ und $\boldsymbol{E}$:

$$\boldsymbol{P} = \chi_{\mathrm{e}} \epsilon_0 \boldsymbol{E}, \quad (20.28)$$

wobei χ_e die elektrische Suszeptibilität ist. Mit $\epsilon_r = 1 + \chi_e$ erhalten wir

$$\mathrm{d}\int_V \left(\frac{\epsilon E^2}{2} + \frac{B^2}{2\mu_0}\right) \mathrm{d}V = -\mathrm{d}t \int_V \operatorname{div} \boldsymbol{R} \mathrm{d}V \tag{20.29}$$

oder lokal

$$\frac{\partial e^*_{\mathrm{em}}}{\partial t} = -\operatorname{div} \boldsymbol{R} \tag{20.30}$$

mit der Definition der elektromagnetischen Energiedichte des Feldes *und* des Mediums

$$e^*_{\mathrm{em}} \equiv \frac{\epsilon_0 \epsilon_r E^2}{2} + \frac{B^2}{2\mu_0}. \tag{20.31}$$

Experimentell bestimmt man aber den zeitlichen Mittelwert des Poynting-Vektors und nicht seinen augenblicklichen Wert. Bilden wir diesen Zeitmittelwert, modifiziert sich die letzte Gleichung zu

$$\left\langle \frac{\partial e^*_{\mathrm{em}}}{\partial t} \right\rangle_t = -\operatorname{div} \langle \boldsymbol{R} \rangle_t = 0, \tag{20.32}$$

da der zeitliche Mittelwert von $(\partial e^*_{\mathrm{em}}/\partial t)$ verschwindet.

Der Vektor $\langle \boldsymbol{R} \rangle_t$ kann als Funktion von $\langle e^*_{\mathrm{em}} \rangle_t$ ausgedrückt werden: Da die Welle monochromatisch und quasi-eben ist, haben wir zwischen E, B und der Geschwingkeit v der Welle im Medium die Beziehung $E = Bv$. Daraus folgt mit dem Einheitsvektor $\boldsymbol{e}_z$ in Richtung des Vektors $\boldsymbol{E}_{\mathrm{m}} \times (\boldsymbol{B}_{\mathrm{m}}/\mu_0)$:

$$\begin{aligned} \langle \boldsymbol{R} \rangle_t &= \left(\boldsymbol{E}_{\mathrm{m}} \times \frac{\boldsymbol{B}_{\mathrm{m}}}{\mu_0} \right) \langle \cos^2(\omega t - \boldsymbol{k} \cdot \boldsymbol{r}) \rangle \\ &= \frac{E_{\mathrm{m}} B_{\mathrm{m}}}{2\mu_0} \boldsymbol{e}_z = \frac{E^2_{\mathrm{m}}}{2\mu_0 v} \boldsymbol{e}_z = n E^2_{\mathrm{m}} \frac{\epsilon_0 c}{2} \boldsymbol{e}_z. \end{aligned} \tag{20.33}$$

Hierbei haben wir verwendet, daß der zeitliche Mittelwert von $\cos^2(\omega t - \boldsymbol{k} \cdot \boldsymbol{r})$ den Wert 1/2 hat. Da nun $n = \epsilon_r^2 = c/v$ ist, gilt für $\langle e^*_{\mathrm{em}} \rangle_t$

$$\begin{aligned} \langle e^*_{\mathrm{em}} \rangle_t &= \left\langle \frac{\epsilon_r \epsilon_0 E^2}{2} + \frac{E^2}{2v^2 \mu_0} \right\rangle_t = \left\langle \frac{\epsilon_0 n^2 E^2}{2} + \frac{n^2 E^2}{2c^2 \mu_0} \right\rangle_t \\ &= \epsilon_0 n^2 \langle E^2 \rangle_t = \frac{\epsilon_0}{2} n^2 E^2_{\mathrm{m}}. \end{aligned} \tag{20.34}$$

Dies führt zu der gewünschten Beziehung

$$\langle \boldsymbol{R} \rangle_t = \langle e^*_{\mathrm{em}} \rangle_t \frac{c}{n} \boldsymbol{e}_z = \langle e^*_{\mathrm{em}} \rangle_t v \boldsymbol{e}_z. \tag{20.35}$$

Der zeitliche Mittelwert des Poynting-Vektors kann danach als mittlere Energiestromdichte $\langle e^*_{\rm em}\rangle_t$ der Geschwindigkeit $v = c/n$ aufgefaßt werden.

Schließlich hat die mittlere elektromagnetische Energie des Feldes und des Mediums pro Zeiteinheit durch ein Flächenelement ΔS senkrecht zur Bewegungsrichtung, die Form

$$\langle \boldsymbol{R}\rangle_t \cdot \boldsymbol{e}_z \Delta S = \langle e^*_{\rm em}\rangle_t \Delta S \frac{c}{n} = \frac{\epsilon_0}{2} n^2 E^2_{\rm m} v \Delta S = \frac{\epsilon_0 c}{2} n E^2_{\rm m} \Delta S = \frac{1}{2\mu_0 c} n E^2_{\rm m} \Delta S. \tag{20.36}$$

Daraus folgt, daß die durch eine ebene monochromatische Welle erzeugte Beleuchtungsstärke E auf einem Flächenelement ΔS proportional zum Brechungsindex des Mediums und zum Quadrat der reellen Amplitude $E_{\rm m}$ des elektrischen Feldes ist:

$$E = \left\langle \frac{\Delta \Phi}{\Delta S} \right\rangle_t = \frac{n E^2_{\rm m}}{2\mu_0 c}. \tag{20.37}$$

Der Proportionalitätsfaktor $1/(2\mu_0 c)$ ist eine Konstante, die meistens weggelassen wird, da man häufig nur an der Verteilung der Beleuchtungstärke auf einer Ebene interessiert ist. Wir merken uns daher das letzte Ergebnis, indem wir die *Intensität I der Lichtwelle* einführen. Diese ist proportional zur Beleuchtungstärke

$$\boxed{I \equiv 2\mu_0 c E = n E^2_{\rm m} = n \underline{\psi} \underline{\psi}^*.} \tag{20.38}$$

$\underline{\psi} = E_{\rm m} \exp(\mathrm{i}\boldsymbol{k} \cdot \boldsymbol{r})$ ist die komplexe Amplitude des elektrischen Feldes $\boldsymbol{E}$. Im allgemeinen wird I an einem Ort gemessen, an dem der Brechungsindex des Mediums nahe 1 liegt. Man erhält dann $I = \underline{\psi}\underline{\psi}^*$.

Bemerkung: Es ist wichtig, diese Intensität I, die proportional zu der Beleuchtungstärke ist, nicht mit der Intensität $\mathcal{I}$ einer Lichtquelle, die als Lichtstrom pro Einheitsraumwinkelelement definiert ist, zu verwechseln (siehe Kapitel 15).

20.4 Reflexion und Brechung einer monochromatischen Welle

20.4.1 Snelliussche Gesetze

Wir betrachten eine ebene monchromatische Welle, die auf eine ebene Grenzfläche zwischen zwei dielektrischen Medien mit den Brechungsindizes n_1 und

n_2 fällt (Abbildung 20.3). Diese Welle der Form $\underline{\boldsymbol{E}}_{\mathrm{m1}} \exp[-\mathrm{i}(\omega t - \boldsymbol{k}_1 \cdot \boldsymbol{r})]$ wird in zwei Wellen gleicher Frequenz zerlegt: Die eine ist die reflektierte Welle $\underline{\boldsymbol{E}}'_{\mathrm{m1}} \exp[-\mathrm{i}(\omega t - \boldsymbol{k}'_1 \cdot \boldsymbol{r})]$, die andere ist die transmittierte $\underline{\boldsymbol{E}}_{\mathrm{m2}} \exp[-\mathrm{i}(\omega t - \boldsymbol{k}_2 \cdot \boldsymbol{r})]$.

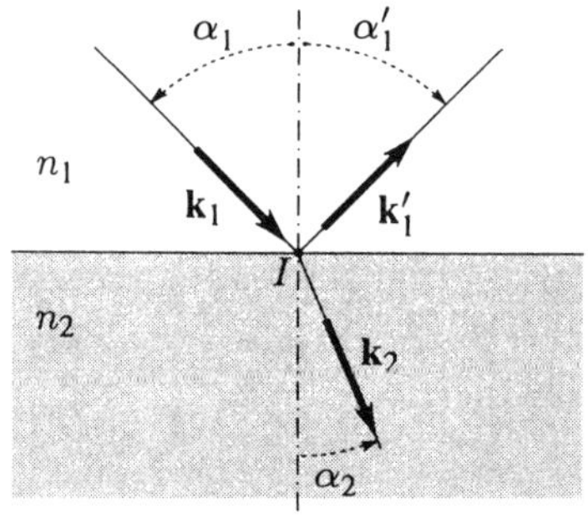

Abb. 20.3

Soll an jedem Punkt $\boldsymbol{r}$ der Grenzfläche und zu jedem Zeitpunkt t eine Beziehung zwischen den Amplituden dieser drei Wellen existieren, müssen die Phasen dieser Wellen gleich sein. Das bedeutet:

$$\boldsymbol{k}_1 \cdot \boldsymbol{r} = \boldsymbol{k}'_1 \cdot \boldsymbol{r} = \boldsymbol{k}_2 \cdot \boldsymbol{r}. \tag{20.39}$$

Dies führt uns zu den folgenden Beziehungen zwischen den Wellenvektoren ($\boldsymbol{N}$ ist die Grenzflächennormale):

$$\boldsymbol{k}'_1 - \boldsymbol{k}_1 = b_1 \boldsymbol{N} \quad \text{und} \quad \boldsymbol{k}_2 - \boldsymbol{k}_1 = b_2 \boldsymbol{N}, \tag{20.40}$$

hierbei sind b_1 und b_2 reelle Konstanten. Da die Vektoren sich jeweils zu $\boldsymbol{k}_1 = k_0 n_1 \boldsymbol{u}_1$, $\boldsymbol{k}'_1 = k_0 n_1 \boldsymbol{u}'_1$ und $\boldsymbol{k}_2 = k_0 n_2 \boldsymbol{u}_2$ ergeben, finden wir die Snelliusschen Gesetze wieder:

$$n_1(\boldsymbol{u}'_1 - \boldsymbol{u}_1) = a_1 \boldsymbol{N} \quad \text{und} \quad n_2 \boldsymbol{u}_2 - n_1 \boldsymbol{u}_1 = a_2 \boldsymbol{N}.$$

Durch Projektion auf die Grenzflächenebene erhalten wir die bekannten Ausdrücke für die Reflexion und Brechung der geometrischen Optik (siehe Kapitel 2):

$$\alpha'_1 = -\alpha_1 \quad \text{und} \quad n_1 \sin\alpha_1 = n_2 \sin\alpha_2$$

20.4.2 Beziehungen zwischen den Amplituden und den Intensitäten der einfallenden, reflektierten und transmittierten Wellen nach senkrechtem Einfall

Für den Fall senkrecht einfallenden Lichtes ($\alpha_1 = 0$) verschwinden die Reflexions- und Brechungswinkel ebenfalls ($\boldsymbol{k}'_1 = -\boldsymbol{k}_1$, $\boldsymbol{k}_1$ und $\boldsymbol{k}_2$ haben dieselbe Richtung).

Nach den Maxwellschen Gleichungen sehen die zu den elektrischen und magnetischen Feldern gehörenden Vektoren wie in Abbildung 20.4 gezeigt aus. Aus der Abbildung können wir die folgenden Beziehung zwischen den Amplituden der Felder ablesen:

$$E_{\mathrm{m}1} + E'_{\mathrm{m}1} = E_{\mathrm{m}2} \quad \text{und} \quad B_{\mathrm{m}1} - B'_{\mathrm{m}1} = B_{\mathrm{m}2}. \tag{20.41}$$

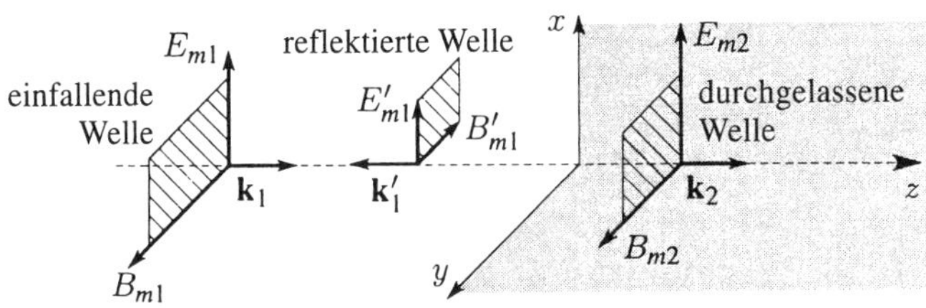

Abb. 20.4

Da $\boldsymbol{k} \times \boldsymbol{E} = \omega \boldsymbol{B}$ gilt, kann die zweite dieser Gleichungen auch in der Form

$$\frac{E_{\mathrm{m}1}}{v_1} - \frac{E'_{\mathrm{m}1}}{v_1} = \frac{E_{\mathrm{m}2}}{v_2} \tag{20.42}$$

geschrieben werden. Hierbei bezeichnen v_1 und v_2 die Lichtgeschwindigkeit im Medium 1 bzw. 2. Mit obigen Gleichungen sowie der Beziehung $v = c/n$ können dann die Verhältnisse zwischen den *Amplituden* der verschiedenen elektrischen Felder als Funktion der Brechungsindizes berechnet werden. Diese werden als Reflexionskoeffizient sowie als Durchlässigkeit oder Transmissionskoeffizient bezeichnet:

$$\boxed{r \equiv \frac{E'_{\mathrm{m}1}}{E_{\mathrm{m}1}} = \frac{n_1 - n_2}{n_1 + n_2}} \tag{20.43}$$

und

$$\boxed{t \equiv \frac{E_{\mathrm{m}2}}{E_{\mathrm{m}1}} = \frac{2n_1}{n_1 + n_2}.} \tag{20.44}$$

Aus den Gleichungen folgt, daß t *immer positiv* ist, während r positiv für $n_1 > n_2$ und negativ für $n_1 < n_2$ ist. Der letztere Fall beschreibt einen *Phasensprung* von π der reflektierten gegenüber der einfallenden Welle.

Der Übergang zu den Verhältnissen zwischen den *Intensitäten* $I = n|E|^2$ führt zu analogen Definitionen, mit dem Unterschied, daß nun das Reflexionsvermögen auch immer positiv ist:

$$R \equiv \frac{n_1|E'_{\mathrm{m}1}|^2}{n_1|E_{\mathrm{m}1}|^2} = r^2 = \left(\frac{n_1 - n_2}{n_1 + n_2}\right)^2 \tag{20.45}$$

und

$$T \equiv \frac{n_2|E_{\mathrm{m}2}|^2}{n_1|E_{\mathrm{m}1}|^2} = \frac{n_2}{n_1}t^2 = \frac{4n_1n_2}{(n_1+n_2)^2}. \tag{20.46}$$

Bemerkung: Es gilt mit $R+T = 1$ die Energieerhaltung, jedoch $r^2+t^2 \neq 1$.

20.5 Polarisation von Lichtwellen

20.5.1 Linear polarisierte Wellen

Die Lichtwellen heißen *linear polarisiert*, wenn die Felder $\boldsymbol{E}$ und $\boldsymbol{B}$ ihre Richtung im Raum während ihrer Ausbreitung beibehalten. Die Ebene, die durch $\boldsymbol{E}$ und $\boldsymbol{k}$ aufgespannt wird, heißt *Polarisationsebene.*

20.5.2 Elliptisch und zirkular polarisierte Wellen

Die Wellen mit allgemein elliptischer Polarisation sind dadurch charakterisiert, daß die elektrischen und magnetischen Felder *unabhängig voneinander* als Überlagerung zweier senkrechter Felder aufgefaßt werden können, die sich in der zu ihnen senkrechten Richtung bewegen:

$$\boldsymbol{E} = \boldsymbol{E}_1 + \boldsymbol{E}_2 = A_1\boldsymbol{e}_x\cos(\omega t - \boldsymbol{k}\cdot\boldsymbol{r} - \varphi_1) + A_2\boldsymbol{e}_y\cos(\omega t - \boldsymbol{k}\cdot\boldsymbol{r} - \varphi_2), \tag{20.47}$$

wobei $\boldsymbol{e}_x$ und $\boldsymbol{e}_y$ zwei zueinander senkrechte Einheitsvektoren sind. Ändern wir den zeitlichen Ursprung und definieren mit ϕ die Phasendifferenz zwischen den Feldern $\boldsymbol{E}_1$ und $\boldsymbol{E}_2$

$$\boxed{\phi \equiv \phi_2 - \phi_1 = \varphi_2 - \varphi_1,} \tag{20.48}$$

erhalten wir

$$\boldsymbol{E} = A_1 \boldsymbol{e}_x \cos \omega t + A_2 \boldsymbol{e}_y \cos(\omega t - \phi). \tag{20.49}$$

Die Spitze M des Vektors $\boldsymbol{OM} \equiv \boldsymbol{E}$ beschreibt allgemein eine *Ellipse* (Abbildung 20.5a), da $\boldsymbol{OM}$ in der Basis $\{\boldsymbol{e}_x, \boldsymbol{e}_y\}$ die Komponenten

$$E_x = A_1 \cos \omega t \quad \text{und} \quad E_y = A_2 \cos(\omega t - \phi)$$

hat. Durch Verwendung des Additionstheorems $\cos(\omega t - \phi) = \cos \omega t \cos \phi + \sin \omega t \sin \phi$ erhalten wir daraufhin

$$\frac{E_y}{A_2} = \frac{E_x}{A_1} \cos \phi + \left(1 - \frac{E_x^2}{A_1^2}\right)^{\frac{1}{2}} \sin \phi$$

und folglich

$$\left(\frac{E_y}{A_2} - \frac{E_x}{A_1} \cos \phi\right)^2 = \left(1 - \frac{E_x^2}{A_1^2}\right) \sin^2 \phi$$

bzw.

$$\boxed{\frac{E_x^2}{A_1^2} + \frac{E_y^2}{A_2^2} - \frac{2E_x E_y}{A_1 A_2} \cos \phi = \sin^2 \phi.} \tag{20.50}$$

Diese Gleichung beschreibt eine Kurve zweiter Ordnung und da die zugehörige Determinante

$$\begin{vmatrix} 1/A_1^2 & -1/(A_1 A_2) \cos \phi \\ -1/(A_1 A_2) \cos \phi & 1/A_2^2 \end{vmatrix}$$

größer als Null ist, wird dadurch eine Ellipse beschrieben. Die Richtung, in der diese Ellipse vom Feldvektor durchlaufen wird, bestimmen wir durch Differenzieren nach t:

$$\frac{\mathrm{d}E_x}{\mathrm{d}t} = -A_1 \omega \sin \omega t, \qquad \frac{\mathrm{d}E_y}{\mathrm{d}t} = -A_2 \omega \sin(\omega t - \phi) \tag{20.51}$$

und bemerken an dieser Stelle, daß für $\omega t = 0$ (M in M_0) die Änderung von E_x verschwindet, $\mathrm{d}E_x/\mathrm{d}t = 0$, und $\mathrm{d}E_y/\mathrm{d}t = A_2 \omega \sin \phi$ ist.

Aus den Gleichungen (20.51) folgt, daß für *positives* ϕ die Ellipse im mathematischen Drehsinn durchlaufen wird. Der Welle wird in diesem Fall eine positive Helizität zugewiesen, oder kurz, sie ist positiv, da die Richtung der Ellipse (von $\boldsymbol{e}_x$ nach $\boldsymbol{e}_y$) mit der Bewegungsrichtung $\boldsymbol{e}_z$ entsprechend der Konvention des Kreuzprodukts verknüpft ist. In der Optik heißt eine solche Welle *linkselliptisch polarisiert*, weil sich die Ellipse für einen Beobachter, auf den die Welle zukommt, linksherum dreht.

Ist dagegen ϕ *negativ*, dreht sich die Ellipse im Uhrzeigersinn. Die Welle hat negative Helizität oder ist *negativ*. In der Optik heißen diese Wellen *rechtselliptisch polarisiert.*

Für den speziellen Fall $\phi = \pm\pi/2$ und $A_1 = A_2 = A_0$ ist die Welle *zirkular polarisiert*, entweder links- oder rechtszirkular (Abbildung 20.5b). Die durch M beschriebene Kurve ist dann ein Kreis mit der Kreisgleichung

$$\frac{E_x^2}{A_0^2} + \frac{E_y^2}{A_0^2} = 1. \tag{20.52}$$

Bemerkung: Man erhält die linear polarisierten Wellen als Spezialfälle mit $\phi = 0$ oder $\phi = \pi$. Die allgemeine Gleichung für die Ellipse wird dann

$$\left(\frac{E_x}{A_1} \mp \frac{E_y}{A_2}\right)^2 = 0$$

oder

$$\frac{E_y}{E_x} = \pm\frac{A_2}{A_1}.$$

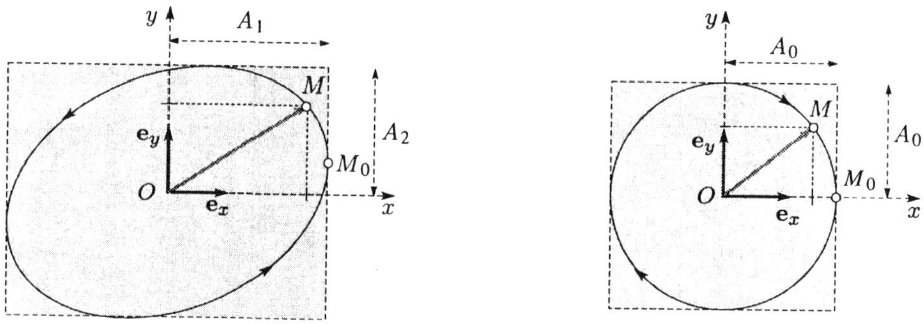

a) linkselliptische Welle

b) rechtselliptische Welle

Abb. 20.5

20.5.3 Charakterisierung einer polarisierten Welle

Geometrische Parameter

Aus dem vorhergehenden Abschnitt folgt, daß eine beliebige polarisierte Welle durch drei Parameter charakterisiert wird: die Amplituden A_1, A_2 und die Phasenverschiebung ϕ. Manchmal ist es allerdings sinnvoller, andere Größen zu verwenden, z. B. die Halbachsen (a, b) und den Neigungswinkel ψ gegenüber der Ausgangsachse Oz (Abbildung 20.6).

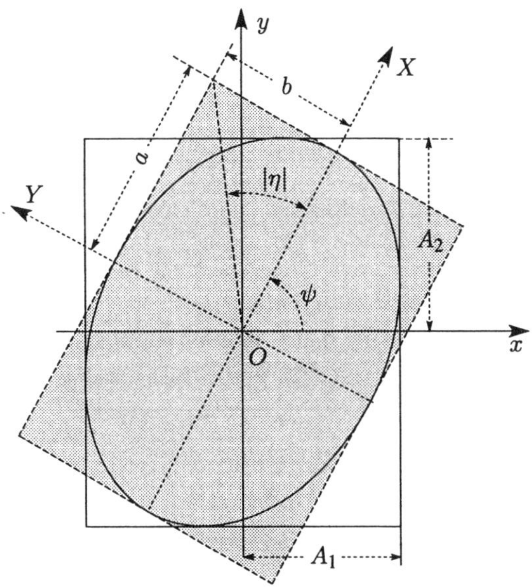

Abb. 20.6

Beziehung zwischen (A_1, A_2, ϕ) und (a, b, ψ)

Eine erste Beziehung folgt sofort für das Amplitudenquadrat der betrachteten Schwingung: Da die Schwingungen in beiden Fällen zueinander senkrecht sind, gilt (siehe Kapitel 18):

$$\boxed{I \equiv A^2 = A_1^2 + A_2^2 = a^2 + b^2.} \tag{20.53}$$

Die andere Gleichung ergibt sich, indem man in der kanonischen Ellipsengleichung

$$\frac{E_X^2}{a^2} + \frac{E_Y^2}{b^2} = 1 \tag{20.54}$$

die Komponenten (E_X, E_Y) in der Basis $(\boldsymbol{e}_X, \boldsymbol{e}_Y)$ der Ellipsenachsen als Funktion der Komponenten (E_x, E_y) in der früheren Basis $(\boldsymbol{e}_x, \boldsymbol{e}_y)$ ausdrückt. Man erhält dann mit

$$E_X = E_x \cos\psi + E_y \sin\psi \quad \text{und} \quad E_Y = -E_x \sin\psi + E_y \cos\psi$$

die Ellipsengleichung in der früheren Basis

$$\frac{E_x^2 \cos^2\psi}{a^2} + \frac{E_y^2 \sin^2\psi}{a^2} + \frac{E_x^2 \sin^2\psi}{b^2} + \frac{E_y^2 \cos^2\psi}{b^2} + 2E_xE_y \cos\psi \sin\psi \left(\frac{1}{a^2} - \frac{1}{b^2}\right) = 1. \tag{20.55}$$

Vergleicht man diese Gleichung mit der Ausgangsellipsengleichung (20.50), erhalten wir für den allgemeinen Fall, in dem $\sin\phi \neq 0$ ist

$$\sin^2\phi\left(\frac{\cos^2\psi}{a^2}+\frac{\sin^2\psi}{b^2}\right)=\frac{1}{A_1^2}, \tag{20.56}$$

$$\sin^2\phi\left(\frac{\sin^2\psi}{a^2}+\frac{\cos^2\psi}{b^2}\right)=\frac{1}{A_2^2}, \tag{20.57}$$

$$\sin^2\phi\cos\psi\sin\psi\left(\frac{1}{a^2}-\frac{1}{b^2}\right)=-\frac{\cos\phi}{A_1A_2}. \tag{20.58}$$

Mit $A_1^2+A_2^2=a^2+b^2$ ergeben die beiden ersten Gleichungen:

$$\sin^2\phi\left(\frac{1}{a^2}+\frac{1}{b^2}\right)=\frac{1}{A_1^2}+\frac{1}{A_2^2}$$

oder

$$\sin^2\phi=\frac{a^2b^2}{A_1^2A_2^2}. \tag{20.59}$$

Daraus folgt $\pm ab = A_1A_2\sin\phi$, was nach Division durch $I/2$

$$\pm 2\frac{b/a}{1+b^2/a^2}=2\frac{A_2/A_1}{1+A_2^2/A_1^2}\sin\phi \tag{20.60}$$

ergibt.

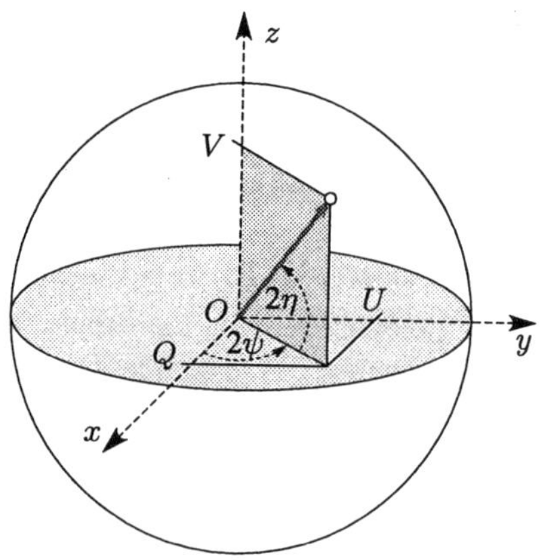

Abb. 20.7

Führen wir den Winkel γ als Funktion von A_1 und A_2

$$\tan\gamma=\frac{A_2}{A_1}$$

und η als Funktion der Halbachsen a und b

$$\tan\eta = \pm\frac{b}{a}$$

ein, erhalten wir die Gleichung

$$\frac{2\tan\eta}{1+\tan^2\eta} = \frac{2\tan\gamma}{1+\tan^2\gamma}\sin\phi$$

oder

$$\boxed{\sin(2\eta) = \sin(2\gamma)\sin\phi.} \tag{20.61}$$

Das Vorzeichen von $\sin\phi$, das die Richtung des Ellipsendurchlaufs bestimmt, ist dasselbe wie von η, da immer $\sin(2\gamma) > 0$ gilt. Auf der anderen Seite folgt mit Gleichung (20.58)

$$\sin(2\psi) = \frac{2A_1A_2\cos\phi}{a^2-b^2}. \tag{20.62}$$

Um ψ als Funktion von A_1, A_2 und ϕ ausdrücken zu können, beobachten wir, daß

$$(a^2-b^2) = I\,\frac{a^2-b^2}{a^2+b^2} = I\,\frac{1-b^2/a^2}{1+b^2/a^2} = I\cos(2\eta)$$

und wegen $\sin(2\gamma) = 2A_1A_2/I$

$$I\cos(2\eta) = I\sqrt{1-\sin^2(2\gamma)\sin^2\phi} = \sqrt{I^2-4A_1^2A_2^2\sin\phi}$$

ist. Damit erhalten wir

$$\boxed{\sin(2\psi) = \frac{2A_1A_2\cos\phi}{\sqrt{I^2-4A_1^2A_2^2\sin^2\phi}}} \tag{20.63}$$

und

$$\boxed{\cos(2\psi) = \frac{A_1^2-A_2^2}{\sqrt{I^2-4A_1^2A_2^2\sin^2\phi}}} \tag{20.64}$$

Poincaré-Kugel

Drei andere Größen zur Charakterisierung einer Welle wurden von H. Poincaré 1892 vorgeschlagen: die Intensität I der Welle, der Neigungswinkel ψ der Ellipse sowie der Winkel η:

$$I = A_1^2 + A_2^2, \quad \psi = (\boldsymbol{e}_x, \boldsymbol{e}_X), \quad \tan\eta = \pm\frac{b}{a}. \tag{20.65}$$

Der Punkt, der die polarisierte Welle der Intensität I repräsentiert, liegt daher in einer Kugel, der sogenannten *Poincaré-Kugel.* Der Azimut ist durch 2ψ und die Höhe durch 2η gegeben (Abbildung 20.7). Die kartesischen Koordinaten dieser Punkte werden im allgemeinen mit (Q, U, V) bezeichnet:

$$Q = I\cos(2\eta)\cos(2\psi), \quad U = I\cos(2\eta)\sin(2\psi), \quad V = I\sin(2\eta) \tag{20.66}$$

mit

$$I = \sqrt{Q^2 + U^2 + V^2}. \tag{20.67}$$

Auf der Poincaré-Kugel beschreiben die äquatorial gelegenen Punkte linear polarisierte Wellen, da für $\eta = 0$ die kurze Halbachse b der Ellipse verschwindet. Die Pole repräsentieren die zirkular polarisierten Wellen, da aus $\eta = \pm\pi/4$ die Gleichung $a = b$ folgt (Abbildung 20.7). Hierbei entspricht $\eta = +\pi/4$ einer linkszirkular polarisierten Welle und $\eta = -\pi/4$ einer rechtszirkular polarisierten Welle.

Die Beziehungen zwischen η und dem Triplett (A_1, A_2, ϕ) sind:

$$\sin(2\eta) = \frac{A_1 A_2 \sin\phi}{I}, \quad \cos(2\eta) = \sqrt{1 - \sin^2(2\eta)} = \frac{1}{I}\sqrt{I^2 - 4A_1^2 A_2^2 \sin^2\phi}. \tag{20.68}$$

Bemerkung: Man gelangt zu einer entgegengesetzten Darstellung der zirkular polarisierten Wellen, wenn man die Konvention negativer Phasenverschiebung verwendet.

Stokes-Parameter

Die vier Parameter (I, Q, U, V), die durch die Gleichung (20.67) miteinander verknüpft sind, wurden bereits 1852 von G. G. Stokes zur Beschreibung des Polarisationszustandes eingeführt, daher ihr Name *Stokes-Parameter.*

Aus den vorhergehenden Abschnitten folgen die Beziehungen zwischen den Tripeln (Q, U, V) und (A_1, A_2, ϕ):

$$\boxed{\begin{aligned} Q &= I\cos(2\eta)\cos(2\psi) = A_1^2 - A_2^2, \\ U &= I\cos(2\eta)\sin(2\psi) = 2A_1A_2\cos\phi, \\ V &= I\sin(2\eta) = 2A_1A_2\sin\phi. \end{aligned}} \tag{20.69}$$

Die Bestimmung des Polarisationszustandes einer Welle erfolgt durch Ermittlung der Größen Q, U, V aus Intensitätsmessungen an einem Lichtbündel, das lineare Polarisatoren und $\lambda/4$-Plättchen passiert hat (siehe Kapitel 31).

Bemerkung: Haben die beiden überlagerten Wellen die gleiche Amplitude ($A_1 = A_2$), ist $Q = 0$, d. h. entweder ist die Welle links- oder rechtspolarisiert ($2\eta = \pi/2$) oder eine der Achsen der Ellipse bildet mit der Ox-Achse einen Winkel von 45° ($2\psi = \pi/2$).

1948 wurde von H. Müller vorgeschlagen, die Polarisation eines Lichtbündels durch einen Vektor, dessen Elemente die Stokes-Parameter I, Q, U, V sind, darzustellen. Beispiele sind die Vektoren

$$\begin{bmatrix} 1 \\ 1 \\ 0 \\ 0 \end{bmatrix}, \quad \begin{bmatrix} 1 \\ -1 \\ 0 \\ 0 \end{bmatrix}, \quad \begin{bmatrix} 1 \\ 0 \\ 1 \\ 0 \end{bmatrix}, \quad \begin{bmatrix} 1 \\ 0 \\ 0 \\ 1 \end{bmatrix}, \quad \begin{bmatrix} 1 \\ 0 \\ 0 \\ -1 \end{bmatrix},$$

welche jeweils eine entlang Ox linear polarisierte Welle, eine entlang Oy linear polarisierte Welle, eine linear polarisierte Welle mit 45° Neigung zu der Ox-Achse sowie eine links- bzw. rechtsseitig zirkular polarisierte Welle darstellen. In dieser Darstellung sind alle optischen Systeme, die die Polarisation einer Welle ändern können, durch eine 4×4-Matrix darstellbar.

Abschließend definieren wir noch den *Polarisationsgrad* einer Welle:

$$p = \frac{\sqrt{Q^2 + U^2 + V^2}}{I}. \tag{20.70}$$

In den oben angegebenen Beispielen hat er den Wert 1.

20.5.4 Jones-Matrizen

Eine Darstellung, die vom Physiker R. C. Jones 1941 vorgeschlagen wurde, charakterisiert die polarisierte Welle durch einen zweidimensionalen Vektor, dessen Elemente *proportional* zu den *komplexen Amplituden* der beiden zueinander senkrechten Felder $E_x\boldsymbol{e}_x$ und $E_y\boldsymbol{e}_y$ sind: A_1 und $A_2 \exp \mathrm{i}\phi$. Die Vektoren werden auf 1 normiert. Zum Beispiel beschreiben die Vektoren

$$\begin{bmatrix} 1 \\ 0 \end{bmatrix}, \quad \begin{bmatrix} 0 \\ 1 \end{bmatrix}, \quad \frac{1}{\sqrt{2}}\begin{bmatrix} 1 \\ 1 \end{bmatrix} \tag{20.71}$$

jeweils linear polarisierte Wellen entlang der Ox-, der Oy-Achse und der Richtung mit Neigung von 45° zur Ox-Achse (Abbildung 20.8).

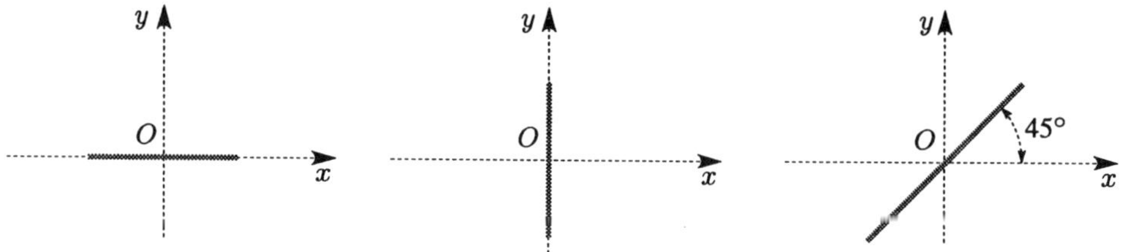

Abb. 20.8

Ist die Welle zirkular oder elliptisch polarisiert, sind die Vektorelemente komplex. Zum Beispiel werden durch die Vektoren

$$\frac{1}{\sqrt{5}}\begin{bmatrix} 2 \\ \mathrm{i} \end{bmatrix}, \quad \frac{1}{\sqrt{2}}\begin{bmatrix} 1 \\ -\mathrm{i} \end{bmatrix} \tag{20.72}$$

eine positive (links) elliptische Polarisation ($A_1 = 2A_2$ und $\phi = \pi/2$) und eine negative (rechts) zirkulare Polarisation ($A_1 = A_2$ und $\phi = -\pi/2$) beschrieben.

Die Jones-Matrizen erweisen sich als bequemes Werkzeug, insbesondere wenn zwei polarisierte Wellen überlagert werden sollen. Zum Beispiel kann die Addition einer links- und einer rechtspolarisierten Welle, $\underline{\boldsymbol{E}}_+$ und $\underline{\boldsymbol{E}}_-$, die eine lineare Polarisation ergibt, oder der umgekehrte Fall, daß aus zwei linear polarisierten Wellen eine zirkular polarisierte konstruiert werden kann, mit Hilfe der Jones-Matrizen (-vektoren) sehr einfach dargestellt werden. Aus

$$\underline{\boldsymbol{E}}_+ + \underline{\boldsymbol{E}}_- = \sqrt{2}\underline{\boldsymbol{E}}_1 \tag{20.73}$$

folgt in der Jones-Darstellung

$$\frac{1}{\sqrt{2}}\begin{bmatrix} 1 \\ \mathrm{i} \end{bmatrix} + \frac{1}{\sqrt{2}}\begin{bmatrix} 1 \\ -\mathrm{i} \end{bmatrix} = \sqrt{2}\begin{bmatrix} 1 \\ 0 \end{bmatrix}. \qquad (20.74)$$

Diese Zerlegung ist die Grundlage der Fresnelschen Interpretation der *optischen Aktivität* bestimmter fester und flüssiger Substanzen, d. h. der Fähigkeit, die Polarisationsebene einer linear polarisierten Welle zu drehen (siehe Kapitel 32).

Allgemein kann man zeigen, daß jeder Polarisationszustand als Superposition zweier orthogonaler Polarisationen $\underline{\boldsymbol{E}}_1$ und $\underline{\boldsymbol{E}}_2$ (d. h. $\underline{\boldsymbol{E}}_1 \cdot \underline{\boldsymbol{E}}_2^* = 0$) aufgefaßt werden kann. Dies können die beiden entlang der Ox- bzw. Oy-Achse linear polarisierten Wellen sein oder die beiden zirkular polarisierten Wellen $\underline{\boldsymbol{E}}_+$ und $\underline{\boldsymbol{E}}_-$:

$$\underline{\boldsymbol{E}}_1 \cdot \underline{\boldsymbol{E}}_2^* = \begin{bmatrix} 1 \\ 0 \end{bmatrix} \cdot \begin{bmatrix} 0 \\ 1 \end{bmatrix} = 0 \quad \text{und} \quad \underline{\boldsymbol{E}}_+ \cdot \underline{\boldsymbol{E}}_-^* = \frac{1}{2}(1 \cdot 1 + \mathrm{i} \cdot \mathrm{i}) = 0. \qquad (20.75)$$

20.6 Erzeugung von polarisiertem Licht

Eine normale (thermische) Lichtquelle besteht aus einer großen Anzahl von Atomen, die aufgrund von Stößen untereinander Licht emittieren, dessen Polarisation unabhängig und zufällig ist. Da die mittlere freie Flugzeit zwischen zwei Stößen ($\tau_\mathrm{k} \approx 10^{-8}$ s) sehr klein ist gegenüber der Detektionszeit ($T_\mathrm{d} \approx 10^{-1}$ s), erscheint das natürliche (thermische) Licht als eine Superposition einer großen Anzahl von Polarisationszuständen. Man stellt es deshalb als eine *elliptisch polarisierte* Welle dar, die aus zwei *orthogonalen Polarisationen* aufgebaut ist, deren Phasenverschiebung ϕ eine *Wahrscheinlichkeitsfunktion* ist, die *schnell* mit der Zeit variiert.

Tatsächlich ist diese Funktion nicht vollständig zufällig, da bestimmte physikalische Prozesse, die ähnlich einfach sind wie die Reflexion und die Beugung, eine *Asymmetrie* und damit eine partielle Polarisation bedingen. Daher besitzt natürliches Licht einen geringen Polarisationgrad, den man häufig versucht zu erhöhen, indem Systeme verwendet werden, bei denen aufgrund einer Asymmetrie die Polarisation in einer definierten Weise verändert wird. Viele dieser Systeme absorbieren Licht einer bestimmten Polarisation und lassen nur Licht mit dazu senkrechter Polarisation hindurch. Man bezeichnet sie daher als *Polarisatoren.*

Bemerkung: Perfekt polarisiertes Licht oder vollständig unpolarisiertes Licht herzustellen, ist außerordentlich schwierig.

20.6.1 Malussches Gesetz

Wir betrachten nun eine linear polarisierte Welle, die von einem Polarisator $\mathcal{P}$ kommend auf einen zweiten Polarisator $\mathcal{A}$ (den *Analysator*) fällt (Abbildung 20.9). Der Winkel zwischen den Schwingungsrichtungen, für die $\mathcal{P}$ und $\mathcal{A}$ durchlässig sind, wird mit θ bezeichnet. Der Analysator läßt nur die Komponente des elektrischen Feldes hindurch, die in die Durchlaßrichtung zeigt. Hat diese Komponente die Amplitude A, gilt für die durchgelassene Intensität das *Malussche Gesetz*

$$I = (A\boldsymbol{e}_\mathrm{p} \cdot \boldsymbol{e}_\mathrm{a})^2 = A^2 \cos^2 \theta. \tag{20.76}$$

Hierbei bezeichnet $\boldsymbol{e}_\mathrm{p}$ den Einheitsvektor, dessen Richtung durch $\mathcal{P}$ gegeben ist, und $\boldsymbol{e}_\mathrm{a}$ den, dessen Richtung durch $\mathcal{A}$ festgelegt wird.

Für $\theta = 0$ oder π ist die Intensität maximal, während sie für $\theta = \pi/2$ oder $3\pi/2$ verschwindet. Dieses Ergebnis wird häufig dazu verwendet zu analysieren, ob eine Lichtwelle linear polarisiert ist, weil eine solche Welle durch einen senkrecht zu ihrer Schwingungsrichtung eingestellten Polarisator vollständig ausgelöscht werden kann. Daher stammt auch der Name Analysator für den zweiten Polarisator.

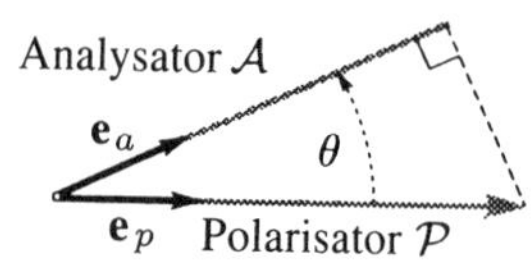

Abb. 20.9

20.6.2 Polarisation durch Reflexion

Eine der einfachsten Möglichkeiten, polarisiertes Licht zu erzeugen, besteht darin, es an einer Grenzfläche zweier dielektrischer Medien mit Brechungsindizes n_1 und n_2 zu reflektieren. Man kann im Rahmen der Elektrodynamik zeigen, daß für einen bestimmten Winkel α_B nur die Komponente des elektrischen Feldes, die *senkrecht* auf der Einfallsebene steht, durchgelassen wird. Dieser spezielle Winkel heißt *Brewster-Winkel*:

$$\boxed{\tan \alpha_\mathrm{B} = \frac{n_2}{n_1},} \tag{20.77}$$

n_1 ist der Brechungsindex des Einfallmediums (Abbildung 20.10). Unter diesen Bedingungen sind der reflektierte und gebrochene Lichtstrahl zueinander senkrecht:

$$\sin \alpha_{\mathrm{B}} = \frac{n_2}{n_1} \sin \alpha_2 = \tan \alpha_{\mathrm{B}} \sin \alpha_2 \quad \text{oder} \quad \cos \alpha_{\mathrm{B}} = \sin \alpha_2,$$

oder was schließlich auf

$$\alpha_B + \alpha_2 = \frac{\pi}{2} \tag{20.78}$$

führt.

Beispiel: Im Fall der Reflexion an einem Kronglas ($n_2 = 1{,}52$) ist $\phi_{\mathrm{B}} = 56{,}5°$.

Die Polarisation des Lichtes wurde 1808 von E. L. Malus entdeckt. Man kann sie mit Hilfe des Aufbaus nach Nörremberg (Abbildung 20.11) nachweisen. Dazu werden zwei Spiegel benötigt; der erste reflektiert das untersuchte Licht unter dem Brewster-Winkel und polarisiert so das Licht senkrecht zu der Einfallsebene. Dreht man nun den Spiegel um den Strahl $I_1 I_2$, kann eine Änderung der Intensität des austretenden Strahls beobachtet werden. Bei einer vollständigen Drehung um die Achse könne zwei Intensitätsminima (die Einfallsebenen sind parallel) und zwei Intensitätsmaxima (senkrechte Einfallsebenen) beobachtet werden. Mit dieser Methode, polarisiertes Licht zu erzeugen, kann man auch die partielle Polarisation des natürlichen Lichtes erklären.

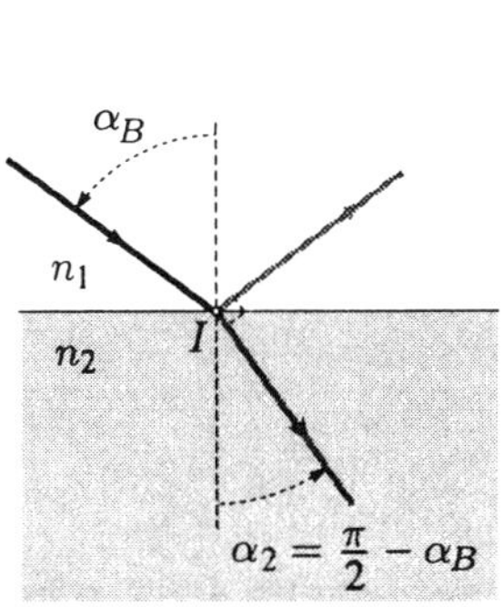

Abb. 20.10

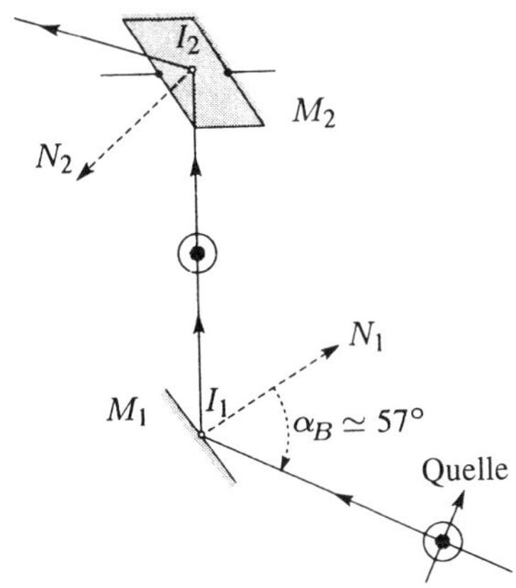

Abb. 20.11

20.6.3 Polarisation durch Diffusion

Die Diffusion von Molekülen oder allgemeiner von suspendierten Teilchen stellt eine weitere Quelle polarisierten natürlichen Lichtes dar. Bewegt sich eine Lichtwelle durch ein solches Medium, führt das zu Schwingungen der elektrischen Ladungen der Moleküle bzw. der suspendierten Teilchen. Sie verhalten sich dann wie oszillierende elektrische Dipole, deren Orientierung durch das elektrische Feld gegeben ist, und emittieren Strahlung, deren Polarisationsebene senkrecht zu der Bewegungsrichtung der einfallenden Welle ist (für Einzelheiten weisen wir auf Bücher der Elektrodynamik hin).

20.6.4 Polarisation durch Doppelbrechung

Bestimmte Kristalle wie das Calcit ($CaCO_3$) oder Quarz (SiO_2) teilen ein einfallendes Lichtbündel in zwei räumlich getrennte Bündel zueinander senkrecht linear polarisierten Lichtes auf (Abbildung 20.12). Man bezeichnet solche Kristalle als *doppelbrechend.* Dieses Phänomen wurde 1665 von E. Bartolin am Isländischen Spat (kristallisiertes Calciumcarbonat ist) entdeckt. Die anisotropen Eigenschaften werden der bisymmetrischen Struktur der Kristalle zugeordnet; z. B. ist der Calcitkristall ein Rhomboeder, der als in Richtung einer Diagonalen gestreckter Kubus angesehen werden kann.

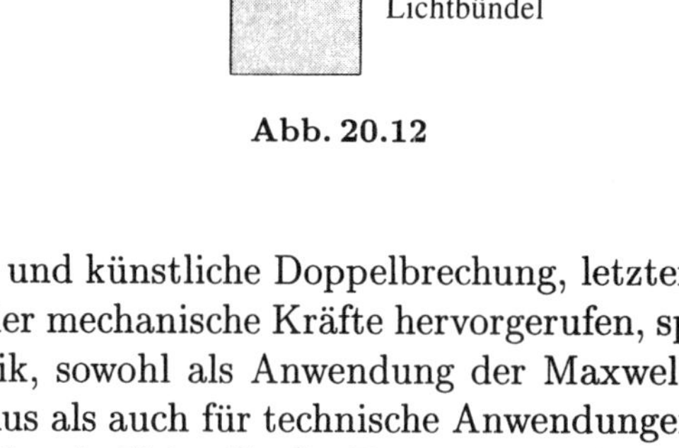

Abb. 20.12

Die natürliche und künstliche Doppelbrechung, letztere wird durch elektromagnetische oder mechanische Kräfte hervorgerufen, spielen eine wichtige Rolle in der Physik, sowohl als Anwendung der Maxwellschen Theorie des Elektromagnetismus als auch für technische Anwendungen. Insbesondere erlauben doppelbrechende Kristalle die Erzeugung zirkular und elliptisch polarisierten Lichtes aus linear polarisiertem Licht. Dies werden wir in Kapitel 31 im Detail untersuchen.

20.6.5 Polarisation durch Dichroismus

Als Dichroismus wird die selektive Absorption einer Polarisationsrichtung einer Lichtwelle durch bestimmte (farbige doppelbrechende) Materialien bezeichnet.

Metallgitter

Das einfachste dichroistische System ist ein Metallgitter, dessen Gitterperiode von der Größenordnung der Wellenlänge ist. Die vom Gitter durchgelassene Richtung des elektrischen Feldes ist senkrecht zu der Richtung des Gitters (auch hier weisen wir auf die Literatur zur Elektrodynamik hin): Da entlang der Richtung des Gitters die Elektronen durch die Lichtwelle in Schwingung versetzt werden, diese Energie aber dissipiert (durch Reibungsverluste), sind die Verluste an elektromagnetischer Energie in dieser Richtung groß. In der dazu senkrechten Richtung ist die Absorption der Welle durch Gitterelektronen vernachlässigbar, so daß in dieser Richtung die Welle fast ungedämpft durch das Gitter tritt (siehe Abbildung 20.13). Diese Polarisatoren werden bevorzugt im Infrarotbereich benutzt, da hier die Gitter leicht herzustellen sind.

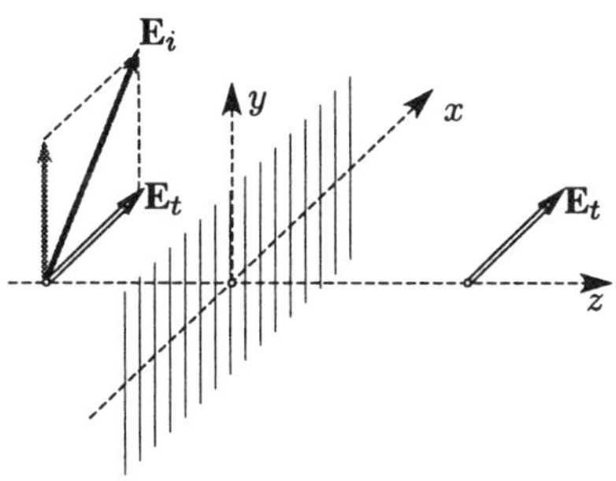

Abb. 20.13

Polarisationsfolien

Die verbreitetsten Polarisatoren stellen die Polarisationsfolien oder Polaroidfolien dar, die 1938 von E. H. Land erfunden wurden. Letztere sind mechanisch gestreckte Kunstoffolien, in die längliche Farbstoffmoleküle eingelagert sind. Man erhält so ein Kunstoffgitter, das sich wie ein Metallgitter verhält:

Die Komponente des elektrischen Feldes entlang der Gitterrichtung wird stark absorbiert (Durchlässigkeit von der Ordnung 0,0002%) während die dazu senkrechte Richtung zu ungefähr 50% durchgelassen wird. Das austretende Lichtbündel ist daher polarisiert.

Dichroistische Kristalle

Der Turmalin (ein Aluminiumborsilicat) ist eine der bekanntesten natürlich vorkommenden dichroistischen Substanzen. Entlang einer Richtung absorbieren die Elektronen des Kristalls die von der Welle transportierte Energie, so daß diese Polarisationsrichtung beim Durchgang des Lichtes durch den Kristall ausgelöscht wird. Die dazu senkrechte Komponente wird dagegen nur in geringem Maßc absorbiert. Da dieses Verhalten von der Wellenlänge abhängt, weist der Turmalin entlang der durchlässigen Richtung (d. h. entlang der optischen Achse) eine grünliche Färbung auf, während er in der undurchlässigen Richtung undurchsichtig erscheint.

20.7 Zusammenfassung

Wir erinnern an die wichtigsten Ergebnisse der elektromagnetischen Theorie des Lichtes:

1. Die Beziehung zwischen der Phasendifferenz ϕ und der Differenz der optischen Weglänge L zwischen zwei Wellenflächen ist $\phi = k_0 L$.
2. Die Beleuchtungstärke E, die Intensität der Welle und die komplexe Amplitude des elektrischen Feldes sind über
$$I \equiv 2\mu_0 c E = n\underline{\psi\psi^*}$$
verbunden.
3. Die elektromagnetische Theorie des Lichtes führt ebenfalls zu den Snelliusschen Gesetzen.
4. Die Reflexions- und Transmissionskoeffizienten der komplexen Amplitude und der Intensität unter senkrechtem Einfall auf eine Grenzfläche können einfach als Funktionen der Brechungsindizes formuliert werden:
$$r = \frac{n_1 - n_2}{n_1 + n_2}, \qquad t = \frac{2n_1}{n_1 + n_2},$$
$$R = r^2 = \left(\frac{n_1 - n_2}{n_1 + n_2}\right)^2, \qquad T = \frac{n_2}{n_1} t^2 = \frac{4 n_1 n_2}{(n_1 + n_2)^2}.$$

5. Der Polarisationszustand einer Welle kann durch drei Parameter, z. B. durch die Stokes-Parameter Q, U, V charakterisiert werden.
6. Polarisiertes Licht kann durch Reflexion, Diffusion, Doppelbrechung und Dichroismus erzeugt werden.

Diese Ergebnisse werden im folgenden die Phänomene der Beugung, Interferenz und weiterer Polarisationserscheinungen leichter verständlich machen.

20.8 Aufgaben

A20.1 Elektromagnetische Welle eines Lasers
Ein He-Ne-Laser emittiert kontinuierlich eine ebene monochromatische Lichtwelle der Wellenlänge $\lambda = 632{,}8$ nm. Das zylindrische Bündel hat einen Querschnitt von $s = 0{,}25\,\mathrm{cm}^2$. Die mittlere Leistung, die von einem senkrecht zu dem Bündel plazierten Detektor aufgenommen wird, beträgt 1 W.

1. Berechnen Sie den Betrag des elektrischen Feldes!
2. Wie groß wäre die aufgenommene Leistung, wenn das Licht von einer Glühlampe derselben Ausgangsleistung käme und $d = 1$ m vor dem Detektor plaziert wäre?

A20.2 Elektromagnetische Wellen in einem Plasma
Wir betrachten eine ebene monochromatische longitudinale elektromagnetische Welle, die sich in einem Plasma aus fixierten positiven Ionen der Ladung q_e und beweglichen Elektronen der Ladung $-q_\mathrm{e}$ fortpflanzt.

1. Wie sieht die Maxwell-Faradaysche Gleichung (die erste in Gleichung (20.1)) in komplexer Notation aus, wenn das elektrische Feld $\boldsymbol{E}$ longitudinal ist? Was kann man von dem magnetischen Feld $\boldsymbol{B}$ sagen?
2. Bestimmen Sie zwei Beziehungen zwischen der Geschwindigkeit der Elektronen und dem Feld $\boldsymbol{E}$ und zeigen Sie, daß eine solche Welle sich im Plasma fortpflanzen kann, wenn die Frequenz einen bestimmten Wert annimmt! Bestimmen Sie diesen Wert!

Als reales Beispiel für solch ein Plasma mit fixierten positiven Ionen und beweglichen Elektronen kann Aluminium betrachtet werden. Die Zahl der freien Elektronen pro Atom beträgt 3, die Molmasse von Aluminium beträgt $A = 27\ \mathrm{g\,mol}^{-1}$ und seine Dichte $\rho = 2{,}7$ $\mathrm{g\,cm}^{-3}$. Verwenden Sie diese Daten für ein numerisches Beispiel Ihrer obigen Ergebnisse!

A20.3 Elektrische Felder einer polarisierten Welle

1. Geben Sie die komplexe Form für die elektrischen Felder der folgenden polarisierten Wellen an:
   - Die linear polarisierte Welle bewegt sich in x-Richtung, und das elektrische Feld schließt einen Winkel von 60° mit der y-Achse ein.
   - Eine rechts und elliptisch polarisierte Welle bewegt sich in Richtung der y-Achse, und die große Ellipsenachse weist in z-Richtung. Sie ist dreimal so lang wie die kleine und hat eine Phasenverschiebung von $\pi/2$.
   - Eine linear polarisierte Welle bewegt sich entlang der y-Achse und bildet in der xz-Ebene einen Winkel von 45° mit der z-Achse.

2. Stellen Sie diese Wellen mit Hilfe der Jones-Vektoren dar.

A20.4 Poincaré-Kugel. Stokes-Parameter

1. Welche gemeinsame Eigenschaft haben die Schwingungen, die in der Poincaré-Kugel auf einem gemeinsamen Breitenkreis liegen? Bestimmen Sie die entsprechenden Stokes-Parameter.
2. Führen Sie das gleiche für Punkte, die auf einem gemeinsamen Längenkreis liegen, aus.
3. Wiederholen Sie die Aufgabe für zwei Punkte, die diametral entgegengesetzt liegen.

A20.5 Malussches Gesetz

1. Eine linear polarisierte Welle tritt durch einen Polarisator, dessen Durchlaßrichtung einen Winkel θ mit der Polarisationsrichtung der einfallenden Welle bildet. Stellen Sie graphisch die Intensität als Funktion des Winkels θ dar.
2. Anfangs beträgt der Winkel 15°. Man dreht dann den Polarisator um 10°. Berechnen Sie die relative Änderung der durchgelassenen Intensität. Tun Sie das gleiche für einen Anfangswinkel von 75°. Was folgern Sie aus Ihren Ergebnissen?

A20.6 Reflexions- und Transmissionskoeffizienten einer ebenen Grenzfläche

1. Betrachten Sie eine ebene Grenzfläche, die ein Einfallsmedium mit Brechungsindex $n_1 = 1$ von einem Medium mit Brechungsindex $n_2 = 1{,}5$ trennt. Berechnen Sie die Reflexions- und Transmisionskoeffizienten dieser Grenzfläche sowohl für die Amplitude als auch für die Intensität.
2. Rechnen sie das gleiche für den Fall vertauschter Medien.

21 Beugung: Huygens-Fresnelsches Prinzip. Näherung von Fraunhofer

Die Beugung ist das Phänomen der *Streuung von Licht*, die man beobachtet, sobald eine Welle räumlich begrenzt wird. Bei der Bilderzeugung spielt sie eine entscheidende Rolle, da alle optischen Systeme unvermeidbar die Ausdehnung der Welle begrenzen. So begrenzt bei dem in Abbildung 21.1a gezeigten optischen Aufbau, in dem die Linse als frei von Aberrationen angenommen wird, die Blende $\mathcal{D}$ die Kugelwelle, welche vom Punkt A_o ausgeht. Dies führt dazu, daß das Bild von A_o kein Punkt A_b ist, sondern ein *Beugungsfleck*. Die Verteilung der Beleuchtungsstärke um A_b hängt von der Form und der Größe der Blende $\mathcal{D}$ ab, die die Ausdehnung der Welle begrenzt (Abbildung 21.1b).

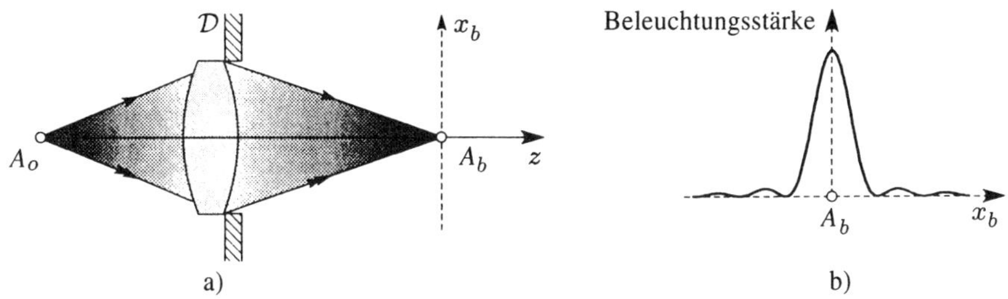

Abb. 21.1

Die Beugung ist zum ersten Mal von dem Italiener F. Grimaldi um 1660 beobachtet worden. Entgegen den Vorhersagen der geometrischen Optik ist die Änderung der Beleuchtungsstärke in der Nachbarschaft der Schattens einer Blende $\mathcal{D}$ (Abbildung 21.2a) nicht abrupt, sondern weist Oszillationen auf (Abbildung 21.2b).

Die Interpretation dieser Erscheinung basiert auf der rein wellentheoretischen Betrachtung des Lichtes, deren Vorreiter C. Huygens und A. Fresnel waren. Ihre Beiträge, die aus dem Jahr 1678 bzw. 1818 stammen, werden unter dem Namen *Huygens-Fresnelsches Prinzip* zusammengefaßt. Die Effektivität dieses Prinzips sowie die Schwierigkeit, die Beugung streng aus der elektromagnetischen Theorie heraus zu beschreiben, sind derart, daß die darauf basierende skalare Theorie selbst in unserer Zeit die beste zur Beschreibung eines Großteils der optischen Phänomene darstellt.

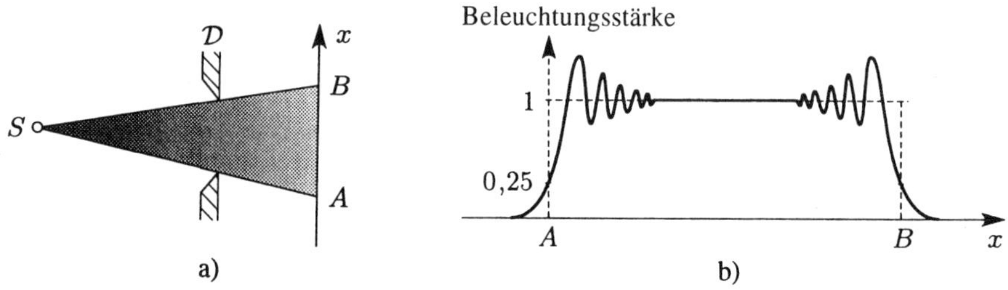

Abb. 21.2

21.1 Huygens-Fresnelsches Prinzip

Die Formulierung des Huygens-Fresnelschen Prinzips besteht aus zwei Teilen:

1. *Beitrag von Huygens (1678)*

   Das Licht pflanzt sich nach und nach fort. Jedes Element einer Fläche, das vom Licht erreicht wird, verhält sich als sekundäre Quelle, die ihrerseits Kugelwellen mit einer Amplitude proportional zu diesem Element aussendet.

2. *Beitrag von Fresnel (1818)*

   Die komplexe Amplitude der Lichtschwingung an einem Punkt ist die Summe der komplexen Amplituden, die durch die sekundären Quellen erzeugt worden sind. Man sagt, daß die Schwingungen miteinander *interferieren* und so die Schwingung am betrachteten Punkt bilden.

Wir bemerken hier, daß die *Addition der komplexen Amplituden* in ganz natürlicher Weise aus der *Linearität* der Maxwellschen Gleichungen, die das elektromagnetische Feld beschreiben, folgt. Im weiteren werden wir eine beliebige Feldkomponente mit $\underline{\psi}\exp(-\mathrm{i}\omega t)$ beschreiben. Hierbei ist $\underline{\psi}$ die komplexe Amplitude der betrachteten monochromatischen Schwingung und $\omega = 2\pi\nu$ ihre Kreisfrequenz.

Nach dem Huygens-Fresnelschen Prinzip hat die Amplitude der Welle am Punkt P, $\underline{\psi}(P)$, die Form:

$$\underline{\psi}(P) = \sum_i \underline{\psi}_i(M_i) Q_i \frac{\exp(\mathrm{i}kr_i)}{r_i} \Delta S_i. \tag{21.1}$$

$\underline{\psi}_i(M_i)$ ist die komplexe Amplitude der Welle am Punkt M_i der Fläche S, Q_i ein Neigungsfaktor, r_i der Abstand M_iP, ΔS_i das Flächenelement der betrachteten Fläche und $k = 2\pi/\lambda$ die Wellenzahl der Welle (Abbildung 21.3).

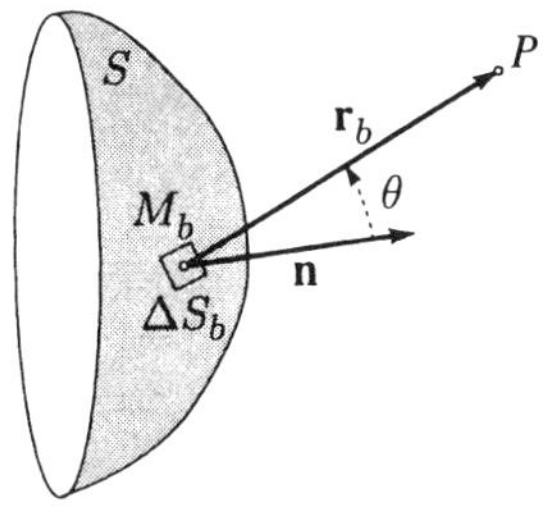

Abb. 21.3

Als Integral geschrieben, hat $\underline{\psi}$ die Form

$$\underline{\psi}(P) = \int_S \underline{\psi}_0(M) Q \frac{\exp(\mathrm{i}kr)}{r} \mathrm{d}S, \tag{21.2}$$

wobei $r = MP$ und $\mathrm{d}S$ das Flächenelement um den Punkt M ist. Der Faktor Q besitzt die Einheit einer inversen Länge und hängt vom Winkel $\theta \equiv (\boldsymbol{n}, \boldsymbol{MP})$, den $\boldsymbol{MP}$ mit der Normalen der Fläche S bildet, ab.

Wir unterstreichen an dieser Stelle noch einmal, daß das Huygens-Fresnelsche Prinzip von *keiner* physikalischen Wechselwirkung zwischen der Welle und dem Rand der Blende, die diese Welle begrenzt, ausgeht (siehe auch Kapitel 1).

21.2 Beugung einer Welle durch eine ebene Blende

Wir betrachten eine monochromatische Welle, die auf eine ebene Blende $\mathcal{D}$ trifft. Die komplexe Amplitude der Welle in der Ebene der Blende ist $\underline{\psi}_0(M)$ (Abbildung 21.4). In P ist die komplexe Amplitude die Summe der komplexen Amplituden der Kugelwellen, die von den Punkten M im Inneren der Blende $\mathcal{D}$, beschrieben durch die außerhalb von $\mathcal{D}$ verschwindende Funktion $\underline{\psi}_0(M)$, ausgesandt wurden. Damit folgt:

$$\underline{\psi}(P) = \int_{\mathcal{D}} \underline{\psi}_0(M) Q \frac{\exp(\mathrm{i}kr)}{r} \mathrm{d}S \tag{21.3}$$

mit $r = |\boldsymbol{MP}|$ und $k = 2\pi/\lambda$. Wir bezeichnen mit Oxy die Pupillenebene, mit Oz die dazughörige Flächennormale und mit (X, Y, z) die Koordinaten des Punktes P. Wir erhalten:

$$r = [(X-x)^2 + (Y-y)^2 + z^2]^{\frac{1}{2}} = [X^2 + Y^2 + z^2 + x^2 + y^2 - 2xX - 2yY]^{\frac{1}{2}}$$

oder

$$r = [R^2 + x^2 + y^2 - 2xX - 2yY]^{\frac{1}{2}} = R\left[1 + \frac{x^2+y^2}{R^2} - \frac{2xX + 2yY}{R^2}\right]^{\frac{1}{2}} \qquad (21.4)$$

mit der Norm $R = (X^2 + Y^2 + z^2)^{\frac{1}{2}}$ des Vektors $\boldsymbol{OP}$.

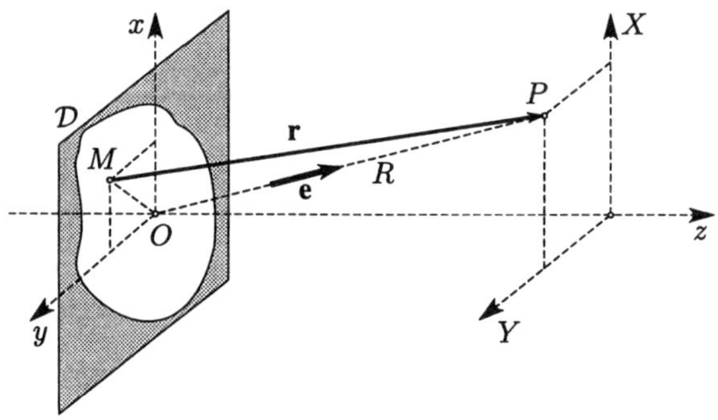

Abb. 21.4

21.2.1 Fraunhofersche Näherung

Die Fraunhofersche Näherung besteht darin, den Abstand R als groß gegenüber den anderen Dimensionen anzunehmen. Für diesen Fall ist der Koeffizient Q eine *Konstante* und der Ausdruck für r kann linear entwickelt werden:

$$r \approx R\left(1 - \frac{xX + yY}{R^2}\right) = R - \frac{xX+yY}{R} \quad \text{oder} \quad r \approx R - (\alpha x + \beta y). \qquad (21.5)$$

Dabei sind α und β die x- bzw. y-Komponenten des Einheitsvektors $\boldsymbol{e} = \boldsymbol{OP}/OP$:

$$\alpha = \frac{X}{R} \quad \text{und} \quad \beta = \frac{Y}{R}.$$

Da $\boldsymbol{OM}$ die Komponenten (x, y) besitzt, kann die obige Entwicklung auch in der Form

$$r \approx R - \boldsymbol{e} \cdot \boldsymbol{OM} \tag{21.6}$$

geschrieben werden.

Grundlegende Formel

Setzen wir in die Gleichung für das Huygens-Fresnelsche Prinzip die Näherung für r ein, erhalten wir:

$$\underline{\psi}(P) \approx Q \int_{\mathcal{D}} \underline{\psi}_0 \frac{\exp(\mathrm{i}kR)}{R}(M) \exp(-\mathrm{i}k\boldsymbol{e} \cdot \boldsymbol{OM}) \mathrm{d}S.$$

oder

$$\boxed{\underline{\psi}(P) \approx Q \frac{\exp(\mathrm{i}kR)}{R} \int_{\mathcal{D}} \underline{\psi}_0(M) \exp(-\mathrm{i}\boldsymbol{k} \cdot \boldsymbol{OM}) \mathrm{d}S.} \tag{21.7}$$

mit $\boldsymbol{k} \equiv k\boldsymbol{e} = (2\pi\boldsymbol{OP}/(\lambda OP)$. Dies ist die grundlegende Formel der Beugungstheorie in der *Fraunhoferschen Näherung* (nach dem Optiker J. Fraunhofer). Da die Wellen, die von der Pupille ausgesandt werden, sich in großer Entfernung überlagern, wird sie „Fernbeugung“ oder „Beugung im Unendlichen“ genannt. Der Vorfaktor $Q \exp(\mathrm{i}kR)$ kann wegfallen, da man im allgemeinen nur an relativen Verteilungen der Amplituden oder Intensitäten interessiert ist. Man kann zeigen, daß der Koeffizient Q den Wert $1/(\mathrm{i}\lambda)$ hat (Kapitel 30).

Bemerkung: Die Näherung für r ist nicht dieselbe im Nenner und im Exponenten, da der Phasenterm $\exp(-\mathrm{i}\boldsymbol{k} \cdot OM)$ für die Superposition der komplexen Amplituden entscheidend ist.

Interpretation des linearen Phasenterms

In der Fraunhoferschen Näherung sind die Lichtstrahlen, die miteinander interferieren, z. B. die von O und M ausgegehenden Strahlen, parallel zueinander (Abbildung 21.5).

Der lineare Phasenterm $\exp(-\mathrm{i}\boldsymbol{k} \cdot \boldsymbol{OM})$, der charakteristisch für die Fraunhofer-Beugung ist, kann auch in der folgenden Form geschrieben werden:

$$(\exp(-\mathrm{i}\boldsymbol{k} \cdot \boldsymbol{OM}) = \exp(-\mathrm{i}k\overline{OH} = \exp(-\mathrm{i}k_0 n\overline{OH}). \tag{21.8}$$

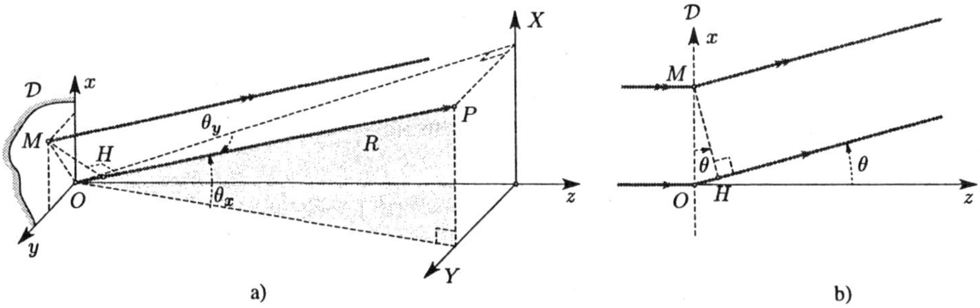

Abb. 21.5

Hierbei ist H die orthogonale Projektion von M entlang der Richtung des Vektors $\boldsymbol{OP}$ (Abbildung 21.5a) und λ_0 die Wellenlänge im Vakuum. In diesem letzten Ausdruck stellt die Größe $-n\overline{OH}$ die *Weglängendifferenz* L *zwischen den parallelen Strahlen*, die von M und O ausgehen, dar. Tatsächlich ist nämlich die optische Weglänge ab den Punkten M bzw. H identisch, so daß der Weglängenunterschied $L = -n\overline{OH}$ beträgt.

Ausdruck als Funktion der Koordinaten

Wir wollen nun die grundlegende Formel (21.7) explizit als Funktion der Koordinaten (x, y) von M und der Komponenten (α, β, γ) von $\boldsymbol{e}$ angeben. Wir erhalten mit $Q = 1/(\mathrm{i}\lambda)$:

$$\underline{\psi}(P) \approx \frac{\exp(\mathrm{i}kR)}{\mathrm{i}\lambda R} \iint \underline{\psi}_0(x, y) \exp[-\mathrm{i}k(\alpha x + \beta y)] \mathrm{d}x\mathrm{d}y. \qquad (21.9)$$

21.2.2 Räumliche Frequenzen

Es wird sich als sinnvoll erweisen, neue Variablen einzuführen:

$$\boxed{u \equiv \frac{\alpha}{\lambda}} \quad \text{und} \quad \boxed{v \equiv \frac{\beta}{\lambda}} \qquad (21.10)$$

werden wegen ihrer physikalischen Einheit einer inversen Länge *räumliche Frequenzen* genannt. Die komplexe Amplitude wird damit zu

$$\underline{\psi}(u, v) \approx \frac{\exp(\mathrm{i}kR)}{\mathrm{i}\lambda R} \iint_{\mathcal{D}} \underline{\psi}_0(x, y) \exp[-\mathrm{i}2\pi(ux + vy)] \mathrm{d}x\mathrm{d}y. \qquad (21.11)$$

Beziehung zwischen den räumlichen Frequenzen (u, v) und den Neigungswinkeln (θ_x, θ_y)

In der Abbildung 21.5a sind die Winkel θ_x und θ_y gekennzeichnet, um so die betrachtete Richtung angeben zu können. Die x- und y-Komponenten (α, β) des Einheitsvektors $\boldsymbol{e} = (\boldsymbol{R}/R)$ in Richtung $\boldsymbol{R}$ lauten als Funktion der Komponenten X, Y von $\boldsymbol{R}$ und der Winkel θ_x, θ_y

$$\alpha = \frac{X}{R} = \sin\theta_x, \quad \beta = \frac{Y}{R} = \sin\theta_y. \tag{21.12}$$

Daraus folgt die Beziehung zwischen den räumlichen Frequenzen u und v und den Winkeln θ_x und θ_y:

$$u = \frac{\sin\theta_x}{\lambda} \quad \text{und} \quad v = \frac{\sin\theta_y}{\lambda}. \tag{21.13}$$

Als Funktion der Paare (X, Y) und (θ_x, θ_y) kann die komplexe Amplitude daher in der Form

$$\underline{\psi}(P) \approx \frac{\exp(\mathrm{i}kR)}{\mathrm{i}\lambda R} \iint\limits_{\mathcal{D}} \underline{\psi}_0(x, y) \exp\left[-\mathrm{i}2\pi \frac{(x\sin\theta_x + y\sin\theta_y)}{\lambda}\right] \mathrm{d}x\mathrm{d}y \tag{21.14}$$

geschrieben werden. Abbildung 21.5b zeigt den häufigen eindimensionalen Fall, in dem die gebeugten Lichtstrahlen einen Winkel θ mit der Normalen der Blendenebene bilden.

Fall kleiner Winkel

Der Fall kleiner Winkel tritt wegen der Gaußschen Näherung häufig auf. Man nähert dann für den Abstand zwischen der (x, y)-Ebene und der (X, Y)-Ebene $R \approx z$ und für $\sin\theta_x \approx \theta_x$ bzw. $\sin\theta_y \approx \theta_y$. Damit erhalten wir für $\underline{\psi}(u, v)$:

$$\underline{\psi}(u, v) \approx \frac{\exp(\mathrm{i}kz)}{\mathrm{i}\lambda z} \iint\limits_{\mathcal{D}} \underline{\psi}_0(x, y) \exp[-\mathrm{i}2\pi(ux + vy)]\mathrm{d}x\mathrm{d}y, \tag{21.15}$$

mit

$$u \approx \frac{\theta_x}{\lambda} \approx \frac{X}{\lambda z} \quad \text{und} \quad v \approx \frac{\theta_y}{\lambda} \approx \frac{Y}{\lambda z}.$$

21.2.3 Intensitätsverteilung in der Beobachtungsebene

Die Intensitätsverteilung in der durch u und v festgelegten Richtung ergibt sich einfach aus der komplexen Amplitude:

$$\boxed{I(u,v) = |\underline{\psi}(u,v)|^2 \approx \frac{1}{\lambda^2 R^2} \left| \iint_{\mathcal{D}} \underline{\psi}_0(x,y) \exp[-\mathrm{i}2\pi(ux+vy)]\mathrm{d}x\mathrm{d}y \right|^2 .} \tag{21.16}$$

Im folgenden werden wir manchmal den Faktor $1/\lambda^2 R^2$ weglassen, da er für die relative Verteilung der Intensität ohne Belang ist.

21.2.4 Fall senkrecht einfallender ebener Wellen

Ist die einfallende Welle eben und fällt sie senkrecht auf die Blende, ist die Funktion $\underline{\psi}_0(x,y)$ bis auf eine nicht interessierende Konstante identisch mit der charakteristischen Funktion der Blende oder der *Durchlässigkeit* $\underline{t}(x,y)$, die man als Verhältnis der komplexen Amplituden direkt vor und hinter der Blende definiert:

$$\underline{t}(x,y) \equiv \frac{\underline{\psi}_0^+(x,y)}{\underline{\psi}_0^-(x,y)}. \tag{21.17}$$

Häufig besitzt diese Durchlässigkeit nur zwei Werte: $\underline{t}(x,y) = 1$ für alle Punkte M im Inneren von $\mathcal{D}$ und $\underline{t}(x,y) = 0$ für alle anderen Punkte. In der Abbildung 21.6a wird eine solche zweiwertige Durchlässigkeit für eine rechteckige Blende dargestellt, während in Abbildung 21.6b eine in x-Richtung sinusförmig variierende Durchlässigkeit dargestellt ist.

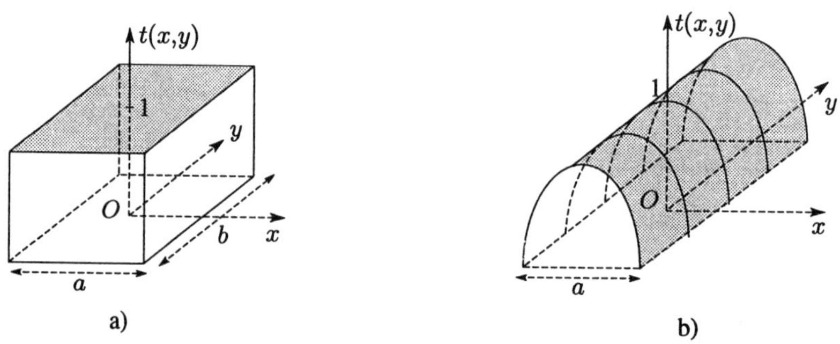

Abb. 21.6

Unter den hier angenommenen Bedingungen (senkrecht einfallende ebene Welle) erhalten wir:

$$\underline{\psi}(u,v) = \frac{\exp(\mathrm{i}kR)}{\mathrm{i}\lambda R} \iint_{\mathcal{D}} \underline{t}(x,y) \exp[-\mathrm{i}2\pi(ux+vy)]\mathrm{d}x\mathrm{d}y \tag{21.18}$$

oder, da $I = |\underline{\psi}|^2$ ist,

$$I(u,v) = \frac{1}{\lambda^2 R^2} \left| \iint_{\mathcal{D}} \underline{t}(x,y) \exp[-\mathrm{i}2\pi(ux+vy)]\mathrm{d}x\mathrm{d}y \right|^2 . \tag{21.19}$$

21.2.5 Genauigkeit der Fraunhoferschen Näherung

Um die Genauigkeit der Fraunhoferschen Näherung zu bestimmen, entwikkeln wir r bis zum quadratischen Term der Binomialentwicklung von r. Wir erhalten:

$$\begin{aligned} r &= R\left[1 + \frac{x^2+y^2}{R^2} - \frac{2xX+2yY}{R^2}\right]^{\frac{1}{2}} \approx R\left[1 + \frac{x^2+y^2}{2R^2} - \frac{xX+yY}{R^2}\right] \\ &= R - \frac{x^2+y^2}{2R} - \frac{xX+yY}{R}. \end{aligned} \tag{21.20}$$

Der letzte Term enspricht einem quadratischen Term:

$$\exp\left[\mathrm{i}\pi\left(\frac{x^2+y^2}{\lambda R}\right)\right] \approx 1 + \mathrm{i}\pi\frac{x^2+y^2}{\lambda R}, \tag{21.21}$$

da R ausreichend groß ist.

Größenordnungen: Für eine Blende von $100\,\mu$m Durchmesser haben wir wegen $\lambda \approx 0{,}6\,\mu$m und $(x^2+y^2)_{\max} = r^2 = 0{,}25 \cdot 10^{-10}\mathrm{m}^2$:

$$\frac{\pi r^2}{\lambda R} < 0,01 \quad \text{oder} \quad R > \frac{100\pi r^2}{\lambda} \approx 1{,}3\,\mathrm{m}.$$

Das bedeutet, daß die Beugungsfigur einer kreisförmigen Blende von $100\,\mu$m Durchmesser, die von einer Lichtwelle eines Lasers bestrahlt wird, in guter Näherung durch die Fraunhofersche Näherung beschrieben wird, sobald die Beobachtungebene sich in einer Entfernung von mehreren Metern von der Blende befindet (Abbildung 21.7).

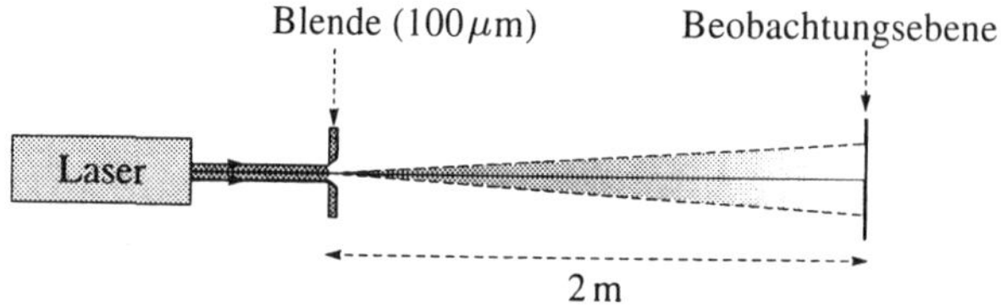

Abb. 21.7

21.3 Physikalische Bedeutung der Fraunhoferschen Näherung

21.3.1 Beugungsbild um ein geometrisches Bild

Punktabbildung auf der optischen Achse

Liegt die Größe der Blende in der Größenordnung einiger Zentimeter, wie es bei üblichen Konstruktionen der geometrischen Optik der Fall ist, erweist sich die Fraunhofersche Näherung als sehr dürftig: Ist zum Beispiel $r = 5$ cm, muß z größer als 1300 km sein, um den quadratischen Term mit 1% Genauigkeit gleich eins werden zu lassen! Wir werden jedoch sehen, daß diese gerade Näherung eine entscheidende Rolle bei der Bildentstehung spielt.

Wir wollen einen sehr einfachen Aufbau zur Erzeugung des geometrischen Bildes eines Punktes A_o betrachten: eine konvergente dünne Linse, die durch eine Blende $\mathcal{D}$ begrenzt wird (Abbildung 21.8a). Dieser Aufbau ist äquivalent zu einem System aus zwei aneinandergeklebten Linsen L_1 und L_2, so daß ihre bildseitigen Brennweiten f_1 und f_2 gleich den Strecken $d_o = OA_o$ bzw. $d_b = OA_b$ sind (Abbildung 21.8b).

Diese Teilung von L erlaubt es, die Rolle von L_1 von der von L_2 zu trennen. Die Aufgabe von L_1 ist es, eine ebene Welle zu erzeugen, die auf die Blende fällt, während L_2 die eigentlich erst in unendlicher Entfernung zu beobachtenden Beugungserscheinungen in ihre Brennebene, d. h. in endliche Entfernung, holen soll. Die Intensität an irgendeinem Punkt P der Brennebene von L_2, der nicht der eigentliche Brennpunkt ist, kann daher als Zusammenführung aller von der Blende gebeugten Lichtstrahlen aufgefaßt werden, die einen bestimmten, durch den Punkt P festgelegten Winkel zur Blende aufweisen. Die nicht gebeugten Lichtstrahlen konvergieren im Brennpunkt der Linse.

Wir wollen nun die Rolle der Linse L_2 bezüglich der Phasendifferenz untersuchen. Hierzu führen wir eine Ebene $\mathcal{Q}$ ein, die durch den oben betrachteten Punkt M der Blende $\mathcal{D}$ geht und senkrecht zu der gemeinsamen Richtung der gebeugten Lichtstrahlen vor L_2 ist. Die Phasendifferenz

$\phi(N,P) = k_0 L(N,P)$ zwischen einem beliebigen Punkt N von $\mathcal{Q}$ und dem Beobachtungspunkt P hängt nicht von der Lage von N ab, da nämlich die optische Weglänge für beide Bewegungsrichtungen dieselbe ist, $L(N,P) = L(P,N)$, und $L(P,N)$ unabhängig von der Lage von N in $\mathcal{Q}$ ist. Daraus folgt, daß die Weglängendifferenz zwischen dem in M gebeugten Lichtstrahl und dem in O gebeugten gleich $-OH$ ist, mit H als der senkrechten Projektion von M (Abbildung 21.8).

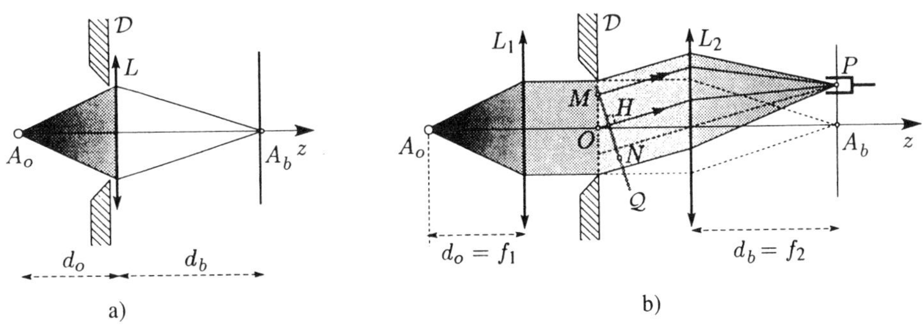

Abb. 21.8

Punktabbildung in der Nähe der optischen Achse

Interessiert man sich für die Bilderzeugung eines Punktes B_o, der *außerhalb* der optischen Achse liegt, ist die auf die Blende einfallende Welle zwar immer noch eben, jedoch ist die komplexe Amplitude am Ausgang der Blende nicht mehr identisch mit der Durchlässigkeit. Man erhält vielmehr:

$$\underline{\psi}_0(x,y) = \underline{t}(x,y)\exp(\mathrm{i}\phi_0), \tag{21.22}$$

wobei die Phase ϕ_0 als charakteristische Größe der einfallenden ebenen Welle die Form $\phi_0 = \boldsymbol{k}_0 \cdot \boldsymbol{r} = k(\alpha_0 x + \beta_0 y)$ hat, mit α_0 und β_0 als den Komponenten des Einheitsvektors $(\boldsymbol{k}_0/k)$.

Daraus folgt, daß die Amplitude der gebeugten Welle in diesem Fall durch den Ausdruck

$$\underline{\psi}(u,v) = \frac{\exp(\mathrm{i}\lambda d_\mathrm{b})}{\mathrm{i}\lambda d_\mathrm{b}} \iint\limits_{\mathcal{D}} \underline{t}(x,y) \exp\left[-\mathrm{i}2\pi\left(\frac{\alpha-\alpha_0}{\lambda}x + \frac{\beta-\beta_0}{\lambda}y\right)\right] \mathrm{d}x\mathrm{d}y \tag{21.23}$$

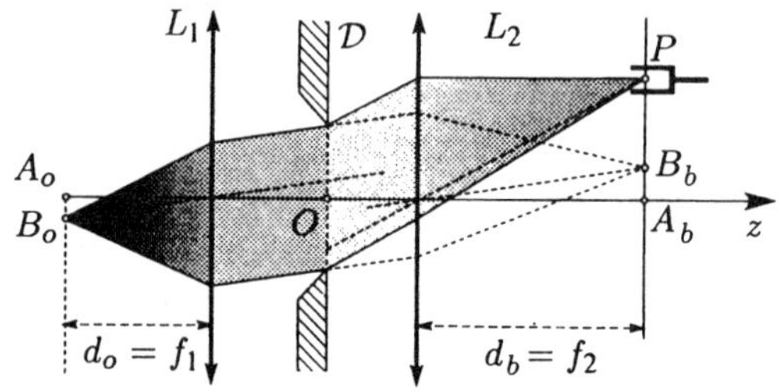

Abb. 21.9

gegeben ist. Definiert man u und v als

$$u \equiv \frac{\alpha - \alpha_0}{\lambda} \quad \text{und} \quad v \equiv \frac{\beta - \beta_0}{\lambda},$$

erhält man den vorhergehenden Ausdruck (21.15).

Damit folgt die Intensität

$$I(u,v) = \frac{1}{\lambda^2 d_\mathrm{b}^2} \left| \iint_{\mathcal{D}} \underline{t}(x,y) \exp[-\mathrm{i}2\pi(ux + vy)] \mathrm{d}x \mathrm{d}y \right|^2 . \qquad (21.24)$$

Das bedeutet, daß die Fraunhofersche Näherung das Beugungsbild, das das *geometrische Bild* eines Punktes umgibt, beschreiben kann. Daraus resultiert die große Bedeutung dieser Approximation bei der Analyse der Bildentstehung in der Optik. Bewegt man den Punkt A_o, begleitet dieses Beugungsbild den geometrischen Bildpunkt A_b, ohne sich in der Form zu verändern. Dieses Ergebnis ist von großer Wichtigkeit, insbesondere wenn man das Fraunhofersche Beugungsbild konkret bestimmen und untersuchen will: Man erzeugt zuerst ein geometrisches Bild eines Punktes und fügt dann eine Linse der Duchlässigkeit $\underline{t}(x,y)$ in den Strahlengang ein. Man beobachtet dann um dieses Bild herum die Intensitätverteilung $I(u,v)$.

21.3.2 Beziehung zu der Fourier-Transformation

In der Fraunhoferschen Näherung ist die komplexe Amplitude der gebeugten Welle über folgende Beziehung mit der komplexen Amplitude der Welle in der Ebene der Blende verknüpft (wir haben hier den vorangestellten Faktor weggelassen):

$$\underline{\psi}(u,v) = \iint_{\mathcal{D}} \underline{\psi}_0(x,y) \exp[-\mathrm{i}2\pi(ux + vy)] \mathrm{d}x \mathrm{d}y. \qquad (21.25)$$

Diese Gleichung aber stellt die *Fourier-Transformation* dar. Diese mathematische Operation spielt eine wesentliche Rolle in der Analyse und Verarbeitung von Bildsignalen. Die Fourier-Transformation einer Funktion wird im allgemeinen als

$$\widehat{\underline{f}}(u,v) = \iint_{\mathcal{D}} \underline{f}(x,y)\exp[-\mathrm{i}2\pi(ux+vy)]\mathrm{d}x\mathrm{d}y \tag{21.26}$$

definiert. $\widehat{\underline{f}}(u,v)$ wird die Fourier-Transformierte von $\underline{f}(x,y)$ oder kurz das *Spektrum* genannt. Das Interesse für diese Transformation resultiert vor allem aus der Umkehrrelation der letzten Gleichung:

$$\underline{f}(x,y) = \iint \widehat{\underline{f}}(u,v)\exp[+\mathrm{i}2\pi(ux+vy)]\mathrm{d}u\mathrm{d}v. \tag{21.27}$$

Diese Relation eröffnet die Möglichkeit, die Funktion $\underline{f}(x,y)$ als lineare Superposition komplexer Exponentialfunktionen der räumlichen Frequenzen u und v gewichtet mit dem Faktor $\widehat{\underline{f}}(u,v)$, zu bestimmen. Beachten Sie bei dieser Formel die Änderung des Vorzeichens im Exponenten. Dieses Ergebnis erlaubt es, ein elektromagnetisches Signal durch eine Fourier-Reihe oder ein Fourier-Integral anzunähern.

Die Optik erlaubt daher über die Fraunhofersche Beugung die einfache Realisierung einer mathematischen Operation größter Wichtigkeit, die Fourier-Transformation einer Funktion $\underline{f}(x,y)$: Es genügt, vor einer Linse, die ein geometrisches Bild eines Objektes erzeugt, eine Blende der Durchlässigkeit $\underline{t}(x,y)$ (die die zu transformierende Funktion $\underline{f}(x,y)$ darstellt) zu plazieren.

21.4 Beugung an einer rechteckigen Blende

21.4.1 Beobachtungsbedingungen

Experimentell erhält man das Fraunhofersche Beugungsbild einer rechteckigen Blende durch Einführen eines Spaltes zwischen den Linsen L_1 und L_2 im Aufbau von Abbildung 21.8 oder einfacher durch Anordnen eines Spaltes vor einer Linse L, die ein Bild eines Punktes erzeugt. Man kann es sogar ohne Linse mit bloßem Auge erhalten, indem man eine entfernte Lichtquelle beobachtet (Sonne, Lampe usw.) und in den Lichtweg eine kleine rechteckige Öffnung hält.

Die Abbildung 21.10 zeigt das Bild, das eine Linse von einem Achsenpunkt erzeugt, sobald sie durch eine genügend kleine rechteckige Blende abgedeckt wird.

Abb. 21.10

21.4.2 Wellenamplitude in der Beobachtungsebene

Da die Durchlässigkeit $\underline{t}(x,y)$ einer solchen Blende mit den Seitenlängen a und b über

$$\underline{t}(x,y) = \begin{cases} 1 & \text{für} \quad |x| < a/2 \quad |y| < b/2 \\ 0 & \text{sonst} \end{cases} \tag{21.28}$$

gegeben ist (Abb. 21.11), erhalten wir:

$$\begin{aligned} \widehat{t}(u,v) &= \int_{-a/2}^{a/2} \int_{-b/2}^{b/2} \exp[-2\mathrm{i}\pi(ux+vy)]\mathrm{d}x\mathrm{d}y \qquad (21.29) \\ &= \int_{-a/2}^{a/2} \exp[-2\mathrm{i}\pi ux]\mathrm{d}x \int_{-b/2}^{b/2} \exp[-2\mathrm{i}\pi vy]\mathrm{d}y . \end{aligned}$$

Damit folgt

$$\widehat{t}(u,v) = ab\left(\frac{\sin \pi ua}{\pi ua}\right)\left(\frac{\sin \pi vb}{\pi vb}\right). \tag{21.30}$$

21.4.3 Wellenintensität in der Beobachtungsebene

Die Intensität folgt leicht aus dem Ausdruck für die Amplitude:

$$I(u,v) = \left|\hat{t}(u,v)\right|^2 = I(0,0)\left(\frac{\sin \pi u a}{\pi u a}\right)^2 \left(\frac{\sin \pi v b}{\pi v b}\right)^2, \tag{21.31}$$

mit $I(0,0) = a^2 b^2$.

Die Funktion $\operatorname{sinc} x = \sin(\pi x)/(\pi x)$ wurde bereits in Kapitel 18 untersucht. Diese Funktion hat für zwei Variablen die in Abbildung 21.11b gezeigte Form. Sie hat ein globales Maximum bei $u = v = 0$ und weist Nebenmaxima bei

$$u \approx \frac{m_1 + 1/2}{a} \quad \text{und} \quad v \approx \frac{m_2 + 1/2}{b} \tag{21.32}$$

auf, wobei m_1 und m_2 ganze Zahlen sind. Zwischen diesen Maxima liegen die Nullstellen der Funktion bei $u = m_1/a$ und $v = m_2/b$. Die Halbwertsbreite des Hauptmaximums variiert *umgekehrt proportional zu der Größe der Blende*:

$$\Delta u_{\frac{1}{2}} = \frac{0{,}89}{a} \sim \frac{1}{a} \tag{21.33}$$

entlang u und

$$\Delta v_{\frac{1}{2}} = \frac{0{,}89}{b} \sim \frac{1}{b} \tag{21.34}$$

entlang v. Abschließend stellen wir noch fest, daß das Hauptmaximum eine doppelt so große Basis hat wie die Nebenmaxima. In Abbildung 21.11 sind die Verhältnisse an einer rechteckigen Blende mit $b = 3a$ dargestellt. Man erhält eine analoge Kurve, wenn man als Variablen die Winkel α und β verwendet, da gilt: $\alpha = \lambda u$ und $\beta = \lambda v$.

Grenzfall des Spaltes

Wenn das Rechteck sehr schmal ist, $a \ll b$ und $\lambda \ll b$ gilt, ist das zentrale Maximum in β-Richtung sehr viel schmaler als in α-Richtung. Praktisch ist außerhalb von $\beta = 0$ kein Licht vorhanden. Ist die Intensität des Hauptmaximums I_0, hat die Intensität des ersten Nebenmaximums bei $ua \approx 1{,}5$ den Wert:

$$I_1 = I_0 \left[\frac{\sin(3\pi/2)}{3\pi/2}\right]^2 = \frac{4}{9\pi^2} I_0 \approx 0{,}047 I_0 \approx \frac{I_0}{20}. \tag{21.35}$$

In der Abbildung 21.12 haben wir die Amplitudenverteilung $\hat{t}(u)$ und die Intensität $I(u)$ für einen Spalt der Breite a dargestellt:

$$\hat{t}(u) = a\frac{\sin(\pi u a)}{\pi u a} \quad \text{und} \quad I(u) = I_0 \left[\frac{\sin(\pi u a)}{\pi u a}\right]^2 \quad \text{mit} \quad I_0 = a^2. \tag{21.36}$$

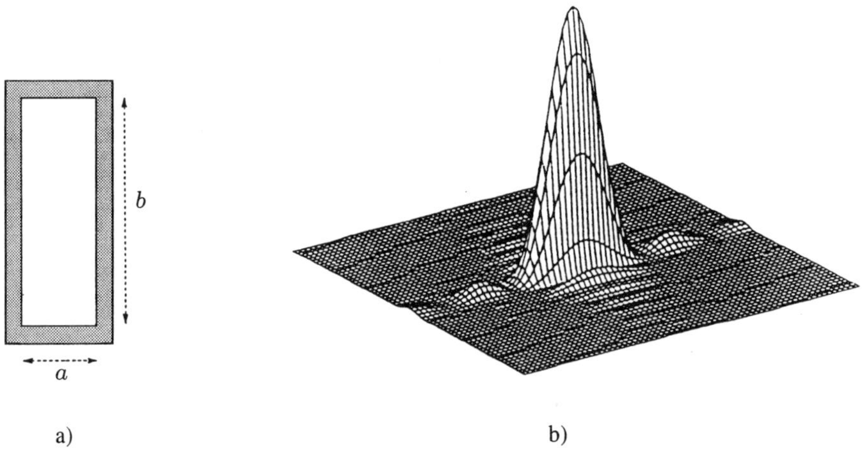

Abb. 21.11

Sobald gleichzeitig $\lambda \ll a$ und $\lambda \ll b$ gelten, verschwindet $I(u, v)$ außer am Ursprung ($u = v = 0$) praktisch überall. So findet man erneut die geometrische Optik als Näherung der Wellenoptik für den Fall *sehr kleiner Wellenlängen* wieder (siehe Kapitel 1).

Bemerkung: Die Beobachtungsbedingungen für das Beugungsbild sind günstiger, wenn statt des Objektpunktes ein Spalt, dessen Seiten parallel zu denen der Spaltblende liegen, abgebildet wird. Alle Punkte des abgebildeten Objektes führen zu Beugungsbildern, die um ihre geometrischen Bilder zentriert sind. Man erhält ein Muster analog zu dem in Abbildung 21.12, jedoch sind die Flecken durch zu u senkrechte Linien ersetzt.

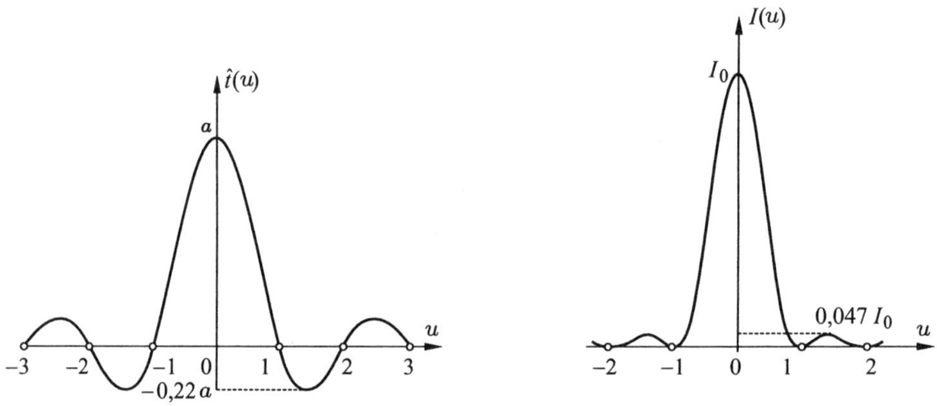

Abb. 21.12

Polardiagramm

Manchmal stellt man die Beugungsfigur in der Fraunhoferschen Näherung durch ein *Polardiagramm* dar, das in einer Ebene die Intensität der gebeugten Welle als Funktion des Beugungswinkels θ darstellt:

$$I(\theta) = I(0)\frac{\sin(\pi a\theta/\lambda)}{\pi a\theta/\lambda}. \tag{21.37}$$

In Abbildung 21.13 ist ein Polardiagramm für einen Spalt der Größe $a \approx 1{,}6\lambda$ dargestellt.

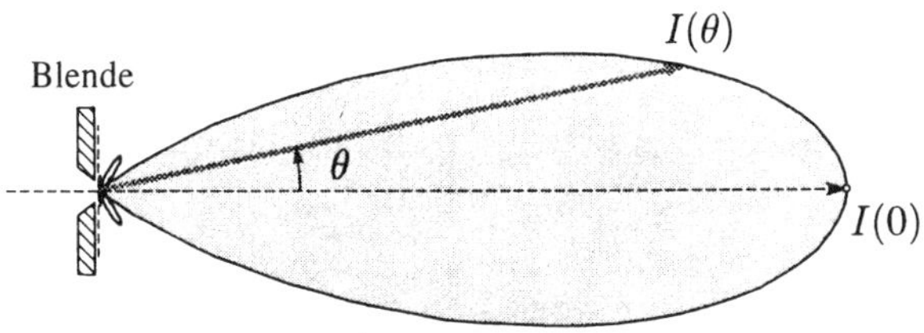

Abb. 21.13

21.5 Zusammenfassung

Wir erinnern daran, daß die Beugung ein Phänomen ist, welches durch die räumliche Begrenzung der Lichtwelle bedingt wird. Mit der Fraunhoferschen Näherung oder „Beugung im Unendlichen" kann das Phänomen, das um jedes geometrische Bild eines Punktes auftritt, beschrieben werden. Die Bedeutung dieses Themas zeigt sich infolgedessen bei der Erzeugung von Bildern in der Optik (Kapitel 30).

In der Fraunhoferschen Näherung hängt das Beugungsbild direkt von der Form der Blende ab:

$$I(P) = \underline{\psi}(P)\underline{\psi}^*(P)$$

mit

$$\underline{\psi}(P) = \frac{\exp(\mathrm{i}kR)}{i\lambda R}\int \underline{\psi}_0(M)\exp(-\mathrm{i}\boldsymbol{k}\cdot\boldsymbol{OM})\mathrm{d}S.$$

Die Untersuchung der Beugung an einem rechteckigen Spalt erlaubt es, einfach und konkret die Beziehung zwischen der Pupillenöffnung und dem Beugungsbild zu ermitteln: Insbesondere verändern sich die Halbwertsbreiten der

Funktionen $\underline{\psi}_0(M)$ und $\underline{\psi}(P)$ invers zueinander. Die Intensitätsverteilung ist durch den folgenden Ausdruck gegeben:

$$I(u,v) = I_0 \left[\frac{\sin(\pi ua)}{\pi ua}\right]^2 \left[\frac{\sin(\pi vb)}{\pi vb}\right]^2$$

Aufgrund der sphärischen Symmetrie der meisten optischen Instrumente hat die Beugungsfigur einer kreisförmigen Öffnung die größte praktische Bedeutung. Obwohl die Ergebnisse in diesem Fall schwieriger zu erhalten sind, unterscheiden sie sich gegenüber denen der Beugung am Spalt nur durch die numerischen Koeffizienten, die nahe bei 1 liegen (siehe Kapitel 30).

Schließlich kann man bequem die Fraunhofersche Beugung beobachten, indem man zuerst mit einer Linse ein geometrisches Bild erzeugt und dann vor der Linse eine Pupille oder für bessere Lichtverhältnisse ein sich zufällig bewegendes Ensemble identischer Pupillen setzt (Aufgabe A21.6).

21.6 Aufgaben

A21.1 Fraunhofersche Beugung im Aufbau 4f
Ein optisches System, das aus zwei identischen konvergenten dünnen Linsen L_1 und L_2 (bildseitige Brennweiten f) aufgebaut ist, wird von einem monochromatischem Lichtbündel beleuchtet, das von einer im objektseitigen Brennpunkt von L_1 plazierten Punktquelle A_o ausgesandt wird. Zwischen den beiden Linsen wird eine Spaltblende $\mathcal{D}$ angeordnet, die die Breite a und die Länge $b \gg a$ hat (Abbildung 21.14).

1. Berechnen und beschreiben Sie das Phänomen, das auf einem Schirm zu beobachten ist, der sich in der Ebene $\mathcal{P}_b$ befindet. Diese ist die konjugierte Ebene zu der Eintrittsebene $\mathcal{P}_o$, in der sich auch A_o befindet. Es sei $\lambda = 0{,}5\,\mu$m, $a = 0{,}05$ mm und $f = 1$ mm.
2. Was passiert, wenn man am beugenden Spalt
   - eine Translation entlang x,
   - eine Rotation in seiner Ebene oder
   - eine Dehnung vornimmt?
3. Was passsiert bei einer Anordnung des Spaltes entsprechend der Abbildung, wenn man die Quelle A_o ein wenig entlang der Achse x_o verschiebt?

A21.2 Apodisation (Filterung) mit Hilfe eines Schirmes mit $\cos(\pi x/a)$-Absorption
Mit Hilfe eines astronomischen Fernrohrs können zwei benachbarte Sterne, von denen einer sehr viel heller ist als der andere, beobachtet werden. Das Objektiv des Fernrohrs ist durch einen langen Spalt der Breite a begrenzt (Abbildung 21.15a).

1. Beschreiben Sie, was man in der Brennebene des Objektivs beobachtet!
2. Wie groß ist die beobachtete Intensitätsverteilung in Abhängigkeit von $u = x_b/(\lambda f)$ und als Funktion des Winkeldurchmessers θ der beiden Sterne (x_b ist die lineare Koordinate der Brennebene)?

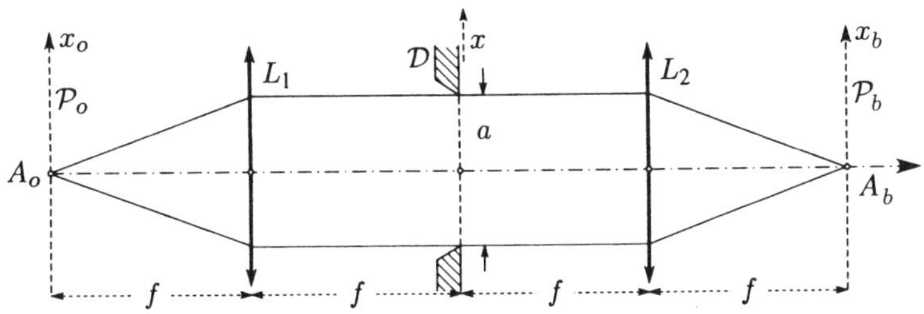

Abb. 21.14

3. Zur Verbesserung der Sichtbarkeit des weniger hellen Sternes wird auf den Spalt eine teiltransparente Platte aufgesetzt, deren Durchlässigkeit $t(x)$ gleich $\cos(\pi x/a)$ für $|x| \leq a/2$ ist (Abbildung 21.15b). Bestimmen Sie die neue Verteilung der Intensität. Vergleichen Sie sie mit der des Rechteckes. Worin liegen die Vorzüge dieser neuen Verteilung?

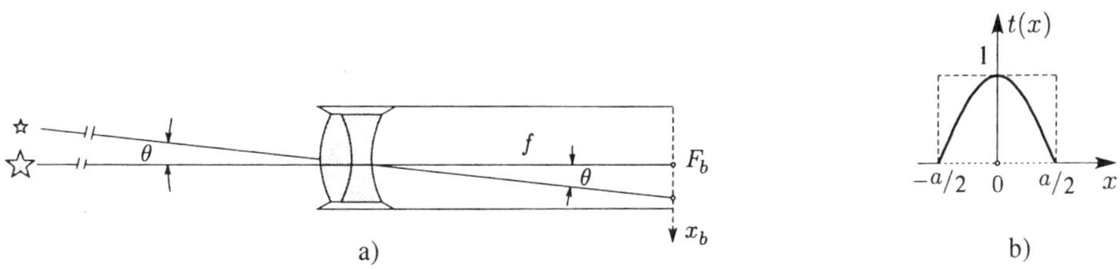

Abb. 21.15

A21.3 Apodisation mit Hilfe eines Schirmes mit $\cos^2(\pi x/a)$-Absorption
Bestimmen Sie das Fraunhofersche Beugungsbild einer Blende, deren Durchlässigkeit $t(x)$ durch

$$t(x) = \begin{cases} \cos^2(\pi x/a) & \text{für} \quad |x| < \frac{a}{2} \\ 0 & \text{für} \quad |x| > \frac{a}{2} \end{cases}$$

gegeben ist. Stellen Sie $\widehat{t}(u)$ und die Intensitätsverteilung $I(u)$ graphisch dar!

A21.4 Fraunhofersches Beugungsbild von drei Spalten
Wie sieht das Beugungsbild drei paralleler Spalte der Breite a und mit Abstand d aus? Stellen Sie die Amplituden- und Intensitätsverteilungen für den Fall $d = 3a$ dar!

A21.5 Theorem von Babinet (komplementäre Schirme)
Wir wollen die Fraunhoferschen Beugungsbilder zweier komplementärer Schirme, die beide durch eine senkrecht einfallende ebene Welle beleuchtet werden, vergleichen. Die durch Spalte realisierten Durchlässigkeiten der Schirme sind in Abbildung 21.16 dargestellt und hängen nur von der einen Variablen x ab. Zeigen Sie, daß die Fraunhoferschen Beugungsbilder außerhalb des Zentrums identisch sind!

A21.6 Fraunhofersches Beugungsbild sich zufällig bewegender Blenden
Wir betrachten eine Gesamtheit von N Blenden ($N \gg 1$), die sich relativ zueinander bewegen und zufällig auf einer Ebene verteilt sind. Bestimmen Sie die Beziehung zwischen

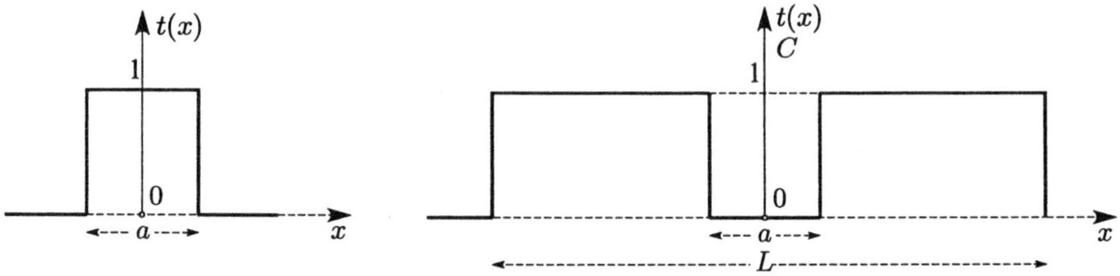

Abb. 21.16

dem Fraunhoferschen Beugungsbild von N Blenden und dem, das eine einzelne Blende erzeugen würde. Was ist an einer solchen Blende von Interesse?

A21.7 Fraunhofersches Beugungsbild in endlicher Entfernung

Wir betrachten eine konvergente Kugelwelle, die auf einen Schirm fällt (Abbildung 21.17). Solch eine Welle ist zum Beispiel die Welle, die hinter der Halterung einer konvergenten dünnen Linse L im Punkt A_b der Linsenachse konvergiert.

1. Zeigen Sie, daß die komplexe Amplitude der Welle $\underline{\psi}_0(x,y)$ direkt hinter der Blende bis auf eine Konstante in der Form

$$\underline{\psi}_0(x,y) = t(x,y)\exp\left[-\mathrm{i}\pi\frac{x^2+y^2}{\lambda d_\mathrm{b}}\right]$$

   geschrieben werden kann.
2. Leiten Sie damit die Integralbeziehung zwischen der komplexen Amplitude $\underline{\psi}(X,Y)$ an einem Punkt P der $A_\mathrm{b}xy$-Ebene und der komplexen Amplitude $\underline{\psi}_0(x,y)$ ab. Zeigen Sie, daß die Relation zwischen $\underline{\psi}_0(x,y)$ und $\underline{\psi}(X,Y)$ vom „Fraunhoferschen Beugungstyp" ist.

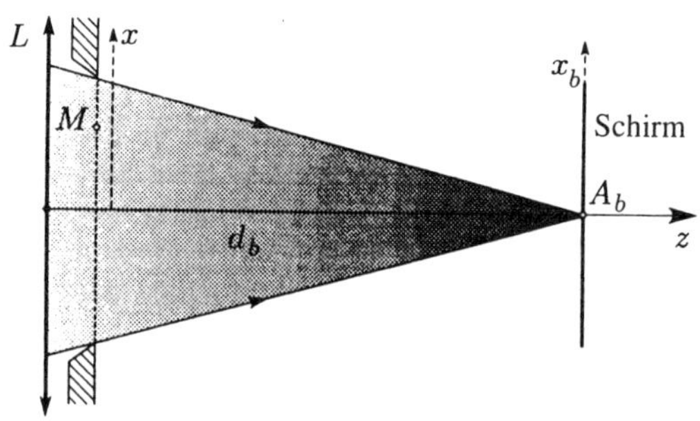

Abb. 21.17

A21.8 Fraunhofersches Beugungsbild einer Dreiecksblende

Ermitteln Sie mit Hilfe der in Aufgabe A18.7 erhaltenen Ergebnisse das Fraunhofersche Beugungsbild einer dreieckigen Blende mit Basis a.

A21.9 Fraunhofersches Beugungsbild einer Blende mit exponentiell abfallender Durchlässigkeit
Bestimmen Sie mit Hilfe der in Aufgabe A18.8 erhaltenen Ergebnisse das Beugungsbild für eine Blende mit exponentiell abfallender Durchlässigkeit.

A21.10 Fraunhofersches Beugungsbild einer Blende mit gaußförmiger Durchlässigkeit
Bestimmen Sie mit Hilfe der in Aufgabe A18.9 erhaltenen Ergebnisse das Beugungsbild für eine Blende mit gaußförmiger Durchlässigkeit der Form $\exp[-x^2/(2\sigma^2)]$. Was folgern Sie aus dem Ergebnis?

A21.11 Fraunhofersches Beugungsbild von vier Löchern auf den Ecken eines Quadrates
Bestimmen Sie die Intensitätsverteilung der Beugungsfigur einer Blende mit 4 Löchern, die auf den Ecken eines Quadrates der Kantenlänge a angeordnet sind.

A21.12 Fraunhofersches Beugungsbild einer Blende mit Absorption im Zentrum
Bestimmen Sie den Ausdruck für die komplexe Amplitude der gebeugten Welle in der Fraunhoferschen Näherung, die von einer Blende der Durchlässigkeit

$$t(x) = \frac{1}{2}\left[1 - \cos\left(2\pi\frac{x}{a}\right)\right]$$

im Intervall $[-a/2, a/2]$ erzeugt wird. Schließen Sie daraus auf die Intensität!

A21.13 Fresnelsche Zonen
Eine von einem Punkt A_o ausgesandte monochromatische Kugelwelle wird an einer kreisförmigen Blende mit Zentrum O im Abstand d_o von A_o gebeugt. Sie erreicht einen Punkt A der Achse OA_o im Abstand d von O. Ihre Wellenlänge im Vakuum ist λ.

Fresnel hat gezeigt, daß das Beugungsbild einer Blende folgendermaßen bestimmt werden kann: Man unterteilt die einfallende Kugelwelle am Punkt O in sogenannte *Fresnelsche Zonen*, indem um den Punkt A (Aufpunkt) Kreise mit Radien $d+\lambda/2$, $d+2\lambda/2$, $d+3\lambda/2$ usw. geschlagen werden, die die Wellenfront der einfallenden Welle schneiden und unterteilen (Abbildung 21.18). Übrigens ist der Beitrag zur Intensität am Punkt A durch die erste Fresnelsche Zone 4mal höher als von allen anderen Zonen zusammen!

1. Zeigen Sie, daß der Durchmesser der ersten Fresnelschen Zone über die Relation $D_1 = 2(\lambda f_e)^{\frac{1}{2}}$ mit λ, d_o und d zusammenhängt. f_e ist eine Distanz, die als Funktion von d_o und d_b ausgedrückt werden soll.
2. Vergleichen Sie das erhaltene Resultat mit dem in einem Tubus erhaltenen (siehe Aufgabe A3.4). Berechnen Sie D_1 in Mikrometer für $\lambda = 600$ nm $d_o = 60$ cm und $d = 20$ cm.

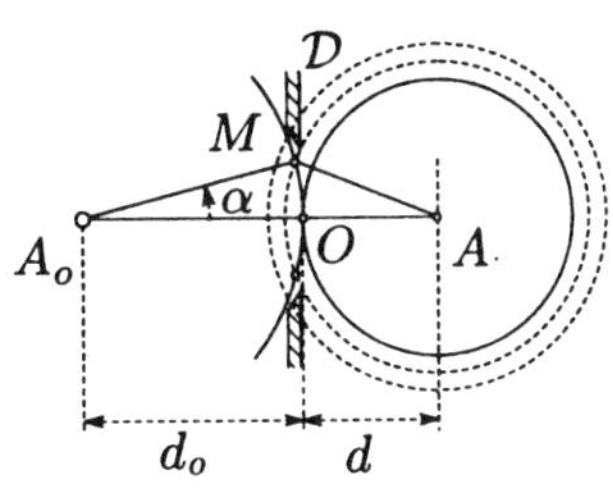

Abb. 21.18

22 Interferenz zweier Wellen. Gegenseitige Kohärenz

Man spricht von *Interferenz* oder davon, daß zwei Wellen miteinander interferieren, wenn die Intensität, die aus der Superposition zweier oder mehrerer Wellen resultiert, nicht die Summe der Intensitäten ist.

Das Studium der Überlagerung zweier Schwingungen gleicher Frequenz führt zu diesem zumindest theoretisch trivialen Ergebnis. Historisch hat das Phänomen der Interferenz, das man überspitzt mit der Gleichung

$$\text{Licht} + \text{Licht} = \text{Dunkelheit}$$

beschreiben kann, jedoch derart überrascht, daß man vom „Paradoxon der Interferenz" gesprochen hat. Diese Eigenschaft des Lichtes hat es erlaubt, die Schwingungsnatur des Lichtes zu erkennen und dank Fresnel die Größenordnung einer Wellenlänge im optischen Bereich zu bestimmen.

Wir werden im folgenden zuerst kurz an die Superposition zweier monochromatischer Wellen gleicher Frequenz erinnern und detailliert die notwendigen Bedingungen für ihre Interferenz untersuchen.

22.1 Superposition zweier monochromatischer Wellen gleicher Frequenz

22.1.1 Allgemeine Analyse

Wir wollen zwei monochromatische linear polarisierte Lichtwellen gleicher Frequenz betrachten, die in komplexer Schreibweise die folgende Form haben:

$$\underline{\boldsymbol{E}}_1 = \underline{\psi}_1 \exp(-\mathrm{i}2\pi\nu t)\boldsymbol{e}_1 \quad \underline{\boldsymbol{E}}_2 = \underline{\psi}_2 \exp(-\mathrm{i}2\pi\nu t)\boldsymbol{e}_2. \tag{22.1}$$

Die zugehörigen komplexen Amplituden sind

$$\underline{\psi}_1 = A_1 \exp(\mathrm{i}\phi_1) \quad \text{und} \quad \underline{\psi}_2 = A_2 \exp(\mathrm{i}\phi_2),$$

ϕ_1, ϕ_2 sind die Phasen der Schwingungen und $\boldsymbol{e}_1$ und $\boldsymbol{e}_2$ Einheitsvektoren. Das elektrische Feld $\boldsymbol{E}$, das aus der Überlagerung der beiden Wellen resultiert, ist die Summe der beiden Felder $\boldsymbol{E}_1$ und $\boldsymbol{E}_2$, da aufgrund der Linearität der Maxwell-Gleichungen, denen diese beiden Felder genügen, auch die Summe von Lösungen eine Lösung ist:

$$\underline{\boldsymbol{E}} = \underline{\boldsymbol{E}}_1 + \underline{\boldsymbol{E}}_2 = (\underline{\psi}_1 \boldsymbol{e}_1 + \underline{\psi}_2 \boldsymbol{e}_2) \exp(-\mathrm{i}2\pi\nu t). \tag{22.2}$$

Die Intensität einer solchen Welle ist proportional zum Quadrat der reellen Amplitude des elektrischen Feldes $\boldsymbol{E}$ (siehe Kapitel 20) : $I = nE_{\mathrm{m}}^2$. Ist der Brechungsindex am Ort, an dem sich der Detektor befindet, gleich 1, ergibt sich:

$$\begin{aligned} I &= (\underline{\psi}_1 \boldsymbol{e}_1 + \underline{\psi}_2 \boldsymbol{e}_2)(\underline{\psi}_1^* \boldsymbol{e}_1 + \underline{\psi}_2^* \boldsymbol{e}_2) \\ &= \underline{\psi}_1 \underline{\psi}_1^* + \underline{\psi}_2 \underline{\psi}_2^* + \boldsymbol{e}_1 \cdot \boldsymbol{e}_2 (\underline{\psi}_1 \underline{\psi}_2^* + \underline{\psi}_1^* \underline{\psi}_2). \end{aligned} \tag{22.3}$$

Führen wir die Intensität jeder Teilwelle ein, $I_1 \equiv \underline{\psi}_1 \underline{\psi}_1^*$ und $I_2 \equiv \underline{\psi}_2 \underline{\psi}_2^*$, erhalten wir:

$$\boxed{I = I_1 + I_2 + 2(\boldsymbol{e}_1 \cdot \boldsymbol{e}_2) \mathrm{Re}(\underline{\psi}_1^* \underline{\psi}_2) = I_1 + I_2 + 2(\boldsymbol{e}_1 \cdot \boldsymbol{e}_2)(I_1 I_2)^{\frac{1}{2}} \cos\phi} \tag{22.4}$$

mit der Phasenverschiebung $\phi = \phi_2 - \phi_1$ der Welle 2 gegenüber der Welle 1. Da der Kosinus eine gerade Funktion ist, hätten wir ebensogut die Differenz $\phi_1 - \phi_2$ einführen können. ϕ wird häufig einfach als Phasendifferenz zwischen den beiden Wellen bezeichnet.

Der dritte Term, der die Abweichung von $I_1 + I_2$ von der Intensität I darstellt, ist der *Interferenzterm* zwischen den beiden Wellen. Er verschwindet identisch, wenn die beiden Wellen senkrecht aufeinander stehen: $\boldsymbol{e}_1 \cdot \boldsymbol{e}_2 = 0$.

Sind dagegen die beiden Wellen zueinander parallel, was wir im folgenden annehmen werden, oszilliert die Intensität zwischen den extremen Werten I_{min} und I_{max} (Abbildung 22.1a):

$$I_{\mathrm{min}} = \left(I_1^{\frac{1}{2}} - I_2^{\frac{1}{2}}\right)^2 \quad \text{und} \quad I_{\mathrm{max}} = \left(I_1^{\frac{1}{2}} + I_2^{\frac{1}{2}}\right)^2. \tag{22.5}$$

Experimentell charakterisiert man den Kontrast der Interferenzstreifen durch die *Sichtbarkeit* V:

$$V \equiv \frac{I_{\mathrm{max}} - I_{\mathrm{min}}}{I_{\mathrm{max}} + I_{\mathrm{min}}} = \frac{2(I_1 I_2)^{\frac{1}{2}}}{I_1 + I_2}. \tag{22.6}$$

Die Sichtbarkeit ist immer kleiner oder gleich 1, da I_1 und I_2 immer positiv sind und sie daher als positive Wurzeln der quadratischen Gleichung

$x^2 - (I_1 + I_2)x + I_1 I_2 = 0$ aufgefaßt werden können. Daraus folgt die Ungleichung $\Delta = (I_1 + I_2)^2 - 4I_1 I_2 = (I_1 - I_2)^2 \geq 0$ oder $(I_1 + I_2) \geq 2(I_1 I_2)^{\frac{1}{2}}$ bzw. $V \leq 1$. Der stärkste Kontrast ergibt sich daher für $I_1 = I_2$ mit dem Wert 1 (Abbildung 22.1b).

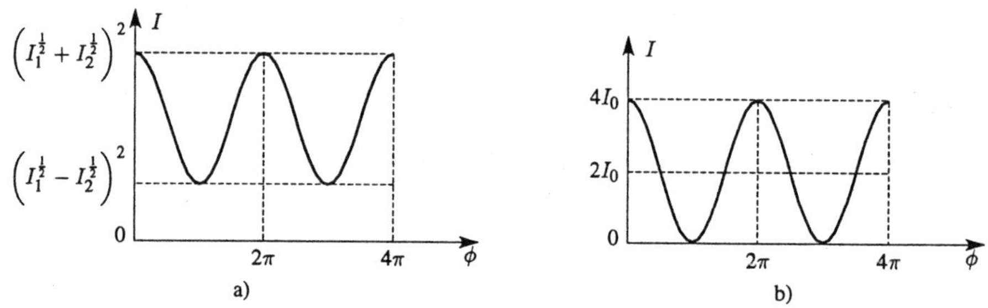

Abb. 22.1

22.1.2 Fall zweier ebener Wellen gleicher Amplitude

Werden die Felder $\boldsymbol{E}_1$ und $\boldsymbol{E}_2$ durch monochromatische ebene Wellen gleicher Amplitude A repräsentiert, haben die komplexen Amplituden die Form:

$$\underline{\psi}_1 = A \exp[\mathrm{i}(\boldsymbol{k}_1 \cdot \boldsymbol{r} + \varphi_1)] \quad \text{und} \quad \underline{\psi}_2 = A \exp[\mathrm{i}(\boldsymbol{k}_2 \cdot \boldsymbol{r} + \varphi_2)] \tag{22.7}$$

mit $|\boldsymbol{k}_1| = |\boldsymbol{k}_2| = |\boldsymbol{k}|$. Auf der Grundlage dieser Bezeichnungen können wir definieren

$$\phi \equiv \boldsymbol{k}_2 \cdot \boldsymbol{r} - \boldsymbol{k}_1 \cdot \boldsymbol{r} + \varphi_2 - \varphi_1 = \boldsymbol{K} \cdot \boldsymbol{r} + \varphi. \tag{22.8}$$

Hierbei ist $\boldsymbol{K} \equiv \boldsymbol{k}_2 - \boldsymbol{k}_1$ der *Interferenzvektor* und $\varphi \equiv \varphi_2 - \varphi_1$ die Phasendifferenz am Koordinatenursprung. Daraus können wir dann den folgenden Ausdruck für die Intensität erhalten:

$$I = 2A^2[1 + \cos(\boldsymbol{K} \cdot \boldsymbol{r} + \varphi)]. \tag{22.9}$$

Entlang einer Achse X, die parallel zu $\boldsymbol{K}$ ist, oszilliert I um den Wert $2A^2$. Schreiben wir $\boldsymbol{K} \cdot \boldsymbol{r}$ als Funktion des Winkels α zwischen den Wellenvektoren $\boldsymbol{k}_1$ und $\boldsymbol{k}_2$, erhalten wir die räumliche Periode von I, den *Interferenzstreifenabstand*:

$$\boldsymbol{K} \cdot \boldsymbol{r} = 2kX \sin\left(\frac{\alpha}{2}\right) = \frac{4\pi}{\lambda} X \sin\left(\frac{\alpha}{2}\right). \tag{22.10}$$

Hierbei ist $\lambda = 2\pi/k$ die Wellenlänge im betrachteten Medium. Setzen wir $I_0 = A^2$, erhalten wir:

$$\boxed{I = 2I_0 \left[1 + \cos\left(2\pi \frac{X}{\mathrm{d}} + \varphi\right)\right]} \tag{22.11}$$

mit

$$\mathrm{d} = \frac{\lambda}{2\sin(\alpha/2)}. \tag{22.12}$$

Je kleiner α ist, desto größer ist d. Häufig ist α klein, so daß dann $\mathrm{d} \approx \lambda/\alpha$ gilt. Die Menge der Punkte gleicher maximaler Intensität oder heller Interferenzstreifen sind Linien senkrecht zu der X-Achse im Abstand d zueiander (Abbildung 22.2).

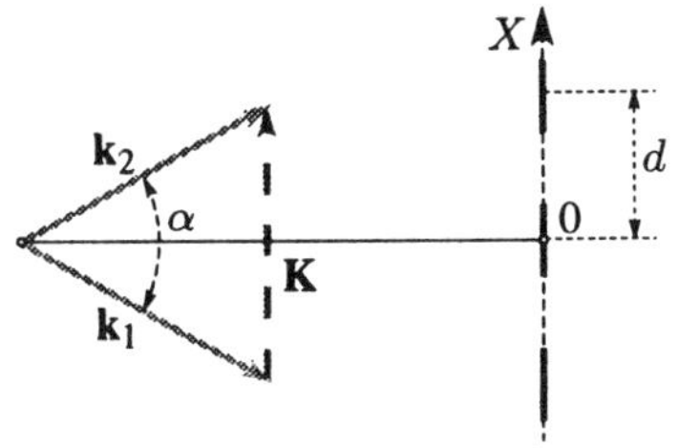

Abb. 22.2

Bemerkung: Die Superposition zweier monochromatischer ebener Wellen ist früher selten untersucht worden. Jedoch ist sie sowohl didaktisch als auch wissenschaftlich interessant, da diese Wellen bekannter sind als die Kugelwellen und einfachere Ergebnisse liefern (keine Dämpfung der Amplitude, gerade Interferenzstreifen). Außerdem liefern Laser Lichtwellen, die in guter Näherung als ebene Wellen dargestellt werden können und daher als Referenzwellen in der Holographie verwendet werden (siehe Kapitel 29).

22.1.3 Fall zweier Kugelwellen gleicher Amplitude

Die komplexen Amplituden zweier monochromatischer Kugelwellen, die von zwei Punktquellen S_1 und S_2 im Abstand a ausgesandt werden, lauten am Punkt P (Abbildung 22.3a):

$$\underline{\psi}_1 = \frac{C}{r_1} \exp[\mathrm{i}(kr_1 + \varphi_1)] \quad \text{und} \quad \underline{\psi}_2 = \frac{C}{r_2} \exp[\mathrm{i}(kr_2 + \varphi_2)], \tag{22.13}$$

wobei $r_1 = S_1P$ und $r_2 = S_2P$ sind. Daraus folgt $\phi = k(r_2 - r_1) + \varphi_2 - \varphi_1$. Da die Veränderung der Amplituden mit r_1 bzw. r_2 in der Umgebung von P vernachlässigbar ist, gilt für die Intensität:

$$I = 2A_0^2\{1 + \cos[k(r_2 - r_1) + \varphi_2 - \varphi_1]\} \tag{22.14}$$

mit $A_0 = C/r_1 \approx C/r_2$. Die Menge der Punkte gleicher Intensität ist durch die Flächen $r_2 - r_1 = \text{const}$ gegeben. Diese sind *Hyperboloide* mit Brennpunkten S_1 und S_2.

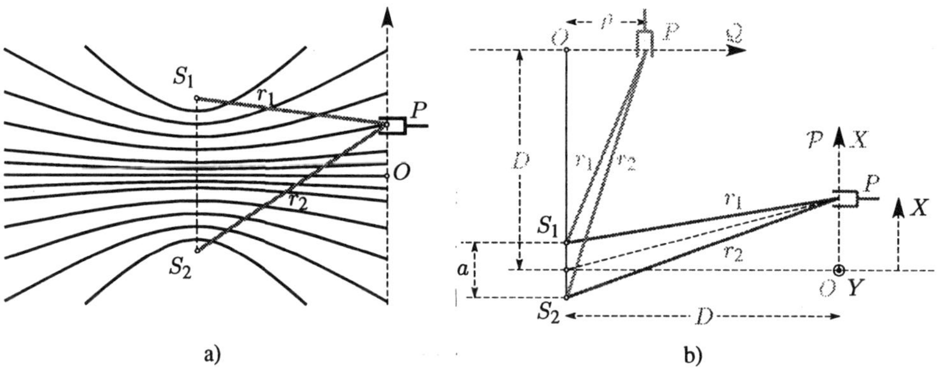

Abb. 22.3

Beobachtung in einer Ebene parallel zu der Verbindenden der Lichtquellen

In einer Ebene $\mathcal{P}$, die *parallel* zu $\boldsymbol{S_1S_2}$ ist, sind die Interferenzmuster Schnitte eines Hyperboloides (d. h. Hyperbeln), die praktisch zu Geraden werden, wenn r_1 nahe bei r_2 liegt. Wir wollen nun r_1 und r_2 als Funktion der Koordinaten (X, Y) des Punktes P berechnen (Abbildung 22.3b):

$$r_1 = \left[D^2 + \left(X - \frac{a}{2}\right)^2 + Y^2\right]^{\frac{1}{2}} \approx D\left(1 - \frac{aX}{D^2}\right)^{\frac{1}{2}} \approx D - \frac{aX}{2D}. \tag{22.15}$$

Entsprechend erhalten wir $r_2 \approx D + aX/(2D)$. Es folgt daher:

$$r_2 - r_1 \approx \frac{aX}{D}$$

und damit

$$\boxed{I = 2I_0\left[1 + \cos\left(2\pi\frac{X}{\mathrm{d}} + \varphi_2 - \varphi_1\right)\right]} \tag{22.16}$$

mit

$$\mathrm{d} = \frac{\lambda D}{a} \quad \text{und} \quad I_0 = A_0^2. \tag{22.17}$$

Bemerkung: Man berechnet häufig die Differenz $r_2 - r_1$ in anderer Weise:

$$r_2 - r_1 = \frac{r_2^2 - r_1^2}{r_2 + r_1} = \frac{(\boldsymbol{r}_2 + \boldsymbol{r}_1) \cdot (\boldsymbol{r}_2 - \boldsymbol{r}_1)}{r_2 + r_1} = \frac{2\boldsymbol{r} \cdot \boldsymbol{S}_2\boldsymbol{S}_1}{r_2 + r_1} \approx \frac{\boldsymbol{S}_2\boldsymbol{S}_1 \cdot \boldsymbol{r}}{r},$$

wobei $\boldsymbol{r}$ der Vektor zwischen dem Mittelpunkt der Strecke S_2S_1 und dem Punkt P ist. Da die X-Komponente von $\boldsymbol{r}/r$ ungefähr X/D ist, findet man auch hier $r_1 - r_1 = aX/D$.

Beobachtung in einer Ebene senkrecht zu der Verbindenden der beiden Lichtquellen

In einer Ebene $\mathcal{Q}$ *senkrecht* zu $\boldsymbol{S}_1\boldsymbol{S}_2$ sind die Interferenzmuster kreisförmige Schnitte eines Hyperboloides. Berechnen wir r_1 und r_2 als Funktion der Koordinate ρ des Punktes P in dieser Ebene, erhalten wir (Abbildung 22.3b):

$$r_1 = \left[\left(D - \frac{a}{2}\right)^2 + \rho^2\right]^{\frac{1}{2}} = \left(D - \frac{a}{2}\right)\left[1 + \frac{\rho^2}{(D - a/2)^2}\right]^{\frac{1}{2}}$$

$$\approx D - \frac{a}{2} + \frac{\rho^2}{2(D - a/2)} \tag{22.18}$$

und analog

$$r_2 \approx D + \frac{a}{2} + \frac{\rho^2}{2(D + a/2)}. \tag{22.19}$$

Damit erhalten wir

$$r_2 - r_1 \approx a\left(1 - \frac{\rho^2}{2D^2}\right) \tag{22.20}$$

und

$$\boxed{I = 2I_0 \left\{1 + \cos\left[2\pi \frac{a(1 - \rho^2/2D^2)}{\lambda} + \varphi_2 - \varphi_1\right]\right\}.} \tag{22.21}$$

22.2 Gegenseitige Kohärenz

Der Versuch, zwei beliebige *unabhängige* Lichtwellen miteinander zur Interferenz zu bringen, führt nicht zu dem gewünschten Resultat. Es erscheint daher notwendig, das vereinfachte Modell der monochromatischen Wellen fallen zu lassen und im Detail den Emissionsmechanismus von Licht durch die Atome zu studieren.

22.2.1 Zufälliger Charakter der Lichtemission

In Lichtquellen geben angeregte Atome infolge einer äußeren Störung Energie ab, die wir als Lichtemission wahrnehmen. Da die atomare Emission beginnt, von Stößen zwischen den Atomen unterbrochen wird und wieder einsetzt, wird das elektrische Feld, das den *Mittelwert* der Lichtemission der Quelle darstellt, durch *Wellenzüge* der endlichen Zeit τ_c beschrieben. Diese Wellenzüge folgen in *zufälliger Weise* aufeinander:

$$\underline{\boldsymbol{E}}(t) = A \exp[-\mathrm{i}(\omega t - \phi)]\boldsymbol{e} = \underline{\psi}(t) \exp(-\mathrm{i}\omega t)\boldsymbol{e}, \tag{22.22}$$

wobei A und ϕ fest sind und $\boldsymbol{e}$ eine bestimmte Richtung während der Dauer τ_c ausweist. τ_c liegt in der Größenordnung der mittleren freien Flugdauer der Atome: während $T = 2\pi/\omega \sim 10^{-14}$ s ist, beträgt $\tau_c \sim 10^{-8}$ s. In der Abbildung 22.4 ist die Emission von Wellenzügen der Amplitude A und willkürlicher Phase dargestellt.

Die Intensität solcher Wellen ist gleich dem *zeitlichen Mittelwert* der Intensität zum Zeitpunkt t, gemittelt über den Zeitraum der Meßdauer T_d. T_d liegt in der Größenordnung von 0,1 s und ist damit sehr viel größer als τ_c. Wir haben daher:

$$I = \frac{1}{T_d} \int_0^{T_d} |\underline{\psi}(t)|^2 \mathrm{d}t, \tag{22.23}$$

was kurz in der folgenden Form geschrieben werden kann:

$$\boxed{I = \langle \underline{\psi}(t) \underline{\psi}^*(t) \rangle = \langle |\underline{\psi}(t)|^2 \rangle}. \tag{22.24}$$

22.2.2 Gegenseitige Kohärenz zweier Lichtquellen

Wir wollen eine Superposition zweier Wellenzüge, die von den Quellen S_1 und S_2 ausgesandt werden, betrachten. Da

$$\underline{\psi}_1(t)\boldsymbol{e}_1 + \underline{\psi}_2(t)\boldsymbol{e}_2 = A_1 \exp(\mathrm{i}\phi_1)\boldsymbol{e}_1 + A_2 \exp(\mathrm{i}\phi_2)\boldsymbol{e}_2$$

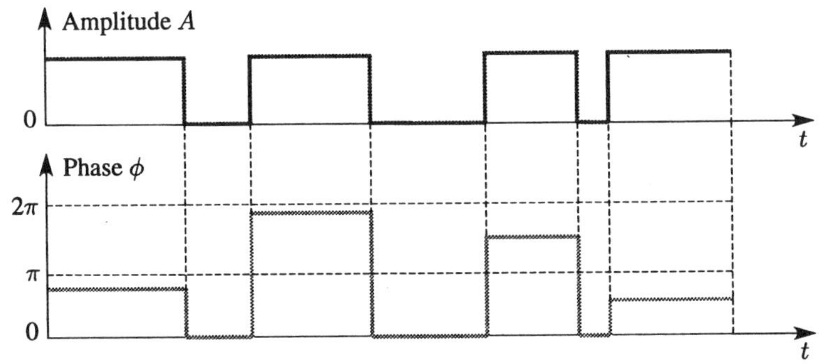

Abb. 22.4

gilt, haben wir im Vakuum:

$$I = \left\langle \underline{\psi}_1(t)\underline{\psi}_1^*(t) \right\rangle + \left\langle \underline{\psi}_2(t)\underline{\psi}_2^*(t) \right\rangle + 2\left\langle \boldsymbol{e}_1 \cdot \boldsymbol{e}_2 \mathrm{Re}\left[\underline{\psi}_1(t)\underline{\psi}_2^*(t)\right] \right\rangle. \quad (22.25)$$

Mit der ersten Gleichung folgt die kompakte Formel

$$\boxed{I = I_1 + I_2 + 2\langle \boldsymbol{e}_1 \cdot \boldsymbol{e}_2 A_1 A_2 \cos\phi \rangle} \quad (22.26)$$

mit $\phi \equiv \phi_2 - \phi_1$. Sind die Lichtquellen S_1 und S_2 *unabhängig*, ist die Differenz ϕ von willkürlichen Phasen ebenfalls willkürlich. Daraus folgt, daß ϕ im Zeitraum T_d stark fluktuiert und der *Mittelwert* des Interferenzterms über diesen Zeitraum *verschwindet*. Damit erhalten wir

$$\boxed{I = I_1 + I_2.} \quad (22.27)$$

Die Quellen S_1 und S_2 werden in diesem Fall *inkohärent* genannt.

Eine *notwendige* Bedingung für Interferenzphänomene liegt demnach darin, den zufälligen Charakter (das heißt, die Fluktuation der *Phasendifferenz*) der Lichtemission beider Lichtquellen zu unterdrücken. Dies erreicht man, indem Licht mit einer *gemeinsamen primären Quelle* erzeugt wird, wie es in Abbildung 22.5 darstellt ist: in a) wird die *Wellenfront* der Welle der primären Quelle *geteilt*, während in b) die *Amplitude* der Welle *geteilt* wird.

Die Wellenzüge, die von den Quellen S_1 und S_2 ausgesandt werden, repräsentieren dann am Aufpunkt P den *gleichen* zufälligen Zustand der primären Quelle, so daß die Phasendifferenz in P *stationär* ist:

$$\boxed{\phi = \frac{2\pi}{\lambda_0}[(SS_2P) - (SS_1P)] = \frac{2\pi}{\lambda_0}L.} \quad (22.28)$$

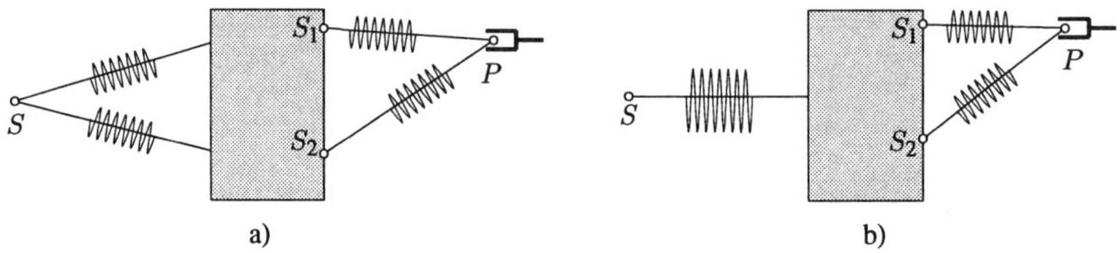

Abb. 22.5

λ_0 ist die Wellenlänge im Vakuum, und L ist optische *Weglängendifferenz.* Unter diesen Umständen hat man *gegenseitige Kohärenz* der beiden Quellen S_1 und S_2 erzeugt.

Bemerkungen:

1. Diese Art, Kohärenz zwischen zwei Lichtquellen S_1 und S_2 zu erreichen, ist am weitesten verbreitet. Es ist jedoch auch möglich, zwei Photonen aus zwei verschiedenen Lasern zu interferieren, solange die Wellenzüge gleicher Natur sind und die Emissionen gleichzeitig stattfinden.
2. In Lehrbüchern wird die optische Weglängendifferenz häufig mit δ statt mit L bezeichnet. Diese Bezeichnung haben wir aber vermieden, da in der internationalen Notation die Phasendifferenz mit δ bezeichnet wird. Die optische Weglängendifferenz wird dann OPD (englisch: optical path difference) genannt.

22.3 Interferenzsysteme

Interferenzsysteme realisieren eines der beiden vorhergehend dargestellten Verfahren: Sie basieren entweder auf der Teilung der primären Wellenfront oder der Teilung der Amplitude der primären Welle.

22.3.1 Interferenzsysteme mit Teilung der Wellenfront

Die verschiedenen Interferenzsysteme, die auf der Teilung der Wellenfront beruhen, werden wir hauptsächlich in den Aufgaben der Kapitel 22 und 23 beschreiben. Dazu gehören der Fresnelsche Spiegel (Abbildung 22.6a), das Fresnelsche Biprisma (Abbildung 22.6b), die Doppellinse von Billet (Abbildung 22.6c) und der Lloydsche Spiegel (Abbildung 22.6d), die meistens nur noch von historischem Interesse sind. Wir werden die beiden bekanntesten

Beispiele untersuchen: den *Fresnelschen Spiegel* und den *Youngschen Doppelspalt* (Abbildung 22.7).

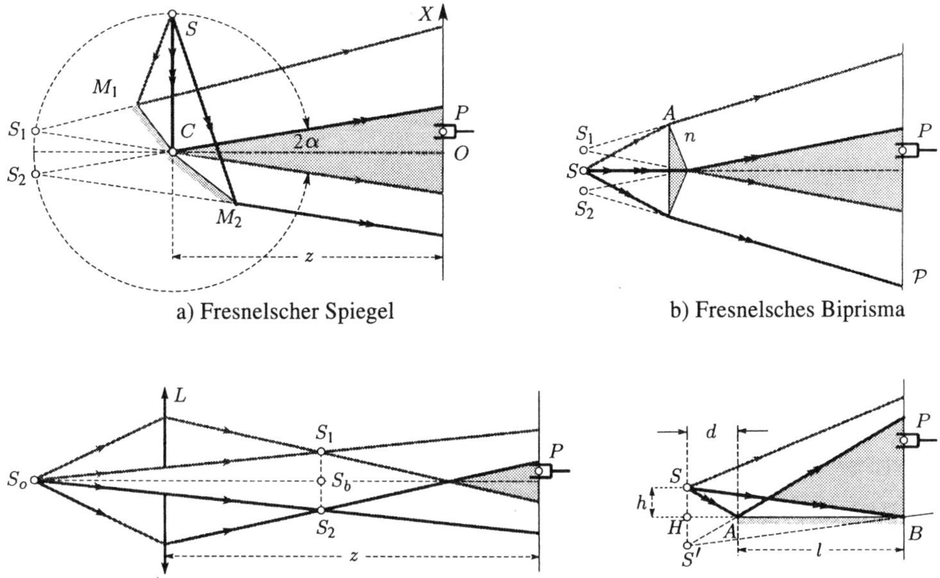

a) Fresnelscher Spiegel b) Fresnelsches Biprisma

c) Billetsche Doppellinse d) Lloydscher Spiegel

Abb. 22.6

Fresnelscher Spiegel

Eine Punktquelle S beleuchtet zwei ebene Spiegel, die in einem Winkel α von einigen Minuten zueinander stehen. Die reflektierten Lichtstrahlen, die von den Bildern S_1 bzw. S_2 zu kommen scheinen, treffen sich, und die dazugehörigen Wellen interferieren miteinander. Das Interferenzmuster besteht praktisch aus Streifen, die senkrecht zu der Ebene der Abbildung und zu der Achse OX sind. Da die Reflexion einen zusätzlichen Phasensprung von π an jedem Spiegel erzeugt, sind die Interferenzmaxima über die Gleichung

$$\phi = m2\pi, \quad m \text{ gerade,} \tag{22.29}$$

gegeben.

Drückt man diese Bedingung über die optische Weglänge $L = \phi/k_0$ und den *Interferenzgrad* $p \equiv \phi/2\pi = L/\lambda_0$ aus, erhalten wir für die hellen Streifen

$$L = m\lambda_0 \quad \text{mit} \quad p = m. \tag{22.30}$$

Um den Abstand zwischen zwei Interferenzstreifen zu erhalten, genügt es, eine der folgenden Gleichung zu verwenden:

$$\Delta\phi = 2\pi, \quad \Delta L = \lambda_0 \quad \text{oder} \quad \Delta p = 1.$$

da $SC = R$, $S_1S_2 = a = 2\alpha R$ und $D = R + z$ gelten, folgt:

$$\mathrm{d} = \frac{\lambda_0(R+z)}{2\alpha R}. \tag{22.31}$$

Das Interferenzfeld $\mathcal{C}$ ist durch die Schnittpunkte der Verlängerungen der Strahlen S_1C und S_2C mit dem Beobachtungsschirm gegeben und hat den Wert $\mathcal{C} = 2\alpha z$, wobei z der Abstand von C zum Beobachtungsschirm ist.

Größenordnung: Sind $\alpha = 1{,}2 \cdot 10^{-3}$ rad, $R = 1$ m, $z = 1{,}4$ m und $\lambda_0 = 633$ nm, dann betragen $\mathrm{d} = 0{,}63$ mm und $\mathcal{C} = 3{,}36$ mm. Die Anzahl der Interferenzmaxima ist daher 5. Dieses Experiment hat insofern historische Bedeutung, als daß Fresnel so zum ersten Mal die Größenordnung der Wellenlänge einer optischen Welle bestimmt hat.

Bemerkung: Man erhöht die Lichtstärke in dieser Anordnung, indem man, wie es die Symmetrie dieses Aufbaus nahelegt, eine spaltförmige statt einer punktförmigen Lichtquelle, die parallel zu den Interferenzstreifen ist, verwendet. Die tiefergehende Rechtfertigung dieser Verbesserung folgt in natürlicher Weise aus der Analyse der räumlichen Kohärenz (siehe Kapitel 23).

Youngscher Doppelspalt

Der Doppelspaltversuch von Young ist aus zwei Spalten, die von einer primären Quelle beleuchtet werden, aufgebaut (Abbildung 22.7). Im Unterschied zum vorherigen Aufbau muß hier, damit die beiden Lichtstrahlen sich im Punkt P begegnen können, die Beugung in Betracht gezogen werden.

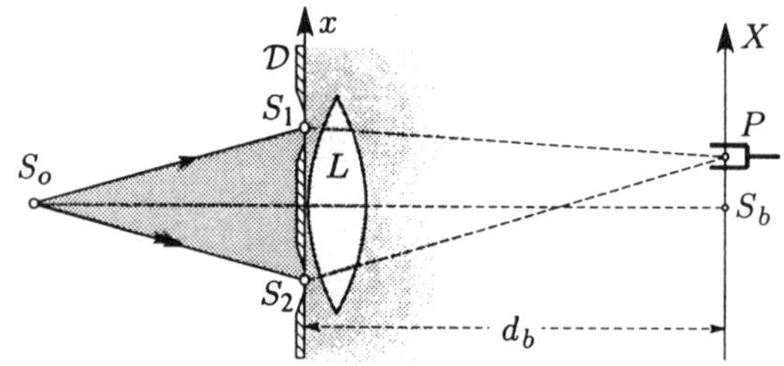

Abb. 22.7

Wir betrachten den Fall, bei dem direkt hinter den Spalten eine konvergente dünne Linse L plaziert wird, da er für moderne Experimente der optischen Interferometrie, insbesondere in der Astronomie, von Bedeutung ist und außerdem eine gute Lichtausbeute aufweist. In Kapitel 21 haben wir gesehen, daß man in der von L erzeugten Bildebene $S_\mathrm{b}XY$ der Ebene $S_\mathrm{o}XY$, in der sich die primäre Lichtquelle befindet, das Fraunhofersche Beugungsbild, welches zu der Durchlässigkeit $t(x)$ der Blende gehört, beobachten kann. Da in unserem Fall gilt

$$t(x) = \begin{cases} 1 & \text{für} \quad -a/2 - \epsilon/2 < x < -a/2 + \epsilon/2 \\ 1 & \text{für} \quad a/2 - \epsilon/2 < x < a/2 + \epsilon/2 \\ 0 & \text{sonst} \end{cases} , \tag{22.32}$$

haben wir:

$$\underline{\psi}(P) = \int t(x) \exp(-\mathrm{i}2\pi ux) \mathrm{d}x \tag{22.33}$$

$$= \int_{-a/2-\epsilon/2}^{-a/2+\epsilon/2} \exp(-\mathrm{i}2\pi ux)\mathrm{d}x + \int_{a/2-\epsilon/2}^{a/2+\epsilon/2} \exp(-\mathrm{i}2\pi ux)\mathrm{d}x \tag{22.34}$$

$$= \left[\frac{\exp(-\mathrm{i}2\pi ux)}{-\mathrm{i}2\pi u}\right]_{-a/2-\epsilon/2}^{-a/2+\epsilon/2} + \left[\frac{\exp(-\mathrm{i}2\pi ux)}{-\mathrm{i}2\pi u}\right]_{a/2-\epsilon/2}^{a/2+\epsilon/2} \tag{22.35}$$

oder

$$\underline{\psi}(P) = \epsilon \exp(\mathrm{i}\pi ua) \frac{\sin(\pi u\epsilon)}{\pi u\epsilon} + \epsilon \exp(-\mathrm{i}\pi ua) \frac{\sin(\pi u\epsilon)}{\pi u\epsilon}$$

$$= 2\epsilon \left(\frac{\sin(\pi u\epsilon)}{\pi u\epsilon}\right) \cos(\pi ua). \tag{22.36}$$

Das bedeutet, daß die Koordinate X des Punktes P in der konjugierten Ebene der Blende im Abstand d_b über $u = X/\lambda d_\mathrm{b}$ mit u verknüpft ist (siehe Kapitel 21). Wir erhalten so den folgenden Ausdruck für die Intensität:

$$I(X) = 2\epsilon^2 \left[\frac{\sin(\pi\epsilon X/\lambda d_\mathrm{b})}{\pi\epsilon X/\lambda d_\mathrm{b}}\right]^2 \left[1 + \cos\left(2\pi \frac{Xa}{\lambda d_\mathrm{b}}\right)\right], \tag{22.37}$$

was auch

$$\boxed{I(X) = \frac{I(0)}{2} \left[\frac{\sin(\pi\epsilon X/\lambda d_\mathrm{b})}{\pi\epsilon X/\lambda d_\mathrm{b}}\right]^2 \left[1 + \cos\left(2\pi \frac{X}{\mathrm{d}}\right)\right]} \tag{22.38}$$

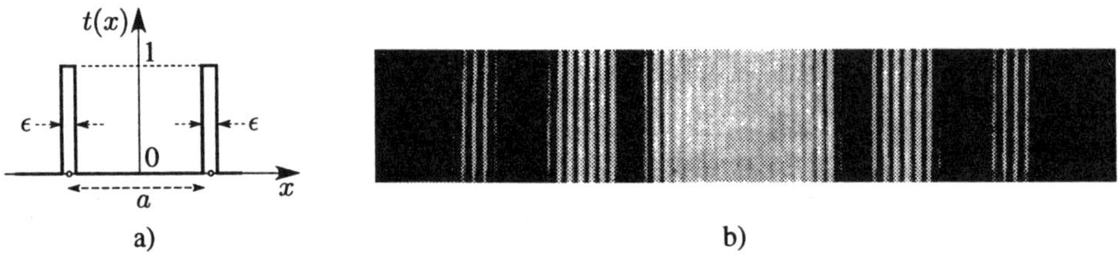

Abb. 22.8

mit $\mathrm{d} = \lambda d_\mathrm{b}/a$ geschrieben werden kann.

$I(X)$ stellt sich demnach als Produkt eines charakteristischen *Beugungsterms* eines Spaltes und eines *Interferenzterms zweier Wellen* dar (Abbildung 22.8b). Geht ϵ gegen 0, wird der Beugungsterm im Interferenzbereich praktisch 1. Deshalb vernachlässigt man ihn im allgemeinen, obwohl er unumgänglich für die Analyse des Versuchs ist. Man findet dann wieder das klassische Resultat, das auch für zwei Löcher gilt:

$$I(X) = \frac{I(0)}{2}\left[1 + \cos\left(2\pi\frac{X}{\mathrm{d}}\right)\right]. \qquad (22.39)$$

Bemerkungen:

1. Die Youngsche Doppelspaltanordnung ist praktisch das einzige heute noch verwendete Interferenzsystem, das auf Teilung der Wellenfronten beruht. Dies ist einer der Gründe, warum wir die Beugung einer Welle vor der Welleninterferenz vorgestellt haben.
2. Liegt die primäre Lichtquelle im Unendlichen, ist die konjugierte Ebene die bildseitige Brennebene und daher $d_\mathrm{b} = f$. Dies ist im Teleskop realisiert: Die primäre Lichtquelle ist ein Stern und die Pupille ist durch eine Blende mit zwei Löchern verdeckt.
3. 1993 konnte man die Interferenz zweier Wellen nachweisen, die aus der Streuung einer einfallenden Welle der Wellenlänge 194 nm an zwei $^{198}\mathrm{Hg}^+$-Ionen resultierte. Der Aufbau entspricht dem hier vorgestellten, da die Ionen nach dem Babinetschen Theorem die Rolle der Löcher übernehmen (siehe Kapitel 21, A21.5).

22.3.2 Interferenzsysteme mit Teilung der Amplitude

Die Interferenzsysteme, die auf der Grundlage der Teilung der Wellenamplitude arbeiten, sind von großer praktischer Bedeutung. Das bekannteste Beispiel ist das *Michelson-Interferometer*.

Die zu dem Strahl SI gehörende Welle fällt auf einen Strahlteiler L_S, der halbverspiegelt und im Winkel von 45° geneigt ist, und wird in zwei senkrechte Arme aufgespalten (Abbildung 22.9). Die Amplitude wird wie folgt geteilt: Ein Teil der Welle wird nacheinander an L_S und am Spiegel M_1 reflektiert und fällt wieder auf L_S; der andere passiert zuerst L_S und wird dann nacheinander am Spiegel M_2 und L_S reflektiert. In einer Ebene $\mathcal{P}$ senkrecht zu der Achse, die die beiden Bilder S_1 und S_2 von S miteinander verbindet, beobachtet man Kreisschnitte eines Rotationshyperboloids.

Wir werden später sehen, daß dieses Interferometer vor allem mit einer ausreichend großen primären Lichtquelle benutzt wird (siehe Kapitel 24 und 25). Mit diesem Interferometer haben Michelson und Morley vergeblich versucht, eine Veränderung der Geschwindigkeit des Lichtes im Vakuum zu messen.

Bemerkung: Das französisch-italienische Projekt VIRGO zur Messung von *Gravitationswellen*, das 1998 in Betrieb gehen wird, besteht grundsätzlich aus einem riesigen Michelson-Interferometer, dessen Arme 3 km lang sind!

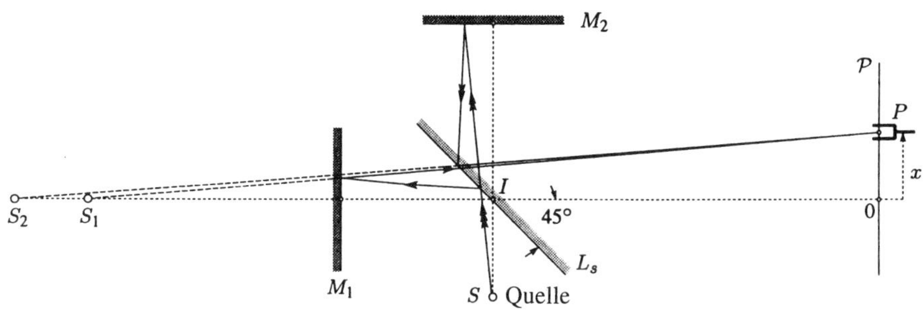

Abb. 22.9

22.4 Zusammenfassung

Das Phänomen der Interferenz zweier Wellen kann durch die folgende Relation zusammengefaßt werden:

$$I = I_1 + I_2 + I_{12}.$$

Die hier durch I_{12} charakterisierte Interferenz zweier Wellen ist von sowohl grundsätzlichem als auch von technischem Interesse.

Einerseits ist nämlich das Interferenzphänomen historisch der Ausgangspunkt für das Wellenmodell des Lichtes, da die Strecken von der Größenordnung einer Wellenlänge sind. Zudem blieb es nicht auf den Bereich des Lichtes beschränkt, da nach den Vorhersagen von L. de Broglie Materieteilchen wie die Elektronen unter analogen Bedingungen ebenfalls Interferenzerscheinungen aufweisen können: Die Wellenlänge ist über die Relation $\lambda_{\mathrm{dB}} = h/p$ mit dem Impuls verknüpft (h ist die Planck-Konstante).

Andererseits hat sich eine wichtige Anwendung, die *Holographie*, die von dem Engländer D. Gabor (Nobelpreis 1972) begründet wurde, stark entwickelt. Diese Technik basiert auf der typischen Formel für die Interferenz zweier Wellen,

$$I = I_1 + I_2 + 2(I_1 I_2)^{\frac{1}{2}} \cos\phi .$$

Sie wird verwendet, um eine *Veränderung der Phase* ϕ als eine *Änderung der Intensität*, die die einzige meßbare Größe darstellt, zu registrieren. Die gesamte Information (griechisch „holos" bedeutet „ganz"), welche *sowohl* in der komplexen Amplitude *als auch* in der Phase enthalten ist, wird damit zugänglich (siehe Kapitel 29).

Aufgrund seiner heutigen Bedeutung merken wir uns den Youngschen Aufbau zur Teilung der Wellenfront, in dem eine Linse, die mit einer Doppelspaltblende versehen ist, ein geometrisches Bild einer Punktquelle erzeugt und die folgende Intensitätsverteilung aufweist:

$$I = \frac{I(0)}{2}\left[1 + \cos\left(2\pi \frac{X}{\mathrm{d}}\right)\right] \quad \text{mit} \quad \mathrm{d} = \frac{\lambda D}{a}.$$

Wir werden später noch im Detail auf die Systeme eingehen, die auf einer Teilung der Amplitude basieren (siehe Kapitel 24 und 25).

22.5 Aufgaben

A22.1 Fresnelscher Spiegel
Wir betrachten zwei ebene Spiegel M_1 und M_2 in Luft, die eine Kante A bilden und einen Winkel von fast $\pi/2$ einschließen: $\pi/2 - \delta$ mit kleinem δ. Eine Punktquelle S, die monochromatisches Licht der Wellenlänge λ (im Vakuum) aussendet, ist auf der Winkelhalbierenden des Winkels α im Abstand R zu der Kante A plaziert (Abbildung 22.10). Wir wollen die Interferenz zwischen den folgenden beiden Wellen studieren, von denen die erste aus einer Reflexion an M_1 und dann M_2, die zweite aus einer Reflexion an M_2 und dann an M_1 entsteht. Die Beobachtungsebene $\mathcal{P}$ ist ein Schirm senkrecht zu der Ebene, die den Bereich zwischen den Spiegeln teilt. Er steht parallel zu der Kante A und befindet sich im Abstand z zu A ($z > R$).

1. Bestimmen Sie mit Hilfe einer genauen geometrischen Konstruktion die Region, in der Interferenz beobachtet werden kann. Zeigen Sie, daß die Distanz zwischen den beiden Quellen, die die Interferenzerscheinungen hervorrufen, $4\alpha R$ beträgt.
2. Berechnen Sie den Abstand zwischen den Interferenzstreifen sowie die Zahl der hellen Streifen, wenn $\lambda = 0{,}6\,\mu$m, $R = 10$ cm, $z = 70$ cm und $\alpha = 2 \cdot 10^{-3}$ rad betragen.

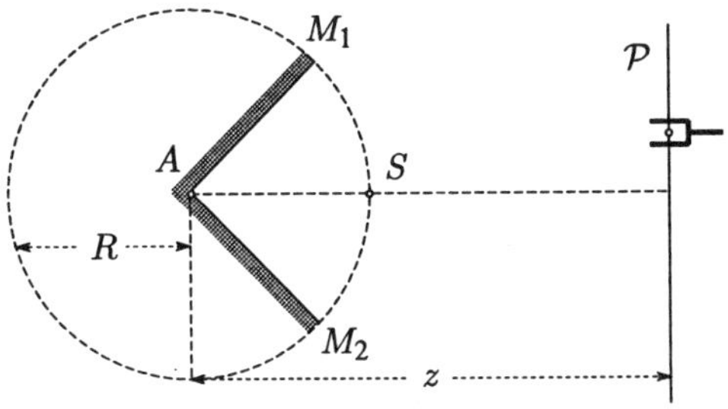

Abb. 22.10

A22.2 Lloydscher Spiegel
Das Interferenzsystem in Abbildung 22.6d wird Lloydscher Spiegel (nach H. Lloyd) genannt. Die Punktquelle S im Abstand h zu einem ebenen Spiegel der Seitenlänge $AB = l = 24$ cm emittiert in alle Richtungen eine Welle der Wellenlänge $\lambda = 0{,}6\,\mu$m. Der Abstand $d = HA$ beträgt 1 cm, und es gilt $h \ll d$.

1. Drücken Sie den Interferenzstreifenabstand d und das Interferenzfeld als Funktion der geometrischen und optischen Charakteristika des Systems aus!
2. Man erzeugt mittels einer dünnen konvergenten Linse der bildseitigen Brennweite 10 cm das Bild von $\mathcal{P}$, das sich in 12 cm Entfernung von $\mathcal{P}$ befindet. Der Interferenzstreifenabstand in der Bildebene beträgt 1,5 mm. Leiten Sie daraus den Wert von h und die Anzahl der hellen Interferenzstreifen ab, wenn in B aufgrund einer weiteren Phasenverschiebung um π bei der Reflexion am Spiegel der Streifen dunkel ist.

A22.3 Rayleighsches Interferometer
Wir wollen in einer Ebene $\mathcal{P}$ Interferenzerscheinungen beobachten, die durch den Youngschen Aufbau erzeugt wurden. Die beiden Spalte werden durch eine monochromatische Punktquelle S beleuchtet, die sich im objektseitigen Brennpunkt einer dünnen konvergenten Linse L befindet (Abbildung 22.11). Zwischen L und den Spalten werden zwei identische Küvetten K_1 und K_2 der Länge $l = 60$ cm, die dieselbe Flüssigkeit enthalten, plaziert.

1. Berechnen Sie den Abstand zwischen den beobachteten Interferenzstreifen, wenn der Spaltabstand $a = 1$ cm, ihre Entfernung D zu $\mathcal{P}$ 30 cm und die Wellenlänge des Lichtes im Vakuum $\lambda = 632{,}8$ nm beträgt.
2. Da die Interferenzstreifen zu schmal sind, um mit bloßem Auge beobachtet werden zu können, wird eine dünne Linse als Lupe verwendet. Durch diese Lupe sieht man die Streifen unter einem Winkel von $\alpha = 3'$ ohne akkomodieren zu müssen. Wie groß ist die Brennweite der Lupe?

3. Die Temperatur von T_1 nimmt ein wenig zu, so daß der Brechungsindex n der Flüssigkeit um ϵ abnimmt. Die Streifen verschieben sich daraufhin um einen Streifenabstand. Berechnen Sie ϵ.

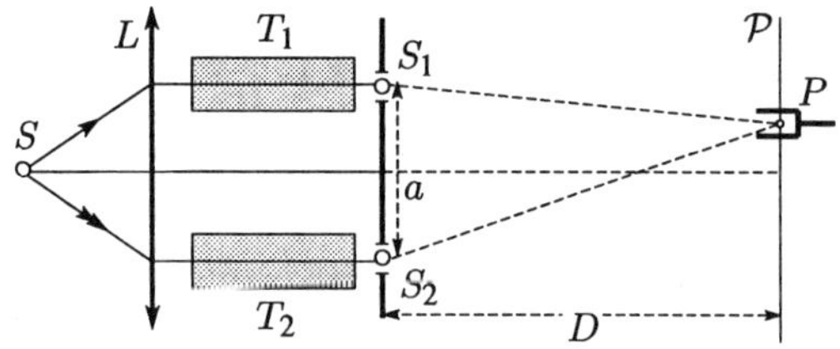

Abb. 22.11

A22.4 Superposition einer ebenen Welle und einer Kugelwelle
Eine konvergente Linse L mit einem Loch in der Mitte wird als Interferenzsystem zweier Wellen verwendet. Die punktförmige Lichtquelle S ist so plaziert, daß aus der Linse eine ebene Welle und direkt durch das Loch eine Kugelwelle austritt (Abbildung 22.12). Das Loch hat einen Durchmesser von 10 mm an der Austrittsfläche und eine Tiefe von $e = 3$ mm entlang der Achse.

1. Mit welchen analytischen Ausdrücken können die Wellen, die sich überlagern, beschrieben werden? Als Ursprung wird die Phase der Welle bei S angenommen, und beide Wellen sollen die gleiche Amplitude besitzen.
2. Leiten Sie die Intensität als Funktion des Radius ρ in der Ebene $\mathcal{P}$, die sich im gleichen Abstand d von der Austrittsfläche von L wie die Quelle S befindet, ab. Folgern Sie daraus die Art der Interferenzerscheinungen!
3. Berechnen Sie den Radius der äußeren Interferenzstreifen, wenn die Wellenlänge im Vakuum $\lambda = 0{,}5\,\mu$m, $d = 20$ cm und der Brechungsindex des Glases von L $n = 1{,}5$ betragen.

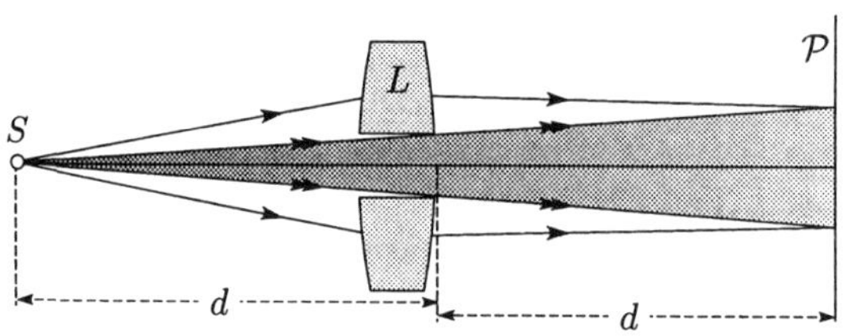

Abb. 22.12

A22.5 Interferenz dreier ebener Wellen
Wir wollen drei monochromatische ebene Wellen der gleichen Amplitude A betrachten, deren Wellenvektoren in einer orthonormalen Basis $Oxyz$ die Form

$$\boldsymbol{k}_1 = k\boldsymbol{e}_z, \quad \boldsymbol{k}_2 = k\cos\alpha\boldsymbol{e}_z + k\sin\alpha\boldsymbol{e}_x, \quad \boldsymbol{k}_3 = k\cos\alpha\boldsymbol{e}_z - k\sin\alpha\boldsymbol{e}_x$$

haben. Studieren Sie die in der Oxy-Ebene auftretenden Interferenzerscheinungen!

A22.6 Einfluß einer leichten Phasenverschiebung auf die Interferenz dreier monochromatischer Wellen

Es werden drei monochromatische Wellen gleicher Frequenz mit folgenden komplexen Amplituden überlagert:

$$A_0 \exp(\mathrm{i}\phi), \quad A_0 \exp(-\mathrm{i}\phi) \quad \text{und} \quad A_0 \exp(\mathrm{i}\theta).$$

1. Leiten Sie die Ausdrücke für die Intensität der resultierenden Welle als Funktion von ϕ für den Fall $\theta = \pi/2 + \epsilon$ bzw. $\theta = \pi/2$ ab; ϵ sei klein. Vergleichen Sie die beiden Ausdrücke!
2. Wiederholen Sie die Aufgabe für $\theta = \pi + \epsilon$ bzw. $\theta = \pi$.

A22.7 Mach-Zehnder-Interferometer

Das Mach-Zehnder-Interferometer ist in Abbildung 22.13 dargestellt: Die Spiegel M_1 und M_2 sind totalreflektierend, und A und C sind halbdurchlässige Strahlteiler. Es gilt $AB = CD = 3l/2$ und $BC = AD = 2l$. Das Interferometer wird von einer Punktquelle, die sich im objektseitigen Brennpunkt einer dünnen konvergenten Linse L_c befindet, mit monochromatischem Licht der Wellenlänge $\lambda = 0{,}5\,\mu$m beleuchtet.

1. In der Mitte der Strecke BC wird eine Blende $\mathcal{D}_1$ mit der Durchlässigkeit $t_1(x, y)$ und in einem Abstand l zum Strahlteiler C eine Blende $\mathcal{D}_2$ der Durchlässigkeit $t_2(x, y)$ in die Strecke CD eingeführt. Im Abstand l hinter C ist eine weitere Linse der bildseitigen Brennweite $f = l$ plaziert. Zeigen Sie, daß dann in einer Ebene, die sich im Abstand $2l$ hinter der Linse befindet, eine Intensitätsverteilung $t_1 + t_2$ zu beobachten ist!
2. Wie dick muß eine planparallele Platte mit Brechungsindex 1,5 sein, die senkrecht in den Arm AD geschoben wird, um eine Intensitätsverteilung $t_1 - t_2$ zu erhalten?

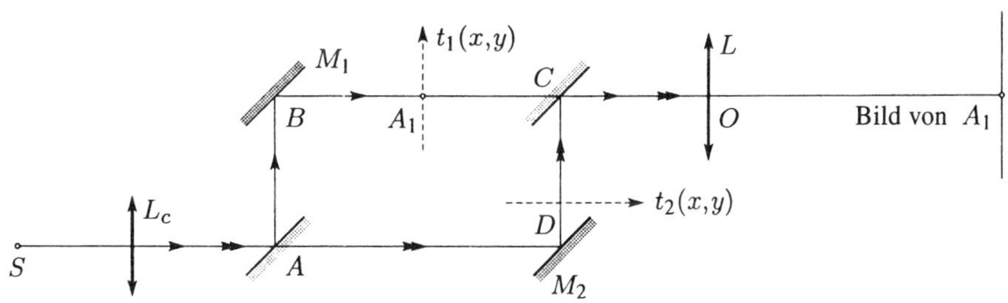

Abb. 22.13

A22.8 Sagnacsches Glasfaserinterferometer

1913 konstruierte der französische Physiker H. Sagnac ein Interferometer mit Hilfe von 4 Spiegeln, die er in den Ecken eines Quadrates anordnete, und bewirkte damit die Interferenz zweier entgegengesetzt laufender Wellen. Heute wird das Spiegelsystem durch eine Glasfaser der Länge l, die auf einen Zylinder aufgerollt wird, ersetzt. In beide Enden der Faser wird mittels eines halbdurchlässigen Spiegels Licht eines Lasers eingeführt (Abbildung 22.14).

Durch eine geringe Asymmetrie in der Faser werden auf dem Detektor Interferenzerscheinungen der beiden Wellen registriert. Ein solches System (Faser, Laser und Detektor), das auf einen Körper $\mathcal{S}$ montiert wird, der gleichförmig um eine Achse rotiert, die senkrecht zu der Faserebene ist, erlaubt die Messung der Winkelgeschwindigkeit ω von $\mathcal{S}$.

1. Berechnen Sie im Rahmen der Newtonschen Näherung der Addition von Geschwindigkeiten die Zeiten t_+ und t_-, die das Licht für einen vollständigen Durchlauf der Faser in und entgegen der Rotationsrichtung von $\mathcal{S}$ benötigt. Leiten Sie daraus den Unterschied in der optischen Weglänge ΔL als Funktion des Radius des Zylinders und von ω ab, der aufgrund der Rotation auftritt.
2. Man hat in einem Sagnacschen Interferometer eine Verschiebung der Interferenzstreifen um ein Zehntel des Streifenabstandes gemessen. Die Länge betrug hier $l = 250$ m, der Radius $R = 10$ cm, und der Laser erzeugte ein Bündel infraroten Lichtes der Vakuum-Wellenlänge $\lambda = 830$ nm. Bestimmen Sie die Winkelgeschwindigkeit ω.

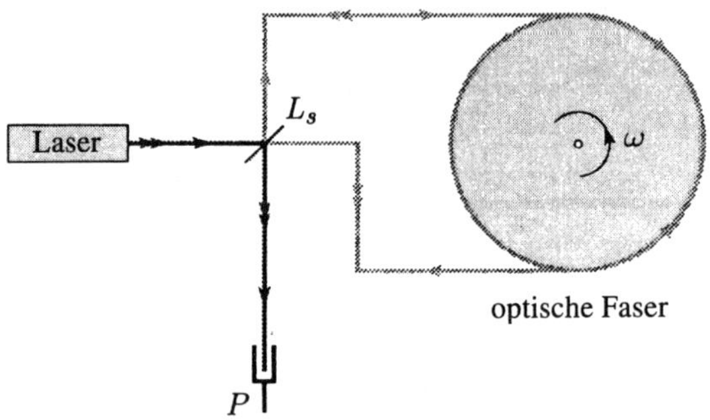

Abb. 22.14

23 Zeitliche und räumliche Kohärenz

Realisiert man Interferenzerscheinungen mit zwei Quellen S_1 und S_2, deren Beleuchtungsstärke von einer *primären Quelle* S abhängt, existieren zwei Ursachen für eine Kontrastverminderung:

1. Die von S emittierten Wellen sind nicht monochromatisch.
2. Die Quelle S ist nicht punktförmig.

Man sagt, daß die *zeitliche Kohärenz* und die *räumliche Kohärenz* von S nicht vollkommen sind. Wir werden im folgenden den Einfluß der Polychromasie der primären Quelle sowie ihrer räumlichen Ausdehnung im Detail analysieren.

23.1 Zeitliche Kohärenz

Die von der primären Quelle emittierte Welle ist quasimonochromatisch und durch ihre *spektrale Intensitätsverteilung* I_ν charakterisiert. Sie ist proportional zur Energie, die dem Frequenzbereich zwischen ν und $\nu + \mathrm{d}\nu$ entspricht. Im allgemeinen ist $I_\nu(\nu)$ eine Kurve, die um einen Frequenzmittelwert ν_0 zentriert ist.

23.1.1 Beispiele spektraler Intensitätsverteilungen

Es existieren zwei wesentliche Arten von spektralen Intensitätsverteilungen:

1. die *Lorentz-Verteilung* der Form (Abbildung 23.1a)

$$\boxed{I_\nu(\nu) = \frac{1}{1 + 4\pi^2\tau_c(\nu - \nu_0)^2}} \tag{23.1}$$

Die Halbwertsbreite $\Delta\nu_{\frac{1}{2}}$ von $I_\nu(\nu)$ ist mit dem Parameter τ_c über

$$\Delta\nu_{\frac{1}{2}} = \frac{1}{2\pi\tau_c} \tag{23.2}$$

verknüpft. Die Analyse des Emissionsmechanismus zeigt, daß diese Verteilung den atomaren *Stößen* zugeordnet werden kann, insbesondere der Zeit zwischen zwei Stößen, welche wiederum eine Funktion des Gasdruckes ist.

2. die *Gauß-Verteilung* der Form

$$\boxed{I_\nu(\nu) = \exp\left[-\frac{(\nu-\nu_0)^2}{2\sigma^2}\right]} \tag{23.3}$$

Die Varianz σ ist mit der Halbwertsbreite $\Delta\nu_{\frac{1}{2}}$ der Verteilung über

$$\Delta\nu_{\frac{1}{2}} = 2\sigma(2\ln 2)^{\frac{1}{2}} \approx 2,35\sigma \tag{23.4}$$

verknüpft. Diese Verteilung wird dem *Doppler-Effekt*, d. h. der Veränderung der Frequenz der von den Atomen emittierten Welle, die aufgrund ihrer Bewegung relativ zum Beobachter auftritt, zugeordnet.

Häufig werden solche Verteilungen zur Vereinfachung durch Rechteckverteilungen der Breite $\Delta\nu_{\frac{1}{2}}$, zentriert um ν_0, angenähert.

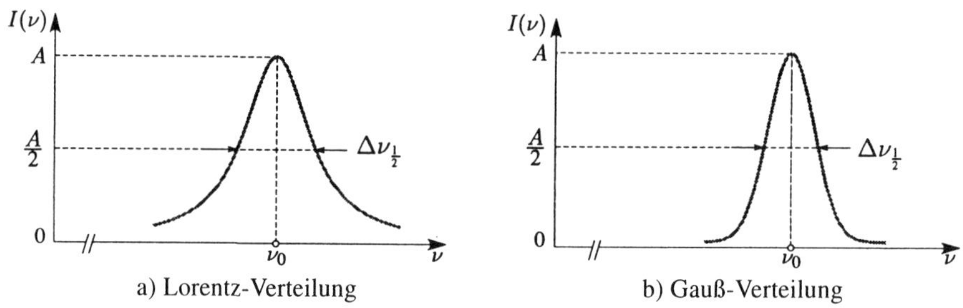

Abb. 23.1

23.1.2 Kohärenzzeit und Kohärenzlänge zeitlicher Kohärenz L_c

Für ein gegebenes Interferenzsystem hängt die Phase am Punkt P von der Frequenz der betrachteten monochromatischen Welle ab: $\phi = 2\pi L/\lambda_0 = 2\pi\nu\tau$ mit $\tau \equiv L/c$.

Ist die Lichtquelle quasimonochromatisch, erzeugt jede der monochromatischen Komponenten ihre eigene Interferenzerscheinung. In P beobachtet man daher die *Summe der Intensitäten*, die zu den verschiedenen spektralen Komponenten gehören:

$$I = \sum_i 2I_0(\nu_i)[1 + \cos(2\pi\nu_i\tau)]. \tag{23.5}$$

Die Interferenzstreifen zu den verschiedenen Frequenzen überlagern sich und werden undeutlich, da die Phase ϕ von der Frequenz abhängt.

Ist das Frequenzspektrum jedoch schmal genug, ist die Verschmierung des Musters nicht wahrnehmbar. Ein Kriterium für die Sichtbarkeit des Interferenzmusters kann durch Annähern der tatsächlichen Verteilung durch eine Rechteckverteilung der Breite $\Delta\nu_{\frac{1}{2}}$ erhalten werden: Die Phasendifferenz in P unterscheidet sich nicht mehr als $\Delta\phi_{\frac{1}{2}} = 2\pi\Delta\nu_{\frac{1}{2}}\tau$. Die Interferenzerscheinungen der verschiedenen Frequenzen der quasimonochromatischen Schwingung werden nicht verschmiert, wenn die Änderung der Phasendifferenz $\Delta\phi_{\frac{1}{2}}$ klein gegen 2π ist:

$$\Delta\phi_{\frac{1}{2}} \ll 2\pi \quad \text{oder} \quad 2\pi\Delta\nu_{\frac{1}{2}}\tau \ll 2\pi \tag{23.6}$$

und daher

$$\tau \ll \tau_c \tag{23.7}$$

mit

$$\boxed{\tau_c \equiv \Delta\nu_{\frac{1}{2}}^{-1}.} \tag{23.8}$$

Mit Hilfe der optischen Weglänge kann diese Bedingung in der Form (L ist hier als Weglängendifferenz aufzufassen)

$$L = c\tau \ll L_c$$

mit

$$\boxed{L_c = c\tau_c = c\Delta\nu_{\frac{1}{2}}^{-1} = \lambda\left(\frac{\lambda}{\Delta\lambda_{\frac{1}{2}}}\right)} \tag{23.9}$$

geschrieben werden, denn durch Differentiation erhalten wir aus $\nu = c/\lambda$ die Beziehung $\mathrm{d}\nu = -(c/\lambda^2)\mathrm{d}\lambda$. Die Größen τ_c und L_c werden *Kohärenzzeit* bzw. *Kohärenzlänge* der zeitlichen Kohärenz genannt.

Größenordnungen: Für eine Quecksilbergaslampe mit einem Interferenzfilter der Breite $\Delta\lambda = 10$ nm bei der Wellenlänge $\lambda_0 = 546$ nm erhalten wir:

$$L_c = \lambda_0\left(\frac{\lambda_0}{\Delta\lambda}\right) \approx 30\,\mu\text{m} \quad \text{und} \quad \tau_c = \frac{L_c}{c} = 10^{-13}\,\text{s}. \tag{23.10}$$

Für einen Helium-Neon-Laser der Wellenlänge $\lambda = 632{,}8$ nm, der Frequenzbande $\Delta\nu_{\frac{1}{2}} = 1400$ MHz, die alle Schwingungsmoden enthält (siehe Kapitel 29), erhalten wir:

$$\tau_c = \frac{1}{\Delta\nu_{\frac{1}{2}}} = 0,7 \cdot 10^{-9}\,\mathrm{s} \quad \text{und} \quad L_c = c\tau_c \approx 20\,\mathrm{cm}. \tag{23.11}$$

In Abbildung 23.2 interpretieren wir qualitativ die oben formulierten Bedingungen mittels des Konzeptes der Wellenzüge:

1. Ist $\tau \ll \tau_c$ ($L \ll L_c$), stammen die Wellenzüge, die sich in P begegnen, vom *selben* aus S emittierten Wellenzug. Ihre Phasendifferenz ist daher nicht zufällig, sondern *stationär* (Abbildung 23.2a).
2. Ist dagegen $\tau > \tau_c$ ($L > L_c$), stammen die sich in P treffenden Wellenzüge von verschiedenen Wellenzügen aus S. Ihre Phasendifferenz ist daher *zufällig*, so daß keine Interferenz erfolgt (Abbildung 23.2b).

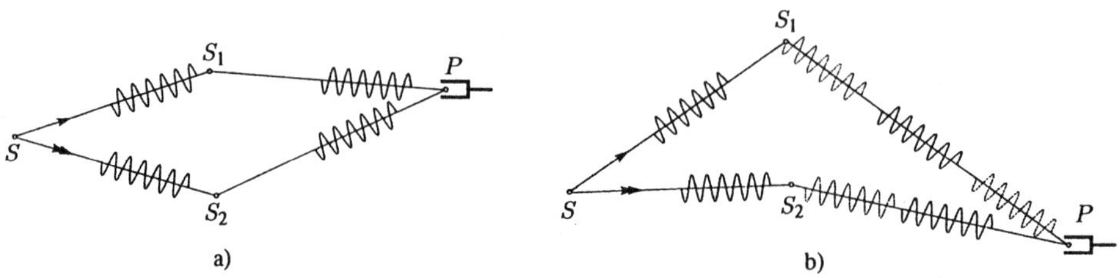

Abb. 23.2

In der optischen Interferometrie, die in der Astronomie verwendet wird, werden von einem Stern ausgesandte Lichtwellen von zwei Teleskopen, die mehrere Meter voneinander entfernt sind, zur Interferenz gebracht und detektiert, so daß der Weglängenunterschied deutlich größer ist als die Kohärenzlänge L_c (Abbildung 23.3).

Diese Konfiguration führt eine stationäre Weglängendifferenz $b \cos \alpha$ ein. Hierbei sind b die *Basislinie* zwischen den beiden Teleskopen und α die Winkelhöhe des Sternes über dem Horizont. Man kompensiert diesen Weglängenunterschied, der ohne Interesse ist, aber den Kontrast der Interferenzstreifen verändert, entweder durch Annähern des Detektors P an das Teleskop, das das Signal später empfängt, oder durch Einführen einer zusätzlichen *Verzögerungschleife* für das früher empfangene Signal.

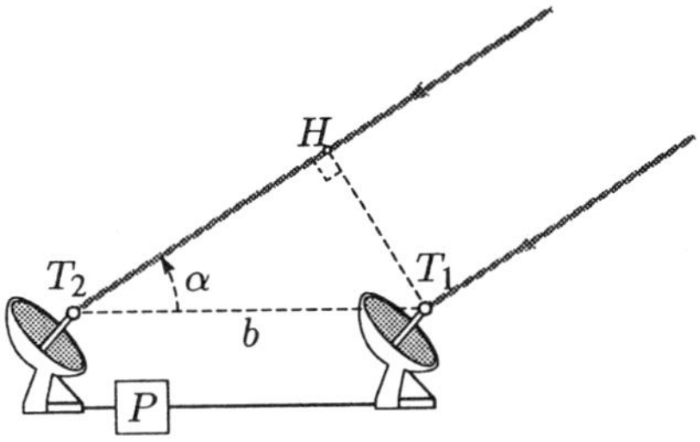

Abb. 23.3

23.1.3 Grad der zeitlichen Kohärenz und spektrale Intensitätsverteilung

Wir betrachten nun ein beliebiges Interferometer, das von einer primären quasimonochromatischen, punktförmigen Lichtquelle beleuchtet wird (Abbildung 23.4). Haben die interferierenden Wellen dieselbe Amplitude, beträgt der Beitrag zu der Gesamtintensität I, den die Frequenzbreite $\mathrm{d}\nu$ mit spektraler Intensitätsverteilung I_ν liefert,

$$2I_\nu(1+\cos\phi)\mathrm{d}\nu \tag{23.12}$$

mit $\phi = 2\pi\nu\tau$. Daraus folgt die Intensität:

$$\begin{aligned} I &= \int 2I_\nu[1+\cos(2\pi\nu\tau)]\mathrm{d}\nu \\ &= 2I_0\left[1+\int I^n_{\nu,\mathrm{c}}(\nu-\nu_0)\cos(2\pi\nu\tau)\mathrm{d}\nu\right] \end{aligned} \tag{23.13}$$

mit

$$I_0 \equiv \int I_\nu \mathrm{d}\nu \quad \text{und} \quad I^n_{\nu,\mathrm{c}}(\nu-\nu_0) \equiv \frac{I_\nu(\nu)}{I_0}. \tag{23.14}$$

Letztere Gleichung ist die *zentrierte normierte spektrale Intensitätsverteilung*. Da $I^n_{\nu,\mathrm{c}}(\nu-\nu_0)$ reell und nichtnegativ ist, erhält man den Integralterm in der Gleichung für I in der Form:

$$\begin{aligned} &\mathrm{Re}\left\{\exp(-\mathrm{i}2\pi\nu_0\tau)\int I^n_{\nu,\mathrm{c}}(\nu-\nu_0)\exp[-\mathrm{i}2\pi(\nu-\nu_0)\tau]\mathrm{d}\nu\right\} = \\ &\qquad \mathrm{Re}[\gamma_t(\tau)\exp(-\mathrm{i}2\pi\nu_0\tau)] \end{aligned} \tag{23.15}$$

mit

$$\gamma_t(\tau) = \int I^n_{\nu,\mathrm{c}}(\nu-\nu_0)\exp[-\mathrm{i}2\pi(\nu-\nu_0)\mathrm{d}\nu. \tag{23.16}$$

γ_t wird als *komplexer zeitlicher Kohärenzgrad* bezeichnet und kann auch in der Form $|\gamma_t| \exp(\mathrm{i}\alpha_t)$ geschrieben werden. Mit dieser Definition erhalten wir die Gesamtintensität I in der aus Kapitel 22 bekannten Form:

$$\boxed{I = 2I_0[1 + |\gamma_t| \cos(2\pi\nu_0\tau - \alpha_t)].} \tag{23.17}$$

Da aber die Kosinusfunktion sehr viel schneller mit τ variiert als γ_t, sind die Extremwerte der Intensität

$$I_{\max} = 2I_0(1 + |\gamma_t|) \quad \text{und} \quad I_{\min} = 2I_0(1 - |\gamma_t|). \tag{23.18}$$

Offensichtlich ist die Sichtbarkeit der Streifen identisch mit dem *Betrag* des zeitlichen Kohärenzgrades γ_t.

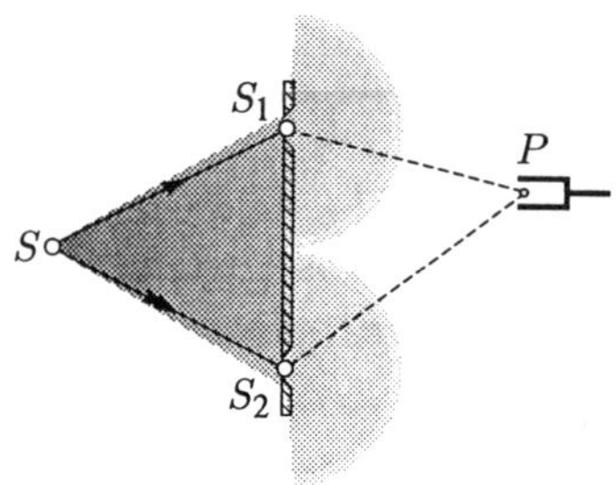

Abb. 23.4

Im idealen Fall der monochromatischen Welle ist $|\gamma_t| = 1$.

Die Beziehung zwischen der Sichtbarkeit V und der Funktion $I^n_{\nu,\mathrm{c}}(\nu - \nu_0)$ ist in der Optik als *Wiener-Chintschin-Theorem* bekannt:

$$\boxed{V = \frac{I_{\max} - I_{\min}}{I_{\max} + I_{\min}} = |\gamma_t|} \tag{23.19}$$

mit

$$\boxed{\gamma_t(\tau) = \int I^n_{\nu,\mathrm{c}}(\nu - \nu_0) \exp[-\mathrm{i}2\pi(\nu - \nu_0)\mathrm{d}\nu.}$$

Diese Relation zwischen dem komplexen zeitlichen Kohärenzgrad und der zentrierten normierten spektralen Intensitätsverteilung ist eine Fourier-Transformation und auch in der statistischen Physik ein bekanntes Theorem.

23.1.4 Anwendung auf die Spektroskopie

Die experimentelle Bestimmung von $V = |\gamma_t|$ aus dem Interferenzmuster erlaubt es, Informationen über die Funktion $I^n_{\nu,\mathrm{c}}(\nu - \nu_0)$ zu erhalten. Die entsprechende Spektroskopie wird *Fourier-Spektroskopie* genannt.

Wir bemerken aber, daß wir in Wirklichkeit nur Zugang zum Betrag von γ_t in Form der Sichtbarkeit $|\gamma_t| = V$ und nicht zu der komplexen Größe selbst haben. Dieses macht die Ermittlung von I_ν zu einem heiklen Problem. Die Wiederherstellung der Phase (hier der von γ_t) aus zusätzlichen Informationen über das zu rekonstruierende, verrauschte Signal stellt ein Hauptthema der Bildverarbeitung dar.

Der normalerweise für diese Technik verwendete experimentelle Aufbau ist das Michelson-Interferometer (siehe Kapitel 22). Das von der Quelle ausgestrahlte Lichtbündel fällt in einem Winkel von 45° auf einen halbdurchlässigen Spiegel L_s (Abbildung 23.5). Der von L_s reflektierte Teil des Lichtbündels wird von dem festen Spiegel M_1 reflektiert und tritt durch L_s. Der Teil des Lichtbündels, der gleich durch den Spiegel L_s tritt, wird an einem beweglichen Spiegel M_2 und anschließend an L_s reflektiert. Die beiden Lichtbündel überlagern sich in P, wo sich der Detektor befindet.

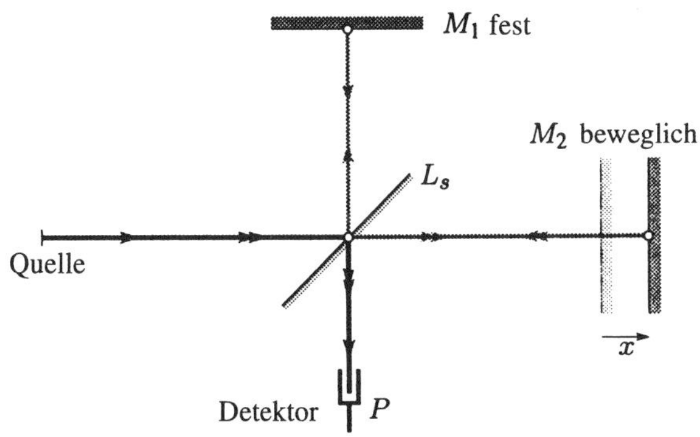

Abb. 23.5

Für ein monochromatisches Bündel der Frequenz $\nu_0 = c/\lambda_0$ hat die detektierte Intensität als Funktion der Verschiebung von M_2 gegenüber der Position mit Weglängenunterschied null die Form:

$$I(P) = 2I_0 \left[1 + \cos\left(\frac{2\pi}{\lambda_0} 2x\right)\right] = 2I_0[1 + \cos(2\pi\nu_0\tau)], \qquad (23.20)$$

da die Weglängendifferenz L zwischen den beiden Lichtbündeln den Wert $2x$ hat und $\tau = 2x/c$ gilt.

Für ein polychromatisches Bündel der spektralen Intensitätsverteilung I_ν registriert man die Intensität $I(P)$ als Funktion von τ, um daraus die Sichtbarkeit V zu bestimmen.

Diese Technik hat allerdings nur im Infraroten sehr gute Ergebnisse geliefert, da die Verschiebung des beweglichen Spiegels sehr präzise durchzuführen ist.

23.1.5 Beispiele

Bestimmung der Halbwertsbreite eines symmetrischen Frequenzdubletts

Jede der beiden Komponenten eines Frequenzdubletts besitzt seine eigene Intensitätsverteilung. Im Fall gleicher Intensität I_{01} (symmetrisches Dublett) gilt für die Gesamtintensität:

$$\begin{aligned} I &= 2I_{01}[2 + \cos(2\pi\nu_1\tau) + \cos(2\pi\nu_2\tau)] \\ &= 4I_{01}\{1 + \cos[\pi(\nu_1 - \nu_2)\tau]\cos[\pi(\nu_1 + \nu_2)\tau]\}. \end{aligned} \tag{23.21}$$

Da $\nu_1 \approx \nu_2 \approx \nu_0$ und $\Delta\nu_{\frac{1}{2}} \equiv \nu_2 - \nu_1$ gelten, ergibt sich mit $I_0 = 2I_{01}$:

$$I(\tau) = 2I_0\left[1 + \cos(\pi\Delta\nu_{\frac{1}{2}}\tau)\cos(2\pi\nu_0\tau)\right]. \tag{23.22}$$

Daraus folgt V als Funktion von $\tau_c = \Delta\nu_{\frac{1}{2}}^{-1}$ und $L_c = \lambda_0^2/\Delta\lambda_{\frac{1}{2}}$:

$$V = |\gamma_t(\tau)| = \left|\cos\left(\pi\frac{\tau}{\tau_c}\right)\right| = \left|\cos\left(\pi\frac{L}{L_c}\right)\right|. \tag{23.23}$$

Im Fall des Natriumdubletts mit $\lambda_1 = 589{,}0$ nm und $\lambda_2 = 589{,}6$ nm, erhalten wir $L_c = \lambda_0^2/\Delta\lambda_{\frac{1}{2}} \approx 0{,}6$ mm. Für $L = 0$, $\gamma_t = 1$ und $L = L_1 = c\tau_c/2$ hat γ_t seine erste Nullstelle. Durch Messung von L_1 kann τ_c und damit $\Delta\nu_{\frac{1}{2}}$ experimentell bestimmt werden (Abbildung 23.6).

Mit dieser Methode zeigte Michelson das erste Mal, daß die rote Linie im Spektrum des Wasserstoffatoms in zwei Linien mit Abstand $\Delta\lambda_{\frac{1}{2}} = 0{,}014$ nm aufspaltet.

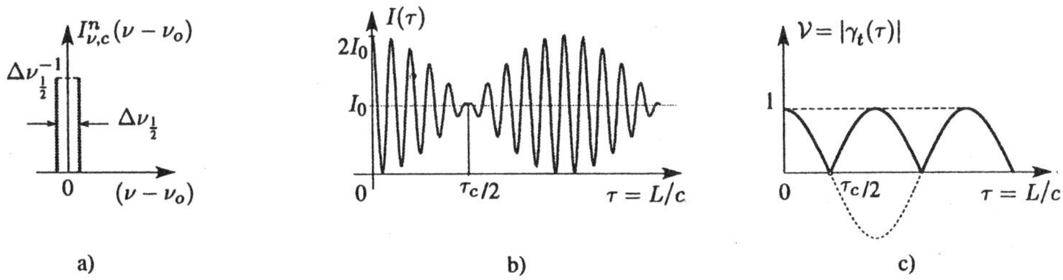

Abb. 23.6

Bestimmung der Halbwertsbreite $\Delta\nu_{\frac{1}{2}}$ eines rechteckigen Frequenzspektrums

Geht man von der vereinfachenden Annahme einer rechteckigen spektralen Intensitätsverteilung aus (Abbildung 23.7), kann man $I^n_{\nu,c}(\nu - \nu_0)$ bestimmen und daraus auf $|\gamma_t(\tau)|$ schließen:

$$\gamma_t(\tau) = \frac{1}{\Delta\nu_{\frac{1}{2}}} \int\limits_{-\Delta\nu_{\frac{1}{2}}/2}^{\Delta\nu_{\frac{1}{2}}/2} \exp[-i2\pi(\nu - \nu_0)\tau]d\nu = \frac{\sin(\pi\Delta\nu_{\frac{1}{2}}\tau)}{\pi\Delta\nu_{\frac{1}{2}}\tau}. \qquad (23.24)$$

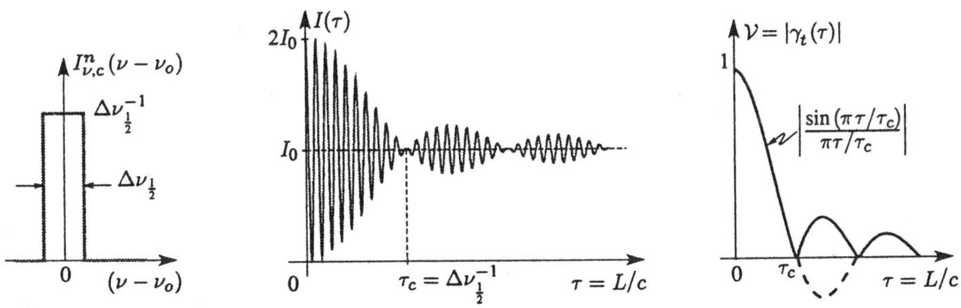

Abb. 23.7

Daraus folgt die Intensität

$$I(\tau) = 2I_0 \left[1 + \left| \frac{\sin(\pi\Delta\nu_{\frac{1}{2}}\tau)}{\pi\Delta\nu_{\frac{1}{2}}\tau} \right| \cos(2\pi\nu_0\tau) \right]. \qquad (23.25)$$

Wie in Abbildung 23.7 zu sehen ist, verschwindet $\gamma_t(\tau)$ für $\tau = \tau_c$. Plaziert man den Detektor am Punkt P, wo $\gamma(\tau)$ das erste Mal verschwindet, kann man $\Delta\nu_{\frac{1}{2}}$ ermitteln. Auf diese hat Weise hat Michelson die Halbwertsbreite der roten Cadmiumlinie bestimmt: $\lambda = 643{,}8$ nm, $L = 30$ cm, $\Delta\nu_{\frac{1}{2}} = 10^9$ Hz und $\Delta\lambda_{\frac{1}{2}} = \lambda^2\Delta\nu_{\frac{1}{2}}/c = 1{,}3$ pm.

Bemerkung: Die Ergebnisse der beiden vorherigen Unterabschnitte ergeben sich direkt aus dem Wiener-Chintschin-Theorem: die Fourier-Transformierte einer Verteilung, die aus zwei Dirac-Funktionen bzw. der Rechteckfunktion resultiert, stellt den zeitlichen Kohärenzgrad dar und wird durch eine Kosinusfunktion bzw. den Kardinalsinus beschrieben.

23.1.6 Interferenz mit weißem Licht. Kanelliertes Spektrum

Sobald man weißes Licht in ein Interferometer einstrahlt, das auf der Teilung der Wellenfront beruht, überlagern sich die Interferenzerscheinungen der verschiedenen Wellenlängen zwischen 400 nm und 750 nm. Am Punkt verschwindender Weglängendifferenz sind die Intensitäten aller Frequenzen maximal. Die Superposition stellt an diesem Punkt das weiße Licht der Quelle wieder her. Da die Abstände der Interferenzstreifen sich proportional zur Wellenlänge verändern, weisen die Interferenzstreifen zuerst (regenbogen)farbige Säume auf, blau zum Zentrum hin und rot zum Rand hin, und verschwimmen dann vollständig. Man beobachtet dann einen weißen, zentralen Streifen, an dessen Rand einige Farbsäume und eine weiße Zone anschließen.

Man kann diese weiße Zone mit Hilfe eines Spektroskops analysieren (Abbildung 23.8). Dieses Spektroskop ist ein optisches System, das ein Bild von einem Eingangsspalt erzeugt. Dabei passiert das Licht ein dispersives Element, z. B. ein Ensemble aus Prismen (siehe Kapitel 26). Jede Wellenlänge des analysierten weißen Streifens erzeugt ihr eigenes Bild des Spaltes. Das so erhaltenen Bild ist ein Spektrum, das *dunkle Streifen* aufweist, die Strahlung mit einem ungeraden Vielfachen von π als Phasendifferenz entsprechen.

23.2 Räumliche Kohärenz

Die von einer primären Quelle emittierte Welle ist nicht durch einen einzigen Wellenvektor charakterisierbar, sondern durch eine ganze Reihe verschieden geneigter Wellenvektoren. Zwar weniger fundamental als die zeitliche

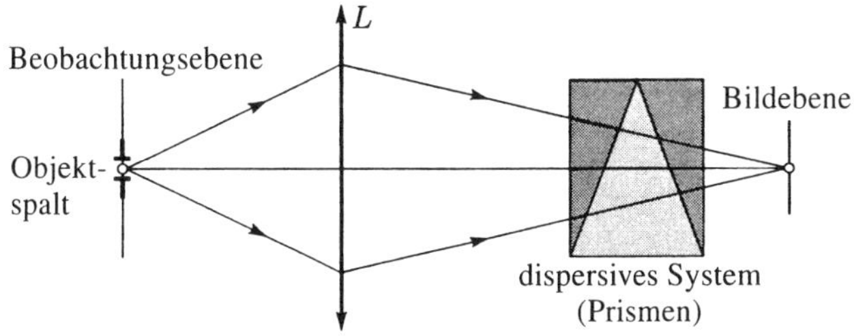

Abb. 23.8

Kohärenz, ist dieser Aspekt der Kohärenz von nenneswertem Interesse bei der Analyse der Bilderzeugung in der Wellenoptik (siehe Kapitel 30).

23.2.1 Räumliche Kohärenzlänge l_c

Wir wollen den Einfluß einer Verschiebung der primären Lichtquelle auf die Phasendifferenz am Punkt P berechnen (Abbildung 23.9a). Ist das System vom Typ der Youngschen Löcher, erhalten wir, da S_1, S_2 und P fest sind:

$$\Delta\phi = 2\pi\nu\frac{\Delta L}{c} \tag{23.26}$$

mit

$$\Delta L = \Delta[(SS_2P) - (SS_1P)] = \Delta[(SS_2) - (SS_1)] = -\boldsymbol{u}_2 \cdot \Delta\boldsymbol{S} + \boldsymbol{u}_1 \cdot \Delta\boldsymbol{S}.$$

Daher haben wir mit der Wellenlänge λ:

$$\Delta\phi = \frac{2\pi}{\lambda}\Delta\boldsymbol{S} \cdot (\boldsymbol{u}_1 - \boldsymbol{u}_2). \tag{23.27}$$

Das bedeutet, daß jede Verschiebung der primären Lichtquelle senkrecht zum Vektor $(\boldsymbol{u}_1 - \boldsymbol{u}_2)$ in zweiter Ordnung zu keiner Veränderung der Phase führt. Man modifiziert daher nicht die Kohärenzeigenschaften, wenn man die Punktquelle durch eine *spaltförmige* Quelle senkrecht zu $(\boldsymbol{u}_1 - \boldsymbol{u}_2)$ ersetzt. Dieses Ergebnis ist insofern interessant, als daß damit die Lichtmenge in experimentellen Anordnungen wie z. B. der Youngschen erhöht werden kann (siehe Kapitel 21).

Anders ist es, wenn $\Delta\boldsymbol{S}$ kollinear zu $(\boldsymbol{u}_1 - \boldsymbol{u}_2)$ ist; $\Delta\phi$ wird in diesem Fall zu

$$\Delta\phi = \frac{2\pi}{\lambda}\Delta S 2\sin\left(\frac{\alpha}{2}\right) \approx \frac{2\pi}{\lambda}\Delta S\alpha \tag{23.28}$$

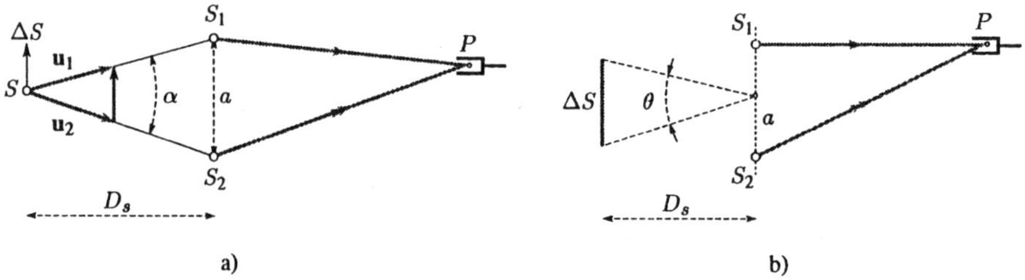

Abb. 23.9

mit dem Winkel α, der von $\boldsymbol{u}_1$ und $\boldsymbol{u}_2$ eingeschlossen wird und im allgemeinen klein ist.

Ist die primäre Quelle ausgedehnt, trägt jeder Punkt der Quelle unabhängig von den anderen ein eigenes Interferenzmuster bei. Es *addieren* sich also die entsprechenden *Intensitäten* zu der Gesamtintensität:

$$I = \sum_i 2I_i(1 + \cos\phi_i) \tag{23.29}$$

mit $\phi_i = 2\pi\nu\tau$ und $\tau_i = [(S_iS_2P) - (S_iS_1P)]/c$. Nähert man also die primäre Lichtquelle durch einen rechteckigen Spalt der Größe ΔS an, ist die maximale Änderung der Phasendifferenz in P zwischen den Wellen, die von zwei Punkten der primären Quelle emittiert werden, und damit die Verwaschung des Interferenzmusters, vernachlässigbar, wenn die Bedingungen

$$\Delta\phi \ll 2\pi \quad \text{oder} \quad \frac{a\Delta S}{D_s\lambda} = \frac{a\theta}{\lambda} \ll 1 \tag{23.30}$$

erfüllt sind. Hierbei sind $a = S_1S_2$ und θ der Winkel, unter dem man die primäre Quelle S vom Interferometer aus sieht (Abbildung 23.9b).

Wir definieren die Größe $l_c \equiv \lambda/\theta$, die *räumliche Kohärenzlänge* genannt wird. Die vorherige Bedingung wird dann zu:

$$\boxed{a \ll l_c \quad \text{mit} \quad l_c = \frac{\lambda}{\theta}.} \tag{23.31}$$

Größenordnungen: Im Fall der Sonne ist

$$\theta \approx 32', \quad \text{so daß} \quad l_c = \frac{0{,}55 \cdot 10^{-6}}{32 \cdot 3 \cdot 10^{-4}} \approx 60\,\mu\text{m}.$$

Für einen Planeten wie die Venus haben wir

$$\theta \approx 1', \quad \text{so daß} \quad l_c = \frac{0{,}55 \cdot 10^{-6}}{3 \cdot 10^{-4}} \approx 2\,\text{mm}.$$

Bemerkungen:

1. Allein durch die Lichtausbreitung von der primären Quelle S zu den beiden Quellen S_1 und S_2 erfolgt ein Übergang von inkohährentem zu partiell kohärentem Licht. Man sagt, daß die *Kohärenz sich ausbreite.* Physikalisch ist die Interpretation einfach: In der Ebene der primären Quelle ist die Strahlung der verschiedenen Punkte unabhängig, während in der Ebene der Quellen S_1 und S_2 die Strahlung dieser Punkte zumindest teilweise über denselben Strahlungsfluß von der primären Quelle verbunden ist.
2. Im Fall eines Interferenzsystems wie dem Fresnelschen Spiegel sind die Quellen S_1 und S_2 Bilder der primären Quelle. Vergrößert man diese, werden auch S_1 und S_2 vergrößert. Die Änderung $\Delta\phi$ der Phasendifferenz führt hier zu:

$$\Delta\phi = \frac{2\pi}{\lambda_0}\Delta[(S_2P) - (S_1P)] = \frac{2\pi}{\lambda}[\Delta \boldsymbol{S}_1 \cdot \boldsymbol{u}_1 - \Delta \boldsymbol{S}_2 \cdot \boldsymbol{u}_2]$$

oder, da allgemein $\Delta \boldsymbol{S}_2 = \Delta \boldsymbol{S}_1 = G_t \Delta \boldsymbol{S}$ gilt,

$$\Delta\phi = \frac{2\pi}{\lambda} G_t \Delta \boldsymbol{S} \cdot (\boldsymbol{u}_1 - \boldsymbol{u}_2). \tag{23.32}$$

Wir kommen somit zum selben Ergebnis wie bei den Youngschen Löchern.

23.2.2 Räumlicher Kohärenzgrad und räumliche Intensität

Wir wollen erneut die Versuchsanordnung von Young betrachten, in der eine *ausgedehnte Quelle*, die um den Punkt S_0 zentriert ist, zwei Punkte S_1 und S_2 beleuchtet. Wir wollen die Kohärenz aus dem Interferenzmuster, das diese Punkte in einem Beobachtungspunkt P erzeugen, bestimmen (Abbildung 23.10).

Um die Notation zu vereinfachen, gehen wir zu einer Dimension über und bezeichnen mit $I_s(x_s)\mathrm{d}x_s$ den Beitrag des Elementes $\mathrm{d}x_s$ um den Punkt S der primären Quelle mit Koordinate x_s zur Gesamtintensität: $I_s(x_s)$ ist die räumliche Intensitätsverteilung der primären Quelle. Am Punkt P der Koordinate X in der Beobachtungsebene schreibt sich die Gesamtintensität als

$$I = \int 2I_s(x_s)(1 + \cos\phi)\mathrm{d}x_s \tag{23.33}$$

ergibt, dabei ist

$$\phi \equiv \phi_s + \phi_p = \frac{2\pi\nu}{c}[(SS_2) - (SS_1) + (S_2P) - (S_1P)]$$

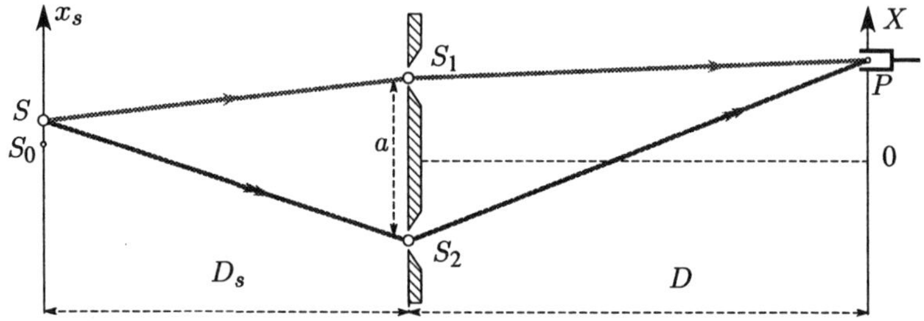

Abb. 23.10

$$= \frac{2\pi}{\lambda}\left[\frac{ax_s}{D_s} + \frac{aX}{D}\right]. \tag{23.34}$$

Setzen wir

$$I_0 \equiv \int I_s(x_s)\mathrm{d}x_s, \quad x'_s = x_s - x_{s,0} \quad \text{und} \quad I^n_{s,c}(x'_s) = \frac{I_s(x_s)}{I_0}, \tag{23.35}$$

letztere Gleichung ist die *räumliche, um S_0 zentrierte, normierte Intensitätsverteilung* der primären Quelle, erhalten wir:

$$I = 2I_0\left[1 + \int I^n_{s,c}(x'_s)\cos(\phi_s + \phi_p)\mathrm{d}x_s\right]. \tag{23.36}$$

Da $I^n_{s,c}(x'_s)$ reell und nichtnegativ ist, kann der Integralterm wegen $\mathrm{d}x_s = \mathrm{d}x'_s$ in der folgenden Form geschrieben werden:

$$\mathrm{Re}\left\{\mathrm{e}^{-\mathrm{i}(\phi_{s,0}+\phi_p)}\int I^n_{s,c}(x'_s)\mathrm{e}^{-\mathrm{i}(\phi_s-\phi_{s,0})}\mathrm{d}x'_s)\right\} = \mathrm{Re}\{\gamma_s\mathrm{e}^{-\mathrm{i}(\phi_{s,0}+\phi_p)}\} \tag{23.37}$$

mit

$$\underline{\gamma}_s \equiv \int I^n_{s,c}(x'_s)\exp[-\mathrm{i}(\phi_s - \phi_{s,0})]\mathrm{d}x'_s.$$

Diese im allgemeinen komplexe Zahl kann in der Form $|\gamma_s|\exp(\mathrm{i}\alpha_s)$ dargestellt werden und heißt *komplexer räumlicher Kohärenzgrad*. Wir können dieses Integral mit Hilfe von

$$\phi_s - \phi_{s,0} = \frac{2\pi}{\lambda}\left[\frac{a(x_s - x_{s,0}}{D_s}\right] = 2\pi u x'_s \quad \text{und} \quad u = \frac{a}{\lambda D_s}$$

in die Gestalt

$$\underline{\gamma}_s = \int I^n_{s,c}(x_s)\exp(-\mathrm{i}2\pi u x'_s)\mathrm{d}x'_s \tag{23.38}$$

bringen. Folglich können wir die Gesamtintensität I in der gewohnten Form schreiben (siehe Kapitel 22):

$$\boxed{I = 2I_0[1 + |\gamma_s| \cos(\phi_{s,0} + \phi_p - \alpha_s)].} \tag{23.39}$$

Verschiebt sich der Punkt P, dann variiert die Intensität zwischen den Werten

$$I_{\text{max}} = 2I_0(1 + |\underline{\gamma}_s|) \quad \text{und} \quad I_{\text{min}} = 2I_0(1 - |\underline{\gamma}_s|). \tag{23.40}$$

Folglich ist die Sichtbarkeit der Interferenzstreifen identisch mit dem *Betrag* von γ_s. Für den idealen Fall, in dem die Quelle S eine Punktquelle ist, wird $\gamma_s = 1$.

Die Beziehung zwischen der Sichtbarkeit V und der Größe $I^n_{s,\text{c}}(x_s)$ ist unter dem Namen *Theorem von Van Cittert und Zernike* bekannt:

$$\boxed{V = \frac{I_{\text{max}} - I_{\text{min}}}{I_{\text{max}} + I_{\text{min}}} = |\underline{\gamma}_s|} \quad \text{und}$$

$$\boxed{\underline{\gamma}_s = \int I^n_{s,\text{c}}(x'_s) \exp[-\text{i}2\pi u x'_s] \text{d}x'_s.} \tag{23.41}$$

Wie für die zeitliche Kohärenz ist diese Relation zwischen dem komplexen Kohärenzgrad und der zentrierten normierten Intensitätsverteilung eine Fourier-Transformation.

23.2.3 Anwendung auf die Apertursynthese

Die experimentelle Bestimmung von $V = |\underline{\gamma}_s|$ aus den Interferenzmustern heraus erlaubt die Gewinnung von Informationen über $I^n_{s,\text{c}}(x'_s)$ und damit über den Winkeldurchmesser der primären Quelle.

In der Astronomie wird dieses Verfahren in der *Apertursynthese* verwendet. Aber auch hier kann die Phase von $\underline{\gamma}_s$ nicht bestimmt werden, so daß wiederum nur über *vorherige* Zusatzinformation das Objekt unter Rauschen rekonstruiert werden kann.

Das erste Mal hat Michelson 1920 diesen Weg eingeschlagen, um den Winkelduchmesser von Sternen zu bestimmen; damit griff er einen mehrere Jahre zurückliegenden Vorschlag des französischen Physikers H. Fizeau auf.

Mit Hilfe eines Systems von vier Spiegeln, das vor ein Fernrohr mit Doppelspaltblende montiert war, gelang es ihm, die Phasendifferenz ϕ_s von ax_s/D_s auf bx_s/D_s zu erhöhen. b bezeichnet dabei den Abstand zwischen den äußeren Spiegeln, der bis zu 7 m betragen konnte (Abbildung 23.11).

Mit solch einem Aufbau vermochte Michelson, den Winkeldurchmesser des Sterns α im Orion zu $\theta \approx 0{,}05''$ zu bestimmen. Es ist das Verdienst von A. Labeyrie, in Frankreich diese Technik wieder reaktualisiert zu haben, indem er zwei Teleskope im Abstand von mehreren Dutzend Metern miteinander koppelte und Sterne im Winkelabstand von $0{,}001''$ trennen konnte.

Bemerkung: Die Apertursynthese hat sich in der Radioastronomie erfolgreich zur Bestimmung des Winkeldurchmessers von Radioquellen weiterentwickelt.

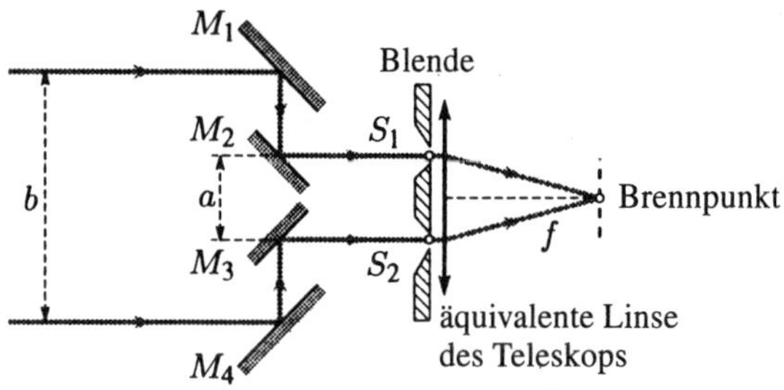

Abb. 23.11

23.2.4 Beispiele

Bestimmung des Winkelabstandes θ zwischen zwei Sternen gleichen Durchmessers

Sobald die primäre Quelle aus zwei Sternen S_1 und S_2 der gleichen Intensität I_{01} und mit Abstand e besteht (Abbildung 23.12), hat die Intensität der resultierenden Welle am Punkt P, da E_1 und E_2 inkohärent sind, die Form:

$$I = I_1 + I_2 = 2I_{01}(1 + \cos\phi_1) + 2I_{01}(1 + \cos\phi_2) \tag{23.42}$$

$$= 4I_{01}\left[1 + \cos\left(\frac{\phi_1 - \phi_2}{2}\right)\cos\left(\frac{\phi_1 + \phi_2}{2}\right)\right], \tag{23.43}$$

wobei

$$\phi_1 = \frac{2\pi}{\lambda}[(E_1S_2P) - (E_1S_1P)] \quad \text{und} \quad \phi_2 = \frac{2\pi}{\lambda}[(E_2S_2P) - (E_2S_1P)] \tag{23.44}$$

bedeuten; λ ist die Wellenlänge im Vakuum. Da weiter gilt

$$\phi_1 - \phi_2 = \frac{2\pi eb}{\lambda D_s} = \frac{2\pi\theta a}{\lambda} \tag{23.45}$$

und

$$\phi = \frac{\phi_1 + \phi_2}{2} = \frac{2\pi}{\lambda}[(ES_2P) - (ES_1P)] = 2\pi \frac{ax}{\lambda D} \tag{23.46}$$

($\theta = e/D_s$ ist der Winkelabstand und E die Mitte von E_1E_2), erhält man mit $I_0 = 2I_{01}$:

$$I = 2I_0 \left[1 + \left|\cos\left(\pi \frac{b}{l_c}\right)\right| \cos\left(2\pi \frac{x}{\mathrm{d}}\right)\right] \quad \text{mit} \quad \mathrm{d} = \frac{\lambda f}{a}. \tag{23.47}$$

Daraus folgt für die Sichtbarkeit: $V = |\cos(\pi\theta b/\lambda)|$. Kennt man einen bestimmten Wert b_1 von b, bei dem V das erste Mal verschwindet, kann θ ermittelt werden, da $\theta = \lambda/2b_1$ gilt (Abbildung 23.12).

Mit dieser Technik gelang es A. Labeyrie und Mitarbeitern, die Änderung des Abstandes zwischen den beiden Sternen des Doppelsterns Capella (Ziege) im Sternbild des Fuhrmanns während eines vollständigen, 104tägigen Umlaufs des einen um den anderen zu untersuchen.

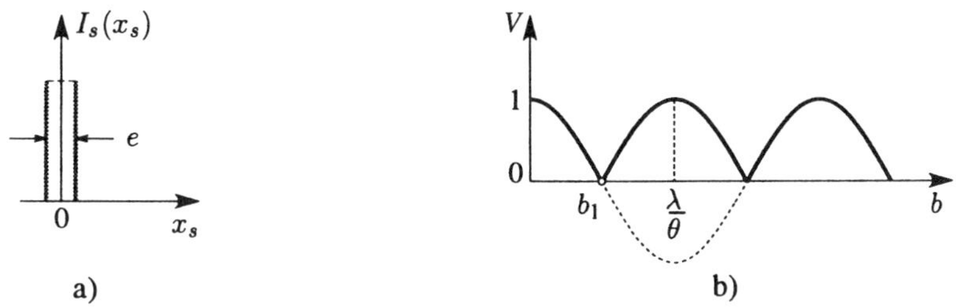

Abb. 23.12

Messung des Winkeldurchmessers θ eines Spaltes

Die räumliche Verteilung I_s eines Spaltes ist rechteckig (Abbildung 23.13a). Daraus folgen $I^n_{s,c}$, γ_s und V (Abbildung 23.13b):

$$\gamma_s = \int_{-e/2}^{e/2} I^n_{s,c}(x_s) \exp\left(\mathrm{i}2\pi \frac{bx_s}{\lambda D_s}\right) \mathrm{d}x_s = \frac{\sin(\pi be/\lambda D_s)}{\pi be/\lambda D_s}$$

$$= \frac{\sin(\pi b/l_c)}{\pi b/l_c}. \tag{23.48}$$

Die Intensitätsverteilung hat also die Form:

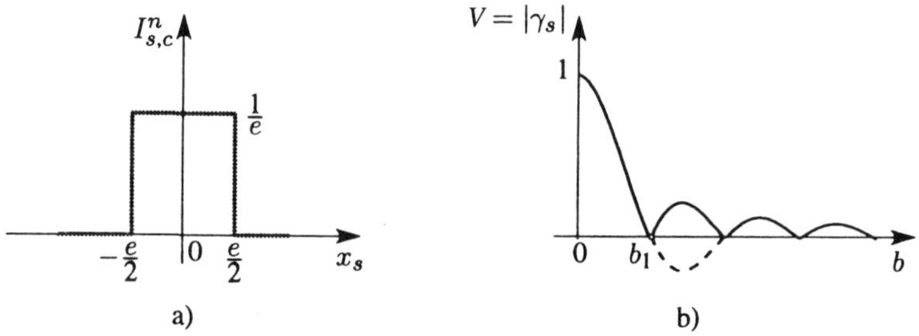

Abb. 23.13

$$I = 2I_0 \left[1 + \left|\frac{\sin(\pi b/l_c)}{\pi b/l_c}\right| \cos\left(2\pi \frac{x}{\mathrm{d}}\right)\right] \quad \text{mit} \quad \mathrm{d} = \frac{\lambda D}{a}. \tag{23.49}$$

Für den Wert $b = b_1 = l_c$ verschwindet γ_s. Man kann also experimentell wegen $\theta = \lambda/b_1$ den Winkelabstand bestimmen.

Diese Rechnung wirkt zuerst etwas akademisch, jedoch läßt sie sich direkt auf einen kreisförmigen Stern übertragen. Man erhält dann einen Kohärenzgrad mit ähnlichem Wert: Die Sichtbarkeit verschwindet für $b_1 = 1{,}22 l_c$ (siehe Kapitel 30). Aus diesem Grunde erscheint manchmal der Faktor 1,22 in der astronomischen Interferometrie, der charakteristisch für die Kreisform der Sterne ist.

Bemerkung: Wie für die zeitliche Kohärenz können diese Ergebnisse direkt aus dem Van-Cittert-Zernike-Theorem gewonnen werden: Man findet entsprechend für den ersten Fall den Kosinus als Fourier-Transformation zweier Dirac-Funktionen und den Kardinalsinus als Fourier-Transformation der charakteristischen Funktion des Spaltes.

23.2.5 Veränderung der räumlichen Kohärenz durch einen Kondensor in einem optischen Instrument

In einem optischen Instrument erlaubt der Kondensor die ausreichende Beleuchtung des Objektes, von dem man ein Bild erzeugen möchte (Abbildung 23.14). Er ermöglicht aber auch, die räumliche Kohärenz der verschiedenen Punkte des Objektes zu beeinflussen. Ist nämlich der Öffnungsdurchmesser des Kondensors groß, sind zwei Punkte A_0 und B_0 praktisch inkohärent, da der Konvergenzwinkel θ_c des einfallenden Lichtbündels groß ist und damit die Kohärenzlänge $l_c = \lambda/\theta_c$ klein ist. Ist dagegen der Öffnungsdurchmesser des Kondensors klein, wird die Kohärenzlänge zweier Punkte des Objektes vergrößert. Die Kohärenzlänge hängt also tatsächlich vom Kondensor ab.

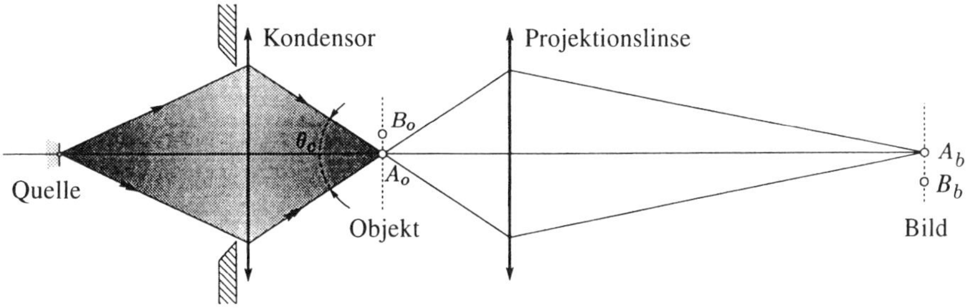

Abb. 23.14

23.3 Zusammenfassung

Die zeitliche und räumliche Kohärenz einer primären Quelle ermöglicht über die Teilung des Lichtbündels die Erzeugung von Interferenzerscheinungen. Diese Kohärenzeigenschaften werden durch folgende Größen charakterisiert:

1. die zeitliche Kohärenzlänge $L_c = c\tau_c = c\Delta\nu_{\frac{1}{2}}^{-1} = \lambda^2/\Delta\lambda_{\frac{1}{2}}$
2. die räumliche Kohärenzlänge $l_c = \lambda/\theta$ mit dem Winkel θ, unter dem man die primäre Quelle vom Interferometer aus sieht.

Genauer sind diese Eigenschaften mit der spektralen Intensitätsverteilung bzw. mit der räumlichen Verteilung der Quelle verknüpft:

$$\underline{\gamma}_s = \int I^n_{\nu,c}(\nu') \exp(-i\pi\nu'\tau) d\nu'$$

$$\text{mit} \quad \nu' = \nu - \nu_0 \quad \text{und} \quad \tau = \frac{L}{c}$$

und

$$\underline{\gamma}_s = \int I^n_{s,c}(x'_s) \exp(-i\pi u x'_s) dx'_s$$

$$\text{mit} \quad x'_s = x_s - x_{s,0} \quad \text{und} \quad \tau = \frac{a}{\lambda D_s}.$$

Die zahlreichen Anwendungsbeispiele zeigen, daß sie die Grundlage für zwei moderne Techniken bilden: erstens für die Fourier-Spektroskopie, die Einblicke in die Natur der von der Quelle emittierten Strahlung gewährt, und zweitens die Apertursynthese, mit der man Informationen über die Geometrie der Quelle erhält.

23.4 Aufgaben

A23.1 Billetsche Halblinsen und zeitliche Kohärenz
Mit Hilfe einer konvergenten dünnen Linse L der bildseitigen Brennweite $f = 50$ cm und der Öffnung $2R = 4$ cm wird das Bild S_b einer Punktquelle S_o, die sich 75 cm vor der Linse befindet, erzeugt. Man schneidet L entlang ihrer Achse in zwei gleiche Teile und trennt sie um den Abstand $\epsilon = 1$ mm (Abbildung 22.6c).

1. Bestimmen Sie die Lage von S_b und berechnen Sie den Abstand a zwischen den beiden Bildern S_1 und S_2, die von den beiden Linsenteilen erzeugt werden!
2. Die Quelle S_o emittiert Strahlung zweier benachbarter Wellenlängen und gleicher Intensität: $\lambda_1 = 589{,}0$ nm und $\lambda_2 = 589{,}6$ nm (Natrium-Dublett).
   Was beobachtet man in einer Ebene $\mathcal{P}$ im Abstand $z = 2{,}5$ m von L?
   Bestimmen Sie die Intensitätsverteilung I auf $\mathcal{P}$. Drücken Sie das Ergebnis als Funktion des Weglängenunterschiedes, mit Hilfe der Kohärenzlänge L_c sowie mit dem harmonischen Mittelwert λ_0 der beiden Wellenlängen λ_1 und λ_2 aus. Stellen Sie die Verteilung graphisch dar! Welche Form hat der Ausdruck für die Sichtbarkeit?

A23.2 Fresnelsches Biprisma und räumliche Kohärenz. Fall der Elektronenoptik
Eine Quelle S beleuchtet ein Biprisma, d. h. zwei identische Prismen kleinen Winkels γ, die an der Basis zusammengeklebt sind (Abbildung 22.6b). Man kann geometrisch zeigen, daß das Biprisma von S zwei virtuelle Bilder S_1 und S_2 erzeugt, die symmetrisch bezüglich S sind und in der durch S gehenden Ebene liegen. Die emittierte Welle sei monochromatisch und die Strahlen haben einen geringen Neigungswinkel bezüglich der Achse.

1. Drücken Sie den Abstand d der Interferenzstreifen und die Größe $\mathcal{C}$ des Interferenzbereichs als Funktion des Abstandes b von S zum Prisma und des Abstandes d des Biprismas zur Beobachtungsebene $\mathcal{P}$ aus!
2. Die primäre Quelle besteht aus einem Spalt der Breite ϵ, dessen Länge parallel zu der Kante des Biprismas ist. Zeigen Sie, daß die Intensität in $\mathcal{P}$ in der Form
   $$I = 2I_0\left[1 + \gamma_s \cos\left(2\pi\frac{x}{\mathrm{d}}\right)\right]$$
   geschrieben werden kann, wobei γ_s eine zu bestimmende Funktion von ϵ ist.
3. In der Elektronenoptik realisiert man ein analoges Experiment, indem auf einen positiv geladenen Draht beschleunigte Elektronen der Energie $E_a = 100$ keV treffen (Abbildung 23.15). Berechnen Sie den Interferenzstreifenabstand d für $b = 10$ cm, $d = 30$ cm und $a = 3\,\mu$m.

A23.3 Kohärenzzeit und Kohärenzlänge einer Quelle weißen Lichtes

1. Das von einer Quelle emittierte Licht sei eine Überlagerung monochromatischer Schwingungen der gleichen Intensität mit Wellenlängen zwischen 400 nm und 750 nm. Geben Sie die Größenordnung der Kohärenzzeit und -länge an!
2. Um von dieser Quelle quasimonochromatisches Licht der Wellenlänge $\lambda = 550$ nm mit der Unschärfe $\Delta\lambda = 0,5$ nm zu erhalten, wird ein Monochromator verwendet. Geben Sie die neue Kohärenzlänge an!

A23.4 Fourier-Spektroskopie
Eine Punktquelle strahlt Licht in ein Michelson-Interferometer, bei dem der eine Spiegel M_1 fest ist und der andere Spiegel M_2 gegenüber dem Punkt, der der gleichen Weglänge

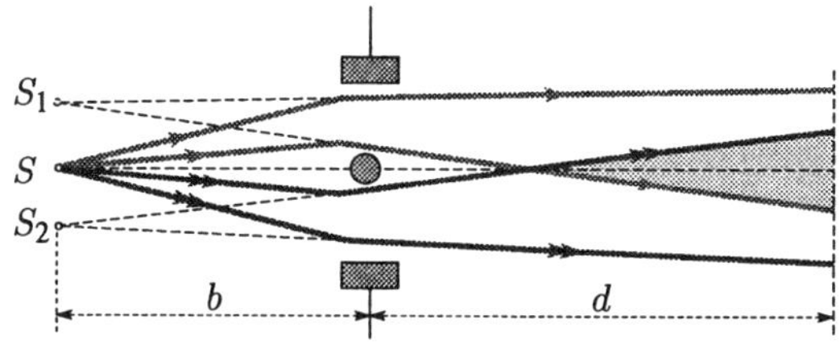

Abb. 23.15

entspricht, verschoben werden kann. Ein Detektor P auf der Achse des Lichtbündels gibt ein elektrisches Signal, das proportional zu der Intensität I des empfangenen Bündels ist.

1. Drücken Sie I als Funktion der Frequenz der emittierten Strahlung ν_0 und $\tau = 2x/c$ aus, wobei x die Verschiebung von M_2 und c die Vakuumlichtgeschwindigkeit ist.
2. Nun emittiert die Quelle kein monochromatisches Licht mehr, wie es zuvor angenommen wurde, sondern eine quasimonochromatische Welle mit Zentrum ν_0. Die Halbwertsbreite der spektralen Intensitätsverteilung wird mit $\Delta\nu_{\frac{1}{2}}$ bezeichnet. Finden Sie die Intensität $I(\tau)$ für den Fall, daß I_ν eine Rechteckverteilung ist!
3. Ein Rechner, der an den Detektor angeschlossen ist, bestimmt die Funktion

$$V(\tau) = \frac{I_{\max} - I_{\min}}{I_{\max} + I_{\min}},$$

wobei $I_{\max}$ und $I_{\min}$ die maximale bzw. minimale Intensität bezeichnen. Bestimmen Sie $V(\tau)$ und zeichnen Sie seinen Graphen!
4. Die rote Cadmium-Linie ($\lambda_0 = 643{,}8$ nm) hat eine näherungsweise rechteckige spektrale Intensitätsverteilung I_ν. Man beobachtet $V(\tau) = 0$ für $x = 15$ cm. Folgern Sie daraus $\Delta\nu_{\frac{1}{2}}$ und $\Delta\lambda_{\frac{1}{2}}$.

A23.5 Apertursynthese nach Fizeau-Michelson
Vor dem Objektiv eines Teleskops der Brennweite 41,45 m wird ein Schirm mit zwei Löchern S_1 und S_2 im Abstand a angeordnet. Mit diesem Instrument, das mit vier Spiegeln verbunden ist (Abbildung 23.11), wird ein Doppelstern beobachtet, dessen beide Teile E_1 und E_2 eine quasimonochromatische Welle der gleichen Intensität und der Vakuumwellenlänge $\lambda = 550$ nm ausstrahlen.

1. Welche Intensitätsverteilung finden wir in der Brennebene?
2. Berechnen Sie den kleinsten Wert des Winkeldurchmessers des Doppelsterns, den man bestimmen kann, wenn der Abstand b zwischen den beiden äußeren Sternen 7 m beträgt!

24 Kurven gleicher Neigung oder Haidingersche Ringe

Die Interferenzsysteme auf der Grundlage der Teilung der Wellenfronten wie der Fresnelsche Spiegel sind sehr empfindlich gegenüber der räumlichen Kohärenz der primären Quelle. Damit die Streifen einen starken Kontrast aufweisen, muß die primäre Quelle quasipunktförmig oder sehr schmal sein, was jedoch die Lichtmenge begrenzt und damit die Einfachheit der Beobachtung einschränkt.

Wir wollen folgende Frage aufwerfen: Ist es möglich, ein Interferenzsystem zu realisieren, das auch für eine ausgedehnte primäre Quelle kontrastreiche Interferenzen ermöglicht?

Zur Beantwortung dieser Frage, erinnern wir an den Ausdruck für die Änderung $\Delta\phi$ der Phasendifferenz, wenn die primäre Quelle sich um $\Delta \boldsymbol{S}$ verschiebt. Mit den Bezeichnungen des allgemeinen Schemas der Abbildung 24.1 haben wir:

$$\Delta\phi = \frac{2\pi}{\lambda}\Delta \boldsymbol{S} \cdot (\boldsymbol{u}_1 - \boldsymbol{u}_2); \qquad (24.1)$$

λ ist die Wellenlänge, und $\boldsymbol{u}_1, \boldsymbol{u}_2$ sind die Einheitsvektoren entlang der Lichtstrahlen, die von S ausgesandt werden und in P interferieren.

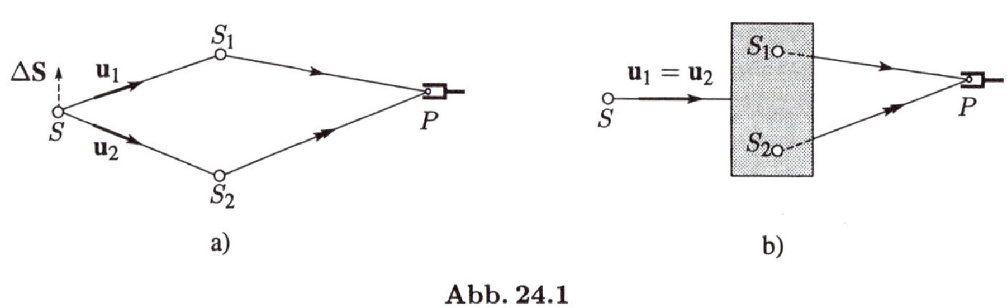

Abb. 24.1

In erster Näherung verschwindet $\Delta\phi$, wenn $\boldsymbol{u}_1 = \boldsymbol{u}_2$ ist, d. h. für Systeme, die *aus einem Strahl zwei Strahlen* erzeugen können. Dünne Plättchen, die aus zwei Grenzflächen bestehen, ermöglichen eine solche Verdopplung über die Teilung der Amplitude der einfallenden Welle.

24.1 Interferenz mit einem Plättchen konstanter Dicke

Wir beleuchten ein dünnes Glimmerplättchen *konstanter* Dicke mittels einer monochromatischen, punktförmigen Lichtquelle S und beobachten die durch Reflexion hervorgerufenenen Lichterscheinungen (Abbildung 24.2). Auf einem Schirm parallel zu dem Plättchen können konzentrische, kreisförmige Ringe wahrgenommen werden, deren Interpretation keinerlei Schwierigkeiten bereitet: Es sind kreisförmige Schnitte von Hyperboloiden mit Brennpunkten S_1 und S_2, welche die von den beiden Grenzflächen erzeugten Bilder der primären Quelle S darstellen.

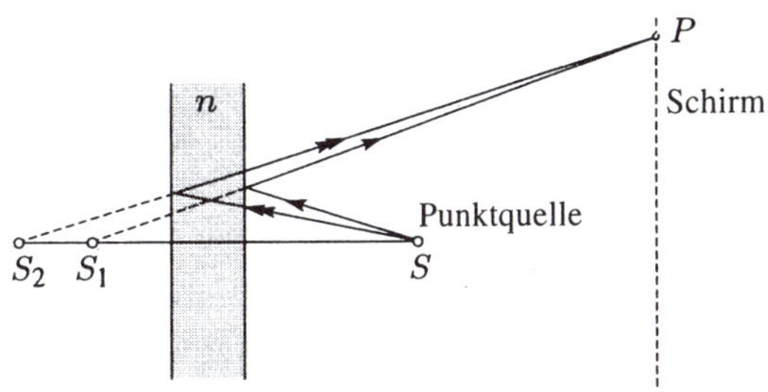

Abb. 24.2

Vergrößert man die Ausdehnung von S, verwischen die Ringe und verschwinden schließlich. Jedoch weisen sie auch dann noch einen hohen Kontrast auf, wenn der Schirm weit von dem Plättchen entfernt ist. Die Abbildung 24.2 geht dann in die Abbildung 24.3 über, für die $\boldsymbol{u}_1 = \boldsymbol{u}_2$ gilt.

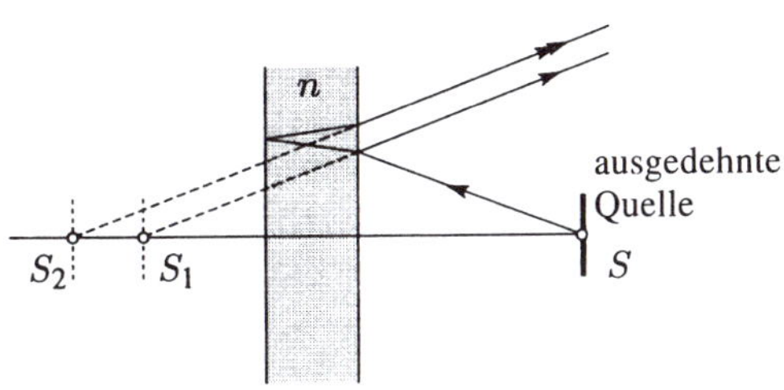

Abb. 24.3

Ist die Quelle *ausgedehnt*, werden die interferierenden Wellen durch Lichtstrahlen beschrieben, die aus demselben einfallenden Lichtstrahl erzeugt werden. Da die Plättchendicke konstant ist, sind die Lichtstrahlen parallel. Die

Hyperboloidschnitte sind daher im *Unendlichen*, d. h. in großer Entfernung, beobachtbar.

Für eine präzisere Analyse ist es sinnvoll, zuerst die Wirkung eines Plättchens konstanter Dicke auf eine Lichtwelle zu analysieren.

24.2 Einfluß eines Plättchens auf eine Welle

24.2.1 Teilung der Amplitude einer einfallenden Welle

Wir betrachten eine ebene Welle mit *Einheitsamplitude*, die gegenüber der Flächennormalen unter *kleinem Winkel* auf ein dünnes Plättchen fällt (Abbildung 24.4).

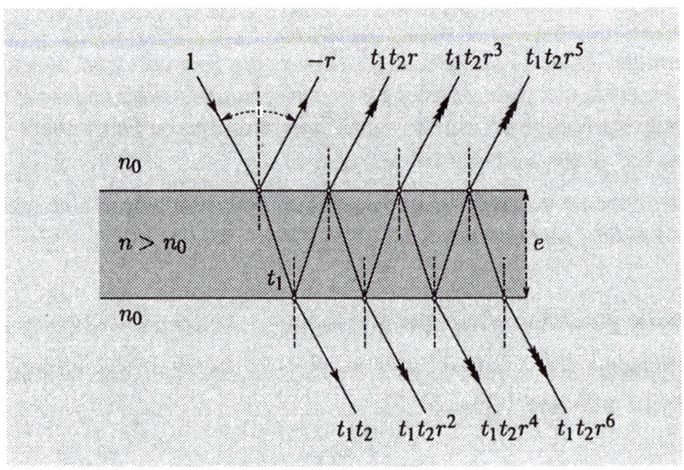

Abb. 24.4

Die Reflexions- und Transmissionskoeffizienten der beiden passierten Grenzflächen haben als Funktion des Brechungsindexes n des Plättchens und n_0 des umgebenden Mediums (im allgemeinen Luft, siehe Kapitel 20) die folgende Form:

$$\text{für die erste Grenzfläche:} \quad r_1 = \frac{n_0 - n}{n_0 + n} \quad \text{und} \quad t_1 = \frac{2n_0}{n_0 + n} \tag{24.2}$$

$$\text{für die zweite:} \quad r_2 = \frac{n - n_0}{n_0 + n} \quad \text{und} \quad t_2 = \frac{2n}{n_0 + n}. \tag{24.3}$$

Zwischen r_1, r_2, t_1 und t_2 existieren zwei Beziehungen:

- die erste folgt sofort: $r_2 = -r_1 \equiv r > 0$,
- die zweite folgt aus der Energieerhaltung beim Durchgang durch die erste Grenzfläche (siehe Kapitel 20):

$$n_0 r_1^2 + n t_1^2 = n_0 \quad \text{oder} \quad r^2 + t_1 t_2 = 1. \tag{24.4}$$

Die komplexen Amplituden der Wellen, die zu den ersten vier reflektierten Strahlen gehören, sind: $-r$, $t_1 t_2 r$, $t_1 t_2 r^3$, $t_1 t_2 r^5$, wobei das Minuszeichen einen *zusätzlichen* Phasensprung ausdrückt. Die Wellen, die den ersten vier durchgelassenen Lichtstrahlen entsprechen, haben die komplexen Amplituden: $t_1 t_2$, $t_1 t_2 r^2$, $t_1 t_2 r^4$, $t_1 t_2 r^6$.

Beispiele:

1. Für einen Mikroskop-Objektträger ($n = 1{,}5$ und $n_0 = 1$) gilt $r = 0{,}2$, $t_1 = 0{,}8$ und $t_2 = 1{,}2$. Man hat daher:

$$\begin{array}{llll} r = 0{,}20, & t_1 t_2 r = 0{,}192, & t_1 t_2 r^3 = 0{,}0076, & t_1 t_2 r^5 = 0{,}0003, \\ t_1 t_2 = 0{,}96, & t_1 t_2 r^2 = 0{,}038, & t_1 t_2 r^4 = 0{,}0015, & t_1 t_2 r^6 = 0{,}00006. \end{array}$$

Aufgrund des starken Abfalls der Amplituden kann man sich hier auf die ersten beiden Wellen beschränken. Da bei den reflektierten Wellen die Amplituden ähnlich sind, wird bei diesen ein besserer Kontrast der Interferenzringe zu beobachten sein als bei den durchgelassenen Wellen. Weiterhin sind die Interferenzen der reflektierten Wellen aufgrund des zusätzlichen Phasensprungs von π komplementär zu denen der durchgelassenen Wellen.

2. Für ein beidseitig *verspiegeltes* Plättchen unterscheiden sich die Ergebnisse gegenüber den vorherigen: Zum Beispiel ergeben sich für $r = 0{,}95$ und $t_1 t_2 = 0{,}01$ die folgenden Amplituden:

$$\begin{array}{llll} r = 0{,}95, & t_1 t_2 r = 0{,}0095, & t_1 t_2 r^3 = 0{,}0086, & t_1 t_2 r^5 = 0{,}0077, \\ t_1 t_2 = 0{,}01, & t_1 t_2 r^2 = 0{,}009, & t_1 t_2 r^4 = 0{,}0081, & t_1 t_2 r^6 = 0{,}0073. \end{array}$$

Hier können nicht nur die ersten beiden Wellen betrachtet werden; für die Reflexion haben bis auf die erste Welle alle praktisch dieselbe Amplitude und für die Transmission haben alle Wellen ähnliche Amplituden. Diese letzte Eigenschaft wird im Fabry-Perot-Interferometer verwendet. Beachten Sie, daß für solch ein Plättchen nicht mehr die Gleichheit $r^2 + t_1 t_2 = 1$, sondern die Ungleichung $r^2 + t_1 t_2 < 1$ gilt.

In diesem Kapitel betrachten wir ausschließlich Plättchen, bei denen wir nur die Wellen, die den *ersten beiden Strahlen* entsprechen, betrachten müssen.

24.2.2 Phasenverschiebung durch ein Plättchen

Wir wollen nun den Unterschied in der optischen Weglänge zweier Lichtstrahlen, die durch ein dünnes Plättchen mit Brechungsindex n und einheitlicher Dicke e treten, berechnen (Abbildung 24.5):

$$L_\mathrm{t} = (JKL) - JM. \tag{24.5}$$

Mit $(JKL) = 2nJK = 2ne/\cos\beta$ ud $JM = JL\sin\alpha = 2e\tan\beta\sin\alpha$ erhalten wir daher:

$$L_\mathrm{t} = 2ne\left(\frac{1}{\cos\beta} - \frac{\sin\alpha}{n}\tan\beta\right) = \frac{2ne}{\cos\beta}(1-\sin^2\beta) = 2ne\cos\beta. \tag{24.6}$$

Da $JKL = IJK$ und $JM = IH$ gilt, ergibt sich die Phasendifferenz ϕ_r bei der Reflexion leicht aus derjenigen, die bei der Transmission, ϕ_t, auftritt; man hat nur den zusätzlichen Phasensprung von π zu berücksichtigen:

$$\boxed{\phi_\mathrm{t} = \frac{2\pi}{\lambda_0}2ne\cos\beta} \tag{24.7}$$

und

$$\boxed{\phi_\mathrm{r} = \pi + \frac{2\pi}{\lambda_0}2ne\cos\beta.} \tag{24.8}$$

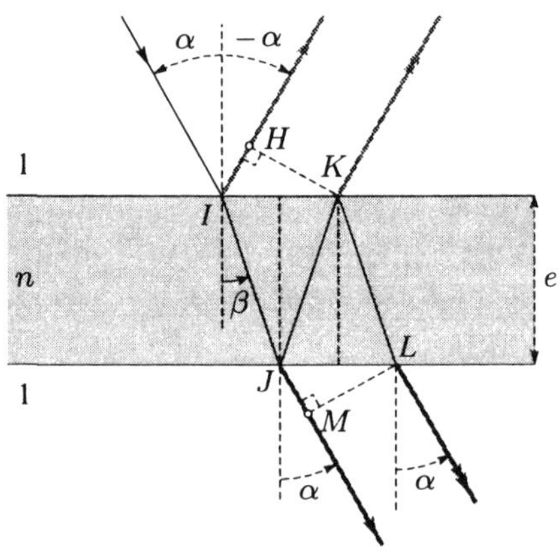

Abb. 24.5

24.3 Haidingersche Ringe

Die Haidingerschen Ringe sind Interferenzfiguren, die mittels eines Plättchens *konstanter* Dicke, das von einer ausgedehnten Lichtquelle beleuchtet wird, erhalten werden. Die Intensitätsverteilung ist:

$$I = I_1 + I_2 + 2\sqrt{I_1 I_2}\cos\phi \quad \text{mit} \quad \phi = \pi + \frac{2\pi}{\lambda_0}2ne\cos\beta. \tag{24.9}$$

Wegen der konstanten Dicke des Plättchens ist die Menge der Punkte gleicher Intensität, d. h. gleicher Phasendifferenz ϕ, durch die Bedingung $\beta = \text{const}$ oder $\alpha = \text{const}$ gegeben. Die Haidingerschen Ringe heißen daher auch *Ringe gleicher Neigung* (gegenüber der Plättchennormalen), da die interferierenden Wellen zueinander parallele Wellenvektoren haben. Die Ringe befinden sich im Unendlichen; man führt diese Wellen mit Hilfe einer Linse L in endlicher Entfernung zusammen (Abbildung 24.6a). Schließlich bemerken wir noch, daß für die Beobachtung der reflektierten Wellen ein halbdurchlässiger Spiegel M_s notwendig ist (Abbildung 24.6b).

24.3.1 Beobachtung mit Hilfe des Michelson-Interferometers

Man strahlt Licht aus einer ausgedehnten Quelle in ein Michelson-Interferometer, das aus den Spiegeln M_1 und M_2 sowie der halbdurchlässig verspiegelten Glasplatte P_s aufgebaut ist. Mit Hilfe der Abbildung 24.7 kann man geometrisch zeigen, daß dieses System einer dünnen Luftschicht äquivalent ist, die über Reflexion beobachtet wird und deren Dicke der Armlängendifferenz des Interferometers, $(JI_2 - JI_1)$, entspricht. Abgesehen von zusätzlichen Phasendifferenzen, die von der speziellen Natur der reflektierenden Schichten herrühren, ist die Phasendifferenz zwischen den beiden, im Unendlichen interferierenden Wellen wegen $n = 1$ und $\alpha = \beta$ durch

$$\phi = \frac{2\pi}{\lambda_0}2e\cos\alpha \tag{24.10}$$

gegeben.

Bemerkung: Ist die Dicke von P_s nicht vernachlässigbar, verwendet man eine zweite, identische Platte, die sogenannnte *Kompensatorplatte*, die, wie der Name andeutet, den Einfluß dieser Dicke auf die gesamte Lichtstrahlung kompensiert.

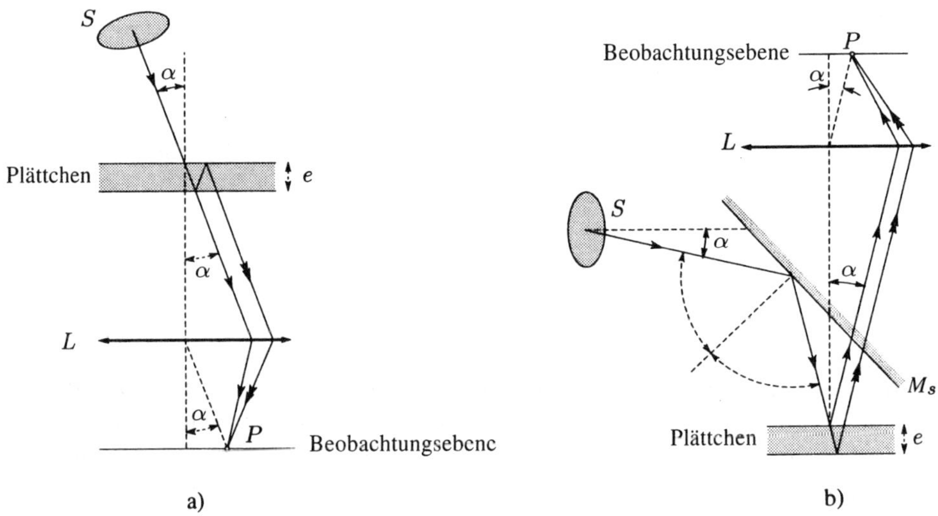

Abb. 24.6

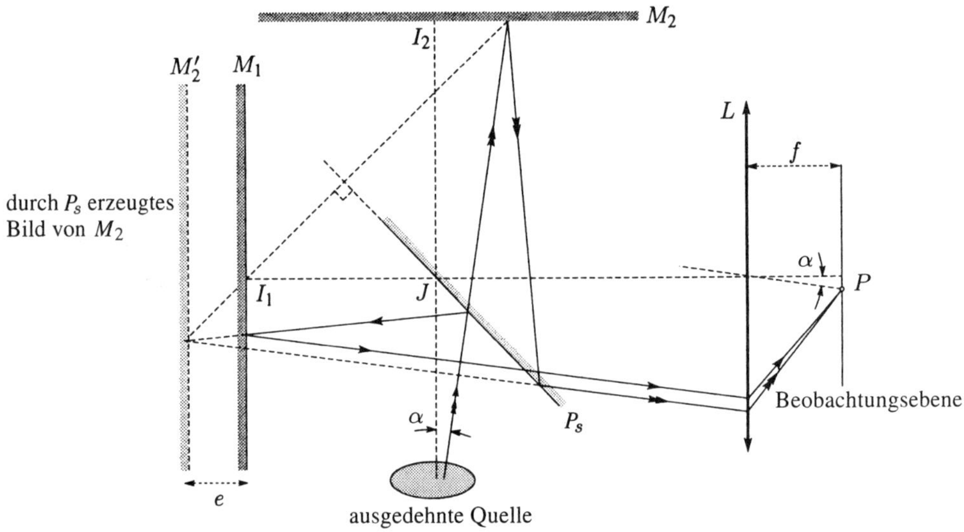

Abb. 24.7

24.3.2 Radius der hellen Ringe

Im allgemeinen Fall eines dünnen Plättchens mit Brechungsindex n gilt

$$\phi = \pi + \frac{2\pi}{\lambda_0} 2ne \cos\beta.$$

Die Phasenverschiebung π ist der bei der Reflexion am dichteren Medium auftretende Phasensprung.

Die Radien der hellen Ringe treten bei den Einfallswinkeln α auf, bei denen die Interferenzordnung eine ganze Zahl wird. Im Zentrum ist die Interferenzordnung *maximal*: $p_0 = \phi_0/2\pi$. Da im allgemeinen die Ordnung nicht ganzzahlig ist, schreiben wir:

$$p_0 = \frac{2ne}{\lambda_0} + \frac{1}{2} = m_1 + \epsilon \tag{24.11}$$

mit m_1 ganzzahlig und $0 \leq \epsilon < 1$. Die Interferenzordnung für den ersten hellen Ring ist m_1 und $m_1 - q + 1$ für den q-ten hellen Ring. Wir können daher für den Wert des Winkels β_q des q-ten Ringes die Bedingung

$$\frac{2ne}{\lambda_0} \cos\beta_q + \frac{1}{2} = m_1 - q + 1$$

schreiben. Eliminieren wir mit Hilfe der Gleichung (24.11) m_1, erhalten wir:

$$\frac{2ne}{\lambda_0}(1 - \cos\beta_q) = q - 1 + \epsilon. \tag{24.12}$$

Für kleine Winkel β_q können wir die Näherung $1 - \cos\beta_q \approx \beta_q^2/2$ verwenden und erhalten:

$$\beta_q = \left(\frac{\lambda_0}{ne}\right)^{\frac{1}{2}} (q - 1 + \epsilon)^{\frac{1}{2}}. \tag{24.13}$$

Daraus erhalten wir den Radius R_q des q-ten hellen Ringes in der bildseitigen Brennebene von L:

$$\boxed{R_q \approx f\alpha_q \approx fn\beta_q = f\left(\frac{n\lambda_0}{e}\right)^{\frac{1}{2}} (q - 1 + \epsilon)^{\frac{1}{2}}.} \tag{24.14}$$

Ist $\epsilon = 0$, dann ist das Zentrum der Ringe weiß. Die Radien der hellen Ringe ändern sich mit der Quadratwurzel der natürlichen Zahlen, d. h. wie 1; 1,41; 1,73; 2 usw. Die Ringe werden in dem Maße schmaler, wie sie sich vom Zentrum entfernen, und ihre Radien sind um so größer, je schmaler die Platte ist (d. h. je kleiner e ist). Die Ringe verschwinden für $e = 0$.

Wir bemerken noch, daß die Ringe schmaler zu werden scheinen, sobald man allmählich die Dicke verkleinert, indem man einen der Spiegel bewegt. Da ein Ring durch einen festen Wert in der Phasenverschiebung charakterisiert ist,

$$\phi = \frac{2\pi}{\lambda_0} 2ne\cos\beta \approx \frac{2\pi}{\lambda_0} 2ne\left(1 - \frac{\beta^2}{2}\right) \approx \frac{2\pi}{\lambda_0} 2ne\left(1 - \frac{\alpha^2}{2n^2}\right),$$

nimmt α ab, sobald e kleiner wird.

Beispiel: Man strahlt monochromatisches Licht einer ausgedehnten Quelle der Wellenlänge $\lambda_0 = 500$ nm in ein Michelson-Interferometer ein (Abbildung 24.8). Der Armlängenunterschied beträgt 2 mm,und es tritt kein zusätzlicher Phasensprung von π auf.

Berechnen wir die Radien der ersten vier Ringe in der Brennebene einer konvergenten Linse der bildseitigen Brennweite von 20 cm:

$$p_0 = \frac{2e}{\lambda_0} = 8000.$$

Das Zentrum ist also hell ($\epsilon = 0$) und wir haben:

$$R_q \approx f\left(\frac{\lambda_0}{e}\right)^{\frac{1}{2}}(q-1)^{\frac{1}{2}},$$

so daß die Radien der ersten vier Ringe die Werte

$$R_2 = 3{,}2\,\text{mm}, \qquad R_3 = R_2\sqrt{2} = 4{,}5\,\text{mm},$$
$$R_4 = R_2\sqrt{3} = 5{,}5\,\text{mm}, \qquad R_5 = 2R_2 = 6{,}4\,\text{mm}$$

haben.

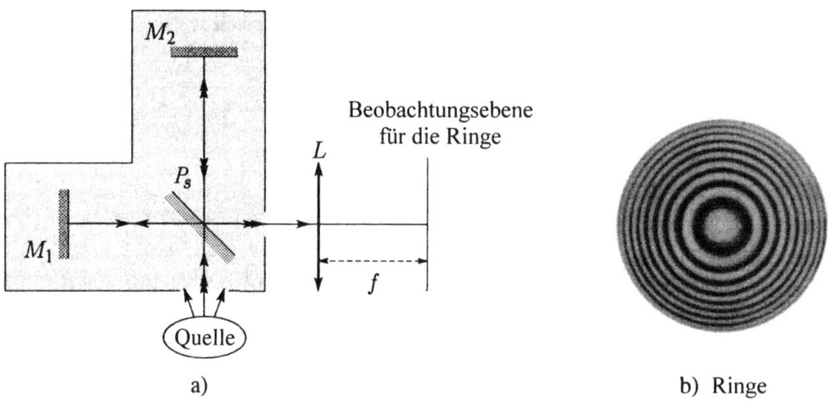

Abb. 24.8

24.3.3 Fall polychromatischen Lichtes

Bei weißem Licht erzeugt jede Strahlung ihr eigenes Ringsystem, das unabhängig von den anderen ist. Sind jedoch die Interferenzordnungen groß, existiert an einem gegebenen Punkt der Beobachtungsebene eine große Anzahl von Lichtwellen des sichtbaren Spektrums, die der Bedingung konstruktiver Interferenz genügen. Man erhält dann *Weiß höherer Ordnung*, das durch Erzeugen eines Bildes der Beobachtungsebene, z. B. mittels eines Prismenspektroskops (siehe Kapitel 26), untersucht werden kann (der Name rührt daher, daß dieses Licht zwar als Weiß wahrgenommen wird, aber gegenüber dem normalen Weiß große Lücken im Spektrum aufweist).

Verwendet man Licht der Frequenzen 589,0 nm und 589,6 nm des Natrium-Dubletts, stellt man fest, daß sich die zu den beiden Wellenlängen gehörenden Ringsysteme mit zunehmender Entfernung vom Zentrum vermischen.

Wir konstatieren daher, daß die Haidingerschen Ringe nur mit quasimonochromatischem Licht gut zu beobachten sind (grüne Linie des Quecksilbers bei 546,1 nm oder rote Linie bei 632,8 nm des He-Ne-Lasers).

24.4 Anwendungen

24.4.1 Antireflexbeschichtungen

Antireflexbeschichtungen haben die Aufgabe, Strahlungsflußverluste durch Reflexion zu vermindern und damit ein Maximum an Strahlungsfluß bis zum Detektor zu gewährleisten. Zum Beispiel wird auf die erste Linse eines Photoobjektivs des Brechungsindexes n_s eine dünne Schicht eines durchsichtigen Mediums mit Brechungsindex N aufgetragen (Abbildung 24.9).

Damit die durch Reflexion bedingte Interferenz *vollständig destruktiv* ist (kein reflektiertes Licht), müssen zwei Bedingungen erfüllt sein:

1. N muß derart sein, daß die Reflexionskoeffizienten r_1 und r_2 an den beiden Flächen gleich sind. Ist diese Bedingung erfüllt, haben die Amplituden der ersten beiden Strahlen, die reflektiert wurden, die folgenden Werte (die Amplitude der Eingangswelle habe den Wert 1):

$$r_1 \quad \text{und} \quad t_1 r_2 t_1' \tag{24.15}$$

mit

$$r_1 = \frac{n_e - N}{n_e + N}, \quad r_2 = \frac{N - n_s}{N + n_s}, \quad t_1 = \frac{2}{1+N} \quad \text{und} \quad t_1' = \frac{2N}{1+N}.$$

r_1 und r_2 sind die Reflexionskoeffizienten der beiden Grenzflächen, t_1 und t_1' die Durchlässigkeiten der ersten Grenzfläche in Richtung des einfallenden Lichtes und in Richtung des reflektierten Lichtes. n_e ist der

Brechungsindex des Eingangsmediums. Da $N \sim 1$ ist, sind t_1 und t'_1 fast 1. Daraus folgt die Bedingung:

$$r_1 \approx r_2 \quad \text{oder} \quad \frac{n_e - N}{n_e + N} \approx \frac{N - n_s}{N + n_s}. \tag{24.16}$$

Bringt man beide Seiten auf den gemeinsamen Nenner und vereinfacht den Ausdruck, erhält man:

$$N \approx \sqrt{n_e n_s}. \tag{24.17}$$

Das bedeutet, daß N zwischen n_e und n_s liegen muß. Sind $n_e = 1$ (Luft) und $n_s = 1{,}52$ (Kronglas), haben wir $N = 1{,}23$. Da kein Material existiert, das einen so niedrigen Brechungsindex hat, nähert man sich diesem Wert mit natürlichen Materialien wie Magnesiumfluorid MgF_2 ($N = 1{,}35$) oder Kryolith Na_3AlF_6 ($N = 1{,}36$), indem man es im Vakuum auf das Glas aufdampft.

2. Die Phasendifferenz ϕ_r, die hier den Wert $(2\pi/\lambda_0)2Ne$ besitzt (kein zusätzlicher Phasensprung von π), muß gleich $(2m+1)\pi$ sein, wobei m eine ganze Zahl ist. Wir haben also:

$$\phi_r = \frac{2\pi}{\lambda_0} 2Ne = (2m+1)\pi \quad \text{oder} \quad e = \left(m + \frac{1}{2}\right) \frac{\lambda_0}{2N}. \tag{24.18}$$

Die minimale Dicke, die notwendig ist, beträgt demnach:

$$e = \frac{\lambda_0}{4N}.$$

Ist das einfallende Licht weiß, ist die Dicke e der aufgedampften Schicht für die Wellenlänge maximaler Sensibilität (gelb-grün) gewählt; sie beträgt dann $e \approx 0{,}12\,\mu$m. Für andere Strahlungsanteile ist die Interferenz nicht mehr vollständig destruktiv. Daher rühren die violetten und blauen Reflexe auf den Photoobjektiven; sie sind die Komplementärfarben von Grün und Gelb.

Mit Hilfe dieser Technik gelingt es, Reflexionskoeffizienten für die Intensitäten von weniger als 1% zu realisieren.

24.4.2 Erhöhung des Reflexionskoeffizienten von Gläsern

Will man den Reflexionskoeffizienten von Gläsern erhöhen, dampft man auf ihre Oberflächen dünne Schichten von Zinksulfid mit dem Brechungsindex

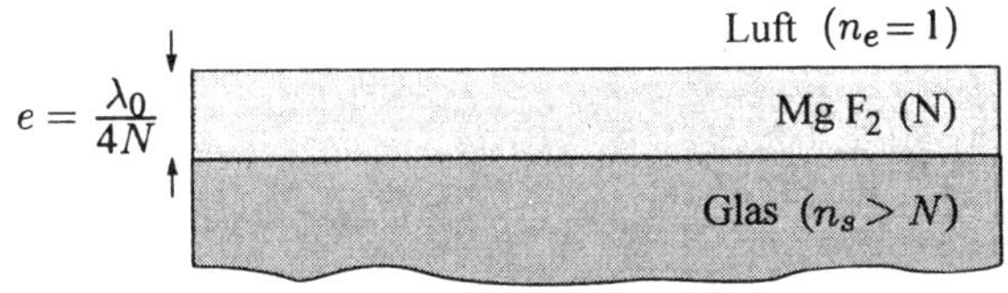

Abb. 24.9

$N = 2{,}35$ auf (Abbildung 24.10). Da N größer ist als die Brechzahl der äußeren Medien Luft und Glas ($n = 1{,}52$), besitzt die von dieser Schicht eingeführte Phasendifferenz den zusätzlichen Term π. Die im vorherigen Abschnitt erhaltene Bedingung $e = \lambda_0/(4N)$ gewährleistet hier also die *konstruktive* Interferenz der ersten beiden reflektierten Wellen. Die reellen Amplituden dieser Wellen lauten bei Einheitsamplitude der einfallenden Welle:

$$A_1 = -r_1 = \frac{N-1}{N-1} = 0{,}4 \quad \text{und} \tag{24.19}$$

$$A_2 = t_1 r_2 t_1' = \frac{2}{(1+N)} \frac{2N}{(1+N)} \frac{N-n}{(N+n)} = 0{,}189. \tag{24.20}$$

Der Reflexionskoeffizient für die Intensitäten ist danach die Intensität der reflektierten Welle, die aus der konstruktiven Interferenz der beiden Wellen entsteht:

$$R = I = A_1^2 + A_2^2 + 2A_1A_2 = (A_1 + A_2)^2 = 0{,}347. \tag{24.21}$$

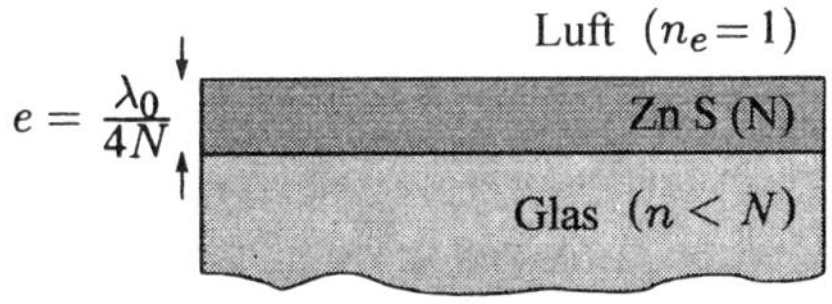

Abb. 24.10

24.4.3 Das Fabry-Perot-Interferometer

Abbildung 24.6a zeigt das Interferometer, das am Ende des letzten Jahrhunderts durch die französischen Physiker C. Fabry und A. Perot konstruiert wurde. Die dünne Platte wird hier durch eine dünne Luftschicht, die aus zwei *behandelten* Glasplatten in streng konstantem Abstand gebildet wird.

Unter diesen Bedingungen werden die Interferenzringe durch eine große Anzahl von durchgelassenen Wellen erzeugt, deren Amplituden praktisch gleich sind. Die Analyse zeigt, daß die Ringe sehr viel feiner sind, was eine entscheidende Rolle in der Spektroskopie spielt (siehe Kapitel 28).

24.5 Zusammenfassung

1. Mit Hilfe eines dünnen Plättchens *konstanter* Dicke, das mit einer *ausgedehnten* Quelle beleuchtet wird, erhält man Interferenzringe im *Unendlichen.*
2. Die Phasendifferenz zwischen zwei Wellen, die miteinander interferieren, hat die Form:
$$\phi = \pi + \frac{2\pi}{\lambda_0} 2ne\cos\beta,$$
π ist hierbei der zusätzliche Phasensprung, der auftreten kann, wenn die Lichtbündel auf verschiedene Weisen reflektiert werden.
3. Die Radien der in der bildseitigen Brennweite einer Linse beobachteten Ringe haben als Funktion der Dicke e des Plättchens und der Wellenlänge λ_0 die Form:
$$R_q \approx f\left(\frac{n\lambda_0}{e}\right)^{\frac{1}{2}} (q-1-\epsilon)^{\frac{1}{2}}.$$
Dabei ist f die Brennweite der Linse, n der Brechungsindex der Platte, und ϵ eine Größe ($\epsilon < 1$), die die Interferenzordnung ganzzahlig macht.
4. Damit die Ringe gut zu beobachten sind, muß die spektrale Halbwertsbreite der verwendeten Lampe ausreichend schmal sein.

Die in der Praxis am häufigsten eingesetzte Anwendung der Ringe gleicher Neigung ist das Fabry-Perot-Interferometer, das wir später noch studieren werden (siehe Kapitel 28).

24.6 Aufgaben

A24.1 Von einer Glasplatte erzeugte Haidingersche Ringe
Eine Glasplatte der konstanten Dicke von 8 mm wird von einer Quecksilberdampflampe niedrigen Drucks beleuchtet. Diese stellt eine ausgedehnte Quelle monochromatischen Lichtes der Wellenlänge $\lambda_0 = 541{,}6$ nm dar. Der Brechungsindex der Platte beträgt 1,60.

Man beobachtet die Haidingerschen Ringe des durchgelassenen Lichtes in der Brennebene einer Linse mit einer bildseitigen Brennweite von 50 cm.

1. Leiten Sie den Ausdruck für den von der Platte erzeugten Gangunterschied zwischen den ersten beiden durchgelassenen Lichtstrahlen ab. Leiten Sie daraus die Interferenzordnung im Zentrum ab!
2. Wie groß ist die Interferenzordnung für die ersten drei hellen Ringe? Berechnen Sie deren Radien!
3. Wiederholen Sie die Aufgabe für die ersten drei dunklen Ringe!

A24.2 Haidingersche Inteferferenzstreifen in einem Michelson-Interferometer
Ein Michelson-Interferometer (Abbildung 24.11) ist aus einer halbdurchlässigen, nichtabsorbierenden Platte P_s und zwei ebenen Spiegeln M_1 und M_2 aufgebaut. Diese Spiegel sind zueinander senkrecht, und P_s ist in einem Winkel von 45° zu den Normalen von M_1 und M_2 geneigt. Im folgenden werden wir weder die nichtvernachlässigbare Dicke von P_s (wir werden sie uns als ideal durch eine kompensierende Platte korrigiert vorstellen) noch eventuelle Phasenänderungen durch Reflexion berücksichtigen. Das Interferometer ist in Luft getaucht.

Das einfallende Lichtbündel wird aus einer ausgedehnten Quelle S ausgesandt und ist monochromatisch (Wellenlänge $\lambda = 0{,}5\,\mu$m). Von der Situation gleicher Armlänge ($II_1 = II_2$) versetzt man M_2 um 1 cm senkrecht zu seiner Ebene.

1. Analysieren Sie das Interferenzphänomen, das für senkrechten Einfall in der Brennebene der konvergenten Linse L mit optischer Achse Iy auftritt. Bestimmen Sie die Phase im Zentrum und die Interferenzordnung des vierten hellen Ringes!
2. Man plaziert in einen der Arme ein dünnes Plättchen der Dicke $t = 7{,}5\,\mu$m und mit Brechungsindex $n = 1{,}5$. Ermitteln Sie die Änderung der Interferenzordnung im Zentrum!
3. Man ersetzt die primäre Quelle durch eine Punktquelle, die im Brennpunkt einer dünnen konvergenten Linse plaziert wird. Ursprünglich sind M_1 und M_2 rechtwinklig zueinander und die Armlängen sind gleich. Was beobachtet man im bildseitigen Brennpunkt von L, sobald man M_2 in die Richtung Ix verschiebt?

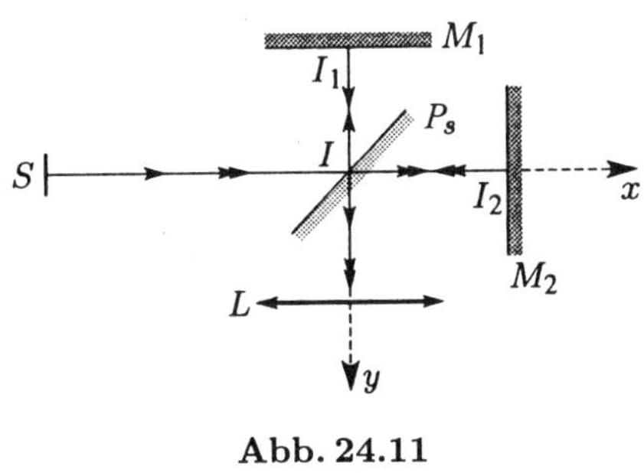

Abb. 24.11

A24.3 Antireflexbeschichtung
Zur Erzeugung einer Antireflexschicht für die mittlere Strahlung (im Vakuum) $\lambda = 550$ nm legt man auf ein Glas mit Brechungsindex 1,7 ein dünnes Plättchen konstanter Dicke e und mit Brechungsindex N.

Welche Werte müßten e und N haben, damit für senkrechten Einfall das reflektierte Licht vollständig unterdrückt wird?

A24.4 Reflexionskoeffizient eines behandelten Kronglasplättchens

Ein Kronglasplättchen wird mit einer Schicht Magnesiumfluorid bedeckt, die so dick ist, daß der Reflexionskoeffizient der Intensität minimal für Strahlung der Wellenlänge $\lambda = 550$ nm wird. Die Brechungsindizes des Glases bzw. der Schicht betragen $n_\mathrm{c} = 1{,}52$ und $n_\mathrm{t} = 1{,}38$.

1. Wie groß war der Reflexionskoeffizient der Intensitäten vor der Behandlung?
2. Berechnen Sie den Reflexionskoeffizienten für die Intensität des Glases nach der Behandlung, wenn nur die Amplituden der ersten beiden Strahlen nicht-vernachlässigbar sind.

A24.5 Reflexionskoeffizient eines behandelten Flintglasplättchens

Ein Flintglasplättchen wird mit einer Schicht Magnesiumfluorid bedeckt, die so dick ist, daß der Reflexionskoeffizient der Intensität minimal für Strahlung der Wellenlänge $\lambda = 550$ nm wird. Die Brechungsindizes des Glases bzw. der Schicht betragen $n_\mathrm{c} = 1{,}74$ und $n_\mathrm{t} = 1{,}38$.

1. Wie groß war der Reflexionskoeffizient der Intensitäten vor der Behandlung?
2. Berechnen Sie den Reflexionskoeffizienten für die Intensität des Glases nach der Behandlung, wenn nur die Amplituden der ersten beiden Strahlen nicht-vernachlässigbar sind.

25 Streifen gleicher Dicke oder Fizeausche Streifen

Wir wissen, daß dünne Plättchen konstanter Dicke Systeme sind, die bei Beleuchtung mit einer *ausgedehnten* Lichtquelle kontrastreiche Interferenzphänomene im Unendlichen erzeugen können. Wir wollen nun den Fall dünner Plättchen, deren Dicke e nicht konstant ist, sogenannte Keile, untersuchen. Der Lichteinfall wird hier als fast senkrecht angenommen ($\alpha \approx 0$). Die Interfererenzstreifen sind also die Raumpunkte, für die die Dicke dieselbe ist, daher der Name *Interferenzstreifen gleicher Dicke* oder Fizeausche Streifen.

Die Phasendifferenz zwischen den Wellen, die aus einer einfallenden Welle erzeugt und durch die ersten beiden austretenden Lichtstrahlen beschrieben werden kann, lautet mit den gewohnten Bezeichnungen:

$$\phi = \frac{2\pi}{\lambda_0} 2ne \cos\beta + (\pi).$$

π ist der zusätzliche Phasensprung, den man gegebenenfalls aufgrund einer Reflexion berücksichtigen muß (Abbildung 25.1). Wir wollen zuerst die Lage der Ebene, in der die Interferenzerscheinungen auftreten, ermitteln.

25.1 Lage der Interferenzerscheinungen

Betrachten wir der Einfachheit halber ein dünnes Plättchen mit Brechungsindex n, das die Form eines Keils mit kleinem Winkel γ hat. Es wird unter senkrechtem Winkel beleuchtet ($\alpha \approx 0$). In den Abbildungen sind diese Winkel aus Übersichtlichkeitsgründen groß. Die Lichtstrahlen, die durch Reflexion desselben einfallenden Lichtstrahls an den beiden Flächen des Plättchens entstehen, schneiden sich im Punkt P. Da die Winkel klein sind, sieht man in Abbildung 25.2, daß $IP \approx IK/\theta$ mit $IK \approx 2JE \cdot \widehat{IJE} \approx 2e(\beta - \gamma)$ und

$$\theta = \alpha - \alpha' \approx n(\beta - \beta') = n\left[(\gamma + \widehat{IJE}) - (\widehat{EJK} - \gamma)\right] = 2n\gamma \qquad (25.1)$$

gilt. Damit folgt:

$$IP \approx \frac{e(\beta - \gamma)}{n\gamma} \qquad (25.2)$$

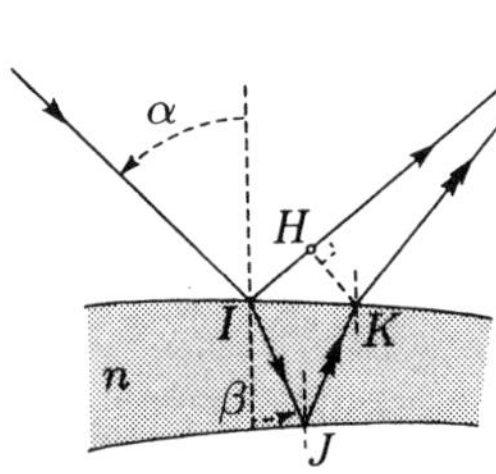

Abb. 25.1

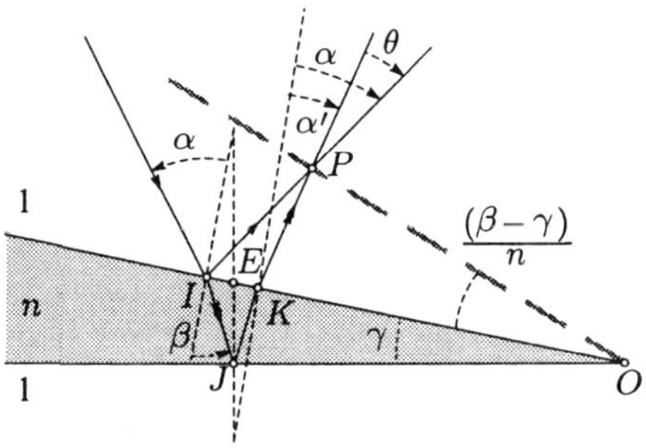

Abb. 25.2

und

$$\widehat{IOP} \approx \frac{IP}{IO} = \frac{\beta - \gamma}{n}, \tag{25.3}$$

da $IO \approx e/\alpha$ ist. Das bedeutet, daß die Interferenzerscheinungen für ein gegebenes kleines $\widehat{IOP}$ in einer Ebene *nahe dem Plättchen* auftreten. Im Spezialfall $\gamma = 0$ ist IP unendlich. Man findet so die Interferenzstreifen wie bei Plättchen gleicher Dicke im Unendlichen wieder.

25.2 Fizeausche Streifen

25.2.1 Interferenzfigur

Wurde das dünne Plättchen nicht behandelt, genügt es, die Interferenz der Wellen, die zu den ersten beiden reflektierten oder durchgelassenen Wellen gehören, zu betrachten (siehe Kapitel 24). Die Intensitätsverteilung der resultierenden Welle an jedem Punkt der Interferenzebene hat als Funktion der Phasendifferenz ϕ die Form

$$I = I_1 + I_2 + 2(I_1 I_2)^{\frac{1}{2}} \cos\phi \quad \text{mit} \quad \phi = \frac{2\pi}{\lambda_0} 2ne\cos\beta + (\pi). \tag{25.4}$$

Die Menge der Punkte gleicher Intensität sind also die *Linien gleicher Dicke* des Plättchens.

Mit weißem Licht liefert jede monochromatische Strahlung ihre eigenen Interferenzstreifen gleicher Dicke, was den Plättchen ein vielfarbiges Aussehen verleiht, so z. B. bei den Seifenblasen oder den Ölfilmen auf der Straße. Ein einfaches Experiment besteht darin, zwei Mikroskop-Objektträger an einem Punkt gegeneinander zu pressen: Man beobachtet dann um diesen Punkt herum geschlossene farbige Linien, die für jede Wellenlänge die Menge der Punkte darstellen, für die das Plättchen die gleiche Dicke aufweist. Am Druckpunkt ist das Plättchen dunkel, da die Dicke verschwindet und die Phasendifferenz sich für alle Wellenlängen auf den Phasensprung π der Reflexion reduziert.

Die Interferenzstreifen gleicher Dicke, die bei den Seifenblasen auftreten, können bequem beobachtet werden, wenn man sie mit Hilfe einer Projektionslinse vergrößert (Abbildung 25.3); der Konstrast ist bei der Reflexion am besten. Man realisiert stabile Seifenblasen, indem man einen Metallrahmen in eine Seifenlösung taucht, der zur Unterdrückung von Verdunstung Glycerin zugefügt wurde. Eine mit Wasser gefüllt Küvette vor diesem Rahmen absorbiert infrarote Strahlung und hilft so, weiter die Verdunstung zu vermindern.

25.2.2 Newtonsche Ringe

Newtonsche Ringe sind Streifen gleicher Dicke, die durch eine Luftschicht zwischen einer plankonvexen Linse und einem ebenen Glasplättchen, das von der Linse berührt wird, erzeugt werden (Abbildung 25.4a). Ihre Geometrie ist entsprechend der Symmetrie des Systems kreisförmig.

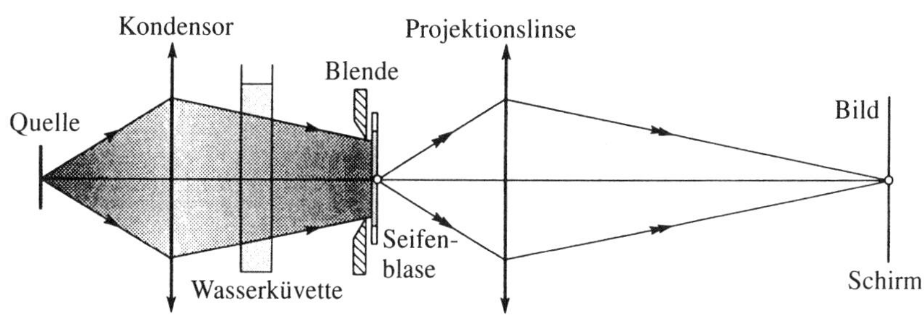

Abb. 25.3

Verwechseln Sie sie daher nicht mit den Haidingerschen Ringen, die im Unendlichen liegen.

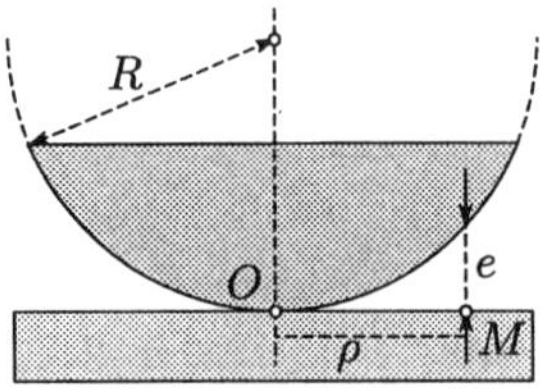

a)

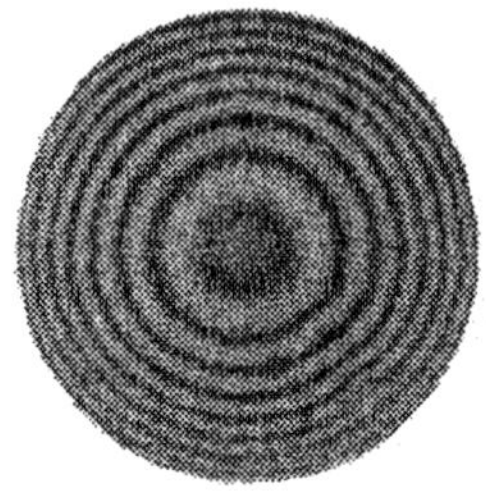

b)

Abb. 25.4

Die Dicke e des Plättchens am Punkt M im Abstand ρ zum Berührungspunkt O kann daher in einfacher Weise als Funktion dcs Krümmungsradius R der Linse ausgedrückt werden. Da $R \gg e$ ist, erhalten wir aus:

$$e(2R - e) = \rho^2$$

die Gleichung

$$e \approx \frac{\rho^2}{2R}. \tag{25.5}$$

Daraus folgt bei senkrechtem Einfall die Phasendifferenz

$$\phi = \frac{2\pi}{\lambda_0} 2e + (\pi) = \frac{2\pi}{\lambda_0} \frac{\rho^2}{R} + (\pi). \tag{25.6}$$

Die durch *Reflexion* erzeugten Ringe sind dunkel, da für $\rho = 0$ gilt $\phi = \pi$. Die verschiedenen Radien der *dunklen* Ringe sind daher durch

$$\frac{2\pi}{\lambda_0} \frac{\rho_m^2}{R} = 2\pi m \tag{25.7}$$

gegeben; m ist eine positive ganze Zahl. Wir haben damit:

$$\boxed{\rho_m = \sqrt{R\lambda_0 m}.} \tag{25.8}$$

Die Radien der *dunklen* Newtonschen Ringe, die über Reflexion beobachtet werden, sind demnach proportional zu der *Quadratwurzel* der natürlichen Zahlen (Abbildung 25.4b). Dieses Ergebnis kann durch Projektion von Newtonschen Ringen auf einen Schirm überprüft werden (Abbildung 25.3).

Beispiel: Ist $R = 2$ m und $\lambda = 0{,}6\,\mu$m, sind die Radien der ersten dunklen Ringe: 1,09 mm, 1,55 mm, 1,90 mm und 2,19 mm.

25.2.3 Luftkeil

Man bezeichnet ein System aus zwei Glasplatten, die sich entlang einer Geraden berühren und einen *kleinen* Winkel γ einschließen, als *Luftkeil* (Abbildung 25.5a). In diesem Fall beträgt die Phasendifferenz zwischen reflektierten Lichtstrahlen

$$\phi = \frac{2\pi}{\lambda_0} 2e \cos\alpha + \pi. \tag{25.9}$$

Da $e \approx \gamma X$ ist, stellen die Punkte gleicher Phasendifferenz zu der Kante des Keils parallele Geraden dar (Abbildung 25.5b). Auf dieser Kante selbst sind die Interferenzstreifen dunkel. Variieren wir X, so daß $\Delta\phi = 2\pi$ ist, erhalten wir den Streifenabstand:

$$\frac{2\pi}{\lambda_0} 2\gamma \Delta X \cos\alpha = 2\pi \tag{25.10}$$

mit $\mathrm{d} = \Delta X = \lambda_0/(2\gamma\cos\alpha)$. Unter senkrechtem Einfall ($\alpha \approx 0$) gilt:

$$\boxed{\mathrm{d} = \frac{\lambda_0}{2\gamma}.} \tag{25.11}$$

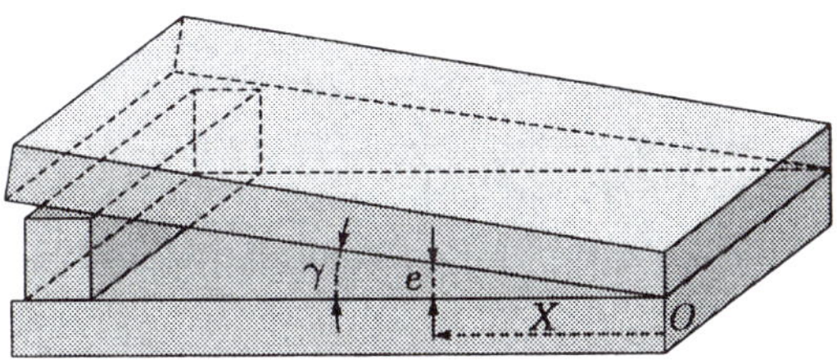

Luftkeil

a)

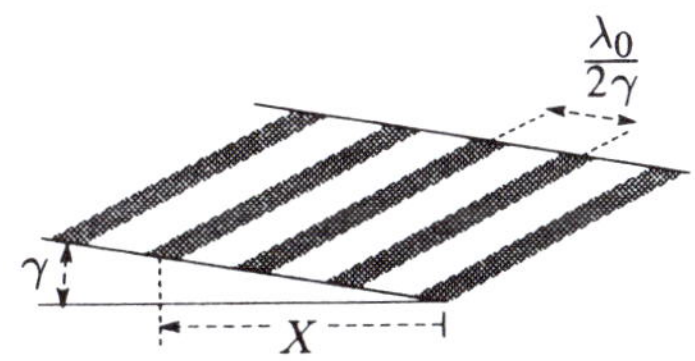

Interferenzstreifen eines Luftkeils

b)

Abb. 25.5

Die Interferenzstreifen, die beim *Durchgang* durch den Keil entstehen, weisen geringeren Konstrast auf, da die Intensitäten I_1 und I_2 sehr unterschiedlich sind. Auf der anderen Seite ist das Interferenzmuster aufgrund der Abwesenheit des Phasensprungs π gegenüber dem bei der Reflexion auftretenden komplementär; der Interferenzstreifen auf der Keilkante ist daher hell.

Mit einem Michelson-Interferometer kann ein Luftkeil leicht realisiert werden (Abbildung 25.6): Neigt man den Spiegel M_2 um einen kleinen Winkel gegenüber der Position gleicher Armlängen JI_1 und JI_2, erhält man ein *symmetrisches Äquivalent* zum Luftkeil.

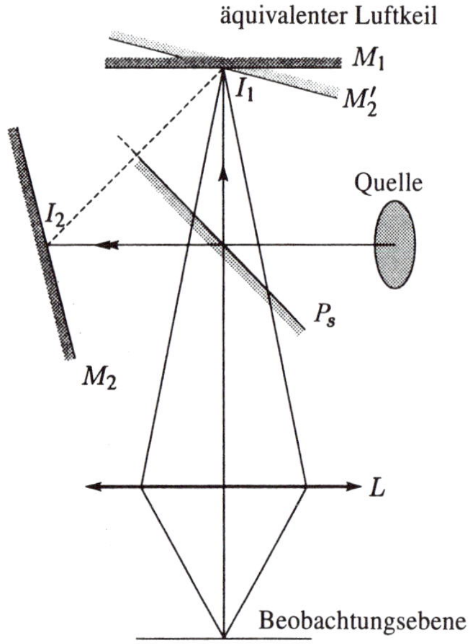

Abb. 25.6

25.2.4 Kanelliertes Spektrum

Wir betrachten nun durch Reflexion erzeugte Interferenzstreifen gleicher Breite auf einem Plättchen, das von weißem Licht beleuchtet wird. An einem Punkt M des Plättchens ausreichender Dicke sieht man Weiß höherer Ordnung, das man mittels eines Spektroskops untersuchen kann (Abbildung 25.7). Man erhält ein kanelliertes Spektrum des weißen Lichtes; die *dunklen* Streifen (Kanäle) im Spektrum entsprechen den Strahlungen, bei denen das ganzzahlige Vielfache ihrer Wellenlängen λ gleich dem Weglängenunterschied L ist:

$$L = 2ne = m\lambda, \quad m \text{ ganzzahlig.} \tag{25.12}$$

Dieses kanellierte Spektrum erlaubt, einmal geeicht, die Messung der Plättchendicke. Denn zwischen der Wellenlänge λ_1, die dem dunklen Streifen erster Ordnung entspricht, und der Wellenlänge zum Streifen m-ter Ordnung besteht die folgende Beziehung:

$$L = 2ne = m_1\lambda_1 = (m_1 + m - 1)\lambda_m \tag{25.13}$$

und damit

$$e = \frac{m_1\lambda_1}{2n} = \left(\frac{m-1}{2n}\right)\frac{\lambda_1\lambda_m}{\lambda_1 - \lambda_m}, \quad \text{da} \quad m_1 = \frac{(m-1)\lambda_1}{\lambda_1 - \lambda_m}. \tag{25.14}$$

Beispiel: An einem vorher geeichten kanellierten Spektrum, das mit einem Glimmerplättchen der Brechungzahl 1,58 erhalten wurde, mißt man $\lambda_1 = 650$ nm und $\lambda_6 = 450$ nm. Daraus folgt:

$$e = \frac{5}{2 \cdot 1{,}58} \frac{0{,}650 - 0{,}450}{0{,}2} = 2{,}3\,\mu\text{m}.$$

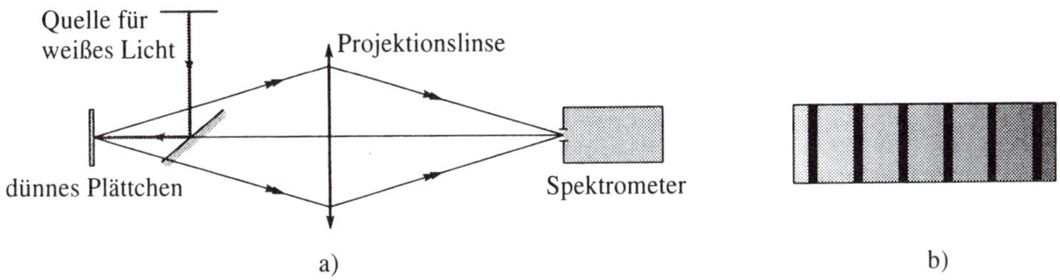

Abb. 25.7

25.3 Anwendungen

25.3.1 Oberflächenuntersuchungen

Die Interferenzstreifen gleicher Dicke erlauben die präzise Messung der Oberflächenstruktur transparenter Flächen. Hierzu genügt es, einen Luftkeil zwischen der zu kontrollierenden Oberfläche und einer Eichoberfläche zu erzeugen. Beleuchtet man das Ganze mit einer ausgedehnten monochromatischen Lichtquelle, erhält man eine visuelle Darstellung der Unregelmäßigkeiten zwischen den beiden Oberflächen. Der Aufbau von Fizeau, der in Abbildung 25.8 gezeigt ist, wird hierfür häufig verwendet. Er enthält eine Linse, in deren objektseitige Brennebene die Lichtquelle plaziert wird.

25.3.2 Messung kleinster Dicken (Methode von Tolansky)

Möchte man kleinste Dicken t (einige Nanometer) eines bestimmten Materials, das auf einen Glasträger gelegt wird, messen, kann die Tolanskysche Methode verwendet werden, die darin besteht, einen Luftkeil mit Hilfe

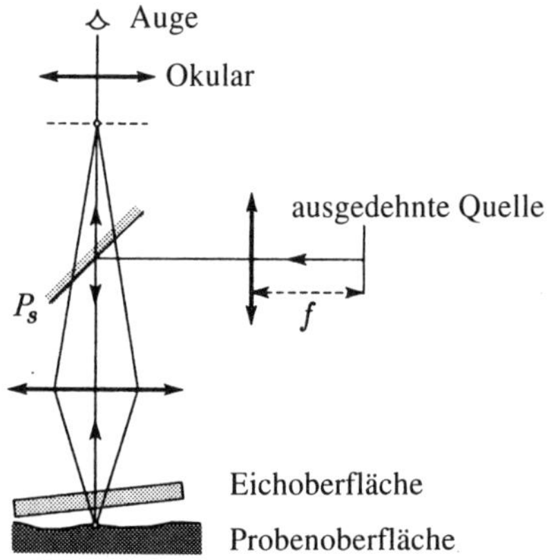

Abb. 25.8

zweier Glasplättchen zu realisieren. Das erste, auf das teilweise das zu untersuchende Material aufgebracht wird, ist mit einer stark reflektierenden Metallschicht beschichtet, während das zweite teildurchlässig ist (Abbildung 25.9).

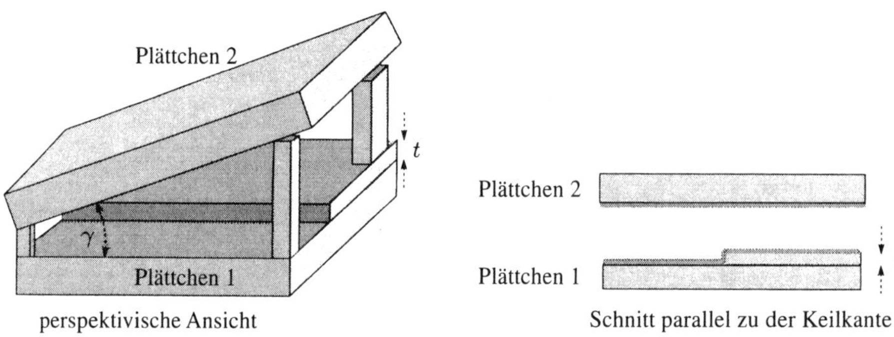

Abb. 25.9

Der so konstruierte Luftkeil wird über Reflexion mit einem metallographischen Mikroskop untersucht (Abbildung 25.10a). Die Beleuchtung erfolgt senkrecht mittels eines halbdurchlässigen Spiegels. Man kann leicht zwei identische geradlinige Streifensysteme beobachten, die wegen der vorhandenen Probenschicht gegeneinander versetzt sind (Abbildung 25.10b). Die Phase bleibt unverändert, wenn man einem Interferenzstreifen über die ganze Breite des Keiles folgt. Sind X_1 und X_2 die Abszissen der beiden Teile des Streifens, haben wir

$$2X_1\gamma = 2X_2\gamma + 2t. \tag{25.15}$$

Damit erhalten wir $t = (X_1 - X_2)\gamma$, oder, da der Winkel γ des Keiles mit dem Streifenabstand verknüpft ist $(\mathrm{d} = \lambda_0/2\gamma)$,

$$t = \frac{X_1 - X_2}{\mathrm{d}} \left(\frac{\lambda_0}{2}\right). \tag{25.16}$$

Beispiel: Ist $\lambda_0 = 589$ nm und $(X_1 - X_2)/\mathrm{d} = 0{,}1$, haben wir $t = 29{,}4$ nm.

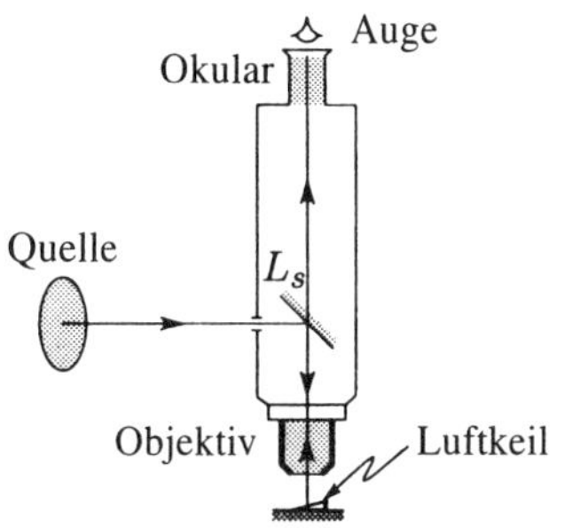

a) metallographisches Mikroskop

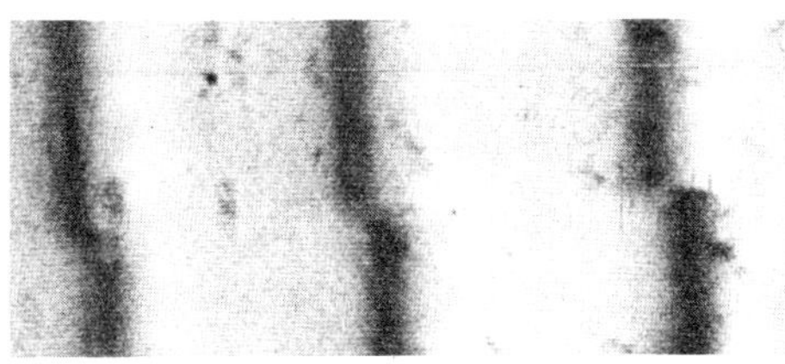

b) Ansicht des Bildes eines Luftkeils

Abb. 25.10

25.3.3 Messung von Brechungsindizes

Das Michelson-Interferometer wird häufig in der Luftkeilanordnung verwendet, um den Brechungsindex eines Plättchens, das senkrecht zu einem der Arme plaziert ist, zu messen. Dieses Plättchen bewirkt eine Versetzung des Interferenzmusters als Funktion seiner Dicke e und seines Brechungsindexes n. Der zusätzliche optische Weg, den das Plättchen dem durchgehenden Licht aufprägt, beträgt $2(n-1)e$.

Man arbeitet mit weißem Licht, was zu einem zentralen weißen Streifen führt, der für alle Wellenlängen auftritt. Verschiebt man nun einen der Spiegel, kann der durch das Plättchen bewirkte Gangunterschied kompensiert werden, und es gilt die folgende Beziehung zwischen n, e und der Verschiebung d des Spiegels:

$$2(n-1)e = 2d$$

und damit für den Brechungsindex

$$n = 1 + \frac{d}{e}. \tag{25.17}$$

Beispiel: Sind $d = 3\,\mu$m und $e = 5\,\mu$m, beträgt der Brechungsindex 1,6.

25.4 Zusammenfassung

Die Interferenzstreifen gleicher Dicke haben große Bedeutung, da sie relativ einfach zu erzeugen sind und in vielen Gebieten Anwendung finden (Prüfung der Oberflächenstruktur, Dickenmessung, Messung von Brechungsindizes und allgemein die Metrologie).

Diese Interferenzstreifen werden mit einer *ausgedehnten* Quelle erhalten und sind *auf dem Plättchen lokalisiert*, so daß sie mit weißem Licht aufgemalt erscheinen.

Zwei Ergebnisse sind besonders wichtig: der Abstand der Interferenzstreifen bei einem Luftkeil mit Winkel γ und der Radius der dunklen Newtonschen Ringe, die proportional zu der Quadratwurzel der ganzen Zahlen m sind:

$$\mathrm{d} = \frac{\lambda}{2\gamma} \quad \text{und} \quad \rho_m = \sqrt{R\lambda_0 m}.$$

Historisch sind die Streifen gleicher Dicke deshalb zu Berühmtheit gelangt, weil Michelson durch ihre Beobachtung an seinem Interferometer experimentell nachgewiesen hat, daß die Lichtgeschwindigkeit im Vakuum eine Universalkonstante ist („Ätherdiskussion“).

25.5 Aufgaben

A25.1 Farbe eines dünnen Filmes
Ein dünner Film der Dicke $0{,}2\,\mu$m mit Brechungsindex 1,52 im sichtbaren Spektralbereich wird senkrecht mit weißem Licht beleuchtet. Bei welcher Wellenlänge wird das Licht minimal reflektiert? Schließen Sie daraus auf das Aussehen des Filmes, wenn man ihn über Reflexion beobachtet.

A25.2 Newtonsche Ringe zwischen zwei Kugelflächen
Man beobachtet über Reflexion die Newtonschen Ringe, die mit monochromatischem Licht der Wellenlänge $\lambda = 0{,}6\,\mu$m, das senkrecht auf zwei kugelförmige Flächen fällt, entstehen. Die eine Kugel hat den Krümmungsradius $R_1 = 2$ m, die andere den Radius $R_2 = 1$ m (Abbildung 25.11).

1. Der Berührungspunkt liegt genau im Zentrum. Berechnen Sie die Radien der ersten vier hellen Ringe.
2. Wiederholen Sie die Frage 1 für den Fall, daß nun am Zentrum die Dicke der Luftschicht $\lambda/4$ beträgt. Was kann man von der Intensität am Zentrum sagen?

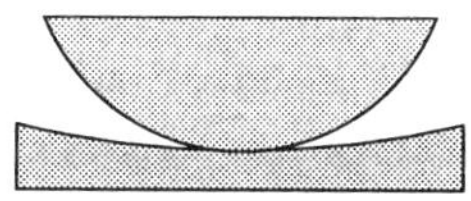

Abb. 25.11

A25.3 Luftkeil
Man realisiert einen Luftkeil mit zwei quadratischen Glasplatten der Seitenlänge $a = 10$ cm und einem dünnen Kartonstreifen (Abbildung 25.12). Man beleuchtet das Ganze mit einem parallelen monochromatischen Bündel, das von einem Laser ($\lambda = 633$ nm) ausgestrahlt wird. Die auf der Platte beobachteten Interferenzstreifen haben einen Abstand von 2,5 mm.

Wie groß ist der Winkel des Keiles in Bogensekunden? Folgern Sie daraus die Dicke des Kartons.

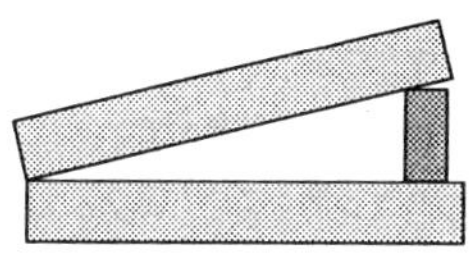

Abb. 25.12

A25.4 Mit einer Flüssigkeit gefüllter Keil
Man füllt einen Keil, der von zwei Glasplättchen mit Winkel γ zueinander gebildet wird, mit Methanol ($n = 1{,}3290$ für $\lambda = 589$ nm). Man beobachtet senkrecht die reflektierten Fizeauschen Ringe. Der Ringabstand beträgt 0,2 mm.

1. Bestimmen Sie γ.
2. Wie dick ist der Keil für den fünften hellen Ring von der Kante. In welchem Abstand zu der Kante befindet sich dieser Ring?

A25.5 Fizeausche Ringe im Michelson-Interferometer
Wir betrachten das Michelson-Interferometer von Aufgabe A24.2.

1. Ausgehend von der Situation $IA_1 = IA_2$, dreht man den Spiegel M_2 um einen sehr kleinen Winkel α um eine Achse, die senkrecht zu der Ebene IA_1A_2 ist und durch A_2 verläuft.
   - Zeigen Sie, daß man mit Hilfe der Linse L Interferenzerscheinungen auf M_1 beobachten kann.
   - Bestimmen Sie die Verteilung der Intensität an einem Punkt P von M_1, der durch $A_1P = X$ gegeben ist. Berechnen Sie daraus den Abstand d zwischen den Interferenzstreifen als Funktion von λ und α.
   - Geben Sie eine praktische Anwendung für den Spiegel M_2 an, wenn der Spiegel M_1 ideal plan ist.
2. Die Quelle ist nicht monochromatisch: S ist eine Natrium-Gasentladungslampe, von der man annimmt, daß das Emissionsspektrum nur zwei gelbe Linien der Wellenlänge $\lambda_1 = 588{,}9$ nm und $\lambda_2 = \lambda_1 + \Delta\lambda$ mit $0 < \delta\lambda \ll \lambda_1$ enthält. Man verschiebt M_2 in

Richtung Ix, um die in 1. erhaltenen Interferenzstreifen verschwinden zu lassen, und stellt fest, daß dies für $d = 0{,}15$ mm eintritt. Erklären Sie dieses Phänomen! Folgern Sie daraus $\Delta\lambda$ und λ_2.

3. Man wiederholt das Experiment wie in 2. beschrieben, verwendet nun weißes Licht. Wir erinnern daran, daß das Auge einen Rezeptor darstellt, dessen Empfindlichkeit ein sehr ausgeprägtes Maximum für $\lambda_J = 0{,}55\,\mu$m besitzt und dessen Wahrnehmungsgrenzen für das Strahlungsspektrum bei $0{,}4\,\mu$m bzw. $0{,}75\,\mu$m liegen. Sei L die Wegdifferenz zwischen den Strahlen, die durch M_1 und den Strahlen, die durch M_2 verlaufen, an einem Punkt P der Interferenzfläche. X_{lJ} sind die Abszissen des Punktes P, so daß $L = l\lambda_J$ (l ganzzahlig) gilt. Welches sind für $-7 \leq l \leq 7$ die Farben des sichtbaren Spektrums, die bei X_{lJ} ausgelöscht werden?

26 Prismenspektrometer. Magnetisches Prisma

Durch seine dispersiven Eigenschaften wird das Prisma hauptsächlich dazu verwendet, die Bewegungsrichtung des Lichtes zu verändern oder um zusammengesetztes Licht zu untersuchen. Wir wollen hier auf diese dispersiven Eigenschaften, die in den Spektrometern verwendet werden, eingehen.

Zuerst wollen wir die Prismenformeln wiederholen und die einfachen Gleichungen für den Verlauf von „monochromatischen" Lichtstrahlen durch ein Prisma ableiten.

26.1 Allgemeine Untersuchung des Prismas

Wir betrachten ein Prisma, wie es in Abbildung 26.1 dargestellt ist. Wir nehmen an, daß das Prisma mit Brechungsindex n von *Luft* umgeben ist und die Lichtstrahlen in einer Hauptschnittebene liegen.

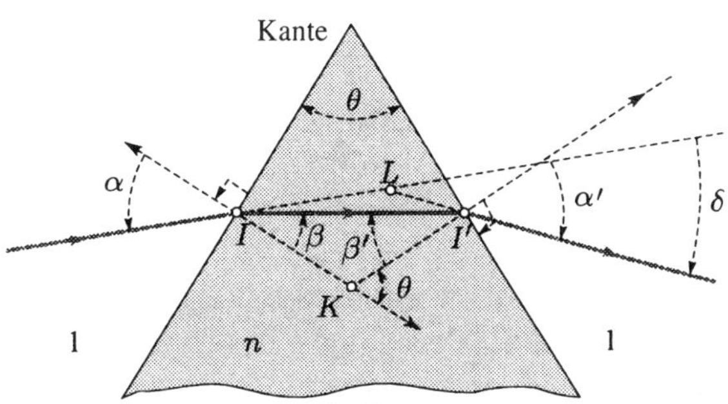

Hauptschnittebene des Prismas

Abb. 26.1

26.1.1 Wiederholung der Prismenformeln

In Kapitel 2 haben wir die folgenden vier Gleichungen, die den brechenden Winkel θ, die Einfalls- und Brechungswinkel am Einfallspunkt I, α und β, die Winkel am Austrittspunkt des Prismas, β' und α', sowie die Ablenkung δ miteinander verknüpfen, aufgestellt. Wir erinnern bei dieser Gelegenheit, daß die Winkel α, α', β und β' positiv sind, da wir die äußeren Normalen am Prisma immer zwischen der Kante des Prismas und dem Lichtstrahl annehmen (Abbildung 26.1):

$$\sin\alpha = n\sin\beta, \qquad \sin\alpha' = n\sin\beta', \tag{26.1}$$

$$\theta = \beta + \beta', \qquad \delta = \alpha + \alpha' - \theta. \tag{26.2}$$

Die ersten beiden Gleichungen geben das Snelliussche Gesetz beim Strahleneinfall und am Strahlenausgang wieder, während die beiden anderen Gleichungen geometrische Beziehungen sind: $\theta = \beta + \beta'$ ergibt sich aus der Betrachtung des Dreiecks IKI', und $\delta = (\alpha - \beta) + (\alpha' - \beta') = \alpha + \alpha' - \theta$ folgt aus aus den Beziehungen zwischen den Winkeln des Dreiecks ILI'.

26.1.2 Austrittsbedingungen für den einfallenden Strahl

Ein Lichtstrahl, der aus einem schwächer brechenden Medium kommt, tritt immer in das Prisma ein. Er wird gebrochen und trifft unter dem Winkel $\theta - \beta$ auf die zweite Fläche des Prismas. Damit dieser Strahl austreten kann, muß $|\theta - \beta| < \gamma$ gelten, wobei γ der über $\sin\gamma = 1/n$ definierte Grenzwinkel ist (siehe Kapitel 2). Daraus folgt:

1. für $\beta < \theta$, $\theta - \beta < \gamma$ und $\beta > \theta - \gamma$,
2. für $\beta > \theta$, $\beta - \theta < \gamma$ und $\beta < \theta + \gamma$.

Die Diskussion wird vereinfacht, wenn man die Graphen $\beta_1(\theta) = \theta - \gamma$ und $\beta_2(\theta) = \theta + \gamma$ betrachtet (Abbildung 26.2). Die grauen Bereiche in der Abbildung stellen *verbotene Zonen* (physikalisch unmöglich) dar: $\theta < 0$, $|\beta| > \gamma$, $\beta < \theta - \gamma$.

Das bedeutet, daß nur die Punkte der Figur innerhalb des Dreiecks MNP einer physikalischen Realisierung eines Strahlaustritts entsprechen. Die Punkte, die auf der Linie MP liegen, entsprechen einem Prisma mit verschwindendem Winkel, diejenigen auf MN einem Einfallswinkel von $\alpha = \pi/2$ und diejenigen auf PN einem Austrittswinkel $\alpha' = \pi/2$, da dann $\beta' = \gamma$ und damit $\beta = \theta - \gamma$ gilt.

Man unterscheidet schließlich die drei folgenden Fälle, je nach dem Wert von θ (Abbildung 26.3):

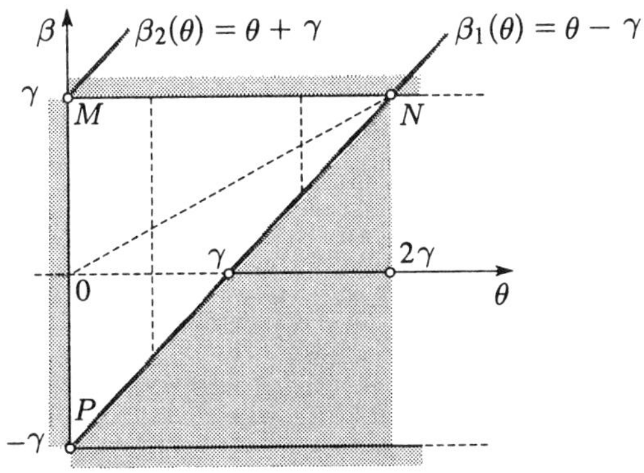

Abb. 26.2

1. $\theta > 2\gamma$: Es erfolgt kein Austritt.
2. $\gamma < \theta < 2\gamma$: α liegt zwischen dem Wert $\alpha_0 > 0$, der $\alpha' = \pi/2$ realisiert und $\pi/2$. Ist $\theta = \gamma$, haben wir $\alpha_0 = 0$, da $\beta = 0$ ist. Wenn $\theta = 2\gamma$ gilt, folgt daraus $\alpha_0 = \pi/2$ wegen $\beta = \gamma$,
3. $0 < \theta < \gamma$: α bewegt sich zwischen dem Wert $\alpha_0 < 0$, der $\alpha' = \pi/2$ realisiert, und $\pi/2$.

Beispiel: Für $n = 1{,}5$ und $\gamma = 42°$ lautet die zweite Bedingung: $42° < \theta < 84°$.

26.1.3 Minimale Ablenkung

Das Minimum der Ablenkung δ erhalten wir durch Ableitung nach α. Es gilt mit $\delta = \alpha + \alpha' - \theta$

$$\frac{\mathrm{d}\delta}{\mathrm{d}\alpha} = 1 + \frac{\mathrm{d}\alpha'}{\mathrm{d}\alpha}. \tag{26.3}$$

Wegen $\cos\alpha \mathrm{d}\alpha = n\cos\beta \mathrm{d}\beta$, $\cos\alpha' \mathrm{d}\alpha' = n\cos\beta' \mathrm{d}\beta'$ und $\mathrm{d}\beta + \mathrm{d}\beta' = 0$ haben wir:

$$\frac{\mathrm{d}\delta}{\mathrm{d}\alpha} = 1 - \frac{\cos\beta'}{\cos\beta}\frac{\cos\alpha}{\cos\alpha'}.$$

Demnach verschwindet $\mathrm{d}\delta/\mathrm{d}\alpha$ für $\cos\beta' \cos\alpha = \cos\beta \cos\alpha'$ oder nach Quadrieren dieser Gleichung und mit Gleichung (26.1):

$$\frac{1 - n^2\sin^2\beta}{\cos^2\beta} = \frac{1 - n^2\sin^2\beta'}{\cos^2\beta'}. \tag{26.4}$$

Damit folgt $\beta = \beta' = \theta/2$. Die Lösung $\beta = -\beta'$ kommt nicht in Betracht, da sie $\theta = 0$ impliziert. Der Strahlenverlauf im Prisma ist also symmetrisch (Abbildung 26.4).

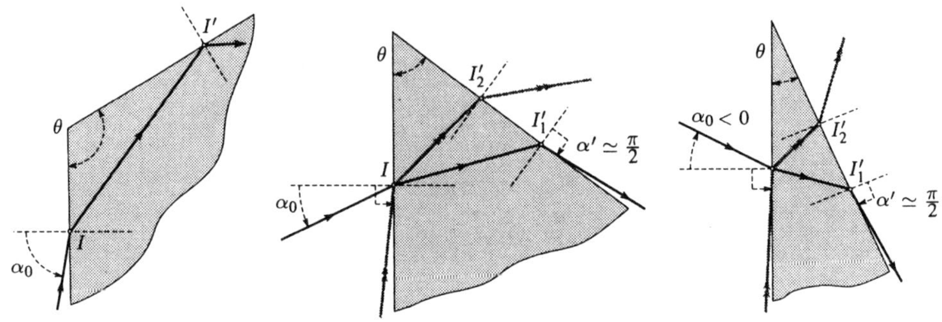

a) $\theta > 2\gamma$ b) $\gamma < \theta < 2\gamma$ c) $\theta < \gamma$

Abb. 26.3

Bemerkung: In der Abbildung 26.2 liegen die Punkte, für die $\beta = \theta/2$ gilt, auf der Geraden ON.

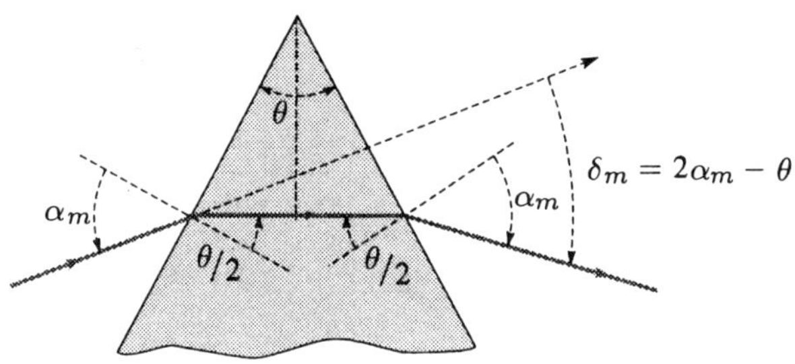

Abb. 26.4

Man könnte durch nochmaliges Differenzieren zeigen, daß dieses Extremum ein Minimum ist. Es ist jedoch einfacher, aus der folgenden Betrachtung zu derselben Einsicht zu gelangen. Im Wertebereich von α, $[\alpha_0, \pi/2]$, haben wir:

$$\text{für} \quad \alpha = \alpha_0 \quad \left(\beta = \beta_0,\, \beta' = \theta - \beta_0,\, \alpha' = \frac{\pi}{2}\right) \quad \frac{\mathrm{d}\delta}{\mathrm{d}\alpha} = -\infty, \tag{26.5}$$

$$\text{für} \quad \alpha = \frac{\pi}{2} \quad \left(\beta = \gamma,\, \beta' = \theta - \gamma,\, \alpha' \neq \frac{\pi}{2}\right) \quad \frac{\mathrm{d}\delta}{\mathrm{d}\alpha} = 1. \tag{26.6}$$

Daraus folgt, daß für wachsendes α die Ableitung $\mathrm{d}\delta/\mathrm{d}\alpha$ von einem negtiven Wert zu einem positivem Wert anwächst. Die Kurve $\delta(\alpha)$ hat folglich ein *Minimum.* Dies bestätigt ein Experiment, wie es am häufigsten mit einem Goniometer durchgeführt wird (Abbildung 26.5a): In diesem experimentellen Aufbau wird von einer Linse, in deren Brennpunkt die Lichtquelle liegt, ein paralleles Lichtbündel erzeugt. Dieses fällt auf ein Prisma. Ein Sucher, der auf „Unendlich" eingestellt ist, ermöglicht die Beobachtung des austretenden Lichtbündels. Dreht man nun das Goniometer, auf dem das Prisma liegt, um seine Achse, stellt man fest, daß die Ablenkung δ tatsächlich ein Minimum durchläuft (Abbildung 26.5b).

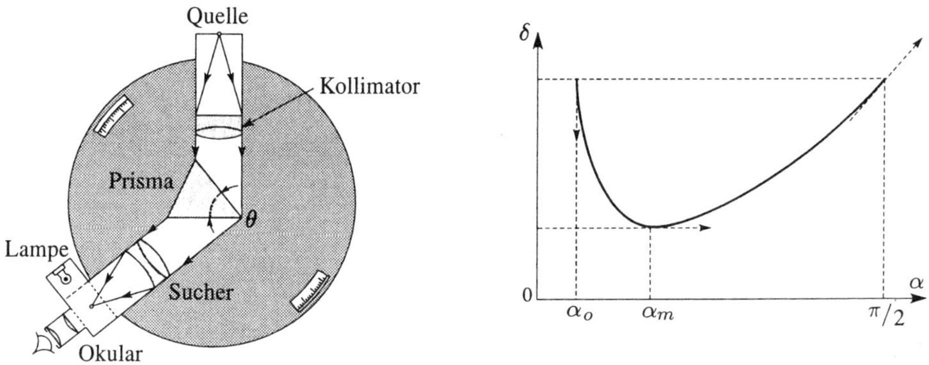

a) Goniometer b)

Abb. 26.5

26.1.4 Anwendung auf die Messung von Brechungsindizes

Am Minimum der Ablenkung gilt: $\alpha_{\mathrm{m}} = (\theta + \delta_{\mathrm{m}})/2$ und $\beta_{\mathrm{m}} = \theta/2$. Folglich kann aus der Messung von θ und δ_{m} der Brechungsindex n (relativ zur Luft) für die betrachtete monochromatische Strahlung über die folgende Relation bestimmt werden:

$$\boxed{n = \frac{\sin[(\theta + \delta_{\mathrm{m}})/2]}{\sin(\theta/2)}.} \tag{26.7}$$

Diese Methode, die häufig bei Festkörpern eingesetzt wird, erlaubt die Bestimmung von n in guter Genauigkeit.

26.2 Prismenspektrometer

Ist das einfallende Licht nicht mehr monochromatisch, wird jede spektrale Komponente um einen Winkel abgelenkt, der vom Brechungsindex abhängt und damit von der Vakuumwellenlänge λ. In der Abbildung 26.6 wird die Änderung des Brechungsindexes n eines Glases als Funktion von λ nach der Formel

$$n = A_0 + A_1\lambda^2 + A_2\lambda^{-2} + A_3\lambda^{-4} + A_4\lambda^{-6} + A_5\lambda^{-8} \tag{26.8}$$

dargestellt. Für die Koeffizienten sind die folgenden Werte verwendet worden:

$$\begin{aligned} A_0 &= 2{,}2718929, & A_3 &= 2{,}0816965 \cdot 10^{-4}, \\ A_1 &= -1{,}0108077 \cdot 10^{-2}, & A_4 &= -7{,}6472538 \cdot 10^{-6}, \\ A_2 &= 1{,}0592509 \cdot 10^{-2}, & A_5 &= 4{,}9240991 \cdot 10^{-7}. \end{aligned}$$

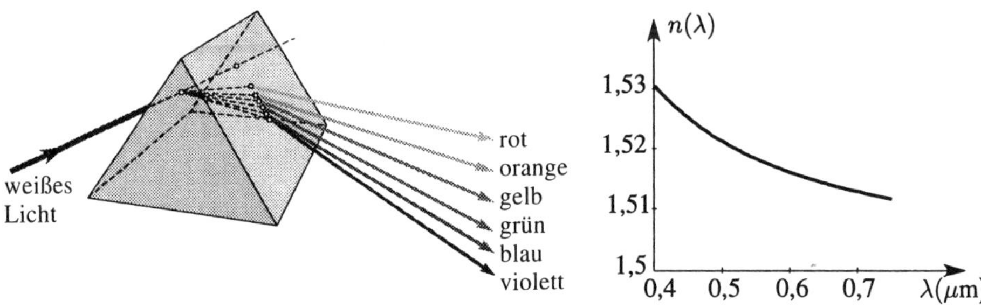

a) b)

Abb. 26.6

26.2.1 Dispersion

Man nennt die folgende Größe *Winkeldispersion*:

$$D_\mathrm{w} \equiv \frac{\mathrm{d}\delta}{\mathrm{d}\lambda} = \frac{\mathrm{d}\delta}{\mathrm{d}n}\frac{\mathrm{d}n}{\mathrm{d}\lambda}. \tag{26.9}$$

Der letzte Term weist den Faktor $\mathrm{d}n/\mathrm{d}\lambda$ auf, der charakteristisch für das Material ist. Wir zeigen nun, daß $\mathrm{d}\delta/\mathrm{d}n$ als Funktion geometrischer Größen ausgedrückt werden kann. Da θ und α konstant sind, haben wir:

$$\frac{\mathrm{d}\delta}{\mathrm{d}n} = \frac{\mathrm{d}\alpha'}{\mathrm{d}n}, \quad 0 = \mathrm{d}n \sin\beta + n\cos\beta \mathrm{d}\beta, \quad \mathrm{d}\beta + \mathrm{d}\beta' = 0 \tag{26.10}$$

und $\cos\alpha' \mathrm{d}\alpha' = \mathrm{d}n \sin\beta' + n\cos\beta' \mathrm{d}\beta'$. Daraus folgt:

$$\frac{\mathrm{d}\delta}{\mathrm{d}n} = \frac{\sin\beta'}{\cos\alpha'} - \frac{n\cos\beta'}{\cos\alpha'}\frac{\mathrm{d}\beta}{\mathrm{d}n} = \frac{\sin\beta'}{\cos\alpha'} + \frac{\cos\beta'}{\cos\alpha'}\frac{\sin\beta}{\cos\beta} = \frac{\sin\theta}{\cos\beta\cos\alpha'}. \quad (26.11)$$

Wählt man nun das Minimum der Ablenkung (Abbildung 26.6), vermeidet man, daß kleinste Fehler beim Einfallswinkel einen großen Einfluß auf die Ablenkung δ haben:

$$\frac{\mathrm{d}\delta}{\mathrm{d}n} = \frac{2\sin(\theta/2)\cos(\theta/2)}{\cos(\theta/2)\cos\alpha'} = \frac{2OS\sin(\theta/2)}{OS\cos\alpha'} = \frac{b}{l}, \quad (26.12)$$

wobei l die *Breite des austretenden Lichtbündels* und b *die Basislänge*, d. h. die größte Weglänge des Lichtes im Prisma, bezeichnen.

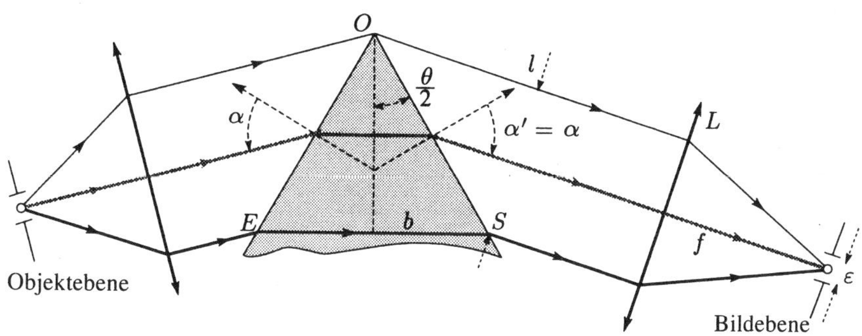

Abb. 26.7

Wir merken uns also den folgenden Ausdruck für die Winkeldispersion:

$$\boxed{D_\mathrm{w} = \frac{b}{l}\frac{\mathrm{d}n}{\mathrm{d}\lambda}.} \quad (26.13)$$

Bei den Spektrographen wird das Spektrum in der Brennebene einer Linse L beobachtet und auf einer Photoplatte aufgenommen. Man führt daher die *Lineardispersion* ein:

$$D_\mathrm{l} = f D_\mathrm{w} = f\frac{b}{l}\frac{\mathrm{d}n}{\mathrm{d}\lambda} \quad (26.14)$$

mit der bildseitigen Brennweite f der Linse.

Größenordnungen: Für $b = 4$ cm, $\mathrm{d}n/\mathrm{d}\lambda = 10^{-4}$ nm^{-1}, $l = 2$ cm und $f = 20$ cm erhält man: $D_\mathrm{w} = 10^{-4}$ rad/nm und $D_\mathrm{l} = 40\,\mu$m/nm.

Bemerkungen:

1. In der obigen Formel für die Winkeldispersion wird angenommen, daß das Lichtbündel auch die Spitze des Prismas durchläuft. Ist dies nicht der Fall, muß b durch $b - b'$ ersetzt werden; b' bezeichnet den Lichtweg nahe der Spitze des Prismas (siehe Aufgabe A26.5).
2. Man kann die Dispersion erhöhen, wenn mehrere Prismen hintereinander verwendet werden (Prismenkette). Die Dispersion des Gesamtsystems ist dann die Summe der einzelnen Prismen.

26.2.2 Auflösungsvermögen

Bezeichnen wir mit $\Delta\lambda$ die kleinste Wellenlängenabweichung, die in der Beobachtungsebene auflösbar ist, wird das Auflösungsvermögen über

$$A \equiv \frac{\lambda}{\Delta\lambda} \tag{26.15}$$

definiert. Abgesehen von der Qualität des Prismas (ebene Flächen, homogenes Material), der Linsen (geringe geometrische Aberrationen und Farbfehler) sowie des Detektors ist der wesentliche Faktor, der $\Delta\lambda$ bei ausreichender Ausdehnung des Spaltes vor der Lichtquelle festlegt, die Beugung durch den Spalt, der das austretende Strahlenbündel begrenzt. Im allgemeinen liegt kein materieller Spalt vor, sondern die Beugungsfigur ergibt sich aus einem fiktiven Spalt der Größe l, die der Größe des austretenden Lichtbündels entspricht:

$$\Delta X_{\frac{1}{2}} = \frac{\lambda f}{l}. \tag{26.16}$$

Dieses Kriterium für die Detektion ist unter dem Namen *Rayleighsches Kriterium* bekannt (nach dem englischen Physiker J. Rayleigh). Wir haben also

$$\Delta\lambda = \frac{\Delta X_{\frac{1}{2}}}{D_1} = \frac{\lambda f}{lf(b/l)(\mathrm{d}n/\mathrm{d}\lambda)} = \frac{\lambda}{b/(\mathrm{d}n/\mathrm{d}\lambda)} \tag{26.17}$$

und damit für das Auflösungsvermögen:

$$\boxed{A = \frac{\lambda}{\Delta\lambda} = \frac{l}{f}D_1 = b\frac{\mathrm{d}n}{\mathrm{d}\lambda}.} \tag{26.18}$$

Ist das Bild des vor der Lichtquelle befindlichen Spaltes in der Detektionsebene vergrößert, um mehr Licht zu erhalten, wird $\Delta\lambda$ über die Größe s dieses Bildes festgelegt:

$$\Delta\lambda = \frac{s}{D_1} \tag{26.19}$$

und damit

$$A = \frac{\lambda}{\Delta\lambda} = \frac{\lambda}{s} D_{\mathrm{l}}. \tag{26.20}$$

Die besten Arbeitsbedingungen (ausreichend große Lichtquelle für genügende Beleuchtung und Begrenzung durch die Beugung) sind diejenigen, die die Gleichheit zwischen der Bildgröße des Spaltes und der Höhe des Beugungsmaximums herstellen:

$$s = \frac{\lambda f}{l} \quad \text{und} \quad A = \frac{\lambda D_{\mathrm{l}}}{s} = b\frac{\mathrm{d}n}{\mathrm{d}\lambda}. \tag{26.21}$$

Größenordnung: Für $f = 20$ cm, $l = 2$ cm, $\lambda = 0{,}5\,\mu$m und $D_{\mathrm{l}} = 40\,\mu$m/nm erhält man ein Auflösungsvermögen $A = 2\,000$. Allgemein begrenzt die Größe des Spaltes die Auflösung: Ist $s = 40\,\mu$m, sind $\Delta\lambda = s/D_{\mathrm{l}} = 0{,}5$ nm und $A = \lambda/\Delta\lambda = 1\,000$.

26.3 Magnetisches Prisma

Das magnetische Prisma ist ein Instrument, das ganz analog zum optischen Prisma funktioniert und die Analyse eines „komplexen" *Teilchenstrahls*, der aus Teilchen verschiedener Energie besteht, erlaubt. Es ist im wesentlichen aus einem Elektromagneten, dessen Pole Prismenform besitzen, aufgebaut. Das erzeugte magnetische Feld B ist homogen und konstant. Dieses Feld prägt den einfallenden Teilchen kreisförmige Bahnen auf, deren Radien von ihrer Energie abhängen. Daher erhält man am Ausgang des Prismas wie im Falle des Lichtes eine Dispersion der Bahnkurven entsprechend ihrer Energien. Die Abbildung 26.8 zeigt ein solches Prisma mit Winkel θ, dessen Eingangs- und Austrittsflächen senkrecht zu einer bestimmten Bahnkurve mit Radius R_0 sind, auf der sich Teilchen der Energie $\mathcal{E}_0$ bewegen.

Für die einfallenden Elektronen (Ladung $-q_{\mathrm{e}}$, Masse m_{e}) der Energie $\mathcal{E} < \mathcal{E}_0$ ist die im Prisma beschriebene Kurve ein Kreis durch den Eintrittspunkt E. Der Radius dieses Kreises ist direkt mit dem Impuls p verknüpt. Nach der Bewegungsgleichung der Mechanik gilt für ein Elektron in einem Magnetfeld:

$$\frac{m_{\mathrm{e}} v^2}{R} = q_{\mathrm{e}} v B \tag{26.22}$$

oder

$$R = \frac{p}{q_{\mathrm{e}} B}. \tag{26.23}$$

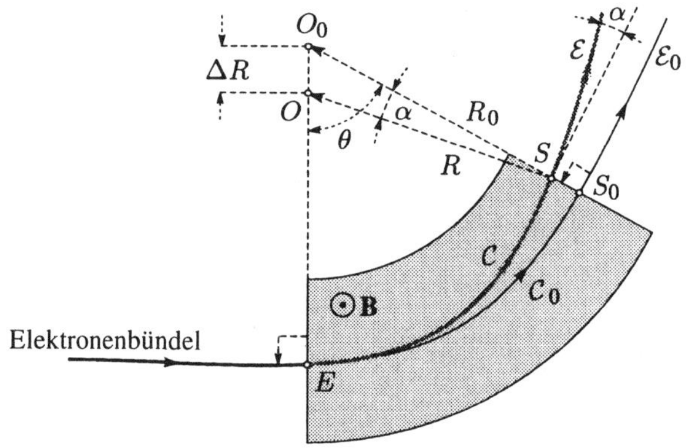

Abb. 26.8

Da $p < p_0$ ist, haben wir $R < R_0 = p_0/(q_e B)$. Der Abstand $S_0 S$ zwischen den Austrittspunkten S_0 und S, an denen die Elektronen der Energien $\mathcal{E}_0$ bzw. $\mathcal{E}$ das Prisma verlassen, hat den Wert:

$$S_0 S = O_0 S_0 - O_0 S = R_0 - \left(R^2 + \Delta R^2 + 2R\Delta R \cos \widehat{EOS}\right)^{\frac{1}{2}} \qquad (26.24)$$

mit $\Delta R = R_0 - R$. Da der Neigungswinkel α zwischen der austretenden Bahnkurve $\mathcal{C}$ zu der Energie $\mathcal{E}$ und der Kurve $\mathcal{C}_0$ für die Energie $\mathcal{E}_0$ klein ist, haben wir $\widehat{EOS} = \theta + \alpha \approx \theta$. Führt man $\delta \equiv \Delta p/p_0 = \Delta R/R_0 \ll 1$ ein, haben wir:

$$S_0 S \approx R_0 - R\left(1 + \frac{\Delta R}{R} \cos \theta\right) = \Delta R(1 - \cos \theta) = R_0(1 - \cos \theta)\delta. \qquad (26.25)$$

Der Winkel α genügt dem Sinussatz im Dreieck $O_0 O S$:

$$\frac{\sin \theta}{R} = \frac{\sin \alpha}{\Delta R} \approx \frac{\alpha}{\Delta R}, \qquad (26.26)$$

so daß wir $\alpha \approx \delta \sin \theta$ erhalten.

Die Untersuchung des magnetischen Prismas, das in der Spektrometrie geladener Teilchen eingesetzt wird, setzt voraus, daß man Bedingungen formuliert, für die ein Punktepaar auf $\mathcal{C}_0$ stigmatisch vom Instrument abgebildet wird. Eine detaillierte Analyse der stigmatischen Eigenschaften eines solchen Systems in der Hauptschnittebene erfordert die Einführung eines dreidimensionalen Vektors der Form:

$$X = \begin{bmatrix} x \\ n\alpha \\ \delta \end{bmatrix} \qquad (26.27)$$

mit $n = 1$ in unserem speziellen Fall. Der Übergang zwischen E und S_0 kann damit

$$X_s = T(\overline{ES_0})X_e \tag{26.28}$$

mit

$$T(\overline{ES_0}) = \begin{bmatrix} a & b & e \\ -B & d & f \\ 0 & 0 & 1 \end{bmatrix} \tag{26.29}$$

geschrieben werden. Da $S_0S = R_0(1 - \cos\theta)\delta$ und $\alpha \approx \sin\theta\delta$ sind, erhalten wir $e = R_0(1 - \cos\theta)$ und $f = \sin\theta$.

Zwischen konjugierten Ebenen, in denen der Objektpunkt A_o bzw. Bildpunkt A_b liegt, berechnet man $T(\overline{A_oA_b})$ durch Einführen der Übergangsmatrizen $\mathcal{T}(\overline{A_oE})$ und $\mathcal{T}(\overline{S_oA_b})$, für die die Matrixelemente $T_{13}(A)$ und $T_{23}(A)$ verschwinden. In der Beobachtungsebene charakterisiert man die Dispersion durch den Term $T_{13}(A)$:

$$D \equiv \left(\frac{\partial x_s}{\partial \delta}\right)_{x_e,\alpha_e} = T_{13}(A). \tag{26.30}$$

Die *Energiedispersion* D_e kann daraus leicht berechnet werden: Da für solche im allgemeinen relativistischen Teilchen $\mathcal{E}^2 - p^2c^2 = m^2c^4$ gilt, erhalten wir: $\mathcal{E}\mathrm{d}\mathcal{E} = pc^2\mathrm{d}p = p^2c^2\mathrm{d}p/p$ und damit $\mathcal{E}\Delta\mathcal{E} = p^2c^2\delta$ und:

$$\begin{aligned} D_e &= \left(\frac{\partial x_s}{\partial \Delta\mathcal{E}}\right)_{x_e,\alpha_e} = \left(\frac{\partial x_s}{\partial \delta}\right)_{x_e,\alpha_e} \cdot \frac{\mathrm{d}\delta}{\mathrm{d}\Delta\mathcal{E}} \\ &= T_{13}(A)\frac{\mathcal{E}}{\mathcal{E}^2 - m_e^2c^4} = T_{13}(A)\frac{\mathcal{E}_k + m_ec^2}{\mathcal{E}_k(\mathcal{E}_k + 2m_ec^2)} \end{aligned} \tag{26.31}$$

mit der kinetischen Energie $\mathcal{E}_k = \mathcal{E} - m_ec^2$.

Das Auflösungsvermögen kann wie beim optischen Prisma definiert werden. Ist $\Delta\mathcal{E}$ die kleinste in der Beobachtungsebene meßbare Energiedifferenz, hat man: $A = \mathcal{E}_0/\Delta\mathcal{E}$. Hier sind die beiden wichtigen Faktoren, die in $\Delta\mathcal{E}$ eingehen:

1. die Größe des Spaltes vor der Quelle oder genauer die seines Bildes in der Detektionsebene,
2. die energetische Breite des Teilchenbündels auf Höhe der Quelle.

Das Studium der Spektrometer, die auf der Optik geladener Teilchen beruhen und in Kapitel 14 erwähnt wurden, basiert in großem Umfang auf der hier vorgestellten Analyse.

26.4 Zusammenfassung

1. Prismen sind für die Umlenkung von Lichtbündeln von Bedeutung.
2. Wichtig sind die Bedingungen, unter denen ein einfallender Lichtstrahl wieder aus dem Prisma tritt, die Existenz eines Minimums der Ablenkung δ und die Anwendung auf die Messung des Brechungsindexes von Materialien.
3. Wir merken uns die Prismenspektrometer, die eine spektrale Analyse von zusammengesetztem Licht erlauben, sowie die Ausdrücke für die Winkeldispersion und das theoretische Auflösungsvermögen:

$$D = \frac{b}{l}\frac{\mathrm{d}n}{\mathrm{d}\lambda} \quad \text{und} \quad A = b\frac{\mathrm{d}n}{\mathrm{d}\lambda}.$$

Die optischen Prismenspektrometer mit einem theoretischen Auflösungsvermögen der Größenordnung 2000 sind heute durch die leistungsfähigeren Gitterspektrometer verdrängt worden (siehe Kapitel 27).

Man kann sagen, daß bei diesem Thema vor allem das magnetische Prisma von Bedeutung ist, das in der Spektrometrie der geladenen Teilchen sehr viel verwendet wird. So sind die Elektronenmikroskope meistens mit einem Elektronenspektrometer ausgestattet, das aus mehreren magnetischen Prismen besteht (siehe Kapitel 14).

26.5 Aufgaben

A26.1 Ablenkung durch ein Prisma mit kleinem Prismenwinkel

1. Leiten Sie den Ausdruck für den Ablenkwinkel δ eines Prismas mit kleinem Prismenwinkel θ und Brechungsindex n ab. Berechnen Sie mit dieser Formel δ in Grad für $\theta = 2^\circ$ und $n = 1{,}5$.
2. Unter welchen Bedingungen für den Einfallswinkel kann ein Strahl austreten?

A26.2 Austritt eines Lichtstrahls aus einem Prisma
Berechnen Sie den Grenzwinkel α_0, für den ein Lichtstrahl aus einem Prisma mit Winkel $\theta = 60^\circ$ und $n = 1{,}52$ treten kann.

A26.3 Auflösungsvermögen eines Prismenspektrometers
Wir wollen die Wellenlänge des grünen Lichtes von Quecksilber durch Vergleich mit der Eichwellenlänge der grünen Cadmiumlinie, $\lambda_{\mathrm{Cd}} = 508{,}58$ nm, messen. Der Eingangsspalt eines Spektrographen mit drei Prismen ist von vernachlässigbarer Größe und liegt in der Brennebene eines Kollimators. Die Brennebene ist parallel zu den Prismenkanten. Das Objektiv des Zielfernrohrs für das austretende Lichtbündel hat eine Brennweite von 1 m. Die Kette der drei identischen Prismen mit Prismenwinkel $\theta = 60^\circ$ und Basis $b = 5$ cm

ist derart eingestellt, daß die Eichstrahlung jedes Prisma am Punkt minimaler Ablenkung passiert und das Lichtbündel die Prismen vollständig bescheint. Die Dispersion des Glases ist durch die Cauchysche Formel gegeben: $n = n_0 + C/\lambda^2$, wobei λ die Vakuumwellenlänge, $n_0 = 1{,}60$ und $C = 0{,}012\,\mu\mathrm{m}^2$ sind. Das vom Objektiv erzeugte Bild des Spaltes schneidet dessen Brennpunkt im bildseitigen Brennpunkt F'. Als X-Achse wählen wir eine Achse, die senkrecht zu der Objektivachse ist und durch F' verläuft.

1. Wenn der Spalt durch Licht der Wellenlänge 546,1 nm beleuchtet wird, in welchem Abstand zu F' wird dann das neue Bild des Spaltes erzeugt?
2. Wie groß ist das Auflösungsvermögen des Apparates, wenn der Spalt ausreichend schmal ist?

A26.4 Auflösungsvermögen verschiedener Prismen

1. Berechnen Sie in Nanometern die spektralen Auflösungsvermögen für die Mitte des sichtbaren Spektrums ($\lambda = 550$ nm) von mehreren Prismen der gleichen Geometrie (brechender Winkel 60°, Basislänge 3 cm), aber verschiedener Materialien: Kronglas, Flintglas und Quarz. Wir geben die zu diesen Materialien gehörenden Verhältnisse n/λ in nm^{-1} an: $0{,}5 \cdot 10^{-4}$, $1{,}6 \cdot 10^{-4}$ und $0{,}46 \cdot 10^{-4}$.
2. Man verwendet das Flintglasprisma am Maximum der Ablenkung. Bestimmen Sie seine Winkeldispersion D_w, wenn der Brechungsindex 1,748 für diese mittlere Wellenlänge beträgt. Folgern Sie daraus die lineare Dispersion D_l in der Brennebene einer Linse der Brennweite $f = 30$ cm.

A26.5 Dispersionsformel des Prismas

Angenommen, das einfallende Lichtbündel verlaufe durch die Spitze des Prismas. Zeigen Sie, daß sich die Formel für die Winkeldispersion am Minimum der Ablenkung dann in der folgenden Form schreiben läßt (Abbildung 26.9):

$$D_\mathrm{w} = \left(\frac{b - b'}{l}\right) \frac{\mathrm{d}n}{\mathrm{d}\lambda}.$$

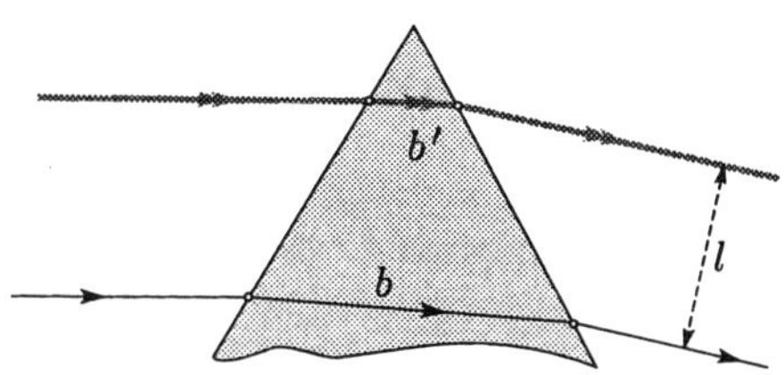

Abb. 26.9

A26.6 Risleysche Prismen

In der Astronomie wird der Einfluß der Atmosphäre auf die Lichtbrechung durch zwei Prismen kompensiert, die kleine Winkel γ_1 und γ_2 sowie die Brechungsindizes n_1 und n_2 aufweisen und umgekehrt aneinander liegen (siehe Abbildung 26.10).

1. Für welchen Wert des Verhältnisses γ_2/γ_1 ist die Ablenkung eines solchen Systems null? Berechnen Sie das Verhältnis für Strahlung der Wellenlänge $\lambda = 550$ nm sowie $n_1 = 1{,}6200$ und $n_2 = 1{,}6251$.

2. Man verwendet zwei solcher Systeme, um die atmosphärische Lichtbrechung, die für eine Wellenlängenbande $\Delta\lambda$ $\Delta\zeta$ beträgt, aufzuheben. Ermitteln Sie eine zweite Beziehung zwischen γ_1 und γ_2, wenn die Änderung der Brechungsindizes der beiden Gläser in diesem Wellenlängenbereich Δn_1 und Δn_2 beträgt.

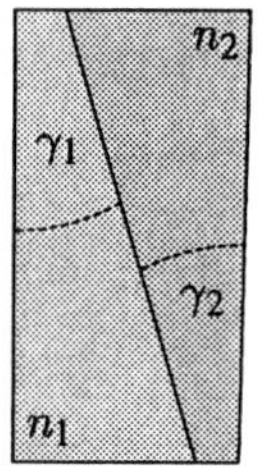

Abb. 26.10

27 Ebene Gitter. Gitterspektrometer

Das Prinzip der Beugungsgitter entdeckte D. Rittenhouse bereits 1785, wurde aber in keiner Weise beachtet. Erst T. Young 1801 und J. Fraunhofer 1819 konstruierten die ersten Gitter und zeigten die ungewöhnlich konstruktiven Eigenschaften der Beugung am Gitter auf.

27.1 Definition und Realisierung der Gitter

27.1.1 Definition

Ein Gitter hat eine *regelmäßige* Struktur, die einer einfallenden ebenen Welle eine *periodische* Änderung ihrer Amplitude oder Phase oder beides gleichzeitig aufprägt. Das Gitter heißt dann Amplituden-, Phasen- oder Amplituden-Phasengitter. Das *wesentliche Kennzeichen* eines Gitters ist daher seine Gitterkonstante a, die man meistens in *Strichen oder Linien pro Millimeter* angibt. Zum Beispiel sagt man für $a = 10\,\mu$m, das Gitter habe 100 Linien pro Millimeter.

Andere Kenngrößen des Gitters sind die *Breite des vom einfallenden Lichtbündel beleuchteten Teils* L und die Breite ϵ eines *Gitterelementes.*

Das einfachste Gitter ist aus parallelen Spalten aufgebaut, die eine periodische Durchlässigkeit $t(x)$ erzeugen (Abbildung 27.1). Anhand dieses Gittertyps werden wir die allgemeine Gittertheorie in Abschnitt 27.2.4 vorstellen.

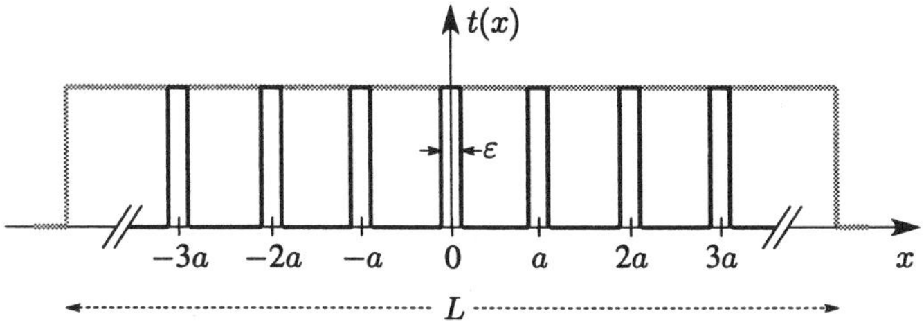

Abb. 27.1

27.1.2 Herstellung

Die ersten Gitter sehr guter Qualität wurden von H. A. Rowland 1882 konstruiert, indem mittels einer Diamantspitze äquidistante Striche in eine Glasplatte geritzt wurden. Jeder dieser Striche streut das einfallende Licht aus seiner Einfallsrichtung und verhält sich daher so wie ein undurchsichtiger Streifen. Dagegen verhalten sich die Bereiche zwischen den Strichen, die das Licht passieren lassen, wie durchsichtige Spalte.

Die Qualität der Gitter ist stark von der Sorgfalt abhängig, mit der die Linien periodisch eingeritzt werden. Jede Abweichung von der Periodizität führt zu zusätzlichen Beugungsbildern, den *ghosts* („Geister") (siehe Aufgabe A27.10).

Heute realisiert man hervorragende Gitter durch Interferenz mehrerer ebener Wellen: die *holographischen Gitter*. Im Fall *zweier* Wellen sind die Gitter *sinusförmig* mit einer Gitterkonstante a, die dem Interferenzstreifenabstand entspricht (siehe Kapitel 22). Die Durchlässigkeit ist proportional zu der Intensität des Interferenzphänomens (Kapitel 22):

$$t(x) = 1 + \cos\left(2\pi \frac{x}{a}\right) \quad \text{mit} \quad a = \frac{\lambda}{2\sin(\alpha/2)}. \qquad (27.1)$$

Die Mehrzahl der in der Spektrometrie verwendeten Gitter beruht nicht auf der Transmission, sondern auf der *Reflexion*, was Fehler vermeiden hilft, die beim Durchgang durch den Träger der Gitterstruktur auftreten können (Abweichungen von der Homogenität, der Planität usw.). Man dampft hierzu auf den Streifen des holographischen Gitters eine Schicht Aluminium auf, die das einfallende Licht reflektiert. Die Zonen außerhalb dieser Streifen reflektieren kein Licht und verhalten sich daher wie undurchsichtige Bereiche.

Leicht herzustellende Gitter sind die *Replika-Gitter*, die durch Kopieren des Originalgitters in Kunstoff erhalten werden. Diese Kopien sind allgemein von hervorragender Qualität.

27.2 Fraunhofer-Beugung durch ein Spaltengitter

Wir betrachten eine monochromatische ebene Welle Σ_0 der Amplitude 1, die unter einem Winkel von θ_0 zu der Gitterflächennormalen auf ein Gitter mit N parallelen Spalten fällt (Abbildung 27.2a). Dieses Experiment kann in einfacher Weise realisiert werden, indem ein Laserlichtbündel ($\lambda = 632{,}8$ nm) auf ein solches Gitter gestrahlt wird.

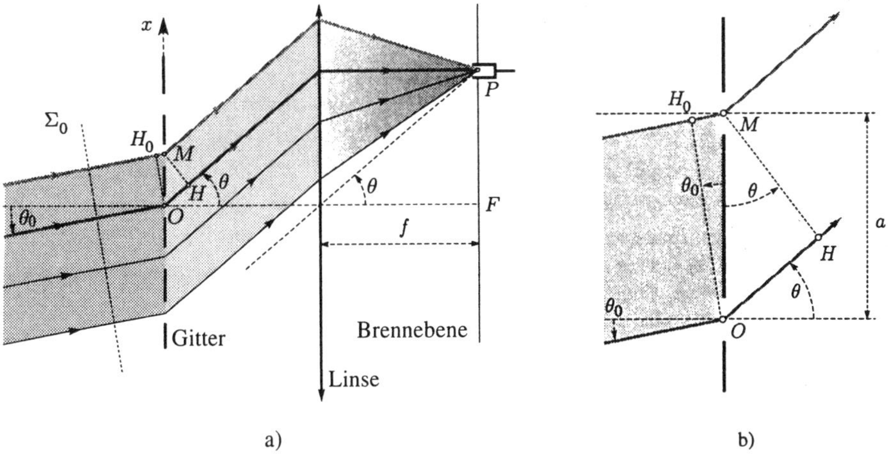

Abb. 27.2

Wir wollen nun die Intensitätverterteilung des gebeugten Lichtes in der Brennebene einer konvergenten Linse der Brennweite $f = 30$ cm untersuchen. Hierzu bezeichnen wir mit θ den Winkel, den diejenigen gebeugten Lichtstrahlen mit der Gitternormalen einschließen, die im Punkt P der Brennebene der Linse zusammentreffen. Die Abbildung 27.3 ist eine Photographie der beobachteten Intensitätsverteilung. Sie besteht aus einer Anzahl von Peaks, die regelmäßig angeordnet sind und deren Periode wächst, sobald a abnimmt, was durch Wechseln des Gitters überprüft werden kann.

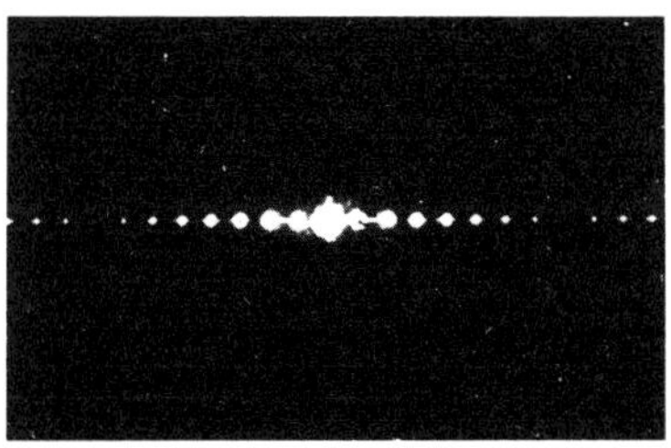

Abb. 27.3

27.2.1 Gittergleichung der Transmissionsgitter

Die Gleichung, die die Position der Intensitätshauptmaxima angibt, wird als Gittergleichung bezeichnet. Man kann sie leicht ableiten, wenn man den Zustand konstruktiver Interferenz zwischen allen Wellen, die durch die in

P zusammenkommenden gebeugten Lichtstrahlen beschrieben werden, betrachtet. Hierfür genügt es, die optische Weglängendifferenz zweier aufeinanderfolgender Lichtstrahlen dem ganzzahligen Vielfachen der Wellenlänge λ (im Vakuum) gleichzusetzen. Da sowohl die einfallenden als auch die gebeugten Lichtstrahlen parallel zueinander sind, ist die optische Weglängendifferenz zwischen dem Strahl, der durch den Punkt O verläuft und dem durch den entsprechenden Punkt M (das umgebende Medium ist Luft mit $n = 1$) (Abbildung 27.2b):

$$OH - MH_0 = a(\sin\theta - \sin\theta_0), \tag{27.2}$$

und damit gilt für die Phasendifferenz

$$\Delta\phi = \frac{2\pi}{\lambda} a(\sin\theta - \sin\theta_0). \tag{27.3}$$

Die Gittergleichung lautet also:

$$\boxed{a(\sin\theta - \sin\theta_0) = m\lambda, \quad \text{für ganzzahlige} \quad m.} \tag{27.4}$$

Mit dieser Beziehung ist es möglich, eine Forderung für das Verhältnis λ/a zu formulieren, bei der eine nennenswerte Beugung von Licht auftritt. Mit $|\sin\theta - \sin\theta_0| \geq 0{,}1$ erhalten wir:

$$\frac{m\lambda}{a} \geq 0{,}1 \tag{27.5}$$

und damit

$$\frac{\lambda}{a} \geq \frac{1}{10m} \quad \text{und} \quad \frac{\lambda}{a} \geq \frac{1}{50}, \tag{27.6}$$

wenn die Ordnug m gleich 5 ist. So werden die Röntgenstrahlen der Wellenlänge $\lambda = 0,1$ nm durch natürliche Gitter der Gitterkonstante $a \leq 5$ nm, wie sie durch Kristalle erzeugt werden, gebeugt.

Die Gittergleichung kann auch als Vektorgleichung geschrieben werden, wenn die Wellenvektoren der einfallenden und austretenden Wellen ($\boldsymbol{k}_0$ und $\boldsymbol{k}$) mit gleicher Norm $2\pi/\lambda$, der Streuvektor $\boldsymbol{K} = \boldsymbol{k} - \boldsymbol{k}_0$ und der Gittervektor $\boldsymbol{a} = a\boldsymbol{e}_x$ (Abbildung 27.4) eingeführt werden. Da die Komponenten von $\boldsymbol{k}_0$ und $\boldsymbol{k}$ entlang $\boldsymbol{e}_x$ jeweils $k_0 \sin\theta_0$ und $k \sin\theta$ sind, ergibt sich

$$\boxed{\boldsymbol{a} \cdot \boldsymbol{K} = m2\pi \quad \text{mit} \quad \boldsymbol{a} = a\boldsymbol{e}_x \quad \text{und} \quad \boldsymbol{K} = \boldsymbol{k} - \boldsymbol{k}_0.} \tag{27.7}$$

In dieser vektoriellen Form wird im allgemeinen die Gittergleichung bei der Beugung von Röntgenstrahlen geschrieben.

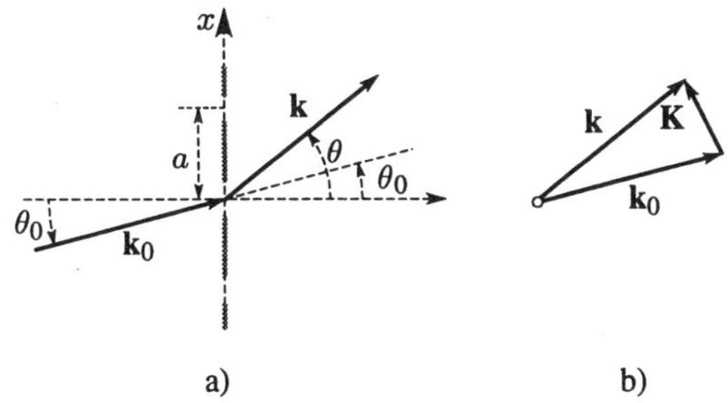

Abb. 27.4

27.2.2 Gittergleichung der Reflexionsgitter

Die vorhergehende Gittergleichung wurde mit der *gleichen* Konvention für die Orientierung der Winkel θ und θ_0 *algebraisch* formuliert (Abbildung 27.4). Für ein *Reflexionsgitter* ist der Winkel θ_0 größer als π; daher ist es günstig, den Einfallswinkel $\alpha \equiv \theta_0 - \pi$ einzuführen (Abbildung 27.5). Die Gittergleichung lautet damit:

$$\boxed{a(\sin\theta + \sin\alpha) = m\lambda.} \tag{27.8}$$

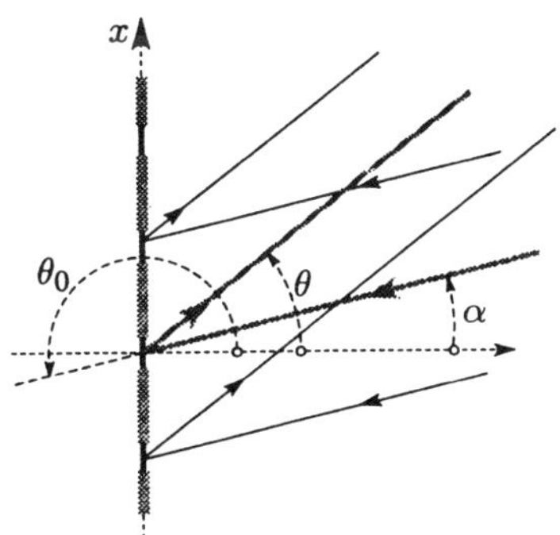

Abb. 27.5

27.2.3 Geometrische Darstellung der Gittergleichung

Die Gittergleichung kann geometrisch dargestellt werden, indem ein Einheitskreis um den Koordinatenursprung geschlagen und das Gitter entlang der Ordinate aufgetragen wird (Abbildung 27.6). Man zeichnet nacheinander

$\sin\theta_0$, $m\lambda/a$ und die Summe, die den Wert $\sin\theta$ hat, ein. Daraus kann leicht auf den Winkel θ geschlossen werden: $\sin\theta = \sin\theta_0 + m\lambda/a$.

Die Konstruktion über Reflexion ist entsprechend (Abbildung 27.6b): $\sin\theta = -\sin\alpha + m\lambda/a$.

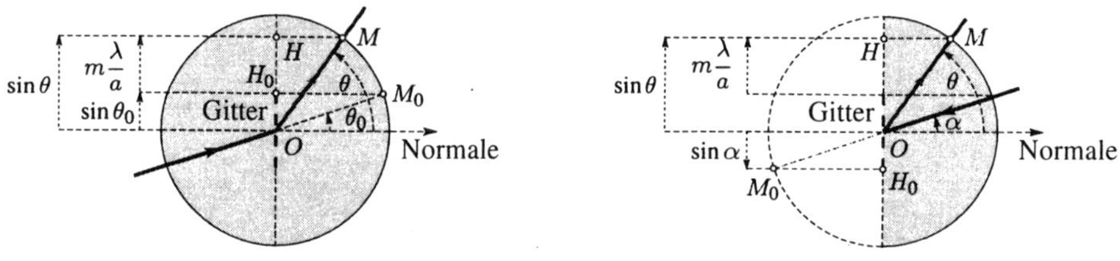

a) über Transmission b) über Reflexion

Abb. 27.6

27.2.4 Amplitude der vom Gitter gebeugten Welle

Wir wollen nun die komplexe Amplitude der Welle, die sich zum Punkt P der Beobachtungsebene bewegt, bestimmen (Abbildung 27.2).

In der Austrittsrichtung, die den Winkel θ mit der Gitternormalen einschließt, ist die komplexe Amplitude der resultierenden Welle die Summe der Amplituden der Wellen, die durch Lichtstrahlen mit Winkel θ zu der Gitternormalen beschrieben werden.

Amplitude einer am Spalt gebeugten Welle

Wir haben in Kapitel 21 gezeigt, daß die komplexe Amplitude einer Welle, die an einem im Ursprung zentrierten Spalt der Breite ϵ gebeugt wird, proportional zum Integral

$$\widehat{\underline{t}}_0(u) = \int_{-\epsilon/2}^{\epsilon/2} \exp(-\mathrm{i}2\pi u x)\mathrm{d}x = \epsilon\frac{\sin(\pi u\epsilon)}{\pi u\epsilon} \quad \text{mit} \quad u = \frac{\alpha - \alpha_0}{\lambda}$$

ist. Hierbei sind α und α_0 die Richtungskosinusse der Einfalls- und Beugungsrichtung entlang der x-Achse des Gitters. Als Funktion des Einfallswinkels θ_0 und des Beugungswinkels θ hat u wegen $\alpha = \sin\theta$ und $\alpha_0 = \sin\theta_0$ die Form:

$$u = \frac{\sin\theta - \sin\theta_0}{\lambda}. \tag{27.9}$$

Beitrag aller Spalte

Wir numerieren die N Spalte des Gitters, die eventuell komplexe Durchlässigkeiten aufweisen können, von $-n$ bis n. Die komplexe Amplitude der gebeugten Welle nimmt dann die Form (siehe Kapitel 21)

$$\underline{\psi} = \int \underline{t}(x) \exp(-\mathrm{i}2\pi ux)\mathrm{d}x \quad \text{mit} \quad \underline{t}(x) = \sum_{m=-n}^{+n} \underline{t}_0(x - x_m) \tag{27.10}$$

an, wobei $x_m = ma$ die Koordinate des m-ten Spaltes bezeichnet. Führen wir die Variable $X = x - x_m$ ein, erhalten wir:

$$\begin{aligned}\underline{\psi} &= \sum_{m=-n}^{+n} \exp(-\mathrm{i}2\pi ux_m) \int \underline{t}_0(x) \exp(-\mathrm{i}2\pi uX)\mathrm{d}X \\ &= \sum_{m=-n}^{+n} \exp(-\mathrm{i}2\pi uma)\widehat{\underline{t}_0}(u)\end{aligned} \tag{27.11}$$

oder

$$\underline{\psi} = \widehat{\underline{t}_0}(u) \sum_{m=-n}^{+n} \exp(-\mathrm{i}m\phi) \quad \text{mit} \quad \phi = 2\pi ua. \tag{27.12}$$

Diese Summe ist bereits in Kapitel 18 berechnet worden. Mit der Gesamtzahl der Linien $N = 2n + 1$ findet man:

$$\underline{\psi} = \widehat{\underline{t}_0}(u) \exp(\mathrm{i}n\phi) \frac{1 - \exp(-\mathrm{i}N\phi)}{1 - \exp(-\mathrm{i}\phi)} = \widehat{\underline{t}_0}(u) \frac{\sin(N\phi/2)}{\sin(\phi/2)}. \tag{27.13}$$

Schließlich nimmt $\underline{\psi}$ die Form

$$\underline{\psi} = N\widehat{\underline{t}_0}(u) \left[\frac{\sin(N\pi ua)}{N\sin(\pi ua)}\right] = N\epsilon \left[\frac{\sin(\pi u\epsilon)}{\pi u\epsilon}\right] \left[\frac{\sin(N\pi ua)}{N\sin(\pi ua)}\right] \tag{27.14}$$

an.

27.2.5 Intensitätsverteilung der gebeugten Welle

Da $I = \underline{\psi\psi^*}$ gilt, erhalten wir:

$$I = N^2 |\widehat{\underline{t}_0}(u)|^2 \left[\frac{\sin(N\pi ua)}{N\sin(\pi ua)}\right]^2 = N^2\epsilon^2 \left[\frac{\sin(\pi u\epsilon)}{\pi u\epsilon}\right]^2 \left[\frac{\sin(N\pi ua)}{N\sin(\pi ua)}\right]^2 \tag{27.15}$$

nach Einsetzen der expliziten Form für $\widehat{\underline{t}}_0(u)$. Die relative Intensitätsverteilung ist also durch das Beugungsmuster des Gitterelementes, hier ein Spalt, und die *Gitterfunktion* $R(u)$ gekennzeichnet:

$$\boxed{R(u) = \left[\frac{\sin(N\pi ua)}{N\sin(\pi ua)}\right]^2 .} \tag{27.16}$$

Diese Funktion haben wir bereits in Kapitel 18 untersucht. Sie ist gerade und periodisch. Ihre Periode beträgt a^{-1} und führt wieder zu der Gittergleichung, da die Lichtintensität maximal ist für:

$$u = \frac{m}{a} \quad \text{oder} \quad \frac{\sin\theta - \sin\theta_0}{\lambda} = \frac{m}{a}. \tag{27.17}$$

Höhe der Beugungsmaxima

Der Ausdruck für die Intensität I zeigt, daß die Höhe der Hauptmaxima, die sich an den Punkten $u = m/a$ (m ganzzahling) befinden, durch die Funktion $N^2\epsilon^2|\widehat{\underline{t}}_0(u)|^2 = N^2\epsilon^2\text{sinc}^2(u\epsilon)$ gegeben ist, da $R(u)$ den Wert 1 für $u = m/a$ annimmt. Die Höhe der Maxima ist demnach durch das Gitterelement, hier einen Spalt der Breite ϵ, gegeben:

$$I_m = N^2\epsilon^2\left[\frac{\sin(\pi m\epsilon/a)}{\pi m\epsilon/a}\right]^2 . \tag{27.18}$$

Man sieht, daß die verschiedenen Maxima praktisch die gleiche Höhe haben, wenn $\epsilon \ll a$ ist. In dem Fall, in dem $a = 6\,\epsilon$ ist, hat das sechste Hauptmaximum verschwindende Höhe (Abbildung 27.7).

Breite der Beugungsmaxima

Bei Variation von u ändert sich $R(u)$ sehr viel schneller als die Funktion $|\widehat{\underline{t}}_0(u)|^2$. Wir wollen nun die Änderung von $R(u)$ in der Nähe eines Hauptmaximums der Ordnung m untersuchen, indem wir $U = u - m/a$ einführen, so daß $Ua \ll 1$ gilt. Wir haben dann:

$$\begin{aligned}\left[\frac{\sin(N\pi ua)}{N\sin(\pi ua)}\right]^2 &= \left[\frac{\sin(N\pi(U+m/a)a)}{N\sin(\pi(U+m/a)a)}\right]^2 = \left[\frac{\sin(N\pi Ua)}{N\sin(\pi Ua)}\right]^2 \\ &\approx \left[\frac{\sin(N\pi Ua)}{N\pi Ua}\right]^2 = \left[\frac{\sin(\pi UL)}{\pi UL}\right]^2 ,\end{aligned} \tag{27.19}$$

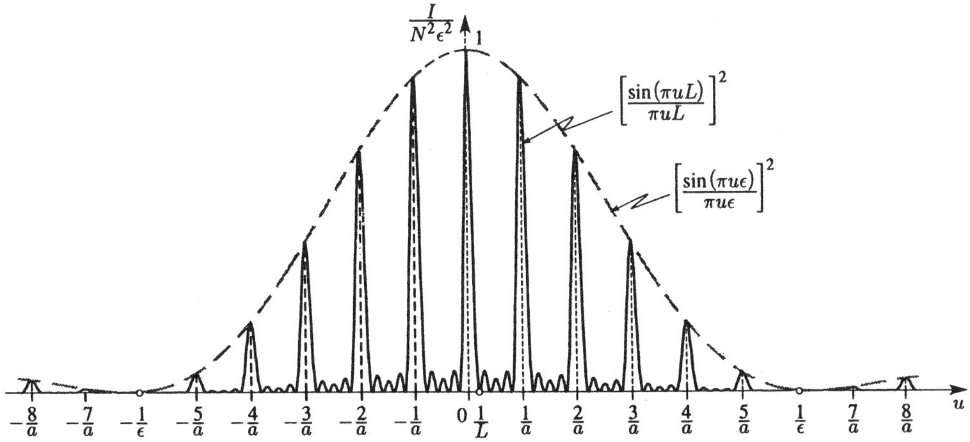

Abb. 27.7

da $L = Na$ gilt. Das bedeutet, daß die Intensitätsverteilung in der Nähe eines Hauptmaximums der Beugungsfigur eines Spaltes mit der Breite L des gesamten Gitters entspricht. Daraus folgt für die Halbwertsbreite eines Hauptmaximums (siehe Kapitel 21):

$$\Delta u_{\frac{1}{2}} \approx \frac{0{,}89}{L} \sim \frac{1}{L}. \tag{27.20}$$

27.3 Eigenschaften der Gitter

27.3.1 Winkeldispersion

Fallen zwei ebene Wellen mit benachbarten Wellenlängen λ und $\lambda + \mathrm{d}\lambda$ unter gleichem Winkel θ_0 auf ein Gitter, ergibt sich der Unterschied der Austrittswinkel, $\mathrm{d}\theta$, zwischen den beiden gebeugten Wellen aus der Differentiation der Gleichung $a(\sin\theta - \sin\theta_0) = m\lambda$:

$$a \cos\theta \mathrm{d}\theta = m\lambda. \tag{27.21}$$

Daraus folgt $\mathrm{d}\theta > 0$ für $\mathrm{d}\lambda > 0$: Im Unterschied zum Prisma ist die Dispersion bei Wellen mit größerer Wellenlänge (rot) stärker als bei Wellen mit kleiner Wellenlänge (blau).

Die *Winkeldispersion* D_w des Gitters in der Nähe der m-ten Ordnung ist die Größe:

$$D_w = \frac{d\theta}{d\lambda} = \frac{m}{a \cos\theta_m} = \frac{1}{\lambda}\frac{\sin\theta_m - \sin\theta_0}{\cos\theta_m}. \tag{27.22}$$

Die Dispersion ist also stärker für höhere Ordnungen (m groß) und kleine Gitterkonstanten (enges Gitter).

Aus der letzten Formel können wir auf die *lineare Dispersion* D_l, als dem Produkt aus D_w und der Brennweite f der Linse hinter dem Gitter, schließen:

$$D_l = f D_w = \frac{f}{\lambda}\frac{\sin\theta_m - \sin\theta_0}{\cos\theta_m}. \tag{27.23}$$

Das Inverse von D_l wird *reziproke lineare Dispersion* genannt und wird häufig in der Praxis verwendet.

Bemerkung: Für $\theta_m \approx 0$ hängt die Dispersion in erster Ordnung nicht von θ ab, so daß die Änderung von θ mit λ *linear* ist. Man spricht dann vom Normalenspektrum.

Beispiel: Man beobachtet senkrecht ($\theta \approx 0$) am Brennpunkt einer Linse L der Brennweite $f = 20$ cm die zweite Ordnung der Beugungsfigur eines Gitters, das von einer geneigten ebenen Welle beleuchtet wird (Abbildung 27.8). Hat das Gitter 500 Linien pro Millimeter, ist $a = 2\,\mu$m. Die Winkeldispersion beträgt dann $D_w = 10^{-3}$ rad/nm, die lineare Dispersion $D_l = 0{,}2$ mm/nm und die reziproke lineare Dispersion $D_l^{-1} = 5$ nm/mm. Aus der Gittergleichung ergibt sich: $-a\sin\theta_0 = 2\lambda$. Daraus folgt für $\lambda = 578$ nm der Wert $\theta_0 = -35{,}31°$.

27.3.2 Minimale Ablenkung

In einem Transmissionsgitter hat die Ablenkung der einfallenden Welle, $\delta \equiv \theta - \theta_0$, analog zum Prisma ein Minimum. Dies ergibt sich aus

$$\frac{d\delta}{d\theta_0} = \frac{d\theta}{d\theta_0} - 1. \tag{27.24}$$

Da $a(\sin\theta - \sin\theta_0) = m\lambda$ gilt und λ, m und a bekannt sind, haben wir:

$$\frac{d\theta}{d\theta_0} = \frac{\cos\theta_0}{\cos\theta} \quad \frac{d\delta}{d\theta_0} = \frac{\cos\theta_0}{\cos\theta} - 1 \quad \text{und} \quad \frac{d^2\delta}{d\theta_0^2} = \frac{-\cos\theta\sin\theta_0 + \cos^2\theta_0\tan\theta}{\cos^2\theta}. \tag{27.25}$$

Daraus folgt, daß $d\delta/d\theta_0 = 0$ ist für $\theta = -\theta_0$. Der Fall $\theta = \theta_0$ entspricht dem nicht gebeugten Strahl und ist nicht von Interesse. Da $(d^2\delta/d\theta_0^2)_{\theta_0=-\theta} =$

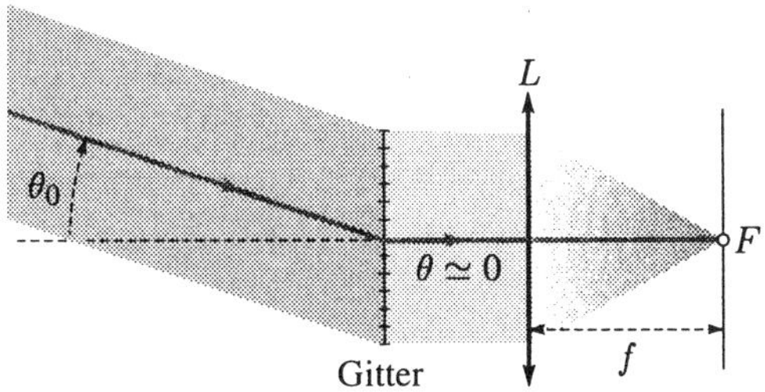

Abb. 27.8

$-2\tan\theta_0 > 0$ ist, tritt die minimale Ablenkung für $\theta = -\theta_0$ auf (Abbildung 27.9) und hat den Wert: $\delta = 2\theta_0$.

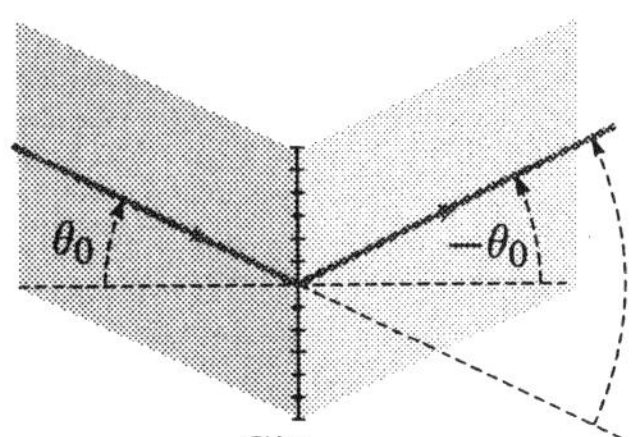

Abb. 27.9

27.4 Gitterspektrometer

27.4.1 Auflösungsvermögen eines Gitterspektrometers

Bei der Untersuchung der spektralen Zusammensetzung der Wellen, die von einer realen Lichtquelle emittiert werden, sind die Prismen inzwischen durch die Gitter ersetzt worden. Der verwendete Aufbau ist normalerweise der in Abbildung 27.10 gezeigte: Die Punktquelle (oder unendlich schmale Lichtquelle) ist in der Brennebene einer Linse plaziert und beleuchtet das Gitter unter einem Winkel θ_0. Eine zweite Linse L der Brennweite f erlaubt die Betrachtung des Beugungsbildes des Gitters um den Wert θ_m, der der m-ten Ordnung entspricht.

Beachten Sie, daß dieser spektrometrische Aufbau sich von dem vorher (Abbildung 27.2) angegebenen unterscheidet. Hier fällt die Achse der zweiten

Linse nicht mit der Gitternormalen zusammen, sondern schließt einen Winkel θ_m mit dieser ein. Daraus folgt, daß die Höhen der Beugungsmaxima nicht mehr $\lambda f/L$, sondern $\lambda f/(L\cos\theta_m)$ betragen; dabei ist $L\cos\theta_m$ die Breite des äquivalenten Beugungsspaltes. Dieses Ergebnis können wir ableiten, indem wir die erste Nullstelle der Funktion $R(u)$ in der Umgebung von $u = u_m = m/a$ suchen:

$$R(u) = 0 \quad \text{für} \quad u = \frac{m}{a} + \frac{1}{Na}. \tag{27.26}$$

Für $u - m/a$ kann man nun aber durch Differenzierung der Gittergleichung (27.4) erhalten:

$$\Delta u = u - \frac{m}{a} = \frac{\cos\theta\Delta\theta}{\lambda} \approx \frac{\cos\theta_m\Delta\theta}{\lambda}, \tag{27.27}$$

so daß durch Vergleich folgt:

$$\frac{1}{Na} = \frac{\cos\theta_m\Delta\theta}{\lambda}. \tag{27.28}$$

Diese Gleichung können wir umschreiben:

$$f\Delta\theta = f\frac{\lambda}{Na\cos\theta_m} = \frac{\lambda f}{L\cos\theta_m}. \tag{27.29}$$

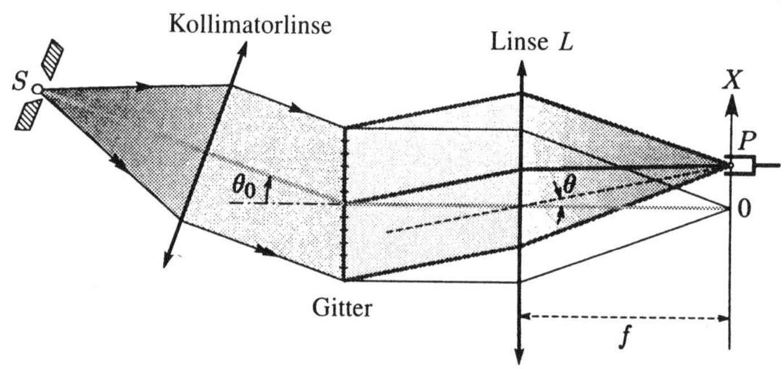

Abb. 27.10

Für eine einzelne Wellenlänge ist die Intensitätsverteilung eines Maximums als Funktion des Ortes $X \approx f(\theta - \theta_m)$ eine der beiden Kurven in Abbildung 27.11.

Ist die ebene Welle, die auf das Gitter fällt, aus zwei monochromatischen Wellen der Wellenlängen λ_1 und λ_2 zusammengesetzt, erzeugt jede dieser

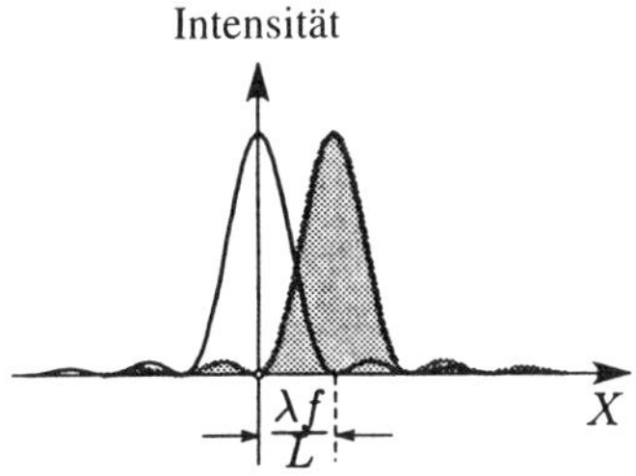

Abb. 27.11

Wellen ihr eigenes Beugungsbild. Diese Bilder überlagern sich dann wie in Abbildung 27.11 dargestellt.

Als Kriterium, ob diese beiden Bilder noch getrennt werden können, wollen wir das *Rayleigh-Kriterium* einführen: Die kleinste auflösbare Wellenlängendifferenz $\Delta\lambda$ ist danach durch die Halbwertsbreite $\Delta X_{\frac{1}{2}}$ eines *Peaks* gegeben. Ist die Breite des Peaks durch die Beugung gegeben, haben wir:

$$\Delta X_{\frac{1}{2}} = \frac{\lambda f}{L\cos\theta_m} \tag{27.30}$$

und damit

$$\Delta\lambda = \frac{\Delta X_{\frac{1}{2}}}{D_\mathrm{l}} = \frac{\Delta X_{\frac{1}{2}}}{f D_\mathrm{w}} = \frac{\lambda f}{L\cos\theta_m}\cdot\frac{a\cos\theta_m}{fm} = \frac{\lambda a}{mL} = \frac{\lambda}{mN}. \tag{27.31}$$

Hierbei ist N die Gesamtzahl der Gitterstriche. Für das Auflösungsvermögen folgt damit:

$$\boxed{A = \frac{\lambda}{\Delta\lambda} = mN = \frac{L}{\lambda}(\sin\theta_m - \sin\theta_0).} \tag{27.32}$$

Da die betrachtete Interferenzordnung m von der Gesamtzahl der Gitterstriche N abhängt, ist es häufig besser, den letzteren Ausdruck für das Auflösungsvermögen zu verwenden.

Um ein Maximum an Licht zu erhalten, wird im Experiment ein genügend breiter Eingangsspalt verwendet, dessen Bild der Breite s in der Detektionsebene analog zum Prisma die Breite der Peaks bestimmt. In diesem Fall haben wir:

$$\Delta\lambda = \frac{s}{D_\mathrm{l}} \quad \text{und damit} \quad A = \frac{\lambda}{s}D_\mathrm{l}. \tag{27.33}$$

Größenordnung: Für ein Gitter der Breite $L = 2$ cm mit 500 Linien pro Millimeter ergibt sich für die zweite Ordnung ein Auflösungsvermögen von $A = 2\cdot 10\,000 = 20\,000$. Ist $\lambda = 0{,}5\,\mu$m, haben wir $\Delta\lambda = \lambda/A = 0{,}025$ nm.

Das bedeutet, daß das Auflösungsvermögen deutlich größer ist als das eines Prismas vergleichbarer Größe, das nur ein Zehntel des Auflösungsvermögens erlaubt.

Bemerkungen:

1. Das Auflösungsvermögen besitzt einen Maximalwert. Wir haben:

$$A = \frac{L}{\lambda}(\sin\theta - \sin\theta_0) \leq \frac{2L}{\lambda}.$$

   Im Fall des vorhergenden Beispiels ist das Auflösungsvermögen durch $A \leq 80\,000$ begrenzt.

2. Obwohl das Auflösungsvermögen proportional zu der Ordnung m ist, sind die ausgewählten Werte für m im allgemeinen klein, da die Lichtintensität für große m gering ist. Es ist möglich, Gitter zu bauen, die das Licht praktisch in eine einzige Ordnung reflektieren. Ihr Gitterelement weicht deutlich von dem eines einfachen Spaltes ab (siehe Unterabschnitt 4).

27.4.2 Anwendung der Gitter auf den Vergleich zweier Wellenlängen

Die Verwendung eines Gitters am Minimum der Ablenkung erlaubt den Vergleich zweier Wellenlängen und damit die Bestimmung der einen (λ_1), wenn die andere (λ_2) bekannt ist. Wir wählen den Punkt minimaler Ablenkung, um einen Fehler bei der Bestimmung des Einfallswinkels zu vermeiden (Abbildung 27.9). Da $\theta = -\theta_0 = \delta/2$ gilt, erhalten wir:

$$2a\sin\left(\frac{\delta_1}{2}\right) = m\lambda_1 \quad \text{und} \quad 2a\sin\left(\frac{\delta_2}{2}\right) = m\lambda_2. \tag{27.34}$$

Damit folgt:

$$\boxed{\frac{\lambda_1}{\lambda_2} = \frac{\sin(\delta_1/2)}{\sin(\delta_2/2)}.} \tag{27.35}$$

27.4.3 Reale Spektrometer und Gittermonochromatoren

Die realen Spektrometer unterscheiden sich vom Aufbau in der Abbildung 27.10 in einigen Punkten: Die Gitter sind sogenannte Echelettegitter, die als Reflexionsgitter arbeiten (siehe Unterabschnitt 5.1), und der Detektor in der Brennebene einer Linse ist meistens ein Photodiodenfeld (siehe Kapitel 15).

Gittermonochromatoren sind Spektrometer, bei denen ein Spalt in der Ebene, in der sich das Spektrum befindet, nur quasimonochromatische Strahlung passieren läßt.

Bemerkung: Manche Spektrometer sind mit einem „Grisma“ ausgestattet, d. h. mit einem Gitter, das auf die Austrittsfläche eines Prismas mit kleinem brechenden Winkel aufgeklebt ist (Abbildung 27.12). Der Name verbindet das englische Wort “grating” für Gitter und das Wort „Prisma“. Die Aufgabe des Prismas besteht darin, die Ablenkung, die bei der Beugung am Gitter auftritt, zu kompensieren. Meistens tritt das Lichtbündel senkrecht in das Prisma ein und erfährt daher nur an der Austrittsfläche des Prismas eine Brechung. Der brechende Winkel θ des Prismas wird so gewählt, daß die Beugungsrichtung für die betrachtete Ordnung mit der Einfallsrichtung des Lichtbündels am Prisma zusammenfällt. Ein solches System erlaubt auch, die Aberrationen zu reduzieren.

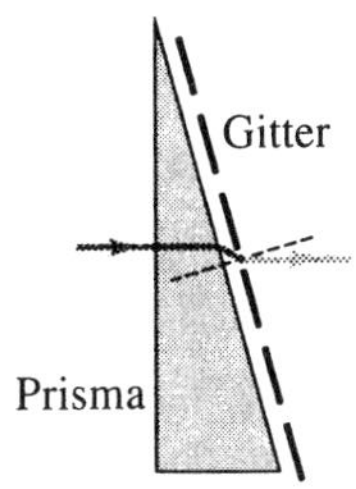

Abb. 27.12 Grisma

27.5 Verschiedene ebene Gitter

Wir haben gesehen, daß die Lichtverteilung in den verschiedenen Beugungsordnungen vom Gitterelement abhängt (Abbildung 27.7). Wir erinnern an den Ausdruck für die Intensität des gebeugten Lichtes:

$$I = N^2 \epsilon^2 |\hat{\underline{t}}_0|^2 R(u) \quad \text{mit} \quad R(u) = \left[\frac{\sin(N\pi ua)}{N\sin(\pi ua)}\right]^2 . \tag{27.36}$$

In den Amplitudengittern ist $t_0(x)$ eine reelle Funktion, während bei den Pahsengittern diese Funktion die Form $\exp[(\mathrm{i}\varphi(x)]$ hat.

Wir wollen zwei häufig verwendete Gittertypen beschreiben: Bei dem *Echelettegitter*, handelt sich um ein Reflexionsgitter, das in der Spektrometrie sehr wichtig ist, da fast die gesamte Lichtintensität in einer Ordnung konzentriert wird. Als zweites wollen wir das akusto-optische Gitter vorstellen, das erlaubt, die Ablenkung eines Laserstrahles zu steuern.

27.5.1 Echelettegitter

Wir wissen, daß bei einem Spaltgitter die Lichtintensität auf verschiedene Peaks verteilt ist, wobei der höchste der zentrale Peak ist. Dieser ist jedoch von keinerlei spektrometrischem Interesse, da sich an diesem Punkt mit $u = 0$ alle Wellenlängen überlagern.

Beim Echelettengitter wird versucht, die gesamte Lichtintensität genau in einer Beugungsordnung zu konzentireren. Dazu wird die Geometrie derart gewählt, daß

1. die gewünschte Ordnung m von null verschieden ist, indem die verschiedenen reflektierenden Gitterelemente geneigt werden. Diese Flächen weisen einen Winkel γ auf, den sogenannten blaze-Winkel (englisch *blaze* = helle Flamme) (Abbildung 27.13a),
2. die Winkelbreite der Beugungsfigur des Gitterelementes gleich der Winkelentfernung zwischen zwei Hauptmaxima des Beugungsbildes des Gitters ist (Abbildung 27.13b).

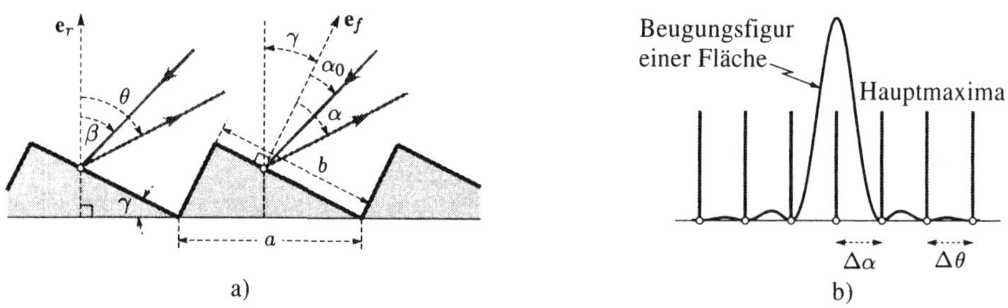

Abb. 27.13

Wir beleuchten nun ein solches Gitter mit einer ebenen Welle unter dem Winkel β gegenüber der Gitternormalen $\boldsymbol{e}_\mathrm{g}$, die auf eine der Flächen fällt, und beobachten die gebeugte Welle in der Richtung, die mit $\boldsymbol{e}_\mathrm{g}$ den Winkel θ einschließt. Die Einfalls- und Beugungswinkel der Welle gegenüber der

Normalen $\boldsymbol{e}_\mathrm{f}$ der Fläche sind α_0 bzw. α. Zwischen diesen Winkeln bestehen die folgenden algebraischen Relationen:

$$\beta = \alpha_0 + \gamma \quad \text{mit} \quad \theta = \alpha + \gamma. \tag{27.37}$$

Das Maximum der Beugungsfigur *einer Fläche* liegt in der Reflexionsrichtung $\alpha = -\alpha_0$, die durch die geometrische Optik gegeben ist. Die Winkelbreite, die das Maximum von den ersten Nullstellen dieser Figur trennt, beträgt:

$$\Delta\alpha = \frac{\lambda}{b\cos\alpha}, \tag{27.38}$$

da $b\cos\alpha$ die Breite der Fläche in der Ebene darstellt, die senkrecht zu der Richtung maximaler Intensität ist (siehe Kapitel 21).

Der Winkelabstand $\Delta\theta$, der zwei benachbarte Hauptmaxima trennt, ist durch die Gitterfunktion $R(u)$ gegeben:

$$\Delta\theta = \frac{\lambda}{a\cos\theta}. \tag{27.39}$$

Hierbei ist $a\cos\theta$ die Gitterperiode in der Ebene, die senkrecht zu der Richtung maximaler Intensität ist. Die Gleichung $\Delta\alpha = \Delta\theta$ bestimmt vollständig die Geometrie, die benötigt wird:

$$\frac{\lambda}{b\cos\alpha} = \frac{\lambda}{a\cos\theta} \tag{27.40}$$

und damit

$$\frac{b}{a} = \frac{\cos\theta}{\cos\alpha}. \tag{27.41}$$

Beispiel: Für den Fall $\alpha_0 \approx 0$ haben wir $\alpha \approx 0$, $\theta \approx \gamma$ und damit $b/a = \cos\gamma$. Die Fläche bildet also mit der Gitterebene ein rechtwinkliges Dreieck. Man erreicht so eine Konzentrierung von 70% des einfallenden Lichtes auf eine Ordnung.

27.5.2 Akusto-optische Gitter

Ein akusto-optisches Gitter, mit dem Laserlicht gebeugt werden kann, wird realisiert, indem in einem Material eine Änderung des Brechungsindexes mittels einer sinusförmigen akustischen Welle hoher Frequenz ($f_a \sim 30$ MHz) aufgeprägt wird. Die Schrittweite a des so aufgebauten Phasengitters ist durch die Wellenlänge der akustischen Welle gegeben: $\lambda_a = v_a/f_a$ ($v_a \sim 600$ m s^{-1}). Sie beträgt typischerweise $a = 20\,\mu$m und hängt von der Frequenz der akustischen Welle ab und damit vom elektrischen Signal, das diese Welle über den piezoelektrischen Effekt produziert. Daraus ergibt sich, daß durch Variation der Frequenz des elektrischen Signals der Neigungswinkel des gebeugten Lichtbündels verändert werden kann. Ein solches Gitter wird auch akusto-optischer Spiegel genannt (Abbildung 27.14a). Der Brechungsindex kann in der folgenden Form geschrieben werden:

$$n(x) = n_0 + n_1 \cos\left(\frac{2\pi x}{a}\right). \tag{27.42}$$

Hierbei sind n_0 und n_1 positive Konstanten (Abbildung 27.14b). Folglich ist die durch die akustische Störung eingeführte Phasendifferenz durch $\varphi(x)= 2\pi e n(x)/\lambda_0$ gegeben, mit der Dicke e des passierten Materials und der Wellenlänge λ_0 des vom Laser emittierten Lichtes. Daraus folgt, daß

$$\varphi(x) = \frac{2\pi}{\lambda_0} e\left[n_0 + n_1 \cos\left(\frac{2\pi x}{a}\right)\right] = \varphi_0 + \frac{\pi w}{2} \cos\left(\frac{2\pi x}{a}\right) \tag{27.43}$$

mit $\varphi_0 \equiv 2\pi e n_0/\lambda_0$ und $w \equiv 4 e n_1/\lambda_0$. Die Berechnung des Integrals

$$\widehat{\underline{t}}_0(u) = \exp(\mathrm{i}\varphi) \int\limits_{-a/2}^{a/2} \exp\left[\frac{\mathrm{i}\pi w}{2} \cos\left(\frac{2\pi x}{a}\right)\right] \exp(-\mathrm{i}2\pi u x)\mathrm{d}x \tag{27.44}$$

erlaubt die Bestimmung des Verlaufs des Beugungsbildes, das durch ein solches Gitter erzeugt wird.

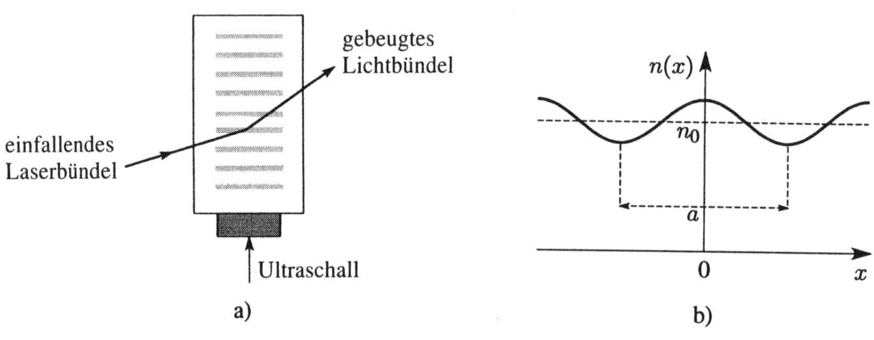

Abb. 27.14

27.6 Zusammenfassung

Merken wir uns die Gittergleichung

$$a(\sin\theta - \sin\theta_0) = m\lambda,$$

die vor allem zeigt, daß eine Welle durch ein Gitter gebeugt wird, wenn ihre Wellenlänge λ nicht vernachlässigbar klein gegenüber der Gitterkonstanten a ist. Dieses Ergebnis erklärt die Beugung von Röntgenstrahlen und von Elektronenwellen an natürlichen dreidimensionalen Gittern, wie z. B. den Kristallen.

Wir betonen weiter den Einfluß zweier anderer zugehöriger Parameter: die Größe ϵ des Gitterelements, das die Höhe der Peaks bestimmt und die Gesamtbreite $L = Na$ des verwendeten Gitters, die die Breite der Peaks festlegt.

Läßt man ϵ gegen null und L gegen unendlich gehen, erhält man das folgende einfache Ergebnis: Die Bild der Amplitudenbeugung eines Gitters mit unendlich schmalen Spalten, einem sogenannten Dirac-Kamm der Gitterkonstanten a ist auch ein Gitter mit unendlich schmalen Peaks, nun aber der Periode $1/a$.

Wir erinnern an die Ergebnisse zu den Gitterspektrometern: die Winkeldispersion und das theoretische Auflösungsvermögen:

$$D_{\mathrm{w}} = \frac{m}{a\cos\theta_m} \quad \text{und} \quad A = mN = \frac{L}{\lambda}(\sin\theta - \sin\theta_0).$$

Letzteres ist typischerweise von der Größenordnung 20 000.

Schließlich wollen wir noch auf die praktische Bedeutung des Echelettengitters für die Realisierung sehr heller Spektren und auf die Verwendung der akusto-optischen Gitter zur Ablenkung von Laserlicht hinweisen.

27.7 Aufgaben

A27.1 Einfluß des Verhältnisses ϵ/a in einem Spaltgitter der Gitterkonstanten a und der Spaltbreite ϵ

In der Beugungsfigur eines Spaltgitters, auf das eine monochromatische ebene Welle senkrecht fällt, stellt man fest, daß die fünfte Ordnung fehlt. Was kann man von der Struktur des Gitters sagen?

A27.2 Holographisches Gitter
Ein holographisches Gitter mit 1 000 Linien pro Millimeter kann über die Interferenz zweier zueinander geneigter ebener Wellen aus einem He-Ne-Laser (λ = 632,8 nm) realisiert werden. Welchen Winkel müssen die beiden Wellen zueinander haben?

A27.3 Geometrische Darstellung der Gittergleichung

1. Wir betrachten ein Transmissionsgitter mit 500 Linien pro Millimetern, das von Licht der Wellenlänge 500 nm senkrecht bestrahlt wird.
   Stellen Sie geometrisch den Beugungswinkel θ, der der zweiten Ordnung entspricht, dar.
2. Wiederholen Sie die Aufgabe für ein Reflexiongitter mit gleichen Eigenschaften, das aber unter einem Winkel von 30° beleuchtet wird!

A27.4 Auflösungsvermögen eines Gitters
Ein Gitter mit 600 Linien pro Millimeter wird auf der Breite von 10 cm durch ein Lichtbündel beleuchtet. Die Wellenlänge der quasimonochromatischen Schwingung beträgt 630 nm.

Bestimmen Sie das Auflösungsvermögen des Gitters in der ersten Ordnung und leiten Sie daraus die kleinste spektrale Breite ab, die damit aufgelöst werden kann!

A27.5 Auflösung des Natrium-Dubletts mit einem Transmissionsgitter
Um die beiden Natriumlinien mit Wellenlängen 589,0 nm und 589,6 nm trennen zu können, erzeugt man mittels eines Gitters ein Normalenspektrum der Ordnung 2, das man in der Brennebene einer Linse der Brennweite 50 cm beobachtet. Die Gesamtbreite des Gitters ist 2 cm (Abbildung 27.8).

1. Wieviel Linien pro Millimeter muß das Gitter mindestens besitzen?
2. Wie weit sind die beiden Linien in der Beobachtungsebene auseinander, wenn das Gitter der Schrittweite 2 μm auf einer Breite von 2 cm beleuchtet wird? Bestimmen Sie das theoretische Auflösungsvermögen dieses Gitters.
3. Berechnen Sie den Einfallswinkel.

A27.6 Reflexionsgitter
Wir betrachten ein Amplituden-Reflexionsgitter mit n = 500 Linien pro Millimeter. Der Einfallswinkel α und Beugungswinkel θ werden als sehr ähnlich angenommen.

1. Bestimmen Sie näherungsweise die Werte von $\alpha \approx \theta$, die den ersten fünf möglichen Ordnungen bei der Wellenlänge $\lambda = 577$ nm entsprechen.
2. Das Spektrum wird in der Brennebene einer Linse der Brennweite 1 m beobachtet. Bestimmen Sie den Abstand Δx zwischen den beiden Bildern des Eintrittsspaltes, die in der ersten Ordnung durch das Licht des gelben Quecksilberdubletts mit Wellenlängen 577 nm und 579 nm erzeugt werden.
3. Welche Linienzahl genügt, diese beiden Linien in erster Ordnung aufzulösen?

A27.7 Transmissions-Phasengitter
Man beobachtet über Transmission das Beugungsbild eines Phasengitters der Gitterkonstante a, deren Gitterelement durch eine komplexe Durchlässigkeit der Form $\underline{t}_0(x) = \exp[\mathrm{i}\varphi(x)]$ charakterisiert wird. Diese Durchlässigkeit wird dadurch erhalten, daß man durchsichtige Streifen mit prismatischem Querschnitt nebeneinanderlegt. Der Brechungswinkel γ ist klein und der Brechungsindex sei n (Abbildung 27.15).

1. Zeigen Sie, daß $\varphi(x)$ in der Form $\varphi(x) = \pi w(1 + 2x/a)$ geschrieben werden kann, wobei w eine anzugebende Funktion von n, γ, a und der Vakuum-Wellenlänge λ der verwendeten Strahlung ist.

2. Welche Intensitätsverteilung hat die gebeugte Welle als Funktion von $u = \sin\theta/\lambda$ mit dem Winkel θ, der die betrachtete Beugungsrichtung bezeichnet? Vergleichen Sie diese Verteilung mit der eines Gitters, das aus Spalten der Breite a besteht.
3. Für welchen Wert von w verschwinden die Hauptmaxima bis auf das der ersten Ordnung? Welchen Vorteil hat ein solcher Effekt?

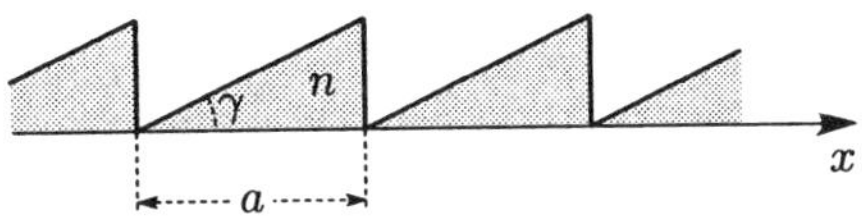

Abb. 27.15

A27.8 Stufengitter nach Michelson

Michelson stellte 1898 ein Gitter hoher Auflösung her, indem er $N = 15$ metallbeschichtete Glasplatten mit gleicher Dicke $t = 1$ cm aufeinanderschichtete, die um jeweils 1 cm gegenüber der vorhergehenden verschoben waren (Abbildung 27.16). Die N Platten bilden ein Reflexionsgitter, das mit monochromatischem Licht der Wellenlänge $\lambda = 500$ nm senkrecht beleuchtet wurde.

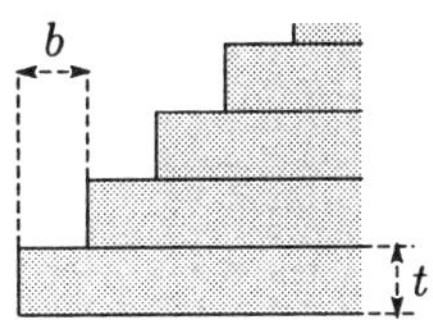

Abb. 27.16

1. Zwei Wellen, die durch parallele Strahlen beschrieben werden und auf entsprechende Punkte zweier benachbarter Platten fallen, werden in dieselbe Richtung θ gebeugt. Zeigen Sie, daß die Weglängendifferenz zwischen diesen Wellen die Form

$$L = t(1 + \cos\theta) - b\sin\theta$$

hat.
2. Leiten Sie daraus den Ausdruck für die Intensitätsverteilung des gebeugten Lichtes als Funktion von θ ab! Bestimmen Sie die Lage der Hauptmaxima für den Fall kleiner θ. Welches ist die Ordnung für $\theta = 0$?
3. Berechnen Sie das theoretische Auflösungsvermögen eines solchen Gitters sowie sein Auflösungsvermögen in Wellenlängen.

A27.9 Infrarot-Gitterspektrometer

Ein Infrarot-Spektrometer ist aus einem Gitter mit 300 Linien pro mm aufgebaut, das $L = 85$ mm breit ist. Man beleuchtet es mit Strahlung der Wellenlänge $\lambda = 4{,}8\,\mu$m und beobachtet das gebeugte Lichtbündel in der ersten Ordnung.

Berechnen Sie die theoretische Auflösungsgrenze in Wellenlängen, $\Delta\lambda$. Die experimentell erhaltene Auflösung in Wellenzahlen beträgt $\Delta\sigma = 0{,}08\ \mathrm{cm}^{-1}$. Begründen Sie den Unterschied.

A27.10 Geister am Gitter

Die Linien eines Spaltengitters sind mit einer leichten Ungenauigkeit erzeugt worden. Die Lage des Zentrums des m-ten Spaltes ist daher vom Ausgangsspalt nicht mehr $x_m = ma$, mit der ganzen Zahl m, die zwischen $-n$ und n liegt, und dem mittleren Abstand a zwischen zwei benachbarten Spalten. Vielmehr wird x_m nun durch den folgenden Audruck beschrieben:

$$x_m = a\left[m + b\sin\left(\frac{2\pi m}{M}\right)\right].$$

Hierbei ist M eine ganze Zahl, die klein ist gegen die Gesamtzahl $N = 2n + 1$ der Spalte, und b ist eine gegenüber a kleine Strecke.

Berechnen Sie das Beugungsbild eines solchen Gitters. Zeigen Sie damit, daß jedes Maximum von zwei weiteren Peaks (Geistern oder ghosts) geringer Intensität umgeben ist.

28 Vielstrahlinterferenz. Interferometer von Fabry-Perot

Interferiert eine große Anzahl kohärenter Wellen miteinander, spricht man von Vielstrahlinterferenz. Wir wollen diese Überlagerung von Wellen im Fall der dünnen planparallelen Platte konstanter Dicke, die von Luft umgeben ist und durch eine ausgedehnte Lichtquelle beleuchtet wird, untersuchen. Der Aufbau ist also der *gleiche* wie bei den Haidingerschen Ringen. Jedoch ist der Fall der Interferenz mehrerer Wellen interessanter, da die resultierenden Ringe sehr viel feiner sind, was für die Spektroskopie von großer Bedeutung ist.

28.1 Vielstrahlinterferenz bei der planparallelen Platte

28.1.1 Komplexe Amplitude der transmittierten Wellen

Anhand der Abbildung 28.1 zeigen wir noch einmal, daß ein dünnes Plättchen mit Brechungsindex n und der Dicke e, das durch eine ausgedehnte Lichtquelle beleuchtet wird, Ringe gleicher Neigung im Unendlichen oder in der Brennebene einer Linse L erzeugt. Sind die Beträge der Reflexionskoeffizienten für die Amplitude der beiden Grenzflächen nahe eins, haben die Wellen, die durch die verschiedenen durchgetretenen Lichtstrahlen beschrieben werden, praktisch die gleiche Amplitude. Es ist daher notwendig, die *Gesamtheit* der durchtretenden Lichtstrahlen, die sich in einem bestimmten Punkt P der Brennebene der Linse L mit Brennweite f treffen, zu berücksichtigen.

Wir bezeichnen mit $\underline{\psi}_0$ die komplexe Amplitude der einfallenden ebenen Welle, mit r_1 und r_2 die Reflexionskoeffizienten für die Amplitude an jeder Grenzfläche und mit t_1 und t_2 die entsprechenden Transmissionskoeffizienten.

Die komplexen Amplituden der durchtretenden Wellen sind dann:

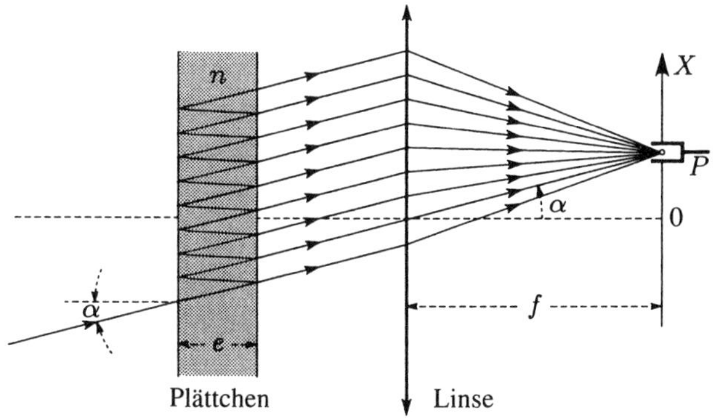

Abb. 28.1

$$\underline{\psi}_1 = \underline{\psi}_0 t_1 t_2, \qquad \underline{\psi}_2 = \underline{\psi}_0 t_1 t_2 r_2^2 \exp(\mathrm{i}\phi),$$
$$\underline{\psi}_3 = \underline{\psi}_0 t_1 t_2 r_4^2 \exp(2\mathrm{i}\phi), \qquad \underline{\psi}_4 = \underline{\psi}_0 t_1 t_2 r_2^6 \exp(3\mathrm{i}\phi) \quad \text{usw.} \tag{28.1}$$

mit der Phasendifferenz zwischen zwei aufeinanderfolgenden Wellen

$$\phi = \frac{2\pi}{\lambda_0} 2ne\cos\beta. \tag{28.2}$$

Wir führen nun die Reflexions- und Transmissionskoeffizienten für die Intensität an jeder Grenzfläche ein (Kapitel 20):

$$R \equiv r_2^2 \quad \text{und} \quad T \equiv t_1 t_2 \tag{28.3}$$

mit

$$r_2 = -r_1 = \frac{n-1}{n+1}, \quad t_1 = \frac{2}{n+1}, \quad t_2 = \frac{2n}{n+1}.$$

Die elektromagnetische Energiebilanz pro Zeiteinheit ergibt für den Durchgang durch jede Grenzfläche

$$r_1^2 + nt_1^2 = 1 \quad \text{und} \quad r_2^2 + \frac{t_2^2}{n} = 1, \tag{28.4}$$

so daß wir erhalten:

$$r_2^2 + t_1 t_2 = 1 \quad \text{oder} \quad R + T = 1. \tag{28.5}$$

Als Funktion von R und T haben die komplexen Amplituden die folgende Form:

$$\underline{\psi}_1 = \underline{\psi}_0 T, \qquad \underline{\psi}_2 = \underline{\psi}_0 T R \exp(\mathrm{i}\phi),$$
$$\underline{\psi}_3 = \underline{\psi}_0 T R^2 \exp(2\mathrm{i}\phi), \qquad \underline{\psi}_4 = \underline{\psi}_0 T R^3 \exp(3\mathrm{i}\phi) \quad \text{usw.} \tag{28.6}$$

Die Interferenz der Wellen wird konstruktiv sein, wenn ihre Amplituden praktisch gleich sind, d. h., wenn R nahe bei eins liegt. Man erhält solche Werte für R entweder durch Aufdampfen einer ausreichend dicken Metallschicht auf das Glasplättchen oder Verwendung eines dielektrischen Films, der aus mehreren Schichten besteht. Im letzten Fall kann das Interferometer einen Teil der einfallenden Energie absorbieren; es gilt dann nicht mehr $R + T = 1$ sondern $R + T + A = 1$, wobei A ein *Absorptionskoeffizient* ist.

28.1.2 Komplexe Amplitude der durchgehenden Welle

Die komplexe Amplitude der durchgehenden Welle am Punkt P der Brennebene einer Linse L ist die Summe der komplexen Amplituden der durchgegangenen Wellen:

$$\underline{\psi}_\mathrm{t}(P) = \sum_i \underline{\psi}_i = \underline{\psi}_0 T[1 + R\exp(\mathrm{i}\phi) + R^2\exp(2\mathrm{i}\phi) + R^3\exp(3\mathrm{i}\phi) + \cdots$$
$$+ R^m \exp(\mathrm{i}m\phi) + \cdots]. \tag{28.7}$$

Da das Argument dieser geometrischen Reihe $R\exp(\mathrm{i}\phi)$ ist und $R < 1$ gilt, findet man nach Aufsummierung (Kapitel 18):

$$\boxed{\underline{\psi}_\mathrm{t}(P) = \underline{\psi}_0 T \frac{1}{1 - R\exp(\mathrm{i}\phi)}.} \tag{28.8}$$

28.1.3 Intensität der durchtretenden Welle

Die Intensität der durchtretenden Welle folgt sofort aus der eben erhaltenen komplexen Amplitude:

$$I_\mathrm{t}(P) = \left|\underline{\psi}_\mathrm{t}(P)\right|^2 = |\underline{\psi}_0|^2 T^2 \frac{1}{|1 - R\exp(\mathrm{i}\phi)|^2}. \tag{28.9}$$

Führen wir die Intensität der einfallenden Welle $I_0 \equiv |\underline{\psi}_0|^2$ ein und rechnen den Betrag aus, erhalten wir:

$$I_\mathrm{t}(P) = I_0 \frac{T^2}{(1 - R\cos\phi)^2 + R^2\sin^2\phi} = I_0 \frac{T^2}{(1 + R^2 - 2R\cos\phi)}$$

oder

$$I_t(P) = I_0 \frac{T^2}{(1-R)^2} \frac{1}{1 + \frac{4R}{(1-R^2)^2} \sin^2(\phi/2)}. \tag{28.10}$$

Für $\phi = 2m\pi$, m ganzzahlig, wird $I_t(P)$ maximal und hat den Wert

$$I_{max} = I_0 \left(\frac{T}{1-R}\right)^2. \tag{28.11}$$

Bei Abwesenheit von Absorption ($T = 1 - R$) ist $I_{max} = I_0$. Für $A \neq 0$ haben wir $I_{max} \leq I_0$. Wir erhalten so schließlich:

$$\boxed{I_t(P) = \frac{I_{max}}{1 + M \sin^2\left(\frac{\phi}{2}\right)} \quad \text{mit} \quad M \equiv \frac{4R}{(1-R)^2}.} \tag{28.12}$$

Die Funktion

$$\mathcal{A}(\phi) = \frac{1}{1 + M \sin^2(\phi/2)} \tag{28.13}$$

heißt *Airy-Formel* und ist in Abbildung 28.2 dargestellt (siehe Kapitel 18). Sie ist eine gerade, symmetrische Funktion, die aus einer Folge von Peaks besteht, die ein Lorentz-Profil aufweisen, da für $\phi \approx 0$ gilt: $\mathcal{A}(\phi) \approx 1/(1 + M\phi^2/4)$. In der Abbildung ist die Airy-Formel für drei verschiedene Werte von M dargestellt: 10, 80 und 1 520.

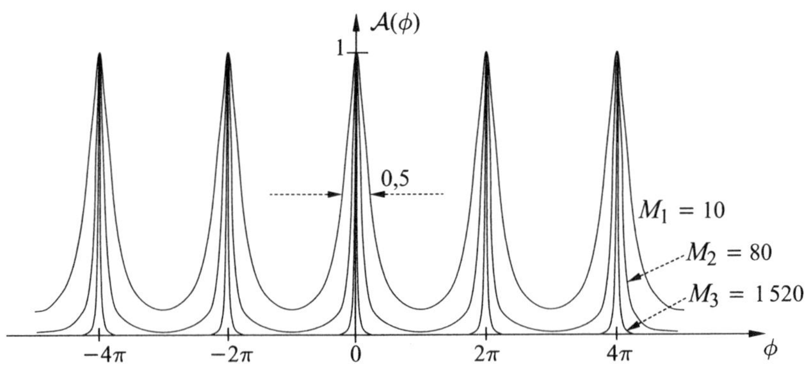

Abb. 28.2

Die Halbwertsbreite $\Delta\phi_{\frac{1}{2}}$ der Peaks ergibt sich in einfacher Weise:

$$\mathcal{A}(\phi) = 0{,}5 \quad \text{für} \quad \phi = \frac{\Delta\phi_{\frac{1}{2}}}{2} = \frac{2}{M^{\frac{1}{2}}} \tag{28.14}$$

oder

$$\boxed{\Delta\phi_{\frac{1}{2}} = \frac{4}{M^{\frac{1}{2}}} = \frac{2(1-R)}{R^{\frac{1}{2}}}.} \tag{28.15}$$

Die Breite der Peaks nimmt also mit wachsendem R ab.

Beispiel: Für $R = 0{,}8$ ist $M = 80$ und $\Delta\phi_{\frac{1}{2}} \approx 0{,}45$; für $R = 0{,}95$ ist $M = 1\,520$ und $\Delta\phi_{\frac{1}{2}} \approx 0{,}1$.

28.1.4 Radien der hellen Ringe

Wie für die Haidingerschen Ringe erhält man die Radien der hellen Ringe durch Bestimmen des Einfallswinkels α, für den $I_t(P)$ maximal wird, d. h. bei dem eine ganzzahlige Interferenzordnung p realisiert wird. Im Zentrum ist p maximal und hat den Wert

$$p_0 = \frac{2ne}{\lambda_0} = m_1 + \epsilon \quad \text{mit} \quad m_1 \text{ ganzzahlig und } 0 \leq \epsilon < 1. \tag{28.16}$$

Der Radius des q-ten hellen Ringes in der Brennebene hat dieselbe Form wie für die Haidingerschen Ringe (siehe Gleichung (24.14)). Nur ihre *Breite* ändert sich:

$$R_q \approx f\alpha_q \approx fn\beta_q = f\left(\frac{n\lambda_0}{e}\right)^{\frac{1}{2}}(q-1+\epsilon)^{\frac{1}{2}}. \tag{28.17}$$

Wir erinnern an die folgenden Ergebnisse: Für $\epsilon = 0$ ist das Zentrum weiß und der Radius der hellen Ringe ändert sich mit der Wurzel der ganzen Zahlen. Weiterhin verengen sich die Ringe umso mehr, je weiter man sich vom Zentrum wegbewegt.

28.2 Fabry-Perot-Interferometer

Das Fabry-Perot-Interferometer wird sehr oft als Spektrometer hoher Auflösung und als optischer Resonator bei den Lasern benutzt.

28.2.1 Beschreibung

Das Interferometer ist aus zwei gegenüberliegenden, optisch ebenen (bis auf $\lambda/20$) Glasplatten mit parallelen, stark reflektierenden Flächen aufgebaut, die eine *Luftschicht* einschließen (Abbildung 28.3a). Der Abstand e zwischen den Glasplatten liegt im Zentimeterbereich bei den Spektrometern, im Dezimeterbereich bei den Resonatoren der Gaslaser und beträgt einige Millimeter für die Resonatoren von Festkörperlasern. Wird e präzise fixiert gehalten, wird das Interferometer als *Fabry-Perot-Etalon* bezeichnet.

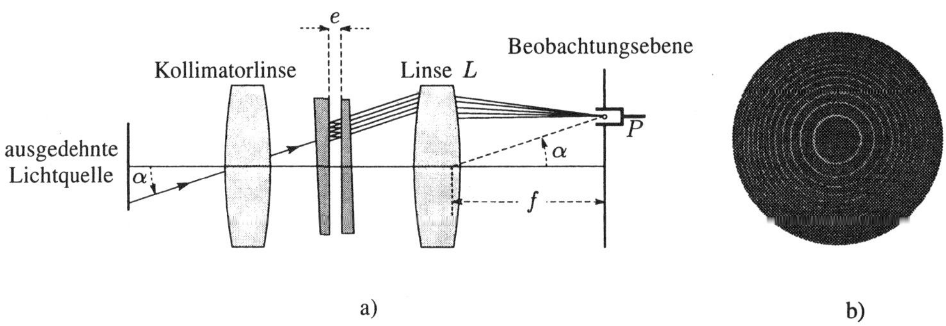

Abb. 28.3

Der Radius der hellen Ringe gleicher Neigung (Abbildung 28.3b), die in der Brennebene einer Linse beobachtet werden, ist durch die Gleichung (28.17) mit $n = 1$ gegeben.

$$R_q \approx f \left(\frac{\lambda_0}{e}\right)^{\frac{1}{2}} (q - 1 + \epsilon)^{\frac{1}{2}}. \tag{28.18}$$

Bemerkung: Zur Vermeidung von Störreflexen sind die Gläser leicht prismatisch.

28.2.2 Verwendung als Spektrometer

Wegen der Feinheit der Ringe wird das Fabry-Perot-Interferometer häufig in der Spektroskopie verwendet, um präzise die spektrale Verteilung der betrachteten Lichtquelle zu ermitteln. Da jede monochromatische Welle der Frequenz ν, die von der Lichtquelle ausgesandt wird, ihr eigenes Ringsystem erzeugt, dessen Intensität proportional zu der spektralen Intensitätsverteilung $I_\nu(\nu)$ ist, erlaubt das Interferenzbild Rückschlüsse auf die Funktion $I_\nu(\nu)$.

Dispersion

In Analogie zu der Dispersion im Prisma oder Gitter bezeichnet man im Spektrometer die Größe

$$\mathcal{D}_\phi = \frac{\mathrm{d}\phi}{\mathrm{d}\lambda} \tag{28.19}$$

mit *Dispersion* der Phasendifferenz bei der Vakuumwellenlänge λ.

Sind die Dicke der Luftschicht und der Einfallswinkel gegeben, ist die Phasendifferenz in einem Punkt der Beobachtungsebene eine Funktion von λ der Form:

$$\phi = \frac{2\pi}{\lambda} 2e \cos\alpha, \tag{28.20}$$

was durch Differentiation zu

$$\mathrm{d}\phi = -2\pi \frac{2e\cos\alpha}{\lambda^2} \mathrm{d}\lambda \tag{28.21}$$

wird. Die Phasendispersion hat damit die Form

$$\mathcal{D}_\phi = -2\pi \frac{2e\cos\alpha}{\lambda^2}. \tag{28.22}$$

Das negative Vorzeichen drückt einfach die entgesetzte Richtung der Änderung von ϕ und λ aus.

Auflösungsvermögen

Wir erinnern an den allgemeinen Ausdruck für das Auflösungsvermögen eines Spektrometers:

$$A = \frac{\lambda}{\Delta\lambda}, \tag{28.23}$$

wobei $\Delta\lambda$ die kleinste meßbare Wellenlängendifferenz ist. Diese letzte Größe ist über die Gleichung

$$\Delta\lambda = \frac{\Delta\phi_{\frac{1}{2}}}{|\mathcal{D}_\phi|} \tag{28.24}$$

mit $\mathcal{D}_\phi$ verknüpft. Dabei ist $\Delta\phi_{\frac{1}{2}}$ die kleinste realisierbare Phasenänderung.

Ist diese durch die Halbwertsbreite der Peaks der Interferenzfigur gegeben, beträgt sie $\Delta\phi_{\frac{1}{2}} = 4/M^{\frac{1}{2}}$. Daher haben wir

$$\Delta\lambda = \frac{4/M^{\frac{1}{2}}}{2\pi \cdot 2e\cos\alpha/\lambda^2} \quad \text{und} \quad A = \frac{\lambda}{\Delta\lambda} = \frac{\pi M^{\frac{1}{2}} e\cos\alpha}{\lambda}. \tag{28.25}$$

Dies kann in der folgenden Form geschrieben werden:

$$\boxed{A = p\mathcal{F} \quad \text{mit} \quad p = \frac{2e\cos\alpha}{\lambda} \quad \text{und} \quad \mathcal{F} = \frac{\pi M^{\frac{1}{2}}}{2} = \frac{\pi R^{\frac{1}{2}}}{1-R},} \tag{28.26}$$

p ist die Interferenzordnung und $\mathcal{F}$ der *Schärfefaktor*.

Die Tabelle 28.1 zeigt, daß das Auflösungsvermögen sehr gut ist und stark variiert, wenn sich der Reflexionskoeffizient R zwischen 0,8 und 0,99 bewegt. Für diesen speziellen Fall haben wir

$$\lambda = 0{,}5\,\mu\text{m} \quad e = 1\text{cm} \quad \text{und} \quad \alpha \approx 0$$

gewählt.

Tabelle 28.1:

R	0,80	0,90	0,95	0,99
$\mathcal{F}$	14	30	61	313
A	$0{,}56 \cdot 10^6$	$1{,}2 \cdot 10^6$	$2{,}45 \cdot 10^6$	$125 \cdot 10^6$
$\Delta\lambda$(pm)	0,89	0,42	0,21	0,004

Das Fabry-Perot-Interferometer ist also ein derart leistungsfähiges Instrument der Spektroskopie, daß es nur verwendet werden kann, wenn der untersuchte Spektralbereich schmal genug ist und nur wenige verschiedene Strahlungen vorliegen.

28.2.3 Fabry-Perot-Resonator

Das Fabry-Perot-Interferometer wird bei den Gaslasern als eindimensionaler Resonator verwendet, der nur einen Teil der Lichtstrahlung passieren läßt (Kapitel 29). Nur Strahlung, deren Phasenverschiebung ϕ gleich einem ganzzahligen Vielfachen von 2π ist, wird durchgelassen, während die restliche Strahlung durch destruktive Interferenz ausgelöscht wird. Für senkrechten Lichteinfall haben wir daher mit der Vakuumwellenlänge λ:

$$\phi = \frac{2\pi}{\lambda}2ne = 2m\pi, \quad m \text{ ganzzahlig,} \tag{28.27}$$

oder als Frequenz

$$\nu_m = m\left(\frac{c}{2ne}\right). \tag{28.28}$$

Man sagt, daß die beiden Platten des Interferometers einen *Resonator* bilden. Verbindet man das Interferometer mit einem „aktiven" Medium, das die passierenden Wellen *verstärkt*, erhält man einen Verstärker für Wellen bestimmter Frequenz. Dies ist genau das, was im Laser realisiert ist (Kapitel 29).

28.3 Interferenzfilter

Ein Interferenzfilter ist eine dielektrische planparallele Platte, die teilweise reflektierend ist und nur einen Teil des Spektralbereichs der einfallenden Strahlung passieren läßt. Die durchgelassene Strahlung ist diejenige, die die Bedingung für konstruktive Vielstrahlinterferenz erfüllt:

$$\phi = \frac{2\pi}{\lambda} 2ne\cos\beta = 2m\pi \quad (m \text{ ganzzahlig}). \tag{28.29}$$

Dabei ist λ wieder die Vakuumwellenlänge. Möchte man Strahlung der Wellenlänge λ_1 durchlassen, wählt man die Dicke so, daß

$$2ne = m\lambda_1 \tag{28.30}$$

gilt. Die ganze Zahl m wird im allgemeinen als eins angenommen, damit die Strahlung mit Wellenlängen $\lambda_2, \lambda_3, \ldots$ mit

$$m\lambda_1 = (m+1)\lambda_2 = (m+2)\lambda_3 = \ldots$$

außerhalb des sichtbaren Bereichs liegt. Zum Beispiel liegen für $\lambda_1 = 546$ nm die anderen Wellenlängen bei $\lambda_2 = 273$ nm, $\lambda_3 = 182$ nm,..., und damit außerhalb des sichtbaren Bereichs.

Eine wichtige Eigenschaft der Interferenzfilter ist die spektrale Breite der quasimonochromatischen Strahlung, die sie durchlassen. Man kann die Größe $\Delta\lambda_{\frac{1}{2}}$ definieren, die mit der Halbwertsbreite der Peaks der durchgelassenen Intensität verknüpft ist. Man erhält mit einer analogen Rechnung, wie wir sie bereits bei der Betrachtung des Auflösungsvermögens durchgeführt haben:

$$\frac{\lambda_1}{\Delta\lambda_{\frac{1}{2}}} = p\mathcal{F} = \mathcal{F} = \frac{\pi R^{\frac{1}{2}}}{1-R} \tag{28.31}$$

mit $p = m = 1$. Zur Verminderung von $\Delta\lambda_{\frac{1}{2}}$ erhöht man $\mathcal{F}$ durch Verwendung sehr stark reflektierender Flächen aus mehreren dielektrischen Filmen. Zum Beispiel haben wir für $R = 0{,}95$ und $\lambda_0 = 546{,}1$ nm die Werte $\mathcal{F} = 61$ und $\Delta\lambda_{\frac{1}{2}} = 9$ nm.

28.4 Zusammenfassung

Merken wir uns die folgenden Ergebnisse:

1. Das Vielstrahlinterferometer nach Fabry-Perot erzeugt aufgrund der Interferenz einer großen Anzahl von Wellen sehr feine Haidingersche Ringe gleicher Neigung. Die Intensitätsverteilung in der Brennebene der Linse, in der die Ringe lokalisiert sind, ändert sich nicht mehr sinusförmig, sondern folgt der Airy-Formel:

$$\mathcal{A}(\phi) = \frac{1}{1 + M\sin^2(\phi/2)} \quad \text{mit} \quad M = \frac{4R}{(1-R)^2} \quad \text{und} \quad \phi = \frac{2\pi}{\lambda_0} 2ne\cos\beta,$$

   R ist der Reflexionskoeffizient der Intensitäten der Plattenfläche.
2. Das Fabry-Perot-Interferometer, das eine Luftschicht zwischen zwei Glasplatten als Brechungsmedium nutzt, kann als Spektrometer extrem hoher Auflösung verwendet werden ($A \sim 10^8$):

$$A = p\mathcal{F} \quad \text{mit} \quad p = \frac{2e\cos\alpha}{\lambda_0} \quad \text{und} \quad \mathcal{F} = \frac{\pi M^{\frac{1}{2}}}{2} = \frac{\pi R^{\frac{1}{2}}}{1-R}.$$

   Heute verwendet man das Interferometer bevorzugt mit Photodetektoren: Die einfallende Welle trifft senkrecht auf das Interferometer (Abbildung 28.4), und die Gesamtheit der austretenden Wellen wird im Brennpunkt einer Linse gebündelt, in dem sich der Photodetektor befindet. Dort wird das optische Signal in ein elektrisches umgewandelt und verstärkt. Die verschiedenen Interferenzordnungen werden nun nicht mehr durch Variation des Einfallswinkels, sondern durch Änderung des optischen Abstandes ne, d. h. der Dicke e oder besser des Brechungsindexes n erhalten.
3. Schließlich erinnern wir an zwei wichtige Anwendungen des Fabry-Perot-Interferometers: den optischen Resonator bei den Lasern und die sehr selektiven Interferenzfilter.

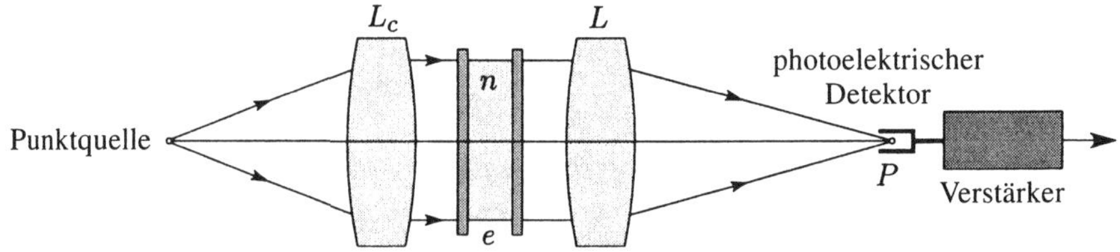

Abb. 28.4

28.5 Aufgaben

A28.1 Einfluß der Absorption in einem Vielstrahlinterferometer
Der Reflexionskoeffizient der Intensität jeder Grenzfläche eines Vielstrahlinterferometers, das aus einer planparallelen Platte besteht, hat den Wert $R = 0{,}9$ während der Transmissionskoeffizient $T = 0{,}05$ beträgt.

Berechnen Sie den kleinsten und größten Bruchteil der durchgelassenen Intensität.

A28.2 Auflösungsvermögen eines Fabry-Perot-Interferometers
Berechnen Sie für die Wellenlänge $\lambda = 550$ nm das Auflösungsvermögen eines Fabry-Perot-Interferometers, dessen Luftschicht eine Dicke von 15 mm hat und dessen Glasplatten einen Reflexionskoeffizienten für die Intensität von $R = 0{,}75$ aufweisen.

A28.3 Auflösung der Modenstruktur eines He-Ne-Lasers
Ein Fabry-Perot-Interferometer ist aus zwei Platten aufgebaut, deren Reflexionskoeffizient für die Intensität R ist. Es wird dazu verwendet, die Struktur der Schwingungsmoden eines He-Ne-Lasers der mittleren Wellenlänge 632,8 nm aufzulösen. Die Differenz zwischen den Frequenzen zweier Moden beträgt 150 MHz.

1. Berechnen Sie für die beiden Fälle $R = 0{,}9$ und $R = 0{,}99$ den Wert des Faktors M, der in der Airyschen Formel auftritt:

$$\mathcal{A}(\phi) \equiv \frac{1}{1 + M \sin^2(\phi/2)}.$$

2. Für welche Abstände e zwischen den Platten kann man die Modenstruktur auflösen?

A28.4 Auflösung der gelben Helium-Linie
Die experimentelle Untersuchung der gelben Helium-Linie ($\lambda = 587{,}6$ nm) mit Hilfe eines Fabry-Perot-Interferometers der Dicke $e = 3{,}20$ mm hat zwei Folgen heller Ringe ergeben. Die Radien der ersten Folge ändern sich wie $\sqrt{2/3}$, $\sqrt{5/3}$, $\sqrt{8/3}$, $\cdots$ während die der zweiten Serie, die weniger hell sind und zu der längeren Wellenlänge $\lambda + \Delta\lambda$ gehören, proportional zu $\sqrt{1}$, $\sqrt{2}$, $\sqrt{3}$, $\cdots$ sind.

Berechnen Sie $\Delta\lambda$ in pm, wenn Sie wissen, daß diese Abweichung die kleinste ist, die mit den obigen Beobachtungen vereinbart werden kann.

A28.5 Antireflexbeschichtung und semitransparentes Plättchen
Auf einem Glas mit Brechungsindex n wird eine Schicht, die als dünnes planparalleles Plättchen der Dicke e und mit Brechungsindex N wirkt, aufgetragen. Das daran angrenzende Medium ist Luft. Man beleuchtet das Ganze praktisch senkrecht mit monochromatischer Strahlung der Vakuumwellenlänge λ und mit der Amplitude 1. Die verschiedenen Medien werden als nichtabsorbierend angenommen.

1. Geben Sie die Ausdrücke für die Reflexionskoeffizienten r_1, r_2 und die Transmissionskoeffizienten t_1, t_2 der Amplituden an den beiden Grenzflächen in Richtung Luft-Glas an. Bestimmen Sie die entsprechenden Koeffizienten r'_1, t'_1 für die umgekehrte Richtung.
2. Zeigen Sie, daß die Intensität der durchgelassenen Welle, die aus der Vielstrahlinterferenz der durchgelassenen Lichtstrahlen resultiert, die Form

$$I_\mathrm{t} = \frac{t_1^2 t_2^2}{1 + r_1^2 r_2^2 + 2 r_1 r_2 \cos\phi}$$

hat.

3. Zeigen Sie analog zu 2, daß die Intensität der reflektierten Welle, die aus der Interferenz aller Teilwellen resultiert, die Form

$$I_\mathrm{r} = \frac{r_1^2 + r_2^2 + 2r_1 r_2 \cos\phi}{1 + r_1^2 r_2^2 + 2r_1 r_2 \cos\phi}$$

aufweist.
4. Schließen Sie daraus auf die Intensität $I_{\mathrm{r},0}$ bzw. $I_{\mathrm{r},\pi}$ für $\phi = 0$ bzw. $\phi = \pi$.
5. Für welchen Wert von N ist $I_{\mathrm{r},\pi}$ null? Rechnen Sie explizit für $n = 1{,}5$.
6. Für welchen Wert von N ist $I_{\mathrm{r},\pi}$ gleich 0,5? Rechnen Sie explizit für $n = 1,5$.

A28.6 „Aktive" Platte als optischer Schalter
Wir betrachten eine planparallele Platte der Dicke $e = 50\,\mu\mathrm{m}$, die mit einem „aktiven" Medium gefüllt ist, d. h. einem nichtlinearen Medium, dessen Brechungsindex n mit der Intensität I_0 der einfallenden Welle variiert. Die Wellenlänge beträgt $\lambda_0 = 0{,}6\,\mu\mathrm{m}$.

1. Ermitteln Sie den Ausdruck für die Intensität I_t des Lichtbündels, das in Richtung des senkrecht zu der Platte einfallenden Lichtbündels durchgelassen wird. Berücksichtigen Sie hierzu alle nach einer geraden Anzahl von Reflexionen an den Grenzflächen durchgelassenen Lichtstrahlen!
2. Für einen Wert I_0 kleiner als ein Grenzwert I_m ist n konstant, und sein Wert ist derart, daß I_t maximal wird. Sobald man I_m leicht überschreitet, beobachtet man einen drastischen Abfall von I_t. Finden Sie die kleinste Änderung des Brechungsindexes, die zu diesem Phänomen führt. Was ist an solch einem System interessant?

29 Die Laser. Anwendung auf die Holographie und die nichtlineare Optik

Die jüngere Entwicklung der Optik ist untrennbar mit dem Auftreten von Lichtquellen, die hohe Intensität mit ausgeprägter Kohärenz verbinden, den Lasern, verknüpft. Diese neuen Lichtquellen strahlen Wellen aus, die in sehr guter Näherung als monochromatische ebene Wellen großer Amplitude aufgefaßt werden können.

Wir wollen nun einen Überblick über die Funktionsweise der Laser geben. Zuvor wollen wir noch einmal den Mechanismus der Lichtemission bei Atomen wiederholen.

29.1 Lichtemission durch Atome

Lichtemission erfolgt beim Übergang eines Atoms von einem Niveau höherer Energie zu einem Niveau niedrigerer Energie. Sind E_1 und E_2 die Energien der beiden Atomniveaus 1 und 2 (mit $E_2 > E_1$), ist die Frequenz des bei dem Übergang $2 \to 1$ emittierten Photons durch die folgende Relation gegeben:

$$\nu = \frac{E_2 - E_1}{h} \qquad (29.1)$$

mit der Planckschen Konstanten $h = 6{,}63 \cdot 10^{-34}$ J s.

Im Jahre 1872 zeigte der österreichische Physiker L. Boltzmann, daß im thermischen Gleichgewicht (die Atome befinden sich in einem Wärmebad der absoluten Temperatur T) das Verhältnis der Zahl der Atome in diesen beiden Niveaus mit der Energiedifferenz dieser Niveaus über

$$\frac{N_2}{N_1} = \exp\left(-\frac{E_2 - E_1}{k_B T}\right) \qquad (29.2)$$

verknüpft ist (k_B ist die Boltzmann-Konstante). Da $E_2 > E_1$ und $T > 0$ sind, folgt $N_2 < N_1$: *Die Zahl der Atome im höheren Niveau ist immer kleiner als die im niedrigeren.*

Es existieren drei Arten von Übergängen zwischen den beiden Atomniveaus (Abbildung 29.1):

1. Übergang 2 → 1: spontane Emission
   Bei diesem Übergang gibt das Atom spontan die Energie $E_2 - E_1$ ab, indem es ein Photon emittiert. Die *spontane Emission* von Licht ist stark von *Kollisionen* zwischen Atomen beeinflußt und weist daher einen ausgeprägten Wahrscheinlichkeitscharakter auf. Sie herrscht in den meisten klassischen Lichtquellen vor: Sonne, Glühlampen, Entladungslampen usw.
2. Übergang 1 → 2: induzierte Absorption
   Sobald eine elektromagnetische Welle der Frequenz $\nu = (E_2 - E_1)/h$ auf ein Material trifft, das aus Zweiniveau-Atomen mit Energie E_1 und E_2 besteht, gibt sie Energie an die Atome ab. Diese gehen vom unteren Niveau 1 zum oberen Niveau 2 über, indem sie ein Photon absorbieren. Die Welle wird dadurch *gedämpft.*
3. Übergang 2 → 1: induzierte Emission
   Die induzierte Emission ist der inverse Prozeß des vorhergehenden. Sie entspricht der Emission einer Welle der Frequenz ν, *stimuliert* oder *induziert* durch die einfallende Welle. Dieser Begriff ist von A. Einstein 1917 eingeführt worden, um die Photon-Materie-Wechselwirkung zu erklären. Die so emittierten Wellen sind stark mit der einfallenden Wellen korreliert: Die induzierte Emission ist daher *kohärent* und unterschiedet sich damit grundsätzlich von der spontanen Emission.

29.2 Funktionsweise des Lasers

In Lasern wird Licht über induzierte Emission erzeugt. Da die einfallende Lichtwelle im Material eine neue Welle induziert, verhalten sich diese Lichtquellen wie Lichtverstärker, daher ihr Name „**L**ight **A**mplification by **S**timulated **E**mission of **R**adiation“.

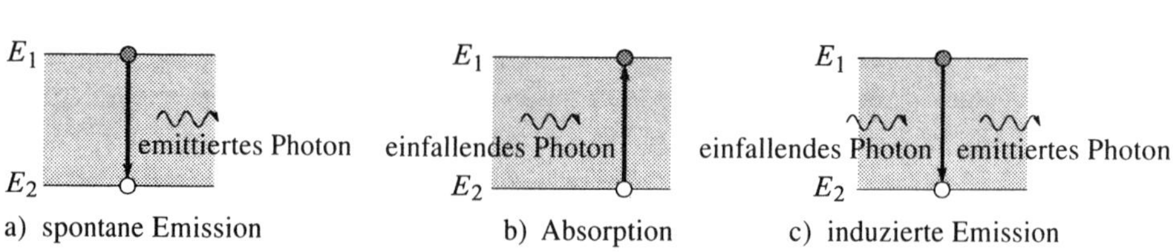

Abb. 29.1

29.2.1 Besetzungsinversion

Damit die Lichtverstärkung erfolgen kann, muß die stimulierte Emission stärker sein als die Absorption. Dies kann nur der Fall sein, wenn die Besetzung der Atome *invertiert* ist, d. h. die Zahl der Atome im oberen Energieniveau größer ist als die im unteren Niveau. Um dies zu zeigen, betrachten wir eine Welle der Frequenz ν, die sich in z-Richtung in einem Medium mit Zweiniveau-Atomen ausbreitet. Normalerweise wird diese Welle exponentiell gedämpft. Ihre Intensität hat demnach die Form:

$$I = I_0 \exp(-\mu z). \tag{29.3}$$

$\mu > 0$ ist der lineare Absorptionskoeffizient (Kapitel 15). Man kann zeigen, daß μ proportional zu der Differenz der Zahl der Atome N_1, die ein Photon absorbieren können und der Zahl N_2, die ein Photon unter dem Einfluß der Welle emittieren können, ist: $N_1 - N_2 > 0$. Folglich würde eine Inversion der Atomniveaus, d. h. $N_1 - N_2 < 0$ zu einer *Verstärkung* der Intensität der Welle führen (μ negativ). Man sagt dann, das Medium ist *aktiv*.

Es existieren verschiedene Möglichkeiten, diese Inversion zu erzeugen, die nach dem folgenden Schema ablaufen: Man hebt die Atome mit Hilfe einer externen optischen oder elektrischen Anregung in ein drittes Niveau der Energie E_3, die größer als E_2 ist (Abbildung 29.2). Durch dieses *Pumpen* füllt das dritte Niveau das zweite Niveau durch strahlungslose Übergänge auf, so daß die Inversion realisiert wird. Im Helium-Neon-Laser gehören die Niveaus 1 und 2 zum Neon, entsprechend einem Übergang im roten Bereich ($\lambda_0 = 632,8$ nm), während das Niveau 3 zum Helium gehört.

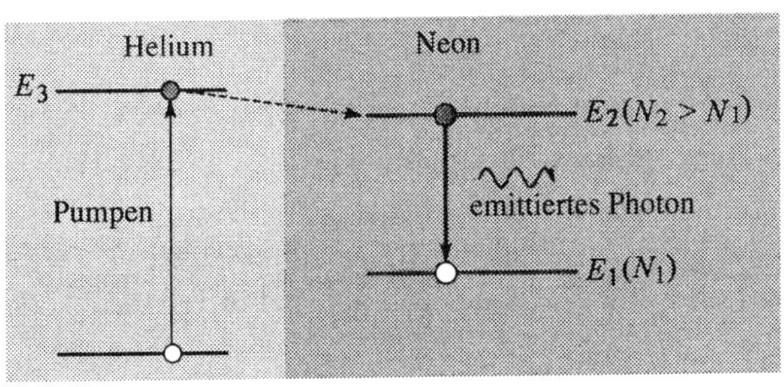

Abb. 29.2

Bemerkung: Man sagt manchmal, daß die Besetzungsinversion eine negative (!) absolute Temperatur erzeugt, da die Ungleichung $N_2 - N_1 > 0$ in der als weiterhin gültig angenommenen Relation von Boltzmann $T < 0$ nach sich zieht. Dieses Ergebnis widerspricht nicht den Gesetzen der Thermodynamik, da sich ein solches System fern des thermischen Gleichgewichts befindet.

29.2.2 Optischer Resonator

Die Verstärkung wird deutlich erhöht, wenn man die emittierten Wellen dazu bringt, das aktive Medium mehrmals zu passieren. Ein großer Verstärkungsfaktor kann dann die Verluste, die durch Emission nach außen entstehen, kompensieren. Die sukzessiven Durchgänge werden durch optische Resonatoren realisiert, die aus zwei gegenüberliegenden reflektierenden Flächen aufgebaut sind (Kapitel 13). Ein Resonator verhält sich wie ein Fabry-Perot-Interferometer (Kapitel 28), das wegen der Interferenz zwischen den austretenden, an den Flächen mehrfach reflektierten Wellen nur einige wenige Wellen ausgezeichneter Frequenz verstärkt.

Die Bedingung für konstruktive Interferenz, auch *Resonanzbedingung* genannt, bestimmt die *longitudinalen* Schwingungsmoden entlang z: Ist l die Länge des Resonators und n der Brechungsindex des aktiven Mediums, muß die Bedingung

$$2nl = m_z \lambda_0 = m_z \frac{c}{\nu} \tag{29.4}$$

erfüllt sein, mit der ganzen Zahl m_z. Diese Bedingung kann auch in der Form

$$\nu = m_z \frac{c}{2nl} \quad \text{oder} \quad l = m_z \frac{\lambda}{2} \tag{29.5}$$

geschrieben werden. Dabei ist $\lambda = \lambda_0/n$ die Wellenlänge im Medium. Die letztere Bedingung drückt die Existenz *stationärer Wellen* aus (Kapitel 19). Der spektrale Abstand zwischen zwei benachbarten longitudinalen Moden ist daher:

$$\Delta\nu = \frac{c}{2nl}. \tag{29.6}$$

Beispiel: Für $nl = 30$ cm und $\lambda = 632$ nm ist $\Delta\nu = 500$ MHz und $\Delta\lambda = 0,65$ pm.

Der Resonator verhält sich also wie ein Oszillator mit mehreren Freiheitsgraden, die durch die elektromagnetische Welle angeregt werden können: Nur die Wellen, deren Frequenz mit der Frequenz der Schwingungsmoden zusammenfällt, werden verstärkt und treten aus dem Resonator aus; die anderen werden durch destruktive Interferenz ausgelöscht.

Der optische Resonator, der aus einem ebenen Spiegel aufgebaut ist und in der Brennebene eines sphärischen Spiegels liegt, ist am weitesten verbreitet: Er wird halbsphärischer Resonator genannt (Abbildung 29.3) und ermöglicht die Herstellung eines stabilen austretenden Lichtbündels, d. h. eines Bündels, das in Querrichtung nicht divergiert (Aufgabe A29.4).

Die spektrale Verteilung der Welle, die vom Laser ausgesandt wird, hat den in Abbildung 29.4 gezeigten Verlauf: Die Einhüllende der Moden ist

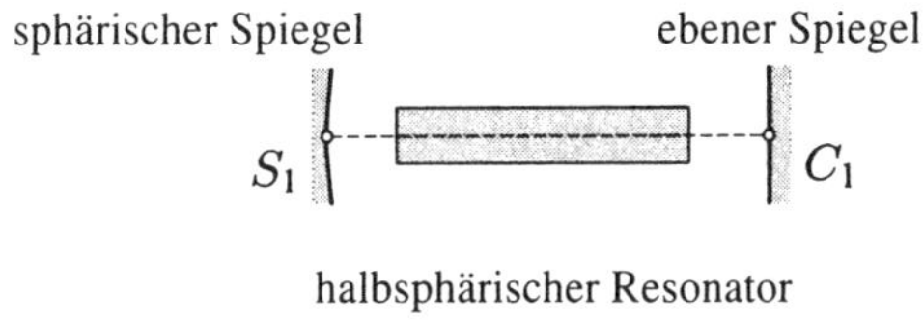

Abb. 29.3

eine Gauß-Kurve, die charakteristisch für die Emission bewegter Atome in Abwesenheit des Resonators ist.

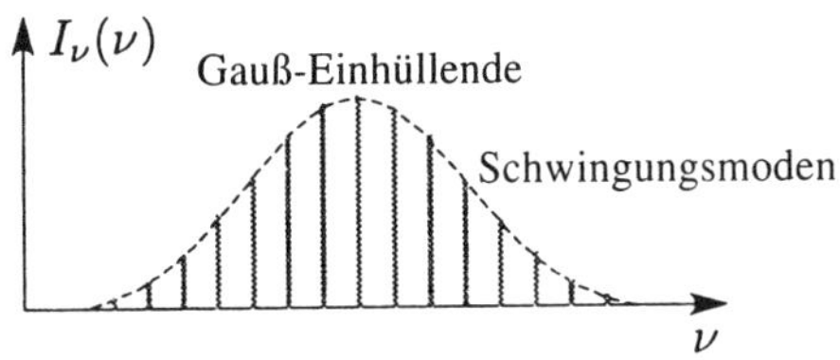

Abb. 29.4

Bemerkung: Nur die Mode TEM (transversale elektromagnetische Wellen) kann sich in dem Resonator ausbreiten. Die in der Optik am meisten benutzte Mode ist die Grundmode, für die die Verbreiterung des Bündels am kleinsten und die Intensitätsverteilung vom *Gaußschen* Typ ist: $I = I_0 \exp(-2r^2/w^2)$, mit der Radialkoordinate r in einer Wellenfront und einer charakteristischen Länge w, die Radius des zylindrischen Bündels genannt wird (siehe auch Abschnitt 29.4).

29.3 Verschiedene Lasertypen

Laser werden nach folgenden verschiedenen Typen unterschieden:

1. Gaslaser: Dazu gehören der Helium-Neon-Laser (He-Ne), der Argonionen-Laser (Ar^+), der Stickstoff-Kohlendioxid-Laser (N_2-CO_2), die Excimerlaser (man nennt Excimer jene Moleküle, die nur existieren, wenn sich eines der sie aufbauenden Atome im angeregten Zustand befindet, z. B. XeCl).
2. Festkörperlaser: Rubinlaser (Cr^{3+}-Ionen in einem Korundstab (Al_2O_3)), Neodymlaser (Nd^{3+}).
3. Farbstofflaser: Das aktive Medium besteht aus organischen Molekülen, wobei die Übergänge zwischen Schwingungsniveaus stattfinden.

4. Halbleiterlaser: Galliumarsenidlaser (GaAs).
5. Freie-Elektronen-Laser, in denen die elektrische Anregung durch schnelle Elektronen aus einem Beschleuniger erfolgt.

Wir wollen nur zwei sehr verbreitete Laser beschreiben: He-Ne-Gaslaser emittieren rotes Licht ($\lambda_0 = 632{,}8$ nm) und werden wegen ihrer kontinuierlichen Ausstrahlung von kohärentem Licht verwendet. GaAs-Halbleiterlaser arbeiten im Infraroten ($\lambda_0 \approx 830$ nm) und sind wegen ihrer Kompaktheit von großem Interesse.

29.3.1 He-Ne-Gaslaser

Das aktive Medium besteht aus einem Gasgemisch, das sich hauptsächlich aus Helium (85%) und Neon (15%) zusammensetzt. Die Wellenlänge 632,8 nm rührt vom 3s → 2p-Übergang des Neons her (Abbildung 29.5). Eine elektrische Entladung regt das Helium in den 2s-Zustand an („Pumpen"). Dieses Niveau liegt in der Nähe des 3s-Niveaus des Neons und erlaubt daher, dieses über Stöße mit Neonatomen strahlungslos anzuregen. Daraus resultiert dann die Besetzungsinversion beim Neon.

Es existieren andere mögliche Übergänge, insbesondere ein zweiter im grünen Bereich bei der Wellelänge 543,5 nm.

Die Realisierung des gesamten Aufbaus (hochreflektierende Spiegel, aktives Gasmedium und Pumpsystem), ist schwierig. Das Schema in Brewster-Winkel geneigt sind, bei dem der Reflexionskoeffizient einer Welle, dessen elektrischer Feldvektor in der Einfallsebene liegt, verschwindet.

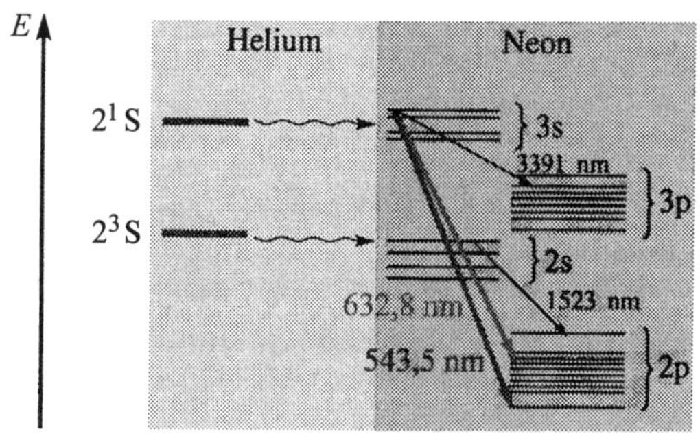

Abb. 29.5

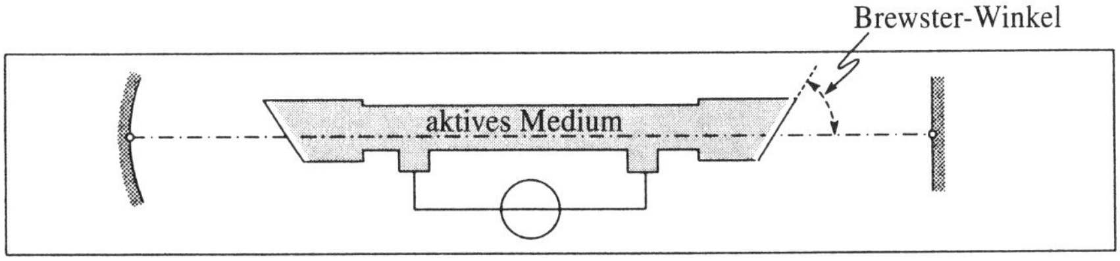

Abb. 29.6

29.3.2 Halbleiterlaser

Die Halbleiterlaser haben einige sehr interessante Eigenschaften: kleine Größe (Länge des Resonators $l \sim 300\,\mu$m), Stabilität und geringe Kosten. Daher werden sie zunehmend verwendet.

Man findet auch in diesen Lasern die grundlegenden Elemente wieder, die wir eben beschrieben haben: die *Übergänge* zwischen verschiedenen Energieniveaus, die hier durch die charakteristischen Energiebänder der zusammengefügten Medien realisiert werden, das *Pumpen*, das mit einem durch das Material fließenden Strom bewerkstelligt wird, den *Resonator*, der hier durch die teilreflektierenden Flächen des Kristalls gegeben ist. Um ihre Funktionsweise untersuchen zu können, wollen wir kurz wiederholen, was ein p-n-Übergang ist.

p-n-Übergang

Die Kontaktfläche zweier Halbleiter, die verschiedenen dotiert sind, wird p-n-Übergang genannt. Der eine ist vom p-Typ (d. h. dotiert mit Elementen, die 3 Valenzelektronen haben, z. B. Aluminium) und der andere vom n-Typ (dotiert mit Elementen mit 5 Valenzelektronen, z. B. Arsen) (Abbildung 29.7). Durch Diffusion bewegen sich die Elektronen und Löcher (Elektronenmangelstellen) in entgegengesetzter Richtung, während die Atome und Ionen fest bleiben. Aufgrunddessen lädt sich die eine Zone negativ und die andere positiv auf, so daß eine Potentialspannung V zwischen den Zonen p und n des Übergangs auftritt.

Luminizenzdioden (LED)

Baut man an den Grenzen des p-n-Übergangs eine Spannung in Durchlaßrichtung auf, d. h., der p-Halbleiter ist am Pluspol und der n-Halbleiter am

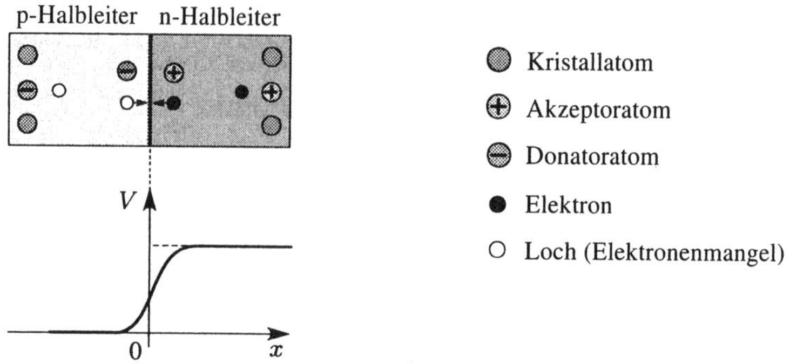

Abb. 29.7

Minuspol angeschlossen, wird diese Diffusionsspannung und damit die Rekombination der Elektronen und Löcher verstärkt (Abbildung 29.8a). Diese Rekombination eines Leitungsbandelektrons mit einem Valenzbandloch kann zu Lichtemission führen. Für viele Halbleiter entspricht diese Emission einem Photon im sichtbaren oder infraroten Frequenzbereich. Der Übergang ist also eine *Luminizenzdiode* (Leuchtdiode oder englisch: *light emitting diode*). Diese Dioden arbeiten mit geringen Spannungen und werden sehr oft in der Leuchtreklame verwendet. Meistens liegt die Emission im roten oder orangen Bereich des Spektrums.

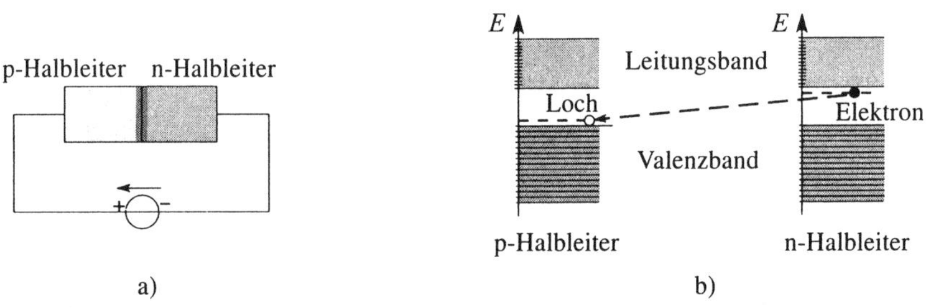

Abb. 29.8

Leuchtdiode als Laser

Um eine Leuchtdiode als Laser einsetzen zu können, muß der Strom erhöht werden, damit die Anzahl der Elektronen größer als die der Löcher ist. Da das Energieniveau der Elektronen enegetisch höher als das der Löcher liegt, erreicht man so die Besetzungsinversion. Die Elektronen-Loch-Rekombination wird durch Emission von Licht begleitet, das durch Reflexion an den Spaltflächen des Halbleiterkristalls verstärkt wird. Die Vakuumwellenlänge λ der emittierten Strahlung ist mit der Energiedifferenz E_{g} zwischen dem Leitungsband und dem Valenzband über die Gleichung

$$\frac{hc}{\lambda} \approx E_{\mathrm{g}} \tag{29.7}$$

oder

$$\lambda(\mu\mathrm{m}) \approx \frac{1,24}{E_{\mathrm{g}}(\mathrm{eV})} \tag{29.8}$$

verknüpft. Ein typisches Beispiel für Halbleiterlaser ist der Laser, dessen aktives Medium aus $\mathrm{Al}_x\mathrm{Ga}_{1-x}\mathrm{As}$ ($x \approx 0,05$) besteht. Dieses Material von einigen Mikrometern Dicke ist in Schichten aus $\mathrm{Al}_y\mathrm{Ga}_{1-x}\mathrm{As}$ und GaAs vom Typ p und n eingebettet (Abbildung 29.9). Die ausgesandte Strahlung liegt im Infraroten ($\lambda \approx 830$ nm). Da die Emission in einem sehr schmalen Bereich der Breite $a \sim 0,8\,\mu$m erfolgt, ist die Divergenz des entstehenden Strahlenbündels von Bedeutung. Nach der Theorie der Beugung ist die Halbwertsbreite entlang der Hauptachse des Kegels durch den Winkel θ gegeben:

$$\sin\theta \approx \frac{\lambda}{2a}. \tag{29.9}$$

Dieser Winkel liegt bei ungefähr 30°. Die Winkelaufspreizung ist also sehr groß gegenüber der des Gaslasers ($\theta \approx 1'$).

Bemerkung: Das emittierte Lichtbündel ist nicht kreisförmig, sondern elliptisch, da in der zu dem p-n-Übergang parallelen Ebene die Aufspreizung kleiner als 10° ist (Abbildung 29.9).

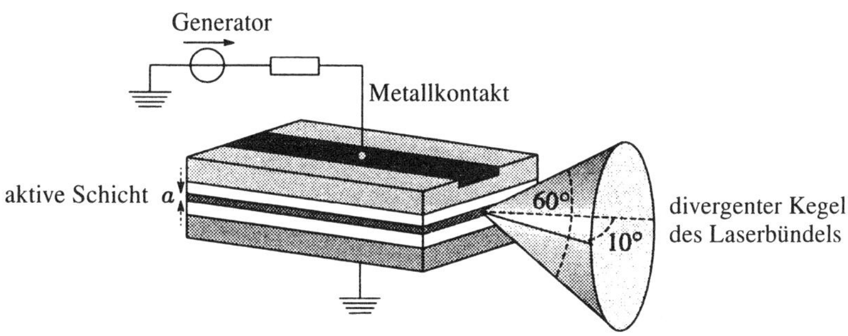

Abb. 29.9

29.4 Eigenschaften der Laserstrahlen

Die Laser, wie z. B. der He-Ne-Laser, die im kontinuierlichen Betrieb und sichtbaren Bereich arbeiten, sind vielbenutzte Lichtquellen in optischen Versuchsanordnungen geworden.

29.4.1 Optische Gauß-Bündel

Die Verteilung der Lichtintensität in einer Ebene senkrecht zu der Ausbreitungsrichtung der von den Lasern ausgesandten Lichtbündel ist im allgemeinen nicht gleichförmig: In der Fundamentalmode ist sie durch eine Gaußsche Verteilung als Funktion des Abstandes r zu der Achse charakterisiert (Abbildung 29.10):

$$I(r) = I_0 \exp\left(\frac{-2r^2}{w^2}\right). \qquad (29.10)$$

Hierbei ist der Radius w des Lichtbündels der Abstand, bei dem die Intensität den Wert $I_0/\mathrm{e}^2 \approx I_0/7,4$ hat. Da sich das Lichtbündel aufgrund der *Beugung* im Zuge der Ausbreitung vergrößert, hängt dieser Abstand von der z-Koordinate ab: $w = w(z)$. Man kann zeigen, daß die Beziehung zwischen $w(0)$ in der Referenzebene und $w(z)$ in der Frontebene am Punkt z die Form (Kapitel 30)

$$w(z) = w(0)\left[1 + \frac{z^2}{z_r^2}\right]^{\frac{1}{2}} \quad \text{mit} \quad z_r = \frac{\pi w(0)^2}{\lambda}. \qquad (29.11)$$

Für große Entfernungen erhalten wir die folgende Näherungsformel:

$$w(z) \approx w(0)\frac{z}{z_r} = \frac{\lambda z}{\pi w(0)}. \qquad (29.12)$$

Diese Näherung kann direkt aus der Fraunhoferschen Näherung der Beugung erhalten werden (Aufgabe A29.2). Daraus folgt die Divergenz des Lichtbündels:

$$\theta \approx \frac{w(z)}{z} = \frac{\lambda}{\pi w(0)} = 3 \cdot 10^{-4}\mathrm{rad} \approx 1' \qquad (29.13)$$

für $2w(0) = 1,3$ mm und $\lambda = 632{,}8$ nm.

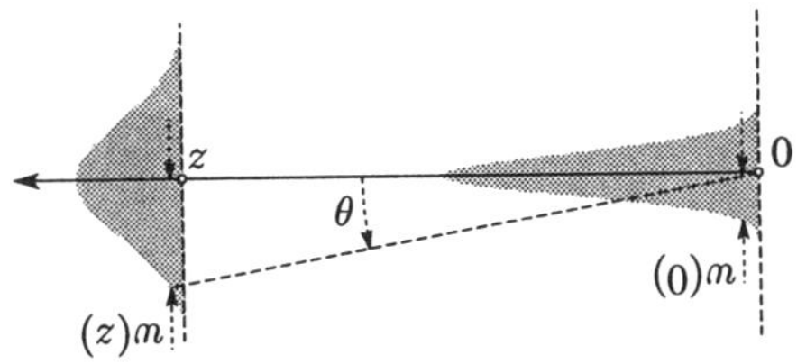

Abb. 29.10

29.4.2 Zeitliche und räumliche Kohärenz von Laserstrahlen

Die wichtigsten Eigenschaften der Laserstrahlen sind ihre *große zeitliche und räumliche Kohärenz* sowie ihre *hohe Intensität*. Man kann sie daher in ausgezeichneter Näherung als ebene, linear polarisierte und monochromatische elektromagnetische Wellen darstellen. Das damit verbundene elektrische Feld hat die Form:

$$\boldsymbol{E} = E_{\mathrm{m}} \exp[-\mathrm{i}(\omega t - \boldsymbol{k}\boldsymbol{r})]\boldsymbol{e} \tag{29.14}$$

mit $\nu = \omega/2\pi \sim 10^{14}$ Hz, $k = \omega/c$ und $E_{\mathrm{m}} \sim 10^7$ V/m, wenn die Leistung von der Größenordnung Watt ist. Für den typischen Fall des He-Ne-Lasers mit der Spektralbreite $\Delta\nu = 1400$ MHz liegt das Verhältnis $\Delta\nu/\nu$ bei ungefähr $3 \cdot 10^{-6}$, so daß die zeitliche Kohärenzlänge (Kapitel 23)

$$L_{\mathrm{c}} = \frac{c}{\Delta\nu} \approx 20\,\mathrm{cm} \tag{29.15}$$

beträgt. Die räumliche Kohärenz, die man aus der Divergenz des Lichtbündels ($\theta \sim 1'$) bestimmt, ist groß, da die räumliche Kohärenzlänge des Lichtbündels am Ausgang des Lasers

$$l_{\mathrm{s}} = \frac{\lambda}{\theta} \sim \frac{0,6 \cdot 10^{-6}}{3 \cdot 10^{-4}} \approx 2\,\mathrm{mm} \tag{29.16}$$

beträgt (Kapitel 23). Verwendet man einen Strahlerweiterer mit Abbildungsmaßstab $G_{\mathrm{a}} = 10$, ist die verwendbare Kohärenzlänge 2 cm, was für die Mehrzahl der Objekte, von denen man ein Bild unter kohärenter Beleuchtung erzeugt, völlig ausreicht (Kapitel 30).

29.4.3 Speckles

Beleuchtet man mit Hilfe eines Lasers einen reflektierenden Schirm, der das Licht streut, stellt man fest, daß der Schirm körnig erscheint (Abbildung

29.11). Die große Anzahl von kleinen, ungeordnet verteilten Lichtflecken verschiedener Form wird gemeinhin *Speckle* (englisch für: kleine Flecken) oder *Flecken* genannt. Beobachtet man dieses Phänomen genauer, stellt man fest, daß die Größe s der Flecken *unabhängig* von der Struktur des streuenden Objektes ist, jedoch von der Wellenlänge und – im Fall der visuellen Beobachtung – dem Winkelauflösungsvermögen des Auges ($\epsilon \approx 1{,}5'$) abhängt:

$$s \approx \frac{\lambda}{\epsilon} \approx 1{,}5\,\mathrm{mm}. \tag{29.17}$$

Das Verständnis der Bilderzeugung durch ein optisches System (z.B. das Auge) von einem kohärent beleuchteten, *streuenden* Objekt ermöglicht auch die Erklärung der Flecken.

Die Flecken sind Grundlage zahlreicher Anwendungen: Zum Beispiel erlaubt die Messung der statistischen Verteilung die Analyse von Oberflächen. Photographiert man in der Astronomie einen Stern, der mittels eines terrestrischen Teleskops beobachtet wird, über einen genügend kurzen Zeitraum (10 ms), verhält sich die Atmosphäre mit ihren Turbulenzen wie ein durchsichtiger Streuer, der vom Stern beleuchtet wird. Das so entstandene Bild sind daher Speckles (Kapitel 30).

29.5 Holographie

In der üblichen photographischen Technik ist das erhaltene Bild eine Aufnahme der Intensität, d. h. des Quadrates der reellen Amplitude der vom Objekt ausgehenden optischen Welle an jedem Punkt. Diese Aufnahme enthält daher keine Information über die Phase der Welle. Dies erklärt, warum man so leicht zwischem dem Objekt und einem davon angefertigten Photo unterscheiden kann. Das Problem ist die Wiederherstellung der Phase oder die Rekonstruktion der Welle, wie sie vor der Aufnahme vorlag. In den fünfziger Jahren hatte der englische Physiker D. Gabor beim Versuch, die Abbildungsfehler des Elektronenmikroskops zu korrigieren, die Idee, das Phänomen der Interferenz zwischen der vom Objekt ausgesandten Welle und einer Referenzwelle zu verwenden. Damit konnte dann nicht nur die Information der reellen Amplitude, sondern auch der Phase aufgenommen werden.

Diese Idee konnte dank der hohen Intensitäten und dem Kohärenzgrad der Laser leicht realisiert werden. Beispielsweise strahlt ein He-Ne-Laser im kontinuierlichen Betrieb ein Lichtbündel der Leistung $10\,\mathrm{mW/mm^2}$ aus. Die resultierende Beleuchtungsstärke von $10^4\ \mathrm{Wm^{-2}}$ ist sehr groß (die Sonne im Zenit im Sommer produziert auf der Erde eine Beleuchtungsstärke von

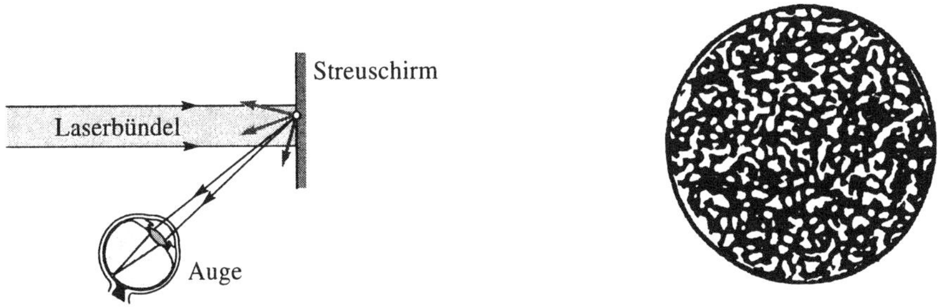

a) b) Flecken

Abb. 29.11

200 $\mathrm{W\,m^{-2}}$). Auf der anderen Seite beträgt die Kohärenzlänge dieses Lasers etwa 20 cm, während die einer klassischen Lichtquelle bei 20 μm (zehntausendmal kleiner) liegt.

Die Holographie oder die Technik zur Aufnahme der *gesamten* optischen Information, die von einem Objekt ausgesandt wird (griechisch heißt „ganz" „holos"), besteht aus zwei Stufen: der Aufnahme eines Hologramms und der Rekonstruktion der Objektwelle.

29.5.1 Aufnahme eines Hologramms

Der folgende Aufbau nach den amerikanischen Physikern E. N. Leith und J. Upatnieks wird *Transmissionshologramm mit ebener Referenzwelle* genannt. Die ebene Welle, die aus einer Linse tritt, fällt teils auf ein Prisma mit kleinem Winkel γ und teils auf das durchsichtige Objekt (Abbildung 29.12).

Wir bezeichnen mit $\underline{\psi}_{\mathrm{o}}$ und $\underline{\psi}_{\mathrm{r}}$ die komplexen Amplituden der Welle vom Objekt bzw. vom Prisma am Punkt P der Aufnahmeebene. I_{o} und I_{r} sind die entsprechenden Intensitäten. Die komplexe Amplitude $\underline{\psi}$ und Intensität I, die aus der Interferenz dieser Welle resultieren, sind:

$$\underline{\psi} = \underline{\psi}_{\mathrm{o}} + \underline{\psi}_{\mathrm{r}} \quad \text{und} \quad \begin{aligned} I &= (\underline{\psi}_{\mathrm{o}} + \underline{\psi}_{\mathrm{r}})(\underline{\psi}_{\mathrm{o}}^* + \underline{\psi}_{\mathrm{r}}^*) \\ &= I_{\mathrm{o}} + I_{\mathrm{r}} + \underline{\psi}_{\mathrm{o}}\underline{\psi}_{\mathrm{r}}^* + \underline{\psi}_{\mathrm{o}}^*\underline{\psi}_{\mathrm{r}}. \end{aligned} \tag{29.18}$$

Da die vom Prisma ausgesandte Welle um den Winkel $\theta \approx (n-1)\gamma$ geneigt ist, mit dem Brechungsindex n des Prismas, haben wir am Punkt P mit den Koordinaten (x, y) in der Ebene $\mathcal{P}$:

$$\underline{\psi}_{\mathrm{r}} = A_{\mathrm{r}} \exp \mathrm{i}\phi_{\mathrm{r}} \quad \text{mit} \quad \phi_{\mathrm{r}} = \boldsymbol{k}\cdot\boldsymbol{r} \quad \text{und} \quad \boldsymbol{k} = k\cos\theta\,\boldsymbol{e}_z - k\sin\theta\,\boldsymbol{e}_x. \tag{29.19}$$

Daraus folgt

$$\underline{\psi}_{\mathrm{r}} = A_{\mathrm{r}} \exp\left(-\mathrm{i}2\pi \frac{x \sin\theta}{\lambda}\right). \tag{29.20}$$

Außerdem hat die komplexe Amplitude der Objektwelle die Form:

$$\underline{\psi}_{\mathrm{o}} = A_{\mathrm{o}} \exp(\mathrm{i}\phi_{\mathrm{o}}), \tag{29.21}$$

mit der reellen Amplitude bzw. der Phase der Welle A_{o} und ϕ_{o}, die Funktionen von (x, y) sind. Daraus folgt für die Intensität der Ausdruck:

$$I = I_{\mathrm{o}} + I_{\mathrm{r}} + 2\sqrt{I_{\mathrm{o}} I_{\mathrm{r}}} \cos\left(\phi_{\mathrm{o}} + 2\pi \frac{x \sin\theta}{\lambda}\right). \tag{29.22}$$

Die entwickelte Photoplatte, auf der man diese Intensität aufgenommen hat, ist das *Hologramm.* Dieses stellt sich als sehr dichtes Interferenzmuster dar, so daß es in Grautönen schimmert.

Größenordnung: Ist $\lambda = 632{,}8$ nm und $\theta = 30°$, beträgt die Periode der Interferenzstreifen $p = \lambda/\sin\theta \approx 1{,}3\,\mu$m. Die Körnung der verwendeten Photoplatten muß daher fein sein ($< 1\,\mu$m).

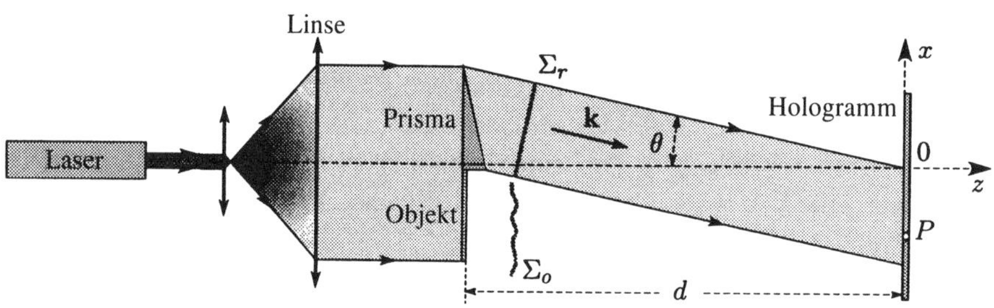

Abb. 29.12

29.5.2 Rekonstruktion der Objektwelle

Das Hologramm hat eine reelle Durchlässigkeit der Amplitude t, die empfindlich von der Belichtung und damit von der Intensität I abhängt (Kapitel 15). Man kann daher schreiben:

$$t = a + bI \quad \text{mit} \quad I_{\mathrm{o}} + I_{\mathrm{r}} + \underline{\psi}_{\mathrm{o}}\underline{\psi}_{\mathrm{r}}^{*} + \underline{\psi}_{\mathrm{o}}^{*}\underline{\psi}_{\mathrm{r}}. \tag{29.23}$$

Beleuchtet man das Hologramm mit einer Welle, die analog der Referenzwelle ist, erhält man eine austretende Welle mit der komplexen Amplitude $t\underline{\psi}_r$:

$$\begin{aligned} t\underline{\psi}_r &= (a + bI)\underline{\psi}_r \\ &= (a + bI_r)\underline{\psi}_r + bI_o\underline{\psi}_r + b|\underline{\psi}_r|^2\underline{\psi}_o + b\underline{\psi}_r^2\underline{\psi}_o^*. \end{aligned} \tag{29.24}$$

Die verschiedenen Terme von $t\underline{\psi}_r$ repräsentieren vier Wellen:

1. Die erste, $(a+bI_r)\underline{\psi}_r$, ist eine Welle, die direkt durchgeht und proportional zu der Referenzwelle ist.
2. Die zweite, $bI_o\underline{\psi}_r$, ist eine Welle, die sich in der Nähe der vorhergehenden ausbreitet. Sie ist von geringer Bedeutung, da man meistens unter den Bedingungen $A_o \ll A_r$ arbeitet, damit die Schwärzungskurve des Filmes, mit dem man das Hologramm herstellt, linear ist.
3. Die dritte, $b|\underline{\psi}_r|^2\underline{\psi}_o = bA_r^2\underline{\psi}_o$, ist eine Welle, die der Objektwelle analog ist.
4. Die vierte, $b\underline{\psi}_r^2\underline{\psi}_o^*$, ist eine Welle, die der Objektwelle ähnelt, da ihre komplexe Amplitude proportional zur Konjugierten von $\underline{\psi}_o$ ist; man nennt sie *Zwillingswelle.*

Ein Beobachter, der sich hinter dem von einer ebenen Welle beleuchteten Hologramm befindet, empfängt mehrere Wellen, von denen eine der Objektwelle entspricht. Er sieht daher durch das Hologramm das rekonstruierte Objekt (Abbildung 29.13).

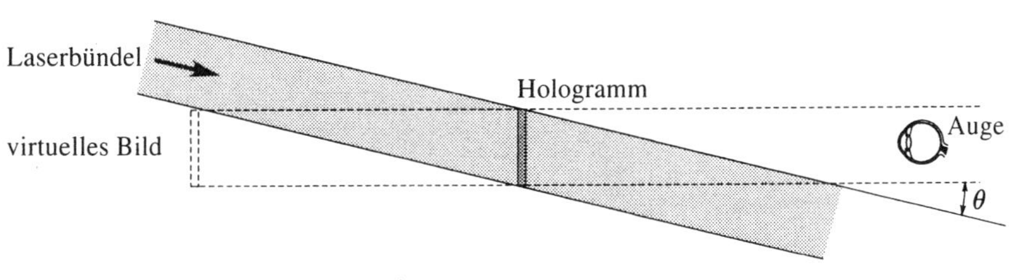

Abb. 29.13

In diesem Aufbau verhindert die Neigung der Referenzwelle eine Störung dieser Rekonstruktion der Objektwelle, vor allem durch die Zwillingswelle. Dieses Problem trat bei den ersten Hologrammen von Gabor auf.

29.5.3 Farbholographie

Wiederherstellung eines Hologramms mit weißem Licht

Nimmt man monochromatische Hologramme mit Photoemulsionen auf, die relativ zur verwendeten Wellenlänge dick sind, kann die Wiederherstellung des Objektes mit weißem Licht erfolgen. Die Interferenz der Objektwelle mit der Referenzwelle, die sich in entgegengesetzter Richtung ausbreitet, erzeugt im Inneren der Photoemulsion Interferenzstreifen, die sich wie ein Gitter verhalten, dessen Gitterkonstante eine Funktion der Wellenlänge und des Einfallswinkels ist (Abbildung 29.14a). Beleuchtet man das Hologramm mit weißem Licht, läßt das so erzeugte Gitter nach Reflexion des Lichtes aufgrund von Beugung nur die bei der Aufnahme verwendete Wellenlänge durch (Abbildung 29.14b).

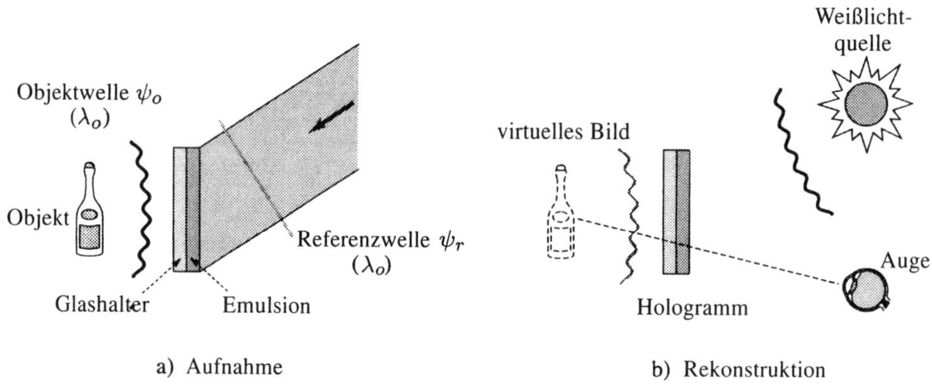

Abb. 29.14 Farbholographie

Dreifarbiges Hologramm und Wiederherstellung mit weißem Licht

Man realisiert die Farbholographie, indem man bei der Aufnahme des Hologramms auf einer dicken Emulsion die drei Grundfarben Rot, Grün und Blau von verschiedenen Lasern verwendet. Die interferierenden Wellen erzeugen in der Emulsion drei verschiedene Streifenmuster im Abstand einer halben Wellenlänge. Beleuchtet man das Hologramm mit weißem Licht, stellt man die drei Grundfarben des Objektes und alle ihre Kombinationen wieder her.

29.6 Nichtlineare Optik

Man bezeichnet mit *nichtlinearer Optik* alle optischen Phänomene, für die die grundlegende Beziehung zwischen dem Polarisationsvektor $\boldsymbol{P}$, der die elektrischen Eigenschaften von Materialien charakterisiert, und dem elektrischen Feld $\boldsymbol{E}$ *nicht mehr linear ist:*

$$\boldsymbol{P} \neq \chi_e \epsilon_0 \boldsymbol{E}. \tag{29.25}$$

Ist das elektrische Feld ausreichend intensiv, wie es bei manchen Lasern der Fall ist, die in Materialien elektrische Felder von der Größenordnung der elektrischen Felder in den Atomen erzeugen ($\approx 10^{11}$ V/m), kann die Beziehung für die Projektion von $\boldsymbol{P}$ in Richtung des $\boldsymbol{E}$-Vektors wie folgt geschrieben werden:

$$P = \epsilon_0 \left(\chi_e^{(1)} E + \frac{1}{2} \chi_e^{(2)} E^2 + \frac{1}{6} \chi_e^{(3)} E^3 + \cdots \right). \tag{29.26}$$

In den Materialien, die kein Symmetriezentrum besitzen, verschwinden die Koeffizienten der geraden Ordnungen $\chi_e^{(2)}, \chi_e^{(4)}, \cdots$ nicht. Das bedeutet, daß diese aufgrund der Nichtlinearität neue Eigenschaften aufweisen.

29.6.1 Frequenzverdopplung

Wir wollen die Wechselwirkung einer elektromagnetischen Welle der Frequenz ω mit einem nichtlinearen Material, wie einem Kalium- (KDP) oder Aluminiumdideuteriumphosphatkristall (ADP) betrachten. Das Verhältnis P/ϵ_0 hat die Form:

$$\begin{aligned} \frac{P}{\epsilon_0} &= \chi_e^{(1)} E_m \cos(\omega t) + \frac{1}{2} \chi_e^{(2)} E_m^2 \cos^2(\omega t) + \cdots \\ &= \chi_e^{(1)} E_m \cos(\omega t) + \chi_e^{(2)} E_m^2 \frac{1 + \cos(2\omega t)}{4} + \cdots \end{aligned} \tag{29.27}$$

Es erscheint also eine zusätzliche Welle mit der doppelten Frequenz der einfallenden Welle. Schickt man zum Beispiel in ein KDP-Kristall eine Welle aus einem Rubinlaser der Vakuumwellenlänge $\lambda = 694{,}3$ nm, erhält man am Ausgang gleichzeitig diese Strahlung und Strahlung der Vakuumwellenlänge $\lambda/2 = 347{,}2$ nm. Zum Nachweis dieses Resultates genügt es, das Licht, das das laserbestrahlte Material aussendet, mittels eines Prismas zu analysieren.

29.6.2 Frequenzmischung

Besteht das einfallende elektromagnetische Feld aus zwei monochromatischen Wellen der gleichen Amplitude und der Frequenzen ω_1 bzw. ω_2, ist der quadratische Term in dem Ausdruck für die Polarisation proportional zu der Größe:

$$\begin{aligned}\chi_e^{(2)}[\cos(\omega_1 t) + \cos(\omega_2 t)]^2 &= \chi_e^{(2)}[\cos^2(\omega_1 t) + \cos^2(\omega_2 t) \\ &\quad + 2\cos(\omega_1 t)\cos(\omega_2 t)] \\ &= \chi_e^{(2)}\left\{1 + \frac{1}{2}\cos(2\omega_1 t) + \frac{1}{2}\cos(2\omega_2 t)\right. \\ &\quad \left. + \cos[(\omega_1 - \omega_2)t] + \cos[(\omega_1 + \omega_2)t]\right\}.\end{aligned}$$

Es tauchen also Wellen der Frequenzen $2\omega_1$, $2\omega_2$, $(\omega_1 + \omega_2)$ und $(\omega_1 - \omega_2)$ auf.

Die Frequenzmischung wird häufig dazu verwendet, monochromatische Wellen in einem Spektralbereich zu erhalten, in dem sie anders schwer zu erzeugen sind.

29.6.3 Nichtlineares Fabry-Perot-Interferometer: Optische Bistabilität

Wir wollen nun ein Fabry-Perot-Interferometer betrachten, in das ein nichtlineares Material eingeführt wurde. Wir wissen, daß ein einfallendes Lichtbündel das Interferometer passiert, wenn die Bedingung für konstruktive Interferenz erfüllt ist: $l = m_z\lambda/2$ mit dem Spiegelabstand l und der Wellenlänge der Schwingung im Medium.

Nehmen wir einmal an, daß diese Bedingung am Anfang nicht erfüllt ist und sich der Brechungsindex unter dem Einfluß des einfallenden Laserlichtes ändert, so daß die obige Bedingung erfüllt wird. Die Durchlässigkeit ändert sich dann drastisch, was dem Interferometer die Eigenschaften einer *optischen Diode* gibt, die für die Realisierung von *optischen logischen Schaltern* interessant ist. Trägt man in diesem Aufbau die charakteristische Kurve $I_t(I_i)$, d. h. die Intensität des Lichtbündels als Funktion der Intensität des einfallenden Lichtbündels, auf, kann man eine Hysteresekurve beobachten: Die bei Veringerung von I_i erhaltene Kurve fällt nicht mit der bei Erhöhung von I_i erhaltenen zusammen (Abbildung 29.15). Daraus folgt, daß zu einem Wert I_i zwei Werte I_t gehören: Man sagt, das Interferometer realisiert eine *optische Bistabilität*.

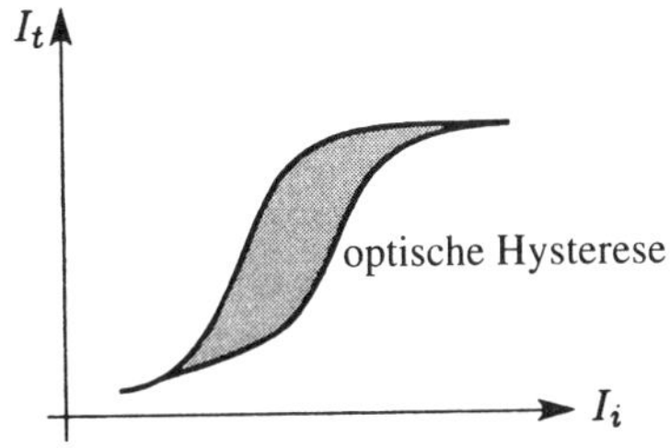

Abb. 29.15 Optische Bistabilität

Sehr häufig wird ein zusätzlicher Laser verwendet, um diese Änderung des Brechungsindexes n zu bewirken, so daß der neue Wert von n die eben beschriebenen Bedingungen erfüllt. Die Durchlässigkeit steigt drastisch an. Man kann also die Intensität des primären durchgelassenen Strahls mit Hilfe eines Hilfsstrahls steuern. Dieses Verhalten erinnert an das des Transistors, daher sein Name *optischer Transistor* (Abbildung 29.16).

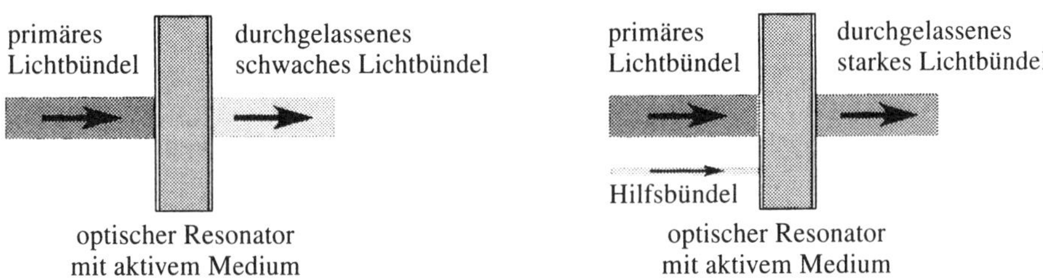

Abb. 29.16 Prinzip des optischen Transistors

Alle diese neuen Eigenschaften sind die Ursache dafür, daß der Optik hinsichtlich der Entwicklung neuer schneller Rechner großes Interesse entgegengebracht wird.

29.6.4 Phasenkonjugation

Die *Phasenkonjugation* ist eine Operation, die die komplexe Amplitude einer Welle in ihre komplex konjugierte Welle im mathematischen Sinne des Wortes überführt. Zum Beispiel haben die komplexe Amplitude einer sphärischen Welle und ihre komplex konjugierte die Form:

$$\underline{\psi} = \frac{\exp(ikr)}{r} \quad \text{und} \quad \underline{\psi}^* = \frac{\exp(-ikr)}{r}. \tag{29.28}$$

Das praktische Resultat dieser Transformation ist eindrucksvoll: Während eine sphärische Welle, die von einer Punktquelle S emittiert und an einem „normalen" Spiegel reflektiert wird, vom spiegelsymmetrischen Punkt S' zu kommen scheint und divergiert (Abbildung 29.17a), kehrt diese Welle *auf demselben Weg* zurück, wenn sie von einem nichtlinearen Material, das den phasenkonjugierenden Spiegel realisiert, reflektiert wird (Abbildung 29.17b).

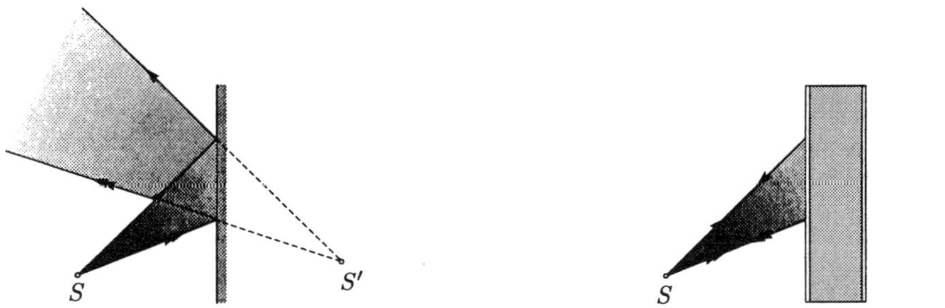

a) „normaler" Spiegel

b) phasenkonjugierender Spiegel

Abb. 29.17

Die nichtlinearen Medien, für die der $\chi_e^{(3)} E^3$-Term nicht vernachlässigbar ist, erlauben die Realisierung der Phasenkonjugation. Das Material wird einer gleichzeitigen Wechselwirkung dreier Wellen unterworfen: die einfallende Welle, die das untersuchte *Signal* $\underline{\psi}_s \exp(-i\omega_s t)$ darstellt, und zwei sogenannte *Pumpwellen* der Form $\underline{\psi}_1 \exp(-i\omega_1 t)$ und $\underline{\psi}_2 \exp(-i\omega_2 t)$. Der Term E^3 in der Entwicklung von P führt zu einem Ausdruck der folgenden Form:

$$\underline{\psi}_1 \underline{\psi}_2 \underline{\psi}_s^* \exp(-i(\omega_1 + \omega_2 - \omega_s)t]. \qquad (29.29)$$

Im Fall, in dem $\omega_1 = \omega_2 = \omega_s$ gilt, ist diese Größe proportional zu $\underline{\psi}_s^* \exp(-i\omega_s t)$ und entspricht der phasenkonjugierten Welle.

Die Phasenkonjugation ist bisher dazu verwendet worden, die Verzerrungen in den Laserresonatoren zu unterdrücken: Wird nämlich ein Lichtbündel beim Passieren eines Mediums leicht verzerrt, was einer zusätzlichen Phase entspricht, wird dieser Term nach erfolgter Phasenkonjugation bei einem zweiten Durchgang durch das Medium genau kompensiert. Die Forschungen auf diesem Gebiet sind noch stark in der Entwicklung begriffen.

Bemerkung: Die holographische Technik realisiert ebenfalls eine Phasenkonjugation, da die entstehende Zwillingswelle die *Konjugierte* der einfallenden Objektwelle ist.

29.7 Zusammenfassung

Um die Bedeutung des Lasers zu unterstreichen, erinnern wir an zwei wichtige Anwendungen dieser intensiven und kohärenten Lichtquellen, die der Ursprung bedeutender Entwicklungen sind:

1. die Holographie, die die Rekonstruktion der *komplexen* Amplitude (inklusive Phase) einer Welle aus der Intensitätsverteilung der Interferenz zwischen der Objektwelle und einer Referenzwelle erlaubt.
2. die nichtlineare Optik, deren Grundlage die nichtlineare Beziehung zwischen der elektrischen Polarisation eines Materials und dem intensiven elektrischen Feld, dem man es aussetzt, ist.

Weitere, mehr technische Anwendungen müssen hier erwähnt werden:

- die Speicherung und Verarbeitung von Information (holographische Speicher, CD usw.),
- die Messung von Entfernungen und Geschwindigkeiten,
- die Kalibrierung von Systemen,
- die Kommunikation in optischen Fasern,
- die Medizin, insbesondere die Augenchirurgie, z. B. die Korrektur der Kurzsichtigkeit durch Verdampfen eines Teiles der Hornhaut mittels eines Excimerlasers.

Die einfache Aufzählung dieser Bereiche beweist, daß die Laser eine beachtliche technische Rolle bei der in den letzten Jahren zu beobachtenden Renaissance der Optik spielten.

29.8 Aufgaben

A29.1 Gaußscher Strahl

Das von einem Laser ausgesandte Lichtbündel der Vakuumwellenlänge λ habe eine Gauß-Form, d. h., die Amplitude der entsprechenden ebenen Lichtwelle fällt in einer Wellenfläche als Funktion der Transversalkoordinate x wie eine Gauß-Verteilung ab: $A\exp(-x^2/w_0^2)$, wobei A und w_0 Konstanten sind.

1. Stellen Sie die Kurve, die die Intensität des Lichtbündels als Funktion von x beschreibt, dar. Bestimmen Sie den Radius x_0 der Scheibe als Funktion von w_0, für den die Intensität des Bündels größer oder gleich der Hälfte des Intensitätsmaximums ist.
2. Im Verlauf der Ausbreitung des Lichtbündels wird die Welle gebeugt. Wie sieht das Fraunhofersche Beugungsbild aus? Ermitteln Sie als Funktion von w_0 den Winkelradius θ_0 der Scheibe, in der die Intensität des gebeugten Lichtbündels größer oder gleich der

Hälfte der Maximalintensität ist. Rechnen Sie mit $w_0 = 0{,}4$ mm, $\lambda = 632{,}8$ nm. Wir geben das Integral

$$\int_{-\infty}^{\infty} \exp(-\pi x^2)\exp(-\mathrm{i}2\pi ux)\mathrm{d}x = \exp(-\pi u^2)$$

an.

A29.2 Gaußsches Bündel im Auge
Ein zylindrisches Gaußsches Lichtbündel der Wellenlänge $\lambda = 632{,}8$ nm und der Leistung 1 mW, das von einem He-Ne-Laser ausgesandt wird, hat einen Radius w_0 von 1 mm in der Ebene $z = 0$ am Laserausgang.

1. Geben Sie den Ausdruck für die Intensitätsverteilung in der Ebene z an; nehmen Sie hierfür an, daß die Fraunhofersche Näherung gilt! Folgern Sie daraus den charakteristischen Radius $w(z)$ des Lichtbündels in der Ebene z als Funktion der Größen w_0, λ und z.
2. Wie groß wird der Durchmesser des fokussierten Punktes auf der Netzhaut eines menschlichen Auges sein, wenn dieses durch eine dünne konvergente Linse der Brenweite 25 mm dargestellt wird und im Abstand $z = 1$ m ein solches Lichtbündel empfängt? Wie groß ist die Beleuchtungsstärke an diesem Punkt?

A29.3 Rekonstruktion einer sphärischen Wellenfläche
Ein Lichtbündel aus einem He-Ne-Laser, der mit einem Strahlerweiterer verbunden ist, kann als monochromatische ebene Welle (Wellenlänge $\lambda_0 = 632{,}8$ nm) aufgefaßt werden. Diese Welle fällt senkrecht auf ein System, das aus einem Prisma mit kleinem Winkel und einem Schirm mit einem Loch besteht. Dieses erlaubt die Realisisierung der Interferenz zwischen einer ebenen Welle Σ_r, die sich in einem Winkel θ zu der Achse z befindet (Referenzwelle), und einer Kugelwelle Σ_s, die in einem Punkt T der Objektebene in Abbildung 29.12 zentriert ist. Wir bezeichnen mit $\underline{\psi}_r$ und $\underline{\psi}_s$ die komplexen Amplituden von Σ_r bzw. Σ_s. Auf einer Photoplatte $\mathcal{P}$, die senkrecht zu der Ausbreitungsrichtung der Objektwelle steht, werden Interferenzstreifen aufgenommen. Der Abstand der Platte zu T ist d.

1. Welche Ausdrücke beschreiben Σ_r und Σ_s an einem Punkt P der Platte mit den Koordinaten (x, y)? Schließen Sie daraus auf die detektierte Intensitätsverteilung bei Abwesenheit von Σ_r.
2. Bestimmen Sie die Intensitätsverteilung I in Anwesenheit von Σ_r.
3. Nach der Belichtung wird die Photoplatte entwickelt und stellt das Hologramm H dar. Die Schwärzung des Hologramms an jedem Punkt ist derart, daß bei Beleuchtung durch eine ebene Welle mit Amplitude 1 die durchgelassene Wellenamplitude die Form

$$t = a + bI$$

hat, mit den Konstanten a und b. Man verschließt das Loch T, plaziert H an seine ursprüngliche Stelle und beleuchtet H mit Σ_r. Präzisieren Sie für den Fall $|\underline{\psi}_r| \gg |\underline{\psi}_s|$ die Art der Wellen, die aus dem Hologramm bei Beleuchtung mit Σ_r treten.

A29.4 Rekonstruktion einer ebenen Wellenfront
Wir betrachten die Begegnung zweier ebener, monochromatischer kohärenter Lichtwellen gleicher reeller Amplitude A in Luft. Ihre Vakuumwellenlänge beträgt $\lambda = 632{,}8$ nm. Die erste Welle bewegt sich entlang der Oz-Achse eines orthonormalen Koordinatensystems $Oxyz$ und die zweite Welle breitet sich in einem Winkel $\theta = 5 \cdot 10^{-2}$ rad zu der z-Achse aus (Abbildung 29.18).

1. Man nimmt die Interferenzphänomene auf einer Photoplatte auf, deren Körnigkeit ausreichend fein sei. Die Größe der Platte beträgt in x-Richtung $l = 15$ cm. Wieviele helle Interferenzstreifen werden auf der Platte aufgenommen? Berechnen Sie den Winkel α, unter dem ein Beobachter auf der 20 cm entfernten Platte ein Detail in der Größe des Interferenzstreifenabstandes sieht. Sind die Interferenzstreifen mit bloßem Auge zu sehen?
2. Einmal entwickelt, verhält sich die Photoplatte wie eine Blende, die durch eine Amplitudendurchlässigkeitsfunktion $t(x)$ der Form

$$t(x) = 1 + \cos\left(2\pi \frac{x}{p}\right) \quad \text{für} \quad -\frac{l}{2} \leq x \leq \frac{l}{2}$$

charakterisiert werden kann.
   - Bestimmen Sie p.
   - Zeigen Sie, daß die Welle, die aus der Platte tritt, als eine Superposition dreier Wellen aufgefaßt werden kann. Interpretieren Sie diese Wellen!

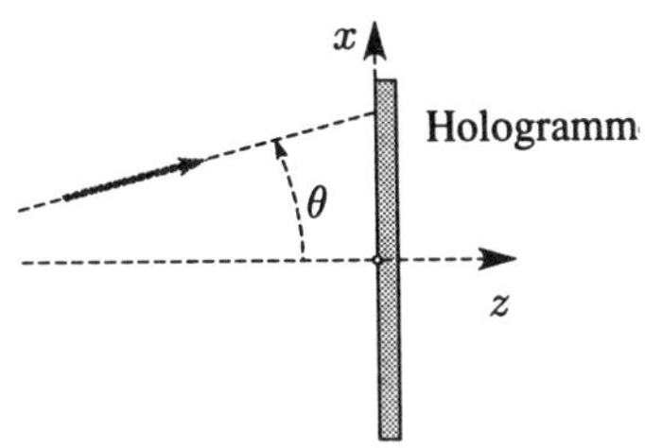

Abb. 29.18

A29.5 Stabilität eines Laserresonators

Wir wollen nun die Stabilität eines Laserresonators, wie er in Abbildung 29.19 dargestellt ist, untersuchen. Die Dicke t ist die Dicke des äquivalenten leeren Resonators.

1. Bestimmen Sie die Transfermatrix T_{hr} für einen Hin- und Rückweg und drücken Sie sie als Funktion der folgenden Größen aus:

$$g_1 \equiv 1 - \frac{tB_1}{2} \quad g_2 \equiv 1 - \frac{tB_2}{2}.$$

B_1 und B_2 bezeichnen hierbei die Brechkräfte der beiden Spiegel des Resonators.
2. Der optische Resonator ist stabil, wenn im Zuge des Hin- und Rückwegs der Eingangsvektor X, der aus den Elementen $\underline{x}$ und $n\underline{\alpha}$ besteht, nur mit einer Konstanten kleiner oder gleich 1 multipliziert wird. Zeigen Sie, daß dies der Fall ist, wenn g_1 und g_2 der Relation $0 \leq g_1 g_2 \leq 1$ genügen.
3. Was kann man von der Stabilität konfokaler (die Brennpunkte der Spiegel fallen zusammen), ebener (die Spiegel sind eben), konzentrischer (die Krümmungsmittelpunkte der Spiegel fallen zusammen) und semikonfokaler (der Krümmungsmittelpunkt des einen Spiegels liegt in der Ebene des anderen ebenen Spiegels) Resonatoren sagen?

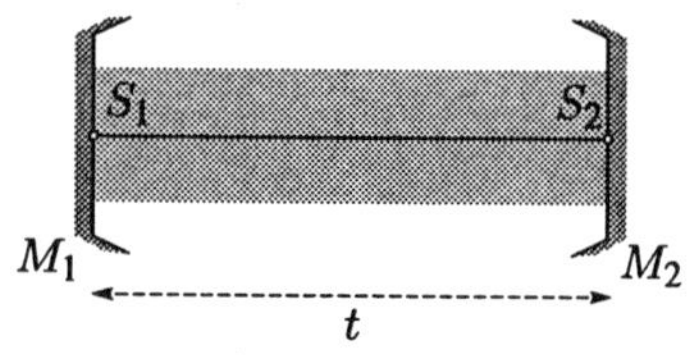

Abb. 29.19

A29.6 Phasenkonjugierender Spiegel

Was sieht man, wenn man sich in einem phasenkonjugierenden Spiegel betrachtet?

30 Fourier-Optik

Die Fourier-Optik untersucht wellentheoretische Phänomene mit Hilfe der Fourier-Analyse. Eine solche Analyse, die in der Elektrotechnik wohlbekannt ist, besteht darin, die charakteristische räumliche Funktion des Objektes in ihre harmonischen, sinusförmigen Anteile zu zerlegen und den Einfluß des Instrumentes auf jedes dieser Elementarsignale zu untersuchen.

Wir wollen uns in diesem Kapitel auf die Beugung beschränken, die einen wesentlichen Einfluß bei der Bildentstehung hat. Zudem wollen wir nur zwei einfache, aber wichtige Grenzfälle betrachten: den Fall vollständig kohärenter Objekte und den vollständig inkohärenter Objekte.

1. kohärente Objekte: Die verschiedenen Punkte des Objektes strahlen Wellen, deren Phasendifferenzen zu den anderen Wellen stationär sind, aus. Dies ist der Fall, wenn man das Objekt mit einer ebenen Welle oder einer Kugelwelle beleuchtet. In diesem Fall *addieren sich die komplexen Amplituden*, nicht die Intensitäten (siehe Kapitel 22 und 23).
2. inkohärente Objekte: Die verschieden Punktquellen, die das Objekt bilden, emittieren Wellen, deren Phasendifferenz untereinander *nicht* stationär ist. Zum Beispiel sind die astronomischen Objekte (Sterne, Sternhaufen), oder allgemeiner, selbstleuchtende Objekte inkohärente Objekte. Hier addieren sich die *Intensitäten* (Kapitel 22 und 23).

Historisch haben wegen ihrer Bedeutung in der Astronomie zuerst die inkohärenten Objekte die Physiker interessiert; inzwischen jedoch ist die Zahl der kohärenten Objekte, insbesondere in der Elektronenmikroskopie, sehr groß.

30.1 Lineare optische Systeme

Ein optisches Instrument kann als *System* im Sinne der Systemtheorie betrachtet werden, wenn es einem beliebigen Lichtsignal f am Eingang ein eindeutiges Lichtsignal g am Ausgang zuordnet. In der Optik sind die Signale f und g Funktionen der Raumkoordinaten x und y in einer Ebene senkrecht zu der optischen Achse, oder in kompakterer Schreibweise, des

Vektors $\boldsymbol{x}$ in dieser Ebene. Man schreibt also die Beziehung zwischen f und g in der Form:

$$f(x,y) \to g(x,y) \quad \text{oder} \quad f(\boldsymbol{x}) \to g(\boldsymbol{x}). \tag{30.1}$$

30.1.1 Definition

Ein optisches System ist linear, wenn der Operator, der es beschreibt, linear ist, d. h.:

$$a_1 f_1 + a_2 f_2 \to a_1 g_1 + a_2 g_2, \tag{30.2}$$

wobei g_1 das f_1 entsprechende und g_2 das f_2 entsprechende Signal ist, a_1 und a_2 sind zwei komplexe Konstanten. Diese Eigenschaft ist der Hintergrund für das Interesse, das Eingangssignal über Fourier-Analyse in einfache sinusförmige Signale zu zerlegen. Denn für den eindimensionalen Fall gilt:

$$f(x) = \int \widehat{f}(u) \exp(\mathrm{i}2\pi ux)\mathrm{d}u \quad \text{mit} \quad \widehat{f}(u) = \int f(x) \exp(-\mathrm{i}2\pi ux)\mathrm{d}x. \tag{30.3}$$

Dieser Operator weist jeder sinusförmigen Komponente $\widehat{f}(u)\exp(\mathrm{i}2\pi ux)$ eine Antwort $\widehat{g}(u)\exp(\mathrm{i}2\pi ux)$ zu. Durch Kombination dieser sinusförmigen Antworten erhalten wir das Signal am Ausgang:

$$g(x) = \int \widehat{g}(u) \exp(\mathrm{i}2\pi ux)\mathrm{d}u. \tag{30.4}$$

Die Beziehung für den eindimensionalen Fall läßt sich für den zweidimensionalen Fall in einfacher Weise verallgemeinern:

$$f(x,y) = \int \widehat{f}(u,v) \exp[\mathrm{i}2\pi(ux+vy)]\mathrm{d}u\,\mathrm{d}v \tag{30.5}$$

mit

$$\widehat{f}(u,v) = \int f(x,y) \exp[-\mathrm{i}2\pi(ux+vy)]\mathrm{d}x\,\mathrm{d}y$$

oder in der kompakteren Vektorschreibweise:

$$f(\boldsymbol{x}) = \int \widehat{f}(\boldsymbol{u}) \exp(\mathrm{i}2\pi\boldsymbol{u}\cdot\boldsymbol{x})\mathrm{d}^2\boldsymbol{u} \tag{30.6}$$

mit

$$\widehat{f}(\boldsymbol{u}) = \int f(\boldsymbol{x}) \exp(-\mathrm{i}2\pi\boldsymbol{u}\cdot\boldsymbol{x})\mathrm{d}^2\boldsymbol{x};$$

hierbei bezeichnet $\boldsymbol{u}$ den Vektor mit Komponenten (u,v) im Fourier-Raum, $\mathrm{d}^2\boldsymbol{x}$ das infinitesimale Flächenelement $\mathrm{d}x\mathrm{d}y$ im Ortsraum und $\mathrm{d}^2\boldsymbol{u} = \mathrm{d}u\mathrm{d}v$ das des Fourier-Raums.

30.1.2 Impulsantwort in der Optik

Man bezeichnet mit *Impulsantwort* eines optischen Systems das Ausgangssignal, das einem Lichtpunkt am Eingang entspricht.

Hat der Lichtpunkt die Koordinaten (x', y') in der Eingangsebene, hängt die Impulsantwort sowohl von (x', y') als auch von den Koordinaten (x, y) des betrachteten Punktes in der Ausgangsebene ab: Wir schreiben dies in der Form $h(x, y, x', y')$ oder $h(\boldsymbol{x}, \boldsymbol{x}')$.

30.1.3 Translationsinvariante optische Systeme

Ein optisches System ist *translationsinvariant*, wenn die Impulsantwort nur von der Differenz der Koordinaten $x - x'$ und $y - y'$ abhängt:

$$h(x, y, x', y') = h(x - x', y - y') \quad \text{oder} \quad h(\boldsymbol{x}, \boldsymbol{x}') = h(\boldsymbol{x} - \boldsymbol{x}'). \tag{30.7}$$

30.1.4 Faltungssatz

Betrachten wir ein invariantes, kontinuierliches, lineares optisches System, das heißt, daß kleine Differenzen im Eingangssignal zu ebenfalls kleinen Differenzen im Ausgangssignal führen. Das Ausgangssignal ergibt sich dann als Superposition der Impulsantworten $h(x - x', y - y')$ mit der Gewichtung $f(x', y')\mathrm{d}x'\mathrm{d}y'$:

$$g(x, y) = \int\int f(x', y')h(x - x', y - y')\mathrm{d}x'\mathrm{d}y' \tag{30.8}$$

oder

$$g(\boldsymbol{x}) = \int f(\boldsymbol{x}')h(\boldsymbol{x} - \boldsymbol{x}')\mathrm{d}^2\boldsymbol{x}'. \tag{30.9}$$

Diese Beziehung zwischen dem Eingangssignal $f(\boldsymbol{x})$ und dem Ausgangssignal $g(\boldsymbol{x})$ stellt ein wichtiges Theorem in der Theorie der Fourier-Transformation dar, das sogenannte *Faltungstheorem*.

30.1.5 Übertragungsfunktion

Der eben eingeführte Faltungssatz nimmt im Fourier-Raum eine einfache Form an (dies ist der eigentliche Kern des Faltungssatzes). Man kann zeigen, daß für die Fourier-Transformierten von f und g die Relation gilt:

$$\widehat{g}(u, v) = \widehat{h}(u, v)\widehat{f}(u, v) \quad \text{oder} \quad \widehat{g}(\boldsymbol{u}) = \widehat{h}(\boldsymbol{u})\widehat{f}(\boldsymbol{u}). \tag{30.10}$$

Die Größe $\widehat{h}(\boldsymbol{u})$ heißt *Übertragungsfunktion* des Systems. Diese Gleichung ist einfach zu interpretieren: Das System ändert jede harmonische Grundschwingung der komplexen Amplitude $\widehat{f}(\boldsymbol{u})$, indem es sie mit der Übertragungsfunktion $\widehat{h}(\boldsymbol{u})$ multipliziert.

30.2 Fresnelsche Näherung der Beugung

Ist der Abstand zwischen der Pupillenebene und der Beobachtungsebene nicht sehr viel größer gegenüber den anderen Dimensionen des optischen Systems, reicht die Fraunhofersche Näherung nicht mehr aus (Kapitel 21). Man muß dann eine Näherung verwenden, die für Phänomene in endlichen Entfernungen geeigneter ist: die *Fresnelsche Näherung*. Diese ist zwar schwieriger zu benutzen, sie ist jedoch in manchen Fällen unumgänglich, z. B. wenn man optische Phänomene in den Ebenen beobachtet, die keine konjugierten Ebenen im Sinne der geometrischen Optik sind.

30.2.1 Hypothesen der Fresnelschen Näherung

Für die explizite Darstellung der Fresnelschen Näherung und zur Erinnerung an die bereits in Kapitel 21 eingeführte Notation betrachten wir noch einmal die Beugung einer monochromatischen optischen Welle der Wellenlänge λ durch einen Schirm (Abbildung 30.1).

Wir wissen, daß sich die komplexe Amplitude $\underline{\psi}(P)$ der Welle, die an der ebenen Blende $\mathcal{D}$ gebeugt wurde, am Beobachtungspunkt P aus dem Huygens-Fresnelschen Prinzip ergibt:

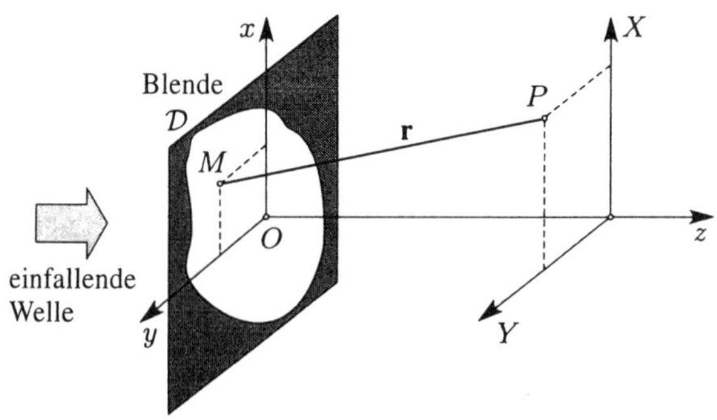

Abb. 30.1

$$\underline{\psi}(P) = \int_{\mathcal{D}} \underline{\psi}_{\mathrm{o}}(M)\, Q \frac{\exp(\mathrm{i}kr)}{r} \mathrm{d}S \tag{30.11}$$

$$\text{mit} \quad r = \|\boldsymbol{MP}\| \quad \text{und} \quad k = \frac{2\pi}{\lambda}.$$

Schreiben wir r als Funktion der Koordinaten (x, y) des betrachteten Punktes M der Blende und der Koordinaten (X, Y, z) von P, erhalten wir:

$$r = [(X-x)^2 + (Y-y)^2 + z^2]^{\frac{1}{2}} = z \left[1 + \frac{(X-x)^2 + (Y-y)^2}{z^2}\right]^{\frac{1}{2}}. \tag{30.12}$$

Die Fresnelsche Näherung der Beugung nimmt einerseits an, daß der Koeffizient Q konstant ist und daß andererseits die Wurzel in r in der folgenden Form entwickelt werden kann:

$$r \simeq z \left[1 + \frac{(X-x)^2 + (Y-y)^2}{2z^2}\right] = z + \frac{(X-x)^2 + (Y-y)^2}{2z}. \tag{30.13}$$

30.2.2 Fresnelsche Impulsantwort

Die eben erhaltene Entwicklung von r wollen wir nun in die Huygens-Fresnelsche Integralbeziehung einsetzen. Wir erhalten:

$$\underline{\psi}(P) = \frac{Q \exp(\mathrm{i}kz)}{z} \iint \underline{\psi}_{\mathrm{o}}(x, y) \exp\left[\mathrm{i}k \frac{(X-x)^2 + (Y-y)^2}{2z}\right] \mathrm{d}x\mathrm{d}y. \tag{30.14}$$

Diese Gleichung, die die Beugung in endlicher Entfernung beschreibt, stellt eine Faltung zwischen der Wellenfunktion $\underline{\psi}_{\mathrm{o}}$ in der Pupillenebene und der Funktion h_{F}, die *Fresnelsche Impulsantwort* genannt wird, dar:

$$\underline{\psi} = \underline{\psi}_{\mathrm{o}} \star h_{\mathrm{F}} \quad \text{mit} \quad h_{\mathrm{F}} = \frac{Q \exp(\mathrm{i}kz)}{z} \exp\left[\mathrm{i}k \left(\frac{x^2 + y^2}{2z}\right)\right] \tag{30.15}$$

$$= \frac{Q \exp(\mathrm{i}2\pi z/\lambda)}{z} \exp\left[\mathrm{i}\pi \left(\frac{x^2 + y^2}{\lambda z}\right)\right]. \tag{30.16}$$

Hierbei bezeichnet „$\star$" das Faltungsprodukt zwischen zwei Funktionen.

30.2.3 Fresnelsche Übertragungsfunktion

Die Fresnelsche Übertragungsfunktion $\widehat{h}_{\mathrm{F}}(u,v)$ ist die zweidimensionale Fourier-Transformation von $h_{\mathrm{F}}(x,y)$:

$$\widehat{h}_{\mathrm{F}}(u,v) = \iint \frac{Q\exp(\mathrm{i}kz)}{z} \exp\left[\mathrm{i}k\left(\frac{x^2+y^2}{2z}\right)\right] \exp[-\mathrm{i}2\pi(ux+vy)]\mathrm{d}x\mathrm{d}y. \tag{30.17}$$

Da $k = 2\pi/\lambda$ gilt, erhalten wir mit $\eta \equiv (\lambda z)^{\frac{1}{2}}$:

$$\begin{aligned}\widehat{h}_{\mathrm{F}}(u,v) = \frac{Q\exp(\mathrm{i}kz)}{z} &\cdot \int \exp(\mathrm{i}\pi\eta^{-2}x^2)\exp(-\mathrm{i}2\pi ux)\mathrm{d}x \\ &\cdot \int \exp(\mathrm{i}\pi\eta^{-2}y^2)\exp(-\mathrm{i}2\pi vy)\mathrm{d}y.\end{aligned} \tag{30.18}$$

Man erkennt, daß $\widehat{h}_{\mathrm{F}}(u,v)$ die Form

$$\widehat{h}_{\mathrm{F}}(u,v) = \frac{Q\exp(\mathrm{i}kz)}{z} \cdot I \cdot J$$

annimmt, wobei I und J zwei analoge Integrale sind:

$$I \equiv \int_{-\infty}^{\infty} \exp(\mathrm{i}\pi\eta^{-2}x^2)\exp(-\mathrm{i}2\pi ux)\mathrm{d}x, \tag{30.19}$$

$$J \equiv \int_{-\infty}^{\infty} \exp(\mathrm{i}\pi\eta^{-2}y^2)\exp(-\mathrm{i}2\pi vy)\mathrm{d}y. \tag{30.20}$$

Wir zeigen nun, daß I und J als Funktion der Fresnelschen Integrale $C(w)$ und $S(w)$ ausgedrückt werden können:

$$C(w) = \int_0^w \cos\left(\frac{\pi t^2}{2}\right)\mathrm{d}t, \tag{30.21}$$

$$S(w) = \int_0^w \sin\left(\frac{\pi t^2}{2}\right)\mathrm{d}t. \tag{30.22}$$

Die Werte dieser tabellierten Integrale sind durch die Cornu-Spirale gegeben (Abbildung 30.2). Gehen wir in I zu der neuen Variablen $t \equiv 2^{\frac{1}{2}}(x/\eta - u\eta)$ über, erhalten wir:

$$
\begin{aligned}
I &= \frac{\eta}{2^{\frac{1}{2}}} \exp(-\mathrm{i}\pi\eta u^2) \int_{-\infty}^{\infty} \exp\left(\frac{\mathrm{i}\pi t^2}{2}\right) \mathrm{d}t \\
&= \frac{\eta}{2^{\frac{1}{2}}} \exp(-\mathrm{i}\pi\eta u^2)[C(\infty) + \mathrm{i}S(\infty) - C(-\infty) - \mathrm{i}S(-\infty)].
\end{aligned}
$$

Da $C(\infty) = 0{,}5$, $S(\infty) = 0{,}5$, $C(-\infty) = -0{,}5$ und $S(-\infty) = -0{,}5$ sind, haben wir:

$$
I = \frac{\eta}{2^{\frac{1}{2}}} \exp(-\mathrm{i}\pi\eta u^2)(1 + \mathrm{i}) = (\lambda z)^{\frac{1}{2}} \exp(-\mathrm{i}\pi\eta u^2) \exp\left(\mathrm{i}\frac{\pi}{4}\right), \qquad (30.23)
$$

da $1 + \mathrm{i} = \sqrt{2}\exp(\mathrm{i}\pi/4)$ ist. Entsprechend erhalten wir für J den Ausdruck:

$$
J = (\lambda z)^{\frac{1}{2}} \exp(-\mathrm{i}\pi\eta v^2) \exp\left(\mathrm{i}\frac{\pi}{4}\right). \qquad (30.24)
$$

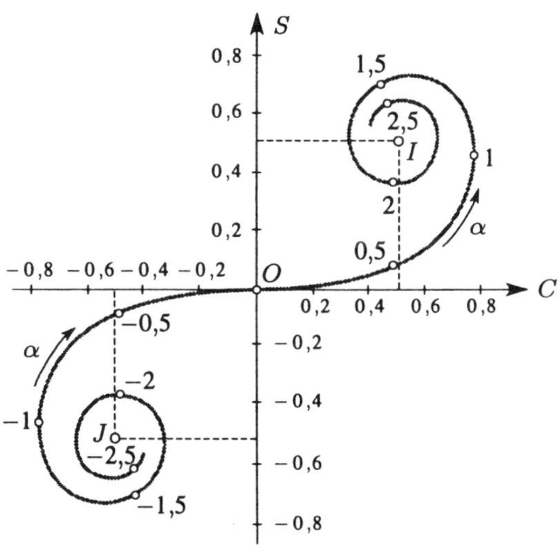

Abb. 30.2

Damit folgt für die Übertragungsfunktion:

$$
\begin{aligned}
\widehat{h}_{\mathrm{F}}(u, v) &= \frac{Q\exp(\mathrm{i}kz)}{z} \lambda z \exp\left[-\mathrm{i}\pi\eta(u^2 + v^2) + \mathrm{i}\frac{\pi}{2}\right] \\
&= \mathrm{i}\lambda Q \exp(\mathrm{i}kz) \exp[-\mathrm{i}\pi\lambda z(u^2 + v^2)]. \qquad (30.25)
\end{aligned}
$$

Die Größe Q können wir ermitteln, indem wir den Abstand z zwischen der Pupillen- und der Beobachtungsebene gegen 0 gehen lassen. Daher müssen gleichzeitig die Gleichungen

$$\underline{\widehat{\psi}}(u) = \underline{\widehat{\psi}}_{\mathrm{o}}(u)\, \widehat{h}_{\mathrm{F}}(u) \tag{30.26}$$

und

$$\underline{\widehat{\psi}}(u) = \underline{\widehat{\psi}}_{\mathrm{o}}(u) \tag{30.27}$$

gelten. Daraus folgt

$$\widehat{h}_{\mathrm{F}}(u,v) = \mathrm{i}\lambda Q = 1 \quad \text{und} \quad Q = \frac{1}{\mathrm{i}\lambda}. \tag{30.28}$$

Wir wollen uns die folgende Form der Fresnelschen Übertragungsfunktion merken:

$$\boxed{\widehat{h}_{\mathrm{F}}(u,v;z) = \exp(\mathrm{i}kz)\exp[-\mathrm{i}\pi\lambda z(u^2+v^2)].} \tag{30.29}$$

30.2.4 Anwendung: Verbreiterung eines Gaußschen Lichtbündels

Wir wissen, daß die Fundamentalmode eines Lasers durch eine rotationssymmetrische Wellenfunktion der Form

$$\psi(r) = \psi(0)\exp\left(-\frac{r^2}{w_0^2}\right) \tag{30.30}$$

beschrieben wird (Kapitel 29). Im Zuge der Ausbreitung wird dieses Gaußsche Lichtbündel gegenüber seinem Minimalwert w_0 breiter (Kapitel 29, Abbildung 29.10). Zur Bestimmung dieser Verbreiterung wollen wir die Übertragung der Ebene, in der das Bündel minimale Breite aufweist, zu der Ebene mit Abzisse z untersuchen. Nach dem vorherigen Unterabschnitt hat die Wellenfunktion im Fourier-Raum für diese neue Ebene die Form:

$$\widehat{\psi}(u,v;z) = \widehat{h}_{\mathrm{F}}(u,v;z)\,\widehat{\psi}(u,v;0). \tag{30.31}$$

Folglich haben wir:

$$\begin{aligned}\widehat{\psi}(u,v;0) &= \iint \psi(0)\exp\left(-\frac{x^2+y^2}{w_0^2}\right)\exp[-\mathrm{i}2\pi(ux+vy)]\mathrm{d}x\mathrm{d}y \\ &= \pi w_0^2\psi(0)\exp[-\pi^2 w_0^2(u^2+v^2)]\end{aligned} \tag{30.32}$$

und damit

$$\widehat{\psi}(u,v;z) = \pi w_0^2 \exp(\mathrm{i}kz)\psi(0)\exp\left[-\pi^2 w_0^2(u^2+v^2)\left(1+\mathrm{i}\frac{\lambda z}{\pi w_0^2}\right)\right]. \quad (30.33)$$

Die inverse Fourier-Transformation davon ergibt

$$\psi(x,y;z) = \exp(\mathrm{i}kz)\psi(0)\exp\left[-\left(\frac{x^2+y^2}{w^2}\right)\left(\frac{1-i\lambda z}{\pi w_0^2}\right)\right] \quad (30.34)$$

mit

$$w^2 = w_0^2\left[1+\frac{\lambda^2 z^2}{\pi w_0^2}\right].$$

Damit folgt für die Beziehung zwischen w und w_0:

$$w = w_0\left(1+\frac{z^2}{z_R^2}\right)^{\frac{1}{2}} \quad \text{mit} \quad z_R = \frac{\pi w_0^2}{\lambda}. \quad (30.35)$$

Für $z \gg z_R$ erhalten wir die Näherung

$$w \simeq w_0\frac{z}{z_R} = \frac{\lambda z}{\pi w_0}. \quad (30.36)$$

30.3 Bildentstehung bei kohärenter Beleuchtung

Die Rechnung kann ohne Beschränkung der Allgemeinheit wesentlich vereinfacht werden, wenn der in Abbildung 30.3 gezeigte Aufbau betrachtet wird: Eine konvergente dünne Linse L der Brennweite f erzeugt von einem reellen Objekt, das einen Abstand d_o zu der Linse aufweist, eine reelles Bild im Abstand d_b. Das Objekt wird durch eine monochromatische ebene Welle unter senkrechtem Einfall beleuchtet. Ein solcher Aufbau wird z. B. im Elektronenmikroskop realisiert. Da der Betrag des Abbildungsmaßstabes ausreichend groß ist, befindet sich das Objekt praktisch in der Brennebene der Linse ($d_b \approx f$).

Der Aufbau $4f$ in der Abbildung 30.4 ist komplexeres Beispiel für die Erzeugung eines Bildes unter kohärenter Beleuchtung. Man unterscheidet in diesem Aufbau:

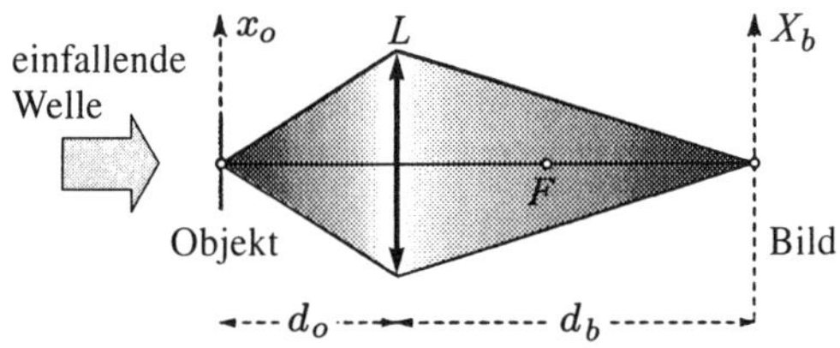

Abb. 30.3

1. ein System zweier dünner Linsen L'_1 und L'_2, deren Aufgabe darin besteht, den vom Laser ausgesandten Lichtstrahl zu verbreitern, so daß die Beleuchtung eines ausgedehnteren Objektes durch eine monochromatische ebene Welle möglich wird,
2. ein System zweier identischer konvergenter dünner Linsen L_1 und L_2 gleicher Brennweite f, die ein geometrisches Bild im Abstand $4f$ erzeugen.

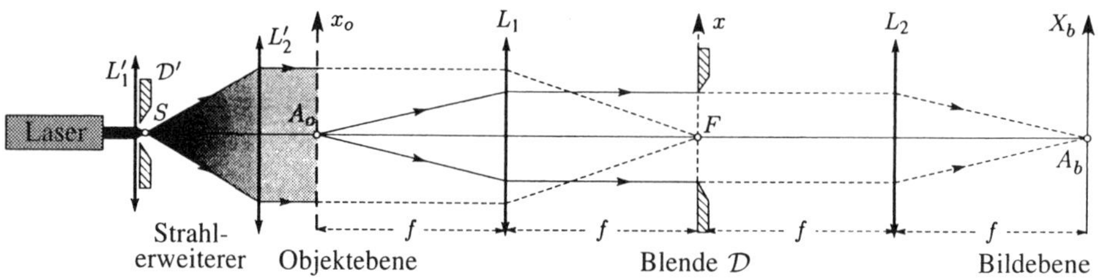

Abb. 30.4

30.3.1 Intensitätsverteilung in der bildseitigen Brennebene von L_1

Um das geometrische Bild F des Brennpunktes S herum, das durch die Linsen L_1 und L'_2 erzeugt wird, beobachtet man das Fraunhofersche Beugungsbild der Blende, die das *Objekt* darstellt. Die Halterungen der Linsen werden hierbei vernachlässigt. Mit den Ergebnissen aus Kapitel 21 ergibt sich die Intensitätsverteilung in der bildseitigen Brennebene Fxy von L dann zu

$$I_f(x,y) = \text{const}\left\{\widehat{\underline{\psi}}_o(u,v)\right\}^2_{u=x/(\lambda f),v=y/(\lambda f)} . \qquad (30.37)$$

Dabei ist λ die Vakuumwellenlänge der verwendeten monochromatischen Strahlung und $\hat{\underline{\psi}}_o(u,v)$ die zweidimensionale Fourier-Transformation der komplexen Amplitude $\underline{\psi}_o(x_o, y_o)$ der Welle am Ausgang der Objektebene:

$$\hat{\underline{\psi}}_o(u,v) = \iint \underline{\psi}_o(x_o, y_o) \exp[-\mathrm{i}2\pi(ux_o + vy_o)]\mathrm{d}x_o\mathrm{d}y_o. \tag{30.38}$$

Die Funktion $\hat{\underline{\psi}}_o(u,v)$ wird auch das *Spektrum* (räumlicher Frequenzen) des Objektes genannt.

Beispiel: Betrachten wir als eindimensionales Objekt ein sinusförmiges Gitter. Die Funktion $\underline{\psi}_o(x_o)$ hat die Form (Abbildung 30.5):

$$\underline{\psi}_o(x_o) = \left[1 + \cos\left(2\pi\frac{x_o}{p}\right)\right] \operatorname{rect}\left(\frac{x_o}{L}\right). \tag{30.39}$$

Solch ein Gitter erhält man, indem man zwei kohärente Wellen auf einer Photoplatte der Breite L interferieren läßt; p ist der Interferenzstreifenabstand oder die Periode des Gitters und $\operatorname{rect}(x_o/L)$ ist die Rechtecksfunktion, die einen Spalt der Breite L beschreibt. Allgemein ist L sehr viel größer ist als p. Berechnen wir das Spektrum $\hat{\underline{\psi}}_o(u)$ von $\underline{\psi}_o(x_o)$:

$$\hat{\underline{\psi}}_o(u) = \int \left[1 + \cos\left(2\pi\frac{x_o}{p}\right)\right] \operatorname{rect}\left(\frac{x_o}{L}\right) \exp(-\mathrm{i}2\pi ux_o)\mathrm{d}x_o \tag{30.40}$$

$$= \int_{-L/2}^{L/2} \left[1 + \frac{1}{2}\exp\left(\mathrm{i}2\pi\frac{x_o}{p}\right) + \frac{1}{2}\exp\left(-\mathrm{i}2\pi\frac{x_o}{p}\right)\right] \exp(-\mathrm{i}2\pi ux_o)\mathrm{d}x_o$$

$$= L\left\{\frac{\sin(\pi Lu)}{\pi Lu} + \frac{1}{2}\frac{\sin[\pi L(u-1/p)]}{\pi L(u-1/p)} + \frac{1}{2}\frac{\sin[\pi L(u+1/p)]}{\pi L(u+1/p)}\right\}. \tag{30.41}$$

Die Abbildung 30.5 zeigt gleichzeitig $\underline{\psi}_o(x_o)$ und $\hat{\underline{\psi}}_o(u)$.

Bemerkung: Die negative räumliche Frequenz $-1/p$ erscheint als Folge der *komplexen* Notation: So hat der Kosinus $\cos(2\pi x/p) = [\exp(\mathrm{i}2\pi x/p) + \exp(-i2\pi x/p)]/2$ die beiden räumlichen Frequenzen $1/p$ und $-1/p$.

Aus der Intensitätsverteilung $I = |\hat{\underline{\psi}}_o(u)|^2 = \hat{\underline{\psi}}_o(u)\hat{\underline{\psi}}_o^*(u)$ können wir auf das Aussehen der Brennebene von L_1 zurückschließen: Es treten drei Peaks auf, die jeder für sich typisch für einen Spalt der Breite L sind. Zwei dieser Peaks sind symmetrisch um das zentrale Maximum angeordnet und weisen eine viermal kleinere Intensität auf (Abbildung 30.6). Die räumlichen Frequenzen dieses Objektes sind also um die Frequenzen $1/p$, 0 und $-1/p$ angeordnet.

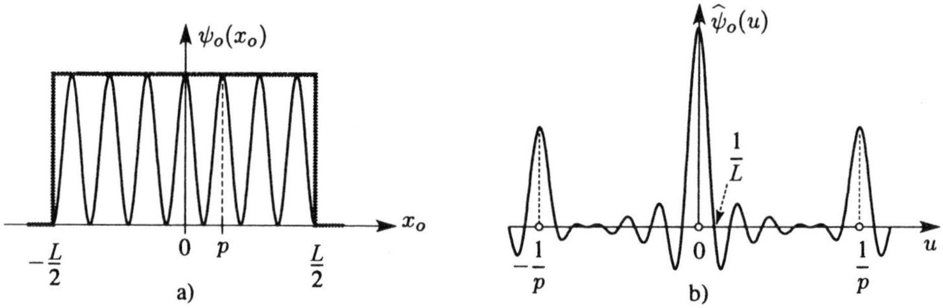

Abb. 30.5

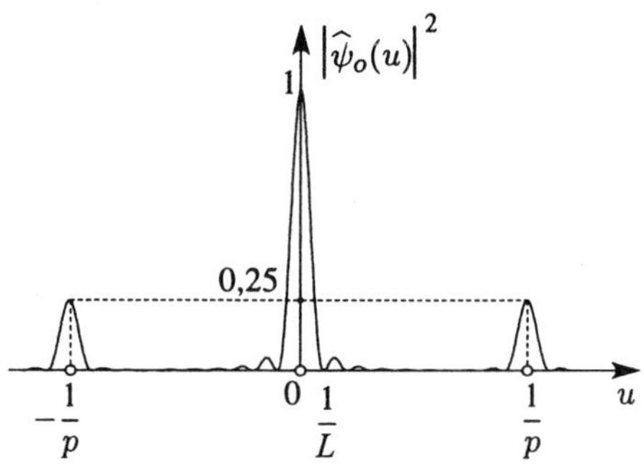

Abb. 30.6

30.3.2 Beziehung zwischen den komplexen Amplituden $\underline{\psi}_{\mathrm{o}}$ und $\underline{\psi}_{\mathrm{b}}$ der Wellen in der Objekt- und Bildebene

Kohärente Impulsantwort

Wir bezeichnen mit $\underline{K}_{\mathrm{d}}(X_{\mathrm{b}}, Y_{\mathrm{b}})$ die komplexe Amplitude der Welle in der Bildebene, wenn das Objekt ein *Lichtpunkt* am Punkt A_{o} mit Einheitsamplitude ist. Aus der Untersuchung der Beugung wissen wir, daß $\underline{K}_{\mathrm{d}}(X_{\mathrm{b}}, Y_{\mathrm{b}})$ mit der Pupillenfunktion $P(x, y)$, die die Blende $\mathcal{D}$ charakterisiert, über die folgende Beziehung verknüpft ist:

$$\underline{K}_{\mathrm{d}}(X_{\mathrm{b}}, Y_{\mathrm{b}}) = \mathrm{const}\left\{\widehat{P}(u, v)\right\}_{u=X_{\mathrm{b}}/(\lambda d_{\mathrm{b}}), v=Y_{\mathrm{b}}/(\lambda d_{\mathrm{b}})} . \qquad (30.42)$$

Die Funktion $\underline{K}_{\mathrm{d}}(X_{\mathrm{b}}, Y_{\mathrm{b}})$ heißt *kohärente Impulsantwort*, (englisch: *coherent point spread function*).

Faltung

Wir wissen, daß bei Verschiebung des Objektpunktes in der $A_o xy$-Ebene die Beugungsfigur der Pupille nicht verändert wird, sondern das Bild dem geometrischen Bild folgt und um dieses zentriert ist (Kapitel 21). Ist das Objekt ein Flächenelement um den Punkt B_o mit den Koordinaten (x_o, y_o), ist die komplexe Amplitude der Welle in der Objektebene $\underline{\psi}_o(x_o, y_o)\mathrm{d}x_o\mathrm{d}y_o$. Der Beitrag dieses Elementes zu der komplexen Amplitude der Bildebene ist demnach bis auf eine multiplikative Konstante:

$$\underline{\psi}_o(x_o, y_o)\underline{K}_d(X_b - G_a x_o, Y_b - G_a y_o)\,\mathrm{d}x_o\,\mathrm{d}y_o. \tag{30.43}$$

Dabei ist G_a der Abbildungsmaßstab. Man erhält die gesamte komplexe Amplitude der Bildebene durch *Aufsummierung* aller Beiträge der *komplexen Amplituden* der Objektebene. Man hat also das Integral

$$\iint \underline{\psi}_o(x_o, y_o)\underline{K}_d(X_b - G_a x_o, Y_b - G_a y_o)\,\mathrm{d}x_o\,\mathrm{d}y_o. \tag{30.44}$$

Die Schreibweise kann vereinfacht werden, wenn man den Maßstab in der Bildebene verändert. Man setzt hierzu:

$$\underline{K}_d(X_b - G_a x_o, Y_b - G_a y_o) \equiv \underline{K}(x_b - x_o, y_b - y_o) \tag{30.45}$$
$$\text{mit} \quad x_b \equiv \frac{X_b}{G_a} \quad \text{und} \quad y_b \equiv \frac{Y_b}{G_a}.$$

Damit erhalten wir die folgende kompakte Form für die Beziehung zwischen den komplexen Amplituden in der Objekt- und Bildebene:

$$\boxed{\underline{\psi}_b(\boldsymbol{x}_b) = \int \underline{\psi}_o(\boldsymbol{x}_o)\underline{K}(\boldsymbol{x}_b - \boldsymbol{x}_o)\mathrm{d}^2\boldsymbol{x}_o.} \tag{30.46}$$

Diese Beziehung zwischen den komplexen Amplituden $\underline{\psi}_o$ und $\underline{\psi}_b$ stellt eine *Faltung* dar und beschreibt das folgende einfache physikalische Bild: Unter kohärenter Beleuchtung ist die komplexe Amplitude an jedem Punkt der Bildebene die lineare Superposition der komplexen Amplituden der Beugungsbilder, die die geometrischen Bilder der verschiedenen Objektpunkte umgeben.

Anwendung auf die Interpretation der Speckles

Es ist möglich, mit Hilfe der eben erhaltenen Faltung das Aussehen der Speckles zu verstehen (Kapitel 29). Hierzu betrachten wir ein streuendes

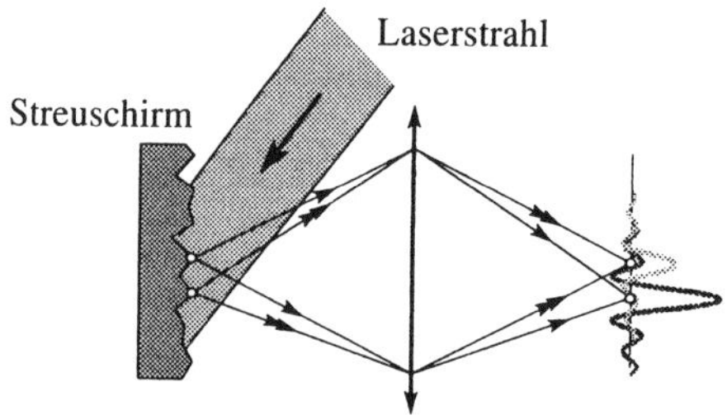

Abb. 30.7

Objekt, das kohärentes Laserlicht reflektiert und dessen Bild mittels einer dünnen Linse auf einem Schirm erzeugt wird (Abbildung 30.7).

Die komplexe Amplitude $\underline{\psi}_b$ in der Bildebene ist die Superposition der Funktionen $\underline{K}$, die um jedes geometrische Punktbild zentriert sind und mit einem Phasenterm vom entsprechenden Objektpunkt versehen sind. Summiert man alle komplexen Amplituden auf und berechnet das Betragsquadrat dieser Summe, kann man diese kleinen Flecken, deren Größe s ungefähr der Breite der Impulsantwort entspricht, deuten. Folglich ist diese Breite praktisch die Halbwertsbreite der Impulsantwort in der Beobachtungsebene, d. h. die des Amplitudenbeugungsbildes der Linsenhalterung der Breite D: $s = \lambda d_b / D$, mit dem Abstand d_b zwischen dem Beobachtungsschirm und der Linse.

Im Fall visueller Beobachtung ist die Analyse ein wenig anders, da das Auflösungsvermögen nicht durch die Beugung, sondern die Größe g der Retinazellen gegeben ist (Kapitel 7). Die Impulsantwort hat also eine Breite von g. Da das Winkelauflösungsvermögen des Auges $\epsilon \approx 1{,}5'$ beträgt, folgt

$$s = \frac{\lambda d_b}{g} \approx \frac{\lambda}{\epsilon} \approx 1{,}5\text{mm} \tag{30.47}$$

30.3.3 Kohärente Übertragungsfunktion

Definition

Die oben erhaltene Faltungsrelation zwischen $\underline{\psi}_o$ und $\underline{\psi}_b$ nimmt im Fourier-Raum eine einfache Form an. Führt man die Fourier-Transformierten von $\underline{\psi}_o(\boldsymbol{x}_o)$, $\underline{K}(\boldsymbol{x})$ und $\underline{\psi}_b(\boldsymbol{x}_b)$ ein,

$$\widehat{\underline{\psi}}_o(\boldsymbol{u}) = \int \underline{\psi}_o(\boldsymbol{x}_o) \exp(-i2\pi(\boldsymbol{u} \cdot \boldsymbol{x}_o) d^2\boldsymbol{x}_o$$

$$\widehat{\underline{K}}(\boldsymbol{u}) = \int \underline{K}(\boldsymbol{x}) \exp(-\mathrm{i}2\pi(\boldsymbol{u} \cdot \boldsymbol{x})\mathrm{d}^2\boldsymbol{x}$$

$$\widehat{\underline{\psi}}_{\mathrm{b}}(\boldsymbol{u}) = \int \underline{\psi}_{\mathrm{b}}(\boldsymbol{x}_{\mathrm{b}}) \exp(-\mathrm{i}2\pi(\boldsymbol{u} \cdot \boldsymbol{x}_{\mathrm{b}})\mathrm{d}^2\boldsymbol{x}_{\mathrm{b}},$$

kann mit diesen Größen die Faltung durch Fourier-Transformation in ein Produkt überführt werden:

$$\boxed{\widehat{\underline{\psi}}_{\mathrm{b}}(\boldsymbol{u}) = \widehat{\underline{\psi}}_{\mathrm{o}}(\boldsymbol{u})\widehat{\underline{K}}(\boldsymbol{u}).} \tag{30.48}$$

Die Fourier-Transformation $\widehat{\underline{K}}(\boldsymbol{u})$ der kohärenten Impulsantwort heißt *kohärente Übertragungsfunktion*, abgekürzt KTF.

Die Gleichung kann wie folgt interpretiert werden: Jede sinusförmige Fourier-Komponente mit räumlichen Frequenzen (u, v) wird beim Durchgang durch das Instrument mit einem Faktor $\widehat{\underline{K}}(\boldsymbol{u})$ multipliziert, daher auch der Name kohärente Übertragungsfunktion. Man kann so, ähnlich wie bei elektronischen Schaltkreisen, das optische Instrument untersuchen, indem man den Durchgang einer sinusförmigen komplexen Amplitude des Objektes mit räumlichen Frequenzen (u, v) untersucht. Die kohärente Übertragungsfunktion ist dann das Verhältnis der komplexen Amplituden der sinusförmigen Signale des Objektes und des Bildes unter kohärenter Beleuchtung.

Ist das Instrument perfekt im Sinne der geometrischen Optik (keine Aberrationen), was angenommen wurde, beschreibt $\widehat{\underline{K}}(\boldsymbol{u})$ nur die Beugung; daher rührt auch der dominierende Einfluß der Pupille $P(\boldsymbol{x})$ des Instrumentes.

Beziehung zwischen der KTF und der Pupille

Um die Beziehung zwischen der KTF und der Pupillenfunktion in einfacher Weise bestimmen zu können, schreiben wir die Impulsantwort noch einmal für eine Dimension auf:

$$K_{\mathrm{d}}(X_{\mathrm{b}}) = \int P(x) \exp\left[-\mathrm{i}2\pi \left(\frac{X_{\mathrm{b}}x}{\lambda d_{\mathrm{b}}}\right)\right] \mathrm{d}x$$

und damit

$$\underline{K}(x_{\mathrm{b}}) = \mathrm{const} \cdot \int P(x) \exp\left[\mathrm{i}2\pi \left(\frac{x_{\mathrm{b}}x}{\lambda d_{\mathrm{o}}}\right)\right] \mathrm{d}x,$$

da gilt: $X_{\mathrm{b}}/(\lambda d_{\mathrm{b}}) = G_{\mathrm{a}}x_{\mathrm{b}}/(\lambda d_{\mathrm{b}}) = -x_{\mathrm{b}}/(\lambda d_{\mathrm{o}})$. Setzen wir $x = \lambda d_{\mathrm{o}}u$, erhalten wir:

$$\underline{K}(x_{\mathrm{b}}) = \lambda d_{\mathrm{o}} \cdot \int P(\lambda d_{\mathrm{o}}u) \exp(\mathrm{i}2\pi u x_{\mathrm{b}})\mathrm{d}u. \tag{30.49}$$

Vergleichen wir diese Gleichung mit der Definition von $\widehat{\underline{K}}(u)$,

$$\underline{K}(x_b) = \int \widehat{\underline{K}}(u) \exp(i2\pi u x_b) du,$$

folgt, daß die Funktionen $P(\lambda d_o u)$ und $\widehat{\underline{K}}(u)$ proportional zueinander sind. Da beide Funktionen den Wert 1 haben, wenn die Beugung vernachlässigbar ist, erhalten wir schließlich:

$$\boxed{\widehat{\underline{K}}(u) = P(\lambda d_o u).} \tag{30.50}$$

In der Abbildung 30.8 haben wir diese Funktion für den Fall einer Spaltblende der Breite D dargestellt.

Abb. 30.8

Dieses Resultat kann leicht für zwei Dimensionen verallgemeinert werden. Wir merken uns die kompakte Form:

$$\widehat{\underline{K}}(\boldsymbol{u}) = P(\lambda d_o \boldsymbol{u}). \tag{30.51}$$

Besteht die Pupille des Instrumentes einfach aus einem Spalt oder einer kreisförmigen Blende, verhält sich das Instrument wie ein *binärer Tiefpaßfilter*, der durch die Übertragungsfunktion $\widehat{\underline{K}}(u)$, die direkt mit der Blende verknüpft ist, charakterisiert wird. Die Breite des Filters bestimmt die räumliche Grenzfrequenz für kohärente Beleuchtung $u_{g,k}$ und deren Inverse $d_{min,k}$, die kleinste Größe unter kohärenter Beleuchtung, die das Instrument auflösen kann:

$$u_{g,k} = \frac{D}{2\lambda d_o} \quad \text{und} \quad d_{min,k} = \frac{2\lambda}{D} d_o. \tag{30.52}$$

Die Größe $d_{min,k}$ heißt auch *kohärente Auflösungsgrenze* des Instrumentes.

Bild eines sinusförmigen Gitters

Wir wollen am Beispiel des sinusförmigen Gitters der Gitterkonstanten p und der Gesamtbreite L zeigen, daß sich das Instrument wie ein binärer Tiefpaßfilter verhält, der durch die Übertragungsfunktion $\widehat{\underline{K}}(u)$, oder gleichbedeutend die Pupillenfunktion, beschrieben wird (Abbildung 30.9). Da die Gesamtbreite des Gitters ausreichend groß ist, wird die gesamte Information des Objektes in der Brennebene der Linse in drei Peaks um die Punkte $x_f = 0$, $x_f = \lambda f/p$ und $x_f = -\lambda f/p$ vereinigt. Diese Punkte entsprechen den räumlichen Frequenzen $u = 0$, $u = 1/p$ bzw. $-u = 1/p$.

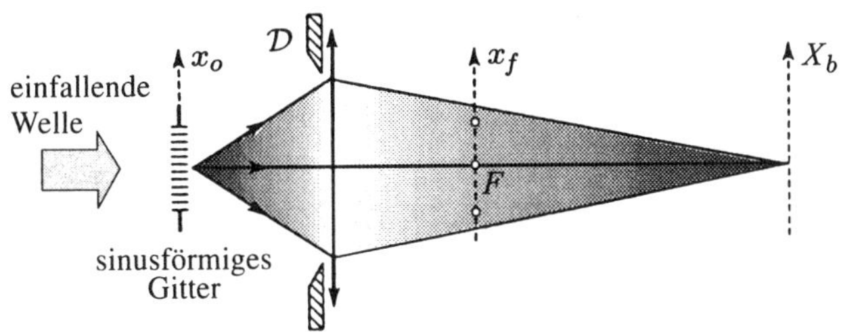

Abb. 30.9

Ist die Blende ausreichend weit offen, wird die Intensitätsverteilung in der Fx_fy_f-Ebene nicht beeinträchtigt, und das Bild in der Ebene $A_bX_bY_b$ ähnelt dem Objekt. Läßt die Blende nur den zentralen Peak $(D/2 < \lambda f/p)$ passieren, erreicht nur die Information aus diesem Peak die Bildebene; das Bild entspricht dann dem eines Spaltes der Breite L.

Größenordnung: Für $d_o \approx f = 20$ cm, $D = 5$ cm und $\lambda = 632{,}8$ nm erhalten wir die folgenden Werte:

$$u_{\mathrm{g,k}} = 0{,}2\,\mu\mathrm{m}^{-1}$$

und

$$d_{\mathrm{min,k}} = \frac{1}{u_{\mathrm{g,k}}} = 5\,\mu\mathrm{m}.$$

Im Fall einer Linse mit kreisförmiger Halterung der gleichen Brennweite f und mit gleichem Duchmesser D hat die Übertragungsfunktion die analoge Form: Die räumliche Frequenz ρ ist mit der Radialkoordinate über $\rho = r/(\lambda d_0)$ verknüpft. Dies führt zu denselben Ausdrücken für die Grenzfrequenz und die kohärente Auflösungsgrenze.

30.4 Filterung der räumlichen Frequenzen bei kohärenter Beleuchtung

Die vorherigen Betrachtungen legen nahe, in der Ebene, in der das Spektrum des Objektes auftritt, so einzugreifen, daß nur die relevanten Informationen in der Bildebene auftauchen. So filtert man in der Brennebene der Linse L_1 des $4f$-Aufbaus in Abbildung 30.4 die charakteristischen räumlichen Frequenzen gewisser Details des Objektes aus.

30.4.1 Amplitudenfilter

Erzeugung eines parallelen Lichtbündels durch räumliche Filterung

Die Blende $\mathcal{D}'$, die in den $4f$-Aufbau um den Brennpunkt S des Laserbündels hinter L'_1 eingefügt wird, erlaubt die räumliche Filterung dieses Lichtbündels (Abbildung 30.10).

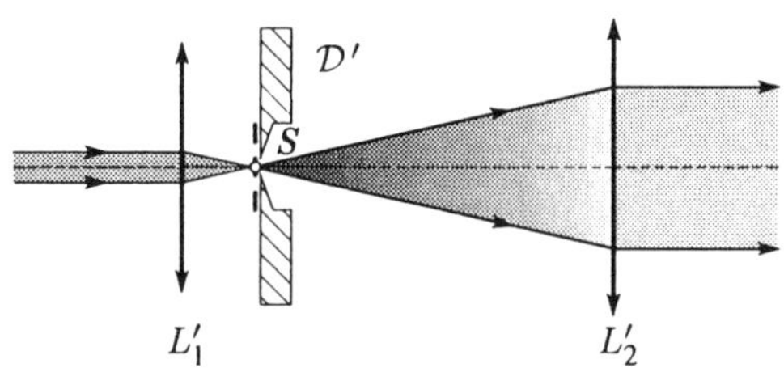

Abb. 30.10

Tatsächlich kann man nämlich um den Punkt S verschiedene räumliche Frequenzen beobachten, die verschieden geneigten Lichtbündeln entsprechen. Wählt man nur die räumliche Frequenz null aus, erhält man ein praktisch zu der Achse des Systemes paralleles Lichtbündel.

Vergrößerung des Signal-Rausch-Verhältnisses

Der Konstrast der Objekte kann deutlich verstärkt werden, wenn man in der Spektralebene des Objektes die Informationen, die dem Rauschens zuzuordnen sind, unterdrückt. Zum Beispiel kann der Kontrast des Bildes eines

Gitters empfindlich erhöht werden, wenn man nur die Beugungsspitzen dieses Gitters durchläßt und die diffusen Beiträge des Rauschens zurückhält (Abbildung 30.11)

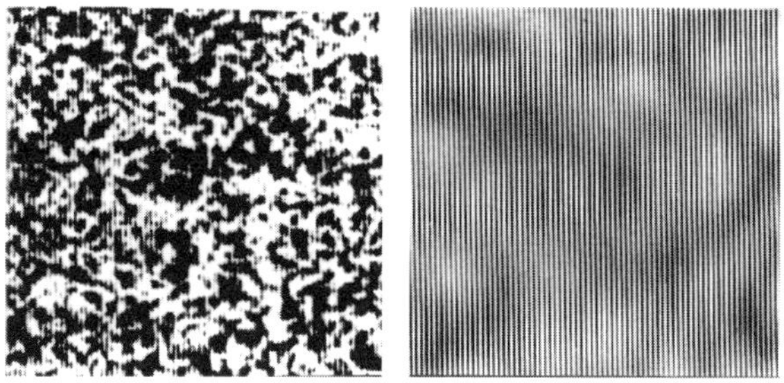

Abb. 30.11

Diese Technik ist 1972 von A. Klug verwendet worden, um mittels des Elektronenmikroskopes eine periodische Helixstruktur bestimmter biologischer Proben nachzuweisen. Auf einer Optik-Bank wurde der teildurchlässige Mikrograph in der Objektebene angeordnet und in der Spektralebene gefiltert. Für die von Klug erhaltenen Ergebnisse wurde ihm 1982 der Nobelpreis für Chemie verliehen.

Dunkelfeldbild in der Elektronenmikroskopie

Mit Hilfe der Elektronenmikroskopie beobachtet man häufig Fehler in Kristallen mit periodischer Struktur. Wie bei den Gittern besteht das entsprechende Spektrum aus Peaks, deren Form Informationen über die Kristallfehler enthält. Wählt man einen der Peaks aus, unterdrückt man im enstehenden Bild die Kristallstruktur und verstärkt den Kontrast, da der Hintergrund dunkel ist.

Abbesches Experiment

Dieses eindrucksvolle Experiment nach Abbe besteht darin, das Bild eines Gitters der Gitterkonstanten a in dem Aufbau der Abbildung 30.3 zu erzeugen und bestimmte Peaks in der Beugungsebene, in der sich das Beugungsspektrum des Gitters befindet (siehe Aufgabe A30.6), zu verdecken.

Man kann die Beugungsfigur eines Gitters wiederfinden (Kapitel 27), indem man die Eigenschaften des Dirac-Kamms verwendet. Denn die charakteristische Funktion eines Amplitudengitters der Gitterkonstanten a, der Gesamtbreite L und der Breite ϵ des Gitterelementes f_ϵ hat die Form:

$$f(x) = f_\epsilon(x - na) f_L(x) = [f_\epsilon(x) \star \sum_n \delta(x - na)] f_L(x) \tag{30.53}$$

mit

$$f_L(x) = \text{rect}\left(\frac{x}{L}\right) \quad \text{und} \quad \epsilon \ll L. \tag{30.54}$$

Daraus folgt für das Spektrum:

$$\widehat{f}(u) = \frac{1}{a}\left[\widehat{f}_\epsilon(u) \sum_n \delta\left(u - \frac{n}{a}\right)\right] \star \widehat{f}_L(u) = \frac{1}{a}\widehat{f}_\epsilon(u)\widehat{f}_L\left(u - \frac{n}{a}\right), \tag{30.55}$$

da die Fourier-Transformation der Kammfunktion wieder eine Kammfunktion ergibt:

$$\text{F.T.}\left\{\sum_n \delta(x - na)\right\} = \frac{1}{a}\sum_n \delta\left(u - \frac{n}{a}\right) \tag{30.56}$$

Die Form eines jeden Peaks ist durch die Funktion $\widehat{f}_L(u)$ der Breite $1/L$ und ihre Höhen sind durch $\widehat{f}_\epsilon(u)$ mit der Breite $1/\epsilon$ gegeben (Kapitel 27, Abbildung 27.7).

Hält man in der Spektralebene zum Beispiel die Peaks ungerader Ordnung $(-1, +1, -3, +3, \ldots)$ zurück, ist das so erhaltenene Beugungsbild das eines Gitters der Gitterkonstanten $a/2$, da die unveränderten Peaks einen Abstand von $2\lambda f/a$ haben. Das Ganze verhält sich, als ob das Objekt ein Gitter der Gitterkonstanten $a/2$ wäre; dies kann bei ausreichend großem Durchmesser der Blende D auch in der Bildebene beobachtet werden.

Dieses Experiment, mit einem Kreuzgitter durchgeführt, ist beeindrukkend: Läßt man nur jeden zweiten Lichtpunkt entlang eines Streifens um die senkrechte Achse des Spektrums passieren, erhält man ein Gitter, dessen Gitterkonstante die Hälfte des Kreuzgitters beträgt (Abbildung 30.12).

Beachten Sie, daß man so in der Bildebene Strukturen erzeugt, die im Objekt gar nicht auftreten, was die Grenzen dieser Technik und die Notwendigkeit, bereits vorher Infomationen über das Objekt zu besitzen, unterstreicht.

Entrasterung

In Zeitungen reproduziert man die verschiedenen Grautöne eines Schwarz-Weiß-Photos, indem man die Größe der geschwärzten Punkte, die in ein

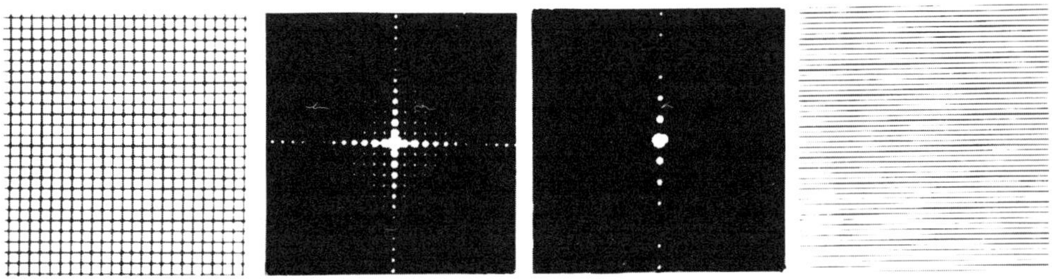

Abb. 30.12

zweidimensionales Raster plaziert werden, variiert. Um in solchen Photographien das Rastermuster zu beseitigen, genügt es, in der Spektralebene des Objektes das Beugungsbild dieses Rasters zu unterdrücken. Dies geschieht durch Ausfiltern der entsprechenden regelmäßig verteilten Lichtpunkte. Man erhält so in der Bildebene das entrasterte Photo.

30.4.2 Filterung von Phasenobjekten

Sind die Objekte derart, daß sie als Phasenobjekte betrachtet werden können, stellt sich das entstandene Bild als gleichförmig beleuchtete Fläche dar. Denn mit

$$\underline{\psi}_{\mathrm{o}}(x_{\mathrm{o}}) = \exp[\mathrm{i}\phi(x_{\mathrm{o}})] \tag{30.57}$$

haben wir unter Vernachlässigung der Blende $\mathcal{D}$

$$\underline{\psi}_{\mathrm{b}}(x_{\mathrm{b}}) = \underline{\psi}_{\mathrm{o}}(x_{\mathrm{o}}) \quad \text{und} \quad I = \underline{\psi}_{\mathrm{b}}\underline{\psi}_{\mathrm{b}}^* = 1. \tag{30.58}$$

Dank der Filterung bei kohärenter Beleuchtung ist es möglich, solche Objekte zu sehen. Dies zeigen die Dunkelfeld- und das Phasenkontrastverfahren, die auf Objekte *kleiner Phase* unter der Näherung

$$\underline{\psi}_{\mathrm{o}}(x_{\mathrm{o}}) = \exp[\mathrm{i}\phi(x_{\mathrm{o}})] \approx 1 + \mathrm{i}\phi(x_{\mathrm{o}})$$

angewendet werden.

Dunkelfeldverfahren

Im Dunkelfeldverfahren wird mit Hilfe eines undurchsichtigen Schirmes die Komponente $u = 0$ in der Spektralebene ausgeschaltet. Folglich haben wir

$$\widehat{\underline{\psi}}_{\mathrm{o}}(u) = \delta(u) + \mathrm{i}\widehat{\phi}(u) \quad \text{und} \quad \widehat{\underline{\psi}}_{\mathrm{b}}(u) = \mathrm{i}\widehat{\phi}(u), \tag{30.59}$$

so daß wir erhalten:

$$\underline{\psi}_b(x_b) = i\phi(x_b) \quad \text{und} \quad I = \underline{\psi}_b\underline{\psi}_b^* = \phi^2(x_b). \tag{30.60}$$

So erlaubt das Dunkelfeldverfahren, Phasenobjekte zu sehen, indem in der Beugungsebene der Beitrag $u = 0$ zum Beugungsbild zurückgehalten wird. Da diese räumliche Frequenz der Ursprung der gleichförmigen Beleuchtung der Bildebene ist, escheinen nun die Einzelheiten des Objektes auf dunklem Grund. Bei dieser Methode verliert man jedoch die Information über das Vorzeichen von ϕ, da nur dessen Quadrat eingeht.

Phasenkontrastverfahren nach Zernike

Das Phasenkontrastverfahren wurde von F. Zernike 1935 vorgeschlagen und erlaubt zusätzlich, das Vorzeichen der Phase zu bestimmen. Der niederländische Physiker hatte die Idee, das Spektrum des Objektes in der Beugungsebene von L_1 zu modifizieren, indem er den Beitrag der räumlichen Frequenz 0 mit dem Phasenterm $\exp(i\pi/2) = i$ multiplizierte. Damit erhalten wir für die Amplituden:

$$\widehat{\underline{\psi}}_b(u) = i[\delta(u) + \widehat{\phi}(u)] \quad \text{bzw.} \quad \underline{\psi}_b(x_b) = i[1 + \phi(x_b)] \tag{30.61}$$

und für die Intensität

$$I(x_b) = [1 + \phi(x_b)]^2 \approx 1 + 2\phi(x_b). \tag{30.62}$$

Führt man also ein Phasenplättchen ein, das im Zentrum der Beugungsfigur eine Phasenverschiebung von $\pi/2$ bewirkt, erhält man eine Intensitätsverteilung, deren Kontrast in der Bildebene, $K_b \equiv I_b - 1 = 2\phi$, *linear* von der Phase ϕ abhängt. Beachten Sie, daß bei diesem Verfahren die Details vor einem beleuchteten Hintergrund auftreten, je nach dem Vorzeichen der Phase hell oder dunkel.

Diese Technik wird in der Biologie beim Phasenkontrastmikroskop verwendet; zur Beleuchtung der Phasenobjekte benutzt man eine ringförmige Lichtquelle und plaziert einen Phasenring (d. h. eine ringförmige Phasenplatte) auf deren Bild.

Foucaultsches Schneidenverfahren

Das Foucaultsche Schneidenverfahren (nach L. Foucault) ist wohlbekannt bei Amateurastronomen und dient dazu, Fehler eines optischen Systems, z. B. eines Spiegels, zu ermitteln. Man beleuchtet mit einer punktförmigen Lichtquelle den zu untersuchenden Spiegel, der aufgrund seiner geringen geometrischen Aberrationen als Phasenobjekt aufgefaßt werden kann. In der zum Spiegel konjugierten Ebene der Lichtquelle verdeckt man zusätzlich zu der Frequenz 0 die Hälfte der räumlichen Frequenzen. Das Bild des Spiegels, das sich auf der Netzhaut bildet, erscheint auf dunklem Grund mit einer *ungleichmäßigen* Intensitätsverteilung. Diese zeigt die Fehler des Objektes auf, als ob man den Spiegel streifend beleuchtet hätte: die beleuchtete Seite erscheint hell, während die andere dunkel bleibt. Die Filtertechnik kann mit Hilfe der Übertragungsfunktion (Aufgabe A30.8) erklärt werden:

$$\widehat{K}(u) = \frac{1}{2}[1 + \operatorname{sign}(u)], \tag{30.63}$$

wobei $\operatorname{sign}(u)$ das Vorzeichen von u bezeichnet: für $u < 0$ ist diese Funktion 1 und -1 für $u < 0$. Man kann zeigen, daß die inverse Fourier-Transformation von $\operatorname{sign}(u)$ durch $\mathrm{i}/(\pi x)$ beschrieben wird, ausgeschlossen dabei der Wert $x = 0$.

Beobachtung von Atomen mit dem Elektronenmikroskop

In der hochauflösenden Elektronenmikroskopie erzeugt man das Bild von organischen Molekülen, an die schwere Atome gebunden sind. Diese Atome, die sichtbar gemacht werden sollen, verhalten sich wie Phasenobjekte, da sie die elektromagnetische Welle nur in sehr geringem Maße stören. Erstaunlicherweise werden diese Phasenobjekte durch die Aberrationen des Instrumentes sichtbar (Kapitel 10). Man kann zeigen, daß die Aberrationen des Objektivs der kohärenten Übertragungsfunktion $\underline{\widehat{K}}(u)$ einen Phasenfaktor aufprägen (Aufgabe A30.11):

$$\underline{\widehat{K}}(u) = \widehat{K_0}(u) \exp[-\mathrm{i}\gamma(u)] \quad \text{mit} \quad \widehat{K_0}(u) = P(\lambda f u). \tag{30.64}$$

P ist die Pupillenfunktion der Blende und f die Brennweite des Objektivs. Die Funktion $\gamma(u)$ ist meistens durch die sphärische Aberration und die Unschärfe gegeben. Häufig werden diese beiden Beiträge kombiniert, um optimale Bedingungen zu erhalten (siehe A30.12).

30.5 Bilderzeugung unter inkohärenter Beleuchtung

Der typische Aufbau für die inkohärente Bilderzeugung ist in Abbildung 30.13 gezeigt: Ein optisches System, das durch eine kreisförmige Pupille begrenzt ist, erzeugt das Bild eines selbstleuchtenden Objektes. Um die Rech-

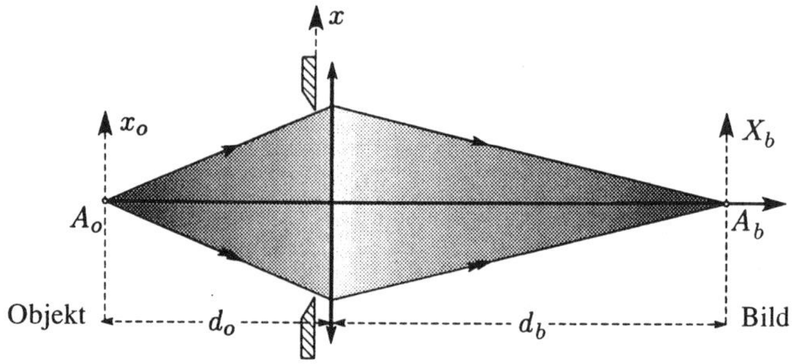

Abb. 30.13

nungen zu vereinfachen, nehmen wir an, daß das optische System aus einer dünnen konvergenten Linse besteht; in Wirklichkeit handelt es sich aber häufig um ein Teleskop aus einem oder mehreren Spiegeln (Kapitel 14). Diese Vereinfachung schränkt aber in keiner Weise die Allgemeinheit der folgenden Analyse ein.

30.5.1 Inkohärente Impulsantwort

Die *inkohärente Impulsantwort* (englisch: *incoherent point spread function*) wird als die Intensitätsverteilung in der Bildebene definiert, die von einem Punktobjekt auf der optischen Achse erzeugt wird. Es ist also das Fraunhofersche Beugungsbild der Blende, die die Linse begrenzt. Wir bezeichnen mit $P(x, y)$ die charakteristische Funktion dieser Blende, so daß wir für die inkohärente Impulsantwort erhalten:

$$H_{\mathrm{d}}(X_{\mathrm{b}}, Y_{\mathrm{b}}) = \frac{1}{\lambda^2 d_{\mathrm{b}}^2} \left| \int P(x, y) \exp\left[-\mathrm{i}2\pi \left(\frac{X_{\mathrm{b}} x}{\lambda d_{\mathrm{b}}} + \frac{Y_{\mathrm{b}} y}{\lambda d_{\mathrm{b}}} \right) \right] \mathrm{d}x \mathrm{d}y \right|^2 . \quad (30.65)$$

Hierbei bezeichnet d_{b} den Abstand zwischen der Linse und der Bildebene.

Beispiel: Beschreibt $P(x, y)$ eine rechteckige Öffnung mit den Längen a und b, hat H_{d} bis auf eine multiplikative Konstante die Form

$$H_{\mathrm{d}} = \frac{a^2 b^2}{\lambda^2 d_{\mathrm{b}}^2} \left[\frac{\sin\left(\pi \frac{X_{\mathrm{b}} a}{\lambda d_{\mathrm{b}}}\right)}{\pi \frac{X_{\mathrm{b}} a}{\lambda d_{\mathrm{b}}}} \right]^2 \left[\frac{\sin\left(\pi \frac{Y_{\mathrm{b}} b}{\lambda d_{\mathrm{b}}}\right)}{\pi \frac{Y_{\mathrm{b}} b}{\lambda d_{\mathrm{b}}}} \right]^2 . \quad (30.66)$$

30.5.2 Instrument mit kreisförmiger Öffnung: Airysche Figur

Die *Airysche Figur* stellt die inkohärente Impulsantwort einer *kreisförmigen* Blende dar. Sie spielt eine wichtige Rolle, da die Mehrzahl der optischen Instrumente eine Rotationssymmetrie aufweist. Die Durchlässigkeitsfunktion der Pupille ist (Abbildung 30.14a):

$$P(x,y) = \begin{cases} 1 & \text{für} \quad r \leq D/2 \\ 0 & \text{sonst} \end{cases} . \tag{30.67}$$

Zur Berechnung von $\widehat{P}$ ist es naheliegend, Polarkoordinaten einzuführen (Abbildung 30.14b):

$$\begin{aligned} r &= (x^2+y^2)^{\frac{1}{2}}, \quad \theta = \arctan\left(\frac{y}{x}\right), \\ R_\mathrm{b} &= (X_\mathrm{b}^2+Y_\mathrm{b}^2)^{\frac{1}{2}} \quad \text{und} \quad \phi_\mathrm{b} = \arctan\left(\frac{Y_\mathrm{b}}{X_\mathrm{b}}\right). \end{aligned} \tag{30.68}$$

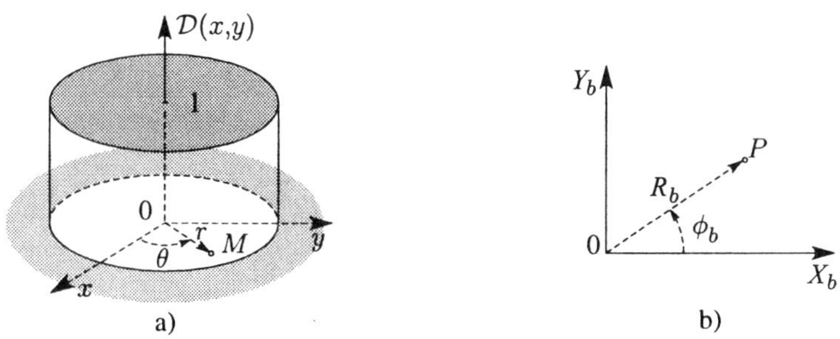

Abb. 30.14

Setzt man $\rho_\mathrm{b} = R_\mathrm{b}/(\lambda d_\mathrm{b})$, haben wir:

$$\widehat{P}(\rho_\mathrm{b}) = \int_0^{D/2}\int_0^{2\pi} \exp\left[-\mathrm{i}2\pi\rho_\mathrm{b} r(\cos\theta\cos\phi_\mathrm{b} + \sin\theta\sin\phi_\mathrm{b})\right] r\mathrm{d}r\mathrm{d}\theta \tag{30.69}$$

$$= \int_0^{D/2} r\mathrm{d}r \left\{\int_0^{2\pi} \exp\left[-\mathrm{i}2\pi\rho_\mathrm{b} r\cos(\theta-\phi_\mathrm{b})\right]\mathrm{d}\theta\right\}. \tag{30.70}$$

Die Größe

$$J_0(2\pi\rho_b r) = \frac{1}{2\pi}\int_0^{2\pi} \exp\left[-i2\pi\rho_b r\cos(\theta - \phi_b)\right] d\theta \tag{30.71}$$

ist die sogenannte *Bessel-Funktion nullter Ordnung*. Ihr Wert ist tabelliert. Mit Hilfe dieser Funktion können wir $\widehat{P}$ kompakter schreiben:

$$\widehat{P}(\rho_b) = \int_0^{D/2} 2\pi r J_0(2\pi\rho_b r)dr = \frac{1}{2\pi\rho_b^2}\int_0^{\pi\rho_b D} \omega J_0(\omega)d\omega = \frac{1}{2\pi\rho_b^2}\pi\rho_b D J_1(\pi\rho_b D)$$

oder

$$\widehat{P}(\rho_b) = \frac{\pi D^2}{4}\frac{2J_1(\pi\rho_b D)}{\pi\rho_b D} \tag{30.72}$$

mit der *Bessel-Funktion erster Ordnung:*

$$J_1(\alpha) = \int_0^{\alpha} \omega J_0(\omega)d\omega. \tag{30.73}$$

Schließlich finden wir am Punkt mit den Koordinaten $R_b = \lambda d_b \rho_b$ und ϕ_b die folgenden Ausdrücke für die komplexe Amplitude und die Intensität:

$$\underline{\psi}(R_b) = \widehat{P}(\rho_b) = S\left[\frac{2J_1(\pi\rho_b D)}{\pi\rho_b D}\right] \quad \text{und} \tag{30.74}$$

$$I(R_b) = |\underline{\psi}(R_b)|^2 = S^2\left[\frac{2J_1(\pi\rho_b D)}{\pi\rho_b D}\right]^2 \tag{30.75}$$

mit der Fläche der Pupille $S = \pi D^2/4$. Tabelle 30.1, die die ersten Minima und Maxima von $[2J_1(\pi X)/(\pi X)]^2$ als Funktion von $X = \rho_b D$ angibt, ermöglicht die Konstruktion des für die Airy-Verteilung charakteristischen Graphen $I(R_b)/I(0)$.

Tabelle 30.1:

X	0	1,22	1,63	2,33	2,68	3,33
$[2J_1(\pi X)/(\pi X)]^2$	1	0	0,017	0	0,004	0

Die Intensitätsverteilung für einen Durchmesser ähnelt der eines Spaltes (Abbildung 30.15a): Die erste Nullstelle tritt bei $1{,}22\lambda d_b/D$ auf, und die relative Höhe des ersten Nebenmaximums beträgt 0,017, ungefähr 1/50. Das Photo des Beugungsbildes unterstreicht die Rotationssymmetrie (Abbildung 30.15b).

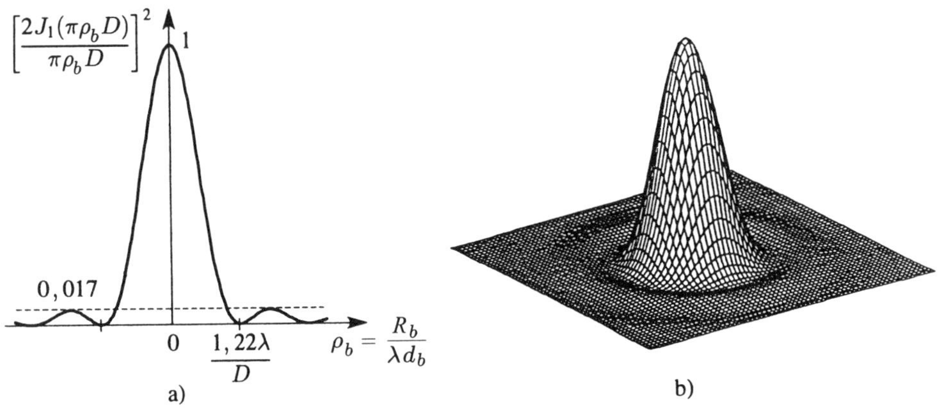

Abb. 30.15

Im wichtigen Fall eines Teleskopobjektivs ist die Bildebene die primäre bildseitige Brennebene des Instrumentes, und die Austrittspupille fällt praktisch mit der Linse oder dem primären Spiegel zusammen; d_b ist also gleich der bildseitigen Brennweite f.

30.5.3 Rayleighsches Kriterium

Das Rayleighsche Kriterium gibt die Grenze für die Trennbarkeit der Bilder zweier *inkohärenter* Lichtpunkte, die von einem Instrument erzeugt werden, an (Kapitel 26). Im Fall eines Systems mit Rotationssymmetrie, z. B. bei einem Teleskop, findet man mit diesem Kriterium, daß die Bilder nur getrennt werden können, wenn sich das Maximum der Airyschen Figur für den einen Punkt am oder jenseits des ersten Minimums der Airyschen Figur des anderen Lichtpunktes befindet (Abbildung 30.16).

Man kann durch Rechnung zeigen, daß das zentrale Minimum 27% kleiner als das Maximum der Intensitätsverteilung der beiden Lichtpunkte in der Bildebene ist (30.16b).

Das Kriterium für die Trennbarkeit der beiden Punktbilder hat für $d_b \approx f$ die Form: $\Delta X_b \geq 1{,}22 \cdot \lambda f/D$ mit dem Pupillendurchmesser D. Daraus folgt der Winkelabstand

$$\frac{\Delta X_b}{f} \geq \Delta\theta \quad \text{mit} \quad \Delta\theta = 1{,}22\frac{\lambda}{D}. \tag{30.76}$$

Meistens merkt man sich den folgenden Ausdruck für den minimalen Winkelabstand:

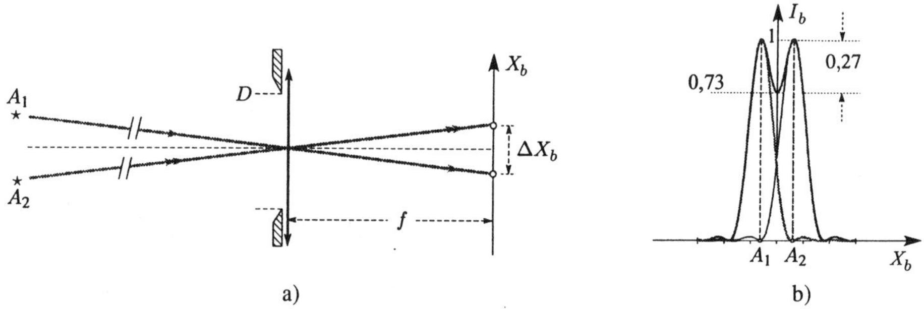

Abb. 30.16

$$\boxed{\Delta\theta = \frac{\lambda}{D}} \tag{30.77}$$

oder in Zahlen

$$\Delta\theta = \frac{0{,}5 \cdot 10^{-6}}{D_{\mathrm{cm}} \cdot 10^{-2}} \cdot \frac{1}{5 \cdot 10^{-6}} = \left(\frac{10}{D_{\mathrm{cm}}}\right)'' , \tag{30.78}$$

wobei man D in Zentimetern und $\Delta\theta$ in Bogensekunden ($1'' = 5\,\mu\mathrm{rad}$) ausdrückt und $\lambda \approx 500$ nm beträgt. Inzwischen begnügt man sich nicht mehr mit diesem speziellen Wert für $\Delta\theta$, um ein optisches Instrument zu charakterisieren. Grundlage für eine differenziertere Betrachtung sind die folgenden Untersuchungen.

30.5.4 Beziehung zwischen den Intensitäten in der Objektebene und der Bildebene

Das Objekt ist ein Flächenelement, das den Punkt B_{o} mit den Koordinaten $(x_{\mathrm{o}}, y_{\mathrm{o}})$ und die Intensität in der Objektebene $I_{\mathrm{o}}(x_{\mathrm{o}}, y_{\mathrm{o}})\mathrm{d}x_{\mathrm{o}}\mathrm{d}y_{\mathrm{o}}$ hat. Die Fraunhofersche Beugungsfigur eines Objektpunktes in der $A_{\mathrm{o}}x_{\mathrm{o}}y_{\mathrm{o}}$-Ebene folgt dem geometrischen Bild und ist um dieses zentriert (Kapitel 21). Der Beitrag zu der Intensität in der Bildebene des Flächenelementes um B_{o} ist damit:

$$I_{\mathrm{o}}(x_{\mathrm{o}}, y_{\mathrm{o}})H_{\mathrm{d}}(X_{\mathrm{b}} - G_{\mathrm{a}}x_{\mathrm{o}}, Y_{\mathrm{b}} - G_{\mathrm{a}}x_{\mathrm{o}})\mathrm{d}x_{\mathrm{o}}\mathrm{d}y_{\mathrm{o}}. \tag{30.79}$$

Die Gesamtintensität ergibt sich durch Aufsummierung der Beiträge aller Objektpunkte. Setzt man analog zu der Vorgehensweise im kohärenten Fall

$$H_\mathrm{d}(X - G_\mathrm{a}x, Y_\mathrm{b} - G_\mathrm{a}x_\mathrm{o}) \equiv H(x_\mathrm{b} - x_\mathrm{o}, y_\mathrm{b} - y_\mathrm{o})$$
$$\text{mit} \quad x_\mathrm{b} \equiv \frac{X_\mathrm{b}}{G_\mathrm{a}} \quad \text{und} \quad y_\mathrm{b} \equiv \frac{Y_\mathrm{b}}{G_\mathrm{a}},$$

erhalten wir mit der für den kohärenten Fall eingeführten kompakten Notation

$$\boxed{I_\mathrm{b}(\boldsymbol{x}_\mathrm{b}) = \int I_\mathrm{o}(\boldsymbol{x}_\mathrm{o}) H(\boldsymbol{x}_\mathrm{b} - \boldsymbol{x}_\mathrm{o}) \mathrm{d}^2\boldsymbol{x}_\mathrm{o}.} \tag{30.80}$$

Diese Gleichung verknüpft die Intensität in der Objektebene mit der Intensität in der Bildebene. Wir haben also hier eine Faltungsbeziehung bezüglich der *Intensität*, die zeigt, daß bei *inkohärenter* Beleuchtung die Intensität an einem Punkt in der Bildebene eine Überlagerung der Intensitäten der Beugungsfiguren um die geometrischen Bilder der verschiedenen Objektpunkte ist.

30.5.5 Inkohärente Übertragungsfunktion

Führen wir die Fourier-Transformierten $\widehat{I}_\mathrm{o}(\boldsymbol{u})$, $\widehat{H}(\boldsymbol{u})$, $\widehat{I}_\mathrm{b}(\boldsymbol{u})$ von $I_\mathrm{o}(\boldsymbol{x}_\mathrm{o})$, $H(\boldsymbol{x})$, $I_\mathrm{b}(\boldsymbol{x}_\mathrm{b})$, definiert über

$$\widehat{I}_\mathrm{o}(\boldsymbol{u}) = \int I_\mathrm{o}(\boldsymbol{x}_\mathrm{o}) \exp(-\mathrm{i}2\pi \boldsymbol{u} \cdot \boldsymbol{x}_\mathrm{o}) \mathrm{d}^2\boldsymbol{x}_\mathrm{o}$$
$$\widehat{H}(\boldsymbol{u}) = \int H(\boldsymbol{x}) \exp(-\mathrm{i}2\pi \boldsymbol{u} \cdot \boldsymbol{x}) \mathrm{d}^2\boldsymbol{x}$$
$$\widehat{I}_\mathrm{b}(\boldsymbol{u}) = \int I_\mathrm{b}(\boldsymbol{x}_\mathrm{b}) \exp(-\mathrm{i}2\pi \boldsymbol{u} \cdot \boldsymbol{x}_\mathrm{b}) \mathrm{d}^2\boldsymbol{x}_\mathrm{b}$$

ein, erhalten wir eine Beziehung, die analog zu der Übertragungsgleichung für kohärente Beleuchtung ist:

$$\boxed{\underline{\widehat{I}}_\mathrm{b}(\boldsymbol{u}) = \underline{\widehat{I}}_\mathrm{o}(\boldsymbol{u}) \underline{\widehat{H}}(\boldsymbol{u}).} \tag{30.81}$$

Die Funktion $\underline{\widehat{H}}(\boldsymbol{u})$ heißt *inkohärente Übertragungsfunktion* oder inkohärente Transferfunktion.

Die Interpretation dieser letzten Gleichung ist analog zu derjenigen, die bei kohärenter Beleuchtung auftrat: Jede harmonische, d. h. sinusförmige Komponente mit räumlichen Frequenzen (u, v) der Intensitätsfunktion des Objektes wird mit dem Faktor $\underline{\widehat{H}}(\boldsymbol{u}, \boldsymbol{v})$ multipliziert. Man untersucht das Verhalten eines Instrumentes unter inkohärenter Beleuchtung, indem man analysiert, wie es eine sinusförmige Intensität in der Objektebene mit räumlichen Frequenzen (u, v) überträgt.

30.5.6 Optische Übertragungsfunktion und Modulationsübertragungsfunktion

Definitionen

Die *optische Übertragungsfunktion* oder *optische Transferfunktion*, abgekürzt OTF, ist die normierte inkohärente Übertragungsfunktion:

$$\underline{\widehat{H}}_{\mathrm{n}}(\boldsymbol{u}) = \frac{\underline{\widehat{H}}(\boldsymbol{u})}{\underline{\widehat{H}}(\boldsymbol{0})}. \tag{30.82}$$

Ihr Absolutbetrag $|\underline{\widehat{H}}_{\mathrm{n}}(\boldsymbol{u})|$ heißt *Modulationsübertragungs-* oder *Modulationstransferfunktion*, abgekürzt MTF.

Die Bestimmung der optischen Übertragungsfunktion eines Instrumentes erfolgt in der Praxis mit Hilfe eindimensionaler Objekte der Form:

$$I_{\mathrm{o}}(x_{\mathrm{o}}) = I_0\,[1 + \mathcal{V}_{\mathrm{o}}\cos(2\pi u x_{\mathrm{o}})]\,, \tag{30.83}$$

die man durch Interferenz zweier ebener Wellen erzeugt. Am Ausgang wird die Intensitätsverteilung in der Bildebene über

$$I_{\mathrm{b}}(x_{\mathrm{b}}) = I_0\,[1 + \mathcal{V}_{\mathrm{b}}\cos(2\pi u x_{\mathrm{b}})] \tag{30.84}$$

beschrieben. Die optische Übertragungsfunktion ist dann das Verhältnis der Intensitätsmodulationen am Ausgang und am Eingang, $\underline{\widehat{H}}(u) = \mathcal{V}_{\mathrm{b}}/\mathcal{V}_{\mathrm{o}}$.

Beziehung zwischen der OTF und der Pupillenfunktion

Da die inkohärente Impulsantwort das Betragsquadrat der kohärenten Impulsantwort ist, ist die inkohärente Übertragungsfunktion die Autokorrelation der kohärenten Übertragungsfunktion:

$$\underline{\widehat{H}}(\boldsymbol{u}) = \int \underline{\widehat{K}}(\boldsymbol{u}')\underline{\widehat{K}}^*(\boldsymbol{u}' - \boldsymbol{u})\mathrm{d}^2\boldsymbol{u}'. \tag{30.85}$$

Ersetzt man $\underline{\widehat{K}}(\boldsymbol{u})$ durch $P(\lambda d_{\mathrm{o}}\boldsymbol{u})$, folgt nach Normierung die Beziehung zwischen der OTF und der Pupillenfunktion:

$$\underline{\widehat{H}}(\boldsymbol{u}) = \int P(\lambda d_{\mathrm{o}}\boldsymbol{u}')P^*(\lambda d_{\mathrm{o}}\boldsymbol{u}' - \lambda d_{\mathrm{o}}\boldsymbol{u})\mathrm{d}^2\boldsymbol{u}'. \tag{30.86}$$

Setzen wir $\boldsymbol{x} = \lambda d_{\mathrm{o}}\boldsymbol{u}'$, erhalten wir schließlich

$$\underline{\widehat{H}}_{\mathrm{n}}(\boldsymbol{u}) = \frac{\int P(\boldsymbol{x})P^*(\boldsymbol{x} - \lambda d_{\mathrm{o}}\boldsymbol{u})\mathrm{d}^2\boldsymbol{x}}{\int P(\boldsymbol{x})P^*(\boldsymbol{x})\mathrm{d}^2\boldsymbol{x}}. \tag{30.87}$$

Eigenschaften der OTF

Die Eigenschaften der OTF folgen aus ihrer allgemeinen Formulierung als Funktion der Pupillenfunktion.

1. $\underline{\widehat{H}}_{\mathrm{n}}(\mathbf{0}) = 1$ ergibt sich einfach für von $\boldsymbol{u} = \mathbf{0}$ in der Definition der OTF.
2. $\underline{\widehat{H}}_{\mathrm{n}}(\boldsymbol{u}) = \underline{\widehat{H}}_{\mathrm{n}}^{*}(-\boldsymbol{u})$ wegen:

$$\begin{aligned}\underline{\widehat{H}}_{\mathrm{n}}^{*}(-\boldsymbol{u}) &= \frac{\int P^{*}(\boldsymbol{x})P(\boldsymbol{x}+\lambda d_{\mathrm{o}}\boldsymbol{u})\mathrm{d}^{2}\boldsymbol{x}}{\int P^{*}(\boldsymbol{x})P(\boldsymbol{x})\mathrm{d}^{2}\boldsymbol{x}} \\ &= \frac{\int P(\boldsymbol{x}')P^{*}(\boldsymbol{x}'-\lambda d_{\mathrm{o}}\boldsymbol{u})\mathrm{d}^{2}\boldsymbol{x}'}{\int P(\boldsymbol{x}')P^{*}(\boldsymbol{x})\mathrm{d}^{2}\boldsymbol{x}} = \underline{\widehat{H}}_{\mathrm{n}}(\boldsymbol{u}), \qquad (30.88)\end{aligned}$$

   wenn man im Nenner $\boldsymbol{x}' = \boldsymbol{x} + \lambda d_{\mathrm{o}}\boldsymbol{u}$ setzt und beachtet, daß in der letzten Beziehung die Integrationsvariable $\boldsymbol{x}'$ als $\boldsymbol{x}$ geschrieben werden kann.
3. Ist $P(\boldsymbol{x})$ reell, ist es auch $\underline{\widehat{H}}_{\mathrm{n}}(\boldsymbol{u})$. Folglich gilt $\underline{\widehat{H}}_{\mathrm{n}}(\boldsymbol{u}) = \underline{\widehat{H}}_{\mathrm{n}}(-\boldsymbol{u})$: Die OTF ist reell und gerade.

Der Ausdruck für $\underline{\widehat{H}}_{\mathrm{n}}(\boldsymbol{u})$ kann in einfacher Weise geometrisch verstanden werden: Der Zähler stellt die gemeinsame Fläche der Pupille und der um $\lambda d_{\mathrm{o}}\boldsymbol{u}$ verschobenen Pupille dar (Abbildung 30.17a). Man sieht, daß für $\boldsymbol{u} = \mathbf{0}$ diese gemeinsame Fläche maximal ist. Daraus können wir auf die folgende Ungleichung schließen: $\widehat{H}_{\mathrm{n}}(\boldsymbol{u}) \leq \widehat{H}_{\mathrm{n}}(\mathbf{0})$.

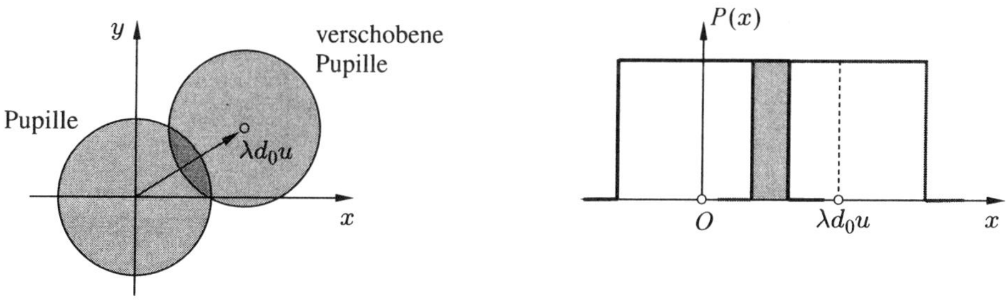

a) b)

Abb. 30.17

Beispiele

1. OTF für eine Spaltblende der Breite D

   Betrachten wir ein optisches Instrument ohne Aberrationen und begrenzt durch eine Blende der Breite D. Die inkohärente Übertragungsfunktion

$\widehat{\underline{H}}_{\mathrm{n}}(\boldsymbol{u})$ ergibt sich leicht aus der geometrischen Interpretation (Abbildung 30.17b): Die gemeinsame Fläche hat, wenn die zweite Pupille um $\lambda d_{\mathrm{o}} u$ mit $u > 0$ verschoben ist, den Wert:

$$1 \cdot \left[\frac{D}{2} - \left(\lambda d_{\mathrm{o}} u - \frac{D}{2}\right)\right] = D - \lambda d_{\mathrm{o}} u,$$

woraus folgt:

$$\widehat{H}_{\mathrm{n}}(u) = \frac{D - \lambda d_{\mathrm{o}} u}{D} = 1 - \frac{\lambda d_{\mathrm{o}}}{D} u. \tag{30.89}$$

Aus der Tatsache, daß die Funktion gerade ist, folgt die Dreiecksform von $\widehat{H}_{\mathrm{n}}(u)$ (Abbildung 30.18a) mit der räumlichen Grenzfrequenz

$$u_{\mathrm{g,i}} = \frac{D}{\lambda d_{\mathrm{o}}}. \tag{30.90}$$

Die Grenzfrequenz unter inkohärenter Beleuchtung ist also doppelt so groß wie unter kohärenter Beleuchtung, ein Ergebnis, das allgemeine Gültigkeit besitzt. $\widehat{H}_{\mathrm{n}}(u)$ nimmt folglich zwischen 0 und $u_{\mathrm{g,i}}$ ab; die harmonischen Komponenten werden durch das Instrument in dem Maße gedämpft, wie ihre räumliche Frequenz wächst und sind vollständig unterdrückt für Frequenzen größer als $u_{g,i}$. Entsprechend verhält sich auch hier das Instrument wie ein Tiefpaßfilter, ist nun jedoch nicht mehr binär. Die Größe des kleinsten Details, das durch das Instrument noch übertragen werden kann, oder die *inkohärente Auflösungsgrenze*, ist durch das Inverse der räumlichen Grenzfrequenz gegeben:

$$d_{\mathrm{min,i}} = \frac{1}{u_{\mathrm{g,i}}} = \frac{\lambda}{D} d_{\mathrm{o}}. \tag{30.91}$$

Beachten Sie, daß in diesem Fall OTF und MTF zusammenfallen.

Größenordnung: Für ein Objekt, das sich 12 cm vor einer mit einer Spaltblende der Breite $D = 5$ cm versehenen Linse befindet, beträgt die Grenzfrequenz für die mittlere Wellenlänge $\lambda = 632{,}8$ nm

$$u_{\mathrm{g,i}} = 0{,}66\,\mu\mathrm{m}^{-1}.$$

Daraus folgt für die Auflösungsgrenze

$$d_{\mathrm{min,i}} = 1{,}5\,\mu\mathrm{m}.$$

2. OTF für eine kreisförmige Blende mit Durchmesser D

Im Fall einer kreisförmigen Öffnung mit Durchmesser D, wie z. B. einer Halterung einer runden Linse, weist der Graph $\widehat{H}_{\mathrm{n}}(\rho)$ offensichtlich die

Rotationssymmetrie des Problems auf und ähnelt der Funktion $\widehat{H}_\mathrm{n}(u)$ einer Spaltblende der Breite D (Abbildung 30.18b). Die Dämpfung der Frequenzen ist hier ein wenig stärker; oberhalb der Grenzfrequenz $u_{\mathrm{g,i}} = D/(\lambda d_\mathrm{o})$ überträgt die Linse keine Information mehr.

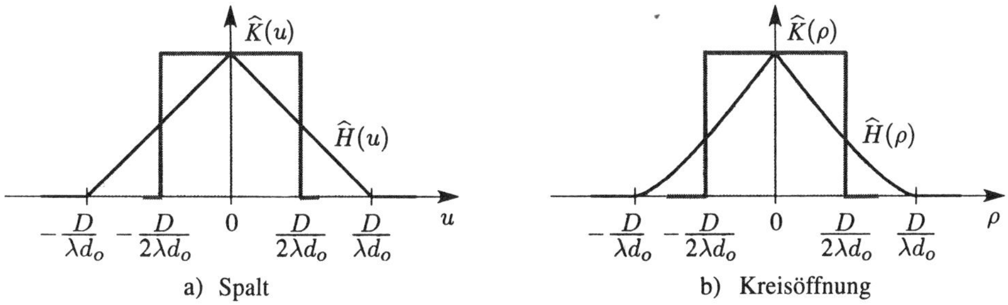

Abb. 30.18

Beispiel: Eine Linse L, deren Halterung einen Durchmesser von $D = 5$ cm aufweist, erzeugt mit rotem Licht ($\lambda = 632{,}8$ nm) das Bild eines Objektes, das sich in einem Abstand $d_\mathrm{o} = 20$ cm vor der Linse befindet. Ihre inkohärente Grenzfrequenz $u_{\mathrm{g,i}}$ beträgt demnach $0{,}4\,\mu\mathrm{m}^{-1}$.

30.5.7 Beispiel in der Astronomie

Ein Teleskop, das durch eine Kreisblende mit Durchmesser D begrenzt wird, ist durch die im vorherigen Unterabschnitt gegebene Impulsantwort und Übertragungsfunktion charakterisiert. Jedoch bevorzugt man bei der Darstellung dieser Funktionen die Polarkoordinaten und die entsprechenden Variablen im Fourier-Raum (Abbildung 30.19). Die inkohärente Impulsantwort und die inkohärente Übertragungsfunktion haben also die Form $H_\mathrm{n}(\theta)$ bzw. $\widehat{H}_\mathrm{n}(\mathbf{w})$, mit

$$\theta = \frac{\boldsymbol{X}_\mathrm{b}}{d_\mathrm{b}} = -\frac{\boldsymbol{x}_\mathrm{b}}{d_\mathrm{o}}, \qquad d_\mathrm{b} \approx f \quad \text{und} \quad \boldsymbol{w} = -d_\mathrm{o}\boldsymbol{u},$$

da $G_\mathrm{a} = -d_\mathrm{b}/d_\mathrm{o}$ und $\boldsymbol{u}\cdot\boldsymbol{x}_\mathrm{b} = \boldsymbol{w}\cdot\boldsymbol{\theta}$ gelten. Daraus erhalten wir die folgenden Ausdrücke für die Grenzfrequenz und die Winkelaufösung:

$$w_\mathrm{g} = u_{\mathrm{g,i}} d_\mathrm{o} = \frac{D}{\lambda} \quad \text{und} \quad \Delta\theta_{\mathrm{min,i}} = \frac{1}{w_\mathrm{g}} = \frac{\lambda}{D}. \tag{30.92}$$

Beispiel: Für $\lambda = 500$ nm und $D = 20$ cm haben wir:

$$w_g = \frac{20 \cdot 10^4}{0{,}5} = 0{,}4 \cdot 10^6$$

und damit

$$\Delta\theta_{\text{min,i}} = \frac{\lambda}{D} = 2{,}5 \cdot 10^{-6}\,\text{rad} \quad \text{oder} \quad \Delta\theta_{\text{min,i}} = 0{,}5''.$$

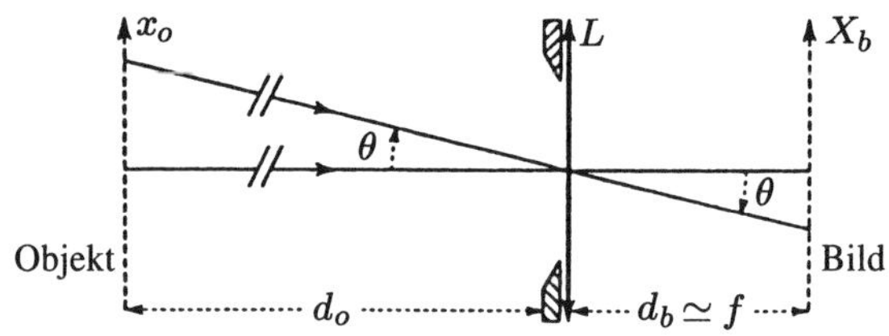

Abb. 30.19

30.6 Filterung räumlicher Frequenzen unter inkohärenter Beleuchtung

Unter inkohärenter Beleuchtung erfolgt die Filterung der räumlichen Frequenzen anders als unter kohärenter Beleuchtung: Zum einen existiert keine ausgezeichnete Ebene, in der das Spektrum des Objektes erscheint, und zum anderen ist die optische Übertragungsfunktion einer ausschließlich positiven Impulsantwort nur indirekt mit der Pupillenfunktion des Instrumentes verbunden.

30.6.1 Apodisation

Die *Apodisation* stellt eine Filtertechnik unter inkohärenter Beleuchtung dar, bei der die optische Übertragungsfunktion und damit die Durchlässigkeit der Pupille modifiziert wird, um die Nebenmaxima zu verringern bzw. zu unterdrücken. Diese Technik wird in der Astronomie verwendet, wenn man die Bilder von Teilen eines Himmelskörpers geringer Helligkeit herausfiltern will.

Man kann einen derartigen Filter wird mit Hilfe eines absorbierenden Schirmes, dessen Durchlässigkeit $t(x)$ gaußförmig ist, realisieren: $t(x) = \exp(-x^2/a^2)$; um das geometrische Bild des beobachteten Punktobjektes ist die Intensitätsverteilung ebenfalls gaußförmig (Abbildung 30.20).

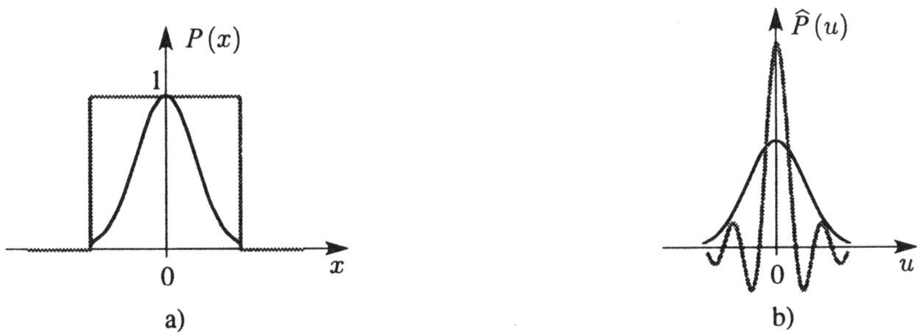

Abb. 30.20

Der Vergleich mit der ohne den Schirm erhaltenen Verteilung zeigt, daß diese Technik eine Verbreiterung der Beugungsfigur bewirkt und somit zu Verlusten in der Winkelauflösung führt. Ein an den Rändern der Pupille stark absorbierender Schirm mit der Durchlässigkeitsfunktion $t(x) = \cos(\pi x/D)$, D ist der Durchmesser der Pupille, wird ebenfalls häufig verwendet.

30.6.2 Messung der Filterung der räumlichen Frequenzen

Das in Abbildung 30.21a dargestellte Experiment erlaubt mit einem einfachen optischen Aufbau den Nachweis, daß räumliche Frequenzen ausgefiltert werden. Eine Linse L, die mit einer Spaltblende der Breite D versehen ist, erzeugt ein Bild eines Doppelspaltes der Breite a, der im Abstand d_o vor die Linse L plaziert wurde. Die Beleuchtung ist inkohärent, da der Kondensor, der das Objekt beleuchtet, sehr weit geöffnet ist. Tatsächlich haben die Wellen, die das Objekt erreichen, Wellenvektoren mit deutlich verschiedenen Richtungen, was zu einer inkohärenten Beleuchtung führt.

Öffnet man nun mehr und mehr den Pupillenspalt, wird das Bild des Doppelspaltes zunehmend schlechter, da die charakteristische räumliche Frequenz des Doppelspaltes mehr und mehr von der dreieckigen OTF gedämpft wird. Der Kontrast verschwindet schließlich für $u = u_{g,i} = D/(\lambda d_o)$ (Abbildung 30.21b).

Da die Breite der OTF doppelt so groß ist wie die der KTF, kann man den Doppelspalt wieder auftauchen lassen, wenn man von inkohärenter zu kohärenter Beleuchtung übergeht. Hierzu schließen wir den Kondensor, so daß die Wellen, die die Objektebene erreichen, ähnliche Wellenvektorrichtungen aufweisen. Das Objekt wird so kohärent. Nun reduzieren wir die Breite der Blende D von L, bis der Konstrast des Doppelspaltbildes verschwindet: Die räumliche Frequenz $1/a$ des Doppelspaltes ist dann ein wenig größer als die Grenzfrequenz $u_{g;k} = D/(2\lambda d_o)$. Öffnen wir schließlich erneut den Kondensor, so daß wieder inkohärente Beleuchtung vorliegt, kann der Doppelspalt in der Bildebene beobachtet werden (Abbildung 30.21b). Dieses Ergebnis wird häufig in der Mikroskopie verwendet: Man öffnet den Kondensor des Mikroskops, um feinere Details des Objektes auflösen zu können.

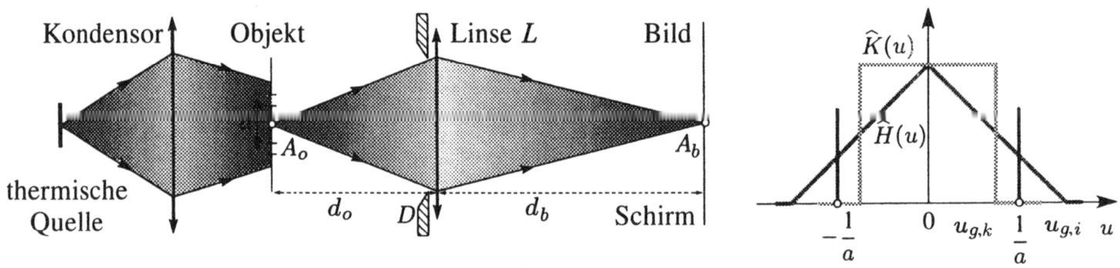

a) b)

Abb. 30.21

30.6.3 Filterung der räumlichen Frequenzen in der Astronomie

In der Astronomie spielen die atmosphärischen Turbulenzen die wesentliche Rolle bei der Begrenzung der Auflösung stellarer Objekte (Kapitel 14).

Friedscher Parameter

Die Größe der inkohärenten Impulsantwort H, die durch ein Teleskop großen Durchmessers erzeugt wird, ist sehr viel größer als es Beugungseffekte erwarten ließen (Kapitel 14). Die experimentelle Erfahrung zeigt, daß das Teleskop scheinbar einen kleineren Durchmesser r_0 aufweist, im Bereich des sichbaren Lichtes bei etwa 20 cm. Der Astrophysiker D. Fried hat diese Begrenzung 1966 erklärt, indem er die atmosphärischen Turbulenzen berücksichtigte. Nach ihm wird der Parameter r_0 Friedscher Parameter genannt.

Die entsprechende optische Übertragungsfunktion hat den in Abbildung 30.22 gezeigten Verlauf. Die atmosphärische Turbulenz hat also die Grenzkreisfrequenz auf den Wert r_0/λ reduziert.

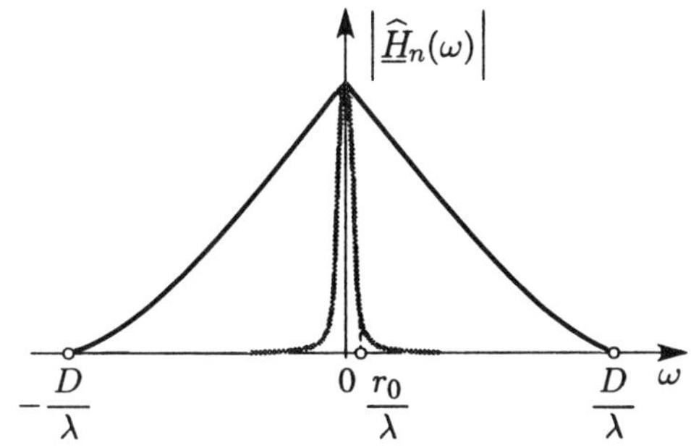

Abb. 30.22

Impulsantwort und OTF bei sehr kurzen Belichtungszeiten

Die Astronomen hatten die Idee, die inkohärente Impulsantwort bei gewissermaßen erstarrten Turbulenzen zu bestimmen, indem sehr kurze Belichtungszeiten von der Größenordnung einiger Millisekunden verwendet wurden. Man erhält so in der bildseitigen Brennebene des Teleskops Flecken oder Speckles, deren Größe umgekehrt proportional zum Öffnungsdurchmesser D des Teleskops ist. Die Flecken erstrecken sich über ein Gebiet, das umgekehrt proportional zum Friedschen Parameter r_0 ist:

$$\frac{\lambda}{r_0} \sim \frac{0{,}550 \cdot 10^{-6}}{0{,}2} = 2{,}75 \cdot 10^{-6}\,\mathrm{rad} \tag{30.93}$$

oder

$$\frac{\lambda}{r_0} \sim \frac{2{,}75 \cdot 10^{-6}}{5 \cdot 10^{-6}} = 0{,}55''. \tag{30.94}$$

Dieses Ergebnis kann verstanden werden, wenn man annimmt, daß die Atmosphäre sich wie ein Ensemble kohärenter Zellen mit mittlerem Durchmesser r_0 und bestimmter Phase verhält. Summiert man schließlich über einen längeren Zeitraum die Ergebnisse der verschiedenen Kurzzeitmessungen an den Zeitpunkten t_k kann man die Impulsantwort und die Übertragungsfunktion für lange Belichtungszeiten rekonstruieren.

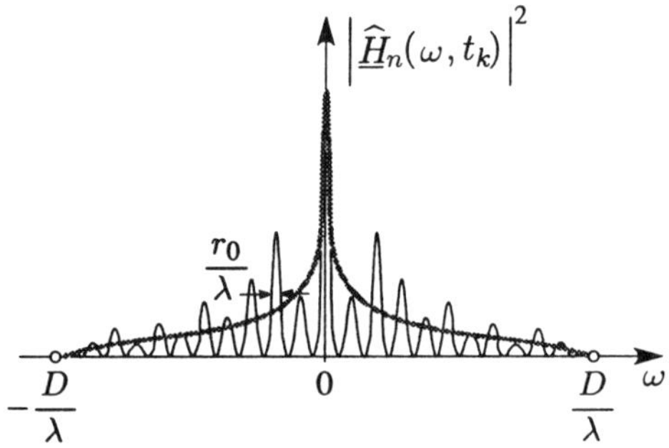

Abb. 30.23

Seit gut zwanzig Jahren werden neue Techniken entwickelt, die Begrenzung der Grenzfrequenz durch atmosphärische Turbulenzen zu umgehen und die klassischen Aufösungsgrenzen, die durch die Beugung gegeben sind, zu erreichen. Der Begründer dieser Arbeiten ist der französische Optiker A. Labeyrie. Ausgangspunkt war die Beobachtung, daß die Übertragungsfunktionen, die aus kurzen Belichtungszeiten resultieren, sich im hohen Frequenzbereich aufheben. Indem er die *Betragsquadrate* der Übertragungsfunktionen summierte (Abbildung 30.23), konnte er das klassische Beugungslimit erreichen. Andere Methoden erlauben ebenfalls, die Turbulenzen der Atmosphäre zu umgehen. Sie basieren auf der Interferometrie mit mehr als zwei Löchern oder Teleskopen, die nicht in Reihe sind.

30.7 Zusammenfassung

Die wesentlichen Ergebnisse der Fourier-Optik sind:

1. Unter *kohärenter* Beleuchtung addieren sich die komplexen Amplituden, ausgedrückt in der Faltungsrelation

$$\underline{\psi}_{\mathrm{b}}(\boldsymbol{x}_{\mathrm{b}}) = \int \underline{\psi}_{\mathrm{o}}(\boldsymbol{x}_{\mathrm{o}})\underline{K}(\boldsymbol{x}_{\mathrm{b}} - \boldsymbol{x}_{\mathrm{o}})\mathrm{d}^2\boldsymbol{x}_{\mathrm{o}},$$

   wobei $\underline{K}(\boldsymbol{x})$ die kohärente Impulsantwort ist; die Fourier-Transformierte der Impulsantwort ist die sogenannte Übertragungsfunktion $\widehat{\underline{K}}(\boldsymbol{u})$. In dem Fall, in dem nur Beugung auftritt, verhält sich das Instrument wie ein binärer Tiefpaßfilter, dessen Übertragungsfunktion direkt mit der Pupillenfunktion verknüpft ist: $\widehat{\underline{K}}(\boldsymbol{u}) = P(\lambda d_{\mathrm{o}}\boldsymbol{u})$.

Im Fall der rechteckigen Pupille mit Durchmesser D ist die räumliche Grenzfrequenz $u_{\mathrm{k,c}}$ proportional zu D.

Greift man in der Beugungsebene, in der das Spektrum des Objekts erscheint, ein, kann man den Konstrast der Bilder durch Filterung der räumlichen Frequenzen erhöhen. Diese Filterung ist die Grundlage mehrerer Techniken (Dunkelfeldverfahren, Schlierenmethode, Phasenkontrastverfahren, usw.).

2. Unter *inkohärenter* Beleuchtung addieren sich die Intensitäten, was zu einer Faltungsrelation für Intensitäten führt:

$$I_{\mathrm{b}}(\boldsymbol{x}_{\mathrm{b}}) = \int I_{\mathrm{o}}(\boldsymbol{x}_{\mathrm{o}}) H(\boldsymbol{x}_{\mathrm{b}} - \boldsymbol{x}_{\mathrm{o}}) \mathrm{d}^2 \boldsymbol{x}_{\mathrm{o}},$$

wobei $H(\boldsymbol{x})$ die inkohärente Impulsantwort und $\underline{\widehat{H}}$ die inkohärente Übertragungsfunktion ist. Die normierte Übertragungsfunktion stellt die optische Übertragungsfunktion $\widehat{H}(\boldsymbol{u})$ (OTF) dar. Hier verhält sich das optische System ebenfalls wie ein Tiefpaßfilter, ist aber nicht mehr binär, und die Breite von $\underline{\widehat{H}}(\boldsymbol{u})$ ist die doppelte wie die von $\underline{\widehat{K}}(\boldsymbol{u})$. Die räumliche Grenzfrequenz unter inkohärenter Beleuchtung, $u_{\mathrm{k,i}}$, ist die doppelte wie unter kohärenter Beleuchtung.

Die astronomische Beobachtung mittels Teleskopen stellt ein Feld dar, das ausschließlich der Bilderzeugung unter inkohärenter Beleuchtung vorbehalten ist. Die Analyse unterscheidet sich nur in den verwendeten Raumvariablen, die hier nicht kartesische Koordinaten, sondern Polarkoordinaten sind. In diesem Fall erhalten wir bei Abwesenheit von atmosphärischen Störungen das wichtige Ergebnis für den Zusammenhang zwischen der inkohärenten Grenzkreisfrequenz w_{g} und der Winkelauflösungsgrenze $\Delta\theta$:

$$w_{\mathrm{g}} = \frac{D}{\lambda} \quad \text{und} \quad \Delta\theta = \frac{1}{w_{\mathrm{c}}} = \frac{\lambda}{D}.$$

Die atmosphärischen Störungen begrenzen den Wert des Teleskopdurchmessers D auf den Wert des Friedschen Parameters r_0, der für optische Wellenlängen etwa 20 cm beträgt.

Die Untersuchung der Bildentstehung unter kohärenter und inkohärenter Beleuchtung ist die Grundlage für eine Bearbeitung von optischen Bildern oder allgemeiner von Information. Eine solche Bearbeitung geht vor allem vom Konzept der Fourier-Transformation aus, die die Fraunhoferschen Beugungsbilder mathematisch zu beschreiben vermag. Hierbei werden in großem Umfang die Möglichkeiten eingesetzt, die die modernen Rechner bieten.

30.8 Aufgaben

A30.1 Durchlässigkeit eines Spaltgitters
Wir erinnern an die Fourier-Entwicklung einer periodischen Funktion $f(x)$ der Periode a:

$$f(x) = \sum_{n=-\infty}^{n=\infty} c_n \exp\left(\mathrm{i}2\pi n \frac{x}{a}\right) \quad \text{mit} \quad c_n = \frac{1}{a}\int_0^a f(x)\exp\left(-\mathrm{i}2\pi n\frac{x}{a}\right)\mathrm{d}x.$$

Ermitteln Sie die Fourier-Entwicklung der Durchlässigkeitsfunktion $t(x)$ eines Gitters der Gitterkonstanten a, unendlicher Ausdehnung und mit einem Spalt der Breite ϵ als Gitterlement. Wählen Sie den Ursprung so, daß die Durchlässigkeitsfunktion gerade ist.

Formulieren Sie $f(x)$ als Summe reeller Funktionen. Berechnen Sie für $a/\epsilon = 6$ die ersten 6 Koeffizienten!

A30.2 Durchlässigkeit eines sinusförmigen Gitters verdoppelter Frequenz

1. Bestimmen Sie die Fourier-Reihe für ein sinusförmiges Gitter doppelter Frequenz.
2. Bestimmen Sie den Zusammenhang zwischen diesen Fourier-Koeffizienten und denen für ein sinusförmiges Gitter mit einfacher Frequenz.

A30.3 Fresnelsche Beugungsfigur einer rechteckigen Öffnung
Eine monochromatische ebene Welle breitet sich entlang der Oz-Achse aus und wird an einer rechteckigen Öffnung in der Oxy-Ebene gebeugt. Wir bezeichnen mit a_1 und $a_2 = a_1 + a$ die Koordinaten der Ränder entlang der Ox-Achse und mit b_1 und $b_2 = b_1 + b$ die analogen Koordinaten entlang der Oy-Achse.

1. Ermitteln Sie als Funktion der Fresnelschen Integrale die komplexe Amplitude der gebeugten Welle in der Fresnelschen Näherung.
2. Geben Sie auf der Cornu-Spirale eine einfache geometrische Darstellung der Intensität an, die zu diesen komplexen Amplituden gehört.
3. Bestimmen Sie die Fresnelsche Beugungsfigur für einen Schirmrand: Die Öffnung ist die Halbebene $x > 0$.

A30.4 Fresnelsche Beugung an einem kreisförmigen Gitter
Man beleuchtet senkrecht mit einer monochromatischen ebenen Welle einen Schirm, der aus konzentrischen, abwechselnd hellen und dunklen Kreisen besteht. Die entsprechende Durchlässigkeitsfunktion des Schirms hat die Form:

$$t(r) = \frac{1}{2}\left[1 + \operatorname{sign}\cos\left(\frac{r^2}{a^2}\right)\right]\operatorname{circ}\left(\frac{r}{D}\right) \quad \text{mit} \quad \operatorname{circ}\left(\frac{r}{D}\right) = 1 \quad \text{für} \quad r \leq \frac{D}{2}$$

und 0 sonst.

1. Zeigen Sie, daß die periodische Rechtecksfunktion $\operatorname{rec}(x)$ der Periode a mit Werten zwischen 0 und 1 die folgende Entwicklung besitzt:

$$\operatorname{rec}(x) = \sum_{m=-\infty}^{\infty} \frac{1}{2}\frac{\sin \pi m/2}{\pi m/2}\exp\left(\mathrm{i}2\pi\frac{mx}{a}\right).$$

2. Leiten Sie ohne Rechnung ab, daß der Schirm sich wie eine Linse mit mehreren Brennpunkten, deren Lage als Funktion von a und m zu bestimmen ist, verhält.

A30.5 Unterdrückung der kontinuierlichen Anteile eines Gitters
Man erzeugt das Bild eines Spaltgitters der Gitterkonstanten a und der Gitterbreite $3a/4$ mit Hilfe eines Systems zur Bilderzeugung unter kohärenter Beleuchtung (Abbildung 30.3). In die Spektralebene des Objektes wird ein kleiner undurchsichtiger Schirm auf der optischen Achse eingeführt.

1. Zeichnen Sie die Funktion $\psi_o(x_o)$. Wo befinden sich die räumlichen Frequenzen des Objektes (d. h. wo ist die Spektralebene)?
2. Welches ist der mittlere Wert der Objektfunktion $\psi_o(x_o)$? Bestimmen Sie das Spektrum $\widehat{\psi}_o(u)$ des Objektes und das des Bildes, $\widehat{\psi}_b(u)$.
3. Ermitteln Sie die Funktion $\psi_b(x_b)$ in der Bildebene nach der Korrektur des Termes mit dem Abbildungsmaßstab. Leiten Sie daraus die Intensitätsverteilung in der Bildebene ab!
4. Zeichnen Sie die Funktion $\psi_b(x_b)$ in der um den Abbildungsmaßstab korrigierten Bildebene! Schließen daraus auf den Graphen der Intensitätsverteilung $I(x_b)$ in der Bildebene!

A30.6 Bild eines Gitters unter kohärenter Beleuchtung. Abbesches Experiment
Wir benutzen den Aufbau $4f$ mit $f = 20$ cm, um unter kohärenter Beleuchtung die Erzeugung eines Bildes eines Amplitudengitters mit 50 Linien pro Millimeter (Abbildung 30.4) zu untersuchen. Die Vakuumwellenlänge des verwendeten Lichtes beträgt $\lambda = 632{,}8$ nm.

1. Beschreiben Sie das Aussehen der Brennebene von L_1. Verknüpfen Sie die beobachtete Intensitätsverteilung mit den charakteristischen Größen des Gitters, Gitterkonstante a, Gesamtbreite L, Breite ϵ des Gitterelementes, und stellen Sie die Intensitätsverteilung der Lichtwelle in der Brennebene graphisch dar. Wie groß ist in Millimetern die charakteristische Periode dieser Verteilung? Vernachlässigen Sie im folgenden den Einfluß von ϵ.
2. Die Pupille ist ein Spalt der Breite l, der um die optische Achse zentriert ist. Wie sieht die Intensitätsverteilung in der Bildebene des Gitters aus, wenn $1/a > l/(2\lambda f)$ gilt?
3. Bestimmen Sie die Intensitätsverteilung für einen weiteren Spalt mit $1/a < l/(2\lambda f) < 3/(2a)$.
4. Mit einer Maske in der Brennebene von L wählt man nur die Peaks 0, -3, $+3$, -6, $+6, \ldots$ aus. Wie sieht das entsprechende Bild aus?

A30.7 Kontrast eines Doppelspaltes unter kohärenter Beleuchtung
Mit dem Aufbau $4f$ wird das Bild zweier unendlich schmaler Spalte, die einen Abstand a zueinander haben, erzeugt (Abbildung 30.4). Diese beiden Spalte haben die Koordinaten $x_0 = a/2$ und $x_0 = -a/2$. Sie weisen eine Phasendifferenz ϕ_0 auf, die durch einen Phasenschieber vor einem der Spalte erzeugt wird.

1. Ermitteln Sie die komplexe Amplitudenverteilung ψ_b sowie die der Intensität I_b in der Bildebene.
2. Der Abstand zwischen den Spalten beträgt $a = \lambda f/D$ mit der Größe D des beugenden Spaltes, der die Pupille darstellt. Bestimmen Sie die Intensitätsverteilung für die folgenden drei Fälle: $\phi_0 = 0$, $\phi_0 = \pi/2$ und $\phi_0 = \pi$. Vergleichen Sie diese Intensitätsverteilungen mit denjenigen, die man bei inkohärenter Beleuchtung erhalten hätte. Was folgern Sie daraus?

A30.8 Dunkelfeldverfahren und Phasenkontrast
Unter kohärenter Beleuchtung wird das reelle Bild eines reellen eindimensionalen Objektes durch eine dünne konvergente Linse L der bildseitigen Brennweite f erzeugt (Abbildung

30.3). Dieses Objekt kann durch eine komplexe Durchlässigkeitsfunktion $t(x)$ der Gesamtbreite a dargestellt werden. Der zentrale Teil der Breite ϵ besitzt eine Durchlässigkeit $\exp(\mathrm{i}\phi_0)$ mit der Konstanten ϕ_0. Das Objekt ist ein Phasenobjekt kleiner Phase: $\phi_0 \ll \pi$.

1. Zeigen Sie, daß $t(x)$ in der Form $t(x) = t_1(x) + \mathrm{i}\phi_0 t_2(x)$ geschrieben werden kann; $t_1(x)$ und $t_2(x)$ sind die zu bestimmenden Durchlässigkeiten der beiden Spalte. Berechnen Sie die Intensitätsverteilung in der bildseitigen Brennebene der Linse L. Die Vakuumwellenlänge der verwendeten monochromatischen Strahlung sei λ.
2. In der Brennebene wird ein rechteckiger Schirm der Breite $2\lambda f/a$ und großer Ausdehnung entlang Oy eingeführt. Was kann man in der konjugierten Ebene der Objektebene beobachten?
3. Man ersetzt den Schirm durch ein Phasenplättchen, das eine Phasenverschiebung von $\pi/2$ bewirkt. Was beobachtet man in der Bildebene?

A30.9 Bild eines Phasenobjektes in der Elektronenmikroskopie
Ein Objekt, das aus einem dünnen Plättchen eines amorphen Materials besteht, wird durch eine einfallende monochromatische ebene Welle senkrecht beleuchtet. Ihre komplexe Durchlässigkeit hat die folgende Form:

$$\underline{\psi}(x_\mathrm{o}) = \exp[\mathrm{i}\phi(x_\mathrm{o})] \quad \text{mit} \quad \phi(x_\mathrm{o}) = \phi_\mathrm{o} \cos\left(2\pi \frac{x_\mathrm{o}}{a}\right);$$

x_o ist die Koordinate in der Objektebene, ϕ_o eine Phasenkonstante, die sehr klein gegen 1 rad ist, und $a = 0{,}5$ nm ist eine Strecke.

1. Ermitteln Sie das Spektrum des Objektes, indem Sie die Terme dritter und höherer Ordnung vernachlässigen.
2. Bestimmen Sie unter der Annahme, daß die Frequenzbreite der Übertragungsfunktion des Mikroskops $\{-1,\, 1\}$ nm^{-1} beträgt, die Intensitätsverteilung in der Bildebene.
3. Wiederholen Sie die Rechnung für eine Frequenzbreite $\{-3,\, 3\}$ nm^{-1}.

A30.10 Filterung nach dem Foucaultschen Schneidenverfahren
Das Foucaultsche Schneidenverfahren besteht darin, die Hälfte des Spektrums eines Phasenobjektes kleiner Phase bei der Bildentstehung unter kohärenter Beleuchtung zu verdecken.

1. Drücken Sie mit Hilfe der Funktion $\mathrm{sign}(x)$ die Durchlässigkeit in der Spektralebene aus. Folgern Sie daraus die kohärente Übertragungsfunktion unter Vernachlässigung der Linsenhalterung.
2. Ermitteln Sie daraus die komplexe Amplitude $\psi_\mathrm{b}(x_\mathrm{b})$ der Welle in der Bildebene als Funktion der komplexen Amplitude $\psi_\mathrm{o}(x_\mathrm{o})$ in der Objektebene:

$$\psi_\mathrm{b}(x_\mathrm{b}) = \frac{1}{2}\left[\psi_\mathrm{o}(x_\mathrm{o}) + \frac{\mathrm{i}}{\pi}\int \frac{\psi_\mathrm{o}(x_\mathrm{o})}{x_\mathrm{b} - x_\mathrm{o}} \mathrm{d}x_\mathrm{o}\right].$$

3. Das Phasenobjekt ist durch die Funktion

$$\psi_\mathrm{o}(x_\mathrm{o}) = 1 + \phi(x_\mathrm{o}) \quad \text{mit} \quad \phi(x_\mathrm{o}) = \alpha\, \mathrm{rect}\left(\frac{x_\mathrm{o}}{a}\right)$$

charakterisiert. Zeigen Sie, daß die Intensität in der Bildebene durch den Ausdruck

$$I_\mathrm{b}(x_\mathrm{b}) = \frac{1}{4}\left[1 - \frac{2\alpha}{\pi}\int \frac{\mathrm{rect}(x_\mathrm{o}/a)}{x_\mathrm{b} - x_\mathrm{o}} \mathrm{d}x_\mathrm{o}\right]$$

gegeben ist. Kommentieren Sie dieses Ergebnis.

A30.11 Kontrastblende in der Elektronenmikroskopie
Eine Materialprobe unter dem Elektronenmikroskop kann als eindimensionales Phasenobjekt aufgefaßt werden, dessen Durchlässigkeit durch die folgende Funktion beschrieben wird:

$$\exp[\mathrm{i}\phi(x_\mathrm{o})] \quad \text{mit} \quad \phi(x_\mathrm{o}) = \alpha \quad \text{für} \quad x_\mathrm{o} > 0 \quad \text{und} \quad \phi(x_\mathrm{o}) = -\alpha \quad \text{für} \quad x_\mathrm{o} < 0.$$

α ist eine Konstante. Es gilt also $\phi(x_\mathrm{o}) = \alpha\,\mathrm{sign}(x_\mathrm{o})$. Das Objektiv wird durch eine konvergente dünne Linse der Brennweite $f = 1$ cm beschrieben. Das Objekt wird kohärent durch eine monochromatische ebene Elektronenwelle der Wellenlänge 4 pm beleuchtet und liegt praktisch in der objektseitigen Brennebene des Objektivs. Eine beugende Pupille, die aus einem zu der x_o-Achse senkrechten Spalt der Breite $D = 40\,\mu$m besteht, liegt in der bildseitigen Brennebene.

1. Zeigen Sie, daß das räumliche Spektrum des Objekts die Form
$$\cos\alpha\,\delta(u) + C\sin\alpha\frac{1}{u}$$
hat, C ist ein zu bestimmender numerischer Faktor.
2. Das Instrument verhält sich, als ob der Spalt der Breite D in der Ebene der Linse plaziert worden sei. Bestimmen Sie den Ausdruck für die kohärente Übertragungsfunktion, wenn die Linsenhalterung vernachlässigbar ist. Bestimmen Sie daraus die kohärente räumliche Grenzfrequenz $u_{\mathrm{g,k}}$. Berechnen Sie ihren Wert in nm^{-1} und den ihres Inversen. Kommentieren Sie das Ergebnis.
3. Zeigen Sie, daß die komplexe Amplitude $\psi_\mathrm{b}(x_\mathrm{b})$ der Welle in der Bildebene die Form:
$$\underline{\psi}_\mathrm{b}(x_\mathrm{b}) = \cos\alpha + \mathrm{i}C'\sin\alpha\;\mathrm{Si}(2\pi u_k x_\mathrm{b}) \quad \text{mit} \quad \mathrm{Si}(w) \equiv \int_0^w \frac{\sin X}{X}\,\mathrm{d}X$$
hat. C' ist ein reeller numerischer Faktor, der zu bestimmen ist, und x_b ist die Variable in der um den Abbildungsmaßstab des optischen Systems korrigierten Bildebene.
4. Leiten Sie daraus den Konstrast $C_\mathrm{b} \equiv I_\mathrm{b} - 1$ ab! Gegen welchen Grenzwert geht der Kontrast für wachsendes D der Blende? Kommentieren Sie. Wir erinnern an $\mathrm{Si}(\infty) = \pi/2$.

A30.12 Kontrast eines Phasenobjektes durch mangelnde Scharfeinstellung
Mittels eines Elektronenmikroskops beobachtet man ein Phasenobjekt kleiner Phase, das durch eine monochromatische ebene Elektronenwelle der Wellenlänge 4 pm beleuchtet wird. Dieses eindimensionale Objekt wird durch die Funktion $\psi(x_\mathrm{o}) \approx 1 + \mathrm{i}\phi(x_\mathrm{o})$ charakterisiert und liegt praktisch in der objektseitigen Brennebene der konvergenten dünnen Linse der Brennweite f, die das Mikroskopobjektiv repräsentiert. Ein Spalt der Breite D und senkrecht zu der x_o-Achse ist die beugende Pupille und liegt in der bildseitigen Brennweite.

1. Ist die Breite D ausreichend, verschwindet in der Bildebene jeglicher Kontrast. Begründen Sie diesen Umstand!
2. Stellt man auf die Beobachtungsebene unscharf ein, stellt man eine Erhöhung des Kontrastes fest. Zeigen Sie, daß die kohärente Übertragungsfunktion die Form
$$\underline{\widehat{K}}(u) = \exp(\mathrm{i}k\Delta z)\widehat{K}_0(u)\exp[-\mathrm{i}\gamma(u)] \quad \text{mit} \quad \gamma(u) = \pi\lambda\Delta z u^2$$
hat. Dabei ist Δz der Abstand zwischen der Beobachtungsebene und der Ebene, auf die scharf gestellt wird, in Richtung des Objektraumes und $\underline{\widehat{K}}_0(u)$ eine zu bestimmende Funktion.

3. Ermitteln Sie den Ausdruck für das Spektrum $\widehat{C}(u)$ des Kontrastes $C(x_b) = I_b - 1$ als Funktion von $\widehat{\phi}(u)$, $\sin\gamma(u)$ und $D(\lambda f u)$.

A30.13 Kohärente Übertragungsfunktion in Anwesenheit sphärischer Aberrationen
Bei unscharfer Einstellung und mit sphärischen Aberrationen hat die kohärente Übertragungsfunktion eines Mikroskops die Form:

$$\widehat{\underline{K}}(u) = P(\lambda f u)\exp[-\mathrm{i}\gamma(u)] \quad \text{mit} \quad \gamma(u) = \pi\lambda\Delta z u^2 + \frac{\pi}{2}C_s\lambda^3 u^4.$$

Hierbei ist Δz wieder der Abstand zwischen der Ebene der Scharfeinstellung und der Beobachtungebene in Richtung des Objektraumes, C_s ist der Koeffizient der sphärischen Aberration (Kapitel 10) und $P(x)$ die Pupillenfunktion.

1. Wie groß ist in nm^{-1} die räumliche Grenzfrequenz des Objektivs, wenn die Brennweite $f = 6$ mm, die Wellenlänge $\lambda = 2$ pm und der Durchmesser der kreisförmigen Blende $D = 1{,}2$ mm beträgt?
2. Zeigen Sie, daß $\gamma(u)$ ein Minimum für negatives Δz passiert. Für welchen Wert von Δz nimmt $\gamma(u)$ den Wert $-\pi/2$ an?

A30.14 Kontrast eines Doppelspaltes unter inkohärenter Beleuchtung, Rayleighsches Kriterium
Man erzeugt mit Hilfe einer konvergenten dünnen Linse das Bild eines reellen Objektes, das aus zwei unendlich schmalen Spalten mit Abstand a besteht. Direkt gegen die Linse wird ein Spalt der Breite D gesetzt. Wir nehmen an, daß das Objekt räumlich inkohärent ist und durch eine monochromatische Welle der Wellenlänge λ beleuchtet wird.

1. Wie sieht die Intensitätsverteilung $I_b(x_b)$ in der Bildebene aus, wenn x_b die Koordinate entlang der Geraden ist, die die beiden Spalte verbindet?
2. Geben Sie die Intensitätsverteilung $I_b(x_b)$ für den Fall an, in dem der Abstand a zwischen den beiden Spalten dem Rayleighschen Kriterium genügt. Berechnen Sie, um wieviel Prozent die Vertiefung in der Intensitätsverteilung gegenüber den Maxima geringer ist. Sie erlaubt die Trennung der beiden entstehenden Bilder der Spalte.

A30.15 Optische Übertragungsfunktion einer Linse
Mit einer Linse der Brennweite $f = 20$ cm wird das Bild eines Objektes, das sich 30 cm vor der Linse befindet, erzeugt. Die Wellenlänge beträgt $\lambda = 550$ nm.

1. Die Halterung der Linse ist ein Spalt der Breite $a = 5$ cm. Berechnen Sie die inkohärente räumliche Grenzfrequenz $u_{g,i}$.
2. Die Halterung der Linse ist eine Kreisblende mit Durchmesser 5 cm. Zeigen Sie, daß $\widehat{H}_n(\rho)$ die Form

$$\widehat{H}_n(\rho) = \frac{2}{\pi}\left[\arccos\left(\frac{\rho}{u_{g,i}}\right) - \frac{\rho}{u_{g,i}}\left(1 - \frac{\rho}{u_{g,i}^2}\right)\right]^{\frac{1}{2}}$$

besitzt.

3. Tragen Sie im gleichen Achsensystem $\widehat{H}_n$ für die Spalt- und die Kreisblende auf.

A30.16 Räumliche Grenzfrequenz unter kohärenter und inkohärenter Beleuchtung
Eine konvergente dünne Linse der Brennweite $f = 20$ cm bildet ein sinusförmiges Gitter der Form

$$\psi_o(x_o) = \frac{1}{2}[1 + \sin(2\pi u_o x_o)]$$

ab. u_o beträgt 10^2 mm^{-1}. Dieses Objekt befindet im Abstand von $d_o = 25$ cm vor der Linse. Die Wellenlänge beträgt $\lambda = 632{,}8$ nm.

1. Wie groß muß unter kohärenter Beleuchtung der kleinste Durchmesser D_m der Linse sein, wenn die periodische Struktur des Objektes abgebildet werden soll? Geben Sie die resultierende Periode in der Bildebene an!
2. Führen Sie die gleiche Aufgabe für inkohärente Beleuchtung durch!

A30.17 Einfluß einer Abdeckung des Zentrums einer Teleskoppupille
Wir wollen untersuchen, wie sich die Abdeckung des zentralen Teils der Pupille eines Cassegrainschen Teleskops durch den sekundären Spiegel auswirkt. Hierfür beschreiben wir die Pupille schematisch durch einen Spalt der Breite D, dessen zentraler Bereich durch einen Schirm der Breite a entlang dem Spalt abgedeckt wird.

1. Zeigen Sie, daß die OTF des Teleskops durch die folgende Gleichung beschrieben wird:
$$\widehat{H}_n(u) = \frac{D}{D-a}\,\widehat{H}_{0,D}(u) + \frac{a}{D-a}\,\widehat{H}_{0,a}(u) - 2\widehat{H}_{01}(u).$$
$\widehat{H}_{0,D}(u)$ ist die OTF des Spaltes der Breite D, $\widehat{H}_{1,a}(u)$ die eines Spaltes der Breite a und $\widehat{H}_{01}(u)$ eine Funktion, die bestimmt werden soll.
2. Stellen Sie $\widehat{H}_n(u)$ für den Fall $a/D = 0{,}2$ graphisch dar!

A30.18 Apertursynthese zur Auflösung eines Doppelsternes
Die Öffnung eines Teleskops enthält zwei zur optischen Achse symmetrische Spalte im Abstand a. Das Instrument der Brennweite $f = 50$ m weist in Richtung eines stellaren Objektes, das aus zwei Punktquellen besteht. Die erste der Intensität I_1 liegt im Zentrum des Gesichtsfeldes und die zweite, deren Intensität I_2 sehr viel kleiner ist als I_1, befindet sich in einem Abstand $d_o\theta$ zum Zentrum, wobei d_o der Abstand der Sternes zum Instrument und θ der Winkelabstand zwischen den beiden Teilen des Doppelsterns ist. Man bezeichnet mit Ox_o die verbindende Achse der beiden Teile des Doppelsterns. Die emittierte Strahlung wird als monochromatisch bei der Wellenlänge $\lambda = 560$ nm angenommen.

1. Zuerst betrachten wir den vereinfachten Fall, daß nur die Hauptkomponente des Sternes vorliegt.
Wie sieht dann die Intensität $I_o(x_o)$ in der Objektebene als Funktion der eindimensionalen Ortsvariable x_o aus? Berechnen Sie das Spektrum $\widehat{I}_o(u)$!
2. Die beiden Spalte der Breite ϵ sind senkrecht zu Ox_o. Wir bezeichnen mit x die Ortsvariable, die auf einer Achse in der Pupillenebene liegt, ihren Ursprung auf der optischen Achse hat und senkrecht zu den Spalten ist. Geben Sie die Pupillenfunktion $P(x)$ an! Zeigen Sie, daß die OTF die Form
$$\widehat{H}_n(u) = C(u) + \frac{1}{2}C(u-u_o) + \frac{1}{2}C(u+u_o)$$
besitzt. $C(u)$ ist eine noch zu bestimmende Funktion und u_o eine Größe, die als Funktion von a, d_o und λ auszudrücken ist. Zeichnen Sie den Graphen $\widehat{H}_n(u)$!
3. Im folgenden wird die Breite der Spalte vernachlässigt. Wie sieht für diesen Fall $\widehat{H}_n(u)$ aus?
4. Bestimmen Sie das Spektrum $\widehat{I}_b(u)$ der Intensitätsverteilung in der Bildebene, wenn das Objekt sich auf die Hauptkomponente reduziert. Schließen Sie daraus auf die entsprechende Intensitätsverteilung $I_b(x_b)$ und beschreiben Sie das in der Bildebene beobachtete Phänomen! Berechnen Sie unter Beachtung des Abbildungsmaßstabes die räumliche Periode der Erscheinung in Millimetern, wenn $a = 1$ cm beträgt.

5. Wie sehen die Ausdrücke für $I_o(x_o)$ und $\widehat{I}_o(u)$ aus, wenn man den Einfluß der zweiten Komponenten nicht mehr vernachlässigt?
6. Bestimmen Sie das Spektrum $\widehat{I}_b(u)$ der Intensitätsverteilung in der Bildebene!
7. Zeigen Sie, daß die Intensitätsverteilung in der Bildebene, $I_b(x_b)$, durch die folgende Funktion beschrieben wird:

$$I_b(x_b) = (I_1 + I_2)\left\{1 + \mathrm{Re}\left[\underline{\gamma}_s \exp\left(\mathrm{i}2\pi \frac{a x_b}{\lambda d_o}\right)\right]\right\}.$$

γ_s ist komplex und als Funktion von I_1, I_2, θ, a und λ zu bestimmen.
8. Läßt man den Abstand a anwachsen, stellt man fest, daß V als Betrag von γ_s für $a = 10$ cm minimal wird. Leiten Sie daraus den Winkelabstand θ in Bogensekunden ab!

A30.19 Apertursynthese unter kohärenter Beleuchtung
Ein kohärentes Objekt mit komplexer Amplitude $\psi_o(x_o)$ beleuchtet ein Teleskop der Brennweite f, dessen Öffnung mit einer Doppelspaltblende abgedeckt ist. Die beiden Spalte weisen einen Abstand a zueinander auf.

1. Geben Sie die um den Abbildungsmaßstab korrigierte komplexe Amplitude der Welle, $\psi_b(x_b)$, in der Bildebene als Funktion des Spektrums $\widehat{\psi_o^n}(u)$ der normierten Objektfunktion an!
2. Schließen Sie daraus auf die Intensität $I_b(x_b)$ und den Kontrast $V_{\mathrm{koh}}(u)$ als Funktion von $u = a/(\lambda d_o)$ mit dem Abstand Objekt–Teleskop d_o.
3. Bestimmen Sie die Funktion $V_{\mathrm{koh}}(u)$ für den Fall, bei dem das kohärente Objekt aus zwei Punktquellen im Abstand s und gleicher Anplitude besteht; das Teleskop sei in Richtung des Mittelpunktes des Objektes orientiert. Verwenden Sie den Winkelabstand $\theta = s/d_o$ zwischen den beiden Komponenten!
4. Vergleichen Sie die so bestimmte Funktion $V_{\mathrm{koh}}(u)$ mit der Funktion $V_{\mathrm{ink}}(u)$, die man für ein inkohärentes Objektes erhalten hätte. Berechnen Sie den kohärenten und inkohärenten Kontrast für $a\theta/\lambda = 1/3$.

A30.20 Optische Übertragungsfunktion bei unscharfer Einstellung
Mit Hilfe einer konvergenten dünnen Linse vom Durchmesser $D = 6$ cm und der Brennweite $f = 10$ cm wird das Bild eines reellen Objektes, das sich im Abstand $d_o = 15$ cm vor der Linse befindet, gebildet. Wir nehmen an, daß die Scharfeinstellung nicht auf die Beobachtungsebene, sondern auf eine Ebene Δz vor der konjugierten Ebene der Objektebene erfolgt.

1. Wie sieht die inkohärente Impulsantwort des Systems aus? Leiten Sie daraus die OTF ab!
2. Die OTF verschwindet das erste Mal für die räumliche Frequenz $\rho = \rho_1 = 10^3\ \mathrm{m}^{-1}$. Schließen Sie daraus auf Δz.

A30.21 Bild eines periodischen Objektes unter kohärenter und inkohärenter Beleuchtung
Ein kohärentes Objekt wird durch periodische Durchlässigkeit der Form $\psi_o(x_o) = \cos(2\pi u_o x_o)$ mit der räumlichen Frequenz $u_o = 2u_{g,k}/3$ ($u_{g,k}$ ist durch einen Spalt vor der Linse, die das Bild des Objektes erzeugt, gegeben), charakterisiert.

1. Welches ist die Intensitätverteilung $I_b(x_b)$? Bestimmen Sie daraus $\widehat{I}_b(u)$!
2. Führen Sie die gleiche Aufgabe für inkohärente Beleuchtung durch. Kommentieren Sie die Ergebnisse!

31 Lichtausbreitung in anisotropen Medien

In den bisher betrachteten *isotropen* Medien spielte der vektorielle Charakter des elektrischen Feldes, wie er in der Maxwellschen Theorie auftaucht, keine entscheidende Rolle. Daher haben wir die Beugungs- und Interferenzerscheinungen zwischen zwei Lichtbündeln untersuchen können, ohne uns um diesen Vektorcharakter der Feldgröße zu kümmern.

Wir wollen nun in diesem Kapitel die Lichtausbreitung in *linearen anisotropen* Medien, für die die optischen Eigenschaften von der Ausbreitungsrichtung abhängen, untersuchen. In diesen Medien sind der Wellenvektor und der zu der Welle gehörende Lichtstrahl *nicht mehr kollinear* und außerdem gibt das Fermatsche Prinzip hier nur die Kurve senkrecht zu den Wellenflächen.

Als erstes wollen wir die elektromagnetische Theorie auf die anisotropen Medien anwenden.

31.1 Elektromagnetische Theorie anisotroper Medien

Ausgangspunkt der elektromagnetischen Theorie der anisotropen Medien sind die vier Maxwellschen Gleichungen im Medium. Die ersten beiden sind die Bestimmungsgleichungen des elektromagnetischen Feldes

$$\operatorname{rot} \boldsymbol{E} = -\frac{\partial \boldsymbol{B}}{\partial t}, \qquad \operatorname{div} \boldsymbol{B} = 0; \tag{31.1}$$

die anderen beiden Gleichungen verknüpfen diese Felder mit den Quellen. Da in unserem Fall weder äußere Ladungsdichten noch Stromdichtevektoren vorliegen, haben diese Gleichungen die Form:

$$\operatorname{div} \boldsymbol{D} = 0, \qquad \operatorname{rot} \boldsymbol{H} = \frac{\partial \boldsymbol{D}}{\partial t}. \tag{31.2}$$

Hierbei ist $\boldsymbol{D}$ der Vektor der elektrischen Verschiebung und $\boldsymbol{H}$ der Vektor für magnetische Feldstärke.

31.1.1 Materialgleichungen in dielektrischen anisotropen Medien

Die betrachteten Medien sind dielektrisch, *linear*, *nichtmagnetisch* und nichtabsorbierend. Für diese haben die Materialgleichungen im *Inneren* der Medien die folgende Form:

$$\boldsymbol{P} = [\chi_\mathrm{e}]\epsilon_0 \boldsymbol{E} \quad \text{und} \quad \boldsymbol{M} = \boldsymbol{0}. \tag{31.3}$$

Hierbei ist $\boldsymbol{P}$ der Vektor der elektrischen Polarisation, $\boldsymbol{M}$ die spezifische Magnetisierung, die hier verschwindet, und $[\chi_\mathrm{e}]$ ist ein Operator, der sogenannte *elektrische Suszeptibilitätstensor*. Dieser Operator, der $\boldsymbol{P}$ mit $\boldsymbol{E}$ verknüpft ist, hat in einer dreidimensionalen, orthonormalen Basis, die dem dreidimensionalen Raum entspricht, die Form einer quadratischen Matrix mit 9 Elementen. Daraus folgen die Beziehungen zwischen den Feldern $\boldsymbol{D}$ und $\boldsymbol{E}$ auf der einen Seite und $\boldsymbol{H}$ und $\boldsymbol{B}$ auf der anderen Seite, die sogenannten Materialgleichungen:

$$\boldsymbol{D} = \epsilon_0 \boldsymbol{E} + \boldsymbol{P} = \epsilon_0 \boldsymbol{E} + [\chi_\mathrm{e}]\epsilon_0 \boldsymbol{E} = [\epsilon]\boldsymbol{E} = \epsilon_0 [\epsilon_\mathrm{r}]\boldsymbol{E} \tag{31.4}$$

und

$$\boldsymbol{H} = \frac{\boldsymbol{B}}{\mu_0} - \boldsymbol{M} = \frac{\boldsymbol{B}}{\mu_0}. \tag{31.5}$$

$[\epsilon]$ und $[\epsilon_\mathrm{r}]$ sind die *absoluten* bzw. *relativen dielektrischen Permittivitätstensoren.* Sie sind mit $[\chi_\mathrm{e}]$ über

$$[\epsilon] = \epsilon_0([1] + [\chi_\mathrm{e}]) \quad \text{und} \quad [\epsilon_\mathrm{r}] = [1] + [\chi_\mathrm{e}] \tag{31.6}$$

verknüpft. [1] bezeichnet den Einheitstensor. In einer beliebigen Basis ist der Tensor $[\epsilon]$ eine Matrix der Form

$$\begin{bmatrix} \epsilon_{xx} & \epsilon_{xy} & \epsilon_{xz} \\ \epsilon_{yx} & \epsilon_{yy} & \epsilon_{yz} \\ \epsilon_{zx} & \epsilon_{zy} & \epsilon_{zz} \end{bmatrix}. \tag{31.7}$$

Die betrachteten Matrizen sind diagonalisierbar, d. h., es existiert eine Basis, die sogenannte *Hauptachsenbasis*, für die alle Matrixelemente außer den Diagonalelementen null sind. Diese Achsen werden als *Hauptachsen* bezeichnet und die Matrixelemente sind die *dielektrischen Hauptpermittivitäten.* In der Hauptachsenbasis hat der Tensor $[\epsilon]$ die Form:

$$\begin{bmatrix} \epsilon_1 & 0 & 0 \\ 0 & \epsilon_2 & 0 \\ 0 & 0 & \epsilon_3 \end{bmatrix}. \tag{31.8}$$

Die Suche nach einer solchen Basis wird vereinfacht, wenn Symmetrieelemente in der Mikrostruktur des Materials berücksichtigt werden.

Bemerkung: Diese dielektrischen Relationen sind analog zu denen, die in der Mechanik den Drehimpuls $\boldsymbol{L}$ eines Festkörpers, der einen Fixpunkt besitzt, mit dem Trägheitsmoment verknüpfen. Hier gilt $\boldsymbol{L} = [I]\omega$, mit dem Trägheitstensor $[I]$, der in einer dreidimensionalen Orthonormalbasis durch eine quadratische Matrix mit 9 Elementen dargestellt werden kann. In der Hauptachsenbasis sind die Diagonalelemente die Hauptträgheitsmomente.

31.1.2 Struktur einer monochromatischen ebenen Welle in einem anisotropen Medium

Wir wollen nun nach den Lösungen der Maxwellschen Gleichungen suchen, für die die elektromagnetischen Felder ($\boldsymbol{E}$, $\boldsymbol{B}$) durch monochromatische ebene Wellen beschrieben werden:

$$\underline{\boldsymbol{E}} = \underline{\boldsymbol{E}}_{\mathrm{m}} \exp[-\mathrm{i}(\omega t - \boldsymbol{k} \cdot \boldsymbol{r})].$$

Die Maxwell-Gleichungen lauten mit diesem Ansatz:

$$\boldsymbol{k} \times \boldsymbol{E} = \mu_0 \omega \boldsymbol{H}, \qquad \boldsymbol{k} \cdot \boldsymbol{D} = 0 \tag{31.9}$$

und

$$\boldsymbol{k} \cdot \boldsymbol{H} = 0, \qquad \boldsymbol{k} \times \boldsymbol{H} = -\omega \boldsymbol{D}. \tag{31.10}$$

Das heißt, daß die Vektoren $\boldsymbol{D}$, $\boldsymbol{H}$ und $\boldsymbol{k}$ alle zueinander senkrecht stehen (Abbildung 31.1).

Die Ebene, in der $\boldsymbol{D}$ und $\boldsymbol{k}$ liegen, ist die *Polarisationsebene* der Welle, während die Ebene, die durch $\boldsymbol{D}$ und $\boldsymbol{H}$ aufgespannt wird und senkrecht auf $\boldsymbol{k}$ steht, die *Wellenfläche* ist, d. h. die Ebene, in der die Wellenphase den gleichen Wert besitzt.

Da das Medium linear ist, kann man eine elektromagnetische Energie des Feldes und des Materials einführen: Die Ausbreitungsrichtung der Lichtenergie und damit des Lichtstrahls ist durch den Poynting-Vektor $\boldsymbol{R}$ gegeben:

$$\boldsymbol{R} = \boldsymbol{E} \times \boldsymbol{H}. \tag{31.11}$$

Beachten Sie, daß $\boldsymbol{R}$ und $\boldsymbol{k}$ *nicht mehr kollinear* sind, wie es in den isotropen Medien der Fall war.

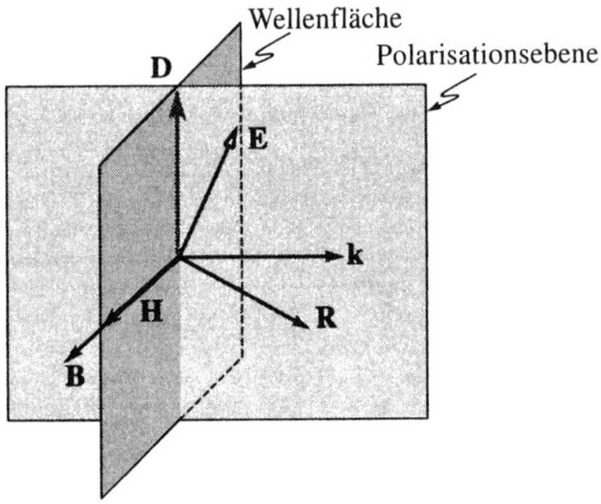

Abb. 31.1

31.1.3 Normalenfläche und Indexfläche

Die durch die Spitze K des Vektors $\boldsymbol{OK} = \boldsymbol{k}$ mit willkürlichem Ursprung O beschriebene Fläche wird *Normalenfläche* genannt.

Gleichung für die Normalenfläche und die Fresnelsche Gleichung

Da $\boldsymbol{k} \times (\boldsymbol{k} \times \boldsymbol{E}) = \mu_0\omega(\boldsymbol{k} \times \boldsymbol{H}) = -\mu_0\omega^2\boldsymbol{D}$ gilt, erhalten wir mit $\boldsymbol{k} \times (\boldsymbol{k} \times \boldsymbol{E}) = \boldsymbol{k}(\boldsymbol{k} \cdot \boldsymbol{E}) - k^2\boldsymbol{E}$ und $\boldsymbol{D} = [\epsilon]\boldsymbol{E}$:

$$k^2\boldsymbol{E} = -\mu_0\omega^2[\epsilon]\boldsymbol{E} = \boldsymbol{k}(\boldsymbol{k} \cdot \boldsymbol{E}). \tag{31.12}$$

Projizieren wir auf die *Hauptachsenbasis* $(\boldsymbol{e}_x, \boldsymbol{e}_y, \boldsymbol{e}_z)$, vereinfachen sich die Gleichungen zu:

$$\begin{aligned}
\frac{D_x}{\epsilon_1}(k^2 - k_1^2) &= k_x(\boldsymbol{k} \cdot \boldsymbol{E}),\\
\frac{D_y}{\epsilon_2}(k^2 - k_2^2) &= k_y(\boldsymbol{k} \cdot \boldsymbol{E}),\\
\frac{D_z}{\epsilon_3}(k^2 - k_3^2) &= k_z(\boldsymbol{k} \cdot \boldsymbol{E}),
\end{aligned} \tag{31.13}$$

wobei (k_x, k_y, k_z) die Komponenten von $\boldsymbol{k}$ und k_1^2, k_2^2, k_3^2 die folgenden Größen sind:

$$k_1^2 \equiv \epsilon_1\mu_0\omega^2, \qquad k_2^2 \equiv \epsilon_2\mu_0\omega^2, \qquad k_3^2 \equiv \epsilon_3\mu_0\omega^2. \tag{31.14}$$

Setzen wir die Audrücke für D_x, D_y, D_z in die Gleichung $\boldsymbol{k} \cdot \boldsymbol{D} = 0$ ein, erhalten wir:

$$k_x D_x + k_y D_y + k_z D_z = \epsilon_1 \frac{k_x^2}{k^2 - k_1^2}(\boldsymbol{k} \cdot \boldsymbol{E}) + \epsilon_2 \frac{k_y^2}{k^2 - k_2^2}(\boldsymbol{k} \cdot \boldsymbol{E}) + \epsilon_3 \frac{k_z^2}{k^2 - k_3^2}(\boldsymbol{k} \cdot \boldsymbol{E}) = 0 \tag{31.15}$$

oder, wegen $\boldsymbol{k} \cdot \boldsymbol{E} \neq 0$:

$$\boxed{\epsilon_1 \frac{k_x^2}{k^2 - k_1^2} + \epsilon_2 \frac{k_y^2}{k^2 - k_2^2} + \epsilon_3 \frac{k_z^2}{k^2 - k_3^2} = 0.} \tag{31.16}$$

Dies ist die Bestimmungsgleichung der *Normalenfläche.*

Man schreibt diese Gleichung häufig als Funktion der *Normalengeschwindigkeit* (Geschwindigkeit entlang $\boldsymbol{k}$). Führt man die Normquadrate der Geschwindigkeiten v, v_1, v_2, v_3 ein,

$$v^2 \equiv \frac{\omega^2}{k^2}, \tag{31.17}$$
$$v_1^2 \equiv \frac{\omega^2}{k_1^2} = \frac{1}{\epsilon_1 \mu_0}, \qquad v_2^2 \equiv \frac{\omega^2}{k_2^2} = \frac{1}{\epsilon_2 \mu_0}, \qquad v_3^2 \equiv \frac{\omega^2}{k_3^2} = \frac{1}{\epsilon_3 \mu_0},$$

erhalten wir mit den Komponenten der Ausbreitungsrichtung (α, β, γ) in der Hauptachsenbasis, $\boldsymbol{k}/k$, (die sogenannten Hauptschwingungsrichtungen) für den ersten Term der Gleichung (31.16):

$$\epsilon_1 \frac{k_x^2/k^2}{1 - k_1^2/k^2} = \epsilon_1 \frac{\alpha^2}{1 - v^2/v_1^2} = -v_1^2 \epsilon_1 \frac{\alpha^2}{v^2 - v_1^2} = -\frac{1}{\mu_0} \frac{\alpha^2}{v^2 - v_1^2}. \tag{31.18}$$

Entsprechend verfahren wir mit den anderen Termen und erhalten schließlich die Gleichung für die Normalenfläche in der folgenden Form:

$$\boxed{\frac{\alpha^2}{v^2 - v_1^2} + \frac{\beta^2}{v^2 - v_2^2} + \frac{\gamma^2}{v^2 - v_3^2} = 0.} \tag{31.19}$$

Diese Gleichung wurde zum ersten Mal von Fresnel angegeben und heißt daher *Fresnelsche Gleichung (der Normalengeschwindigkeiten).*

Indexfläche

Da $k_0 = \omega/c$ nur von der Frequenz der Welle abhängt, ist man häufig am *Indexvektor* interessiert:

$$\boxed{\boldsymbol{n} \equiv \frac{\boldsymbol{k}}{k_0}} \tag{31.20}$$

und damit an der Fläche, die durch den Vektor $\boldsymbol{ON} = \boldsymbol{n}$ beschrieben wird (Abbildung 31.2).

Bezeichnet das Tripel (n_x, n_y, n_z) die Komponenten von $\boldsymbol{n}$, erhalten wir durch Teilen des Nenners und Zählers von Gleichung (31.16) durch k_0^2 die Gleichung

$$\boxed{n_1^2 \frac{n_x^2}{n^2 - n_1^2} + n_2^2 \frac{n_y^2}{n^2 - n_2^2} + n_3^2 \frac{n_z^2}{n^2 - n_3^2} = 0.} \tag{31.21}$$

Hierbei verwenden wir die Bezeichnungen

$$n_1^2 \equiv \frac{\epsilon_1}{\epsilon_0}, \qquad n_2^2 \equiv \frac{\epsilon_2}{\epsilon_0}, \qquad n_3^2 \equiv \frac{\epsilon_3}{\epsilon_0}$$

und

$$n_x^2 = \frac{k_x^2}{k_0^2}, \qquad n_y^2 = \frac{k_y^2}{k_0^2}, \qquad n_z^2 = \frac{k_z^2}{k_0^2}$$

mit

$$n^2 = n_x^2 + n_y^2 + n_z^2. \tag{31.22}$$

Diese Fläche wird *Indexfläche* genannt. Bis auf einen Proportionalitätsfaktor $1/k_0^2$ ist sie identisch mit der Normalenfläche.

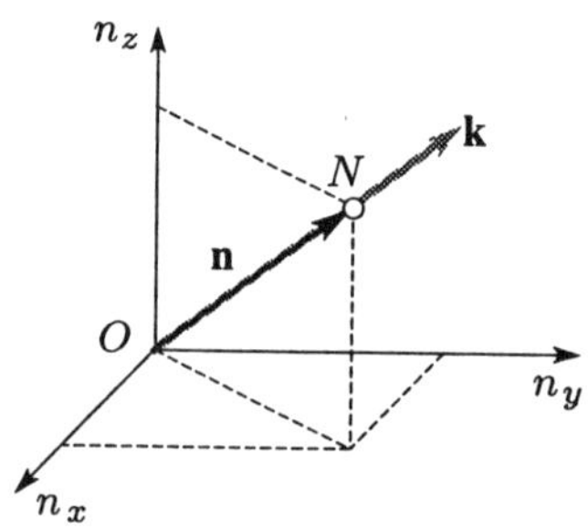

Abb. 31.2

Form der Indexfläche

Wir wollen nun die Indexfläche analysieren, indem wir nacheinander ihre Schnittflächen für $n_x = 0$, $n_y = 0$ und $n_z = 0$ untersuchen:

1. Schnittfläche mit der Ebene $n_x = 0$: Setzen wir $n_x = 0$ in der Fresnelschen Gleichung, erhalten wir für $n^2 - n_1^2 \neq 0$:

$$n_2^2 \frac{n_y^2}{n^2 - n_2^2} + n_3^2 \frac{n_z^2}{n^2 - n_3^2} = 0, \tag{31.23}$$

   was sich zu

$$\frac{n_y^2}{n_3^2}(n^2 - n_3^2) + \frac{n_z^2}{n_2^2}(n^2 - n_2^2) = 0$$

   oder

$$\frac{n_y^2 n^2}{n_3^2} + \frac{n_z^2 n^2}{n_2^2} = n_y^2 + n_z^2$$

   bzw.

$$\frac{n_y^2}{n_3^2} + \frac{n_z^2}{n_2^2} = 1 \tag{31.24}$$

   vereinfachen läßt, da $n^2 = n_y^2 + n_z^2$ gilt. Die so erhaltene Gleichung ist eine Ellipsengleichung in der Oyz-Ebene mit den Halbachsen n_3 und n_2. Haben wir $n^2 - n_1^2 = 0$, erhalten wir wegen $n_x = 0$:

$$n_y^2 + n_z^2 - n_1^2 = 0 \quad \text{oder} \quad n_y^2 + n_z^2 = n_1^2, \tag{31.25}$$

   was eine Kreisgleichung für einen Kreis mit Radius n_1 um O ist, der in der Oyz-Ebene liegt.

2. Schnittfläche mit der Ebene $n_y = 0$: Die Ergebnisse sind analog. Man erhält zwei Kurven, einen Kreis und eine Ellipse, die durch die folgenden Gleichungen beschrieben werden:

$$n_z^2 + n_x^2 = n_2^2 \quad \text{und} \quad \frac{n_z^2}{n_1^2} + \frac{n_x^2}{n_3^2} = 1. \tag{31.26}$$

3. Schnittfläche mit der Ebene $n_z = 0$: Die beiden Kurven sind hier ebenfalls ein Kreis und eine Ellipse mit den Gleichungen:

$$n_x^2 + n_y^2 = n_3^2 \quad \text{und} \quad \frac{n_x^2}{n_2^2} + \frac{n_y^2}{n_1^2} = 1. \tag{31.27}$$

Die Normalenfläche und die Indexfläche besitzen also *zwei* verschiedene Schnitte (im folgenden Normalen- oder Indexellipsen genannt). Das bedeutet, daß für eine durch $\boldsymbol{k} = k_0\boldsymbol{n}$ festgelegte Ausbreitungsrichtung *zwei* Werte für k und damit für n vorliegen, die die Maxwellschen Gleichungen erfüllen (Abbildung 31.3a). Man spricht daher von *Doppelbrechung.*

Optische Achsen eines anisotropen, zweiachsigen Mediums

Die Schnittpunkte der beiden verschiedenen Indexellipsen legen zusammen mit dem Ursprung zwei ausgezeichnete Richtungen fest, die sogenannten *optischen Achsen* (Abbildung 31.3b). Daher wird ein solches Medium auch *biaxial* genannt. Erfolgt die Wellenausbreitung entlang einer dieser optischen Achsen, gibt es nur einen Brechungsindex. Für alle anderen Ausbreitungsrichtungen liegen dagegen zwei verschieden Brechungsindizes vor.

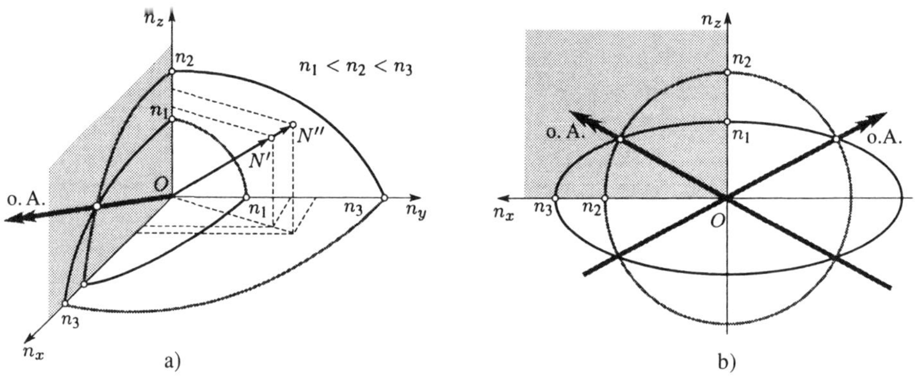

Abb. 31.3 Indexfläche

Natur der beiden Wellen gleicher Ausbreitungsrichtung

Nach den Maxwellschen Gleichungen haben die beiden monochromatischen ebenen Wellen, die sich in einem biaxialen Medium in derselben Richtung entlang $\boldsymbol{k}$ ausbreiten, eine analoge Struktur (siehe Unterabschnitt 2). Sie sind transversal, und die Vektoren $\boldsymbol{D}'$ und $\boldsymbol{D}''$ sind beide *senkrecht* zu der Ausbreitungsrichtung.

Außerdem sind die Vektoren $\boldsymbol{D}'$ und $\boldsymbol{D}''$, die mit $\boldsymbol{k}$ zwei Polarisationsebenen aufspannen, zueinander *orthogonal.* Der Beweis dieser Behauptung ist recht aufwendig. Er erfolgt über die Ausführung des Skalarproduktes $\boldsymbol{D}' \cdot \boldsymbol{D}''$, ausgehend von den Gleichungen, die die Komponenten dieser Vektoren ergeben (Unterabschnitt 3). Wir erhalten damit:

$$\begin{aligned} D'_x D''_x &= \epsilon_1^2 \frac{k'_x(\boldsymbol{k}' \cdot \boldsymbol{E}')}{k'^2 - k_1^2} \frac{k''_x(\boldsymbol{k}'' \cdot \boldsymbol{E}'')}{k''^2 - k_1^2} \\ &= (\boldsymbol{k}' \cdot \boldsymbol{E}')(\boldsymbol{k}'' \cdot \boldsymbol{E}'') \frac{k'_x k''_x}{k_1^2} \epsilon_1^2 \frac{k_1^2}{(k'^2 - k_1^2)(k''^2 - k_1^2)} . \end{aligned}$$

Da

$$\frac{k_1^2}{(k'^2 - k_1^2)(k''^2 - k_1^2)} = \frac{1}{(k''^2 - k'^2)} \left(\frac{k'^2}{k'^2 - k_1^2} - \frac{k''^2}{k''^2 - k_1^2} \right)$$

gilt, können wir $D'_x D''_x$ mit $k_1^2 = k_0^2 \epsilon_1 / \epsilon_0$ in der Form

$$\begin{aligned} D'_x D''_x = (\boldsymbol{k}' \cdot \boldsymbol{E}')(\boldsymbol{k}'' \cdot \boldsymbol{E}'') \frac{\epsilon_0}{k_0^2} \frac{1}{(k''^2 - k'^2)} \\ \cdot \left[k'^2 \frac{k''_x}{k'_x} \left(\epsilon_1 \frac{k'^2_x}{k'^2 - k_1^2} \right) k''^2 \frac{k'_x}{k''_x} \left(\epsilon_1 \frac{k''^2_x}{k''^2 - k_1^2} \right) \right] \end{aligned} \tag{31.28}$$

schreiben. Die Beiträge der anderen Komponenten sind offensichtlich analog. Zusätzlich sind, da die Ausbreitungsrichtungen dieselben sind, $\boldsymbol{k}'$ und $\boldsymbol{k}''$ zueinander proportional:

$$\frac{k''_x}{k'_x} = \frac{k''_y}{k'_y} = \frac{k''_z}{k'_z} = a \tag{31.29}$$

oder

$$\left(\frac{k''}{k'} \right)^2 = \frac{k''^2_x + k''^2_y + k''^2_z}{k'^2_x + k'^2_y + k'^2_z} = a^2 \quad \text{und} \quad k'^2 \frac{k''_x}{k'_x} = k''^2 \frac{k'_x}{k''_x} = k'^2 a .$$

Wir erhalten folglich für das Skalarprodukt $\boldsymbol{D}' \cdot \boldsymbol{D}''$:

$$\begin{aligned} \boldsymbol{D}' \cdot \boldsymbol{D}'' = (\boldsymbol{k}' \cdot \boldsymbol{E}')(\boldsymbol{k}'' \cdot \boldsymbol{E}'') \frac{\epsilon_0}{k_0^2} \frac{a k'^2}{(k''^2 - k'^2)} \\ \cdot \left[\left(\epsilon_1 \frac{k'^2_x}{k'^2 - k_1^2} + \cdots \right) \left(\epsilon_1 \frac{k''^2_x}{k''^2 - k_1^2} + \cdots \right) \right] . \end{aligned} \tag{31.30}$$

Da nach der Normalenflächengleichung die beiden Terme in den großen runden Klammern unabhängig voneinander null sind, erhalten wir schließlich:

$$\boxed{\boldsymbol{D}' \cdot \boldsymbol{D}'' = 0.} \tag{31.31}$$

31.1.4 Poynting-Vektorfläche. Strahlenfläche oder Wellenfläche

Wir haben gesehen, daß in den anisotropen Medien der Wellenvektor $\boldsymbol{k}$ einer monochromatischen ebenen Welle und der Poynting-Vektor $\boldsymbol{R}$ nicht kollinear sind. Wir wollen nun die Fläche ermitteln, die durch die Spitze R des Vektors $\boldsymbol{OR} = \boldsymbol{R}$, mit einem willkürlichen Punkt O, beschrieben wird. Hierfür leiten wir zuerst zwei Gleichungen ab, die die Vektoren $\boldsymbol{k}$ und $\boldsymbol{R}$ miteinander verknüpfen.

Erste Beziehung zwischen $\boldsymbol{k}$ und $\boldsymbol{R}$

In einem linearen, homogenen, nichtabsorbierenden Medium hat die elektromagnetische Energiedichte des Feldes und des Mediums die Form

$$e_{\text{em},v} = \frac{1}{2}(\boldsymbol{E} \cdot \boldsymbol{D} + \boldsymbol{B} \cdot \boldsymbol{H}). \tag{31.32}$$

Das heißt, nach den Maxwellschen Gleichungen erhalten wir für eine monochromatische ebene Welle:

$$\boldsymbol{k} \times \boldsymbol{H} = -\omega \boldsymbol{D} \quad \text{und} \quad \boldsymbol{k} \times \boldsymbol{E} = \omega \boldsymbol{B} \tag{31.33}$$

und damit für die Energiedichte:

$$e_{\text{em},v} = \frac{1}{2\omega}[\boldsymbol{E} \cdot (-\boldsymbol{k} \times \boldsymbol{H}) + (\boldsymbol{k} \times \boldsymbol{E}) \cdot \boldsymbol{H}] = \frac{\boldsymbol{k} \cdot (\boldsymbol{E} \times \boldsymbol{H})}{\omega} = \frac{\boldsymbol{k} \cdot \boldsymbol{R}}{\omega}. \tag{31.34}$$

Damit erhalten wir unsere erste gesuchte Beziehung

$$\boxed{\frac{\boldsymbol{k}}{\omega} \cdot \frac{\boldsymbol{R}}{e_{\text{em},v}} = 1.} \tag{31.35}$$

Man kann diese Gleichung noch eleganter formulieren, wenn man sie mittels des Brechungsindexvektors $\boldsymbol{n}$ und des *Radialvektors* $\boldsymbol{s}$

$$\boldsymbol{s} \equiv \frac{\boldsymbol{R}}{c\, e_{\text{em},v}} \tag{31.36}$$

ausdrückt. Die Fläche, die die Spitze des Vektors $\boldsymbol{OS} = \boldsymbol{s}$ beschreibt, ist direkt mit der vom Poynting-Vektor beschriebenen verknüpft und heißt *Strahlen-* oder *Wellenfläche*. Die obige Gleichung hat nun die prägnante Form

$$\boxed{\boldsymbol{n} \cdot \boldsymbol{s} = 1.} \tag{31.37}$$

Zweite Beziehung zwischen $\boldsymbol{k}$ und $\boldsymbol{R}$

Differenzieren wir die oben formulierten Maxwellschen Gleichungen für die monochromatischen ebenen Wellen, erhalten wir:

$$\mathrm{d}\boldsymbol{k} \times \boldsymbol{H} + \boldsymbol{k} \times \mathrm{d}\boldsymbol{H} = -\omega \mathrm{d}\boldsymbol{D} \quad \text{und} \quad \mathrm{d}\boldsymbol{k} \times \boldsymbol{E} + \boldsymbol{k} \times \mathrm{d}\boldsymbol{E} = \omega \mathrm{d}\boldsymbol{B}, \tag{31.38}$$

was nach Skalarmultiplikation der ersten Gleichung mit $-\boldsymbol{E}$ und der zweiten mit $\boldsymbol{H}$ und Addition der beiden die folgende Gleichung ergibt:

$$\omega(\boldsymbol{E} \cdot \mathrm{d}\boldsymbol{D} + \boldsymbol{H} \cdot \mathrm{d}\boldsymbol{B}) = 2\mathrm{d}\boldsymbol{k} \cdot \boldsymbol{R} + \boldsymbol{k} \cdot \mathrm{d}\boldsymbol{R}. \tag{31.39}$$

Aus der Elektrodynamik ist bekannt, daß $\mathrm{d}e_{\mathrm{em},v} = (\boldsymbol{E} \cdot \mathrm{d}\boldsymbol{D} + \boldsymbol{H} \cdot \mathrm{d}\boldsymbol{B})$ gilt, so daß wir erhalten:

$$\omega\, \mathrm{d}e_{\mathrm{em},v} = 2\mathrm{d}\boldsymbol{k} \cdot \boldsymbol{R} + \boldsymbol{k} \cdot \mathrm{d}\boldsymbol{R}. \tag{31.40}$$

Zudem erhalten wir nach der ersten Beziehung (31.35)

$$\mathrm{d}(\omega e_{\mathrm{em},v}) = \omega \mathrm{d}e_{\mathrm{em},v} = \mathrm{d}(\boldsymbol{k} \cdot \boldsymbol{R}) = \mathrm{d}\boldsymbol{k} \cdot \boldsymbol{R} + \boldsymbol{k} \cdot \mathrm{d}\boldsymbol{R}.$$

Aus dem Vergleich dieser letzten beiden Gleichungen erhalten wir schließlich

$$\boxed{\boldsymbol{R} \cdot \mathrm{d}\boldsymbol{k} = 0.} \tag{31.41}$$

Als Funktion von $\boldsymbol{n}$ und $\boldsymbol{s}$ haben wir demnach: $\boldsymbol{s} \cdot \mathrm{d}\boldsymbol{n} = 0$ oder, da $\boldsymbol{s} \cdot \boldsymbol{n} = 1$ ist,

$$0 = \mathrm{d}(\boldsymbol{s} \cdot \boldsymbol{n}) = \boldsymbol{s} \cdot \mathrm{d}\boldsymbol{n} + \boldsymbol{n} \cdot \mathrm{d}\boldsymbol{s} = \boldsymbol{n} \cdot \mathrm{d}\boldsymbol{s}. \tag{31.42}$$

Folglich ist der Radialvektor $\boldsymbol{s}$ senkrecht zu der Tangentialebene der Indexfläche, und umgekehrt ist der Brechungsindexvektor $\boldsymbol{n}$ senkrecht zu der Tangentialebene der Strahlenfläche (Abbildung 31.4).

Die Strahlenfläche ist auch eine Fläche mit zwei Schnitten: Das wollen wir hier jedoch nicht beweisen, da wir ja nun eine Beziehung zwischen ihr und der Indexfläche haben. Diese neue Fläche ist sehr wertvoll bei der Konstruktion der Lichtstrahlen in den anisotropen Medien.

31.1.5 Indexellipsoid

Gleichung für die D-Vektoren

Um eine Gleichung zu erhalten, der die Komponenten von $\boldsymbol{D}$ gehorchen, verwenden wir die Relation $\boldsymbol{k} \cdot \boldsymbol{D} = 0$. Wir wollen den Beitrag der ersten Komponente mit Hilfe der Ergebnisse des Unterabschnittes 3 berechnen:

$$k_x D_x = \frac{1}{\epsilon_0 \boldsymbol{k} \cdot \boldsymbol{E}} \frac{D_x^2(k^2 - k_1^2)}{n_1^2}.$$

Damit erhalten wir

$$\frac{1}{\epsilon_0 \boldsymbol{k} \cdot \boldsymbol{E}} \left[\frac{D_x^2(k^2 - k_1^2)}{n_1^2} + \frac{D_y^2(k^2 - k_2^2)}{n_2^2} + \frac{D_z^2(k^2 - k_3^2)}{n_3^2} \right] = 0 \tag{31.43}$$

oder wegen

$$\frac{k_1^2}{n_1^2} = \frac{k_2^2}{n_2^2} = \frac{k_3^2}{n_3^2} = \omega^2 \epsilon_0 \mu_0 = k_0^2 = \frac{k^2}{n^2}$$

folgt:

$$\boxed{\frac{D_x^2}{n_1^2} + \frac{D_y^2}{n_2^2} + \frac{D_z^2}{n_3^2} = \frac{D^2}{n^2}.} \tag{31.44}$$

Definition des Indexellipsoids

Die eben erhaltene Gleichung kann auch durch Division durch D^2/n^2 in die Form

$$\frac{D_x^2 n^2/D^2}{n_1^2} + \frac{D_y^2 n^2/D^2}{n_2^2} + \frac{D_z^2 n^2/D^2}{n_3^2} = 1 \tag{31.45}$$

überführt werden. Dies ist die Gleichung für ein Ellipsoid, das von einem zu $\boldsymbol{D}$ kollinearen Vektor $\boldsymbol{m}$ beschrieben wird und dessen Norm gleich dem Brechungsindex n der betrachteten Ausbreitungsrichtung ist (Abbildung 31.5). Wir bemerken, daß die Vektoren $\boldsymbol{m}$ und $\boldsymbol{n}$ die gleiche Norm haben, ihre Orientierung aber unterschiedlich ist. Der erste zeigt in die Richtung von $\boldsymbol{D}$ und der andere entlang $\boldsymbol{k}$. Wir haben daher:

$$\boldsymbol{m} = n \frac{\boldsymbol{D}}{D} \tag{31.46}$$

mit

$$m_x = n \frac{D_x}{D}, \qquad m_y = n \frac{D_y}{D}, \qquad m_z = n \frac{D_z}{D}.$$

Die Spitze M des Vektors $\boldsymbol{OM}$ beschreibt also die Fläche

$$\boxed{\frac{m_x^2}{n_1^2} + \frac{m_y^2}{n_2^2} + \frac{m_z^2}{n_3^2} = 1,} \tag{31.47}$$

das sogenannte *Indexellipsoid*.

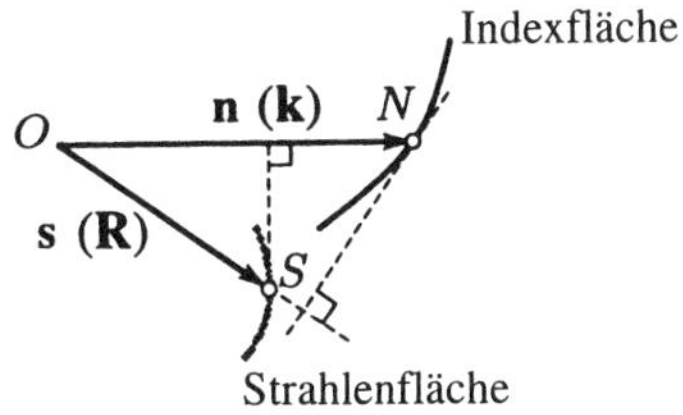

Abb. 31.4

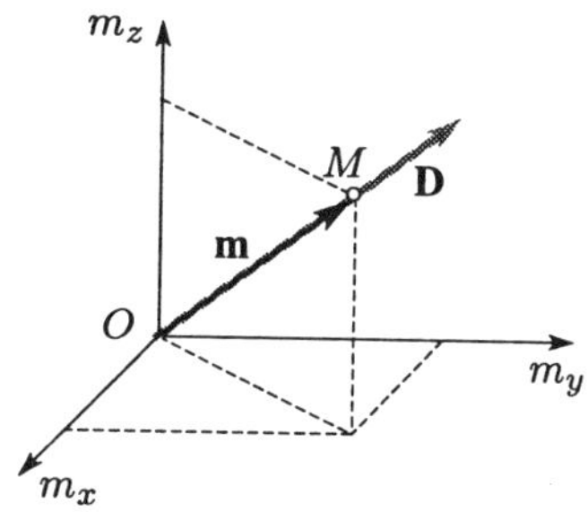

Abb. 31.5

Richtung des elektrischen Feldes

Variieren wir die eben erhaltene Gleichung für die $\boldsymbol{m}$-Komponenten. Wir erhalten:

$$2\frac{m_x}{n_1^2}\mathrm{d}m_x + 2\frac{m_y}{n_2^2}\mathrm{d}m_y + 2\frac{m_z}{n_3^2}\mathrm{d}m_z = 0 \tag{31.48}$$

oder, indem wir die Komponenten von $\boldsymbol{m}$ als Funktionen der Komponenten von $\boldsymbol{D}$ ausdrücken:

$$\frac{D_x}{n_1^2}\mathrm{d}m_x + \frac{D_y}{n_2^2}\mathrm{d}m_y + \frac{D_z}{n_3^2}\mathrm{d}m_z = 0. \tag{31.49}$$

Mit den ebenfalls geltenden Gleichungen

$$\frac{D_x}{\epsilon_0 n_1^2} = \frac{D_x}{\epsilon_1} = E_x, \qquad \frac{D_y}{\epsilon_0 n_2^2} = \frac{D_y}{\epsilon_2} = E_y, \qquad \frac{D_x}{\epsilon_0 n_3^2} = \frac{D_z}{\epsilon_3} = E_z \tag{31.50}$$

erhalten wir

$$E_x \mathrm{d}m_x + E_y \mathrm{d}m_y + E_z \mathrm{d}m_z = 0 \tag{31.51}$$

oder

$$\boxed{\boldsymbol{E} \cdot \mathrm{d}\boldsymbol{OM} = 0.} \tag{31.52}$$

Das heißt, das elektrische Feld ist *senkrecht* zum Indexellipsoid.

Struktur der Welle

Mit Hilfe des Indexellipsoids kann die Form der monochromatischen ebenen Welle mit Wellenvektor $\boldsymbol{k}$ an einem beliebigen Punkt O ermittelt werden.

Die Wellenfläche $\mathcal{P}$, senkrecht zu $\boldsymbol{k}$, enthält die Vektoren $\boldsymbol{D}$, $\boldsymbol{H}$ und $\boldsymbol{B}$. Das heißt, die kollinearen Vektoren $\boldsymbol{H}$ und $\boldsymbol{B}$ sind auch senkrecht zum elektrischen Feld $\boldsymbol{E}$, das senkrecht zu der Ellipsoidoberfläche ist (Abbildung 31.6). Sie sind folglich Elemente der Tangentialebene $\mathcal{Q}$ des Ellipsoids am Punkt D, in dem der Vektor $\boldsymbol{D}$ das Indexellipsoid durchstößt, und liegen auf der Tangente an der Schnittellipse des Ellipsoids und der Wellenfläche. Da außerdem $\boldsymbol{D}$ senkrecht zu $\boldsymbol{H}$ und $\boldsymbol{B}$ sein muß, fällt seine Richtung mit einer der Ellipsenachsen zusammen.

Für einen gegebenen Punkt O und eine Richtung $\boldsymbol{k}$ haben die Vektoren $(\boldsymbol{D}', \boldsymbol{D}'')$, die monochromatische ebene Wellenlösungen der Maxwell-Gleichungen sind, demnach Richtungen, die durch die Ellipsenachsen gegeben sind. Die Ellipse ist hierbei die Schnittfläche des Ellipsoides mit der Ebene, die durch den Punkt O geht und senkrecht zu $\boldsymbol{k}$ steht. Die Richtung der Lichtstrahlen ist also durch den Poynting-Vektor $\boldsymbol{R} = \boldsymbol{E} \times \boldsymbol{H}$ gegeben.

In der Abbildung 31.7 sind die Strukturen der beiden monochromatischen ebenen Wellen, die sich durch das Medium ausbreiten können, zusammengefaßt.

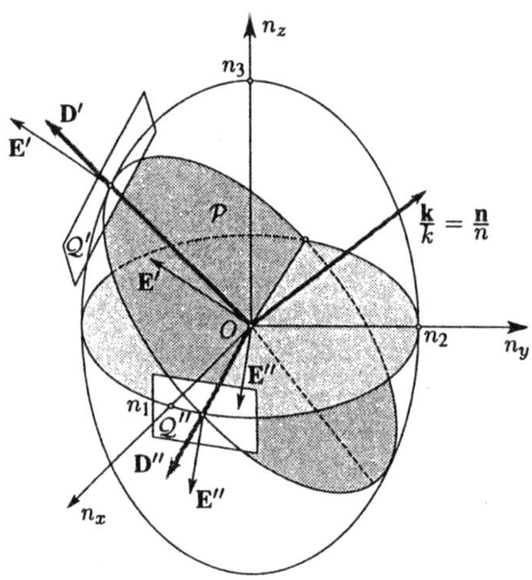

Abb. 31.6 Indexellipsoid

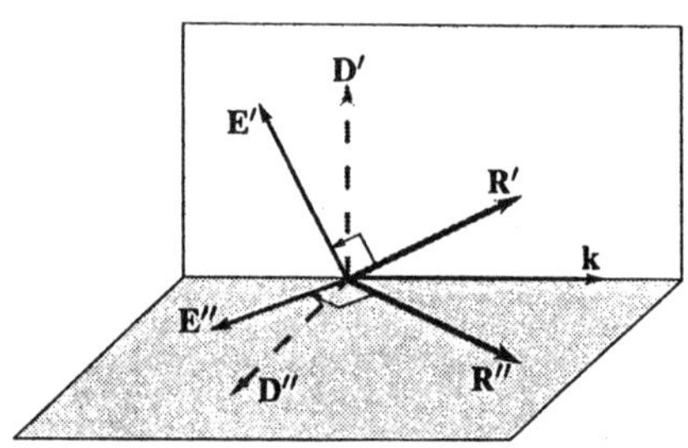

Abb. 31.7

31.2 Einachsige Medien

31.2.1 Definition und Eigenschaften

Die optisch einachsigen Medien sind Medien, deren Kristallstruktur eine Rotationssymmetrie aufweist. Diese Symmetrie schlägt sich auch in der Diagonalmatrix der dielektrischen Permittivität nieder: *Zwei* der drei Hauptpermittivitäten sind *gleich.* Dieser Fall liegt bei den rhomboedrischen, tetragonalen sowie hexagonalen Kristallstrukturen vor. Diese Medien haben nur *eine einzige optische Achse* (o.A.), daher auch ihr Name.

Das Indexellipsoid in optisch einachsigen Medien

Für den Fall, in dem z. B. die ersten beiden Hauptindizes n_1 und n_2 gleich sind, reduziert sich die Gleichung für das Indexellipsoid auf:

$$\frac{m_x^2 + m_y^2}{n_\mathrm{o}^2} + \frac{m_z^2}{n_\mathrm{E}^2} = 1, \tag{31.53}$$

wobei n_o der ihnen gemeinsame Wert ist und n_E den Wert des dritten Brechungsindexes n_3 bezeichnet. In der Abbildung 31.8 haben wir das Indexellipsoid für ein einachsiges Medium sowie den die Ausbreitungsrichtung charakterisierenden Wellenvektor $\boldsymbol{k}$ dargestellt. Man erkennt, daß die beiden orthogonal zueinander polarisierten, monochromatischen ebenen Wellen sich unterschiedlich verhalten.

1. Die erste Welle wird durch einen Vektor der elektrischen Verschiebung $\boldsymbol{D}_\mathrm{o}$ charakterisiert, der *senkrecht zu der Hauptschnittfläche* ist, d. h. zu der Einfallsebene, die den Vektor $\boldsymbol{k}$, der gleichzeitig die Normale der brechenden Fläche und die optische Achse bezeichnet, enthält.
   Die Welle, deren elektrischer Feldvektor $\boldsymbol{E}_\mathrm{o}$ parallel zu $\boldsymbol{D}_\mathrm{o}$ und deren Poynting-Vektor $\boldsymbol{R}_\mathrm{o}$ kollinear zu $\boldsymbol{k}$ ist, wird *ordentliche Welle* (oder einfach *ordentlicher Strahl*) genannt. Der entsprechende Brechungsindex, der über
   $$\boldsymbol{D}_\mathrm{o} = \epsilon_0\epsilon_r\boldsymbol{E}_\mathrm{o} = \epsilon_0 n_\mathrm{o}^2\boldsymbol{E}_\mathrm{o} \tag{31.54}$$
   gegeben ist, ist wie im isotropen Medium unabhängig von $\boldsymbol{k}$, daher sein Name *ordentlicher Brechungsindex* und seine Bezeichung n_o.
2. Die zweite Welle wird durch einen elektrischen Verschiebungsvektor $\boldsymbol{D}_\mathrm{a}$ beschrieben, der *in der Hauptschnittebene* liegt. Für diese Welle sind die Vektoren $\boldsymbol{E}_\mathrm{a}$ und $\boldsymbol{D}_\mathrm{a}$ nicht parallel, ebenso wie $\boldsymbol{R}_\mathrm{a}$ und $\boldsymbol{k}$; daher wird sie *außerordentliche Welle* (oder einfach außerordentlicher Strahl) genannt. Der dazugehörige Brechungsindex n_a heißt *außerordentlicher Brechungsindex*: Dessen Wert hängt von der Richtung des Wellenvektors ab; man erhält den Wert n_o, wenn $\boldsymbol{k}$ parallel zu der optischen Achse ist, und den Wert n_E, wenn der Wellenvektor senkrecht zu der optischen Achse ist.

Wir merken uns also, daß bei Ausbreitung der Lichtwelle entlang der optischen Achse ($\boldsymbol{k}$ entlang der optischen Achse) ein einachsiges Medium sich wie ein isotropes Medium mit Brechungsindex n_o verhält. Auf der anderen

Seite sind die Vektoren $\boldsymbol{E}$ und $\boldsymbol{D}$ bei einer Ausbreitungsrichtung senkrecht zu der optischen Achse nicht mehr parallel.

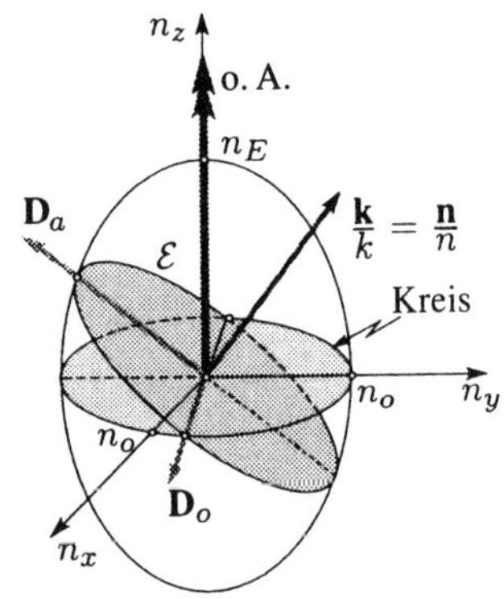

Abb. 31.8 Indexellipsoid in einem einachsigen Medium

Beispiele einachsiger Medien

Zwei verschieden Fälle müssen betrachtet werden, je nachdem welcher der beiden Brechungsindizes n_o und n_E größer ist.

1. Positive Medien

   Dies sind Medien für die $n_E - n_o > 0$ gilt. Das typische Beispiel ist der *Quarz* (SiO_2). Für eine Wellenlänge 589,3 nm haben die Brechungsindizes des Quarzes die Werte:

$$n_o = 1{,}5442 \quad n_E = 1{,}5533 \quad \text{und} \quad n_E - n_o = 9 \cdot 10^{-3}.$$

2. Negative Medien

   Für diese Medien gilt $n_E - n_o < 0$. Das typische Beispiel für diesen Fall ist der *Calcit* ($CaCO_3$), oder auch Islandkalkspat. Für $\lambda = 589{,}3$ nm haben die Brechungsindizes des Calcits die Werte:

$$n_o = 1{,}6584 \quad n_E = 1{,}4864 \quad \text{und} \quad n_E - n_o = -172 \cdot 10^{-3}.$$

   Variiert die Vakuumwellenlänge λ, nehmen die Brechungsindizes ab. Einem Katalog eines Herstellers optischer Geräte haben wir folgende Abhängigkeiten entnommen:

$$n_o = (2{,}6839 - 0{,}0108\lambda^2 + 0{,}0337\lambda^{-2} - 0{,}0068\lambda^{-4} + 0{,}0015\lambda^{-6} - 0{,}0001\lambda^{-8})^{\frac{1}{2}}$$

$$n_E = (2{,}1737 + 0{,}0008\lambda^2 + 0{,}0215\lambda^{-2} - 0{,}0064\lambda^{-4} + 0{,}0014\lambda^{-6} - 0{,}0001\lambda^{-8})^{\frac{1}{2}}$$

Die Differenz $n_E - n_o$ ändert sich allerdings nicht sonderlich stark.

Indexfläche bei einachsigen Medien

Im Fall der optisch einachsigen Medien gehen die Abbildungen 31.3a und 31.3b in die Abbildungen 31.9a und 31.9b über, indem $n_1 = n_2 = n_o$ und $n_3 = n_E$ gesetzt wird. Man sieht, daß die optische Achse des Mediums identisch ist mit der Geraden, die die beiden Berührungpunkte der beiden verschiedenen Indexellipsen (Schnittflächen der Indexfläche) verbindet. Ist das Medium negativ, wird die Abbildung 31.9b durch Abbildung 31.9c ersetzt.

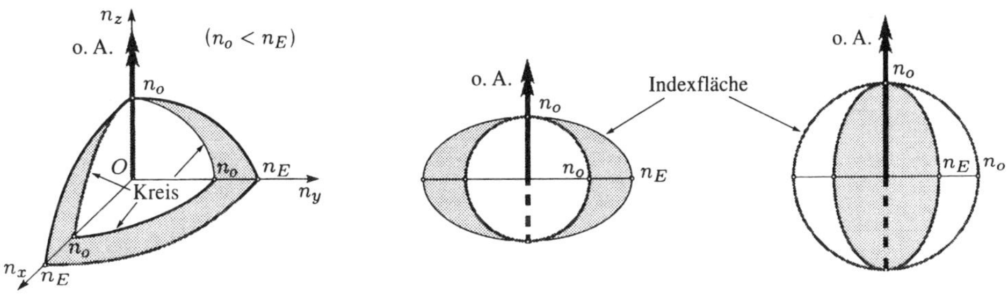

a) Indexfläche b) positives Medium c) negatives Medium

Abb. 31.9 Einachsiges Medium

Konstruktion gebrochener Strahlen mit Hilfe der Indexfläche

Wir wollen nun mit Hilfe der Indexfläche den Verlauf des ordentlichen und außerordentlichen gebrochenen Strahls in einem negativen einachsigen Medium verfolgen (Abbildung 31.10). Nehmen wir an, daß die optische Achse in der Bildebene liegt und einen Winkel von 45° mit der Fläche bildet, die das anisotrope von einem isotropen Medium mit Brechungsindex n_o trennt.

Wir schlagen um den Einfallspunkt I einen Kreis vom Radius n_o und eine Ellipse mit Halbachsen n_o und n_E. Die Konstruktion des Indexvektors

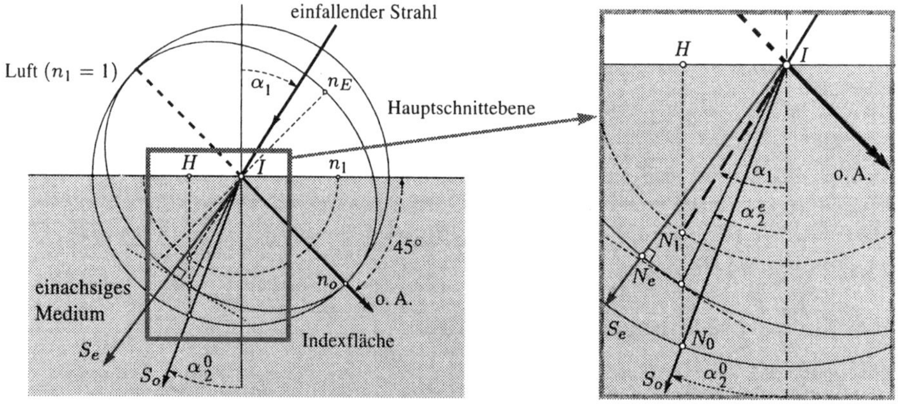

a) b)

Abb. 31.10

oder Wellenvektors ergibt sich ohne Schwierigkeit aus dem Indexvektor $\boldsymbol{n}_1$ (oder dem Wellenvektor) der einfallenden Welle. Von der Spitze N_1 des Vektors $\boldsymbol{n}_1$, Schnittpunkt des verlängerten Vektors des einfallenden Strahls mit dem Kreis vom Radius n_1, trägt man die Senkrechte zu der Grenzfläche auf. Die Schnittpunkte N_o und N_E dieser Senkrechten mit den ordentlichen und außerordentlichen Indexellipsen der Indexfläche geben die beiden Indexvektoren. Die Rechtfertigung für diese Konstruktion ist einfach gegeben: Sie folgt aus den Snelliusschen Gesetzen, die für die senkrecht auf Wellen stehenden Wellenvektoren gelten:

$$IH = n_1 \sin\alpha_1 = n_2^\mathrm{o} \sin\alpha_2^\mathrm{o} = n_2^\mathrm{e} \sin\alpha_2^\mathrm{e}.$$

Wir betonen an dieser Stelle, daß in den anisotropen Medien die Lichtstrahlen nicht mit den Wellennormalen zusammenfallen und daher nicht diesen Gesetzen genügen. Es ist jedoch möglich, die Lichtstrahlen aus den Wellennormalen zu konstruieren, indem die Senkrechten auf den Tangenten der Indexellipsen in den Punkten N_o und N_e mit dem Punkt I verbunden werden (Abbildung 31.10).

Konstruktion gebrochener Strahlen mit Hilfe der Strahlenfläche

Möchte man in eindeutiger Weise den ordentlichen und außerordentlichen Strahlenverlauf ermitteln, benutzt man besser die Strahlenfläche, die mit der Indexfläche über $\boldsymbol{s} \cdot \boldsymbol{n} = 1$ verknüpft ist. Im zuvor untersuchten Fall schlägt man einen Kreis vom Radius $1/n_1$, der dem aus einem isotropen Medium einfallenden Strahl entspricht (Abbildung 31.11).

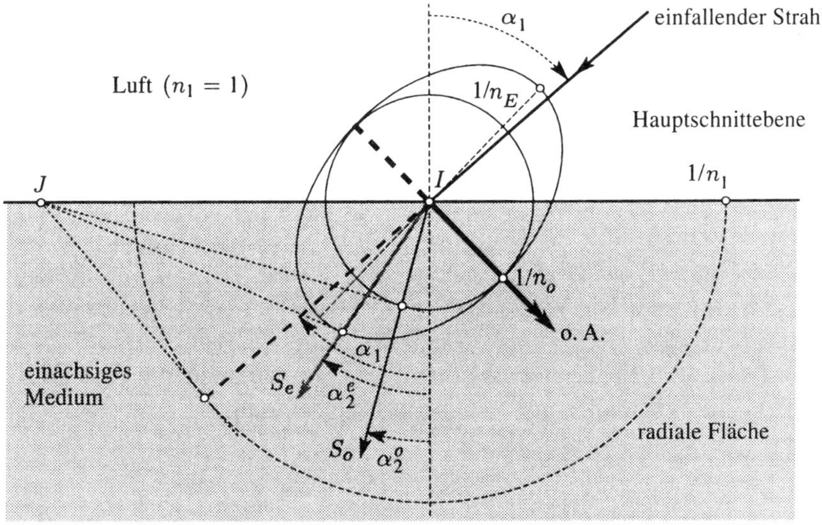

Abb. 31.11

Dann zeichnet man den dem ordentlichen Strahl entsprechenden Kreis mit Radius $1/n_o$ sowie die Ellipse mit Halbachsen $1/n_E$ und $1/n_o$. Die Tangente am ersten Kreis im Schnittpunkt zwischen der Verlängerung des einfallenden Strahls und dem Kreis vom Radius $1/n_1$ stellt die Strahlenfläche zum Zeitpunkt $t = 1/c$ dar, wenn der Zeitursprung dem Eintritt in das anisotrope Medium am Punkt I entspricht (siehe Kapitel 1).

Im Punkt J dieser Strahlenfläche, der auf der Grenzfläche liegt, vereinigt man die Tangenten der beiden Strahlenflächen (Abbildung 31.11).

Durch die beiden Tangentenpunkte verlaufen dann der ordentliche bzw. außerordentliche Strahl.

Diese Konstruktion stellt eine Verallgemeinerung der Huygensschen Konstruktion des ersten Kapitels dar.

31.2.2 Trennung von Lichtbündeln durch Polarisation

Systeme zur Trennung von Lichtbündeln mittels der Polarisation bestehen aus planparallen Plättchen oder Prismen aus optisch einachsigem Material. Das einfallende natürliche Licht wird in zwei lineare, senkrecht zueinander polarisierte Anteile aufgetrennt.

Planparalleles Calcitplättchen

Wir wollen ein planparalleles Plättchen aus Kalkspat der Dicke e betrachten, dessen optische Achse weder parallel noch senkrecht zu der Plättchenoberfläche ist (Abbildung 31.12). Der einfallende Strahl liege in der Hauptschnittfläche, die aus der Einfallsrichtung, der Oberflächennormalen und der optischen Achse des Plättchens gebildet wird.

Mit Hilfe der Huygensschen Konstruktion zeichnet man zuerst die kugelförmige Strahlenfläche des isotropen Einfallsmediums, hier Luft, und schließlich die beiden Strahlenflächen des Plättchens, die eine kugelförmig, die andere ellipsoid. Die Wellenflächen des einfallenden Lichtbündels sind die Ebenen senkrecht zu der Einfallsrichtung. Der Tangentenpunkt E an dem Ellipsoid erlaubt die Konstruktion des außerordentlichen Strahls IE, der einen Brechungswinkel θ mit der Einfallsrichtung einschließt (siehe Aufgabe A31.1).

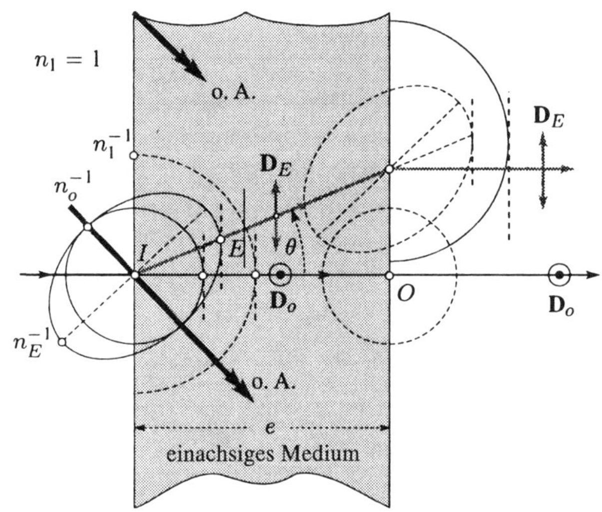

Abb. 31.12

Die Schwingung $\boldsymbol{D}_\mathrm{e}$, die durch diesen Strahl beschrieben wird, liegt in der Hauptschnittebene, ist aber nicht senkrecht zum Lichtstrahl. Die ordentliche Schwingung $\boldsymbol{D}_\mathrm{o}$ ist dagegen senkrecht zum ordentlichen Lichtstrahl, der die Verlängerung des einfallenden Lichtstrahls ist, und sie ist senkrecht zu der Hauptschnittfläche.

Am Ausgang des Plättchens konstruiert man erneut die Strahlenflächen: die des Einfallsmediums, hier nun des Calcits, mit seinen beiden Flächen und die des Austrittsmediums, nun die isotrope Luft. Der ordentliche Strahl IO

tritt aus dem Plättchen unter Beibehaltung seiner Polarisation, die senkrecht zu der Hauptschnittfläche ist. Der außerordentliche Strahl dagegen erfährt eine weitere Brechung, die dazu führt, daß er parallel verschoben zu der Einfallsrichtung des Lichtbündels austritt.

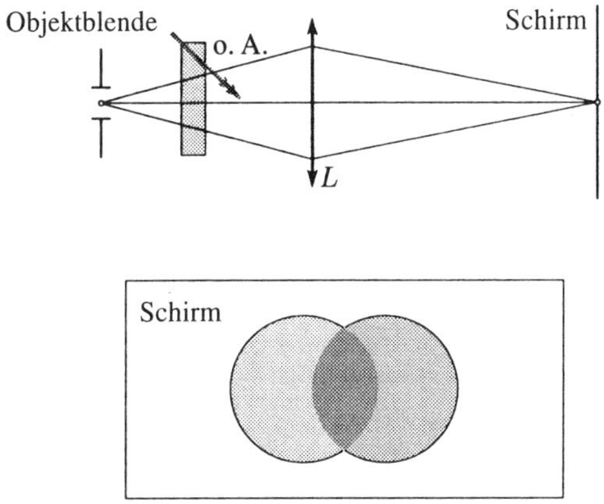

Abb. 31.13

Der Winkel θ beträgt einige Grad; mit einem Plättchen der Dicke 5 cm beträgt die Versetzung des außerordentlichen Strahls gegenüber dem ordentlichen Strahl etwa 5 mm.

Baut man das Plättchen in einen experimentellen Aufbau ein, in dem ein geometrisches Bild einer kreisförmigen Blende erzeugt wird, und dreht es um die Einfallsrichtung, kann man eine Drehung des außerordentlichen Strahls beobachten, während der ordentliche an derselben Stelle verbleibt (Abbildung 31.13). Führt man das Experiment mit einem geeignet dicken Plättchen durch, überschneiden sich die ordentlichen und außerordentlichen Lichtbündel teilweise: Man kann dann überprüfen, daß ihre linearen Polarisationen zueinander orthogonal sind und das Licht im Überlappungsbereich natürlich ist.

System von Wollaston

Das System von Wollaston besteht aus zwei Quarzprismen, deren Hypotenusenflächen aneinandergeklebt sind, so daß die beiden optischen Achsen zueinander senkrecht sind und in der Eingangsebene liegen (Abbildung 31.14). Es erlaubt die Teilung eines senkrecht einfallenden Lichtbündels in zwei Bündel, die einen Winkel von 15° bis 30° einschließen.

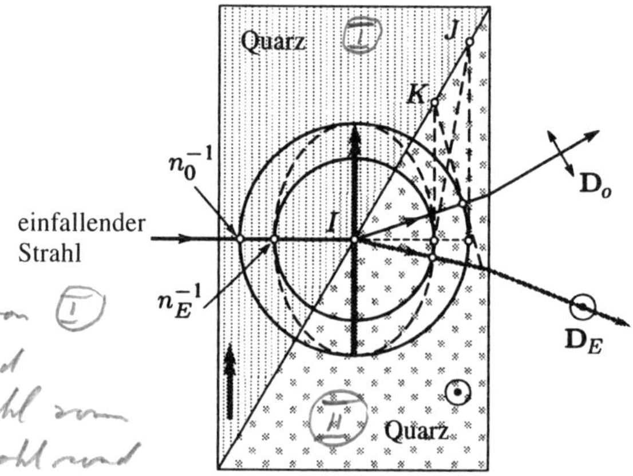

Abb. 31.14 Wollaston $n_E > n_o$

Mit Hilfe der Abbildung kann man sehen, daß bei senkrechtem Einfall das erste Prisma die ordentliche und außerordentliche Schwingung nicht trennt. Zur Konstruktion der austretenden Strahlen zeichnet man in I auf der Hypotenuse die beiden kugelförmigen bzw. ellipsoiden Wellen für das erste Prisma sowie die beiden kugelförmigen für das zweite. Kugelförmig deshalb, weil die optische Achse senkrecht zu der Einfallsebene ist. Die Wellenflächen schneiden die Hypotenuse in den Punkten J und K. Von J zeichnet man die Tangente an die kleine kugelförmige Welle; so erhält man den austretenden außerordentlichen Strahl, da die Polarisationsrichtung mit der optischen Achse des zweiten Prismas zusammenfällt. Von K aus legt man die Tangente an die große kreisförmige Welle und erhält so die ordentliche Welle.

Wir bemerken noch, daß die außerordentliche Schwingung in I für das erste Prisma ordentlich und für das zweite Prisma außerordentlich ist und umgekehrt, da die Achsen senkrecht zueinander sind.

Rochonsches System

Das System von Rochon ist aus zwei Prismen der gleichen Geometrie aufgebaut (rechtwinkliges Dreick mit einem spitzen Winkel von 30°), die zueinander senkrechte optische Achsen haben. Sie sind entlang ihrer Hypotenusenseite aneinandergeklebt; dabei ist die optische Achse des ersten parallel zum einfallenden Licht und die des zweiten ist parallel zu der Austrittsfläche (Abbildung 31.15). Es unterscheidet sich vom Wollastonschen Typ durch die Richtung der optischen Achse im ersten Prisma. Auch im Rochonschen System werden das ordentliche und außerordentliche Lichtbündel nicht im ersten Prisma getrennt, sondern erst im zweiten: Der ordentliche Strahl wird im Gegensatz zum außerordentlichen nicht abgelenkt. In der Abbildung 31.15 zeigen wir die Konstruktion der Lichtstrahlen für den Fall zweier Calcitprismen.

31.2.3 Doppelbrechende Polarisatoren. Analysatoren

Die doppelbrechenden Polarisatoren werden häufig zur Erzeugung möglichst rein polarisierten Lichtes verwendet. Die bekanntesten sind die Calcitpolarisatoren. Diese sind so geschnitten, daß die Eintrittsfläche die optische Achse enthält und senkrecht zum mittleren einfallenden Lichtstrahl ist.

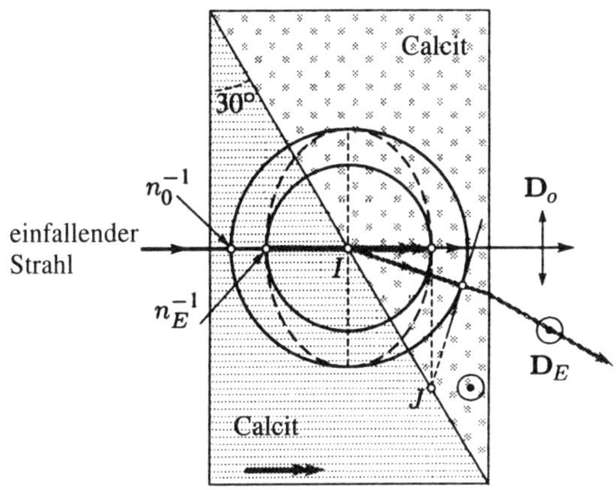

Abb. 31.15 Rochon $n_E < n_o$

Man unterscheidet die Polarisatoren nach *Glan-Taylor* oder nach *Glazebrook*, die aus zwei doppelbrechenden Prismen bestehen, welche durch Luft getrennt sind und deren optische Achsen parallel sind (Abbildung 31.16a). In den Polarisatoren nach *Glan-Thompson* werden die beiden Prismen durch eine Substanz mit Brechungsindex n_K (Kanadabalsam) getrennt. Dieser Brechungsindex liegt zwischen dem Wert des ordentlichen und außerordentlichen Brechungsindexes (Abbildung 31.16b). Da der Einfallswinkel bezüglich der Hypotenuse größer als der Grenzwinkel der Brechung ist, wird der ordentliche Strahl totalreflektiert. Anschließend wird er von einer geschwärzten Fläche absorbiert.

Im Glan-Taylor-Polarisator beträgt der Einfallswinkel zu der Hypotenuse ungefähr 40°, während die Grenzwinkel für den ordentlichen und den außerordentlichen Strahl für $n_o = 1{,}6584$ und $n_E = 1{,}4864$ bei:

$$\gamma_o = \arcsin\left(\frac{1}{1{,}6584}\right) = 37{,}08° < 40°$$

bzw.

$$\gamma_{\mathrm{E}} = \arcsin\left(\frac{1}{1{,}4864}\right) = 42{,}28^\circ > 40^\circ$$

liegen. Der ordentliche Strahl erfährt daher eine Totalreflexion, während der außerordentliche Strahl direkt passiert.

Bei den Glan-Thompson-Polarisatoren, bei denen der Brechungsindex der Substanz zwischen den Prismen $n_{\mathrm{K}} = 1{,}55$ ist, beträgt der Einfallswinkel bezüglich der Hypotenusefläche ungefähr 70°, während der Grenzwinkel für den ordentlichen Strahl für $n_{\mathrm{o}} = 1{,}6584$ bei:

$$\gamma_{\mathrm{o}} = \arcsin\left(\frac{1{,}55}{1{,}6584}\right) = 69{,}2^\circ < 70^\circ$$

liegt. Also wird auch hier der ordentliche Strahl totalreflektiert, während der außerordentliche Strahl wegen $n_{\mathrm{o}} > n_{\mathrm{E}}$ direkt durchgeht.

Solche doppelbrechenden Polarisatoren lassen also nur die Lichtschwingung durch, die parallel zu ihrer optischen Achse polarisiert ist. Ein zweiter Polarisator, der am Ausgang des ersten Polarisators plaziert wird, erlaubt die Auslöschung des austretenden Lichtstrahls, wenn seine optische Achse senkrecht zu der des ersten Polarisators ist. Der zweite Polarisator wird häufig auch *Analysator* genannt.

31.3 Kristallplättchen

Die Kristallplättchen sind dünne Plättchen aus einachsigem Material, die dazu dienen, Licht bestimmter Polarisation zu erzeugen.

31.3.1 Neutrale Linien

Mit Hilfe des Indexellipsoides an einem Punkt O (Abbildung 31.8) kann man erkennen, daß die beiden linear polarisierten Schwingungen, die sich durch das Medium ausbreiten, mit den Vektoren $\boldsymbol{D}_{\mathrm{o}}$ und $\boldsymbol{D}_{\mathrm{e}}$ beschrieben werden. Sie sind in Richtung der beiden Achsen der Ellipse $\mathcal{E}$ orientiert, die sich als Schnittfläche des Ellipsoides mit der Ebene senkrecht zum Wellenvektor ergibt. Diese Richtungen sind die ordentliche bzw. außerordentliche Achse. Man nennt sie *neutrale Linien* des Plättchens, da jede linear polarisierte Lichtwelle, die entlang einer dieser Linien folgt, das Plättchen ohne Änderung durchläuft.

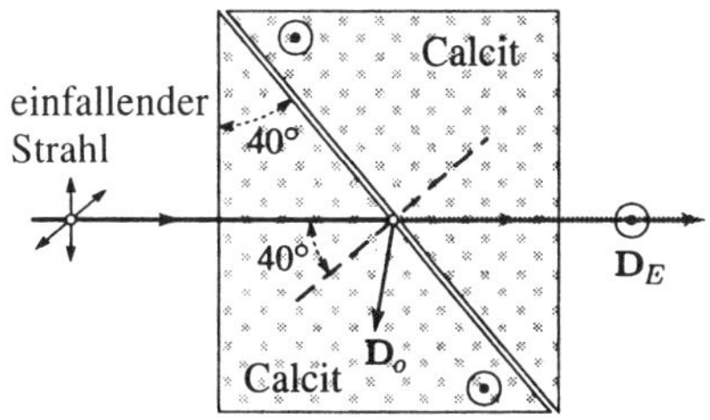

a) Polarisator nach Glan-Taylor

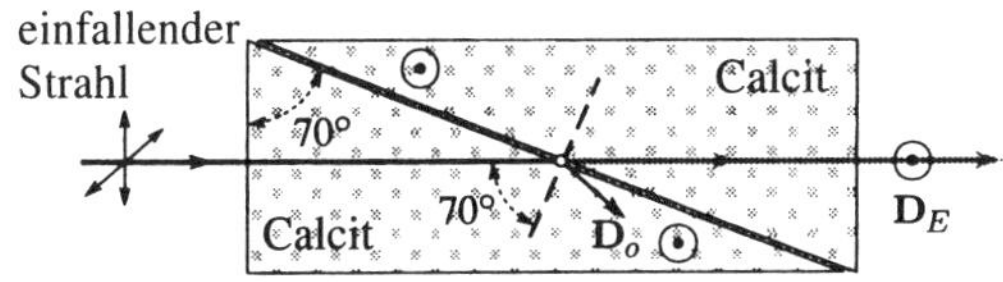

b) Polarisator nach Glan-Thompson

Abb. 31.16

Ist die einfallende Welle entlang der ordentlichen Achse polarisiert, das ist die Achse der Ellipse $\mathcal{E}$ senkrecht zu der optischen Achse, tritt sie mit der folgenden Phasenverschiebung aus:

$$\phi_{\mathrm{o}} = k_0 n_{\mathrm{o}} e = \frac{2\pi}{\lambda_0} n_{\mathrm{o}} e = \frac{2\pi\nu e}{v_{\mathrm{o}}}; \tag{31.55}$$

e ist die Plättchendicke, λ_0 die Wellenlänge, ν die Frequenz und v_{o} die Ausbreitungsgeschwindigkeit der polarisierten Welle entlang der ordentlichen Achse.

Ist die einfallende Welle entlang der außerordentlichen Achse polarisiert, d. h. entlang der anderen Ellipsenachse, tritt sie mit der Phasenverschiebung

$$\phi_{\mathrm{e}} = k_0 n_{\mathrm{e}} e = \frac{2\pi}{\lambda_0} n_{\mathrm{e}} e = \frac{2\pi\nu e}{v_{\mathrm{e}}} \tag{31.56}$$

aus; v_{e} ist die Ausbreitungsgeschwindigkeit der polariserten Wellen entlang der außerordentlichen Achse.

Ist $n_{\mathrm{e}} > n_{\mathrm{o}}$ (positives einachsiges Medium) mit $v_{\mathrm{e}} < v_{\mathrm{o}}$, wird die ordentliche Achse als *schnell* und die außerordentliche Achse als *langsam* bezeichnet. Der umgekehrte Fall gilt für $n_{\mathrm{e}} < n_{\mathrm{o}}$ (negativ einachsiges Medium) mit $v_{\mathrm{e}} > v_{\mathrm{o}}$.

Die experimentelle Bestimmung der neutralen Linien eines Plättchens stellt keinerlei Schwierigkeit dar: Im Aufbau der Abbildung 31.13 fügt man das Plättchen zwischen gekreutzten Polarisator und Analysator ein und dreht es, bis die Auslöschung wieder auftritt. Es zeigt sich dann auch, daß diese durch zwei senkrechte Richtungen realisiert wird; diese sind genau die neutralen Linien.

Meistens fällt das Licht *senkrecht* ein, und die optische Achse des Plättchens ist senkrecht zu der Einfallsrichtung. In der Folge wollen wir den speziellen, aber wichtigen Fall betrachten, für den der außerordentliche Brechungsindex seinen minimalen oder maximalen Wert n_{E} annimmt.

31.3.2 Parallel zu der optischen Achse geschnittenes Plättchen

Fällt eine linear polarisierte Welle *senkrecht* auf ein Kristallplättchen, das *parallel* zu seiner optischen Achse geschnitten wurde, ist die außerordentliche Schwingung entlang der optischen Achse orientiert, daher nimmt der außerordentliche Index einen Extremwert n_{E} an.

Zur Charakterisierung der Polarisation der Wellen, die aus dem Plättchen austreten, verwenden wir als Achsensystem die beiden neutralen Linien: Wir bezeichnen mit Ox die *außerordentliche* Richtung, welche hier mit der optischen Achse zusammenfällt und den Brechungsindex n_{E} hat, sowie mit Oy die ordentliche Richtung, für die der Brechungsindex n_{o} beträgt.

Am *Eingang* des Plättchens hat der Vektor $\boldsymbol{D}$ der linear polarisierten Schwingung in komplexer Notation die Komponenten:

$$\underline{D}_{\mathrm{E}} = D_{\mathrm{m}} \cos\alpha_p \exp(-\mathrm{i}\omega t) \quad \text{und} \quad \underline{D}_{\mathrm{o}} = D_{\mathrm{m}} \sin\alpha_p \exp(-\mathrm{i}\omega t), \tag{31.57}$$

wenn die Ausbreitungsrichtung durch die Oz-Achse bezeichnet wird und α_p der Winkel ist, den die Polarisationsrichtung der einfallenden Welle mit der optischen Achse bildet.

Am *Ausgang* des Plättchens hat $\boldsymbol{D}$ die Komponenten:

$$\begin{aligned} \underline{D}_{\mathrm{E}} &= D_{\mathrm{m}} \cos\alpha_p \exp[-\mathrm{i}(\omega t - \phi_{\mathrm{E}})] \qquad \text{und} \\ \underline{D}_{\mathrm{o}} &= D_{\mathrm{m}} \sin\alpha_p \exp[-\mathrm{i}(\omega t - \phi_{\mathrm{o}})]. \end{aligned} \tag{31.58}$$

Wir führen nun die Phasendifferenz ϕ zwischen der ordentlichen und außerordentlichen Welle ein

$$\boxed{\phi \equiv \phi_{\mathrm{o}} - \phi_{\mathrm{E}} = \frac{2\pi}{\lambda_0} e(n_{\mathrm{o}} - n_{\mathrm{E}})} \tag{31.59}$$

und wechseln den Zeitursprung. Dann haben wir:

$$D_{\mathrm{E}} = D_{\mathrm{m}} \cos\alpha_p \exp(-\mathrm{i}\omega t) \quad \text{und} \quad D_{\mathrm{o}} = D_{\mathrm{m}} \sin\alpha_p \exp[-\mathrm{i}(\omega t - \phi)]. \tag{31.60}$$

In reeller Notation ergibt das:

$$D_{\mathrm{E}} = D_{\mathrm{m}} \cos\alpha_p \cos(\omega t) \quad \text{und} \quad D_{\mathrm{o}} = D_{\mathrm{m}} \sin\alpha_p \cos(\omega t - \phi). \tag{31.61}$$

Die Spitze D des Vektors $\boldsymbol{OD} = \boldsymbol{D}$ beschreibt eine Ellipse der Form:

$$\frac{D_{\mathrm{E}}^2}{D_{\mathrm{m}}^2 \cos^2\alpha_p} + \frac{D_{\mathrm{o}}^2}{D_{\mathrm{m}}^2 \sin^2\alpha_p} - \frac{2 D_{\mathrm{E}} D_{\mathrm{o}} \cos\phi}{D_{\mathrm{m}}^2 \cos\alpha_p \sin\alpha_p} = \sin^2\phi, \tag{31.62}$$

wodurch die elliptische Polarisation der austretenden Welle charakterisiert wird (Kapitel 20).

1. Spezialfall: $\phi = 0$ oder π: lineare Polarisation
Die vorherige Gleichung wird zu

$$\frac{D_{\mathrm{o}}}{D_{\mathrm{E}}} = \pm \tan \alpha_p .$$

Die Schwingung ist also *linear* am Ausgang. Für $\phi = 0$ ist die austretende Welle parallel zu der einfallenden, während sie für $\phi = \pi$ symmetrisch zu der einfallenden Welle bezüglich der optischen Achse ist. In diesem letzten Fall heißt das Plättchen $\lambda/2$-Plätchen, weil es eine lineare Schwingung in ihre symmetrische Form überführt. Diese Eigenschaft wird im Polarimeter von Laurent verwendet (Kaptitel 32).

Größenordnung: Für Strahlung der Wellenlänge $\lambda = 589{,}3$ nm beträgt die Dicke des Calcitplättchens $e = 0{,}5893/(2 \cdot 0{,}172) = 1{,}7\,\mu$m

Für ein Quarzplättchen hat sie den Wert $e = 0{,}5893/(2{\cdot}0{,}009) = 32{,}7\,\mu$m.

2. Spezialfall: $\phi = \pm\pi/2$ und $\alpha_p = \pi/4$: zirkulare Schwingung
Erzeugt die Dicke des Plättchens eine solche Phasenverschiebung, heißt es $\lambda/4$-Plättchen, und für $\alpha_p = 45°$ beschreibt der Punkt D einen Kreis der Gleichung:

$$D_{\mathrm{E}}^2 + D_{\mathrm{o}}^2 = \frac{D_m^2}{2}. \tag{31.63}$$

Ein $\lambda/4$-Plättchen überführt eine linear polarisierte Welle, die im Winkel von 45° gegenüber den Achsen des Plättchens einfällt, in eine zirkular polarisierte Welle.

31.3.3 Interferenz der aus einem Plättchen austretenden Wellen

Monochromatisches Licht

Man kann die Interferenz zweier aus einem Kristallplättchen tretender Wellen realisieren, indem man einen Analysator am Ausgang plaziert, so daß die sich begegnenden Wellen dieselbe Richtung aufweisen (Abbildung 31.17a).

In der Abbildung 31.17b haben wir im durch die neutralen Achsen definierten Koordinatensystem die verschiedenen Vektoren dargestellt: die einfallende linear polarisierte Welle der Amplitude D_m, die aus dem Polarisator $\mathcal{P}$ austritt, die beiden linearen Wellen aus dem Plättchen und schließlich die

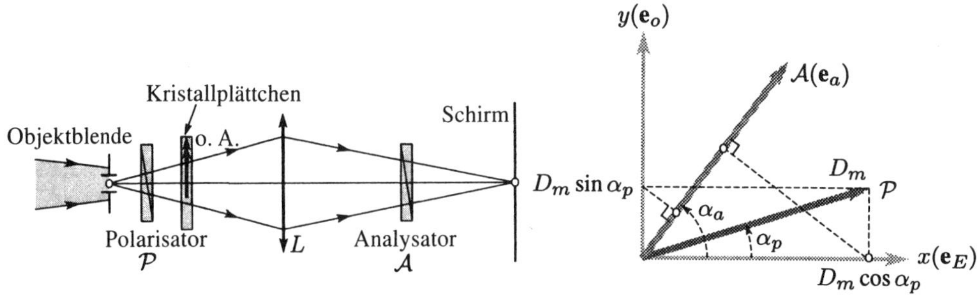

Abb. 31.17

durch Projektion auf die Polarisationsrichtung des Analysators erhaltenen interferierenden Wellen.

Bezeichnen wir mit $\boldsymbol{e}_\mathrm{a}$ den Einheitsvektor, der die Polarisationsrichtung des Analysators beschreibt, mit $\boldsymbol{e}_\mathrm{E}$ die Richtung der außerordentlichen Welle und mit $\boldsymbol{e}_\mathrm{o}$ die der ordentlichen. Wir erhalten:

$$\begin{aligned} \underline{D}_\mathrm{a} &= \underline{\boldsymbol{D}} \cdot \boldsymbol{e}_\mathrm{a} = (\underline{\boldsymbol{D}}_\mathrm{E} + \underline{\boldsymbol{D}}_\mathrm{o}) \cdot \boldsymbol{e}_\mathrm{a} \\ &= D_\mathrm{m}[\cos\alpha_\mathrm{p} \cos\alpha_\mathrm{a} + \sin\alpha_\mathrm{p} \sin\alpha_\mathrm{a} \exp(\mathrm{i}\phi)] \exp(-\mathrm{i}\omega t) \end{aligned} \qquad (31.64)$$

mit

$$\phi = \frac{2\pi}{\lambda_0} e(n_\mathrm{o} - n_\mathrm{E}).$$

Daraus folgt die Intensität der resultierenden Welle:

$$\underline{I}_\mathrm{a} = \underline{D}_\mathrm{a}^* \underline{D}_\mathrm{a} = D_\mathrm{m}^2 \left[\cos^2(\alpha_\mathrm{a} - \alpha_\mathrm{p}) - \sin(2\alpha_\mathrm{p}) \sin(2\alpha_\mathrm{a}) \sin^2\left(\frac{\phi}{2}\right)\right]. \qquad (31.65)$$

Wir wissen, daß der Kontrast der Interferenzstreifen *maximal* ist, wenn die Amplituden der beiden Schwingungen gleich sind oder wenn gilt:

$$\cos\alpha_\mathrm{p} \cos\alpha_\mathrm{a} = \pm \sin\alpha_\mathrm{p} \sin\alpha_\mathrm{a} \qquad (31.66)$$

oder

$$\cos(\alpha_\mathrm{a} \mp \alpha_\mathrm{p}) = 0. \qquad (31.67)$$

Zwei Fälle müssen daher untersucht werden:

1. $(\alpha_\mathrm{a} - \alpha_\mathrm{p}) = \pm\pi/2$.
   Der Polarisator und der Analysator sind *gekreuzt*.
   Die Intensität der Welle wird beschrieben durch:

   $$I_\mathrm{a} = -D_m^2 \sin(2\alpha_\mathrm{p}) \sin(2\alpha_\mathrm{a}) \sin^2\left(\frac{\phi}{2}\right) = \frac{D_m^2 \sin^2(2\alpha_\mathrm{p})}{2}(1 - \cos\phi)$$

   oder

$$I_a = \frac{I_0}{2}(1 - \cos\phi) \quad \text{mit} \quad I_0 = D_m^2 \sin^2(2\alpha_p). \tag{31.68}$$

Das Interferenzphänomen wird also am hellsten sein für $\sin(2\alpha_p) = \pm 1$, d. h. für eine einfallende Welle, die in einem Winkel von 45° zu der optischen Achse steht.

2. $(\alpha_a + \alpha_p) = \pm\pi/2$.
Die resultierende Intensität der Welle ist in diesem Fall:

$$\begin{aligned} \underline{I}_a &= D_m^2 \left[\cos^2(\pm\frac{\pi}{2} - 2\alpha_p) - \sin(2\alpha_p)\sin(\pm\pi - 2\alpha_a)\sin^2\left(\frac{\phi}{2}\right)\right] \\ &= D_m^2 \sin^2(2\alpha_p)\left[1 - \sin^2\left(\frac{\phi}{2}\right)\right] \end{aligned}$$

oder

$$I_a = \frac{I_0}{2}(1 + \cos\phi) \quad \text{mit} \quad I_0 = D_m^2 \sin^2(2\alpha_p). \tag{31.69}$$

Das Phänomen ist am hellsten für $\sin(2\alpha_p) = \pm 1$, d. h. für eine einfallende Welle, die einen Winkel von 45° gegenüber der optischen Achse aufweist. Unter diesen Bedingungen sind der Polarisator und der Analysator *parallel*, da $\alpha_a = \alpha_p = 45°$ oder $\alpha_p = 45°$ und $\alpha_a = -135°$ ist.

Bemerkung: Dieser letzte Ausdruck für die Intensität bei parallem Polarisator und Analysator unterscheidet sich von dem des gekreuzten Polarisators und Analysators durch das Pluszeichen vor dem Kosinusterm. Sie erinnert an die charakteristische Intensitätsverteilung bei der Interferenz zweier kohärenter Wellen (Kapitel 22).

Weißes Licht

Jede Strahlung der Vakuumwellenlänge λ_0 erzeugt ihr eigenes Interferenzmuster. Die Wellenlänge geht einmal in die Amplitude D_m des Feldes $\boldsymbol{D}$ und dann noch in die Phase $\lambda(\lambda_0)$ ein:

$$\phi(\lambda_0) = \frac{2\pi}{\lambda_0} e(n_o - n_E).$$

Dabei wollen wir nicht übersehen, daß die Indizes n_o und n_E ebenfalls von λ_0 abhängen, diese aber gegenüber der $1/\lambda_0$-Abhängigkeit vernachlässigbar ist.

Untersuchen wir mit Hilfe eines Spektroskops das Licht an einem Punkt der Ebene, an dem Interferenzerscheinungen auftreten, erhalten wir ein Spektrum mit einigen dunklen Linien, da bestimmte Wellenlängen fehlen. Dies ist leicht erklärbar: Sind der Polarisator und der Analysator z. B. gekreuzt ($\alpha_a - \alpha_p = \pm\pi/2$), verschwindet die Intensität $I_a(\lambda_0)$ am Ausgang des Analysators für

$$\frac{\phi}{2} = m\pi \quad \text{oder} \quad (n_o - n_E)e = m\lambda \quad \text{mit} \quad m \quad \text{ganzzahlig.}$$

Maximal ist $I_a(\lambda_0)$, wenn $(n_o - n_E)e = (m + 1/2)\lambda_0$ ist. Ist das Plättchen ausreichend dünn, wird es farbig, da nur einige Wellenlängen im sichtbaren Spektrum ausgelöscht werden. Man ermittelt die Farbe des durchgelassenen Lichtes, indem man die λ_0, die die obige Gleichung erfüllen, bestimmt. Eine effektive graphische Methode besteht darin, in einer kartesischen Ebene die Geradenbündel der Form $y = (m + 1/2)\lambda_0$ und die Gerade $y = (n_o - n_E)e$ parallel zu der λ_0-Achse zu zeichnen (Aufgabe A25.5). Die Farbe ist rein, wenn diese letzte Gerade nur eine einzige Gerade im sichtbaren spektralen Bereich des Geradenbündels (400–750 nm) schneidet. Ist das Plättchen dick, wird viel Strahlung durchgelassen, so daß man Weiß höherer Ordnung in der Beobachtungsebene erhält.

31.4 Induzierte Doppelbrechung

Isotrope Medien können anisotrop und damit doppelbrechend werden, wenn sie sich in einem elektrischen oder magnetischen Feld befinden oder eine mechanische Kraft auf sie wirkt. Außerdem werden die optischen Eigenschaften bestimmter Materialien empfindlich von solchen Feldern modifiziert.

31.4.1 Wirkung eines elektrischen Feldes: Pockels-Effekt und Kerr-Effekt

In sogenannten *elektrooptischen* Materialien hängen die optischen Eigenschaften des Mediums vom elektrischen Feld, dem sie ausgesetzt sind, ab.

Man unterscheidet zwei Effekte: einen *linearen*, den *Pockels-Effekt*, der 1893 von C. A. Pockels entdeckt wurde, und einen *quadratischen*, den *Kerr-Effekt*, der bereits 1875 von J. Kerr entdeckt wurde. Diese Effekte spielen eine wichtige Rolle in neueren Anwendungen der Optik, vor allem bei sehr schnellen Unterbrechern und für Modulatoren von Lichtbündeln.

Pockels-Effekt

Der Pockels-Effekt tritt nur in bestimmten Materialien auf, die kein Symmetriezentrum besitzen, z. B. Lithiumniobat ($LiNbO_3$), Ammoniumdihydrogenphosphat (ADP), Kaliumdihydrogenphosphat (KHP), Kaliumdideuteriophosphat (KDP) sowie Galiumarsenid (GaAs).

1. Longitudinaler Pockels-Effekt
   Legt man ein elektrisches Feld *parallel* zu der Ausbreitungsrichtung des Lichtes auf ein von den Elektroden begrenztes einachsiges Material an, ändern sich der ordentliche und außerordentliche Brechungsindex des Materials *linear* mit dem Feld (Abbildung 31.18a). Dabei tritt eine zusätzliche Phasendifferenz zwischen der außerordentlichen und der ordentlichen Welle auf: Dies ist der *longitudinale Pockels-Effekt.* Die Phasendifferenz $\phi_{\mathrm{P}}^{\mathrm{l}}$ ergibt sich aus

$$\boxed{\phi_{\mathrm{P}}^{\mathrm{l}} = \frac{2\pi}{\lambda_0}(n_{\mathrm{o}} - n_{\mathrm{E}})e = \pi \frac{V}{V_{\mathrm{P},\pi}^{\mathrm{l}}} \quad \text{mit} \quad V_{\mathrm{P},\pi}^{\mathrm{l}} = \frac{\lambda_0}{2n_{\mathrm{o}}^3 r},} \tag{31.70}$$

   wobei V die Potentialdifferenz zwischen den beiden Elektroden (transparent, damit das Licht passieren kann), n_{o} der ordentliche Brechungsindex und r ein charakteristischer Koeffizient des Materials sind. Für $V = V_{\mathrm{P},\pi}^{\mathrm{l}}/2$ beträgt also die Phasendifferenz $\pi/2$. Dieser longitudinale Effekt hängt nicht von den geometrischen Eigenschaften der Elektroden ab.

   Größenordnung: Tabelle 31.1 gibt für $\lambda = 546{,}1$ nm die Werte von $V_{\mathrm{P},\pi}^{\mathrm{l}}$ für verschiedene in der Optik vielbenutzte Materialien an: für das ADP ($NH_4H_2PO_4$), KHP (KH_2PO_4) und das KDP (KD_2PO_4).

   Tabelle 31.1:

Material	ADP	KHP	KDP
$V_{\mathrm{P},\pi}^{\mathrm{l}}$(kV)	9,2	7,5	2,9

2. Transversaler Pockels-Effekt
   Ist das elektrische Feld *senkrecht* zu der Ausbreitungsrichtung des Lichtbündels, erhält man einen dem vorherigen analogen Ausdruck. Die zusätzliche Phasendifferenz $\phi_{\mathrm{P}}^{\mathrm{t}}$ zwischen der ordentlichen und der außerordentlichen Welle hat hier die Form:

$$\boxed{\phi_{\mathrm{P}}^{\mathrm{t}} = \pi \frac{V}{V_{\mathrm{P},\pi}} \frac{e}{d},} \tag{31.71}$$

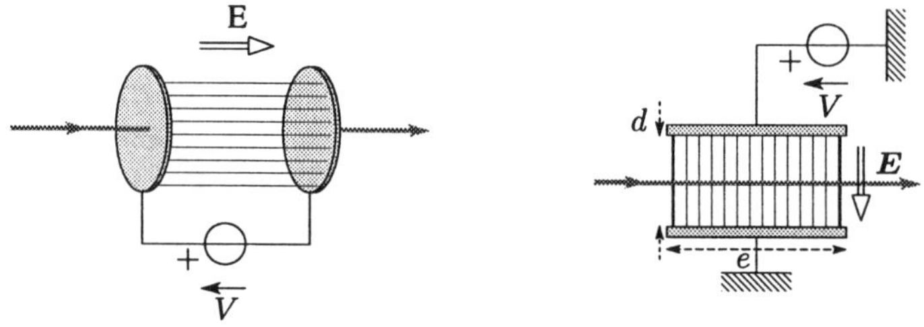

a) b)

Abb. 31.18

wobei e die Dicke des passierten Materials, V die Spannungsdifferenz zwischen den Elektroden und d der Abstand zwischen ihnen sind (Abbildung 31.18b); dies ist der *transversale Pockels-Effekts.* Für $V = V_{\mathrm{P},\pi}^{\mathrm{l}} e/d$ ergibt sich $\phi_{\mathrm{P}}^{\mathrm{t}} = \pi$.

3. Pockels-Zelle

Der transversale Pockels-Effekt wird häufig dazu verwendet, ein Lichtbündel zu modulieren. Zum Beispiel wird ein KDP-Kristall zwischen einen Polarisator und einen Analysator gesetzt, die im Winkel von 45° zu seinen neutralen Linien gekreuzt sind. Ein elektrisches Feld wird transversal zu der Ausbreitungsrichtung des Feldes angelegt. Allgemein wählt man die Dicke e des Kristalls so, daß in Abwesenheit des elektrischen Feldes gilt:

$$\frac{2\pi}{\lambda_0}(n_{\mathrm{o}} - n_{\mathrm{E}})e = \frac{\pi}{2}. \tag{31.72}$$

Unter diesen Bedingungen ist die Intensität I_{a} der aus dem Analysator austretenden Welle unter der Annahme $e = d$:

$$\begin{aligned} I_{\mathrm{a}} &= \frac{I_0}{2}(1 - \cos\phi) = \frac{I_0}{2}\left\{1 - \cos\left[\frac{\pi}{2}\left(1 + \frac{2V}{V_{\mathrm{P},\pi}^{\mathrm{t}}}\right)\right]\right\} \\ &= \frac{I_0}{2}\left[1 + \sin\left(\pi\frac{V}{V_{\mathrm{P},\pi}^{\mathrm{t}}}\right)\right]. \end{aligned} \tag{31.73}$$

Daraus folgt, daß für eine schwache Spannung V die so realisierte *Pockels-Zelle* sich wie ein linearer Intensitätsmodulator:

$$I_{\mathrm{a}} \approx \frac{I_0}{2}\left(1 + \pi\frac{V}{V_{\mathrm{P},\pi}^{\mathrm{t}}}\right) \tag{31.74}$$

verhält.

Die Pockels-Zellen werden als optische Schalter verwendet. Zum Beispiel werden Flüssigkristallzellen hierzu verwendet (Flüssigkristalle sind lange Moleküle, die sich unter Einwirkung eines elektrischen Feldes ausrichten.) Die induzierte Doppelbrechung führt je nach elektrischem Feld dazu, daß die Zellen durchsichtig oder lichtundurchlässig werden.

Kerr-Effekt

Ein auf isotrope Substanzen angelegtes Feld kann zu Anisotropien der optischen Eigenschaften führen. Die Materialien haben dann doppelbrechende Eigenschaften wie die einachsigen Kristalle: Die optische Achse des gebildeten anisotropen Mediums fällt mit der Richtung des angelegten Feldes zusammen. Diese Orientierung wird durch eine Ausrichtung der polaren Moleküle der Substanz im elektrischen Feld erklärt. Da die thermische Bewegung der Moleküle gegen diese Ausrichtung wirkt, ist der Effekt bei niedrigen Temperaturen stärker ausgeprägt.

Betrachten wir eine *Kerr-Zelle* zwischen gekreuztem Polarisator und Analysator. Bei dem Kerr-Effekt ist das elektrische Feld $\boldsymbol{E}$ *senkrecht* zu der Ausbreitungsrichung des Lichtbündels (Abbildung 31.19). Entlang der Feldrichtung gilt der außerordentliche Brechungsindex, während der senkrecht zum Feld der ordentliche ist. Kerr hat experimentell gezeigt, daß die Differenz der Indizes proportional zu der Vakuumwellenlänge λ_0 und zum Quadrat des Feldes ist:

$$\boxed{n_\mathrm{E} - n_\mathrm{o} = K\lambda_0 E^2.} \tag{31.75}$$

Hierbei ist K eine *positive* oder *negative* Konstante, die sogenannte *Kerr-Konstante.* Daraus folgt für die Phasendifferenz ϕ_K, die durch diese Doppelbrechung auftritt,

$$\phi_\mathrm{K} = \frac{2\pi}{\lambda_0}(n_\mathrm{o} - n_\mathrm{E})e = -2\pi Ke\left(\frac{V}{d}\right)^2. \tag{31.76}$$

Dabei ist V die transversale Spannung zwischen den Elektroden, e die Dicke des passierten Materials und d der Elektrodenabstand.

Größenordnung: Mit Nitrobenzen ($C_6H_5NO_2$), für das $K = 3{,}84 \cdot 10^{-12}$ mV^{-2} ist, beträgt die benötigte Spannung $V_{K,\pi}$, damit sich die Kerr-Zelle wie ein $\lambda/2$-Plättchen verhält:

$$Ke\left(\frac{V_{\mathrm{K},\pi}}{2}\right)^2 = \frac{1}{2} \quad \text{oder} \quad V_{\mathrm{K},\pi} = d\left(\frac{1}{2Ke}\right)^{\frac{1}{2}} \approx 25{,}5\,\mathrm{kV},$$

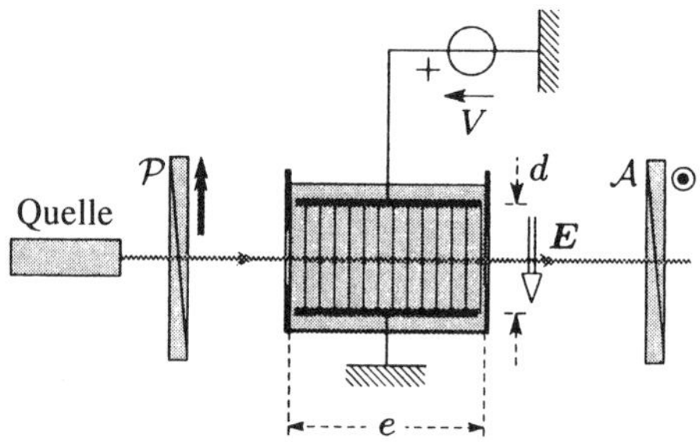

Abb. 31.19

wenn $d = 1$ cm und $e = 2$ cm sind. Dies zeigt auch den Nachteil des Kerr-Effektes: Die benötigten Spannungen sind groß und die verwendeten Substanzen giftig.

Einen *linearen Modulator auf Basis des Kerr-Effektes* kann man realisieren, indem eine Kerr-Zelle zwischen Analysator und Polarisator gesetzt wird. Die Zelle wird hierzu so orientiert, daß die durch das transversale elektrische Feld erzeugten neutralen Linien einen Winkel von 45° zum Polarisator aufweisen. Die Intensität der aus dem Analysator austretenden Welle beträgt:

$$I_a = I_0 \sin^2\left(\frac{\phi_K}{2}\right) = I_0 \sin^2\left(\frac{\pi K e V^2}{d^2}\right) = I_0 \sin^2\left(\frac{\pi V^2}{2V_{K,\pi}^2}\right). \tag{31.77}$$

Man legt nun eine variable Spannung $V(t) = V_0 + v(t)$, mit der konstanten Spannung V_0, für die $I_a(v)$ maximal ist, an. Da

$$\frac{dI_a}{dv} = \frac{dI_a}{dV} = \pi I_0 \left(\frac{V}{V_{K,\pi}^2}\right) \sin\left(\frac{2\pi V^2}{V_{K,\pi}^2}\right) \tag{31.78}$$

für $V = V_0 = V_{K,\pi}/\sqrt{2}$ maximal ist und den Wert $\pi I_0/(2V_0)$ hat, ist die entsprechende Intensität $I_0/2$. Für kleine Werte von $v(t)$ haben wir daher:

$$I_a(t) \approx \frac{I_0}{2}\left[1 + \pi\frac{v(t)}{V_0}\right]. \tag{31.79}$$

Bemerkung: Die Kerr-Zellen werden zur Realisierung von Verschlüssen verwendet, die schnellen Spannungsänderungen mit Perioden kleiner als 1 ns folgen können.

31.4.2 Wirkung eines magnetischen Feldes: Cotton-Mouton-Effekt und Voigt-Effekt

Der *Cotton-Mouton-* und *Voigt-Effekt* sind quadratische Effekte, die durch eine von einem *transversalen* Magnetfeld induzierte Anisotropie ermöglicht werden. Sie sind analog zum Kerr-Effekt. Die Materialien verhalten sich demnach wie einachsige Medien, deren optische Achse entlang des angelegten Feldes weist. Die erzeugte Doppelbrechung ist proportional zum Quadrat B^2 des magnetischen Feldes und zur Wellenlänge:

$$\boxed{n_\mathrm{E} - n_\mathrm{o} = M\lambda_0 B^2} \tag{31.80}$$

und damit

$$\phi_B = \frac{2\pi}{\lambda_0}(n_\mathrm{o} - n_\mathrm{E})e = -2\pi e M B^2. \tag{31.81}$$

M ist eine positive oder negative Konstante, die für Flüssigkeiten *Cotton-Mouton-Konstante* und für Gase *Voigt-Konstante* heißt. Die Interpretation ist entsprechend der des Kerr-Effektes: Unter dem Einfluß des magnetischen Feldes richten sich Moleküle mit einem magnetischen Moment im Magnetfeld aus, so daß sich die dielektrische Polarisation des Mediums verändert.

Größenordnung: Für Nitrobenzen beträgt $M = 2{,}5 \cdot 10^{-2}\ \mathrm{m}^{-1} \cdot \mathrm{T}^{-2}$, was mit einem Feld von 1 T und einer durchlaufenen Strecke von 2 cm zu einer Phasendifferenz von nur $\pi/1000$ führt. Für ein Gas ist der Effekt noch schwächer, da hier M tausendmal kleiner ist. Wegen dieser schwachen Doppelbrechungseffekte bei Magnetfeldern ist ihre Anwendung auch begrenzt.

Bemerkung: Der lineare magnetische Effekt, der dem Pockels-Effekt entspricht, ist der Faraday-Effekt. Jedoch ist aufgrund der besonderen Natur der magnetischen Wechselwirkung die so entstehende Doppelbrechung eine andere; die sogenannte zirkulare Doppelbrechung oder Rotationspolarisation (Kapitel 32).

31.4.3 Mechanische Doppelbrechung oder Photoelastizität

Die optische Anisotropie durch mechanische Belastung ist 1815 von Brewster entdeckt worden. Aus ihr hat sich eine Technik, die *Photoelastizität*, entwickelt, die sehr nützlich zur Beobachtung von mechanischen Spannungen in festen Körpern wie Kunststoffen, Kunstharzen, Gläsern usw. ist.

Eine einfache Versuchsanordnung, das sogenannte Polariskop, erlaubt die experimentelle Realisierung dieses Effektes (Abbildung 31.20). Man erzeugt mit monochromatischer Beleuchtung ein Bild eines durchsichtigen Plexiglasblocks, der zwischen einem Polarisator und einem dazu gekreuzten Analysator plaziert wird: Es liegt Auslöschung vor. Wird der Block einer *gleichmäßigen* mechanischen Kraft ausgesetzt, beobachtet man ein Wiederauftauchen des Lichtes. Eine Drehung des Analysators vermag die Auslöschung nicht wiederherzustellen, da das nun vorliegende Licht elliptisch polarisiert ist. Dagegen kann man die Auslöschung für zwei senkrechte Richtungen wieder herstellen, wenn das belastete Plättchen gedreht wird. Das Material ist also anisotrop geworden, wobei die optische Achse entlang des Spannungsfeldes orientiert ist. Die Beziehung zwischen der Doppelbrechung und dem ausgeübten Druck ist fast linear:

$$\boxed{n_\mathrm{E} - n_\mathrm{o} = C_\mathrm{m} p} \tag{31.82}$$

und damit haben wir für die Phasendifferenz

$$\phi_\mathrm{m} = \frac{2\pi}{\lambda_0}(n_\mathrm{E} - n_\mathrm{o})e = \frac{2\pi}{\lambda_0} C_\mathrm{m} p e; \tag{31.83}$$

C_m ist eine positive oder negative Konstante, die in der Einheit Pa^{-1} ausgedrückt wird. Diese Formel kann überprüft werden, indem man die Differenz $n_\mathrm{E} - n_\mathrm{o}$ für verschiedene Werte des Druckes p mißt, z. B. mittels eines Kompensators. Daraus folgt C_m.

Größenordnung: Für Glas ist $C_\mathrm{m} \approx 10^{-12}\ \mathrm{Pa}^{-1}$, und für Plexiglas ist $C_\mathrm{m} \approx 10^{-11}\ \mathrm{Pa}^{-1}$. Der notwendige Druck, um aus einem Plexiglasplättchen der Dicke 1 cm ein $\lambda/4$-Plättchen zu erzeugen, beträgt demnach:

$$\frac{2\pi}{\lambda_0} C_\mathrm{m} p e = \frac{\pi}{2} \quad \text{und damit} \quad p = \frac{\lambda_0}{4 C_\mathrm{m} e} = \frac{0{,}550}{4 \cdot 10^{-11} \cdot 10^4} = 1{,}375\,\mathrm{MPa},$$

was beträchtlich ist.

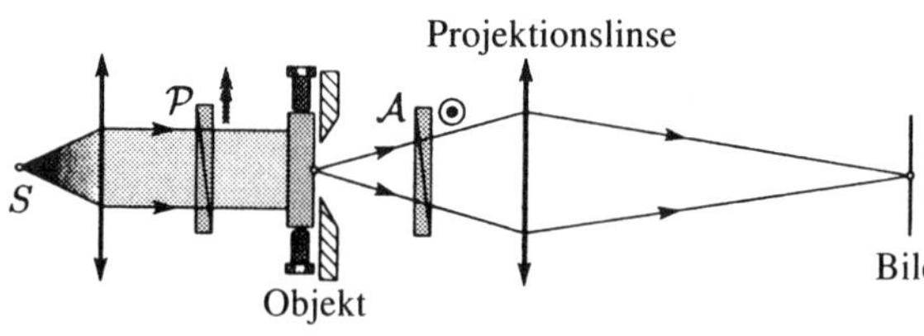

Abb. 31.20

31.5 Messung der Doppelbrechung

Es existieren mehrere Möglichkeiten, Doppelbrechung zu messen: für dicke Plättchen die Interferenzmethode, für dünne Plättchen die des Babinetschen Kompensators und schließlich die Methode, die auf $\lambda/4$-Plättchen basiert, und die man anwendet, wenn die Weglängendifferenz kleiner als die Wellenlänge ist.

31.5.1 Interferenzmethode

Die Interferenzmethode (Methode der kanellierten Spektren) besteht darin, das Licht, das ein zwischen einem Polarisator und einem Analysator befindliches, planparalleles Kristallplättchen passiert hat, mittels eines dispersiven Systems zu analysieren. Dieses erzeugt ein Spektrum mit dunklen Streifen, da gewisse Strahlungen ausgelöscht werden. Um einen maximalen Kontrast zu erhalten, sind $\mathcal{P}$ und $\mathcal{A}$ sowohl zueinander gekreuzt als auch parallel zu $\alpha_{\text{p}} = 45°$.

Für gekreuzte $\mathcal{P}$ und $\mathcal{A}$ entsprechen die dunklen Streifen im Spektrum den Vakuumwellenlängen λ, die folgender Bedingung genügen:

$$\frac{2\pi}{\lambda}(n_{\text{o}} - n_{\text{E}})e = m2\pi \quad \text{oder} \quad (n_{\text{o}} - n_{\text{E}})e = m\lambda, \quad m \text{ ganzzahlig.} \tag{31.84}$$

Betrachten wir die beiden äußersten dunklen Streifen des Spektrums, den für $m = 1$ und den für m, der der λ_m für violettes Licht entspricht. Nach Kapitel 25 haben wir:

$$(n_{\text{o}} - n_{\text{E}})e = m_1\lambda_1 \quad \text{und} \quad (n_{\text{o}} - n_{\text{E}})e = (m_1 + m - 1)\lambda_m, \tag{31.85}$$

woraus sich ergibt:

$$m_1 = \frac{(m-1)\lambda_m}{\lambda_1 - \lambda_m} \quad \text{und} \quad (n_{\text{o}} - n_{\text{E}}) = \frac{(m-1)}{e}\frac{\lambda_1\lambda_m}{\lambda_1 - \lambda_m}. \tag{31.86}$$

Kennen wir die Dicke des Plättchens, die Zahl der Intervalle $m - 1$ zwischen den äußersten dunklen Streifen und die Wellenlängen, die zu diesen Streifen gehören, was eine vorherige Eichung des Spektrometers erfordert, kann man auf den Wert von $n_{\text{o}} - n_{\text{E}}$ schließen. In der Praxis kann mit dieser Methode nicht das Vorzeichen der Doppelbrechung bestimmt werden, was aber nicht stört, da man im allgemeinen die Natur des untersuchten Plättchens kennt.

Beispiel: Wendet man diese Methode auf ein Quarzplättchen der Dicke 1 mm an, erhält man folgende Werte: $\lambda_1 = 700$ nm und $\lambda_m = 400$ nm, die durch 10 dunkle Streifen voneinander getrennt sind. Daraus folgt:

$$n_E - n_o = \frac{10}{1000}\left(\frac{0{,}7 \cdot 0{,}4}{0{,}7 - 0{,}4}\right) \approx 9{,}3 \cdot 10^{-3}.$$

31.5.2 Babinetsche Kompensatormethode

Wie der Name andeutet, ist der Babinetsche Kompensator ein optisches System, das erlaubt, die durch ein Kristallplättchen eingeführte Phasenverschiebung meßbar zu kompensieren. Er ist aus zwei Quarzprismen mit kleinem brechendem Winkel θ aufgebaut, deren optische Achsen parallel zu den Ein- bzw. Austrittsflächen liegen und zueinander *gekreuzt* sind (Abbildung 31.21). Das erste Prisma ist fest, während das zweite entlang der gemeinsamen Hypotenuse mittels einer Mikrometerschraube verschoben werden kann. Dieses System ähnelt einem Wollastonschen Prisma mit sehr kleinem Winkel ($\approx 2°$). Die durch den Kompensator eingeführte Phasendifferenz hat, da die ordentlichen und außerordentlichen Achsen in den beiden Prismen jeweils vertauscht sind, die Form:

$$\phi_c = \phi_1 + \phi_2 = \frac{2\pi}{\lambda_0}(n_o - n_E)_{c,B}(e_1 - e_2). \tag{31.87}$$

Diese Phasendifferenz ϕ_c verschwindet, wenn die Position des beweglichen Prismas zu gleichen Wegen in den beiden Prismen führt: $e_1 = e_2 = e_0$. Wählt man als Ursprung der Verschiebung diese Position und als positive x-Richtung die der wachsenden Dicke des ersten Prismas, haben die passierten Dicken als Funktion von x jeweils die Form:

$$e_1 = e_0 + x\tan\theta \quad \text{und} \quad e_2 = e_0 - x\tan\theta. \tag{31.88}$$

Damit folgt für die Phasenverschiebung:

$$\phi_c = \frac{2\pi}{\lambda_0}(n_o - n_E)_{c,B}\, 2x\tan\theta = -\frac{2\pi}{\lambda_0}Cx\tan\theta. \tag{31.89}$$

mit einer charakteristischen Kompensatorkonstanten $C = 2(n_E - n_o)_{c,B}$, die über Eichung ermittelt wird. Im Fall des Quarzes ist diese Konstante positiv.

Für die Interferenz weißen Lichtes wird im üblichen Aufbau der Kompensator zwischen gekreuztem Polarisator und Analysator plaziert, so daß die neutralen Linien des Kompensators, die mit dessen beiden Achsen zusammenfallen, in einem Winkel von 45° zu der Richtung des Polarisators stehen (Abbildung 31.17a). In diesem Fall ist der Konstrast der Interferenzerscheinung maximal:

$$I = I_0 \sin^2\left(\frac{\phi_c}{2}\right). \tag{31.90}$$

Bei $x = 0$ haben wir $I = 0$ für alle Wellenlängen im Zentrum des Beobachtungsfeldes. Darauf ist die Existenz eines schwarzen Interferenzstreifens im Zentrum zurückzuführen. Dagegen verschwindet ϕ_c außerhalb des Zentrums nur für bestimmte Wellenlängen, so daß ein farbiges Bild beobachtet wird.

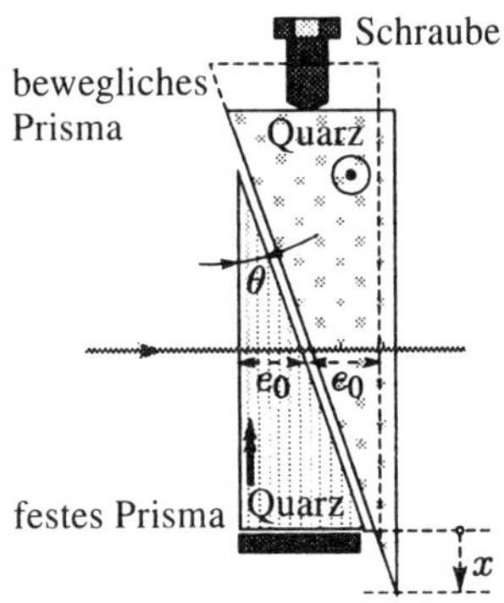

Abb. 31.21 Babinetscher Kompensator

Fügt man nun das Kristallplättchen, dessen Doppelbrechung $n_o - n_E$ bestimmt werden soll, so in den Aufbau ein, daß seine neutralen Linien mit den Achsen des Kompensators zusammenfallen, verschiebt sich das eingangs beschriebene schwarze Zentrum. Man bringt es in seine ursprüngliche Position zurück, indem das bewegliche Prisma um x verschoben wird. Die optische Weglängendifferenz, die durch das Plättchen auftritt, $L = (n_o - n_E)e$, ist mit x über die Gleichung

$$\frac{2\pi}{\lambda_0}(L - Cx) = 0$$

verknüft, woraus folgt:

$$(n_o - n_E) = C\frac{x}{e}. \tag{31.91}$$

31.5.3 $\lambda/4$-Plättchen-Methode

Das Prinzip der $\lambda/4$-Plättchen-Methode besteht darin, die elliptische Polarisation, die aus dem zu untersuchenden Kristallplättchen tritt, in eine lineare Polarisation zu überführen. Betrachten wir hierfür eine linear polarisierte

Welle, die unter einem Winkel von 45° zu den neutralen Linien eines Kristallplättchens auf dieses fällt (Abbildung 31.21). Die Komponenten des Feldes $\boldsymbol{D}$ lauten:

$$\underline{D}_x = D_\mathrm{m} \exp[-\mathrm{i}(\omega t - \phi_\mathrm{E})] \quad \text{und} \quad \underline{D}_y = D_\mathrm{m} \exp[-\mathrm{i}(\omega t - \phi_\mathrm{o})] \tag{31.92}$$

oder, wenn man den Zeitursprung verändert und die Phasendifferenz $\phi = \phi_\mathrm{o} - \phi_\mathrm{E}$ einführt

$$\underline{D}_x = D_\mathrm{m} \exp(-\mathrm{i}\omega t) \quad \text{und} \quad \underline{D}_y = D_\mathrm{m} \exp(\mathrm{i}\phi) \exp(-\mathrm{i}\omega t). \tag{31.93}$$

Berechnen wir nun die Komponenten von $\boldsymbol{D}$ in der neuen Basis $(\boldsymbol{e}_X, \boldsymbol{e}_Y)$ des Polarisators, die durch Rotation um 45° aus der alten Basis entsteht (Abbildung 31.22). Wir erhalten:

$$\underline{D}_X = \boldsymbol{e}_X \cdot (\underline{D}_x \boldsymbol{e}_x + \underline{D}_y \boldsymbol{e}_y) = \frac{1}{\sqrt{2}}(\underline{D}_x + \underline{D}_y) \quad \text{und} \tag{31.94}$$

$$\underline{D}_Y = \boldsymbol{e}_Y \cdot (\underline{D}_x \boldsymbol{e}_x + \underline{D}_y \boldsymbol{e}_y) = \frac{1}{\sqrt{2}}(-\underline{D}_x + \underline{D}_y \tag{31.95}$$

oder:

$$\begin{aligned} \underline{D}_X &= \frac{1}{\sqrt{2}}[1 + \exp(\mathrm{i}\phi)] D_\mathrm{m} \exp(-\mathrm{i}\omega t) \\ &= \sqrt{2} D_\mathrm{m} \cos\left(\frac{\phi}{2}\right) \exp\left(\mathrm{i}\frac{\phi}{2}\right) \exp(-\mathrm{i}\omega t) \end{aligned} \tag{31.96}$$

und

$$\begin{aligned} \underline{D}_Y &= \frac{1}{\sqrt{2}}[-1 + \exp(\mathrm{i}\phi)] D_\mathrm{m} \exp(-\mathrm{i}\omega t) \\ &= \mathrm{i}\sqrt{2} D_\mathrm{m} \sin\left(\frac{\phi}{2}\right) \exp\left(\mathrm{i}\frac{\phi}{2}\right) \exp(-\mathrm{i}\omega t). \end{aligned} \tag{31.97}$$

Um eine elliptische Welle in eine linear polarisierte Welle zu überführen, genügt es, $\underline{D}_Y$ mit $\pm\mathrm{i}$ zu multiplizieren, d. h. eine Phasenverschiebung von $\pm\pi/2$ einzuführen: Dies ist genau das, was ein $\lambda/4$-Plättchen, dessen *Achsen mit den Richtungen des Analysators und des Polarisators übereinstimmen*, realisiert. So erhalten wir nach Passieren des $\lambda/4$-Plättchens und erneuter Änderung des Zeitursprunges:

$$\underline{D}_X = \sqrt{2} D_\mathrm{m} \cos\left(\frac{\phi}{2}\right) \exp\left(\mathrm{i}\frac{\phi}{2}\right) \exp(-\mathrm{i}\omega t) \tag{31.98}$$

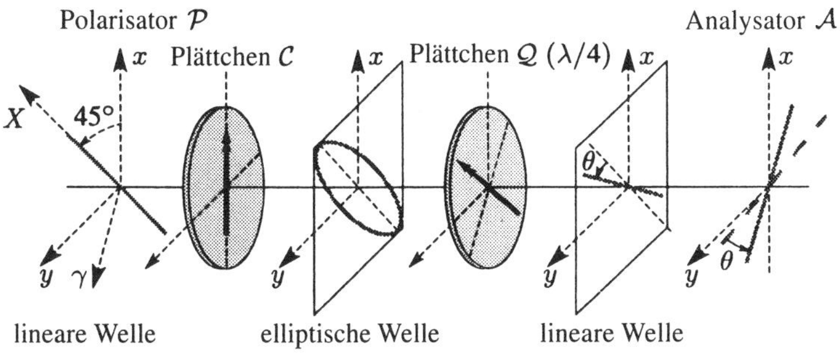

Abb. 31.22

und

$$\underline{D}_Y = \mp\sqrt{2}D_{\mathrm{m}}\sin\left(\frac{\phi}{2}\right)\exp\left(\mathrm{i}\frac{\phi}{2}\right)\exp(-\mathrm{i}\omega t). \tag{31.99}$$

Die aus dem System Kristallplättchen–$\lambda/4$-Plättchen ausgesandte Welle ist also eine linear polarisierte Schwingung, die in einem Winkel $\theta = \phi/2 + m\pi$ zu der Polarisatorrichtung steht. Durch Drehen des Analysators um den Winkel θ wird die anfängliche Auslöschung wiederhergestellt. Daraus folgert man auf $\phi = 2\pi(n_{\mathrm{o}} - n_{\mathrm{E}})/\lambda_0$ und damit auf $n_{\mathrm{o}} - n_{\mathrm{E}}$ bei bekannter Plättchendicke und Wellenlänge λ_0.

Wir bemerken noch, daß das $\lambda/4$-Plättchen der verwendeten Wellenlänge des monochromatischen Lichtes angepaßt sein muß und daß der Winkel $\phi/2$ nur bis auf $m\pi$ bestimmt wird, was die Methode auf die Fälle beschränkt, in denen Phasendifferenzen kleiner als π sind.

Experimentelle Realisierung

Der anfängliche Aufbau besteht darin, das Kristallplätchen unbekannter Doppelbrechung zwischen Polarisator $\mathcal{P}$ und Analysator $\mathcal{A}$ zu setzen. Das Plättchen ist parallel zu seiner optischen Achse geschnitten. Es wird solange gedreht, bis vollständige Auslöschung vorliegt. Dann dreht man es um 45°, so daß seine Achse einen Winkel von 45° mit den Achsen von $\mathcal{P}$ und $\mathcal{A}$ bildet.

In einer zweiten Phase wird $\mathcal{C}$ vorübergehend entfernt, in den Strahlengang ein $\lambda/4$-Plättchen $\mathcal{Q}$ gebracht und bis zu erneuter Auslöschung gedreht. Die Achsen von $\mathcal{Q}$ fallen dann mit denen von $\mathcal{P}$ und $\mathcal{A}$ zusammen.

In einer letzten Phase wird $\mathcal{C}$ wieder an seine ursprüngliche Position gebracht, so daß das von $\mathcal{P}$ ausgesandte polarisierte Licht nacheinander $\mathcal{C}$ und $\mathcal{Q}$ passiert. Man dreht schließlich den Analysator um einen Winkel $\theta = \phi/2$, um die Auslöschung wiederherzustellen. Aus der Messung von θ folgt dann $(n_{\mathrm{o}} - n_{\mathrm{E}})$.

31.6 Zusammenfassung

1. Die elektromagnetische Theorie der anisotropen Medien ermöglicht die Erklärung der in diesen Medien beobachteten Doppelbrechung. Bei einer gegebenen Ausbreitungsrichtung können sich zwei linear polarisierte Wellen unverändert ausbreiten: Diesen beiden Wellen werden zwei orthogonale $\boldsymbol{D}$-Vektoren zugeordnet. Die weitere Analyse führt zu der Definition zweier zweischaliger Flächen: Die erste ist die Indexfläche, d. h. die Fläche, die durch die Spitze des Vektors $\boldsymbol{n} = \boldsymbol{k}/k_0$ beschrieben wird, der eng mit dem Wellenvektor $\boldsymbol{k}$ verknüpft ist. Die andere Fläche ist die Wellenfläche, die durch die Spitze des Vektors $\boldsymbol{s}$ mit $\boldsymbol{s} \cdot \boldsymbol{n} = 1$ beschrieben wird. Dieser Vektor ist direkt mit dem Poynting-Vektor $\boldsymbol{R}$ verknüpft. Das Indexellipsoid stellt ein Mittel zur Bestimmung der Ausbreitungsrichtungen der beiden linear polarisierten, monochromatischen ebenen Wellen, die sich unverändert durch das anisotrope Medium ausbreiten können, dar.
2. Besitzt der Kristall eine Zylindersymmetrie, sind die Medien einachsig. Unter diesen Bedingungen ist der Vektor $\boldsymbol{D}_\mathrm{o}$ der einen Welle, der sogenannten ordentlichen Welle, senkrecht zu der Hauptschnittfläche, die sowohl die Normale der brechenden Fläche, den Ausbreitungsvektor des Lichtbündels als auch die optische Achse enthält. Der Vektor $\boldsymbol{D}_\mathrm{a}$ beschreibt die andere Welle, die sogenannte außerordentliche Welle, die parallel zu der Hauptschnittfläche ist. Diesen beiden Wellen entsprechen verschiedene Brechungindizes: der ordentliche Index n_o und der außerordentliche Index n_a, der sich zwischen den beiden Extremwerten n_o und n_E bewegen kann. Ist $n_\mathrm{E} > n_\mathrm{o}$, wird das Medium als positiv bezeichnet (Quarz), für $n_\mathrm{E} < n_\mathrm{o}$ als negativ (Calcit).
3. Anisotrope Medien, die als Prismen geschnitten sind, werden häufig für die Aufspaltung eines Lichtbündels in seine beiden senkrechten linearen Polarisationsanteile verwendet. Unterdrückt man das eine der beiden Teilbündel, hat man einen Doppelbrechungspolarisator.
4. Kristallplättchen aus einachsigem Material, meist parallel zu ihrer optischen Achse geschnitten, werden zur Erzeugung elliptisch polarisierten Lichtes aus linear polarisierten Eingangsschwingungen verwendet. Beträgt die Phasenverschiebung π, ist das Plättchen ein $\lambda/2$-Plättchen. Beträgt die Phasenverschiebung $\pi/2$, ist es ein $\lambda/4$-Plättchen. In diesem letzten Fall, wenn außerdem die lineare Polarisation in einem Winkel von $45°$ zu den Achsen des Plättchen steht, ist die austretende Welle zirkular polarisiert. Sind diese Plättchen sehr dünn und befinden sie sich zwischen einem Polarisator und einem Analysator, gekreuzt oder parallel, geben sie sehr kontrastreiche und helle Interferenzen.

5. Schließlich ist es möglich, Doppelbrechung zu induzieren, indem ein elektrisches, magnetisches oder mechanisches Feld angelegt wird. Die wichtigsten so erhaltenen Effekte sind der Pockels-Effekt, der proportional zum elektrischen Feld ist und der Kerr-Effekt, der proportional zum Quadrat des elektrischen Feldes ist.

31.7 Aufgaben

A31.1 Abstand zwischen den aus einem Spatplättchen austretenden Strahlen
Ein Bündel gefilterten natürlichen Lichtes der Vakuumwellenlänge $\lambda \approx 630$ nm fällt senkrecht auf ein planparalleles Spatkristallplättchen. Die optische Achse steht in einem Winkel von 45° zu der Plättchennormalen (Abbildung 31.12).

Bestimmen Sie den Abstand zwischen den austretenden Lichtstrahlen als Funktion der Plättchendicke e und des ordentlichen und außerordentlichen Indexes n_o bzw. n_E. Rechnen Sie für $e = 1{,}5$ cm. Wir geben die λ-Abhängigkeit der Brechungsindizes in μm an:

$$n_\mathrm{o} = (2{,}68 - 0{,}01\lambda^2 + 0{,}034\lambda^{-2})^{\frac{1}{2}} \quad \text{und} \quad n_\mathrm{E} = (2{,}17 - 0{,}0008\lambda^2 + 0{,}021\lambda^{-2})^{\frac{1}{2}}$$

A31.2 Jones-Darstellung eines Polarisators und eines $\lambda/4$-Plättchens
In der Jones-Darstellung wird eine polarisierte Welle durch einen Vektor dargestellt, dessen beide Komponenten proportional zu den komplexen Amplituden zweier orthogonaler Komponenten des transversalen elektrischen Feldes sind (Kapitel 20).

1. Eine elliptisch polarisierte Welle tritt aus einem Polarisator entlang der transversalen Ox-Richtung. Bestimmen Sie die 2×2-Jones-Matrix $[J_1]$, die den Polarisator beschreibt. Wiederholen Sie die Aufgabe für den Fall, daß die austretende Welle entlang Oy polarisiert ist $[J_2]$, sie entlang der ersten Winkelhalbierenden der Oxy-Ebene polarisiert ist $[J_3]$ und schließlich für den Fall einer Polarisierung entlang der zweiten Winkelhalbierenden der Oxy-Ebene $[J_4]$.
2. Eine entlang Ox linear polarisierte Welle ist nach Passieren eines $\lambda/4$-Plättchen linkszirkular polarisiert, während eine in Oy-Richtung polarisierte Welle rechtszirkular polarisiert wird. Ermitteln Sie die 2×2-Jones-Matrix $[J_5]$, die das $\lambda/4$-Plättchen beschreibt.
3. Man schickt eine elliptisch polarisierte Welle nacheinander durch einen Polarisator und ein $\lambda/4$-Plättchen, jeweils beschrieben durch die Matrix $[J_1]$ bzw. $[J_5]$. Schließen Sie auf die Polarisation der Welle, die aus diesem als „Zirkularpolarisator“ bezeichneten System tritt.
4. Man schickt eine linkszirkular polarisierte Welle nacheinander durch ein $\lambda/4$-Plättchen und einen Polarisator, jeweils beschrieben durch die Matrix $[J_5]$ bzw. $[J_1]$. Schließen Sie auf die Polarisation der Welle, die aus diesem als „Zirkularanalysator“ bezeichneten System tritt.

A31.3 Fresnel-Aragosches Experiment
Wir betrachten ein Youngsches Doppelspaltinterferometer mit den Spalten S_1 und S_2. Das einfallende Licht ist durch einen Polarisator $\mathcal{P}$ linear polarisiert.

1. Man bedeckt S_1 und S_2 mit zwei identischen Polarisatoren $\mathcal{P}_1$ und $\mathcal{P}_2$.

a) Beschreiben Sie das beobachtete Phänomen, wenn die Richtungen von $\mathcal{P}_1$ und $\mathcal{P}_2$ zueinander parallel sind und in einem Winkel von 45° zu $\mathcal{P}$ stehen.
b) Beschreiben Sie den Fall, daß beide Richtungen von $\mathcal{P}_1$ und $\mathcal{P}_2$ senkrecht zueinander sind, aber weiterhin einen Winkel von 45° zu der Richtung von $\mathcal{P}$ haben.

2. Wir bleiben bei dieser letzten experimentellen Situation, betrachten aber den Beobachtungsschirm durch einen Analysator $\mathcal{A}$.
   a) Was beobachtet man auf dem Schirm, wenn $\mathcal{A}$ parallel zu $\mathcal{P}_1$ oder $\mathcal{P}_2$ ist?
   b) Was ergibt sich, wenn $\mathcal{A}$ in einem Winkel von 45° zu $\mathcal{P}_1$ oder $\mathcal{P}_2$ steht?
   c) Was beobachtet man, wenn $\mathcal{A}$ eine beliebige Orientierung hat?

A31.4 Lyotscher Filter

1. Ein planparalleles Quarzplättchen, das parallel zu seiner optischen Achse geschnitten wurde, wird zwischen zwei Polarisatoren $\mathcal{P}_0$ und $\mathcal{P}_1$ gesetzt. Die beiden Polarisatoren sind zueinander parallel, während die Plättchenachse 45° zu den Polarisatorrichtungen steht. Auf die Fläche dieses Filters fällt senkrecht ein paralleles Bündel weißen Lichtes. Welche Form haben die Ausdrücke für die Amplitude und die Intensität der durchgelassenen Welle als Funktion der Phasendifferenz $\phi = 2\pi(n_E - n_o)e/\lambda_0$, mit der Plättchendicke $e = 2$ mm, der Wellenlänge der betrachteten Strahlung $\lambda_0 = 545$ nm, dem außerordentlichen Brechungsindex $n_E = 1{,}553$ und dem ordentlichen Brechungsindex $n_o = 1{,}544$?
2. Man schaltet $N = 8$ derartige Systeme hintereinander, und zwar mit Plättchendicken, die wie folgt zunehmen: $e, 2e, 4e, 2^{N-1}e$. Alle Polarisatoren zwischen ihnen sind parallel. Bestimmen Sie unter Vernachlässigung der Absorption in den Plättchen die Intensität der durchgelassenen Welle als Funktion von ϕ. Zeigen Sie, daß dieses System als Monochromator verwendet werden kann. Schließen Sie auf sein Auflösungsvermögen.

A31.5 Kerr-Zelle aus Schwefelkohlenstoff

Eine Kerr-Zelle besteht aus einer Schwefelkohlenstoff(Kohlenstoffdisulfid)-Küvette, in die ein Kondensator eingetaucht ist, dessen senkrechter Rahmen die Länge $e = 5$ cm hat und einen Abstand von $d = 1$ cm aufweist. Man beleuchtet die Zelle mit monochromatischem Licht ($\lambda_0 = 546$ nm), das in einem Winkel von 45° zum Rahmen des Kondensators linear polarisiert ist.

1. Wie groß ist die Spannung $V_{K,\pi}$, für die die Phasendifferenz π beträgt? Man baut zwischen den Platten eine Potentialdifferenz von 40 kV auf. Berechnen Sie mit der Kerr-Konstanten $K = 3{,}58 \cdot 10^{-14}$ mV^{-2} die Phasendifferenz, die durch die Zelle zwischen der zum elektrischen Feld senkrechten und parallelen Welle induziert wird.
2. In welchem Polarisationszustand befindet sich das austretende Licht?

32 Rotationspolarisation und zirkulare Doppelbrechung

Die Rotationspolarisation ist eine Eigenschaft bestimmter Substanzen (flüssig und fest), die Polarisationsebene einer linear polarisierten Welle, die sie durchlaufen, drehen zu können. Diese Eigenschaft wird auch *optisches Drehvermögen* oder *optische Aktivität* genannt. Sie ist 1811 von D. Arago am Quarz (SiO_2) und von J. B. Biot an Zucker und Terpentin entdeckt worden.

Die optische Aktivität ist sowohl theoretisch als auch praktisch interessant, denn durch sie läßt sich experimentell der vektorielle Charakter der Lichtgröße beweisen, ähnlich der Doppelbrechung in den anisotropen Kristallen (Kapitel 31). Außerdem ist sie die Grundlage für die Mischung von chemischen Substanzen, die aus Stereoisomeren bestehen wie z. B. bestimmte Zuckerarten. Schließlich kann das optische Drehvermögen bei einigen Materialien durch ein Magnetfeld induziert werden.

32.1 Experimenteller Nachweis und Biotsches Gesetz

32.1.1 Grundlegende Experimente

Betrachten wir den optischen Aufbau in Abbildung 32.1a: Man erzeugt mittels einer konvergenten Linse L auf einem Schirm das geometrische Bild einer kreisförmigen Blende $\mathcal{D}$. Ein Kondensor erlaubt die ausreichende Beleuchtung der Objektblende. Dank eines Filters, der hinter das Objekt plaziert wird, arbeitet man mit quasimonochromatischem Licht.

Wir verwenden einen Polarisator $\mathcal{P}$ (Kapitel 31) für die Erzeugung von linear polarisiertem Licht aus dem beliebig elliptisch polarisierten Licht der Quelle; der Polarisator läßt nur Wellen entlang seiner Richtung hindurch. Ein zweiter Polarisator $\mathcal{A}$ wird als Analysator eingesetzt und erlaubt die Untersuchung der Lichtes auf Höhe des Schirmes. In diesem Stadium wird man Auslöschung bei gekreuztem $\mathcal{P}$ und $\mathcal{A}$ beobachten.

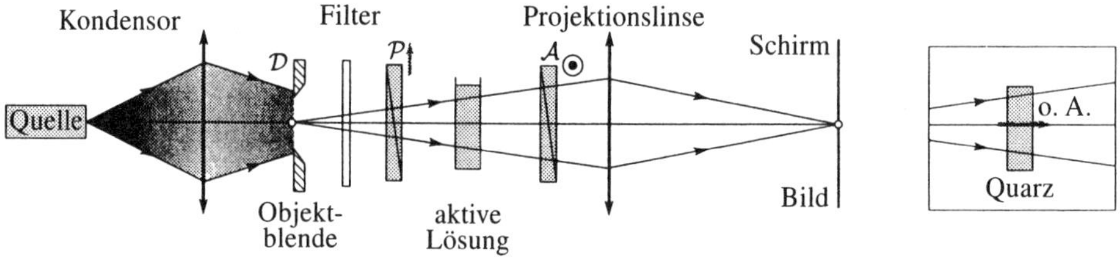

a) Nachweisapparatur b)

Abb. 32.1

1. Fügt man nun zwischen gekreuzten $\mathcal{P}$ und $\mathcal{A}$ eine Saccharose-Lösung ein, erscheint wieder Licht. Außerdem tritt erneut *Auslöschung* auf, wenn man den Analysator um den Winkel α dreht. Daraus folgt, daß die Substanz nicht den Polarisationszustand geändert, sondern nur die Polarisationsebene gedreht hat.
2. Wiederholt man das Experiment mit verdoppelter Dicke, stellt man eine Verdopplung des Drehwinkels fest.
3. Dreht man die Substanz (oder den Behälter) um 180°, bleiben die Ergebnisse unverändert.
4. Man beobachtet ein analoges Phänomen mit einem Kristall, der *senkrecht* zu seiner optischen Achse geschnitten wurde und senkrecht beleuchtet wird (Abbildung 32.1b).

32.1.2 Biotsche Gesetze

Die Gesetze der Rotationspolarisation sind experimentell von Biot gefunden worden.

Erstes Gesetz: Bestimmte transparente und isotrope Körper, die von linear polarisiertem monochromatischem Licht passiert werden, drehen die Polarisationsebene um die Ausbreitungsrichtung des Lichtes. Ebensolches gilt für bestimmte anisotrope Medien, deren optische Achse parallel zu der mittleren Richtung des einfallenden Lichtbündels ist.

Zweites Gesetz: Es existieren zwei Arten optisch aktiver Substanzen: Die *lävogyren* oder *linksdrehenden* Substanzen, die die Polarisationsebene nach links drehen lassen (relativ zum Beobachter, der das Licht *empfängt*) und die *dextrogyren* oder *rechtsdrehenden* Substanzen, die die Polarisationsebene nach rechts drehen.

Drittes Gesetz: Der Rotationswinkel der Polarisationsebene ist proportional zu der Dicke der durchlaufenen Substanz.

Man führt für Flüssigkeiten und Feststoffe die *spezifische Drehung* oder das *optische Drehvermögen* $\{\alpha\}$ ein:

$$\{\alpha\} = \frac{\alpha}{l}. \tag{32.1}$$

Dabei ist l die Dicke der durchlaufenen Substanz, die häufig in Grad pro Millimeter angegeben wird. Für eine Lösung der Konzentration c (in g/l) wird ein optisches Drehvermögen der Form

$$\{\alpha_c\} = \frac{\alpha}{lc} \tag{32.2}$$

definiert. Die Einheit von $\{\alpha_c\}$ ist Grad $\mathrm{m^2\,kg^{-1}}$. Es ist praktisch unabhängig von der Konzentration, daher seine Bedeutung. Für ein Gemisch ist der Rotationswinkel die Summe der Drehwinkel, den jede Substanz verursachen würde, multipliziert mit der Konzentration dieser Substanz:

$$\alpha = [\{\alpha_c\}_1 c_1 + \{\alpha_c\}_2 c_2 + \ldots]\, l. \tag{32.3}$$

Viertes Gesetz: Der Rotationswinkel α hängt ungefähr von der Vakuumwellenlänge λ wie

$$\alpha = \frac{A}{\lambda^2} \tag{32.4}$$

ab. Der Rotationswinkel ist also im Blauen größer als im Roten (Abbildung 32.2).

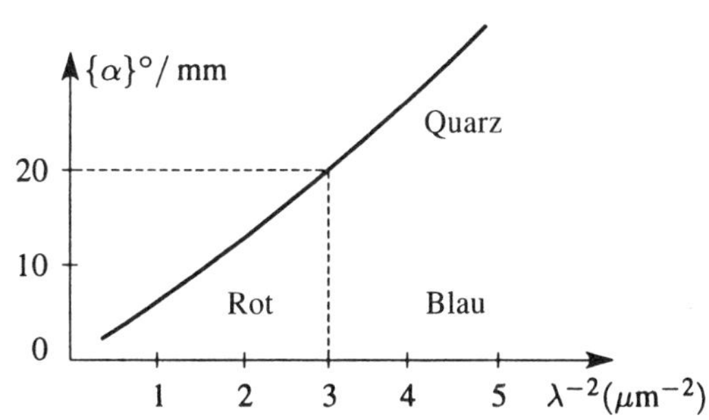

Abb. 32.2

Fünftes Gesetz: Der Drehsinn der Rotation der Polarisationsebene hängt nicht von der Ausbreitungsrichtung des Lichtes im Medium ab. Dieses Gesetz ist charakteristisch für natürliche Rotationspolarisation (Abbildung 32.3). Wir werden sehen, daß es nicht für das von einem Magnetfeld induzierte optische Drehvermögen gilt (Abbildung 32.4b)

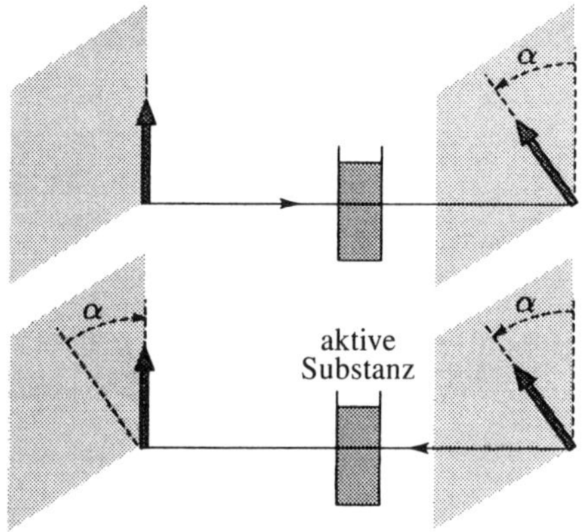

Abb. 32.3

32.1.3 Drehwinkel einiger Substanzen

Die Messung der spezifischen Drehung $\{\alpha\}$ erlaubt die Identifizierung einer Substanz, wenn die Konzentration bekannt ist, oder umgekehrt die Konzentrationsmessung einer bekannten Substanz.

In der Tabelle 32.1 haben wir Werte für die spezifische Drehung einiger Substanzen bei der Wellenlänge $\lambda = 589$ nm angegeben:

Tabelle 32.1:

Material	Quarz (SiO_2)	Zinnober (HgS)	Na-Chlorat ($NaClO_3$)	Kampfer flüssig	Menthol flüssig	Saccharose wäßr. Lsg.
Spezifische Drehung	$\{\alpha\}$ (°/m)	$\{\alpha\}$ (°/m)	$\{\alpha\}$ (°/m)	$\{\alpha\}$ (°/m)	$\{\alpha\}$ (°/m)	$\{\alpha_c\}$ ($°m^2kg^{-1}$)
	± 2170	± 3250	± 3140	703,3	-497	$664{,}5 \cdot 10^{-3}$

32.1.4 Faraday-Effekt

Bestimmte Substanzen, die kein natürliches optisches Drehvermögen aufweisen, nehmen diese Eigenschaft unter Einfluß eines Magnetfeldes $\boldsymbol{B}_a$, das parallel zum Lichtbündel ist, an. Dieser Effekt wurde 1845 von M. Faraday entdeckt.

Man kann diesen Effekt leicht beobachten, wenn man ein Flintglasstück zwischen die Pole eines Elektromagneten steckt (Abbildung 32.4a). Ein Lichtbündel aus einem He-Ne-Laser passiert nacheinander einen Polarisator $\mathcal{P}$, das Glas und einen Analysator $\mathcal{A}$. In Abwesenheit des Magnetfeldes werden $\mathcal{P}$ und $\mathcal{A}$ gekreuzt, so daß Auslöschung erfolgt. Nach Einschalten des Magnetfeldes passiert Licht den Analysator. Die Auslöschung wird durch Drehen des Analysators um einen Winkel, der mit zunehmender Dicke des passierten Glases anwächst, wiederhergestellt.

Dieses Phänomen ist von dem französischen Physiker M. Verdet untersucht worden. Er hat gezeigt, daß der Drehwinkel proportional zu der Dicke des passierten Materials und zum Magnetfeld $\boldsymbol{B}_\mathrm{a}$ ist:

$$\boxed{\alpha = V_\mathrm{e} B_\mathrm{a} l.} \tag{32.5}$$

V_e ist die *Verdet-Konstante.*

Größenordnung: Die Tabelle 32.2 gibt für $\lambda = 589$ nm die Werte von V_e für verschiedene Materialien an. Bestimmte neue Materialien wie $Cd_{1-x}Mn_xTe$ haben sehr große Werte für V_e, die in der Größenordnung von mehreren Millionen $°T^{-1}m^{-1}$ liegen.

Tabelle 32.2:

Material	ZnS	Flintglas	CS_2	Wasser
V_e ($°\,T^{-1}\,m^{-1}$)	3750	528	705	218

Der Faraday-Effekt weist allerdings gegenüber der natürlichen optischen Aktivität einen wesentlichen Unterschied auf: Der Drehwinkel wechselt, sobald die Richtung des Feldes relativ zu der Ausbreitungsrichtung des Lichtes geändert wird. Der Effekt wird also verdoppelt, wenn nach dem ersten Durchgang das Lichtbündel an einem Spiegel reflektiert wird (Abbildung 32.4b). Bei den natürlichen, optisch aktiven Substanzen stellt dagegen der zweite Durchgang die ursprüngliche Polarisation wieder her, d. h., die beiden Durchläufe kompensieren sich.

32.2 Erklärung der Rotationspolarisation

Die erste überzeugende Erklärung der Rotationspolarisation wurde 1820 von Fresnel gegeben. Sie wurde erweitert durch die Untersuchung des Faraday-Effektes, indem Nichtdiagonalterme für den Suszeptibilitätstensor eingeführt werden. Inzwischen wird die Rotationspolarisation gut verstanden, da man nun das makroskopische Verhalten der aktiven Substanzen mit ihrer mikroskopischen Struktur in Verbindung bringen kann.

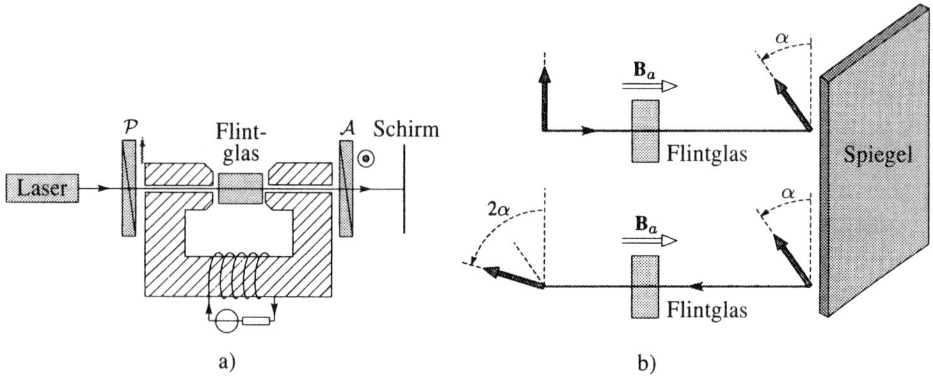

Abb. 32.4

32.2.1 Mikroskopische Grundlage der Rotationspolarisation

Auf der mikroskopischen Ebene ist die optische Aktivität mit der *Abwesenheit eines Symmetriezentrums* oder einer *Symmetrieebene* der Substanz verknüpft. Diese Asymmetrie kann molekularen oder kristallinen Ursprungs sein.

Molekulare Asymmetrie

Ist das Medium auch im gasförmigen und flüssigen Zustand optisch aktiv, liegt der Grund in der Asymmetrie des Moleküles. Dies ist zum Beispiel der Fall bei der Weinsäure $(HO\text{–}CH\text{–}CO_2H)_2$, mit der L. Pasteur die optische Aktivität entdeckte. Die beiden $(HO\text{–}CH\text{–}CO_2H)_2$-Gruppen weisen eine *asymmetrische* tetraedrische Struktur auf, da alle Molekülgruppen an den beiden Kohlenstoffatomen verschieden sind.

Das bedeutet, daß, wenn die beiden Teilmoleküle symmetrisch zueinander sind, das gesamte Molekül eine Symmetrieebene besitzt. Eine Lösung eines solchen symmetrischen Moleküls weist keinerlei natürliche optische Aktivität auf.

In der Abbildung 32.5 ist die Molekülstruktur der beiden Isomere von Weinsäure dargestellt. Man erkennt, daß sie keine Symmetrieebene und keinen Symmetriepunkt aufweisen sowie zueinander nicht spiegelbildlich sind. Die entprechenden Lösungen weisen folglich inverse optische Aktivitäten auf.

In bestimmten Fällen ist die Lösung ein Gemisch der gleichen Menge inverser Moleküle. Dieses sogenannte *racemische* Gemisch ist optisch inaktiv, da die beiden Aktivitäten sich kompensieren.

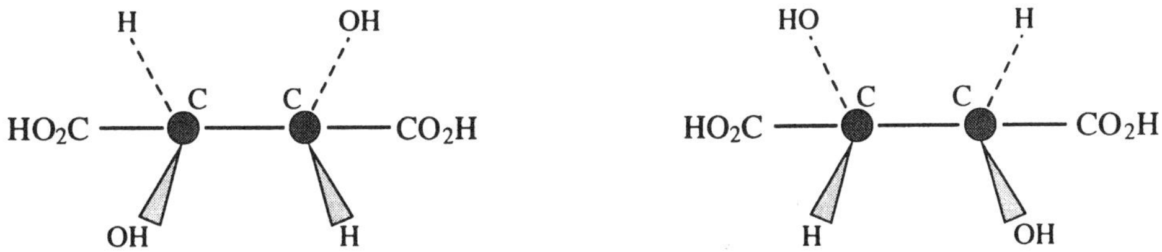

a) linksdrehendes Isomer b) rechtsdrehendes Isomer

Abb. 32.5 Weinsäure

Kristalline Asymmetrie

Bestimmte Kristalle wie der Quarz oder das Natriumchlorat weisen keine optische Aktivität auf, wenn sie geschmolzen oder gelöst sind, da ihre Moleküle eine symmetrische Struktur aufweisen. Jedoch ist die Kristallstruktur dieser Stoffe asymmetrisch, wie Röntgenbeugung ergeben hat: Die Quarzkristalle sind aus regelmäßigen SiO_4-Tetraedern aufgebaut, deren Zentrum durch das Siliciumatom und die Spitzen durch die Sauerstoffatome besetzt werden. Die Tetraeder sind über ihre Spitzen miteinander verknüpft und bilden eine linksdrehende bzw. rechtsdrehende Helix entsprechend der Art der optischen Aktivität.

Bemerkung: In manchen Kristallen ist die optische Aktivität gleichzeitig das Ergebnis einer molekularen Asymmetrie und einer kristallinen Asymmetrie.

32.2.2 Kinematische Theorie von Fresnel

In seiner phänomenologischen Theorie nahm Fresnel an, daß die optisch aktiven Medien *linkszirkulare* und *rechtszirkulare* Wellen gleicher Amplitude zwar unverändert, aber mit *verschiedenen Ausbreitungsgeschwindigkeiten* passieren lassen. Diese einfache Hypthese erlaubt, die beobachteten Resultate zu verstehen und vorherzusagen.

Abbildung 32.6 zeigt geometrisch die zirkularen Schwingungen: Nach dem Durchgang durch das Medium setzen sich die beiden Zirkularschwingungen wieder zusammen, jedoch mit gegenüber der Eingangswelle verschobenen Phasen. Die resultierende linear polarisierte Welle hat sich um einen Winkel gedreht, der gleich der Hälfte der Phasendifferenz zwischen den Zirkularschwingungen ist.

Wir wollen nun dieses Ergebnis analytisch ableiten. Wir wissen, daß eine linear polarisierte Welle als Superposition zweier zirkular polarisierter Wellen gleicher Amplitude, die eine links die andere rechts, aufgefaßt werden kann; in Jones-Notation (Kapitel 20) erhält man:

$$\begin{bmatrix} 1 \\ 0 \end{bmatrix} a\exp(-\mathrm{i}\omega t) = \frac{1}{2}\begin{bmatrix} 1 \\ \mathrm{i} \end{bmatrix} a\exp(-\mathrm{i}\omega t) + \frac{1}{2}\begin{bmatrix} 1 \\ -\mathrm{i} \end{bmatrix} a\exp(-\mathrm{i}\omega t). \tag{32.6}$$

Am *Ausgang* des Systems weist jede dieser zirkularen Teilwellen eine zusätzliche Phase, die proportional zu der Dicke des passierten Materials ist, auf. Folglich hat die resultierende Welle die folgende Form:

$$\frac{1}{2}\begin{bmatrix} 1 \\ \mathrm{i} \end{bmatrix} a\exp[-\mathrm{i}(\omega t - k_{\mathrm{l}}l)] + \frac{1}{2}\begin{bmatrix} 1 \\ -\mathrm{i} \end{bmatrix} a\exp[-\mathrm{i}(\omega t - k_{\mathrm{r}}l)]. \tag{32.7}$$

Führen wir nun den Winkel α als Funktion k_{r} und k_{l} bzw. n_{r} und n_{l} ein:

$$\boxed{\alpha \equiv \frac{(k_{\mathrm{r}} - k_{\mathrm{l}})l}{2} = \frac{\omega l}{2c}(n_{\mathrm{r}} - n_{\mathrm{l}}) = \pi\frac{l}{\lambda_0}(n_{\mathrm{r}} - n_{\mathrm{l}}),} \tag{32.8}$$

mit der Wellenlänge λ_0. Damit hat die vorherige Summe die Form:

$$\frac{1}{2}\left\{\begin{bmatrix} 1 \\ -\mathrm{i} \end{bmatrix} \exp(\mathrm{i}\alpha) + \begin{bmatrix} 1 \\ \mathrm{i} \end{bmatrix} \exp(-\mathrm{i}\alpha)\right\} \exp\left[-\mathrm{i}\left(\omega t - \frac{k_{\mathrm{r}} + k_{\mathrm{l}}}{2} l\right)\right]$$

oder

$$\begin{bmatrix} \cos\alpha \\ \sin\alpha \end{bmatrix} \exp\left[-\mathrm{i}\left(\omega t - \frac{k_{\mathrm{r}} + k_{\mathrm{l}}}{2} l\right)\right]. \tag{32.9}$$

Die so entstehende Schwingung ist tatsächlich eine *linear polarisierte* Welle, deren Polarisationsebene sich in die Richtung der schnelleren zirkularen Schwingung gedreht hat. Also erfolgt die Drehung für einen Beobachter nach links ($\alpha > 0$), wenn $n_{\mathrm{r}} > n_{\mathrm{l}}$ ist, d. h., wenn $v_{\mathrm{r}} < v_{\mathrm{l}}$ ist, da die Ausbreitungsgeschwindigkeit mit dem Brechungsindex über $n = c/v$ verknüpft ist. Das Umgekehrte gilt für $n_{\mathrm{r}} < n_{\mathrm{l}}$.

32.2.3 Theorie des Faraday-Effektes

Im klassischen Modell des am Kern elastisch gebundenen Elektrons beschreibt man die elastische Kraft, die auf das Elektron wirkt, über $-m_e\omega_0^2\boldsymbol{r}$, wobei $\boldsymbol{r}$ der Ortsvektor relativ zu der mittleren Lage des Elektrons und m_e die Masse des Elektrons ist (siehe hierzu Bücher der elektromagnetischen Theorie).

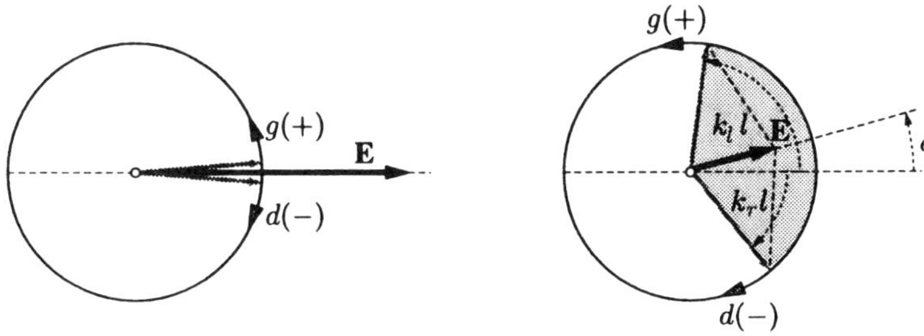

a) Schwingungen am Eingang b) Schwingungen am Ausgang

Abb. 32.6

Tritt Licht durch die Substanz und ist sie außerdem einem magnetischen Feld $\boldsymbol{B}_\mathrm{a} = B_\mathrm{a}\boldsymbol{e}_z$ ausgesetzt, wird die Bewegung des Elektrons durch die folgende Differentialgleichung beschrieben:

$$m_\mathrm{e}\frac{\mathrm{d}^2\boldsymbol{r}}{\mathrm{d}t^2} = -m_\mathrm{e}\omega_0^2\boldsymbol{r} - e\left(\boldsymbol{E} + \frac{\mathrm{d}\boldsymbol{r}}{\mathrm{d}t} \times \boldsymbol{B}_\mathrm{a}\right). \tag{32.10}$$

Wir nehmen hierzu an, daß das Magnetfeld der Welle gegenüber dem angelegten Feld $\boldsymbol{B}_\mathrm{a}$ vernachlässigbar ist.

Der Polarisationsvektor $\boldsymbol{P}$ des Materials ist mit der Zahl der Elektronen pro Volumeneinheit und dem Ortsvektor wie folgt verknüpft (siehe Bücher über Elektromagnetismus): $\boldsymbol{P} \equiv -N_\mathrm{e}e\boldsymbol{r}$. Man hat demnach im stationären Zustand in komplexer Notation:

$$m_\mathrm{e}(\omega_0^2 - \omega^2)\underline{\boldsymbol{P}} = N_\mathrm{e}e^2\underline{\boldsymbol{E}} + \mathrm{i}\omega eB_\mathrm{a}\underline{\boldsymbol{P}} \times \boldsymbol{e}_z \quad \text{mit} \quad \underline{\boldsymbol{E}} = \underline{\boldsymbol{E}}_\mathrm{m}\exp(-\mathrm{i}\omega t), \tag{32.11}$$

wenn man annimmt, daß das elektromagnetische Feld die Richtung des Vektors $\boldsymbol{r}$ nicht verändert. Daraus folgt:

$$N_\mathrm{e}e^2\underline{\boldsymbol{E}} = m_\mathrm{e}(\omega_0^2 - \omega^2)[\underline{\boldsymbol{P}} - \mathrm{i}\omega\underline{\boldsymbol{P}} \times \boldsymbol{e}_z eB_\mathrm{a}/m_\mathrm{e}(\omega_0^2 - \omega^2)] \tag{32.12}$$

oder

$$\chi_\mathrm{e}\epsilon_0\underline{\boldsymbol{E}} = (\underline{\boldsymbol{P}} - \mathrm{i}\eta\underline{\boldsymbol{P}} \times \boldsymbol{e}_z) \tag{32.13}$$

mit den Größen

$$\chi_\mathrm{e} \equiv \frac{\omega_\mathrm{p}^2}{\omega_0^2 - \omega^2}, \qquad \omega_\mathrm{p}^2 \equiv \frac{N_\mathrm{e}e^2}{m_\mathrm{e}\epsilon_0}, \qquad \omega_\mathrm{c} \equiv \frac{eB}{m_\mathrm{e}}, \qquad \eta \equiv \frac{\omega\omega_\mathrm{c}}{\omega_0^2 - \omega^2}.$$

In der Orthonormalbasis $(\boldsymbol{e}_x, \boldsymbol{e}_y, \boldsymbol{e}_z)$ erhalten wir die Gleichungen:

$$\chi_\mathrm{e}\epsilon_0\underline{E}_x = \underline{P}_x - \mathrm{i}\eta\underline{P}_y, \tag{32.14}$$

$$\chi_\mathrm{e}\epsilon_0\underline{E}_y = \underline{P}_y + \mathrm{i}\eta\underline{P}_x, \tag{32.15}$$

$$\chi_\mathrm{e}\epsilon_0\underline{E}_z = \underline{P}_z, \tag{32.16}$$

woraus folgt:

$$\underline{P}_x = \frac{\chi_e}{1-\eta^2}\epsilon_0\underline{E}_x + \mathrm{i}\frac{\eta\chi_e}{1-\eta^2}\epsilon_0\underline{E}_y, \tag{32.17}$$

$$\underline{P}_y = -\mathrm{i}\frac{\eta\chi_e}{1-\eta^2}\epsilon_0\underline{E}_x + \frac{\chi_e}{1-\eta^2}\epsilon_0\underline{E}_y, \tag{32.18}$$

$$\underline{P}_z = \chi_e\epsilon_0\underline{E}_z. \tag{32.19}$$

Die Beziehung zwischen $\underline{\boldsymbol{P}}$ und $\underline{\boldsymbol{E}}$ ist demnach tensorieller Natur:

$$\boxed{\underline{\boldsymbol{P}} = [\underline{\chi}]\epsilon_0\underline{\boldsymbol{E}}.} \tag{32.20}$$

Der Suszeptibilitätstensor $[\underline{\chi}]$ kann als Summe zweier Matrizen dargestellt werden:

$$\begin{bmatrix} \chi_{11} & \underline{\chi}_{12} & 0 \\ \underline{\chi}_{21} & \chi_{22} & 0 \\ 0 & 0 & \chi_{33} \end{bmatrix} = \begin{bmatrix} \chi_{11} & 0 & 0 \\ 0 & \chi_{22} & 0 \\ 0 & 0 & \chi_{33} \end{bmatrix} + \begin{bmatrix} 0 & \underline{\chi}_{12} & 0 \\ \underline{\chi}_{21} & 0 & 0 \\ 0 & 0 & 0 \end{bmatrix} \tag{32.21}$$

mit

$$\chi_{11} = \chi_{22} = \frac{\chi_e}{1-\eta^2}, \qquad \underline{\chi}_{12} = -\underline{\chi}_{21} = \mathrm{i}\frac{\eta\chi_e}{1-\eta^2} = \mathrm{i}\eta\chi_{11}, \qquad \chi_{33} = \chi_e$$

und $\chi_{13} = \chi_{23} = \chi_{31} = \chi_{32} = 0$. Die tensorielle dieelektrische Konstante ergibt sich also in der Form:

$$[\underline{\epsilon}_r] = [1] + [\underline{\chi}] = [1] + [\chi_e] + [\underline{\chi}_a], \tag{32.22}$$

wobei $[\underline{\chi}_a]$ ein imaginärer antisymmetrischer Tensor ist, der sogenannte *Aktivitätstensor*. Es ist bekannt, daß ein solcher Tensor, der durch eine antisymmetrische Matrix dargestellt werden kann, ein Pseudo-Vektor ist, d. h. für ihn gilt: $-\mathrm{i}\boldsymbol{g} = -\mathrm{i}g\boldsymbol{e}_z$:

$$[\underline{\chi}_a]\underline{\boldsymbol{E}} = -\mathrm{i}\boldsymbol{g}\times\underline{\boldsymbol{E}} = \mathrm{i}\underline{\boldsymbol{E}}\times\boldsymbol{g} = \mathrm{i}g\underline{\boldsymbol{E}}\times\boldsymbol{e}_z \tag{32.23}$$

mit

$$g \equiv \eta\chi_{11} = \frac{\omega_c\omega_p^2\omega}{(\omega_0^2-\omega^2)^2} > 0.$$

Damit folgt für den $\underline{\boldsymbol{D}}$-Vektor:

$$\begin{aligned} \underline{\boldsymbol{D}} = \epsilon_0\underline{\boldsymbol{E}} + \underline{\boldsymbol{P}} &= ([1] + [\chi_e] + [\underline{\chi}_a])\epsilon_0\underline{\boldsymbol{E}} \\ &= ([1] + [\chi_e])\epsilon_0\underline{\boldsymbol{E}} + \mathrm{i}\epsilon_0\underline{\boldsymbol{E}}\times\boldsymbol{g} = [\underline{\epsilon}_r]\epsilon_0\underline{\boldsymbol{E}}. \end{aligned} \tag{32.24}$$

Die Felder $\underline{\boldsymbol{E}}$ und $\underline{\boldsymbol{B}}$ sind transversal, da div $\underline{\boldsymbol{B}} = 0$ die Gleichung $\boldsymbol{k} \cdot \underline{\boldsymbol{B}} = 0$ impliziert und div $\underline{\boldsymbol{D}} = 0$ als

$$\boldsymbol{k} \cdot [\underline{\epsilon}_{\mathrm{r}}]\underline{\boldsymbol{E}} = 0 \quad \text{oder} \quad ([\underline{\epsilon}_{\mathrm{r}}]\underline{\boldsymbol{E}} = 0)_{\mathrm{r}} = (1 + \chi_{33})\underline{E}_{z=}0$$

geschrieben werden kann, was

$$\underline{E}_z = 0 \tag{32.25}$$

ergibt. Die anderen beiden Maxwell-Gleichungen rot $\boldsymbol{E} = -\partial \boldsymbol{B}/\partial t$ und rot $\boldsymbol{B}$ $= \mu_0 \partial \boldsymbol{D}/\partial t$ haben die expizite Form:

$$\boldsymbol{k} \times \underline{\boldsymbol{E}} - \omega \underline{\boldsymbol{B}} = \boldsymbol{0} \quad \text{und} \quad \boldsymbol{k} \times \underline{\boldsymbol{B}} + \frac{\omega}{c^2}[\underline{\epsilon}_{\mathrm{r}}]\underline{\boldsymbol{E}} = \boldsymbol{0}, \tag{32.26}$$

was zu

$$\frac{1}{\omega}\boldsymbol{k} \times (\boldsymbol{k} \times \underline{\boldsymbol{E}}) + \frac{\omega}{c^2}[\underline{\epsilon}_{\mathrm{r}}]\underline{\boldsymbol{E}} = 0 \tag{32.27}$$

führt. Definiert man den Brechungsindex $n \equiv k/k_0$, erhalten wir: $([\underline{\epsilon}_{\mathrm{r}}] - n^2)\underline{\boldsymbol{E}} = \boldsymbol{0}$, oder ausführlich:

$$\begin{bmatrix} 1 + \chi_{11} - n^2 & \mathrm{i}g \\ -\mathrm{i}g & 1 + \chi_{11} - n^2 \end{bmatrix} \begin{bmatrix} \underline{E}_x \\ \underline{E}_y \end{bmatrix} = \begin{bmatrix} 0 \\ 0 \end{bmatrix}. \tag{32.28}$$

Nichtverschwindende Lösungen für $\underline{E}_x$ und $\underline{E}_y$ liegen vor, wenn die Determinante der Matrix verschwindet oder, wegen $g > 0$, wenn gilt:

$$n^2 = 1 + \chi_{11} \mp g.$$

Setzt man das so erhaltene n^2 wieder in die erste der Wellengleichungen (32.28) ein, folgt:

$$(1 + \chi_{11} - n^2)\underline{E}_x + \mathrm{i}g\underline{E}_y = 0 \quad \text{oder} \quad \underline{E}_y = \pm\mathrm{i}\underline{E}_x. \tag{32.29}$$

Die Welle ist also *linkszirkular* ($\underline{E}_y = +\mathrm{i}\underline{E}_x$) für $n = n_{\mathrm{l}} = (1 + \chi_{11} - g)^{\frac{1}{2}}$ und *rechtszirkular* ($\underline{E}_y = -\mathrm{i}\underline{E}_x$) für $n = n_{\mathrm{r}} = (1 + \chi_{11} + g)^{\frac{1}{2}}$.

Nach Durchlaufen des Mediums setzen sich die beiden zirkularen Wellen gleicher Amplitude wieder zusammen, um dann eine linear polarisierte Welle mit um α verdrehter Polarisationsebene zu ergeben. Dieser Winkel ist die Hälfte der Phasenverschiebung, die beim Passieren des Mediums der Dicke l auftritt. Wir haben:

$$\alpha = \frac{\omega l}{2c}(n_{\mathrm{r}} - n_{\mathrm{l}}) \tag{32.30}$$

mit

$$n_l = (1 + \chi_{11} - g)^{\frac{1}{2}} \quad \text{und} \quad n_r = (1 + \chi_{11} + g)^{\frac{1}{2}}.$$

Für den häufigen Fall, in dem die Ungleichungen $\omega \gg \omega_0$, $\omega \gg \omega_p$ und $\omega \gg \omega_c$ gelten, haben wir:

$$\chi_{11} \approx -\frac{\omega_p^2}{\omega^2} \quad \text{mit} \quad |\chi_{11}| \ll 1 \quad \text{und} \quad g = \frac{\omega_c \omega_p^2}{\omega^3} \ll 1. \tag{32.31}$$

Daraus folgt:

$$n_l \approx 1 + \frac{\chi_{11} - g}{2} \quad n_r \approx 1 + \frac{\chi_{11} + g}{2}, \tag{32.32}$$

so daß gilt:

$$n_r - n_l \approx g = \frac{\omega_c \omega_p^2}{\omega^3} \tag{32.33}$$

und für den Drehwinkel α

$$\alpha = \frac{\omega l}{2c}(n_r - n_l) = \frac{\omega l}{2c}\frac{\omega_c \omega_p^2}{\omega^3} = \frac{\omega_c l}{2c}\frac{\omega_p^2}{\omega^2}. \tag{32.34}$$

Wechselt man die Richtung des Magnetfeldes relativ zu der Ausbreitungsrichtung des Lichtes, d. h. das Vorzeichen von ω_c, ändert auch die Drehrichtung der Polarisationsebene ihr Vorzeichen. Der Effekt wird also bei einem Hin- und Herdurchlauf des Lichtes verdoppelt. Schreiben wir den eben erhaltenen Ausdruck für α explizit aus, erhalten wir den Drehwinkel als Funktion von B_a:

$$\alpha = V_e B_a l \quad \text{mit} \quad V_e = \frac{e}{2m_e c}\frac{\omega_p^2}{\omega^2} = \frac{e}{2m_e c^3}\nu_p^2 \lambda_0^2 \tag{32.35}$$

mit der Plasmafrequenz ω_p. Wir bemerken abschließend, daß die Verdet-Konstante von der Wellenlänge abhängt und daß in der hier betrachteten Näherung die Abhängigkeit quadratisch ist. Häufig wird V_e nicht in $^\circ T^{-1}$ m^{-1} sondern in $^\circ$ Gauß$^{-1}$ cm^{-1} ausgedrückt. Die Werte des ersteren Einheitensystems sind dabei 10^6mal größer.

32.2.4 Elektromagnetische Theorie der natürlichen optischen Aktivität

Die elektromagnetische Theorie der natürlichen optischen Aktivität ist der eben vorgestellten analog. Man beschreibt das Phänomen mit Hilfe eines Suszeptibilitätstensors der Form

$$[\chi] = \chi_e[1] + [\underline{\chi}_a], \tag{32.36}$$

wobei $\chi_e[1]$ den üblichen isotropen Tensor bezeichnet und $[\underline{\chi}_a]$ den Teil des Tensors, der für die optische Aktivität verantwortlich ist. Da er antisymmetrisch ist, erhalten wir:

$$\underline{\boldsymbol{P}} = [\underline{\chi}]\epsilon_0\underline{\boldsymbol{E}} = \chi_e\epsilon_0\underline{\boldsymbol{E}} + \mathrm{i}\epsilon_0\underline{\boldsymbol{E}} \times \boldsymbol{g} \quad \text{und} \quad \underline{\boldsymbol{D}} = [\underline{\epsilon}_r]\epsilon_0\underline{\boldsymbol{E}}. \tag{32.37}$$

Auch hier sind die Felder $\underline{\boldsymbol{E}}$ und $\underline{\boldsymbol{B}}$ transversal; wir erhalten wie zuvor für die Maxwell-Gleichungen

$$\boldsymbol{k} \times \underline{\boldsymbol{E}} - \omega\underline{\boldsymbol{B}} = \boldsymbol{0} \quad \text{und} \quad \boldsymbol{k} \times \underline{\boldsymbol{B}} + \frac{\omega}{c^2}[\underline{\epsilon}_r]\underline{\boldsymbol{E}} = \boldsymbol{0}, \tag{32.38}$$

was mit dem Brechungsindex $n = k/k_0$ zu

$$([\underline{\epsilon}_r] - n^2)\underline{\boldsymbol{E}} = \boldsymbol{0}$$

führt. Ausführlich ergibt das

$$\begin{bmatrix} 1+\chi_e - n^2 & \mathrm{i}g \\ -\mathrm{i}g & 1+\chi_e - n^2 \end{bmatrix} \begin{bmatrix} \underline{E}_x \\ \underline{E}_y \end{bmatrix} = \begin{bmatrix} 0 \\ 0 \end{bmatrix}. \tag{32.39}$$

Aus der Bedingung für nichtverschwindende $\underline{E}_x$ und $\underline{E}_y$ ergibt sich die Gleichung:

$$n^2 = 1 + \chi_e \mp g.$$

Nach Einsetzen in die Wellengleichung findet man $\underline{E}_y = \pm\mathrm{i}\underline{E}_x$; die Welle ist also linkszirkular polarisiert für $\underline{E}_y = +\mathrm{i}\underline{E}_x$ mit $n_l = (1 + \chi_e - g)^{\frac{1}{2}}$ und rechtszirkular polarisiert für $\underline{E}_y = -\mathrm{i}\underline{E}_x$ mit $n_r = (1 + \chi_e + g)^{\frac{1}{2}}$.

Nach Durchlaufen des Mediums ergibt die Superposition beider Wellen erneut die um α gedrehte linear polarisierte Welle. Da im allgemeinen $g \ll (1 + \chi_e)$ gilt, haben wir:

$$\alpha = \frac{\omega l}{2c}(n_r - n_l) = \pi\frac{l}{\lambda}(n_r - n_l) \approx \pi\frac{l}{\lambda}\frac{g}{(1+\chi_e)^{\frac{1}{2}}}. \tag{32.40}$$

32.3 Anwendungen

Von den zahlreichen Anwendungen der Rotationspolarisation ist die bekannteste die Bestimmung des Mischungsverhältnisses von Saccharoselösungen.

32.3.1 Mischung optisch aktiver Lösungen. Saccharimetrie

Die Grundlage für das Mischen optisch aktiver Lösungen ist die Messung des Drehwinkels α als Funktion der Konzentration c und des spezifischen Drehwinkels $\{\alpha_c\}$: $c = \alpha/\{\alpha\}_c l$, wobei l die Dicke der passierten Substanz ist.

Es existieren mehrere präzise Methoden zur Bestimmung des Winkels α, insbesondere diejenigen, die auf der Fähigkeit des Auges beruhen, kleinste Helligkeitsunterschiede zwischen beleuchteten Flächen wahrnehmen zu können. Inzwischen werden diese im Zuge der technologischen Entwicklung von optischen Detektoren mehr und mehr durch die direkte Messung der Beleuchtungsstärke auf einem empfindlichen Detektor ersetzt.

Wird bei der Mischung Saccharose verwendet, wird die Technik *Saccharimetrie* genannt.

32.3.2 Bestimmung des Magnetfeldes des Weltraums

In der Radioastronomie mißt man polarisierte Wellen, die von Sternen ausgesandt und vom Magnetfeld des Weltraums beeinflußt wurden. Die Rotationspolarisation durch den Faraday-Effekt erlaubt die Bestimmung der Komponente B_z, die parallel zu der Ausbreitungsrichtung der Welle ist.

Der interstellare Raum kann als Plasma aufgefaßt werden, in dem die Elektronen aufgrund ihrer geringen Masse den wesentlichen Beitrag zum Faraday-Effekt liefern.

Die Relation zwischen der infinitesimalen Drehung $\mathrm{d}\alpha$ der Polarisationsebene der einfallenden Radiowelle, durch Diffusion linear polarisiert, und der Dicke $\mathrm{d}z$ der dünnen Schicht durchlaufener interstellarer Materie hat nach Gleichung (32.34) die Form:

$$\mathrm{d}\alpha = \frac{\omega_\mathrm{c}}{2c}\frac{\omega_\mathrm{p}^2}{\omega^2}\mathrm{d}z = A\frac{N_\mathrm{e}B_z}{\nu^2}\mathrm{d}z \tag{32.41}$$

mit

$$A \equiv \frac{e^3}{8\pi^2 c\epsilon_0 m_\mathrm{e}^2} = 23{,}80 \cdot 10^3\,\frac{\mathrm{JC}}{\mathrm{kg}^2},$$

wobei N_e die Zahl der Elektronen pro Volumeneinheit im interstellaren Medium ist. Integriert man über die durchlaufene Schicht, erhält man für zwei Frequenzen ν_1 und ν_2:

$$\alpha_1 = \frac{A}{\nu_1^2}\int_0^l N_\mathrm{e}B_z\mathrm{d}z \quad \text{und} \quad \alpha_2 = \frac{A}{\nu_2^2}\int_0^l N_\mathrm{e}B_z\mathrm{d}z. \tag{32.42}$$

Folglich findet man als Funktion der entsprechenden Wellenlängen λ_1 und λ_2:

$$\alpha_1 - \alpha_2 = \frac{A}{c^2}(\lambda_1^2 - \lambda_2^2) \int_0^l N_e B_z \mathrm{d}z \tag{32.43}$$

oder

$$\frac{\alpha_1 - \alpha_2}{\lambda_1^2 - \lambda_2^2} = 2{,}65 \cdot 10^{-6} N_e \overline{B}_z l \quad \text{mit} \quad \overline{B}_z = \frac{1}{l} \int_0^l B_z \mathrm{d}z. \tag{32.44}$$

Das heißt, bei bekanntem N_e und l kann man auf das *mittlere* interstellare Magnetfeld in Richtung der Ausbreitungsrichtung der untersuchten Welle schließen.

32.3.3 Modulation eines Lasersbündels

Die Rotationspolarisation durch den Faraday-Effekt erlaubt die elektrische Steuerung der Intensität eines Laserstrahls. Dafür nehmen wir an, daß das Magnetfeld, das auf die aktive Substanz angewandt wird, von der Zeit abhängt: $\boldsymbol{B}_a(t)$. Solch ein Feld kann mittels eines Wechselstromes $i(t)$ erzeugt werden, der durch einen Elektromagneten fließt. Der Analysator bildet mit dem Polarisator einen konstanten Winkel θ.

Unter der Wirkung des Magnetfeldes ist die Drehung der Polarisationsebene durch die Substanz eine Funktion der Zeit $\alpha(t)$. Nach dem Malusschen Gesetz (Kapitel 20) hat die Intensität $I(t)$ der aus dem Analysator austretenden Welle auf dem Schirm die Form

$$I(t) = I_0 \cos^2[\theta - \alpha(t)]. \tag{32.45}$$

Die Beleuchtung $I(t)$ durch den Laser kann also mit dem Strom $i(t)$ moduliert werden. Eine solche Modulation ist nicht linear; man entwickelt daher $I(t)$ um θ, wenn $|\alpha(t)| \ll \theta$ gilt. Wir erhalten so:

$$I(t) \approx I_0 \cos^2\theta + I_0 \alpha(t) \sin(2\theta) \tag{32.46}$$

oder

$$I(t) \approx \frac{I_0}{2} + I_0 \alpha(t), \tag{32.47}$$

wenn man einen Winkel von 45° wählt, bei dem die Sensibilität $\mathrm{d}I/\mathrm{d}\alpha$ maximal wird (Abbildung 32.7).

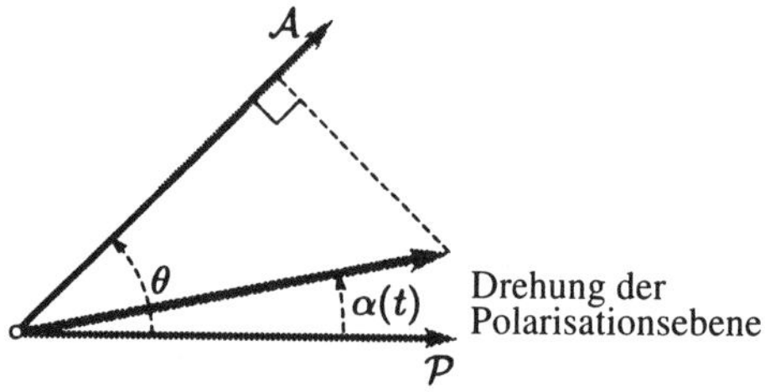

Abb. 32.7

32.4 Rotationspolarisation bei weißem Licht

Da der Drehwinkel der Polarisationsebene von der Wellenlänge abhängt, erlaubt die Rotationspolarisation eine einfache Trennung der verschiedenen monochromatischen Wellen, aus denen das weiße Licht besteht, und ermöglicht damit in einfacher Weise, farbige Erscheinungen zu erhalten. Diese Dispersion hat lange Zeit eine wichtige Rolle bei der Realisierung sinnreicher optischer Versuchsanordnungen gespielt, da es weder ausreichend intensive monochromatische Lichtquellen noch ausreichend empfindliche Detektoren gab. Die Anordnungen profitierten hierbei von der Fähigkeit des Auges, zwei verschiedenfarbige, ähnlich beleuchtete Flächen im Halbschatten zu trennen.

32.4.1 Farben in der Rotationspolarisation

Im grundlegenden Experiment des Abschnittes 1 erfuhren die Polarisationsebenen der Wellen mit Wellenlänge λ des weißen Lichtes ihre eigene, jeweils unabhängige Drehung. Aufgrund der Dispersion proportional zu $1/\lambda^2$ wird zuerst die rote und am Schluß die violette Strahlung ausgelöscht, indem der Analysator $\mathcal{A}$ in Richtung der Drehung der Polarisationsebene gedreht wird (Abbildung 32.8). Realisiert man die Auslöschung des Lichtes, für welches das Auge am empfindlichsten ist ($\lambda \approx 560$ nm), erhält man einen weinroten Farbton, den sogenannten *empfindlichen Farbton.*

32.4.2 Kanelliertes Spektrum

Ist bei Verwendung von weißem Licht die Dicke der durchlaufenen Substanz derart, daß die Polarisationsebene für verschiedene Wellenlängen wesentlich gedreht wird, verteilen sich die vom Analysator durchgelassenen Schwingun-

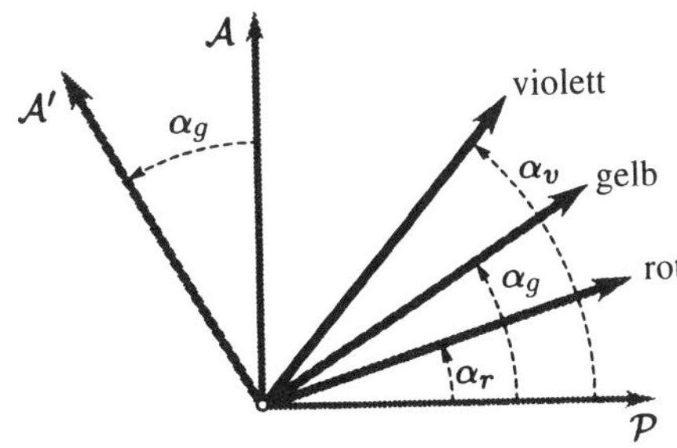

Abb. 32.8

gen auf das ganze sichtbare Spektrum. Das so durchgelassene Licht ist daher weiß.

Untersuchen wir die Zusammensetzung dieses Lichtes mit einem Spektrometer, das hinter dem Analysator plaziert wird (Abbildung 32.1). Man erhält ein Spektrum, das dunkle Streifen enthält. Sind Polarisator und Analysator gekreuzt, entsprechen die Streifen monochromatischen Wellen der Wellenlänge:

$$\pi \frac{l}{\lambda_0}(n_\mathrm{r} - n_\mathrm{l}) = m\pi \quad \text{oder} \quad (n_\mathrm{r} - n_\mathrm{l})l = m\lambda; \tag{32.48}$$

λ ist die Vakuumwellenlänge und m eine ganze Zahl. Man kann dieses Ergebnis benutzen, um die Differenz $n_\mathrm{r} - n_\mathrm{l}$ zu messen. Hierzu verwendet man zwei dunkle Streifen, deren entsprechende Wellenlängen bekannt sind; zusätzlich müssen sie aber in derselben Region des Spektrums sein, da die Differenz $n_\mathrm{r} - n_\mathrm{l}$ empfindlich von der Wellenlänge abhängt. Für die Streifen vom Rang 1 und m, die den Wellenlängen λ_1 und λ_m entsprechen, haben wir:

$$(n_\mathrm{r} - n_\mathrm{l})\, l = m_1\lambda_1 \quad \text{und} \quad (n_\mathrm{r} - n_\mathrm{l})l = (m_1 + m - 1)\lambda_m, \tag{32.49}$$

woraus folgt

$$m_1\lambda_1 = (m_1 + m - 1)\lambda_m \quad \text{oder} \quad m_1 = \frac{(m-1)\lambda_m}{\lambda_1 - \lambda_m} \tag{32.50}$$

und

$$n_\mathrm{r} - n_\mathrm{l} = \frac{(m-1)}{e}\frac{\lambda_1\lambda_m}{\lambda_1 - \lambda_m}. \tag{32.51}$$

Da m auch negativ werden kann, bemerken wir hier, daß es sinnvoll ist, vorher festzustellen, ob die Substanz rechts- oder linksdrehend ist. Für eine einfache Methode dies festzustellen, betrachten wir die Abbildung 32.8.

Nach Durchgang durch eine dicke Substanzschicht liegt der Drehwinkel α_λ der verschiedenen Wellenlängen zwischen den Werten α_r und α_v für rotes und violettes Licht. Die ausgelöschten Wellen für gekreuzten Polarisator und Analysator haben eine Polarisationsrichtung senkrecht zu der des Analysators, d. h. für diese gilt: $\alpha_\lambda = m\pi$, mit der ganzen Zahl m.

Wird der Analysator um den Winkel γ in Richtung des Drehsinns der aktiven Substanz gedreht, sind die neuen ausgelöschten Wellen diejenigen, für die α_λ anwächst und deren Wellenlängen damit abnehmen. Daher gilt die Regel:

> Der Drehsinn der optischen Aktivität der Substanz ist durch die Richtung gegeben, in die der Analysator gedreht werden muß, um die ausgelöschten Wellen zum Violetten hin zu verschieben.
>
> Diese Regel stellt eine Möglichkeit dar, die Natur der optischen Aktivität einer Substanz festzustellen.

Beispiel: Im Fall eines Stabes aus rechtsdrehendem Quarz der Dicke $l = 4$ cm hat man die Wellenlänge $\lambda_1 = 0{,}58\,\mu\mathrm{m}$ und $\lambda_m = 0{,}48\,\mu\mathrm{m}$ für zwei benachbarte Streifen ($m = 2$) gemessen. Daraus folgt:

$$n_\mathrm{r} - n_\mathrm{l} = \frac{(2-1)}{4 \cdot 10^4} \frac{0{,}58 \cdot 0{,}48}{0{,}1} \approx 7 \cdot 10^{-5}.$$

32.4.3 Biquarz nach Soleil

Der Biquarz nach dem französischen Ingenieur J. B. Soleil besteht aus zwei aneinandergeklebten Quarzplättchen, die senkrecht zu ihrer optischen Achse geschnitten wurden. Das eine besteht aus links-, das andere aus rechtsdrehendem Quarz. Die Dicke der Plättchen ist so gewählt, daß die Drehung der Polarisationsebene für Licht der Wellenlänge $\lambda = 560$ nm für den rechtsdrehenden Quarz $+\pi/2$ und für den linkssdrehenden Quarz $-\pi/2$ beträgt.

Im üblichen Aufbau sind der Polarisator $\mathcal{P}$ und Analysator $\mathcal{A}$ zueinander *parallel,* und man erzeugt das Bild des Biquarzes $\mathcal{BQ}$, der sich zwischen $\mathcal{P}$ und $\mathcal{A}$ befindet, auf einem Schirm (Abbildung 32.9a). In Abwesenheit der aktiven Substanz weist der Biquarz daher einen weinroten Farbton auf.

Wir fügen nun eine aktive Substanz zwischen $\mathcal{P}$ und $\mathcal{BQ}$ ein, die eine *geringe* Drehnung α der Polarisationsebene des Lichtbündels bewirkt. Ist $\alpha > 0$, wächst der Winkel, den die aus dem linksdrehenden Quarz austretende Welle mit der Analysatorrichtung einschließt, während dieser Winkel mit dem rechtsdrehenden Quarz abnimmt (Abbildung 32.9b). Der linksdrehende Quarz dreht also zum Blauen, da das rote Licht besser zurückgehalten wird, während der rechtsdrehende zum Roten dreht.

Das Gegenteil ist der Fall für $\alpha < 0$. Man stellt die empfindliche Farbe wieder her, indem der Analysator $\mathcal{A}$ um den Winkel α gedreht wird. Da das Auge sehr empfindlich auf Farbänderungen reagiert, kann der Drehwinkel des Analysators recht präzise bestimmt werden.

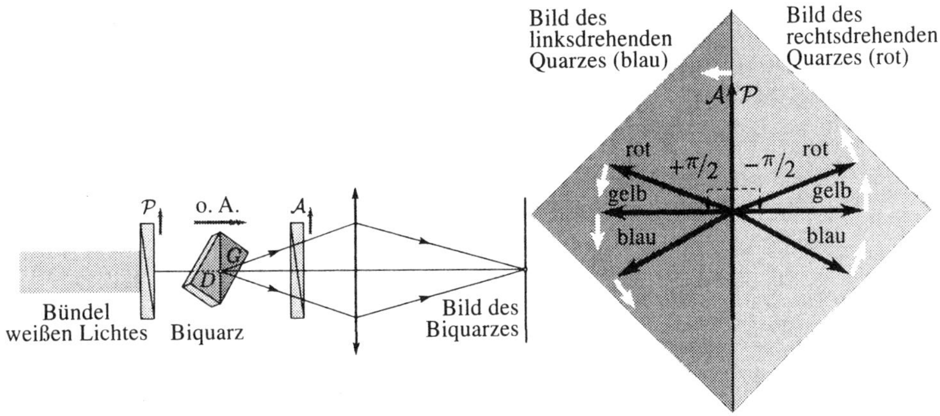

a) b) Bild des Biquarzes

Abb. 32.9

32.5 Polarimeter und Saccharimeter

Die Polarimeter und Saccharimeter sind Instrumente zur genauen Bestimmung des Drehwinkels, den eine linear polarisierte monochromatische Welle beim Durchgang durch eine optisch aktive Substanz erfährt.

Heute bestimmt man diesen Winkel mit einer hervorragenden Genauigkeit mit einem Photodetektor, dessen elektrisches Signal verstärkt wird. Außerdem wird noch das Polarimeter des Chemikers P. Laurent weiter verwendet: Die Funktionsweise dieses Apparates basiert auf der Fähigkeit des Auges, im *Halbschatten* mit sehr hoher Empfindlichkeit die Gleichheit der Beleuchtung zweier Flächen zu bestimmen. Der Biquarz wurde vom Polarimeter abgelöst, als ausreichend intensive monochromatische Lichtquellen zur Verfügung standen.

In den Saccharimetern mißt man den Gehalt an Saccharose mit einem festen Analysator und einem Soleilschen Analysator, der die Drehung der Polarisationsebene der Welle kompensiert und so wieder die Auslöschung herstellt, ohne daß der Analysator bewegt wird.

32.5.1 Laurentsches Polarimeter

Das Prinzip des Laurentschen Polarimeters besteht darin, im ursprünglichen Aufbau der Abbildung 32.1 die Beleuchtung zweier Bildzonen zu vergleichen, die man mit Hilfe der zu untersuchenden linearen Schwingung P_1 und einer zweiten Schwingung P_2, dessen Polarisationsebene im Winkel von 2ϵ zu der ersteren steht, erzeugt (Abbildung 32.10). Die beiden Flächen werden realisiert, indem man in die Mitte des Lichtbündels ein $\lambda/2$-Plättchen einführt, dessen neutrale Linien einen Winkel ϵ mit P_1 bilden (Kapitel 31). Nach dem Malusschen Gesetz ergeben sich die Beleuchtungsstärken der beiden Flächen wie folgt:

$$I_1 = I_0 \cos^2 \theta_1 \quad \text{und} \quad I_2 = I_0 \cos^2 \theta_2; \tag{32.52}$$

θ_1 und θ_2 bezeichnen die Winkel, die P_1 und P_2 mit dem Analysator bilden. Die beiden Beleuchtungsstärken sind *schwach* und gleich, wenn $\theta_1 = (P_1, \mathcal{A}) = \pi/2 - \epsilon$ und $\theta_2 = (P_2, \mathcal{A}) = \pi/2 + \epsilon$ gilt, wobei ϵ in der Größenordnung $1°$ liegt:

$$I_1 = I_2 = I_0 \sin^2 \epsilon \approx I_0 \epsilon^2. \tag{32.53}$$

Man nennt ϵ auch den Halbschattenwinkel.

Fügt man die aktive Substanz in den optischen Aufbau ein, dreht sich die Polarisationsebene der Schwingungen um α, und die Gleichheit der Beleuchtung ist nicht mehr gewährleistet. Man stellt sie wieder her, indem man den Analysator ebenfalls um den Winkel α dreht. Er kann mit exzellenter Genauigkeit gemessen werden, wenn der Halbschattenwinkel klein ist. Dreht man nämlich den Analysator um den Winkel $\alpha + \Delta\alpha$, ergeben sich für θ_1 und θ_2 die neuen Werte $\theta_1 = \pi/2 - \epsilon + \Delta\alpha$ bzw. $\theta_2 = \pi/2 - \epsilon - \Delta\alpha$ mit den entsprechenden Beleuchtungsstärken

$$\begin{aligned} I_1 &= I_0 \sin^2(\epsilon - \Delta\alpha) \approx I_0(\epsilon - \Delta\alpha)^2 \quad \text{und} \\ I_2 &= I_0 \sin^2(\epsilon + \Delta\alpha) \approx I_0(\epsilon + \Delta\alpha)^2. \end{aligned} \tag{32.54}$$

Daraus folgt für den Kontrast $\mathcal{K}$ zwischen den beiden Flächen als Funktion von ϵ und $\Delta\alpha$:

$$\mathcal{K} = \frac{I_2 - I_1}{I_0 \epsilon^2} \approx \frac{4 I_0 \epsilon \Delta\alpha}{I_0 \epsilon^2} = \frac{4\Delta\alpha}{\epsilon}, \tag{32.55}$$

woraus für $\Delta\alpha$ folgt:

$$\Delta\alpha \approx \frac{\epsilon \mathcal{K}}{4}. \tag{32.56}$$

Größenordnung: Für $\mathcal{K} = 0{,}01$ und $\epsilon = 2°$ haben wir $\Delta\alpha = 18''$.

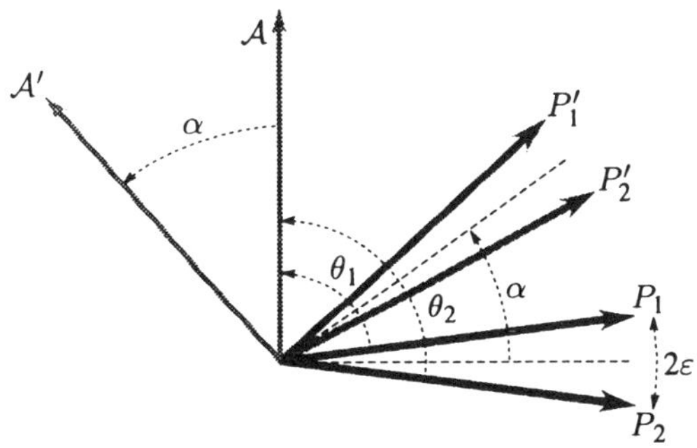

Abb. 32.10 Prinzip des Laurentschen Polarimeters

32.5.2 Soleilscher Kompensator

Der Soleilsche Kompensator besteht aus zwei Quarzplatten, die *senkrecht* zu ihrer optischen Achse geschnitten wurden (Abbildung 32.11). Die erste ist fest und wird aus einem planparallelen Plättchen aus rechtsdrehendem Quarz und einem Keil aus linksdrehendem Quarz gebildet. Das zweite besteht aus einem linksdrehenden Quarzkeil und kann entlang der gemeinsamen Hypotenuse mittels einer Mikrometerschraube verschoben werden. Wir bezeichen mit θ die brechenden Winkel der Keile. Die Drehung, die durch den rechtsdrehenden Quarz der Dicke e_{r} verursacht wird, beträgt:

$$\pi\frac{e_{\mathrm{r}}}{\lambda_0}(n_{\mathrm{r}}-n_{\mathrm{l}}),$$

während die durch den linksdrehenden Quarz der Dicke e_{l}

$$-\pi\frac{e_{\mathrm{l}}}{\lambda_0}(n_{\mathrm{r}}-n_{\mathrm{l}})$$

beträgt. Die daraus resultierende Drehung, die der Soleilsche Kompensator erzeugt, beträgt demnach:

$$\alpha_{\mathrm{c,S}}=\pi\frac{e_{\mathrm{r}}-e_{\mathrm{l}}}{\lambda_0}(n_{\mathrm{r}}-n_{\mathrm{l}}). \tag{32.57}$$

Wir wählen den Ursprung der Verschiebung des zweiten, beweglichen Keils so, daß an diesem Punkt $\alpha_{\mathrm{c,S}}$ verschwindet (Abbildung 32.11): $e_{\mathrm{r}}=e_{\mathrm{l}}=e_0$. Für eine Verschiebung um x in Richtung wachsender Dicke des festen Prismas beträgt die Dicke e_{l} des passierten linksdrehenden Quarzes:

$$e_{\mathrm{l}}=e_0+x\tan\theta. \tag{32.58}$$

Daraus folgt der Drehwinkel $\alpha_{c,S}$, der durch den Kompensator verursacht wird, als Funktion von x:

$$\alpha_{c,S} = -\frac{\omega}{2c} x \tan\theta(n_r - n_l) = -\frac{\pi}{\lambda_0} x \tan\theta(n_r - n_l). \qquad (32.59)$$

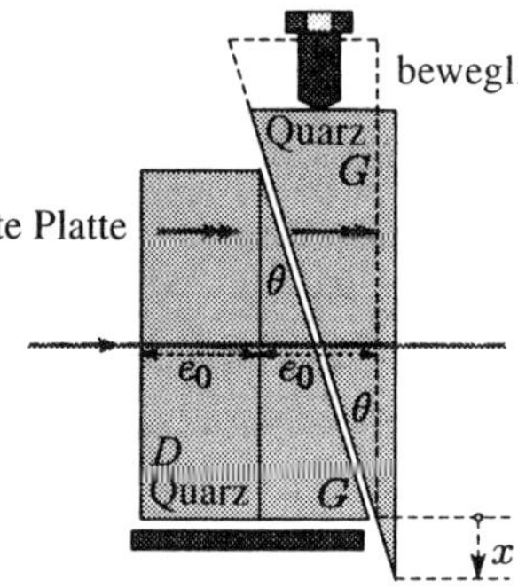

Abb. 32.11 Soleilscher Kompensator

Kennt man also die Verschiebung x, die nötig ist, den Drehwinkel zu kompensieren und die Auslöschung bei gekreuztem Polarisator und Analysator wiederherzustellen, kann auf den Drehwinkel α, der durch die aktive Probesubstanz verursacht wird, geschlossen werden: $\alpha = -\alpha_{c,S}$.

Der Quarzkompensator wird vor allem in der Saccharimetrie verwendet, da das Dispersionsvermögen sehr ähnlich dem des Quarzes ist, so daß mit weißem Licht gearbeitet werden kann.

32.6 Zusammenfassung

Merken wir uns die folgenden, wesentlichen Erkenntnisse:

1. die fünf experimentell gefundenen Gesetze von Biot,
2. den Faraday-Effekt oder durch ein Magnetfeld induzierte Rotationspolarisation: $\alpha = V_e B_a l$,
3. die kinematische Erklärung von Fresnel, die auf der Zerlegung einer linear polarisierten Welle in zwei zirkular polarisierte Wellen gleicher Amplitude basiert; die eine ist links-, die andere rechtspolarisiert,

4. die Beschreibung der natürlichen und induzierten optischen Aktivität mit Hilfe des rein imaginären antisymmetrischen Tensors $i\boldsymbol{g}$,
5. die mikroskopische Ursache der optischen Aktivität, die in der molekularen oder kristallinen Asymmetrie begründet ist,
6. die zahlreichen Anwendungen, insbesondere die Mischung einer Zuckerlösung und allgemein die Stereochemie optisch aktiver Substanzen.

32.7 Aufgaben

A32.1 Rotationspolarisation durch ein Quarzplättchen
Man verwendet ein Quarzplättchen, das senkrecht zu seiner optischen Achse geschnitten ist, um die Polarisationsebene einer linear polarisierten Welle der Wellenlänge $\lambda_0 = 435{,}8$ nm (blaue Quecksilberlinie) um 90° zu drehen.

Berechnen Sie die Dicke des Plättchens im Millimetern, wenn $n_\mathrm{l} - n_\mathrm{r} = 0{,}1 \cdot 10^{-3}$ beträgt.

A32.2 Mischung von Saccharose
Der Drehwinkel einer wäßrigen Saccharoselösung beträgt $664{,}5 \cdot 10^{-3}\ ^\circ\,\mathrm{m}^2/\mathrm{kg}$ bei der Wellenlänge 589,3 nm, und die Rotationsdoppelbrechung dieser Substanz hat den Wert $n_\mathrm{r} - n_\mathrm{l} = 0{,}24 \cdot 10^{-6}$.

1. Wie groß ist die Konzentration der Lösung in g/l?
2. Man definiert eine Lösung der Konzentration 2,6 g/l als einen saccharimetrischen Grad. Wie groß ist die Drehung der Polarisationsebene, die durch eine Lösung von 45 saccharimetrischen Graden auf einer Dicke von 20 cm erzeugt wird?

A32.3 Bestimmung der Konzentration von Kampfer in Alkohol
Eine Kampferlösung in Alkohol, die sich in einer zylindrischen Küvette von 20 cm Länge befindet, dreht die Polarisationsebene von einfallendem, linear polarisiertem Licht um 33°. Das Drehvermögen von Kampfer in Alkohol beträgt $469,\ 3 \cdot 10^{-3\,\circ}\mathrm{m}^2/\mathrm{kg}$.

Wie groß ist in g/l ist die Konzentration des Kampfer im Alkohol?

A32.4 Faraday-Effekt in Zinksulfid
Die Verdet-Konstante von Zinksulfid (ZnS) beträgt $V_\mathrm{e} = 3750^\circ\mathrm{T}^{-1}\,\mathrm{m}^{-1}$ für die Wellenlänge $\lambda_0 = 589$ nm. Das angelegte Magnetfeld $\boldsymbol{B}_\mathrm{a}$ wird durch ein Solenoid (Elektrostabmagnet) mit 2000 Windungen, die die gleiche Länge wie das Material haben, erzeugt.

Wie groß muß der Strom im Elektromagneten sein, um die Polarisationsebene um 45° zu drehen (Nehmen Sie an, daß das Magnetfeld das gleiche ist wie das eines unendlich langen Magneten)?

A32.5 Soleilscher Biquarz
Das optische Drehvermögen der Quarzplatten, aus denen der Soleilsche Biquarz besteht, ändert sich mit der Wellenlänge λ_0 entsprechend dem Biotschen Gesetz. Es beträgt $\{\alpha_D\} = 21{,}684^\circ/\mathrm{mm}$ für $\lambda_D = 589{,}3$ nm. Man plaziert den Biquarz zwischen den Polarisator und Analysator, die parallel angeordnet sind.

1. Wie groß muß die gemeinsame Dicke der Quarzplatten des Biquarzes sein, wenn die beobachteten Flächen den empfindichen Farbton aufweisen ($\lambda_J = 560$ nm)?

2. Berechnen Sie unter diesen Bedingungen die Drehwinkel in den beiden Platten für die beiden äußersten Wellenlängen des sichtbaren Spektrums!

33 Einführung in die digitale Bildverarbeitung und in die Farben

Die digitale Bildverarbeitung stellt das letzte Glied in der Kette der Bilderzeugung und -registrierung dar. Sie hat sich in den 60er Jahren entwickelt, als die Rechnerkapazitäten die Korrektur von Bildverzerrungen, die durch die bilderzeugenden Systeme verursacht werden, die Dämpfung des Rauschens, das die Registrierung aller Signale begleitet, sowie die Erhöhung des Kontrastes bestimmter Einzelheiten des Bildes ermöglichte.

Die Verwendung der Farbe führt zu einer weiteren Möglichkeit, Bilder besser auswerten zu können.

33.1 Methoden der digitalen Bildverarbeitung

Die Bedeutung der modernen Detektoren, vor allem der CCDs (Kapitel 15), beruhen vor allem auf ihren Möglichkeiten, über die Umwandlung eines Photons in Elektronen ein *digitalisiertes* Bild zu erzeugen, das für die schnelle Verarbeitung durch einen Computer hervorragend geeignet ist.

33.1.1 Digitalisierung eines Bildes. Pixel

Ein monochromes (einfarbiges) Bild kann durch eine Funktion $g(x, y)$ beschrieben werden, die die Lichtintensität an der Koordinate (x, y) angibt. Ist das Bild farbig, wird das Bild durch drei Funktionen $g_{\mathrm{r}}(x, y)$, $g_{\mathrm{g}}(x, y)$ und $g_{\mathrm{b}}(x, y)$ dargestellt, die jeweils die Intensitäten der drei Farbkomponenten rot, grün und blau des farbigen Bildes darstellen. Allgemein nennt man ein Bild multispektral, wenn es aus L spektralen Komponenten aufgebaut ist.

Vor der digitalen Verarbeitung des Bildes ist es unumgänglich, das kontinuierliche Bild, das durch das optische System erzeugt wird, in ein digitales

Bild zu überführen. Dies bedingt ein Digitalisierungsverfahren. Dieses Verfahren besteht darin, die Bildebene in Zellen zu zerlegen, die sogenannten *Pixel* (zusammengesetzt aus **pic**ture **el**ement), und jeder Zelle einen Meßwert eines Detektors zuzuordnen. Man erhält so eine Datentabelle, die jedem Punkt der Koordinaten (x, y) in der Bildebene eine Zahl, z.B. die Intensität zuordnet.

Ist das Bild einmal mit einer durch den Detektor gegebenen Auflösung digitalisiert, werden die so erhaltenen Zahlen in *Grauwerte* (bei Schwarzweißbildern) unterteilt. Die Zahl dieser Grauwerte wird als Binärzahl geschrieben, z.B. $32 = 2^5$. Das bedeutet, daß das Bild in 5 Informationseinheiten oder bits (nach **bi**nary uni**t**) codiert wird.

Heute werden zunehmend die Grautöne durch Farben, die sogenannten *Falschfarben*, ersetzt, da das Auge Farbunterschiede besser wahrnimmt als Grautonunterschiede.

33.1.2 Verschiedene Arten der Bildverarbeitung

Man verarbeitet ein Bild, sobald eine Information aus diesem gewonnen werden soll. Eine Möglichkeit, die verschiedenen Arten der Bildverarbeitung zu klassifizieren, ist die nach den Zielen der Bildverarbeitung.

Bildverbesserung

Bei der *Bildverbesserung* (englisch: *enhancement*) wird versucht, die subjektive oder objektive Qualität des Bildes zu verbessern. Im ersten Fall soll das Bild für das Auge angenehmer werden; im zweiten Fall wird der Kontrast erhöht, die Wahrnehmung bestimmter Details oder Konturen verbessert, bestimmte Bereiche oder Formen hervorgehoben sowie Rauschen, das Bildinformation überlagert, vermindert. Diese Techniken nutzen die verschiedensten Prozeduren wie Glättung, Kantenhervorhebung, Erhöhung usw.

Restaurierung eines Bildes

In der *Restaurierung* von Bildern (englisch: *restoration*) versucht man, ein möglichst gering gestörtes Bild zu erhalten. Störungen im Bild können dabei aufgrund geometrischer oder photometrischer Verzerrung des Detektors, durch atmosphärische Turbulenzen oder als Unschärfe durch Bewegen des Aufnahmegerätes auftreten. Hierzu werden verschiedene Arten von Filtern, sowohl lineare als auch nichtlineare, verwendet.

Detektion

Bei der *Detektion* werden bestimmte Formen, Kanten oder Strukturen hervorgehoben, ohne dabei unbedingt andere Informationen zu erhalten. Es handelt sich hier um die klassische Detektion der Signaltheorie, die sowohl die Analyse als auch die Interpretation des Bildes umfaßt.

Kompression eines Bildes

Ein wichtiger Aspekt der Bildverarbeitung ist die große Informationsmenge, die verarbeitet werden muß. Es liegt nahe, die vorliegende Datenmenge zu reduzieren und so zu einer schnelleren Übertragungsgeschwindigkeit und einer Verringerung des Speicherbedarfs bei möglichst wenig Verlust des Informationsgehaltes zu gelangen. Dieser Bereich ist der der *Kompression* (ohne Datenverlust) und der *Datenreduktion* (mit Datenverlust) von Bilddaten. Dies ist einer der schwierigsten aber auch zur Zeit wichtigsten Aspekte der Informationstheorie.

33.2 Punkttransformationen

33.2.1 Definition

Punkttransformationen sind Operationen, die auf jedes Pixel einzeln wirken. Die Transformation wirkt auf die *Dynamik*, d. h. auf die Grauwertverteilung des Bildes und damit auf den Kontrast des Bildes. Diese Transformation kann linear, nichtlinear, monoton, nichtmonoton usw. sein. Von den vielen Transformationen, die häufig benutzt werden, wollen wir auf die Binärbilderzeugung, die Schwellwertverfahren und die Modifikationen von Histogrammen eingehen.

33.2.2 Histogramm

Betrachten wir zuerst den *diskreten* Fall eines Bildes g, das in N^2 Pixel diskretisiert wurde, und verwenden Ω ganzzahlige Grauwerte $\{g_0, g_1, \ldots, g_\alpha, \ldots, g_{\Omega-1}\}$. Wir bezeichnen mit n_α die Häufigkeit, d. h. die Zahl der

Pixel, in denen die Intensität g_α beträgt. Das Histogramm $h(g_\alpha)$ des Bildes und seine Summenhäufigkeiten $H(g_\alpha)$ sind wie folgt definiert:

$$h(g_\alpha) = n_\alpha \quad \text{und} \quad H(g_\alpha) = \sum_{\beta=0}^{\alpha} n_\beta. \tag{33.1}$$

In Abbildung 33.1 haben wir die zu $h(g_\alpha)$ und $H(g_\alpha)$ gehörenden Balkendiagramme dargestellt; die Summenhäufigkeit ist streng monoton wachsend und erreicht ihren Maximalwert von N^2 für $\alpha = \Omega - 1$. Die Größe $p(\alpha) = h(g_\alpha)/N^2$ ist demnach die relative Häufigkeit oder Wahrscheinlichkeit dafür, daß ein beliebiger Punkt des Bildes die Intensität g_α aufweist, während die Funktion $P(g_\alpha) = H(g_\alpha)/N^2$ die Wahrscheinlichkeit beschreibt, daß der beliebiger Bildpunkt einen Wert kleiner oder gleich g_α aufweist.

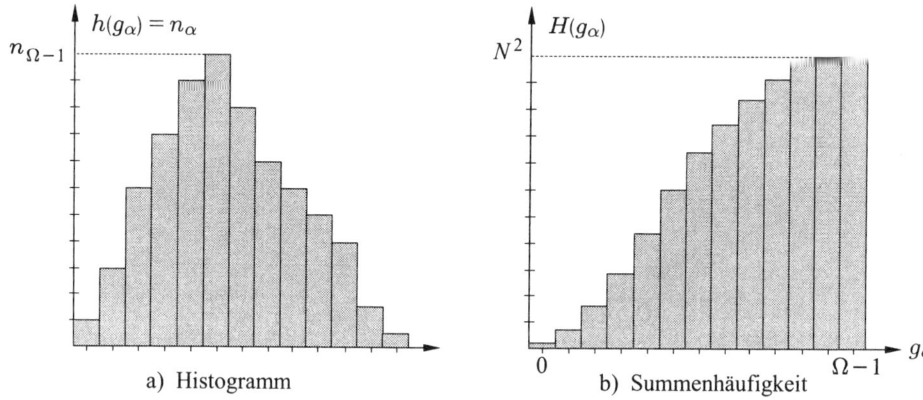

Abb. 33.1

Im *kontinuierlichen* Fall eines Bildes g, das auf einer Fläche S definiert ist, betrachten wir Funktionswerte im Intervall $[a, b]$. Dann kann man eine Funktion $H(g)$ einführen, deren Wert der Bildfläche entspricht, in der die Intensität größer oder gleich g ist. Diese Funktion ist analog dem diskreten Fall streng monoton wachsend und erreicht ihren Maximalwert, d. h. die Gesamtfläche S, für $g = b$. Wir können nun das Histogramm und die Summenhäufigkeit über

$$h(g) = \frac{\mathrm{d}H}{\mathrm{d}g} = \frac{H(g + \mathrm{d}g) - H(g)}{\mathrm{d}g} \quad \text{und} \quad H(g) = \int_a^g h(g)\mathrm{d}g \tag{33.2}$$

definieren. Die Größe $p(g) = h(g)/S$ kann als Wahrscheinlichkeitsdichte aufgefaßt werden, die mit der Wahrscheinlichkeit verbunden ist, daß ein beliebiger Bildpunkt eine Intensität zwischen g und $g + \mathrm{d}g$ aufweist. Entsprechend ist die Funktion $P(g) = H(g)/S$ die Wahrscheinlichkeit, daß ein beliebiger Bildpunkt einen Wert kleiner oder gleich g aufweist.

33.2.3 Schwellwertverfahren und Binärbilderzeugung

Aufgrund der nichtlinearen Antwort des Auges auf die verschiedenen Grauwerte werden bestimmte Einzelheiten des Bildes nicht wahrgenommen, da sie in einer zu großen Grauwertverteilung untergehen. Eine Möglichkeit dem abzuhelfen besteht darin, durch Reduzieren der Grauwertverteilung den Kontrast zu erhöhen.

33.2.4 Schwellwertverfahren

Schwellwertverfahren sind Techniken, im Histogramm des Bildes charakteristische Werte von Grauwerten zu bestimmen, die sogenannten *Schwellen*, und die Zahl der Grauwerte mit Hilfe dieser Schwellen zu reduzieren. Im Zuge dieser Reduktion, die notwendigerweise mit einem Informationsverlust verbunden ist, führt diese Modifikation der Grauwertverteilung zu einer Hervorhebung der konstrastärmeren Regionen.

33.2.5 Binärbilderzeugung

Die Binärbilderzeugung ist das einfachste Schwellwertverfahren. Hier werden nur zwei Grauwerte, im allgemeinen Schwarz und Weiß, verwendet. Die Wahl des Schwellwertes g_a wird offensichtlich vereinfacht, wenn das Histogramm g zwei Maxima aufweist (bimodales Histogramm). Die modifizierte Verteilung ergibt sich wie folgt:

$$G(m,n) = \begin{cases} g_0 & \text{für } g(m,n) \leq g_a \\ g_{\Omega-1} & \text{sonst} \end{cases} . \tag{33.3}$$

Ist das Histogramm nicht bimodal, ist die Bestimmung von g_a schwieriger.

33.2.6 Äquidensiten

Das Äquidensitenverfahren entspricht der Binärbilderzeugung, jedoch werden zwei oder mehr Schwellwerte verwendet:

$$G(m,n) = \begin{cases} g_0 & \text{für } g_a \leq g(m,n) \leq g_b \\ g_{\Omega-1} & \text{sonst} \end{cases} . \tag{33.4}$$

Die Wahl der beiden Schwellwerte g_a und g_b kann ebenfalls schwierig sein, wenn das Histogramm keine ausgeprägten Minima aufweist.

33.2.7 Semischwellwertbildung

Bleibt die Grauwertverteilung ober- oder unterhalb eines Schwellwertes erhalten, während die anderen auf einen einzigen Grauwert reduziert werden, spricht man von Semischwellwertbildung. Die Zahl der Grauwerte wird also reduziert, jedoch sind Strukturen im Bild noch sichtbar. Man kann auch hier einen oder zwei Schwellwerte verwenden:

$$G(m,n) = \begin{cases} g_0 & \text{für } g(m,n) \leq g_a \\ g(m,n) & \text{sonst} \end{cases} \quad \text{oder} \tag{33.5}$$

$$G(m,n) = \begin{cases} g(m,n) & \text{für } g(m,n) \geq g_b \\ g_{\Omega-1} & \text{sonst} \end{cases} . \tag{33.6}$$

Führt man beide Schwellwerte gleichzeitig ein, erhält man demnach:

$$G(m,n) = \begin{cases} g_0 & \text{für } g(m,n) \leq g_a \\ g_{\Omega-1} & \text{für } g(m,n) \geq g_b \\ g(m,n) & \text{sonst} \end{cases} . \tag{33.7}$$

Häufig ist die Bestimmung der beiden Schwellwerte nicht einfach und kann nur interaktiv am Rechner erfolgen.

Bemerkung: Häufig werden die Details eines Bildes von einem relativ flachen Grauwerthintergrund, der entweder zu hell oder zu dunkel sein kann, überdeckt. Es ist daher notwendig, die Darstellung des Bildes zu verbessern, um die gewünschten Informationen zu erhalten.

Hierfür geht man zur Modifikation der Histogramme mit Hilfe von punktweisen Operationen, die den Kontrast verändern, über. Zum Beispiel gibt die Technik zur Erlangung eines flachen Histogramms die bestmögliche Grauwertverteilung und einen starken Kontrast, aber betont die Sichtbarkeit der Details über.

33.2.8 Ensemblemittel

Manchmal verfügt man über ein Ensemble von P Bildern g_p des gleichen Motivs g, das jeweils aus dem gleichen Signal, aber unterschiedlichem zusätzlichen Rauschen r_p besteht:

$$g_p(m,n) = g(m,n) + r_p(m,n). \tag{33.8}$$

Es ist häufig möglich, eine Verbesserung des Bildes zu erreichen, wenn man eine Mittelung über das Ensemble P aller Bilder durchführt. Betrachten wir hierzu den häufigen Fall, in dem das Rauschen einen *zufälligen* Prozeß mit *verschwindendem Mittelwert* darstellt, und nehmen weiterhin an, daß alle Realisierungen dieses Prozesses unabhänging sind. Diese Bedingungen lassen sich mit der Streuung σ_r des Rauschens in der folgenden Form schreiben:

$$\langle r_b \rangle = \frac{1}{N^2} \sum_{m=0}^{N-1} \sum_{n=0}^{N-1} r_p(m,n) = 0, \quad \langle r_b^2 \rangle = \frac{1}{N^2} \sum_{m=0}^{N-1} \sum_{n=0}^{N-1} r_p^2(m,n) = \sigma_r^2$$

$$\text{und} \qquad \langle r_p r_q \rangle = \langle r_p \rangle \langle r_q \rangle = 0 \quad \text{für} \quad p \neq q. \tag{33.9}$$

Die Mittelung über alle Bilder ergibt:

$$\begin{aligned} G(m,n) &= \frac{1}{P} \sum_{p=0}^{P-1} g_p(m,n) \\ &= g(m,n) + \frac{1}{P} \sum_{p=0}^{P-1} r_p(m,n) = g(m,n) + R(m,n), \end{aligned} \tag{33.10}$$

wobei R das Rauschen im transformierten Bild ist. Man kann zeigen, daß die Streuung σ_R von R über

$$\boxed{\sigma_R = \frac{\sigma_r}{\sqrt{P}}} \tag{33.11}$$

mit der Streuung σ_r von r verknüpft ist (Aufgabe A33.4). Daraus folgt, daß das Signal-Rausch-Verhältnis S/R sich proportional zu der Wurzel der Zahl P der Bilder verbessert.

33.3 Lokale Transformationen

Lokale Transformationen sind Operationen, die neben einem bestimmten Bildpunkt auch eine Umgebung dieses Punktes berücksichtigen. Diese Operationen können als Faltung dargestellt werden, zum Beispiel als diskrete Faltung zwischen dem digitalen Bild und einer Maske.

Betrachten wir ein in N^2 Pixeln diskretisiertes Bild und eine Umgebung von $(2M+1)^2$ Pixeln um ein zentrales Pixel (m,n). A sei eine Maskenfunktion gleicher Dimension. Der Wert G des zentralen Pixels nach der Transformation ist durch die folgende Beziehung gegeben:

$$G(m,n) = \sum_{m'=-M}^{M} \sum_{n'=-M}^{M} A(-m',-n')g(m'+m,n'+m). \qquad (33.12)$$

Sie beschreibt die diskrete Faltung zwischen der Umgebung um (m,n) und A. Die Gleichung gibt den Wert des transformierten Bildes für ein einzelnes Pixel; um das gesamte Bild zu erhalten, muß der laufende (zentrale) Punkt und damit die Maske A und die jeweilige Umgebung verschoben werden, so daß alle Pixel des Bildes erfaßt werden. Das Aussehen des transformierten Bildes hängt wesentlich von der Größe und den Koeffizienten der Maske ab. Da dic obige Formel eine symmetrische Umgebung um das jeweils zentrale Pixel einbezieht, gilt sie nicht für die randständigen Pixel, sondern nur für Pixel, deren Koordinaten den Ungleichungen

$$M \leq m < N-1-M \quad \text{und} \quad M \leq n < N-1-M \qquad (33.13)$$

genügen. Für die übrigen Pixel begnügt man sich mit einer näherungsweisen Berechnung, in die nur die im jeweiligen Fenster vorhandenen Pixel eingehen.

33.3.1 Statistische lokale Operatoren

Unter den lokalen Operatoren statistischer Natur unterscheidet man lineare Operatoren wie die Mittelung und die Abweichung vom Mittelwert und nichtlineare Operatoren wie die Streuung oder den Medianwert.

Lineare Operatoren

Der erste verwendete lineare Operator ist die *lokale Mittelung*, die z. B. für eine 3×3-Umgebung zu der folgenden Maske (Operator) führt:

$$\frac{1}{9}\begin{pmatrix} 1 & 1 & 1 \\ 1 & 1 & 1 \\ 1 & 1 & 1 \end{pmatrix}, \qquad (33.14)$$

wobei 9 die Summe der Gewichtungsfaktoren, die die Matrixelemente darstellen, ist. Der Effekt der *Glättung* dieser Maske kann gemildert oder kontrolliert werden, indem man den einzelnen Punkten der Umgebung verschiedene Gewichtungen verleiht. So werden manchmal auch die folgenden Masken verwendet:

$$\frac{1}{10}\begin{pmatrix} 1 & 1 & 1 \\ 1 & 2 & 1 \\ 1 & 1 & 1 \end{pmatrix} \quad \text{oder} \quad \frac{1}{16}\begin{pmatrix} 1 & 2 & 1 \\ 2 & 4 & 2 \\ 1 & 2 & 1 \end{pmatrix}. \tag{33.15}$$

In allen Fällen kann die Operation der Glättung auch über eine größere Umgebung erfolgen.

Abschließend bemerken wir noch, daß auch mehrfach über dieselbe Umgebung geglättet werden kann, bis ein Kompromiß zwischen Dämpfung des Rauschens und der Erhaltung von Details erreicht ist.

Der umgekehrte Effekt zur Glättung, die *Hervorhebung*, wird durch Differenzbildung zwischen dem Originalbild und dem geglätteten Bild erreicht, was der Abweichung vom lokalen Mittelwert entspricht:

$$\begin{pmatrix} 0 & 0 & 0 \\ 0 & 1 & 0 \\ 0 & 0 & 0 \end{pmatrix} - \frac{1}{9}\begin{pmatrix} 1 & 1 & 1 \\ 1 & 1 & 1 \\ 1 & 1 & 1 \end{pmatrix} = \frac{1}{9}\begin{pmatrix} -1 & -1 & -1 \\ -1 & 8 & -1 \\ -1 & -1 & -1 \end{pmatrix} \tag{33.16}$$

oder vom gewichteten lokalen Mittelwert

$$\frac{1}{10}\begin{pmatrix} -1 & -1 & -1 \\ -1 & 8 & -1 \\ -1 & -1 & -1 \end{pmatrix} \quad \text{bzw.} \quad \frac{1}{16}\begin{pmatrix} -1 & -2 & -1 \\ -2 & 12 & -2 \\ -1 & -2 & -1 \end{pmatrix}.$$

Wir werden später sehen, daß die Hervorhebung auch mit Hilfe von Differentiationsoperatoren erfolgen kann, deren Aufgabe es ist, über die Änderung der Intensität im Bild Aufschluß zu geben.

Nichtlineare Operatoren

Zu den *nichtlinearen* Operatoren gehört der *Medianfilter*, bei dem man den Wert des Bezugspunktes g eines Bildes G durch den mittleren Wert seiner Umgebung ersetzt.

Man begegnet auch häufiger dem *Modenfilter*: in diesem Fall weist man dem laufenden Punkt G den häufigsten Wert seiner Umgebung zu, bei der *Dilatation* den höchsten und bei der *Erosion* den tiefsten Wert.

33.3.2 Differentiationsoperatoren erster Ordnung

In zweidimensionalen kartesischen Koordinaten ist der Gradient einer Funktion $g(x,y)$ ein Vektor, dessen beide orthogonale Komponenten die ersten Ableitungen von g sind:

$$\nabla g(x,y) = \frac{\partial g(x,y)}{\partial x}\boldsymbol{e}_x + \frac{\partial g(x,y)}{\partial y}\boldsymbol{e}_y. \tag{33.17}$$

Ändert sich die Intensität des Bildes wesentlich, passiert die erste Ableitung ein Maximum. Die Norm des Gradienten gibt also den lokalen Kontrast an, während seine Richtung entlang der lokalen Kante zeigt, allerdings nur bis auf einen Winkel von $\pi/2$, da der Gradient nur die Linie stärkster Neigung anzeigt. Aufgrund seines vektoriellen Charakters ist aber, wie man leicht zeigen kann, der Gradient nicht invariant gegenüber Rotation, sondern nur seine Norm (Aufgabe A33.1).

Im Fall digitaler Bilder ist das am weitesten verbreitete Verfahren zur Berechnung der diskreten ersten Ableitung an einem Punkt die Berechnung der zentrierten Differenzen erster Ordnung:

$$\begin{aligned}\nabla g(m,n) = {} & \frac{g(m+1,n) - g(m-1,n)}{2}\boldsymbol{e}_x \\ & + \frac{g(m,n+1) - g(m,n-1)}{2}\boldsymbol{e}_y,\end{aligned} \tag{33.18}$$

was sofort zu einer 3×3-Umgebung führt. Da nur die Norm des Gradienten invariant gegenüber Rotation ist, begnügt man sich in der Praxis damit, zwei zueinander senkrechte Komponenten des Gradienten zu berechnen und bestimmt am laufenden Punkt den Betrag des Gradienten, es sei denn, man möchte eine bestimmte Kantenrichtung gegenüber einer anderen bevorzugen. In diesem Fall wird die Norm manchmal durch die Summe der Beträge der Komponenten oder durch den Betrag der größeren der beiden Komponenten angenähert.

33.3.3 Differentiationsoperatoren zweiter Ordnung

In kartesischen Koordinaten wirkt der Laplace-Operator auf eine Funktion $g(x,y)$ wie folgt:

$$\Delta g(x,y) = \frac{\partial^2 g(x,y)}{\partial x^2} + \frac{\partial^2 g(x,y)}{\partial y^2}. \tag{33.19}$$

Im Bereich einer Intensitätsänderung im Bild verschwindet die zweite Ableitung. Der Laplace-Operator ist skalar und invariant gegenüber Rotation (Aufgabe A33.2). Wie für den Gradienten ist die am häufigsten verwendete diskrete Form dieses Operators ein Differenzoperator der folgenden Form:

$$\begin{aligned}\triangle g(m,n) = {} & [g(m+1,n) - 2g(m,n) + g(m-1,n)] \\ & + [g(m,n+1) - 2g(m,n) + g(m,n-1)],\end{aligned} \tag{33.20}$$

was ebenfalls zu einer 3×3-Umgebung führt.

33.3.4 Logische Transformationen

Unter den lokalen Transformationen existiert eine bestimmte Gruppe von Operationen, die *logischen Transformationen*, die immer auch die Umgebung eines Punktes berücksichtigen, aber zur Klassifizierung der Bildmorphologie bestimmte *Strukturelemente* verwenden.

Die Grundidee besteht darin, die Strukturen im analysierten Bild mit einer bekannten Form, den Strukturelementen, zu vergleichen. Das heißt, jeder Grauwert im Bild hat nicht die übliche Bedeutung eines digitalisierten Grautones, sondern stellt eine „Klasse" dar (wie z. B. in Landkarten der Farbton „Blau" „Wasser" bedeutet). Auf diese Bilder können naturgemäß nur Transformationen wirken, die auf das ganze Bild wirken oder gar nicht, z. B. die Einheit, die Schnittmenge zwischen zwei Bildern oder die Differenz zweier Bilder.

Wir wollen hier nicht die zahlreichen Operationen einführen, die Grundlage vieler Bildverarbeitungsschritte sind. Wir stellen nur fest, daß das Ziel der logischen Transformationen ist, Bilder anhand von Parametern mit einer physikalischen oder morphologischen Bedeutung quantitativ zu beschreiben. Diese Parameter sind metrischer Natur, wenn sie direkt durch eine Messung erhalten werden können, und topologisch, wenn sie aus einer Aufzählung resultieren.

33.4 Globale Transformationen

Globale Transformationen sind die Transformationen, bei denen jeder von ihnen erzeugte Punkt von allen Punkten des Bildes abhängt.

Diese Art der Transformation wird sehr viel in diversen Bereichen der Bildverarbeitung verwendet: Kompression, Datenreduktion, Filterung, Klassifizierung usw. Ein typisches Beispiel ist die diskrete Fourier-Transformation; sie ersetzt das digitale Bild durch sein Spektrum, d. h. durch ein Ensemble unabhängiger Koeffizienten. Wir beschränken uns hier darauf, die in diesem Bereich verwendeten Begriffe einzuführen und sie auf die Fourier-Transformation als der wichtigsten globalen Transformation anzuwenden.

33.4.1 Allgemeine Formulierung

Die globale Transformation einer Funktion g, die in N^2 Pixel diskretisiert ist und auf die ein linearer Operator A wirkt, hat die allgemeine Form:

$$G(k,l) = \sum_{m=-N/2}^{N/2-1} \sum_{n=-N/2}^{N/2-1} g(m,n)A(m,n,k,l). \tag{33.21}$$

Man definiert entsprechend die inverse Transformation:

$$g(m,n) = \sum_{k=-N/2}^{N/2-1} \sum_{l=-N/2}^{N/2-1} G(k,l)A^{-1}(m,n,k,l). \tag{33.22}$$

Die Mehrzahl der in der Bildverarbeitung verwendeten Transformationen sind *unitär*, d. h., daß der inverse Operator A^{-1} gleich dem Konjugierten des transponierten Operators ist, der wiederum durch Vertauschen der Zeilen und Spalten der Matrixdarstellung von A gewonnen wird:

$$A^{-1} = (A^*)^T \quad \text{oder} \quad A^{-1}(m,n,k,l) = A^*(k,l,m,n). \tag{33.23}$$

Außerdem sind diese Transformationen häufig *separabel*, d. h., man kann sie in mehreren Etappen durchführen: Zum Beispiel kann man eine erste unitäre Transformation mit den Zeilen durchführen und dann auf das Ergebnis eine weitere, ebenfalls unitäre Transformation anwenden. Diese Eigenschaft vereinfacht die numerische Implementierung erheblich, da man die zweidimensionale Transformation auf eine eindimensionale reduzieren kann.

33.4.2 Diskrete Fourier-Transformation

Definition

Im Fall einer zweidimensionalen Fourier-Transformation bestehen zwischen g und G, allgemein mit $\widehat{g}$ bezeichnet, die folgenden Relationen:

$$\widehat{g}(k,l) \equiv \frac{1}{N} \sum_{m=-N/2}^{N/2-1} \sum_{n=-N/2}^{N/2-1} g(m,n) \exp\left[\mathrm{i}2\pi \frac{(km+ln)}{N}\right] \tag{33.24}$$

und

$$g(m,n) = \frac{1}{N} \sum_{k=-N/2}^{N/2-1} \sum_{l=-N/2}^{N/2-1} \widehat{g}(k,l) \exp\left[-\mathrm{i}2\pi \frac{(km+ln)}{N}\right]. \tag{33.25}$$

Bemerkung: Aus progammiertechnischen Gründen erfolgte früher die Summierung über m, n, l und k über ein Intervall $[1, N]$ oder $[0, N-1]$, was eine spezielle Spektralverteilung zur Folge hatte: Die positiven Frequenzen traten im Intervall $[1, N/2]$ auf, während sich die negativen Frequenzen im Intervall $[N/2+1, N]$ befanden. In den neueren Programmiersprachen sind negative Feldindizes erlaubt, so daß dieses rein technische Problem verschwindet.

Schnelle Fourier-Transformation

Seit ungefähr 30 Jahren kann man die diskrete Fourier-Transformation mittels eines brillanten Algorithmus berechnen, der in den 60er Jahren von den beiden Amerikanern J. Cooley und J. Tukey seine heute noch verwendete Form erhalten hat. Dieser Algorithmus ist unter dem Namen Schnelle Fourier-Transformation oder Fast-Fourier-Transform (FFT) bekannt. Hierbei werden zuerst die exponentiellen Fourier-Faktoren berechnet:

$$\exp\left(-\mathrm{i}2\pi\frac{km}{N}\right) = W_N^{km} \quad \text{mit} \quad W_N = \exp\left(-\mathrm{i}\frac{2\pi}{N}\right).$$

Bei einer eindimensionalen Fourier-Transformation über N Bildpunkte führt dies zu einer Reduzierung des Rechenaufwandes von N^2 auf $N \operatorname{lb} N$ (mit dem binären Logarithmus $\operatorname{lb} N = \ln N / \ln 2$). In Zahlen bedeutet das für $N = 10^6$ zum Beispiel einen Faktor:

$$\frac{N^2}{N \operatorname{lb} N} = \frac{N}{\operatorname{lb} N} = \frac{10^6}{19{,}93} \approx 50172,$$

was beträchtlich ist.

33.4.3 Anwendung auf digitale Filter

Unter den Anwendungen der Fourier-Transformation auf die digitale Bildverarbeitung trägt die Filterung zu einem wesentlichen Teil zu den Verfahren der Bildverbesserung und -restauration, die wir bereits behandelt haben, bei. Dieser Bereich, in dem man versucht, die objektive oder subjektive Qualität eines Bildes zu verbessern, unterteilt sich in zwei Gruppen: Bei den Techniken der ersten Gruppe agiert man direkt im Ortsbereich, d. h. am Bild selber, zum Beispiel mit lokalen Operationen. In der zweiten Gruppe arbeitet man aufgrund der Fourier-Transformation global im Spektralbereich. Die Techniken dieser Gruppe basieren auf dem Faltungssatz, nach dem eine Faltung im Ortsraum zu einem einfachen Produkt im Frequenzraum wird:

$$G(x,y) = F(x,y) \star g(x,y) \quad \text{wird zu} \quad \widehat{G}(u,v) = \widehat{F}(u,v)\widehat{g}(u,v).$$

Bei den Filteroperationen ist G das Resultat einer Filterung des Bildes g durch einen Filter, der durch eine Impulsantwort F oder seine Übertragungsfunktion $\widehat{F}$ charakterisiert wird. Je nach dem, ob dieser Filter hohe oder tiefe Frequenzen des Spektrums von g passieren läßt, heißt er Hoch- oder Tiefpaßfilter.

Der Filter kann entweder auf die Amplitude, die Phase oder auf beides gleichzeitig wirken. Die Beispiele, die wir im folgenden behandeln werden, wirken nicht auf die Phase des Eingangssignales.

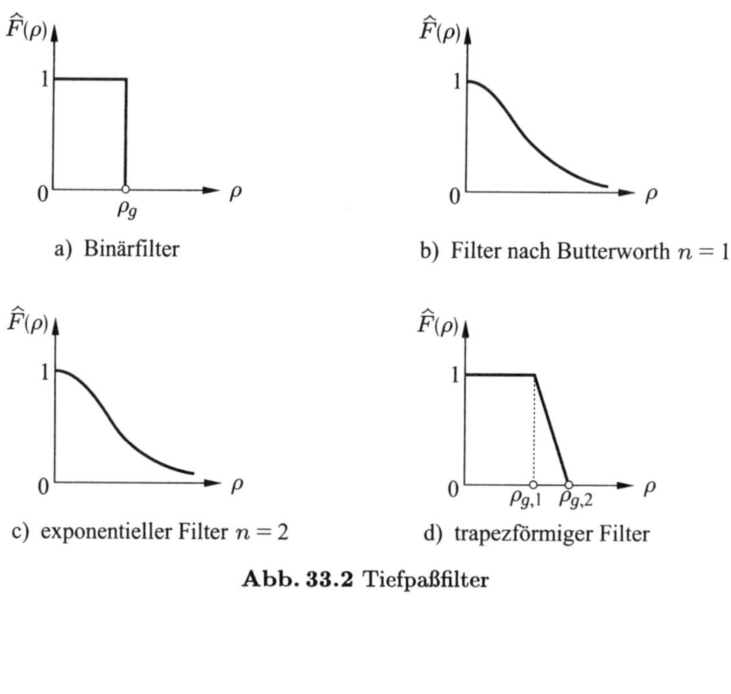

Abb. 33.2 Tiefpaßfilter

Tiefpaßfilter

Die abrupten Grauwertübergänge, wie sie durch zahlreiche Rauschquellen eingeführt werden, tragen stark zu den hohen Frequenzen des Bildspektrums bei. Die Glättung zielt daher natürlicherweise auf die Dämpfung dieser hohen Frequenzen und die gleichzeitige bestmögliche Erhaltung des Frequenzbereiches unterhalb einer bestimmten Frequenz, der sogenannten *Grenzfrequenz* des Filters. In der Abbildung 33.2 zeigen wir die Übertragungsfunktionen $F(u, v)$ einiger rotationssymmetrischer Tiefpaßfilter als Funktion des Radius $\rho \equiv (u^2 + v^2)^{\frac{1}{2}}$.

1. binärer Tiefpaßfilter
   Die rotationssymmetrische Übertragungsfunktion eines binären Tiefpaßfilters ist durch die folgende Relation gegeben:
   $$\widehat{F}(\rho) = \begin{cases} 1 & \text{für } \rho \leq \rho_g \\ 0 & \text{sonst} \end{cases} . \tag{33.26}$$
   In diesem Ausdruck ist ρ_g die Grenzfrequenz. Deren Wert wird, abhängig von der Ausdehnung des Spektrums g, häufig interaktiv oder durch Berechnen der Energie des Spektrums von g in einer Scheibe vom Radius ρ_g ermittelt. Ist dieser Radius klein, wird die Energie gering und das Bild wird stärker geglättet sein.
2. Tiefpaßfilter nach Butterworth
   Ein rotationssymmetrischer Tiefpaßfilter nach Butterworth ist durch die folgende Übertragungsfunktion charakterisiert:
   $$\widehat{F}(\rho) = \frac{1}{1 + (\rho/\rho_g)^{2n}}, \tag{33.27}$$
   wobei n eine natürliche Zahl ist, die den Abfall zu den hohen Frequenzen festlegt. Im Unterschied zum binären Tiefpaßfilter besitzt diese Funktion keine Unstetigkeit, die eine klare Festlegung der Grenzfrequenz ρ_g ermöglichen würde. Für solche Filter wählt man gewöhnlich den Wert ρ_g, bei dem die Übertragungsfunktion die Hälfte des Maximalwertes annimmt. Für $n = 1$ ist die Filterfunktion eine Lorentz-Kurve.
3. exponentieller Tiefpaßfilter
   Für einen rotationssymmetrischen exponentiellen Tiefpaßfilter haben wir die Form:
   $$\widehat{F}(\rho) = \exp\left[-\left(\frac{\rho}{\rho_g}\right)^n\right], \tag{33.28}$$
   wobei n eine natürliche Zahl ist. Hier wird für die Grenzfrequenz ρ_g der Wert gewählt, bei dem $\widehat{F}$ den Wert $1/e \approx 1/2{,}17$ annimmt. Für $n = 2$ ist die Filterfunktion eine Gauß-Kurve.

4. trapezförmiger Tiefpaßfilter
   Ein trapezförmiger Tiefpaßfilter ist ein Kompromiß zwischen einem binären Tiefpaßfilter und den beiden vorhergehenden kontinuierlich verlaufenden. Seine Übertragungsfunktion lautet:

$$\widehat{F}(\rho) = \begin{cases} 1 & \text{für}\, \rho \leq \rho_{g,1} \\ -\dfrac{\rho - \rho_{g,2}}{\rho_{g,2} - \rho_{g,1}} & \text{für}\, \rho_{g,1} < \rho < \rho_{g,2} \\ 0 & \text{für}\, \rho \geq \rho_{g,2} \end{cases} . \tag{33.29}$$

   In diesem Fall existieren zwei Grenzfrequenzen $\rho_{g,1}$ und $\rho_{g,2} > \rho_{g,1}$.
5. Tiefpaßfilter nach Hanning
   Dieser Tiefpaßfilter, der häufig in der Signalverarbeitung verwendet wird, hat folgende Übertragungsfunktion:

$$\widehat{F}(\rho) = 0{,}5 + 0{,}5 \cos\left(\frac{\pi}{2}\frac{\rho}{\rho_g}\right) . \tag{33.30}$$

Hochpaßfilter

Da die abrupten Grauwertübergänge durch die hochfrequenten Anteile des Spektrums eines Bildes beschrieben werden, kann man diese Übergänge hervorheben, indem man nur die hohen Frequenzanteile passieren läßt. Der Effekt ist ähnlich dem der lokalen Differentiationsoperatoren. Die Abbildung 33.3 zeigt Übertragungsfunktionen $\widehat{F}(\rho)$ dieses Filtertyps.

1. binärer Hochpaßfilter
   Dieser Filter ist komplementär zum binären Tiepaßfilter und hat die Übertragungsfunktion

$$\widehat{F}(\rho) = \begin{cases} 0 & \text{für}\, \rho \geq \rho_g \\ 1 & \text{sonst} \end{cases} . \tag{33.31}$$

   Der Wert der Grenzfrequenz wird nun durch Berechnen der Energie außerhalb der Scheibe mit Radius ρ_g bestimmt.
2. Hochpaßfilter nach Butterworth
   Der Hochpaßfilter nach Butterworth hat die Übertragungsfunktion

$$\widehat{F}(\rho) = \frac{1}{1 + (\rho_g/\rho)^{2n}}, \tag{33.32}$$

   wobei diesmal die natürliche Zahl n den Abfall zu den kleinen Frequenzen kontrolliert.

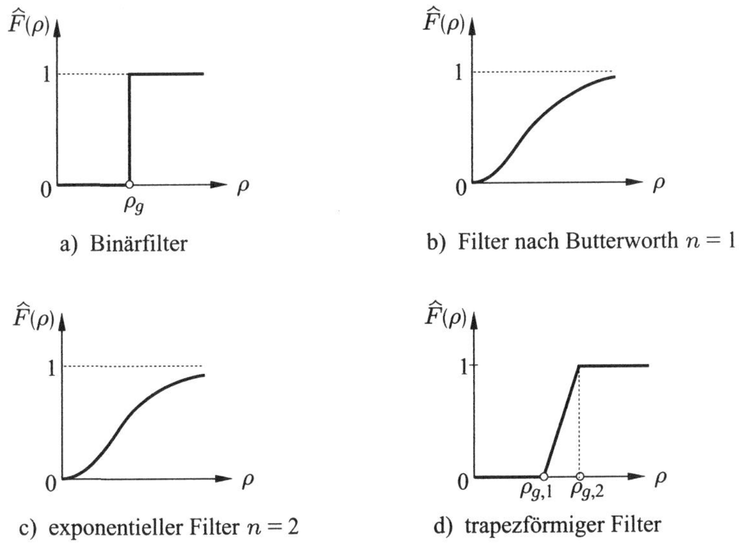

Abb. 33.3 Hochpaßfilter

3. exponentieller Hochpaßfilter

   Die Übertragungsfunktion des exponentiellen Hochpaßfilters hat die Form

$$\widehat{F}(\rho) = \exp\left[-\left(\frac{\rho_g}{\rho}\right)^n\right]. \tag{33.33}$$

4. trapezförmiger Hochpaßfilter

   Dieser Filter ist hier ebenfalls ein Kompromiß zwischen einem binären Hochpaßfilter und den beiden vorhergenden:

$$\widehat{F}(\rho) = \begin{cases} 0 & \text{für } \rho \leq \rho_{g,1} \\ \dfrac{\rho - \rho_{g,1}}{\rho_{g,2} - \rho_{g,1}} & \text{für } \rho_{g,1} < \rho < \rho_{g,2} \\ 1 & \text{für } \rho \geq \rho_{g,2} \end{cases} . \tag{33.34}$$

   Aus praktischen Gründen ist die zweite Grenzfrequenz beliebig viel größer als die erste.

Bemerkung: Kombiniert man Hoch- und Tiefpaßfilter, erhält man Bandenfilter, die nur eine oder einige Frequenzbanden des Bildes durchlassen.

Inverser Filter

Möchte man das Bild restaurieren, ist der Filter, der das Eingangsbild wieder herstellt, theoretisch die inverse charakteristische Übertragungsfunktion $\widehat{F}(u,v)$ des bilderzeugenden Systems. Aus

$$\widehat{g}(u,v) = \widehat{h}(u,v)\widehat{f}(u,v) \quad \text{und} \quad \widehat{G}(u,v) = \widehat{F}_{in}(u,v)\widehat{g}(u,v)$$

ergibt sich:

$$\widehat{G}(u,v) = \widehat{F}(u,v)\widehat{h}(u,v)\widehat{f}(u,v) = \widehat{f}(u,v), \quad \text{wenn} \quad \widehat{F}(u,v) = \widehat{h}^{-1}(u,v) \tag{33.35}$$

gilt. In der Praxis hat dieser Filter einen wesentlichen Nachteil, der seine Bedeutung stark einschränkt: Er spielt bei den Frequenzen, bei denen das Rauschen einen starken Einfluß hat, eine wesentliche Rolle. Hier ist $\widehat{h}(u,v)$ sehr klein und $\widehat{F}(u,v)$ daher sehr groß.

Die Wiederherstellung des Eingangsobjektes $f(x,y)$ mittels seines Bildes $g(x,y)$ ist im allgemeinen Rahmen der Techniken zur Lösung *inverser Probleme* ein Gebiet aktiver Forschung. In der Fourier-Synthese bestehen diese Techniken darin, den mittleren quadratischen Abstand zwischen einer geglätteten Version $g_l(x,y)$ von $g(x,y)$ und einer Schätzung $f_e(x,y)$ von $f(x,y)$ zu minimimieren, was im Fourier-Raum zu der Minimierung der Größe

$$\epsilon = \left|\left|\widehat{g}_l(u,v) - \widehat{h}(u,v)f_e(u,v)\right|\right|^2 = \iint \left|\widehat{g}_l(u,v) - \widehat{h}(u,v)f_e(u,v)\right|^2 \mathrm{d}u\mathrm{d}v \tag{33.36}$$

führt. Die Restaurierung von $f(x,y)$ in höchster Auflösung ist in Anwesenheit von Rauschen unmöglich, so daß man, um das Verfahren stabil zu machen, die Auflösung verringert und alle zugänglichen a-priori-Informationen einfließen läßt. Man glättet das vom Instrument erzeugte Bild und führt Randbedingungen wie die Breite von $f_e(x,y)$ oder die Nichtnegativität der Intensität ein.

33.5 Datenreduktion und Datenkompression

Die digitale Darstellung der Bilder braucht einen beträchtlichen Speicherplatz. Daher ist es in manchen Anwendungen unumgänglich, den Datenumfang zu reduzieren, wobei sowenig wie möglich von der verfügbaren Information verloren gehen soll. Die Techniken hierfür sind die *Kompression* und die *Datenreduktion*.

Es existiert kein universell verwendbares Verfahren, sondern jedes Problem bedarf einer gesonderten Behandlung. Da die Kompressionsverfahren im wesentlichen der Reduktion von Daten ohne Informationsverlust dienen, ist ihre Effektivität abhängig vom Datentyp (Bilder, Texte usw.).

Dagegen erlauben die Verfahren zur Datenreduktion eine bessere Reduktionsquote, jedoch um den Preis eines kontrollierten minimalen Informationsverlustes. Man muß folglich bei einem Problem immer abwägen zwischen dem Grad der Reduktion und dem daraus resultierenden Informationsverlust.

33.5.1 Kompression

Betrachten wir eine Funktion g mit Ω ganzzahligen Werten g_α zwischen 0 und $\Omega - 1$. Jedem Wert g_α wird in eindeutiger Weise ein binäres Wort zugewiesen. Da jedem binären Wort c_α ein Grauwert g_α entspricht, ist die Kompression reversibel. Kennt man die Wahrscheinlichkeit p_α für das Auftreten eines Grauwertes g_α, ist es interessant, vorher die minimale bit-Zahl zu erfahren, die zur Kompression des Bildes nötig ist, und einen Kodierer zu konstruieren, der dieser unteren Grenze am nächsten kommt. Diese Zahl ist durch die sogenannte *Shannon-Entropie* gegeben:

$$S \equiv - \sum_{\alpha=0}^{\Omega-1} p(g_\alpha) \mathrm{lb}\, p(g_\alpha) = \sum_{\alpha=0}^{\Omega-1} p(g_\alpha) \mathrm{lb} \left[\frac{1}{p(g_\alpha)} \right] . \tag{33.37}$$

Dieses Shannonsche Informationsmaß ist immer positiv und hat als Einheit „bit“. Es wird maximal für die *Gleichverteilung*:

$$p(g_\alpha) = \frac{1}{\Omega} \quad \text{und so} \quad S_{\max} = \sum_{\alpha=0}^{\Omega-1} \frac{1}{\Omega} \mathrm{lb}\, \Omega = \mathrm{lb}\, \Omega. \tag{33.38}$$

Für ein sicheres Ereignis (d. h. in unserem Fall nur ein Grauwert) verschwindet dieses Informationsmaß:

$$p(g_\beta) = 1 \quad \text{und} \quad S_{\min} = -p(g_\beta) \mathrm{lb}\, p(g_\beta) = 0. \tag{33.39}$$

Folglich liegt die Entropie einer digitalen Funkion mit Ω Werten zwischen 0 und $\mathrm{lb}\, \Omega$ bits.

Bemerkung: In der statistischen Physik ist die Entropie in analoger Weise definiert:

$$S = -k_{\mathrm{B}} \sum_\alpha p(g_\alpha) \ln p(g_\alpha) = -k_{\mathrm{B}} \ln 2 \sum_\alpha p(g_\alpha) \mathrm{lb}\, p(g_\alpha) \tag{33.40}$$

mit der Boltzmann-Konstanten k_B. In diesem Fall stellen die g_α die verschiedenen mikroskopischen Zustände ein und desselben makroskopischen Zustandes dar. Beschreibt die Wahrscheinlichkeitsdichte eine Gleichverteilung, also $p(g_\alpha) = 1/\Omega$, ist die Entropie $S = k_B \ln \Omega$.

In der digitalen Bildverarbeitung ist die Entropie ein Maß für die mittlere Informationsmenge pro Pixel. Sie gibt die minimale Anzahl von bits zur Kodierung der Pixel eines Bildes an und ist so ein Kriterium für die Effektivität eines Kompressionsverfahrens.

33.5.2 Datenreduktion

Bei den Anwendungen, in denen ein Informationsverlust des rekonstruierten Bildes toleriert werden kann, ist nicht nur die Effektivität der Datenreduktion, sondern auch auch der resultierende Informationsverlust zu bestimmen.

Man bestimmt im allgemeinen diesen Fehler durch Berechnen des mittleren quadratischen Fehlers oder des Signal-Rausch-Verhältnisses des rekonstruierten Bildes.

Die in der Bildverarbeitung verwendeten Methoden zur Datenreduktion werden in drei Klassen eingeteilt, je nach der Natur des verarbeiteten Bildes und dem Kontext, in dem diese Operation erfolgt. Man unterscheidet zwischen räumlicher, zeitlicher und spektraler Datenreduktion.

Räumliche Datenreduktion

Man zerlegt zuerst das in N^2 Pixel diskretisierte Bild in Teilbilder mit kleineren Dimensionen. Dann läßt man auf jedes Teilbild eine unitäre Transformation (z. B. eine Kosinus-Fourier-Transformation) wirken, die Koeffizienten ergibt, welche schließlich quantifiziert werden. Nun berücksichtigt man nur die wichtigsten, wodurch natürlich ein Informationsverlust eintritt.

Zeitliche Datenreduktion

Im Fall einer Sequenz von Bildern, die zeitlich aufeinander folgen, wird jedes zu einem gegebenen Augenblick erhaltene Bild in Teilbilder unterteilt. Man kodiert also nicht die Teilbilder, sondern die Differenz zwischen den Teilbildern und den aus den bereits vorhandenen Bildern extrapolierten Teilbildern.

Da die Pixel zeitlich korreliert sind, d. h. ein Pixel sich entsprechend der zeitlichen Entwicklung des Bildes ändert, ist die Änderung dieser Unterschiede weniger ausgeprägt als die der Teilbilder.

Spektrale Datenreduktion

Ein in N^2 Pixeln diskretisiertes Bild g ist multispektral, wenn in L Kanälen $\{e_\lambda\}$ aufgenommen wurde, wobei λ zwischen 0 und $L-1$ variiert. Diese Kanäle entsprechen verschiedenen Wellenlängen. Die Gesamtheit dieser Bilder stellt also L Realisierungen eines statistischen Ensembles dar, dessen Eigenschaften durch die Merkmale der verschiedenen Kanäle gegeben sind.

Die am häufigsten verwendete Methode der spektralen Datenreduktion ist die *Hauptkomponententransformation.* Durch einen Wechsel der Basis geht man zu unabhängigen Kanälen eines multispektralen Bildes über. In der neuen Basis ist quasi die gesamte Information über den Kontrast in der ersten Kanälen enthalten.

33.6 Darstellung von Farbbildern

33.6.1 Die Farbe

Die Farbe ist ein komplexes Konzept, das objektive Daten wie die spektrale Intensität des Lichtes oder die Vakuumwellenlänge jeder Strahlung sowie subjektive Daten, wie die spektrale Antwort des Auges, die für jedes Individuum verschieden ist, beinhaltet.

Die verschiedenen Farben

In den Spektren des Regenbogens nimmt man normalerweise 6 Hauptfarben war: Rot, Orange, Gelb, Grün, Blau und Violett; das Indigo zwischen Blau und Violett ist lediglich hinzugefügt worden, um die Zahl 7 zu erhalten. Jedoch beschränken sich die Farben nicht auf das Frequenzspektrum oder den Wellenlängenbereich, für den das Auge empfindlich ist. So einfach sind zum Beispiel das Purpur, das eine Kombination der beiden Enden des sichtbaren Spektrums Rot und Violett ist, oder das Braun als ein Orange geringer Intensität oder das Rosa als ein Gemisch aus Rot und Weiß nicht zu erklären.

Farbbilder

Heute ist die Mehrzahl der Bilder farbig, sei es, weil die von der Quelle ausgesandte Strahlung nicht monochromatisch ist, sondern aus mehreren

Strahlungen des sichtbaren Spektrums mit einer oder mehreren dominanten Strahlungen besteht, oder weil man unterschiedlichen Intensitätsniveaus verschiedene Farben zuordnet.

In jedem Fall erhöht die Verwendung von Farbe den Sehkomfort und erlaubt eine bessere Unterscheidung von Bilddetails.

33.6.2 Farben einer Lichtquelle

Die Farben einer Lichtquelle hängen vom Verlauf ihrer spektralen Intensitätsverteilung als Funktion der Wellenlänge ab (Kapitel 15 und 23).

Linienspektrum

Hat das Medium eine *sehr geringe Dichte* und ist aus Atomen oder Molekülen eines oder mehrerer Elemente aufgebaut, weist das dazugehörige Spektrum verschiedene *Linien*, die monochromatischer Strahlung entsprechen, auf. Monochromatisches Licht einer einzigen Wellenlänge wird *reine* Spektralfarbe genannt. Verläuft die spektrale Intensität durch ein ausreichend breites Maximum, weist die Lichtquelle die Farbe der dominanten Strahlung auf.

Kontinuierliches Spektrum

Ist das Medium ausreichend dicht, wird das Spektrum *kontinuierlich* und ähnelt dem des schwarzen Körpers, der die Eigenschaft hat, alle Strahlung zu absorbieren, die auf ihn fällt. Man hat diesen Körper so genannt, da er bei Raumtemperatur (300 K) keine Strahlung des sichtbaren Bereiches emittiert und so schwarz erscheint. Erhöht man die Temperatur, erscheint solch ein Körper rot und schließlich weiß.

Tragen alle sichtbaren Frequenzen gleichmäßig bei, ist das Spektrum flach und die Farbe des emittierten Lichtes ist *weiß*. Dies gilt praktisch für das Sonnenlicht, das jedoch ein Maximum im Gelbgrünen ($\lambda_0 = 550$ nm) aufweist, wie mit einem dispersiven System gezeigt werden kann (Kapitel 26 und 27). Wir bemerken an dieser Stelle, daß die Abwesenheit einiger Strahlungsfrequenzen die Farbe nicht stark ändert (Kapitel 22 und 25): Die Quelle erscheint weiter weiß, jedoch ist das Weiß nun von höherer Ordnung.

Dämpft man gleichmäßig die Intensität der Strahlungen des sichtbaren Lichtes, erhält man die Farbe *Grau*.

Fluoreszenz

Manchmal erzeugt eine unsichtbare Strahlung durch Wechselwirkung mit einem Pigment, das sich auf der Behälterwand des Leuchtgasbehälters befindet, sichtbare Strahlung: Dies ist die *Fluoreszenz.* Zum Beispiel enthalten die Neon-Entladungslampen Quecksilber, das Strahlung der Wellenlänge $\lambda = 253{,}7$ nm emittiert. Diese Strahlung ergibt nach Wechselwirkung mit den Pigmenten des Glasbehälters weißes Licht.

33.6.3 Komplementärfarben

Zwei Farben werden *komplementär* genannnt, wenn ihre Überlagerung weiß ergibt.

Beispiele:

1. Die Farbe *Rot*, die durch Selektieren des roten Bereiches des Spektrums weißen Lichtes erhalten wird, ist komplementär zu *Cyan* (Blaugrün), das durch Ausblenden des roten Bereichs erhalten wird.
2. Die Komplementärfarbe zu *Violettblau* ist *Gelb.*
3. Die Komplementärfarbe zu *Grün* ist *Magenta* (Rotviolett).

33.6.4 Farben beleuchteter Körper

Farben durch Absorption und Streuung

Betrachten wir ein Objekt, das durch ein weißes, d. h. alle sichtbaren Strahlungen ungefähr in gleichem Maße enthaltendes, Lichtbündel beleuchtet wird. Jeder Punkt des Objektes *absorbiert* selektiv bestimmte Strahlungen und *streut* die anderen. Daraus resultiert, daß das beobachtete Objekt farbig erscheint.

Absorbiert zum Beispiel ein Objekt alle Strahlung außer der roten, die gestreut wird, erscheint das Objekt rot, z. B. ein rotes Glas. Absorbiert es ausschließlich Rot, erscheint es cyan. Wird das Objekt mit Strahlung beleuchtet, von der keine vom Objekt gestreut wird, erschient es schwarz, z. B. ein rotes Glas, das mit grünem Licht beleuchtet wird. Absorbiert ein Objekt gleichmäßig alle Strahlungen um einen Faktor, erscheint es grau, bei vollständiger Absorption schwarz. Ist die Absorption unabhängig von der Strahlung nur schwach, erscheint das Objekt durchsichtig bzw. *farblos*, wie es zum Beispiel beim Wasser der Fall ist.

Für eine gegebene Absorption kann das Aussehen eines Objektes je nach Art der erfolgten Streuung der Reststrahlung verschieden sein. Ist die Absorption uniform und reduziert sich die Streuung auf eine *Reflexion*, wie es bei einem Metall der Fall ist, weist der graue Körper einen charakteristischen metallischen Glanz auf.

Die Absorption eines Objektes wechselt mit seinem physikalischen Zustand. Ist das Objekt sehr fein unterteilt, streut es bevorzugt alle sichtbare Strahlung. Bei uniformer Streuung führt das zu einem stark weißen Aussehen. So wird zum Beispiel weiße Farbe durch Auflösen kleiner transparenter Teilchen in einer Flüssigkeit hergestellt.

Im Fall der Streuung von Sonnenlicht an Luftmolekülen kann man zeigen, daß diese Streuzentren sich wie Oszillatoren verhalten, die die Streuung kleiner Wellenlängen bevorzugen; so erklärte Rayleigh die blaue Farbe des Himmels.

Die Farbe ist also offensichtlich keine intrinsische Eigenschaft von Körpern. Alle Farben entstehen durch Substrahieren einzelner Frequenzen des Spektrums des weißen Lichtes. Sie werden daher *substraktive Farben* genannt.

Farben durch Interferenz und Polarisation

Wir wissen, daß lokalisierte Interferenzphänomene, die mit dünnen Plättchen unter Weißlichtbeleuchtung entstehen, farbig sind, da die Dicke der Plättchen nur die Interferenz bestimmter spektraler Bereiche zuläßt, wogegen die anderen durch destruktive Interferenz ausgelöscht werden (Kapitel 25).

Außerdem haben wir gesehen, daß Kristallplättchen, die mit polarisiertem weißem Licht beleuchtet werden, eine Phasenverschiebung verursachen, welche zu farbigen Interferenzeffekten führt.

Schließlich erlaubt die optische Aktivität oder Rotationspolarisation, da sie wellenlängenabhängig ist, in sehr einfacher Weise farbiges Licht zu erhalten, das einem bestimmten Drehwinkel entspricht (Kapitel 32).

33.6.5 Echtfarbbilder

Echtfarbbilder eines farbigen Objektes

In der Bilderzeugung unter inkohärenter Beleuchtung erzeugt ein optisches System ein Bild des farbigen Objektes für jede Wellenlänge der Strahlung, die vom Objekt emittiert wird. Bei Abwesenheit chromatischer Aberrationen (Kapitel 9) weist das Bild die echten Farben des Objektes auf.

Echtfarbbild eines transparenten Objektes

Ein optisches System kann auch von einem transparenten Objekt, das mit weißem Licht beleuchtetet wird, Echtfarbbilder erzeugen. Dies ist zum Beispiel der Fall bei den Spektrometern: durch die chromatischen Aberrationen, d. h. durch unterschiedliches Verhalten des optischen Systemes gegenüber den verschiedenen Wellenlängen, erzeugt das System von einem Objekt so viele Bilder, wie monochromatische Strahlungen vorliegen.

33.6.6 Dreidimensionale Darstellung eines Echtfarbbildes

Die Erfahrung zeigt, daß die Wahrnehmung der Farben von *drei* Parametern abhängt. Dieser Umstand ist auf die Existenz dreier verschiedener Zapfen in der Netzhaut zurückzuführen, die jeweils für Rot (R), Grün (G) und Blau (B) empfindlich sind.

Man charakterisiert eine Farbe durch die drei folgenden Parameter: den Farbton, die Sättigung und die Helligkeit.

1. Der *Farbton* wird durch den Schwerpunkt der Spektralkurve festgelegt.
2. Die *Sättigung* oder der *spektrale Farbanteil* ist durch das Verhältnis der Strahlungsenergie der farbtongleichen Spektralfarbe zu der des jeweiligen Spektrums gegeben.
3. Die *Helligkeit* ist direkt mit der Leuchtdichte, d. h. der Lichtleistung pro Einheitsraumwinkel und pro Einheitsfläche senkrecht zu der Emissionsrichtung (Kapitel 15), verknüpft.

Abbildung 33.4 zeigt die von A. Munsell eingeführte dreidimensionale Darstellung Farbton-Sättigung-Helligkeit der Farben. Ein Punkt dieses Raumes beschreibt eine Farbe. Die blassen Farben sind oberhalb der mittleren horizontalen Ebene plaziert, während die dunklen unterhalb davon liegen.

33.6.7 Farbtafel

Es ist möglich, jede Farbe durch eine Kombination der drei Farben (R, G, B) mit entsprechenden Gewichtungen darzustellen, so daß eine systematische Katalogisierung von Farben möglich ist. 1931 hat die Internationale Beleuchtungskommission (C.I.E.) als Konvention eine ebene Darstellung der Farben mit konstanter Helligkeit eingeführt. Aus Gründen der Bequemlichkeit werden als Rot, Grün und Blau die Strahlungen folgender Wellenlänge

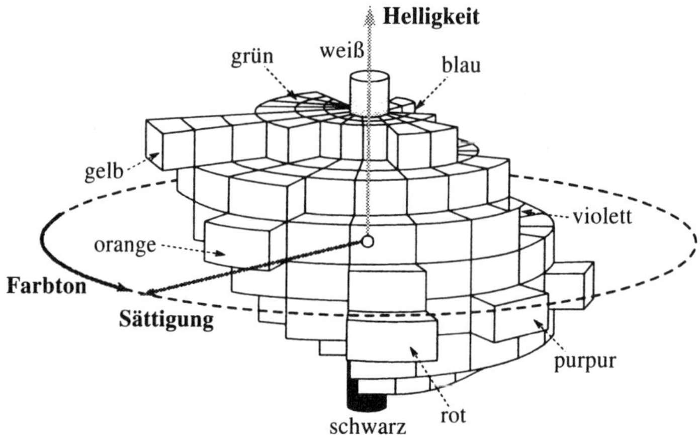

Abb. 33.4 Munsellsches Diagramm

festgelegt: $\lambda_r = 700$ nm, $\lambda_g = 546$ nm und $\lambda_b = 436$ nm. Außerdem werden die Größen (R, G, B) den Leuchtdichten über

$$R = L_r, \qquad G = \frac{L_g}{4{,}59}, \qquad B = \frac{L_b}{0{,}06} \tag{33.41}$$

zugeordnet. Die Faktoren 4,59 und 0,06 wurden so gewählt, daß ein mittlerer Beobachter Weiß für $R = G = B$ sieht. Die normierten Größen

$$r = \frac{R}{R+G+B}, \qquad g = \frac{G}{R+G+B}, \qquad b = 1 - r - g \tag{33.42}$$

heißen *trichromatische Faktoren.* Statt in der (r, g)-Ebene zu arbeiten, empfiehlt die C.I.E. die kartesische xy-Ebene mit den Koordinaten

$$x = \frac{X}{X+Y+Z}, \qquad y = \frac{Y}{X+Y+Z}, \qquad z = 1 - x - y \tag{33.43}$$

und $X = 2{,}77R + 1{,}75G + 1{,}13B$, $Y = R + 4{,}59G + 0{,}06B$ sowie $Z = 0{,}06G + 5{,}59B$ zu verwenden.

In diesem Koordinatensystem befinden sich alle Farben in einem rechtwinkligen gleichschenkligen Dreieck AOB mit den Punkten $A = (0, 1)$ und $B = (1, 0)$ (Abbildung 33.5). Das Weiß (Unbunt), das mit $R = G = B$ erzeugt wird, wird durch den Punkt W mit den Koordinaten $x = y = 1/3$ repräsentiert.

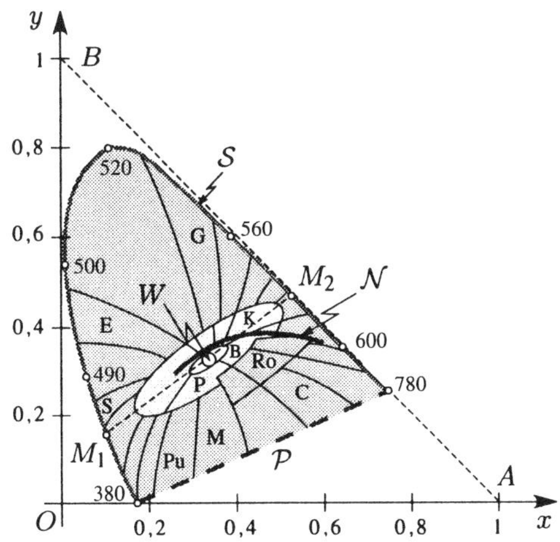

E : smaragdgrün
S : saphir
P : blauviolett
Pu : purpur
M : malve
B : beige
Ro : rosa
C : karminrot
K : kaki
G : blaugrün

Abb. 33.5 Farbtafel

Die verschiedenen monochromatischen Strahlungen sind durch Punkte dargestellt, die zusammen eine Kurve $\mathcal{S}$ bilden, den sogenannten *Spektralfarbenzug*. Die reellen, d. h. wirklich darstellbaren Farben werden durch $\mathcal{S}$ und die *Purpurgerade* umschlossen. Farben auf einer Geraden zwischen W und $\mathcal{S}$ weisen den gleichen Farbton auf. Die Kurve $\mathcal{N}$ beschreibt die verschiedenen Lichtfarben eines schwarzen Strahlers bei unterschiedlichen Temperaturen.

Beachten Sie, daß die durch die Punkte M_1 und M_2, welche zwei komplementären Farben entsprechen, definierte Gerade den Punkt W passiert. Die Koordinaten $x_w = (x_1 + x_2)/2$ und $y_w = (y_1 + y_2)/2$ von W erfüllen die Geradengleichung der Geraden $M_1 M_2$:

$$y - y_1 = \frac{y_2 - y_1}{x_2 - x_1}(x - x_1).$$

33.6.8 Farbmischung

Man kann Farben allgemein auf zwei Arten herstellen, entweder durch Mischung von drei Farben, deren Summe Weiß ergibt, z. B. (R, G, B) oder durch Mischung der dazugehörigen Komplementärfarben, also (Cyan, Magenta, Gelb), deren Summe Schwarz ergibt. Im ersten Fall spricht man von *additiver Farbmischung*, im zweiten Fall von *substraktiver Farbmischung* (Abbildung 33.6).

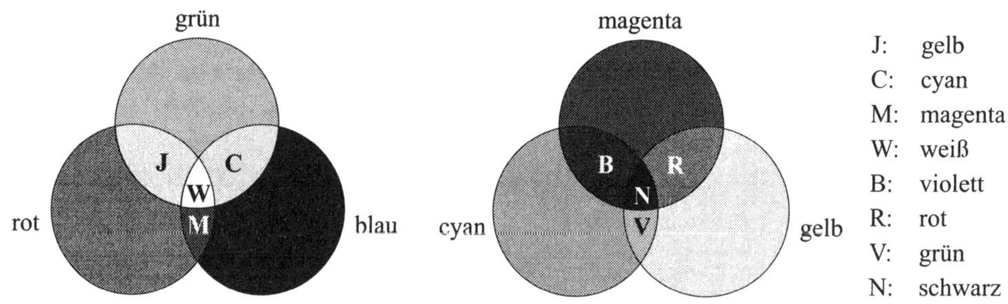

a) additive Farbmischung b) subtraktive Farbmischung

Abb. 33.6

Beispiel additiver Farbmischung

Bei Erzeugung farbiger Fernsehbilder wird die additive Farbmischung verwendet. Bei der Aufnahme der Bilder werden drei identische Kameras mit verschiedenen Farbfiltern verwendet: Die erste Kamera registriert den roten Anteil, die zweite den grünen und die dritte den blauen. Jede dieser Kameras erzeugt ein elektrisches Signal, das an eine Braunsche Röhre übertragen wird. Hier wird mittels dreier phosphorierender Flächenelemente das elektrische Signal in ein rotes, grünes und blaues optisches Signal umgewandelt. Die gleichzeitige Betrachtung dieser sich überlagernden drei Bilder erzeugt beim Betrachter, da er diese unterschiedlichen Signale nicht trennen kann, einen farbigen Gesamteindruck.

Eine solche Farbherstellung ist allerdings nicht vollkommen, da nur ein Teil der Farbtafel oder des Farbdreiecks so dargestellt werden kann. Insbesondere die reinen Spektralfarben sind so nicht zugänglich. Für den Großteil der Bedürfnisse beim Fernsehen reicht dieses System aber vollständig aus.

Beispiel substraktiver Mischung

Die Farbphotographie ist ein Beispiel für substraktive Farbmischung.

Ein Farbfilm besteht aus mindestens drei übereinanderliegenden lichtempfindlichen Silberhalogenidschichten: eine erste, rotempfindliche Schicht enthält einen chromogenen Farbkuppler der Farbe Cyan, die grünempfindliche einen der Farbe Magenta und die dritte, blauempfindliche Schicht enthält einen gelben Farbstoff. Nach der Belichtung weisen die Filmpunkte, die von rotem, grünem bzw. blauem Licht beleuchtet wurden, den jeweils komplementäre Farbton auf. Man erhält so einen Farbnegativfilm.

Durch Belichtung eines weiteren Filmes mit dem Negativ als Maske erhält man wieder die ursprünglichen Objektfarben.

33.6.9 Falschfarbenbilder

Man verwendet *Falschfarben*, wenn verschiedene Aufnahmen desselben Objektes in verschiedenen Spektralbereichen, von denen auch einige außerhalb des sichtbaren Bereiches liegen, vorgenommen wurden. Die Empfindlichkeit des Auges für Farbkontraste ermöglicht so die Unterscheidung der Bilddetails.

Diese Technik wird oft in Satellitensystem verwendet, die die Erde im sichtbaren und infraroten Spektralbereich untersuchen. Man ordnet jeder Frequenzbande eine Farbe zu; zum Beispiel werden dem grünen, roten und nahen infraroten Spektralbereich die Farben Blau, Grün und Rot zugewiesen. Das Tripel (R, G, B) ergibt sich also durch Spektralverschiebung.

33.6.10 Pseudofarbbilder

Die Darstellung monochromer Bilder kann mit *Pseudofarben* erfolgen. Hierbei wird jedem Grauwert eine definierte Farbe zugewiesen (die Zuweisung erfolgt mittels der „Look-Up-Table" (LUT)). Man nutzt so die Vorteile, die Farben bei der Betrachtung von Bildeinzelheiten bieten. Diese Form der Bilddarstellung ist in der Astronomie und der Medizin sehr weit verbreitet.

33.7 Zusammenfassung

Die digitale Bildverarbeitung ist von wachsender Bedeutung. Einer der ersten Bereiche, in der sie eingesetzt wurde, war die Weltraumforschung: zum Beispiel sind 1964 die Bilder vom Mond digital bearbeitet worden, um Verzerrungen, die durch das optische System eingeführt wurden, zu korrigieren. Die Art der Bilder ist inzwischen äußerst breit gefächert: Satellitenphotographien, Radiographien, Spektrometrien, Radarbilder, optische und elektronische Mikroskopphotographien und CCD-Bilder in einem Teleskopbrennpunkt[1].

[1]Dieses Kapitel ist in Zusammenarbeit mit Éric Antérieu vom CNRS überarbeitet worden.

33.8 Aufgaben

A33.1 Rotationsinvarianz der Norm eines Gradienten und des Laplace-Operators
Es sei $g(x, y)$ eine kontinuierliche differenzierbare Funktion der Koordinaten (x, y) und θ ein Winkel, der eine Drehung in der Oxy-Ebene charakterisiert und die Koordinaten von (x, y) nach (x', y') transformiert:

$$\begin{aligned} x' &= x\cos\theta + y\sin\theta \\ y' &= -x\sin\theta + y\cos\theta. \end{aligned}$$

1. Zeigen Sie, daß der Gradient von g gegenüber der Drehung nicht invariant ist, aber sein Betrag.
2. Wie verhält sich der Laplace-Operator unter dieser Transformation?

A33.2 Einfluß einer Mittelung auf die Streuung des Rauschens
Wir betrachten das arithmetische Mittel R eines Ensembles P von zufälligen Rauschfunktionen, die jeweils verschwindende Mittelwerte besitzen:

$$R = \sum_{p=1}^{P} r_p.$$

Leiten Sie die Beziehung zwischen der Streuung des Mittels, σ_R, und der Streuung der Rauschfunktion σ_r ab.

A33.3 Radon-Transformation in der medizinischen Bildverarbeitung
In der medizinischen Bildverarbeitung, z. B. in der Tomographie (Geweberadiographie) versucht man ein dreidimensionales Bild eines Objektes zu erhalten, das zwischen einer Röntgenquelle und einem Detektor liegt. Hierfür werden mehrere zweidimensionale Projektionen des Objektes aufgenommen, indem man das System aus Röntgenquelle und Detektor um das Objekt dreht. Wir wollen diese Technik für den Fall genauer formulieren, in dem man aus mehreren eindimensionalen Projektionen ein zweidimensionales Bild erhält.

Die Radon-Transformation einer reellen Funktion $f(x, y)$ ist wie folgt definiert:

$$P_\theta(t) = \int_{-\infty}^{\infty}\int_{-\infty}^{\infty} f(x, y)\delta(x\cos\theta + y\sin\theta - t)\mathrm{d}x\mathrm{d}y.$$

Dabei bezeichnet $\delta(x)$ die Diracsche Deltafunktion.

1. Bestimmen Sie die Geradengleichung der Geraden, auf die projiziert wird.
2. Leiten Sie die Beziehung $\widehat{f}(w, 0) = \widehat{P}_0(w)$ zwischen der Radon-Transformation und der Fourier-Transformation ab.
3. Zeigen Sie, daß $\widehat{f}(w\cos\theta, w\sin\theta) = \widehat{P}_\theta(w)$ gilt. Formulieren Sie damit das Fouriersche Projektionstheorem.

A33.4 Fokusfehler und Diffusionsmodell
Man kann die Unschärfe in einem Bild, die durch einen zunehmenden Fehler in der Scharfeinstellung entsteht, durch ein Diffusionsmodell beschreiben. Die Diffusionsfunktion $g(x, y, Z)$ zweier Raumkoordinaten und einer Entwicklungskoordinate Z genügt der folgenden partiellen Differentialgleichung:

$$D\left(\frac{\partial^2 g}{\partial x^2} + \frac{\partial^2 g}{\partial y^2}\right) = \frac{\partial g}{\partial Z},$$

wobei D ein Diffusionskoeffizient ist, der mit dem Fokusfehler Z zusammenhängt. Für $Z = 0$ ist das Bild $g(x, y, 0)$ scharf; für einen Wert $Z > 0$ wird das beobachtete Bild $g(x, y, Z)$ unscharf.

1. Geben Sie die lineare Differentialgleichung erster Ordnung an, der die räumliche Fourier-Transformierte $\widehat{g}(u, v, Z)$ von $g(x, y, Z)$ genügt.
2. Folgern Sie daraus die Form von $\widehat{g}(u, v, Z)$, wenn gilt: $\widehat{g}(u, v, 0) = 1$.
3. Zeigen Sie, daß die Lösung der Diffusionsgleichung eine Gauß-Funktion ist, deren Streuung σ als Funktion von D anzugeben ist.
4. Wie sieht die diesem Diffusionsprozeß entsprechende Übertragungsfunktion aus? Diese Funktion hat den Wert 1 für $u = v = 0$. Interpretieren Sie dieses Resultat mit dem Begriff des Energieflusses.

Lösungen der Aufgaben

Kapitel 1

A1.1 Komplexe Zahlen

1. In der komplexen Ebene Oxy werden z_1, z_2, $z_1 - z_2$, iz_1 durch die Vektoren $\boldsymbol{OA}_1$, $\boldsymbol{OA}_2$, $\boldsymbol{A}_2\boldsymbol{A}_1$, $\boldsymbol{OA}_3$ (Abbildung L1.1) mit den folgenden Komponenten dargestellt:

$$\boldsymbol{OA}_1 = \begin{bmatrix} 1 \\ 1 \end{bmatrix} \quad \boldsymbol{OA}_2 = \begin{bmatrix} 2 \\ -1 \end{bmatrix} \quad \boldsymbol{A}_2\boldsymbol{A}_1 = \begin{bmatrix} -1 \\ 2 \end{bmatrix} \quad \boldsymbol{OA}_3 = \begin{bmatrix} -1 \\ 1 \end{bmatrix}$$

   $\boldsymbol{OA}_1$ und $\boldsymbol{OA}_3$ sind dabei zueinander senkrecht.

2. Die Beziehung zwischen der kartesischen Form und der in Polarkoordinaten ist: $\rho = (a^2 + b^2)^{\frac{1}{2}}$, $\theta = \arctan(b/a)$. Wir haben daher: $z_1 = (\sqrt{2}, 45°)$; $z_2 = (\sqrt{5}, -26{,}57°)$; $z_1 - z_2 = (\sqrt{5}, 116{,}56°)$; $z_3 = (\sqrt{2}, 135°)$

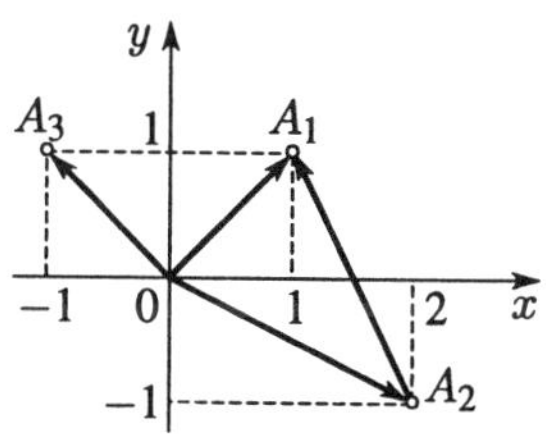

Abb. L1.1

A1.2 Matrixprodukte

$$AB = \begin{bmatrix} 2 & -1 \\ 0 & 0{,}5 \end{bmatrix} \begin{bmatrix} 1 & -1 \\ -3 & 4 \end{bmatrix} = \begin{bmatrix} 5 & -6 \\ -1{,}5 & 2 \end{bmatrix}$$

$$BA = \begin{bmatrix} 1 & -1 \\ -3 & 4 \end{bmatrix} \begin{bmatrix} 2 & -1 \\ 0 & 0{,}5 \end{bmatrix} = \begin{bmatrix} 2 & -1{,}5 \\ -6 & 5 \end{bmatrix}$$

$$AC = \begin{bmatrix} 2 & -1 \\ 0 & 0{,}5 \end{bmatrix} \begin{bmatrix} -1 & 2 \\ 0 & -1 \end{bmatrix} = \begin{bmatrix} -2 & 5 \\ 0 & -0{,}5 \end{bmatrix}$$

$$CA = \begin{bmatrix} -1 & 2 \\ 0 & -1 \end{bmatrix} \begin{bmatrix} 2 & -1 \\ 0 & 0{,}5 \end{bmatrix} = \begin{bmatrix} -2 & 2 \\ 0 & -0{,}5 \end{bmatrix}$$

$$AD = \begin{bmatrix} 2 & -1 \\ 0 & 0{,}5 \end{bmatrix} \begin{bmatrix} 0 \\ 1 \end{bmatrix} = \begin{bmatrix} -1 \\ 0{,}5 \end{bmatrix}$$

Daraus folgt:

1. Das Matrixprodukt ist nicht kommutativ.
2. Die Determinante eines Produktes zweier Matrizen ist das Produkt der Determinanten der einzelnen Matrizen (hier gleich 1).

A1.3 Kegel

1. Die kanonische Form $2py = x^2$ der Parabel $y = 0{,}4x^2$ führt zu (Abbildung L1.2b):

$$p = \frac{1}{2 \cdot 0{,}4} = 1{,}25 \quad H_oF = \frac{p}{e} = p = 1{,}25 \quad OF = \frac{p}{2} = 0{,}625.$$

Wir haben daher: $r = 1{,}25/(1 - \cos\theta)$.

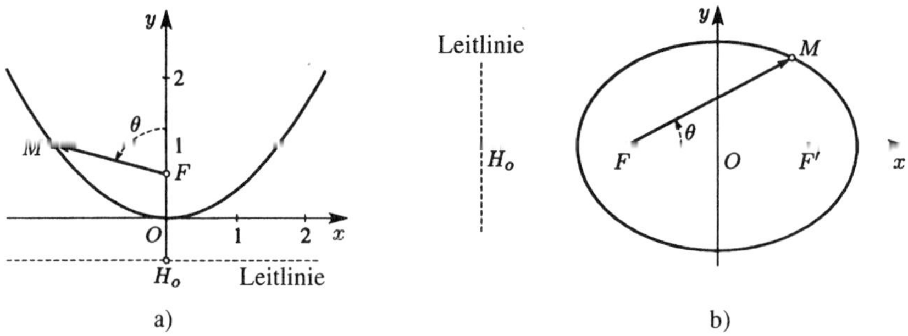

Abb. L1.2

2.
$$\frac{x^2}{16} + \frac{y^2}{9} = 1$$

ist eine Ellipsengleichung: $a = 4$, $b = 3$, $c = (a^2 - b^2)^{\frac{1}{2}} = 2{,}64$, $p = b^2/a = 2{,}25$, $e = c/a = 0{,}66$, $H_oF = p/e = 3{,}37$. Damit folgt : $r = 2{,}25/(1 - 0{,}66\cos\theta)$ Die parametrischen Gleichungen der Ellipse sind: $x = a\cos t$ und $y = b\sin t$.

3.
$$\frac{x^2}{16} - \frac{y^2}{9} = 1$$

ist die Hyperbelgleichung: $a = 4, b = 3, c = \left(a^2 + b^2\right)^{\frac{1}{2}} = 5, p = b^2/a = 2{,}25, e = c/a = 1{,}25$, $H_oF = p/e = 1{,}8$ (Abbildung L1.3). Daher haben wir: $r = 2,25/(1 - 1{,}25\cos\theta)$. Die parametrische Darstellung der Hyperbel ist: $x = a\cosh t$ und $y = b\sinh t$.

A1.4 Winkeldurchmesser

Sind die Winkel klein, haben wir $\theta \approx \tan\theta = AB/OA$. Folglich gilt $AB = 2r^\star R$ und $OA = |d^\star - 1|TS$ und damit:

$$\theta \approx 85{,}3r^\star/|d^\star - 1|\,\mu\text{rad} = 0{,}284\,r^\star/|d^\star - 1|\,\text{Bogenminuten}$$

Wir erhalten so die folgende Tabelle:

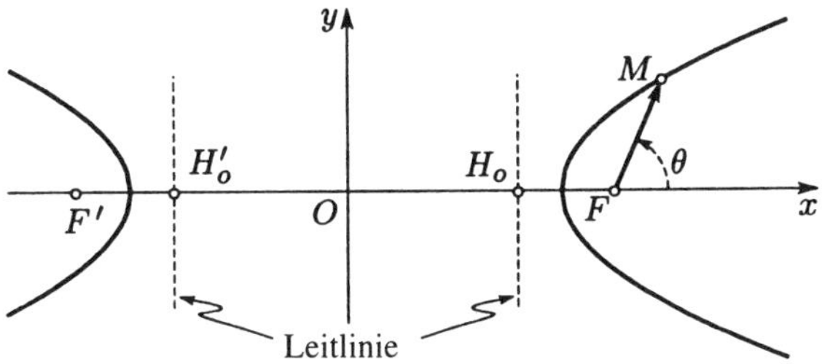

Abb. L1.3

	Mer.	Ven.	Mar.	Jup.	Sat.	Ura.	Nep.	Plu.
θ (Bogenminuten)	0,18	1	0,285	0,74	0,3	0,06	0,03	0,003

A1.5 Frequenz und Energie der sichtbaren Strahlung

1. Die Beziehung zwischen der Wellenlänge λ_0, der Frequenz ν und der Energie $E = h\nu$ der Photonen ist:

$$\lambda_0 = \frac{c}{\nu} = \frac{hc}{E} = \frac{hc}{E^* e}$$

wobei E^* die Energie in eV bezeichnet ($hc/e = 1{,}2398\,\mu\text{m/eV}$). Für $\lambda_0 = 400$ nm, $\nu = 7{,}5 \cdot 10^{14}$ Hz beträgt $E^* = 3{,}0995$ eV und für $\lambda_0 = 750\,\text{nm}$, $\nu = 4 \cdot 10^{14}$ Hz ist die Energie $E^* = 1{,}65\,\text{eV}$. Folglich gilt:

$$4 \cdot 10^{14}\,\text{Hz} < \nu < 7{,}5 \cdot 10^{14}\,\text{Hz} \quad \text{und} \quad 1{,}65\,\text{eV} < E^* < 3{,}1\,\text{eV}.$$

2. Ein Medium mit Brechungsindex n verringert die Wellenlängen bei unveränderten Frequenzen und Energien des Photons ($\lambda_n = \lambda_0/n$):

$$\frac{400}{1{,}33} < \lambda_n < \frac{750}{1{,}33} \quad \text{und damit} \quad 300\,\text{nm} < \lambda_n < 564\,\text{nm}.$$

A1.6 Näherung kleiner Wellenlängen

1. Laserbündel: Für θ gilt: $\sin\theta \sim \lambda_0/D$. Die Rechnung ergibt für $D = 5$ cm: $\theta \sim 2{,}6''$ und für $D = 5\,\mu\text{m}$: $\theta \sim 7{,}2°$.
2. Elektronenbündel: Einem Elektronenbündel mit Impuls p kann man die de-Broglie-Wellenlänge $\lambda = h/p$ zuordnen. Da p mit der Beschleunigungsspannung V_a über die Energieerhaltung $p^2/(2m) = q_e V_a$ verknüpft ist, erhalten wir:

$$\lambda = \frac{h}{(2meV_a)^{\frac{1}{2}}} = 4{,}34\,\text{pm}.$$

Folglich ergibt sich $\theta \approx 0$ für $D = 5$ cm und $\theta \approx 0{,}2''$ für $D = 5\,\mu\text{m}$.

A1.7 Huygenssche Konstruktion

Ausgehend von der Wellenfläche Σ_0 der einfallenden Welle, die den Punkt I passiert, konstruiert man die Wellenflächen Σ_1 und Σ_2 in den Medien 1 bzw. 2, so daß die Abstände zu Σ_0 einer Ausbreitungsdauer von $1/c$ entsprechen (Abbildung L1.4).

1. Man schlägt die Kreise $\mathcal{C}_1$ und $\mathcal{C}_2$ mit Radien $1/n_1 \approx 3/4$ und $1/n_2 = 1$ um I.
2. Man verlängert den einfallenden Strahl bis zum Kreis $\mathcal{C}_1$.
3. Man legt die Tangente an $\mathcal{C}_1$ am Schnittpunkt J_1. Sie schneidet die Grenzfläche in K.
4. Von K aus zeichnet man die Tangente an $\mathcal{C}_2$.

Für $\alpha_1 = 30°$ ist der Wert für α_2 durch

$$\sin\alpha_2 = \frac{n_1 \sin\alpha_1}{n_2} = \frac{2}{3}, \quad \text{also} \quad \alpha_2 = 41{,}8°,$$

gegeben. Für $\alpha_1 = 60°$ liegt kein gebrochener Strahl vor, sondern Totalreflexion. Der Grenzwinkel γ beträgt:

$$\gamma = \arcsin\left(\frac{n_2}{n_1}\right) = \arcsin\left(\frac{3}{4}\right) = 48{,}59°.$$

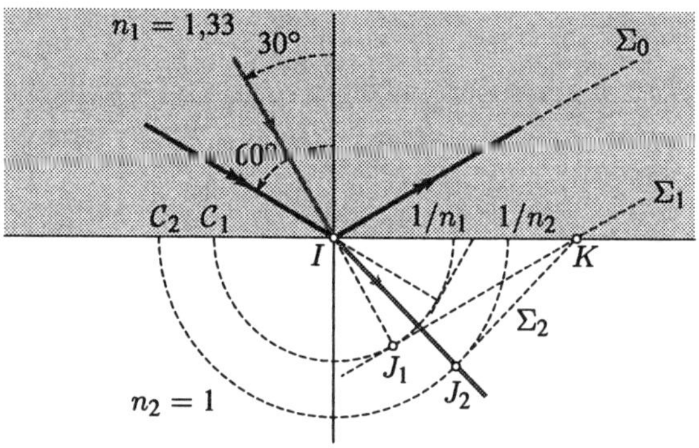

Abb. L1.4

Kapitel 2

A2.1 Fermatsches Prinzip und Snelliussches Reflexionsgesetz
Wir betrachten auf der Spiegeloberfläche einen beliebigen Punkt J: $L(AJB) = AJ + JB = A'J + JB$; L ist minimal, wenn die Strecke $A'JB$ zu der Strecke $A'IB$ wird. Unter diesen Bedingungen sind die Beträge der Reflexions- und Einfallswinkel $\pi/2 - \theta$ gleich. Der Winkel θ wird von AI und dem Spiegel eingeschlossen.

A2.2 Fermatsches Prinzip und Snelliussches Brechungsgesetz
Die Dauer der Lichtausbreitung zwischen A_1 und A_2 beträgt:

$$\tau = \frac{A_1 I}{v_1} + \frac{A_2 I}{v_2} \qquad \text{mit} \quad A_1 I = \left(a_1^2 + x^2 + y^2\right)^{\frac{1}{2}}$$

$$\text{und} \quad A_2 I = \left[a_2^2 + (d - x)^2 + y^2\right]^{\frac{1}{2}}.$$

Leiten wir τ nach y ab und halten x fest:

$$\left(\frac{\partial\tau}{\partial y}\right)_x = \frac{y}{v_1 (a_1^2 + x^2 + y^2)^{\frac{1}{2}}} - \frac{y}{v_2 [a_2^2 + (d - x)^2 + y^2]^{\frac{1}{2}}} = 0, \quad \text{wenn} \quad y = 0.$$

Nun differenzieren wir τ nach x an der Stelle $y = 0$:

$$\left(\frac{\mathrm{d}\tau}{\mathrm{d}x}\right)_{y=0} = \frac{x}{v_1(a_1^2 + x^2)^{\frac{1}{2}}} - \frac{(d-x)}{v_2[a_2^2 + (d-x)^2]^{\frac{1}{2}}} = \frac{\sin\alpha_1}{v_1} - \frac{\sin\alpha_2}{v_2}.$$

Folglich impliziert $\mathrm{d}\tau/\mathrm{d}x = 0$ die Gleichung $\sin\alpha_1/v_1 = \sin\alpha_2/v_2$. Man findet die bekannte Form des Brechungsgesetzes, wenn man $n = c/v$ setzt.

A2.3 Planparallele Platte
Die optische Weglängendifferenz beträgt $L = (IJK) - (IH)$, da der Teil des Lichtstrahls vor I für beide Flächen derselbe ist, ebenso der Teil hinter der Wellenfront HK. Es gilt $IJK = 2IJ = 2e/\cos\beta$, wobei β der Brechungswinkel der ersten Fläche ist, und $IH = IK\sin\alpha = 2e\tan\beta\sin\alpha$. Da $\sin\alpha = n\sin\beta$ ist, erhalten wir:

$$L = \frac{2ne}{\cos\beta} - 2e\tan\beta\sin\alpha = \frac{2ne}{\cos\beta}(1 - \sin^2\beta) = 2ne\cos\beta = 2ne\left(1 - \frac{\sin^2\alpha}{n^2}\right)^{\frac{1}{2}}.$$

Für $\alpha = \pi/6$ erhalten wir also $L \approx 6{,}1$ mm.

A2.4 Descartessche Konstruktion eines gebrochenen Strahls
In der Abbildung L2.1 haben wir die gebrochenen Strahlen konstruiert, die zwei einfallenden Strahlen entsprechen. Man schlägt hierzu die Kreise $\mathcal{C}_1$ und $\mathcal{C}_2$ mit Radien n_1 und n_2 um das Zentrum I, das der Schnittpunkt der Grenzfläche mit dem einfallenden Lichtstrahl ist. Diesen verlängert man bis zum Schnittpunkt mit $\mathcal{C}_1$ und fällt von diesem Schnittpunkt das Lot auf die Grenzfläche. Der Schnittpunkt dieser Senkrechten mit $\mathcal{C}_2$ erlaubt dann, den austretenden Strahl zu bestimmen.

Im Fall des zweiten Strahls ergibt sich kein Schnittpunkt mit $\mathcal{C}_2$: Es liegt Totalreflexion vor.

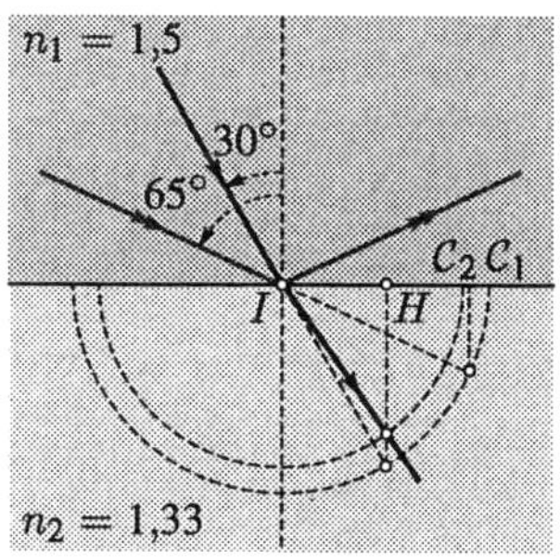

Abb. L2.1

A2.5 Versetzung eines Strahls nach Durchgang durch eine planparallele Platte
1. Mit Hilfe der Abbildung L2.2 sieht man:

$$\Delta = JH = IJ\sin(\alpha - \beta) = \frac{e}{\cos\beta}\sin(\alpha - \beta) = e\sin\alpha\left(1 - \frac{\cos\alpha}{n\cos\beta}\right).$$

Da $\cos\beta = \left(1 - \sin^2\alpha/n^2\right)^{\frac{1}{2}}$ gilt, haben wir $\Delta = e\sin\alpha\left[1 - \frac{\cos\alpha}{(n^2 - \sin^2\alpha)^{\frac{1}{2}}}\right]$. Für die gegebenen Werte führt das zu $\Delta = 0{,}38\,\mathrm{mm}$.

2. Ist α klein, haben wir $\Delta \approx e\alpha\,(1 - 1/n)$ und $A_\text{o}A_\text{b} \approx \frac{\Delta}{\alpha} = e\left(1 - \frac{1}{n}\right) \approx 0{,}67$ mm.

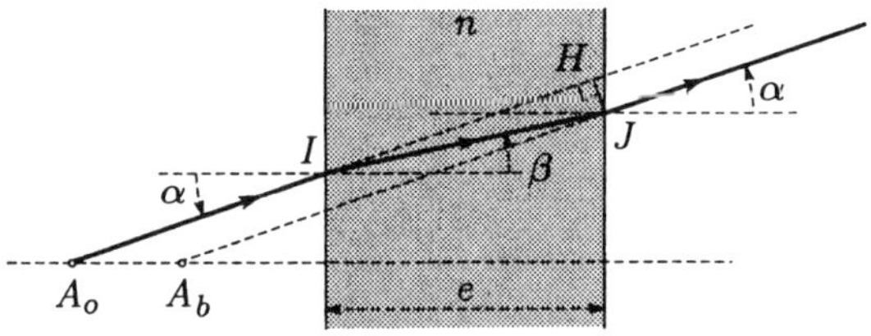

Abb. L2.2

A2.6 Die Refraktometer nach Pulfrich und Abbe
Die Snelliusschen Beziehungen am Eingang und Ausgang des Prismas lauten wie folgt: $N = n\sin\beta$, $\sin\alpha' = n\sin\beta'$ und $\beta + \beta' = \theta$. Nach Eliminieren von α und β erhalten wir:
$\sin\alpha' = n\sin(\theta - \beta) = n\sin\theta\cos\beta - n\cos\theta\sin\beta = n\sin\theta\left(1 - N^2/n^2\right)^{\frac{1}{2}} - N\cos\theta$.

1. $A = 90°$, $n = 1{,}732$, $\alpha' = 30°$ ergibt $\beta' = 16{,}78°$ $\beta = 73{,}22°$ $N = 1{,}658$
2. $A = 61°$, $n = 1{,}6$, $\alpha' = 15°$ ergibt $\beta' = 9{,}3°$ $\beta = 51{,}7°$ $N = 1{,}255$

A2.7 Totalreflektierendes rechtwinkliges Prisma
Wir haben $\alpha_1 - \alpha_2 \approx n(\beta_1 - \beta_2)$, da $\alpha_1 \approx n\beta_1$ und $\alpha_2 \approx n\beta_2$ gilt. Man sieht für die Dreiecke CI_1J_1 und BI_2J_2 in der Abbildung L2.3, daß

$$\phi_1 + \frac{\pi}{2} = \widehat{C} + \beta_1 + \frac{\pi}{2} \quad \text{und damit} \quad \beta_1 = \phi_1 - \widehat{C}$$

und

$$\phi_2 + \frac{\pi}{2} = \widehat{B} + \frac{\pi}{2} - \beta_2 \quad \text{und damit} \quad r_2 = \widehat{B} - \phi_2$$

gilt. Folglich erhalten wir

$$(\alpha_1 - \alpha_2) \approx n(\phi_1 + \phi_2 - \widehat{C} - \widehat{B}) = n(\phi_1 + \phi_2 - \pi + \theta)$$

Es gilt $\phi_1 + \phi_2 = \theta$, da sie das gleiche Supplement $\widehat{K}$ besitzen, so daß wir

$$\alpha_1 - \alpha_2 \approx 2n(\theta - \pi/2) = 2n\epsilon \approx 3'$$

bekommen. Ist $\theta = \pi/2$, wird $\epsilon = 0$ und $\alpha_1 = \alpha_2$. Die einfallenden und austretenden Strahlen sind parallel.

A2.8 Rückstrahler
Da $n(\boldsymbol{u}_2 - \boldsymbol{u}_1) = a\boldsymbol{N}$ gilt, sieht man in Abbildung L2.4, daß die Komponenten von $\boldsymbol{u}_1$ und $\boldsymbol{u}_2$ entlang $\boldsymbol{N}$ entgegengesetztes Vorzeichen aufweisen und entlang einer Richtung senkrecht zu $\boldsymbol{N}$ gleich sind. Wir bezeichnen mit $\boldsymbol{u}(\alpha, \beta, \gamma)$ den Einheitsvektor des einfallenden Strahls. In einem Punkt A_1 der Ozx-Ebene, für die $\boldsymbol{N} = \boldsymbol{e}_y$ gilt, wird $\boldsymbol{u}$ zu $\boldsymbol{u}_1(\alpha, -\beta, \gamma)$. In einem Punkt A_2 der Oxy-Ebene geht $\boldsymbol{u}_1$ in $\boldsymbol{u}_2(\alpha, -\beta, -\gamma)$ über. Schließlich wird daraus im Punkt A_3 in der Oyz-Ebene der Vektor $\boldsymbol{u}_3(-\alpha, -\beta, -\gamma)$. Damit haben wir $\boldsymbol{u}_3 = -\boldsymbol{u}$.

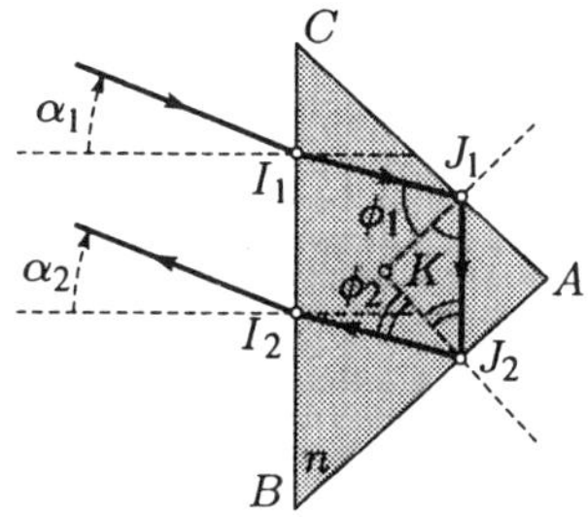

Abb. L2.3

A2.9 Beobachtung der Oberfläche einer Flüssigkeit in einem Glaszylinder
Damit das Quecksilber für den Beobachter O den Zylinder scheinbar füllt, müssen die Lichtstrahlen, die von Punkten auf der Wand des inneren, mit Quecksilber gefüllten, Zylinder kommen, wie z. B. M, O tangential zum äußeren Zylinder erreichen oder Totalreflexion erfahren (Abbildung L2.5). Wir erhalten so die Bedingung $\widehat{CTM} \geq \gamma$ bzw. $\sin \widehat{CTM} \geq \sin \gamma$ mit dem Grenzwinkel γ. Folglich muß $r_2/r_1 \geq 1/n$ oder $r_1/r_2 \leq 1{,}5$ gelten.

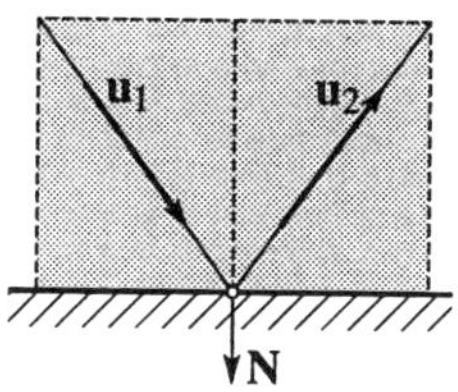

Abb. L2.4

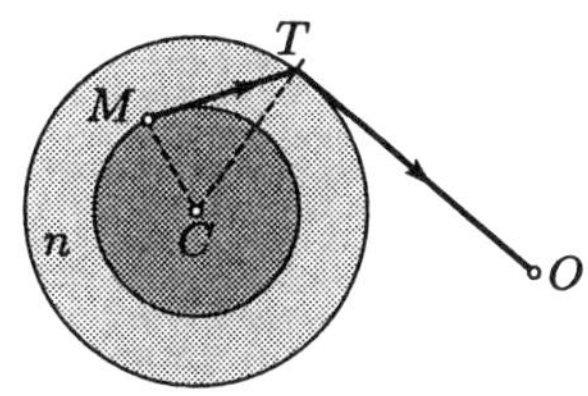

Abb. L2.5

A2.10 Vereinfachte Theorie des Regenbogens

1. $\delta = (SI_1, I_2O) = (SI_1, I_1J) + (I_1J, JI_2) + (JI_2, I_2O) = (\alpha - \beta) + (\pi - 2\beta) + (\alpha - \beta) = \pi + 2\alpha - 4\beta$
2. Es gilt: $\frac{d\delta}{d\alpha} = 2\left(1 - 2\frac{d\beta}{d\alpha}\right)$. Aus $\sin\alpha = n \sin\beta$ folgt $\cos\alpha d\alpha = n\cos\beta d\beta$ und so:

$$\frac{d\delta}{d\alpha} = 2\left(1 - \frac{2\cos\alpha}{n\cos\beta}\right) = 0 \quad \text{für} \quad 2\cos\alpha = n\cos\beta.$$

   Folglich passiert δ für $\cos\alpha/\cos\beta = n/2$ ein Minimum, da $d\delta/d\alpha = 2(1 - 2/n)$ für $\alpha = 0$ negativ und für $\alpha = \pi/2$ positiv ist (n ist kleiner 2). Durch Quadrieren und Vereinfachen erhält man: $\sin^2\alpha = (4 - n^2)/3$. Für die angegebenen Parameterwerte erhalten wir (Abbildung L2.6a):

$$n = 1{,}33 \quad \sin\alpha = 0{,}861 \quad \sin\beta = 0{,}646 \qquad \phi = \pi - \delta = 4\beta - 2\alpha = 42{,}1^\circ$$
$$n = 1{,}31 \quad \sin\alpha = 0{,}8725 \quad \sin\beta = 0{,}666 \qquad \phi = 45{,}5^\circ$$

3. Für eine bestimmte Strahlung empfängt der Beobachter Lichtstrahlen, die aufgrund der Symmetrie des Problems von einem Kreisbogen zu kommen scheinen. Dieser Kreisbogen hat sein Zentrum auf der Achse, die durch den Beobachter und den von der Sonne

kommenden Lichtstrahl festgelegt wird. Ist das Licht zusammengesetzt, liefert jede Strahlung ihren eigenen Kreisbogen. Wir wollen für einen festen Wert von α den Ausdruck für $\mathrm{d}\phi$ aus $\phi = \pi - \delta = 4\beta - 2\alpha$ (Abbildung L2.6a) berechnen:

$$\mathrm{d}\phi = 4\mathrm{d}\beta = -\frac{4}{n}\tan\beta\mathrm{d}n = \frac{8C}{n\lambda_0^3}\tan\beta\mathrm{d}\lambda_0.$$

Folglich wächst mit wachsendem λ_0 auch ϕ. Die verschiedenen Kreisbögen sind farbig, von violett innen nach rot außen.

4. Wir haben $\delta = (\alpha - \beta) + 2(\pi - 2\beta) + (\alpha - \beta) = 2\pi + 2\alpha - 6\beta$ und damit $\varphi = \delta - \pi = 2(\alpha - 3\beta) + \pi$. Für die Ableitung $\mathrm{d}\delta/\mathrm{d}\alpha$ erhalten wir:

$$\frac{\mathrm{d}\delta}{\mathrm{d}\alpha} = 2\left(1 - 3\frac{\mathrm{d}\beta}{\mathrm{d}\alpha}\right) = 2\left(1 - 3\frac{\cos\alpha}{n\cos\beta}\right) = 0 \quad \text{für} \quad \frac{\cos\alpha}{\cos\beta} = \frac{n}{3}.$$

Quadrieren führt zu $\sin^2\alpha = (9 - n^2)/8$. Für $n = 1{,}33$ bekommen wir $\sin\alpha = 0{,}95$, $\sin\beta = 0{,}713$ und $\varphi \approx 51°$. Schließlich berechnen wir noch $\mathrm{d}\varphi$ (für einen festen Wert α) wenn λ_0 sich um $\mathrm{d}\lambda_0$ ändert:

$$\mathrm{d}\varphi = -6\mathrm{d}\beta = \frac{6}{n}\tan\beta\mathrm{d}n = -\frac{12C}{n\lambda_0^3}\tan\beta\mathrm{d}\lambda_0.$$

Folglich fällt φ mit wachsendem λ_0: Der Regenbogen ist bezüglich der Farbreihenfolge invertiert (Abbildung L2.6b).

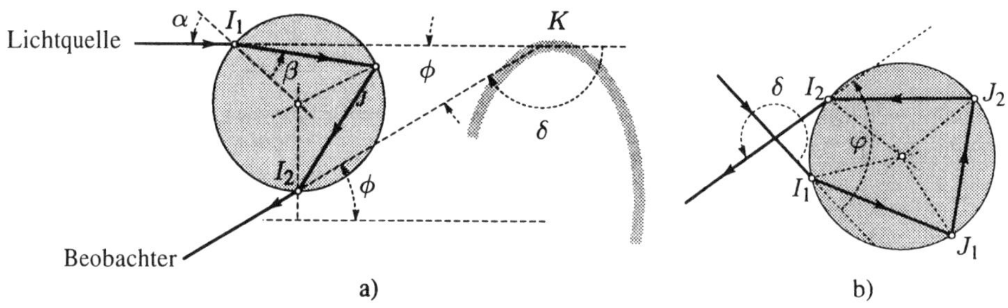

Abb. L2.6

Kapitel 3

A3.1 Ellipsoider Reflektor

Die Konstruktion zeigt, daß nicht nur die Lichtstrahlen, die schwach zu der optischen Achse geneigt sind, den Rahmen von L passieren, sondern auch solche Lichtstrahlen, die eingangs eine starke Neigung zu der optischen Achse dann aber nach einer geraden Anzahl von Reflexionen einen kleinen Winkel zu der Achse aufweisen (Abbildung L3.1).

A3.2 Spiegelteleskop von J. Grégory

Die Lichtstrahlen parallel zu der optischen Achse, die von einem unendlich weiten Objekt kommen, konvergieren im Brennpunkt F_1 des parabolischen Spiegels. Fällt F_1 mit dem

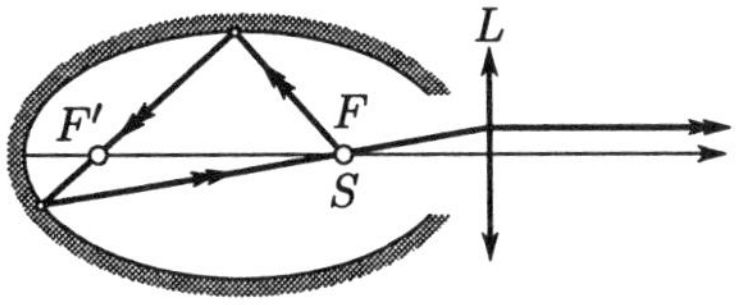

Abb. L3.1

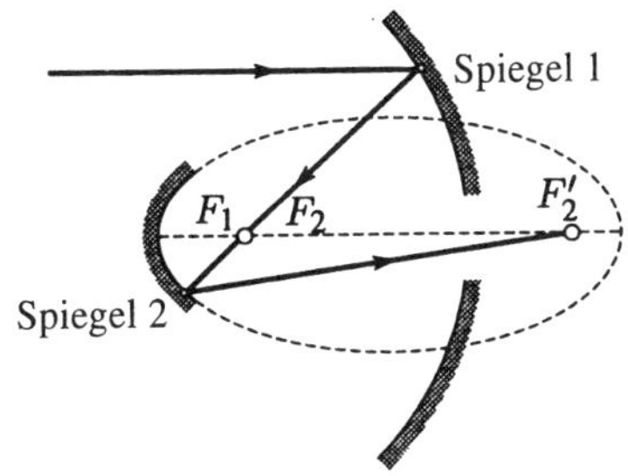

Abb. L3.2

ersten Brennpunkt des sekundären ellipsoiden Spiegels F_2 zusammen, konvergieren alle Lichtstrahlen im zweiten Brennpunkt F_2'. Man wird dann in F_2' ein Bild, das durch das Gesamtsystem erzeugt wurde, beobachten können (Abbildung L3.2).

A3.3 Streng stigmatisches Punktepaar einer sphärischen Grenzfläche

1. Man kann zeigen, daß diese Punkte wie folgt relativ zum Krümmungsmittelpunkt C liegen:

$$\overline{CA_\mathrm{o}} = \overline{SC}\frac{n_\mathrm{b}}{n_\mathrm{o}} = -\frac{2{,}4}{1{,}6} = -1{,}5\,\mathrm{cm}, \quad \overline{CA_\mathrm{b}} = \overline{SC}\frac{n_\mathrm{o}}{n_\mathrm{b}} = -2{,}4 \cdot 1{,}6 = -3{,}84\,\mathrm{cm}.$$

2. Wir betrachten den austretenden Lichtstrahl $A_\mathrm{b}K$, der einen Maximalwinkel von $\pi/2$ mit der Grenzflächennormalen CK bildet (Abbildung 3.3). Im Dreieck $A_\mathrm{o}KC$ folgt aus dem Sinussatz:

$$\frac{\sin\widehat{A}_\mathrm{o}}{KC} = \frac{\sin\widehat{K}}{A_\mathrm{o}C} \quad \text{oder} \quad \sin\widehat{A}_\mathrm{o} = \frac{\sin\widehat{K}}{n_\mathrm{b}/n_\mathrm{o}}.$$

Da $n_\mathrm{o}\sin\widehat{K} = n_\mathrm{b}\sin(\pi/2) = n_\mathrm{b}$ gilt, erhalten wir $\sin\widehat{A}_\mathrm{o} = 1$ oder $\widehat{A}_\mathrm{o} = \pi/2$. Der Austrittswinkel dieser beiden Lichtstrahlen ist θ_b, für den gilt: $\sin\theta_\mathrm{b} = KC/CA_\mathrm{b} = n_\mathrm{b}/n_\mathrm{o} = 1/1{,}6$, also $\theta_\mathrm{b} = 38{,}7°$.

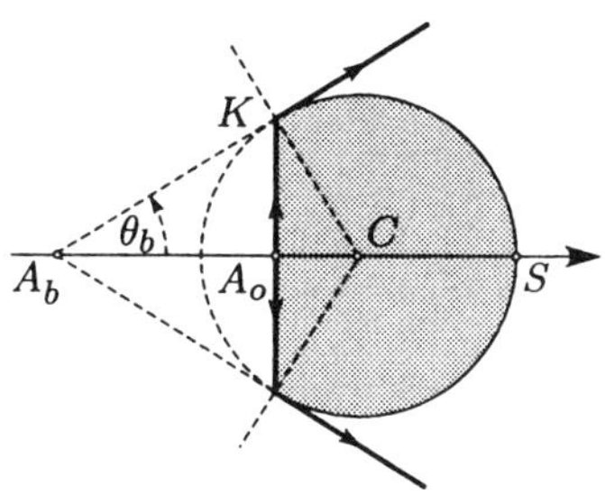

Abb. L3.3

A3.4 Lochkamera
Vergleichen wir die beiden optischen Wege A_oOB und A_oMB, wobei M ein Punkt in der Oxy-Ebene senkrecht zu der Achse A_oOB mit Koordinaten (x, y) ist. Wir haben:

$$A_oM = (d_o^2 + x^2 + y^2)^{\frac{1}{2}} = d_o\left(1 + \frac{x^2 + y^2}{d_o^2}\right)^{\frac{1}{2}} \approx d_o + \frac{x^2 + y^2}{2d_o}$$

und $MB \approx d + (x^2 + y^2)/(2d)$. Damit folgt:

$$A_oMB = d_o + d + \frac{(x^2 + y^2)}{2}\left(\frac{1}{d_o} + \frac{1}{d}\right), \quad \text{so daß} \quad A_oOB = d_o + d.$$

Damit können wir auf $A_oMB \approx A_oOB$ schließen, wenn der Durchmesser des Loches der folgenden Bedingung genügt:

$$\frac{D^2}{8}\left(\frac{1}{d_o} + \frac{1}{d}\right) < \frac{\lambda}{4} \quad \text{d. h.} \quad D < D_o \quad \text{mit} \quad D_o = \left(\frac{2\lambda d_o d}{d_o + d}\right)^{\frac{1}{2}} = 0{,}424\,\text{mm}.$$

Kapitel 4

A4.1 Die Invariante einer sphärischen Grenzfläche
Nach dem Sinussatz für die Dreiecke CIA_o und CIA_b haben wir (Abbildung L4.1):

$$\frac{\sin\alpha_1}{CA_o} = \frac{\sin\phi}{IA_o} \quad \text{und} \quad \frac{\sin\alpha_2}{CA_b} = \frac{\sin\phi}{IA_b}$$

und damit

$$\frac{n_o \sin\alpha_1}{\sin\phi} = n_o\frac{CA_o}{IA_o} \quad \text{und} \quad \frac{n_b \sin\alpha_2}{\sin\phi} = n_b\frac{CA_b}{IA_b}.$$

Da $n\sin\alpha$ invariant ist, folgt die Behauptung.

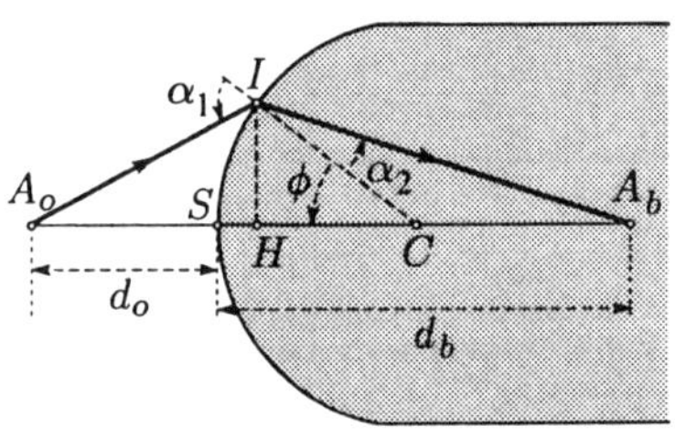

Abb. L4.1

A4.2 Untersuchung der sphärischen Grenzfläche auf der Grundlage des Fermatschen Prinzips

1. $L = n_o\overline{A_oI} + n_b\overline{IA_b}$. Berechnen wir A_oI und IA_b (Abbildung L4.2):

$$\begin{aligned} A_oI &= \left[IH^2 + A_oH^2\right]^{\frac{1}{2}} = \left[R^2\sin^2\phi + [d_o + R(1-\cos\phi)]^2\right]^{\frac{1}{2}} \\ &= \left[R^2\sin^2\phi + d_o^2 + 2d_oR(1-\cos\phi) + R^2(1+\cos^2\phi - 2\cos\phi)\right]^{\frac{1}{2}} \\ &= \left[d_o^2 + 2R^2 + 2d_oR - 2R(R+d_o)\cos\phi\right]^{\frac{1}{2}}. \end{aligned}$$

Daraus folgt:

$$A_oI = \left[d_o^2 + 2R(d_o + R)(1 - \cos\phi)\right]^{\frac{1}{2}} = d_o\left[1 + \frac{2R(d_o + R)}{d_o^2}(1 - \cos\phi)\right]^{\frac{1}{2}}$$

und $IA_b = d_b\left[1 + 2R(R - d_b^2)(1 - \cos\phi)\right]^{\frac{1}{2}}/d_b^2$. Daraus ergibt sich sofort der Ausdruck für L.

2. Die algebraische Form für L ergibt sich mit $d_o = -p_o$, $d_b = p_b$ und $R = \overline{R}$:

$$\begin{aligned} L &= n_o\overline{A_oI} + n_b\overline{IA_b} \\ &= -n_o p_o\left[1 + 2\overline{R}\frac{\overline{R} - p_o}{p_o^2}(1 - \cos\phi)\right]^{\frac{1}{2}} + n_b p_b\left[1 + 2\overline{R}\frac{\overline{R} - p_b}{p_b^2}(1 - \cos\phi)\right]^{\frac{1}{2}}. \end{aligned}$$

Die Punkte A_o und A_b sind zueinander konjugiert, wenn $L(\overline{A_oA_b})$ stationär, d. h. unabhängig von ϕ, ist. $L = 0$, mit p_o und p_b ungleich 0, läßt eine spezielle Lösung zu, die den folgenden Gleichungen genügt:

$$(1) \quad n_o p_o = n_b p_b \quad \text{und} \quad (2) \quad \frac{-p_o + \overline{R}}{p_o^2} = \frac{-p_b + \overline{R}}{p_b^2}.$$

Daraus folgt: $-p_o + \overline{R} = -n_b p_o/n_o + (n_b/n_o)^2\overline{R}$ und damit:

$$p_o = \overline{R}\left(1 + \frac{n_b}{n_o}\right) \quad \text{und} \quad z_o = \overline{CA_o} = \overline{SA_o} - \overline{SC} = p_o - \overline{R} = \overline{R}\frac{n_b}{n_o}.$$

Daraus können wir auf

$$p_b = \frac{n_o}{n_b}p_o = \overline{R}\left(1 + \frac{n_o}{n_b}\right) \qquad z_b = \overline{CA_b} = p_b - \overline{R} = \frac{n_o}{n_b}\overline{R}$$

schließen. Die Youngschen Punkte ergeben sich schließlich für $n_b < n_o$, $p_o < 0$ und damit $\overline{R} < 0$.

3. In der Gaußschen Näherung ist ϕ klein. Folglich haben wir:

$$\begin{aligned} L &\approx -n_o p_o\left(1 + \overline{R}\frac{\overline{R} - p_o}{p_o^2}\phi^2\right) + n_b p_b\left(1 + \overline{R}\frac{\overline{R} - p_b}{p_b^2}\phi^2\right) \\ &\approx -n_o p_o\left(1 + \overline{R}\frac{\overline{R} - p_o}{2p_o^2}\phi^2\right) + n_b p_b\left(1 + \overline{R}\frac{\overline{R} - p_b}{2p_b^2}\phi^2\right) \\ &\approx -n_o p_o + n_b p_b + \frac{\phi^2\overline{R}}{2}\left(-n_o\frac{\overline{R} - p_o}{p_o} + n_b\frac{\overline{R} - p_b}{p_b}\right). \end{aligned}$$

Man sieht, daß L unabhängig von ϕ ist, wenn $n_b(\overline{R}/p_b - 1) = n_o(\overline{R}/p_o - 1)$ gilt. Daraus folgt die gewünschte Relation:

$$\frac{n_b}{p_b} - \frac{n_o}{p_o} = B \qquad \text{mit} \quad B = \frac{n_b - n_o}{\overline{R}}$$

A4.3 Brechkraft und Transfermatrix einer sphärischen Grenzfläche

Aus $B = (n_b - n_o)/\overline{R}$ mit $\overline{R} \equiv \overline{SC}$ erhalten wir:

a) $B = (1{,}5 - 1{,}33)/(-6) = -0{,}0283\,\text{cm}^{-1} = -2{,}83\,\delta$

b) $B = -2{,}83\,\delta$ (B ist eine intrinsische Eigenschaft)

c) $B = (1{,}6 - 1{,}5)/3 = 0{,}0333\,\text{cm}^{-1} = 3{,}33\,\delta$
d) $B = 0$, da $\overline{R}$ unendlich ist .
Die Transfermatrizen folgen in einfacher Weise daraus:

$$\text{a) oder b)} \begin{bmatrix} 1 & 0 \\ 2{,}83 & 1 \end{bmatrix} \quad \text{c)} \begin{bmatrix} 1 & 0 \\ -3{,}33 & 1 \end{bmatrix} \quad \text{d)} \begin{bmatrix} 1 & 0 \\ 0 & 1 \end{bmatrix} = I.$$

A4.4 Bild eines reellen Objekts, das durch eine konvergente Grenzfläche erzeugt wird

1. $B = (n_b - n_o)/\overline{R} = 0{,}5/2 \cdot 10^{-2} = 25\,\delta$ und damit $f_o = -1/25 = -4$ cm und $f_b = 1{,}5/25 = 6\,\text{cm}$.
2. Aus $n_b/p_b - n_o/p_o = B$ folgt $1{,}5/p_b - 1/(-0{,}1) = 25$ und damit $p_b = 0{,}1$ m.
   Der Abbildungsmaßstab ist $G_a = n_o p_b/(n_b p_o) = -10/(1{,}5 \cdot 10) = -2/3 = -0{,}667$, was die Konstruktion bestätigt (Abbildung L4.2). Folglich ist das Bild reell, umgekehrt und seine Höhe beträgt 6,67 mm.

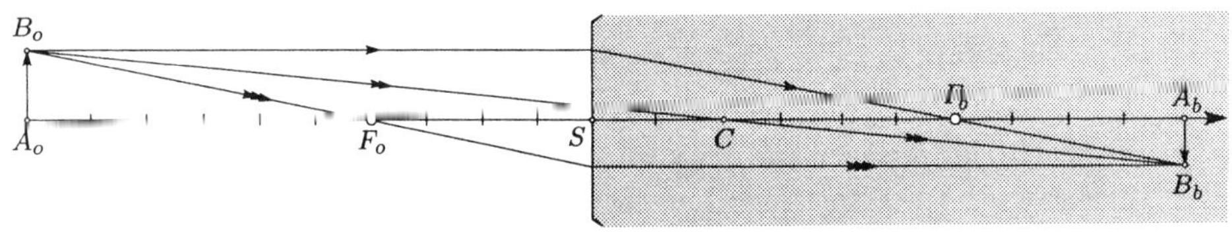

Abb. L4.2

A4.5 Fisch in einem Aquarium

1. Die Descartessche Formel zeigt, daß wenn das Objekt in der Ebene liegt, die den Krümmungsmittelpunkt enthält, das Bild sich in derselben Ebene befindet. Folglich haben wir $G_a = n_o/n_b = 1{,}33$.
2. Ist die Grenzfläche eben, erhalten wir die folgende Beziehung für die Lage des Objektes und des Bildes:

$$\frac{\overline{SA_b}}{\overline{SA_o}} = \frac{n_b}{n_o} = 1{,}33 = \frac{4}{3} \quad \text{und daraus} \quad \overline{SA_b} = \frac{4\overline{SA_o}}{3} = -40\,\text{cm}.$$

   Der Fisch scheint sich demnach 10 cm hinter seiner wirklichen Position zu befinden.

A4.6 Bild eines virtuellen Objektes, das durch eine divergente Grenzfläche erzeugt wird
Die Gleichung $n_b/p_b - n_o/p_o = B$ gibt, da $B = (1{,}5 - 1)/(-5) = -0{,}1\,\text{cm}^{-1}$ beträgt, $p_o = 15\,\text{cm}$ ist, die Gleichung für p_b: $1{,}5/p_b - 1/15 = -0{,}1$. Damit folgt $p_b = -45$ cm. Der Abbildungsmaßstab $G_a = n_o p_b/(n_b p_o) = -\frac{2}{3} \cdot \frac{45}{15} = -2$ bestätigt die Konstruktion (Abbildung L4.3).

A4.7 Ebene Grenzfläche
Die Anwendung der Abbildungsgleichung der ebenen Grenzfläche für den Fall, in dem das Objekt P vom Beobachter O gesehen wird, und den umgekehrten Fall, bei dem das Objekt O vom Fisch P gesehen wird, gibt

$$SP_b = SP\frac{n_b}{n_o} = \frac{SP}{n} = \frac{0{,}4}{1{,}33} = 0{,}3\,\text{m}$$

bzw.

$$SO_b = SO\frac{n_b}{n_o} = SO \cdot n = 0{,}6 \cdot 1{,}33 = 0{,}8\,\text{m}.$$

Daraus folgen die unterschiedlichen Distanzen OP_b und PO_b (Abbildung L4.4):

$$OP_b = OS + SP_b = 0{,}6 + 0{,}3 = 0{,}9\,\text{m} \quad \text{und} \quad PO_b = PS + SO_b = 0{,}4 + 0{,}8 = 1{,}2\,\text{m}.$$

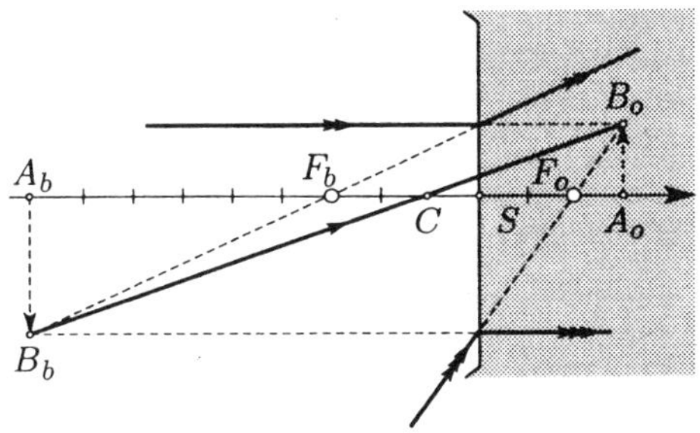

Abb. L4.3

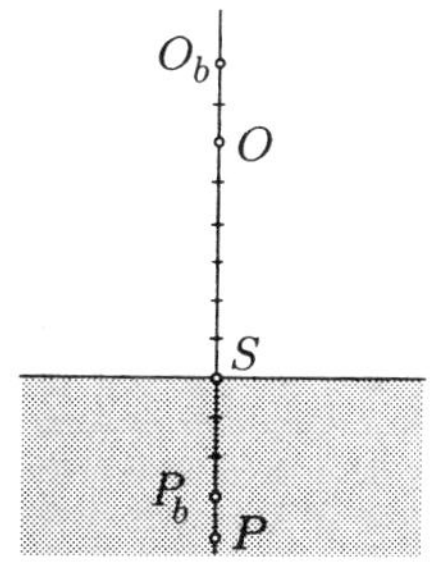

Abb. L4.4

Kapitel 5

A5.1 Transfermatrix und Kardinalelemente eines Fernglasobjektivs

1. Die Transfermatrix ergibt sich aus:

$$T(ES) = T(\overline{ES}) = \mathcal{R}(S)\mathcal{T}(\overline{NS})\mathcal{R}(N)\mathcal{T}(\overline{MN})\mathcal{R}(M)\mathcal{T}(\overline{EM})\mathcal{R}(E).$$

Da die Grenzflächen eben sind, gilt $\mathcal{R}(N) = \mathcal{R}(M) = 1$ und folglich $T(\overline{ES}) = \mathcal{R}(S)\mathcal{T}(\overline{ES})\mathcal{R}(E)$. Mit $B_e = (1{,}5 - 1)/0{,}1 = 5\,\delta$ und $B_a = (1 - 1{,}8)/0{,}4 = -2\,\delta$ erhalten wir:

$$T(\overline{ES}) = \begin{bmatrix} 1 & 0 \\ 2 & 1 \end{bmatrix}\begin{bmatrix} 1 & 0{,}04 \\ 0 & 1 \end{bmatrix}\begin{bmatrix} 1 & 0 \\ -5 & 1 \end{bmatrix}$$
$$= \begin{bmatrix} 1 & 0 \\ 2 & 1 \end{bmatrix}\begin{bmatrix} 0{,}8 & 0{,}04 \\ -5 & 1 \end{bmatrix} = \begin{bmatrix} 0{,}8 & 0{,}04 \\ -3{,}4 & 1{,}08 \end{bmatrix}$$

mit $\det T = 1$.

2. Die Kardinalelemente sind $B = 3{,}4\,\delta$, $f_b = -f_o = 1/B = 29{,}4$ cm, $\overline{SH_b} = f_b(a-1) = -5{,}9$ cm, $\overline{EH_o} = f_o(d-1) = 2{,}35$ cm und $\overline{H_bF_b} = -\overline{H_oF_o} = 29{,}4$ cm. Da die beiden äußeren Medien identisch sind, haben wir $N_b = H_b$ und $N_o = H_o$.

3. Kehrt sich die Ausbreitungsrichtung des Lichtes um, bleiben die verschiedenen Brechkräfte dieselben. Die Hauptebenen und die Brennpunkte werden jeweils vertauscht, so daß die Matrixelemente a und d der Transfermatrix permutiert werden. Das vierte Matrixelement ändert sich nicht, da die Relation $\det T = 1$ weiter gelten muß. Folglich ist die neue Transfermatrix:

$$\begin{bmatrix} 1{,}08 & 0{,}04 \\ -3{,}4 & 0{,}8 \end{bmatrix}.$$

A5.2 Kardinalelemente einer Kugellinse

1. Die Transfermatrix hat die Gestalt $T(\overline{ES}) = \mathcal{R}(S)\mathcal{T}(\overline{ES})\mathcal{R}(E)$. Da für die Brechkräfte der beiden Grenzflächen gilt: $B_e = (n-1)/r = 100/3$ und $B_a = (1-n)/(-r) = B_e$, erhalten wir:

$$T(\overline{ES}) = \begin{bmatrix} 1 & 0 \\ -100/3 & 1 \end{bmatrix} \begin{bmatrix} 1 & 0{,}02 \\ 0 & 1 \end{bmatrix} \begin{bmatrix} 1 & 0 \\ -100/3 & 1 \end{bmatrix} = \begin{bmatrix} 1/3 & 0{,}02 \\ -400/9 & 1/3 \end{bmatrix}.$$

Es gilt wieder $\det T = 1$. Weiterhin folgert man: $B = (400/9)\,\delta$, $f_b = -f_o = 1/B = 2{,}25$ cm, $\overline{SH_b} = f_b(a-1) = -1{,}5$ cm, $\overline{EH_o} = f_o(d-1) = 1{,}5$ cm, $\overline{H_bF_b} = -\overline{H_oF_o} = 2{,}25$ cm. Da die äußeren Medien wieder dieselben sind, folgt schließlich $N_b = H_b$ und $N_o = H_o$.

2. Die Transfermatrix hat für verschiedene äußere Medien ($B_e = 20/3$) die Form:

$$\begin{aligned} T(\overline{ES}) &= \begin{bmatrix} 1 & 0 \\ -20/3 & 1 \end{bmatrix} \begin{bmatrix} 1 & 0{,}02 \\ 0 & 1 \end{bmatrix} \begin{bmatrix} 1 & 0 \\ -100/3 & 1 \end{bmatrix} \\ &= \begin{bmatrix} 1 & 0 \\ -20/3 & 1 \end{bmatrix} \begin{bmatrix} 1/3 & 0{,}02 \\ -100/3 & 1 \end{bmatrix} \\ &= \begin{bmatrix} 1/3 & 0{,}02 \\ -320/9 & 2{,}6/3 \end{bmatrix}. \end{aligned}$$

Somit erhalten wir für die Kardinalelemente: $B = (320/9)\,\delta$, $f_b = 1{,}4/V = 3{,}9$ cm, $f_o = -1/B = -2{,}8$ cm, $\overline{SH_b} = f_b(a-1) = -2{,}6$ cm, $\overline{EH_o} = f_o(d-1) = 0{,}37$ cm.

Kapitel 6

A6.1 Zentriertes System aus zwei dicken Linsen

1. $T(\overline{ES}) = T(L_2)\mathcal{T}(\overline{A_1A_2})T(L_1)$ mit den Scheiteln A_1 und A_2 der beiden mittleren Grenzflächen.

$$T(L_1) = R(A_1)\mathcal{T}(\overline{EA_1})\mathcal{R}(E) = \begin{bmatrix} 1 & 0 \\ -B_1 & 1 \end{bmatrix} \begin{bmatrix} 1 & 0{,}1 \\ 0 & 1 \end{bmatrix} I = \begin{bmatrix} 1 & 0{,}1 \\ -B_1 & 1 - 0{,}1 \cdot B_1 \end{bmatrix}$$

mit $B_1 = (1-1{,}5)/(-0{,}5) = 1\,\delta$. Damit folgt $T(L_1) = \begin{bmatrix} 1 & 0,1 \\ -1 & 0,9 \end{bmatrix}$ mit der Determinante $\det T = 0{,}9 + 0{,}1 = 1$. Für $T(L_2)$ erhalten wir:

$$T(L_2) = R(S)\mathcal{T}(\overline{A_2S})\mathcal{R}(A_2) = I \begin{bmatrix} 1 & 0{,}1 \\ 0 & 1 \end{bmatrix} \begin{bmatrix} 1 & 0 \\ -B_2 & 1 \end{bmatrix} = \begin{bmatrix} 1 - 0{,}1 \cdot B_2 & 0,1 \\ -B_2 & 1 \end{bmatrix}$$

mit $B_2 = (1{,}5-1)/(-1) = -0{,}5\,\delta$. Damit haben wir $T(L_2) = \begin{bmatrix} 1{,}05 & 0{,}1 \\ 0{,}5 & 1 \end{bmatrix}$; ($\det T = 1{,}05 - 0{,}05 = 1$). Für die Matrix $\mathcal{T}(\overline{A_1A_2})$ haben wir:

$$\mathcal{T}(\overline{A_1A_2}) = \begin{bmatrix} 1 & 0{,}2 \\ 0 & 1 \end{bmatrix} \quad \text{und folglich} \quad T(ES) = \begin{bmatrix} 0{,}740 & 0{,}384 \\ -0{,}6 & 1{,}04 \end{bmatrix} (\det T = 1).$$

Daraus folgen die Kardinalelemente: $B = 0{,}6\,\delta$, $f_b = -f_o = 1{,}67$ m, $\overline{SH_b} = f_b(a-1) = -0{,}433$ m, $\overline{EH_o} = -0{,}067$ m, $N_b \equiv H_b$ und $N_o \equiv H_o$.

2. Es gilt $X_a = T(ES)X_e$. Folglich ergibt sich aus dem Matrixprodukt $x_a = 0{,}056$ m und $(n\alpha)_a = 0{,}022$ rad (Abbildung L6.1).

3. Das Bild eines Objektes am Punkt E ergibt sich aus der Descartesschen Formel:

$$\frac{1}{p_b} - \frac{1}{p_o} = B \quad \text{mit} \quad p_o = \overline{H_oA_o} = \overline{H_oE} = 0{,}067\,\text{m}.$$

Folglich gilt $1/p_b = 0{,}6 + 1/0{,}067$ bzw. $p_b = 0{,}064$ m $= 6{,}4$ cm.

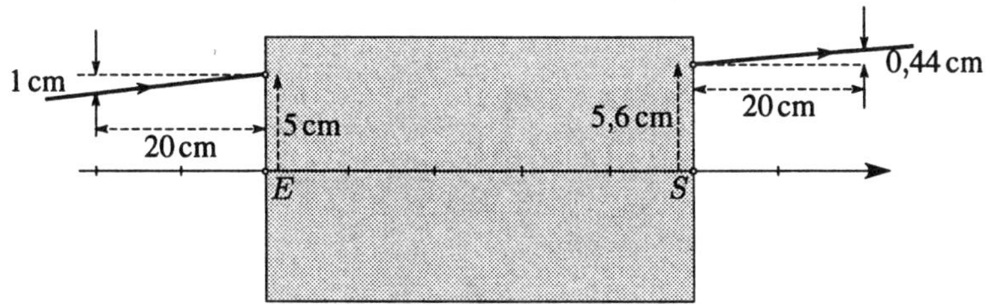

Abb. L6.1

A6.2 Objektiv eines astronomischen Fernrohres

1. Die Transfermatrix ist: $T(ES) = \mathcal{R}(S)\mathcal{T}(MS)\mathcal{R}(M)\mathcal{T}(EM)\mathcal{R}(E)$, wobei M der Scheitel der mittleren Grenzfläche ist. Die Brechkräfte der verschiedenen Grenzflächen sind:

$$B_e = \frac{1{,}5 - 1}{0{,}05} = 10\,\delta, \qquad B_m = \frac{1{,}6 - 1{,}5}{-0{,}05} = -2\,\delta, \qquad B_a = 0,$$

so daß folgt:

$$T(ES) = I \begin{bmatrix} 1 & 0,01 \\ 0 & 1 \end{bmatrix} \begin{bmatrix} 1 & 0 \\ 2 & 1 \end{bmatrix} \begin{bmatrix} 1 & 0,02 \\ 0 & 1 \end{bmatrix} \begin{bmatrix} 1 & 0 \\ -10 & 1 \end{bmatrix} = \begin{bmatrix} 0{,}716 & 0{,}0304 \\ -8{,}4 & 1{,}04 \end{bmatrix}$$

(det $T = 1$). Daraus ergeben sich die Kardinalelemente: $B = 8{,}4\,\delta$, $f_b = -f_o = 11{,}9\,\text{cm}$, $\overline{SH_b} = f_b(a-1) = -3{,}38\,\text{cm}$, $\overline{EH_o} = f_o(d-1) \approx -0{,}48\,\text{cm}$, $H_b = N_b$ und $H_o = N_o$.

2. Das Bild entsteht in der bildseitigen Brennebene des Objektivs: $\overline{SF_b} = \overline{SH_b} + \overline{H_bF_b} \approx 8{,}5\,\text{cm}$. Der Durchmesser des Bildes ist gleich $\phi = N_bF_b \cdot \theta$, wobei N_bF_b der Abstand des bildseitigen Knotenpunktes zum bildseitigen Brennpunkt ist. Da $\overline{N_bF_b} = \overline{H_bF_b} = f_b$ gilt und $\theta \approx 3 \cdot 10^{-4}$ ist, erhalten wir $\phi = 11{,}9 \cdot 3 \cdot 10^{-4} \approx 36\,\mu\text{m}$.

A6.3 Von einem optischen Stutzen erzeugtes Bild

1. Die Konstruktion ist in Abbildung L6.2 angegeben.
2. Für identische äußere Medien gilt:

$$\frac{1}{p_b} - \frac{1}{p_o} = \frac{1}{f_b} \quad \text{mit} \quad f_b = \overline{H_bF_b} = \overline{H_bS} + \overline{SF_b} = 8 - 4{,}5 = 3{,}5\,\text{cm}$$

und $p_o = \overline{H_oA_o} = -1{,}5\,\text{cm}$. Daraus folgt: $p_b = -2{,}6$ cm und $G_a = -2{,}6/(-1,5) = 1{,}73$.

3. Ist das Bild reell, haben wir $p_b > \overline{H_bS}$. Daraus folgt:

$$\frac{1}{p_b} = \frac{1}{p_o} + \frac{1}{f_b} < \frac{1}{\overline{H_bS}} \quad \text{oder} \quad p_o < \frac{f_b\overline{H_bS}}{f_b - \overline{H_bS}} = -6{,}2\,\text{cm}$$

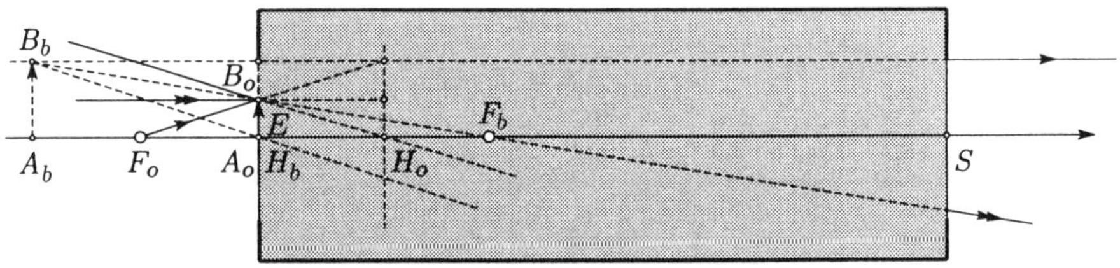

Abb. L6.2

A6.4 Kugellinse mit verschiedenen äußeren Medien

1. Berechnen wir $T(\overline{ES}) = R(S)\mathcal{T}(\overline{ES})\mathcal{R}(E)$:

$$T(\overline{ES}) = \begin{bmatrix} 1 & 0 \\ -B_\mathrm{a} & 1 \end{bmatrix} \begin{bmatrix} 1 & 2r/n \\ 0 & 1 \end{bmatrix} \begin{bmatrix} 1 & 0 \\ -B_\mathrm{e} & 1 \end{bmatrix} \text{ mit } \begin{cases} B_\mathrm{e} = \frac{n-1}{r} & \text{und} \\ B_\mathrm{a} = \frac{N-n}{-r} = \frac{n-N}{r} & \end{cases}$$

und damit

$$T(ES) = \begin{bmatrix} 1 - 2rB_\mathrm{e}/n & 2r/n \\ -B_\mathrm{e} - B_\mathrm{a} + 2rB_\mathrm{e}B_\mathrm{a}/n & 1 - 2rB_\mathrm{a}/n \end{bmatrix}$$

Mit den angegebenen Werten ergeben sich die Matrixelemente der Transfermatrix zu: $a = -1 + 2/n = 1/3$, $b = 4/3 \cdot 10^{-2}$ m $B = 5/9\,\delta$ und $d = -1 + 2N/n = 7/9$. Daraus folgen die gesuchten Größen: $B = 55{,}5\,\delta$, $f_\mathrm{b} = N/B = 2{,}4\,\mathrm{cm}$, $f_\mathrm{o} = -1/B = -1{,}8\,\mathrm{cm}$, $\overline{SH_\mathrm{b}} = f_\mathrm{b}(a-1) = 2{,}4 \cdot 2/3 = 1{,}6\,\mathrm{cm}$, $\overline{EH_\mathrm{o}} = f_\mathrm{o}(d-1) = 0{,}4\,\mathrm{cm}$, $\overline{H_\mathrm{o}N_\mathrm{o}} = \overline{H_\mathrm{b}N_\mathrm{b}} = f_\mathrm{b} + f_\mathrm{o} = 0{,}6\,\mathrm{cm}$

2. Aus $N/p_\mathrm{b} - 1/p_\mathrm{o} = N/f_\mathrm{b}$ mit $p_\mathrm{o} = \overline{H_\mathrm{o}A_\mathrm{o}} = \overline{H_\mathrm{o}E} = -0{,}4\,\mathrm{cm}$ folgt die Position $p_\mathrm{b} = -0{,}69$ cm und der Abbildungsmaßstab $G_\mathrm{a} = 1{,}29$. Das Bild ist virtuell und aufrecht (Abbildung L6.3).

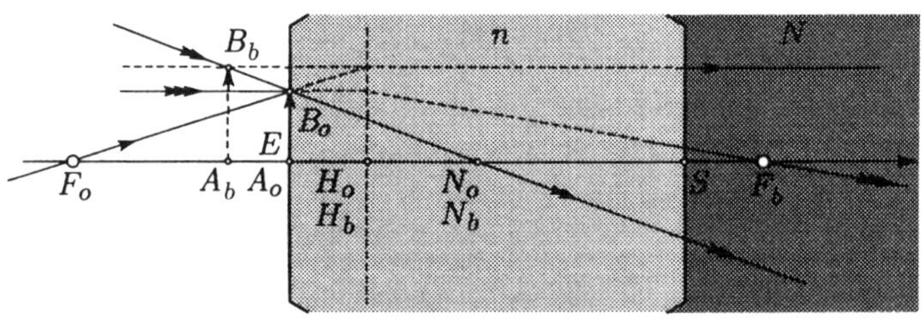

Abb. L6.3

A6.5 Bestimmung der Kardinalelemente eines zentrierten optischen Systems nach der Methode von Cornu

1. Das von dem System (ES) erzeugte Bild der Lichtquelle Σ ist der bildseitige Brennpunkt F_b. Das Bild, das von Σ durch das System (SE) erzeugt wird, ist der objektseitige Brennpunkt F_o (Abbildung L6.4). Die Newtonsche Gleichung zwischen den beiden

konjugierten Punkten E und E_b in der ersten Anordnung hat die Form: $\overline{F_oE} \cdot \overline{F_bE_b} = -f_b^2$ mit

$$\overline{F_bE_b} = (111{,}2 - 104) = 7{,}2\,\text{cm} \quad \text{und} \quad \overline{F_oE} = -(100 - 95{,}1) = -4{,}9\,\text{cm}.$$

Daher ist $f_b \approx 6$ cm.

2. Wir haben $T(ES) = \begin{bmatrix} a & b \\ -B & d \end{bmatrix}$ mit $B = 1/f_b = 1/0{,}06 = 16{,}7\,\delta$. Da $\overline{SF_b} = f_b a$ und $\overline{EF_o} = -f_b d$ gilt, erhalten wir:

$$a = \frac{4}{6} = 0{,}67 \quad d = -\frac{4{,}9}{6} = -0{,}82 \quad b = \frac{1-ad}{B} = 6\left(1 + \frac{5}{9}\right) = 9{,}3\,\text{cm}.$$

Daraus ergeben sich die Hauptebenen: $\overline{SH_b} = f_b(a-1) \approx -2$ cm und $\overline{EH_o} = -f_b(d-1) \approx 11$ cm. Sind die äußeren Medien identisch, fallen die Knotenpunkte N_o und N_b mit H_o bzw. H_b zusammen.

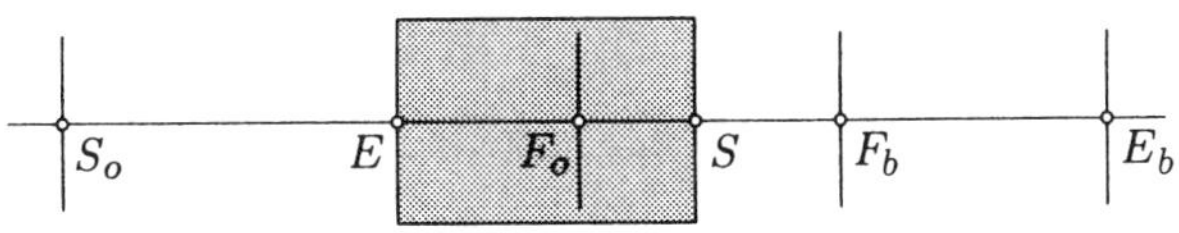

Abb. L6.4

Kapitel 7

A7.1 Nachbildung des Auges durch eine sphärische Grenzfläche
Aus $T(ES)$ ergibt sich: $B = 60\,\delta$, $f_b = 1{,}336/60 \approx 22{,}3$ mm, $f_o = -16{,}7$ mm, $\overline{EH_b} = -f_b = -22{,}3$ mm; $\overline{EH_o} = f_o(0{,}9 - 1) = 1{,}67$ mm.

Folglich haben wir $\overline{H_oH_b} = \overline{H_oE} + \overline{ES} + \overline{SH_b} = -1{,}67 + 2{,}43 - 22{,}3 = 0{,}33$ mm und ebenso $\overline{N_oN_b}$. Vernachlässigt man diese Distanz, kann das Auge durch eine sphärische Grenzfläche beschrieben werden, bei der die Hauptpunkte zum Scheitelpunkt (H_oH_b) und die Knotenpunkte zum Zentrum (N_oN_b) zusammenfallen. Die Distanz $\overline{H_bN_b} = f_o + f_b = 5{,}6$ mm ergibt den Krümmungsradius der äquivalenten Grenzfläche, da hier $S = H_b$ und $C = N_b$ gilt.

A7.2 Darstellung des Auges als zentriertes optisches System

1. Die Transfermatrix des Systems läßt sich schreiben als

$$T(ES) = R(S)\mathcal{T}(ES)\mathcal{R}(E) = \begin{bmatrix} 1 & 0 \\ -B_a & 1 \end{bmatrix} \begin{bmatrix} 1 & e/n \\ 0 & 1 \end{bmatrix} \begin{bmatrix} 1 & 0 \\ -B_e & 1 \end{bmatrix}$$
$$= \begin{bmatrix} 1 - eB_e/n & e/n \\ -B & 1 - eB_a/n \end{bmatrix}$$

mit

$$B_e = \frac{1{,}41 - 1}{9{,}4 \cdot 10^{-3}} = 43{,}6\,\delta \quad B_a = \frac{1{,}34 - 1{,}41}{-5{,}8 \cdot 10^{-3}} = 12{,}1\,\delta$$

und

$$\frac{e}{n} = \frac{2{,}4 \cdot 10^{-3}}{1{,}41} = 1{,}7 \cdot 10^{-3}\,\text{m}.$$

Damit folgt $B = B_e + B_a - eB_eB_a/n$ und

$$T(ES) = \begin{bmatrix} 0{,}926 & 1{,}7 \cdot 10^{-3} \\ -54{,}8 & 0{,}98 \end{bmatrix},$$

mit ($\det T \approx 1$). Aus der Transfermatrix schließt man: $f_b = 1{,}34/54{,}8 = 24{,}5$ mm, $f_o = -1/54{,}8 = -18{,}3$ mm, $\overline{SH_b} = f_i(a-1) = -1{,}82$ mm; $\overline{EH_o} = f_o(d-1) = 0{,}37$ mm; $\overline{H_oN_o} = \overline{H_bN_b} = f_b + f_o = 6{,}3$ mm.

2. Ist das Auge normalsichtig, gilt $\overline{SR} = \overline{SF_b} = f_b a = 22{,}7$ mm.

A7.3 Eintritts- und Austrittspupillen eines zentrierten Systems

1. Die Eintrittspupille ist das konjugierte Objekt des Öffnungsblende relativ zum ersten Teilsystem. Da das Gesamtsystem von Luft umgeben ist, gilt:

$$\frac{1}{p_b} - \frac{1}{p_o} = B_1 \quad \text{mit} \quad B_1 = 8\,\delta \quad \text{und} \quad p_b = 2\,\text{cm},$$

so daß wir erhalten: $p_o = \overline{H_{o,1}M_o} \approx 2{,}4$ cm, $G_{a,1} = p_b/p_o \approx 0{,}83$ und $\phi_o = 2/0{,}83 \approx 2{,}41$ cm (Durchmesser der Eintrittspupille). Die Austrittspupille ist das Bild der Öffnungsblende, das durch das zweite Teilsystem erzeugt wird:

$$\frac{1}{p_b} - \frac{1}{p_o} = 12\delta \quad \text{mit} \quad p_o = -2{,}5\,\text{cm}.$$

Daraus folgt: $p_b = -3{,}57\,\text{cm}$, $G_{a,2} = (-3{,}57)/(-2{,}5) = 1{,}43$ und der Durchmesser der Austrittspupille $\phi_b = 2 \cdot 1{,}43 = 2{,}86$ cm.

2. Es gilt $\tan u_o = \phi_o/(2A_oM_o)$ mit $A_oM_o = 6{,}4$ cm. Damit erhalten wir $u_o = 10{,}66°$.
3. Wir haben

$$T(\overline{A_oA_b}) = \mathcal{T}(\overline{H_{b,2}A_b})T(\overline{H_{o,2}H_{b,2}})\mathcal{T}(\overline{H_{b,1}H_{o,2}})T(\overline{H_{o,1}H_{b,1}})\mathcal{T}(\overline{A_oH_{o,1}})$$

und somit

$$\begin{aligned}
T(\overline{A_oA_b}) &= \begin{bmatrix} 1 & z_b \\ 0 & 1 \end{bmatrix}\begin{bmatrix} 1 & 0 \\ -12 & 1 \end{bmatrix}\begin{bmatrix} 1 & 4{,}5 \cdot 10^{-2} \\ 0 & 1 \end{bmatrix}\begin{bmatrix} 1 & 0 \\ -8 & 1 \end{bmatrix}\begin{bmatrix} 1 & -4 \cdot 10^{-2} \\ 0 & 1 \end{bmatrix} \\
&= \begin{bmatrix} 1 & z_b \\ 0 & 1 \end{bmatrix}\begin{bmatrix} 0{,}64 & 4{,}5 \cdot 10^{-2} \\ -15{,}68 & 0{,}46 \end{bmatrix}\begin{bmatrix} 1 & -4 \cdot 10^{-2} \\ 0 & 1 \end{bmatrix} \\
&= \begin{bmatrix} 1 & z_b \\ 0 & 1 \end{bmatrix}\begin{bmatrix} 0{,}64 & 1{,}94 \cdot 10^{-2} \\ -15{,}68 & 1{,}0872 \end{bmatrix} \\
&= \begin{bmatrix} 0{,}64 - 15{,}68 \cdot z_b & 1{,}94 \cdot 10^{-2} + 1{,}0872 \cdot z_b \\ -15{,}68 & 1{,}0872 \end{bmatrix}.
\end{aligned}$$

Daraus folgt, daß $z_b = \overline{H_{b,2}A_b} = -1{,}78$ cm beträgt. Da $G_w = u_b/u_o = d$ ist, erhalten wir $u_b = 10{,}66 \cdot 1{,}087 = 11{,}6°$.

Kapitel 8

A8.1 Symmetrische bikonvexe dicke Linse
Die Transfermatrix ist

$$\mathcal{T}(ES) = \begin{bmatrix} 1 - t_c b/n & t_c/n \\ -B & 1 - t_c v/n \end{bmatrix} \quad \text{mit} \quad b = \frac{n-1}{r} \quad \text{und} \quad B = 2b - t_c \frac{b^2}{n}.$$

Drücken wir die Brechkräfte in cm^{-1} aus, erhalten wir

$$\frac{1}{5} = 2b - \frac{0{,}51}{1{,}5187} b^2 \quad \text{und daraus} \quad \frac{1}{3} b^2 - 2b + \frac{1}{5} \approx 0.$$

Folglich ist $b = 3[1 \pm (1 - 1/15)^{\frac{1}{2}}] = 5{,}9$ oder $0{,}1$. Somit kann $r = (n-1)/b$ die Werte $0{,}088$ oder $5{,}18$ cm haben. Da $\phi = 25$ mm ist, reduziert sich die einzige sinnvolle Lösung auf $r = 5{,}18$ cm.

A8.2 Optisches Zentrum einer bikonvexen dicken Linse

1. Berechnen wir die Transfermatrix $T(ES) = \mathcal{R}(S)\mathcal{T}(ES)\mathcal{R}(E)$: Mit

$$B_e = \frac{1{,}5 - 1}{0{,}05} = 10\,\delta \quad B_a = \frac{1 - 1{,}5}{-0{,}025} = 20\,\delta \quad \frac{e}{n} = 0{,}01$$

folgt

$$T(ES) = \begin{bmatrix} 1 & 0 \\ -20 & 1 \end{bmatrix} \begin{bmatrix} 1 & 0{,}01 \\ 0 & 1 \end{bmatrix} \begin{bmatrix} 1 & 0 \\ -10 & 1 \end{bmatrix} = \begin{bmatrix} 0{,}9 & 0{,}01 \\ -28 & 0{,}8 \end{bmatrix}.$$

Damit erhalten wir: $B = 28\,\delta$, $f_b = -f_o \approx 3{,}6$ cm, $\overline{SH_b} \approx 3{,}6(0{,}9 - 1) = -0{,}36$ cm, $\overline{EH_o} = -3{,}6(0{,}8 - 1) \approx 0{,}72$ cm, $H_b = N_b$, $H_o = N_o$.

2. Das optische Zentrum O ergibt sich aus der Gleichung $\overline{OE}/\overline{OS} = \overline{R_1}/\overline{R_2}$. Wir erhalten so $\overline{OE}/\overline{OS} = 0{,}05/(-0{,}025) = -2$: O befindet sich also zwischen E und S im Abstand von 1 cm von E. Der objektseitige Knotenpunkt N_o ist das konjugierte Objekt zu O bezüglich der ersten Grenzfläche. Damit ergibt sich:

$$\frac{1{,}5}{\overline{EO}} - \frac{1}{\overline{EN_o}} = 10 \quad \text{bzw.} \quad -\frac{1}{\overline{EN_o}} = 10 - \frac{1{,}5}{0{,}01} = -140 \quad \text{und} \quad \overline{EN_o} \approx 0{,}72\,\text{cm}.$$

Da N_b das zu O konjugierte Bild bezüglich der zweiten Grenzfläche ist, haben wir:

$$\frac{1}{\overline{SN_b}} - \frac{1{,}5}{\overline{SO}} = 20 \quad \text{bzw.} \quad \frac{1}{\overline{SN_b}} = 20 - \frac{1{,}5}{0{,}005} = -280 \quad \text{und} \quad \overline{SN_b} \approx -0{,}36\,\text{cm}.$$

Die Brechkraft ergibt sich aus der Gullstrandschen Formel:

$$B = B_e + B_a - \frac{e}{n} B_e B_a = 10 + 20 - 0{,}01 \cdot 10 \cdot 20 = 28\,\delta.$$

A8.3 Halbkugelförmige Linse

1. Die Transfermatrix hat die folgende Form:

$$T(ES) = \mathcal{R}(S)\mathcal{T}(ES)\mathcal{R}(E) = \begin{bmatrix} 1 & 0 \\ -B_a & 1 \end{bmatrix} \begin{bmatrix} 1 & e/n \\ 0 & 1 \end{bmatrix} I = \begin{bmatrix} 1 & e/n \\ -B_a & 1 - e/nB_a \end{bmatrix}$$

mit $e/n = 0{,}02/1{,}5 = 0{,}04/3$, $B_a = (1 - 1{,}5)/(-0{,}02) = 25\,\delta$, so daß wir schließlich erhalten:

$$T(ES) = \begin{bmatrix} 1 & 0{,}04/3 \\ -25 & 2/3 \end{bmatrix} \quad \text{mit} \quad \det T = \frac{2}{3} + \frac{1}{3} = 1.$$

Mit den Brennweiten $f_b = 1/B = 1/25 = 0{,}04$ m $= 4$ cm und $f_o = -f_b$ folgen die Kardinalelemente: $\overline{SH_b} = f_b(a-1) = 0$, $\overline{EH_o} = f_o(d-1) = -4(2/3-1) = 1{,}33$ cm, $\overline{H_bF_b} = f_b = 4$ cm, $\overline{H_oF_o} = -4$ cm, $\overline{H_bN_b} = \overline{H_oN_o} = f_o + f_b = 0$.

2. Aus $1/p_b - 1/p_o = 1/f_b$ mit $p_o = \overline{H_oA_o} = \overline{H_oE} + \overline{EA_o} = -1{,}33 - 1 = -7/3$ folgt für p_b über $1/p_b + 3/7 = 1/4$ und $1/p_b = 1/4 - 3/7 = -5/28$ das Ergebnis $p_b = -5{,}6$ cm. Die Länge der Strecke $\overline{SA_b}$ beträgt $\overline{SA_b} = \overline{SH_b} + p_b = -5{,}6$ cm, der Abbildungsmaßstab $G_a = p_b/p_o = (-28/5)\cdot(-3/7) = 2{,}4$. Da weiter $A_oB_o = 2$ mm ist, erhalten wir für $A_bB_b = 4{,}8$ mm (Abbildung L8.1).

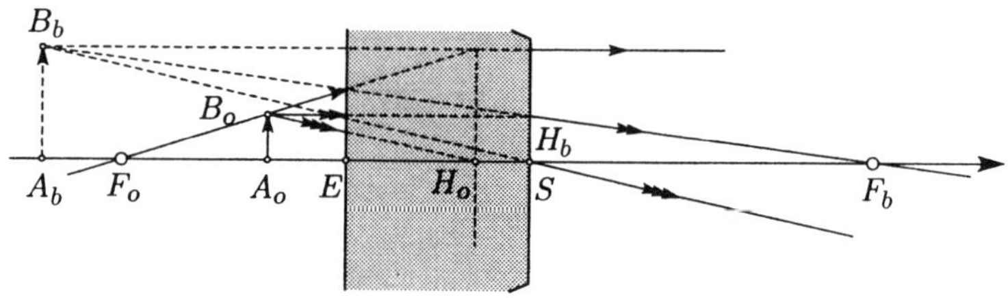

Abb. L8.1

A8.4 Planzylindrische dicke Linse

1. Aus der Transfermatrix

$$T_x(ES) = \mathcal{R}(S)\mathcal{T}(ES)\mathcal{R}(E) = I\begin{bmatrix} 1 & e/n \\ 0 & 1 \end{bmatrix}\begin{bmatrix} 1 & 0 \\ -B_1 & 1 \end{bmatrix} = \begin{bmatrix} 1 - eB_1/n & e/n \\ -B_1 & 1 \end{bmatrix}$$

mit $B_1 = n - 1/\overline{R}$ können wir über $f = 1/B_1 = \overline{R}/(n-1)$ den Krümmungsradius bestimmen: $\overline{R} = f(n-1) \approx 46$ mm.

2. T_x und T_y haben die Form

$$T_x(ES) = \begin{bmatrix} 0{,}9734 & 2{,}66\cdot 10^{-3} \\ -10 & 1 \end{bmatrix}; \qquad T_y(ES) = \begin{bmatrix} 1 & 2{,}66\cdot 10^{-3} \\ 0 & 1 \end{bmatrix}.$$

Entlang y ist die Linse demnach afokal. Entlang x haben wir: $\overline{SH_b} = \overline{SN_b} = f_b(a-1) = -2{,}66$ mm und $\overline{EH_o} = \overline{EN_o} = 0$.

A8.5 Geometrische Veranschaulichung der Descartesschen Abbildungsgleichung für eine divergente dünne Linse

1. In den Dreiecken OA_bB_b und OA_oB_o (Abbildung L8.2) haben wir: $\frac{\overline{A_bB_b}}{\overline{A_oB_o}} = \frac{\overline{OA_b}}{\overline{OA_o}}$ und daraus $G_a = p_b/p_o$. Aus den Dreiecken F_bOH und $F_bA_bB_b$ folgt andererseits $\frac{\overline{A_bB_b}}{\overline{OH}} = \frac{\overline{F_bA_b}}{\overline{F_bO}}$ und somit $G_a = (-f_b+p_b)/(-f_b)$. Durch Vergleich der beiden Ausdrücke für G_a erhalten wir schließlich:

$$\frac{p_b}{p_o} = 1 - \frac{p_b}{f_b} \quad \text{oder} \quad \frac{1}{p_b} - \frac{1}{p_o} = \frac{1}{f_b}.$$

2. Nach dem unter Punkt 1 erhaltenen folgt:

$$f_b = \frac{p_o p_b}{p_o - p_b} = \frac{p_o G_a}{1 - G_a} = \frac{p_b}{1 - G_a}.$$

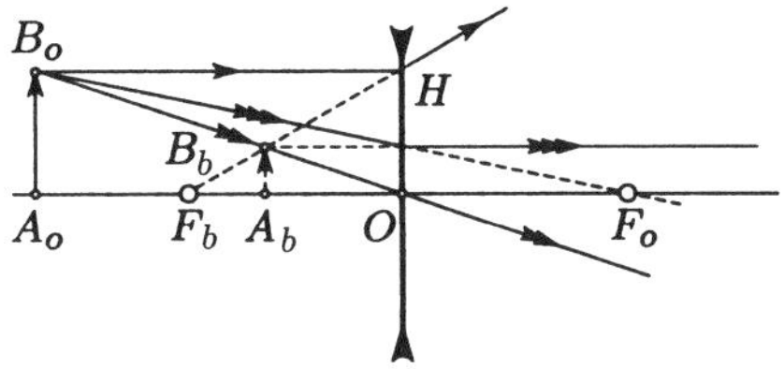

Abb. L8.2

A8.6 Bildseitige Brennweiten dünner Linsen
Aus $B = (n-1)(1/R_1 - 1/R_2)$ und $f_b = -f_o = 1/B$ folgt:

$R_1 = 0{,}03\,\mathrm{m}$	$R_2 = -0{,}03\,\mathrm{m}$	$B = 33{,}3\,\delta$	$f_b = 3\,\mathrm{cm}$
$R_1 = -0{,}03\,\mathrm{m}$	$R_2 = 0{,}03\,\mathrm{m}$	$B = -33{,}3\,\delta$	$f_b = -3\,\mathrm{cm}$
R_1 unendlich	$R_2 = -0{,}03\,\mathrm{m}$	$B = 16{,}67\,\delta$	$f_b = 6\,\mathrm{cm}$
R_1 unendlich	$R_2 = 0{,}03\,\mathrm{m}$	$B = -16{,}67\,\delta$	$f_b = -6\,\mathrm{cm}$
$R_1 = 0{,}03\,\mathrm{m}$	$R_2 = 0{,}06\,\mathrm{m}$	$B = 8{,}33\,\delta$	$f_b = 12\,\mathrm{cm}$
$R_1 = -0{,}03\,\mathrm{m}$	$R_2 = -0{,}06\,\mathrm{m}$	$B = 8{,}33\,\delta$	$f_b = -12\,\mathrm{cm}$.

A8.7 Projektion eines Diapositivs
Die Brechkraft beträgt $B = 1/f_b = 1/0{,}05 = 20\,\delta$. Die Descartessche Abbildungsgleichung $1/p_b - 1/p_o = 1/f_b$ mit $f_b = 5$ cm und $p_b = 400$ cm gibt

$$-\frac{1}{p_o} = \frac{1}{5} - \frac{1}{400} = \frac{79}{400} \quad \text{bzw.} \quad p_o = -5{,}06\,\mathrm{cm}.$$

Das Objekt ist also praktisch in der objektseitigen Brennebene der Linse L. Der Abbildungsmaßstab oder die Vergrößerung beträgt $G_a = p_b/p_o = -400/5{,}06 = -79$, d. h., das Bild ist umgekehrt. Abschließend geben wir noch die Bildgröße an: $A_bB_b = |G_a|A_oB_o = 79 \cdot 24$ mm $\approx 1{,}90$ m.

A8.8 Als Lupe verwendete konvergente dünne Linse
Das normalsichtige Auge muß nicht akkommodieren, wenn das Objekt in der objektseitigen Brennebene liegt, da das Bild im Unendlichen liegt. Der Winkel, unter dem das Objekt durch das Instrument gesehen wird, beträgt $\alpha_b = A_oB_o/f_b$.

Mit dem bloßen Auge beträgt dieser Winkel $\theta = A_oB_o/d_m$, mit der deutlichen Sehweite d_m. Wir erhalten damit: $G = \alpha_b/\theta = d_m/f_b$ und somit $f_b = d_m/G$. Mit dem angegebenen Wert für G folgt: $f_b = 25/5 = 5\,\mathrm{cm}$.

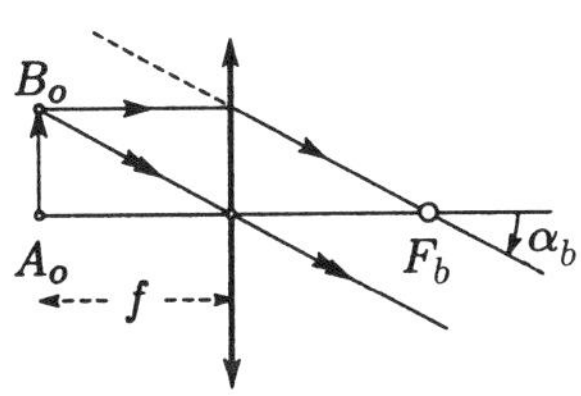

Abb. L8.3

A8.9 Methode von Bessel und Silbermann

1. Die Gleichungen, die p_o und p_b miteinander verknüpfen, sind $|p_o|+|p_b| = -p_o+p_b = D$ und $1/p_b - 1/p_o = 1/f_b$. Damit erhalten wir $1/p_b + 1/(D-p_b) = 1/f_b$ und $D = (D-p_b)p_b/f_b$. Aus der daraus resultierenden quadratischen Gleichung $p_b^2 - Dp_b + Df_b = 0$ folgen zwei Werte für p_b und damit zwei Lagen für L:
$$p_b = \frac{D}{2} \pm \left(\frac{D^2}{4} - Df_b\right)^{\frac{1}{2}} \quad \text{und folglich} \quad d = 2\left(\frac{D^2}{4} - Df_b\right)^{\frac{1}{2}} = (D^2 - 4Df_b)^{\frac{1}{2}}.$$
Zwischen D, d und f_b besteht die Beziehung $d^2 = D(D-4f_b)$, so daß für die Brennweite folgt: $f_b = (D^2 - d^2)/(4D)$ (Besselsche Methode).
2. Ist $D = 4f_b$, wird $d = 0$ und L befindet sich in der Mitte zwischen Objekt und Bild. Wir haben demnach $p_b = D/2$, $p_o = -D/2$ und $G_a = -1$. Daraus folgt $f_b = D/4$ (Silbermannsche Methode).

A8.10 Konvergente dünne Linse mit verschiedenen äußeren Medien

1. Für den Fall a) gilt $B = (n-1)\left(1/\overline{R}_1 - 1/\overline{R}_2\right)$ mit $\overline{R}_1 = 0{,}1$ und $\overline{R}_2 = -0{,}2$. Wir erhalten damit:
$$B = 7{,}5\,\delta \quad \text{und} \quad f_b = -f_o = \frac{n_b}{B} = \frac{1}{7{,}5} = 0{,}133\,\text{m}.$$
Für den Fall b) gilt $B = (n-n_o)/\overline{R}_1 - (1-n)/\overline{R}_2 = (n-1)(1/\overline{R}_1 - 1/\overline{R}_2) - (n_o-1)/\overline{R}_1$. Daraus folgen $B = 7{,}5 - 3{,}5 = 4\,\delta$, $f_b = n_b/B = 1/4$ m und $f_o = n_o/B = -1{,}35/4 = -0{,}34$ m. Da $\overline{H_bN_b} = \overline{H_oN_o} = f_b + f_o = -9$ cm gilt, fallen die Knotenpunkte nicht mit den Hauptpunkten in O zusammen.
2. Für a) folgt aus $1/p_b - 1/p_o = 1/f_b$ für p_b: $1/p_b = 7{,}5 - 1/0{,}2 = 2{,}5$ bzw. $p_b = 40\,\text{cm}$ und daraus $G_a = -2$. Das Bild ist also reell und umgekehrt.
   Für b) folgen aus der Gleichung $1/p_b - 1/p_o = 1/f_b$ und daraus $1/p_b = 4 - 1{,}35/0{,}2 = -2{,}75$ bzw. $p_b = -36{,}4$ cm und der Abbildungmaßstab $G_a = n_op_o/(n_bp_b) \approx 2{,}5$. Das Bild ist also virtuell und aufrecht (Abbildung L8.4).

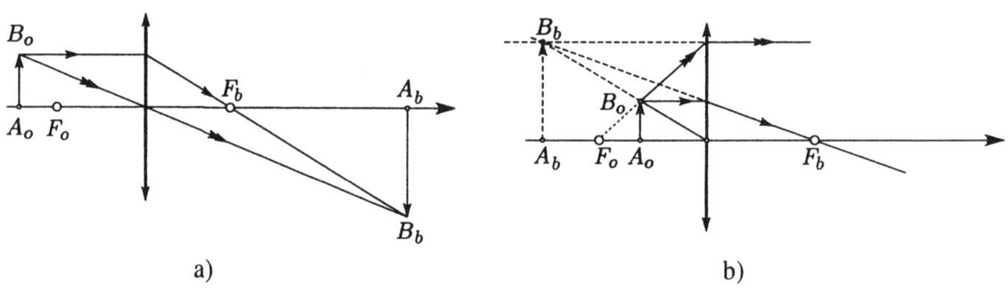

Abb. L8.4

A8.11 Sucher

Das durch L erzeugte Bild von A_oB_o ist das Objekt A_1B_1 für die Linse L_1. Das Bild von A_1B_1 wird durch die Linse L_1 auf dem Schirm erzeugt. Bezeichnen wir mit O_1 das Zentrum von L_1, können wir schreiben:
$$\frac{1}{\overline{O_1A_b}} - \frac{1}{\overline{O_1A_1}} = \frac{1}{f_1} \quad \text{und damit} \quad \frac{1}{15} - \frac{1}{\overline{O_1A_1}} = \frac{1}{10} \quad \text{und} \quad \overline{O_1A_1} = -30\,\text{cm}.$$

Auf der anderen Seite haben wir $1/\overline{OA_1} - 1/\overline{OA_o} = 1/f_b$ mit $\overline{OA_1} = \overline{OO_1} + \overline{O_1A_1} = 10 - 30 = -20\,\text{cm}$, so daß wir für f_b erhalten: $1/f_b = -1/(-40) + 1/(-20) = -1/40$ bzw. $f_b = -40$ cm (Abbildung L8.5).

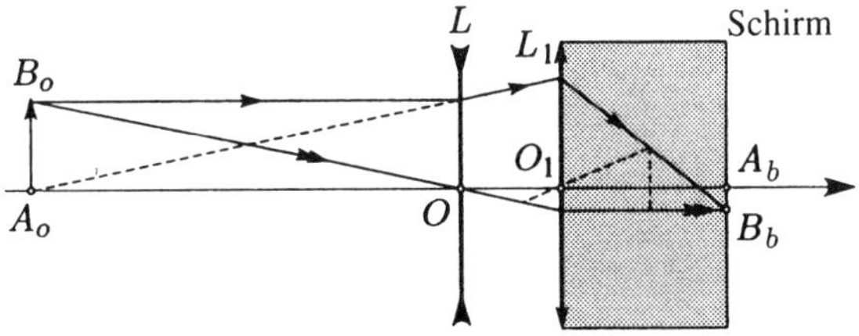

Abb. L8.5

A8.12 Afokales Auge
Die Brechkraft der dünnen Kontaktlinse ist:

$$B = B_1 + B_2 = \frac{1{,}5 - 1}{R_1} + \frac{1{,}34 - 1{,}5}{R_2}$$

mit $B = n_b/f_b = 1{,}34/0{,}024 = 55{,}83\,\delta$, da das Bild eines entfernten Objektes auf der Netzhaut gebildet wird. Da $R_2 = 8$ mm ist, erhalten wir $55{,}83 = 0{,}5/R_1 + 0{,}16/0{,}008$ und so $R_1 = 6{,}6$ mm.

A8.13 Das System Linse/halbdurchlässiger Spiegel/Spiegel

1. Die Lage des Bildes A_1B_1 von AB, das durch L erzeugt wird, folgt aus $1/\overline{OA_1} - 1/\overline{OA} = 1/f_b$ bzw. $1/20 = 1/\overline{OA_1} = 1/15$: $\overline{OA_1} = 60$ cm. Daraus folgt $IA_1 = IA_2 = 15$ cm. Da $JA_2 = 25 - 15 = 10$ cm ist, befindet sich das virtuelle Bild A_3B_3 10 cm unter M oder 35 cm von L_s entfernt (Abbildung L8.6).
2. Wir haben $\phi = 2\beta \cdot A_3P$ mit $A_3P = 0{,}5$ m und mit β, so daß gilt $\beta/\alpha = G_a^{-1}$:

$$2\beta = 2\alpha \cdot \frac{20}{60} = 1^\circ \quad \text{und} \quad \phi = \frac{\pi}{180} \cdot 0{,}5 = 8{,}7\,\text{mm}.$$

A8.14 Tageslichtprojektor
Die Lage des Objektes ist durch die Descartessche Formel gegeben:

$$\frac{1}{p_i} - \frac{1}{p_o} = \frac{1}{f_b} = \frac{1}{48} \quad \text{mit} \quad p_b = 10 + 230 = 240\,\text{cm}.$$

Damit ist $p_o = -60$ cm und $G_a = -4$. Das Blatt muß 60 cm vor der Linse liegen.

A8.15 Fresnel-Linse
Die Ablenkung δ muß in jedem Prisma gleich α sein. Folglich haben wir $\delta = \alpha + \alpha' - \theta = \alpha$ und $\alpha' = \theta$. Die Beziehung $\sin\alpha' = n \sin\beta'$ gibt, da $\alpha' = \theta$ und $\beta' = \theta - \beta$ (Kapitel 2 und 26) sind,

$$\sin\theta = n\sin(\theta - \beta) = n(\sin\theta\cos\beta - \cos\theta\sin\beta) \quad \text{und damit} \quad \tan\theta = \frac{n\sin\beta}{n\cos\beta - 1}$$

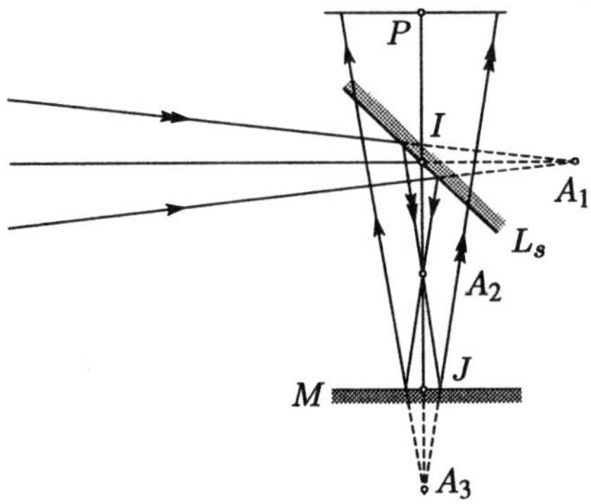

Abb. L8.6

sowie

$$n \sin\beta = \sin\alpha = \frac{\rho + mh}{\sqrt{f^2 + (r + mh)^2}} \quad \text{mit} \quad 1 \leq m \leq 5, \quad \rho = 10\,\text{cm und} \quad h = 2\,\text{cm}.$$

Mit den gegebenen Werten erhalten wir für die bildseitige Brennweite der Zentrallinse $f_b = (1-n)/(-\overline{R})$; da $\sin\beta = (10+2m)/51$ ist, folgt:

$$\begin{array}{lllll} m=1 & \sin\beta_1 = 0{,}235 & \cos\beta_1 = 0{,}972 & \tan\theta_1 = 0{,}77 & \theta_1 = 37{,}6^\circ \\ m=5 & \sin\beta_5 = 0{,}392 & \cos\beta_5 = 0{,}92 & \tan\theta_5 = 1{,}547 & \theta_5 = 57{,}1^\circ \end{array}$$

A8.16 Dicke Linse

1. Berechnen wir die Transfermatrix $T(\overline{S_1S_2}) = \mathcal{R}(S_2)\mathcal{T}(S_1S_2)\mathcal{R}(S_1)$ mit $B_1 = (n-1)/R = B_2 = b$:

$$T(ES) = \begin{bmatrix} 1 & 0 \\ -b & 1 \end{bmatrix} \begin{bmatrix} 1 & e/n \\ 0 & 1 \end{bmatrix} \begin{bmatrix} 1 & 0 \\ -b & 1 \end{bmatrix} = \begin{bmatrix} 1 - eb/n & e/n \\ -2b + eb^2/n & 1 - eb/n \end{bmatrix}.$$

Daraus erhalten wir $B = b(2 - ev/n)$ und damit

$$f_b = -f_o = 1/B = \frac{R^2}{(n-1)[2R - e(n-1)/n]}.$$

2. Die speziellen Werte sind:

$$(1) \quad e = \frac{2n}{b} = \frac{2Rn}{n-1} = 80\,\text{cm} \quad \text{bzw.} \quad B = 0.$$

Das System ist afokal.

$$(2) \quad e = \frac{n}{b} = \frac{nR}{n-1} = 40\,\text{cm} \quad \text{bzw.} \quad B = b.$$

Die Brechkraft ist die der ersten Grenzfläche, so daß $f_b = 1/B = R/(n-1)$ gilt. Die bildseitige Brennweite ist gegeben durch: $f_b = 1/B = R/(n-1)$.

Kapitel 9

A9.1 Allgemeine Untersuchung eines Dubletts

1. Die Transfermatrix ist

$$\begin{aligned} T(\overline{O_1O_2}) &= T(O_2)\mathcal{T}(\overline{O_1O_2})T(O_1) \\ &= \begin{bmatrix} 1 & 0 \\ -1/f_2 & 1 \end{bmatrix} \begin{bmatrix} 1 & e \\ 0 & 1 \end{bmatrix} \begin{bmatrix} 1 & 0 \\ -1/f_1 & 1 \end{bmatrix} = \begin{bmatrix} 1-e/f_1 & e \\ -1/f_b & 1-e/f_2 \end{bmatrix}, \end{aligned}$$

so daß wir erhalten: $1/f_b = 1/f_1 + 1/f_2 - e/(f_1 f_2)$, $\overline{O_2H_b} = f_b(a-1) = -ef_b/f_1$ und $\overline{O_1H_o} = -f_b(d-1) = ef_b/f_2$.

2. $e = H_oH_b$ ist für zwei Fälle realisiert:
   a) $e = \overline{H_oH_b}$ oder $e = \overline{H_oO_1} + \overline{O_1O_2} + \overline{O_2H_b} = -ef_b/f_2 + e - ef_b/f_1 = e(1 - f_b/f_1 - f_b/f_2)$. Daraus folgt $f_1 = -f_2$, so daß die beiden Linsen verschiedener Natur sein müssen: die eine konvergent und die andere divergent. Diese Lösung kann hier nicht verwendet werden, da sowohl L_1 als auch L_2 konvergent sind.
   b) $e = -\overline{H_oH_b}$ oder $e = -e(1 - f_b/f_1 - f_b/f_2)$, woraus folgt: $1/f_1 + 1/f_2 = 2/f_b$ und daraus:

$$\frac{1}{f_1} + \frac{1}{f_2} = 2\left(\frac{1}{f_1} + \frac{f_b}{f_2}\right) - \frac{2e}{f_1 f_2} \quad \text{und} \quad \frac{f_b}{f_1} + \frac{f_b}{f_2} = \frac{2e}{f_1 f_2}.$$

   Damit ergibt sich $f_1 + f_2 = 2e$.

3. $\overline{O_2F_o} = -\overline{O_2F_b}$ bedeutet $\overline{O_2O_1} + \overline{O_1H_o} + \overline{H_oF_o} = -\overline{O_2H_b} - \overline{H_bF_b}$ und damit

$$-e + \frac{ef_b}{f_2} = \frac{ef_b}{f_1} \quad \text{oder} \quad e\left(-1 + \frac{f_b}{f_2} - \frac{f_b}{f_1}\right) = 0.$$

   Es müssen zwei Fälle betrachtet werden:
   a) $f_b/f_2 - f_b/f_1 = 1$ bzw. $1/f_2 - 1/f_1 = 1/f_b = 1/f_1 + 1/f_2 - e/(f_1 f_2)$ und daraus $-2/f_1 = -e/(f_1 f_2)$ und $f_2 = e/2$.
   b) $e = 0$ (zusammengeklebte Linsen).

4. Die Lösung $e = 0$ ist durch die zweite Frage ausgeschlossen, so daß wir $f_2 = e/2$ und $f_1 = 2e - e/2 = 3e/2$ erhalten, was dem Huygensschen Dublett (3,2,1) entspricht, da:

$$\frac{f_1}{3} = \frac{e}{2} = \frac{f_2}{1} = u \quad \text{und damit} \quad f_b = 3u/2 \quad \overline{O_2H_b} = -u \quad \text{und} \quad \overline{O_1H_o} = 3u$$

   gilt.

A9.2 Plößlsches Okular

Mit den bekannten Notationen erhalten wir:

$$T(\overline{O_1O_2}) = T(O_2)\mathcal{T}(\overline{O_1O_2})T(O_1) = \begin{bmatrix} 1 & 0 \\ -b & 1 \end{bmatrix} \begin{bmatrix} 1 & e \\ 0 & 1 \end{bmatrix} \begin{bmatrix} 1 & 0 \\ -b & 1 \end{bmatrix},$$

wobei $e = u$ und $b = 1/(3u)$ ist, da $f_1/3 = e/1 = f_2/3 = u = 1$ cm ist. Folglich ergibt sich:

$$T(\overline{O_1O_2}) = \begin{bmatrix} 1-eb & e \\ -2b+eb^2 & 1-eb \end{bmatrix} = \begin{bmatrix} 2/3 & u \\ -5/(9u) & 2/3 \end{bmatrix} \qquad (\det T = 1).$$

Daraus ergeben sich die Kardinalelemente zu: $B = 55{,}55\,\delta$, $f_b = -f_o = 1{,}8$ cm, $\overline{O_2H_b} = f_b(a-1) = -f_b/3 = -0{,}6$ cm, $\overline{O_1H_o} = -f_b(d-1) = f_b/3 = 0{,}6$ cm, $\overline{O_2F_b} = \overline{O_2H_b} + \overline{H_bF_b} = -0{,}6 + 1{,}8 = 1{,}2$ cm, $\overline{O_1F_o} = \overline{O_1H_o} + \overline{H_oF_o} = 0{,}6 - 1{,}8 = -1{,}2$ cm.

A9.3 Geometrische Analyse eines Ramsdenschen Okulars

1. Das System ist symmetrisch bezüglich der Ebene, die den Punkt in der Mitte zwischen E und S enthält und senkrecht zu der optischen Achse ist. Es genügt daher, F_b und H_b zu bestimmen. F_o und H_o folgen dann aus der Symmetrie. Ein paralleler Lichtstrahl tritt aus L und bewegt sich in Richtung $F_{\mathrm{b},1}$: F_b ist das Bild von $F_{n,1}$, das von L_2 erzeugt wird (Abbildung L9.1a). Mit $\overline{SF}_{\mathrm{b},1} = 8$ mm ergibt sich aus

$$\frac{1}{\overline{SF_\mathrm{b}}} - \frac{1}{\overline{SF_{\mathrm{b},1}}} = \frac{1}{f_\mathrm{b}} \quad \text{und damit} \quad \frac{1}{\overline{SF_\mathrm{b}}} = \frac{1}{24} + \frac{1}{8} = \frac{1}{6}$$

die Strecke $\overline{SF_\mathrm{b}} = 6$ mm. Zur Berechnung der Brennweite des Ensembles verwenden wir die Gullstrandsche Formel:

$$B = B_1 + B_2 - eB_1B_2 = \frac{2}{f_1} - \frac{e}{f_1^2} = \frac{1}{f_1}\left(2 - \frac{e}{f_1}\right)$$

und damit ergibt sich

$$f_\mathrm{b} = \frac{f_1}{2 - e/f_1} = 18\,\mathrm{mm}.$$

Die bildseitige Hauptebene befindet sich am Schnittpunkt der Verlängerungen der einfallenden und austretenden Lichtstrahlen. $\overline{SH_\mathrm{b}} = \overline{SF_\mathrm{b}} + \overline{F_\mathrm{b}H_\mathrm{b}} = 6 - 18 = -12$ mm.

2. Wir erhalten $\alpha_\mathrm{b} = A_\mathrm{o}B_\mathrm{o}/f_\mathrm{b} = 1/18 = 3{,}18°$ (Abbildung L9.1b).

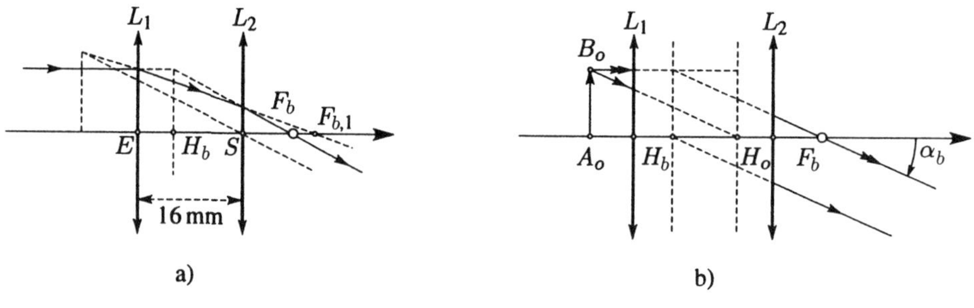

Abb. L9.1

A9.4 Dublett $(1, 2, -3)$

Mit $f_1/1 = e/2 = f_2/(-3) = u$, $eB_1 = 2$, $eB_2 = 2/3$ und $B = 4/(3u)$ hat die Transfermatrix des Systems die Form

$$T(ES) = \begin{bmatrix} 1 - eB_1 & e \\ -B & 1 - eB_2 \end{bmatrix} = \begin{bmatrix} -1 & 2u \\ -4/(3u) & 5/3 \end{bmatrix}.$$

Daraus folgt $\overline{SH_\mathrm{b}} = 3u(a-1)/4 = -3u/2$ und $\overline{EH_\mathrm{o}} = -3u/4(d-1) = -u/2$. Zur Bestimmung der Brennpunkte F_o und F_b genügt es, $\overline{H_\mathrm{b}F_\mathrm{b}} = f_\mathrm{b} = -\overline{H_\mathrm{o}F_\mathrm{o}}$ aufzutragen (Abbildung L9.2).

Das Okular ist positiv, da gilt: $\overline{F_\mathrm{o}E} = \overline{F_\mathrm{o}H_\mathrm{o}} + \overline{H_\mathrm{o}E} = 3u/4 + u/2 = 5u/4 > 0$.

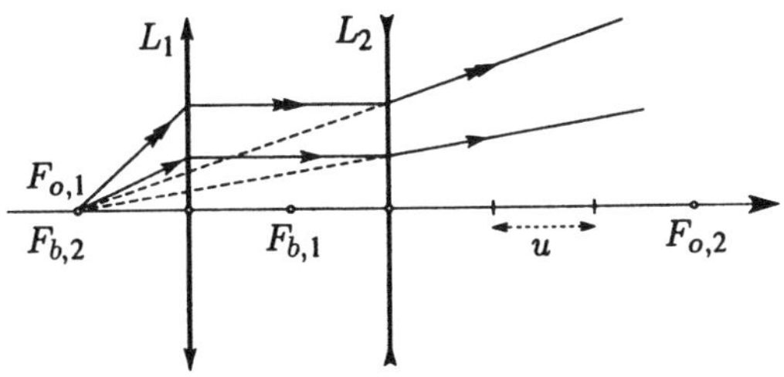

Abb. L9.2

A9.5 Okular (4, 3, 2). Bestimmung der Austrittspupille

1. Die Transfermatrix ist

$$T(ES) = \begin{bmatrix} 1/4 & 3u \\ -3/(8u) & -1/2 \end{bmatrix},$$

wobei $u = 2$ cm beträgt. Daraus folgen die Kardinalelemente $B = 18{,}75\,\delta$, $f_b = 5{,}33$ cm, $\overline{SH_b} = -4$ cm, $\overline{EH_o} = 8$ cm, $\overline{SF_b} = 1{,}33$ cm, und $\overline{EF_o} = 2{,}67$ cm.

2. Der Brennpunkt F_b ergibt sich einfach mit Hilfe des einfallenden Lichtstrahls, der parallel zu der optischen Achse ist. Die Lage der bildseitigen Hauptebene folgt aus dem Schnittpunkt der Verlängerungen des einfallenden und des austretenden Teils dieses Lichtstrahls. Ein Lichtstrahl, der parallel zu der Achse austritt, erlaubt in entsprechender Weise die Bestimmung des objektseitigen Brennpunktes und der objektseitigen Hauptebene (Abbildung L9.3).

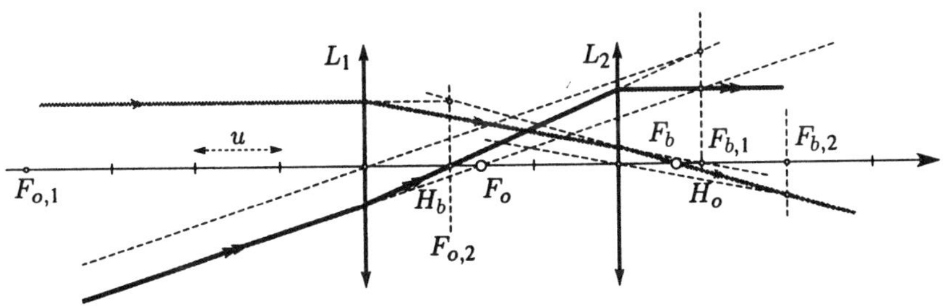

Abb. L9.3

3. Das Okular ist negativ, da F_o zwischen E und S liegt.

4. Zwischen F_o und einem gerade betrachteten Punkt A, der zwischen den beiden Linsen liegt, besitzt die Transfermatrix die Form

$$T(\overline{F_oA}) = \begin{bmatrix} 1 - z/(4u) & 4/3(-u + z) \\ -1/(4u) & 4/3 \end{bmatrix} \quad \text{mit} \quad z \equiv \overline{EA}.$$

Die Abszisse x_a des von F_o ausgesandten, austretenden Lichtstrahls ist eine Funktion des Neigungswinkels α_e: $x_a = (4/3)(-u + z)\alpha_e$. Für eine Blende vom Radius r, die sich in z befindet, beträgt α_e $3r/[4(z - u)]$. Die Halterung von L_2 fungiert als Öffnungsblende, wenn $|\alpha_e|_2$ ($r = R$ und $z = 3u$) kleiner ist als $|\alpha_e|_1$, der durch die Halterung von

L_1 ($r = R$, $z = 0$) gegeben ist, und kleiner als $|\alpha_e|_d$, der durch die Blende ($r = R/2, z$) gegeben ist:

$$|\alpha_e|_2 = \frac{3R}{8u} \quad |\alpha_e|_1 = \frac{3R}{4u} \quad |\alpha_e|_d = \frac{3R}{8(z-u)}.$$

Da $|\alpha_e|_1 > |\alpha_e|_2$ ist, muß die Blende in einem Abstand zu L_1 plaziert werden, damit die Bedingung $|\alpha_e|_d > |\alpha_e|_2$ erfüllt wird. Wir erhalten also:

$$\frac{3R}{8(z-u)} > \frac{3R}{8u} \quad \text{oder} \quad z - u < u \quad \text{und} \quad z < 2u.$$

Kapitel 10

A10.1 Sphärische Aberration einer sphärischen Grenzfläche

1. Die Brechkraft der Grenzfläche beträgt $B = (n_b - n_o)/\overline{R} = (1{,}33 - 1)/0{,}1 = 3{,}33\,\delta$. Nach dieser Formel haben wir für unendliches p_o die Brechkraft $B = n_b/\overline{SF_b}$ oder $\overline{SF_b} = n_b/B = 1{,}33/3{,}33 = 0{,}4$ m. Für unendliches p_b erhalten wir $B = -n_o/\overline{SF_o}$ und damit $\overline{SF_o} = n_o/B = -1/3{,}33 = -0{,}3$ m.
2. Sei F_b^m der Schnittpunkt eines gebrochenen randständigen Lichtstrahls. Nach dem Snelliusschen Gesetz gilt $\sin\gamma = 1/n$ und damit $\sin\gamma = 3/4$ bzw. $\gamma = 48{,}6°$.
   Aus Symmetriegründen konvergieren alle randständigen Lichtstrahlen in F_b^m (Abbildung L10.1a). Wir erhalten:
   $$\overline{SF_b^m} = \overline{SC} + \overline{CF_b^m} = R + R\tan\gamma = R(1 + \tan\gamma)$$
   oder $\overline{SF_b^m} = 10(1 + 1{,}134) = 21{,}34$ cm.
3. Wir betrachten den beleuchteten Abschnitt $\overline{F_bF_b^m}$, da alle Punkte dieser Strecke Brennpunkte sind, die Lichtkränzen vom Radius 0 bis R entsprechen. Es gilt $\overline{F_bF_b^m} = \overline{SF_b^m} - \overline{SF_b} = 21{,}34 - 40 = -18{,}66$ cm. In der Ebene, die F_b enthält, hat der Lichtfleck den Durchmesser
   $$D = 2F_bM_b = \frac{2F_bF_b^m}{\tan\gamma} = 2\frac{18{,}66}{1{,}134} \approx 32{,}9\,\text{cm}.$$
4. Wir haben $n_b/p_b - n_o/p_o = B = n_b/f_b$ mit $p_o = 20$ cm und $f_b = 40$ cm. Damit erhalten wir $4/(3p_b) = 4/(3 \cdot 40) + 2/20$ oder $p_b = 16$ cm. Der Abbildungsmaßstab $G_a = n_op_b/(n_bp_o)$ beträgt 0,6 (Abbildung L10.1b).

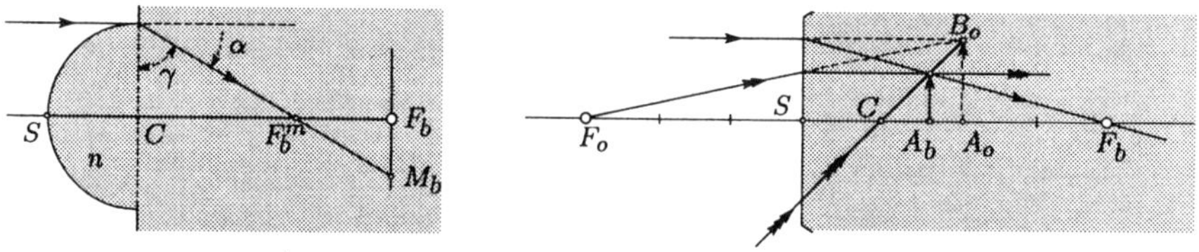

a) b)

Abb. L10.1

A10.2 Sphärische Aberration eines sphärischen Spiegels

1. Da das Dreieck CIA_b gleichschenklig ist, erhalten wir:

$$SA_b = R - IA = R - \frac{IH}{\cos\beta} = R - \frac{R}{2\cos(\alpha_b/2)}.$$

2. Ist $\alpha_b \approx 0$, wird $SA_b \approx SF_b = R/2$. Daraus ergibt sich die longitudinale Aberration:

$$F_bA_b = SF_b - SA_b = \frac{R}{2}\left[1 - \frac{1}{\cos(\alpha_b/2)}\right] \approx \frac{R}{2}\left(\frac{-\alpha_b^2}{8}\right) = \frac{R\alpha_b^2}{16}$$

und damit die transversale Aberration $F_bB_b = F_bA_b \tan\alpha_b \approx R\alpha_b^3/16$.

Kapitel 11

A11.1 Vergrößerung eines zusammengesetzten Mikroskops

Da $G = |G_{a,1}|G_2$ und $G_2 = d_m/f_{b,2}$ gilt, erhalten wir für $d_m = 25$ cm und $f_{b,2} = 5$ cm die Vergrößerung $G_2 = 5$.

A11.2 Kardinalelemente eines zusammengesetzten Mikroskops

1. Das von L_1 erzeugte Zwischenbild muß in der objektseitigen Brennebene von L_2 entstehen. Die entsprechende Objektebene folgt aus der Newtonschen Formel $\sigma_o\sigma_b = -f_1^2$. Wir erhalten so $\sigma_o = -f_1^2/\Delta = -0{,}156$ mm und $\overline{F_oA_o} \approx -0{,}16$ mm.
3. Wir haben $G = |G_{a,1}|G_2$ mit $G_{a,1} = \overline{A_1B_1}/\overline{A_oB_o} = -\Delta/f_1 = -16/0{,}5 = -32$ und $G_2 = d_m/f_2 = 10$ ($d_m = 25$ cm). Die bildseitige Brennweite beträgt $f_b = -f_1f_2/\Delta = -5 \cdot 25/160 = -0{,}78$ mm. Da $e = O_1O_2 = 19$ cm ist, erhalten wir

$$T(\overline{O_1O_2}) = \begin{bmatrix} 1 - eB_1 & e \\ -B_1 - B_2 - eB_1B_2 & 1 - eB_2 \end{bmatrix}$$

und so: $\overline{O_2H_b} = f_b(-eB_1) = -ef_b/f_1 \approx 3\,\text{cm}$ sowie $\overline{O_1H_o} = f_b(eV_2) = ef_b/f_2 \approx -0{,}6$ cm.

A11.3 Beobachtung eines kleinen Objektes mit Hilfe eines zusammengesetzten Mikroskops

1. Aus der Anwendung der Newtonschen Formeln auf die Linse L_2 folgt $\overline{F_{o,2}O_1} \cdot \overline{F_{b,2}\Omega} = -f_2^2$. Mit $\overline{F_{o,2}O_1} = \overline{F_{o,2}F_{b,1}} + \overline{F_{b,1}O_1}$ erhalten wir $\overline{F_{b,2}\Omega} = -f_2^2/(-\Delta - f_1) \approx f_2^2/\Delta$, woraus der Abbildungsmaßstab $G_{a,2} = -\overline{F_{b,2}\Omega}/f_2 \approx -\frac{f_2^2}{\Delta}$ folgt. Der Durchmesser hat damit die Form $a = f_2D/\Delta$. Mit $D = 11$ mm erhalten wir $\overline{F_{b,2}\Omega} \approx f_2^2/\Delta = 900/180 = 5\,\text{mm}$ und $a = 30 \cdot 11/180 \approx 1{,}8\,\text{mm}$.
2. Wir haben

$$G_a = \frac{\overline{A_bB_b}}{\overline{A_oB_o}} = \frac{\overline{A_bB_b}}{\overline{A_1B_1}}\frac{\overline{A_1B_1}}{\overline{A_oB_o}} = G_{a,2}G_{a,1} \quad \text{mit} \quad G_{a,1} = -\frac{\overline{F_{b,1}A_1}}{f_1}, \quad G_{a,2} = \frac{f_2}{\overline{F_{o,2}A_1}}.$$

Demnach haben wir $\overline{F_{b,1}A_1} = \Delta + \overline{F_{o,2}A_1}$, wobei $\overline{F_{o,2}A_1}$ so gewählt ist, daß $\overline{F_{o,2}A_1} \cdot \overline{F_{b,2}A_b} = -f_2^2$ gilt. Außerdem ergibt sich:

$$\overline{F_{b,2}A_b} = -\overline{F_{b,2}\Omega} + \overline{\Omega A_b} \quad = \quad \overline{F_{b,2}\Omega} - d_m \approx -d_m$$

$$\overline{F_{o,2}A_1} = \frac{f_2^2}{d_m} \quad \text{und} \quad \overline{F_{b,1}A_1} = \Delta + \frac{f_2^2}{d_m}.$$

Schließlich ist

$$G_a = -\frac{\Delta + f_2^2/d_m}{f_1}\frac{f_2}{f_2^2/d_m} \approx -\frac{d_m\Delta}{f_1 f_2}$$

und mit den angegebenen Werten: $G_a = -250 \cdot 180/(2 \cdot 30) = -750$.

3. Der Winkel, unter dem der Beobachter durch das Instrument sieht, ist durch $A_b B_b/d_m$ gegeben. Wir erhalten daher:

$$\frac{A_b B_b}{d_m} \geq \epsilon \quad \text{oder} \quad |G_a|\frac{A_o B_o}{d_m} \geq \epsilon \quad \text{bzw.} \quad A_o B_o \geq \frac{\epsilon d_m}{|G_a|} = \frac{\epsilon f_1 f_2}{\Delta} = l.$$

Für die erhaltenen Zahlenwerte ergibt sich so $l = 4{,}5 \cdot 10^{-4} \cdot 2 \cdot 30/180 = 0{,}15$ μm. Da $\lambda \sim 0,5\,\mu$m ist, gilt $l < \lambda$. Wir folgern daraus, daß die Beugung die kleinste durch das Instrument auflösbare Größe festlegt: $(\Delta x)_{\min} \sim \lambda = 0,5\,\mu$m.

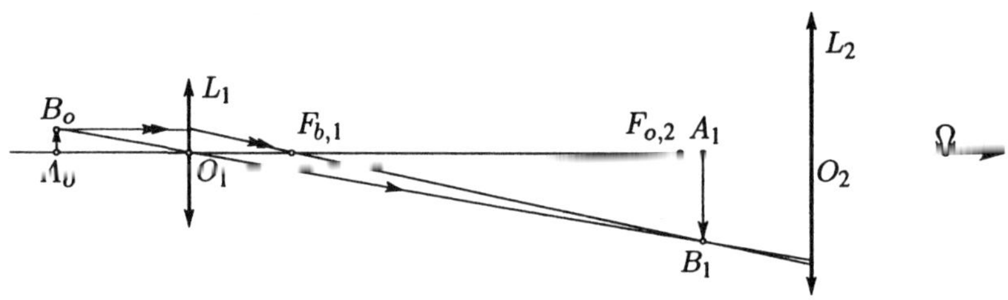

Abb. L11.1

Kapitel 12

A12.1 Ebene Grenzfläche

1. Da $n_o \sin\alpha_o = n_1 \sin\alpha_1$ gilt, erhalten wir (Abbildung L12.1): $n_o IH/A_o I = n_b IH/IA_b$, was in der Gaußschen Näherung mit $z_o \equiv \overline{HA_o}$ et $z_b \equiv \overline{HA_b}$

$$\frac{n_o}{z_o} = \frac{n_b}{z_b}$$

ergibt.

2. Die Objekte erscheinen näher, weil der Beobachter das Bild von A_o näher an der Oberfläche sieht. Die Distanz $A_o A_b$ beträgt $\overline{HA_b} - \overline{HA_o} = z_o(n_b/n_o - 1)$. Für den Fall, wo $n_b = 1$ und $n_o = n$ ist, erhalten wir $\overline{A_o A_b} = z_o(1/n - 1)$. Für ein 50 cm tiefes Objekt befindet sich dessen Bild $50/1{,}33 = 37{,}6$ cm von der Oberfläche entfernt.

A12.2 Astronomisches Fernrohr und terrestrisches Fernrohr

1. Die Vergrößerung beträgt $G = |G_a^{-1}| = f_1/f_2 = 50$. Man erhält das Bild der Halterung von L_1 mit der Descartesschen Formel

$$\frac{1}{p_b} - \frac{1}{p_o} = \frac{1}{f_2} \quad \text{mit} \quad p_o = -(f_1 + f_2) = -51\,\text{cm}.$$

Wir erhalten so $1/p_b = 50/51$ oder $p_b = 1{,}02$ cm (Abbildung L12.2). Der Durchmesser des Okularkreises folgt daraus in einfacher Weise: $a = |G_a|D = 10/50 = 0{,}2$ cm = 2 mm.

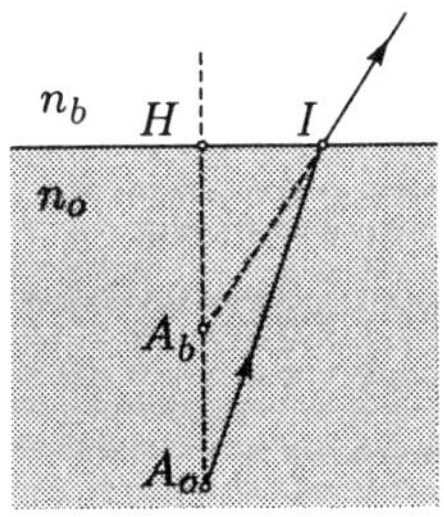

Abb. L12.1

2. Der Abbildungsmaßstab $G_a = -f_2/f_1$ ist positiv und das System ist kompakter. Der Winkeldurchmesser des Objektes beträgt für den Beobachter $\theta \approx 5 \cdot 10^{-5}$ rad $= 0{,}167'$. Damit das Objekt wahrgenommen werden kann, muß $G_w\theta \geq \epsilon$ und damit $|f_2| \leq f_1\theta/\epsilon$ sein. Da $\epsilon \sim 5 \cdot 10^{-4}$ rad beträgt, folgt $|f_2| \leq 5$ cm.

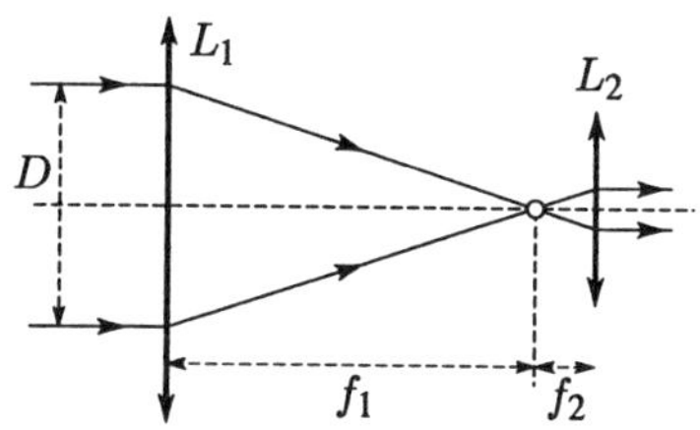

Abb. L12.2

A12.3 Aufbau $4f$

1. Die Transfermatrix ist $T(\overline{O_1O_2}) = T(O_2)\mathcal{T}(\overline{O_1O_2})T(O_1)$, woraus sich die folgende Matrix ergibt:

$$T(\overline{O_1O_2}) = \begin{bmatrix} 1 & 0 \\ -1/f & 1 \end{bmatrix} \begin{bmatrix} 1 & e \\ 0 & 1 \end{bmatrix} \begin{bmatrix} 1 & 0 \\ -1/f & 1 \end{bmatrix} = \begin{bmatrix} 1 - e/f & e \\ -2/f + e/f^2 & 1 - e/f \end{bmatrix}.$$

Daraus folgt: $B = (2 - e/f)/f$, $\overline{O_2H_b} = f^2(-e/f)/(2f - e) = -ef/(2f - e) = -\overline{O_1H_o}$.

2. Für $e = 2f$ ist $B = 0$. Da die Transfermatrix die Form $T(\overline{A_oA_b}) = \mathcal{T}(\overline{O_2A_b})\ T(\overline{O_1O_2})\ \mathcal{T}(\overline{A_oO_1})$ hat, erhalten wir mit $z_o = \overline{O_1A_o}$ und $z_b = \overline{O_2A_b}$ die folgende Matrix:

$$T(\overline{A_oA_b}) = \begin{bmatrix} 1 & z_b \\ 0 & 1 \end{bmatrix} \begin{bmatrix} -1 & 2f \\ 0 & -1 \end{bmatrix} \begin{bmatrix} 1 & -z_o \\ 0 & 1 \end{bmatrix} = \begin{bmatrix} -1 & z_o + 2f - z_b \\ 0 & -1 \end{bmatrix}.$$

Setzen wir $T_{12}(A) = 0$, erhält man $z_b = z_o + 2f = 20$ cm. G_a ergibt sich einfach durch Ablesen aus der Matrix $T(\overline{O_1O_2})$: $G_a = 1 - e/f = -1$. Dieser Aufbau wird $4f$ genannt, weil der Abstand zwischen A_o und A_b $4f$ beträgt (Abbildung L12.3).

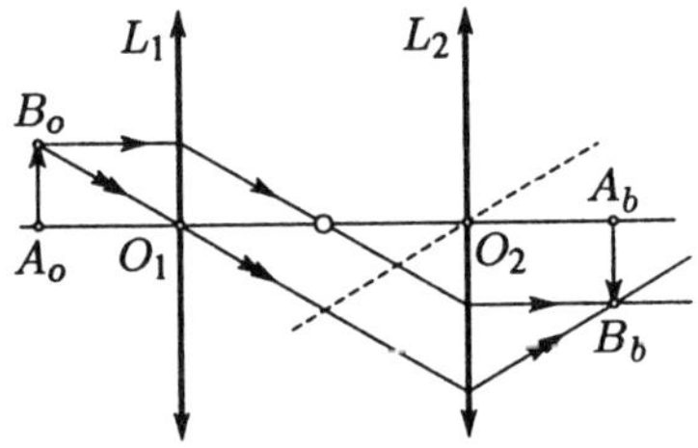

Abb. L12.3

A12.4 Erweiterer für einen Laserstrahl

1. Das System ist afokal, da das austretende Bündel auch parallel sein muß. Man weiß, daß in diesem Fall gilt (Abbildung L12.4a):

$$G_a = -\frac{f_2}{f_1} \quad \text{und damit} \quad f_2 = |G_a| f_1 = 20 \cdot 9{,}5 = 190\,\text{mm}$$

und $e = f_1 + f_2 = 199{,}5$ mm.

2. Hier gilt ebenfalls (Abbildung L12.4b)

$$G_a = -\frac{f_2}{f_1} \quad \text{und damit} \quad f_2 = |G_a| f_1 = 20 \cdot 6{,}6 = 132\,\text{mm}$$

sowie $e = f_1 + f_2 = -6,6 + 132 = 125{,}4$ mm.

3. Wählt man in der Brennebene von L_1 den bildseitigen Brennpunkt von L_1 mittels einer Blende aus, können nur die Lichtstrahlen durch, die in diesem Punkt konvergieren und demnach nur die, die am Ausgang streng parallel zu der optischen Achse sind (Abbildung L12.4a).

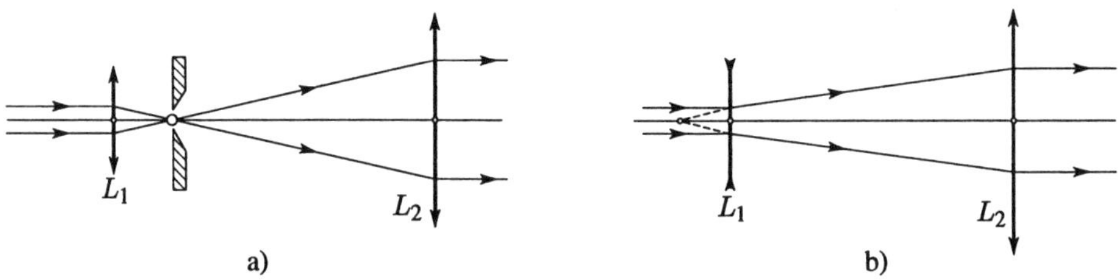

Abb. L12.4

A12.5 Astronomisches Fernrohr von Meudon

1. In der Abbildung L12.5 haben wir den Strahlenverlauf dargestellt.
2. Die Vergrößerung beträgt $G = f_1/f_2 = 16/0{,}04 = 400$.
3. Der Okularkreis ist das durch L_2 erzeugte Bild der Halterung von L_1. Folglich erhalten wir mit der Descartesschen Formel:

$$\frac{1}{\overline{O_2C}} - \frac{1}{\overline{O_2O_1}} = \frac{1}{f_2} \quad \text{mit} \quad \overline{O_2O_1} = -1604\,\text{cm}.$$

Damit ergibt sich $\overline{O_2C} \approx 4\,\text{cm}$ und der Durchmesser des Okularkreises $a = |G_a|D = Df_2/f_1 = 2$ mm.

4. Der Winkel, unter dem man den Stern durch das Instrument sieht, beträgt $\theta = G \cdot 0{,}02'' = 8''$. Da θ kleiner als das Auflösungsvermögen des Auges $(1{,}5')$ ist, erscheint der Stern punktförmig. Der Vorteil des Instrumentes besteht darin, gegenüber dem bloßen Auge mehr Licht zu sammeln.

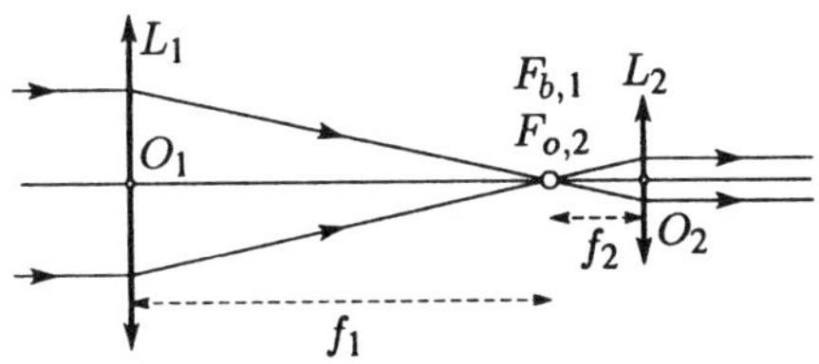

Abb. L12.5

A12.6 Galileisches Fernrohr

1. Das System der beiden Linsen ist afokal, wenn der bildseitige Brennpunkt von L_1 mit dem objektseitigen Brennpunkt von L_2 zusammenfällt. Man zeigt leicht, daß $e = f_1 + f_2 = 45$ cm gilt. Die Vergrößerung beträgt $G = |f_1/f_2| = 50/5 = 10$. Mit dem bloßen Auge wird der Turm unter dem Winkel $\theta = \arctan(10/2000) \approx 5 \cdot 10^{-3}\text{rad} = 0{,}28°$ wahrgenommen. Mit Hilfe des Instrumentes sieht man ihn unter einem Winkel $10 \cdot \theta = 2{,}8°$.
2. Dreht man das Instrument um, wird der Winkel, unter dem man das Bild sieht, durch 10 geteilt, d. h. $0{,}028° = 1{,}68'$.

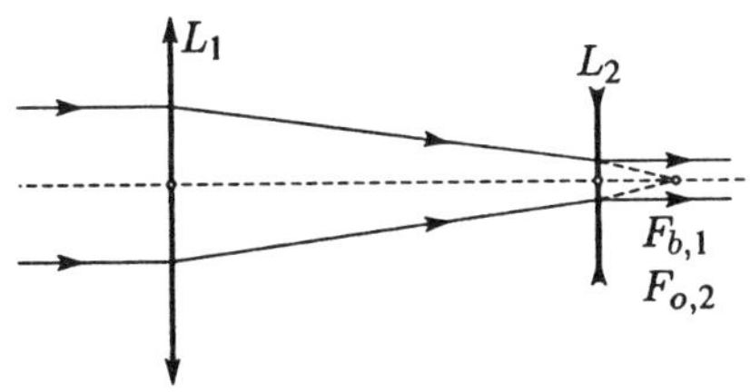

Abb. L12.6

A12.7 Unterwassersicht

1. Zwischen dem Objekt A_oB_o und seinem Bild A_bB_b ist die Transfermatrix:

$$\mathcal{T}(\overline{A_oA_b}) = \mathcal{T}(\overline{SA_b})\mathcal{R}(S)\mathcal{T}(\overline{ES})\mathcal{R}(E)\mathcal{T}(\overline{A_oE}) = \mathcal{T}(\overline{SA_b})\mathcal{T}(\overline{ES})\mathcal{T}(\overline{A_oE}),$$

da $\mathcal{R}(S) = \mathcal{R}(E) = I$ ist. Wir erhalten

$$\mathcal{T}(\overline{A_oA_b}) = \begin{bmatrix} 1 & -z_o/n_o + e/n + z_b \\ 0 & 1 \end{bmatrix}$$

und daraus $z_\text{b} = -e/n + z_\text{o}/n_\text{o}$. Für die Strecke $\overline{A_\text{o}A_\text{b}}$ ergibt sich $\overline{A_\text{o}A_\text{b}} = \overline{A_\text{o}E} + \overline{ES} + \overline{SA_\text{b}} = -z_\text{o} + e + z_\text{o}/n_\text{o} - e/n = e(1 - 1/n) - z_\text{o}(1 - 1/n_\text{o})$. Für $n_\text{o} = 1$ findet man $\overline{A_\text{o}A_\text{b}} = e(1-1/n)$ wieder. Mit den gegebenen Zahlenwerten folgt $z_\text{o} = -2$ m und $\overline{A_\text{o}A_\text{b}} \approx -z_\text{o}(1-1/n) = 2(1-3/4) = 0{,}5$ m. Der Term mit e ist um 3 Größenordnungen kleiner und kann daher vernachlässigt werden.

2. Aus der Transfermatrix ergibt sich $G_\text{a} = 1$. Da $(n_\text{b}/n_\text{o})G_\text{a}G_\text{w} = 1$ gelten muß, erhalten wir $G_\text{w} = n_\text{o}/n_\text{b} = 1{,}33$.

Kapitel 13

A13.1 Porrosches Prisma

1. a) Ist AB transversal und senkrecht zu der gemeinsamen Kante, erzeugt das System aus beiden Spiegeln ein Bild A_2B_2, das sich in einem Abstand $(AI + IJ)$ vom Punkt J befindet und bezüglich der austretenden optischen Achse umgedreht ist (Abbildung L13.1a). Ist AB parallel zu der gemeinsamen Kante, ist das Bild nicht mehr umgedreht.

   b) Betrachten wir das Bild einer Ebene $A\boldsymbol{e}_x\boldsymbol{e}_y$, das durch die beiden Prismen erzeugt wird. Wie die Abbildung L13.1b zeigt, dreht das erste Prisma die x-Richtung um und das zweite die y-Richtung. Daraus ergibt sich am Ende ein vollständig umgedrehtes Bild entlang den beiden transversalen Richtungen.

2. Die Bedeutung des Porroschen Aufbaus besteht darin, bei kleiner Größe des Systems ein Bild guter Qualität (die Spiegel sind perfekte optische Systeme) und mit Abbildungsmaßstab -1 zu erzeugen. Daher wird er als Bildumkehrsystem in Ferngläsern verwendet.

A13.2 Untersuchung des sphärischen Spiegels auf der Grundlage des Fermatschen Prinzips

1. Die optische Weglängendifferenz beträgt $L = n_\text{o}\overline{A_\text{o}I} + n_\text{b}\overline{IA_\text{b}} = n_\text{o}A_\text{o}I - n_\text{b}IA_\text{b}$, da im betrachteten Beispiel A_o reell und A_b virtuell ist (Abbildung 13.5 und A4.2). $A_\text{o}I$ und IA_b berechnen sich zu:

$$\begin{aligned} A_\text{o}I &= \left(IH^2 + A_\text{o}H^2\right)^{\frac{1}{2}} = \left\{R^2\sin^2\phi + [d_\text{o} + R(1-\cos\phi)]^2\right\}^{\frac{1}{2}} \\ &= \left[R^2\sin^2\phi + d_\text{o}^2 + 2d_\text{o}R(1-\cos\phi) + R^2(1+\cos^2\phi - 2\cos\phi)\right]^{\frac{1}{2}} \\ &= \left[d_\text{o}^2 + 2R^2 + 2d_\text{o}R - 2R(R+d_\text{o})\cos\phi\right]^{\frac{1}{2}} . \end{aligned}$$

   Damit ergibt sich $A_\text{o}I = [d_\text{o}^2 + 2R(d_\text{o}+R)(1-\cos\phi)]^{\frac{1}{2}} = d_\text{o}[1+2R(d_\text{o}+R)(1-\cos\phi)/d_\text{o}^2]^{\frac{1}{2}}$. Desgleichen erhalten wir für IA_b: $IA_\text{b} = d_\text{b}[1 + 2R(R-d_\text{b})\,(1-\cos\phi)/d_\text{b}^2]^{\frac{1}{2}}$. Wir erhalten damit den Ausdruck für L.

2. Die algebraische Formel für L erhalten wir mit $p_\text{o} = \overline{SA_\text{o}} = -d_\text{o}$, $p_\text{b} = \overline{SA_\text{b}} = -d_\text{b}$ und $R = \overline{R}$:

$$\begin{aligned} L &= n_\text{o}A_\text{o}I - n_\text{b}IA_\text{b} \\ &= -n_\text{o}p_\text{o}\left[1 + 2\overline{R}\frac{\overline{R}-p_\text{o}}{p_\text{o}^2}(1-\cos\phi)\right]^{\frac{1}{2}} + n_\text{b}p_\text{b}\left[1 + 2\overline{R}\frac{\overline{R}+p_\text{b}}{p_\text{b}^2}(1-\cos\phi)\right]^{\frac{1}{2}} . \end{aligned}$$

   Die Punkte A_o und A_b sind zueinander konjugiert, wenn $L(A_\text{o}A_\text{b})$ stationär ist, d. h. unabhängig von ϕ ist. In der Gaußschen Näherung ist ϕ klein, so daß wir erhalten:

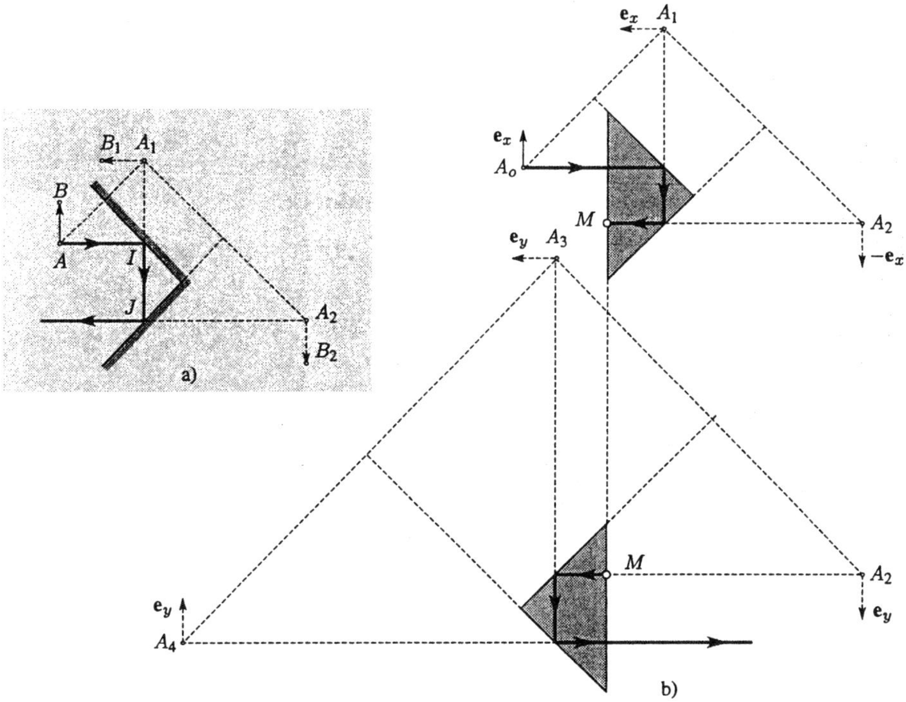

Abb. L13.1

$$
\begin{aligned}
L &\approx -n_o p_o \left(1 + \overline{R}\frac{\overline{R} - p_o}{p_o^2}\phi^2\right) + n_b p_b \left(1 + \overline{R}\frac{\overline{R} + p_b}{p_b^2}\phi^2\right) \\
&\approx -n_o p_o \left(1 + \overline{R}\frac{\overline{R} - p_o}{2p_o^2}\phi^2\right) + n_b p_b \left(1 + \overline{R}\frac{\overline{R} - p_b}{2p_b^2}\phi^2\right) \\
&\approx -n_o p_o + n_b p_b + \frac{\phi^2 \overline{R}}{2}\left(-n_o\frac{\overline{R} - p_o}{p_o} + n_b\frac{\overline{R} + p_b}{p_b}\right).
\end{aligned}
$$

Man sieht, daß L unabhängig von ϕ ist, wenn $n_b(\overline{R}/p_b + 1) = n_o(\overline{R}/p_o - 1)$ ist, oder, da $n_o = n_b$ gilt,

$$\frac{n_o}{p_b} - \frac{n_o}{p_o} = \frac{-2n_o}{\overline{R}} \quad \text{oder} \quad \frac{1}{p_b} - \frac{1}{p_o} = \frac{-2}{\overline{R}}$$

A13.3 Konkaver sphärischer Spiegel
Die Brechkraft des Spiegels beträgt $B_m = -2/(-0{,}6) = 10/3\,\delta$. Die Descartessche Formel gibt mit $p_o = -0{,}2$ m $1/p_b = 10/3 - 1/0{,}2 = -5/3$. Damit ist $p_b = -0{,}60$ m. Das Bild befindet sich rechts von S. Es ist virtuell und aufrecht, da der Abbildungsmaßstab p_b/p_o 2 beträgt (Abbildung L13.2).

A13.4 Der sphärische Spiegel als Autorückspiegel
Die Abbildungsgleichung $1/p_b - 1/p_o = B = -2/\overline{R}$ gibt mit $p_o = -10$ m und $p_b = G_a p_o = -1$ m: $1/10 - 1 = -2/\overline{R}$ und damit $R = 2{,}22$ m. Der Spiegel ist also konvex und damit divergent (Abbildung L13.3).

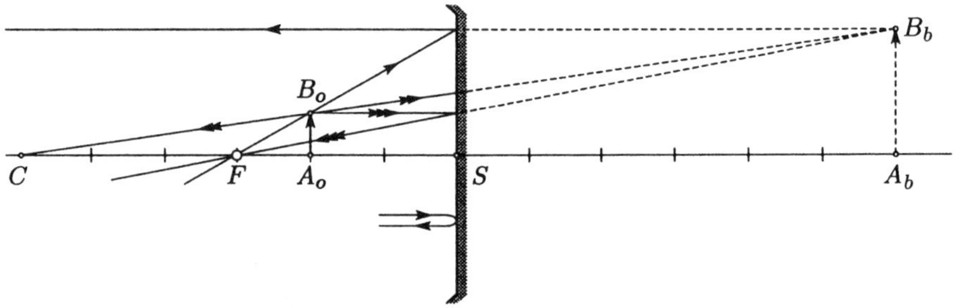

Abb. L13.2

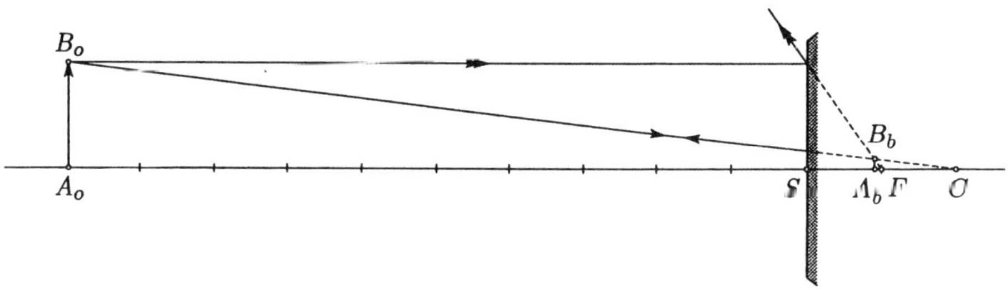

Abb. L13.3

A13.5 Gesichtsfeld eines Autorückspiegels

Das Bild des Auges ergibt sich aus der Descartesschen Formel:

$$\frac{1}{\overline{SA_b}} - \frac{1}{\overline{SA_o}} = B = -\frac{1}{0{,}5} \quad \text{und damit} \quad \overline{SA_b} = -33{,}3\text{cm}.$$

Folglich ist das Bild virtuell und in einem Abstand von 33,4 cm hinter dem Spiegel. Der Radius r des Gesichtsfeldes folgt aus

$$\frac{r}{0{,}04} = \frac{100{,}334}{0{,}334} \approx 300, \quad \text{d. h.} \quad r \approx 12\,\text{m}.$$

Mit einem ebenen Spiegel wäre das Bild symmetrisch, so daß

$$\frac{r}{0{,}04} = \frac{101}{1} = 101, \quad \text{also} \quad r \approx 4\,\text{m}.$$

A13.6 Konfokaler Laserresonator

1. Die konkaven Spiegel sind konvergent: $B = -2n_o/\overline{R} = 2/R > 0$ und $f_b = n_b/B = 1/B = R/2$.
2. Die Transfermatrix ist $T(\overline{S_2S_2}) = T(\overline{S_1S_2})\mathcal{R}_m(S_1)T(\overline{S_2S_1})\mathcal{R}_m(S_2)$ mit

$$\mathcal{R}_m(S_1) = \mathcal{R}_m(S_2) = \begin{bmatrix} 1 & 0 \\ -B & 1 \end{bmatrix} = \begin{bmatrix} 1 & 0 \\ -2/t & 1 \end{bmatrix},$$

so daß folgt:

$$\begin{aligned} T(\overline{S_1S_2}) &= \mathcal{T}(\overline{P_2S_2})\mathcal{R}(P_2)\mathcal{T}(\overline{P_1P_2})\mathcal{R}(P_1)\mathcal{T}(\overline{S_1P_1}) \\ &= \begin{bmatrix} 1 & d_2 \\ 0 & 1 \end{bmatrix} \begin{bmatrix} 1 & l/n \\ 0 & 1 \end{bmatrix} \begin{bmatrix} 1 & d_1 \\ 0 & 1 \end{bmatrix} = \begin{bmatrix} 1 & t \\ 0 & 1 \end{bmatrix}. \end{aligned}$$

Dabei haben wir $t = d_1 + l/n + d_2 = d - l(1 - 1/n)$ gesetzt. Daher folgt:

$$T(\overline{S_2S_2}) = \begin{bmatrix} 1 & t \\ 0 & 1 \end{bmatrix} \begin{bmatrix} 1 & 0 \\ -2/t & 1 \end{bmatrix} \begin{bmatrix} 1 & t \\ 0 & 1 \end{bmatrix} \begin{bmatrix} 1 & 0 \\ -2/t & 1 \end{bmatrix} = \begin{bmatrix} -1 & 0 \\ 0 & -1 \end{bmatrix} = -I$$

Da $T^2(\overline{S_2S_2}) = I$ gilt, fallen nach zwei ganzen Durchläufen das Objekt und das Bild zusammen. Der Resonator ist konfokal, da die Brennpunkte der Spiegel zusammenfallen (Abbildung L13.4).

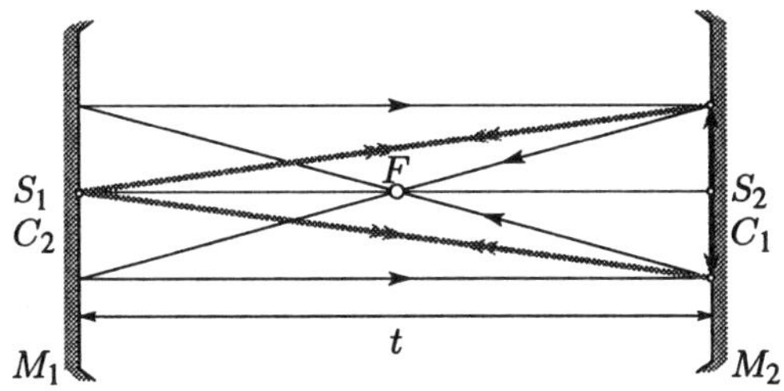

Abb. L13.4

A13.7 Semifokaler Laserresonator

1. Die Matrix T_{hr} hat die Form $T_{\text{hr}} = \mathcal{T}(\overline{S_2S_1})\mathcal{R}_{\text{m}}(S_2)\mathcal{T}(\overline{S_1S_2})\mathcal{R}_{\text{m}}(S_1)$ und damit explizit (Abb. L13.5)

$$T_{\text{hr}} = \begin{bmatrix} 1 & e \\ 0 & 1 \end{bmatrix} I \begin{bmatrix} 1 & e \\ 0 & 1 \end{bmatrix} \begin{bmatrix} 1 & 0 \\ -B_1 & 1 \end{bmatrix}.$$

Folglich ist $B_1 = -2/(-2e) = 1/e$ und damit:

$$T_{\text{hr}} = \begin{bmatrix} 1 & 2e \\ 0 & 1 \end{bmatrix} \begin{bmatrix} 1 & 0 \\ -1/e & 1 \end{bmatrix} = \begin{bmatrix} -1 & 2e \\ -1/e & 1 \end{bmatrix}.$$

Wir erhalten so für die Transfermatrix

$$\begin{aligned} T(\overline{A_oA_b}) &= \mathcal{T}(\overline{S_1A_b})T_{\text{hr}}\mathcal{T}(\overline{A_oS_1}) \\ &= \begin{bmatrix} 1 & z_b \\ 0 & 1 \end{bmatrix} \begin{bmatrix} -1 & 2e \\ -1/e & 1 \end{bmatrix} \begin{bmatrix} 1 & -z_o \\ 0 & 1 \end{bmatrix} \\ &= \begin{bmatrix} -1 - z_b/e & z_o + 2e + z_bz_o/e + 1 \\ -1/e & z_o/e + 1 \end{bmatrix}. \end{aligned}$$

2. Das Quadrat von T_{hr} ist

$$T_{\text{hr}}^2 = \begin{bmatrix} -1 & 2e \\ -1/e & 1 \end{bmatrix} \begin{bmatrix} -1 & 2e \\ -1/e & 1 \end{bmatrix} = \begin{bmatrix} -1 & 0 \\ 0 & -1 \end{bmatrix} = -I$$

und damit $T_{\text{hr}}^4 = 1$. Nach zwei Hin- und Rückwegen ist

$$T_2(\overline{A_oA_b}) = \begin{bmatrix} 1 & z_b \\ 0 & 1 \end{bmatrix} (-I) \begin{bmatrix} 1 & -z_o \\ 0 & 1 \end{bmatrix} = -\begin{bmatrix} 1 & z_b - z_o \\ 0 & 1 \end{bmatrix}.$$

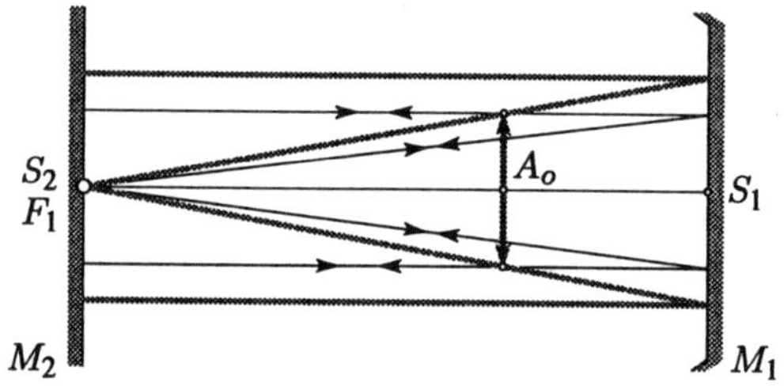

Abb. L13.5

Da A_o und A_b zueinander konjugiert sind, erhalten wir $z_b = z_o$ und $G_a = -1$. Nach vier Hin- und Rückwegen haben wir:

$$T_4(\overline{A_o A_b}) = \begin{bmatrix} 1 & z_b \\ 0 & 1 \end{bmatrix} I \begin{bmatrix} 1 & -z_o \\ 0 & 1 \end{bmatrix} = \begin{bmatrix} 1 & z_b - z_o \\ 0 & 1 \end{bmatrix},$$

so daß für die beiden konjugierten Punkte A_o und A_b $z_b = z_o$ und $G_a = 1$ gilt.

Kapitel 14

A14.1 Parabolischer Spiegel aus Quecksilber

1. Nach der Hydrostatik gilt $\operatorname{grad} p = \rho(\boldsymbol{g} - \boldsymbol{a}_e) = \rho(\boldsymbol{g} + \omega^2 \boldsymbol{HA})$. Die Oberfläche der Flüssigkeit ist eine isobare Fläche, d. h. senkrecht zum Feld $\boldsymbol{g} + \omega^2 \boldsymbol{HA}$. Daraus folgt: $(\boldsymbol{g} + \omega^2 \boldsymbol{HA}) \cdot \mathrm{d}\boldsymbol{r} = 0$, wenn $\mathrm{d}\boldsymbol{r}$ Element der Fläche ist. In der Basis Ozr haben wir (Abbildung L14.1):

$$-g\mathrm{d}z + \omega^2 r \mathrm{d}r = 0 \quad \text{oder nach Integration} \quad z = \frac{\omega^2}{2g} r^2 + \text{const}$$

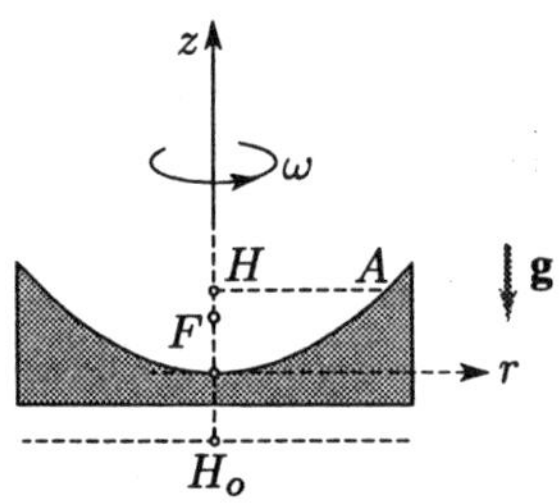

Abb. L14.1

Die Fläche ist demnach ein parabolischer Teil, so daß eine streng stigmatische Abbildung zwischen dem Objekt im Unendlichen und dem Bild im Brennpunkt realisiert werden kann.

2. Die Geschwindigkeit eines Randpunktes ist:

$$v = \frac{D}{2}\omega = \frac{1{,}35 \cdot 9{,}5 \cdot 2\pi}{60} = 1{,}34\,\mathrm{m\,s^{-1}} \quad \text{oder} \quad 48{,}35\,\mathrm{km/h}.$$

Die kanonische Gleichung für das Paraboloid ist $2pz = r^2$, wenn der Ursprung in den tiefsten Punkt des Spiegels gelegt wird (A1.3). Der Abstand $p/2$ ist der Abstand des Brennpunktes zum Scheitelpunkt des Spiegels, d. h. die Brennweite. Damit ergibt sich:

$$2p = \frac{2g}{\omega^2} \quad f = \frac{g}{2\omega^2} = \frac{9{,}81 \cdot 3\,600}{2 \cdot 9{,}5^2 \cdot 4\pi^2} = 4{,}96\,\mathrm{m} \approx 5\,\mathrm{m}$$

A14.2 Äquivalenter Spiegel eines katadioptrischen Systems

Wir berechnen die Transfermatrix des Systems zwischen denselben Punkten am Eingang und am Ausgang:

$$\begin{aligned} T(\overline{EE}) &= \mathcal{T}(\overline{ME})\mathcal{R}(M)\mathcal{T}(\overline{EM}) \\ &= \begin{bmatrix} 1 & 3/8 \\ 0 & 1 \end{bmatrix} \begin{bmatrix} 1 & 0 \\ -4/3 & 1 \end{bmatrix} \begin{bmatrix} 1 & 3/8 \\ 0 & 1 \end{bmatrix} = \begin{bmatrix} 1/2 & 9/16 \\ -4/3 & 1/2 \end{bmatrix}, \end{aligned}$$

da die Brechkraft des Spiegels $-2n_o/\overline{R} = -2(4/3)/(-2) = 4/3\,\delta$ beträgt. Es folgt (Abbildung L14.2):

$$f_b = \frac{n_b}{B} = \frac{3}{4} = 0{,}75\,\mathrm{m} \qquad \overline{EH} = f_b(a-1) = -0{,}375\,\mathrm{m}$$

$$\overline{HF} = f_b = 0{,}75\,\mathrm{m} \quad \text{und} \quad \overline{R} = 2f_b = 1{,}50\,\mathrm{m}.$$

Der äquivalente Spiegel hat als Scheitelpunkt H und als Krümmungsradius $\overline{R} = 1{,}5$ m. Es ist ein konvexer Spiegel.

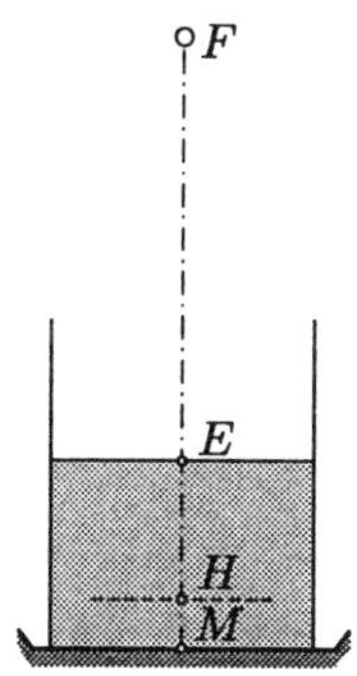

Abb. L14.2

A14.3 Ensemble aus dicker Linse und Spiegel

1. Die Transfermatrix ist $T(\overline{EE}) = T(\overline{ME})\mathcal{R}_m(M)T(\overline{EM})$ mit $\mathcal{R}_m(M) = I$, da der Spiegel eben ist. Daraus folgt

$$T(\overline{EM}) = \mathcal{T}(\overline{SM})T(\overline{ES}) = \begin{bmatrix} 1 & 0{,}02 \\ 0 & 1 \end{bmatrix} \begin{bmatrix} 1 & 0{,}04/3 \\ -25 & 2/3 \end{bmatrix} = \begin{bmatrix} 1/2 & 0{,}08/3 \\ -25 & 2/3 \end{bmatrix}.$$

Da sich $T(ME)$ aus $T(EM)$ durch die Vertauschung der beiden Hauptdiagonalelemente ergibt, erhalten wir:

$$T(\overline{EE}) = \begin{bmatrix} 2/3 & 0{,}08/3 \\ -25 & 1/2 \end{bmatrix} \begin{bmatrix} 1/2 & 0{,}08/3 \\ -25 & 2/3 \end{bmatrix} = \begin{bmatrix} -1/3 & 0{,}32/9 \\ -25 & -1/3 \end{bmatrix}$$

$(\det T = 1/9 + 8/9 = 1)$, so daß wir zu den charakteristischen Größen gelangen:

$$B = 25\,\delta \qquad f_{\mathrm{b}} = 4\,\mathrm{cm} \qquad \overline{EH_{\mathrm{b}}} = 4\left(-\frac{1}{3} - 1\right) = -\frac{16}{3}\,\mathrm{cm} = -5{,}33\,\mathrm{cm}.$$

Der äquivalente Spiegel ist konkav, sein Scheitelpunkt befindet sich in einem Abstand von 5,33 cm rechts von E und sein Krümmungsmittelpunkt befindet sich 8 cm links vom Scheitelpunkt.

2. Hier ist der Spiegel nicht plan. Daher erhalten wir

$$\begin{aligned} T(\overline{EE}) &= T(\overline{ME})\mathcal{R}_{\mathrm{m}}(M)T(\overline{EM}) \\ &= \begin{bmatrix} 2/3 & 0{,}08/3 \\ -25 & 1/2 \end{bmatrix} \begin{bmatrix} 1 & 0 \\ -B_{\mathrm{m}} & 1 \end{bmatrix} \begin{bmatrix} 1/2 & 0{,}08/3 \\ -25 & 2/3 \end{bmatrix} \\ &= \begin{bmatrix} 1/3 - (25 + B_{\mathrm{m}}/2)0{,}08/3 & (8/3)\cdot 10^{-2}(2/3 + 2/3 - 0{,}08B_{\mathrm{m}}/3 \\ -25/2 - 25/2 - B_{\mathrm{m}}/4 & -2/3 + 1/ - 0{,}04B_{\mathrm{m}}/3 \end{bmatrix}. \end{aligned}$$

Das System ist afokal, wenn $B_{\mathrm{m}}/4 = -25\,\delta$ oder $B_{\mathrm{m}} = -100\,\delta$ und $\overline{R} = -2n_{\mathrm{o}}/B_{\mathrm{m}} = -2/B_{\mathrm{m}} = 2$ cm. Schließlich erhalten wir $T(\overline{EE}) = \begin{bmatrix} 1 & 0{,}32/3 \\ 0 & 1 \end{bmatrix}$ und daraus $G_{\mathrm{a}} = 1$, $G_{\mathrm{w}} = 1$ und $G_{\mathrm{t}} = G_{\mathrm{a}}/G_{\mathrm{w}} = 1$. Zwischen A_{o} und A_{b} ist die Transfermatrix

$$T(\overline{A_{\mathrm{o}}A_{\mathrm{b}}}) = \mathcal{T}(\overline{EA_{\mathrm{b}}})T(\overline{EE})\mathcal{T}(\overline{A_{\mathrm{o}}E}) = \begin{bmatrix} 1 & (z_{\mathrm{b}} + 0{,}032/3 + 10^{-2}) \\ 0 & 1 \end{bmatrix}.$$

Folglich erhalten wir $z_{\mathrm{b}} = -10^{-2}\,(1 + 32/3) = -(35/3)10^{-2} = -11{,}66\,\mathrm{cm}$. Das Bild befindet sich 11,66 cm rechts von E.

A14.4 Teleskop „Bernard Lyot“ nach Strand am Pic du Midi
Der Abstand d, der den primären Spiegel der Brennweite f_1 vom ebenen Spiegel trennt, folgt aus (Abbildung L14.3):

$$f_1 - d = SF_{\mathrm{b}} + d \quad \text{bzw.} \quad d = \frac{f_1 - SF_{\mathrm{b}}}{2}$$

mit $EF_{\mathrm{b}} = 1{,}16$ m. Wir erhalten so $d = (9{,}986 - 1{,}16)/2 = 4{,}41$ m.

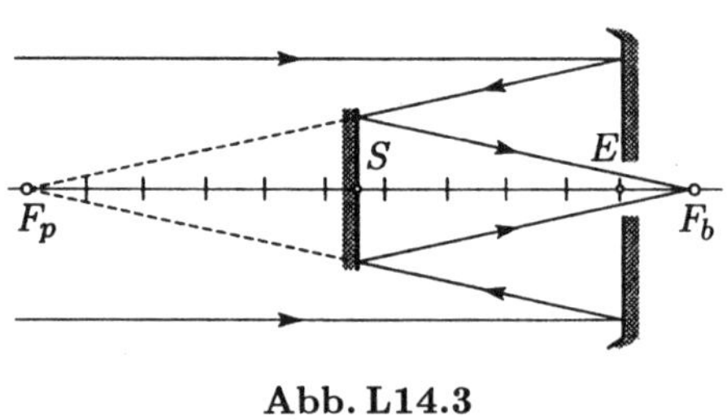

Abb. L14.3

A14.5 Störreflexionen an der dicken Linse

1. Die Transfermatrix $T(\overline{ES}) = \mathcal{R}(S)\mathcal{T}(\overline{ES})\mathcal{R}(E)$ hat die explizite Form:

$$T(\overline{ES}) = \begin{bmatrix} 1 & 0 \\ -B_2 & 1 \end{bmatrix} \begin{bmatrix} 1 & e/n \\ 0 & 1 \end{bmatrix} \begin{bmatrix} 1 & 0 \\ -B_1 & 1 \end{bmatrix} = \begin{bmatrix} 0{,}9 & 10^{-2} \\ -28 & 0{,}8 \end{bmatrix}$$

da $e/n = 10^{-2}$, $B_1 = (1{,}5-1)/(5 \cdot 10^{-2}) = 10\,\delta$ und $B_2 = (1-1{,}5)/(-2{,}5 \cdot 10^{-2} = 20\,\delta$ ist. Es gilt det $T = 1$. Daraus folgen $B = 28\,\delta$, $f_\mathrm{b} = 1/28 = 3{,}6$ cm, $\overline{SH_\mathrm{b}} = 3{,}6(0{,}9 - 1) = -0{,}36$ cm, $\overline{EH_\mathrm{o}} = -3{,}6(0{,}8-1) = 0{,}72$ cm, $H_\mathrm{o} = N_\mathrm{o}$, $H_\mathrm{b} = N_\mathrm{b}$, $\overline{H_\mathrm{b}F_\mathrm{b}} = f_\mathrm{b}$, $\overline{H_\mathrm{o}F_\mathrm{o}} = -f_\mathrm{b}$.

2. Da wir $p_\mathrm{o} = \overline{H_\mathrm{o}A_\mathrm{o}} = \overline{H_\mathrm{o}E} = -0{,}72$ cm haben, gibt die Formel $1/p_\mathrm{b} - 1/p_\mathrm{o} = B$ den Wert $p_\mathrm{b} = -0{,}9$ cm.

3. – Wir erhalten

$$\mathcal{R}_\mathrm{m}(S) = \begin{bmatrix} 1 & 0 \\ -B_\mathrm{ms} & 1 \end{bmatrix} \quad \text{und} \quad \mathcal{R}_\mathrm{m}(E) = \begin{bmatrix} 1 & 0 \\ -B_\mathrm{me} & 1 \end{bmatrix}$$

mit $B_\mathrm{ms} = -2 \cdot 1{,}5/(-2{,}5 \cdot 10^{-2}) = 120\delta$ und $B_\mathrm{me} = -2 \cdot 1{,}5/(-5 \cdot 10^{-2}) = 60\delta$.

– Die Transfermatrix des Systems nach Reflexion an S und E hat die Form:

$$T_1(\overline{ES}) = \mathcal{R}(S)\mathcal{T}(\overline{ES})\mathcal{R}_\mathrm{m}(E)\mathcal{T}(\overline{SE})\mathcal{R}_\mathrm{m}(S)\mathcal{T}(\overline{ES})\mathcal{R}(E).$$

Nach Berechnung von $\mathcal{T}(\overline{ES})\mathcal{R}_\mathrm{m}(E)\mathcal{T}(\overline{SE})\mathcal{R}_\mathrm{m}(S)$,

$$\begin{bmatrix} 1 & 10^{-2} \\ 0 & 1 \end{bmatrix} \begin{bmatrix} 1 & 0 \\ -60 & 1 \end{bmatrix} \begin{bmatrix} 1 & 10^{-2} \\ 0 & 1 \end{bmatrix} \begin{bmatrix} 1 & 0 \\ -120 & 1 \end{bmatrix} = \begin{bmatrix} -1{,}28 & 1{,}4 \cdot 10^{-2} \\ -108 & 0{,}4 \end{bmatrix}$$

(det = 1) erhalten wir schließlich für $T_1(\overline{ES})$

$$\begin{bmatrix} 1 & 0 \\ -20 & 1 \end{bmatrix} \begin{bmatrix} -1{,}28 & 1{,}4 \cdot 10^{-2} \\ -1{,}08 & 0{,}4 \end{bmatrix} \begin{bmatrix} 1 & 10^{-2} \\ 0 & 1 \end{bmatrix} \begin{bmatrix} 1 & 0 \\ -10 & 1 \end{bmatrix}$$

$$= \begin{bmatrix} -1{,}292 & 0{,}12 \cdot 10^{-2} \\ -75{,}36 & -70{,}4 \cdot 10^{-2} \end{bmatrix}.$$

Für die Strecke $\overline{SF_1}$ erhalten wir $\overline{SF_1} = \overline{SH_\mathrm{b}} + \overline{H_\mathrm{b}F_1} = f_\mathrm{b}a = -1{,}292/75{,}36 = -1{,}71$ cm. Zur Bestimmung von F_n berechnen wir $\{T_1(\overline{ES})\}^n$ ausgehend von $T_n(ES) = \mathcal{R}(S)\{T_1(ES)\}^n\mathcal{T}(ES)\mathcal{R}(E)$, so daß wir erhalten: $\overline{SF_n} = a^{(n)}/B^{(n)}$.

A14.6 Von einem Mach-Zehnder-System erzeugte Bilder

1. Man unterscheidet zwei unterschiedliche optische Systeme:
   – Das erste, (Sp_1, M_1), erzeugt S_1' als Zwischenbild und S_1 als endgültiges Bild.
   – Das zweite, (Sp_1, M_2), erzeugt S_2' als Zwischenbild und S_2 als endgültiges Bild.

   Die beiden Bilder S_1 und S_2 sind virtuell und befinden sich 70 cm links von K (Abbildung L14.4).

2. a) Zwischen den Punkten I, J_1 und K lautet die Transfermatrix:

$$T(\overline{IJ_1K}) = \mathcal{T}(\overline{J_1K})\mathcal{R}_\mathrm{m}(J_1)\mathcal{T}(\overline{IJ_1})\mathcal{R}_\mathrm{m}(I)$$

oder

$$T(\overline{IJ_1K}) = \begin{bmatrix} 1 & a \\ 0 & 1 \end{bmatrix} I \begin{bmatrix} 1 & b \\ 0 & 1 \end{bmatrix} I = \begin{bmatrix} 1 & a+b \\ 0 & 1 \end{bmatrix},$$

da

$$\mathcal{R}_\mathrm{m}(K) = I \quad \text{und} \quad \mathcal{R}_\mathrm{m}(J) = I$$

und damit $T(\overline{IJ_2K}) = T(\overline{IJ_1K})$.

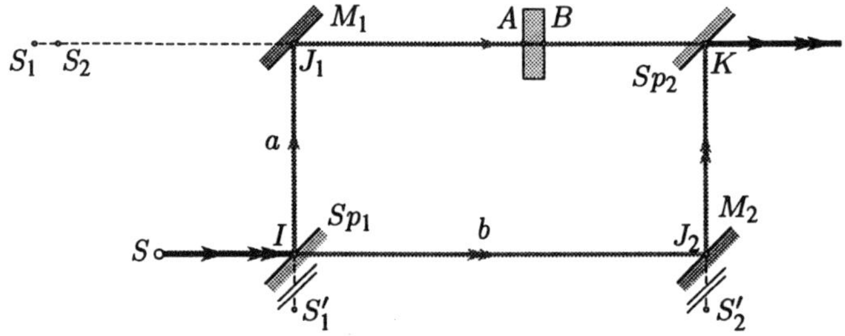

Abb. L14.4

b) Die Transfermatrix $T(\overline{IJ_1K})$ hat in Anwesenheit des Plättchens die Form:

$$\mathcal{T}(\overline{IJ_1K}) = \mathcal{R}_m(K)\mathcal{T}'(\overline{J_1K})\mathcal{R}_m(J_1)\mathcal{T}(\overline{IJ_1})$$

mit

$$\mathcal{T}'(\overline{J_1K}) = \mathcal{T}(\overline{BK})\mathcal{R}(B)\mathcal{T}(\overline{AB})\mathcal{R}(A)\mathcal{T}(\overline{J_1A}),$$

wenn A und B die Achsenpunkte auf den Flächen des Plättchens sind. Da $\mathcal{R}(B) = \mathcal{R}(A) = I$ gilt, finden wir für $\mathcal{T}'(\overline{J_1K})$:

$$\mathcal{T}'(\overline{J_1K}) = \begin{bmatrix} 1 & BK + e/n + J_1A \\ 0 & 1 \end{bmatrix} = \begin{bmatrix} 1 & b + e(1/n - 1) \\ 0 & 1 \end{bmatrix}.$$

Es folgt daraus

$$T(\overline{IJ_1K}) = \begin{bmatrix} 1 & a + b + e(1/n - 1) \\ 0 & 1 \end{bmatrix}.$$

Da S und S_1 zueinander konjugiert sind, erhalten wir:

$$\begin{aligned} T(\overline{SS_1}) &= \mathcal{T}(\overline{KS_1})T(\overline{IJ_1K})\mathcal{T}(\overline{SI}) \\ &= \begin{bmatrix} 1 & \overline{KS_1} \\ 0 & 1 \end{bmatrix} \begin{bmatrix} 1 & a + b + e(1/n - 1) \\ 0 & 1 \end{bmatrix} \begin{bmatrix} 1 & s \\ 0 & 1 \end{bmatrix} \\ &= \begin{bmatrix} 1 & \overline{KS_1} + a + b + e(1/n - 1) + s \\ 0 & 1 \end{bmatrix} \quad \text{mit } s = SI. \end{aligned}$$

Aus der Bedingung $\overline{KS_1} + a + b + e(1/n - 1) + s = 0$ folgt $\overline{KS_1} = -[a + b + e(1/n - 1) + s]$. Analog verfahren wir für S_2, das auch zu S konjugiert ist, und erhalten $\overline{KS_2} = -(a + b + s)$.

3. Für den Abstand $\overline{S_1S_2}$ erhalten wir $\overline{S_1S_2} = \overline{KS_2} - \overline{KS_1} = -e\,(1 - 1/n) < 0$ und mit den angegebenen Zahlenwerten folgt: $\overline{S_1S_2} = -2(1 - 3/4) = -0{,}5$ cm.

A14.7 Teleskop KFH (Kanada, Frankreich, Hawaii)

1. Die Matrixelemente der Transfermatrix des Objektivs des Teleskops KFH sind (Kapitel 14):

$$a = 1 - eB_p = 0{,}3655 \quad b = 8{,}566 \quad -B = -0{,}0349 \quad d = 1{,}9178,$$

da $B_b = (2/27)\,\delta$, $B_s = (-2/18{,}665)\,\delta$ und $e = 8{,}566$ m ist. Es folgt $f_b = 1/B = 28{,}643$ m und der Brennpunkt $\overline{S_1F_b} = f_b a = 10{,}468$ m sowie $\overline{E_1F_b} = 10{,}468 - 8{,}566 = 1{,}902$ m.

Man findet dasselbe Ergebnis, wenn man das Bild bestimmt, das der sekundäre Spiegel vom Brennpunkt des primären Spiegels, F_p, erzeugt. Da $\overline{S_1F_p} = 13{,}5 - 8{,}566 = 4{,}934$ m gilt, erhalten wir:

$$\frac{1}{\overline{S_1F_b}} - \frac{1}{\overline{S_1F_p}} = B_s = -\frac{2}{18{,}665} \quad \text{und damit} \quad \overline{S_1F_b} = 10{,}468\,\text{m}.$$

2. Die Ausdehnung des Bildes in der Brennebene beträgt $f_b \cdot \theta = 0{,}28$ mm.
3. Die Lage P_1 des Bildes des Hauptspiegels, das durch den sekundären Spiegel erzeugt wird, ist gegeben durch:

$$\frac{1}{\overline{S_1P_1}} - \frac{1}{\overline{S_1E_1}} = B_s = -\frac{2}{18,665} \quad \text{mit} \quad \overline{S_1E_1} = -8{,}566\,\text{m}$$

und daraus $\overline{S_1P_1} = -4{,}466$ m. Das Bild liegt demnach vor dem sekundären Spiegel und der entsprechende Abbildungsmaßstab beträgt $(-4{,}466/-8{,}566) = 0{,}52$. Daraus kann man auf den Abstand zwischen den Löchern in der Bildebene schließen: $3 \cdot 0{,}52 = 1{,}56$ m.

A14.8 Äquivalenter Spiegel zu einem System aus divergenter Linse und konkavem Spiegel

1. Ein parallel zu der optischen Achse einfallender Lichtstrahl kehrt auf demselben Weg um, während ein durch das Linsenzentrum O tretender Lichtstrahl durch M parallel zu der Achse zwischen L und M reflektiert wird (Abbildung L14.5).
2. Die Transfermatrix $T(\overline{OMO})$ hat die Form:

$$\begin{aligned} T(\overline{OMO}) &= T(\overline{OM})\mathcal{R}_m(M)T(\overline{MO}) \\ &= \begin{bmatrix} 1 & 4 \\ 1/4 & 2 \end{bmatrix} \begin{bmatrix} 1 & 0 \\ -B_m & 1 \end{bmatrix} \begin{bmatrix} 2 & 4 \\ 1/4 & 1 \end{bmatrix} = \begin{bmatrix} 1 & 4 \\ 0 & 1 \end{bmatrix}, \end{aligned}$$

da $B_m = -2/\overline{R} = 0{,}25\,\text{cm}^{-1} = 25\,\delta$ beträgt. Das System ist demnach äquivalent zu einem ebenen Spiegel, der sich 2 cm hinter der Linse befindet, da die Brechkraft verschwindet und das Matrixelement b das Zweifache des Weges zwischen Eingang und dem äquivalenten Spiegel darstellt. Um die Lage des Bildes des Objekts aus der Rechnung zu erhalten, genügt es festzustellen, daß $T(\overline{A_oA_b})$ das Produkt dreier Matrizen in Dreiecksgestalt ist:

$$T_{12}(A) = z_b + 4 + 6 = 0 \quad \text{und folglich} \quad z_b = -10\,\text{cm}.$$

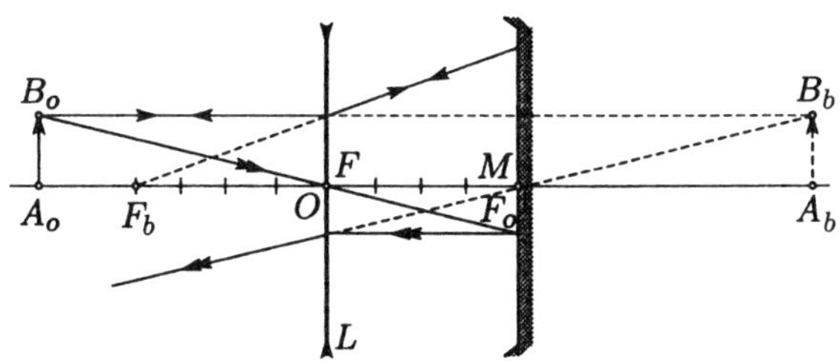

Abb. L14.5

A14.9 Hubble Space Telescope

1. Wir wissen, daß die Brechkraft des primären Spiegels durch

$$B_p = \frac{-2n_o}{\overline{R}_p} = \frac{-2}{-11{,}04} = 0{,}1811\,\delta$$

gegeben ist, so daß für die Brennweite folgt: $f_b = 1/B_m = 5{,}52\,\text{m}$. Der Brennpunkt befindet sich in der Mitte der Strecke, die E mit dem Krümmungsmittelpunkt verbindet, d. h. 5,52 m von E.

2. Die Brechkraft von M_s beträgt $B_s = -2n_o/\overline{R}_s = -2/1{,}358 = -1{,}473\,\delta$. Das von diesem Spiegel erzeugte Bild von F_p ergibt sich aus:

$$\frac{1}{p_b} - \frac{1}{p_o} = B_s \quad \text{oder} \quad \frac{1}{p_b} - \frac{1}{0{,}614} = -1{,}473$$

wegen $p_o = \overline{SF_p} = 5{,}52 - 4{,}906 = 0{,}614$ m. Daraus erhalten wir $p_b = 6{,}414$ m und $EF_C = 6{,}414 - 4{,}906 = 1{,}508$ m.

3. Da $p_o = -4{,}906$ m beträgt, ergibt die Descartessche Formel:

$$\frac{1}{p_b} - \frac{1}{-4{,}906} = -1{,}473 \quad \text{bzw.} \quad p_b = -0{,}5964\,\text{m} \quad \text{und} \quad G_a = \frac{p_b}{p_o} = 0{,}12.$$

Wir erhalten so die Größe des Bildes: $A_bB_b = A_oB_o \cdot G_a = 2{,}4 \cdot 0,\,12 = 0{,}288$ m.

4. Nach der Gullstrandschen Formel erhalten wir:

$$B_l = B_p + B_s - eB_pB_s = 0{,}1811 - 1{,}473 + 4{,}906 \cdot 1{,}473 \cdot 0{,}1811 = 0{,}0173$$

und damit $f_l = 1/B_l = 57{,}670$ m.

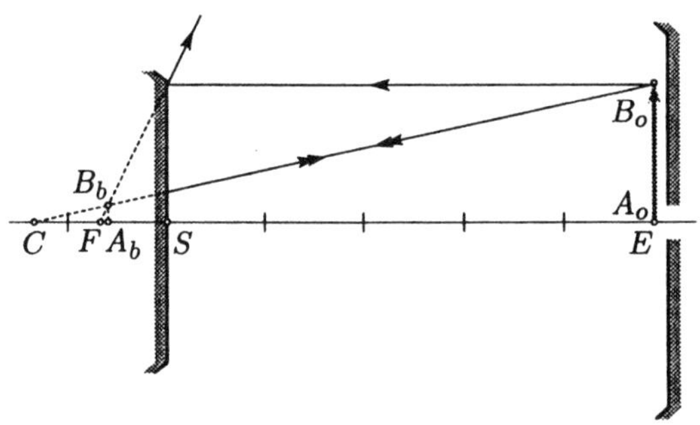

Abb. L14.6

Kapitel 15

A15.1 Richtungscharakteristik einer Lichtquelle

Es gilt

$$\mathcal{I} = \int L\cos\theta \mathrm{d}S = \cos\theta \int L\mathrm{d}S = \mathcal{I}_0\cos\theta \quad \text{mit} \quad \mathcal{I}_0 = \int L\mathrm{d}S;$$

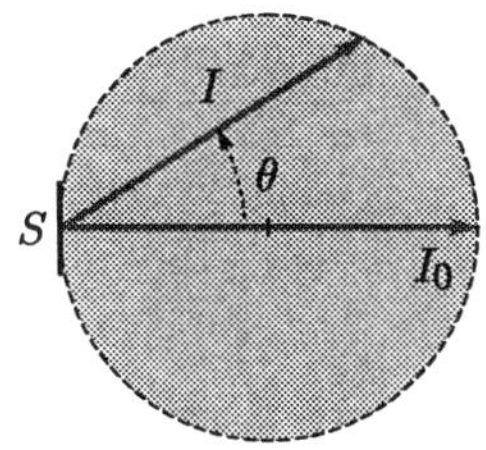

Abb. L15.1

$\mathcal{I}$ hängt nicht von θ ab (Lambertsches Gesetz), so daß die Charakteristik ein zu der Oberfläche der Quelle tangentialer Kreis ist (Abbildung L15.1).

A15.2 Vergleich der Lichtintensität zweier Lichtquellen
Die Gleichheit der Beleuchtungsstärken $E_1 = E_2$ ergibt $\mathcal{I}_1/x^2 = \mathcal{I}_2/(d-x)^2$ und führt zu der quadratischen Gleichung

$$(m-1)x^2 + 2dx - d^2 = 0 \quad \text{mit Wurzeln} \quad x = \frac{d}{\sqrt{m}+1} = \frac{d}{3} \quad \text{für} \quad m = 4.$$

A15.3 Lichtstrom aus einer Neonröhre
Die Beleuchtungsstärke am Punkt P hat die Form:

$$E = \frac{\mathrm{d}\Phi}{\mathrm{d}S'} = \int \frac{L\cos\theta}{r^2}\mathrm{d}S = \frac{KL}{R^2}\int \frac{\cos^3\theta}{r^2}\mathrm{d}y.$$

Da $y/R = -\tan\theta$ gilt, erhalten wir durch Differentiation: $\mathrm{d}y = -R/\cos^2\theta\mathrm{d}\theta$ und damit

$$E = \frac{KL}{R}\int -\cos\theta\mathrm{d}\theta = \frac{KL}{R}[\sin\theta]_2^1 = \frac{KL}{R}(\cos\alpha_1 - \cos\alpha_2).$$

Die Näherung einer unendlich langen Röhre ergibt sich aus $\alpha_1 = 0$ und $\alpha_2 = \infty$: $E = 2KL/R$.

A15.4 Maximale Beleuchtung eines Tisches

1. Die Beleuchtungsstärke hat die Form

$$E = \frac{\delta\Phi}{\mathrm{d}S'} = \left(\frac{\delta\Phi}{\mathrm{d}\Omega}\right)\left(\frac{\mathrm{d}\Omega}{\mathrm{d}S'}\right) = \mathcal{I}\frac{\cos\alpha}{r^2}$$

mit $r = a/(2\sin\alpha)$, so daß wir $E = 4\mathcal{I}\cos\alpha(1-\cos^2\alpha)/a^2$ erhalten.

2. Differenzieren wir E nach α, folgt

$$\frac{\mathrm{d}E}{\mathrm{d}\alpha} = \frac{4I}{a^2}(-1+3\cos^2\alpha)\sin\alpha \quad \text{und damit} \quad \frac{\mathrm{d}E}{\mathrm{d}\alpha} = 0$$

für $\alpha = 0$ und $\cos\alpha = \sqrt{3}/3$. Die erste Lösung kann nicht verwendet werden, da sich S für $\alpha = 0$ im Unendlichen befindet und die Beleuchtungsstärke verschwindet. Der Abstand SH der Quelle zum Tisch beträgt daher $a/2\tan\alpha = a/\sqrt{2} = 0{,}7\,\mathrm{m}$.

A15.5 Direktes Sonnenlicht auf der Erde
Mit den üblichen Bezeichnungen (Abbildung L15.2) erhalten wir

$$\delta^2\Phi = L\frac{\mathrm{d}S\mathrm{d}S'\cos\theta\cos\theta'}{r^2} = \frac{M}{\pi}\frac{\mathrm{d}S\mathrm{d}S'\cos\theta\cos\theta'}{r^2}, \quad \text{da} \quad M = \pi L.$$

Die Leistung pro Quadratmeter auf der Erde beträgt

$$\frac{\delta\Phi}{\mathrm{d}S'} = \frac{L}{\pi}\int_S \frac{\cos\theta\cos\theta'\mathrm{d}S}{r^2} \approx \frac{M}{\pi D^2}\int \cos\theta\mathrm{d}S = \frac{M}{\pi D^2}\Sigma = M\frac{R^2}{D^2} \approx \frac{M\theta^2}{4}.$$

Berücksichtigt man noch die atmosphärische Absorption, erhalten wir $\delta\Phi/\mathrm{d}S' = 0{,}75\,\sigma T^4\theta^2/4 \approx 1\,\mathrm{kW/m^2}$.

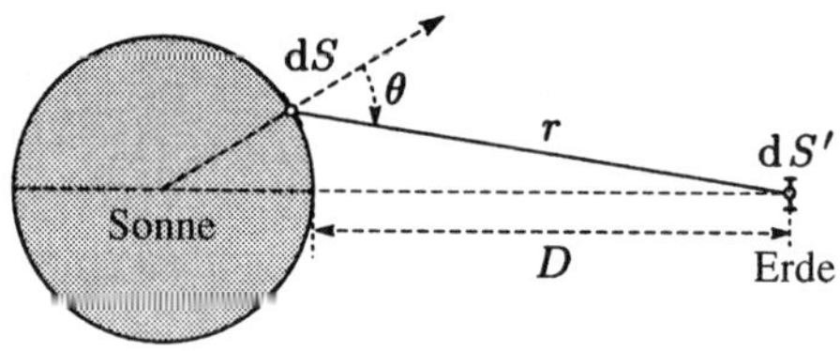

Abb. L15.2

A15.6 Spektrale Beleuchtungsstärke einer Wolframfadenlampe
Die Beleuchtungsstärke in einem Abstand von 1 m ist $2^2 = 4$ mal kleiner, da der Abstand um den Faktor 2 kleiner ist: $E = 0{,}6\ \mathrm{W\,m^{-2}}$. Teilen wir noch durch das Spektralintervall, erhalten wir die spektrale Beleuchtungsstärke:

$$E_\lambda = \frac{E}{\Delta\lambda} = \frac{0{,}6}{0{,}3\cdot 10^{-6}} = 2\cdot 10^6\mathrm{W\,m^{-3}}$$

A15.7 Verteilung des Lichtes entlang der optischen Achse einer Linse
Da $\delta\Phi_\mathrm{b} = \kappa\delta\Phi_\mathrm{o}$ gilt, kann man die folgende Beziehung zwischen den Lichtströmen pro Einheitslänge $\mathcal{P}_\mathrm{b}$ und $\mathcal{P}_\mathrm{o}$ aufstellen:

$$\mathcal{P}_\mathrm{b}(z_\mathrm{b})\mathrm{d}z_\mathrm{b} = \kappa\mathcal{P}_\mathrm{o}(z_\mathrm{o})\mathrm{d}z_\mathrm{o} \quad \text{und daraus} \quad \mathcal{P}_\mathrm{b}(z_\mathrm{b}) = \kappa\mathcal{P}_\mathrm{o}(z_\mathrm{o})\frac{\mathrm{d}z_\mathrm{o}}{\mathrm{d}z_\mathrm{b}} = \kappa\frac{\mathcal{P}_\mathrm{o}(z_\mathrm{o})}{G_\mathrm{t}} = \kappa\frac{\mathcal{P}_\mathrm{o}(z_\mathrm{o})}{G_\mathrm{a}^2}$$

Aus der Tatsache, daß $G_\mathrm{a} = -(z_\mathrm{b} - f)/f$ ist, folgt daß $\mathcal{P}_\mathrm{o}(z_\mathrm{o})$ eine Konstante ist:

$$\mathcal{P}_\mathrm{b}(z_\mathrm{b}) = \mathrm{const}\frac{\kappa f^2}{(z_\mathrm{b} - f)^2}.$$

Für $z_\mathrm{o} = -f/2 - 2f = -5f/2$ folgt $z_\mathrm{b} = 5f/3$, während für $z_\mathrm{o} = f/2 - 2f = -3f/2$ für z_b folgt: $z_\mathrm{b} = 3f$. Damit erhalten wir für $\mathcal{P}_\mathrm{b}$:

$$\mathcal{P}_\mathrm{b}\left(\frac{5f}{3}\right) = \mathrm{const}\cdot\frac{9}{4}\kappa \quad \text{und} \quad \mathcal{P}_\mathrm{b}(3f) = \mathrm{const}\cdot\frac{1}{4}\kappa \quad \text{und folglich} \quad \frac{\mathcal{P}_\mathrm{b}(5f/3)}{\mathcal{P}_\mathrm{b}(3f)} = 9.$$

A15.8 Absorptionskoeffizient von Glas
Aus dem Beerschen Gesetz $\Phi = \Phi_0 \exp(-\mu x)$ folgt:

$$\mu = \frac{1}{x} \ln\left(\frac{\Phi_0}{\Phi}\right) = -\frac{1}{0{,}025} \ln(0{,}997) = 0{,}12\,\mathrm{m}^{-1},$$

so daß sich für κ ergibt:

$$\kappa = \frac{\Phi}{\Phi_0} = \exp(-0{,}12 \cdot 5 \cdot 10^{-3}) = 0{,}9994.$$

Kapitel 16

A16.1 Makrophotographie

1. Die Kardinalelemente sind: $B = 20\,\delta$, $f = f_\mathrm{b} = -f_\mathrm{o} = 1/B = 5$ cm, $\overline{SH_\mathrm{b}} = f_\mathrm{b}(a-1) = -3\,\mathrm{cm}$, $\overline{EH_\mathrm{o}} = -f_\mathrm{b}(d-1) = 4\,\mathrm{cm}$, $H_\mathrm{o} \equiv N_\mathrm{o}$, $H_\mathrm{b} \equiv N_\mathrm{b}$.
2. a) Berechnen wir $\overline{F_\mathrm{b}A_\mathrm{b}}$ für den Fall, daß die Scharfeinstellung vorgenommen worden ist. Es gilt: $\overline{F_\mathrm{o}A_\mathrm{o}} \cdot \overline{F_\mathrm{b}A_\mathrm{b}} = -f^2$ mit $\overline{F_\mathrm{b}A_\mathrm{b}} = s$ (Auszug) und $\overline{F_\mathrm{o}A_\mathrm{o}} = \overline{F_\mathrm{o}F_\mathrm{b}} + \overline{F_\mathrm{b}A_\mathrm{b}} + \overline{A_\mathrm{b}A_\mathrm{o}}$. Mit

$$\overline{F_\mathrm{o}F_\mathrm{b}} = \overline{F_\mathrm{o}H_\mathrm{o}} + \overline{H_\mathrm{o}E} + \overline{ES} + \overline{SH_\mathrm{b}} + \overline{H_\mathrm{b}F_\mathrm{b}} = 5 - 4 + 6 - 3 + 5 = 9\,\mathrm{cm}$$

erhalten wir in Zentimetern: $\overline{F_\mathrm{o}A_\mathrm{o}} = 9 + s - 19 = s - 10$. Folglich ergibt sich für s aus $(s-10)s = -25$ bzw. $s^2 - 10s + 25 = (s-5)^2 = 0$ der Wert $s = 5$ cm, um den das Objektiv vom Film entfernt werden muß.

b) Der Abbildungsmaßstab beträgt: $G_\mathrm{a} = -\sigma_\mathrm{b}/f = f/\sigma_\mathrm{o} = 5/(-5) = -1$ (Abbildung L16.1).

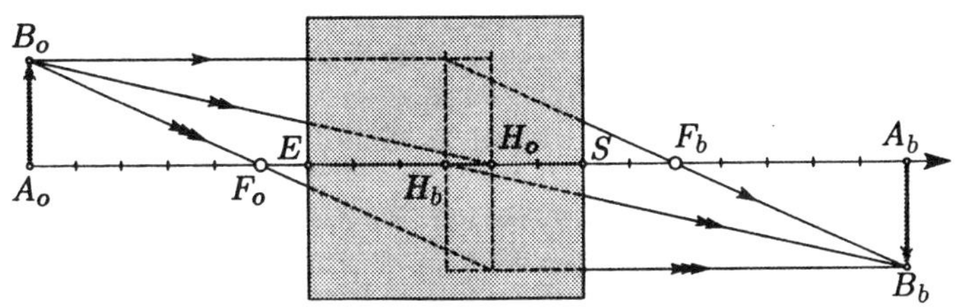

Abb. L16.1

A16.2 Blendenzahl des Auges

1. Da der Durchmesser der Augenpupille sich zwischen 2 mm (Tagsicht) und 8 mm (Nachtsicht) bewegt, während die Brennweite von der Größenordnung 20 mm ist, variiert $k = f/D$ zwischen 2,5 und 10, was mit den Blendenzahlen eines Photoapparates vergleichbar ist.
2. Die beugungsbedingte räumliche Auflösungsgrenze $\lambda \cdot k$ bewegt sich für die Wellenlänge $\lambda \sim 0{,}55\,\mu$m zwischen 1,4 μm und 5,5 μm. Diese Werte sind vergleichbar mit den Größen der Netzhautzellen, die bei 4 μm liegen.

A16.3 Teleobjektiv

1. Die Descartessche Gleichung $1/\overline{O_1A_b} - 1/\overline{O_1A_o} = 1/f_1$ ergibt, da $O_1A_o \gg 5$ cm ist: $\overline{O_1A_b} \approx f_1 = 5$ cm. Daher ergibt sich:

$$G_{a,1} = \frac{p_b}{p_o} = \frac{5}{-5 \cdot 10^4} = -10^{-4} \quad \text{und} \quad 2A_bB_b = \frac{2A_oB_o}{10^4} = 2\,\text{mm}.$$

Der Winkel, unter dem man das Bild sieht, beträgt $2\alpha \approx 4 \cdot 10^{-2}$ rad. Der größte Winkel $(2\alpha)_m$ ergibt sich, wenn $2A_bB_b$ so groß wie die Diagonale des Filmformates ist, d. h. hier $(24^2 + 36^2)^{\frac{1}{2}} = 12\sqrt{13} = 43{,}2\,\text{mm}$. $(2\alpha_m)$ ergibt sich daher aus (Abbildung L16.2):

$$\tan \alpha_m = 43{,}2/(2 \cdot 50) = 0{,}432 \quad \text{zu} \quad (2\alpha)_m = 46{,}72^\circ.$$

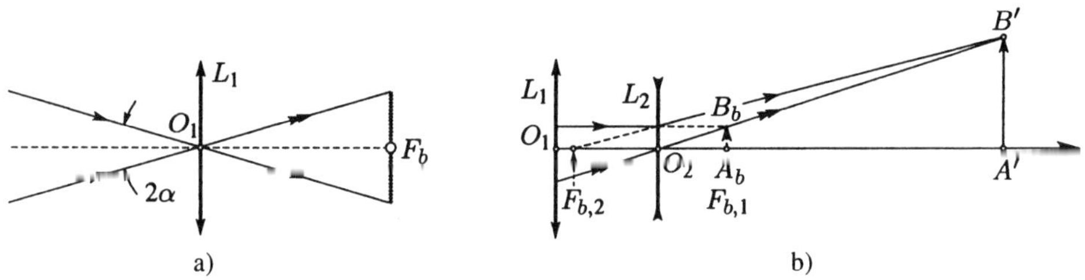

Abb. L16.2

2. Für L_2 ist das von L_1 erzeugte Bild $A_{b,1}$, das praktisch in $F_{b,1}$ liegt, ein virtuelles Objekt (Abbildung L16.2b). Mit der Descartesschen Formel erhalten wir:

$$\frac{1}{\overline{O_2A'}} - \frac{1}{\overline{O_2F_{b,1}}} = \frac{1}{f_2} \quad \text{bzw.} \quad \frac{1}{\overline{O_2A'}} = \frac{1}{-2{,}5} + \frac{1}{2} \quad \overline{O_2A'} = 10\,\text{cm}$$

$$\text{und} \quad G_{a,2} = \frac{\overline{O_2A'}}{\overline{O_2F_{b,1}}} = 5.$$

Das endgültige Bild ist demnach 5mal so groß wie das Zwischenbild: $2\overline{A'B'} = G_{a,2}\, 2\overline{A_bB_b} = 10$ mm. Um ein Bild gleicher Vergrößerung nur mit L_1 zu erhalten, wäre eine bildseitige Brennweite von $f_b = 2\overline{A'B'}/(2\alpha) = 25$ cm nötig. Die Größe des Objektivs läge also bei 25 cm, während bei zwei Linsen eine Größe von $O_1O_2 + O_2A' = 13\,\text{cm}$ ausreicht.

3. Die Matrix $T(\overline{O_1O_2})$ hat die Form:

$$T(\overline{O_1O_2}) = \begin{bmatrix} 1 - eB_1 & e \\ -B & 1 - eB_2 \end{bmatrix}$$

mit $e = 3$ cm, $B_1 = 1/f_1 = 0{,}2$ cm^{-1} und $B_2 = 1/f_2 = -0{,}4$ cm^{-1}. Für die Brechkraft folgt daher $B = 0{,}2 - 0{,}4 + 0{,}24 = 0{,}04$ cm^{-1} und für die Brennweite $f_b = 25$ cm; Die Matrix hat damit explizit die Form

$$T(\overline{O_1O_2}) = \begin{bmatrix} 0{,}4 & 3 \\ -0{,}04 & 2{,}2 \end{bmatrix}$$

und die Abstände zu den Haupt- bzw. Knotenpunkten: $\overline{O_2H_b} = \overline{O_2N_b} = 25(0{,}4-1) = -15$ cm und $\overline{O_1H_o} = \overline{O_1N_o} = -25(2,2-1) = -30$ cm. Der größte Winkel ist $(2\alpha)_m$ mit einem α_m, für das gilt: $\tan\alpha_m = 43{,}2/(2\cdot 250) = 0{,}086$, also ist $(2\alpha)_m = 4{,}9°$.

A16.4 Realisierung eines Teleobjektivs

Das durch L_1 erzeugte Bild befindet sich in der bildseitigen Brennebene; L_2 erzeugt ein Bild, für das gilt:

$$\frac{1}{p_b} - \frac{1}{f_1 - d} = \frac{1}{f_2} \quad \text{mit} \quad m = \frac{p_b}{f_1 - d}.$$

Durch Eliminierung von p_b in diesen beiden Gleichungen folgt:

$$\frac{1}{m(f_1 - d)} - \frac{1}{f_1 - d} = \frac{1}{f_2} \quad \text{und folglich} \quad md = mf_1 + (m-1)f_2.$$

Mit den gegebenen Zahlenwerten ergibt sich für d: $d = 10 - 9\cdot 4/10 = 6{,}4$ cm. Mit $p_b = 10\cdot(10 - 6{,}4) = 36$ cm beträgt die Größe des Objektivs $p_b + d = 42{,}4$ cm.

Kapitel 17

A17.1 Studium der Luftspiegelungen

1. Die Flächen gleichen Brechungsindexes sind horizontale Ebenen. Der Vektor $\mathrm{grad}\, n$ ist daher senkrecht. Projizieren wir die Gleichung $\mathrm{d}(n\boldsymbol{u})/\mathrm{d}s = \mathrm{grad}\, n$ auf die x-Achse, erhalten wir

$$\frac{\mathrm{d}}{\mathrm{d}s}\left(n\frac{\mathrm{d}x}{\mathrm{d}s}\right) = 0 \quad \text{und daraus} \quad n\frac{\mathrm{d}x}{\mathrm{d}s} = C \quad \text{und} \quad n\sin\alpha = C$$

   mit einer Konstanten C.

2. Projizieren wir die vorhergehende Vektorgleichung auf die y-Achse, erhalten wir

$$\frac{\mathrm{d}}{\mathrm{d}s}\left(n\frac{\mathrm{d}y}{\mathrm{d}s}\right) = \frac{\mathrm{d}n}{\mathrm{d}y} \quad \text{oder} \quad \frac{\mathrm{d}}{\mathrm{d}x}\left(n\frac{\mathrm{d}y}{\mathrm{d}x}\frac{\mathrm{d}x}{\mathrm{d}s}\right)\frac{\mathrm{d}x}{\mathrm{d}s} = \frac{\mathrm{d}n}{\mathrm{d}y} \quad \text{oder} \quad \frac{\mathrm{d}}{\mathrm{d}x}\left(C\frac{\mathrm{d}y}{\mathrm{d}x}\right)\frac{C}{n} = \frac{\mathrm{d}n}{\mathrm{d}y}.$$

   Da $2n\mathrm{d}n = 2n_o^2\mathrm{d}y/a$ gilt, erhalten wir:

$$\frac{\mathrm{d}^2y}{\mathrm{d}x^2} = \frac{n_o^2}{aC^2} \equiv A = \frac{n_o^2}{an_o^2\sin^2\alpha_o} = \frac{1}{a\sin^2\alpha_o}.$$

   Die Integration dieser Gleichung gibt die Lösung $y = Ax^2/2 + Bx$, da an der Stelle $x = 0$ y verschwindet. Der Wert der Konstanten B beträgt: $B = (\mathrm{d}y/\mathrm{d}x)_{x=0} = -1/\tan\alpha_o$.

3. Wegen $y = x(x/(2a\sin^2\alpha_o) - 1/\tan\alpha_o)$ erhalten wir $y = 0$ an den Stellen $x = 0$ und $x = x_F = 2a\sin^2\alpha_o/\tan\alpha_o = a\sin(2\alpha_o)$.

4. Setzen wir in der vorherigen Gleichung $t = 1/\tan\alpha_o$, erhalten wir

$$y = \frac{x^2}{2a}(1+t^2) - xt \quad \text{bzw.} \quad t^2\frac{x^2}{2a} - xt + \frac{x^2}{2a} - y = 0 \quad \text{und} \quad t^2 - \frac{2a}{x}t - \frac{2ay}{x^2} + 1 = 0.$$

   Diese Gleichung ist eine quadratische Gleichung in t, so daß zwei Werte für t existieren, bei der die Parabel durch O und A geht:

$$t = \frac{a}{x} \pm \left(\frac{a^2}{x^2} + \frac{2ay}{x^2} - 1\right)^{\frac{1}{2}}.$$

5. Die Gleichung $t^2 - 2at/x - 2ay/x^2 + 1 = 0$ gibt durch Differentiation nach t bei konstantem x:

$$2t\mathrm{d}t - \frac{2a}{x}\mathrm{d}t - \frac{2a}{x^2}\mathrm{d}y = 0, \quad \text{so daß} \quad \mathrm{d}t = \frac{a/x^2}{t - a/x}\mathrm{d}y$$

folgt. Damit haben wir für $\mathrm{d}y > 0$ die Ungleichung $\mathrm{d}t > 0$, wenn $t > a/x$ ist, und $\mathrm{d}t < 0$ für $t < x/a$. Explizit gibt das:

$$\mathrm{d}\alpha_o < 0, \quad \text{wenn} \quad \cot\alpha_o < \frac{a}{x}, \quad \text{und} \quad \mathrm{d}\alpha_o > 0, \quad \text{wenn} \quad \cot\alpha_o > \frac{a}{x}.$$

Es existieren daher zwei Bilder, eines aufrecht ($A'B'$) und eines umgekehrt ($A''B''$) (Abbildung L17.1).

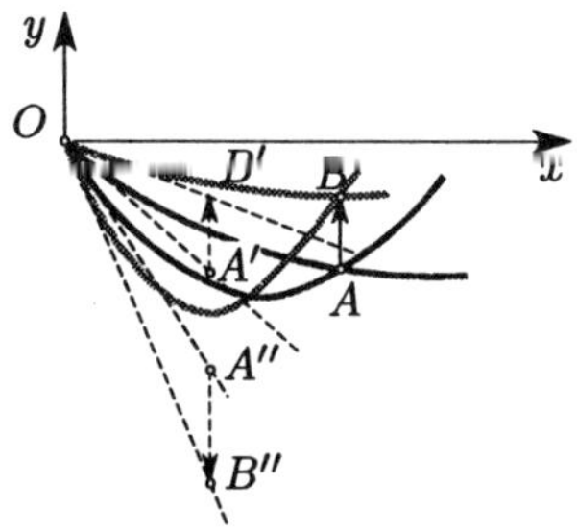

Abb. L17.1

A17.2 Optische Faser mit homogenem Faserkern

1. Damit sich das Licht innerhalb der Faser ausbreiten kann, muß es Totalreflexion an der Grenzfläche zwischen Kern und Mantel erfahren. Es muß also gelten: $\alpha > \alpha_o = \gamma = \arcsin(n_2/n_1)$.
2. Am Eingang der Faser gilt:

$$\sin\theta_o = n_1 \sin\left(\frac{\pi}{2} - \alpha_o\right) = n_1 \cos\alpha_o \quad \text{und damit}$$
$$\sin\theta_o = n_1\left[1 - (n_2/n_1)^2\right]^{\frac{1}{2}} = (n_1^2 - n_2^2)^{\frac{1}{2}}.$$

3. Mit den angegebenen Werten $n_1 = 1{,}5$ und $n_2/n_1 = 0{,}99$ für die Brechungsindizes erhalten wir so $\alpha_o = 81{,}89°$ und $\theta_o = 12{,}25°$.

A17.3 Koppler zweier Gradientenfasern

1. a) Die Transfermatrix $T(ES) = \mathcal{R}(S)\mathcal{T}(\overline{ES})\mathcal{R}(E)$ hat die explizite Form

$$T(ES) = \begin{bmatrix} 1 & 0 \\ -b & 1 \end{bmatrix} \begin{bmatrix} 1 & \phi/n \\ 0 & 1 \end{bmatrix} \begin{bmatrix} 1 & 0 \\ -b & 1 \end{bmatrix} = \begin{bmatrix} 1 - \phi b/n & \phi/n \\ -2b + b^2\phi/n & 1 - \phi b/n \end{bmatrix}$$

mit $v = 2(n-1)/\phi$, $1-\phi v/n = 1-2(n-1)\phi/(\phi/n) = 1-2+2/n = -1+2/n$ und $B_l = b(2-b\phi/n) = (2n-1)[2-2(n-1)/n]/\phi = 2(n-1)(2/n)/\phi = 4(n-1)/(n\phi)$. Daraus ergibt sich dann

$$T(ES) = \begin{bmatrix} -1+2/n & \phi/n \\ -4(n-1)/(n\phi) & -1+2/n \end{bmatrix}.$$

b) Aus der Transfermatrix erhalten wir die Brennweite $f_b = -f_o = n\phi/(4(n-1)) = 1{,}088$ mm und $\overline{SH_b} = f_b(a-1) = n\phi(-2+2/n)/(4(n-1)) = -\phi/n = -1$ mm. H_b und aus Symmetriegründen auch H_o liegen in O. Ebenso die Knotenpunkte, da die äußeren Medien dieselben sind und somit die Haupt- und Knotenpunkte zusammenfallen.

c) Das Bild eines Staubkorns auf der Oberfläche ergibt sich aus der Descartesschen Formel mit $f_b = 1{,}088$ mm und $p_o = \overline{H_oE} = -1$ mm:

$$\frac{1}{p_b} = \frac{1}{1{,}088} - 1 = \frac{0{,}088}{1{,}088},$$

so daß $p_b = -12{,}36$ mm und $G_a = \dfrac{p_b}{p_o} = 12{,}36$ folgt.

2. a) Die Transfermatrix hat die Form

$$T(\overline{H_1H_2}) = T(H_2)\mathcal{T}(\overline{H_1H_2})T(H_1) = \begin{bmatrix} 1 & 0 \\ -B_l & 1 \end{bmatrix}\begin{bmatrix} 1 & e \\ 0 & 1 \end{bmatrix}\begin{bmatrix} 1 & 0 \\ -B_l & 1 \end{bmatrix}$$
$$= \begin{bmatrix} 1-eB_l & e \\ -B_l - B_l + eB_l^2 & 1-eB_l \end{bmatrix},$$

so daß wir $B = 0$ erhalten, wenn $e = 2/B_l = 2f = n\phi/(2(n-1))$ ist.

b) Verschwindet die Brechkraft, $B = 0$, wird der Abbildungsmaßstab $G_a = 1 - eB_l = -1$ und $G_t = G_a^2 = 1$.

c) Konstruktion (Abbildung L17.2): Nach der Konstruktion ist die Transfermatrix zwischen F_1 und F_2 durch $-I$ gegeben. Überprüfen wir dies:

$$T(\overline{F_1F_2}) = \mathcal{T}(\overline{H_2F_2})T(\overline{H_1H_2})\mathcal{T}(\overline{F_1H_1})$$
$$= \begin{bmatrix} 1 & f \\ 0 & 1 \end{bmatrix}\begin{bmatrix} -1 & 2f \\ 0 & -1 \end{bmatrix}\begin{bmatrix} 1 & f \\ 0 & 1 \end{bmatrix} = \begin{bmatrix} -1 & 0 \\ 0 & 1 \end{bmatrix} = -I.$$

3. a) Aus

$$T_1(\overline{E_1S_1}) = \begin{bmatrix} 0 & p/(2\pi n_1) \\ -2\pi n_1/p & 0 \end{bmatrix},$$
$$T_2(\overline{E_2S_2}) = \begin{bmatrix} 0 & -p/(2\pi n_1) \\ 2\pi n_1/p & 0 \end{bmatrix}$$

folgt $f_1 = -f_2 = 1/B_1 = p/(2\pi n_1) = 0{,}199$ mm.

b) Wir haben

$$T(\overline{E_1A_b}) = \mathcal{T}(\overline{S_2A_b})T(\overline{E_2S_2})T(\overline{F_1F_2})T(\overline{E_1S_1})$$
$$= \begin{bmatrix} 1 & z_b \\ 0 & 1 \end{bmatrix}\begin{bmatrix} 0 & -B_1^{-1} \\ B_1 & 0 \end{bmatrix}(-I)\begin{bmatrix} 0 & B_1^{-1} \\ -B_1 & 0 \end{bmatrix}$$
$$= \begin{bmatrix} -1 & -z_b \\ 0 & -1 \end{bmatrix}.$$

Da E_1 und A_b zueinander konjugiert sind, wird $z_b = 0$. Auf der anderen Seite folgt aus dem Umstand, daß das System afokal ist, $G_a = -1$.

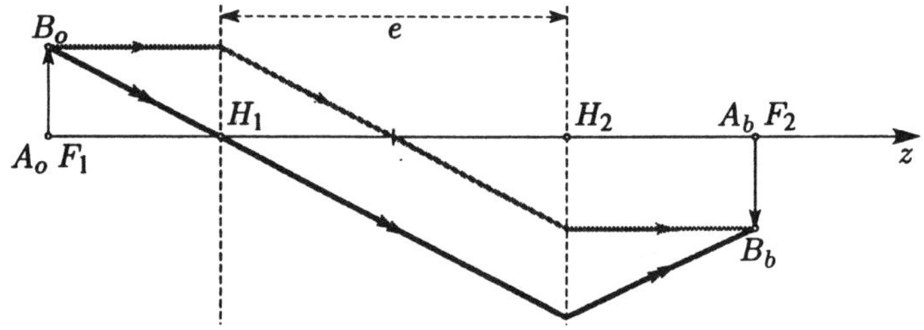

Abb. L17.2

A17.4 Bahnkurve eines Elektrons in einem Elektronenmikroskop

1. In der Gaußschen Näherung gilt $ds \approx dz$, so daß wir wegen $dn/dx = -2n_1 x/a^2$ erhalten:

$$\frac{\mathrm{d}}{\mathrm{d}z}\left(n\frac{\mathrm{d}x}{\mathrm{d}z}\right) = -2Mx \quad \text{mit} \quad M = \frac{n_1}{a^2}.$$

2. Man prüft leicht, daß die lineare Kombination der beiden Lösungen $g(z)$ und $h(z)$ auch Lösung der Differentialgleichung ist. Im Punkt z_e erhält man zum einen:

$$x(z) = x_e \quad \text{und damit} \quad g_e = 1 \quad \text{und} \quad h_e = 0,$$

und zum anderen durch Ableiten von $x(z)$:

$$x'(z) = x_e g'(z) + n_e x'_e h'(z) \quad \text{und folglich} \quad x'_e = x_e g'_e + n_e x'_e h'_e.$$

Daraus ergibt sich, daß $g'_e = 0$ und $n_e h'_e = 1$ gilt. Die resultierende Transfermatrix zwischen der Eingangsebene und der gerade betrachteten Ebene ist danach:

$$T(\overline{A_e A}) = \begin{bmatrix} g & h \\ ng' & nh' \end{bmatrix}.$$

Die Determinante $n(gh' - g'h)$ hängt nicht von z ab; dies folgt aus

$$\frac{\mathrm{d}}{\mathrm{d}z}(\det T) = g\frac{\mathrm{d}(nh')}{\mathrm{d}z} + nh'g' - h\frac{\mathrm{d}(ng')}{\mathrm{d}z} - nh'g' = g(-2Mh) - h(-2Mg) = 0.$$

Folglich ist $\det T = \text{const} = n_e(g_e h'_e - g'_e h_e) = 1$.

3. Ist das Medium homogen, haben wir $M = 0$. Die Differentialgleichung kann dann leicht integriert werden: $x = az + b$. Damit ist $g(z) = 1$, weil $g(z_e) = 1$ und $g'(z_e) = 0$ sind, und $h(z) = (z - z_e)/n$ wegen $h(z_e) = 0$ und $n_e h'(z_e) = 1$. Schließlich kann die Transfermatrix zwischen den Ebenen $\mathcal{P}_e$ und $\mathcal{P}$ in der Form

$$T(\overline{A_e A}) = \begin{bmatrix} 1 & (z - z_e)/n \\ 0 & 1 \end{bmatrix}$$

geschrieben werden. Dies ist die wohlbekannte Translationsmatrix.

Kapitel 18

A18.1 Monochromatische Welle

1. Aus ihrer reellen Form $V(t) = -5\cos(6\pi t - \pi/4) = 5\cos(6\pi t + 3\pi/4) = 5\cos(6\pi t - 5\pi/4)$ folgt für die Amplitude $A = 5$, ihre Frequenz $\nu = 3$ Hz, ihre Periode $T = 0{,}33$ s und ihre Phasenverschiebung $\phi = 5\pi/4$.
2. Das analytische Signal ist $\underline{V}(t) = 5\exp[-\mathrm{i}(6\pi t - 5\pi/4)] = 5\exp(-\mathrm{i}6\pi t)\exp(\mathrm{i}5\pi/4)$. Der Phasenterm am Zeitursprung ist $\exp(\mathrm{i}5\pi/4) = -(1+\mathrm{i})/\sqrt{2}$ und $\mathrm{d}\underline{V}/\mathrm{d}t = -30\mathrm{i}\pi\underline{V}$.

A18.2 Superposition zweier monochromatischer und isochroner Wellen

1. Trigonometrische Methode:

$$\begin{aligned} V(t) &= V_1(t) + V_2(t) = A_1\cos(\omega t - \phi_1) + A_2\cos(\omega t - \phi_2) \\ &= A_1(\cos\omega t\cos\phi_1 + \sin\omega t\sin\phi_1) + A_2(\cos\omega t\cos\phi_2 + \sin\omega t\sin\phi_2) \\ &= (A_1\cos\phi_1 + A_2\cos\phi_2)\cos\omega t + (A_1\sin\phi_1 + A_2\sin\phi_2)\sin\omega t. \end{aligned}$$

Diese Form von $V(t)$ kann man zu $A_r\cos(\omega t - \phi_r)$ vereinfachen, wenn man die folgenden Abkürzungen einführt:

$$A_r\cos\phi_r = A_1\cos\phi_1 + A_2\cos\phi_2 \quad \text{und} \quad A_r\sin\phi_r = A_1\sin\phi_1 + A_2\sin\phi_2.$$

Damit ergibt sich A_r:

$$A_r^2 = (A_1\cos\phi_1 + A_2\cos\phi_2)^2 + (A_1\sin\phi_1 + A_2\sin\phi_2)^2 = A_1^2 + A_2^2 + 2A_1A_2\cos(\phi_1 - \phi_2)$$

sowie ϕ_r

$$\tan\phi_r = \frac{A_1\sin\phi_1 + A_2\sin\phi_2}{A_1\cos\phi_1 + A_2\cos\phi_2}.$$

2. Komplexe Methode:
In der komplexen Darstellung erhalten wir:

$$\underline{V}(t) = \exp(-\mathrm{i}\omega t)\,[A_1\exp(\mathrm{i}\phi_1) + A_2\exp(\mathrm{i}\phi_2)]$$

mit $A_1\exp(\mathrm{i}\phi_1) + A_2\exp(\mathrm{i}\phi_2) = (A_1\cos\phi_1 + A_2\cos\phi_2) + \mathrm{i}(A_1\sin\phi_1 + A_2\sin\phi_2)$. Wir erhalten analog zum trigonometrischen Fall $\underline{V}(t) = A_r\exp[-\mathrm{i}(\omega t - \phi_r)]$ mit

$$A_r^2 = A_1^2 + A_2^2 + 2A_1A_2\cos(\phi_2 - \phi_1) \quad \text{und} \quad \tan\phi_r = \frac{A_1\sin\phi_1 + A_2\sin\phi_2}{A_1\cos\phi_1 + A_2\cos\phi_2}.$$

A18.3 Superposition dreier monochromatischer und isochroner Wellen
Das analytische Signal der Superposition hat die Form $\underline{V}(t) = \underline{V}_1(t) + \underline{V}_2(t) + \underline{V}_3(t) = \exp(-\mathrm{i}\omega t)[1 + \exp(\mathrm{i}\phi) + \exp(-\mathrm{i}\phi)] = \exp(-\mathrm{i}\omega t)(1 + 2\cos\phi)$. Folglich kann man die Amplitude der resultierenden Welle schreiben als $|1 + 2\cos\phi|$ oder:

$$\begin{aligned} A &= \left|\frac{(1+2\cos\phi)\sin(\phi/2)}{\sin(\phi/2)}\right| = \left|\frac{\sin(\phi/2)(1+\cos\phi) + \cos\phi\sin(\phi/2)}{\sin(\phi/2)}\right| \\ &= \left|\frac{2\sin(\phi/2)\cos^2(\phi/2) + \cos\phi\sin(\phi/2)}{\sin(\phi/2)}\right| = \left|\frac{\sin\phi\cos(\phi/2) + \cos\phi\sin(\phi/2)}{\sin(\phi/2)}\right| \\ &= \left|\frac{\sin(3\phi/2)}{\sin(\phi/2)}\right|. \end{aligned}$$

A18.4 Gitterfunktion von Fraunhofer
Die Funktion $R(\phi)$ ist gerade, da $R(\phi) = R(-\phi)$ gilt. Andererseits genügt es, die Funktion nur im Intervall $[0, \pi]$ zu untersuchen, da sie periodisch ist: $R(\phi + 2\pi) = R(\phi)$. Leiten wir nun $R(\phi)$ nach ϕ ab:

$$\frac{\mathrm{d}R}{\mathrm{d}\phi} = \frac{2\sin(N\phi/2)}{N^2\sin(\phi/2)} \frac{N\sin(\phi/2)\cos(N\phi/2) - \sin(N\phi/2)\cos(\phi/2)}{2\sin^2(\phi/2)}$$

Die Ableitung verschwindet ($\mathrm{d}R/\mathrm{d}\phi = 0$) für

1. $\sin(N\phi/2) = 0$, d. h. $N\phi/2 = m\pi$ (m ganz) bzw. $\phi = 2m\pi/N$; für diese Werte verschwindet r ebenfalls (Nullstellen und Minima).
2. $\tan(N\phi/2) = N\tan(\phi/2)$. Dies sind die Nebenmaxima. Man erhält graphisch (Abbildung L18.1a):

$$N\frac{\phi}{2} \approx (2m+1)\frac{\pi}{2} \quad \text{oder} \quad \phi \approx (2m+1)\frac{\pi}{N}.$$

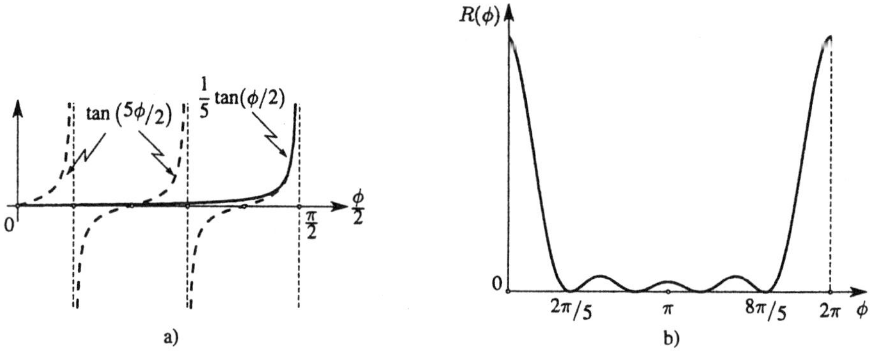

Abb. L18.1

A18.5 Graphen der Funktionen sinc (πx) und sinc $^2(x)$, siehe Abbildung L18.2

A18.6 Quasimonochromatische Welle mit drei benachbarten Spektralkomponenten
Aus der Form

$$\underline{V}(t) = \underline{V}_0(t) + \underline{V}_1(t) + \underline{V}_2(t) = A_o \exp(-\mathrm{i}\omega_0 t)\left[1 + \frac{1}{2}\exp\left(\mathrm{i}\frac{\Delta\omega t}{2}\right) + \frac{1}{2}\exp\left(-\mathrm{i}\frac{\Delta\omega t}{2}\right)\right]$$

erhalten wir mit $\nu_0 = \omega_0/(2\pi)$ und $\Delta\nu_0 = \Delta\omega_0/(2\pi)$

$$\underline{V}(t) = A_o\,[1 + \cos(\pi\Delta\nu t)]\exp(-\mathrm{i}2\pi\nu_0 t) = A(t)\exp(-\mathrm{i}2\pi\nu_0 t).$$

mit $A(t) = A_o[1 + \cos(\pi\Delta\nu t)]$. Dieser Ausdruck beschreibt eine quasimonochromatische Welle, da die Amplitude $A(t)$ sich langsam gegenüber dem sinusförmigen Term ändert ($\Delta\nu \ll \nu_0$).

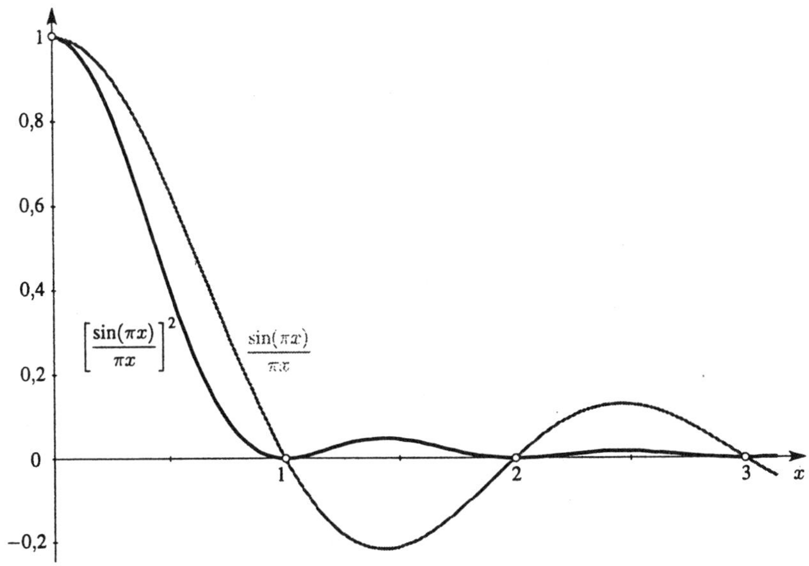

Abb. L18.2

A18.7 Quasimonochromatische Dreiecksfunktion
Das Spektrum ergibt sich aus

$$\widehat{\underline{V}}(\nu) = \int \underline{V}(t) \exp(\mathrm{i}2\pi\nu t)\mathrm{d}t \quad \text{mit} \quad \underline{V}(t) = \Lambda(t) \exp(-\mathrm{i}2\pi\nu_0 t).$$

Wir erhalten:

$$\widehat{\underline{V}}(\nu) = \int\limits_{-\tau/2}^{0} \left(1 + \frac{2t}{\tau}\right) \exp[\mathrm{i}2\pi(\nu - \nu_0)t]\mathrm{d}t + \int\limits_{0}^{\tau/2} \left(1 - \frac{2t}{\tau}\right) \exp[\mathrm{i}2\pi(\nu - \nu_0)t]\mathrm{d}t.$$

Setzt man $\nu' \equiv \nu - \nu_0$ und $w \equiv 2\pi\nu' t$, haben wir für das erste Integral:

$$\left\{\frac{1}{\mathrm{i}2\pi\nu'} \exp(\mathrm{i}w)\right\}_{-\pi\nu'\tau}^{0} + \frac{2}{\tau}\frac{1}{4\pi^2\nu'^2} \int_{-\pi\nu'\tau}^{0} w \exp(\mathrm{i}w)\mathrm{d}w;$$

mit partieller Integration ergibt sich für das verbleibende Integral

$$\int w \exp(\mathrm{i}w)\mathrm{d}w = \frac{w}{\mathrm{i}} \exp(\mathrm{i}w) - \int \frac{\exp(\mathrm{i}w)}{\mathrm{i}}\mathrm{d}w,$$

so daß wir insgesamt für das erste Integral des Spektrums $\widehat{\underline{V}}(\nu)$ erhalten:

$$\left\{\exp(\mathrm{i}w) \left[\left(\frac{1}{\mathrm{i}2\pi\nu'}\right) + \frac{2}{\tau}\frac{1}{4\pi^2\nu'^2}\left(\frac{w}{\mathrm{i}} + 1\right)\right]\right\}_{-\pi\nu'\tau}^{0} = \frac{1}{\mathrm{i}2\pi\nu'} + \frac{1}{2\pi^2\nu'^2\tau}[1 - \mathrm{e}^{-\mathrm{i}\pi\nu'\tau}].$$

Entsprechend erhalten wir für das zweite Integral von $\widehat{\underline{V}}(\nu)$:

$$\left\{\exp(\mathrm{i}w) \left[\left(\frac{1}{\mathrm{i}2\pi\nu'}\right) - \frac{2}{\tau}\frac{1}{4\pi^2\nu'^2}\left(\frac{w}{\mathrm{i}} + 1\right)\right]\right\}_{0}^{\pi\nu'\tau} = \frac{-1}{i2\pi\nu'} + \frac{1}{2\pi^2\nu'^2\tau}[1 - \exp(\mathrm{i}\pi\nu'\tau)].$$

Wir erhalten so für das Spektrum die Ausdrücke

$$\begin{aligned}\underline{\widehat{V}}(\nu) &= \frac{1}{2\pi^2\nu'^2\tau}[2-\exp(-\mathrm{i}\pi\nu')\tau-\exp(\mathrm{i}\pi\nu'\tau)] = \frac{1}{\pi^2\nu'^2\tau}[1-\cos(\pi\nu'\tau)]\\ &= \frac{\tau}{2}\left\{\frac{\sin[\pi(\nu-\nu_0)\tau/2]}{\pi(\nu-\nu_0)\tau/2}\right\}^2\end{aligned}$$

und für das Betragsquadrat

$$|\underline{\widehat{V}}(\nu)|^2 = \left(\frac{\tau}{2}\right)^2\left\{\frac{\sin[\pi(\nu-\nu_0)\tau/2]}{\pi(\nu-\nu_0)\tau/2}\right\}^4.$$

Verwendet man tabellierte Funktionswerte, erhalten wir $\operatorname{sinc}^4(x) = 0{,}5$ für $\operatorname{sinc}(x) = 0{,}84$, d. h. für $x = 0{,}31$. Wir bekommen so $\Delta\nu_{\frac{1}{2}}\cdot\tau \approx 1{,}2$.

A18.8 Exponentiell gedämpfte quasimonochromatische Welle
Aus $\underline{\widehat{V}}(\nu) = \int \underline{V}(t)\mathrm{e}^{(\mathrm{i}2\pi\nu t)}\mathrm{d}t$ mit

$$\underline{V}(t) = \exp\left(-\frac{t}{\tau}\right)\exp(-\mathrm{i}2\pi\nu_0 t)$$

erhalten wir

$$\underline{\widehat{V}}(\nu) = \int_0^{\infty} \exp\{t\left[\mathrm{i}2\pi(\nu-\nu_0)-\frac{1}{\tau}\right]\}\mathrm{d}t = \frac{\tau}{1-\mathrm{i}2\pi(\nu-\nu_0)\tau}$$

und daraus das Betragsquadrat

$$|\underline{\widehat{V}}(\nu)|^2 = \frac{\tau^2}{1+4\pi^2(\nu-\nu_0)^2\tau^2}.$$

Dies ist eine Lorentz-Kurve der Halbwertsbreite $\Delta\nu_{\frac{1}{2}} = 1/(\pi\tau)$ und dem Produkt $\Delta\nu_{\frac{1}{2}}\tau \approx 0{,}32$ (Kapitel 23).

A18.9 Gaußförmige quasimonochromatische Welle
Die Funktion $\underline{V}(t) = \exp(-(t^2/(2\tau^2))\exp(-\mathrm{i}2\pi\nu_0 t)$ hat das Spektrum

$$\begin{aligned}\underline{\widehat{V}}(\nu) &= \int_{-\infty}^{\infty}\exp\left\{-\left[\frac{t^2}{2\tau^2}-\mathrm{i}2\pi(\nu-\nu_0)t\right]\right\}\mathrm{d}t = \int_{-\infty}^{\infty}\exp\left\{-\frac{t^2-\mathrm{i}4\pi(\nu-\nu_0)\tau^2 t}{2\tau^2}\right\}\mathrm{d}t\\ &= \exp[-2\pi^2(\nu-\nu_0)^2\tau^2]\int_{-\infty}^{\infty}\exp\left\{-\frac{[t-\mathrm{i}2\pi(\nu-\nu_0)\tau^2]^2}{2\tau^2}\right\}\mathrm{d}t.\end{aligned}$$

Setzen wir $z = (t-\mathrm{i}2\pi(\nu-\nu_0)\tau^2)/(\sqrt{2}\tau)$, erhalten wir:

$$\underline{\widehat{V}}(\nu) = \sqrt{2}\tau\exp[-2\pi^2(\nu-\nu_0)^2\tau^2]\int_{-\infty}^{\infty}\exp(-z^2)\mathrm{d}z = \sqrt{2\pi}\tau\exp[-2\pi^2(\nu-\nu_0)^2\tau^2].$$

Das Spektrum ist also ebenso wie das Eingangssignal gaußförmig, was eine generelle Eigenschaft der Gauß-Funktion gegenüber der Fourier-Transformation ist (Kapitel 23). Die Halbwertsbreite von $|\underline{\widehat{V}}(\nu)|^2$ ist durch folgende Gleichung gegeben:

$$0{,}5 = \exp[-2\pi^2(\Delta\nu_{\frac{1}{2}}/2)^2\tau^2] \quad \text{und so} \quad \Delta\nu_{\frac{1}{2}}\cdot\tau = \frac{\sqrt{2\ln 2}}{\pi} \approx 0{,}375.$$

Kapitel 19

A19.1 Skalare ebene monochromatische Welle

1. Es gilt $\phi(\boldsymbol{r}) = 3x + 4y + 5z = \boldsymbol{k} \cdot \boldsymbol{r}$, wenn $\boldsymbol{k} = (3, 4, 5)$ und $\boldsymbol{r} = (x, y, z)$ sind. Da $\phi(\boldsymbol{r}) = \text{const}$ eine Ebenengleichung darstellt, ist die Wellenfläche eben.
2. Wir haben:

$$\Delta\underline{\Psi} = \frac{\partial^2\underline{\Psi}}{\partial x^2} + \frac{\partial^2\underline{\Psi}}{\partial y^2} + \frac{\partial^2\underline{\Psi}}{\partial z^2} = -k^2\underline{\Psi} \quad \text{und} \quad \frac{\partial^2\underline{\Psi}}{\partial t^2} = -\omega^2\underline{\Psi},$$

so daß wir die Wellengleichung

$$\underline{\Psi} = -\frac{1}{k^2}\Delta\underline{\Psi} = -\frac{1}{\omega^2}\frac{\partial^2\underline{\Psi}}{\partial t^2} \quad \text{bzw.} \quad \Delta\underline{\Psi} = \frac{k^2}{\omega^2}\frac{\partial^2\underline{\Psi}}{\partial t^2}$$

erhalten. Die Funktion $\underline{\Psi}$ genügt also der Wellengleichung, und die Größe ω/k stellt die Phasengeschwindigkeit der Welle dar. Diese Geschwindigkeit hat in unserem Beispiel den Wert $v = \omega/k = 2\pi \cdot 5/7{,}07 = 4{,}44\ \mathrm{m\,s^{-1}}$, da der Betrag des Wellenvektors gegeben ist durch: $k = (3^2 + 4^2 + 5^2)^{\frac{1}{2}} = 7{,}07\ \mathrm{m^{-1}}$.
3. Die Wellenlänge beträgt $\lambda = v/\nu = 0{,}89$ m, die Ausbreitungsrichtungen sind gegeben durch: $\alpha = 3/7{,}07 = 0{,}42$, $\beta = 4/7{,}07 = 0{,}56$, $\gamma = 5/7{,}07 = 0{,}71$.
4. Der Wellenvektor hat nun die Form $\boldsymbol{k} = k(0{,}5,\ 0,\ \sqrt{3}/2)$, so daß wir für die Wellenfunktion erhalten (Abbildung L19.1): $\underline{\Psi}(\boldsymbol{r}, t) = A\exp[-\mathrm{i}(10\pi t - 7x/2 - 7\sqrt{3}z/2)]$.

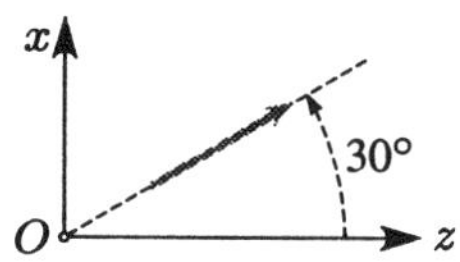

Abb. L19.1

A19.2 Bewegung einer longitudinalen Welle entlang einer Feder
Die Bewegungsgleichung der Mechanik, angewandt auf ein Element der Masse $\mu\mathrm{d}x$, ergibt $\mu\mathrm{d}x\boldsymbol{a} = \mathrm{d}\boldsymbol{f}$ mit

$$\boldsymbol{a} = \left(\frac{\partial^2\Psi}{\partial t^2}\right)_x \boldsymbol{e}_x \quad \text{und}$$

$$\mathrm{d}\boldsymbol{f} = \boldsymbol{F}(x + \mathrm{d}x, t) - \boldsymbol{F}(x, t) = \left(\frac{\partial F}{\partial x}\right)_t \mathrm{d}x\boldsymbol{e}_x = R\left(\frac{\partial^2\Psi}{\partial x^2}\right)_x \mathrm{d}x\boldsymbol{e}_x.$$

Wir erhalten so die Differentialgleichung

$$\mu\frac{\partial^2\Psi}{\partial t^2} = R\frac{\partial^2\Psi}{\partial x^2} \quad \text{bzw.} \quad \frac{\partial^2\Psi}{\partial x^2} = \frac{1}{v^2}\frac{\partial^2\Psi}{\partial t^2} \quad \text{mit} \quad v^2 \equiv \frac{R}{\mu}.$$

Die Lösung ist $\Psi = \Psi_+(t - x/v) + \Psi_-(t + x/v)$: Der erste Term stellt eine sich in Richtung der positiven x-Achse ausbreitende Welle dar, während der zweite Term eine Welle beschreibt, die sich in negativer x-Richtung ausbreitet.

A19.3 Kugelwelle. Die Linse als Phasenschieber

1. Die Bewegungsgleichung ist $\Delta\dot{\Psi} = \partial^2\Psi/(v^2\partial t^2)$, woraus

$$\frac{1}{r}\frac{\partial^2}{\partial r^2}(r\Psi) = \frac{1}{v^2}\frac{\partial^2\Psi}{\partial t^2} \quad \text{bzw.} \quad \frac{\partial^2}{\partial r^2}(r\Psi) = \frac{1}{v^2}\frac{\partial^2(r\Psi)}{\partial t^2}$$

folgt. Daraus ergeben sich die Lösungen

$$r\Psi = S_+\left(t-\frac{r}{v}\right) + S_-\left(t+\frac{r}{v}\right) \quad \text{bzw.} \quad \Psi(r,t) = \frac{1}{r}S_+\left(t-\frac{r}{v}\right) + \frac{1}{r}S_-\left(t+\frac{r}{v}\right).$$

Der erste Term beschreibt eine divergente Welle, die von der Quelle kommt, so daß die monochromatische Lösung in der Form

$$\frac{1}{r}\cos\omega\left(t-\frac{r}{v}\right) = \frac{1}{r}\cos(\omega t - kr) \quad \text{oder} \quad \frac{1}{r}\exp[-\mathrm{i}(\omega t - kr)]$$

geschrieben werden kann.

2. Die von der Quelle S ausgesandte Energie E, die aus einer Kugel mit Zentrum S und Radius r tritt, ist unabhängig von r. Da sie andererseits proportional zum Amplitudenquadrat und proportional zu der Oberfläche der Kugel ist, d. h. $E \propto A^2 4\pi r^2$, folgt für A: $A \propto 1/r$.

3. Mit Hilfe einer dünnen Linse kann man eine ebene Welle in eine konvergente oder divergente Kugelwelle und umgekehrt überführen (Abbildungen L19.2a und b).

4. Unter Verwendung der Abbildung L19.2c schreiben wir $A_\text{o}M$ und MA_b, mit einem beliebigen Punkt M in der Linsenebene:

$$A_\text{o}M = (d_\text{o}^2 + x^2 + y^2)^{\frac{1}{2}} = d_\text{o}\left(1 + \frac{x^2+y^2}{d_\text{o}^2}\right)^{\frac{1}{2}} \approx d_\text{o} + \frac{x^2+y^2}{2d_\text{o}}$$

und

$$MA_\text{b} \approx d_\text{b} + \frac{x^2+y^2}{2d_\text{b}}.$$

Der Phasenterm der von A_o ausgesandten Wellen beträgt in M:

$$\exp(\mathrm{i}kA_\text{o}M) \approx \exp(\mathrm{i}kd_\text{o})\exp\left[\mathrm{i}\frac{k(x^2+y^2)}{2d_\text{o}}\right],$$

während der Phasenterm der in A_b konvergierenden Welle am Punkt M die Form

$$\exp[\mathrm{i}k(A_\text{o}A_\text{b} - A_\text{b}M)] = \exp[\mathrm{i}k(d_\text{o}+d_\text{b})]\cdot\exp(-\mathrm{i}kd_\text{b})\exp\left[-\mathrm{i}\frac{k(x^2+y^2)}{2d_\text{b}}\right]$$

bzw.

$$\exp(\mathrm{i}kd_\text{o})\exp\left[-\mathrm{i}\frac{k(x^2+y^2)}{2d_\text{b}}\right]$$

hat. Die Linse führt also einen Phasenterm

$$\exp\left[-\mathrm{i}\frac{k(x^2+y^2)(1/d_\text{b}+1/d_\text{o})}{2}\right] = \exp\left[-\mathrm{i}\frac{k(x^2+y^2)}{2f}\right]$$

ein, mit der bildseitigen Brennweite f der Linse. Vom Standpunkt der Wellenoptik aus sagt man, daß die Linse als *Phasenschieber* wirkt.

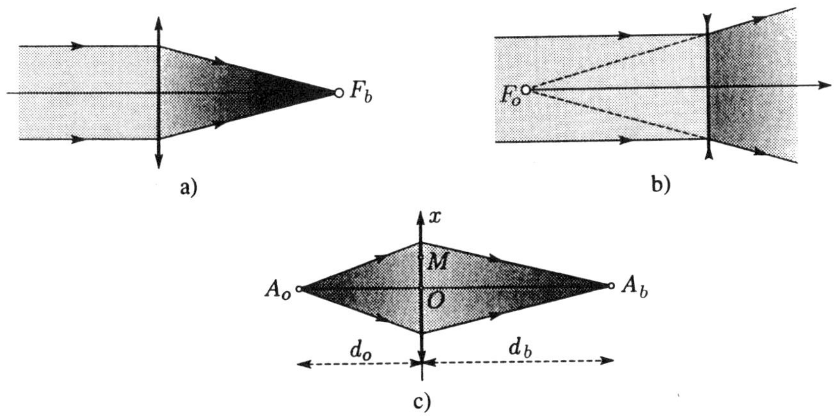

Abb. L19.2

A19.4 Longitudinale Welle in einem Schalltrichter

1. Der Schwerpunktsatz, angewandt auf ein Stück der Dicke $\mathrm{d}x$ des gasförmigen oder flüssigen Mediums, gibt nach Projektion auf die x-Achse:

$$\mu \mathrm{d}x \frac{\partial^2 \Psi}{\partial t^2} = \sum \mathbf{F}_{\mathrm{ext},x},$$

mit $\sum \mathbf{F}_{\mathrm{ext},x} = S(x,t)p(x,t) - S(x+\mathrm{d}x,t)p(x+\mathrm{d}x,t) + p\mathrm{d}S$. Der letzte Term stellt die x-Komponente der Kraft, die die geneigte Wand ausübt, dar. Wir erhalten so

$$\sum \mathbf{F}_{\mathrm{ext},x} = -\frac{\partial(pS)}{\partial x}\mathrm{d}x + p\mathrm{d}x = -S\frac{\partial p}{\partial x}\mathrm{d}x \Rightarrow \mu \mathrm{d}x \frac{\partial^2 \Psi}{\partial t^2} = S\frac{\partial}{\partial x}\left[\frac{1}{\chi S}\frac{\partial(S\Psi)}{\partial x}\right]\mathrm{d}x.$$

Vereinfachen und Einführen von $v^2 = \chi/(S\rho)$ ergibt

$$\frac{1}{v^2}\frac{\partial^2 \Psi}{\partial t^2} = \frac{\partial}{\partial x}\left[\frac{1}{S}\frac{\partial(S\Psi)}{\partial x}\right].$$

2. Wir verwenden als Lösungsansatz $\underline{\Psi} = A\exp[-\mathrm{i}(\omega t - kx)]$. Die vorhergehende Gleichung ergibt:

$$-\frac{\omega^2}{v^2} = -k^2 + \mathrm{i}\alpha k \quad \text{oder} \quad k^2 - \mathrm{i}\alpha k - \frac{\omega^2}{v^2} = 0 \quad \text{und} \quad k = \frac{\mathrm{i}\alpha}{2} \pm \frac{1}{2}\sqrt{-\alpha^2 + \frac{4\omega^2}{v^2}}.$$

Demnach hat für $\omega > \omega_c = \alpha v/2$ der Wellenvektor einen Realteil. Obwohl Dämpfung wegen des Termes $\mathrm{i}\alpha/2$, der einen exponentiellen Term $\exp(-\alpha/2)$ gibt, vorliegt, ist eine Ausbreitung möglich. Im Gegensatz dazu ist für $\omega < \omega_c = \alpha v/2$ der Wellenvektor rein imaginär, so daß die Welle vollständig gedämpft wird.

A19.5 Soliton

1. Da Ψ dimensionslos ist, hat λ die Dimension einer Wellenlänge und c die einer Geschwindigkeit.

2. Ersetzen wir $\sin\Psi$ durch Ψ, vereinfacht sich die Gleichung zu $\partial^2\Psi/\partial x^2 - \partial^2\Psi/(c^2\partial t^2) = \Psi/\lambda^2$. Da $\partial^2\Psi/\partial x^2 = -k^2\Psi$ und $\partial^2\Psi/\partial t^2 = -\omega^2\Psi$ gilt, erhalten wir

$$\left(-k^2 + \frac{\omega^2}{c^2} - \frac{1}{\lambda^2}\right)\Psi = 0,$$

so daß $k^2 = \omega^2/c^2 - 1/\lambda^2$ und $v_\phi = \omega/k = c\sqrt{1 + 1/(\lambda^2 k^2)}$ gilt.

3. Die exakte Lösung ist $\Psi = 4\arctan[\exp f(u)]$ mit der Variablen $u = x - vt$. Wir erhalten

$$\frac{\partial\Psi}{\partial x} = \Psi' \quad \frac{\partial^2\Psi}{\partial x^2} = \Psi'' \quad \frac{\partial\Psi}{\partial t} = -v\Psi' \quad \frac{\partial^2\Psi}{\partial t^2} = v^2\Psi'',$$

so daß mit der Differentialgleichung folgt:

$$\Psi''\left(1 - \frac{v^2}{c^2}\right) = \frac{1}{\lambda^2}\sin\Psi \quad \text{oder} \quad \Psi'' = A\sin\Psi \quad \text{mit} \quad A \equiv \frac{1}{\lambda^2(1 - v^2/c^2)}.$$

Wir berechnen nun die Ableitung von Ψ nach u, Ψ':

$$\Psi' = \frac{4f'}{1+\exp(2f)}\exp f \quad \Psi'' = \frac{4\mathrm{e}^f}{[1+\exp(2f)]^2}\left\{f''[1+\mathrm{e}^{2f}] + f'^2[1-\mathrm{e}^{2f}]\right\}.$$

Weiterhin drücken wir $\sin\Psi$ als Funktion von $\tan(\Psi/4) = \exp f$ aus:

$$\sin\Psi = 2\sin\left(\frac{\Psi}{2}\right)\cos\left(\frac{\Psi}{2}\right) = 2\left(\frac{2z}{1+z^2}\right)\left(\frac{1-z^2}{1+z^2}\right), \quad \text{wenn} \quad z = \tan\left(\frac{\Psi}{4}\right).$$

Wir bekommen so

$$\sin\Psi = \frac{4\exp f}{[1+\exp(2f)]^2}[1 - \exp(2f)]$$

und damit

$$\Psi'' = A\sin\Psi, \quad \text{so daß folgt: } f''[1-\exp(2f)] + f'^2[1-\exp(2f)] = A[1-\exp(2f)].$$

Die Funktion f, die den Randbedingungen $f'' = 0$ und $f' = \text{const} = \sqrt{A} = 1/[\lambda(1 - v^2/c^2)^{\frac{1}{2}}]$ genügt, stellt die Lösung der Gleichung dar. Wir erhalten damit zum Abschluß

$$f = \frac{x - vt}{\lambda(1 - v^2/c^2)^{\frac{1}{2}}} \quad \text{und} \quad \Psi = 4\arctan\left\{\exp\left[\frac{x - vt}{\lambda(1 - v^2/c^2)^{\frac{1}{2}}}\right]\right\}.$$

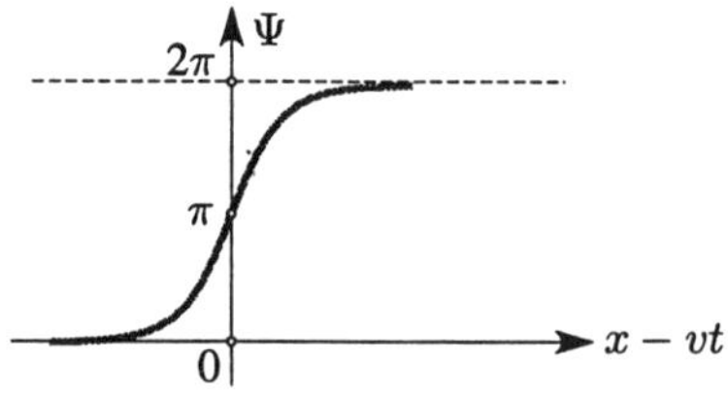

Abb. L19.3

Die Form des Graphen $\Psi(x-vt)$ als Funktion von $x-vt$ zeigt, daß die Lichterregung nur die Umgebung des Punktes $x = vt$ betrifft; außerhalb dieses Bereiches ist Ψ konstant. Die Lichterregung breitet sich mit der Zeit ohne Deformation aus, weil die Dispersion durch *nichtlineare Effekte*, ausgedrückt durch den Term $\sin\Psi$, ausgeglichen wird. Dies ist das sogenannte Soliton.

Kapitel 20

A20.1 Elektromagnetische Welle eines Lasers

1. Die zu einem Zeitpunkt vom Detektor aufgenommene Leistung beträgt als Funktion des elektrischen Feldes: $\mathcal{P}_t = \epsilon_0 csE^2$, da das umgebende Medium Luft ist ($\epsilon_r \approx 1$). Daraus folgt die mittlere Leistung

$$\mathcal{P} = \frac{1}{T_d}\int_0^{T_d} \mathcal{P}_t \mathrm{d}t = \frac{\epsilon_0 cs}{T_d}\int_0^{T_d} E_0^2 \cos^2(\omega t - \phi)\mathrm{d}t,$$

wobei die Meßdauer T_d groß gegenüber $2\pi/\omega$ ist. Führt man die Integration aus, erhält man $\mathcal{P}\epsilon_0 csE_0^2/2$ und damit $E_0 = \sqrt{2\mathcal{P}/(\epsilon_0 cs)}$. In unserem Beispiel beträgt das Feld $E_0 = 5{,}5 \cdot 10^3$ V/m.

2. Die Leistung $\mathcal{P}$ wird von dem Laser in einen Raumwinkel von s/d^2 ausgestrahlt, während bei der Glühlampe der Raumwinkel 4π beträgt; die gesuchte Leistung ist demnach

$$\mathcal{P}_l = \frac{\mathcal{P} \cdot 4\pi}{s/d^2} = 0{,}5\,\mathrm{MW}$$

A20.2 Elektromagnetische Wellen in einem Plasma

1. Die Maxwell-Gleichung $\mathrm{rot}\,\underline{\boldsymbol{E}} = -\partial\underline{\boldsymbol{B}}/\partial t$ lautet für ein monochromatisches Feld in komplexer Notation: $\mathrm{i}\boldsymbol{k} \cdot \underline{\boldsymbol{E}} = \mathrm{i}\omega\underline{\boldsymbol{B}}$. Da $\boldsymbol{k}$ und $\boldsymbol{E}$ parallel sind (longitudinale Wellen), erhalten wir $\underline{\boldsymbol{B}} = \boldsymbol{0}$.

2. Das Newtonsche Bewegungsgesetz für ein Elektron des Plasmas ergibt

$$m_e\frac{\mathrm{d}\boldsymbol{v}}{\mathrm{d}t} = -q_e\underline{\boldsymbol{E}} \quad \text{mit} \quad \underline{\boldsymbol{E}} = \boldsymbol{E}_0 \exp[-\mathrm{i}(\omega t - \boldsymbol{k}\cdot\boldsymbol{r})].$$

Die Lösung dieser Gleichung ist von der Form $\underline{\boldsymbol{v}} = \boldsymbol{v}_0 \exp[-\mathrm{i}(\omega t - \boldsymbol{k}\cdot\boldsymbol{r})]$, so daß sich die Gleichung zu

$$m_e(-\mathrm{i}\omega\underline{\boldsymbol{v}}) = -q_e\underline{\boldsymbol{E}} \quad \text{oder} \quad \underline{\boldsymbol{v}} = \frac{e}{\mathrm{i}m_e\omega}\underline{\boldsymbol{E}}$$

vereinfacht. Nun betrachten wir das Maxwell-Ampèresche Gesetz $\mathrm{rot}\,\boldsymbol{B} = \mu_0\boldsymbol{J} + \mu_0\epsilon_0\partial\boldsymbol{E}/\partial t$; da $\boldsymbol{B} = \boldsymbol{0}$ und $\boldsymbol{J} = -n_v q_e\boldsymbol{v}$ gilt (n_v ist die Elektronendichte), erhalten wir

$$\boldsymbol{0} = -n_v q_e\underline{\boldsymbol{v}} - \mathrm{i}\omega\epsilon_0\underline{\boldsymbol{E}} \quad \text{und daraus} \quad \underline{\boldsymbol{v}} = -\frac{\mathrm{i}\omega\epsilon_0}{n_v q_e}\underline{\boldsymbol{E}}.$$

Vergleichen wir die beiden Relationen zwischen $\underline{\boldsymbol{v}}$ und $\underline{\boldsymbol{E}}$, können wir folgern:

$$\frac{q_e}{\mathrm{i}m_e\omega} = -\frac{\mathrm{i}\omega\epsilon_0}{n_v q_e} \quad \text{oder} \quad \omega = \left(\frac{n_v q_e^2}{m_e\epsilon_0}\right)^{\frac{1}{2}}.$$

Mit den gegebenen Zahlenwerten erhalten wir mit der Elektronendichte $n_v = 3N_A\rho/A = 1{,}8 \cdot 10^{29} e^-/\mathrm{m}^3$ und eine Kreisfrequenz $\omega = 2{,}4 \cdot 10^{16}\ \mathrm{rad\,s^{-1}}$.

A20.3 Elektrische Felder einer polarisierten Welle

1. – Mit $\underline{E}_y = E_0 \exp[-\mathrm{i}(\omega t - kx)]/2$ und $\underline{E}_z = E_0\sqrt{3}\exp[-\mathrm{i}(\omega t - kx)]/2$ folgt (Abbildung L20.1)

$$\underline{\mathbf{E}} = E_0 \left[\frac{\mathbf{e}_y}{2} + \frac{\sqrt{3}}{2}\mathbf{e}_z\right] \exp -\mathrm{i}(\omega t - kx).$$

   – Hier sind $\underline{E}_z = 3E_0 \exp[-\mathrm{i}(\omega t - ky)]$ und $\underline{E}_x = E_0 \exp[-\mathrm{i}(\omega t - ky)] \exp(-\mathrm{i}\pi/2) = -\mathrm{i}E_0 \exp[-\mathrm{i}(\omega t - ky)]$, so daß wir den folgenden Ausdruck erhalten (Abbildung L20.1):

$$\underline{\boldsymbol{E}} = E_0\,(3\mathbf{e}_z - \mathrm{i}\mathbf{e}_x) \exp[-\mathrm{i}(\omega t - ky)].$$

   – Diese Welle wird beschrieben durch $\underline{\boldsymbol{E}} = E_0\mathbf{e}_y \exp[-\mathrm{i}(\omega t - \boldsymbol{k}\cdot\boldsymbol{r})]$. Mit dem Wellenvektor $\boldsymbol{k} = k(\sqrt{2}/2, 0, \sqrt{2}/2)$ erhalten wir (Abbildung L20.1c):

$$\underline{\mathbf{E}} = E_0\mathbf{e}_y \exp\left[\mathrm{i}\left(\frac{\sqrt{2}}{2}x + \frac{\sqrt{2}}{2}z - \omega t\right)\right].$$

2. Die Jones-Matrizen sind

$$\text{a)}\ \frac{1}{2}\begin{bmatrix} 1 \\ \sqrt{3} \end{bmatrix},\quad \text{b)}\ \frac{1}{\sqrt{10}}\begin{bmatrix} 3 \\ -\mathrm{i} \end{bmatrix},\quad \text{c)}\ \begin{bmatrix} 0 \\ 1 \end{bmatrix}.$$

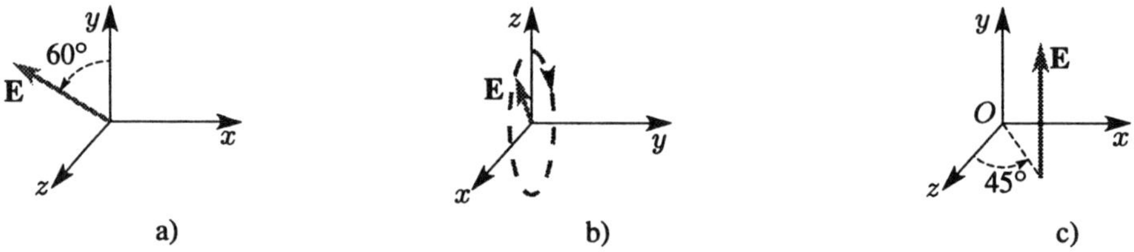

Abb. L20.1

A20.4 Poincaré-Kugel. Stokes-Parameter

1. Die Punkte der Poincaré-Kugel, die auf einem Breitenkreis liegen, haben den gleichen Wert für η; folglich behält die Ellipse, die die Polarisation der Welle beschreibt, die gleiche Gestalt.
2. Die Punkte eines Längenkreises haben den gleichen Wert für ψ, so daß die verschiedenen Ellipsen alle die gleiche Neigung zu der x-Achse aufweisen.
3. Man geht von einem Punkt der Kugel zu seinem Inversionssymmetrischen über, indem von 2η zu $2\eta + \pi$ übergegangen wird. Die Ellipse hat die gleiche Neigung gegenüber der x-Achse, bloß daß die Ellipsenachsen vertauscht sind.

A20.5 Malussches Gesetz

1. Es gilt $I = I_0 \cos^2\theta$, so daß der Graph der Abbildung L20.2 folgt.
2. Wir haben $I_{15} = 0{,}933 I_0$, $I_{25} = 0{,}821 I_0$ und damit $(I_{15} - I_{25})/I_{15} = 0{,}12$. Ebenso $I_{75} = 0{,}067 I_0$, $I_{85} = 0{,}0076 I_0$, und damit $(I_{75} - I_{85})/I_{75} = 0{,}886$. Wünscht man eine geringe Änderung der Intensität, muß der Winkel nur wenig geändert werden; das Gegenteil ist der Fall, wenn $\theta \approx \pi/2$ ist.

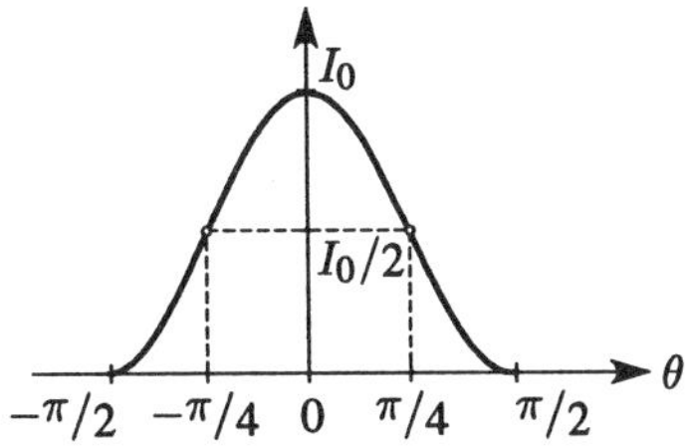

Abb. L20.2

A20.6 Reflexions- und Transmissionskoeffizienten einer ebenen Grenzfläche

1. Da
$$r = \frac{n_1 - n_2}{n_1 + n_2}, \quad t = \frac{2n_1}{n_1 + n_2}, \quad R = r^2 \quad \text{und} \quad T = \frac{n_2}{n_1} t^2$$
sind, erhalten wir: $r = -0{,}2$, $t = 0{,}8$, $R = 0{,}04$ und $T = 0{,}96$.
2. Vertauscht man die Medien, erhält man: $r = 0{,}2$, $t = 1{,}2$, $R = 0{,}04$, $T = 0{,}96$.

Kapitel 21

A21.1 Fraunhofersche Beugung im Aufbau $4f$

1. Um das geometrische Bild A_b von A_o kann man die Beugungsfigur eines Spaltes der Breite a ($\ll b$) beobachten, d. h. die Intensität $I = \underline{\psi}\underline{\psi}^*$. An einem Punkt mit den Koordinaten (X_b, Y_b) der Ebene $\mathcal{P}_b$ hat die komplexe Amplitude die Form
$$\underline{\psi}(u, v) = \iint t(x, y) \exp[-\mathrm{i}2\pi(ux + vy)]\mathrm{d}x\mathrm{d}y,$$
wobei $2\pi(ux + vy)$ die Phasendifferenz zwischen den Wellen, die durch zwei Lichtstrahlen mit gleicher Neigung zu der z-Achse beschrieben werden, ist: der eine passiert einen Punkt M der Blende, der andere den Ursprung O auf der optischen Achse, so daß folgt: $u = \alpha/\lambda = X_b/(\lambda f)$ und $v = \beta/\lambda = Y_b/(\lambda f)$. Führt man das Doppelintegral aus, erhalten wir
$$\underline{\psi}(u, v) = ab \left[\frac{\sin(\pi ua)}{\pi ua}\right] \left[\frac{\sin(\pi vb)}{\pi vb}\right] \quad \text{und} \quad I \approx a^2 b^2 \left[\frac{\sin(\pi ua)}{\pi ua}\right]^2 \left[\frac{\sin(\pi vb)}{\pi vb}\right]^2.$$
Ist $b \gg \lambda$, vereinfacht sich I zu:
$$I \approx a^2 b^2 \left[\frac{\sin(\pi ua)}{\pi ua}\right]^2 = I(0) \left[\frac{\sin(\pi ua)}{\pi ua}\right]^2.$$
Das erste Minimum liegt bei $u = u_1 = 1/a = 20\ \mathrm{mm}^{-1}$ oder $X_b = X_1 = \lambda f/a = 1$ cm.
2. – Die Translation überführt x nach $x - x_1$ in der Funktion $t(x)$. Setzt man $x' = x - x_1$, erhält man
$$\int t(x - x_1) \exp(-\mathrm{i}2\pi ux)\mathrm{d}x = \exp(-\mathrm{i}2\pi ux_1) \int_{-a/2}^{a/2} t(x') \exp(-\mathrm{i}2\pi ux')\mathrm{d}x'$$

und damit

$$\underline{\psi}(u) = \exp(-\mathrm{i}2\pi u x_1)a\left[\frac{\sin(\pi ua)}{\pi ua}\right] \quad \text{und} \quad I = a^2\left[\frac{\sin(\pi ua)}{\pi ua}\right]^2 .$$

Man erhält dasselbe wie vorher; vom Standpunkt der Intensitäten her passiert nichts.

- Wird der Spalt um einen Winkel gedreht, dreht sich die x-Richtung, in deren Richtung Beugung stattfindet, um denselben Winkel und somit auch die Beugungsfigur.
- Öffnet man den Spalt, wächst a und die Beugungsfigur wird schmaler, da das erste Minimum bei $1/a$ liegt. Präzisieren wir diese Aussage, indem wir x durch x/h ($h > 1$, wenn man den Spalt öffnet) in der Durchlässigkeitsfunktion $t(x)$ ersetzen: $t(x/h) = 1$ für $|x/h| \leq a/2$. Wir erhalten so mit $x' = x/h$:

$$\int t\left(\frac{x}{h}\right)\exp(-\mathrm{i}2\pi ux)\mathrm{d}x = h\int_{-a/2}^{a/2} t(x')\exp(-\mathrm{i}2\pi uhx')\mathrm{d}x' = ha\frac{\sin(\pi uha)}{\pi uha},$$

womit wir

$$I = h^2a^2\left[\frac{\sin(\pi uha)}{\pi uha}\right]^2 = I(0)\left[\frac{\sin(\pi uha)}{\pi uha}\right]^2$$

erhalten.

3. Die Fraunhofersche Beugungsfigur umgibt immer das geometrische Bild und begleitet daher das geometrische Bild, ohne seine Form zu verändern.

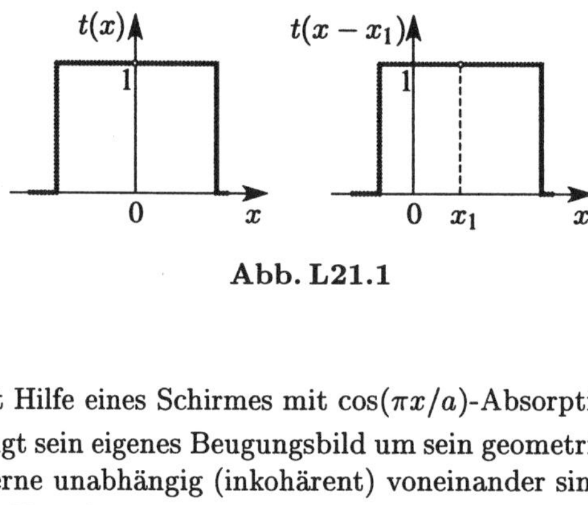

Abb. L21.1

A21.2 Filterung mit Hilfe eines Schirmes mit $\cos(\pi x/a)$-Absorption

1. Jeder Stern erzeugt sein eigenes Beugungsbild um sein geometrisches Bild in der Brennebene, da die Sterne unabhängig (inkohärent) voneinander sind.
2. Die resultierende Verteilung hängt von der Größe von $A_\mathrm{b}B_\mathrm{b}$ gegenüber der Breite der Beugungsfigur ab. Es erfolgt Addition der Intensitäten, da die Objekte unabhängig sind:

$$\begin{aligned} I &= I_1\left\{\frac{\sin[(u-u_1)a]}{\pi(u-u_1)a}\right\}^2 + I_2\left\{\frac{\sin[(u-u_2)a]}{\pi(u-u_2)a}\right\}^2 \\ &= I_1\left[\frac{\sin(\pi ua)}{\pi ua}\right]^2 + I_2\left\{\frac{\sin[\pi(u-\theta/\lambda)a]}{\pi(u-\theta/\lambda)a}\right\}^2 , \end{aligned}$$

da $u_1 = X_1/(\lambda f) = 0$ und $u_2 = X_2/(\lambda f) = \theta/\lambda$ gilt.

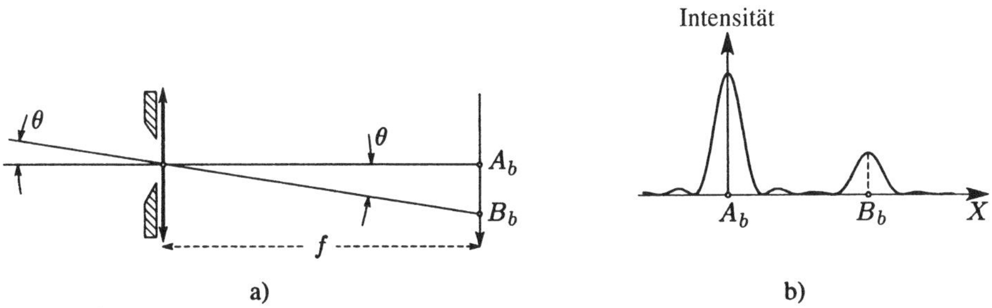

Abb. L21.2

3. Da die Durchlässigkeit $t(x) = \cos(\pi x/a)$ ist, erhalten wir für die Intensität $I = \underline{\psi\psi}^*$ mit $\underline{\psi} = \hat{\underline{t}}(u)$:

$$\begin{aligned}
\hat{\underline{t}}(u) &= \int_{-a/2}^{a/2} \cos(\pi x/a)\exp(-\mathrm{i}2\pi u x)\mathrm{d}x \\
&= \frac{1}{2}\int_{-a/2}^{a/2} [\exp(\mathrm{i}\pi x/a) + \exp(-\mathrm{i}\pi x/a)]\exp(-\mathrm{i}2\pi u x)\mathrm{d}x \\
&= \frac{1}{2}\int_{a/2}^{a2} \exp\left[-\mathrm{i}\pi x\,(2u - 1/a)\right]\mathrm{d}x + \frac{1}{2}\int_{-a/2}^{a/2} \exp\left[-\mathrm{i}\pi x\,(2u + 1/a)\right]\mathrm{d}x \\
&= \frac{a}{2}\left\{\frac{\sin[\pi(ua - 1/2)]}{\pi(ua - 1/2)} + \frac{\sin[\pi(ua + 1/2)]}{\pi(ua + 1/2)}\right\} = \frac{a}{2\pi}\left[\frac{-\cos(\pi u a)}{ua - 1/2} + \frac{\cos(\pi u a)}{ua + 1/2}\right].
\end{aligned}$$

Wir erhalten schließlich:

$$\hat{\underline{t}}(u) = \frac{a}{2\pi}\frac{\cos(\pi u a)}{u^2a^2 - 1/4} \quad \text{und} \quad I = \frac{a^2}{4\pi^2}\left[\frac{\cos(\pi u a)}{u^2a^2 - 1/4}\right]^2.$$

Da $I(0) = 4a^2/\pi^2$ ist, können wir I in der Form

$$I = I(0)\left[\frac{\cos(\pi u a)}{4u^2a^2 - 1}\right]^2$$

schreiben. Diese Funktion ist gerade, da $I(u) = I(-u)$. Auf der anderen Seite variiert der Nenner langsam gegenüber dem Zähler. Wir erhalten $I = 0$ für $\pi u a = (2m+1)\pi/2$ oder $u = (2m+1)/(2a)$ (m ganzzahlig). Für $u = 1/(2a)$ ist I unbestimmt. Entwickelt man um diesen Wert, erhalten wir:

$$\cos(\pi u a) = -\pi(ua - \frac{1}{2}) \quad \text{und} \quad 4u^2a^2 - 1 = 4(ua - \frac{1}{2}) \quad \text{und so} \quad I\left(\frac{1}{2a}\right) = \frac{a^2}{4}.$$

Die Maxima folgen aus $\pi u a = m\pi$ oder $u = m/a$ mit $m \geq 2$. Wir haben in der folgenden Tabelle charakteristische Werte von $I(u)$ zusammengefaßt:

u	0	$1/(2a)$	$1/a$	$3/(2a)$	$2/a$	$5/(2a)$
$I(u)$	$4a^2/\pi^2$	$a^2/4$	$4a^2/(9\pi^2)$	0	$4a^2/(225\pi^2)$	0

Das heißt (Abbildung L21.2c):

- Die sekundären Maxima weisen eine relativ geringere Intensität für den Spalt mit Filter auf,
- für $u \gg 1/(2a)$ ändern sich die sekundären Maxima praktisch wie u^{-4}, während der Spalt sich wie u^{-2} ändert,
- das Hauptmaximum ist breiter als für einen Spalt (Auflösungsverlust).

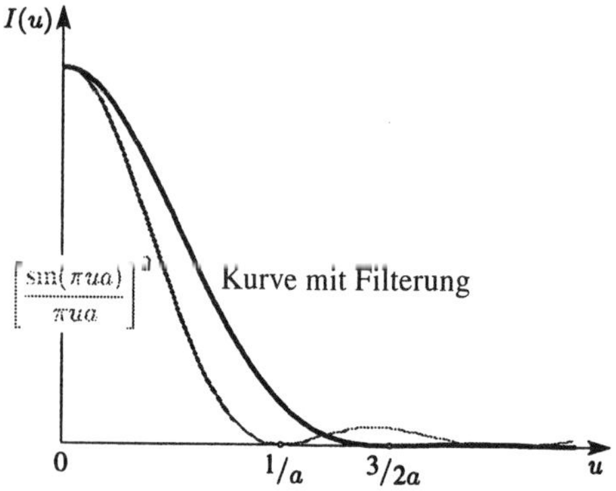

Abb. L21.2 c

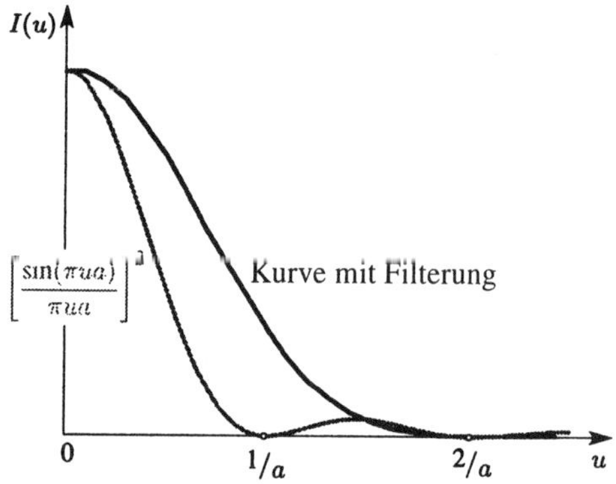

Abb. L21.3

A21.3 Filterung mit Hilfe eines Schirmes mit $\cos^2(\pi x/a)$-Absorption
Berechnen wir $\widehat{\underline{t}}(u)$:

$$\widehat{\underline{t}}(u) = \int t(x)\exp(-\mathrm{i}2\pi ux)\mathrm{d}x = \int \frac{1+\cos(2\pi x/a)}{2}\exp(-\mathrm{i}2\pi ux)\mathrm{d}x$$

$$= \frac{1}{2}\int_{-a/2}^{a/2}\exp(-\mathrm{i}2\pi ux)\mathrm{d}x + \frac{1}{4}\int_{-a/2}^{a/2}[\exp(\mathrm{i}2\pi x/a)+\exp(-\mathrm{i}2\pi x/a)]\exp(-\mathrm{i}2\pi ux)\mathrm{d}x$$

$$= \frac{1}{2}\int_{-a/2}^{a/2}\exp(-\mathrm{i}2\pi ux)\mathrm{d}x = \frac{1}{4}\int_{-a/2}^{a/2}\{\exp[-\mathrm{i}2\pi(u-1/a)x]+\exp[-\mathrm{i}2\pi(u+1/a)x]\}\,\mathrm{d}x.$$

Damit erhalten wir:

$$\widehat{\underline{t}}(u) = \frac{a}{2}\left[\frac{\sin(\pi au)}{\pi au}+\frac{\sin[\pi a(u-1/a)]}{2\pi a(u-1/a)}+\frac{\sin[\pi a(u+1/a)]}{2\pi a(u+1/a)}\right]$$

$$= \frac{a}{2}\left[\frac{\sin(\pi ua)}{\pi ua}-\frac{\sin(\pi ua)}{2\pi(ua-1)}-\frac{\sin(\pi ua)}{2\pi(ua+1)}\right]$$

$$= \frac{a}{2}\sin(\pi ua)\left[\frac{1}{\pi ua}-\frac{\pi ua}{(\pi ua)^2-\pi^2}\right] = \frac{a}{2}\left[\frac{\sin(\pi ua)}{\pi ua}\right]\left[1-\frac{(ua)^2}{(ua)^2-1}\right],$$

so daß abschließend folgt:

$$\widehat{t}(u) = \frac{a}{2}\frac{1}{(1-u^2a^2)}\left[\frac{\sin(\pi ua)}{\pi ua}\right] \quad \text{und} \quad I = |\widehat{t}(u)|^2 = \frac{a^2}{4}\left(\frac{1}{1-u^2a^2}\right)^2\left[\frac{\sin(\pi ua)}{\pi ua}\right]^2.$$

Der Vorteil dieser Durchlässigkeitsfunktion ist, die sekundären Maxima zu unterdrücken (Abbildung L21.3). Dafür ist aber die Beugungsfigur verbreitert, was wieder zu Verlusten beim Auflösungsvermögen führt.

A21.4 Fraunhofersches Beugungsbild von drei Spalten
Berechnen wir $\int t(x)\exp(-i2\pi ux)dx = \int[t_1(x)+t_2(x)+t_3(x)]\exp(-i2\pi ux)dx$ mit

$$t_1(x) = t_0(x) = \begin{cases} 1 & \text{für} \quad |x| \leq a/2 \\ 0 & \text{sonst} \end{cases}, \quad t_2(x) = t_0(x-d) \quad \text{und} \quad t_3(x) = t_0(x+d).$$

Das erste Integral ergibt $a\sin(\pi ua)/(\pi ua)$, das zweite gibt mit $x' = x - d$ das Ergebnis $a\sin(\pi ua)/(\pi ua)\exp(-i2\pi ud)$ und das dritte mit $x'' = x + d$ die Lösung $a\sin(\pi ua)/(\pi ua)$ $\exp(i2\pi ud)$. Es folgt daraus:

$$\widehat{t}(u) = a\frac{\sin(\pi ua)}{\pi ua}[1+\exp(i2\pi ud)+\exp(-i2\pi ud)] = a\frac{\sin(\pi ua)}{\pi ua}[1+2\cos(2\pi ud)]$$

und $I = a^2[\sin(\pi ua)/(\pi ua)]^2[1+2\cos(2\pi ud)]^2$ (Abbildung L21.4).

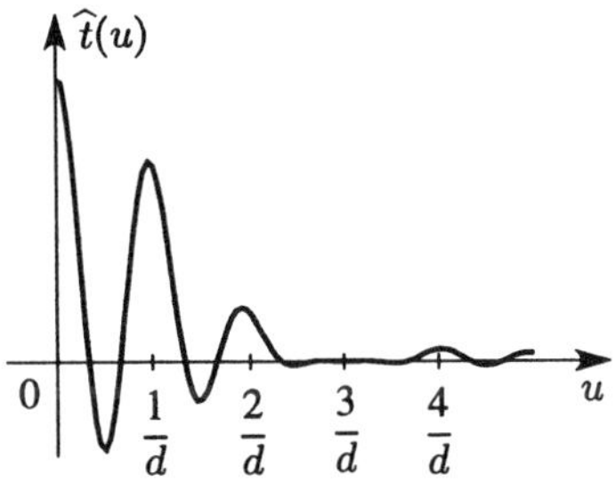

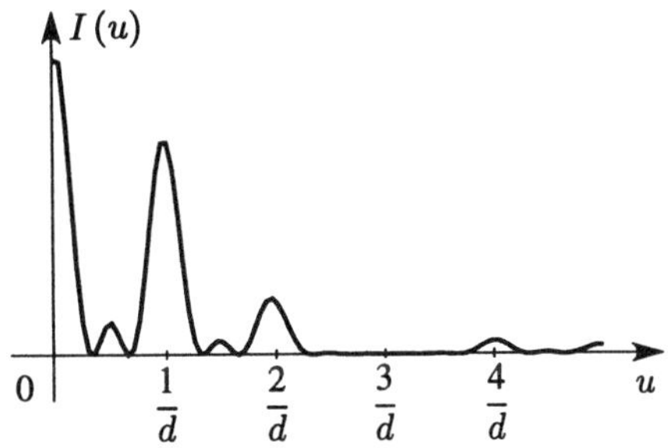

Abb. L21.4

A21.5 Theorem von Babinet (komplementäre Schirme)
Wir haben $I(u) = a^2[\sin(\pi ua)/(\pi ua)]^2$ und

$$I_c(u) = \left|\int t_c(x)\exp(-2\pi ux)dx\right|^2 \quad \text{mit} \quad t_c(x) = t_L(x) - t(x),$$

wobei $t_L(x)$ die Durchlässigkeit eines Spaltes der Breite L ist. Folglich erhalten wir $I_c(u) = |\widehat{t}_L(u) - \widehat{t}(u)|^2$. Nun ist aber $\widehat{t}_L(u)$ praktisch um $u = 0$ „konzentriert", so daß wir *außerhalb* $u = 0$ die Gleichung

$$\widehat{t}_c(u) = \widehat{t}(u) \quad \text{und so} \quad I_c(u) = |\widehat{t}(u)|^2 = a\left[\frac{\sin(\pi ua)}{\pi ua}\right]^2$$

erhalten.

A21.6 Fraunhofersches Beugungsbild sich zufällig bewegender Blenden
Die Durchlässigkeit der Blende läßt sich als Funktion der Durchlässigkeit $t_0(x)$ einer einzelnen Öffnung als $t(x,y) = \sum_i t_0(x - c_i, y - d_i)$ schreiben, so daß wir für die Fourier-Transformierte erhalten:

$$\begin{aligned}\widehat{\underline{t}}(u,v) &= \iint t(x,y)\exp[-\mathrm{i}2\pi(ux+vy)]\mathrm{d}x\mathrm{d}y \\ &= \iint \sum_i t_0(x-c_i, y-d_i)\exp[-\mathrm{i}2\pi(ux+vy)]\mathrm{d}x\mathrm{d}y.\end{aligned}$$

Führen wir nun neue Variablen $x' = x - c_i$ und $y' = y - d_i$ ein, folgt:

$$\begin{aligned}\widehat{\underline{t}}(u,v) &= \iint \sum_i \exp[\mathrm{i}2\pi(uc_i + vd_i)]t_0(x',y')\exp[-\mathrm{i}2\pi(ux'+vy')]\mathrm{d}x\mathrm{d}y \\ &= \widehat{\underline{t}}_0(u,v)\sum_i \exp[\mathrm{i}2\pi(uc_i+vd_i)],\end{aligned}$$

so daß wir schließlich für $I(u,v)$ erhalten:

$$\begin{aligned}I(u,v) &= \left|\widehat{\underline{t}}(u,v)\right|^2 = \left|\widehat{\underline{t}}_0(u,v)\right|^2 \sum_i \exp[-\mathrm{i}2\pi(uc_i+vd_i)]\sum_j \exp[\mathrm{i}2\pi(uc_j+vd_j)] \\ &= \left|\widehat{\underline{t}}_0(u,v)\right|^2 \sum_{ij}\exp[-\mathrm{i}2\pi u(c_i-c_j)]\exp[-\mathrm{i}2\pi v(d_i-d_j)].\end{aligned}$$

Da die Verteilung zufällig ist, gilt $\sum_{ij}\exp[-\mathrm{i}2\pi u(c_i-c_j)]\exp[-\mathrm{i}2\pi v(d_i-d_j)] = N$, da die Terme für die $c_i - c_j \neq 0$ oder $d_i - d_j \neq 0$ sich gegenseitig aufheben, so daß abschließend die Intensität die Form

$$I(u,v) = N|\widehat{t}_0(u,v)|^2$$

hat. Dieses Resultat ist sehr interessant, wenn man eine Beugungsfigur unter guten Lichtbedingungen beobachten will: Die Intensität dieser Beugungsfigur wird mit der Zahl der vorhandenen Blenden multipliziert.

A21.7 Fraunhofersches Beugungsbild in endlicher Entfernung

1. An einem Punkt M der Blende gilt

$$\underline{\psi}_0(x,y) = t(x,y)\underline{\psi}_0^-(x,y) \quad \text{mit} \quad \underline{\psi}_0^-(x,y) = \frac{\text{const}}{r_\text{b}}\exp(-\mathrm{i}kr_\text{b}),$$

wobei das Minuszeichen die Konvergenz der Welle im Punkt A_b andeuten soll und $r_\text{b} = A_\text{b}M$ bezeichnet. Wegen

$$r_\text{b} = (d_\text{b}^2 + x^2 + y^2)^{\frac{1}{2}} \approx d_\text{b}\left(1 + \frac{x^2+y^2}{2d_\text{b}^2}\right) = d_\text{b} + \frac{x^2+y^2}{2d_\text{b}}$$

hat die Amplitude der Welle die Form

$$\underline{\psi}_0(x,y) = \frac{\text{const}}{d_\text{b}}t(x,y)\exp(-\mathrm{i}kd_\text{b})\exp\left[-\mathrm{i}k\frac{(x^2+y^2)}{2d_\text{b}}\right].$$

Lassen wir die nicht weiter interessierenden Konstanten fallen, folgt

$$\underline{\psi}_0(x,y) = t(x,y)\exp\left[-\mathrm{i}\pi\frac{(x^2+y^2)}{\lambda d_\text{b}}\right].$$

2. In der Fresnelschen Näherung haben wir

$$\underline{\psi}(X,Y) = \frac{\exp(\mathrm{i}kR)}{\mathrm{i}\lambda R} \iint \underline{\psi}_0(x,y) \exp\left(\mathrm{i}\pi \frac{x^2+y^2}{\lambda R}\right) \exp\left[-\mathrm{i}2\pi \frac{\alpha x + \beta y}{\lambda}\right] \mathrm{d}x\mathrm{d}y.$$

In der Gaußschen Näherung wird $R \approx d_\mathrm{b}$, $\alpha \approx X/d_\mathrm{b}$ und $\beta \approx Y/d_\mathrm{b}$, und die Fresnelsche Formel vereinfacht sich zu der Form

$$\underline{\psi}(X,Y) = \frac{\exp(\mathrm{i}kd_\mathrm{b})}{\mathrm{i}\lambda d_\mathrm{b}} \iint \underline{\psi}_0(x,y) \exp\left(\mathrm{i}\pi \frac{x^2+y^2}{\lambda d_\mathrm{b}}\right) \exp\left[-\mathrm{i}2\pi \frac{Xx + Yy}{\lambda d_\mathrm{b}}\right] \mathrm{d}x\mathrm{d}y.$$

3. Ersetzen wir $\underline{\psi}_0(x,y)$ durch ihre explizite Formel, erhalten wir, da die quadratischen Terme verschwinden:

$$\underline{\psi}(X,Y) = \iint t(x,y) \exp\left(-\mathrm{i}2\pi \frac{Xx+Yy}{\lambda d_\mathrm{b}}\right) \mathrm{d}x\mathrm{d}y.$$

A21.8 Fraunhofersches Beugungsbild einer Dreiecksblende
Die Fourier-Transformierte der Durchlässigkeitsfunktion ist gegeben durch

$$\widehat{t}(u) = \int t(x) \exp(-\mathrm{i}2\pi ux)\mathrm{d}x \quad \text{mit} \quad t(x) = \begin{cases} 1 + 2x/a & \text{für } -a/2 < x < 0 \\ 1 - 2x/a & \text{für } 0 < x < a/2 \\ 0 & \text{sonst.} \end{cases}$$

Nach der in Aufgabe A18.7 durchgeführten Rechnung ergibt sich:

$$\widehat{\underline{t}}(u) = \frac{a}{2}\left[\frac{\sin(\pi ua/2)}{\pi ua/2}\right]^2 \quad \text{und daraus} \quad I(u) = I(0)\left[\frac{\sin(\pi ua/2}{\pi ua/2}\right]^4.$$

Der Vorteil dieser Durchlässigkeit ist, die Nebenmaxima zu unterdrücken. Jedoch ist die Beugungsfigur zweimal so breit (die Basis beträgt $4/a$).

A21.9 Fraunhofersches Beugungsbild einer Blende mit exponentiell abfallender Durchlässigkeit
Aus $\widehat{\underline{t}}(u) = \int t(x)\exp(-\mathrm{i}2\pi ux)\mathrm{d}x$ mit $t(x) = \exp(-|x|/a)$. Nach der in Aufgabe 18.8 durchgeführten Rechnung haben wir:

$$\int_0^\infty \exp\left(-\frac{x}{a}\right) \exp(-\mathrm{i}2\pi ux)\mathrm{d}x = \frac{a}{1 + \mathrm{i}2\pi ua}$$

bzw.

$$\int_{-\infty}^0 \exp\left(\frac{x}{a}\right) \exp(-\mathrm{i}2\pi ux)\mathrm{d}x = \frac{a}{1 - \mathrm{i}2\pi ua},$$

woraus folgt:

$$\widehat{\underline{t}}(u) = \frac{a}{1+\mathrm{i}2\pi ua} + \frac{a}{1-\mathrm{i}2\pi ua} = \frac{2a}{1+4\pi^2u^2a^2} \quad \text{und so} \quad I(u) = \left(\frac{2a}{1+4\pi^2u^2a^2}\right)^2.$$

Der Vorteil dieser Durchlässigkeit ist ebenfalls die Unterdrückung der Nebenmaxima (Apodisation). Dafür ist die Beugungsfigur auch hier breiter: Ihre Halbwertsbreite beträgt: $\Delta u_{1/2} = 1/(\pi a)$.

A21.10 Fraunhofersches Beugungsbild einer Blende mit gaußförmiger Durchlässigkeit
Mit der Durchlässigkeit $t(x) = \exp[-x^2/(2\sigma^2)]$ erhalten wir nach der in Aufgabe A18.9 durchgeführten Rechnung:

$$\widehat{\underline{t}}(u) = \int t(x)\exp(-\mathrm{i}2\pi ux)\mathrm{d}x = \sqrt{2\pi}\sigma\exp(-2\pi^2u^2\sigma^2).$$

Die Fourier-Transformation einer Gauß-Funktion ist wieder eine Gauß-Funktion. Für die Intensität erhalten wir: $I(u) = I(0)\exp(-4\pi^2u^2\sigma^2)$. Auch hier werden die Nebenmaxima unterdrückt (Apodisation) mit einer damit verbundenen Verbreiterung der Beugungsfigur.

A21.11 Fraunhofersches Beugungsbild von vier Löchern auf den Ecken eines Quadrates
Die Funktion $\widehat{\underline{t}}(u,v)$ kann als Funktion von $\widehat{\underline{t}}_0(u,v)$ einer beliebigen der vier Öffnungen mit verschiedenen Phasentermen ausgedrückt werden (siehe A21.1):

$$\begin{aligned}\widehat{\underline{t}}(u,v) &= \widehat{\underline{t}}_0(u,v)\,\{\exp[-\mathrm{i}\pi(u+v)a] + \exp[-\mathrm{i}\pi(-u+v)a]\\ &\quad + \exp[-\mathrm{i}\pi(-u-v)a] + \exp[-\mathrm{i}\pi(u-v)a]\}\end{aligned}$$

da die Koordinaten der Ecken sind: $(a/2, a/2)$, $(-a/2, a/2)$, $(-a/2, -a/2)$, $(a/2, -a/2)$. Daraus folgt:

$$\begin{aligned}\underline{t}(u,v) &= 2\underline{t}_0(u,v)\,\{\cos[\pi(u+v)a] + \cos[\pi(u-v)a]\}\\ &= 4\widehat{\underline{t}}_0(u,v)\cos[\pi(u+v)a]\,\cos[\pi(u-v)a]\end{aligned}$$

und die Intensitätsverteilung

$$I(u,v) = 4|\widehat{\underline{t}}_0(u,v)|^2\,\{1+\cos[2\pi(u+v)a]\}\cdot\{1+\cos[2\pi(u-v)a]\}\,.$$

A21.12 Fraunhofersches Beugungsbild einer Blende mit Absorption im Zentrum
Die Form von $\widehat{t}(u)$ ist:

$$\begin{aligned}\widehat{t}(u) &= \int_{-a/2}^{a/2}\frac{1}{2}\,[1-\cos(2\pi x/a)]\exp(-\mathrm{i}2\pi ux)\mathrm{d}x\\ &= \int_{-a/2}^{a/2}\frac{1}{2}\left[1-\frac{1}{2}\exp(\mathrm{i}2\pi x/a)-\frac{1}{2}\exp(-\mathrm{i}2\pi x/a)\right]\exp(-\mathrm{i}2\pi ux)\mathrm{d}x\\ &= \frac{1}{2}\int_{-a/2}^{a/2}\exp(-\mathrm{i}2\pi ux)\mathrm{d}x\\ &\quad -\frac{1}{4}\int_{-a/2}^{a/2}\left\{\exp\left[-\mathrm{i}2\pi\left(u-\frac{1}{a}\right)x\right]-\exp\left[-\mathrm{i}2\pi\left(u+\frac{1}{a}\right)x\right]\right\}\mathrm{d}x.\end{aligned}$$

Wir erhalten also drei Terme vom gleichen Typ, die jeweils verschoben und mit einem Gewichtsfaktor multipliziert sind:

$$\widehat{t}(u) = \frac{1}{2}\frac{\sin(\pi ua)}{\pi ua} - \frac{1}{4}\frac{\sin[\pi(u-1/a)a]}{\pi(u-1/a)a} - \frac{1}{4}\frac{\sin[\pi(u+1/a)a]}{\pi(u+1/a)a}.$$

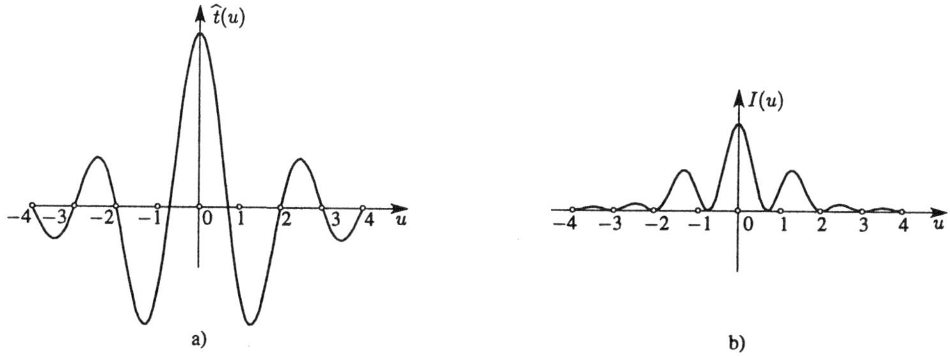

Abb. L21.5

Daraus ergibt sich die Intensitätsverteilung, die proportional zu $|\hat{t}(u)|^2$ ist. In der Kurve L21.5 haben wir $|\hat{t}(u)|$ und die Intensität dargestellt.

A21.13 Fresnelsche Zonen

1. Im Dreieck A_oMA der Abbildung 21.17 gilt:

$$MA^2 = \left(d + \frac{\lambda}{2}\right)^2 = d_o^2 + (d_o + d)^2 - 2d_o(d_o + d)\cos\alpha$$

und daraus $\lambda d \approx d_o(d_o + d)\alpha^2$ mit $\cos\alpha \approx 1 - \alpha^2/2$. Wir können damit auf den Durchmesser der ersten Fresnelschen Zone schließen:

$$D_1 \approx 2d_o\alpha = 2\left(\frac{d_o d\lambda}{d_o + d}\right)^{\frac{1}{2}} = 2(\lambda f_e)^{\frac{1}{2}} \quad \text{mit} \quad \frac{1}{f_e} = \frac{1}{d_o} + \frac{1}{d}.$$

2. Wir haben in der Aufgabe A3.4 gesehen, daß man die näherungsweise stigmatische Abbildung zwischen zwei Punkten A_o und A erreichen kann, wenn die Breite des Lichtbündels, das von dem Objekt ausgesandt wird, ausreichend schmal ist. Der Durchmesser des Bündels muß gleich $(\lambda f_e)^{\frac{1}{2}}$ oder $D_1/1,4$ sein. Mit der hier eingeführten Bedingung würde die stigmatische Abbildung nicht so gut angenähert werden, dafür aber wäre die Lichtmenge, die A erreichte, größer.

Da $f_e = d_o d/(d_o + d) = 15$ cm gilt, finden wir: $D_1 = 2(0{,}6 \cdot 0{,}15 \cdot 10^4)^{\frac{1}{2}} = 60\,\mu\text{m}$.

Kapitel 22

A22.1 Fresnelscher Spiegel

1. Die Quelle S_1 ist das von den Spiegeln M_1 und M_2 erzeugte Bild, S_1' das Zwischenbild, während die Quelle S_2 durch die beiden Spiegel in umgekehrter Reihenfolge gebildet wird und schließlich S_2' das intermediäre Bild. Wir zeigen, daß $S_1\widehat{A}S_2 = 4\alpha$ ist. Wir haben:

$$\widehat{SAS_1'} = 2\widehat{SAM_1} = 2(\pi/4 - \alpha/2) = \pi/2 - \alpha \quad \text{und} \quad \widehat{S_1'AS_1} = 2(\pi - \widehat{MAS_1'})$$

mit $\widehat{M_2AS'_1} = \pi/2 - \alpha + \pi/4 - \alpha/2 = 3\pi/4 - 3\alpha/2$. Wir erhalten daraus $\widehat{S'_1AS_1} = 2(\pi - 3\pi/4 + 3\alpha/2) = \pi/2 + 3\alpha$ und somit

$$\widehat{SAS_1} = \widehat{SAS'_1} + \widehat{S'_1AS_1} = \frac{\pi}{2} - \alpha + \frac{\pi}{2} + 3\alpha = \pi + 2\alpha$$

und aus Symmetriegründen $\widehat{SAS_2} = \pi - 2\alpha$. Es ergibt sich damit $\widehat{S_1AS_2} = 4\alpha$ bzw. $a = S_1S_2 = 4\alpha R$.

2. Der Interferenzstreifenabstand ist gegeben durch $\mathrm{d} = \lambda D/a = \lambda(z+R)/(4\alpha R)$ und $\mathcal{C} = P_1P_2 = 4\alpha z$. Mit den angegebenen Werten folgt damit $\mathrm{d} = 0{,}6\,\mathrm{mm}$, $\mathcal{C} = 4 \cdot 2 \cdot 10^{-3} \cdot 700 = 5{,}6\,\mathrm{mm}$ und $n = 9$.

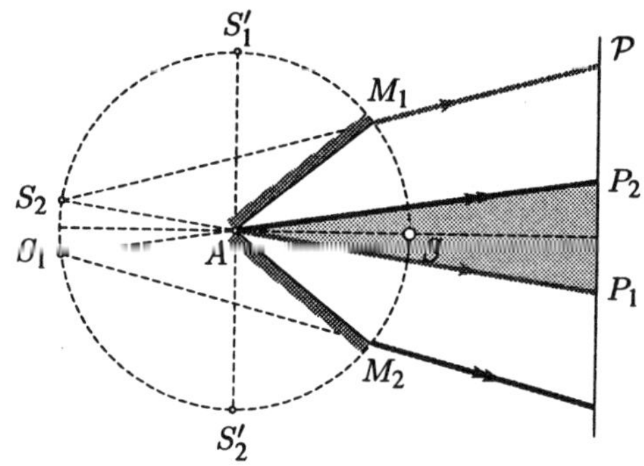

Abb. L22.1

A22.2 Lloydscher Spiegel

Es liegt eine Superposition zweier Wellen vor: eine reflektierte, vom Bild S' von S ausgesandte und eine direkt von S ausgesandte. Das allgemeine Schema folgt in einfacher Weise daraus.

1. Wir erhalten für den Interferenzstreifenabstand $\mathrm{d} = \lambda D/a = \lambda(d+l)/(2h)$. Das Interferenzfeld $\mathcal{C}$ ist BP_1 und beträgt, da $BP_1/(AB) = h/d$ gilt, $\mathcal{C} = l/hd$. Nach der Descartesschen Formel haben wir

$$\frac{1}{p_\mathrm{b}} = \frac{1}{p_\mathrm{o}} + \frac{1}{f_\mathrm{b}} = -\frac{1}{12} + \frac{1}{10} = \frac{1}{60} \quad \text{und daraus} \quad p_\mathrm{b} = 60\,\mathrm{cm}$$

sowie $G_\mathrm{a} = p_\mathrm{b}/p_\mathrm{o} = 60/(-12) = -5$. Folglich erhalten wir

$$\mathrm{d} = 1{,}5\,/5 = 0{,}3\,\mathrm{mm} \quad h = \lambda(d+l)/(2\mathrm{d}) = 0{,}25\,\mathrm{mm} \quad \text{und} \quad \frac{\mathcal{C}}{\mathrm{d}} = 20.$$

Da der Ring in B dunkel ist, existieren 20 helle Ringe.

A22.3 Rayleighsches Interferometer

1. Die komplexen Amplituden der beiden Schwingungen, die von dem Spalt ausgehen, addieren sich im Punkt P der Ebene $\mathcal{P}$: $\underline{\psi} = \underline{\psi}_1 + \underline{\psi}_2 \approx A[\exp(\mathrm{i}kr_1) + \exp(\mathrm{i}kr_2)]$, wobei

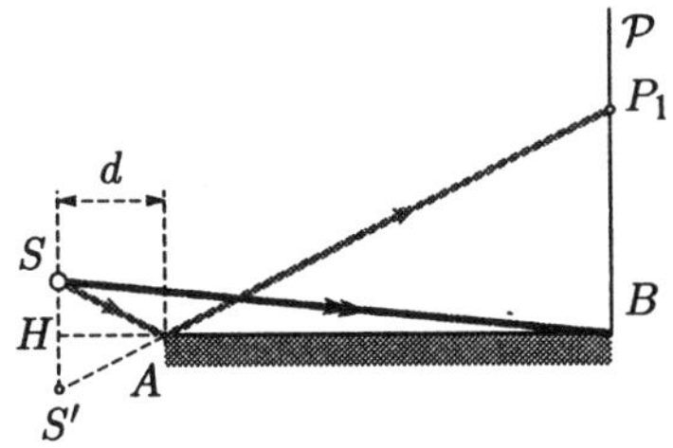

Abb. L22.2

angenommen wurde, daß die beiden Amplituden in der Blendenebene in Phase waren. Wir erhalten so für die Intensität:

$$I = \underline{\psi}\,\underline{\psi}^* = A^2\,\{2 + \exp[\mathrm{i}k(r_1 - r_2)] + \exp[-\mathrm{i}k(r_1 - r_2)]\} = 2A^2\,\{1 + \cos[k(r_2 - r_1)]\}\,.$$

Da $r_2 - r_1 \approx aX/D$ gilt, erhalten wir $I = 2A^2\,[1 + \cos(2\pi X/\mathrm{d})]$ mit $\mathrm{d} = \lambda D/a = 19\,\mu\mathrm{m}$.

2. Aus der Abbildung L22.3 können wir $\alpha_\mathrm{b} = \mathrm{d}/f_\mathrm{b}$ ermitteln. Daraus folgt $f_\mathrm{b} = \mathrm{d}/\alpha_\mathrm{b} =$ 2,1 cm (da gilt $1' = 3 \cdot 10^{-4}$ rad).
3. Die Änderung der Temperatur von T_1 erzeugt eine Änderung der optischen Weglänge und damit der Phasendifferenz: $\Delta\phi = \Delta(k_0 nl) = k_0 l\epsilon$. Bei einer Verschiebung des Interferenzmusters um d beträgt die Phasendifferenz $\Delta\phi = k_0 l\epsilon = 2\pi$ und $\epsilon = \lambda/l$. Für die gegebenen Werte erhalten wir daher $\epsilon \approx 10^{-6}$.

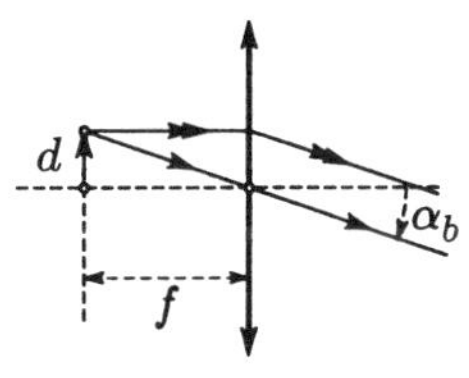

Abb. L22.3

A22.4 Superposition einer ebenen Welle und einer Kugelwelle

1. Da die Lichtquelle S sich im Brennpunkt von L befindet, tritt die ebene Welle durch die Linse L; ihre komplexe Amplitude hat die Form:

$$\underline{\psi}_1 = A \exp\{\mathrm{i}k[2d + (n-1)e]\}\,.$$

Die Kugelwelle passiert dagegen das Loch, und ihre komplexe Amplitude wird durch

$$\underline{\psi}_2 \approx \frac{\text{const}}{r}\exp(\mathrm{i}kr) \quad \text{mit} \quad r = (4d^2 + \rho^2)^{\frac{1}{2}} = 2d\left(1 + \frac{\rho^2}{4d^2}\right)^{\frac{1}{2}} \approx 2d\left(1 + \frac{\rho^2}{8d^2}\right)$$

beschrieben, so daß folgt:

$$\underline{\psi}_2 \approx A \exp(\mathrm{i}k2d)\exp\left(\mathrm{i}\frac{k\rho^2}{4d}\right).$$

2. Die komplexe Amplitude der resultierenden Welle ist

$$\underline{\psi}_1 + \underline{\psi}_2 = A\exp(\mathrm{i}k2d)\left\{\exp[\mathrm{i}k(n-1)e] + \exp\left(\mathrm{i}\frac{k\rho^2}{4d}\right)\right\},$$

so daß wir für die Intensität den folgenden Ausdruck erhalten:

$$I = 2A^2(1+\cos\phi) \quad \text{mit} \quad \phi = k\left[(n-1)e - \frac{\rho^2}{4\mathrm{d}}\right].$$

Die Kurven $\rho =$ const sind Kurven gleicher Intensität; die Interferenzstreifen bilden also um die Achse zentrierte konzentrische Kreise.

3. Das Interferenzfeld ist ein Ring mit einem inneren Radius von 5 mm und einem äußeren Radius von 10 mm. Die hellen Ringe sind durch die Gleichung $\phi = k(n-1)e - \rho^2/(4d) = m2\pi$ (m ganzzahlig) definiert. Wir erhalten daraus für den Radius der Ringe:

$$\frac{\rho^2}{4d} = (n-1)e - m\lambda \quad \text{und} \quad \rho = 2(\lambda d)^{\frac{1}{2}}\left[\frac{(n-1)e}{\lambda} - m\right]^{\frac{1}{2}}.$$

Mit den angegebenen Zahlenwerten erhalten wir $(\lambda \mathrm{d})^{\frac{1}{2}} = 0{,}316\,\mathrm{mm}$, $(n-1)e/\lambda = 3000$ und folglich $\rho_M = 0{,}632\,M^{\frac{1}{2}}$ mit $M = 3000 - m$. Wegen $5 < \rho < 10$ erhalten wir:

$$\frac{5}{0{,}632} < M^{\frac{1}{2}} < \frac{10}{0{,}632} \quad \text{und so} \quad 63 \leq M \leq 250.$$

Daraus folgt schließlich 5,02 mm $< \rho_M <$ 9,99 mm.

A22.5 Interferenz dreier monochromatischer ebener Wellen
Die komplexen Amplituden der drei Wellen sind:

$$\underline{\psi}_1 = A\exp(\mathrm{i}\mathbf{k}_1\cdot\boldsymbol{r}) \quad \underline{\psi}_2 = A\exp(\mathrm{i}\mathbf{k}_2\cdot\boldsymbol{r}) \quad \text{und} \quad \underline{\psi}_3 = A\exp(\mathrm{i}\mathbf{k}_3\cdot\boldsymbol{r}).$$

Da der Vektor $\boldsymbol{r}$ die Komponenten $(x, y, 0)$ besitzt, folgt explizit für die komplexen Amplituden:

$$\underline{\psi}_1 = A \quad \underline{\psi}_2 = A\exp(\mathrm{i}kx\sin\alpha) \quad \text{und} \quad \underline{\psi}_3 = A\exp(-\mathrm{i}kx\sin\alpha),$$

woraus wir die komplexe Amplitude als Summe dieser drei Terme erhalten (Abbildung L22.4):

$$\underline{\psi} = A\left[1 + 2\cos\left(2\pi\frac{x\sin\alpha}{\lambda}\right)\right] \quad \text{und die Intensität}$$

$$I = \underline{\psi\psi}^* = A^2\left[1 + 2\cos\left(2\pi\frac{x\sin\alpha}{\lambda}\right)\right]^2.$$

A22.6 Einfluß einer leichten Phasenverschiebung auf die Interferenz dreier monochromatischer Wellen

1. Da $\epsilon \ll 1$ ist, erhalten wir $\exp(\mathrm{i}\theta) = \exp(\mathrm{i}\pi/2)\exp(\mathrm{i}\epsilon) \approx \mathrm{i}(1+\mathrm{i}\epsilon) = -\epsilon + \mathrm{i}$. Die komplexe Amplitude hat so die Form

$$\underline{U} = A_o[\exp(\mathrm{i}\phi) + \exp(-\mathrm{i}\phi) + \exp(\mathrm{i}\theta)] \approx A_o[2\cos\phi - \epsilon + \mathrm{i}]$$

und die entsprechende Intensität

$$I_\epsilon(\phi) = \underline{UU}^* \approx A_o^2[(2\cos\phi - \epsilon)^2 + 1] \approx A_o^2(1 + 4\cos^2\phi - 4\epsilon\cos\phi).$$

Für $\epsilon = 0$ ist der Ausdruck für die Intensität: $I_0(\phi) \approx A_o^2(1 + 4\cos^2\phi)$, woraus wir folgern, daß der Einfluß von ϵ von erster Ordnung ist.

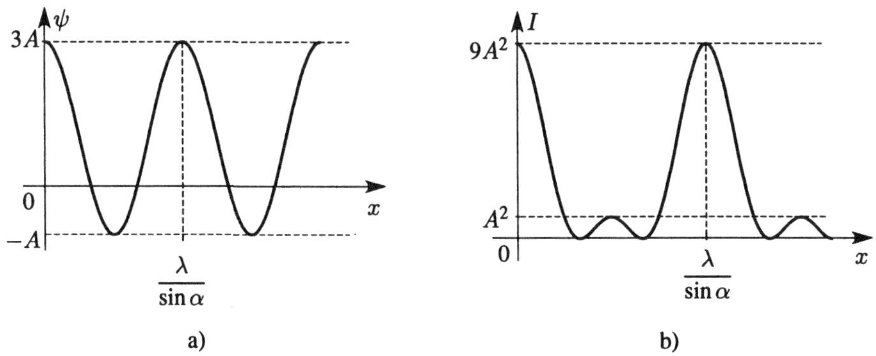

Abb. L22.4

2. Für diesen Fall gilt $\exp(i\theta) = \exp(i\pi)\exp(i\epsilon) \approx -(1 + i\epsilon) = -1 - i\epsilon$, so daß wir für die komplexe Amplitude

$$\underline{U} \simeq A_o[2\cos\phi - 1 - i\epsilon]$$

und die Intensität

$$I_\epsilon(\phi) \approx A_o^2[(2\cos\phi - 1)^2 + \epsilon^2]$$

erhalten. Für $\epsilon = 0$ erhalten wir $I_0(\phi) \approx A_o^2(2\cos\phi - 1)^2$, der Einfluß von ϵ ist hier also zweiter Ordnung.

A22.7 Mach-Zehnder-Interferometer

1. Da die Wege entlang *SABC* bzw. *SADC* in Abwesenheit der Blende gleich lang sind, bleiben die von L_c kommenden ebenen Wellen am Ausgang C in Phase.

   Die Linse L erzeugt ein umgekehrtes Bild von $\mathcal{D}_1$ gleicher Größe, da die Abstände des Objektes bzw. des Bildes zum Zentrum O von L $2f$ betragen. Das gleiche gilt für die Blende $\mathcal{D}_2$, deren Bild in der Beobachtungsebene erzeugt wird. Es folgt daraus, daß in dieser Ebene die Intensitätsverteilung proportional zu $t_1 + t_2$ ist.
2. Führt man ein Plättchen in die Strecke AD ein, beträgt die zusätzliche Phasendifferenz $\Delta\phi = 2\pi(n-1)e/\lambda$. Für $\Delta\phi = \pi$ weisen die beiden Wellen am Ausgang C entgegengesetzte Phasen auf: t_2 wird durch $t_2\exp(i\pi) = -t_2$ ersetzt. Die Intensitätsverteilung ist nun proportional zu $t_1 - t_2$.

A22.8 Sagnacsches Glasfaserinterferometer

1. Da die Geschwindigkeiten v_+ und v_- im Rahmen der *Newtonschen* Theorie $v_+ = c + R\omega$ und $v_- = c - R\omega$ betragen, erhalten wir:

$$t_+ = \frac{l}{c + R\omega} \quad \text{und} \quad t_- = \frac{l}{c - R\omega}.$$

   Wir folgern daraus

$$L_s = c(t_- - t_+) = cl\left(\frac{2R\omega}{c^2 - R^2\omega^2}\right) \approx \frac{2\omega lR}{c} \quad \text{und} \quad \frac{L_s}{\lambda} = \frac{2\omega lR}{c\lambda}.$$

2. Die vorhergehende Gleichung gibt:

$$\omega = \frac{cL_s}{2lR} = 0{,}1 \cdot \frac{3 \cdot 10^8}{2 \cdot 0{,}1 \cdot 250} \cdot 0{,}5\,\mathrm{rad/s}.$$

Kapitel 23

A23.1 Billetsche Halblinsen und zeitliche Kohärenz

1. Nach der Descartesschen Formel erhalten wir

$$\frac{1}{p_\mathrm{b}} - \frac{1}{p_\mathrm{o}} = \frac{1}{f_\mathrm{b}} \quad \text{und so} \quad p_\mathrm{b} = 150\,\mathrm{cm}.$$

Da $a = S_1S_2$ mit $\epsilon/|p_\mathrm{o}| = a/(|p_\mathrm{o}| + p_\mathrm{b})$, $p_\mathrm{b} + |p_\mathrm{o}| = 225\,\mathrm{cm}$ sowie $|p_\mathrm{o}| = 75\,\mathrm{cm}$ gilt, ergibt sich $a = 3\epsilon = 3$ mm.

2. Jede Strahlung erzeugt ihr eigenes Interferenzmuster in der Ebene $\mathcal{P}$. Die Beiträge in der Intensität addieren sich:

$$I = I_1 + I_2 \quad \text{mit} \quad I_1 = 2I_0(1 + \cos\phi_1) \quad \text{und} \quad I_2 = 2I_0(1 + \cos\phi_2).$$

Die Phasen können wir folgt ausgedrückt werden: $\phi_1 = k_1L = 2\pi L/\lambda_1 = 2\pi L\nu_1/c$ und $\phi_2 = 2\pi L\nu_2/c$ mit $L = aX/(z - p_\mathrm{b})$. Wir können daher die Intensität in der Form

$$I = 4I_0\left(1 + \frac{\cos\phi_1 + \cos\phi_2}{2}\right) = 4I_0\left[1 + \cos\left(\frac{\phi_1 - \phi_2}{2}\right)\cos\left(\frac{\phi_1 + \phi_2}{2}\right)\right]$$

darstellen. Ersetzen wir $(\phi_1 + \phi_2)/2$ durch

$$\frac{\phi_1 + \phi_2}{2} = \frac{2\pi L(\nu_1 + \nu_2)}{2c} \approx \frac{2\pi L\nu_0}{c} = \frac{2\pi L}{\lambda_0} \quad \text{mit} \quad \frac{\nu_1 + \nu_2}{2c} = \frac{\nu_0}{c}$$

und

$$\frac{\phi_1 - \phi_2}{2} = \frac{2\pi L(\nu_1 - \nu_2)}{2c} = \frac{2\pi L\Delta\nu}{2c} = \pi\frac{L}{L_c} \quad \text{mit} \quad L_c \equiv c\,\Delta\nu^{-1},$$

erhalten wir abschließend mit $\lambda_0 = c/\nu_0$

$$I = 4I_0\left[1 + \cos\left(\frac{\pi L}{L_c}\right)\cos\left(2\pi\frac{L}{\lambda_0}\right)\right] \quad \text{und}$$
$$V = \frac{I_\mathrm{max} - I_\mathrm{min}}{I_\mathrm{max} + I_\mathrm{min}} = \left|\cos\left(\frac{\pi L}{L_c}\right)\right|.$$

A23.2 Fresnelsches Biprisma und räumliche Kohärenz. Fall der Elektronenoptik

1. Die Abweichung, die jedes Prisma mit kleinem Winkel γ bedingt, beträgt $\theta \approx (n-1)\gamma$, da gilt: $\theta = \alpha + \alpha' - \gamma \approx n(\beta + \beta') - \gamma = (n-1)\gamma$.
Das Interferenzfeld ist $\mathcal{C} = 2\theta d = 2d(n-1)\gamma$ und der Interferenzstreifenabstand ist mit $D = b + d$ und $a = 2\theta b = 2d(n-1)\gamma$ durch

$$\mathrm{d} = \frac{\lambda D}{a} = \frac{\lambda(b + d)}{2d(n-1)\gamma}$$

gegeben.

2. Jedes Element der inkohärenten Lichtquelle gibt sein eigenes Interferenzmuster. Das Zentrum von S trägt zu der Intensität den Anteil (Abbildung L23.1)

$$2I_\mathrm{s}(x_\mathrm{s})[1+\cos(2\pi x/\mathrm{d})\mathrm{d}x_\mathrm{s}$$

bei. Der Beitrag des Elementes $\mathrm{d}x_\mathrm{s}$, das um den Punkt x_s der Lichtquelle zentriert ist, ist analog dem oben gegebenen, bloß daß er um den Punkt $(-d/b)x_\mathrm{s}$ der Beobachtungsebene zentriert ist, da die Interferenzen um die Verlängerung des einfallenden Lichtstrahles zentriert sind. Man erhält daher

$$2I_\mathrm{s}(x_\mathrm{s})\mathrm{d}x_\mathrm{s}\left\{1+\cos\left[\frac{2\pi}{\mathrm{d}}\left(x+\frac{d}{b}x_\mathrm{s}\right)\right]\right\} \quad \text{und damit}$$

$$I=2\int I_\mathrm{s}(x_\mathrm{s})\left\{1+\cos\left[\frac{2\pi}{\mathrm{d}}\left(x+\frac{d}{b}x_\mathrm{s}\right)\right]\right\}\mathrm{d}x_\mathrm{s},$$

wenn man über alle Elemente der primären Quelle summiert. Die Intensität kann in der folgenden Form geschrieben werden:

$$I=2I_0\left\{1+\int I^n_{\mathrm{s},c}(x_\mathrm{s})\cos\left[\frac{2\pi}{\mathrm{i}}\left(x+\frac{d}{b}x_\mathrm{s}\right)\right]\mathrm{d}x_\mathrm{s}\right\}$$

mit $I_0=\int I_\mathrm{s}(x_\mathrm{s})\mathrm{d}x_\mathrm{s}$ und $I^n_{\mathrm{s},c}(x_\mathrm{s})=I_\mathrm{s}(x_\mathrm{s})/I_0$. Das Integral kann als

$$\mathrm{Re}\left\{\gamma_\mathrm{s}\exp\left(\mathrm{i}2\pi\frac{x}{\mathrm{d}}\right)\right\} \quad \text{mit} \quad \gamma_\mathrm{s}=\int I^n_{\mathrm{s},c}(x_\mathrm{s})\exp\left(\mathrm{i}2\pi\frac{x_\mathrm{s}}{\mathrm{d}}\frac{d}{b}\right)\mathrm{d}x_\mathrm{s}=|\gamma_\mathrm{s}|\exp(\mathrm{i}\alpha_\mathrm{s})$$

abgekürzt werden, so daß wir schließlich für die Intensität erhalten:

$$I=2I_0\left[1+|\gamma_\mathrm{s}|\cos\left(2\pi\frac{x}{\mathrm{d}}+\alpha\right)\right].$$

Ist die primäre Lichtquelle ein Spalt der Breite ϵ, ergibt sich für γ_s:

$$\gamma_\mathrm{s}=\frac{1}{\epsilon}\int\exp\left(\mathrm{i}2\pi\frac{x_\mathrm{s}}{\mathrm{d}}\frac{d}{b}\right)\mathrm{d}x_\mathrm{s}=\frac{1}{\epsilon}\left(\frac{\mathrm{d}}{\mathrm{i}2\pi}\frac{b}{d}\right)\left[\exp\left(\mathrm{i}2\pi\frac{x_\mathrm{s}}{\mathrm{d}}\frac{d}{b}\right)\right]^{\epsilon/2}_{-\epsilon/2}$$
$$=\frac{\sin[\pi\epsilon d/(\mathrm{d}b)]}{\pi\epsilon d/(\mathrm{d}b)}.$$

3. Die Energieerhaltung zwischen der Kathode und der Anode wird durch die folgende Gleichung ausgedrückt:

$$q_\mathrm{e}V_a+mc^2=\gamma mc^2 \quad \text{und folglich} \quad \gamma=1+\frac{q_\mathrm{e}V_a}{mc^2}=1+\frac{100}{511}=1{,}2.$$

Mit $\boldsymbol{p}=\gamma m\boldsymbol{v}$, $p=\gamma\beta mc$ erhalten wir

$$\lambda=\frac{h}{p}=\frac{h}{mc\gamma\beta}=\frac{h}{mc(\gamma^2-1)^{\frac{1}{2}}}=2{,}426\frac{1}{(\gamma^2-1)^{\frac{1}{2}}}=3{,}7\,\mathrm{pm}$$

und so $\mathrm{d}=\lambda(b+d)/a=0{,}5\,\mu\mathrm{m}$.

A23.3 Kohärenzzeit und Kohärenzlänge einer Quelle weißen Lichtes

1. Da $\Delta v=c/\lambda_\mathrm{b}-c/\lambda_r=3{,}5\cdot10^{14}$ Hz und $\tau_c=\Delta\nu^{-1}=0{,}285\cdot10^{-14}$ s betragen, ist der Wert von $L_c=c\tau_c=0,855\,\mu$m.
2. Die neue Kohärenzlänge beträgt $L_c=\lambda^2/\Delta\lambda=60{,}5\,\mu$m.

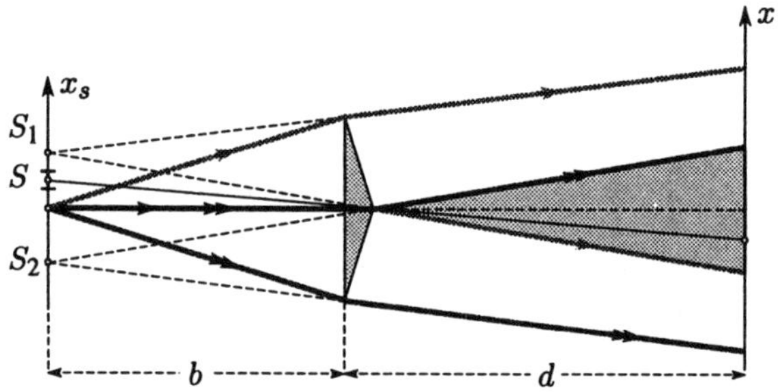

Abb. L23.1

A23.4 Fourier-Spektroskopie

1. Die Phasendifferenz zwischen den beiden Wellen, die in P nach Reflexion an den Spiegeln M_2 bzw. M_1 interferieren, ist durch $\phi = (2\pi/\lambda_0)2x = 2\pi\nu_0 2x/c = 2\pi\nu_0\tau$ mit $\tau = 2x/c$ gegeben (Abbildung L23.2).
2. Die Gesamtintensität wird durch den Ausdruck

$$I(\tau) = 2\int I_\nu\,[1+\cos(2\pi\nu\tau)]\,\mathrm{d}\nu = 2A\Delta\nu_{\frac{1}{2}}\left[1+\frac{1}{\Delta\nu_{\frac{1}{2}}}\int_{\nu_1}^{\nu_2}\cos(2\pi\nu\tau)\mathrm{d}\nu\right]$$

beschrieben. Ausführen des Intergrals ergibt

$$I(\tau) = 2A\Delta\nu_{\frac{1}{2}}\left\{1+\frac{1}{\Delta\nu_{\frac{1}{2}}}\left[\frac{\sin(2\pi\nu\tau)}{2\pi\tau}\right]\right\}_{\nu_1}^{\nu_2}$$

mit $\nu_1 = \nu_0 + \Delta\nu_{\frac{1}{2}}/2$ und $\nu_2 = \nu_0 - \Delta\nu_{\frac{1}{2}}/2$. Setzen wir diese Werte ein, bekommen wir das folgende Ergebnis:

$$\begin{aligned} I(\tau) &= 2A\Delta\nu_{\frac{1}{2}}\left(1+\frac{1}{2\pi\tau\Delta\ nu_{\frac{1}{2}}}\left\{\sin[2\pi\tau(\nu_0+\Delta\nu_{\frac{1}{2}}/2)]-\sin[2\pi\tau(\nu_0-\Delta\nu_{\frac{1}{2}}/2)]\right\}\right) \\ &= 2A\Delta\nu_{\frac{1}{2}}\left\{1+\left[\frac{\sin(\pi\tau\Delta\nu_{\frac{1}{2}})}{\pi\tau\Delta\nu_{\frac{1}{2}}}\right]\cos(2\pi\nu_0\tau)\right\}\end{aligned}$$

3. Die Sichtbarkeit ist

$$V(\tau) = (I_{\max}-I_{\min})/(I_{\max}+I_{\min}) = |\sin(\pi\tau\Delta\nu_{\frac{1}{2}})/(\pi\tau\Delta\nu_{\frac{1}{2}})|.$$

Der Graph ist also der Betrag von sinc $(\tau\Delta\nu_{\frac{1}{2}})$.

4. Die Sichtbarkeit verschwindet für $\tau = \Delta\nu_{\frac{1}{2}}^{-1} = 2x_1/c$. Wir erhalten daher die Halbwertsbreite aus $\Delta\nu_{\frac{1}{2}}^{-1} \approx 10^{-9}$ s: $\Delta\nu_{\frac{1}{2}} = 10^9$ Hz. Mit $\Delta\nu_{\frac{1}{2}}/\nu = \Delta\lambda_{\frac{1}{2}}/\lambda$ und $\lambda = c/\nu$ erhalten wir $\Delta\lambda_{\frac{1}{2}} = \Delta\nu_{\frac{1}{2}}\lambda^2/c = 1{,}3$ pm.

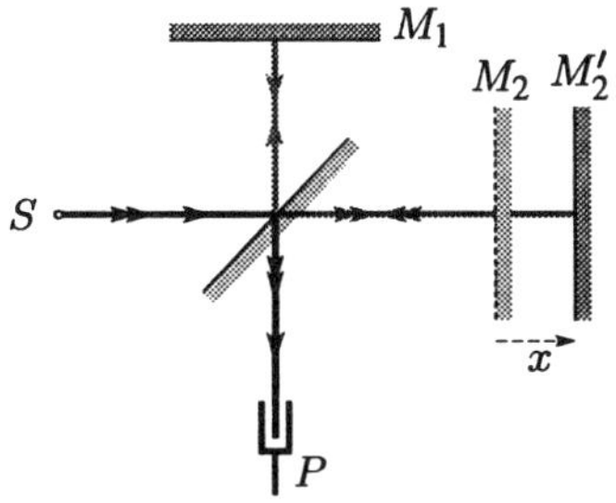

Abb. L23.2

A23.5 Sterninterferometer von Fizeau-Michelson

1. Jeder Stern erzeugt in der bildseitigen Brennebene des Instrumentes sein eigenes Interferenz- und Beugungsmuster, letzteres zentriert um das geometrische Bild des Sternes:

$$I_1 = 2I_0(1+\cos\phi_1) \quad \text{und} \quad I_2 = 2I_0(1+\cos\phi_2),$$

wenn man den Beugungsterm der beiden Öffnungen vernachlässigt. Die Phasen ϕ_1 und ϕ_2 ergeben sich mit Hilfe der Abbildung L23.3 zu

$$\begin{aligned}\phi_1 &= \frac{2\pi}{\lambda}[(E_1S_2P)-(E_1S_1P)] = \frac{2\pi}{\lambda}\left(\frac{bs}{2d}+\frac{ax}{f}\right) = \frac{2\pi}{\lambda}\left(\frac{b\theta}{2}+\frac{ax}{f}\right)\\ \phi_2 &= \frac{2\pi}{\lambda}[(E_2S_2P)-(E_2S_1P)] = \frac{2\pi}{\lambda}\left(-\frac{bs}{2d}+\frac{ax}{f}\right) = \frac{2\pi}{\lambda}\left(-\frac{b\theta}{2}+\frac{ax}{f}\right),\end{aligned}$$

wobei s der Abstand zwischen den beiden Sternen, $\theta = s/d$ ihr Winkelabstand und b der Abstand der *äußersten* Spiegel ist. Da E_1 und E_2 inkohärente Lichtquellen sind, ergibt sich die Gesamtintensität als Summe der Einzelintensitäten:

$$\begin{aligned}I = I_1 + I_2 &= 4I_0\left[1+\cos\left(\frac{\phi_1-\phi_2}{2}\right)\cos\left(\frac{\phi_1+\phi_2}{2}\right)\right]\\ &= 4I_0\left[1+\cos\left(\frac{\pi b\theta}{\lambda}\right)\cos\left(\frac{2\pi ax}{\lambda f}\right)\right].\end{aligned}$$

2. Für $b\theta/\lambda = 1/2$ ist die Beleuchtung gleichförmig. Es folgt daraus $\theta = \lambda/(2b)$. Dieses Interferometer ist deshalb interessant, weil es θ durch Vergrößerung von b verkleinern kann. Für $b = 7$ m erhalten wir $\theta = 0{,}039\,\mu\text{rad} \approx 0{,}008''$ ($1'' \approx 5\,\mu$rad).

Kapitel 24

A24.1 Von einer Glasplatte erzeugte Haidingersche Ringe

1. Die Berechnung der Weglängendifferenz erfolgt wie üblich: $L = 2ne\cos\beta \approx 2ne$. Folglich haben wir im Zentrum

$$p_o = \frac{2ne}{\lambda_0} = \frac{2\cdot 1{,}60\cdot 0{,}008}{0{,}5461\cdot 10^{-6}} = 46\,877{,}86.$$

2. Die Interferenzordnung der ersten drei hellen Ringe beträgt

$$m_1 = 46\,877 \quad m_1 - 1 = 46\,876 \quad \text{bzw.} \quad m_1 - 2 = 46\,875.$$

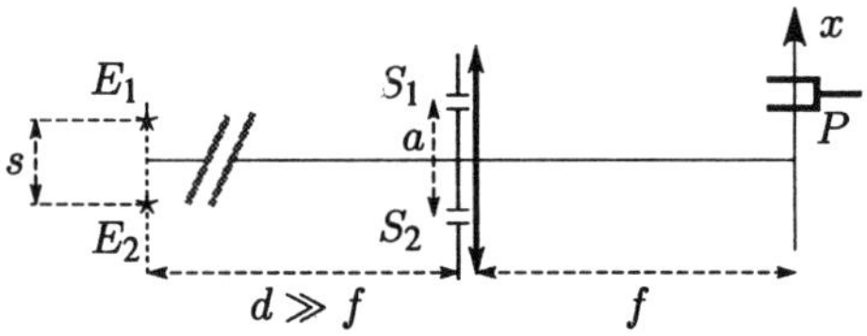

Abb. L23.3

Wir erhalten daraus deren Radien:

$$\frac{2ne}{\lambda_0}\cos r_q \approx \frac{2ne}{\lambda_0}\left(1-\frac{r_q^2}{2}\right) = m_1 - q + 1 \quad \text{ergibt} \quad r_q^2 \approx \left(\frac{\lambda_0}{ne}\right)(p_o - m_1 + q - 1).$$

Mit $\epsilon = p_o - m_1$ folgt so

$$R_q \approx f\alpha_q \approx fnr_q = fn\left(\frac{\lambda_0}{ne}\right)^{\frac{1}{2}}(q-1+\epsilon)^{\frac{1}{2}}.$$

Die numerischen Werte sind: $R_1 = 5{,}2\sqrt{0{,}86} \approx 4{,}8$ mm, $R_2 = 5{,}2\sqrt{1{,}86} \approx 7{,}1$ mm, $R_3 = 5{,}2\sqrt{2{,}86} \approx 8{,}8$ mm.

3. Die Interferenzordnung der ersten drei dunklen Ringe beträgt

$$p_1 = 46\,877{,}5, \quad p_1 - 1 = 46\,876{,}5 \quad \text{und} \quad p_1 - 2 = 46\,875{,}5.$$

Die Radien ergeben sich durch Ersetzen von m_1 durch $m_1 + 1/2$ in dem für die hellen Ringe erhaltenen Ausdruck:

$$R_q \approx fn\left(\frac{\lambda_0}{ne}\right)^{\frac{1}{2}}\left(q-\frac{3}{2}+\epsilon\right)^{\frac{1}{2}},$$

so daß die Radien die folgenden Werte aufweisen: $R_1 = 5{,}2\sqrt{0{,}36} = 3{,}1$ mm, $R_2 = 5{,}2\sqrt{1{,}36} = 6{,}1$ mm und $R_3 = 5{,}2\sqrt{2{,}36} = 8$ mm.

A24.2 Haidingersche Interferenzstreifen in einem Michelson-Interferometer

1. Die optische Weglängendifferenz zwischen den beiden Wellen, die sich im Unendlichen begegnen (d. h. in der Brennebene von L), beträgt:

$$L = 2e\cos\alpha \approx 2e\left(1-\frac{\alpha^2}{2}\right),$$

so daß wir im Zentrum die folgende Phase und Interferenzordnung erhalten:

$$\phi_o = \frac{2\pi}{\lambda}L_o = \frac{2\pi}{\lambda}2e = 2\pi\cdot 4\cdot 10^4 \quad \text{und} \quad p_o = \frac{2e}{\lambda} = 40\,000.$$

Das Zentrum ist demnach hell und die hellen Ringe sind durch ganzzahliges p gegeben:

$$p = \frac{2e - e\alpha^2}{\lambda} = p_o - \frac{e\alpha^2}{\lambda} \quad \text{mit} \quad \frac{e\alpha^2}{\lambda} = m \quad \text{(ganz)}.$$

Der vierte helle Ring ($m = 4$) ist durch die Interferenzordnung $p = p_o - 4 = 39\,996$ gekennzeichnet.

2. Die Weglängendifferenz ist durch $\Delta L = 2(n-1)t$ gegeben. Die Zahl der Ringe, um die das Muster verschoben wird, beträgt $\Delta p_o = \Delta L/\lambda = 2t(n-1)/\lambda$. In unserem Zahlenbeispiel sind dies $\Delta p_o = 15$.
3. Da die Lichtquelle nun punktförmig ist, kann man im gesamten Raum um die austretende optische Achse zentrierte Interferenzringe beobachten, solange $IA_1 \neq IA_2$ gilt. Am bildseitigen Brennpunkt von L ist der Interferenzzustand der einer Superposition zweier ebener Wellen mit einem Phasenunterschied von $\phi = (2\pi/\lambda_0)2x$ (Abbildung L24.1). Wir erhalten daher:

$$I = 2I_0 \left[1 + \cos\left(\frac{4\pi x}{\lambda_0}\right)\right]$$

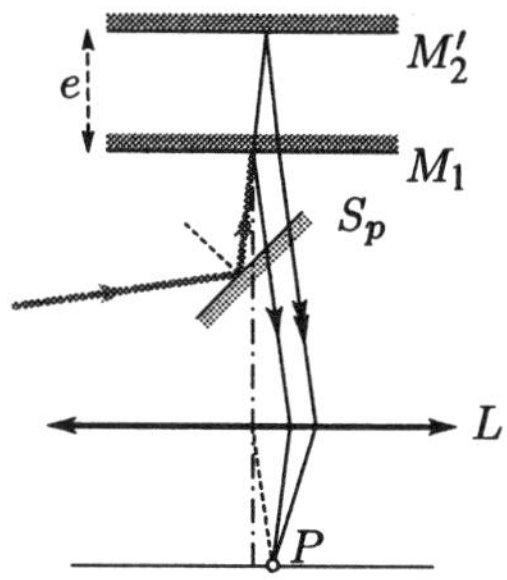

Abb. L24.1

A24.3 Antireflexbeschichtung

Wir haben die Bedingung (Kapitel 24): $N = (n_e n_s)^{\frac{1}{2}}$ und $e = \lambda_0/(4N)$, so daß wir für die gegebenen Zahlenwerte $n_e = 1$, $n_s = 1{,}7$, $\lambda_0 = 0{,}55\,\mu$m das Ergebnis $N = 1{,}3$ und $e = 0{,}1\,\mu$m erhalten.

A24.4 Reflexionskoeffizient eines behandelten Kronglasplättchens

1. Wir erhalten

$$R = \left(\frac{1-n_c}{1+n_c}\right)^2 = \left(\frac{1-1{,}52}{1+1{,}52}\right)^2 = 0{,}043.$$

2. Berechnen wir die Faktoren r_1 und $t_1 r_2 t_1'$:

$$r_1 = \frac{1-n_t}{1+n_t} = -\frac{0{,}38}{2{,}38} = -0{,}159$$

und

$$t_1 r_2 t_1' = \frac{2}{1+n_t} \cdot \frac{n_t - n_c}{n_t + n_c} \cdot \frac{2n_t}{1+n_t} = \frac{2}{2{,}38} \cdot \frac{-0{,}14}{2{,}90} \cdot \frac{2 \cdot 1{,}38}{2{,}38} = -0{,}047.$$

Die beiden reflektierten Wellen haben entgegengesetzte Phase, so daß die resultierende Intensität das Quadrat der Differenz der Amplituden ist: $R = (0{,}159 - 0{,}047)^2 = 0{,}0125$. Der Reflexionskoeffizient der Intensität ist also durch den Faktor 3,4 dividiert worden.

A24.5 Reflexionskoeffizient eines behandelten Flintglasplättchens

1. Wir haben für den Koeffizienten

$$R = \left(\frac{1-n_\mathrm{f}}{1+n_\mathrm{f}}\right)^2 = \left(\frac{1-1{,}74}{1+1{,}74}\right)^2 = 0{,}073.$$

2. Die Faktoren r_1 und $t_1 r_2 t_1'$ haben die Form

$$r_1 = \frac{1-n_\mathrm{t}}{1+n_\mathrm{t}} = -\frac{0{,}38}{2{,}38} = -0{,}159$$

und

$$t_1 r_2 t_1' = \frac{2}{1+n_\mathrm{t}} \cdot \frac{n_\mathrm{t}-n_\mathrm{f}}{n_\mathrm{t}+n_\mathrm{f}} \cdot \frac{2n_\mathrm{t}}{1+n_\mathrm{t}} = \frac{2}{2{,}38} \cdot \frac{-0{,}36}{3{,}12} \cdot \frac{2\cdot 1{,}38}{2{,}38} = -0{,}112.$$

Die beiden reflektierten Wellen haben auch hier entgegengesetzte Phase, so daß die Intensität das Quadrat der Differenz der Amplituden ist: $R = (0{,}159 - 0{,}112)^2 = 0{,}002$. Der Reflexionskoeffizient der Intensität wird demnach durch 36,5 geteilt.

Kapitel 25

A25.1 Farbe eines dünnen Filmes

Die Wellenlänge der Strahlung, für die die Intensität des reflektierten Lichtes minimal ist, d. h. ausgelöscht wird, ist gegeben durch:

$$L = 2ne = m\lambda \quad \text{mit} \quad m \quad \text{ganz} \quad \text{oder} \quad \lambda = \frac{2ne}{m} = \frac{2\cdot 0{,}2\cdot 1{,}52}{m} = \frac{0{,}608}{m},$$

wobei λ in Mikrometern angegeben wird. Gehört λ zum sichtbaren Spektrum, haben wir $m = 1$ und $\lambda = 608$ nm. Der dünne Film hat also die Farbe der Komplementärfarbe, hier cyan (grün-blau).

A25.2 Newtonsche Ringe zwischen zwei Kugelflächen

1. Die Dicke e der Luftschicht beträgt (Abbildung L25.1)

$$e = e_2 - e_1 \quad \text{mit} \quad e_1(2R_1 - e_1) = \rho^2 \quad \text{und} \quad e_2(2R_2 - e_2) = \rho^2.$$

Folglich erhalten wir $e \approx \rho^2(1/R_2 - 1/R_1)/2 = \rho^2/(2R)$, wenn man $R \equiv R_1R_2/(R_1 - R_2)$ setzt. Die Weglängendifferenz wird damit

$$L = 2ne\cos\beta + \left(\frac{\lambda}{2}\right) \approx \frac{\rho^2}{R} + \left(\frac{\lambda}{2}\right) \quad \text{da} \quad r \approx 0 \quad \text{und} \quad n = 1.$$

Die Radien der hellen Ringe ergeben sich aus der Bedingung $\rho^2/R + \lambda/2 = m\lambda$ oder $\rho = (R\lambda)^{\frac{1}{2}}\left(m - \frac{1}{2}\right)^{\frac{1}{2}}$. Mit den Zahlenwerten folgen so die Ergebnisse $(R\lambda)^{\frac{1}{2}} = 1{,}09$ mm, $\rho_1 = 0{,}77$ mm, $\rho_2 = 1{,}34$ mm, $\rho_3 = 1{,}73$ mm, $\rho_4 = 2{,}05$ mm.

2. Beträgt die Dicke am Zentrum $\lambda/4$, ist der zusätzlich zu berücksichtigende Weglängenunterschied $\lambda/2$. Folglich erhalten wir $\rho = (R\lambda)^{\frac{1}{2}} m^{\frac{1}{2}}$. In Zahlen: $\rho_1 = 1{,}09$ mm, $\rho_2 = 1{,}55$ mm, $\rho_3 = 1{,}90$ mm, $\rho_4 = 2{,}19$ mm. Am Zentrum beträgt der Weglängenunterschied λ; die Intensität ist daher maximal.

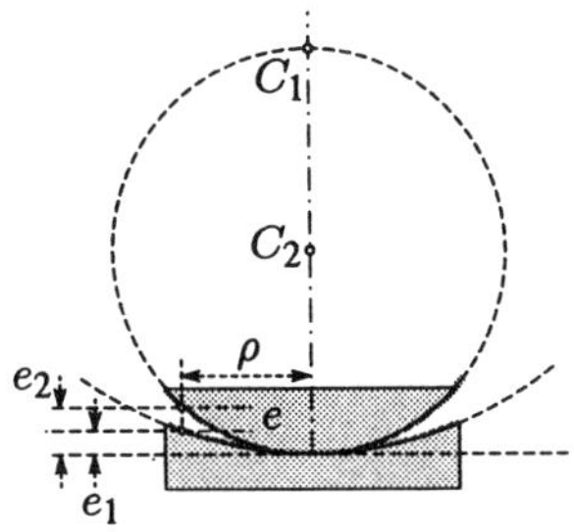

Abb. L25.1

A25.3 Luftkeil
Da d $= \lambda/(2\alpha)$ ist, erhalten wir:

$$\alpha = \frac{\lambda}{2\mathrm{d}} = \frac{633}{2 \cdot 2{,}5} \cdot 10^{-6} = 126{,}6\,\mu\mathrm{rad} \quad \text{oder} \quad \alpha = 26{,}1''.$$

Die Dicke des Blattes beträgt: $\alpha \cdot a = 0{,}1 \cdot 126{,}6 \cdot 10^{-6} = 12{,}6\,\mu$m.

A25.4 Mit einer Flüssigkeit gefüllter Keil

1. Die Weglängendifferenz zwischen den beiden ersten reflektierten Lichtstrahlen (die wir als einzige betrachten werden) beträgt

$$L = 2ne\cos\beta + \frac{\lambda_0}{2} \approx 2ne + \frac{\lambda_0}{2} = 2nx\alpha + \frac{\lambda_0}{2},$$

so daß die Interferenzordnung

$$p = \frac{2nx\alpha}{\lambda_0} + \frac{1}{2} \quad \text{und so} \quad \mathrm{d} = \frac{\lambda_0}{2n\alpha} \quad \text{und} \quad \alpha = \frac{\lambda_0}{2n\mathrm{d}}$$

beträgt. Die Zahlenwerte ergeben $\alpha = 1{,}1 \cdot 10^{-3}\,\mathrm{rad} = 3{,}7'$.

2. An der Kante ist der Ring dunkel. Der fünfte helle Ring gehört zu einem Wert von $L = 5\lambda_0$. Wir erhalten so: $5\lambda_0 = 2ne + \lambda_0/2$und $e = 9\lambda_0/(4n) \approx 1\,\mu$m. Der entsprechende Wert von x ist $e/\alpha = 0{,}9$ mm.

A25.5 Fizeausche Ringe im Michelson-Interferometer

1. – Da die primäre Lichtquelle ausgedehnt ist, sind die Fizeauschen Ringe lokalisiert. Sie befinden sich auf dem Plättchen, da ein einfallender Lichtstrahl durch Reflexion an M_1 und M_2 zwei Lichtstrahlen, deren Verlängerungen sich in der Umgebung des Plättchens schneiden, ergibt.
   – Die beiden interferierenden Wellen gleicher Intensität führen zu der folgenden Intensität:

$$I = 2I_0(1 + \cos\phi) \quad \text{mit} \quad \phi = \frac{2\pi L}{\lambda} \quad \text{und} \quad L = 2ne\cos\beta.$$

   Mit $n = 1$ und $e = \alpha X$ erhalten wir

$$\phi = \frac{2\pi}{\lambda}2\alpha X \quad \text{und} \quad I = 2I_0\left(1 + \cos\frac{2\pi X}{\mathrm{d}}\right) = \frac{I(0)}{2}\left[1 + \cos\left(\frac{2\pi X}{\mathrm{d}}\right)\right]$$

   mit d $= \lambda/(2\alpha)$.

– Anwendung: Man kann die Rauhigkeit einer Fläche M_2 untersuchen, indem ein Luftkeil mit einer Eichfläche erzeugt wird. Mittels der Ringe gleicher Dicke kann man so die Abweichungen von der gewünschten Dicke der Fläche M_2 visualisieren.

2. Jede Welle der Frequenz ν erzeugt ihre eigenen Interferenzringe. Die Intensität I ist die Summe der Teilintensitäten: $I = I_1 + I_2 = 2I_0(1+\cos\phi_1) + 2I_0(1+\cos\phi_2)$, wenn man von gleichen Beiträgen ausgeht. Wir erhalten:

$$I = 4I_0\left[1+\cos\left(\frac{\phi_1-\phi_2}{2}\right)\cos\left(\frac{\phi_1+\phi_2}{2}\right)\right].$$

Die Ringe verschwinden entsprechend der Bedingung

$$\frac{\phi_1-\phi_2}{2} = \frac{\pi}{2} \quad \text{und so} \quad \frac{2\pi\tau(\nu_1-\nu_2)}{2} = \frac{\pi}{2} \quad \text{und} \quad \nu_1-\nu_2 = \frac{1}{2\tau}$$

mit $\tau = L/c$. Damit ergibt sich:

$$\Delta\nu = \frac{1}{2\tau} = \frac{c}{2L} \quad \text{und} \quad \frac{c\Delta\lambda}{\lambda^2} = \frac{c}{2L} \quad \text{oder} \quad \frac{\Delta\lambda}{\lambda} = \frac{\lambda}{2L} = \frac{\lambda}{4d}$$

und in Zahlen: $\Delta\lambda/\lambda \approx 10^{-3}$ und $\Delta\lambda \approx 0{,}6$ nm.

3. Die Weglängendifferenz ist gegeben durch $L = 2\alpha X_{lJ} = l\lambda_J$, so daß wir $X_{lJ} = l/\lambda_J 2\alpha$ erhalten. Die am Punkt P ausgelöschten Wellenlängen λ genügen der Gleichung

$$2\alpha X_{lJ} = \left(m+\frac{1}{2}\right)\lambda \quad \text{oder} \quad \lambda = \frac{2\alpha X_{lJ}}{m+1/2} = \frac{l\lambda_J}{m+1/2} \quad \text{mit } m \text{ ganz.}$$

Aus $l\lambda_J = (m+1/2)\lambda$ erhalten wir so $l = (m+1/2)\lambda/\lambda_J$; diese Gleichung lösen wir graphisch, indem wir die Schnittpunkte der Kurven $y = l$ und $y = (m+1/2)\lambda/\lambda_J$ (Abbildung L25.2) bestimmen. Es ergeben sich z. B. für $m = 4$ zwei ausgelöschte Wellenlängen: $\lambda = 0{,}495\,\mu$m und $\lambda = 0{,}6\,\mu$m.

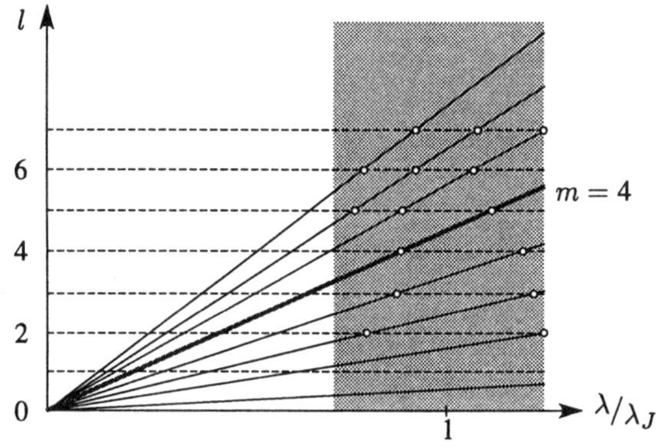

Abb. L25.2

Kapitel 26

A26.1 Ablenkung durch ein Prisma mit kleinem Prismenwinkel

1. Es gilt $\delta = \alpha - \alpha' - \theta$ mit $\alpha \approx n\beta$ und $\alpha' \approx n\beta'$ sowie $\theta = \beta + \beta'$. Folglich erhalten wir $\delta \approx (n-1)\theta$. Mit den angegebenen Werten beträgt daher die Ablenkung $\delta = 1°$.
2. Der einfallende Lichtstrahl tritt aus, wenn $\alpha_0 < \alpha < \pi/2$ gilt (Kapitel 26). Dabei ist α_0 so gewählt, daß $\alpha_0' = \pi/2$ wird, d. h.:

$$\beta_0' = \arcsin(1/n) = 41{,}8°, \quad \beta_0 = \theta - \beta_0' = -39{,}8° \quad \text{und}$$

$$\alpha_0 = \arcsin(n \sin\beta_0) = -73{,}8°.$$

Die Ablenkung des Lichtstrahls beträgt in unserem Beispiel $\delta = -73{,}8 + 90 - 2 = 14{,}2°$.

A26.2 Austritt eines Lichtstrahls aus einem Prisma

Der Grenzwert für α_0 ist so, daß $\alpha_0' = \pi/2$ beträgt. Es folgt daraus $\beta' = \arcsin(1/n) = 41{,}14°$, $\beta = \theta - \beta' = 18{,}86°$ und $\alpha_0 = \arcsin[1{,}52 \cdot \sin(18{,}86°)] = 29{,}43°$. Die Ablenkung beträgt demnach $\delta = 29{,}43 + 90 - 60 = 59{,}43°$.

A26.3 Auflösungsvermögen eines Prismenspektrometers

1. Die lineare Dispersion D_l beträgt (Abbildung L26.1):

$$f\frac{3b}{l}\frac{\mathrm{d}n}{\mathrm{d}\lambda_0} \quad \text{mit} \quad l = SH = OS\cos\alpha' = \frac{b\cos\alpha'}{2\sin(\theta/2)} = b\cos\alpha'.$$

Am Minimum der Ablenkung haben wir

$$\beta = \frac{\theta}{2}, \quad \alpha' = \alpha = \frac{\theta + \delta_\mathrm{m}}{2} \quad \text{und} \quad n = \frac{\sin[(\theta+\delta_\mathrm{m})/2]}{\sin(\theta/2)},$$

so daß wir erhalten:

$$l = b\left[1 - n^2\sin^2\left(\frac{\theta}{2}\right)\right]^{\frac{1}{2}} \quad \text{und} \quad D_\mathrm{l} = \frac{3f}{[1 - n^2\sin^2(\theta/2)]^{\frac{1}{2}}}\frac{\mathrm{d}n}{\mathrm{d}\lambda_0}.$$

Setzen wir die angegebenen Zahlenwerte ein, folgt: $\mathrm{d}n/\mathrm{d}\lambda_0 = -2C/\lambda_0^3 = -0{,}1824\,\mu\mathrm{m}^{-1} = -1{,}82\cdot10^{-4}\,\mathrm{nm}^{-1}$ und damit $D_\mathrm{l} \approx 0{,}95\,\mathrm{mm/nm}$ sowie $\Delta X = D_\mathrm{l}\cdot\Delta\lambda_0 = 0{,}95\cdot37{,}5 \approx 36\,\mathrm{mm}$.
2. Das Auflösungsvermögen beträgt $A = 3b(\mathrm{d}n/\mathrm{d}\lambda_0) = 27\,300$.

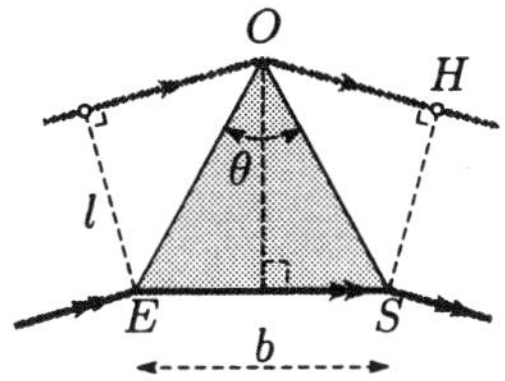

Abb. L26.1

A26.4 Auflösungsvermögen von verschiedenen Prismen

1. Das Auflösungsvermögen ist über $A = b(\mathrm{d}n/\mathrm{d}\lambda)$ definiert, so daß wir für die verschiedenen Prismen erhalten:

$$A = 0{,}03 \cdot 0{,}5 \cdot 10^{-4} \cdot 10^{9} = 1\,500 \quad A = 4\,800 \quad \text{und} \quad A = 1\,380.$$

Daraus folgen die Auflösungsgrenzen für die drei Fälle

$$\delta\lambda = \frac{550}{1\,500} = 0{,}37\,\text{nm}, \quad \delta\lambda = \frac{550}{4\,800} = 0{,}11\,\text{nm} \quad \text{und} \quad \delta\lambda = \frac{550}{1\,380} = 0{,}40\,\text{nm}.$$

2. Am Minimum der Ablenkung beträgt $\beta = 30°$ und α folgt aus der Gleichung $\sin\alpha = n\sin\beta = 0,874$. Die Breite l des austretenden Lichtbündels beträgt (Abbildung 26.7):

$$l = OS\cos\alpha = \frac{b[1-n^2\sin^2(\theta/2)]^{\frac{1}{2}}}{2\sin(\theta/2)} = 1{,}46\,\text{cm}.$$

Folglich erhalten wir für die Winkeldispersion

$$D_\mathrm{w} = \frac{b}{l}\frac{\mathrm{d}n}{\mathrm{d}\lambda} = \frac{A}{a} = \frac{4\,800}{1{,}46 \cdot 10^{7}} = 0{,}33 \cdot 10^{-3}\text{rad/nm}$$

und $D_\mathrm{l} = D_\mathrm{w} \cdot f = 0{,}1$ mm/nm.

A26.5 Dispersionsformel des Prismas

Wir erhalten auf dem üblichen Weg

$$\frac{\mathrm{d}\delta}{\mathrm{d}n} = \frac{2S'S\sin(\theta/2)}{S'S\cos\alpha'} = \frac{2(OS-OS')\sin(\theta/2)}{l} = \frac{b-b'}{l} \quad \text{und damit}$$

$$D_\mathrm{w} = \frac{\mathrm{d}\delta}{\mathrm{d}n}\frac{\mathrm{d}n}{\mathrm{d}\lambda} = \frac{b-b'}{l}\frac{\mathrm{d}n}{\mathrm{d}\lambda}.$$

A26.6 Risleysches Prisma

1. Die durch die beiden so angeordneten Prismen verursachte Ablenkung beträgt nach A26.1:

$$\delta = (n_1-1)\gamma_1 - (n_2-1)\gamma_2, \quad \text{und für} \quad \frac{\gamma_2}{\gamma_1} = \frac{n_1-1}{n_2-1} = \frac{0{,}6200}{0{,}6251} \approx 0{,}992$$

folgt $D = 0$.

2. Die durch die Atmosphäre verursachte Ablenkung wird durch zwei solche Systeme kompensiert, wenn gilt:

$$\Delta\zeta_0 = 2\Delta\delta = 2(\Delta n_1\gamma_1 - \Delta n_2\gamma_2) \quad \text{bzw.} \quad \gamma_1 = \frac{\Delta\zeta_0/2}{\Delta n_1 - \Delta n_2(n_1-1)/(n_2-1)}.$$

Kapitel 27

A27.1 Einfluß des Verhältnisses ϵ/a in einem Spaltgitter der Periode a und der Spaltbreite ϵ

Die Verteilung der Intensitätsmaxima in dem Fraunhoferschen Beugungsmuster des Gitters ist durch das Beugungsmuster des Gitterelementes gegeben:

$$\left|\hat{t}_0\left(\frac{m}{a}\right)\right|^2 = \epsilon^2\left[\frac{\sin(\pi m\epsilon/a)}{\pi m\epsilon/a}\right]^2 = 0 \quad \text{für} \quad m = 5,$$

so daß $a = 5\epsilon$ beträgt.

A27.2 Holographisches Gitter
Wir wissen, daß der Streifenabstand bei der Interferenz zweier ebener Wellen durch $\mathrm{d} = \lambda/(2\sin\alpha/2)$ (Kapitel 22) gegeben ist. Folglich gilt $2\sin\alpha/2 = \lambda/\mathrm{d} = 0{,}6328/1$ bzw. $\alpha = 36{,}9°$.

A27.3 Geometrische Darstellung der Gittergleichung
1. Für den betrachteten Spezialfall haben wir (Abbildung L27.1a):

$$\sin\theta = 2\cdot\frac{1}{4} = \frac{1}{2} \quad \text{und so} \quad \theta = 30°.$$

2. Für das Reflexionsgitter (Abbildung L27.1b) folgt:

$$\sin\theta = -\sin\alpha + 2\cdot\frac{1}{4} = 0 \quad \text{und daraus} \quad \theta = 0°.$$

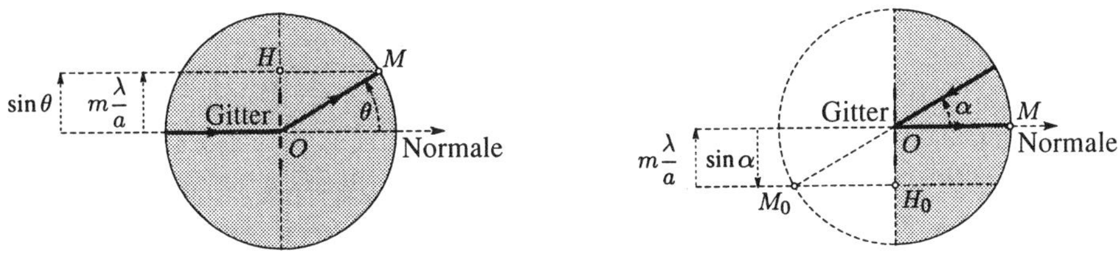

a) Transmission b) Reflexion

Abb. L27.1

A27.4 Auflösungsvermögen eines Gitters
Das Auflösungsvermögen eines Gitters ist gegeben durch $A = mN$, wobei m die Ordnung des Spektrums und $N = L/a$ die Strichzahl ist. Da $a = 2\,\mu$m und $L = 10$ cm ist, haben wir $N = 50\,000$ und $A = 50\,000\cdot m$. Für die erste Ordnung folgt damit

$$A = 50\,000 \qquad \Delta = \frac{\lambda}{A} = 0{,}011\,\text{nm}.$$

A27.5 Auflösung des Natrium-Dubletts mit einem Transmissionsgitter
1. Das Beugungsbild des Gitters für eine der beiden Strahlungen ist in Abbildung L27.2 dargestellt. Die Peaks weisen die gleiche Höhe auf, wenn man annimmt, daß die Spalte unendlich schmal sind. Die Halbwertsbreiten der Peaks sind durch $\Delta u = 1/L$ bzw. $\Delta X_{\frac{1}{2}} = f\lambda\Delta u = \lambda f/L$ in der Beobachtungsebene gegeben. Da es sich um ein Normalenspektrum handelt, erhalten wir:

$$\sin\theta \approx \theta = \frac{X}{f} = \sin\theta_0 + u\lambda.$$

Weiterhin ist der Abstand zwischen den beiden Peaks der Ordnung 2, die zu den beiden Wellenlängen λ_1 bzw. λ_2 gehören, durch

$$\Delta X = fu\Delta\lambda \quad \text{mit} \quad u \approx \frac{2}{a} \quad \text{bzw.} \quad \Delta X \approx \frac{2f}{a}\Delta\lambda$$

gegeben. Nach dem Rayleighschen Kriterium können die beiden Strahlen aufgelöst werden, wenn $\Delta X > \Delta X_{\frac{1}{2}}$, oder mit der Gesamtzahl N der Gitterelemente,

$$\frac{2f}{a}\Delta\lambda > \frac{f\lambda}{L} \quad \text{und folglich} \quad \frac{\Delta\lambda}{\lambda} > \frac{a}{2L} = \frac{1}{2N}$$

gilt. Für das Zahlenbeispiel erhalten wir so $N > \lambda/(2\Delta\lambda) \approx 500$. Die Zahl der Linien pro Zentimeter muß also größer als 250 sein.

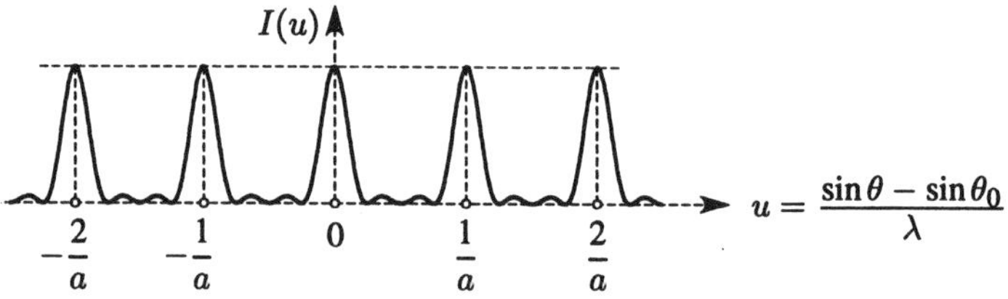

Abb. L27.2

2. Da wir $a = 2\,\mu\text{m}$ haben, folgt $\Delta X = 2f\Delta\lambda/a = 0{,}3\,\text{mm}$ und $A = mL/a = 20\,000$.
3. Die Gleichung $a(\sin\theta - \sin\theta_0) = m\lambda$ gibt $-a\sin\theta_0 = 2\lambda$ und so

$$\sin\theta_0 = -\frac{2\lambda}{a} = -0{,}3 \quad \text{bzw.} \quad \theta_0 = -17{,}46°$$

A27.6 Reflexionsgitter

1. Mit $a(\sin\theta + \sin\alpha) = m\lambda$ und $a = 2\,\mu\text{m}$ erhalten wir für $\theta \approx \alpha$: $\sin\alpha \approx m\lambda/(2a)$.

m	1	2	3	4	5
α	8,3°	16,8°	25,6°	35,2°	46,1°

2. Der Abstand beträgt $\Delta x = f\Delta\theta = fD_\text{w}\Delta\lambda$ mit $D_\text{w} = \text{d}\theta/\text{d}\lambda = m/(a\cos\theta)$. Es folgt somit $\Delta x = f\Delta\lambda m/(a\cos\theta) \approx 1\,\text{mm}$.
3. Aus $R = \lambda/\Delta\lambda = mN$ erhalten wir die Zahl $N = \lambda/\Delta\lambda = 578/2 = 289$.

A27.7 Transmissions-Phasengitter

1. Die Schicht des mittleren prismatischen Plättchens hat die Dicke $e = \gamma(x + a/2)$ in x-Richtung, so daß wir

$$\varphi(x) = \frac{2\pi}{\lambda}(n-1)e = \frac{2\pi}{\lambda}(n-1)\gamma\left(x + \frac{a}{2}\right) = \pi w\left(1 + \frac{2x}{a}\right)$$

erhalten, wenn $w = (n-1)\gamma\frac{a}{\lambda}$ gilt.

2. Die Intensitätsverteilung der Beugungsfigur ist durch $|\hat{\underline{t}}_0(u)|^2$ gegeben, wobei wir haben:

$$\hat{\underline{t}}_0(u) = \exp(\text{i}\pi w)\int_{-a/2}^{a/2} \exp\left(\text{i}2\pi\frac{w}{a}x\right)\exp(-\text{i}2\pi ux)\text{d}x$$

$$= \exp(\mathrm{i}\pi w) \int_{-a/2}^{a/2} \exp[-\mathrm{i}2\pi x(u - w/a)]\mathrm{d}x = a\exp(\mathrm{i}\pi w)\left\{\frac{\sin[\pi(u - w/a)a]}{\pi(u - w/a)a}\right\}.$$

Folglich hat das Betragsquadrat die Form

$$\left|\hat{\underline{t}}_0(u)\right|^2 = a^2\left\{\frac{\sin[\pi(ua - w)]}{\pi(ua - w)}\right\}^2$$

und die Intensität

$$I = N^2a^2\left\{\frac{\sin[\pi(ua - w)]}{\pi(ua - w)}\right\}^2\left[\frac{\sin(N\pi ua)}{N\pi ua}\right]^2.$$

3. Setzen wir $w = 1$, d. h. $(n-1)\gamma = \lambda/a$, werden alle Hauptmaxima der Beugungsfigur bis auf den Peak, für den $u = 1/a$ gilt, verschwinden. Die in diese Richtung gebeugten Lichtstrahlen treten aus den Prismen unter dem Winkel des Ablenkwinkels des Prismas θ aus, da $\theta = \lambda/a = (n-1)\gamma$ gilt. Mit einem solchen Gitter wird das gesamte gebeugte Licht in der ersten Ordnung konzentriert. So kann man sehr helle Spektren erzeugen.

A27.8 Stufengitter nach Michelson

1. Die Phasendifferenz ϕ zwischen einem Plättchen und dem vorhergehenden beträgt $\phi = 2\pi L/\lambda$ mit

$$L = t - HN = t - (HP - NP) = t - \left[(b + t\tan\theta)\sin\theta - \frac{t}{\cos\theta}\right] = t(1 + \cos\theta) - b\sin\theta.$$

2. Die Intensitätsverteilung wird durch den Ausdruck

$$I = N^2b^2\left[\frac{\sin(\pi ub)}{\pi ub}\right]^2\left[\frac{\sin(N\phi/2)}{N\sin(\phi/2)}\right]^2 \quad \text{mit} \quad u = \frac{\sin\theta}{\lambda}$$

beschrieben (Kapitel 27). Für $\theta = 0$ sind die Hauptmaxima durch

$$m\lambda = t(1 + \cos\theta) - b\sin\theta \approx 2t - b\theta \quad \text{oder} \quad \theta \approx \frac{2t - m\lambda}{b}$$

gegeben. Daraus folgt die Interferenzordnung für $\theta \approx 0$:

$$m = \frac{2t}{\lambda} = \frac{2 \cdot 10}{0{,}5 \cdot 10^{-3}} = 40\,000.$$

3. Da die Auflösung durch $A = mN$ gegeben ist, erhalten wir

$$A = 40\,000 \cdot 15 = 600\,000 \quad \text{und daraus} \quad \Delta\lambda = \frac{\lambda}{A} = \frac{500}{600\,000} \approx 0{,}8\,\mathrm{pm}.$$

A27.9 Infrarot-Gitterspektrometer

Mit dem Auflösungsvermögen $A = mN$ und

$$m = 1 \quad \text{und} \quad N = \frac{L}{a} = 85 \cdot 300 = 25\,500$$

folgt

$$A = 25\,500 \quad \text{und so} \quad \Delta\lambda = \frac{\lambda}{A} = \frac{4{,}8}{25\,500} = 0{,}19\,\mathrm{nm}.$$

Die Beziehung zwischen λ und σ ist $\sigma = 1/\lambda$, so daß wir aus der Auflösung in Wellenzahlen auf die in Wellenlängen schließen können: $\Delta\sigma = \Delta\lambda/\lambda^2$ und

$$\Delta\lambda_{\text{exp}} = \lambda^2 \cdot \Delta\sigma_{\text{exp}} = 184\,\text{nm}.$$

Der deutliche Unterschied zwischen Theorie und Experiment rührt daher, daß man einen ausreichend weit geöffneten Eingangsspalt verwenden muß, um eine genügende Intensität messen zu können.

A27.10 Geister am Gitter

Die resultierende komplexe Amplitude hat die Form

$$\underline{\psi} = \widehat{t}(u) = \int t(x)\exp(-\mathrm{i}m2\pi ux)\mathrm{d}x = \int \sum_{-n}^{n} t_0(x - x_m)\exp(-\mathrm{i}2\pi ux)\mathrm{d}x.$$

Wir führen die neue Integrationsvariable $X = x - x_m$ ein und erhalten:

$$\begin{aligned}\widehat{t}(u) &= \sum_{-n}^{n} \int t_0(x - x_m)\exp(-\mathrm{i}2\pi ux)\mathrm{d}x \\ &= \sum_{-n}^{n} \exp(-\mathrm{i}2\pi ux_m) \int t_0(X)\exp(-\mathrm{i}2\pi uX)\mathrm{d}X = \sum_{-n}^{n} \exp(-\mathrm{i}2\pi ux_m)\widehat{t}_0(u)\end{aligned}$$

Mit der Näherung

$$\begin{aligned}\exp(-\mathrm{i}2\pi ux_m) &= \exp(-\mathrm{i}2\pi mua)\exp[-\mathrm{i}2\pi uab\sin(2\pi m/M)] \\ &\approx \exp(-\mathrm{i}2\pi mua)\,[1 - \mathrm{i}2\pi uab\sin(2\pi m/M)]\end{aligned}$$

und ersetzen des Sinus durch eine Exponentialfunktion erhalten wir

$$\exp(-\mathrm{i}2\pi uma) - (\pi uab)\exp[-\mathrm{i}2\pi m(ua - 1/M)] + (\pi uab)\exp[-\mathrm{i}2\pi m(ua + 1/M)].$$

Summieren ergibt mit $N = 2n + 1$:

$$\begin{aligned}\underline{\psi} &= \widehat{t}_0(u)\sum_{-n}^{n} \mathrm{e}^{-\mathrm{i}2\pi mua} - (\pi u\beta)\{\exp[-\mathrm{i}2\pi m(ua - 1/M)] + \exp[-\mathrm{i}2\pi m(ua + 1/M)]\} \\ &= \widehat{t}_0(u)\left\{\frac{\sin(N\pi ua)}{N\sin(\pi ua)} - (\pi ua\beta)\left[\frac{\sin[N\pi(ua - 1/M)]}{N\sin[\pi(ua - 1/M)]} + \frac{\sin[N\pi(ua + 1/M)]}{N\sin[\pi(ua + 1/M)]}\right]\right\}.\end{aligned}$$

Das bedeutet, daß der übliche Amplitudenpeak von zwei „Geisterpeaks“ umgeben ist, die sich in einem Abstand $\Delta u = 1/(Ma)$, der groß gegenüber der Halbwertsbreite $1/(Na)$ eines Peaks ist, befinden. Die Intensität der Geister ist proportional zu b^2.

Kapitel 28

A28.1 Einfluß der Absorption in einem Vielstrahlinterferometer

Die Werte für die minimale und maximale vom Interferometer durchgelassene Intensität sind (Kapitel 28)

$$I_{\max} = I_0\frac{T^2}{(1-R)^2} \quad \text{bzw.} \quad I_{\min} = I_0\frac{T^2}{(1-R)^2}\frac{1}{1+M} \quad \text{mit} \quad M = \frac{4R}{(1-R)^2} = 36.$$

Folglich betragen die entsprechenden relativen Intensitäten

$$\frac{I_{\max}}{I_0} = \frac{T^2}{(1-R)^2} = 0{,}25 \quad \text{und} \quad \frac{I_{\min}}{I_0} = \frac{T^2}{(1-R)^2}\frac{1}{1+M} = 0{,}0067$$

A28.2 Auflösungsvermögen eines Fabry-Perot-Interferometers

Wir haben $A = p\mathcal{F}$ mit $p = 2e/\lambda = 30\,000/0{,}5 = 60\,000$ und $\mathcal{F} = \pi R^{\frac{1}{2}}/(1-R) = 10{,}88$, so daß wir erhalten: $A = 652\,800$.

A28.3 Auflösung der Modenstruktur eines He-Ne-Lasers

1. Aus $M = 4R/(1-R)^2$ erhalten wir $M = 360$ für $R = 0{,}9$ und $M = 39\,600$ für $R = 0{,}99$.
2. Da die Halbwertsbreite eines Peaks $\Delta\phi_{\frac{1}{2}} = 4/M^{\frac{1}{2}}$ beträgt und $\phi = 2\pi\nu 2ne/c + \pi$ gilt, erhalten wir auf der Grundlage des Rayleighschen Kriteriums:

$$\Delta\phi = \frac{2\pi}{c}\Delta\nu(2ne) \geq \Delta\phi_{\frac{1}{2}} \quad \text{oder} \quad e \geq \Delta\phi_{\frac{1}{2}}\frac{c}{4\pi\Delta\nu} = \frac{c}{\pi M^{\frac{1}{2}}\Delta\nu}$$

für $n = 1$. Damit erhalten wir für $R = 0{,}99$ den Abstand $e \geq 33{,}5$ mm und für $r = 0{,}999$ $e \geq 3{,}2$ mm.

A28.4 Auflösung der gelben Helium-Linie

Der Radius des q-ten hellen Ringes ist durch $R_q = f(\lambda/e)^{\frac{1}{2}}(q-1+\epsilon)^{\frac{1}{2}}$ gegeben. Für die intensive Komponente ist $\epsilon = 2/3$ und für die andere $\epsilon = 0$. Folglich haben wir für ganzes m und m':

$$\frac{2e}{\lambda} = m + \frac{2}{3} \quad \text{und} \quad \frac{2e}{\lambda'} = m'.$$

Es folgt daraus:

$$2e\left(\frac{1}{\lambda} - \frac{1}{\lambda'}\right) = m - m' + \frac{2}{3} \quad \text{oder} \quad \frac{2e\Delta\lambda}{\lambda^2} \approx m - m' + \frac{2}{3}$$

und so $\Delta\lambda \approx \lambda^2(m-m'+2/3)/(2e)$. Da $m \geq m'$ ist, bekommen wir $\Delta\lambda \geq \lambda^2/(3e) = 36$ pm.

A28.5 Antireflexbeschichtung und semitransparentes Plättchen

1. Mit ihren Definitionen (Kapitel 20 und 24) sind die Reflexions- und Transmissionskoeffizienten durch

$$r_1 = \frac{1-N}{1+N}, \qquad r_2 = \frac{N-n}{N+n}, \qquad t_1 = \frac{2}{1+N}, \qquad t_2 = \frac{2N}{N+n}$$

und

$$r_1' = \frac{N-1}{1+N} = -r_1, \qquad t_1' = \frac{2N}{1+N}$$

gegeben.

2. Die Amplituden der nacheinander durchgelassenen Wellen haben die Form:

$$t_1t_2, \qquad t_1t_2r_2r_1', \qquad t_1t_2(r_2r_1')^2, \qquad t_1t_2(r_2r_1')^3.$$

Man muß also über eine Vielzahl von Amplituden summieren, die eine geometrische Folge mit Element $r_2r_1' = -r_1r_2$ bilden und deren Phasen sich jeweils um $\phi = 2\pi \cdot 2Ne/\lambda$ von der vorhergehenden unterscheiden:

$$\underline{\psi}_t = t_1t_2[1 + (-r_1r_2)\exp(\mathrm{i}\phi) + (-r_1r_2)^2\exp(\mathrm{i}2\phi) + \cdots].$$

Wir erhalten (Kapitel 18):

$$\underline{\psi}_{\rm t} = t_1 t_2 \frac{1}{1 + r_1 r_2 \exp(\mathrm{i}\phi)} \quad \text{und daraus} \quad I_{\rm t} = \frac{t_1^2 t_2^2}{1 + r_1^2 r_2^2 + 2 r_1 r_2 \cos\phi}.$$

3. Die Amplituden der nacheinander reflektierten Wellen haben die Form

$$r_1, \qquad t_1 r_2 t_1', \qquad t_1 r_2 (r_1' r_2) t_1', \qquad t_1 r_2 (r_1' r_2)^2 t_1', \qquad \cdots$$

Summiert man die komplexen Amplituden einer Reihe von Wellen, deren Phasen sich um jeweils $\phi = 2\pi \cdot 2Ne/\lambda$ unterscheiden, erhält man, da abgesehen von der ersten reflektierten Welle die Amplituden eine geometrische Reihe mit dem Element $r_1' r_2 = -r_1 r_2$ bilden:

$$\underline{\psi}_{\rm r} = r_1 + t_1 r_2 t_1' \exp(\mathrm{i}\phi)[1 + (-r_1 r_2)\exp(\mathrm{i}\phi) + (-r_1 r_2)^2 \exp(\mathrm{i}2\phi) + \cdots].$$

Wir erhalten:

$$\underline{\psi}_{\rm r} = r_1 + \frac{t_1 r_2 t_1' \exp(\mathrm{i}\phi)}{1 + r_1 r_2 \exp(\mathrm{i}\phi)} = r_1 + \frac{(1 - r_1^2) r_2 \exp(\mathrm{i}\phi)}{1 + r_1 r_2 \exp(\mathrm{i}\phi)} = r_1 + \frac{r_2 \exp(\mathrm{i}\phi)}{1 + r_1 r_2 \exp(\mathrm{i}\phi)}$$

und so

$$I_{\rm r} = \frac{r_1^2 + r_2^2 + 2 r_1 r_2 \cos\phi}{1 + r_1^2 r_2^2 + 2 r_1 r_2 \cos\phi}.$$

4. Für $\phi = 0$ und $\phi = \pi$ gelten

$$I_{\rm r,0} = \left(\frac{r_1 + r_2}{1 + r_1 r_2}\right)^2 = \left(\frac{1 - n}{1 + n}\right)^2 \quad \text{und} \quad I_{{\rm r},\pi} = \left(\frac{r_1 - r_2}{1 - r_1 r_2}\right)^2 = \left(\frac{n - N^2}{n + N^2}\right)^2.$$

5. $I_{{\rm r},\pi}$ verschwindet für $N = \sqrt{n} = 1{,}225$, so daß eine Schicht mit $N \approx 1{,}225$ auf dem Glas, z. B. MgF_2, das Auftreten von Störreflexionen verhindert (Antireflexschicht).
6. Wir erhalten $I_{{\rm r},\pi} = 0{,}5$, wenn

$$\left(\frac{n - N^2}{n + N^2}\right) = \frac{1}{2} \quad \text{oder} \quad (N^2)^2 - 9(N^2) + \frac{9}{4} = 0$$

gilt. Die physikalisch mögliche Lösung für N^2 ($N > 1$) ist

$$N^2 = \frac{9 + \sqrt{72}}{2} \quad \text{bzw.} \quad N \approx 3.$$

Eine Schicht mit dem Brechungsindex $N \approx 3$ auf dem Glas, z. B. Sb_2S_3, erlaubt die Realisierung eines semitransparenten Plättchens.

A28.6 „Aktive“ Platte als optischer Schalter

1. Wir wissen, daß gilt:

$$I_{\rm t} = \frac{I_{\max}}{1 + M \sin^2(\phi/2)}, \quad R = r^2 = \left(\frac{n-1}{n+1}\right)^2, \quad M = \frac{4R}{(1-R)^2}, \quad \phi = \frac{2\pi}{\lambda} 2ne.$$

2. Für $I_0 < I_m$ erfüllen n und e die Gleichung $2ne = (m + 1/2)\lambda$, es ist also $I_{\rm t} = I_{\max}$. Für $I_0 = I_m + \epsilon$ verschwindet $I_{\rm t}$, da wir $2(n + \Delta n)e = (m + 1/2)\lambda$ haben. Der Brechungsindex hat sich also um $\Delta n = \lambda/(4e)$ verändert. Mit dem Zahlenbeispiel erhalten wir $\Delta n = 0{,}006$.

Solch ein System ist interessant für die optische Kommunikation. Betrachten wir hierzu zwei optische Systeme, die wegen $I_t \neq 0$ für $I_0 < I_m$ verbunden sind (Abbildung L28.1a). Erhöht man I_0 auf über I_m, verschwindet I_t, und die beiden optischen Systeme sind getrennt (Abbildung L28.1b): Der optische Kreis ist also geöffnet. Im allgemeinen verwendet man ein Hilfslichtbündel schwacher Intensität, das dem Hauptbündel hinzugefügt wird, um die Verbindung zu sichern (Kapitel 29).

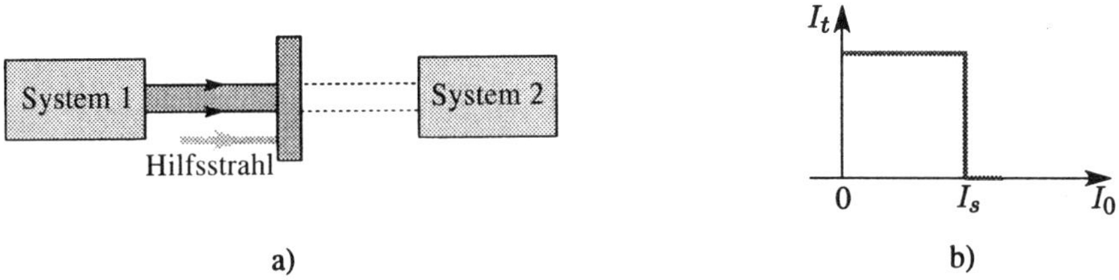

Abb. L28.1

Kapitel 29

A29.1 Gaußscher Strahl

1. Wir haben $I = \underline{\psi}\,\underline{\psi}^* = A^2 \exp(-2x^2/w_0^2)$. Für $x = x_0$ gilt $I = A^2/2$, also $1/2 = \exp(-2x_0^2/w_0^2)$ und $x_0 = 0{,}59 w_0$.
2. Wir erhalten das Fraunhofersche Beugungsbild aus dem Integral

$$\widehat{\underline{\psi}}(u) = \int t(x) \exp(-\mathrm{i}2\pi ux)\mathrm{d}x = A \int \exp\left(-\frac{x^2}{w_0^2}\right) \exp(-\mathrm{i}2\pi ux)\mathrm{d}x$$

mit $u = \sin\theta/\lambda$. Mit der neuen Integrationsvariablen $y \equiv x/(\pi^{\frac{1}{2}} w_0)$ ergibt sich

$$\widehat{\underline{\psi}}(u) = A\pi^{\frac{1}{2}} w_0 \int \exp(-\pi y^2) \exp(-\mathrm{i}2\pi u\pi^{\frac{1}{2}} w_0 y)\mathrm{d}y = A\pi^{\frac{1}{2}} w \exp(-\pi^2 w^2 u^2)$$

und damit für die Intenstät $I(u) = \underline{\psi}\,\underline{\psi}^* = A^2\pi w_0^2 \exp(-2\pi^2 w_0^2 u^2)$. Es folgt daraus:

$$I = A^2\pi w_0^2/2 \quad \text{für} \quad 2\pi^2 w_0^2 \sin^2\theta_0/\lambda^2 = \ln 2$$

oder

$$\sin\theta_0/\lambda = 0{,}19/w_0 \quad \text{und} \quad \theta_0 = \arcsin\left(\frac{0{,}19\lambda}{w_0}\right) = 1'.$$

A29.2 Gaußsches Bündel im Auge

1. Wir wissen, daß in einer ausreichend entfernten Ebene oder in der Brennebene der Linse die Lichtverteilung durch $|\widehat{\psi}_o(\rho)|^2$ mit $\rho = r'/(\lambda z)$ und der Radialkoordinate r' in der z-Ebene gegeben ist (Kapitel 21). Folglich haben wir bis auf eine multiplikative Konstante

$$|I(z)| = |\widehat{\psi}_o(\rho)|^2 = \exp(-2\pi^2\rho^2 w_0^2) = \exp\left(-\frac{2\pi^2 r'^2 w_0^2}{\lambda^2 z^2}\right).$$

Vergleichen wir mit der Gleichung $I(z) = \exp[-2r^2/w^2(z)]$, folgt daraus $w(z) = \lambda z/(\pi w_0)$.

2. Die Größe des fokussierten Punktes in der Brennebene beträgt

$$d = 2f\theta = 2f\frac{w(z)}{z} = \frac{2\lambda f}{\pi w_0 z} = \frac{2 \cdot 0{,}6328 \cdot 10^{-6} \cdot 25 \cdot 10^{-3}}{\pi \cdot 10^{-3} \cdot 1} \approx 10\,\mu\text{m},$$

und die Beleuchtungsstärke folgt aus der Division der Strahlungsleistung durch die Fläche des Lichtfleckens:

$$E = \frac{\mathcal{P}}{\pi d^2/4} = \frac{4 \cdot 10^{-3}}{\pi \cdot 10^{-10}} \approx 12\,\text{MW m}^{-2}$$

Dies ist ungefähr 100mal mehr, als direktes Sonnenlicht auf der Netzhaut erzeugen kann.

A29.3 Rekonstruktion einer Kugelwelle

1. Wir haben $\underline{\psi}_{\text{r}} = A\exp(\mathrm{i}\boldsymbol{k}\cdot\boldsymbol{r})$ mit $\boldsymbol{r}(x, y, 0)$ und $\boldsymbol{k} = k(\sin\theta, 0, \cos\theta)$, so daß wir $\underline{\psi}_{\text{r}} = A_{\text{r}}\exp(\mathrm{i}2\pi x\sin\theta/\lambda_0)$ erhalten. Die Amplitude des Kugelwelle ist $\underline{\psi}_{\text{s}} = A_{\text{s}}\exp(\mathrm{i}kr)$ mit $r = (x^2 + y^2 + d^2)^{\frac{1}{2}}$

$$r \simeq d\left(1 + \frac{x^2}{2d^2} + \frac{y^2}{2d^2}\right) \quad \text{und} \quad \rho^2 = x^2 + y^2.$$

Wir erhalten damit

$$\underline{\psi}_{\text{s}} = A_{\text{s}}\exp\left(\mathrm{i}2\pi\frac{d}{\lambda_0}\right)\exp\left(\mathrm{i}\pi\frac{\rho^2}{\lambda_0 d}\right),$$

so daß in Abwesenheit von Σ_{r} die Intensität durch $I = \underline{\psi}_{\text{s}}\underline{\psi}_{\text{s}}^* = A_{\text{s}}^2$ gegeben ist.

2. In Anwesenheit von Σ_{r} erhalten wir für die Intensität $I = I_{\text{r}} + I_{\text{s}} + 2(I_{\text{r}}I_{\text{s}})^{\frac{1}{2}}\cos\phi$ mit $\phi = 2\pi[x\sin\theta - d - \rho^2/(2d^2)]\lambda_0$.

3. Es gilt $t\underline{\psi}_{\text{r}} = (a + bI)\underline{\psi}_{\text{r}} = a\underline{\psi}_{\text{r}} + b(I_{\text{r}} + I_{\text{s}} + \underline{\psi}_{\text{r}}\underline{\psi}_{\text{s}}^* + \underline{\psi}_{\text{r}}^*\underline{\psi}_{\text{s}})\underline{\psi}_{\text{r}} \approx (a + bA_r^2)\underline{\psi}_{\text{r}} + bA_{\text{s}}^2\underline{\psi}_{\text{r}} + bA_{\text{r}}^2\underline{\psi}_{\text{s}} + b\underline{\psi}_{\text{r}}^2\underline{\psi}_{\text{s}}^*$. Der erste Term beschreibt die durchtretende Welle und ist proportional zu der Referenzwelle, der zweite Term ist gegenüber der ersten vernachlässigbar. Die Welle mit der Amplitude $bA_{\text{r}}^2\underline{\psi}_{\text{s}}$ ist direkt mit der Welle $\underline{\psi}_{\text{s}}$ verknüpft, während der vierte Term, $bA_{\text{r}}^2\underline{\psi}_{\text{s}}^* = bA_{\text{r}}^2A_{\text{s}}\exp(-\mathrm{i}2\pi d/\lambda_0)\exp[-\mathrm{i}\pi\rho^2/(\lambda_0 d)]$, die Zwillingswelle der vorhergehenden beschreibt. Sie konvergiert im bezüglich H symmetrischen Punkt von T.

A29.4 Rekonstruktion einer ebenen Wellenfront

1. In der Oxy-Ebene haben wir $\underline{\psi} = \underline{\psi}_1 + \underline{\psi}_2$ mit

$$\underline{\psi}_1 = A\exp(\mathrm{i}\boldsymbol{k}_1\cdot\boldsymbol{r}) = A \quad \text{und} \quad \underline{\psi}_2 = A\exp(\mathrm{i}\boldsymbol{k}_2\cdot\boldsymbol{r}) = A\exp\left(\mathrm{i}2\pi\frac{x\sin\theta}{\lambda}\right),$$

so daß folgt:

$$\underline{\psi} = A\left[1 + \exp\left(\mathrm{i}2\pi\frac{x\sin\theta}{\lambda}\right)\right] \quad \text{und} \quad I = \underline{\psi}\,\underline{\psi}^* = 2A^2\left[1 + \cos\left(2\pi\frac{x\sin\theta}{\lambda}\right)\right].$$

Der Interferenzstreifenabstand ist identisch mit der räumlichen Periode von I: $\mathrm{d} = \lambda/\sin\theta \approx \lambda/\theta$. Die Zahl der Interferenzstreifen beträgt l/d. Mit den gegebenen Zahlenwerten erhalten wir so die Werte $\mathrm{d} = 12{,}6$, μm, $l/\mathrm{d} = 11\,852$, $\alpha \approx \mathrm{d}/d = 12{,}6/2\cdot 10^4 = 0{,}63 \cdot 10^{-4} \approx 0{,}2'$. Da $\alpha < 1{,}5'$ ist, sind die Streifen nicht mit dem bloßen Auge wahrnehmbar.

2. – p ist mit dem Interferenzstreifenabstand d = 12,6 μm identisch.
   – Die komplexe Amplitude der austretenden Welle ist also

$$\begin{aligned} t\underline{\psi}^- &= [1 + \cos(2\pi x/p)]\, A \exp(\mathrm{i}2\pi z/\lambda) \\ &= A\left\{ \mathrm{e}^{\mathrm{i}2\pi \frac{z}{\lambda}} + \exp\left[\mathrm{i}2\pi\left(\frac{x \sin\theta}{\lambda} + \frac{z}{\lambda}\right)\right] + \exp\left[\mathrm{i}2\pi\left(-\frac{x\sin\theta}{\lambda} + \frac{z}{\lambda}\right)\right]\right\} \end{aligned}$$

Der erste Term stellt die direkt durchgelassene Welle dar, der zweite entspricht der Objektwelle und der dritte der Zwillingswelle der Objektwelle (Abbildung L29.1).

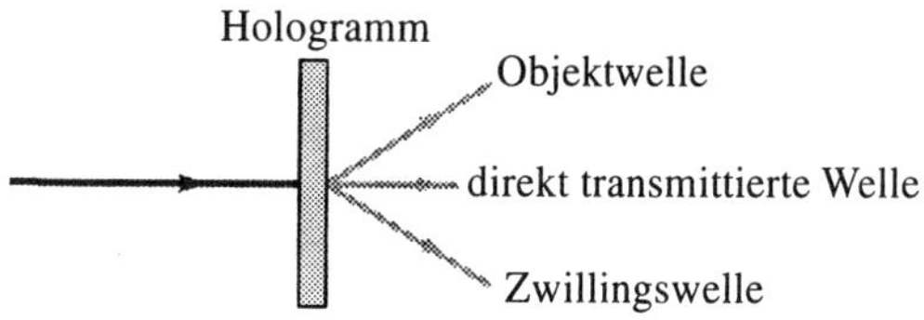

Abb. L29.1

A29.5 Stabilität eines Laserresonators

1. Betrachten wir die Matrix T_{hr} zwischen S_2 und S_1 nach einem Hin- und Herdurchlauf:

$$T_{\mathrm{hr}} = \begin{bmatrix} 1 & t \\ 0 & 1 \end{bmatrix} \begin{bmatrix} 1 & 0 \\ -B_1 & 1 \end{bmatrix} \begin{bmatrix} 1 & t \\ 0 & 1 \end{bmatrix} \begin{bmatrix} 1 & 0 \\ -B_2 & 1 \end{bmatrix} = \begin{bmatrix} 1 - t(B_2 + B) & 2t - t^2 B_1 \\ -B & 1 - tB_1 \end{bmatrix}$$

mit $B = B_1 + B_2 - tB_1B_2$. Die Resonatorparameter sind wie folgt definiert:

$$g_1 = 1 - \frac{tB_1}{2} \quad \text{und} \quad g_2 = 1 - \frac{tB_2}{2}.$$

Als Funktion von g_1 und g_2 läßt sich die Matrix T_{hr} in der Form

$$T_{\mathrm{hr}} = \begin{bmatrix} 4g_1g_2 - 2g_1 - 1 & 2tg_1 \\ -2(g_1 + g_2 - 2g_1g_2)/t & 2g_1 - 1 \end{bmatrix}$$

mit $\det T_{\mathrm{hr}} = 1$ schreiben.

Der optische Resonator ist stabil, wenn im Zuge eines Hin- und Herdurchlaufes der Vektor X mit einer Konstanten kleiner oder gleich 1 multipliziert wird. Wir wollen nun die Bedingungen an g_1 und g_2 bestimmen, für die die Resonatorstabilität gewährleistet ist. Wir erhalten: $T_{\mathrm{hr}}X = \alpha X$ oder:

$$(T_{\mathrm{hr}} - \lambda)X = 0 \quad \text{und} \quad \det|T_{\mathrm{hr}} - \lambda| = 0$$

oder explizit

$$(T_{11} - \lambda)(T_{22} - \lambda) + BT_{12} = 0 \quad \text{bzw.} \quad \lambda^2 - \lambda(T_{11} + T_{22}) + BT_{12} + T_{11}T_{22} = 0.$$

Die quadratische Gleichung $\lambda^2 - 2\lambda(2g_1g_2 - 1) + 1 = 0$ als Funktion von g_1 und g_2 gibt die Wurzeln:

$$\lambda_a = (2g_1g_2 - 1) + [4g_1g_2(g_1g_2 - 1)]^{\frac{1}{2}}, \quad \lambda_b = (2g_1g_2 - 1) - [4g_1g_2(g_1g_2 - 1)]^{\frac{1}{2}}$$

Diesen beiden Lösungen entsprechen zwei Eigenvektoren X_a und X_b. Am Eingang kann der Vektor als Summe $X_e = C_a X_a + C_b X_b$ geschrieben werden, und nach n Hin- und Herdurchläufen am Ausgang als $X_s = T_{hr}^n(C_a X_a + C_b X_b) = C_a \lambda_a^n X_a + C_b \lambda_b^n X_b$. Ist die Diskriminante $\Delta \leq 0$, d. h. $0 \leq g_1 g_2 \leq 1$ oder $-1 \leq 2g_1 g_2 - 1 \leq 1$ kann man, $2g_1 g_2 - 1 = \cos\theta$ setzen. Dann können λ und λ_b mit $\sin\theta = [4g_1 g_2(1 - g_1 g_2)]^{\frac{1}{2}}$ in der folgenden Form geschrieben werden:

$$\lambda_a = \cos\theta + \mathrm{i}\sin\theta = \exp(\mathrm{i}\theta) \quad \text{und} \quad \lambda_b = \cos\theta - \mathrm{i}\sin\theta = \exp(-\mathrm{i}\theta)$$

und so $X_s = C_a \exp(in\theta) X_a + C_b \exp(-in\theta) X_b$. Da die Beträge der komplexen Zahlen $\underline{x}_s$ und $(n\underline{\alpha})_s$ kleiner oder gleich $|x_e|$ und $|(n\alpha)_e|$ sind, bleibt der Lichtstrahl in der Nähe der optischen Achse, und der Resonator ist stabil.

Im Graphen $g_2 = 1/g_1$ beschreiben die Punkte zwischen den Achsen und den Hyperbeln stabile Konfigurationen, während alle anderen instabil sind (Abbildung L29.2). Die verschiedenen Resonatortypen sind

- konfokaler Resonator: $R_1 = R_2 = t$ bzw. $g_1 = g_2 = 0$ (Punkt O); stabil,
- ebener Resonator: $R_1^{-1} = R_2^{-1} = 0$ bzw. $g_1 = g_2 = 1$ (Punkt H_1); stabil,
- konzentrischer Resonator: $R_1 = R_2 = t/2$ bzw. $g_1 = g_2 = -1$ (Punkt H_2); instabil,
- semifokaler Resonator: $R_1^{-1} = 0$, $R_2^{-1} = t$ bzw. $g_1 = 1$ und $g_2 = 0$ (Punkt H_3); stabil

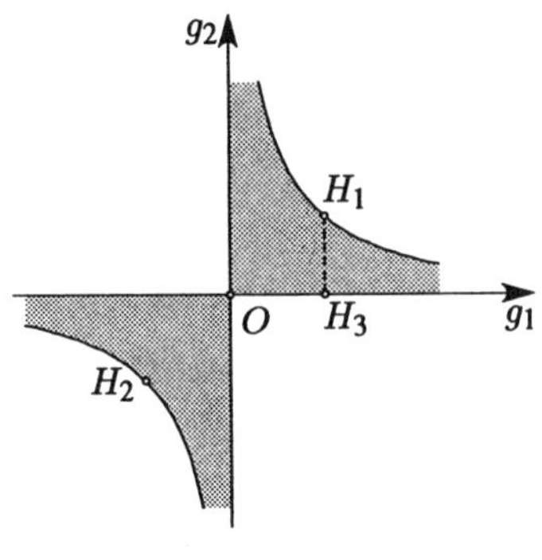

Abb. L29.2

A29.6 Phasenkonjugierender Spiegel

Im Gegensatz zum normalen Spiegel scheint das Licht nach Reflexion an einem phasenkonjugierenden Spiegel nicht von einem spiegelsymmetrischen virtuellen Bild zu kommen, sondern das Bild fällt mit dem Ojekt zusammen. Betrachtet man den Spiegel, wirkt er gleichförmig beleuchtet.

Kapitel 30

A30.1 Durchlässigkeit eines Spaltgitters

Berechnen wir c_n:

$$c_n = \frac{1}{a}\int_{-\epsilon/2}^{\epsilon/2} \mathrm{e}^{-\mathrm{i}2\pi nx/a}\mathrm{d}x = \frac{1}{-\mathrm{i}2\pi n}\left[\exp\left(-\mathrm{i}\pi n\frac{\varepsilon}{a}\right) - \exp\left(\mathrm{i}\pi n\frac{\varepsilon}{a}\right)\right] = a\frac{\sin(\pi n\varepsilon/a)}{\pi n\varepsilon/a}.$$

Wir erhalten damit für die Durchlässigkeit:

$$t(x) = \sum_{n=-\infty}^{\infty} = a\frac{\sin(\pi n\varepsilon/a)}{\pi n\epsilon/a}\exp\left(\mathrm{i}2\pi n\frac{x}{a}\right).$$

Die reelle Reihenentwicklung ergibt sich aus $c_n = c_{-n}$; nach Umordnen der Terme ergibt sich:

$$t(x) = c_0 + \sum_{n=1}^{\infty} a_n \cos\left(2\pi n\frac{x}{a}\right) \quad \text{mit} \quad a_n = 2a\frac{\sin(\pi n\epsilon/a)}{\pi n\epsilon/a}.$$

Da die Koeffizienten b_n aus Gründen der Parität verschwinden, erhalten wir für die ersten Koeffizienten:

$$a_0 = c_0 = a, \quad a_1 = 2c_1 = 2a\frac{\sin(\pi\epsilon/a)}{\pi\epsilon/a} = 2\frac{\sin(\pi/6)}{\pi/6} = \frac{6}{\pi},$$

$$a_2 = 2c_2 = \frac{\sin(\pi/3)}{\pi/3} = \frac{3\sqrt{3}}{\pi}, \quad a_3 = 2c_3 = 2\frac{\sin(\pi/2)}{\pi} = \frac{2}{\pi},$$

$$a_4 = 2c_4 = 2\frac{\sin(2\pi/3)}{2\pi/3} = \frac{3\sqrt{3}}{2\pi}, \quad a_5 = 2c_5 = \frac{\sin(5\pi/6)}{5\pi/6} = \frac{3}{10\pi}$$

und $a_6 = 2c_6 = 0$. Folglich ergibt sich für die Durchlässigkeit die folgende explizite Form:

$$t(x) = a + \frac{6}{\pi}\cos\left(2\pi\frac{x}{a}\right) + \frac{3\sqrt{3}}{\pi}\cos\left(4\pi\frac{x}{a}\right) + \frac{2}{\pi}\cos\left(6\pi\frac{x}{a}\right) + \frac{3\sqrt{3}}{2\pi}\cos\left(8\pi\frac{x}{a}\right).$$

A30.2 Kosinus mit doppelter Frequenz

1. Das sinusförmige Gitter mit doppelter Frequenz hat auf Grundlage der Funktion $\cos(2\pi x/a)$ die Form:

$$f(x) = f_0(x)\sum_n \delta(x - 2na) \quad \text{mit} \quad f_0(x) = \cos\left(2\pi\frac{x}{a}\right)\mathrm{rect}\left(\frac{2x}{a}\right).$$

Es folgen daraus die Koeffizienten

$$c_n = (\frac{1}{2a})\widehat{f_0}\left(\frac{2n}{a}\right) \quad \text{mit} \quad \widehat{f_0}\left(u = \frac{2n}{a}\right) = \frac{\sin(\pi ua/2)}{\pi u} \star \frac{1}{2}\left[\delta\left(u - \frac{1}{a}\right) + \delta\left(u + \frac{1}{a}\right)\right]$$

oder

$$\widehat{f_0}\left(u = \frac{2n}{a}\right) = \frac{\sin[\pi(u-1/a)a/2]}{2\pi(u-1/a)} + \frac{\sin[\pi(u+1/a)a/2]}{2\pi(u+1/a)}.$$

Einsetzen von u ergibt:

$$\widehat{f_0}\left(\frac{2n}{a}\right) = \frac{a}{4\pi}\left[\frac{-\cos(\pi n)}{n-1/2} + \frac{\cos(\pi n)}{n+1/2}\right] = \frac{a(-1)^{n+1}}{\pi(4n^2-1)} \quad \text{und so} \quad c_n = \frac{2(-1)^{n+1}}{\pi(4n^2-1)},$$

so daß für die ersten drei Koeffizienten folgt:

$$c_0 = \frac{2}{\pi}, \quad c_1 = \frac{2}{3\pi}, \quad c_2 = -\frac{2}{15\pi}.$$

Da die Funktion $f_0(x)$ reell und gerade ist, sind die Koeffizienten c_n reell, $2c_n = a_n$, und die Koeffizienten b_n verschwinden.

2. Dieses Ergebnis kann mit Hilfe der Fourier-Reihe der sinusförmigen einfachen Frequenz gewonnen werden. Die Relation zwischen dieser, $f_\mathrm{s}(x)$, und der betrachteten Funktion $f_\mathrm{d}(x)$ ist durch

$$f_\mathrm{d}(x) = f_\mathrm{s}(x) + f_\mathrm{s}\left(x - \frac{a}{2}\right) \quad \text{und damit} \quad \widehat{f}_\mathrm{d}(u) = \widehat{f}_\mathrm{s}(u)[1 + \exp(-\mathrm{i}\pi u a)]$$

gegeben. Damit erhalten wir:

$$\widehat{f}_\mathrm{d}\left(\frac{n}{a}\right) = \widehat{f}_\mathrm{s}\left(\frac{n}{a}\right)[1 + \exp(-\mathrm{i}n\pi)] \quad \text{und} \quad (c_n)_\mathrm{d} = (c_n)_\mathrm{s}[1 + \exp(-\mathrm{i}n\pi)].$$

Die Koeffizienten der Fourier-Entwicklung sind somit

$$(c_0)_\mathrm{d} = 2(c_0)_\mathrm{s} = \frac{2}{\pi}, \quad (c_1)_\mathrm{d} = 0, \quad (c_2)_\mathrm{d} = 2(c_2)_\mathrm{s} = \frac{2}{3\pi},$$

$$(c_3)_\mathrm{d} = 0, \quad (c_4)_\mathrm{d} = 2(c_4)_\mathrm{s} = -\frac{2}{15\pi}.$$

A30.3 Fresnelsche Beugungsfigur einer rechteckigen Öffnung

1. In der Fresnelschen Näherung ist die komplexe Amplitude in der Beobachtungsebene mit der komplexen Amplitude in der Pupillenebene durch die folgende Relation verknüpft; wir verwenden die Notation des Kapitels 21:

$$\underline{\psi}(P) \approx \frac{\exp(\mathrm{i}kz)}{\mathrm{i}\lambda z} \iint \underline{\psi}_\mathrm{o}(x,y) \exp\left(\mathrm{i}\pi\frac{x^2+y^2}{\lambda z}\right) \exp\left(-\mathrm{i}2\pi\frac{\alpha x + \beta y}{\lambda}\right) \mathrm{d}x\mathrm{d}y.$$

Im Fall einer rechteckigen Öffnung ergibt sich unter Fortlassung konstanter Terme:

$$\underline{\psi}(P) \approx \int_{a_1}^{a_2}\int_{b_1}^{b_2} \exp\left(\mathrm{i}\pi\frac{x^2+y^2}{\lambda z}\right) \exp\left(-\mathrm{i}2\pi\frac{\alpha x + \beta y}{\lambda}\right) \mathrm{d}x\mathrm{d}y.$$

Die beiden Integrale vom Typ

$$\exp\left(-\mathrm{i}\pi\frac{\alpha^2 z}{\lambda}\right) \int_{a_1}^{a_2} \exp\left[\mathrm{i}\pi\frac{(x-\alpha z)^2}{\lambda z}\right] \mathrm{d}x$$

werden mit Hilfe der Fresnelschen Integrale $C(w)$ und $S(w)$ und der neuen Variablen $t = 2^{\frac{1}{2}}(x - \alpha z)/(\lambda z)^{\frac{1}{2}}$ zu

$$\exp\left(-\mathrm{i}\pi\frac{\alpha^2 z}{\lambda}\right)\left(\frac{\lambda z}{2}\right)^{\frac{1}{2}} \int_{w_1}^{w_2} \exp\left(\mathrm{i}\pi\frac{t^2}{2}\right) \mathrm{d}t$$

mit

$$w_1 = \left(\frac{\lambda z}{2}\right)^{\frac{1}{2}}(a_1 - \alpha z) \quad \text{und} \quad w_2 = \left(\frac{\lambda z}{2}\right)^{\frac{1}{2}}(a_2 - \alpha z).$$

Entsprechend verfahren wir für die zweite Variable und erhalten so die folgende komplexe Amplitude:

$$\underline{\psi}(P) \approx \exp\left[-\mathrm{i}\pi\frac{(\alpha^2+\beta^2)z}{\lambda}\right] \frac{\lambda z}{2}\{[C(w_2)-C(w_1)]+\mathrm{i}[S(w_2)-S(w_1)]\}$$
$$\cdot\{[C(s_2)-C(s_1)]+\mathrm{i}[S(s_2)-S(s_1)]\}$$

mit den Variablen

$$s_1 = \left(\frac{\lambda z}{2}\right)^{\frac{1}{2}}(b_1-\beta z) \quad \text{und} \quad s_2 = \left(\frac{\lambda z}{2}\right)^{\frac{1}{2}}(b_2-\beta z).$$

2. Die Intensität folgt daraus unter Wegfall der konstanten Faktoren:

$$I(P) = \{[C(w_2)-C(w_1)]^2+[S(w_2)-S(w_1)]^2\}\{[C(s_2)-C(s_1)]^2+[S(s_2)-S(s_1)]^2\}$$

oder

$$I(P) = (W_1W_2)^2\cdot(S_1S_2)^2.$$

Dabei sind W_1, W_2, S_1 und S_2 die Punkte auf der Cornu-Spirale mit den Parameterwerten w_1, w_2, s_1 bzw. s_2.

3. Für den Fall einer unendlich langen Schirmkante erhalten wir:

$$b_1 = -\infty \quad \text{und} \quad b_2 = \infty \quad \text{und so} \quad (S_1S_2)^2 = IJ^2 = 2 \quad \text{und} \quad I(P) = 2(W_1W_2)^2.$$

Da außerdem $a_2 = \infty$ ist, fällt W_2 mit I zusammen. Wir erhalten daher

$$I(P) = 2(IW_1)^2 \quad \text{mit} \quad w_1 = \left(\frac{\lambda z}{2}\right)^{\frac{1}{2}}(-\alpha z).$$

Die Intensität $I(P)$ ändert sich mit α:
- für $\alpha = 0$ ist $I(0) = 2(IO)^2$.
- Für großes α wird $I(P) \approx I_0 = 2(IJ)^2 = 4I(0)$.

Für Werte von α zwischen diesen Extremen oszilliert $I(P)$ um den Wert $4I_0$.
Für stark negatives α fällt W_1 mit I zusammen: $I(P) \approx I_{\min} = 0$.

A30.4 Fresnelsche Beugung an einem kreisförmigen Gitter

1. Wir wissen, daß $\mathrm{Cr}(x)$ als

$$\mathrm{Cr}(x) = \frac{1}{2} + \sum_{m=1}^{\infty}\frac{1}{2}\frac{\sin(\pi m/2)}{\pi m/2}\exp\left(-\mathrm{i}2\pi\frac{mx}{a}\right) + \sum_{m=1}^{\infty}\frac{1}{2}\frac{\sin(\pi m/2)}{\pi m/2}\exp\left(i2\pi\frac{mx}{a}\right)$$

geschrieben werden kann, so daß wir mit dem Übergang von m nach $-m$ in der zweiten Summe und Vereinfachungen erhalten:

$$\mathrm{Cr}(x) = \sum_{m=-\infty}^{\infty}\frac{1}{2}\frac{\sin(\pi m/2)}{\pi m/2}\exp\left(\mathrm{i}2\pi\frac{mx}{a}\right).$$

2. Das Beugungsbild der einfallenden Welle in der Fresnelschen Näherung ist durch den folgenden Ausdruck gegeben:

$$\psi(P) = \iint \exp\left[\mathrm{i}\pi\frac{(x^2+y^2)}{\lambda z}\right] t(r)\exp[-\mathrm{i}2\pi(ux+vy)]\mathrm{d}x\mathrm{d}y$$

oder

$$\psi(P) = \iint \exp\left(\mathrm{i}\pi\frac{r^2}{\lambda z}\right) \mathrm{Cr}\left(\frac{r^2}{a^2}\right) \mathrm{circ}\left(\frac{r}{D}\right) \exp[-\mathrm{i}2\pi(ux+vy)]\mathrm{d}x\mathrm{d}y.$$

Abschließend erhalten wir:

$$\psi(P) = \sum_{-\infty}^{\infty} \frac{1}{2}\frac{\sin\pi m/2}{\pi m/2} \iint \exp\left[\mathrm{i}\pi r^2\left(\frac{2m}{a^2}+\frac{1}{\lambda z}\right)\right] \mathrm{circ}\left(\frac{r}{D}\right) \mathrm{e}^{-\mathrm{i}2\pi(ux+vy)}\mathrm{d}x\mathrm{d}y.$$

Das Fresnelsche Beugungsbild fällt mit dem Fraunhoferschen einer kreisförmigen Öffnung vom Durchmesser D zusammen, wenn der quadratische Term verschwindet:

$$\frac{2m}{a^2} + \frac{1}{\lambda z_\mathrm{F}} = 0 \quad \text{und daraus} \quad z_\mathrm{F} = -\frac{a^2}{2m\lambda}.$$

Da die einfallende Welle eine ebene Welle ist, die senkrecht auf den Schirm fällt, sind die durch z_F gegebenen Ebenen identisch mit bildseitigen Brennebenen. Der Schirm verhält sich also wie eine Linse mit mehreren Brennpunkten: für $m < 0$ ist die Linse konvergent, für $m > 0$ ist sie divergent.

A30.5 Unterdrückung der kontinuierlichen Anteile eines Gitters

1. Die Objektfunktion $\psi_0(x_0)$ ist einfach darstellbar: Sie entspricht einem Spaltengitter, dessen Gitterelementbreite $3a/4$ beträgt. Unter kohärenter Beleuchtung treten die räumlichen Frequenzen in der Brennebene der Linse auf, die die konjugierte Ebene der unendlichen fernen Lichtquelle ist.
2. Der mittlere Wert der Objektfunktion beträgt:

$$\overline{\psi}_\mathrm{o} = \frac{1}{a}\int_0^a \psi_\mathrm{o}(x_\mathrm{o})\mathrm{d}x_\mathrm{o} = \frac{1}{a}\cdot 1\cdot\frac{3a}{4} = \frac{3}{4}.$$

Das Spektrum $\widehat{\psi}_\mathrm{o}(u)$ ergibt aus der Fourier-Transformierten der Objektfunktion $\psi_\mathrm{o}(x_\mathrm{o})$:

$$\psi_\mathrm{o}(x_\mathrm{o}) = \left[\mathrm{rect}\left(\frac{x_\mathrm{o}}{\epsilon}\right) \star \sum_n \delta(x-na)\right] \mathrm{rect}\left(\frac{x_\mathrm{o}}{L}\right)$$

und damit

$$\widehat{\psi}_\mathrm{o}(u) = \frac{\sin(\pi u\epsilon)}{\pi u\epsilon}\left[\sum_n \delta\left(u-\frac{n}{a}\right) \star \frac{\sin(\pi uL)}{\pi uL}\right] = \frac{\sin(\pi u\epsilon)}{\pi u\epsilon}\left\{\sum_n \frac{\sin[\pi L(u-n/a)]}{\pi L(u-n/a)}\right\}.$$

Wir erhalten daraus das Spektrum der Bildfunktion durch Subtrahieren des Anteils, der zu der Frequenz 0 gehört.

$$\widehat{\psi}_\mathrm{b}(u) = \widehat{\psi}_\mathrm{o}(u) - \widehat{\psi}_\mathrm{o}(0).$$

3. Aus der inversen Fourier-Transformation folgt so die Bildfunktion:

$$\psi_\mathrm{b}(x_\mathrm{b}) = \psi_\mathrm{o}(x_\mathrm{o}) - \int \mathrm{rect}\left(\frac{x_\mathrm{o}}{\epsilon}\right)\mathrm{d}x_\mathrm{o} = \psi_\mathrm{o}(x_\mathrm{o}) - \frac{3}{4}.$$

Die Intensität ergibt sich durch Quadrierung dieser Funktion. In Abbildung L30.1 haben wir diese Bildfunktion und die entsprechende Intensität dargestellt.

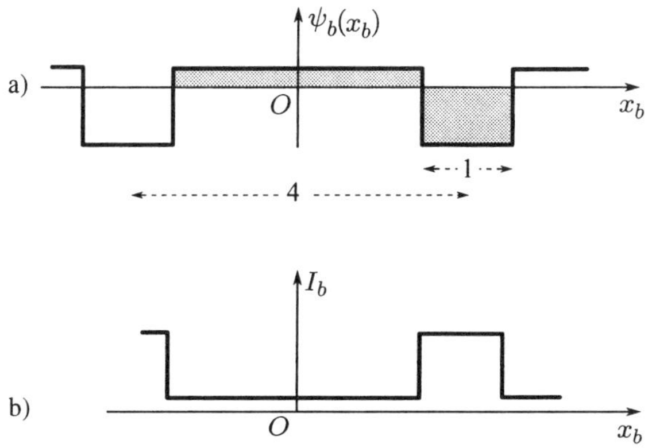

Abb. L30.1

A30.6 Bild eines Gitters unter kohärenter Beleuchtung. Abbesches Experiment

1. In der Brennebene L beobachtet man das Fraunhofersche Beugungsbild des Gitters. Die Intensitätsverteilung hat die bekannte Form

$$I(u) = I(0)\left[\frac{\sin(\pi u\epsilon)}{\pi u\epsilon}\right]^2\left[\frac{\sin(N\pi ua)}{N\sin(\pi ua)}\right]^2$$

mit $u = \sin\theta/\lambda \approx x/(\lambda f)$ (wegen der Gauß-Näherung) und der Zahl der Spalte $N = L/a$.

2. Die vom Gitter um den Winkel $\theta > l/(2f)$ gebeugten Lichtstrahlen werden durch den Spalt zurückgehalten und erreichen daher nicht die Bildebene des Gitters. Die ersten Ordnungen mit räumlichen Frequenzen $\pm 1/a$ entsprechen einer Neigung von $\theta_1 = \pm\lambda/a$. Ist $1/a > l/(2\lambda f)$, d. h. $|\theta_1| > l/(2f)$, werden die ersten Ordnungen zurückgehalten und erst recht alle höheren Ordnungen. Die Intensitätsverteilung ist die der nullten Ordnung: Die Beleuchtung ist gleichförmig, da sie durch eine einzige Welle der räumlichen Frequenz null erzeugt wird.

3. Nur die Ordnungen 0, 1 und -1 werden nicht zurückgehalten. Die entsprechenden Wellen haben also in der Bildebene ($z = 0$) die komplexen Amplituden A, $A\exp(\mathrm{i}2\pi x/a)$ bzw. $A\exp(-\mathrm{i}2\pi x/a)$. Die Interferenz dieser drei Wellen ergibt eine Welle der folgenden komplexen Amplitude $\underline{\psi}$ und der Intensität I:

$$\underline{\psi} = A\left[1 + 2\cos\left(2\pi\frac{x}{a}\right)\right] \quad \text{und} \quad I = \underline{\psi}\,\underline{\psi}^* = A^2\left[1 + 2\cos\left(2\pi\frac{x}{a}\right)\right]^2.$$

Die Hauptmaxima erlauben die Bestimmung der Gitterkonstanten a (Abbildung L30.2). Wird die Blende geöffnet, werden auch andere Ordnungen durchgelassen: das Gitter tritt immer deutlicher hervor.

4. Da das Beugungsbild nach dem Eingriff in der Brennebene das eines Gitters der Gitterkonstante $a/3$ ist, entspricht das beobachtete Bild dem eines solchen Gitters (Abbesches Experiment).

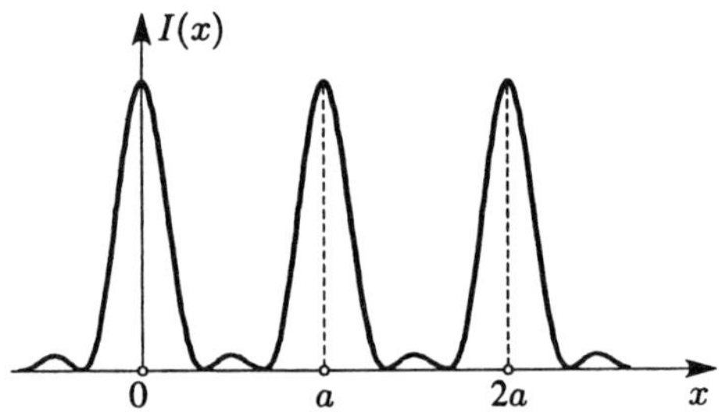

Abb. L30.2

A30.7 Kontrast eines Doppelspaltes unter kohärenter Beleuchtung

1. Die Linse L erzeugt um jeden geometrischen Bildpunkt eine komplexe Intensitätsverteilung, die der eines Spaltes der Breite D entspricht. Da die beiden Spalte ein kohärentes Objekt darstellen, erhalten wir unter Verwendung der Intensität eines Spaltes als Einheit die folgende Verteilung:

$$\underline{\psi}(x_b) = \psi_0\left(x_b + \frac{a}{2}\right) + \exp(i\phi_0)\psi_0\left(x_b - \frac{a}{2}\right) \quad \text{mit} \quad \psi_0(x_b) = \frac{\sin(\pi x_b D/(\lambda f))}{\pi x_b D/(\lambda f)}.$$

Die Intensität folgt dann aus $I_b(x_b) = \underline{\psi}(x_b)\,\underline{\psi}^*(x_b)$.

2. Untersuchen wir nacheinander die betrachteten Fälle:
   - $\phi_0 = 0$:
   $$\underline{\psi}(x_b) = \psi_0\left(x_b + \frac{a}{2}\right) + \psi_0\left(x_b - \frac{a}{2}\right)$$
   und so
   $$I_b(x_b) = \left|\psi_0\left(x_b + \frac{a}{2}\right) + \psi_0\left(x_b - \frac{a}{2}\right)\right|^2.$$
   Im Zentrum beträgt die Intensität $I_b(0) = 16/\pi^2 = 1{,}62$.
   - $\phi_0 = \pi/2$:
   $$\underline{\psi}(x_b) = \psi_0\left(x_b + \frac{a}{2}\right) + i\psi_0\left(x_b - \frac{a}{2}\right)$$
   und daraus
   $$I_b(x_b) = \left|\psi_0\left(x_b + \frac{a}{2}\right)\right|^2 + \left|\psi_0\left(x_b - \frac{a}{2}\right)\right|^2$$
   mit der Intensität am Zentrum $I_b(0) = 8/\pi^2 = 0{,}81$.
   - $\phi_0 = \pi$:
   $$\underline{\psi}(x_b) = \psi_0\left(x_b + \frac{a}{2}\right) - \psi_0\left(x_b - \frac{a}{2}\right),$$
   $$I_b(x_b) = \left|\psi_0\left(x_b + \frac{a}{2}\right) - \psi_0\left(x_b - \frac{a}{2}\right)\right|^2$$
   und im Zentrum $I_b(0) = 0$.

Das heißt, die Fähigkeit, die Bilder der Spalte zu trennen, hängt von ϕ_0 ab: Für $\phi_0 = \pi$ und $\phi_0 = \pi/2$ ist sie besser als unter inkohärenter Beleuchtung, während sie für $\phi_0 = 0$ schlechter ist.

A30.8 Dunkelfeldverfahren und Phasenkontrast

1. Aus seinem Graphen folgt für $t(x)$:

$$\underline{t}(x) = [t_1(x) - t_2(x)] + t_2(x)\exp(\mathrm{i}\phi_0) = t_1(x) + t_2(x)[\exp(\mathrm{i}\phi_0) - 1] \approx t_1(x) + \mathrm{i}\phi_0 t_2(x),$$

wobei $t_1(x)$ die Funktion eines Spaltes der Breite a und $t_2(x)$ die Funktion eines Spaltes der Breite ϵ ist. In der Brennebene von L hat die komplexe Amplitude als Funktion von $u = X/(\lambda f)$ die Form:

$$\widehat{\underline{t}}(u) = \int \underline{t}(x)\exp(-\mathrm{i}2\pi ux)\mathrm{d}x = \int t_1(x)\mathrm{e}^{-\mathrm{i}2\pi ux}\mathrm{d}x + \mathrm{i}\phi_0 \int t_2(x)\mathrm{e}^{-\mathrm{i}2\pi ux}\mathrm{d}x.$$

Da die Funktionen $t_1(x)$ und $t_2(x)$ Spaltfunktionen sind, folgt:

$$\widehat{\underline{t}}(u) \approx a\frac{\sin(\pi ua)}{\pi ua} + \mathrm{i}\phi_0\epsilon\frac{\sin(\pi u\epsilon)}{\pi u\epsilon},$$

so daß wir für die Intensität (Abbildung L30.3) erhalten:

$$I = \widehat{\underline{t}}(u)\,\widehat{\underline{t}}^*(u)a^2\left[\frac{\sin(\pi ua)}{\pi ua}\right]^2 + \phi_0^2\epsilon^2\left[\frac{\sin(\pi u\epsilon)}{\pi u\epsilon}\right]^2 = I_1 + I_2.$$

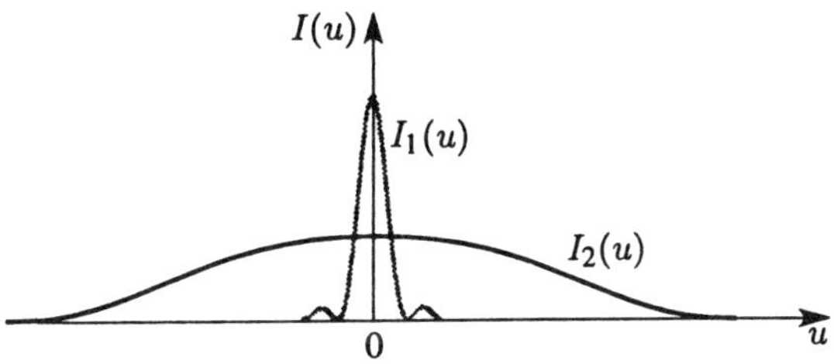

Abb. L30.3

2. Die am Brennpunkt zentrierte Blende schirmt den Beitrag des Spaltes der Breite a ab. Die entsprechende Information erscheint folglich nicht auf der Bildebene: Das Ergebnis ist so, als ob das Objekt durch die Funktion $\underline{t}(x) \approx \mathrm{i}\phi_0 t_2(x)$ charakterisiert würde. In der Bildebene ist die Intensitätsverteilung $|\underline{t}|^2$ daher proportional zu ϕ_0^2. Wir sehen also das Phasenobjekt vor dunklem Hintergrund, was zu einer Erhöhung des Kontrastes führt.
3. In der Brennebene wird $\widehat{\underline{t}}(u)$ zu:

$$\widehat{\underline{t}}(u) \approx \mathrm{i}a\frac{\sin(\pi ua)}{\pi ua} + \phi_0\epsilon\frac{\sin(\pi u\epsilon)}{\pi u\epsilon} = \mathrm{i}\left[a\frac{\sin(\pi ua)}{\pi ua} + \phi_0\epsilon\frac{\sin(\pi u\epsilon)}{\pi u\epsilon}\right].$$

Es scheint, bedingt durch den Phasenschieber, als Objekt eine Durchlässigkeit der Form $\underline{t}(x) \approx \mathrm{i}t_1(x) + \mathrm{i}\phi_0 t_2(x) = \mathrm{i}[t_1(x) + \phi_0 t_2(x)]$ vorzuliegen. Wir haben daher in der Bildebene die folgende Intensitätsverteilung:

$$(t_1 + \phi_0 t_2)^2 = t_1^2 + 2\phi_0 t_2 + \phi_0^2 t_2^2 \approx t_1^2 + 2\phi_0 t_2 \quad \text{statt} \quad |t_1 + \mathrm{i}\phi_0 t_2|^2 = t_1^2 + \phi_0^2 t_2^2$$

in Abwesenheit des Phasenschiebers.

A30.9 Bild eines Phasenobjektes in der Elektronenmikroskopie

1. Da
$$\underline{\psi} \approx 1 + \mathrm{i}\phi_0 \cos\left(\frac{2\pi x_\mathrm{o}}{a}\right) - \frac{\phi_0^2}{2}\cos^2\left(2\pi\frac{x_\mathrm{o}}{a}\right)$$
gilt, hat das Spektrum von $\underline{\psi}$ die Form:
$$\widehat{\underline{\psi}}(u) = \int \left\{1 + \mathrm{i}\phi_0 \cos\left(2\pi\frac{x_\mathrm{o}}{a}\right) - \frac{\phi_0^2}{4}\left[1 + \cos\left(\frac{4\pi x_\mathrm{o}}{a}\right)\right]\right\} \exp(-\mathrm{i}2\pi u x_\mathrm{o})\mathrm{d}x_\mathrm{o},$$
so daß wir erhalten:
$$\widehat{\underline{\psi}}(u) = \delta(u) + \mathrm{i}\frac{\phi_0}{2}\left[\delta(u-1/a) + \delta(u+1/a)\right] - \frac{\phi_0^2}{4}\left[\delta(u) + \frac{1}{2}\delta\left(u - \frac{2}{a}\right) + \frac{1}{2}\delta\left(u + \frac{2}{a}\right)\right]$$
mit $1/a = 2\ \mathrm{nm}^{-1}$.
2. Da $u_\mathrm{g} = 1\ \mathrm{nm}^{-1}$ ist, tritt nur die Zentralfrequenz in der Bildebene auf: die Beleuchtung ist gleichförmig.
3. Da hier $u_\mathrm{g} = 3\ \mathrm{nm}^{-1}$ beträgt, gelangen die Frequenzen $0{,}2\ \mathrm{nm}^{-1}$ und $-2\ \mathrm{nm}^{-1}$ in die Bildebene. Die Beleuchtung ist nun gleichförmig, wird aber moduliert durch eine Sinusfunktion der Amplitude ϕ_0 und der Periode 0,5 nm.

A30.10 Filterung nach dem Foucaultschen Schneidenverfahren

1. Da die Durchlässigkeit in der Spektralebene für $x < 0$ verschwindet und für $x > 0$ 1 ist, hat sie die analytische Form:
$$t(x) = \frac{1}{2}[1 + \mathrm{sign}(x)], \quad \text{woraus} \quad \widehat{t}(u) = \frac{1}{2}[1 + \mathrm{sign}(\lambda d_\mathrm{o} u)] = \frac{1}{2}[1 + \mathrm{sign}(u)]$$
folgt, da $\lambda d_\mathrm{o} > 0$ ist.
2. Damit ergibt sich das Spektrum zu
$$\widehat{\psi}_\mathrm{b}(u) = \widehat{t}(u)\widehat{\psi}_\mathrm{o}(u) = \frac{1}{2}[1 + \mathrm{sign}(u)]\widehat{\psi}_\mathrm{o}(u)$$
und so
$$\psi_\mathrm{b}(x_\mathrm{b}) = \frac{\psi_\mathrm{o}(x_\mathrm{b})}{2} + \frac{\mathrm{i}}{2\pi}\int \frac{\psi_\mathrm{o}(x_\mathrm{o})}{x_\mathrm{b} - x_\mathrm{o}}\mathrm{d}x_\mathrm{o},$$
da $\mathrm{FT}^{-1}\{\mathrm{sign}(u)\} = -1/(\mathrm{i}\pi x) = \mathrm{i}/(\pi x)$ gilt.
3. Setzen wir in dieses Ergebnis die explizite Form von $\psi_\mathrm{o}(x_\mathrm{o})$ ein, erhalten wir:
$$\begin{aligned}\psi_\mathrm{b}(x_\mathrm{b}) &= \frac{1}{2}\left[1 + \mathrm{i}\varphi(x_\mathrm{b}) + \frac{\mathrm{i}}{\pi}\int \frac{1 + \mathrm{i}\varphi(x_\mathrm{o})}{x_\mathrm{b} - x_\mathrm{o}}\mathrm{d}x_\mathrm{o}\right] \\ &= \frac{1}{2}\left[1 - \frac{1}{\pi}\int \frac{\varphi(x_\mathrm{o})}{x_\mathrm{b} - x_\mathrm{o}}\mathrm{d}x_\mathrm{o} + \mathrm{i}\varphi + \frac{\mathrm{i}}{\pi}\int \frac{1}{x_\mathrm{b} - x_\mathrm{o}}\mathrm{d}x_\mathrm{o}\right].\end{aligned}$$
Das letzte Integral ist null, da es die Fläche zwischen den beiden Teilen einer Hyperbel und der x-Achse darstellt. Daraus folgt, daß die Intensität in erster Ordnung von φ die Form
$$I_\mathrm{b}(x_\mathrm{b}) = |\psi_\mathrm{b}(x_\mathrm{b})|^2 \approx \frac{1}{4}\left[1 - \frac{2}{\pi}\int \frac{\varphi(x_\mathrm{o})}{x_\mathrm{b} - x_\mathrm{o}}\mathrm{d}x_\mathrm{o}\right] = \frac{1}{4}\left[1 - \frac{2\alpha}{\pi}\int \frac{\mathrm{rect}(x_\mathrm{o}/a)}{x_\mathrm{b} - x_\mathrm{o}}\mathrm{d}x_\mathrm{o}\right]$$
hat. Da dieses Integral positiv für Werte von x_b um $a/2$ und negativ für Werte von x_b um $-a/2$ ist, erhält man eine quasi-gleichförmige Intensitätsverteilung mit einem verringerten Wert bei $a/2$ und einem erhöhten Wert um $-a/2$.

A30.11 Kontrastblende in der Elektronenmikroskopie

1. Da $\psi(x_o) = \exp[i\varphi(x_o)] = \cos\varphi(x_o) + i\sin\varphi(x_o)$ gilt, ergibt sich für die Fourier-Transformierte:

$$\widehat{\psi}(u) = \cos\alpha\delta(u) + i\sin\alpha \ \mathrm{FT}\{\mathrm{sign}(x_o)\} = \cos\alpha\,\delta(u) + i\frac{\sin\alpha}{\pi u} = \cos\alpha\,\delta(u) + C\frac{\sin\alpha}{u}$$

mit $C = 1/\pi$.

2. Die kohärente Übertragungsfunktion ist durch $\widehat{K}(u) = P(\lambda f u)$ gegeben, da der Abstand zwischen dem Objekt und der Linse praktisch f ist. Folglich ergibt sich für die Grenzfrequenz:

$$u_{g,k} = \frac{D}{2\lambda f} = 0{,}5\,\mathrm{nm}^{-1} \quad \text{bzw.} \quad \frac{1}{u_{g,k}} = 2\,\mathrm{nm}.$$

Diese Distanz ist die Breite des kleinsten Details, das durch das Instrument übertragen werden kann.

3. Man erhält die komplexe Amplitude $\underline{\psi}_b$ der Welle in der Bildebene durch Berechnung des Integrals

$$\begin{aligned}\psi_b(x_b) &= \int_{-u_{g,k}}^{u_{g,k}} \left[\cos\alpha\,\delta(u) + \frac{\sin\alpha}{\pi u}\right] \exp(i2\pi u x_b)\mathrm{d}u \\ &= \cos\alpha + \frac{\sin\alpha}{\pi}\int_{-u_{g,k}}^{u_{g,k}} \frac{\exp(i2\pi u x_b)}{u}\mathrm{d}u \\ &= \cos\alpha + \frac{\sin\alpha}{\pi}\left[\int_{-u_{g,k}}^{u_{g,k}} \frac{\cos(2\pi u x_b)}{u}\mathrm{d}u + \frac{i\alpha}{\pi}\int_{-u_{g,k}}^{u_{g,k}} \frac{\sin(2\pi u x_b)}{u}\mathrm{d}u\right]\end{aligned}$$

Das erste Integral verschwindet, da der Integrand ungerade ist, während das zweite in folgender Form geschrieben werden kann:

$$\int_{-u_{g,k}}^{u_{g,k}} \frac{\sin(2\pi u x_i)}{u}\mathrm{d}u = 2\int_0^{u_{g,k}} \frac{\sin(2\pi u x_b)}{u}\mathrm{d}u = 2\int_0^{2\pi u_{g,k}x_b} \frac{\sin X}{X}\mathrm{d}X = 2\mathrm{Si}(2\pi u_{g,k}x_b),$$

so daß wir schließlich finden:

$$\psi_b(x_b) = \cos\alpha + \frac{2i\sin\alpha}{\pi}\mathrm{Si}(2\pi u_{g,k}x_b) = \cos\alpha + iC'\sin\alpha\,\mathrm{Si}(2\pi u_{g,k}x_b)$$

mit $C' = 2/\pi$.

4. Daraus folgt der Kontrast

$$\begin{aligned}C_b = I_b - 1 = |\psi(x_b)|^2 - 1 &= \cos^2\alpha + \frac{4\sin^2\alpha}{\pi^2}\mathrm{Si}^2(2\pi u_{g,k}x_b) - 1 \\ &= \sin^2\alpha\left[\frac{4}{\pi^2}\mathrm{Si}^2(2\pi u_{g,k}x_b) - 1\right]\end{aligned}$$

Erhöht man D, wächst $u_{g,k}$, der Integralsinus Si geht gegen den Wert $\pi/2$ und der Kontrast gegen null. Der Kontrast ist also direkt mit der Blende verknüpft, daher ihr Name Kontrastblende.

A30.12 Kontrast eines Phasenobjektes durch mangelnde Scharfeinstellung

1. Da die Breite D ausreichend ist, ist $\widehat{K}(u)$ breiter als $\widehat{\psi}_\mathrm{o}(u)$. Es folgt daraus $\psi_\mathrm{b}(x_\mathrm{b}) = \psi_\mathrm{o}(x_\mathrm{o})$ und $I_\mathrm{b}(x_\mathrm{b}) = 1 + \phi^2 \approx 1$. Die Beleuchtung ist praktisch gleichförmig.
2. Man erhält die Übertragungsfunktion für mangelnde Scharfeinstellung, indem man die Übertragungsfunktion bei Scharfeinstellung, $\widehat{K}_0(u)$, mit der Übertragungsfunktion zwischen der Gauß-Ebene und der Beobachtungsebene multipliziert. Diese ist die Fresnelsche Übertragungsfunktion in einer Dimension: $H_\mathrm{F} = \exp(\mathrm{i}k\Delta z)\exp(-\mathrm{i}\pi\lambda\Delta z u^2)$ woraus $\widehat{\underline{K}}(u) = \exp(\mathrm{i}k\Delta z)\widehat{K}_0(u)\exp(-\mathrm{i}\pi\lambda\Delta z u^2)$ mit $\widehat{K}_0(u) = D(\lambda f u)$ folgt.
3. Mit diesen Ergebnissen ergibt sich:

$$\widehat{\psi}_\mathrm{o}(u) = \delta(u) + \mathrm{i}\widehat{\phi}(u) \qquad \widehat{\psi}_\mathrm{b}(u) = [\delta(u) + \mathrm{i}\widehat{\phi}(u)]\widehat{\underline{K}}(u)$$

und so $\psi_\mathrm{b}(x_\mathrm{b}) = [1 + \mathrm{i}\phi] \star \underline{K}$. Für die Intensität und den Kontrast ergibt sich damit:

$$I_\mathrm{b}(x_\mathrm{b}) = |\psi_\mathrm{b}(x_\mathrm{b})|^2 \approx 1 + 2\mathrm{Re}\{\mathrm{i}\phi \star \underline{K}\} \qquad C(x_\mathrm{b}) = 2\mathrm{Re}\{\mathrm{i}\underline{K} \star \phi\} = -2\mathrm{Im}\{\underline{K}\} \star \phi$$

Die Fourier-Transformation des Kontrastes hat die Form $\widehat{C}(u) = 2\widehat{D}(\lambda f u)\ \sin\gamma(u)\ \widehat{\phi}(u)$, da die Funktion $\widehat{K}(u)$ gerade ist:

$$-2\mathrm{FT}\{\mathrm{Im}K\} = \mathrm{iTF}\{\underline{K} - \underline{K}^*\} = \mathrm{i}\widehat{K}_0\exp(-\mathrm{i}\gamma) - \mathrm{i}\widehat{K}_0\exp(\mathrm{i}\gamma) = 2\widehat{K}_0\sin\gamma.$$

A30.13 Kohärente Übertragungsfunktion in Anwesenheit sphärischer Aberrationen

1. Die räumliche Grenzfrequenz des Objektivs beträgt:

$$u_{\mathrm{g,k}} = \frac{D}{2\lambda f} = \frac{1{,}2}{2\cdot 6}\frac{10^3}{2} = 50\,\mathrm{nm}^{-1}.$$

2. Die Funktion $\gamma(u) = \pi\ \lambda\ u^2\ (\Delta\ z + C_s\ \lambda^2\ u^2/2)$, die für $u^2 = 0$ und $u^2 = -2\ \Delta\ z/(C_s\lambda^2)$ verschwindet, hat ein Minimum bei

$$u^2 = -\frac{\Delta z}{C_s\lambda^2}, \quad \text{was impliziert:} \quad \Delta z < 0.$$

Dieses Minimum beträgt $-\pi/2$, wenn $C_s\lambda^3u^4 + 2\lambda\Delta z u^2 + 1 = 0$ gilt oder:

$$u^4 + 2\frac{\Delta z}{C_s\lambda^2}u^2 + \frac{1}{C_s\lambda^3} = 0 \quad \text{und} \quad u^2 = -\frac{\Delta z}{C_s\lambda^2} \pm \left[\left(\frac{\Delta z}{C_s\lambda^2}\right)^2 - \frac{1}{C_s\lambda^3}\right]^{\frac{1}{2}}.$$

Da $u^2 = -\Delta z/(C_s\lambda^2)$ gilt, erhalten wir:

$$-\frac{\Delta z}{C_s\lambda^2} = \frac{1}{C_s^{\frac{1}{2}}\lambda^{\frac{3}{2}}} \quad \text{oder} \quad \Delta z = -\,(C_s\lambda)^{\frac{1}{2}}.$$

Diese Unschärfe, genannt Scherzersche Unschärfe, führt zu einem Maximum der Betrages der Größe $\widehat{K}_0\sin\gamma$, die eine wichtige Rolle in der Beobachtung der Phasenobjekte kleiner Phase spielt.

A30.14 Kontrast eines Doppelspaltes unter inkohärenter Beleuchtung. Rayleighsches Kriterium

1. Die Linse erzeugt um jedes geometrische Bild eine für den Spalt der Breite D charakteristische Intensitätsverteilung. Da die beiden Spalte inkohärent sind, addieren sich die Intensitäten:

$$I_{\mathrm{b}}(X_{\mathrm{b}}) = \left\{ \frac{\sin\left[\pi D\left(X_{\mathrm{b}} + b/2\right)/(\lambda_0 d_{\mathrm{b}})\right]}{\pi D\left(X_{\mathrm{b}} + b/2\right)/(\lambda_0 d_{\mathrm{b}})} \right\}^2 + \left\{ \frac{\sin\left[\pi D\left(X_{\mathrm{b}} - \frac{b}{2}\right)/(\lambda_0 d_{\mathrm{b}})\right]}{\pi D\left(x_{\mathrm{b}} - b/2\right)/(\lambda_0 d_{\mathrm{b}})} \right\}^2,$$

wobei $b = a d_{\mathrm{b}}/d_{\mathrm{o}}$ der Abstand zwischen den geometrischen Bildern der beiden Spalte ist (Abbildung L30.4).

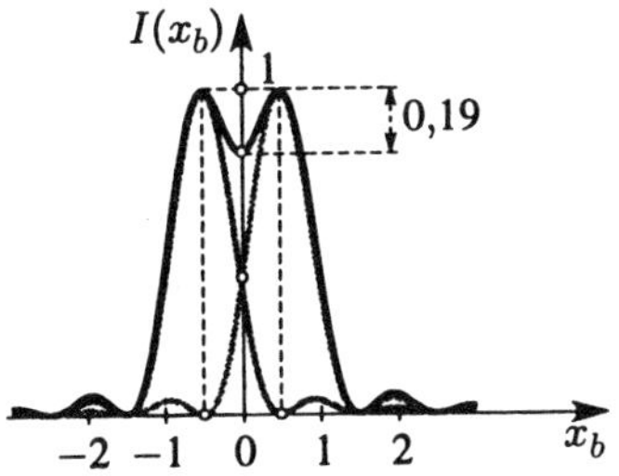

Abb. L30.4

2. Der Rayleigh-Abstand zwischen den Bildern der beiden Spalte ist gleich dem Abstand zwischen dem Maximum und der ersten Nullstelle des Beugungsbildes, $\lambda d_{\mathrm{b}}/D$, also: $b = \lambda d_{\mathrm{b}}/D$. Am Punkt O beträgt die Intensität $I_{\mathrm{b}}(x_{\mathrm{b}})$:

$$I_{\mathrm{b}}(0) = 2\left[\frac{\sin(\pi/2)}{\pi/2}\right]^2 = \frac{8}{\pi^2} \approx 0{,}81,$$

während sie 1 beträgt für $x_{\mathrm{b}} = \pm b/2$. Die zentrale Vertiefung ist also um 19% kleiner als das Maximum.

A30.15 Optische Übertragungsfunktion einer Linse

1. Für den Fall eines Spaltes hat die Übertragungsfunktion die Form eines gleichschenkligen Dreiecks mit einer Basis der Breite $2u_{\mathrm{g,i}}$, wobei

$$u_{\mathrm{g,i}} = \frac{a}{\lambda d_{\mathrm{o}}} = 0{,}3\mu\,\mathrm{m}^{-1}$$

beträgt.

2. Ist die Halterung kreisförmig, ist die gemeinsame Fläche der beiden Basen durch

$$4\left[\frac{R^2\alpha}{2} - \frac{1}{2}\frac{\rho}{2}\left(R^2 - \frac{\rho^2}{4}\right)^{\frac{1}{2}}\right] = \frac{1}{2}\arccos\left(\frac{\rho}{u_{\mathrm{g,i}}}\right) - \frac{\rho}{2u_{\mathrm{g,i}}}\left(1 - \frac{\rho^2}{u_{\mathrm{g,i}}^2}\right)^{\frac{1}{2}}$$

gegeben (Abbildung L30.5ab). Für die rechte Seite der Gleichung haben wir $R = u_{g,i}/2$ verwendet; α ist der Halbwinkel der Schnittfläche. Für $\rho = 0$ ist die gemeinsame Fläche ein Kreis: $\pi R^2 = \pi u_{g,i}^2/4$. Folglich:

$$\underline{\widehat{H}}_n(\rho) = \frac{2}{\pi}\left[\arccos\left(\frac{\rho}{u_{g,i}}\right) - \frac{\rho}{u_{g,i}}\left(1 - \frac{\rho^2}{u_{g,i}^2}\right)^{\frac{1}{2}}\right].$$

Wie für den Spalt beträgt die inkohärente Grenzfrequenz $u_{g,i} = a/(\lambda d_O) = 0,3\,\mu m^{-1}$.

3. Die beiden optischen Übertragungsfunktionen $\underline{\widehat{H}}_n$ des Spaltes bzw. des Kreises ähneln sich, wie die Abbildung L30.5b zeigt.

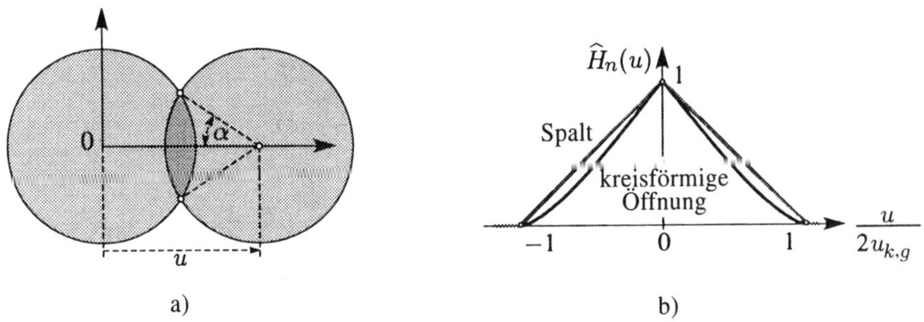

Abb. L30.5

A30.16 Räumliche Grenzfrequenz unter kohärenter und inkohärenter Beleuchtung

1. Das Spektrum des Objektes enthält eine Komponente der Frequenz null und Komponenten der Frequenzen u_O und $-u_O$. Die periodische Struktur wird unter kohärenter Beleuchtung sichtbar, wenn $u_O < u_{g,k}$ oder

$$u_O \leq \frac{D}{2\lambda d_o} \quad \text{und damit} \quad D_m = 2u_O\lambda d_o = 2 \cdot 10^5 \cdot 0{,}6328 \cdot 10^{-6} \cdot 0{,}25 = 3{,}1\,\text{cm}$$

gilt. Die Gitterkonstante des Gitters in der Bildebene beträgt:

$$\frac{G_a}{u_O} = \frac{d_b}{d_o u_O} \quad \text{mit} \quad d_b = \frac{f d_o}{d_o - f} = \frac{20 \cdot 25}{5} = 100\,\text{cm}.$$

2. Unter inkohärenter Beleuchtung ist die Grenzfrequenz doppelt so groß. Folglich haben wir:

$$D_m = u_O\lambda d_o = 10^5 \cdot 0{,}6328 \cdot 10^{-6} \cdot 0{,}25 = 1{,}6\,\text{cm}.$$

A30.17 Einfluß einer Abdeckung des Zentrums einer Teleskoppupille

1. Das Integral, das $\widehat{H}(u)_n$ als Funktion der Pupillenfunktion $P(x)$ gibt, enthält drei Terme, da sich $P(x)$ als

$$P(x) = P_0(x) - P_1(x)$$

schreiben läßt. $P_0(x)$ ist der Spalt der Breite D und $P_1(x)$ der Spalt der Breite a. Da diese Funktionen reell sind, folgt:

$$\begin{aligned}&\int [P_0(x) - P_1(x)][P_0(x - \lambda d_0 u) - P_1(x - \lambda d_0 u)]\mathrm{d}x \\ &= \int P_0(x)P_0(x - \lambda d_0 u)\mathrm{d}x + \int P_1(x)P_1(x - \lambda d_0 u)\mathrm{d}x \\ &- \int P_0(x)P_1(x - \lambda d_0 u)\mathrm{d}x - \int P_0(x - \lambda d_0 u)P_1(x)\mathrm{d}x.\end{aligned}$$

Dabei ist der erste Term der Beitrag der Pupille mit dem Durchmesser D und der zweite der der Pupille mit dem Durchmesser a. Die beiden letzten Terme sind gleich, was man durch Änderung der Integrationsvariablen von x nach $x - \lambda d_0 u$ im ersten dieser Terme sehen kann. Es gilt:

$$\int P_0(x)P_1(x - \lambda d_0 u)\mathrm{d}x = \int P_0(x - \lambda d_0 u)P_1(x)\mathrm{d}x.$$

Da der Normierungsfaktor der OTF $D - a$ ist, erhalten wir mit

$$\int P_0(x)P_0(x - \lambda d_0 u)\mathrm{d}x = D\widehat{H}_{0,D}(u) \quad \text{und} \quad \int P_1(x)P_1(x - \lambda d_0 u)\mathrm{d}x = a\widehat{H}_{0,a}(u)$$

das folgende Ergebnis:

$$\widehat{H}(u) = \frac{D}{D-a}\widehat{H}_{0,D}(u) + \frac{a}{D-a}\widehat{H}_{0,a}(u) - 2\widehat{H}_{01}(u) \quad \text{mit}$$

$$\widehat{H}_{01}(u) = \int P_0(x)P_1(x - \lambda d_0 u)\mathrm{d}x.$$

Durch geometrische Interpretation des letzten Integrals (wir lassen den Spalt über die Kurve $P_0(x)$ gleiten), kommen wir zu folgender Liste von Werten für dieses Integral:

$$\begin{aligned}\widehat{H}_{01}(u) &= \frac{a}{D-a} && \text{für} \quad \lambda d_0 u < \frac{D-a}{2} \\ \widehat{H}_{01}(u) &= \frac{1}{D-a}\left(\frac{D+a}{2} - \lambda d_0 u\right) && \text{für} \quad \frac{D-a}{2} < \lambda d_0 u < \frac{D+a}{2} \\ \widehat{H}_{01}(u) &= 0 && \text{für} \quad \lambda d_0 u > \frac{D+a}{2}.\end{aligned}$$

2. In der Abbildung L30.6 ist die OTF als Funktion der Variablen $d_0 u$ für den Fall $a/D = 0{,}2$ aufgetragen. Wir sehen, daß drei Peaks vorliegen: einer für $d_0 u = 0$ und die beiden anderen symmetrisch darum angeordnet an den Punkten $\pm(D + a)/(2\lambda)$.

A30.18 Apertursynthese zur Auflösung eines Doppelsternes

1. Vernachlässigt man die Komponente schwacher Intensität, erhalten wir $I_0 = I_1\delta(x_0)$, woraus $\widehat{I}_o(u) = I_1$ folgt.
2. Die Pupillenfunktion hat die Form $P(x) = f(x - a/2) + f(x + a/2)$, so daß wir erhalten:

$$\begin{aligned}\widehat{H}(u) = \text{const} \int &\left[f\left(x - \frac{a}{2}\right) + f\left(x + \frac{a}{2}\right)\right] \times \\ &\left[f^*\left(x - \lambda d_o u - \frac{a}{2}\right) + f^*\left(x - \lambda d_o u + \frac{a}{2}\right)\right] \mathrm{d}x.\end{aligned}$$

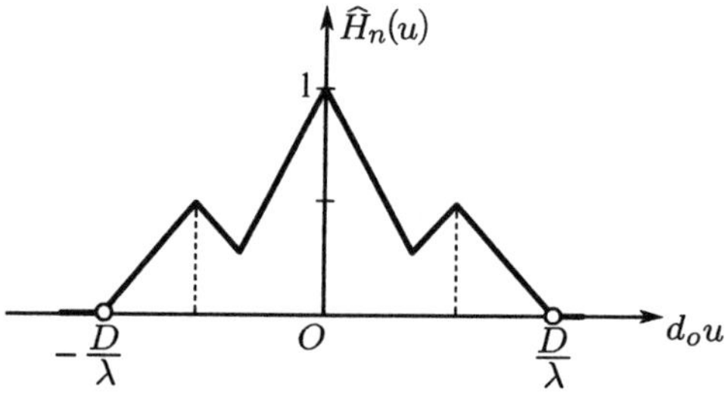

Abb. L30.6

Ausführen der Integration führt mit der Autokorrelation C_f von f zu:

$$\widehat{H}(u) = \text{const} \cdot [2C_f(\lambda d_o u) + C_f(\lambda d_o u - a) + C_f(\lambda d_o u + a)]$$

mit

$$C_f(\lambda d_o u) = \int f(x) f^*(x - \lambda d_o u)\mathrm{d}x \quad \text{und} \quad \text{const}^{-1} = 2C_f(0) + C_f(-a) + C_f(a).$$

Die Funktion $C_f(\lambda d_o u)$ ist die Autokorrelation der Rechtecksfunktion; es ist eine Dreicksfunktion mit der Basis 2ϵ, die sehr viel kleiner als a ist. Daher haben wir $C_f(a) = C_f(-a) = 0$, und es folgt schließlich:

$$\begin{aligned}\widehat{H}(u) &= \frac{2C_f(\lambda d_o u) + C_f(\lambda d_o u - a) + C_f(\lambda d_o u + a)}{2C_f(0)} \\ &= C(u) + \frac{1}{2}C(u - u_0) + \frac{1}{2}C(u + u_0)\end{aligned}$$

mit

$$C(u) \equiv \frac{C_f(\lambda d_o u)}{C_f(0)} \quad \text{und} \quad u_0 = \frac{a}{\lambda d_o}.$$

3. Vernachlässigt man die Breite der Spalte, vereinfacht sich die OTF zu drei Deltafunktionen, eine im Zentrum und zwei symmetrisch dazu mit halber Höhe:

$$\widehat{H}(u) = \delta(u) + \frac{1}{2}\delta(u - u_0) + \frac{1}{2}\delta(u + u_0).$$

4. Es gilt:

$$\widehat{I}_b(u) = \widehat{H}(u)\widehat{I}_o(u) = I_1\delta(u) + \frac{I_1}{2}\delta(u - u_0) + \frac{I_1}{2}\delta(u + u_0)$$

und damit:

$$I_b(x_b) = I_1 + \frac{I_1}{2}\exp(\mathrm{i}2\pi u_0 x_b) + \frac{I_1}{2}\exp(-\mathrm{i}2\pi u_0 x_b) = I_1[1 + \cos(2\pi u_0 x_b)].$$

Wir finden das charakteristische Interferenzmuster der Interferenz zweier Wellen wieder. Die räumliche Periode ist:

$$p = \frac{1}{u_0} = \frac{\lambda d_o}{a} \quad \text{und so} \quad \mathrm{d} = |G_a|p = \frac{d_b}{d_o}\frac{\lambda d_o}{a} = \frac{\lambda d_b}{a} \approx \frac{\lambda f_b}{a}.$$

Letztes stellt den Interferenzstreifenabstand in der Bildebene dar; er hat den Wert $\mathrm{d} = 2{,}8$ mm.

5. Vernachlässigt man die zweite Objektkomponente nicht, gilt:

$$I_o(x_o) = I_1\delta(x_o) + I_2\delta(x_o - d_o\theta) \quad \text{und damit} \quad \widehat{I}_o(u) = I_1 + I_2\exp(-i2\pi u d_o\theta).$$

6. Das räumliche Intensitätsspektrum folgt damit zu:

$$\widehat{I}_b(u) = \widehat{H}(u)\widehat{I}_o(u) = \widehat{I}_o(u)\delta(u) + \frac{\widehat{I}_o(u)}{2}\delta(u-u_0) + \frac{\widehat{I}_o(u)}{2}\delta(u+u_0)$$

oder

$$\widehat{I}_b(u) = \widehat{I}_o(0)\delta(u) + \frac{\widehat{I}_o(u_0)}{2}\delta(u-u_0) + \frac{\widehat{I}_o(-u_0)}{2}\delta(u+u_0).$$

7. Daraus erhalten wir durch Fourier-Transformation die räumliche Intensitätsverteilung in der Bildebene:

$$\begin{aligned} I_b(x_b) &= \widehat{I}_o(0) + \frac{\widehat{I}_o(u_0)}{2}\exp(i2\pi u_0 x_b) + \frac{\widehat{I}_o(-u_0)}{2}\exp(-i2\pi u_0 x_b) \\ &= \widehat{I}_o(0) + \mathrm{Re}\{\widehat{I}_o(u_0)\exp(i2\pi u_0 x_b)\}. \end{aligned}$$

Explizit folgt so:

$$I_b(x_b) = I_1 + I_2 + \mathrm{Re}\left\{[I_1 + I_2\exp(-i2\pi u_0 d_o\theta)]\exp(i2\pi u_0 x_b)\right\},$$

was auch in der Form

$$I_b(x_b) = (I_1 + I_2)\left\{1 + \mathrm{Re}\left[\underline{\gamma}_s \exp(i2\pi u_0 x_b)\right]\right\}$$

geschrieben werden kann. Dabei haben wir

$$\underline{\gamma}_s = \frac{I_1 + I_2\exp(-i2\pi u_0 d_o\theta)}{I_1 + I_2} \quad \text{mit} \quad u_0 d_o\theta = \frac{a d_o\theta}{\lambda d_o} = \frac{a\theta}{\lambda}$$

gesetzt.

8. Aus dem Betrag von $\underline{\gamma}_s$ folgt unmittelbar der Kontrast oder die Sichtbarkeit V:

$$V = |\underline{\gamma}_s| = \frac{[I_1^2 + I_2^2 + 2I_1I_2\cos(2\pi u_0 d_o\theta)]^{\frac{1}{2}}}{I_1 + I_2} = \frac{[(I_1 - I_2)^2 + 4I_1I_2\cos^2(\pi u_0 d_o\theta)]^{\frac{1}{2}}}{I_1 + I_2}.$$

V ist minimal für $2u_0 d_o\theta = 1$, d. h.:

$$\theta = 1/(2u_0 d_o) = \lambda/(2a) = 2{,}8 \cdot 10^{-6} = 0{,}56''.$$

A30.19 Sterninterferometrie unter kohärenter Beleuchtung

1. Die Beziehung zwischen Objekt und Bild läßt sich unter kohärenter Beleuchtung in folgender Form schreiben:

$$\psi_b(x_b) = \int \psi_o(x_o)K(x_b - x_o)\mathrm{d}x_o$$

mit

$$K(x_b) = 1 + \exp i\phi \quad \text{und} \quad \phi = \frac{2\pi}{\lambda}\frac{aX_b}{f} = \frac{2\pi}{\lambda}\left(\frac{aG_a x_b}{f}\right) = 2\pi u x_b.$$

Dabei ist G_a der Abbildungsmaßstab $G_a = f/d_o$ und $u = a/(\lambda d_o)$ eine räumliche Frequenz. Ausführen des Integrals und Annahme einer normierten Objektfunktion ergibt:

$$\psi_b(x_b) = \int \psi_o(x_o)\mathrm{d}x_o + \int \psi_o(x_o)\exp[i2\pi u(x_b - x_o)]\mathrm{d}x_o = 1 + \exp(i2\pi u x_b)\widehat{\psi}_o^n(u).$$

2. Die Intensität ist durch

$$I_b(x_b) = |\psi_b(x_b)|^2 = [1 + \exp(i2\pi u x_b)\widehat{\psi_o^n}(u)] \cdot [1 + \exp(-i2\pi u x_b)\widehat{\psi_o^{n*}}(u)]$$

oder

$$I_b(x_b) = 1 + |\widehat{\psi_o^n}(u)|^2 + 2\mathrm{Re}\{\widehat{\psi_o^n}(u)\exp(i2\pi u x_b)\}$$

gegeben. Schließlich erhalten wir mit $\widehat{\psi_o^n}(u) = |\widehat{\psi_o^n}(u)| \exp i\alpha_k(u)$:

$$I_b(x_b) = 1 + |\widehat{\psi_o^n}(u)|^2 + 2|\widehat{\psi_o^n}(u)| \cos[2\pi u x_b + \alpha_k(u)].$$

Mit den Extremalwerten

$$I_{b,\max} = 1 + |\widehat{\psi_o^n}(u)|^2 + 2|\widehat{\psi_o^n}(u)| \qquad I_{b,\min} = 1 + |\widehat{\psi_o^n}(u)|^2 - 2|\widehat{\psi_o^n}(u)|$$

erhalten wir den Kontrast zu

$$V_{koh}(u) = \frac{I_{b,\max} - I_{b,\min}}{I_{b,\max} + I_{b,\min}} = \frac{2|\widehat{\psi_o^n}(u)|}{1 + |\widehat{\psi_o^n}(u)|^2}.$$

3. Da das Objekt aus zwei Punktquellen gleicher Amplitude besteht, gilt:

$$\widehat{\psi_o^n}(u) = \cos(\pi u s) \quad \text{und damit} \quad V(u) = \frac{2|\cos(\pi u s)|}{1 + \cos^2(\pi u s)}.$$

Wir bemerken noch, daß in $us = as/(\lambda d_o)$ der Winkelabstand $\theta = s/d_o$ zwischen den beiden Komponenten auftaucht.

4. Mit einem inkohärenten Objekt erhalten wir (Kapitel 23): $V_{ink}(u) = |\cos(\pi u s)|$. Für $us = 1/3$ finden wir $V_{koh} = 0{,}8$ bzw. $V_{ink} = 0{,}5$. Man beachte die speziellen Werte

$$V_{koh}(0) = V_{ink}(0) = 1 \quad \text{und} \quad V_{koh}\left(\frac{\pi}{2}\right) = V_{ink}\left(\frac{\pi}{2}\right) = 0.$$

A30.20 Optische Übertragungsfunktion (OTF) bei unscharfer Einstellung

1. Die inkohärente Impulsantwort des Systems ist eine Scheibe vom Durchmesser

$$r = 2\Delta z \tan\theta = \Delta z \frac{D}{d_b} \quad \text{mit} \quad \frac{1}{d_b} = -\frac{1}{d_o} + \frac{1}{f} = -\frac{1}{15} + \frac{1}{10} = \frac{1}{30}$$

oder

$$d_b = 30\,\text{cm}.$$

Da die OTF die Fourier-Transformierte der Scheibe darstellt, erhalten wir:

$$\widehat{H}(\rho) = \frac{2J_1(\pi\rho r)}{\pi\rho r} \quad \text{woraus} \quad \rho_1 = \frac{1{,}22}{r}$$

als erste Nullstelle der OTF folgt.

2. Da $\rho_1 = 1{,}22/r = 10^3\ \text{m}^{-1}$ gilt, erhalten wir:

$$\Delta z = \frac{d_b r}{D} = \frac{1{,}22 d_b}{D\rho_1} = 6{,}1\,\text{mm}.$$

A30.21 Bild eines periodischen Objektes unter kohärenter und inkohärenter Beleuchtung

1. Da das Objekt durch eine räumliche Frequenz $u_0 < u_{g,k}$ charakterisiert ist, hat die Übertragungsfunktion unter kohärenter Beleuchtung den Wert 1 und so:

$$\psi_b(x_b) = \cos(2\pi u_0 x_o) \quad I_b(x_b) = \cos^2(2\pi u_0 x_o) = \frac{1}{2}[1 + \cos(4\pi u_0 x_o)]$$

und

$$\widehat{I}_b(u) = \frac{1}{2}\delta(u) + \frac{1}{4}\delta(u - 2u_0) + \frac{1}{4}\delta(u + 2u_0).$$

2. In diesem Fall erhalten wir:

$$I_o(x_o) = \cos^2(2\pi u_0 x_o) = \frac{1}{2}[1 + \cos(4\pi u_0 x_o)]$$

und daraus

$$\widehat{I}_o(u) = \frac{1}{2}\delta(u) + \frac{1}{4}\delta(u - 2u_0) + \frac{1}{4}\delta(u + 2u_0).$$

Wir erhalten $I_b(x_b)$ aus der Gleichung $\widehat{I}_b(u) = H_n(u)\widehat{I}_o(u)$. Da die Funktion $H(u)_n$ die Dreiecksfunktion der Basis $2u_{g,k}$ ist, wird die Frequenz null ohne Deformation übertragen, während die Frequenzkomponente $2u_0$ um den Faktor 1/3 reduziert wird. Wir erhalten damit:

$$\widehat{I}_b(u) = \frac{1}{2}\delta(u) + \frac{1}{12}\delta(u - 2u_0) + \frac{1}{12}\delta(u + 2u_0).$$

Das Spektrum ähnelt dem des unter kohärenter Beleuchtung erhaltenen, jedoch wird die sinusförmige Komponente unter inkohärenter Beleuchtung gedämpft.

Kapitel 31

A31.1 Abstand zwischen den aus einem Spath-Plättchen austretenden Strahlen

Nach der Abbildung 31.12 ist der Abstand Δ zwischen den austretenden Lichtstrahlen durch $\Delta = e\tan(\alpha - \pi/4)$ gegeben, wobei α der Winkel zwischen dem außerordentlichen Strahl im Inneren des Plättchens und der optischen Achse ist. Da die Richtung des Lichtstrahles durch die transversale Tangente an der elliptischen Welle gegeben ist, wollen wir die Neigung dieser Tangente im Achsensystem, das durch die optische Achse gegeben ist, ermitteln. Differenzieren wir die Wellengleichung $n_o^2 x^2 + n_E^2 y^2 = 1$, erhalten wir:

$$\frac{dy}{dx} = -\frac{n_o^2 x}{n_E^2 y}.$$

Mit $\tan\alpha = y/x$ und der Neigung $dy/dx = -1$, da die Eingangsfläche einen Winkel von $-45°$ zu der optischen Achse aufweist, folgt:

$$\tan\alpha = \frac{n_o^2}{n_E^2}.$$

Die Berechnung der Brechungsindizes ergibt: $n_o = 1{,}662$ und $n_E = 1{,}491$, so daß wir erhalten:

$$\alpha = 0{,}89\,\text{rad} \quad \text{und} \quad \Delta = 15 \cdot \tan(\alpha - \pi/4) = 1{,}6\,\text{mm}.$$

A31.2 Jones-Darstellung eines Polarisators und eines $\lambda/4$-Plättchens

1. Die Beziehung $\boldsymbol{E}_\mathrm{a} = [J_1]\boldsymbol{E}_\mathrm{e}$ hat als Matrixgleichung die Form

$$a\begin{bmatrix} 1 \\ 0 \end{bmatrix} = \begin{bmatrix} ? & ? \\ ? & ? \end{bmatrix}\begin{bmatrix} a \\ \mathrm{i}b \end{bmatrix} \quad \text{und damit} \quad [J_1] = \begin{bmatrix} 1 & 0 \\ 0 & 0 \end{bmatrix}$$

mit a und b reell. Ebenso ermittelt man $[J_2]$ für die Richtung Oy mittels $\boldsymbol{E}_\mathrm{a} = [J_2]\boldsymbol{E}_\mathrm{e}$:

$$\mathrm{i}b\begin{bmatrix} 0 \\ 1 \end{bmatrix} = \begin{bmatrix} ? & ? \\ ? & ? \end{bmatrix}\begin{bmatrix} a \\ \mathrm{i}b \end{bmatrix} \quad \text{und daraus} \quad [J_2] = \begin{bmatrix} 0 & 0 \\ 0 & 1 \end{bmatrix}.$$

Für Polarisatoren in der Stellung 45° bzw. −45° erhalten wir $[J_3]$ bzw. $[J_4]$ aus

$$(a+\mathrm{i}b)\begin{bmatrix} 1 \\ 1 \end{bmatrix} = \begin{bmatrix} ? & ? \\ ? & ? \end{bmatrix}\begin{bmatrix} a \\ \mathrm{i}b \end{bmatrix} \quad \text{und} \quad (a-\mathrm{i}b)\begin{bmatrix} 1 \\ 1 \end{bmatrix} = \begin{bmatrix} ? & ? \\ ? & ? \end{bmatrix}\begin{bmatrix} a \\ \mathrm{i}b \end{bmatrix}.$$

Wir erhalten so

$$[J_3] = \begin{bmatrix} 1 & 1 \\ 1 & 1 \end{bmatrix} \quad \text{und} \quad [J_4] = \begin{bmatrix} 1 & -1 \\ -1 & 1 \end{bmatrix}.$$

2. Aus den angegebenen Beobachtungen folgt:

$$\begin{bmatrix} 1 & ? \\ \mathrm{i} & ? \end{bmatrix}\begin{bmatrix} 1 \\ 0 \end{bmatrix} = \begin{bmatrix} 1 \\ \mathrm{i} \end{bmatrix} \quad \text{und} \quad \begin{bmatrix} ? & \mathrm{i} \\ ? & 1 \end{bmatrix}\begin{bmatrix} 0 \\ 1 \end{bmatrix} = (-\mathrm{i})\begin{bmatrix} 1 \\ -\mathrm{i} \end{bmatrix}$$

woraus wir folgern, daß:

$$[J_5] = \begin{bmatrix} 1 & \mathrm{i} \\ \mathrm{i} & 1 \end{bmatrix}$$

ist.

3. Diese Anordnung wird durch das Produkt

$$[J_5][J_1]\begin{bmatrix} a \\ \mathrm{i}b \end{bmatrix} = \begin{bmatrix} 1 & \mathrm{i} \\ \mathrm{i} & 1 \end{bmatrix}\begin{bmatrix} 1 & 0 \\ 0 & 0 \end{bmatrix}\begin{bmatrix} a \\ \mathrm{i}b \end{bmatrix} = \begin{bmatrix} 1 & 0 \\ \mathrm{i} & 0 \end{bmatrix}\begin{bmatrix} a \\ \mathrm{i}b \end{bmatrix} = a\begin{bmatrix} 1 \\ \mathrm{i} \end{bmatrix}$$

beschrieben. Eine elliptische Welle, die auf ein solches System fällt, wird zirkular; daher stammt der Name Zirkularpolarisator.

4. Dieses System hat als Matrixprodukt die Form

$$[J_1][J_5]\begin{bmatrix} 1 \\ \mathrm{i} \end{bmatrix} = \begin{bmatrix} 1 & 0 \\ 0 & 0 \end{bmatrix}\begin{bmatrix} 1 & \mathrm{i} \\ \mathrm{i} & 1 \end{bmatrix}\begin{bmatrix} 1 \\ \mathrm{i} \end{bmatrix} = \begin{bmatrix} 1 & \mathrm{i} \\ 0 & 0 \end{bmatrix}\begin{bmatrix} 1 \\ \mathrm{i} \end{bmatrix} = \begin{bmatrix} 0 \\ 0 \end{bmatrix}.$$

Eine zirkulare Welle, die auf ein solches System fällt, wird also ausgelöscht, daher der Name Zirkularanalysator.

A31.3 Fresnel-Aragosches Experiment

1. a) Da die Wellen am Ausgang des Interferometers parallel zueinander polarisiert sind, beobachtet man die bekannte Interferenz mit gleichem Kontrast, aber einer um den Faktor $(\sqrt{2})^2 = 2$ geschwächten Intensität, weil $\mathcal{P}_1$ und $\mathcal{P}_2$ einen Winkel von 45° mit $\mathcal{P}$ bilden:

$$I_{1\mathrm{a}} = I_0(1+\cos\phi) \quad \text{mit} \quad \phi = \frac{2\pi}{\lambda}\frac{ax}{D}$$

b) In diesem Fall ist die Beleuchtung des Schirmes gleichförmig, da der Interferenzterm zwischen den Wellen verschwindet: $I_{1\mathrm{b}} = 0$.

2. a) Die Beleuchtung ist gleichförmig, da eine der Wellen vom Analysator ausgelöscht wird: $I_{2\mathrm{a}} = 0$.

b) Der Analysator ermöglicht die Interferenz der beiden vektoriellen Schwingungen. Man findet das Interferenzmuster von 1a wieder, mit gleichem Kontrast, aber einer um den Faktor 2 geschwächten Intensität:

$$I_{2\mathrm{b}} = \frac{I_0}{2}(1 + \cos\phi).$$

c) Hat $\mathcal{A}$ eine von 45° verschiedene Richtung, so sind die Amplituden der beiden interferierenden Wellen nicht mehr gleich groß und betragen:

$$\frac{A_0}{\sqrt{2}}\cos\theta \quad \text{und} \quad \frac{A_0}{\sqrt{2}}\sin\theta.$$

θ bezeichnet den Winkel zwischen dem Analysator und $\mathcal{P}_1$. Der Kontrast ist nicht mehr maximal:

$$I_{2\mathrm{c}} = \frac{I_0}{2}(\cos^2\theta + \sin^2\theta + 2\sqrt{\cos^2\theta \sin^2\theta}\cos\phi) \quad \text{mit} \quad I_0 = A_0^2.$$

A31.4 Lyotscher Filter

1. Da der Polarisator gegenüber der optischen Achse des Quarzplättchens einen Winkel von 45° aufweist, lassen sich die komplexen Amplituden der außerordentlichen und der ordentlichen Welle, die aus dem Plättchen treten, mit $\phi = 2\pi(n_\mathrm{o} - n_\mathrm{E})e/\lambda$ wie folgt schreiben:

$$\underline{D}_\mathrm{E} = \frac{\psi_0}{\sqrt{2}} \quad \text{und} \quad \underline{D}_\mathrm{o} = \frac{\psi_0}{\sqrt{2}}\exp(\mathrm{i}\phi),$$

wenn man mit ψ_0 die Amplitude der Welle bezeichnet, die aus dem Polarisator $\mathcal{P}_0$ austritt. Die beiden Wellen interferieren miteinander, da der Analysator auch im Winkel von 45° zu der optischen Achse steht. Die resultierende Welle hat damit die komplexe Amplitude

$$\underline{\psi} = \frac{1}{\sqrt{2}}(\underline{D}_\mathrm{E} + \underline{D}_\mathrm{o}) = \frac{\psi_0}{2}[1 + \exp(\mathrm{i}\phi)]$$

und die Intensität

$$I_\mathrm{a} = \underline{\psi\psi^*} = \frac{I_0}{2}(1 + \cos\phi) \quad \text{mit} \quad I_0 = \psi_0^2.$$

2. Nach dem eben Gesagten ergibt sich der Transmissionsfaktor der Amplitude für das erste Plättchen zu:

$$\underline{t}_1 = \frac{1}{2}[1 + \exp(\mathrm{i}\phi)],$$

daraus der für das zweite Plättchen zu

$$\underline{t}_2 = \frac{1}{2}[1 + \exp(2\mathrm{i}\phi)]$$

sowie der für das N-te Plättchen zu

$$\underline{t}_N = \frac{1}{2}\left[1 + \exp(\mathrm{i}2^{N-1}\phi)\right].$$

Folglich ist der Transmissionsfaktor des Gesamtsystems durch

$$\underline{t} = \underline{t}_N \cdots \underline{t}_2 \underline{t}_1 = \frac{1}{2^N}[1+\exp(\mathrm{i}\phi)][1+\exp(\mathrm{i}2\phi)][1+\exp(\mathrm{i}4\phi)]\cdots[1+\exp(\mathrm{i}2^{N-1}\phi)]$$

oder

$$\underline{t} = \frac{1}{2^N}\left\{1+\exp(\mathrm{i}\phi)+\exp(\mathrm{i}2\phi)+\exp(\mathrm{i}3\phi)+\ldots+\exp[\mathrm{i}(2^N-1)\phi]\right\}$$

gegeben. Dabei ergibt sich das letzte Argument aus der Tatsache, daß für die geometrische Reihe gilt:

$$1+2+4+\ldots+2^{N-1} = \frac{1-2^N}{1-2} = 2^N-1,$$

$\underline{t}$ wird also durch eine Summe, die einem Gitter entspricht, beschrieben, so daß wir erhalten (Kapitel 18 und 27):

$$\underline{t} = \frac{\sin(2^N\phi/2)}{2^N\sin(\phi/2)} \quad \text{und so} \quad I = \underline{t}\underline{t}^* = \left[\frac{\sin(2^N\phi/2)}{2^N\sin(\phi/2)}\right]^2.$$

Die Hintereinanderschaltung der verschiedenen Plättchen erzeugt also eine Intensitätsverteilung, deren Peaks eine Halbwertsbreite von $\Delta\phi_{\frac{1}{2}} = 2\pi/2^N$ haben. Folglich kann das System als Monochromator verwendet werden:

$$\Delta\phi_{\frac{1}{2}} = 2\pi(n_o - n_E)e\frac{\Delta\lambda_0}{\lambda_0^2} = \frac{2\pi}{2^N}$$

und so

$$\Delta\lambda_0 = \frac{\lambda_0^2}{2^N(n_o-n_E)e} \quad \text{und} \quad A = \frac{\lambda_0}{\Delta\lambda_0} = \frac{2^N(n_o-n_E)e}{\lambda_0}.$$

In Zahlen bedeutet das für $N = 8$ eine Auflösung von $A = 256 \cdot 0{,}009 \cdot (2\,000/0{,}545) = 8\,455$.

A31.5 Kerr-Zelle aus Schwefelkohlenstoff

1. Wir erhalten

$$V_{K,\pi} = d\left(\frac{1}{2Ke}\right)^{\frac{1}{2}} = 167\,\mathrm{kV} \text{ und damit } \phi_K = \pi\left(\frac{V}{V_{K,\pi}}\right)^2 = 0{,}057\pi = 10{,}3^\circ.$$

2. Das Material verhält sich wie ein anisotropes Plättchen, das parallel zu seiner optischen Achse geschnitten worden ist, die hier durch das elektrische Feld festgelegt wird. Entlang der x-Achse, die mit der optischen Achse identisch ist, und einer y-Achse senkrecht dazu, sind die Komponenten des transversalen vektoriellen Feldes gegeben durch

$$A\exp[-\mathrm{i}(\omega t - \phi_E)] \quad \text{bzw.} \quad A\exp[-\mathrm{i}(\omega t - \phi_o)],$$

da die Polarisationsebene der einfallenden Welle in einem Winkel von 45° zu der optischen Achse steht. Ändert man den Zeitursprung, erhalten wir:

$$A\exp[-\mathrm{i}\omega t] \quad \text{und} \quad A\exp[-\mathrm{i}(\omega t - \phi_K)] \quad \text{mit} \quad \phi_K = \phi_o - \phi_E.$$

Die Amplituden sind gleich, der Stokessche Paramter Q verschwindet (Kapitel 20). Da außerdem ϕ_K beliebig ist, ist die Welle nicht zirkular, sondern elliptisch, mit einer Achsenneigung von 45° gegenüber der optischen Achse.

Kapitel 32

A32.1 Rotationspolarisation durch ein Quarzplättchen
Da $\alpha = -\pi l(n_l - n_r)/\lambda_0$ gilt, erhalten wir:

$$l = \frac{\lambda_0}{\pi}\frac{\alpha}{(n_l - n_r)} = \frac{435{,}8 \cdot 10^{-6}}{\pi} \cdot \frac{\pi/2}{10^{-4}} = 2{,}18\,\text{mm}.$$

A32.2 Mischung von Saccharose

1. Mit $\{\alpha\} = \alpha/(lc) = \pi(n_r - n_l)/(c\lambda_0)$ erhalten wir:

$$c = \frac{\pi(n_r - n_l)}{\{\alpha\}\lambda_0} = \frac{180 \cdot 0{,}24 \cdot 10^{-6}}{0{,}6645 \cdot 0{,}5893 \cdot 10^{-6}} \approx 110\,\text{kg}\,\text{m}^{-3} = 110\,\text{g}\,\text{l}^{-1} = 0{,}11\,\text{g}\,\text{cm}^{-3}.$$

2. Es ergibt sich $\alpha = 2{,}6 \cdot 0{,}6645 \cdot 0{,}2 \cdot 45 = 15{,}44°$.

A32.3 Bestimmung der Konzentration von Kampfer in Alkohol
Wir erhalten:

$$c = \frac{\alpha}{l\{\alpha\}} = \frac{33}{0{,}4693 \cdot 0{,}2} = 350\,\text{kg/m}^3 = 0{,}35\,\text{g}\,\text{cm}^{-3}.$$

A32.4 Faraday-Effekt in Zinksulfid
Da $\alpha = V_e B_a l$ mit $B_a = \mu_0 NI/l$ gilt, folgt

$$I = \frac{\alpha}{V_e \mu_0 N} = \frac{30 \cdot 60}{2000 \cdot 4\pi \cdot 10^{-7} \cdot 225\,000} = 2{,}12\,\text{A}.$$

A32.5 Soleilscher Biquarz

1. Die Dicke muß so beschaffen sein, daß der Rotationswinkel der Polarisationsebene $\pm 90°$ für die Wellenlänge $\lambda_J = 560$ nm beträgt. Folglich erhalten wir:

$$|\alpha_J| = \frac{A}{\lambda_J^2}l = \{\alpha\}l\frac{\lambda_D^2}{\lambda_J^2} = 90°, \quad \text{so daß} \quad l = \frac{90}{21{,}684}\left(\frac{560}{589{,}3}\right)^2 = 3{,}75\,\text{mm}$$

   folgt.

2. Da $\alpha = A/\lambda^2 l = 90(\lambda_J/\lambda)^2$ gilt, bekommen wir für $\lambda_r = 0{,}75\,\mu$m und $\lambda_v = 0{,}40\,\mu$m:

$$\alpha_r = 50{,}2° \quad \text{und} \quad \alpha_v = 176{,}4°$$

Kapitel 33

A33.1 Rotationsinvarianz der Gradientennorm und des Laplace-Operators

1. Die Berechnung der ersten partiellen Ableitungen von g nach den Variablen x' und y' ergibt:

$$\frac{\partial g}{\partial x'} = \frac{\partial g}{\partial x}\frac{\partial x}{\partial x'} + \frac{\partial g}{\partial y'}\frac{\partial y}{\partial x'} = \cos\theta\frac{\partial g}{\partial x} + \sin\theta\frac{\partial g}{\partial y}$$

$$\frac{\partial g}{\partial y'} = \frac{\partial g}{\partial x}\frac{\partial x}{\partial y'} + \frac{\partial g}{\partial y}\frac{\partial y}{\partial y'} = -\sin\theta\frac{\partial g}{\partial x} + \cos\theta\frac{\partial g}{\partial y},$$

da $x = x' \cos\theta - y' \sin\theta$ und $y = x' \sin\theta + y' \cos\theta$ gilt. Die Komponenten des Gradienten sind also nach der Rotation andere als vor der Rotation. Die Norm bleibt aber erhalten; es gilt:

$$\left(\frac{\partial g}{\partial x'}\right)^2 + \left(\frac{\partial g}{\partial y'}\right)^2 = \left(\frac{\partial g}{\partial x}\right)^2 + \left(\frac{\partial g}{\partial y}\right)^2.$$

2. Für die zweite Ableitung erhalten wir:

$$\begin{aligned}
\frac{\partial^2 g}{\partial x'^2} &= \frac{\partial}{\partial x}\left(\frac{\partial g}{\partial x'}\right)\frac{\partial x}{\partial x'} + \frac{\partial}{\partial y}\left(\frac{\partial g}{\partial x'}\right)\frac{\partial x}{\partial x'} \\
&= \frac{\partial}{\partial x}\left(\frac{\partial g}{\partial x}\cos\theta + \frac{\partial g}{\partial y}\sin\theta\right)\frac{\partial x}{\partial x'} + \frac{\partial}{\partial y}\left(\frac{\partial g}{\partial x}\cos\theta + \frac{\partial g}{\partial y}\sin\theta\right)\frac{\partial y}{\partial x'} \\
&= \frac{\partial^2 g}{\partial x^2}\cos^2\theta + \frac{\partial^2 g}{\partial y^2}\sin^2\theta + 2\frac{\partial^2 g}{\partial x \partial y}\cos\theta\sin\theta \\
\frac{\partial^2 g}{\partial y'^2} &= \frac{\partial}{\partial x}\left(\frac{\partial g}{\partial y'}\right)\frac{\partial x}{\partial y'} + \frac{\partial}{\partial y}\left(\frac{\partial g}{\partial y'}\right)\frac{\partial y}{\partial y'} \\
&= \frac{\partial}{\partial x}\left(-\frac{\partial g}{\partial x}\sin\theta + \frac{\partial g}{\partial y}\cos\theta\right)\frac{\partial x}{\partial y'} + \frac{\partial}{\partial y}\left(-\frac{\partial g}{\partial x}\sin\theta + \frac{\partial g}{\partial y}\cos\theta\right)\frac{\partial y}{\partial y'} \\
&= \frac{\partial^2 g}{\partial x^2}\sin^2\theta + \frac{\partial^2 g}{\partial y^2}\cos^2\theta - 2\frac{\partial^2 g}{\partial x \partial y}\cos\theta\sin\theta
\end{aligned}$$

Da

$$\frac{\partial^2 g}{\partial x'^2} + \frac{\partial^2 g}{\partial y'^2} = \frac{\partial^2 g}{\partial x^2} + \frac{\partial^2 g}{\partial y^2}$$

gilt, ist der Laplace-Operator invariant gegenüber Rotation.

A33.2 Einfluß einer Ensemblemittelung auf die Streuung des Rauschens
Die Varianz des Rauschens R hat die Form:

$$\sigma_P^2 = \left\langle \left(\frac{1}{P}\sum_{p=1}^{P} r_p\right)^2 \right\rangle - \left(\left\langle \frac{1}{P}\sum_{p=1}^{P} r_p \right\rangle\right)^2 = \left\langle \left(\frac{1}{P}\sum_{p=1}^{P} r_p\right)^2 \right\rangle,$$

da $\left\langle \sum_{p=1}^{P} r_p \right\rangle = 0$ gilt. Wir erhalten schließlich durch Ausmultiplizieren und mit $\langle r_p r_q \rangle = 0$:

$$\sigma^2 = \frac{1}{P^2}\left\langle \sum_{p,q=1}^{P} r_p^2 + 2 r_p r_q \right\rangle = \frac{1}{P^2}\left\langle \sum_{p=1}^{P} r_p^2 \right\rangle = \frac{1}{P}\sigma_p^2.$$

Wir erhalten folglich $\sigma_R = \sigma_r/\sqrt{P}$.

A33.3 Radon-Transformation in der medizinischen Bildverarbeitung

1. Die Projektionsgerade wird durch Nullsetzen der Argumentes der Dirachschen Deltafunktion erhalten:

$$x\cos\theta + y\sin\theta = t.$$

Diese Gerade ist senkrecht zu der Geraden, die durch den Ursprung geht, und hat die Neigung $\tan\theta$.

2. Für $\theta = 0$ ergibt sich:

$$P_{\theta=0}(t) = \int_{-\infty}^{\infty}\int_{-\infty}^{\infty} f(x,y)\delta(x\cos\theta + y\sin\theta - t)\,\mathrm{d}x\mathrm{d}y = \int_{-\infty}^{\infty} f(t,y)\,\mathrm{d}y.$$

Aus der Defintion der Fourier-Transformiertion von $f(x,y)$ erhalten wir für die Frequenzen $(w,0)$:

$$\widehat{f}(w,0) = \int_{-\infty}^{\infty}\int_{-\infty}^{\infty} f(x,y)\exp(-\mathrm{i}2\pi wx)\mathrm{d}x\mathrm{d}y = \int_{-\infty}^{\infty}\left(\int_{-\infty}^{\infty} f(x,y)\mathrm{d}y\right)\exp(-\mathrm{i}2\pi wx)\mathrm{d}x.$$

Andererseits ist

$$\widehat{P}_{\theta=0}(w) = \int_{-\infty}^{\infty} P_0(x)\exp(-\mathrm{i}2\pi wx)\mathrm{d}x.$$

Durch Vergleich ergibt sich also die gesuchte Gleichung

$$\widehat{f}(w,0) = \widehat{P}_0(w).$$

3. Im zweidimensionalen Koordinatensystem Ots, das durch Drehung der x- und y-Achsen um den Winkel θ erhalten wird, ergibt sich die Radon-Transformation von $f(x,y)$ in der folgenden Form:

$$P_\theta(t) = \int_{-\infty}^{\infty} f(t,s)\mathrm{d}s \quad \text{mit} \quad \begin{pmatrix} t \\ s \end{pmatrix} = \begin{pmatrix} \cos\theta & \sin\theta \\ -\sin\theta & \cos\theta \end{pmatrix}\begin{pmatrix} x \\ y \end{pmatrix}.$$

Es folgt daher:

$$\widehat{P}_\theta(w) = \int_{-\infty}^{\infty} P_\theta(t)\exp(-\mathrm{i}2\pi wt)\mathrm{d}t = \int_{-\infty}^{\infty}\left(\int_{-\infty}^{\infty} f(t,s)\mathrm{d}s\right)\exp(-\mathrm{i}2\pi wt)\mathrm{d}t$$

und nach Ersetzen von s und t durch die Funktionen von x und y:

$$\widehat{P}_\theta(w) = \int_{-\infty}^{\infty}\int_{-\infty}^{\infty} f(x,y)\exp(-\mathrm{i}2\pi(wx\cos\theta + wy\sin\theta)])\mathrm{d}x\mathrm{d}y.$$

Wir erkennen die Fourier-Transformierte bei der Frequenz $(w\cos\theta, w\sin\theta)$:

$$\widehat{P}_\theta(w) = \widehat{f}(w\cos\theta, w\sin\theta).$$

Diese Gleichung ist die mathematische Formulierung des Fourierschen Projektionstheorems: Die eindimensionale Fourier-Transformation der Projektion eines Objekts in die $\theta + \pi/2$-Richtung ist gleich dem Schnitt der zweidimensionalen Fourier-Transfomierten dieses Objektes entlang der Geraden, die durch den Ursprung geht und um denselben Winkel θ geneigt ist.

A33.4 Fokusfehler und Diffusionsmodell

1. Bezeichnet man mit $\widehat{g}(u,v,Z)$ die räumliche Fourier-Transformierte der Funktion $g(x,y,Z)$, hat die Fourier-Transformierte von $\partial g/\partial x$ die Form $(\mathrm{i}2\pi u)\ \widehat{g}(u,v,Z)$ und die von $\partial^2 g/\partial x^2$ die Form $(-4\pi^2 u^2)\widehat{g}(u,v,Z)$. Wir haben daher:

$$-4D\pi^2(u^2+v^2)\widehat{g}(u,v,Z) = \frac{\partial \widehat{g}(u,v,Z)}{\partial Z} \quad \text{und damit}$$
$$\frac{\partial \widehat{g}(u,v,Z)}{\partial Z} = -\frac{D\pi^2(u^2+v^2)}{4}\widehat{g}(u,v,Z),$$

was eine lineare Differentialgleichung erster Ordnung ist.

2. Die allgemeine Lösung dieser Gleichung ist:

$$\widehat{g}(u,v,Z) = \exp\left[-\frac{D\pi^2(u^2+v^2)Z}{4}\right], ??$$

da als Anfangsbedingung $\widehat{g}(u,v,0) = 1$ gewählt wurde.

3. Die inverse Fourier-Transformation dieser Gauß-Funktion ist:

$$g(x,y,Z) = \frac{1}{4D\pi Z}\exp\left[-\frac{x^2+y^2}{4DZ}\right] \quad \text{oder} \quad g(x,y,Z) = \frac{1}{2\pi\sigma^2}\exp\left[-\frac{x^2+y^2}{2\sigma^2}\right].$$

mit $\sigma = \sqrt{2DZ}$. Das Bild einer Dirac-Linie, das durch ein System mit Fokusfehler erzeugt wird, ist also eine Gauß-Funktion, deren Amplitude und Varianz mit der Scharfeinstellung zusammenhängen.

4. Die allgemeine Lösung der Differentialgleichung für $\widehat{g}(u,v,Z)$ hat die Form:

$$\widehat{g}(u,v,Z) = \widehat{g}(u,v,0)\exp\left[-\frac{D\pi^2(u^2+v^2)Z}{4}\right]$$

oder

$$\widehat{g}(u,v,Z) = \widehat{g}(u,v,0)\widehat{h}(u,v,Z) \quad \text{mit} \quad \widehat{h}(u,v,Z) = \exp\left[-\frac{D\pi^2(u^2+v^2)Z}{4}\right].$$

Daraus folgt für das Faltungsprodukt

$$g(x,y,Z) = g(x,y,0)h(x,y,Z) \quad \text{mit} \quad h(x,y,Z) = \frac{1}{2\pi\sigma^2}\exp\left[-\frac{x^2+y^2}{2\sigma^2}\right]$$

und $\sigma = \sqrt{2DZ}$.

Wir bemerken, daß hier der Lichtstrom erhalten bleibt, denn es gilt $\widehat{g}(0,0,Z) = \widehat{g}(0,0,0)$.

Das unscharfe Bild ist nichts anderes als eine Faltung des scharfen Bildes mit einer Gaußförmigen Übertragungsfunktion, die die mangelnde Scharfeinstellung des Systems beschreibt.

Literatur

[1] M. Alonso und E.J. Finn, *Physik*, Addison-Wesley, Bonn, 1988.

[2] L. Bergman und C. Schäfer, *Optik*, de Gruyter, Berlin, 1993.

[3] J.W. Blaker, *Geometric optics*, Marcel Dekker, Inc, 1977.

[4] N. Bloembergen, *Nonlinear optics*, Addison Wesley, Redwood City, 1992.

[5] M. Born und E. Wolf, *Principles of optics*, Pergamon Press, 6th ed., Oxford, 1980.

[6] R. Boyd, *Radiometry and the detection of optical radiation*, Wiley, New York, 1983.

[7] W. Brouwer, *Matrix methods in optical instrument design*, W.A. Benjamin, 1964.

[8] K.L. Brown, S.L.A.C. (*Stanford linear accelerator center)*, Report 75, 1967.

[9] K.L. Brown et al., *First and second order magnetic optics matrix equations for the midplane of uniform field wedge magnets*, the review of scientific instruments, Nr. 4, Vol. 35, 481, 1964.

[10] F.S. Crawford Jr., *Schwingungen und Wellen*, Vieweg, Braunschweig, 1989.

[11] H.A. Enge, *Focusing of charged particles, II*, Ed. A. Septier, S. 203, 1967.

[12] R. Feynman, R.B. Leighton und M. Sands, *Vorlesungen über Physik*, Oldenbourg, München, 1987.

[13] M. Fogiel, *The optics problem solver*, S.R.E.A., New York, 1981.

[14] G.R. Fowles, *Introduction to modern optics*, Holt, Rinehart and Winston, Inc., 1967.

[15] B.R. Frieden, *Probability, statistical optics and data testing*, Springer Verlag, Berlin 1983.

[16] A. Gerrard and J.M. Burch, *Introduction to matrix methods in optics*, John Wiley, New York, 1975.

[17] J.W. Goodman, *Introduction to Fourier optics*, McGraw-Hill, New York, 1988.

[18] J.W. Goodman, *Statistical optics*, John Wiley, New York, 1985.

[19] P. Grivet, *Electron optics*, Pergamon Press, Oxford, 1972.

[20] R. Guenther, *Modern optics*, Wiley, New York, 1990.

[21] P. Haberäcker, *Digitale Bildverarbeitung*, Hanser, München, 1989.

[22] H. Haken, *Light*, Vol. I und II, North-Holland, Amsterdam, 1981.

[23] P. Hariharan, *Basics of interferometry*, Academic Press, 1992.

[24] E. Hecht, *Optik*, McGraw-Hill, New York, 1992.

[25] J.D. Jackson, Klassische Elektrodynamik, de Gruyter, Berlin.

[26] M.V. Klein und T.E. Furtak, *Optik*, Springer Verlag, Berlin, 1988.

[27] F.K. Kneubühl und M.W. Sigrist, *Laser*, Teubner, Stuttgart, 1991.

[28] L. Landau und E. Lifschitz, *Elektrodynamik der Kontinua*, Akademie Verlag, Berlin, 1991.

[29] W. Lauterborn et al., *Coherent optics*, Springer Verlag, Berlin, 1993.

[30] G.F. Lothian, *Optics and its uses*, Van Nostrad Reinhold Company, New York, 1975.

[31] L. Mandel und E. Wolf, *Optical coherence and quantum optics*, Cambridge University Press, Cambridge, 1995.

[32] Melles Griot, *Optics guide 5*, 1990.

[33] L. Motz und J.H. Weaver, *The story if physics*, Plenum, New York, 1991.

[34] K. Mütze, *ABC der Optik*, Verlag Dausien, Hanau, 1961.

[35] E.L. O'Neill, *Introduction to statistical optics*, Addison-Wesley, 1963.

[36] A.C. Newell und J.V. Moloney, *Nonlinear optics*, Addison-Wesley, Redwood City, 1992.

[37] Oriel, *Light sources, monochromators, detection systems*, vol. II, 1990.

[38] S.P. Parker, *Optics source book*, McGraw-Hill, New York, 1988.

[39] H. Paul, *Photonen*, Teubner, Stuttgart, 1995.

[40] H. Römer, *Theoretische Optik*, VCH, Weinheim, 1994.

[41] K. Rohlfs, *Tools of radioastronomy*, Springer Verlag, 1986.

[42] B.E.A. Saleh und M.C. Teich, *Fundamentals of Photonics*, Wiley, New York, 1991.

[43] D.J. Schroeder, *Astronomical optics*, Academic Press, San Diego, 1987.

[44] A.E. Siegman, *An introduction to lasers and masers*, McGraw-Hill, New York, 1971.

[45] E.G. Steward, *Fourier optics. An introduction*, McGraw-Hill, New York, 1971.

[46] W. Stößel, *Fourieroptik*, Springer Verlag, Berlin, 1993.

[47] H. Wollnik, *Charged particle optics*, North-Holland, Amsterdam, 1980.

[48] H. Zimmermann und A. Weigert: *ABC-Lexikon Astronomie*, Spektrum Verlag, Heidelberg, 1995.

Sach- und Namenverzeichnis

Grundlagen der Physik

NEU

Horst Hänsel / Werner Neumann

Physik

Moleküle und Festkörper

Der vierte und letzte Band dieses einzigartigen Kompendiums der Physik ist – ergänzend zu Band III – der Mikrophysik gewidmet. In gewohnt klassischer Gliederung und präziser Sprache verknüpfen die Autoren theoretische mit experimentellen Aspekten und bieten Studenten eine profunde Einführung in den Themenbereich Moleküle und Festkörper.

ca. 400 S., zahlr. Abb., geb., DM 78,-/öS 570,-/sFr 75,-
ISBN 3-86025-314-X, Ersch.-Termin: Oktober 1996

Bereits erschienen:

Physik Bd. 1
Mechanik und Wärmelehre
1992, 584 S., geb., DM 78,-/öS 570,-/sFr 75,-, ISBN 3-86025-046-9

Physik Bd. 2
Elektrizität, Optik, Raum und Zeit
1993, 624 S., geb., DM 78,-/öS 570,-/sFr 75,-, ISBN 3-86025-304-2

Physik Bd. 3
Atome · Atomkerne · Elementarteilchen
1995, 744 S., geb., DM 78,-/öS 570,-/sFr 75,-, ISBN 3-86025-313-1

Wolfgang Kinzel / Georg Reents

Physik per Computer

Programmierung physikalischer Probleme mit Mathematica und C

Anhand von vierzig Beispielen aus verschiedenen Bereichen der Physik zeigen die Autoren, wie physikalische Modelle numerisch untersucht werden können. Schritt für Schritt werden Algorithmen formuliert und Programme entwickelt, um mit ihrer Hilfe das jeweilige physikalische Problem zu „verstehen" und zu lösen. Die beiliegende Diskette enthält alle Programme – für den PC unter DOS auch als ausführbaren Code. Up-Dates der Programme werden dem Benutzer künftig auf dem WWW-Server von Spektrum Akademischer Verlag zur Verfügung stehen.

325 S., geb., mit Diskette
DM 78,-/öS 570,-/sFr 75,-
ISBN 3-8274-0020-1.

Die Autoren: Prof. Dr. W. Kinzel und Priv.-Doz. Dr. G. Reents, Institut für Theoretische Physik der Universität Würzburg.

Björn Pötter

Elementare mathematische Methoden in der Physik

Welche mathematischen Methoden helfen, welches physikalische Problem zu lösen? Dem Autor gelingt es, den Lernenden konsequent als Physiker in den Mittelpunkt zu stellen und die Mathematik gleichsam zu instrumentalisieren. Dieser moderne Ansatz wird mit zahlreichen Beispielen untermauert und zeigt immer wieder Querverweise zu angrenzenden Problemkreisen auf. Dabei ist dieses unkonventionelle Hochschultaschenbuch so lebendig geschrieben, daß es jedem Physiker Spaß machen wird, Ausflüge in die Mathematik zu unternehmen.

Spektrum Hochschultaschenbuch
200 S., 75 Abb., Br.
DM 29,80/öS 218,- /sFr 29,80
ISBN 3-8274-0115-1

Spektrum
AKADEMISCHER VERLAG

Vangerowstr. 20, D-69115 Heidelberg